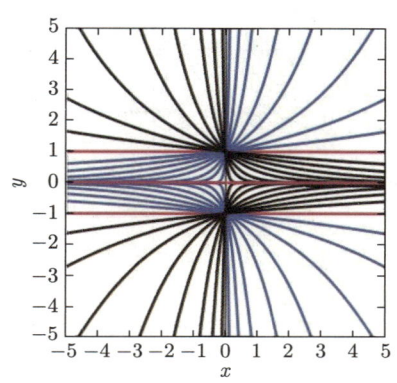

图 1.6.9 当 $B=0$ 且 $A=0, \pm 1$ 时，解曲线 $y=Ae^{Bx}$ 是水平直线 $y=0, \pm 1$。当 $B>0$ 且 $A=\pm 1$ 时的指数曲线是彩色的，当 $B<0$ 且 $A=\pm 1$ 时的指数曲线是黑色的

图 5.3.15 方程组 $\boldsymbol{x}'=\boldsymbol{Ax}$ 的三维轨线，其中矩阵 $\boldsymbol{A}$ 由式 (62) 给出

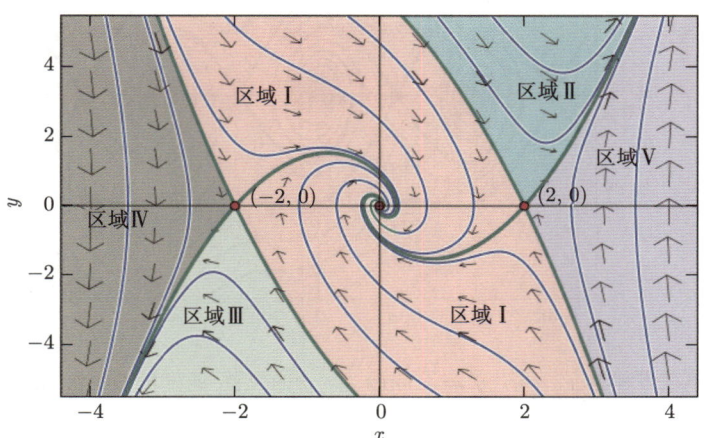

图 6.4.6 当 $m=1$，$k=5$、$\beta=\dfrac{5}{4}$ 以及阻力常数 $c=2$ 时，软质量块–弹簧系统的位置–速度相轨线图。图中着重标出了（绿色）分界线

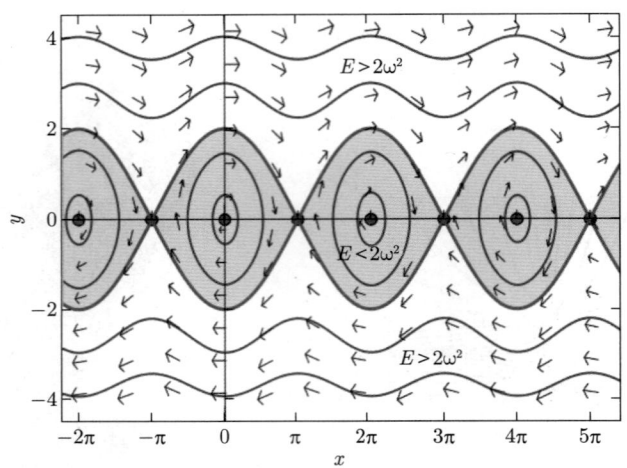

图 6.4.8 无阻尼单摆方程组 $x' = y$, $y' = -\sin x$ 的位置–速度相轨线图。图中着重标出了（绿色）分界线

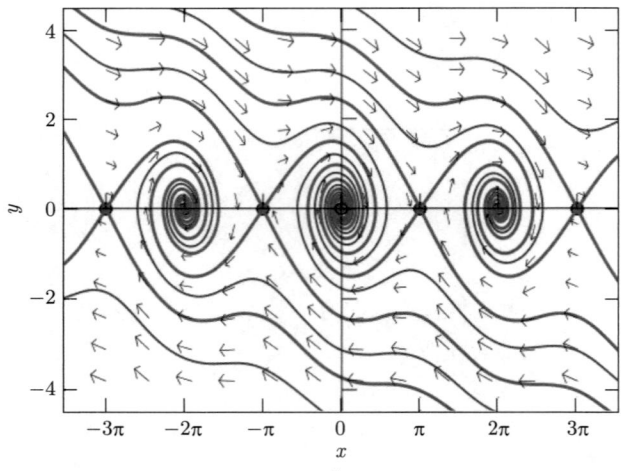

图 6.4.10 阻尼单摆方程组 $x' = y$, $y' = -\sin x - \dfrac{1}{4}y$ 的位置–速度相平面轨线图。图中着重标出了（绿色）分界线

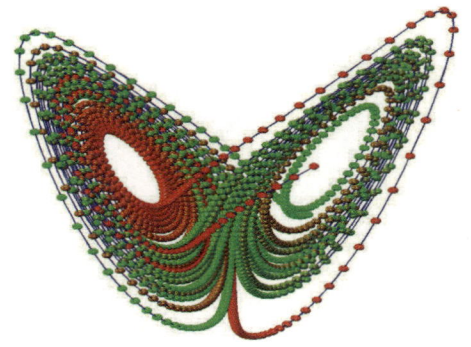

图 6.5.18 一串 Lorenz 项链

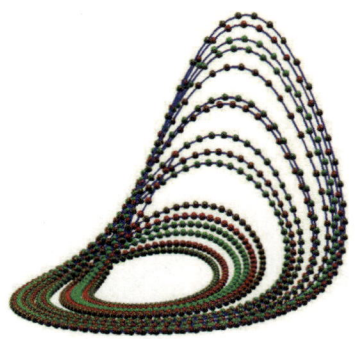

图 6.5.21 一条 Rössler 项链

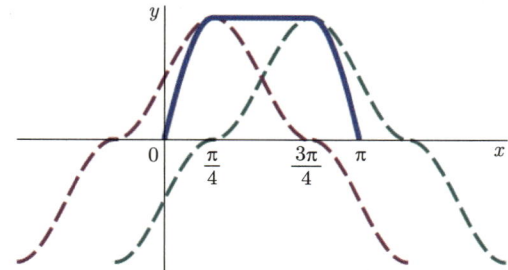

图 9.6.4 位置函数 $y\left(x, \dfrac{\pi}{4}\right)$（蓝色实线）是用红色和绿色虚线绘制的两个行波 $\dfrac{1}{2}F\left(x+\dfrac{\pi}{4}\right)$ 和 $\dfrac{1}{2}F\left(x-\dfrac{\pi}{4}\right)$ 之和

Differential Equations and Boundary Value Problems

Computing and Modeling, Sixth Edition

微分方程及边界值问题

计算和建模 （原书第6版）

[美] C. 亨利·爱德华　大卫·E. 彭尼　大卫·卡尔维斯　著
（C. Henry Edwards）（David E. Penney）（David Calvis）

张玲 韩非 译

机械工业出版社
CHINA MACHINE PRESS

Authorized translation from the English language edition, entitled *Differential Equations and Boundary Value Problems: Computing and Modeling*，Sixth Edition, ISBN:9780137540129，by C.Henry Edwards,David E. Penney,David Calvis, published by Pearson Education, Inc., Copyright © 2023, 2019, 2015.

All rights reserved. No part of this book may be reproduced or transmitted in any form or by any means, electronic or mechanical, including photocopying, recording or by any information storage retrieval system, without permission from Pearson Education, Inc.

Chinese simplified language edition published by China Machine Press, Copyright © 2025.

Authorized for sale and distribution in Chinese Mainland only(excludes Hong Kong SAR, Macau SAR and Taiwan).

本书中文简体字版由 Pearson Education（培生教育出版集团）授权机械工业出版社在中国大陆地区（不包括香港、澳门特别行政区及台湾地区）独家出版发行。未经出版者书面许可，不得以任何方式抄袭、复制或节录本书中的任何部分。

本书封底贴有 Pearson Education（培生教育出版集团）激光防伪标签，无标签者不得销售。

北京市版权局著作权合同登记　图字：01-2022-3134 号。

图书在版编目（CIP）数据

微分方程及边界值问题：计算和建模：原书第6版 / (美) C. 亨利·爱德华 (C. Henry Edwards), (美) 大卫·E. 彭尼 (David E. Penney), (美) 大卫·卡尔维斯 (David Calvis) 著；张玲, 韩非译. -- 北京：机械工业出版社, 2025. 3. -- (现代数学丛书). -- ISBN 978-7-111-77712-0

I. O175.8

中国国家版本馆 CIP 数据核字第 20259V88W2 号

机械工业出版社（北京市百万庄大街 22 号　邮政编码 100037）
策划编辑：刘　慧　　　　　　　　　　　责任编辑：刘　慧
责任校对：卢文迪　王文凭　李可意　张雨霏　景　飞　　责任印制：单爱军
保定市中画美凯印刷有限公司印刷
2025 年 7 月第 1 版第 1 次印刷
186mm×240mm・51.25 印张・2 插页・1088 千字
标准书号：ISBN 978-7-111-77712-0
定价：169.00 元

电话服务　　　　　　　　　　网络服务
客服电话：010-88361066　　　机　工　官　网：www.cmpbook.com
　　　　　010-88379833　　　机　工　官　博：weibo.com/cmp1952
　　　　　010-68326294　　　金　　书　　网：www.golden-book.com
封底无防伪标均为盗版　　　　机工教育服务网：www.cmpedu.com

译者序

变化的现象经常要用微分方程来描述。微分方程与边界值问题可广泛应用于描述物理、化学、生物、经济等众多领域的实际科学与工程现象，所以这些领域的学生、教师及工程人员都有必要掌握与微分方程相关的知识。

目前，有关微分方程的书籍有很多，而本书是其中独具特色的一本。它是专门为理工科学生开设标准微分方程入门课程而编写的教材。作者一直遵循便于学生理解和记忆的原则，没有采用过于理论化的方式，而是以直观、易读的方式表述，并以实际问题为背景，借助 Maple、Mathematica 及 MATLAB 等数学软件，以及 Wolfram|Alpha 和 GeoGebra 等在线平台，利用符号运算、图形显示和数值解法等手段，全面介绍了线性微分方程与非线性微分方程的基本概念和基本解法。同时，本书通过 40 多个应用模块，使读者能深入理解建模与求解过程及分析解所反映的性质。同时，利用 750 余幅图表定性地分析微分方程解的性质，从而直观地展示了方向场、解曲线及相平面等概念。另外，书中还包含 1000 余道习题，为读者能够熟练掌握相关知识和技巧创造了充分的条件。总之，本书提供了综合性的微分方程学习资源，不仅适合学习数学建模或微分方程的学生作为参考书，对从事计算与建模的科技工作者也具有极高的参考价值。

在本书的翻译过程中，我们得到了很多人的帮助，在此表示衷心的感谢。特别要感谢韩非教授课题组为本书翻译付出过努力的每一个人！

翻译是一个再创作过程，在本书翻译过程中，译者对照原著，力求翻译准确、文字简单明了，但由于涉及的知识相当丰富以及译者自身的知识局限性，译文难免有不足之处，谨向作者和读者表示歉意，并敬请读者批评指正！

张 玲

杭州师范大学

前言

这是一本理工科学生标准微分方程入门课程的教材。本书的内容反映了 Maple、Mathematica 和 MATLAB 等技术计算环境的广泛可得性，这些环境现在已被工程师和科学家广泛使用。在传统手动和符号方法的基础上，还增加了定性和基于计算机的方法，这些方法采用数值计算和图形可视化，以加深学生对概念的理解。这种更全面的方法的一个好处是，学生可以接触到更广泛、更实际的微分方程应用。

主要特点

第 6 版是一个全面而广泛的修订版。

除了对全书许多章节的论述（包括文字和图形）进行微调之外，我们还加入了新的应用（包括在生物学中的应用），并在全书中利用了新的交互式计算机技术，这些技术现在可供学生在台式机、笔记本计算机、智能手机和图形计算器等设备上使用。此外，本书还利用了 Mathematica、Maple 和 MATLAB 等计算机代数系统，以及 Wolfram|Alpha 和 GeoGebra 等在线平台。

此版本内容有所增加，包括为 6.4 节添加了应用模块讨论 COVID-19。然而，本书的教学目标保持不变。因此，无须修改教师笔记和教学大纲。

此版本的一个显著特点是，加入了大约 16 个新的交互式图形，这些图形说明了如何使用带有滑动条或触摸板控件的交互式计算机应用程序来更改微分方程中的初值或参数，使用户可以立即实时看到其解结构产生的变化。

下面对本版本中所展示的各类修订和更新进行一些说明。

新交互技术和图形　全书加入的新图形展示了现代计算技术平台为用户提供的实时交互地改变初始条件和其他参数的便利。因此，可以使用鼠标或触摸板将初值问题的初始点拖动到新位置，相应的解曲线会被自动重新绘制，并与其初始点一起被拖动（参见图 1.3.5 和图 3.2.4）。使用交互式图形中的滑动条，可以改变线性方程组的系数或其他参数，并自动显示其方向场和相平面轨线图的相应变化（参见图 5.3.21）。可以改变方波函数的 Fourier 级数的部分和所使用的项数，由此产生的展示 Gibbs 现象的图形变化会立即显示出来（参见图 9.1.3）。

新论述　在一些章节中，加入了新的文字和图形，以增强学生对主题的理解。例如，

1.3 节中对习题 1 至习题 4 的修订方法，第 1 章结尾的总结中的强化讨论，在 4.1 节结尾指出 Katherine Johnson 的成就的历史注释，在 Lorenz 吸引子和辅助图形的呈现方式上的许多改进，以及对全书应用模块呈现方式的改进。为了展示当前的技术，对例题和图进行了整体更新；这包括将 Python 纳入标准编程平台。

新内容 本版以微分方程在生命科学中的新应用为特色，延续了最近的研究趋势。除了关于神经科学的 FitzHugh-Nagumo 方程外，6.4 节之后的应用模块还包括对在流行病学中使用微分方程的介绍，特别是目前在预测模型中广泛使用的 SIR 模型。我们解释了使用微分方程来模拟疾病传播的早期历史，然后介绍了 SIR 模型本身及其基本原理。作为一个案例研究，我们详细分析了一个解释再次感染可能性的相关模型。对 SIR 模型的这种变体的相分析可以在平面而非三维空间中进行，从而能够使用第 6 章前面为非线性自治方程组开发的工具。当然，对疾病传播的建模本身就是当代人们非常感兴趣的课题。然而，这种新的处理方法也加强了微分方程在整个科学领域的应用，而不仅限于物理和工程等传统领域。这个新应用与全文作为一个整体具有同样细致透彻的论述，将为学生提供另一个视角来审视微分方程。

新风格 本书的部分图为彩图，使学生能够更容易地辨别图表中的不同解。同时增加了旁注，帮助学生理解文中的数学内容。现在可以通过习题中新的短介绍来识别应用主题。最后，应用模块中的新标题将明确作者的论述结束于何处，以及学生的研究开始于何处，即寻找标题"练习"即可。

计算特点

以下几个特点突出了与我们的大部分论述有很大区别的计算技术。
- 超过 750 个计算机生成的图形向学生展示了方向场、解曲线和相平面轨线图的生动图片，这些图片使微分方程的符号解栩栩如生。
- 全书有 44 个应用模块跟随在重要的节之后。这些应用大多概述了"技术中立"研究，说明了技术计算系统的使用，并鼓励学生积极参与新技术的应用。
- 第 2 章（关于数学模型与数值方法）中较早引入数值求解技术提供了新的数值重点。第 2 章和第 4 章探讨了方程组的数值技术，通过以平行方式同时介绍从图形计算器到 MATLAB 等各种系统的数值算法，使这两章的内容更加具体而生动。

建模特点

数学建模是研究微分方程的目标和持续动力。为了大致了解本书的应用范围，请看下面的问题：
- 如何解释通常观察到的室内和室外日温度波动之间的时间滞后现象？（1.5 节）

- 是什么造成了短吻鳄种群激增和灭绝之间的差异？（2.1 节）
- 独轮车和双轴车对减速带的反应有何不同？（3.6 节和 5.4 节）
- 如何预测一颗新观测到的彗星下一次经过近日点的时间？（4.3 节）
- 为什么地震可能会摧毁一栋建筑，而留下隔壁的那栋建筑？（5.4 节）
- 是什么决定了两个物种是否会和谐共存，或者竞争是否会导致其中一个物种灭绝，而另一个物种存活？（6.3 节）
- 如何使用微分方程来预测疾病的传播或制定策略使感染人口的"曲线趋平"？（应用模块 6.4）
- 非线性为何以及何时会导致生物和机械系统的混沌？（6.5 节）
- 如果周期性地锤击弹簧上的质量块，那么质量块的行为如何依赖于锤击的频率？（7.6 节）
- 为什么旗杆是空心的而不是实心的？（8.6 节）
- 如何解释吉他、木琴和鼓的声音差异？（9.6 节、10.2 节和 10.4 节）

编排与内容

我们调整了通常的方法和主题顺序，以适应新技术和新视角。例如：

- 在第 1 章对一阶方程进行了概述（尽管对某些传统符号方法的涵盖范围有所简化）之后，第 2 章对数学建模、微分方程的稳定性和定性性质以及数值方法进行了初步介绍，这是对后面经常分散在入门课程中的主题的综合介绍。第 3 章包括高阶线性微分方程，特别是常系数线性微分方程的标准解法，并提供了涉及简单机械系统和电路的特别广泛的应用；该章最后给出了对端点问题和特征值的初步处理方法。
- 第 4 章和第 5 章为线性方程组提供了灵活的处理方法。在当前理工科教育与实践趋势的激励下，第 4 章对一阶方程组、模型和数值近似技术进行了初步直观的介绍。第 5 章首先对所需的线性代数进行独立处理，然后给出了线性方程组的特征值解法。这章包括特征值法在各种情况下的广泛应用（从火车车厢到地震）。5.6 节包含对矩阵指数的相当广泛的处理方法，并将其运用于非齐次线性方程组。
- 第 6 章关于非线性系统和现象，从相平面分析到生态和机械系统，最后一节是关于动力系统中的混沌和分岔。6.5 节对生物和机械系统中的周期加倍、叉形图和 Lorenz 奇怪吸引子等当代主题进行了初步介绍（均配有生动的计算机图形）。
- Laplace 变换法（第 7 章）和幂级数法（第 8 章）紧跟在关于线性和非线性方程组的内容之后，但教师也可以根据需要在更早的章节（第 3 章之后）进行讲解。
- 第 9 章和第 10 章探讨 Fourier 级数、变量分离法和 Sturm-Liouville 理论在偏微分方程和边界值问题中的应用。在介绍 Fourier 级数之后，第 9 章的最后三节讨论三个经典方程，即热传导方程、波动方程以及 Laplace 方程。第 10 章对特征值方法进行了拓展，包括了一些相当重要和现实的应用。

本书包含足够多的内容，可为不同的课程做适当的安排，课程长度可以从一个季度到两个学期不等。许多课程选择省略第 8 章、第 9 章和第 10 章（关于边界值问题的章节）。

学生和教师资源

此版本对答案部分进行了大幅扩充，以提高其作为学习辅助工具的价值。答案包括大多数奇数编号以及许多偶数编号的习题的答案。《**教师解答手册**》（0-13-754027-2）可在 www.pearson.com 和 MyLab Math 里面获得⊖，它为书中的大多数习题提供了解答过程，《**学生解答手册**》（0-13-754031-0）包含大多数奇数编号的习题的解答过程。⊖

新的"扩展应用"网站上的资料极大增强了遍布全书的 44 个应用模块的有效性。书中几乎所有的应用模块都标有 和专门的简短网址，即一个直接指向包含支持该模块的丰富资源的"扩展应用"页面的网址。典型的扩展应用资料包括含有进一步讨论或其他应用的增强和扩展的 PDF 版本文件，以及 Mathematica、Maple、MATLAB 平台中的计算机文件，在某些情况下还包括 Python 或 TI 计算器文件。这些文件提供了本书中出现的所有代码以及其他平台中的等效版本，使学生能够在自己选择的计算平台上立即使用应用模块中的资料。除了分散在书中的网址外，还可以通过主页 bit.ly/3E5bU2W 访问"扩展应用"。

致谢

在编写本书的过程中，我们得到了以下审稿人的建议和帮助，受益匪浅。第 6 版的审稿人姓名前都有星号。

Anthony Aidoo, 东康涅狄格州立大学 (Eastern Connecticut State University)
Brent Solie, 诺克斯学院 (Knox College)
Elizabeth Bradley, 路易斯维尔大学 (University of Louisville)
*Min Chen, 普渡大学 (Purdue University)
Gregory Davis, 威斯康星大学绿湾分校 (University of Wisconsin-Green Bay)
Zoran Grujic, 弗吉尼亚大学 (University of Virginia)
Richard Jardine, 基恩州立学院 (Keene State College)

⊖ 关于配套网站资源，大部分需要访问码，访问码只有原英文版提供，中文版无法使用。——编辑注

⊖ 部分习题答案、附录、Laplace 变换表和积分表的二维码。

Yang Kuang, 亚利桑那州立大学 (Arizona State University)
Dening Li, 西弗吉尼亚大学 (West Virginia University)
*John Lind, 加州州立大学奇科分校 (California State University, Chico)
Francisco Sayas-Gonzalez, 特拉华大学 (University of Delaware)
*Curtis White, 李学院 (Lee College)
Luther White, 俄克拉何马大学 (University of Oklahoma)
Hong-Ming Yin, 华盛顿州立大学 (Washington State University)
Morteza Shafii-Mousavi, 印第安纳大学南本德分校 (Indiana University-South Bend)

C.Henry Edwards   h.edwards@mindspring.com
David Calvis   dcalvis@bw.edu

应用模块

这里按照章节列出应用模块。大多数模块都提供了能说明相应章节内容的计算项目。这些项目通常会在学生需要时提供适当的计算机语法的简短片段；随着时间的推移，学生会逐渐培养出使用技术解决微分方程中各种问题的能力。

这些研究的 Maple、Mathematica、MATLAB 或 Python 版本包含在本书英文版网站以及 MyLab Math 中。在本教材的各章节中，为学生提供了可直接链接到相关在线资源的简短网址。请访问 bit.ly/3E5bU2W，查看包含所有这些在线资料链接的页面。

1.3 计算机生成的斜率场和解曲线
1.4 logistic 方程
1.5 室内温度振荡
1.6 计算机代数求解法

2.1 种群数据的 logistic 建模
2.3 火箭推进
2.4 Euler 法的实现
2.5 改进的 Euler 法的实现
2.6 Runge-Kutta 法的实现

3.1 绘制二阶解曲线族
3.2 绘制三阶解曲线族
3.3 线性方程的近似解法
3.5 常数变易法的自动实现
3.6 受迫振动

4.1 万有引力与开普勒行星运动定律
4.2 方程组的计算机代数解法
4.3 彗星与航天器

5.1 线性方程组的自动求解

5.2 特征值和特征向量的自动计算
5.3 动态相平面图形
5.4 由地震引发的多层建筑的振动
5.5 有缺陷特征值与广义特征向量
5.6 矩阵指数解的自动计算
5.7 常数变易法的自动实现

6.1 相轨线图与一阶方程
6.2 准线性方程组的相轨线图
6.3 你自己的野生动物保护区
6.4 Rayleigh 方程、van der Pol 方程和 FitzHugh-Nagumo 方程，SIR 模型和 COVID-19

7.1 计算机代数变换与逆变换
7.2 初值问题的变换
7.3 阻尼与共振研究
7.5 工程函数

8.2 级数系数的自动计算
8.3 Frobenius 级数法的自动实现
8.4 采用降阶法处理例外情况

8.6 Riccati 方程与修正 Bessel 函数

9.2 Fourier 系数的计算机代数计算
9.3 分段光滑函数的 Fourier 级数
9.5 对加热棒的研究
9.6 对振动弦的研究

10.1 数值特征函数展开法
10.2 对热流的数值研究
10.3 振动梁与跳板
10.4 Bessel 函数与加热圆柱体

目　录

译者序
前言
应用模块

第 1 章　一阶微分方程 ············· 1
  1.1　微分方程与数学模型 ··········· 1
  　　习题 ······················· 9
  1.2　作为通解和特解的积分 ········· 11
  　　习题 ······················· 17
  1.3　斜率场和解曲线 ··············· 20
  　　习题 ······················· 28
  　　应用　计算机生成的斜率场和解曲线 ···················· 32
  1.4　可分离变量方程及其应用 ······· 34
  　　习题 ······················· 46
  　　应用　logistic 方程 ·········· 51
  1.5　一阶线性微分方程 ············· 52
  　　习题 ······················· 61
  　　应用　室内温度振荡 ·········· 64
  1.6　替换法和恰当方程 ············· 66
  　　习题 ······················· 81
  　　应用　计算机代数求解法 ······ 83
  第 1 章　总结 ···················· 85
  第 1 章　复习题 ·················· 86

第 2 章　数学模型与数值方法 ······ 87
  2.1　种群模型 ·················· 87

  　　习题 ······················· 95
  　　应用　种群数据的 logistic 建模 ··· 99
  2.2　平衡解与稳定性 ············· 101
  　　习题 ······················· 108
  2.3　加速度–速度模型 ············ 111
  　　习题 ······················· 118
  　　应用　火箭推进 ············ 121
  2.4　数值近似：Euler 法 ········· 124
  　　习题 ······················· 133
  　　应用　Euler 法的实现 ······· 135
  2.5　对 Euler 法的深入研究 ······ 137
  　　习题 ······················· 144
  　　应用　改进的 Euler 法的实现 ··· 145
  2.6　Runge-Kutta 法 ············ 148
  　　习题 ······················· 155
  　　应用　Runge-Kutta 法的实现 ··· 157

第 3 章　高阶线性方程 ··········· 160
  3.1　二阶线性方程简介 ··········· 160
  　　习题 ······················· 171
  　　应用　绘制二阶解曲线族 ····· 173
  3.2　线性方程的通解 ············· 175
  　　习题 ······················· 184
  　　应用　绘制三阶解曲线族 ····· 187
  3.3　常系数齐次方程 ············· 188
  　　习题 ······················· 197
  　　应用　线性方程的近似解法 ··· 198
  3.4　机械振动 ·················· 199

习题 ·············· 209
3.5　非齐次方程与待定系数法 ····· 212
　　　习题 ·············· 224
　　　应用　常数变易法的自动实现 ··· 225
3.6　受迫振动与共振 ·········· 226
　　　习题 ·············· 236
　　　应用　受迫振动 ·········· 238
3.7　电路 ················ 240
　　　习题 ·············· 246
3.8　端点问题与特征值 ········· 248
　　　习题 ·············· 260

第 4 章　微分方程组简介 ········ 262
4.1　一阶方程组及其应用 ········ 262
　　　习题 ·············· 271
　　　应用　万有引力与开普勒行星
　　　　　　运动定律 ·········· 273
4.2　消元法 ··············· 275
　　　习题 ·············· 282
　　　应用　方程组的计算机代数解法 ··· 285
4.3　方程组的数值解法 ········· 286
　　　习题 ·············· 296
　　　应用　彗星与航天器 ········ 298

第 5 章　线性微分方程组 ········ 302
5.1　矩阵与线性方程组 ········· 302
　　　习题 ·············· 319
　　　应用　线性方程组的自动求解 ···· 321
5.2　齐次方程组的特征值法 ······· 322
　　　习题 ·············· 335
　　　应用　特征值和特征向量的自动
　　　　　　计算 ············· 337
5.3　线性方程组的解曲线图集 ····· 338
　　　习题 ·············· 362

　　　应用　动态相平面图形 ········ 365
5.4　二阶方程组及其机械应用 ····· 368
　　　习题 ·············· 378
　　　应用　由地震引发的多层建筑的
　　　　　　振动 ············· 381
5.5　多重特征值解 ··········· 383
　　　习题 ·············· 397
　　　应用　有缺陷特征值与广义特征
　　　　　　向量 ············· 399
5.6　矩阵指数与线性方程组 ······ 401
　　　习题 ·············· 412
　　　应用　矩阵指数解的自动计算 ···· 414
5.7　非齐次线性方程组 ········· 416
　　　习题 ·············· 424
　　　应用　常数变易法的自动实现 ···· 425

第 6 章　非线性系统与现象 ······· 427
6.1　稳定性与相平面 ··········· 427
　　　习题 ·············· 437
　　　应用　相轨线图与一阶方程 ····· 438
6.2　线性及准线性方程组 ········ 440
　　　习题 ·············· 448
　　　应用　准线性方程组的相轨线图 ·· 451
6.3　生态模型：捕食者与竞争者 ···· 453
　　　习题 ·············· 463
　　　应用　你自己的野生动物保护区 ·· 467
6.4　非线性机械系统 ·········· 468
　　　习题 ·············· 480
　　　应用　Rayleigh 方程、van der Pol 方
　　　　　　程和 FitzHugh-Nagumo 方程，
　　　　　　SIR 模型和 COVID-19 ···· 482
6.5　动力系统中的混沌 ········· 493

第 7 章　Laplace 变换法 ·············· 507

7.1　Laplace 变换与逆变换········507
习题················516
应用　计算机代数变换与逆变换···517
7.2　初值问题的变换·············518
习题················529
应用　初值问题的变换·········530
7.3　变换与部分分式·············531
习题················539
应用　阻尼与共振研究·········540
7.4　变换的导数、积分和乘积······542
习题················549
7.5　周期分段连续输入函数·······550
习题················560
应用　工程函数············563
7.6　脉冲与 δ 函数··············564
习题················572

第 8 章　幂级数法··················575

8.1　幂级数简介与回顾··········575
习题················587
8.2　常点附近的级数解·········588
习题················596
应用　级数系数的自动计算······599
8.3　正则奇点··············601
习题················613
应用　Frobenius 级数法的自动
实现················616
8.4　Frobenius 法：例外情况······617
习题················630
应用　采用降阶法处理例外情况···632
8.5　Bessel 方程·············633
习题················642
8.6　Bessel 函数的应用··········644

习题················647
应用　Riccati 方程与修正 Bessel
函数················649

第 9 章　Fourier 级数法与偏微分
方程·················653

9.1　周期函数与三角级数·········653
习题················661
9.2　一般 Fourier 级数及其收敛性··662
习题················667
应用　Fourier 系数的计算机代数
计算················669
9.3　Fourier 正弦与余弦级数······670
习题················679
应用　分段光滑函数的 Fourier
级数················682
9.4　Fourier 级数的应用········684
习题················690
9.5　热传导问题与变量分离法·····691
习题················702
应用　对加热棒的研究·········704
9.6　振动弦与一维波动方程·······706
习题················716
应用　对振动弦的研究·········719
9.7　稳态温度与 Laplace 方程·····722
习题················730

第 10 章　特征值方法与边界值问题···734

10.1　Sturm-Liouville 问题与特征
函数展开法···············734
习题················743
应用　数值特征函数展开法······745
10.2　特征函数级数的应用········747
习题················755
应用　对热流的数值研究·······757

10.3　稳态周期解与固有频率······759
　　习题····························765
　　应用　振动梁与跳板············767
10.4　柱坐标问题··················769

习题····························780
　　应用　Bessel 函数与加热圆柱体···783
10.5　高维现象····················785
参考资料··························804

第 1 章 一阶微分方程

1.1 微分方程与数学模型

宇宙运行的法则是用数学语言描写的。代数足以解决许多静态问题，但是最有趣的自然现象都涉及变化，并且由与变化量相关的方程来描述。

因为函数 f 的导数 $\mathrm{d}x/\mathrm{d}t = f'(t)$ 是 $x = f(t)$ 相对于自变量 t 的变化率，所以很自然地经常用涉及导数的方程来描述变化的宇宙。将一个未知函数及其一个或多个导数联系起来的方程被称为**微分方程**。

例题 1 微分方程

$$\frac{\mathrm{d}x}{\mathrm{d}t} = x^2 + t^2$$

涉及未知函数 $x(t)$ 及其一阶导数 $x'(t) = \mathrm{d}x/\mathrm{d}t$。微分方程

$$\frac{\mathrm{d}^2 y}{\mathrm{d}x^2} + 3\frac{\mathrm{d}y}{\mathrm{d}x} + 7y = 0$$

涉及以 x 为自变量的未知函数 y 以及 y 的前两阶导数 y' 和 y''。∎

微分方程的研究有三个主要目标：
1. 发现描述特定物理情形的微分方程。
2. 精确地或近似地求出该方程的适当解。
3. 解释所得到的解。

在代数学中，我们通常会寻找满足诸如 $x^3 + 7x^2 - 11x + 41 = 0$ 这种等式的未知数。相比之下，在求解微分方程时，我们面临的挑战是寻找未知函数 $y = y(x)$，使得恒等式，比如 $y'(x) = 2xy(x)$，即微分方程

$$\frac{\mathrm{d}y}{\mathrm{d}x} = 2xy$$

在某个实数区间上成立。通常，如果可能的话，我们希望求出微分方程的所有解。

例题 2 如果 C 是一个常数，并且

$$y(x) = Ce^{x^2}, \tag{1}$$

那么

$$\frac{dy}{dx} = C\left(2xe^{x^2}\right) = (2x)\left(Ce^{x^2}\right) = 2xy.$$

因此，每个形如式 (1) 的函数 $y(x)$ 对所有 x 都满足微分方程

$$\frac{dy}{dx} = 2xy, \tag{2}$$

所以 $y(x)$ 是这个微分方程的一个解。特别地，式 (1) 定义了这个微分方程的无穷多个不同解，每选择一个任意常数 C 就得到一个解。通过变量分离法（1.4 节）可以证明，微分方程 (2) 的每个解都具有式 (1) 的形式。∎

微分方程与数学模型

下面三道例题说明将科学规律和原理转化为微分方程的过程。在这些例题中，自变量都是时间 t，但是我们还会看到许多以时间以外的其他量作为自变量的例子。

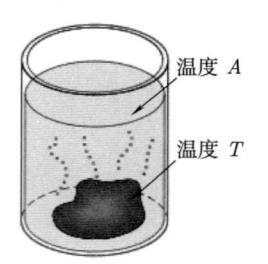

图 1.1.1 牛顿冷却定律即方程 (3) 描述了炽热岩石在水中的冷却过程

例题 3　**冷却速度**　牛顿冷却定律可以这样表述：物体温度 $T(t)$ 的时间变化率（相对于时间 t 的变化率）与 T 和周围介质温度 A 之差成正比（参见图 1.1.1）。也就是说，

$$\frac{dT}{dt} = -k(T-A), \tag{3}$$

其中 k 是一个正常数。观察上式可知，若 $T > A$，则 $dT/dt < 0$，温度是 t 的递减函数，物体正在冷却。但若 $T < A$，则 $dT/dt > 0$，T 是递增的。

这样，物理定律就转化成了微分方程。如果已知 k 和 A 的值，我们应该能够求出 $T(t)$ 的显式公式，然后借助这个公式，我们就能预测物体未来的温度。∎

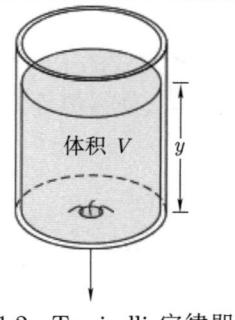

图 1.1.2 Torricelli 定律即方程 (4) 描述的水箱排水过程

例题 4　**排水箱**　Torricelli 定律表明，一个排水箱中（如图 1.1.2 所示）水的体积 V 的时间变化率与水箱中水的深度 y 的平方根成正比：

$$\frac{dV}{dt} = -k\sqrt{y}, \tag{4}$$

其中 k 是一个常数。如果水箱是一个侧面垂直且横截面积为 A 的圆柱体，那么 $V = Ay$，所以 $dV/dt = A \cdot (dy/dt)$。在这种情况下，方程 (4) 具有如下形式，

$$\frac{dy}{dt} = -h\sqrt{y}, \tag{5}$$

其中 $h = k/A$ 是一个常数。∎

例题 5 **种群数量增长** 在许多简单情况下，当出生率和死亡率恒定不变时，种群数量 $P(t)$ 的时间变化率与种群数量成正比。也就是说，

$$\frac{\mathrm{d}P}{\mathrm{d}t} = kP, \tag{6}$$

其中 k 是比例常数。 ∎

让我们进一步讨论例题 5。首先要注意，每个具有形式

$$P(t) = Ce^{kt} \tag{7}$$

的函数都是微分方程 (6) 的一个解。我们可以通过以下方法验证这一论断：

$$P'(t) = Cke^{kt} = k(Ce^{kt}) = kP(t),$$

此式对所有实数 t 都成立。因为将具有式 (7) 所给形式的每个函数代入方程 (6)，都会得到一个恒等式，所以所有这些函数都是方程 (6) 的解。

因此，即使常数 k 的值是已知的，微分方程 $\mathrm{d}P/\mathrm{d}t = kP$ 也有无穷多个形如 $P(t) = Ce^{kt}$ 的不同解，每选择一个"任意"常数 C 就得到一个解。这是微分方程的典型特点。这也是幸运的，因为它可以让我们利用额外的信息，从所有这些解中选择一个符合所研究情况的特解。

例题 6 **种群数量增长** 假设 $P(t) = Ce^{kt}$ 是一个细菌种群在 t 时刻的数量，并且假设 $t = 0$ 时种群数量为 1000，1 小时后种群数量翻了一番。根据这些关于 $P(t)$ 的附加信息可以得到以下方程：

$$1000 = P(0) = Ce^0 = C,$$
$$2000 = P(1) = Ce^k。$$

由此可知，$C = 1000$，并且 $e^k = 2$，所以 $k = \ln 2 \approx 0.693147$。根据 k 的这个值，微分方程 (6) 变为

$$\frac{\mathrm{d}P}{\mathrm{d}t} = (\ln 2)P \approx (0.693147)P。$$

将 $k = \ln 2$ 和 $C = 1000$ 代入式 (7)，可以得到满足给定条件的特解

$$P(t) = 1000e^{(\ln 2)t} = 1000(e^{\ln 2})^t = 1000 \cdot 2^t \quad （因为 e^{\ln 2} = 2）。$$

我们可以使用这个特解预测细菌种群未来的数量。例如，1.5 小时之后（当 $t = 1.5$ 时），预测的细菌种群数量为

$$P(1.5) = 1000 \cdot 2^{3/2} \approx 2828。 \qquad ∎$$

例题 6 中的条件 $P(0) = 1000$ 被称为**初始条件**，因为我们经常以 $t = 0$ 作为"起始时间"来写微分方程。图 1.1.3 显示了函数 $P(t) = Ce^{kt}$ 在 $k = \ln 2$ 时对应的几种不同图形。

实际上，方程 dP/dt = kP 的所有无穷多个解的图形充满了整个二维平面，且两两不相交。而且，在 P 轴上选取任意一点 P_0 就相当于确定了 P(0)。因为每个这样的点恰好有一个解经过，所以在这种情况下，我们看到初始条件 $P(0) = P_0$ 决定了与给定数据一致的唯一解。

数学模型

我们在例题 5 和例题 6 中对种群数量增长的简要讨论说明了数学建模的关键过程（如图 1.1.4 所示），其中涉及以下内容：

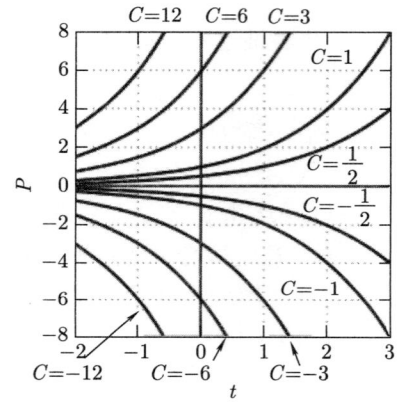

图 1.1.3　函数 $P(t) = Ce^{kt}$ 在 $k = \ln 2$ 时的图形　　　　图 1.1.4　数学建模过程

1. 用数学公式表述现实世界中的问题，即建立数学模型。
2. 分析或求解由此产生的数学问题。
3. 在现实世界的原始情境中对数学结果进行解释——例如，回答最初提出的问题。

在种群数量的例题中，现实世界的问题是确定未来某个时间的种群数量。**数学模型**包括描述给定情况的一组变量（P 和 t），以及一个或多个与这些变量相关的已知或假定成立的方程（$dP/dt = kP$，$P(0) = P_0$）。数学分析包括求解这些方程（此处求解作为 t 的函数的 P）。最后，我们应用这些数学结果，试图回答原始的现实世界的问题。

作为此过程的一个例子，我们可以考虑首先建立由描述例题 6 中细菌种群的方程 $dP/dt = kP$，$P(0) = 1000$ 组成的数学模型。然后我们的数学分析包括求出解函数 $P(t) = 1000e^{(\ln 2)t} = 1000 \cdot 2^t$ 作为我们的数学结果。为了从现实世界的情况即实际细菌种群数量的角度进行解释，我们将 $t = 1.5$ 代入解函数，得到 1.5 小时后预测的细菌种群数量值 $P(1.5) \approx 2828$。例如，如果细菌种群是在无限空间和食物供应的理想条件下繁殖，那么我们的预测可能相当准确，在这种情况下，我们可以得出结论，这个数学模型足以研究这个特定的种群问题。

另一方面，可能会发现所选微分方程的任何解都无法准确地符合我们正在研究的实际种群问题。例如，对于常数 C 和 k 的任何选择，式 (7) 中的解 $P(t) = Ce^{kt}$ 都不能准确描述过去几个世纪世界人口的实际增长情况。我们必定得出这样的结论：微分方程 $\mathrm{d}P/\mathrm{d}t = kP$ 不适用于模拟世界人口变化情况，与图 1.1.3 上半部分 ($P > 0$) 急剧攀升的曲线图相比，世界人口在最近几十年已经"趋于稳定"。只要有足够的洞察力，我们可以建立一个新的数学模型，新模型可能包含一个更复杂的微分方程，一个考虑到诸如有限食物供应以及人口增长对出生率和死亡率的影响等因素的数学模型。随着这个新的数学模型的建立，我们可以尝试以逆时针方向再次遍历图 1.1.4 所示的步骤。如果我们能求解新的微分方程，就能得到新的解函数，从而可以与现实世界的人口进行比较。事实上，成功的人口分析可能需要不断完善数学模型，因为需要反复与实际经验进行比较。

但在例题 6 中，我们简单地忽略了任何可能影响细菌种群数量的复杂因素。这使得数学分析变得相当简单，也许是不切实际的。一个令人满意的数学模型需要满足两个相互矛盾的要求：它必须足够详细，能够相对准确地描述现实世界的情况，但它又必须足够简单，使得数学分析切实可行。如果模型太过详细，以至于完全体现了物理情况，那么数学分析可能很难进行。如果模型过于简单，那么结果可能非常不准确，以致毫无用处。所以，在物理上的现实性和数学上的可能性之间，不可避免地要进行权衡。因此，建立一个能够充分弥合现实性和可行性之间差距的模型，是整个过程中最关键、最微妙的一步。必须找到在不牺牲真实世界情况的基本特征的情况下在数学上简化模型的方法。

对数学模型的讨论将贯穿本书。本节剩余部分将致力于介绍一些简单实例以及讨论微分方程及其解时使用的标准术语。

实例和术语

例题 7 如果 C 是一个常数，并且 $y(x) = 1/(C-x)$，那么当 $x \neq C$ 时，则有
$$\frac{\mathrm{d}y}{\mathrm{d}x} = \frac{1}{(C-x)^2} = y^2。$$
因此
$$y(x) = \frac{1}{C-x} \qquad (8)$$
是微分方程
$$\frac{\mathrm{d}y}{\mathrm{d}x} = y^2 \qquad (9)$$
在不包含点 $x = C$ 的任意实数区间上的一个解。

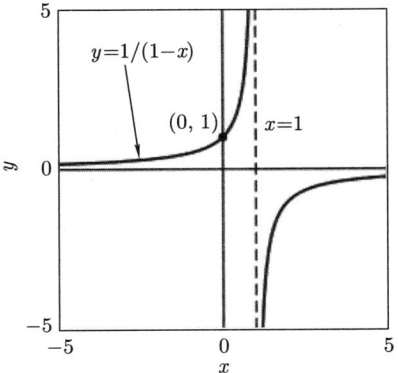

图 1.1.5 由 $y(x) = 1/(1-x)$ 定义的方程 $y' = y^2$ 的解

实际上，式 (8) 定义了方程 $\mathrm{d}y/\mathrm{d}x = y^2$ 的单参数解族，任意常数或参数 C 的每个值对应

一个解。当 $C = 1$ 时，我们得到满足初始条件 $y(0) = 1$ 的特解
$$y(x) = \frac{1}{1-x}。$$
如图 1.1.5 所示，这个解在区间 $(-\infty, 1)$ 上是连续的，但是在 $x = 1$ 处有一条垂直渐近线。

例题 8 验证函数 $y(x) = 2x^{1/2} - x^{1/2} \ln x$ 对所有 $x > 0$ 满足微分方程
$$4x^2 y'' + y = 0。 \tag{10}$$

解答： 首先我们计算导数
$$y'(x) = -\frac{1}{2} x^{-1/2} \ln x \quad \text{和} \quad y''(x) = \frac{1}{4} x^{-3/2} \ln x - \frac{1}{2} x^{-3/2}。$$
然后将其代入方程 (10)，如果 x 为正值，则有
$$4x^2 y'' + y = 4x^2 \left(\frac{1}{4} x^{-3/2} \ln x - \frac{1}{2} x^{-3/2} \right) + 2x^{1/2} - x^{1/2} \ln x = 0,$$
所以这个微分方程对所有 $x > 0$ 都满足。

我们能写出微分方程并不足以保证它有解。例如，微分方程
$$(y')^2 + y^2 = -1 \tag{11}$$
显然没有（实值）解，因为非负数之和不可能是负数。与上述情况类似，注意下列方程
$$(y')^2 + y^2 = 0 \tag{12}$$
显然只有（实值）解 $y(x) \equiv 0$。在前面的例题中，任何至少有一个解的微分方程实际上都有无穷多个解。

微分方程的**阶**就是其中出现的最高阶导数的阶。例题 8 中的微分方程是二阶方程，例题 2 至例题 7 中的微分方程都是一阶方程，而
$$y^{(4)} + x^2 y^{(3)} + x^5 y = \sin x$$
是一个四阶方程。具有自变量 x 以及未知函数或因变量 $y = y(x)$ 的 n 阶微分方程的最一般形式为
$$F\left(x, y, y', y'', \cdots, y^{(n)}\right) = 0, \tag{13}$$
其中 F 是具有 $n+2$ 个变量的特定的实值函数。

到目前为止，我们对"解"这个词的使用还有些不正式。准确地说，我们说连续函数 $u = u(x)$ 是微分方程 (13) **在区间 I 上的一个解**，前提是导数 $u', u'', \cdots, u^{(n)}$ 在区间 I 上存在，并且
$$F\left(x, u, u', u'', \cdots, u^{(n)}\right) = 0$$
对于区间 I 内的所有 x 都成立。为了简洁起见，我们可以说 $u = u(x)$ 在区间 I 上**满足微**

分方程 (13)。

备注：回顾一下初等微积分知识，开区间上的可微函数必然是连续的。这就是为什么只有连续函数才能成为微分方程在一个区间上的（可微）解。∎

例题 7　**续**　图 1.1.5 显示了图形 $y = 1/(1-x)$ 的两个"相关"分支。左侧分支是微分方程 $y' = y^2$ 定义在区间 $(-\infty, 1)$ 上的（连续）解的图形。右侧分支是微分方程定义在不同区间 $(1, \infty)$ 上的不同（连续）解的图形。所以，单个公式 $y = 1/(1-x)$ 实际上定义了同一个微分方程 $y' = y^2$ 的两个不同解（具有不同的定义域）。∎

例题 9　如果 A 和 B 是常数，并且
$$y(x) = A\cos 3x + B\sin 3x, \tag{14}$$
那么连续两次微分，对所有 x 可得
$$y'(x) = -3A\sin 3x + 3B\cos 3x,$$
$$y''(x) = -9A\cos 3x - 9B\sin 3x = -9y(x)。$$
因此，式 (14) 定义了下列二阶微分方程在整个实数轴上的**双参数解族**：
$$y'' + 9y = 0。 \tag{15}$$
图 1.1.6 显示了三个这样的解的图形。∎

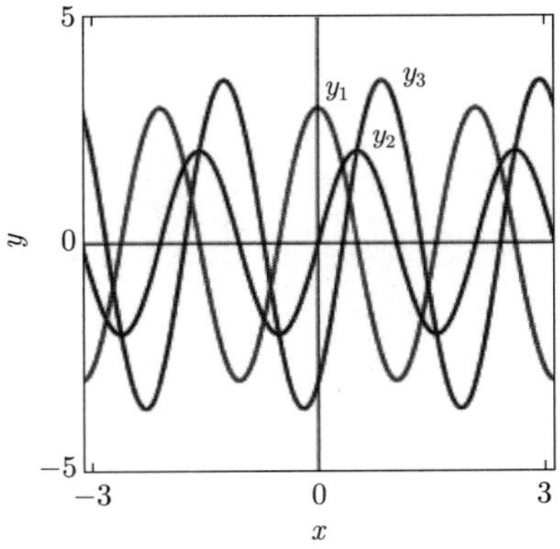

图 1.1.6　微分方程 $y'' + 9y = 0$ 的三个解 $y_1(x) = 3\cos 3x$，$y_2(x) = 2\sin 3x$ 和 $y_3(x) = -3\cos 3x + 2\sin 3x$

虽然微分方程 (11) 和 (12) 是一般规则的例外情况，但是我们将会看到，一个 n 阶微分方程通常有一个 n 个参数的解族，即包含 n 个不同的任意常数或参数的解。

在两个方程 (11) 和 (12) 中，y' 作为隐式定义的函数出现会导致问题复杂化。为此，我们通常假设所研究的任何微分方程都能显式地求解出所出现的最高阶导数，即假设此方程可以写成所谓的标准形式
$$y^{(n)} = G\left(x, y, y', y'', \cdots, y^{(n-1)}\right), \tag{16}$$
其中 G 是一个含有 $n+1$ 个变量的实值函数。此外，除非我们另外提醒读者，否则我们将总是只寻求实值解。

到目前为止，我们所提到的所有微分方程都是**常**微分方程，这意味着未知函数（因变量）仅依赖于单个自变量。如果因变量是两个或多个自变量的函数，则可能涉及偏导数；若涉及偏导数，则这个方程就被称为**偏**微分方程。例如，（在适当的简单条件下，）一根长而细的均匀杆在 t 时刻在点 x 处的温度 $u = u(x, t)$ 满足下列偏微分方程
$$\frac{\partial u}{\partial t} = k\frac{\partial^2 u}{\partial x^2},$$

其中 k 是一个常数（被称为杆的热扩散系数）。在第 1 章至第 8 章中，我们将只关注常微分方程，并将其简称为微分方程。

本章我们将集中讨论具有如下形式的一阶微分方程：

$$\frac{dy}{dx} = f(x, y)。 \tag{17}$$

我们还将举例说明此类方程的广泛应用。应用情形的典型数学模型将是**初值问题**，由形如式 (17) 的微分方程和**初始条件** $y(x_0) = y_0$ 组成。注意，无论是否有 $x_0 = 0$，我们都称 $y(x_0) = y_0$ 为初始条件。要**求解**初值问题

$$\frac{dy}{dx} = f(x, y), \quad y(x_0) = y_0, \tag{18}$$

就必须在包含 x_0 的某个区间上找到同时满足式 (18) 中两个条件的可微函数 $y = y(x)$。

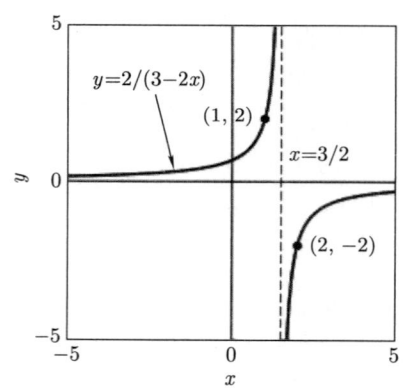

图 1.1.7 由 $y(x) = 2/(3-2x)$ 定义的方程 $y' = y^2$ 的解

例题 10 已知例题 7 中所讨论的微分方程 $dy/dx = y^2$ 的解为 $y(x) = 1/(C-x)$，求解初值问题

$$\frac{dy}{dx} = y^2, \quad y(1) = 2。$$

解答：我们只需要求出一个 C 值，使得解 $y(x) = 1/(C-x)$ 满足初始条件 $y(1) = 2$。将值 $x = 1$ 和 $y = 2$ 代入给定的解，可得

$$2 = y(1) = \frac{1}{C-1},$$

所以 $2C - 2 = 1$，因此 $C = \dfrac{3}{2}$。利用这个 C 值，我们就得到所需的解

$$y(x) = \frac{1}{\frac{3}{2} - x} = \frac{2}{3 - 2x}。$$

图 1.1.7 显示了图形 $y = 2/(3-2x)$ 的两个分支。左侧分支是给定初值问题 $y' = y^2$，$y(1) = 2$ 的解在 $\left(-\infty, \dfrac{3}{2}\right)$ 上的图形。右侧分支经过点 $(2, -2)$，因此是不同初值问题 $y' = y^2$，$y(2) = -2$ 的解在 $\left(\dfrac{3}{2}, \infty\right)$ 上的图形。∎

我们最迫切关心的核心问题是：如果给定一个微分方程，我们已知它有一个满足给定初始条件的解，那么我们究竟该如何找到或计算这个解呢？一旦找到，我们又能用它做什么呢？我们将看到几种相对简单的技术，即变量分离法（1.4 节）、线性方程的解法（1.5 节）、初等替换法（1.6 节），这些方法足以让我们能够求解各种具有令人印象深刻应用的一阶方程。

习题

在习题 1~12 中，通过代入法验证每个给定函数都是给定微分方程的解。在这些题目中，上标符号 ′ 表示对 x 求导。

1. $y' = 3x^2$; $y = x^3 + 7$
2. $y' + 2y = 0$; $y = 3e^{-2x}$
3. $y'' + 4y = 0$; $y_1 = \cos 2x$, $y_2 = \sin 2x$
4. $y'' = 9y$; $y_1 = e^{3x}$, $y_2 = e^{-3x}$
5. $y' = y + 2e^{-x}$; $y = e^x - e^{-x}$
6. $y'' + 4y' + 4y = 0$; $y_1 = e^{-2x}$, $y_2 = xe^{-2x}$
7. $y'' - 2y' + 2y = 0$; $y_1 = e^x \cos x$, $y_2 = e^x \sin x$
8. $y'' + y = 3\cos 2x$; $y_1 = \cos x - \cos 2x$, $y_2 = \sin x - \cos 2x$
9. $y' + 2xy^2 = 0$; $y = \dfrac{1}{1+x^2}$
10. $x^2 y'' + xy' - y = \ln x$; $y_1 = x - \ln x$, $y_2 = \dfrac{1}{x} - \ln x$
11. $x^2 y'' + 5xy' + 4y = 0$; $y_1 = \dfrac{1}{x^2}$, $y_2 = \dfrac{\ln x}{x^2}$
12. $x^2 y'' - xy' + 2y = 0$; $y_1 = x\cos(\ln x)$, $y_2 = x\sin(\ln x)$

在习题 13~16 中，将 $y = e^{rx}$ 代入给定的微分方程，以确定 $y = e^{rx}$ 是方程解的常量 r 的所有值。

13. $3y' = 2y$
14. $4y'' = y$
15. $y'' + y' - 2y = 0$
16. $3y'' + 3y' - 4y = 0$

在习题 17~26 中，首先验证 $y(x)$ 是否满足给定的微分方程。然后确定常数 C 的值，使 $y(x)$ 满足给定的初始条件。使用计算机或图形计算器（如果需要）绘出给定微分方程的几个典型解，并突出显示满足给定初始条件的解。

17. $y' + y = 0$; $y(x) = Ce^{-x}$, $y(0) = 2$
18. $y' = 2y$; $y(x) = Ce^{2x}$, $y(0) = 3$
19. $y' = y + 1$; $y(x) = Ce^x - 1$, $y(0) = 5$
20. $y' = x - y$; $y(x) = Ce^{-x} + x - 1$, $y(0) = 10$
21. $y' + 3x^2 y = 0$; $y(x) = Ce^{-x^3}$, $y(0) = 7$
22. $e^y y' = 1$; $y(x) = \ln(x + C)$, $y(0) = 0$
23. $x\dfrac{dy}{dx} + 3y = 2x^5$; $y(x) = \dfrac{1}{4}x^5 + Cx^{-3}$, $y(2) = 1$
24. $xy' - 3y = x^3$; $y(x) = x^3(C + \ln x)$, $y(1) = 17$
25. $y' = 3x^2(y^2 + 1)$; $y(x) = \tan(x^3 + C)$, $y(0) = 1$
26. $y' + y\tan x = \cos x$; $y(x) = (x + C)\cos x$, $y(\pi) = 0$

在习题 27~31 中，函数 $y = g(x)$ 由其图形的某些几何性质描述。请写出以函数 g 为解（或作为其中一个解）且形如 $dy/dx = f(x, y)$ 的微分方程。

27. 函数 g 的图形在点 (x, y) 处的斜率是 x 和 y 之和。
28. 函数 g 的图形在点 (x, y) 处的切线与 x 轴相交于点 $(x/2, 0)$。
29. 函数 g 的图形的每条法线都经过点 $(0, 1)$。你能猜出这样一个函数 g 的图形可能是什么样的吗？
30. 函数 g 的图形与每条形如 $y = x^2 + k$（k 是一个常数）的曲线垂直相交。
31. 函数 g 的图形在点 (x, y) 处的切线经过点 $(-y, x)$。

作为模型的微分方程

在习题 32~36 中，按照本节方程 (3)~(6) 的方式写出一个微分方程，作为所述情况的数学模型。

32. 种群数量 P 的时间变化率与 P 的平方根成正比。
33. 滑行摩托艇的速度 v 的时间变化率与 v 的平方成正比。
34. 一辆兰博基尼的加速度 dv/dt 与时速 250 km/h 和车速之差成正比。
35. 在一个人口固定为 P 的城市里，听说过某个谣言的人数 N 的时间变化率与尚未听说过该谣言的人数成正比。
36. 在一个人口固定为 P 的城市里，感染某种传染病的人数 N 的时间变化率与患该病的人数和未患病的人数之积成正比。

在习题 37~42 中，通过检验确定给定微分方程的至少一个解。也就是说，利用你的导数知识做出明智的猜测。然后检验你的假设。
37. $y'' = 0$
38. $y' = y$
39. $xy' + y = 3x^2$
40. $(y')^2 + y^2 = 1$
41. $y' + y = e^x$
42. $y'' + y = 0$

习题 43~46 涉及微分方程

$$\frac{dx}{dt} = kx^2,$$

其中 k 是一个常数。

43. (a) 如果 k 是一个常数，证明此微分方程的（单参数）通解可由 $x(t) = 1/(C - kt)$ 给出，其中 C 是一个任意常数。
    (b) 通过检验确定初值问题 $x' = kx^2$, $x(0) = 0$ 的解。

44. (a) 假设 k 是一个正数，然后利用 $x(0)$ 的几个典型正值，绘出方程 $x' = kx^2$ 的解的图形。
    (b) 如果常数 k 为负数，这些解会有什么不同？

45. 假设啮齿动物种群数量 P 满足微分方程 $dP/dt = kP^2$。最初，有 $P(0) = 2$ 只啮齿动物，当有 $P = 10$ 只啮齿动物时，其数量以 $dP/dt = 1$ 只每月的速度增加。根据习题 43 的结果，这个种群数量增长到 100 只需要多长时间？到 1000 只呢？此时发生了什么？

46. 假设在水中滑行的摩托艇的速度 v 满足微分方程 $dv/dt = kv^2$。摩托艇的初始速度为 $v(0) = 10$ m/s，当 $v = 5$ m/s 时，v 以 1 m/s^2 的速度减小。根据习题 43 的结果，摩托艇的速度降至 1 m/s 需要多长时间？降至 0.1 m/s 呢？摩托艇何时停下来？

47. 在例题 7 中，我们看到 $y(x) = 1/(C - x)$ 定义了微分方程 $dy/dx = y^2$ 的单参数解族。
    (a) 确定 C 的值，使 $y(10) = 10$。
    (b) 是否存在一个 C 值使 $y(0) = 0$？然而，你能通过检验找到 $dy/dx = y^2$ 的一个解，使得 $y(0) = 0$ 吗？
    (c) 图 1.1.8 显示了形如 $y(x) = 1/(C - x)$ 的解的典型图形。这些解曲线是否看起来填满了整个 xy 平面？你能否得出结论：给定平面内任意一点 (a, b)，微分方程 $dy/dx = y^2$ 恰好有一个满足条件 $y(a) = b$ 的解 $y(x)$。

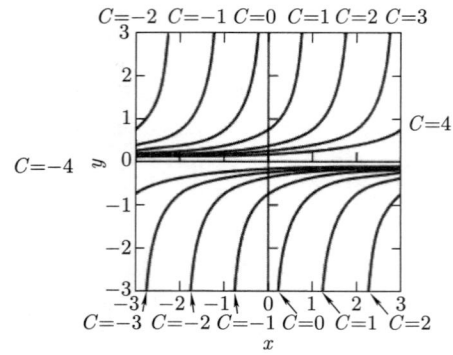

图 1.1.8　方程 $dy/dx = y^2$ 的解的图形

48. (a) 证明 $y(x) = Cx^4$ 定义了微分方程 $xy' = 4y$ 的单参数可微解族（如图 1.1.9 所示）。
    (b) 证明

$$y(x) = \begin{cases} -x^4, & x < 0 \\ x^4, & x \geq 0 \end{cases}$$

对所有 x 定义了 $xy' = 4y$ 的一个可微解，但不具有 $y(x) = Cx^4$ 的形式。
    (c) 给定任意两个实数 a 和 b，请解释为什么与习题 47(c) 部分中的情况相反，方程 $xy' = 4y$ 存在无穷多个可微解，且都满足条件 $y(a) = b$。

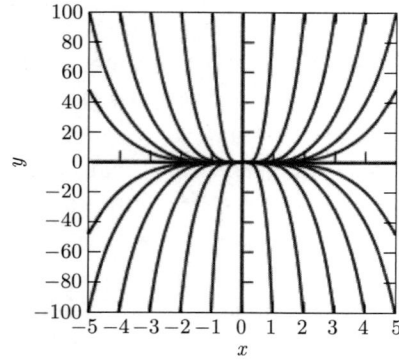

图 1.1.9　对于不同的 C 值，$y = Cx^4$ 的图形

1.2 作为通解和特解的积分

对于一阶方程 $dy/dx = f(x, y)$，若右侧函数 f 实际上不包含因变量 y，则其形式特别简单，

$$\frac{dy}{dx} = f(x)。 \tag{1}$$

在这种特殊情况下，我们只需要对方程 (1) 的两边积分即可得到

$$y(x) = \int f(x)dx + C。 \tag{2}$$

这就是方程 (1) 的**通解**，意味着它包含一个任意常数 C，而对于 C 的每个选择，它都是微分方程 (1) 的解。如果 $G(x)$ 是 f 的一个特定不定积分，也就是说，若 $G'(x) \equiv f(x)$，则

$$y(x) = G(x) + C。 \tag{3}$$

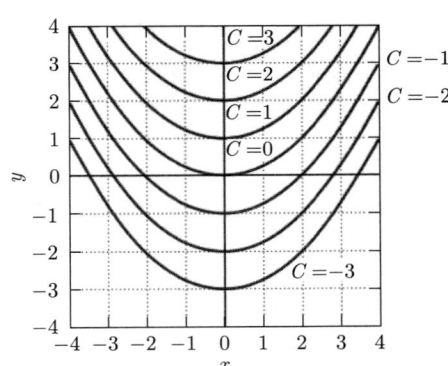
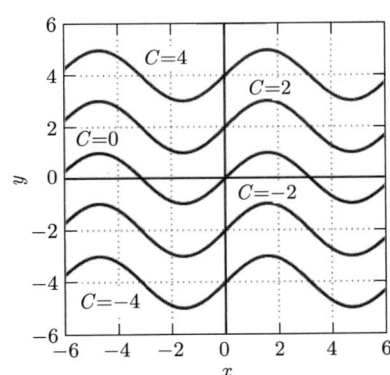

图 1.2.1　对于不同的 C 值，$y = \frac{1}{4}x^2 + C$ 的图形　　图 1.2.2　对于不同的 C 值，$y = \sin x + C$ 的图形

如图 1.2.1 和图 1.2.2 所示，在同一区间 I 上的任意两个这样的解 $y_1(x) = G(x) + C_1$ 和 $y_2(x) = G(x) + C_2$ 对应的图形在某种意义上是"平行的"。我们可以看到，常数 C 在几何上是两条曲线 $y(x) = G(x)$ 和 $y(x) = G(x) + C$ 之间的垂直距离。

为了满足初始条件 $y(x_0) = y_0$，我们只需要将 $x = x_0$ 和 $y = y_0$ 代入式 (3) 即可得到 $y_0 = G(x_0) + C$，所以 $C = y_0 - G(x_0)$。基于 C 的这个选择，我们得到满足下列初值问题的方程 (1) 的**特解**：

$$\frac{dy}{dx} = f(x), \quad y(x_0) = y_0。$$

我们将看到，这是求解一阶微分方程的典型模式。通常，我们会首先求出一个包含任意常数 C 的通解。然后，我们可以尝试通过适当选择 C，得到一个满足给定初始条件 $y(x_0) =$

y_0 的特解。

备注：正如上一段中所使用的术语，一阶微分方程的通解只是一个单参数解族。一个自然的问题是，一个给定的通解是否包含微分方程的每个特解。当包含时，我们就称其为微分方程的通解。例如，因为同一函数 $f(x)$ 的任意两个不定积分只能相差一个常数，所以方程 (1) 的每个解都具有式 (2) 的形式。因此，用式 (2) 来定义方程 (1) 的通解。

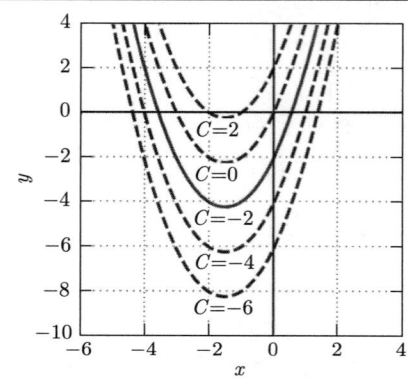

图 1.2.3　例题 1 中微分方程的解曲线

例题 1　**通解和特解**　求解初值问题
$$\frac{\mathrm{d}y}{\mathrm{d}x} = 2x + 3, \quad y(1) = 2。$$

解答：如式 (2) 所示，对上述微分方程两边同时积分，立即得到通解
$$y(x) = \int (2x+3)\mathrm{d}x = x^2 + 3x + C。$$

图 1.2.3 显示了不同 C 值对应的图形 $y = x^2 + 3x + C$。由于我们所寻求的特解对应于经过点 $(1, 2)$ 的曲线，所以满足初始条件
$$y(1) = (1)^2 + 3 \cdot (1) + C = 2。$$
由此得出 $C = -2$，所以期望得到的特解为
$$y(x) = x^2 + 3x - 2。$$

二阶方程　特殊的一阶方程 $\mathrm{d}y/\mathrm{d}x = f(x)$ 是很容易求解的（只要能找到 f 的不定积分），这一观察结果可以推广到具有如下特殊形式的二阶微分方程
$$\frac{\mathrm{d}^2 y}{\mathrm{d}x^2} = g(x), \tag{4}$$
其中右侧函数 g 既不涉及因变量 y 也不涉及其导数 $\mathrm{d}y/\mathrm{d}x$。我们只需要积分一次就可以得到
$$\frac{\mathrm{d}y}{\mathrm{d}x} = \int y''(x)\mathrm{d}x = \int g(x)\mathrm{d}x = G(x) + C_1,$$
其中 G 是 g 的不定积分，C_1 是任意常数。然后再次积分可得
$$y(x) = \int y'(x)\mathrm{d}x = \int [G(x) + C_1]\,\mathrm{d}x = \int G(x)\mathrm{d}x + C_1 x + C_2,$$
其中 C_2 是第二个任意常数。实际上，二阶微分方程 (4) 可以通过依次求解下列一阶方程来求解：
$$\frac{\mathrm{d}v}{\mathrm{d}x} = g(x) \quad \text{和} \quad \frac{\mathrm{d}y}{\mathrm{d}x} = v(x)。$$

速度和加速度

直接积分足以使我们根据作用在质点上的力来解决有关质点运动的一些重要问题。质点沿直线（x 轴）的运动用其**位置函数**来描述，即

$$x = f(t) \tag{5}$$

给出它在 t 时刻的 x 坐标。质点的**速度**被定义为

$$v(t) = f'(t), \quad \text{即} \quad v = \frac{\mathrm{d}x}{\mathrm{d}t}。 \tag{6}$$

其**加速度** $a(t) = v'(t) = x''(t)$，用 Leibniz 符号表示为

$$a = \frac{\mathrm{d}v}{\mathrm{d}t} = \frac{\mathrm{d}^2 x}{\mathrm{d}t^2}。 \tag{7}$$

式 (6) 有时以不定积分形式 $x(t) = \int v(t)\mathrm{d}t$ 出现，有时以定积分形式

$$x(t) = x(t_0) + \int_{t_0}^{t} v(s)\mathrm{d}s$$

出现，你应该意识到这是微积分基本定理的表述（准确地说是因为 $\mathrm{d}x/\mathrm{d}t = v$ ）。

牛顿第二运动定律指出，如果力 $F(t)$ 作用在质点上，并沿着质点的运动方向，那么

$$ma(t) = F(t), \quad \text{即} \quad F = ma, \tag{8}$$

其中 m 是质点的质量。如果已知力 F，那么可以对方程 $x''(t) = F(t)/m$ 积分两次，从而得到用两个积分常数表示的位置函数 $x(t)$。这两个任意常数通常是由质点的**初始位置** $x_0 = x(0)$ 和**初始速度** $v_0 = v(0)$ 决定的。

恒定加速度　例如，假设力 F 是恒定的，因此加速度 $a = F/m$ 是恒定的。然后我们从方程

$$\frac{\mathrm{d}v}{\mathrm{d}t} = a \quad (a\text{是常数}) \tag{9}$$

开始对该方程两边积分可得

$$v(t) = \int a\,\mathrm{d}t = at + C_1。$$

我们知道当 $t = 0$ 时 $v = v_0$，将这一信息代入上式，可得 $C_1 = v_0$。于是有

$$v(t) = \frac{\mathrm{d}x}{\mathrm{d}t} = at + v_0。 \tag{10}$$

二次积分可得

$$x(t) = \int v(t)\mathrm{d}t = \int (at + v_0)\,\mathrm{d}t = \frac{1}{2}at^2 + v_0 t + C_2,$$

将 $t = 0$ 和 $x = x_0$ 代入上式，得到 $C_2 = x_0$。因此

$$x(t) = \frac{1}{2}at^2 + v_0 t + x_0 \text{。} \tag{11}$$

综上所述，分别根据式 (10) 和式 (11)，我们可以求出质点在任意时刻 t 用其恒定加速度 a、初始速度 v_0 以及初始位置 x_0 表示的速度和位置。

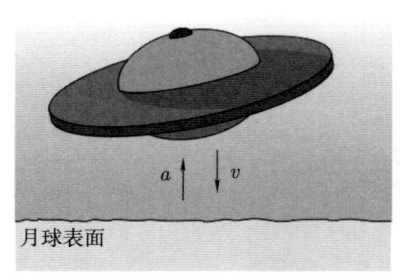

图 1.2.4　例题 2 中的月球着陆器

例题 2　**月球着陆器**　一个月球着陆器正以 450 m/s 的速度自由落向月球表面。其制动火箭在启动后，能够提供 2.5 m/s^2 的恒定减速度（假定由月球产生的重力加速度包含在给定的减速度中）。为确保"软着陆"（接地瞬时 $v = 0$），应在距月球表面多高的位置启动制动火箭？

解答：如图 1.2.4 所示，我们用 $x(t)$ 表示月球着陆器离月球表面的高度。令 $t = 0$ 表示制动火箭应该启动的时间。那么 $v_0 = -450$ m/s（负值是因为高度 $x(t)$ 在减小），而 $a = +2.5$，因为向上的推力使速度 v 增大（尽管它使速率 $|v|$ 减小了）。那么式 (10) 和式 (11) 变为

$$v(t) = 2.5t - 450 \tag{12}$$

和

$$x(t) = 1.25t^2 - 450t + x_0, \tag{13}$$

其中 x_0 是 $t = 0$ 时着陆器距离月球表面的高度，此时应启动制动火箭。

由式 (12) 可知，当 $t = 450/2.5 = 180$ s（即 3 min）时，$v = 0$（"软着陆"）发生；那么将 $t = 180$ 和 $x = 0$ 代入式 (13) 可得

$$x_0 = 0 - (1.25)(180)^2 + 450(180) = 40500 \text{ m,}$$

即 $x_0 = 40.5$ km。因此，当月球着陆器距离月球表面 40.5 km 时，应该启动制动火箭，并且经过 3 min 的减速下降后，它就会软着陆于月球表面。∎

物理单位

数值工作需要用单位来测量诸如距离和时间等物理量。我们有时会在特殊情况下（例如在涉及汽车旅行的问题中）使用特设单位，例如距离以 mile 或 km 为单位，时间以 h（小时）为单位。然而，在科学和工程问题中，英尺–磅–秒（fps）和米–千克–秒（mks）单位制的使用更为普遍。事实上，fps 单位制只在美国（和少数其他国家）被普遍使用，而 mks 单位制则构成了科学单位国际标准体系。

右侧表格的最后一行给出了地球表面重力加速度 g 的数值。虽然这些近似值对于大多数实例和问题来说已经足够，但更精确的值是 9.7805 m/s² 和 32.088 ft/s²（在赤道处海平面上）。

	fps 单位制	**mks 单位制**
力	磅（lbf）	牛顿（N）
质量	slug	千克（kg）
距离	英尺（ft）	米（m）
时间	秒（s）	秒（s）
g	32 ft/s²	9.8 m/s²

这两种单位制都符合牛顿第二定律 $F = ma$。因此，1 N（根据定义）是使质量为 1 kg 的物体产生 1 m/s² 的加速度所需要的力。类似地，1 slug（根据定义）是在 1 lbf 力的作用下产生 1 ft/s² 的加速度的质量。（我们将在所有需要质量单位的问题中使用 msk 单位制，因此很少需要用 slug 来测量质量。）

in 和 cm（以及 mile 和 km）也常用于描述距离。对于 fps 单位和 mks 单位之间的转换，记住以下公式会很有帮助

$$1 \text{ in} = 2.54 \text{ cm（精确地）} \quad \text{和} \quad 1 \text{ lbf} \approx 4.448 \text{ N}。$$

例如

$$1 \text{ ft} = 12 \text{ in} \times 2.54 \frac{\text{cm}}{\text{in}} = 30.48 \text{ cm},$$

由此可得

$$1 \text{ mile} = 5280 \text{ft} \times 30.48 \frac{\text{cm}}{\text{ft}} = 160934.4 \text{ cm} \approx 1.609 \text{ km}。$$

因此，美国公布的 50 mile/h 的限速意味着，按照国际标准，法定限速大约为 $50 \times 1.609 \approx 80.45$ km/h。

重力加速度下的竖直运动

物体的**重力** W 是地心引力施加在物体上的力。对于地球表面上质量为 m 的物体受到的重力 W，将 $a = g$ 和 $F = W$ 代入牛顿第二定律 $F = ma$ 可得

$$W = mg \tag{14}$$

（其中 $g \approx 32$ ft/s² ≈ 9.8 m/s²）。例如，一个质量为 $m = 20$ kg 的物体，其重力为 $W = (20 \text{ kg})(9.8 \text{ m/s}^2) = 196$ N。类似地，一个质量 m 为 100 lb（1 lb=0.454 kg）的物体，在 mks 单位制下其重力为

$$W = (100 \text{ lb})(4.448 \text{ N/lb}) = 444.8 \text{ N},$$

所以其质量为

$$m = \frac{W}{g} = \frac{444.8 \text{ N}}{9.8 \text{ m/s}^2} \approx 45.4 \text{ kg}。$$

在讨论竖直运动时，很自然会选择 y 轴作为位置的坐标系，通常 $y = 0$ 对应于"地平面"。如果我们选择向上的方向作为正方向，那么重力对竖直运动物体的作用就是降低

其高度，同时降低其速度 $v = \mathrm{d}y/\mathrm{d}t$。因此，如果我们忽略空气阻力，那么物体的加速度 $a = \mathrm{d}v/\mathrm{d}t$ 可由下式给出：

$$\frac{\mathrm{d}v}{\mathrm{d}t} = -g_{\circ} \tag{15}$$

这个加速度方程为许多涉及竖直运动的问题提供了一个起点。逐次积分 [如式 (10) 和式 (11) 所示] 可得速度和高度公式

$$v(t) = -gt + v_0 \tag{16}$$

和

$$y(t) = -\frac{1}{2}gt^2 + v_0 t + y_0_{\circ} \tag{17}$$

这里，y_0 表示物体的初始（$t = 0$）高度，v_0 表示其初始速度。

例题 3 **抛射体运动** **(a)** 假设从地面（$y_0 = 0$）以初始速度 $v_0 = 96$ ft/s（在 fps 单位制中我们使用 $g = 32$ ft/s^2）竖直向上抛出一个球。那么当其速度 [式 (16)] 为零时，即

$$v(t) = -32t + 96 = 0,$$

换句话说，当 $t = 3$ s 时，它达到最大高度。因此球所能达到的最大高度为

$$y(3) = -\frac{1}{2} \cdot 32 \cdot 3^2 + 96 \cdot 3 + 0 = 144 \text{ (ft)}$$

[根据式 (17)]。

(b) 如果从地面以初始速度 $v_0 = 49$ m/s（在 mks 单位制中我们使用 $g = 9.8$ m/s^2）竖直向上射出一支箭，那么当

$$y(t) = -\frac{1}{2} \cdot (9.8)t^2 + 49t = (4.9)t(-t + 10) = 0,$$

即在空中飞行 10 s 后，箭会返回地面。 ■

游泳者问题

图 1.2.5 显示了一条宽度为 $w = 2a$ 的向北流动的河流。直线 $x = \pm a$ 代表河岸，y 轴代表其中心。假设越接近河流中心，水流速度 v_R 越大，实际上，水流速度可用到中心的距离 x 表示为

$$v_R = v_0 \left(1 - \frac{x^2}{a^2}\right)_{\circ} \tag{18}$$

你可以用式 (18) 来验证水流确实在中心处流动最快，此处 $v_R = v_0$，而在两边河岸处 $v_R = 0$。

假设一名游泳者从河西岸的点 $(-a, 0)$ 处出发,以恒定速度 v_S(相对于水流)向正东游去。由图 1.2.5可知,他的速度矢量(相对于河床)可分解为水平分量 v_S 和垂直分量 v_R。因此,游泳者的方向角 α 可由下式给出:
$$\tan \alpha = \frac{v_R}{v_S}。$$
由于 $\tan \alpha = \mathrm{d}y/\mathrm{d}x$,那么将其代入上式并利用式 (18),可得游泳者过河时的轨线 $y = y(x)$ 满足的微分方程

$$\frac{\mathrm{d}y}{\mathrm{d}x} = \frac{v_0}{v_S}\left(1 - \frac{x^2}{a^2}\right)。 \qquad (19)$$

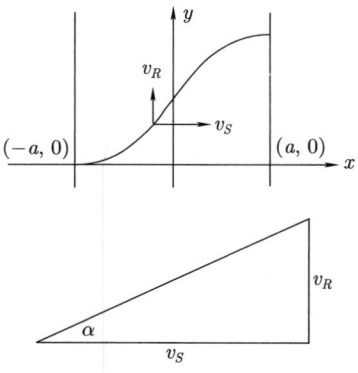

图 1.2.5 游泳者问题(例题 3)

例题 4 **过河** 假设河流宽 1 mile,且河流正中的水流速度为 $v_0 = 9$ mile/h。若游泳者的速度为 $v_S = 3$ mile/h,则方程 (19) 取如下形式
$$\frac{\mathrm{d}y}{\mathrm{d}x} = 3(1 - 4x^2)。$$
积分可得游泳者的轨线为
$$y(x) = \int (3 - 12x^2)\mathrm{d}x = 3x - 4x^3 + C。$$
由初始条件 $y(-\frac{1}{2}) = 0$ 可得 $C = 1$,所以
$$y(x) = 3x - 4x^3 + 1。$$
那么
$$y\left(\frac{1}{2}\right) = 3\left(\frac{1}{2}\right) - 4\left(\frac{1}{2}\right)^3 + 1 = 2,$$
所以游泳者游 1 mile 过河的同时,向下游漂流了 2 mile。∎

习题

在习题 1~10 中,求出满足给定微分方程和指定初始条件的函数 $y = f(x)$。

1. $\dfrac{\mathrm{d}y}{\mathrm{d}x} = 2x + 1$;$y(0) = 3$
2. $\dfrac{\mathrm{d}y}{\mathrm{d}x} = (x - 2)^2$;$y(2) = 1$
3. $\dfrac{\mathrm{d}y}{\mathrm{d}x} = \sqrt{x}$;$y(4) = 0$
4. $\dfrac{\mathrm{d}y}{\mathrm{d}x} = \dfrac{1}{x^2}$;$y(1) = 5$
5. $\dfrac{\mathrm{d}y}{\mathrm{d}x} = \dfrac{1}{\sqrt{x+2}}$;$y(2) = -1$
6. $\dfrac{\mathrm{d}y}{\mathrm{d}x} = x\sqrt{x^2 + 9}$;$y(-4) = 0$
7. $\dfrac{\mathrm{d}y}{\mathrm{d}x} = \dfrac{10}{x^2 + 1}$;$y(0) = 0$

8. $\dfrac{dy}{dx} = \cos 2x$；$y(0) = 1$

9. $\dfrac{dy}{dx} = \dfrac{1}{\sqrt{1-x^2}}$；$y(0) = 0$

10. $\dfrac{dy}{dx} = xe^{-x}$；$y(0) = 1$

在习题 11~18 中，根据给定的加速度 $a(t)$、初始位置 $x_0 = x(0)$ 和初始速度 $v_0 = v(0)$，求出运动质点的位置函数 $x(t)$。

11. $a(t) = 50$, $v_0 = 10$, $x_0 = 20$

12. $a(t) = -20$, $v_0 = -15$, $x_0 = 5$

13. $a(t) = 3t$, $v_0 = 5$, $x_0 = 0$

14. $a(t) = 2t + 1$, $v_0 = -7$, $x_0 = 4$

15. $a(t) = 4(t+3)^2$, $v_0 = -1$, $x_0 = 1$

16. $a(t) = \dfrac{1}{\sqrt{t+4}}$, $v_0 = -1$, $x_0 = 1$

17. $a(t) = \dfrac{1}{(t+1)^3}$, $v_0 = 0$, $x_0 = 0$

18. $a(t) = 50\sin 5t$, $v_0 = -10$, $x_0 = 8$

以图形方式给出速度

在习题 19~22 中，一个质点从原点出发，以速度函数 $v(t)$ 沿 x 轴运动，其中速度函数图形如图 1.2.6~1.2.9 所示。绘出所得的位置函数 $x(t)$ 在 $0 \leqslant t \leqslant 10$ 时的图形。

19.

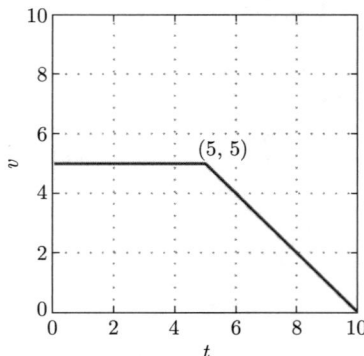

图 1.2.6　习题 19 的速度函数 $v(t)$ 的图形

20.

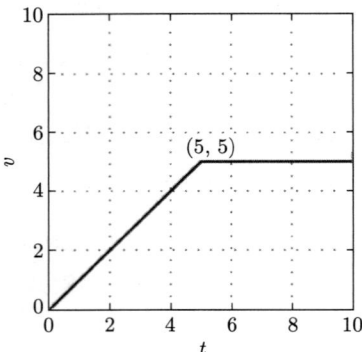

图 1.2.7　习题 20 的速度函数 $v(t)$ 的图形

21.

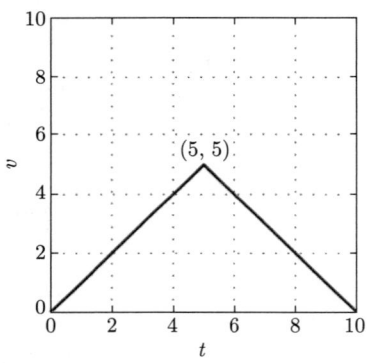

图 1.2.8　习题 21 的速度函数 $v(t)$ 的图形

22.

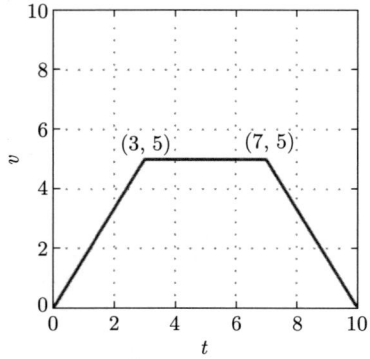

图 1.2.9　习题 22 的速度函数 $v(t)$ 的图形

习题 23~29 探讨抛射体在恒定加速度或减速度下的运动。计算器对以下许多问题都有帮助。

23. 在例题 3 的 (b) 部分中，箭所能达到的最大高度是多少？
24. 一个球从 400 ft 高的建筑物顶部落下。要多久才能到达地面？球着地的速度是多少？
25. 一辆汽车正以 100 km/h 的速度行驶时踩下刹车，提供 10 m/s² 的恒定减速度。汽车行驶了多远才停下来？
26. 从 20 m 高的建筑物顶部以 100 m/s 的初始速度竖直向上发射一枚炮弹，炮弹落在建筑物底部的地面上。求
    (a) 它距离地面的最大高度；
    (b) 它经过建筑物顶部的时间；
    (c) 它在空中的总时间。
27. 从高层建筑物的顶部竖直向下抛出一个球。球的初始速度为 10 m/s。最终它以 60 m/s 的速度撞击地面。该建筑物有多高？
28. 从华盛顿纪念碑（高 555 ft）的顶部以 40 ft/s 的初始速度竖直向下抛出一个棒球。棒球到达地面需要多长时间？它落地的速度是多少？
29. **可变加速度**　一辆柴油车逐渐加速，在前 10 s 内其加速度可由下式给出：
$$\frac{dv}{dt} = (0.12)t^2 + (0.6)t \quad (\text{ft/s}^2).$$
如果车从静止状态 ($x_0=0$, $v_0=0$) 出发，求出它在前 10 s 结束时行驶的距离以及当时的速度。

习题 30~32 探讨刹车时汽车速度与滑行距离之间的关系。

30. 一辆以 60 mile/h（88 ft/s）的速度行驶的汽车在突然刹车后滑行了 176 ft。假设制动系统提供恒定的减速度，那么这个减速度是多少？滑行持续了多久？
31. 一辆汽车留下的刹车痕迹表明，在完全踩住刹车后，汽车滑行了 75 m 才停下来。已知这辆车在这些条件下的恒定减速度为 20 m/s²。那么开始刹车时，汽车行驶的速度是多少？用单位 km/h 表示。
32. 如果一辆汽车在开始刹车时正以 50 km/h 的速度行驶，那么刹车后汽车会滑行 15 m。假定汽车具有相同的恒定减速度，如果它在开始刹车时正以 100 km/h 的速度行驶，那么刹车后它会滑行多远？

习题 33 和习题 34 探讨在重力加速度不同于地球的行星上的竖直运动。

33. 在 Gzyx 星球上，一个从 20 ft 高处落下的球在 2 s 内落地。如果一个球从 Gzyx 星球上 200 ft 高的建筑物顶部落下，需要多长时间落地？它落地的速度是多少？
34. 一个人可以将一个球从地球表面竖直向上抛到 144 ft 的最高高度。在习题 33 的 Gzyx 星球上，这个人能把球抛多高？
35. **用高度表示的速度**　一块石头从静止状态下落，其离地球表面的初始距离即初始高度为 h。证明它撞击地面的速度为 $v = \sqrt{2gh}$。
36. 假设一个女人的双腿有足够的"弹力"可以从地面跳到 2.25 ft 的高度（在地球上）。如果她在月球上以同样的初始速度竖直向上跳，月球表面的重力加速度（大约）为 5.3 ft/s²，她会跳到距离月球表面多高的高度？
37. 正午，一辆汽车在 A 点从静止出发，以恒定的加速度沿直线向 B 点前进。如果汽车在 12:50 以 60 mile/h 的速度到达 B 点，则从 A 点到 B 点的距离是多少？
38. 正午，一辆汽车在 A 点从静止出发，以恒定的加速度沿直线向 35 mile 外的 C 点行驶。如果这辆不断加速的汽车以 60 mile/h 的速度到达 C 点，那么它在什么时候到达 C 点？
39. **过河**　如同例题 4，如果 $a = 0.5$ mile 且 $v_0 = 9$ mile/h，那么游泳者的速度 v_S 必须是多少，才能使他在过河时仅向下游漂流 1 mile？
40. **过河**　如同例题 4，假设 $a = 0.5$ mile，$v_0 = 9$ mile/h 且 $v_S = 3$ mile/h，但河流的速度由如下四次函数给出：
$$v_R = v_0\left(1 - \frac{x^4}{a^4}\right),$$
而不是式 (18) 中的二次函数。现在求出游泳者在过河时向下游漂流了多远。
41. **拦截炸弹**　从一架盘旋在离地面 800 ft 高空的直升机上投下一枚炸弹。在释放炸弹 2 s 后，从直升机正下方的地面竖直向上向炸弹发射一枚炮弹。为了在高度正好为 400 ft 的空中击

中炸弹，发射炮弹的初始速度应该是多少？
42. **月球着陆器**　一架航天器正以 1000 mile/h 的速度向月球表面自由下落。其制动火箭在启动时能提供 20000 mile/h² 的恒定减速度。宇航员应该在离月球表面多高的地方启动制动火箭以确保软着陆？（如同例题 2，忽略月球的引力场。）
43. **太阳风**　Arthur Clarke 的作品 *The Wind from the Sun*（1963）描述了由太阳风推动的航天器 Diana。它的镀铝帆为其提供 $0.001g = 0.0098 \text{ m/s}^2$ 的恒定加速度。假设这架航天器在 $t = 0$ 时刻从静止状态出发，同时发射一枚以光速 $c = 3 \times 10^8$ m/s 的十分之一的速度飞

行的炮弹（朝同一方向）。航天器需要多长时间才能追上炮弹，到那时它已经飞行了多远？
44. **滑行长度**　一名卷入事故的司机声称他当时的车速只有 25 mile/h。当警察对他的车进行测试时，发现当车速为 25 mile/h 时踩下刹车，汽车只滑行 45 ft 就停下来了。但在事故现场司机的滑行痕迹达到 210 ft。假设（恒定）减速度相同，确定在事故发生前他的实际行驶速度。
45. **运动学公式**　利用式 (10) 和式 (11) 证明，当加速度 $a = dv/dt$ 恒定时，对所有 t 等式 $v(t)^2 - v_0^2 = 2a\left[x(t) - x_0\right]$ 成立。然后使用这个通常在物理入门课程中出现的"运动学公式"验证例题 2 的结果。

1.3　斜率场和解曲线

考虑具有如下形式的微分方程
$$\frac{dy}{dx} = f(x, y), \tag{1}$$
其中右侧函数 $f(x, y)$ 包含自变量 x 和因变量 y。我们可以考虑对方程 (1) 两边同时关于 x 积分，从而得到 $y(x) = \int f(x, y(x))dx + C$。然而，这种方法并不能得到此微分方程的解，因为所示积分涉及未知函数 $y(x)$ 本身，因此无法显式求值。事实上，并不存在一种可以显式求解一般微分方程的简单方法。实际上，像 $y' = x^2 + y^2$ 这样看似简单的微分方程的解，都无法用微积分教科书里学过的普通初等函数来表示。不过，本节以及后面几节的图解法和数值方法可以用来构造足以满足许多实际目的的微分方程的近似解。

斜率场和图解法

存在一种简单的几何方法可以用来考虑给定微分方程 $y' = f(x, y)$ 的解。在 xy 平面上的每个点 (x, y) 处，$f(x, y)$ 的值决定了斜率 $m = f(x, y)$。微分方程的解就是一个可微函数，其图形 $y = y(x)$ 在它经过的每一点 $(x, y(x))$ 处都具有这样的"恰当斜率"，即 $y'(x) = f(x, y(x))$。因此，微分方程 $y' = f(x, y)$ 的**解曲线**，即方程解的图形只是 xy 平面上的一条曲线，它在每一点 (x, y) 处的切线都有斜率 $m = f(x, y)$。例如，图 1.3.1 显示了微分方程 $y' = x - y$ 的一条解曲线及其在三个典型点处的切线。

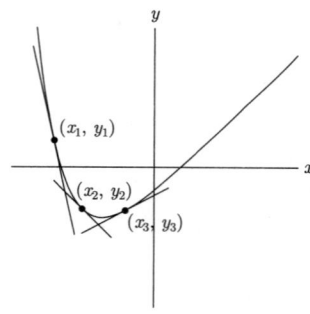

图 1.3.1　微分方程 $y' = x - y$ 的一条解曲线以及具有如下斜率的切线：
- 在点 (x_1, y_1) 处的斜率 $m_1 = x_1 - y_1$;
- 在点 (x_2, y_2) 处的斜率 $m_2 = x_2 - y_2$;
- 在点 (x_3, y_3) 处的斜率 $m_3 = x_3 - y_3$。

这种几何视角提出了一种构建微分方程 $y' = f(x, y)$ 近似解的图解法。经过平面内有代表性的点 (x, y) 的集合，我们绘出一条具有适当斜率 $m = f(x, y)$ 的短线段。所有这些线段构成了方程 $y' = f(x, y)$ 的**斜率场**（或**方向场**）。

例题 1 **斜率场** 图 1.3.2 a~d 显示了微分方程

$$\frac{\mathrm{d}y}{\mathrm{d}x} = ky \tag{2}$$

的斜率场和解曲线，其中在方程 (2) 中参数 k 的值分别为 2，0.5，−1，−3。注意，每个斜率场都会产生关于微分方程所有解集的重要定性信息。例如，图 a 和图 b 表明，若 $k > 0$，则当 $x \to +\infty$ 时，每个解 $y(x)$ 趋近于 $\pm\infty$，而图 c 和图 d 表明，若 $k < 0$，则当 $x \to +\infty$ 时，$y(x) \to 0$。此外，虽然 k 的符号决定了 $y(x)$ 的增减方向，但 $|k|$ 似乎决定了 $y(x)$ 的变化率。即使不知道方程 (2) 的通解可由 $y(x) = Ce^{kx}$ 显式给出，也可以从图 1.3.2 所示的斜率场明显看出以上所有信息。■

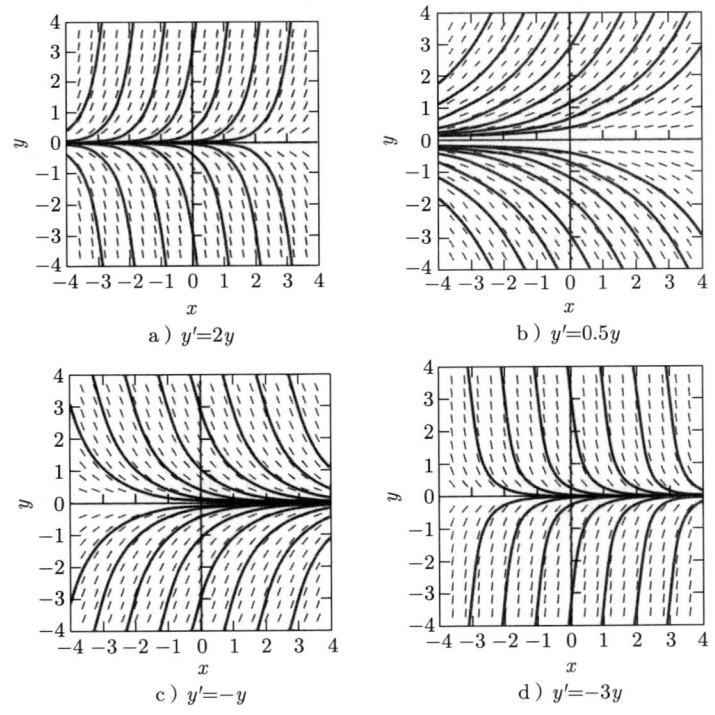

图 1.3.2 不同方程的斜率场和解曲线

斜率场直观显示了微分方程解曲线的一般形状。经过每个点时，解曲线应该沿着这样的方向延伸，即其切线几乎平行于附近的斜率场线段。从任意初始点 (a, b) 开始，我们可以尝试徒手画出一条近似的解曲线，它尽可能接近可见线段穿过斜率场。

例题 2　**解曲线**　构建微分方程 $y' = x - y$ 的斜率场，并利用它绘制经过点 $(-4, 4)$ 的近似解曲线。

解答：图 1.3.3 是给定方程的斜率表。表中水平 x 行和竖直 y 列的交点处的值表示斜率 $m = x - y$ 的数值。如果你检查这个表中从左上到右下的对角线模式，你会发现可以简单快速地构建斜率。（当然，微分方程右侧函数 $f(x, y)$ 越复杂，计算就越复杂。）图 1.3.4 显示了相应的斜率场，图 1.3.5 显示了经过点 $(-4, 4)$ 所绘制的近似解曲线，使得它尽可能接近该斜率场。在每一点处，它似乎都沿着附近斜率场线段所指示的方向前进。

$x \backslash y$	-4	-3	-2	-1	0	1	2	3	4
-4	0	-1	-2	-3	-4	-5	-6	-7	-8
-3	1	0	-1	-2	-3	-4	-5	-6	-7
-2	2	1	0	-1	-2	-3	-4	-5	-6
-1	3	2	1	0	-1	-2	-3	-4	-5
0	4	3	2	1	0	-1	-2	-3	-4
1	5	4	3	2	1	0	-1	-2	-3
2	6	5	4	3	2	1	0	-1	-2
3	7	6	5	4	3	2	1	0	-1
4	8	7	6	5	4	3	2	1	0

图 1.3.3　当 $-4 \leqslant x, y \leqslant 4$ 时，斜率 $y' = x - y$ 的值

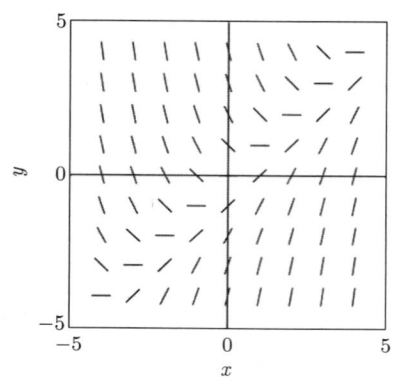

图 1.3.4　与图 1.3.3 中斜率表对应的方程 $y' = x - y$ 的斜率场

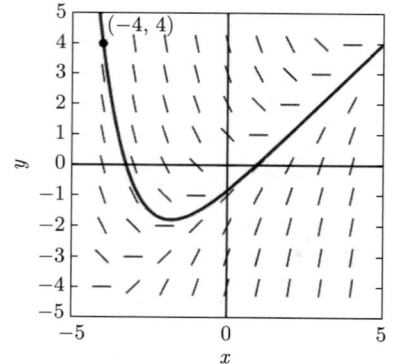

图 1.3.5　经过点 $(-4, 4)$ 的近似解曲线

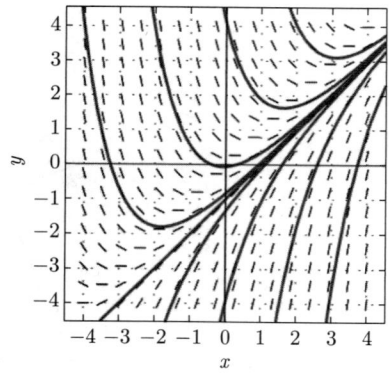

图 1.3.6　方程 $y' = x - y$ 的斜率场和典型解曲线

尽管（例如）电子制表程序可以很容易构建如图 1.3.3 所示的斜率表，但手工绘制如图 1.3.4 所示的足够多数量的斜率线段可能会非常烦琐。不过，大多数计算机代数系统都

包括现成的快速构建斜率场的命令，并且可以根据需求构建任意多线段；在本节的扩展应用中将会说明这些命令。构建的线段越多，越能准确地显示和绘制解曲线。图 1.3.6 展示了例题 2 中微分方程 $y' = x - y$ 的"更精细"的斜率场，以及穿过该斜率场的典型解曲线。

如果你仔细观察图 1.3.6，你可能会发现一条看起来像直线的解曲线！事实上，你可以验证线性函数 $y = x - 1$ 是方程 $y' = x - y$ 的一个解，而且看起来当 $x \to +\infty$ 时，其他解曲线都趋近于这条直线，将它作为渐近线。这说明，斜率场可以提供从微分方程本身完全看不出来的有关解的具体信息。对于初值问题 $y' = x - y$，$y(-4) = 4$ 的解 $y(x)$，你能通过在这幅图中画出合适的解曲线推断出 $y(3) \approx 2$ 吗？

斜率场的应用

接下来的两道例题将说明如何利用斜率场收集微分方程模拟的物理情形中的有用信息。例题 3 所依据的事实是，一个以中等速度 v（小于约 300 ft/s）在空中运动的棒球，会遇到与 v 近似成正比的空气阻力。如果从高楼顶部或从盘旋的直升机上竖直向下抛出棒球，那么它会同时受到向下的重力加速度和向上的空气阻力加速度的影响。若 y 轴方向向下，则球的速度 $v = dy/dt$ 及其重力加速度 $g = 32$ ft/s² 均为正值，而由空气阻力产生的加速度为负值。因此其总加速度具有如下形式

$$\frac{dv}{dt} = g - kv. \tag{3}$$

空气阻力比例常数的典型值可以取 $k = 0.16$。

例题 3　**坠落的棒球**　假设你从一架在 3000 ft 高空盘旋的直升机上竖直向下抛出一个棒球。你想知道站在下方地面上的人能否接住它。为了估算出球落地的速度，你可以使用笔记本计算机的计算机代数系统为下列微分方程构建一个斜率场：

$$\frac{dv}{dt} = 32 - 0.16v. \tag{4}$$

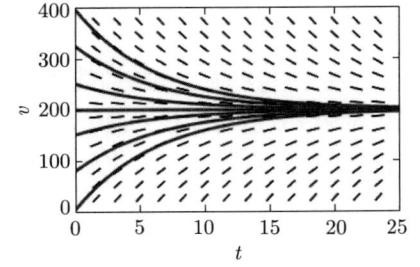

图 1.3.7　方程 $v' = 32 - 0.16v$ 的斜率场和典型解曲线

结果如图 1.3.7 所示，你可能会以不同的初始速度向下扔棒球，图 1.3.7 还显示了一些对应于不同初始速度值 $v(0)$ 的解曲线。注意，所有这些解曲线似乎都趋近于作为渐近线的水平线 $v = 200$。这就意味着，无论你如何扔球，棒球都应该趋近于极限速度 $v = 200$ ft/s，而不是无限加速（就像它在没有任何空气阻力的情况下那样）。利用简便事实 60 mile/h = 88 ft/s，可得

$$v = 200 \frac{\text{ft}}{\text{s}} \times \frac{60 \text{ mile/h}}{88 \text{ ft/s}} \approx 136.36 \text{ mile/h}.$$

也许一个习惯了 100 mile/h 快速球的接球手会有一些机会接住这个快速球。　■

注释：如果球的初始速度为 $v(0) = 200$，那么由方程 (4) 可得 $v'(0) = 32 - (0.16)(200) = 0$，所以这个球没有初始加速度。因此，其速度保持不变，那么 $v(t) \equiv 200$ 是这个微分方程的恒定"平衡解"。如果初始速度大于 200，那么由方程 (4) 给出的初始加速度为负值，所以球在下落时会减速。但是如果初始速度小于 200，那么由方程 (4) 给出的初始加速度为正值，所以球在下落时会加速。因此，由于空气阻力，无论棒球的初始速度是多少，它都将趋近于 200 ft/s 的极限速度，这似乎很合理。你也许想要验证一下，在没有空气阻力的情况下，这个球会以超过 300 mile/h 的速度撞击地面。■

在 2.1 节中，我们将详细讨论 logistic 微分方程

$$\frac{\mathrm{d}P}{\mathrm{d}t} = kP(M - P), \tag{5}$$

此方程通常用于模拟居住在承载能力为 M 的环境中的种群数量 $P(t)$。这意味着 M 是这个环境能够长期维持的最大种群数量（例如，就可获得的最大食物量而言）。

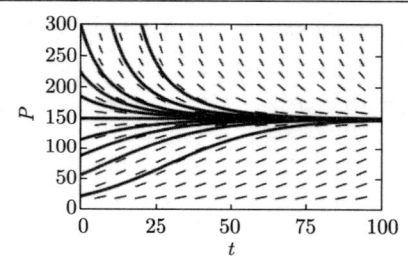

图 1.3.8 方程 $P' = 0.06P - 0.0004P^2$ 的斜率场和典型解曲线

例题 4　**极限种群数量**　如果我们取 $k = 0.0004$，$M = 150$，那么 logistic 方程 (5) 为

$$\frac{\mathrm{d}P}{\mathrm{d}t} = 0.0004P(150 - P) = 0.06P - 0.0004P^2. \tag{6}$$

方程 (6) 右侧的正项 $0.06P$ 对应于每年 6% 的自然增长率（时间 t 以年为单位）。负项 $-0.0004P^2$ 表示由于环境中资源有限而对种群繁衍的抑制。

图 1.3.8 显示了方程 (6) 的斜率场，以及与初始种群数量 $P(0)$ 的可能的不同值相对应的多条解曲线。注意，所有这些解曲线似乎都趋近于作为渐近线的水平线 $P = 150$。这意味着，无论初始种群数量是多少，当 $t \to \infty$ 时，种群数量 $P(t)$ 都趋近于极限种群数量 $P = 150$。■

注释：如果初始种群数量为 $P(0) = 150$，那么由方程 (6) 可得

$$P'(0) = 0.0004(150)(150 - 150) = 0,$$

所以种群数量从初始就不会经历（瞬时）变化。因此，它保持不变，那么 $P(t) \equiv 150$ 是此微分方程的恒定"平衡解"。如果初始种群数量大于 150，那么由方程 (6) 给出的初始变化率为负值，所以种群数量立即开始减少。但是如果初始种群数量小于 150，那么由方程 (6) 给出的初始变化率为正值，所以种群数量立即开始增加。因此，无论初始种群数量是多少（正值），种群数量都将趋近于极限值 150，得出这样的结论似乎是很合理的。■

解的存在性与唯一性

在花费大量时间试图求解一个给定微分方程之前，确定解确实存在是明智的。我们可能还想知道满足给定初始条件的方程是否只有一个解，即其解是否唯一。

例题 5 **解不存在** **(a)** 初值问题

$$y' = \frac{1}{x}, \qquad y(0) = 0 \tag{7}$$

无解,因为此微分方程的解 $y(x) = \int (1/x)\mathrm{d}x = \ln|x| + C$ 在 $x = 0$ 处没有定义。我们可以在图 1.3.9 中看到这一点,该图显示了方程 $y' = 1/x$ 的方向场以及一些典型解曲线。很明显,所指示的方向场"迫使"y 轴附近的所有解曲线向下俯冲,这样就没有解曲线能够经过点 $(0,0)$。

解不唯一 **(b)** 另一方面,你可以很容易地验证初值问题

$$y' = 2\sqrt{y}, \qquad y(0) = 0 \tag{8}$$

有两个不同的解 $y_1(x) = x^2$ 和 $y_2(x) = 0$(参见习题 27)。图 1.3.10 显示了初值问题 (8) 的方向场和这两条不同的解曲线。我们看到曲线 $y_1(x) = x^2$ 穿过所指示的方向场,而微分方程 $y' = 2\sqrt{y}$ 说明沿 x 轴 $y_2(x) = 0$ 的斜率为 $y' = 0$。 ■

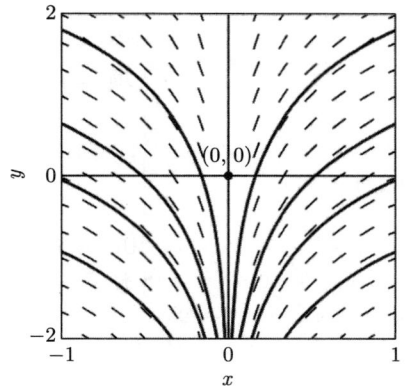
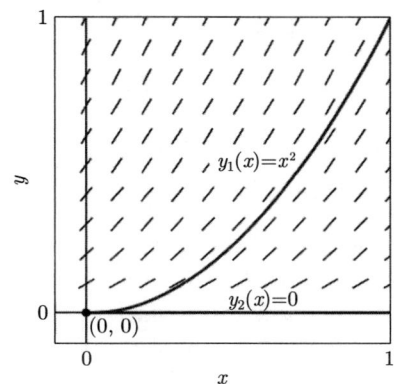

图 1.3.9 方程 $y' = 1/x$ 的方向场和典型解曲线   图 1.3.10 初值问题 $y' = 2\sqrt{y}$, $y(0) = 0$ 的方向场和两条不同的解曲线

例题 5 说明,在我们可以谈论一个初值问题的解之前,我们需要知道它有且仅有一个解。解的存在唯一性问题也影响着数学建模的过程。假设我们正在研究一个物理系统,其行为完全由某些初始条件决定,但是我们提出的数学模型涉及的微分方程没有满足这些条件的唯一解。这就产生了一个直接的问题,即此数学模型能否充分体现该物理系统。

下面的定理表明,只要函数 f 及其偏导数 $\partial f/\partial y$ 在 xy 平面上的点 (a, b) 附近连续,那么初值问题 $y' = f(x, y)$, $y(a) = b$ 在 x 轴上的点 $x = a$ 附近有且仅有一个解。附

录[一]中讨论了证明存在唯一性定理的方法。

> **定理 1 解的存在唯一性**
> 假设函数 $f(x, y)$ 及其偏导数 $D_y f(x, y)$ 在 xy 平面上包含点 (a, b) 的某个矩形邻域 R 上是连续的。那么，对于包含点 a 的某个开区间 I，初值问题
> $$\frac{dy}{dx} = f(x, y), \quad y(a) = b \tag{9}$$
> 在区间 I 上有且仅有一个解。（如图 1.3.11 所示，解区间 I 可能没有原始连续矩形 R 那么"宽"；参见下面的备注 3。）

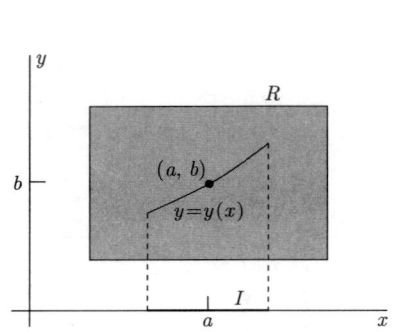 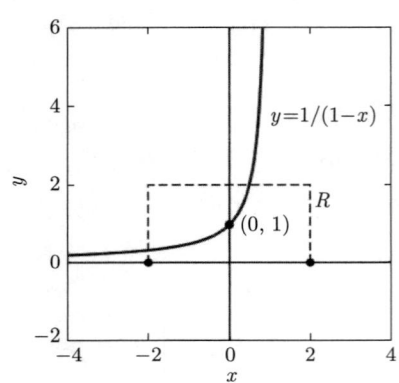

图 1.3.11 定理 1 中的矩形邻域 R 和 x 轴上的区间 I，以及经过点 (a, b) 的解曲线 $y = y(x)$

图 1.3.12 经过初始点 $(0, 1)$ 的解曲线在达到矩形 R 右侧之前已离开 R

备注 1：对于本节例题 1 和图 1.3.2 c 对应的微分方程 $dy/dx = -y$，函数 $f(x, y) = -y$ 及其偏导数 $\partial f/\partial y = -1$ 处处连续，所以定理 1 表明对任意初始数据 (a, b)，此微分方程存在唯一解。虽然该定理仅在包含 $x = a$ 的某个开区间上保证了解的存在性，但实际上每个解 $y(x) = Ce^{-x}$ 对所有 x 都有定义。

备注 2：对于本节例题 5(b) 即式 (8) 对应的微分方程 $dy/dx = 2\sqrt{y}$，当 $y > 0$ 时，函数 $f(x, y) = 2\sqrt{y}$ 是连续的，但当 $y = 0$ 时，偏导数 $\partial f/\partial y = 1/\sqrt{y}$ 是不连续的，因此在点 $(0, 0)$ 处不连续。这就是为什么可能存在两个不同解 $y_1(x) = x^2$ 和 $y_2(x) \equiv 0$，每个都满足初始条件 $y(0) = 0$。

备注 3：在 1.1 节的例题 7 中，我们研究了特别简单的微分方程 $dy/dx = y^2$。此时我们有 $f(x, y) = y^2$ 和 $\partial f/\partial y = 2y$。这两个函数在 xy 平面上处处连续，尤其在矩形区域 $-2 < x < 2$，$0 < y < 2$ 上连续。因为点 $(0, 1)$ 位于这个矩形内部，所以定理 1 保证了初值问题

$$\frac{dy}{dx} = y^2, \quad y(0) = 1 \tag{10}$$

在 x 轴上包含 $a = 0$ 的某个开区间上有唯一解，并且这个解必然是连续函数。实际上，这就是我们在 1.1 节例题 7 中讨论过的解

$$y(x) = \frac{1}{1-x}。$$

[一] "附录"见"前言"脚注二维码或封底二维码。——编辑注

但是 $y(x) = 1/(1-x)$ 在 $x = 1$ 处不连续,所以在整个区间 $-2 < x < 2$ 上不存在唯一连续解。因此,定理 1 中所描述的解区间 I 可能没有矩形 R 那么宽,在 R 内 f 和 $\partial f/\partial y$ 都连续。从几何上讲,原因在于由该定理提供的解曲线在到达区间的一端或两端之前,可能会离开保证微分方程的解存在的矩形(参见图 1.3.12)。∎

下面的例题将表明,如果函数 $f(x, y)$ 及其/或其偏导数 $\partial f/\partial y$ 无法满足定理 1 的连续性假设,那么初值问题 (9) 要么无解,要么有多个甚至无穷多个解。

例题 6   考虑一阶微分方程

$$x\frac{\mathrm{d}y}{\mathrm{d}x} = 2y。 \tag{11}$$

根据 $f(x, y) = 2y/x$ 和 $\partial f/\partial y = 2/x$,应用定理 1,我们推断出,方程 (11) 在 xy 平面内 $x \neq 0$ 的任意点附近必定有唯一解。事实上,通过代入方程 (11),我们立即看到

$$y(x) = Cx^2 \tag{12}$$

对于常数 C 的任意值和变量 x 的所有值都满足方程 (11)。特别是初值问题

$$x\frac{\mathrm{d}y}{\mathrm{d}x} = 2y, \quad y(0) = 0 \tag{13}$$

有无穷多个不同的解,其解曲线为如图 1.3.13 所示的抛物线 $y = Cx^2$。(在 $C = 0$ 的情况下,对应的"抛物线"实际上是 x 轴 $y = 0$。)

注意,所有这些抛物线都经过原点 $(0, 0)$,但没有一条经过 y 轴上的任何其他点。由此可见,初值问题 (13) 有无穷多个解,但若 $b \neq 0$,则初值问题

$$x\frac{\mathrm{d}y}{\mathrm{d}x} = 2y, \quad y(0) = b \tag{14}$$

无解。

最后,请注意,对于 y 轴以外的任意一点,仅有抛物线 $y = Cx^2$ 中的一条经过。因此,若 $a \neq 0$,则初值问题

$$x\frac{\mathrm{d}y}{\mathrm{d}x} = 2y, \quad y(a) = b \tag{15}$$

在包含点 $x = a$ 但不包含原点 $x = 0$ 的任意区间上都有唯一解。综上所述,对于初值问题 (15),则有

- 若 $a \neq 0$,则在 (a, b) 附近有唯一解;
- 若 $a = 0$ 但 $b \neq 0$,则无解;
- 若 $a = b = 0$,则有无穷多个解。 ∎

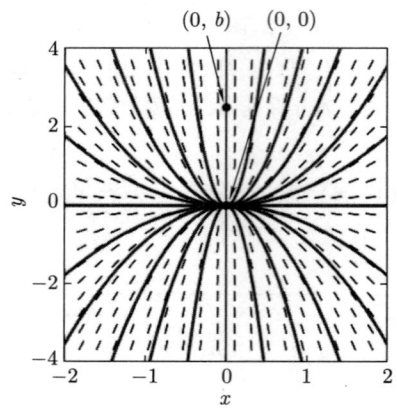 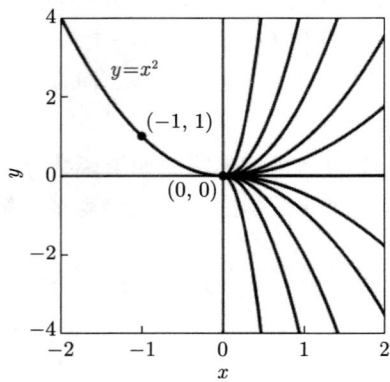

图 1.3.13 经过点 $(0,0)$ 有无穷多条解曲线，但若 $b \neq 0$，则没有经过点 $(0, b)$ 的解曲线

图 1.3.14 经过点 $(-1, 1)$ 有无穷多条解曲线

关于初值问题 (15)，还可以进行进一步讨论。考虑 y 轴以外的一个典型初始点，例如图 1.3.14 中所示的点 $(-1, 1)$。那么对于常数 C 的任意值，由函数

$$y(x) = \begin{cases} x^2, & x \leqslant 0, \\ Cx^2, & x > 0 \end{cases} \tag{16}$$

是连续的，并且满足初值问题

$$x\frac{\mathrm{d}y}{\mathrm{d}x} = 2y, \quad y(-1) = 1。 \tag{17}$$

对于特定的 C 值，由式 (16) 定义的解曲线包含抛物线 $y = x^2$ 的左半部分和抛物线 $y = Cx^2$ 的右半部分。因此，如图 1.3.14 所示，点 $(-1, 1)$ 附近的唯一解曲线在原点处分岔出无穷多条解曲线。

因此，我们看到定理 1（如果其假设得到满足）保证了初始点 (a, b) 附近解的唯一性，但是经过 (a, b) 的解曲线最终可能会在其他地方产生分岔，从而失去唯一性。所以一个解可能存在于比唯一解所在区间更大的区间上。例如，初值问题 (17) 的解 $y(x) = x^2$ 存在于整个 x 轴上，但此解仅在负 x 轴 $-\infty < x < 0$ 上是唯一的。

习题

在习题 1~4 中，通过绘制经过点 (x, y)（其中 $x, y = -2, -1, 0, 1, 2$）具有适当斜率的线段，为给定的微分方程构造斜率场。

在习题 5~10 中，我们给出了所示微分方程的斜率场，以及一条或多条解曲线（参见图??~??）。经过在每个斜率场中标记的附加点，绘出可能的解曲线。

1. $\dfrac{\mathrm{d}y}{\mathrm{d}x} = -y - \sin x$
2. $\dfrac{\mathrm{d}y}{\mathrm{d}x} = x + y$
3. $\dfrac{\mathrm{d}y}{\mathrm{d}x} = y - \sin x$
4. $\dfrac{\mathrm{d}y}{\mathrm{d}x} = x - y$
5. $\dfrac{\mathrm{d}y}{\mathrm{d}x} = y - x + 1$

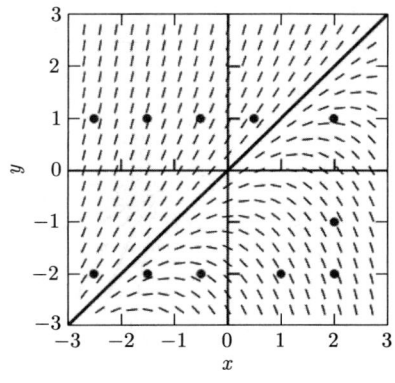

图 1.3.15

6. $\dfrac{dy}{dx} = x - y + 1$

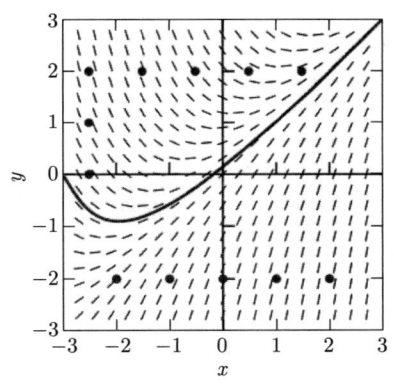

图 1.3.16

7. $\dfrac{dy}{dx} = \sin x + \sin y$

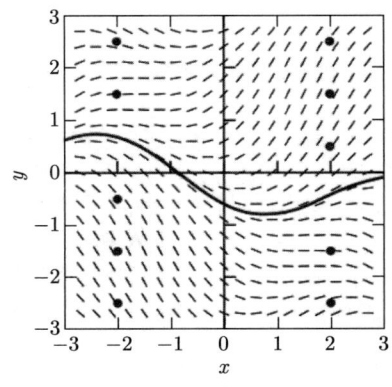

图 1.3.17

8. $\dfrac{dy}{dx} = x^2 - y$

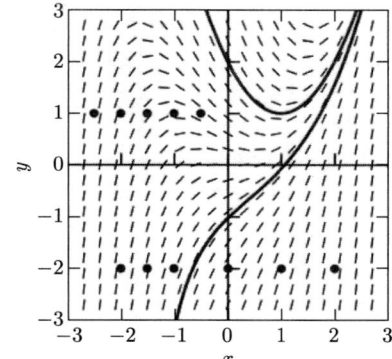

图 1.3.18

9. $\dfrac{dy}{dx} = x^2 - y - 2$

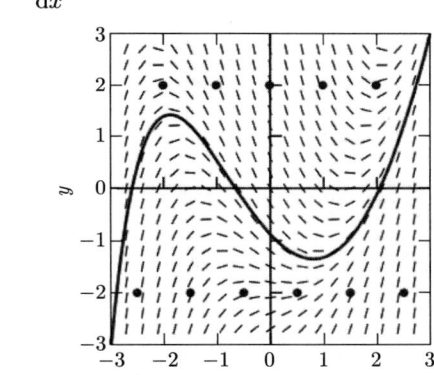

图 1.3.19

10. $\dfrac{dy}{dx} = -x^2 + \sin y$

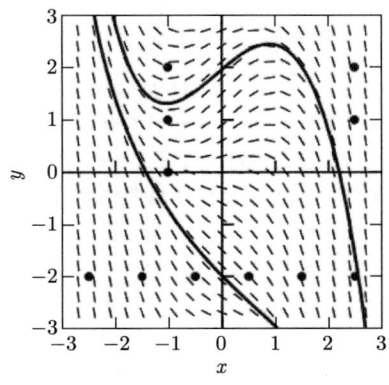

图 1.3.20

定理 1 的一个更详细版本指出，如果函数 $f(x, y)$ 在点 (a, b) 附近是连续的，那么微分方程 $y' = f(x, y)$ 至少有一个解存在于包含点 $x = a$ 的某个开区间 I 上，此外，如果偏导数 $\partial f/\partial y$ 在 (a, b) 附近也是连续的，那么这个解在某个（可能更小的）区间 J 上是唯一的。在习题 11~20 中，给定初值问题是否至少有一个解的存在性由此得到保证，若是，解的唯一性是否得到保证。

11. $\dfrac{dy}{dx} = 2x^2 y^2;$ $y(1) = -1$
12. $\dfrac{dy}{dx} = x \ln y;$ $y(1) = 1$
13. $\dfrac{dy}{dx} = \sqrt[3]{y};$ $y(0) = 1$
14. $\dfrac{dy}{dx} = \sqrt[3]{y};$ $y(0) = 0$
15. $\dfrac{dy}{dx} = \sqrt{x-y};$ $y(2) = 2$
16. $\dfrac{dy}{dx} = \sqrt{x-y};$ $y(2) = 1$
17. $y\dfrac{dy}{dx} = x - 1;$ $y(0) = 1$
18. $y\dfrac{dy}{dx} = x - 1;$ $y(1) = 0$
19. $\dfrac{dy}{dx} = \ln(1 + y^2);$ $y(0) = 0$
20. $\dfrac{dy}{dx} = x^2 - y^2;$ $y(0) = 1$

在习题 21 和习题 22 中，首先使用本节例题 2 的方法为给定的微分方程构造一个斜率场。然后绘出与给定初始条件相对应的解曲线。最后，利用这条解曲线估算解 $y(x)$ 的期望值。

21. $y' = x + y,$ $y(0) = 0;$ $y(-4) = ?$
22. $y' = y - x,$ $y(4) = 0;$ $y(-4) = ?$

习题 23 和习题 24 与习题 21 和习题 22 类似，但现在使用计算机代数系统绘制并打印出给定微分方程的斜率场。如果你愿意（并且知道怎么做），你可以通过使用计算机绘制解曲线来检查你手动绘制的解曲线。

23. $y' = x^2 + y^2 - 1,$ $y(0) = 0;$ $y(2) = ?$
24. $y' = x + \dfrac{1}{2}y^2,$ $y(-2) = 0;$ $y(2) = ?$

25. **下降的跳伞者** 若你从本节例题 3 的直升机中跳出，并拉开降落伞的开伞索。此时在方程

(3) 中 $k = 1.6$，所以你下降的速度满足初值问题

$$\dfrac{dv}{dt} = 32 - 1.6v, \quad v(0) = 0。$$

为了研究你的生存概率，请为这个微分方程构造一个斜率场，并绘出适当的解曲线。你的极限速度是多少？置于战略位置上的干草堆会有什么好处吗？你达到极限速度的 95% 需要多长时间？

26. **鹿群数量** 假设在一个小森林中鹿群数量 $P(t)$ 满足 logistic 方程

$$\dfrac{dP}{dt} = 0.0225P - 0.0003P^2。$$

构造斜率场和适当的解曲线以回答下列问题：如果在 $t = 0$ 时刻有 25 只鹿，t 以月为单位，那么鹿的数量翻倍需要多长时间？鹿的极限数量会是多少？

接下来的九道题将说明，如果定理 1 的假设得不到满足，那么初值问题 $y' = f(x, y)$, $y(a) = b$ 要么无解，要么有有限多个解，要么有无穷多个解。

27. **(a)** 验证如果 c 是一个常数，那么由下式分段定义的函数

$$y(x) = \begin{cases} 0, & x \leqslant c, \\ (x-c)^2, & x > c \end{cases}$$

对所有 x（包括点 $x = c$）都满足微分方程 $y' = 2\sqrt{y}$。构造一幅图来说明初值问题 $y' = 2\sqrt{y},\ y(0) = 0$ 有无穷多个不同解的事实。

(b) 当 b 取何值时，初值问题 $y' = 2\sqrt{y},\ y(0) = b$ (i) 无解，(ii) 对所有 x 都有唯一解？

28. 验证如果 k 是一个常数，那么函数 $y(x) \equiv kx$ 对所有 x 满足微分方程 $xy' = y$。构造一个斜率场和几条这样的直线解曲线。然后确定初值问题 $xy' = y,\ y(a) = b$ 有多少个不同解：一个，没有，还是无穷多个（用 a 和 b 表示）。

29. 验证如果 c 是一个常数，那么分段函数

$$y(x) = \begin{cases} 0, & x \leqslant c, \\ (x-c)^3, & x > c \end{cases}$$

对所有 x 都满足微分方程 $y' = 3y^{2/3}$。你还能利用三次函数 $y = (x-c)^3$ 的"左半部分"拼凑出这个微分方程的解曲线吗？（参见图 1.3.21。）绘出各种这样的解曲线。在 xy 平面上是否存在一个点 (a, b) 使得初值问题 $y' = 3y^{2/3}$，$y(a) = b$ 要么无解，要么对所有 x 有唯一解。使你的答案与定理 1 相符。

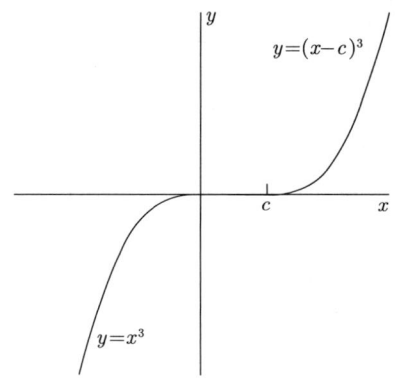

图 1.3.21 对习题 29 的提示

30. 验证如果 c 是一个常数，那么分段函数

$$y(x) = \begin{cases} 1, & x \leqslant c, \\ \cos(x-c), & c < x < c+\pi, \\ -1, & x \geqslant c+\pi \end{cases}$$

对所有 x 都满足微分方程 $y' = -\sqrt{1-y^2}$。（也许利用 $c = 0$ 绘制一幅初步草图会有帮助。）绘出各种这样的解曲线。然后确定初值问题 $y' = -\sqrt{1-y^2}$，$y(a) = b$ 有多少个不同解（用 a 和 b 表示）。

31. 对微分方程 $y' = \sqrt{1-y^2}$ 实施类似于在习题 30 中所做的研究。仅仅用 $\sin(x-c)$ 替换 $\cos(x-c)$ 就能拼凑出一个对所有 x 都有定义的解吗？

32. 验证如果 $c > 0$，那么分段函数

$$y(x) = \begin{cases} 0, & x^2 \leqslant c, \\ (x^2-c)^2, & x^2 > c \end{cases}$$

对所有 x 都满足微分方程 $y' = 4x\sqrt{y}$。对不同 c 值绘出各种这样的解曲线。然后确定初值问题 $y' = 4x\sqrt{y}$，$y(a) = b$ 有多少个不同解（用 a 和 b 表示）。

33. 如果 $c \neq 0$，验证由 $y(x) = x/(cx-1)$ 定义的函数（具有如图 1.3.22 所示的图形），在 $x \neq 1/c$ 时满足微分方程 $x^2 y' + y^2 = 0$。对不同 c 值绘出各种这样的解曲线。另外，请注意常值函数 $y(x) \equiv 0$ 并不是由任意选择常数 c 而产生的。最后，确定初值问题 $x^2 y' + y^2 = 0$，$y(a) = b$ 有多少个不同解（用 a 和 b 表示）。

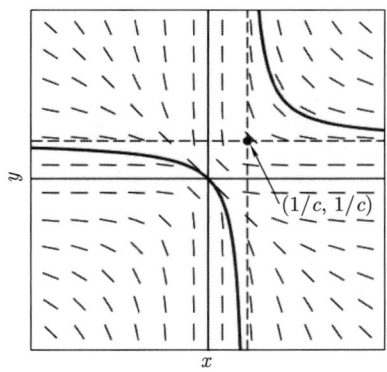

图 1.3.22 方程 $x^2 y' + y^2 = 0$ 的斜率场及其解 $y(x) = x/(cx-1)$ 的图形

34. (a) 利用习题 5 的方向场，计算具有初始值 $y(-1) = -1.2$ 和 $y(-1) = -0.8$ 的微分方程 $y' = y - x + 1$ 的两个解在 $x = 1$ 处的值。

(b) 使用计算机代数系统，计算具有初始值 $y(-3) = -3.01$ 和 $y(-3) = -2.99$ 的上述微分方程的两个解在 $x = 3$ 处的值。

此题给我们的启示是，初始条件的微小变化都可能导致结果的巨大差异。

35. (a) 利用习题 6 的方向场，计算具有初始值 $y(-3) = -0.2$ 和 $y(-3) = 0.2$ 的微分方程 $y' = x - y + 1$ 的两个解在 $x = 2$ 处的值。

(b) 使用计算机代数系统，计算具有初始值

$y(-3) = -0.5$ 和 $y(-3) = 0.5$ 的上述微分方程的两个解在 $x = 2$ 处的值。

此题给我们的启示是，初始条件的巨大变化可能只会导致结果的微小差异。

应用　计算机生成的斜率场和解曲线

请访问 bit.ly/3EmOgiO，利用 Maple、Mathematica 和 MATLAB 等计算资源对此主题进行更多讨论和探索。

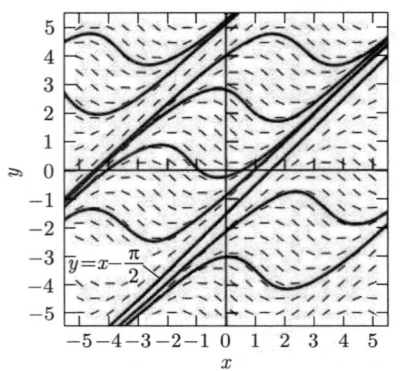

图 1.3.23　由计算机生成的微分方程 $y' = \sin(x - y)$ 的斜率场和解曲线

广泛使用的计算机代数系统和技术计算环境，以及一些图形计算器，都具有自动构建斜率场和解曲线的功能（参见图 1.3.23）。

本应用部分的其他在线资料包括对用于研究微分方程的 Maple™、Mathematica™ 和 MATLAB 资源的讨论。例如，Maple 命令

```
with(DEtools):
DEplot(diff(y(x), x)=sin(x-y(x)), y(x), x=-5..5, y=-5..5);
```

以及 Mathematica 命令

```
VectorPlot[{1, Sin[x-y]}, {x, -5, 5}, {y, -5, 5}]
```

可以产生类似于图 1.3.23 所示的斜率场。图 1.3.23 本身是用 MATLAB 程序 `dfield` 生成的。[⊖] 网站 cs.unm.edu/~joel/dfield 提供了 `dfield` 的免费 Java 版本。当在 `dfield` 的设置菜单中输入微分方程时（如图 1.3.24 所示），你可以（通过单击鼠标按钮）绘制斜率场和经

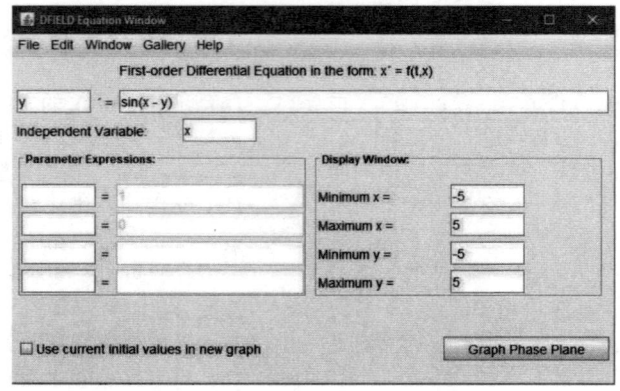

图 1.3.24　MATLAB 的 `dfield` 设置，用于构建方程 $y' = \sin(x - y)$ 的斜率场和解曲线

⊖ John Polking 和 David Arnold, *Ordinary Differential Equations Using* MATLAB, 第 3 版, York, NY: Pearson Education, 2003。

过任意期望点的解曲线。另一个免费且容易使用的基于 MATLAB 的 ODE 软件包是 Iode，它具有令人印象深刻的图形化功能，可以在 conf.math.illinois.edu/iode 上获取。

现代技术平台通过允许用户"实时"改变初始条件和其他参数，从而提供了更多的交互性。使用 Mathematica 的 Manipulate 命令可以生成图 1.3.25，图中显示了微分方程 $dy/dx = \sin(x - y)$ 的三个特解。实线对应初始条件 $y(1) = 0$。当最初位于 $(1, 0)$ 的"定位点"被鼠标或触摸板拖动到点 $(0, 3)$ 或 $(2, -2)$ 时，解曲线随着移动，从而产生图中所示的虚线。

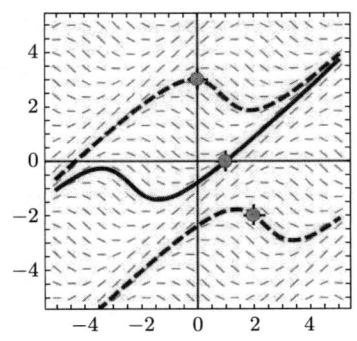

图 1.3.25 微分方程 $y' = \sin(x - y)$ 的交互式 Mathematica 解。与初始条件 $y(1) = 0$ 对应的"定位点"可以被拖动到显示器中的任何其他点处，从而自动重绘解曲线

练习

在以下研究中使用图形计算器或计算机系统。你可以通过对本节习题 1~10 生成斜率场和一些解曲线来先进行练习。

研究 A：绘制微分方程 $dy/dx = \sin(x - y)$ 的斜率场和典型解曲线，但是要求视窗比图 1.3.23 的视窗更大。例如，视窗为 $-10 \leqslant x \leqslant 10$，$-10 \leqslant y \leqslant 10$，那么应该可以看到许多明显的直线解曲线，尤其当你的显示器允许你以交互方式将初始点从左上方拖动到右下方时。

(a) 将 $y = ax + b$ 代入微分方程，以确定系数 a 和 b 必须取何值才能得到解。所得结果与你在显示屏上看到的结果一致吗？

(b) 由计算机代数系统可得通解

$$y(x) = x - 2\tan^{-1}\left(\frac{x - 2 - C}{x - C}\right)。$$

根据选定的常数 C 值绘出此解的图形，并观察所得的解曲线。你能看出没有任何 C 值可以得到与初始条件 $y(\pi/2) = 0$ 相对应的线性解 $y = x - \pi/2$ 吗？是否存在 C 值使得相应的解曲线靠近这条直线解曲线？

研究 B：为了进行个人研究，取 n 为你学号中大于 1 的最小数字，并考虑微分方程

$$\frac{dy}{dx} = \frac{1}{n}\cos(x - ny)。$$

(a) [如研究 A 的 (a) 部分所述] 首先研究存在直线解的可能性。

(b) 然后为这个微分方程生成一个斜率场，选择观察视窗，使得你能够描绘出其中的一些直线，再加上足够多的非线性解曲线，从而你可以对 $x \to +\infty$ 时 $y(x)$ 的变化进行推测。尽可能清楚地陈述你的推论。给定初始值 $y(0) = y_0$，尝试预测 $y(x)$ 在 $x \to +\infty$ 时的行为（或许用 y_0 表示）。

(c) 由计算机代数系统可得通解

$$y(x) = \frac{1}{n}\left[x + 2\tan^{-1}\left(\frac{1}{x - C}\right)\right]。$$

你能否将上述符号解与你以图形方式生成的解曲线（直线或者其他曲线）联系起来？

1.4 可分离变量方程及其应用

在前面的章节中，我们看到，若函数 $f(x,y)$ 不包含变量 y，则求解一阶微分方程

$$\frac{\mathrm{d}y}{\mathrm{d}x} = f(x,y) \tag{1}$$

就是简单地求不定积分。例如，方程

$$\frac{\mathrm{d}y}{\mathrm{d}x} = -6x \tag{2}$$

的通解为

$$y(x) = \int -6x \mathrm{d}x = -3x^2 + C。$$

若 $f(x,y)$ 确实包含因变量 y，则我们就不能再仅仅通过对方程两边积分来求解方程。微分方程

$$\frac{\mathrm{d}y}{\mathrm{d}x} = -6xy \tag{3a}$$

与方程 (2) 的区别仅在于右侧出现了因变量 y，但这足以阻止我们使用能成功求解方程 (2) 的相同方法来求解方程 (3a)。

然而，正如我们将在本章剩余部分所看到的那样，类似方程 (3a) 这样的微分方程实际上通常可以用基于"两边同时积分"的方法来求解。这些技术背后的思想是将给定方程改写成另一种形式，这种形式虽然与给定方程等价，但允许两边直接积分，从而得到原微分方程的解。

这些方法中最基本的变量分离法可以应用于方程 (3a)。首先，我们注意到右侧函数 $f(x,y) = -6xy$ 可以看作两个表达式的乘积，其中一个只涉及自变量 x，另一个只涉及因变量 y：

$$\frac{\mathrm{d}y}{\mathrm{d}x} = \boxed{(-6x)} \cdot \boxed{y} \longrightarrow \text{仅依赖于 } y \tag{3b}$$

（上方标注：仅依赖于 x）

接下来，我们非正式地将导数 $\mathrm{d}y/\mathrm{d}x$ 拆分为"自由浮动"的微分 $\mathrm{d}x$ 和 $\mathrm{d}y$，正如我们将在下面看到的，这是一种能够得到正确结果的符号上的便利，然后对方程 (3b) 两边同时乘以 $\mathrm{d}x$ 并除以 y，可得

$$\frac{\mathrm{d}y}{y} = -6x\mathrm{d}x。 \tag{3c}$$

方程 (3c) 是原微分方程 (3a) 的等价形式，但是其中变量 x 和 y 是分离的（即用等号隔开），这使得我们可以对方程两边进行积分。方程左侧对 y 积分（没有变量 x 的"干

扰"），方程右侧亦然。从而可得

$$\int \frac{\mathrm{d}y}{y} = \int -6x\mathrm{d}x,$$

或者

$$\ln|y| = -3x^2 + C。 \tag{4}$$

这就隐式地给出了方程 (3a) 的通解，其解曲线族如图 1.4.1 所示。

在这种特殊情况下，我们可以继续求出 y，从而得到显式通解

$$y(x) = \pm\mathrm{e}^{-3x^2+C} = \pm\mathrm{e}^{-3x^2}\mathrm{e}^C = A\mathrm{e}^{-3x^2}, \tag{5}$$

其中 A 表示常数 $\pm\mathrm{e}^C$，它可以取任意非零值。如果我们对方程 (3a) 施加一个初始条件，比如 $y(0) = 7$，那么在式 (5) 中，我们发现 $A = 7$，从而得到特解

$$y(x) = 7\mathrm{e}^{-3x^2},$$

即为图 1.4.1 上部标出的解曲线。同理，初始条件 $y(0) = -4$ 对应的特解为

$$y(x) = -4\mathrm{e}^{-3x^2},$$

即为图 1.4.1 下部标出的解曲线。

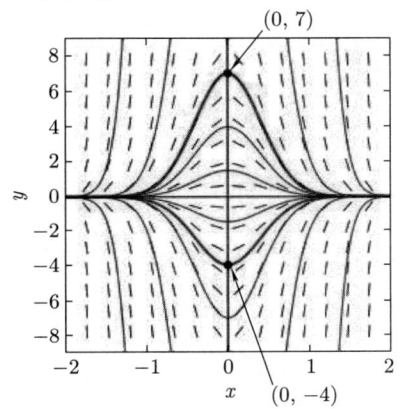

图 1.4.1　方程 $y' = -6xy$ 的斜率场和解曲线

为了完成这个例子，我们注意到，虽然式 (5) 中的常数 A 是非零的，但是在式 (5) 中取 $A = 0$ 可以得到 $y(x) \equiv 0$，这实际上是给定微分方程 (3a) 的一个解。因此，对于常数 A 的所有值，包括 $A = 0$，式 (5) 都给出了方程 (3a) 的解。为什么变量分离法无法得到方程 (3a) 的所有解？原因在于我们实际分离变量的步骤中，即从方程 (3b) 转换到方程 (3c) 的过程中，我们除以 y，从而（默认）假设 $y \neq 0$。因此，我们的通解式 (5) 具有 $A \neq 0$ 的限制，从而"错过"了与 $A = 0$ 对应的特解 $y(x) \equiv 0$。这样的解被称为奇异解，我们将在下面详细介绍它们，还有隐式解和通解。

一般而言，一阶微分方程 (1) 被称为**可分离变量的**，只要 $f(x, y)$ 可以被写成 x 的函数与 y 的函数的乘积：

$$\frac{\mathrm{d}y}{\mathrm{d}x} = f(x, y) = g(x)k(y) = \frac{g(x)}{h(y)},$$

其中 $h(y) = 1/k(y)$。在这种情况下，通过非正式地写出方程

$$h(y)\mathrm{d}y = g(x)\mathrm{d}x,$$

可以将变量 x 和 y 分离，即被隔离在方程的两边，我们将上述方程理解为如下微分方程的

简洁形式

$$h(y)\frac{\mathrm{d}y}{\mathrm{d}x} = g(x)。 \tag{6}$$

（在前面的例子中，$h(y) = \frac{1}{y}$，$g(x) = -6x$。）如上所示，我们可以简单地通过对两边同时关于 x 积分来求解这类微分方程：

$$\int h(y(x))\frac{\mathrm{d}y}{\mathrm{d}x}\mathrm{d}x = \int g(x)\mathrm{d}x + C；$$

相当于

$$\int h(y)\mathrm{d}y = \int g(x)\mathrm{d}x + C。 \tag{7}$$

只需要求出如下不定积分即可，

$$H(y) = \int h(y)\mathrm{d}y \quad \text{和} \quad G(x) = \int g(x)\mathrm{d}x。$$

为了说明方程 (6) 和方程 (7) 是等价的，请注意如下链式法则的结果，

$$D_x[H(y(x))] = H'(y(x))y'(x) = h(y)\frac{\mathrm{d}y}{\mathrm{d}x} = g(x) = D_x[G(x)],$$

这反过来又等价于

$$H(y(x)) = G(x) + C, \tag{8}$$

因为当且仅当两个函数在一个区间上相差一个常数时，它们在这个区间上有相同的导数。

例题 1　求解微分方程

$$\frac{\mathrm{d}y}{\mathrm{d}x} = \frac{4-2x}{3y^2-5}。 \tag{9}$$

解答：因为

$$\frac{4-2x}{3y^2-5} = (4-2x)\cdot\frac{1}{3y^2-5} = g(x)k(y)$$

是一个仅依赖于 x 的函数和一个仅依赖于 y 的函数的乘积，所以方程 (9) 是可分离变量的，因此我们能够用与求解方程 (3a) 大致相同的方式求解方程 (9)。然而，在这样做之前，我们注意到方程 (9) 具有与方程 (3a) 不同的一个重要特征：函数 $k(y) = \frac{1}{3y^2-5}$ 并不是对所有 y 值都有定义。事实上，令 $3y^2-5$ 等于零表明，当 y 趋近于 $\pm\sqrt{\frac{5}{3}}$ 时，$k(y)$ 以及 $\frac{\mathrm{d}y}{\mathrm{d}x}$ 本身都会变得无穷大。因为无穷大斜率对应于竖直线段，所以我们预计这个微分方程

的斜率场中的线段沿着两条水平线 $y = \pm\sqrt{\dfrac{5}{3}} \approx \pm 1.29$ 是"竖直的";如图 1.4.2 所示(其中这两条线为虚线),我们确实发现了这一点。

对于微分方程 (9) 而言,这意味着这个方程的解曲线不可能穿过水平线 $y = \pm\sqrt{\dfrac{5}{3}}$,只因为沿着这些直线,$\dfrac{\mathrm{d}y}{\mathrm{d}x}$ 没有定义。因此,这些直线实际上将平面划分为三个区域,分别由条件 $y > \sqrt{\dfrac{5}{3}}$、$-\sqrt{\dfrac{5}{3}} < y < \sqrt{\dfrac{5}{3}}$ 和 $y < -\sqrt{\dfrac{5}{3}}$ 定义,并且方程 (9) 的所有解曲线都被限定在其中一个区域内。

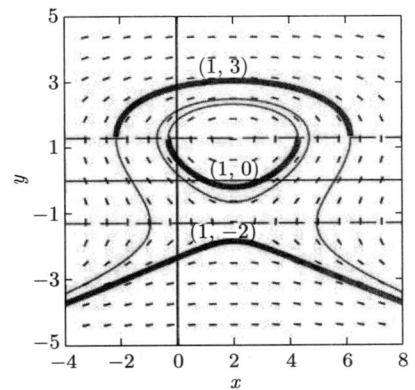

图 1.4.2 例题 1 中方程 $y' = (4-2x)/(3y^2-5)$ 的斜率场和解曲线

考虑到这一点,很容易求出微分方程 (9) 的通解,至少是隐式形式的通解。分离变量,并对两边同时积分可得

$$\int (3y^2 - 5)\mathrm{d}y = \int (4 - 2x)\mathrm{d}x,$$

因此

$$y^3 - 5y = 4x - x^2 + C。 \tag{10}$$

注意与式 (4) 不同,我们不能从通解式 (10) 中轻易求出 y。因此,不能像我们所希望的那样直接以 $y = y(x)$ 的形式绘出方程 (9) 的解曲线。然而,我们能够做的是重新整理式 (10),使常数 C 单独位于方程右侧:

$$y^3 - 5y - (4x - x^2) = C。 \tag{11}$$

这表明微分方程 (9) 的解曲线包含在下列函数的等值线(也称为等高线)中

$$F(x, y) = y^3 - 5y - (4x - x^2)。 \tag{12}$$

尽管 $F(x, y)$ 的等值线可以自由穿过直线 $y = \pm\sqrt{\dfrac{5}{3}}$,但是因为方程 (9) 的任意特解曲线都不能穿过这两条直线,所以方程 (9) 的特解曲线是 $F(x, y)$ 的等值线中避开直线 $y = \pm\sqrt{\dfrac{5}{3}}$ 的部分。

例如,假设我们希望求解初值问题

$$\dfrac{\mathrm{d}y}{\mathrm{d}x} = \dfrac{4-2x}{3y^2-5}, \quad y(1) = 3。 \tag{13}$$

将 $x = 1$ 和 $y = 3$ 代入通解 (10) 可得 $C = 9$。因此我们期望的解曲线位于 $F(x, y)$ 的

等值线

$$y^3 - 5y - (4x - x^2) = 9 \tag{14}$$

上。图 1.4.2 显示了 $F(x, y)$ 的这条等值线和其他等值线。然而，由于初值问题 (13) 的解曲线必须经过点 (1，3)，该点位于 xy 平面内的直线 $y = \sqrt{\frac{5}{3}}$ 上方，所以我们所期望的解曲线被限定在等值线 (14) 中满足 $y > \sqrt{\frac{5}{3}}$ 的那部分。（在图 1.4.2 中，初值问题 (13) 的解曲线比等值线 (14) 的其余部分画得更重。）同理，图 1.4.2 还显示了对方程 (9) 施加初始条件 $y(1) = 0$ 和 $y(1) = -2$ 时的特解。在上述每种情况下，与所期望的特解相对应的曲线只是函数 $F(x, y)$ 的一段较大等值线。（注意，事实上，F 的一些等值线本身就由两部分组成。）

最后，尽管难以用代数方法从式 (14) 中解出 y，但是我们还是可以从以下意义上"解"出 y，即当 x 的特定值被代入式 (14) 时，我们可以尝试用数值方法求出 y。例如，取 $x = 4$ 可得方程

$$f(y) = y^3 - 5y - 9 = 0。$$

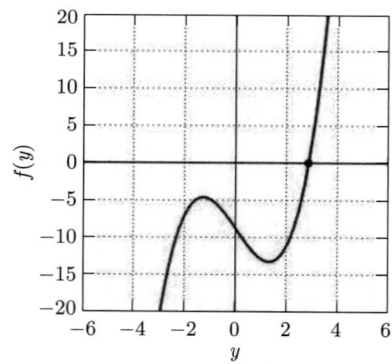

图 1.4.3 函数 $f(y) = y^3 - 5y - 9$ 的图形

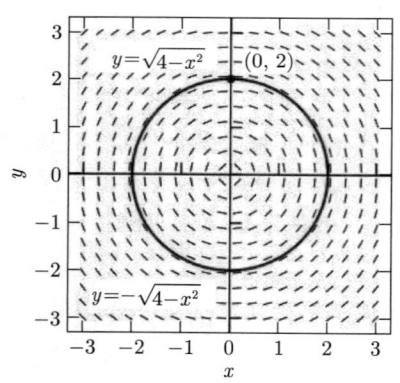

图 1.4.4 方程 $y' = -x/y$ 的斜率场和解曲线

图 1.4.3 显示了 f 的图形。利用技术，我们可以解出单个实根 $y \approx 2.8552$，从而得到初值问题 (13) 的解的值 $y(4) \approx 2.8552$。通过对其他 x 值重复这个过程，我们可以为问题 (13) 的解创建一个对应 x 值和 y 值的表格（如下表所示）；这样的表格实际上就是这个初值问题的"数值解"。

x	−1	0	1	2	3	4	5	6
y	2.5616	2.8552	3	3.0446	3	2.8552	2.5616	1.8342

隐式解、通解和奇异解

如果一个微分方程的某个解 $y = y(x)$（在某个区间上）满足等式 $K(x, y) = 0$，那么这个等式通常被称为这个微分方程的**隐式解**。但是注意 $K(x, y) = 0$ 的特解 $y = y(x)$ 可能满足也可能不满足给定的初始条件。例如，对 $x^2 + y^2 = 4$ 进行微分可得

$$x + y\frac{\mathrm{d}y}{\mathrm{d}x} = 0,$$

所以 $x^2 + y^2 = 4$ 是微分方程 $x + yy' = 0$ 的一个隐式解。但是两个显式解

$$y(x) = \sqrt{4 - x^2} \quad \text{和} \quad y(x) = -\sqrt{4 - x^2}$$

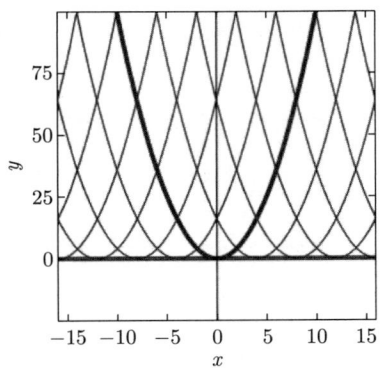

图 1.4.5 微分方程 $(y')^2 = 4y$ 的通解曲线 $y = (x - C)^2$ 和奇异解曲线 $y \equiv 0$

中只有第一个满足初始条件 $y(0) = 2$（参见图 1.4.4）。

备注 1：你不应该假设一个隐式解的每个可能的代数解 $y = y(x)$ 都满足同一个微分方程。例如，如果我们将隐式解 $x^2 + y^2 - 4 = 0$ 乘以因子 $(y - 2x)$，那么我们得到新的隐式解

$$(y - 2x)(x^2 + y^2 - 4) = 0,$$

它不仅产生（或"包含"）微分方程 $x + yy' = 0$ 的前面提到的显式解 $y = +\sqrt{4 - x^2}$ 和 $y = -\sqrt{4 - x^2}$，而且还产生了不满足此微分方程的附加函数 $y = 2x$。

备注 2：类似地，当一个给定的微分方程乘以或除以一个代数因子时，可能得到其解，也可能失去其解。例如，考虑微分方程

$$(y - 2x)y\frac{\mathrm{d}y}{\mathrm{d}x} = -x(y - 2x), \tag{15}$$

它有一个明显的解 $y = 2x$。但是如果两边同时除以公因子 $(y - 2x)$，那么我们得到之前讨论过的微分方程

$$y\frac{\mathrm{d}y}{\mathrm{d}x} = -x \quad \text{或} \quad x + y\frac{\mathrm{d}y}{\mathrm{d}x} = 0, \tag{16}$$

$y = 2x$ 不是其解。因此，一旦方程 (15) 除以因子 $(y - 2x)$，我们将"失去"其解 $y = 2x$；或者，当我们将方程 (16) 乘以 $(y - 2x)$ 时，将"获得"这个新解。在试图求解给定的微分方程之前，用这种初等代数运算简化微分方程实际上很常见，但应该牢记失去或获得这种"外解"的可能性。∎

微分方程的包含"任意常数"（如在式 (4) 和式 (10) 中出现的常数 C）的解通常被称为微分方程的**通解**。对 C 值的任何特定选择都会得到此方程的单个特解。

前面例题 1 的论证过程实际上足以证明式 (6) 中的微分方程 $h(y)y' = g(x)$ 的每个特解都满足式 (8) 中的等式 $H(y(x)) = G(x) + C$。因此，可以称式 (8) 是方程 (6) 的通解。

在 1.5 节中，我们将看到线性一阶微分方程的每个特解都包含在其通解中。相比之下，对于非线性一阶微分方程而言，通常既有涉及任意常数 C 的通解，也有一个或几个不能通过选择 C 值得到的特解。这些特殊解通常被称为**奇异解**。在习题 30 中，我们要求你证明

由微分方程 $(y')^2 = 4y$ 的通解可以得到如图 1.4.5 所示的抛物线族 $y = (x - C)^2$，并观察到常值函数 $y(x) \equiv 0$ 是一个奇异解，它不能从通解中通过任意选择常数 C 得到。

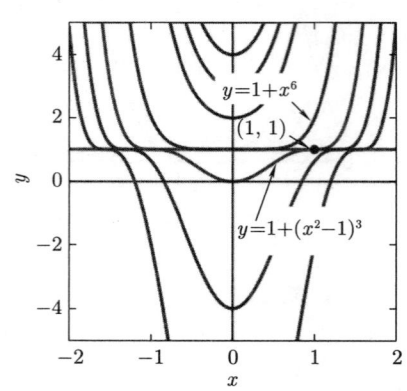

图 1.4.6　方程 $y' = 6x(y-1)^{2/3}$ 的通解曲线和奇异解曲线

例题 2　求出下列微分方程的所有解
$$\frac{\mathrm{d}y}{\mathrm{d}x} = 6x(y-1)^{2/3}。$$

解答：分离变量可得
$$\int \frac{1}{3(y-1)^{2/3}} \mathrm{d}y = \int 2x \mathrm{d}x;$$
$$(y-1)^{1/3} = x^2 + C;$$
$$y(x) = 1 + (x^2 + C)^3。$$

任意常数 C 的正值给出了图 1.4.6 中位于直线 $y = 1$ 上方的解曲线，而其负值则给出了位于此直线下方的解曲线。由值 $C = 0$ 得到解 $y(x) = 1 + x^6$，但是由 C 的任何值都不能得到分离变量时丢失的奇异解 $y(x) \equiv 1$。注意，两个不同解 $y(x) \equiv 1$ 和 $y(x) = 1 + (x^2 - 1)^3$ 都满足初始条件 $y(1) = 1$。事实上，整个奇异解曲线 $y = 1$ 由解不唯一的点和函数 $f(x, y) = 6x(y-1)^{2/3}$ 不可微的点组成。∎

自然增长与衰减

微分方程
$$\frac{\mathrm{d}x}{\mathrm{d}t} = kx \quad (k \text{ 是一个常数}) \tag{17}$$
作为一个数学模型，可用于描述范围极其广泛的自然现象，这些现象都涉及一个物理量，这个物理量的时间变化率与其当前数量成正比。下面是一些例子。

种群数量增长：假设 $P(t)$ 是一个具有恒定出生率 β 和死亡率 δ（以单位时间内出生或死亡个体数量计算）的种群（人类、昆虫或细菌）中个体的数量。那么，在短时间间隔 Δt 内，大约有 $\beta P(t) \Delta t$ 个个体出生以及 $\delta P(t) \Delta t$ 个个体死亡，所以 $P(t)$ 的变化量可由下式近似给出
$$\Delta P \approx (\beta - \delta) P(t) \Delta t,$$
因此
$$\frac{\mathrm{d}P}{\mathrm{d}t} = \lim_{\Delta t \to 0} \frac{\Delta P}{\Delta t} = kP, \tag{18}$$
其中 $k = \beta - \delta$。

复利：设 $A(t)$ 是一个储蓄账户在 t 时刻（以年为单位）拥有的美元数，并假设利息以年利

率 r 连续复利计算。(注意 10% 的年利率意味着 $r = 0.10$。)连续复利意味着在短时间间隔 Δt 内,增加到账户的利息金额近似为 $\Delta A = rA(t)\Delta t$,因此

$$\frac{\mathrm{d}A}{\mathrm{d}t} = \lim_{\Delta t \to 0} \frac{\Delta A}{\Delta t} = rA。 \tag{19}$$

放射性衰变:考虑一种在 t 时刻含有 $N(t)$ 个某种放射性同位素原子的材料样本。据观察,在每个单位时间内,一定比例的这些放射性原子会自发衰变(变成另一种元素的原子或变成同一元素的另一种同位素)。因此,这种样本的行为恰似一个具有恒定死亡率但没有出生量的种群。为了写出 $N(t)$ 满足的模型,我们可以使用方程 (18),用 N 代替 P,用 $k > 0$ 代替 δ,并且取 $\beta = 0$。从而我们得到微分方程

$$\frac{\mathrm{d}N}{\mathrm{d}t} = -kN, \tag{20}$$

其中 k 的值取决于特定的放射性同位素。

放射性碳年代测定法的关键在于,任何生物体内一定比例的碳原子都是由碳的放射性同位素 $^{14}\mathrm{C}$ 组成的。这一比例之所以保持不变,是因为大气中 $^{14}\mathrm{C}$ 的比例几乎不变,而且生物物质不断从空气中吸收碳,或消耗其他含有相同恒定比例的 $^{14}\mathrm{C}$ 原子和普通 $^{12}\mathrm{C}$ 原子的生物物质。这个相同比例存在于所有的生命中,因为有机过程似乎没有区分这两种同位素。

在大气中,$^{14}\mathrm{C}$ 与普通碳的比例保持不变,因为尽管 $^{14}\mathrm{C}$ 具有放射性,并且缓慢衰变,但宇宙射线轰击上层大气时,将 $^{14}\mathrm{N}$(普通氮)转化为 $^{14}\mathrm{C}$,从而不断补充 $^{14}\mathrm{C}$ 的含量。在地球漫长的历史中,这种衰变与补充过程已接近稳定状态。

当然,当一个生物体死亡时,它停止其碳代谢,并且放射性衰变过程开始消耗其 $^{14}\mathrm{C}$ 含量。这些 $^{14}\mathrm{C}$ 没有得到补充,因此 $^{14}\mathrm{C}$ 与普通碳的比例开始下降。通过测量这个比例,就可以估计出生物体死亡后经历的时间。为此,有必要测量**衰变常数** k。对于 $^{14}\mathrm{C}$,若 t 以年为单位,则已知 $k \approx 0.0001216$。

(事情并不像我们描述得那么简单。在应用放射性碳年代测定技术时,必须极其小心,要避免样品被有机物甚至普通新鲜空气污染。此外,宇宙射线的水平显然不是恒定的,所以在过去的几个世纪里,大气中 $^{14}\mathrm{C}$ 的比例一直在变化。该领域的研究人员通过使用独立的样本年代测定方法,编制了校正因子表,以提高这一过程的准确率。)

药物消除:在许多情况下,血液中某种药物的剂量 $A(t)$(以该药物超过自然剂量的过量量来衡量)将以与当前过量量成正比的速度下降,即

$$\frac{\mathrm{d}A}{\mathrm{d}t} = -\lambda A, \tag{21}$$

其中 $\lambda > 0$。参数 λ 被称为药物**消除常数**。

自然增长方程

对于原型微分方程 $dx/dt = kx$,其中 $x(t) > 0$, k 是一个(可正可负的)常数,很容易通过分离变量并积分来求解它,即

$$\int \frac{1}{x} dx = \int k dt;$$

$$\ln x = kt + C。$$

然后,我们可以解出 x:

$$e^{\ln x} = e^{kt+C}; \quad x = x(t) = e^C e^{kt} = A e^{kt}。\ominus$$

因为 C 是一个常数,所以 $A = e^C$ 也是一个常数。很明显 $A = x(0) = x_0$,因此当初始条件为 $x(0) = x_0$ 时,方程 (17) 的特解就是

$$x(t) = x_0 e^{kt}。 \tag{22}$$

由于在其解中存在自然指数函数,所以微分方程

$$\frac{dx}{dt} = kx \tag{23}$$

通常被称为**指数**或**自然增长方程**。图 1.4.7 显示了在 $k > 0$ 的情况下 $x(t)$ 的典型图形;$k < 0$ 的情况如图 1.4.8 所示。

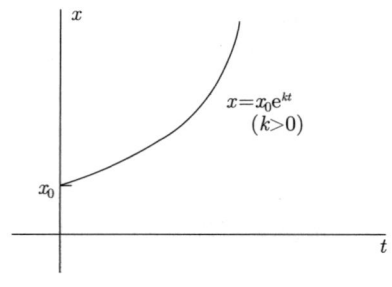

图 1.4.7 自然增长

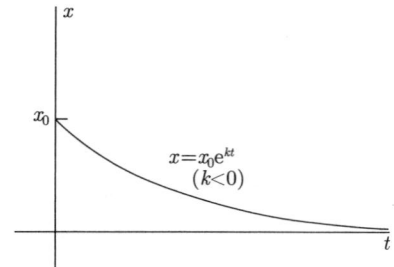

图 1.4.8 自然衰减

例题 3 **世界人口** 根据 www.census.gov 上列出的数据,世界总人口在 1999 年中期达到 60 亿,然后以每天约 21.2 万的速度增长。假设人口以这种速度继续自然增长,我们想回答以下问题:

(a) 人口年增长率 k 是多少?

(b) 到 21 世纪中期,世界人口将达到多少?

$\ominus$ 注意,根据自然指数函数的性质,可得 $e^{\ln x} = x$ 和 $e^{kt+C} = e^{kt} \cdot e^C$。

(c) 世界人口增长十倍，从而达到一些人口统计学家所认为的地球能够提供充足食物供应的上限 600 亿，需要多长时间？

解答：(a) 我们以亿为单位统计世界人口 $P(t)$，其中时间以年为单位。取 $t = 0$ 对应于 1999 年（中期），所以 $P_0 = 60$。那么 P 在 $t = 0$ 时刻每天增加 212000 人（即 0.00212 亿人）的事实意味着

$$P'(0) = (0.00212)(365.25) \approx 0.7743$$

亿人每年。根据自然增长方程 $P' = kP$，当 $t = 0$ 时，可得

$$k = \frac{P'(0)}{P(0)} \approx \frac{0.7743}{60} \approx 0.0129。$$

因此，在 1999 年世界人口以每年约 1.29% 的速度增长。由这个 k 值可得世界人口函数

$$P(t) = 6e^{0.0129t}。$$

(b) 到 2050 年中期，$t = 51$，我们得到世界人口的预测值为

$$P(51) = 6e^{(0.0129)(51)} \approx 115.8（亿）$$

（所以，自 1999 年以来的半个多世纪里，世界人口几乎翻了一番）。

(c) 当

$$60 = 6e^{0.0129t}, \quad 即当 \quad t = \frac{\ln 10}{0.0129} \approx 178 时，$$

也就是在 2177 年，世界人口将达到 600 亿。∎

注释： 实际上，预计世界人口的增长速度在未来半个世纪将会有所减缓，目前对 2050 年人口的最好预测"只有" 91 亿。所以不能指望一个简单的数学模型就能精确反映现实世界的复杂性。∎

放射性同位素的衰变常数通常用另一个经验常数即同位素的半衰期来表示，因为使用这个参数更方便。放射性同位素的**半衰期** τ 是指其一半经历衰变所需的时间。为了发现 k 和 τ 之间的关系，我们在等式 $N(t) = N_0 e^{-kt}$ 中令 $t = \tau$ 及 $N = \frac{1}{2}N_0$，则有 $\frac{1}{2}N_0 = N_0 e^{-k\tau}$。当我们解出 τ 时，得到

$$\tau = \frac{\ln 2}{k}。 \tag{24}$$

例如，^{14}C 的半衰期为 $\tau \approx (\ln 2)/(0.0001216)$，即大约 5700 年。

例题 4　放射性测定年代法　在史前巨石阵发现的木炭样本中，^{14}C 的含量是现在同等质量的木炭样本的 63%。那么该样本的年龄是多少？

解答： 我们取 $t = 0$ 为形成巨石阵木炭的那棵树的死亡时间，N_0 为当时巨石阵样本中所含 ^{14}C 原子的数量。现在我们已知 $N = (0.63)N_0$，所以求解方程 $(0.63)N_0 = N_0 e^{-kt}$，

其中取 $k = 0.0001216$。从而可得

$$t = -\frac{\ln(0.63)}{0.0001216} \approx 3800\,(\text{年})。$$

因此，这个样本大约有 3800 年的历史。如果它与巨石阵的建造者有任何联系，我们的计算表明，这座天文台、纪念碑或寺庙，不管是哪一个，都可以追溯到公元前 1800 年或更早。

冷却与加热

根据牛顿冷却定律 [1.1 节的方程 (3)]，浸没在温度为 A 的恒温介质中的物体的温度 $T(t)$ 的时间变化率与温差 $A - T$ 成正比。也就是说，

$$\frac{\mathrm{d}T}{\mathrm{d}t} = k(A - T), \tag{25}$$

其中 k 是一个正常数。这是常系数线性一阶微分方程

$$\frac{\mathrm{d}x}{\mathrm{d}t} = ax + b \tag{26}$$

的一个实例。它包括作为特例的指数方程（$b = 0$），也很容易用变量分离法来求解。

例题 5 **冷却** 一块 4 lb 的烤肉，初始温度为 50°F，下午 5 点把它放入 375°F 的烤箱中。75 min 之后，发现烤肉的温度 $T(t)$ 为 125°F。那么什么时候烤肉的温度达到 150°F（五分熟）？

解答：我们取时间 t 以 min 为单位，并且 $t = 0$ 对应于下午 5 点。我们还假设（有点不切实际）在任何时刻，烤肉的温度 $T(t)$ 始终是均匀的。我们已知 $T(t) < A = 375$、$T(0) = 50$ 以及 $T(75) = 125$。因此

$$\frac{\mathrm{d}T}{\mathrm{d}t} = k(375 - T);$$

$$\int \frac{1}{375 - T}\mathrm{d}T = \int k\mathrm{d}t;$$

$$-\ln(375 - T) = kt + C;$$

$$375 - T = Be^{-kt}。$$

现在 $T(0) = 50$ 意味着 $B = 325$，⊖ 所以 $T(t) = 375 - 325e^{-kt}$。我们也知道当 $t = 75$ 时，$T = 125$。把这些值代入上述方程可得

⊖ 此处 B 表示 e^{-C}。

$$k = -\frac{1}{75}\ln\left(\frac{250}{325}\right) \approx 0.0035。$$

因此，我们最终求解方程

$$150 = 375 - 325\mathrm{e}^{(-0.0035)t},$$

得到烘烤所需的总时间 $t = -[\ln(225/325)]/(0.0035) \approx 105$ min。因为烤肉是下午 5 点被放入烤箱的，所以应该在下午 6 点 45 分左右被取出。

Torricelli 定律

假设一个水箱底部有一个面积为 a 的洞，水从这个洞漏出来。用 $y(t)$ 表示 t 时刻水箱内水的深度，用 $V(t)$ 表示此时水箱内水的体积。在理想条件下，水从洞中流出的速度为

$$v = \sqrt{2gy}, \tag{27}$$

这是一滴水从水面自由下落到洞口时所获得的速度（参见 1.2 节习题 35）。从假设系统的动能和势能之和保持不变出发，我们可以推导出这个公式。在实际条件下，考虑到水流从孔口喷射时的收缩性，$v = c\sqrt{2gy}$，其中 c 是一个介于 0 到 1 之间的经验常数（对于小股连续水流通常约为 0.6）。为了简单起见，在下面的讨论中我们取 $c = 1$。

根据式 (27)，我们有

$$\frac{\mathrm{d}V}{\mathrm{d}t} = -av = -a\sqrt{2gy}, \tag{28a}$$

相当于

$$\frac{\mathrm{d}V}{\mathrm{d}t} = -k\sqrt{y}, \quad \text{其中 } k = a\sqrt{2g}。 \tag{28b}$$

这是 Torricelli 定律在水箱排水模型中的表述。设 $A(y)$ 表示在高度 y 处水箱的水平横截面积。然后，在高度 $\overline{y}$ 处，应用于面积为 $A(\overline{y})$ 且厚度为 $\mathrm{d}\overline{y}$ 的水平薄水层，那么截面积分法给出

$$V(y) = \int_0^y A(\overline{y})\mathrm{d}\overline{y}。$$

从而微积分基本定理意味着 $\mathrm{d}V/\mathrm{d}y = A(y)$，因此

$$\frac{\mathrm{d}V}{\mathrm{d}t} = \frac{\mathrm{d}V}{\mathrm{d}y} \cdot \frac{\mathrm{d}y}{\mathrm{d}t} = A(y)\frac{\mathrm{d}y}{\mathrm{d}t}。 \tag{29}$$

根据式 (28) 和式 (29)，我们最终得到

$$A(y)\frac{\mathrm{d}y}{\mathrm{d}t} = -a\sqrt{2gy} = -k\sqrt{y}, \tag{30}$$

这是 Torricelli 定律的另一种形式。

例题 6 **排水碗** 一个半球形碗的顶部半径为 4 ft，在 $t=0$ 时刻它盛满水。这时在碗底挖开一个直径为 1 in 的圆孔。把碗里的水排完需要多长时间？

解答： 根据图 1.4.9 中的直角三角形，我们可以看出

$$A(y) = \pi r^2 = \pi[16 - (4-y)^2] = \pi(8y - y^2)。$$

利用 $g = 32 \text{ ft/s}^2$，方程 (30) 变为

$$\pi(8y - y^2)\frac{\mathrm{d}y}{\mathrm{d}t} = -\pi\left(\frac{1}{24}\right)^2 \sqrt{2\cdot 32y};$$

$$\int(8y^{1/2} - y^{3/2})\mathrm{d}y = -\int \frac{1}{72}\mathrm{d}t;$$

$$\frac{16}{3}y^{3/2} - \frac{2}{5}y^{5/2} = -\frac{1}{72}t + C。$$

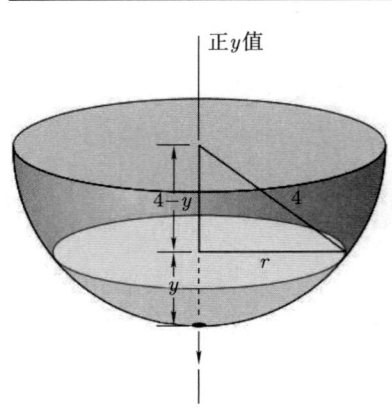

图 1.4.9 从半球形碗排水

现在 $y(0) = 4$，所以

$$C = \frac{16}{3}\cdot 4^{3/2} - \frac{2}{5}\cdot 4^{5/2} = \frac{448}{15}。$$

当 $y = 0$ 时，即

$$t = 72 \cdot \frac{448}{15} \approx 2150 \text{ (s)},$$

也就是大约 35 分 50 秒后，碗排空。因此，碗排空所需时间略少于 36 分钟。 ∎

习题

求出习题 1~18 中微分方程的通解（必要时求隐式解，方便时求显式解）。上标符号 *'* 表示对 x 求导。

1. $\dfrac{\mathrm{d}y}{\mathrm{d}x} + 2xy = 0$
2. $\dfrac{\mathrm{d}y}{\mathrm{d}x} + 2xy^2 = 0$
3. $\dfrac{\mathrm{d}y}{\mathrm{d}x} = y \sin x$
4. $(1+x)\dfrac{\mathrm{d}y}{\mathrm{d}x} = 4y$
5. $2\sqrt{x}\dfrac{\mathrm{d}y}{\mathrm{d}x} = \sqrt{1-y^2}$
6. $\dfrac{\mathrm{d}y}{\mathrm{d}x} = 3\sqrt{xy}$
7. $\dfrac{\mathrm{d}y}{\mathrm{d}x} = (64xy)^{1/3}$
8. $\dfrac{\mathrm{d}y}{\mathrm{d}x} = 2x \sec y$
9. $(1-x^2)\dfrac{\mathrm{d}y}{\mathrm{d}x} = 2y$
10. $(1+x)^2 \dfrac{\mathrm{d}y}{\mathrm{d}x} = (1+y)^2$
11. $y' = xy^3$
12. $yy' = x(y^2 + 1)$
13. $y^3 \dfrac{\mathrm{d}y}{\mathrm{d}x} = (y^4 + 1)\cos x$
14. $\dfrac{\mathrm{d}y}{\mathrm{d}x} = \dfrac{1+\sqrt{x}}{1+\sqrt{y}}$
15. $\dfrac{\mathrm{d}y}{\mathrm{d}x} = \dfrac{(x-1)y^5}{x^2(2y^3 - y)}$
16. $(x^2 + 1)(\tan y)y' = x$
17. $y' = 1 + x + y + xy$ （提示：对右侧进行因式分解。）
18. $x^2 y' = 1 - x^2 + y^2 - x^2 y^2$

求出习题 19~28 中初值问题的显式特解。

19. $\dfrac{dy}{dx} = ye^x$, $y(0) = 2e$

20. $\dfrac{dy}{dx} = 3x^2(y^2+1)$, $y(0) = 1$

21. $2y\dfrac{dy}{dx} = \dfrac{x}{\sqrt{x^2-16}}$, $y(5) = 2$

22. $\dfrac{dy}{dx} = 4x^3y - y$, $y(1) = -3$

23. $\dfrac{dy}{dx} + 1 = 2y$, $y(1) = 1$

24. $\dfrac{dy}{dx} = y\cot x$, $y\left(\dfrac{1}{2}\pi\right) = \dfrac{1}{2}\pi$

25. $x\dfrac{dy}{dx} - y = 2x^2y$, $y(1) = 1$

26. $\dfrac{dy}{dx} = 2xy^2 + 3x^2y^2$, $y(1) = -1$

27. $\dfrac{dy}{dx} = 6e^{2x-y}$, $y(0) = 0$

28. $2\sqrt{x}\dfrac{dy}{dx} = \cos^2 y$, $y(4) = \pi/4$

习题 29～32 探讨通解与奇异解、存在性与唯一性之间的关系。

29. (a) 求出微分方程 $dy/dx = y^2$ 的通解。
    (b) 找出一个不包含在通解中的奇异解。
    (c) 检查典型解曲线图以确定点 (a, b), 使得初值问题 $y' = y^2$, $y(a) = b$ 有唯一解。

30. 求解微分方程 $(dy/dx)^2 = 4y$, 验证其通解曲线和奇异解曲线如图 1.4.5 所示。然后确定平面上的点 (a, b), 使得初值问题 $(y')^2 = 4y$, $y(a) = b$:
    (a) 无解;
    (b) 对所有 x 有无穷多个解;
    (c) 在点 $x = a$ 的某个邻域内, 只有有限个解。

31. 讨论微分方程 $(dy/dx)^2 = 4y$ 和 $dy/dx = 2\sqrt{y}$ 之间的区别。它们有相同的解曲线吗? 为什么有或者为什么没有? 确定平面上的点 (a, b), 使得初值问题 $y' = 2\sqrt{y}$, $y(a) = b$:
    (a) 无解;
    (b) 有唯一解;
    (c) 有无穷多个解。

32. 求出微分方程 $dy/dx = y\sqrt{y^2-1}$ 的通解和任意奇异解。确定平面上的点 (a, b), 使得初值问题 $y' = y\sqrt{y^2-1}$, $y(a) = b$:
    (a) 无解;
    (b) 有唯一解;
    (c) 有无穷多个解。

计算器对以下许多问题都有帮助。

33. **人口增长** 某城市 1960 年人口为 2.5 万, 1970 年人口为 3 万。假设其人口将继续以恒定速度呈指数增长。那么城市规划者预测到 2000 年会有多少人口?

34. **种群数量增长** 在某种细菌培养过程中, 细菌的数量在 10 h 内增加了 6 倍。那么细菌数量翻倍需要多长时间呢?

35. **放射性碳测定年代法** 从古代头骨提取的碳中 ^{14}C 含量仅为从现代骨骼提取的碳中 ^{14}C 含量的六分之一。那么这个头骨有多少年了?

36. **放射性碳测定年代法** 从一件据称是公元一世纪的遗物中提取的碳, 每克含有 4.6×10^{10} 个 ^{14}C 原子。从同种物质的现代标本中提取的碳, 每克含有 5.0×10^{10} 个 ^{14}C 原子。计算遗物的大概年代。你对它的真实性有什么看法?

37. **连续复利** 一对夫妇在第一个孩子出生时, 往一个账户里存了 5000 美元, 连续复利为 8%。支付的利息允许累计。那么在孩子 18 岁生日那天, 这个账户里有多少钱?

38. **连续复利** 假设你在阁楼上发现一本逾期未还的图书馆的书, 100 年前你的祖父因这本书欠了 30 美分的罚金。如果逾期罚款以每年 5% 的连续复利呈指数增长, 那么如果你现今还书, 你要付多少钱?

39. **药物消除** 假设使用戊巴比妥钠麻醉一只狗。当狗的血液中每千克体重至少含有 45 mg 戊巴比妥钠时, 狗才会被麻醉。同时假设戊巴比妥钠从狗的血液中以指数方式排出, 半衰期为 5 h。那么要麻醉一条 50 kg 重的狗 1 h, 单次给药剂量应该是多少?

40. **放射性测定年代法** 放射性钴的半衰期为 5.27 年。假设核事故使某地区的钴辐射水平达到人类居住可接受水平的 100 倍。要过多久该地区才能再次适合居住? (忽略其他放射性同位素存在的可能性。)

41. **同位素形成** 假设一个在古代大灾难又或许地球自身形成过程中形成的矿体最初含有铀

同位素 ^{238}U（其半衰期为 4.51×10^9 年）但不含铅，铅是 ^{238}U 放射性衰变的最终产物。如果现今矿体中 ^{238}U 原子与铅原子的比例是 0.9，那么大灾难是什么时候发生的？

42. **放射性测定年代法** 某种月球岩石被发现含有相同数量的钾原子和氩原子。假设所有的氩都是钾（其半衰期约为 1.28×10^9 年）放射性衰变的结果，并且每九个钾原子分解就会产生一个氩原子。那么从岩石只含钾时开始测算，岩石的年龄是多少？

43. **冷却** 一罐酪乳的初始温度为 $25°C$，将其放置在前廊上冷却，那里的温度是 $0°C$。假设 20 min 后，酪乳的温度下降到 $15°C$。那么什么时候其温度降至 $5°C$？

44. **溶解速度** 当糖溶于水时，t min 后仍未溶解的量 A 满足微分方程 $dA/dt = -kA (k > 0)$。如果 1 min 后有 25% 的糖溶解，那么一半的糖溶解需要多长时间？

45. **水下光强度** 在湖面以下 x 米深处光的强度 I 满足微分方程 $dI/dx = (-1.4)I$。
    (a) 在什么深度，强度是表面（此处 $x = 0$）强度 I_0 的一半？
    (b) 在 10 m 深处强度是多少（占 I_0 的比例）？
    (c) 在什么深度，强度是表面强度的 1%？

46. **气压和海拔** 海拔 x mile 处的气压 p（以英寸水银柱为单位）满足初值问题 $dp/dx = (-0.2)p$, $p(0) = 29.92$。
    (a) 计算 10 000 ft 高空处的气压，再计算 30 000 ft 高空处的气压。
    (b) 如果没有事先训练，当气压降至 15 in 水银柱以下时，很少有人能存活下来。这对应多高？

47. **谣言的传播** 有一天，在一个拥有 10 万人口的城市里，一则关于饮用水中含有苯基乙胺的可疑消息开始传播。不到一周，就有 1 万人听说了这则谣言。假设听谣言的人数的增长率与还没有听说谣言的人数成正比。那么要过多久城里一半的人都已听说这个谣言？

48. **同位素形成** 根据一种宇宙学理论，宇宙在"大爆炸"诞生时，两种铀同位素 ^{235}U 和 ^{238}U 的含量相等。目前每个 ^{235}U 原子对应 137.7 个 ^{238}U 原子。利用 ^{238}U 的半衰期为 4.51×10^9 年，^{235}U 的半衰期为 7.10×10^8 年，计算宇宙的年龄。

49. **冷却** 将蛋糕从 $210°F$ 的烤箱中取出，放在 $70°F$ 的室温下冷却。30 min 后，蛋糕的温度为 $140°F$。那么它什么时候降至 $100°F$？

50. **污染的增加** 某山谷大气污染物数量 $A(t)$ 自然增长，每 7.5 年增长两倍。
    (a) 如果初始污染量是 10 pu（污染物单位），请写出 $A(t)$ 的公式，以给出 t 年后存在的污染量（单位为 pu）。
    (b) 在 5 年之后，山谷大气中污染物含量（单位为 pu）将是多少？
    (c) 如果当污染量达到 100 pu 时，住在山谷中是危险的，这需要多长时间？

51. **放射性衰变** 核电站发生事故，导致周边地区受到自然衰变的放射性物质污染。放射性物质的初始量是 15 su（安全单位），5 个月后仍然有 10 su。
    (a) 写出一个公式，给出 t 个月后放射性物质的剩余量 $A(t)$（以 su 为单位）。
    (b) 在 8 个月之后会有多少放射性物质残留？
    (c) 到 $A = 1$ su 需要多长时间（总月数或其零头），以便人们可以安全返回该地区？

52. **语言的发展** 现在全世界大约有 3300 种不同的人类"语系"。假设所有这些语系都起源于同一种原始语言，并且一种语系每 6000 年发展成 1.5 种语系。那么大约在多久以前，人类开始使用这种原始语言？

53. **语言的发展** 几千年前，美洲原住民的祖先从亚洲越过白令海峡进入西半球。从那时起，他们就遍布北美和南美。最初的美洲原住民说的单一语言自此分裂为许多"语系"。假设（如习题 52 所述）这些语系的数量每 6000 年增为 1.5 倍。现在西半球有 150 种美洲原住民语系。今天的美洲原住民的祖先大约是什么时候达到的？

Torricelli 定律

习题 54~64 说明 Torricelli 定律的应用。

54. 一个水箱的形状像一个竖直的圆柱体，它最初的装水深度为 9 ft，并在 $t = 0$（小时）时取出底部塞子。1 h 后，水的深度下降到 4 ft。需要多长时间才能将水箱里的水全部排出？

55. 假设习题 54 中水箱的半径为 3 ft，其底部的孔是半径为 1 in 的圆孔。那么水（最初 9 ft 深）完全排出需要多长时间？

56. 在 $t = 0$ 时，取出盛满水的 16 ft 高的圆锥形水箱底部的塞子（在顶点处）。1 h 后，水箱中的水降到 9 ft 深。什么时候水箱会空？

57. 假设一个最初装有 V_0 gal 水的圆柱形水箱（通过底部孔）在 T min 内排出水。利用 Torricelli 定律证明，$t \leqslant T$ min 后水箱内水的体积为 $V = V_0[1 - (t/T)]^2$。

58. 一个水箱的形状是通过绕 y 轴旋转曲线 $y = x^{4/3}$ 得到的。中午 12 点，当水箱的水深为 12 ft 时，取出底部塞子。下午 1 点，水深降为 6 ft。那么什么时候水箱会被排空？

59. 一个水箱的形状是通过绕 y 轴旋转抛物线 $x^2 = by$ 得到的。中午 12 点，当水箱底部的圆形塞子被取出时，水深为 4 ft。下午 1 点，水深降为 1 ft。

    (a) 求 t h 后剩余水的深度 $y(t)$。

    (b) 水箱什么时候会空？

    (c) 如果上水面的初始半径为 2 ft，那么底部圆孔的半径是多少？

60. 一个长度为 5 ft、半径为 3 ft 的圆柱形水箱沿其轴水平放置。如果打开半径为 1 in 的底部圆孔，水箱最初装满一半的水，那么水完全排出需要多长时间？

61. 当打开半径为 1 in 的底部圆孔时，半径为 4 ft 的球形水箱装满了水。把水箱里的水全部排出需要多长时间？

62. 假设半径为 1 m 的半球形水箱初始装满了水，水箱底部为其平坦的一面。其底部有一个半径为 1 cm 的孔。如果在下午 1 点打开这个底部圆孔，那么什么时候水箱被排空？

63. 考虑例题 8 中最初装满水的半球形水箱，只是其底部圆孔的半径 r 现在未知。下午 1 点，打开底部圆孔，下午 1 点 30 分，水箱内水深为 2 ft。

    (a) 利用形如 $dV/dt = -(0.6)\pi r^2 \sqrt{2gy}$ 的 Torricelli 定律（考虑到收缩性），确定水箱何时被排空？

    (b) 底部圆孔的半径是多少？

64. **漏壶或水钟** 设计一个 12 h 的水钟，其尺寸如图 1.4.10 所示，其形状类似于绕 y 轴旋转曲线 $y = f(x)$ 得到的曲面。为了使水位以 4 in/h 的恒定速度下降，这条曲线应该是什么样子，底部圆孔的半径应该是多少？

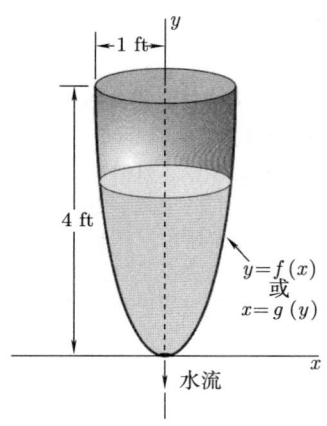

图 1.4.10 水钟

65. **死亡时间** 就在正午前，在一间温度为 70°F 的恒温房间里发现了一具明显是谋杀案受害者的尸体。中午 12 点时体温为 80°F，下午 1 点时体温为 75°F。假设死者死亡时体温为 98.6°F，并且尸体根据牛顿定律冷却。那么死亡时间是什么时候？

66. **扫雪机问题** 一天清晨，天开始以恒定速度不停地下雪。早上 7 点，一辆扫雪机出发清理道路。到上午 8 点，它已经行驶了 2 英里，但又过了两小时（直到上午 10 点），扫雪机又行驶了 2 英里。

    (a) 设开始下雪时 $t = 0$，令 x 表示扫雪机在 t 时刻行驶的距离。假设扫雪机以恒定速度（例如以 ft^3/h 为单位）清除道路上的积雪，证明

    $$k\frac{dx}{dt} = \frac{1}{t},$$

    其中 k 是一个常数。

    (b) 什么时候开始下雪的？（答案：早上 6 点。）

67. **扫雪机问题** 与习题 66 一样，扫雪机在早上 7 点出发。假设到上午 8 点，它已经行驶了 4 英里，到上午 9 点，它又行驶了 3 英里。什么时候开始下雪的？这是一个更难的扫雪机问题，因为现在必须数值求解一个超越方程来得到 k 的值。（答案：凌晨 4 点 27 分。）

68. **最速降线** 图 1.4.11 显示了一颗珠子沿着无摩擦金属线从 P 点滑到 Q 点。最速降线问题可描述为：为了使珠子从 P 点下降到 Q 点的时间最短，金属线应该是什么形状的。1696 年 6 月，约翰·伯努利提出这个问题公开挑战，期限 6 个月（后来在莱布尼茨的要求下延长到 1697 年复活节）。1697 年 1 月 29 日，牛顿收到了伯努利的挑战，当时他已从学术界退出，并担任伦敦铸币厂厂长。就在第二天，他向伦敦皇家学会提交了自己的解：最短下降时间曲线是一条倒摆线弧线。对于这一结果的现代推导，在 y 轴向下的坐标系中，假设珠子在原点 P 从静止开始运动，并设 $y = y(x)$ 为期望曲线的方程。然后，光学中的 Snell 定律的力学类比意味着

$$\frac{\sin\alpha}{v} = 常数, \quad (i)$$

其中 α 表示曲线切线的偏转角（从竖直方向看），所以 $\cot\alpha = y'(x)$（为什么？），而 $v = \sqrt{2gy}$ 是珠子竖直下降距离为 y 时的速度（根据 $KE = \frac{1}{2}mv^2 = mgy = -PE$）。

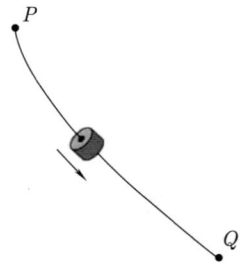

图 1.4.11 珠子沿金属线滑下——最速降线问题

(a) 首先从方程 (i) 推导出微分方程

$$\frac{dy}{dx} = \sqrt{\frac{2a-y}{y}}, \quad (ii)$$

其中 a 是一个适当的正常数。

(b) 将 $y = 2a\sin^2 t$ 和 $dy = 4a\sin t\cos t\, dt$ 代入方程 (ii) 推导出解

$$x = a(2t - \sin 2t), \quad y = a(1 - \cos 2t), \quad (iii)$$

其中当 $x = 0$ 时，$t = y = 0$。最后，将 $\theta = 2t$ 代入方程 (iii)，得到摆线的标准参数方程 $x = a(\theta - \sin\theta)$，$y = a(1 - \cos\theta)$，此摆线由半径为 a 的圆轮沿 x 轴滚动时其边缘上一点产生。[参见 Edwards 和 Penney 的 *Calculus: Early Transcendentals*（第 7 版）的 9.4 节中例题 5。]

69. **悬索** 假设在对称位于 x 轴两侧等高度的两点 $(\pm L, H)$ 之间悬挂一根均匀柔性缆绳（如图 1.4.12 所示）。利用物理原理可以证明，悬索的形状 $y = y(x)$ 满足微分方程

$$a\frac{d^2 y}{dx^2} = \sqrt{1 + \left(\frac{dy}{dx}\right)^2},$$

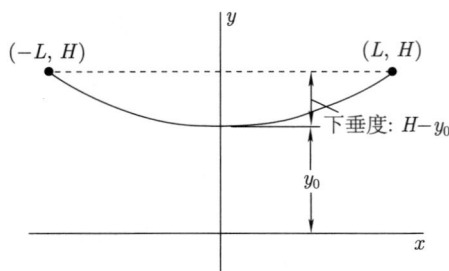

图 1.4.12 悬索线

其中常数 $a = T/\rho$ 是缆绳在其最低点 $x = 0$[此处 $y'(0) = 0$] 处的张力 T 与其（常值）线密度 ρ 的比值。如果我们将 $v = dy/dx$ 和 $dv/dx = d^2 y/dx^2$ 代入上述二阶微分方程，那么我们可以得到一阶方程

$$a\frac{dv}{dx} = \sqrt{1 + v^2}.$$

求解这个微分方程得到 $y'(x) = v(x) = \sinh(x/a)$。然后积分得到悬索的形状函数

$$y(x) = a\cosh\left(\frac{x}{a}\right) + C.$$

这条曲线被称为悬链线（catenary），这个词来自拉丁语，意思是链（chain）。

应用　logistic 方程

请访问 bit.ly/3CqQqx9，利用 Maple、Mathematica 和 MATLAB 等计算资源对此主题进行更多讨论和探索。

正如本节中前面的式 (7) 所示，可分离变量微分方程的求解简化为两个不定积分的求值。为此，使用符号代数系统很有吸引力。我们用下列 logistic 微分方程来说明这种方法，

$$\frac{\mathrm{d}x}{\mathrm{d}t} = ax - bx^2, \tag{1}$$

它建立了一个种群数量 $x(t)$ 满足的模型，其中（单位时间）出生数量与 x 成正比，死亡数量与 x^2 成正比。在此我们集中讨论方程 (1) 的求解，而将对种群数量应用的讨论推迟到 2.1 节。

例如，若 $a = 0.01$ 且 $b = 0.0001$，则方程 (1) 变为

$$\frac{\mathrm{d}x}{\mathrm{d}t} = 0.01x - 0.0001x^2 = \frac{x}{10000}(100 - x)。 \tag{2}$$

分离变量可得

$$\int \frac{1}{x(100-x)} \mathrm{d}x = \int \frac{1}{10000} \mathrm{d}t = \frac{t}{10000} + C。 \tag{3}$$

为了计算左侧积分，我们可以使用 Maple 命令
```
int(1/(x*(100-x)), x);
```
Mathematica 命令
```
Integrate[ 1/(x*(100-x)), x ]
```
或者 MATLAB 命令
```
syms x; int(1/(x*(100-x)))
```
此外，我们可以使用免费的 Wolfram|Alpha 系统（www.wolframalpha.com），输入
```
integrate 1/(x*(100-x))
```
可以产生如图 1.4.13 所示的输出。

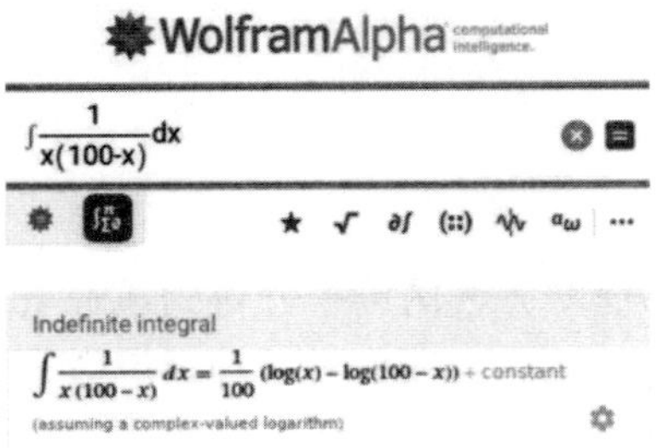

任何计算机代数系统都会给出如下形式的结果：

$$\frac{1}{100} \ln x - \frac{1}{100} \ln(x - 100) = \frac{t}{10000} + C。 \tag{4}$$

图 1.4.13　Wolfram|Alpha 展示式 (3) 中的积分。Wolfram|Alpha 输出的屏幕截图。经 Wolfram|Alpha LLC（https://www.wolframalpha.com/）许可使用

现在，你可以施加初始条件 $x(0) = x_0$，并结合对数运算，最后进行指数运算，求出式 (4)，从而得到方程 (2) 的特解

$$x(t) = \frac{100 x_0 \mathrm{e}^{t/100}}{100 - x_0 + x_0 \mathrm{e}^{t/100}}。 \tag{5}$$

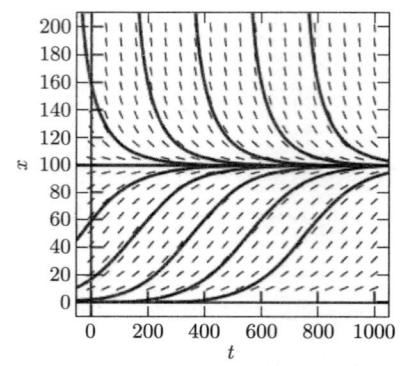

图 1.4.14 方程 $x' = 0.01x - 0.0001x^2$ 的斜率场和解曲线

如图 1.4.14 所示的斜率场和解曲线表明，无论初始值 x_0 取多少，当 $t \to +\infty$ 时，解 $x(t)$ 都趋近于 100。你能利用式 (5) 验证这个猜想吗？

练习

研究：为了得到你自己的 logistic 方程，在方程 (1) 中取 $a = m/n$ 和 $b = 1/n$，其中 m 和 n 是你学号中最大的两个不同数字（按任意顺序分配）。

(a) 首先，为你的微分方程生成一个斜率场，并包含足够多的解曲线，以便你可以看出当 $t \to +\infty$ 时种群数量的变化。请清楚地阐述你的推断。

(b) 其次，使用计算机代数系统对微分方程进行符号化求解，然后利用符号解求出当 $t \to +\infty$ 时 $x(t)$ 的极限。你基于图形的推断是否正确？

(c) 最后，利用符号解陈述并求解一个数值问题。例如，x 从选定的初始值 x_0 增长到给定的目标值 x_1 需要多长时间？

1.5 一阶线性微分方程

现在我们来讨论求解一阶微分方程的另一种重要方法，它是建立在"两侧同时积分"的思想上。在 1.4 节中，我们看到，求解可分离变量微分方程的第一步是在方程两侧同时乘以或除以分离变量所需的项。例如，为了求解方程

$$\frac{\mathrm{d}y}{\mathrm{d}x} = 2xy \quad (y > 0), \tag{1}$$

我们在方程两侧同时除以 y（并且可以说，同时乘以微分 $\mathrm{d}x$）可得

$$\frac{\mathrm{d}y}{y} = 2x\mathrm{d}x。$$

然后对方程两侧积分得到通解 $\ln y = x^2 + C$。

然而，还有另一种求解微分方程 (1) 的方法，它在得到相同的通解的同时，不仅为本节讨论的求解方法打开了大门，而且也为其他求解微分方程的方法打开了大门。所有这些方法的共同点是，如果给定的方程难以求解，那么在方程两侧乘以一个适当选择的关于 x 和 y 的函数，也许会得到一个更容易求解的等价方程。因此，在方程 (1) 中，我们可以两侧同时乘以因子 $1/y$，而不是两侧同时除以 y。（当然，在代数上这两者是相同的，但我们要强调的事实是，在求解微分方程时，关键的第一步往往是在方程两侧同时乘以"合适的"函数）。将此应用于方程 (1)（而将 $\mathrm{d}x$ 留在原处）可得

$$\frac{1}{y} \cdot \frac{\mathrm{d}y}{\mathrm{d}x} = 2x。 \tag{2}$$

方程 (2) 的意义在于，与方程 (1) 不同，方程 (2) 的两侧都可以被识别为导数。根据链式

法则，方程 (2) 左侧可被写成
$$\frac{1}{y} \cdot \frac{\mathrm{d}y}{\mathrm{d}x} = D_x(\ln y),$$
当然，方程 (2) 右侧可被写成 $D_x(x^2)$。因此，方程 (2) 的每侧都可视为关于 x 的一个导数：
$$D_x(\ln y) = D_x(x^2)。$$
两侧对 x 积分得到和之前一样的通解 $\ln y = x^2 + C$。

因此，我们能够求解微分方程 (1)，首先通过在方程两侧同时乘以一个选定的因子，被称为积分因子，使得所得方程两侧都可以被识别为导数。那么，求解这个方程就变成了两侧同时积分的问题。更一般地说，微分方程的**积分因子**是一个函数 $\rho(x, y)$，使得微分方程两侧都乘以 $\rho(x, y)$ 后所得方程两侧都可以被识别为导数。在某些情况下，积分因子同时包含变量 x 和 y。然而，方程 (1) 的第二种解法是基于积分因子 $\rho(y) = 1/y$，它只依赖于 y。本节的目的是展示如何利用积分因子求解一类广泛而重要的一阶微分方程。

一阶线性微分方程具有如下形式：
$$\frac{\mathrm{d}y}{\mathrm{d}x} + P(x)y = Q(x)。 \tag{3}$$
我们假设系数函数 $P(x)$ 和 $Q(x)$ 在 x 的某个区间上是连续的。（你能看出微分方程 (1) 除了是可分离变量的，也是线性的吗？是否每个可分离变量方程也是线性方程？）假设可以求出必要的不定积分，那么一般线性微分方程 (3) 总是可以通过乘以如下积分因子来求解，
$$\rho(x) = \mathrm{e}^{\int P(x)\mathrm{d}x}。 \tag{4}$$
结果是
$$\mathrm{e}^{\int P(x)\mathrm{d}x}\frac{\mathrm{d}y}{\mathrm{d}x} + P(x)\mathrm{e}^{\int P(x)\mathrm{d}x}y = Q(x)\mathrm{e}^{\int P(x)\mathrm{d}x}。 \tag{5}$$
因为
$$D_x\left[\int P(x)\mathrm{d}x\right] = P(x),$$
所以方程 (5) 的左侧是乘积 $y(x) \cdot \mathrm{e}^{\int P(x)\mathrm{d}x}$ 的导数，因此方程 (5) 等价于
$$D_x\left[y(x) \cdot \mathrm{e}^{\int P(x)\mathrm{d}x}\right] = Q(x)\mathrm{e}^{\int P(x)\mathrm{d}x}。$$
对上述方程两侧积分可得
$$y(x)\mathrm{e}^{\int P(x)\mathrm{d}x} = \int \left(Q(x)\mathrm{e}^{\int P(x)\mathrm{d}x}\right)\mathrm{d}x + C。$$

最后，求出 y，从而我们得到一阶线性微分方程 (3) 的通解为

$$y(x) = e^{-\int P(x)dx} \left[\int \left(Q(x) e^{\int P(x)dx} \right) dx + C \right]. \tag{6}$$

我们不应该死记硬背这个公式。在具体问题中，通常采用我们建立这个公式的方法更为简单。也就是说，为了求解一个可以写成形如方程 (3) 的方程，其中系数函数 $P(x)$ 和 $Q(x)$ 可以显式表示，你应该尝试执行以下步骤。

方法　一阶线性微分方程的解法

1. 首先计算积分因子 $\rho(x) = e^{\int P(x)dx}$。
2. 然后在微分方程两侧同时乘以 $\rho(x)$。
3. 接着，将所得方程的左侧视为一个乘积的导数：

$$D_x[\rho(x)y(x)] = \rho(x)Q(x).$$

4. 最后，对这个方程积分，即

$$\rho(x)y(x) = \int \rho(x)Q(x)dx + C,$$

然后求出 y，得到原微分方程的通解。

备注 1：若给定了一个初始条件 $y(x_0) = y_0$，你可以（照常）将 $x = x_0$ 和 $y = y_0$ 代入通解，求出 C 的值，从而得到满足这个初始条件的特解。

备注 2：当你寻求积分因子 $\rho(x)$ 时，无须显式给出积分常数。因为如果我们将式 (4) 中的

$$\int P(x)dx \quad \text{替换成} \quad \int P(x)dx + K,$$

结果是

$$\rho(x) = e^{K + \int P(x)dx} = e^K e^{\int P(x)dx}.$$

但是常数因子 e^K 并不会对微分方程 (3) 两侧同时乘以 $\rho(x)$ 的结果产生实质性影响，所以我们不妨取 $K = 0$。因此，你可以为 $\int P(x)dx$ 选择任何方便的 $P(x)$ 的不定积分，而不必费心添加一个积分常数。∎

例题 1　求解初值问题

$$\frac{dy}{dx} - y = \frac{11}{8} e^{-x/3}, \quad y(0) = -1.$$

解答：此时 $P(x) \equiv -1$ 且 $Q(x) = \dfrac{11}{8} e^{-x/3}$，所以积分因子为

$$\rho(x) = e^{\int (-1)dx} = e^{-x}.$$

在给定方程两侧同时乘以 e^{-x} 可得
$$e^{-x}\frac{dy}{dx} - e^{-x}y = \frac{11}{8}e^{-4x/3}, \tag{7}$$
我们得出
$$\frac{d}{dx}(e^{-x}y) = \frac{11}{8}e^{-4x/3}。$$
因此两侧同时关于 x 积分可得
$$e^{-x}y = \int \frac{11}{8}e^{-4x/3}dx = -\frac{33}{32}e^{-4x/3} + C,$$
然后两侧同乘 e^x 可得通解
$$y(x) = Ce^x - \frac{33}{32}e^{-x/3}。 \tag{8}$$
现在将 $x = 1$ 和 $y = -1$ 代入上式可得 $C = \dfrac{1}{32}$,所以期望的特解为
$$y(x) = \frac{1}{32}e^x - \frac{33}{32}e^{-x/3} = \frac{1}{32}(e^x - 33e^{-x/3})。$$

备注:图 1.5.1 显示了方程 (7) 的斜率场和典型解曲线,包括经过点 $(0, -1)$ 的解曲线。注意,随着 x 的增加,一些解沿正向快速增长,而另一些解则沿负向快速增长。一条给定解曲线的行为由其初始条件 $y(0) = y_0$ 决定。这两种行为被式 (8) 中 $C = 0$ 时所得特解 $y(x) = -\dfrac{33}{32}e^{-x/3}$ 分开,所以对于如图 1.5.1 中粗线所示的解曲线,$y_0 = -\dfrac{33}{32}$。若 $y_0 > -\dfrac{33}{32}$,则在式 (8) 中 $C > 0$,所以 e^x 项最终支配了 $y(x)$ 的行为,因此当 $x \to +\infty$ 时,$y(x) \to +\infty$。但若 $y_0 < -\dfrac{33}{32}$,则 $C < 0$,所以 $y(x)$ 中的两项均为负,因此当 $x \to +\infty$ 时,$y(x) \to -\infty$。因此,初始条件 $y_0 = -\dfrac{33}{32}$ 是临界条件,当 $x \to +\infty$ 时,在 y 轴上的初值大于 $-\dfrac{33}{32}$ 的解沿正向增长,而在 y 轴上的初值小于 $-\dfrac{33}{32}$ 的解沿负向增长。对一个数学模型的解释往往取决于找到这样一个临界条件,它能将解的一种行为与另一种行为区分开。

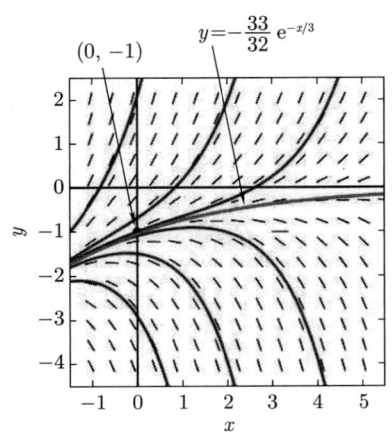

图 1.5.1 方程 $y' = y + \dfrac{11}{8}e^{-4x/3}$ 的斜率场和解曲线

例题 2 求出下列方程的通解:
$$(x^2 + 1)\frac{dy}{dx} + 3xy = 6x。 \tag{9}$$

解答：方程两侧同时除以 x^2+1 后，可得
$$\frac{\mathrm{d}y}{\mathrm{d}x} + \frac{3x}{x^2+1}y = \frac{6x}{x^2+1},$$
我们识别出这是一个一阶线性微分方程，其中 $P(x) = 3x/(x^2+1)$，$Q(x) = 6x/(x^2+1)$。两侧同时乘以
$$\rho(x) = \exp\left(\int \frac{3x}{x^2+1}\mathrm{d}x\right) = \exp\left(\frac{3}{2}\ln(x^2+1)\right) = (x^2+1)^{3/2}$$
可得
$$(x^2+1)^{3/2}\frac{\mathrm{d}y}{\mathrm{d}x} + 3x(x^2+1)^{1/2}y = 6x(x^2+1)^{1/2},$$
因此
$$D_x\left[(x^2+1)^{3/2}y\right] = 6x(x^2+1)^{1/2}。$$
然后两侧同时积分可得
$$(x^2+1)^{3/2}y = \int 6x(x^2+1)^{1/2}\mathrm{d}x = 2(x^2+1)^{3/2} + C。$$
两侧同时乘以 $(x^2+1)^{-3/2}$，可得通解
$$y(x) = 2 + C(x^2+1)^{-3/2}。 \tag{10}$$

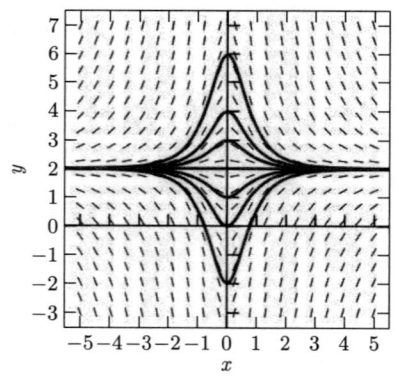

图 1.5.2 微分方程 (9) 的斜率场和解曲线

备注：图 1.5.2 显示了方程 (9) 的斜率场和典型解曲线。注意，当 $x \to +\infty$ 时，所有其他的解曲线都趋近于恒定解曲线 $y(x) \equiv 2$，这个解对应于式 (10) 中 $C = 0$。这个恒定解可以被描述为微分方程的平衡解，因为 $y(0) = 2$ 意味着对所有 x 都有 $y(x) = 2$（因此解的值永远停留在起始位置）。更一般地说，"平衡"这个词意味着"不变"，所以微分方程的平衡解就是恒定解 $y(x) \equiv c$，并由此得到 $y'(x) \equiv 0$。注意，将 $y' = 0$ 代入微分方程 (9) 可得 $3xy = 6x$，所以若 $x \neq 0$ 则 $y = 2$。因此，我们看到 $y(x) \equiv 2$ 是这个微分方程的唯一平衡解，正如图 1.5.2 所示。

对该方法的进一步讨论

前面对一阶线性方程 $y' + Py = Q$ 的解即式 (6) 的推导过程值得仔细研究。假设系数函数 $P(x)$ 和 $Q(x)$ 在（可能无界的）开区间 I 上是连续的。那么不定积分
$$\int P(x)\mathrm{d}x \quad \text{和} \quad \int\left(Q(x)\mathrm{e}^{\int P(x)\mathrm{d}x}\right)\mathrm{d}x$$

在 I 上存在。我们对式 (6) 的推导过程表明，如果 $y = y(x)$ 是方程 (3) 在 I 上的解，那么 $y(x)$ 由式 (6) 给出，其中常数 C 取某个选定值。相反，你可以通过直接代入（习题 31）验证式 (6) 所给函数 $y(x)$ 满足方程 (3)。最后，给定 I 上的一点 x_0 和任意数 y_0，如前所述，存在唯一的 C 值使得 $y(x_0) = y_0$。因此，我们证明了下面的存在唯一性定理。

> **定理 1　一阶线性微分方程**　若函数 $P(x)$ 和 $Q(x)$ 在包含点 x_0 的开区间 I 上是连续的，则初值问题
> $$\frac{\mathrm{d}y}{\mathrm{d}x} + P(x)y = Q(x), \quad y(x_0) = y_0 \tag{11}$$
> 在 I 上存在唯一解 $y(x)$，并且 $y(x)$ 由式 (6) 给出，其中 C 取适当值。

备注 1：定理 1 给出了一个线性微分方程在整个区间 I 上的一个解，与 1.3 节的定理 1 相比，后者只能保证在一个可能更小的区间上存在解。

备注 2：定理 1 告诉我们，方程 (3) 的每个解都包含在由式 (6) 所给的通解中。因此，一阶线性微分方程不存在奇异解。

备注 3：式 (6) 中常数 C 的适当值，如求解初值问题 (11) 所需的值，可以通过下列公式"自动"选择，

$$\rho(x) = \exp\left(\int_{x_0}^{x} P(t)\mathrm{d}t\right),$$
$$y(x) = \frac{1}{\rho(x)}\left[y_0 + \int_{x_0}^{x} \rho(t)Q(t)\mathrm{d}t\right]. \tag{12}$$

所指定的积分上、下限 x 和 x_0 会影响对式 (6) 中的不定积分的选择，需要提前保证 $\rho(x_0) = 1$ 以及 $y(x_0) = y_0$[可以通过将 $x = x_0$ 代入式 (12) 来直接验证]。∎

例题 3　求解初值问题

$$x^2\frac{\mathrm{d}y}{\mathrm{d}x} + xy = \sin x, \quad y(1) = y_0。 \tag{13}$$

解答：方程两侧同时除以 x^2 可得一阶线性方程

$$\frac{\mathrm{d}y}{\mathrm{d}x} + \frac{1}{x}y = \frac{\sin x}{x^2},$$

其中 $P(x) = 1/x$，$Q(x) = (\sin x)/x^2$。由于 $x_0 = 1$，那么式 (12) 中的积分因子为

$$\rho(x) = \exp\left(\int_{1}^{x} \frac{1}{t}\mathrm{d}t\right) = \exp(\ln x) = x,$$

因此，期望的特解可由下式给出，

$$y(x) = \frac{1}{x}\left[y_0 + \int_{1}^{x} \frac{\sin t}{t}\mathrm{d}t\right]。 \tag{14}$$

根据定理 1，这个解定义在整个正 x 轴上。∎

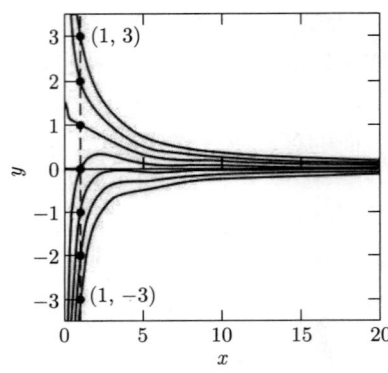

图 1.5.3 由式 (15) 定义的典型解曲线

注释：通常，需要对像式 (14) 中那样的积分（对于给定的 x）进行数值近似，例如使用 Simpson 法则，求出解在 x 处的值 $y(x)$。然而，在这种情况下，涉及正弦积分函数

$$\text{Si}(x) = \int_0^x \frac{\sin t}{t} dt,$$

它在应用中出现的频率足够高，所以其值已被制成表格。Abramowitz 和 Stegun 的 *Handbook of Mathmatical Function*（New York: Dover, 1965）中有一些很好的特殊函数表。因此，式 (14) 中的特解可被简化为

$$y(x) = \frac{1}{x}\left[y_0 + \int_0^x \frac{\sin t}{t} dt - \int_0^1 \frac{\sin t}{t} dt\right] = \frac{1}{x}[y_0 + \text{Si}(x) - \text{Si}(1)]. \tag{15}$$

在大多数科学计算系统中都有正弦积分函数，并可用于绘制由式 (15) 所定义的典型解曲线。图 1.5.3 显示了初始值为 $y(1) = y_0$ 的一组解曲线，其中 y_0 的范围从 $y_0 = -3$ 到 $y_0 = 3$。由图可知，似乎对于每条解曲线，当 $x \to +\infty$ 时，$y(x) \to 0$ 是正确的，这是因为正弦积分函数是有界的。∎

接下来我们将看到，微分方程的解可以用初等函数表示，这是一个例外，而不是常规情况。我们将研究如何获得我们所遇到的非初等函数值的良好近似值的各种方法。在第 2 章，我们将详细讨论微分方程的数值积分。

混合物问题

作为一阶线性微分方程的第一个应用，我们考虑一个盛有溶液（溶质和溶剂的混合物，例如盐溶解于水）的容器。既有流入也有流出，已知 $t = 0$ 时刻，溶质的量 $x(0) = x_0$，我们要计算在 t 时刻容器中溶质的量 $x(t)$。假设浓度为每升溶液中含 c_i 克溶质的溶液以 r_i L/s 的恒定速率流入容器，而容器中的溶液通过搅拌保持充分混合，并以 r_o L/s 的恒定速率流出。

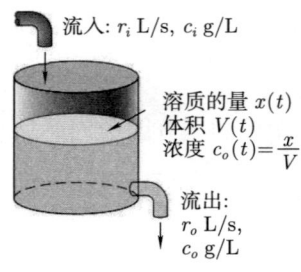

图 1.5.4 单容器混合物问题

为了建立 $x(t)$ 满足的微分方程，我们来估计 x 在短时间间隔 $[t, t+\Delta t]$ 内的变化量 Δx。在 Δt s 内流入容器的溶质的量为 $r_i c_i \Delta t$ g。为了检验这一点，注意如何通过量纲消除来检查我们的计算：

$$\left(r_i \frac{\cancel{L}}{\cancel{s}}\right)\left(c_i \frac{g}{\cancel{L}}\right)(\Delta t \ \cancel{s})$$

得到一个以 g 为单位的量。

在同一时间间隔内从容器中流出的溶质的量取决于 t 时刻溶液中溶质的浓度 $c_o(t)$。但如图 1.5.4 所示，$c_o(t) = x(t)/V(t)$，其中 $V(t)$ 表示 t 时刻容器中溶液的体积（除非 $r_i = r_o$，否则不恒定）。那么

$$\Delta x = \{流入\} - \{流出\} \approx r_i c_i \Delta t - r_o c_o \Delta t。$$

现在两侧同时除以 Δt 可得

$$\frac{\Delta x}{\Delta t} \approx r_i c_i - r_o c_o。$$

最后，取 $\Delta t \to 0$ 时的极限。如果涉及的所有函数都是连续的，并且 $x(t)$ 是可微的，那么在这个近似过程中误差也趋近于零，从而我们得到微分方程

$$\frac{\mathrm{d}x}{\mathrm{d}t} = r_i c_i - r_o c_o, \tag{16}$$

其中 r_i、c_i 和 r_o 是常数，而 c_o 表示 t 时刻容器中溶质的可变浓度

$$c_o(t) = \frac{x(t)}{V(t)}。 \tag{17}$$

因此，容器中溶质的量 $x(t)$ 满足微分方程

$$\frac{\mathrm{d}x}{\mathrm{d}t} = r_i c_i - \frac{r_o}{V} x。 \tag{18}$$

若 $V_0 = V(0)$，则 $V(t) = V_0 + (r_i - r_o)t$，所以方程 (18) 是 t 时刻容器中溶质的量 $x(t)$ 所满足的一阶线性微分方程。

重点：我们无须死记硬背方程 (18)。你应该努力去理解我们得到此方程的过程，即检查系统在短时间间隔 $[t, t + \Delta t]$ 内的行为，因为它是获得各种微分方程的非常有用的工具。

备注：在推导方程 (18) 时，我们使用 g/L 作为质量/体积的单位很方便。但任何其他统一单位制都可用来测量溶质的量和溶液的体积。在下面的例题中，我们以 km^3 为单位测量这两个量。 ■

例题 4 **混合物问题** 假设 Erie 湖的容积为 480 km^3，它的（从 Huron 湖）流入和流出（到 Ontario 湖）的速率都是每年 350 km^3。设 $t = 0$（以年为单位）时，Erie 湖的污染物浓度是 Huron 湖的 5 倍，这是由过去的工业污染造成的，现在已经被勒令停止。如果此后流出的是完全混合的湖水，那么将 Erie 湖的污染物浓度降低到 Huron 湖的 2 倍需要多长时间？

解答：我们已知

$$V = 480 \ (\text{km}^3),$$

$$r_i = r_o = r = 350 \ (\text{km}^3/\text{年}),$$

$$c_i = c \ (\text{Huron 湖的污染物浓度}),$$

$$x_0 = x(0) = 5cV,$$

问题是：何时 $x(t) = 2cV$？使用这些符号，方程 (18) 为可分离变量方程

$$\frac{\mathrm{d}x}{\mathrm{d}t} = rc - \frac{r}{V} x, \tag{19}$$

我们将其改写为一阶线性形式
$$\frac{\mathrm{d}x}{\mathrm{d}t} + px = q, \tag{20}$$

其中常数系数 $p = r/V$，$q = rc$，且积分因子为 $\rho = \mathrm{e}^{pt}$。你可以直接求解这个方程，也可以应用式 (12)。由式 (12) 得出

$$x(t) = \mathrm{e}^{-pt}\left[x_0 + \int_0^t q\mathrm{e}^{pt}\mathrm{d}t\right] = \mathrm{e}^{-pt}\left[x_0 + \frac{q}{p}\left(\mathrm{e}^{pt} - 1\right)\right]$$
$$= \mathrm{e}^{-rt/V}\left[5cV + \frac{rc}{r/V}\left(\mathrm{e}^{rt/V} - 1\right)\right],$$

即
$$x(t) = cV + 4cV\mathrm{e}^{-rt/V}。 \tag{21}$$

因此，要求出何时 $x(t) = 2cV$，我们只需要求解方程
$$cV + 4cV\mathrm{e}^{-rt/V} = 2cV$$

得到
$$t = \frac{V}{r}\ln 4 = \frac{480}{350}\ln 4 \approx 1.901\text{（年）}。$$

例题 5 **混合物问题** 一个 120 gal 的容器最初装有溶解在 90 gal（1 gal=3.7854 L）水中的 90 lb 盐。含有 2 lb/gal 盐的盐水以 4 gal/min 的速率流入容器，搅拌均匀的混合物又以 3 gal/min 的速率流出容器。当容器装满时，它含有多少盐？

解答：这道例题的有趣之处在于，由于流入和流出的速率不同，容器内盐水的体积以 $V(t) = 90 + t$ gal 的形式逐渐增加。从 t 时刻到 $t + \Delta t$ 时刻（min），容器中含盐量 x 的变化量 Δx 由下式给出

$$\Delta x \approx (4)(2)\Delta t - 3\left(\frac{x}{90+t}\right)\Delta t,$$

所以对应的微分方程为
$$\frac{\mathrm{d}x}{\mathrm{d}t} + \frac{3}{90+t}x = 8。$$

积分因子为
$$\rho(x) = \exp\left(\int \frac{3}{90+t}\mathrm{d}t\right) = \mathrm{e}^{3\ln(90+t)} = (90+t)^3,$$

从而可得
$$D_t[(90+t)^3 x] = 8(90+t)^3,$$

即
$$(90+t)^3 x = 2(90+t)^4 + C。$$

将 $x(0) = 90$ 代入上式可得 $C = -(90)^4$,所以 t 时刻容器中的含盐量为

$$x(t) = 2(90+t) - \frac{90^4}{(90+t)^3}。$$

在 30 min 之后容器装满,那么当 $t = 30$ 时,容器中含盐量为

$$x(30) = 2(90+30) - \frac{90^4}{120^3} \approx 202 \text{ (lb)}。$$

在习题 38~40 中,我们考虑涉及两个或多个容器级联的混合物问题。

习题

求出习题 1~25 中微分方程的通解。若给定了初始条件,求出相应的特解。其中上标符号 $'$ 表示对 x 求导。

1. $y' + y = 2$, $y(0) = 0$
2. $y' - 2y = 3e^{2x}$, $y(0) = 0$
3. $y' + 3y = 2xe^{-3x}$
4. $y' - 2xy = e^{x^2}$
5. $xy' + 2y = 3x$, $y(1) = 5$
6. $xy' + 5y = 7x^2$, $y(2) = 5$
7. $2xy' + y = 10\sqrt{x}$
8. $3xy' + y = 12x$
9. $xy' - y = x$, $y(1) = 7$
10. $2xy' - 3y = 9x^3$
11. $xy' + y = 3xy$, $y(1) = 0$
12. $xy' + 3y = 2x^5$, $y(2) = 1$
13. $y' + y = e^x$, $y(0) = 1$
14. $xy' - 3y = x^3$, $y(1) = 10$
15. $y' + 2xy = x$, $y(0) = -2$
16. $y' = (1-y)\cos x$, $y(\pi) = 2$
17. $(1+x)y' + y = \cos x$, $y(0) = 1$
18. $xy' = 2y + x^3 \cos x$
19. $y' + y \cot x = \cos x$
20. $y' = 1 + x + y + xy$, $y(0) = 0$
21. $xy' = 3y + x^4 \cos x$, $y(2\pi) = 0$
22. $y' = 2xy + 3x^2 \exp(x^2)$, $y(0) = 5$
23. $xy' + (2x-3)y = 4x^4$
24. $(x^2+4)y' + 3xy = x$, $y(0) = 1$
25. $(x^2+1)\dfrac{dy}{dx} + 3x^3 y = 6x \exp\left(-\dfrac{3}{2}x^2\right)$, $y(0) = 1$

以 y 为自变量,而不是以 x 为自变量,求解习题 26~28 中的微分方程。

26. $(1 - 4xy^2)\dfrac{dy}{dx} = y^3$
27. $(x + ye^y)\dfrac{dy}{dx} = 1$
28. $(1 + 2xy)\dfrac{dy}{dx} = 1 + y^2$

29. 用下列**误差函数**表示 $dy/dx = 1 + 2xy$ 的通解:

$$\text{erf}(x) = \frac{2}{\sqrt{\pi}} \int_0^x e^{-t^2} dt。$$

30. 与例题 3 一样,将初值问题

$$2x\frac{dy}{dx} = y + 2x\cos x, \quad y(1) = 0$$

的解表示为积分形式。

习题 31 和习题 32 针对一阶微分线性方程的特殊情况,说明一些我们在第 3 章研究高阶微分线性方程时将会用到的重要技术。

31. **(a)** 证明

$$y_c(x) = Ce^{-\int P(x)dx}$$

是方程 $dy/dx + P(x)y = 0$ 的通解。

(b) 证明

$$y_p(x) = e^{-\int P(x)dx}\left[\int \left(Q(x)e^{\int P(x)dx}\right)dx\right]$$

是方程 $dy/dx + P(x)y = Q(x)$ 的特解。

(c) 设 $y_c(x)$ 是方程 $dy/dx + P(x)y = 0$ 的任意通解，$y_p(x)$ 为方程 $dy/dx + P(x)y = Q(x)$ 的任意特解。证明 $y(x) = y_c(x) + y_p(x)$ 是方程 $dy/dx + P(x)y = Q(x)$ 的通解。

32. (a) 求出常数 A 和 B 使得 $y_p(x) = A\sin x + B\cos x$ 是方程 $dy/dx + y = 2\sin x$ 的解。
(b) 利用 (a) 部分的结果以及习题 31 的方法，求出方程 $dy/dx + y = 2\sin x$ 的通解。
(c) 求解初值问题 $dy/dx + y = 2\sin x$，$y(0) = 1$。

混合物问题

习题 33~37 说明一阶线性微分方程在混合物问题中的应用。

计算器对以下许多问题都有帮助。

33. 一个容器装有 1000 L 由 100 kg 盐溶解于水组成的溶液。将纯水以 5 L/s 的速率泵入容器，通过搅拌使溶液保持均匀，再将溶液以同样的速率泵出容器。容器里只剩 10 kg 的盐需要多久？

34. 考虑一个容积为 80 亿 ft^3 的水库，初始污染物浓度为 0.25%。每天有污染物浓度为 0.05% 的 5 亿 ft^3 的水流入水库，在水库中充分混合后，每天有相同量的水流出水库。水库中污染物浓度降至 0.10% 需要多长时间？

35. 重新考虑例题 4，以 Ontario 湖为例，它流入 St. Lawrence 河，并（通过 Niagara 河）接收来自 Erie 湖流入的水。唯一不同的是，这个湖的容积为 1640 km^3，流入流出速率为 410 km^3/年。

36. 一个容器最初装有 60 gal 的纯水。每 1 gal 含 1 lb 盐的盐水以 2 gal/min 的速率流入容器，（完全混合的）溶液以 3 gal/min 的速率流出容器，因此，容器正好在 1 h 后排空。
(a) 求 t min 后容器中含盐量。
(b) 容器中最大含盐量是多少？

37. 一个容积为 400 gal 的容器最初装有 100 gal 含 50 lb 盐的盐水。每 1 gal 含 1 lb 盐的盐水以 5 gal/s 的速率流入容器，充分混合的盐水以 3 gal/s 的速率流出容器。当容器装满盐水时，容器中含有多少盐？

38. **两个容器** 考虑如图 1.5.5 所示的两个级联容器，分别用 $V_1 = 100$ (gal) 和 $V_2 = 200$ (gal) 表示两个容器中盐水的体积。每个容器最初含有 50 lb 盐。图中所示的三处流速均为 5 gal/min，其中纯水流入 1 号容器。
(a) 求 t 时刻容器 1 中含盐量 $x(t)$。
(b) 假设 $y(t)$ 是 t 时刻容器 2 中含盐量。首先证明
$$\frac{dy}{dt} = \frac{5x}{100} - \frac{5y}{200},$$
然后利用 (a) 部分中所求出的函数 $x(t)$ 解出 $y(t)$。
(c) 求出容器 2 中最大含盐量。

39. **两个容器** 假设在图 1.5.5 所示的级联容器中，容器 1 最初装有 100 gal 纯乙醇，容器 2 最初装有 100 gal 纯水。纯水以 10 gal/min 的速率流入容器 1，另外两处流速也是 10 gal/min。
(a) 求 $t \geqslant 0$ 时刻两个容器中乙醇量 $x(t)$ 和 $y(t)$。
(b) 求出容器 2 中最大乙醇含量。

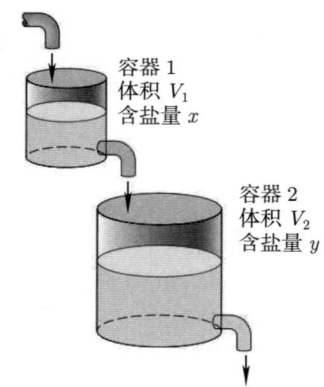

图 1.5.5 两个级联容器

40. **多容器** 一个多重级联容器如图 1.5.6 所示。在 $t = 0$ 时刻，容器 0 装有 1 gal 乙醇和 1 gal 水，剩下的所有容器每个都装有 2 gal 的纯水。纯水以 1 gal/min 的速率流入容器 0，并且每个容器中不同的混合物以相同的速率流入其下方容器。照常假设混合物通过搅拌保持完全

均匀。设 $x_n(t)$ 表示 t 时刻容器 n 中乙醇含量。

(a) 证明 $x_0(t) = e^{-t/2}$。

(b) 采用关于 n 的归纳法证明

$$x_n(t) = \frac{t^n e^{-t/2}}{n! 2^n}, \quad n \geqslant 0。$$

(c) 证明对于 $n > 0$，$x_n(t)$ 的最大值为 $M_n = x_n(2n) = n^n e^{-n}/n!$。

(d) 由 **Stirling** 近似 $n! \approx n^n e^{-n}\sqrt{2\pi n}$ 推断出 $M_n \approx (2\pi n)^{-1/2}$。

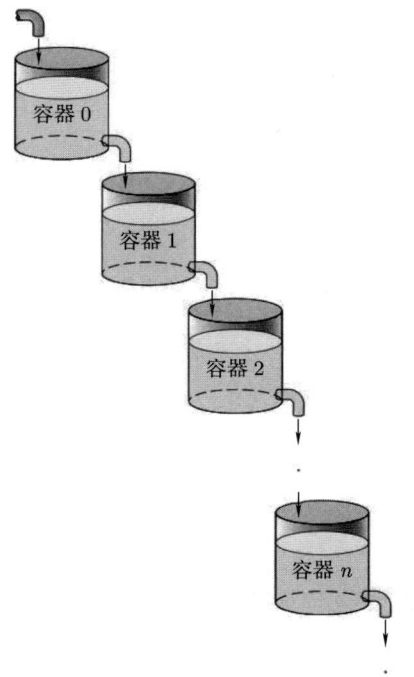

图 1.5.6 多重级联容器

41. **退休储蓄** 一位 30 岁的女士接受了一个工程师的职位，起薪为每年 3 万美元。她的薪水 $S(t)$ 呈指数增长，t 年后达到 $S(t) = 30e^{t/20}$ 千美元。与此同时，她将薪水的 12% 连续存入退休账户，并按 6% 的连续年利率累计利息。

(a) 用 Δt 估算 ΔA，推导出 t 年后其退休账户中金额 $A(t)$ 所满足的微分方程。

(b) 计算 $A(40)$，即她在 70 岁退休时可领取的金额。

42. **坠落的冰雹** 假设一个密度为 $\delta = 1$ 的冰雹从静止开始下落，起初其半径可以忽略不计，即 $r = 0$。此后，因为它在下降过程中因吸积而不断增大，所以其半径变为 $r = kt$（k 是一个常数）。根据牛顿第二定律，作用在可能可变质量 m 上的合力 F 等于其动量 $p = mv$ 的时间变化率 dp/dt，建立并求解初值问题

$$\frac{d}{dt}(mv) = mg, \quad v(0) = 0,$$

其中 m 为冰雹的可变质量，$v = dy/dt$ 是其速度，正 y 轴方向向下。然后证明 $dv/dt = g/4$。因此，冰雹就像在四分之一重力作用下下落。

43. 图 1.5.7 显式了方程 $y' = x - y$ 的斜率场和典型解曲线。

(a) 证明当 $x \to +\infty$ 时，每条解曲线都趋近于直线 $y = x - 1$。

(b) 对于 $y_1 = 3.998, 3.999, 4.000, 4.001, 4.002$ 这五个值中的每一个，确定初始值 y_0（精确到小数点后四位），使得满足初始条件 $y(-5) = y_0$ 的解满足 $y(5) = y_1$。

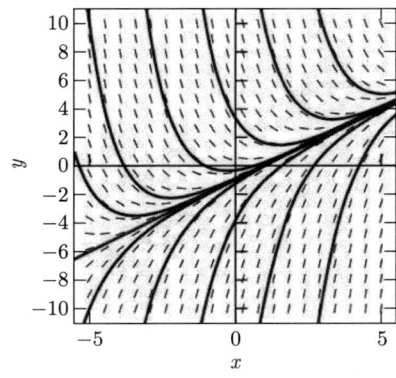

图 1.5.7 方程 $y' = x - y$ 的斜率场和解曲线

44. 图 1.5.8 显示了方程 $y' = x + y$ 的斜率场和典型解曲线。

(a) 证明当 $x \to -\infty$ 时，每条解曲线都趋近

于直线 $y = -x - 1$。

(b) 对于 $y_1 = -10$，-5，0，5，10 这五个值中的每一个，确定初始值 y_0（精确到小数点后五位），使得满足初始条件 $y(-5) = y_0$ 的解满足 $y(5) = y_1$。

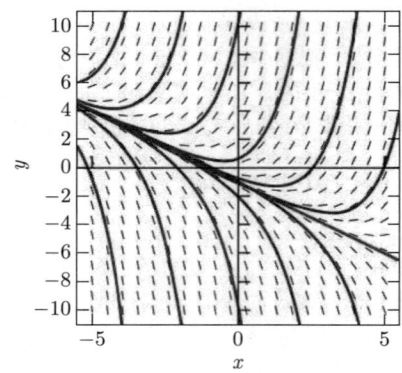

图 1.5.8　方程 $y' = x + y$ 的斜率场和解曲线

被污染的水库

习题 45 和习题 46 涉及一个水面面积为 $1\ \text{km}^2$、平均水深为 $2\ \text{m}$ 的浅层水库。最初水库中装满淡水，但在 $t = 0$ 时，被液体污染物污染的水开始以每月 20 万立方米的速率流入水库。水库中混合均匀的水以相同的速率流出。你的第一个任务是求出 t 个月后水库中污染物的量 $x(t)$（以百万升为单位）。

45. 进水污染物浓度为 $c(t) = 10\ \text{L}/\text{m}^3$。验证 $x(t)$ 的图形类似于图 1.5.9 中稳定上升的曲线，它渐近地逼近于水库长期污染物含量对应的平衡解 $x(t) \equiv 20$ 的图形。水库中污染物浓度达到 $10\ \text{L}/\text{m}^3$ 需要多长时间？

46. 进水污染物浓度为 $c(t) = 10(1 + \cos t)\ \text{L}/\text{m}^3$，其变化范围在 0 到 20 之间，平均浓度为 $10\ \text{L}/\text{m}^3$，振荡周期略大于 $6\frac{1}{4}$ 个月。可以预测水库中污染物含量最终应该在 2000 万升的平均水平上周期性振荡吗？验证 $x(t)$ 的图形确实类似于图 1.5.9 中所示的振荡曲线。水库中污染物浓度达到 $10\ \text{L}/\text{m}^3$ 需要多长时间？

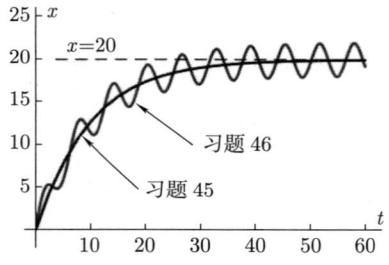

图 1.5.9　习题 45 和习题 46 中解的图形

应用　室内温度振荡

📱 请访问 bit.ly/3GsZST9，利用 Maple、Mathematica 和 MATLAB 等计算资源对此主题进行更多讨论和探索。

对于一个涉及线性微分方程求解的有趣的应用问题，考虑由下列形式的室外温度振荡引起的室内温度振荡：

$$A(t) = a_0 + a_1 \cos \omega t + b_1 \sin \omega t。 \tag{1}$$

若 $\omega = \pi/12$，则这些振荡的周期为 24 小时（所以室外温度的循环每天都在重复），当日常总体天气模式没有发生变化时，式 (1) 提供了室外一天温度的真实模型。例如，在雅典的典型的七月的一天里，当 $t = 4$（凌晨 4 点）时，气温最低为 $70°\text{F}$，当 $t = 16$（下午 4 点）时，气温最高为 $90°\text{F}$，我们可以采用

$$A(t) = 80 - 10 \cos \omega(t - 4) = 80 - 5 \cos \omega t - 5\sqrt{3} \sin \omega t。 \tag{2}$$

我们利用恒等式 $\cos(\alpha - \beta) = \cos\alpha\cos\beta + \sin\alpha\sin\beta$ 推导出式 (2)，从而得到在式 (1) 中 $a_0 = 80$、$a_1 = -5$ 和 $b_1 = -5\sqrt{3}$。

如果我们对 t 时刻对应的室内温度 $u(t)$ 写出牛顿冷却定律 [即 1.1 节的方程 (3)]，但用式 (1) 所给的室外温度 $A(t)$ 代替恒定的环境温度 A，那么我们得到下列一阶线性微分方程

$$\frac{\mathrm{d}u}{\mathrm{d}t} = -k(u - A(t));$$

即

$$\frac{\mathrm{d}u}{\mathrm{d}t} + ku = k(a_0 + a_1 \cos\omega t + b_1 \sin\omega t), \tag{3}$$

其中系数函数 $P(t) \equiv k$，$Q(t) = kA(t)$。比例常数 k 的典型值的范围从 0.2 到 0.5（尽管对于窗户敞开的隔热性能差的建筑，k 可能大于 0.5，而对于窗户紧闭的隔热性能好的建筑，k 可能小于 0.2）。

练习

场景：假设我们的空调在某个午夜 $t_0 = 0$ 时刻发生故障，而我们在月底发薪日之前无法承担维修费用。因此，我们想研究接下来几天我们必须忍受的室内温度情况。

通过在初始条件 $u(0) = u_0$（空调出现故障时的室内温度）下求解方程 (3) 开始你的研究。你可能需要借助积分表[⊖]中的积分公式，或者尽量使用计算机代数系统。你应该得到解

$$u(t) = a_0 + c_0 \mathrm{e}^{-kt} + c_1 \cos\omega t + d_1 \sin\omega t, \tag{4}$$

其中

$$c_0 = u_0 - a_0 - \frac{k^2 a_1 - k\omega b_1}{k^2 + \omega^2},$$

$$c_1 = \frac{k^2 a_1 - k\omega b_1}{k^2 + \omega^2}, \quad d_1 = \frac{k\omega a_1 + k^2 b_1}{k^2 + \omega^2},$$

其中 $\omega = \pi/12$。

取 $a_0 = 80$，$a_1 = -5$，$b_1 = -5\sqrt{3}$[如 (2) 式所示]、$\omega = \pi/12$ 以及 $k = 0.2$（举例），这个解（近似）简化为

$$u(t) = 80 + \mathrm{e}^{-t/5}(u_0 - 82.335\,1) + (2.335\,1)\cos\frac{\pi t}{12} - (5.603\,6)\sin\frac{\pi t}{12}。 \tag{5}$$

首先观察到，当 $t \to +\infty$ 时，式 (5) 中"阻尼"指数项趋近于零，剩下长期"稳定周期"解

$$u_{\mathrm{sp}}(t) = 80 + (2.335\,1)\cos\frac{\pi t}{12} - (5.603\,6)\sin\frac{\pi t}{12}。 \tag{6}$$

因此，长期室内温度以 24 小时为周期围绕室外平均温度 80°F 振荡。

图 1.5.10 显示了一些从 65°F 到 95°F 的可能初始温度 u_0 所对应的解曲线。观图可知，无论初始温度是多少，室内温度在大约 18 小时内"稳定下来"，此后出现每日周期性振荡。但室内温度变化幅度小于

⊖ "积分表"见"前言"脚注二维码。——编辑注

室外。事实上，使用前面提到的三角恒等式，式 (6) 可以被改写为（验证一下！）

$$u(t) = 80 - (6.0707)\cos\left(\frac{\pi t}{12} - 1.9656\right)$$
$$= 80 - (6.0707)\cos\frac{\pi}{12}(t - 7.5082)。\tag{7}$$

你能看出这意味着室内温度在最小值约 $74°F$ 和最大值约 $86°F$ 之间变化吗？

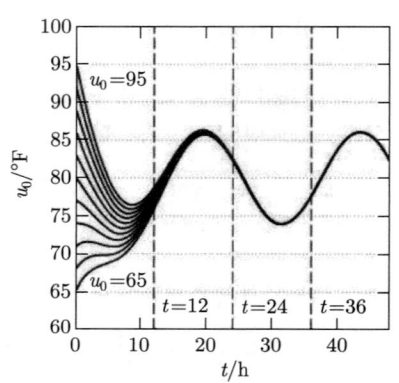

图 1.5.10 当 $u_0 = 65, 68, 71, \cdots, 92, 95$ 时，由式 (5) 给出的解曲线

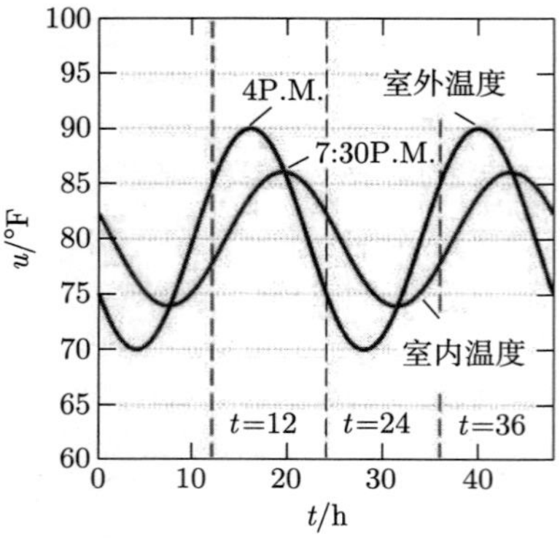

图 1.5.11 室内和室外温度振荡的比较

最后，比较式 (2) 和式 (7) 可知，室内温度滞后于室外温度约 $7.5082 - 4 \approx 3.5$ 小时，如图 1.5.11 所示。因此，室内温度持续上升，直到每晚 7:30 左右，所以室内一天中最热的时候是傍晚，而不是（如室外那样）在下午晚些时候。

对于你自己要研究的问题，请使用你所在地区的 7 月份平均日最高温度和最低温度以及适合你家的 k 值进行类似的分析。你也可以考虑用冬日代替夏日。（对于室内温度问题，冬季和夏季有什么不同？）你可能希望探索利用现有技术求解室内温度满足的微分方程，并绘制其解曲线，从而与室外温度比较。

1.6 替换法和恰当方程

我们在前几节中求解的一阶微分方程都是可分离变量的或线性的。但是许多应用涉及既不可分离变量也非线性的微分方程。本节我们将（主要通过举例）说明替换法，此方法有时可以将给定的微分方程转化为我们已经知道如何求解的微分方程。

例如，以 y 为因变量且以 x 为自变量的微分方程

$$\frac{dy}{dx} = f(x, y),\tag{1}$$

可能包含 x 和 y 的一个明显组合

$$v = \alpha(x, y),\tag{2}$$

这表明它可以作为一个新的自变量 v。因此，微分方程
$$\frac{\mathrm{d}y}{\mathrm{d}x} = (x+y+3)^2$$
实际上需要用式 (2) 中的形式 $v = x+y+3$ 进行替换。

如果能从式 (2) 中的替换关系求出
$$y = \beta(x,\ v), \tag{3}$$
那么应用链式法则，将 v 视为 x 的（未知）函数，则有
$$\frac{\mathrm{d}y}{\mathrm{d}x} = \frac{\partial \beta}{\partial x}\frac{\mathrm{d}x}{\mathrm{d}x} + \frac{\partial \beta}{\partial v}\frac{\mathrm{d}v}{\mathrm{d}x} = \beta_x + \beta_v \frac{\mathrm{d}v}{\mathrm{d}x}, \tag{4}$$
其中偏导数 $\partial \beta/\partial x = \beta_x(x,\ v)$ 和 $\partial \beta/\partial v = \beta_v(x,\ v)$ 是 x 和 v 的已知函数。如果我们用方程 (4) 右侧替换方程 (1) 中的 $\mathrm{d}y/\mathrm{d}x$，然后解出 $\mathrm{d}v/\mathrm{d}x$，从而得到具有如下形式的新的微分方程：
$$\frac{\mathrm{d}v}{\mathrm{d}x} = g(x,\ v), \tag{5}$$
它具有新的因变量 v。如果这个新方程是可分离变量的或线性的，那么我们可以应用前几节的方法来求解它。

如果 $v = v(x)$ 是方程 (5) 的解，那么 $y = \beta(x,\ v(x))$ 将是原方程 (1) 的解。技巧在于选择一个替换关系，使变换后的方程 (5) 成为我们可以求解的方程。即使有可能，这也并不总是那么容易，可能需要相当多的巧妙构思或反复试验。

例题 1　求解微分方程
$$\frac{\mathrm{d}y}{\mathrm{d}x} = (x+y+3)^2。$$

解答：如前所述，让我们尝试进行替换
$$v = \underbrace{x+y+3}_{\alpha(x,\ y)}, \quad 即\ y = \underbrace{v-x-3}_{\beta(x,\ v)}。$$
那么
$$\frac{\mathrm{d}y}{\mathrm{d}x} = \frac{\mathrm{d}v}{\mathrm{d}x} - 1,$$
所以变换后的方程为
$$\frac{\mathrm{d}v}{\mathrm{d}x} = \underbrace{1+v^2}_{g(x,\ v)}。$$
这是一个可分离变量方程，我们不难求出其解
$$x = \int \frac{\mathrm{d}v}{1+v^2} = \tan^{-1} v + C。$$

所以 $v = \tan(x - C)$。因为 $v = x + y + 3$，所以原方程 $dy/dx = (x + y + 3)^2$ 的通解为 $x + y + 3 = \tan(x - C)$，即

$$y(x) = \tan(x - C) - x - 3。$$ ∎

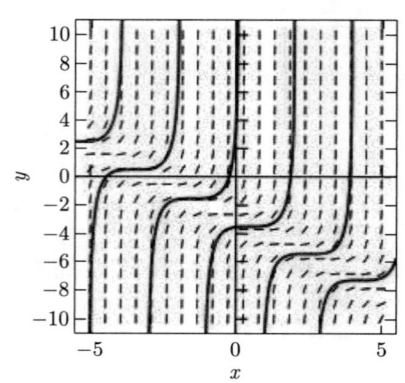

图 1.6.1　方程 $y' = (x + y + 3)^2$ 的斜率场和解曲线

备注：图 1.6.1 显示了例题 1 中的微分方程的斜率场和典型解曲线。我们看到，尽管函数 $f(x, y) = (x + y + 3)^2$ 对所有 x 和 y 都是连续可微的，但每个解仅在一个有界区间上连续。特别地，因为正切函数在开区间 $(-\pi/2, \pi/2)$ 上是连续的，所以具有任意常数值 C 的特解在 $-\pi/2 < x - C < \pi/2$ 的区间即 $C - \pi/2 < x < C + \pi/2$ 上是连续的。这种情况在非线性微分方程中相当典型，与线性微分方程不同，只要方程中的系数函数是连续的，线性微分方程的解就是连续的。 ∎

例题 1 表明，任何具有形式

$$\frac{dy}{dx} = F(ax + by + c) \tag{6}$$

的微分方程都可以通过使用替换 $v = ax + by + c$ 转化为可分离变量的方程（参见习题 55）。下面几段将讨论其他类别的一阶方程，对于这些方程，存在已知成功的标准替换方法。

齐次方程

齐次一阶微分方程可以写成如下形式：

$$\frac{dy}{dx} = F\left(\frac{y}{x}\right)。\ominus \tag{7}$$

如果我们进行替换，

$$v = \frac{y}{x}, \quad y = vx, \quad \frac{dy}{dx} = v + x\frac{dv}{dx}, \tag{8}$$

那么方程 (7) 被转化为可分离变量方程

$$x\frac{dv}{dx} = F(v) - v。$$

因此，利用式 (8) 中的替换关系，每个齐次一阶微分方程都可以简化成一个积分问题。

备注：字典对"齐次"的定义是"具有相似的种类或性质"。考虑如下形式的微分方程：

$$Ax^m y^n \frac{dy}{dx} = Bx^p y^q + Cx^r y^s, \tag{*}$$

其多项式系数函数是"齐次"的，即它们的每项都具有相同的总次数，即 $m + n = p + q = r + s = K$。

⊖ 注意在求 $\dfrac{dy}{dx}$ 时使用了乘积的求导法则。

如果我们对方程 (*) 的两侧同时除以 x^K，那么由于 $x^m y^n / x^{m+n} = (y/x)^n$ 等，可得方程

$$A\left(\frac{y}{x}\right)^n \frac{\mathrm{d}y}{\mathrm{d}x} = B\left(\frac{y}{x}\right)^q + C\left(\frac{y}{x}\right)^s,$$

显然，它可以（通过再做一次除法）写成方程 (7) 的形式。更普遍地，对于具有多项式系数 P 和 Q 的形如 $P(x, y)y' = Q(x, y)$ 的微分方程，如果这些多项式中的项都具有相同的总次数 K，那么这个微分方程是齐次的。下面例题中的微分方程就具有这种形式，其中 $K = 2$。∎

例题 2 求解微分方程

$$2xy\frac{\mathrm{d}y}{\mathrm{d}x} = 4x^2 + 3y^2。$$

解答：这个方程既不是可分离变量的，也不是线性的，但是通过将其写成如下形式：

$$\frac{\mathrm{d}y}{\mathrm{d}x} = \frac{4x^2 + 3y^2}{2xy} = 2\left(\frac{x}{y}\right) + \frac{3}{2}\left(\frac{y}{x}\right),$$

我们识别出这是一个齐次方程。那么式 (8) 中的替换关系采用如下形式：

$$y = vx, \quad \frac{\mathrm{d}y}{\mathrm{d}x} = v + x\frac{\mathrm{d}v}{\mathrm{d}x}, \quad v = \frac{y}{x} \quad \text{和} \quad \frac{1}{v} = \frac{x}{y}。$$

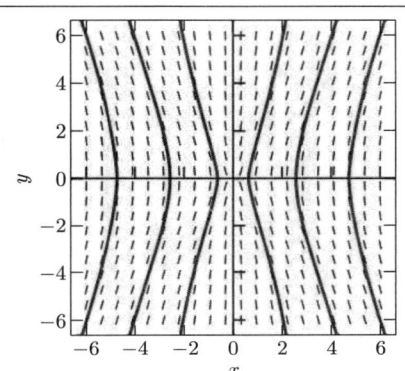

图 1.6.2 方程 $2xyy' = 4x^2 + 3y^2$ 的斜率场和解曲线

从而可得

$$v + x\frac{\mathrm{d}v}{\mathrm{d}x} = \frac{2}{v} + \frac{3}{2}v,$$

因此

$$x\frac{\mathrm{d}v}{\mathrm{d}x} = \frac{2}{v} + \frac{v}{2} = \frac{v^2 + 4}{2v},$$

$$\int \frac{2v}{v^2 + 4}\mathrm{d}v = \int \frac{1}{x}\mathrm{d}x,$$

$$\ln(v^2 + 4) = \ln|x| + \ln C。$$

我们在上述最后一个方程的两侧应用指数函数，可得

$$v^2 + 4 = C|x|;$$

$$\frac{y^2}{x^2} + 4 = C|x|;$$

$$y^2 + 4x^2 = kx^3。$$

注意，这个方程左侧必定是非负的。由此可得，对于 $x > 0$ 时定义的解，则 $k > 0$，而对于 $x < 0$ 时定义的解，则 $k < 0$。的确，图 1.6.2 所示的解曲线族关于两个坐标轴都表现出对

称性。实际上，具有形如 $y(x) = \pm\sqrt{kx^3 - 4x^2}$ 的正值解和负值解，如果常数 k 为正，则这些解对 $x > 4/k$ 有定义，如果 k 为负，则这些解对 $x < 4/k$ 有定义。∎

例题 3 求解初值问题

$$x\frac{\mathrm{d}y}{\mathrm{d}x} = y + \sqrt{x^2 - y^2}, \quad y(x_0) = 0,$$

其中 $x_0 > 0$。

解答：我们将方程两侧同时除以 x，可得

$$\frac{\mathrm{d}y}{\mathrm{d}x} = \frac{y}{x} + \sqrt{1 - \left(\frac{y}{x}\right)^2},$$

所以我们进行式 (8) 中的替换，可得

$$v + x\frac{\mathrm{d}v}{\mathrm{d}x} = v + \sqrt{1 - v^2},$$

$$\int \frac{1}{\sqrt{1 - v^2}}\mathrm{d}v = \int \frac{1}{x}\mathrm{d}x,$$

$$\sin^{-1} v = \ln x + C。$$

因为在 $x = x_0 > 0$ 附近 $x > 0$，所以我们无须写成 $\ln|x|$。注意到 $v(x_0) = y(x_0)/x_0 = 0$，所以 $C = \sin^{-1} 0 - \ln x_0 = -\ln x_0$。因此

$$v = \frac{y}{x} = \sin(\ln x - \ln x_0) = \sin\left(\ln\frac{x}{x_0}\right),$$

从而

$$y(x) = x\sin\left(\ln\frac{x}{x_0}\right)$$

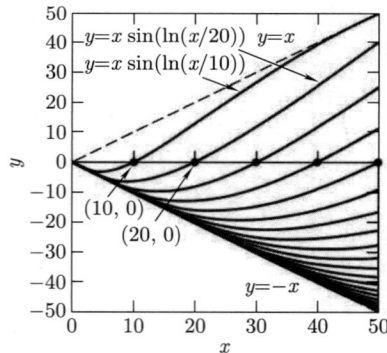

图 1.6.3 方程 $xy' = y + \sqrt{x^2 - y^2}$ 的解曲线

是所期望的特解。图 1.6.3 显示了一些典型解曲线。由于微分方程中根号的存在，这些解曲线被限定在所指示的三角形区域 $x \geqslant |y|$ 内。你可以检验一下，边界线 $y = x$ 和 $y = -x$（对于 $x > 0$）是由与前面得到的解曲线相切的点组成的奇异解曲线。∎

Bernoulli 方程

具有形式

$$\frac{\mathrm{d}y}{\mathrm{d}x} + P(x)y = Q(x)y^n \tag{9}$$

的一阶微分方程被称为 **Bernoulli 方程**。如果 $n = 0$ 或 $n = 1$，那么方程 (9) 是线性的。否则，正如我们要求你在习题 56 中证明的那样，替换关系

$$v = y^{1-n} \tag{10}$$

将方程 (9) 转化为线性方程

$$\frac{\mathrm{d}v}{\mathrm{d}x} + (1-n)P(x)v = (1-n)Q(x)。$$

与其强记这个变换后方程的形式，不如直接进行式 (10) 中的替换，如下例所示。

例题 4　如果我们将例题 2 中的齐次方程 $2xyy' = 4x^2 + 3y^2$ 改写成形式

$$\frac{\mathrm{d}y}{\mathrm{d}x} - \frac{3}{2x}y = \frac{2x}{y},$$

我们看到它也是一个 Bernoulli 方程，其中 $P(x) = -3/(2x)$，$Q(x) = 2x$，$n = -1$ 以及 $1 - n = 2$。因此我们做替换

$$v = y^2, \quad y = v^{1/2} \quad \text{和} \quad \underbrace{\frac{\mathrm{d}y}{\mathrm{d}x} = \frac{\mathrm{d}y}{\mathrm{d}v}\frac{\mathrm{d}v}{\mathrm{d}x}}_{\text{链式法则}} = \frac{1}{2}v^{-1/2}\frac{\mathrm{d}v}{\mathrm{d}x}。$$

由此可得

$$\frac{1}{2}v^{-1/2}\frac{\mathrm{d}v}{\mathrm{d}x} - \frac{3}{2x}v^{1/2} = 2xv^{-1/2}。$$

然后在方程两侧同时乘以 $2v^{1/2}$，可得线性方程

$$\frac{\mathrm{d}v}{\mathrm{d}x} - \frac{3}{x}v = 4x,$$

其中积分因子 $\rho = \mathrm{e}^{\int (-3/x)\mathrm{d}x} = x^{-3}$。所以我们得到

$$D_x(x^{-3}v) = \frac{4}{x^2},$$

$$x^{-3}v = -\frac{4}{x} + C,$$

$$x^{-3}y^2 = -\frac{4}{x} + C,$$

$$y^2 = -4x^2 + Cx^3。$$

■

例题 5　方程

$$x\frac{\mathrm{d}y}{\mathrm{d}x} + 6y = 3xy^{4/3}$$

既不是可分离变量的,也不是线性的,也不是齐次的,但它是一个 Bernoulli 方程,其中 $n = \dfrac{4}{3}$, $1 - n = -\dfrac{1}{3}$。替换关系

$$v = y^{-1/3}, \quad y = v^{-3} \quad \text{和} \quad \frac{\mathrm{d}y}{\mathrm{d}x} = \frac{\mathrm{d}y}{\mathrm{d}v}\frac{\mathrm{d}v}{\mathrm{d}x} = -3v^{-4}\frac{\mathrm{d}v}{\mathrm{d}x}$$

将原方程转化为

$$-3xv^{-4}\frac{\mathrm{d}v}{\mathrm{d}x} + 6v^{-3} = 3xv^{-4}。$$

将方程两侧同时除以 $-3xv^{-4}$,可得线性方程

$$\frac{\mathrm{d}v}{\mathrm{d}x} - \frac{2}{x}v = -1,$$

其中积分因子 $\rho = \mathrm{e}^{\int (-2/x)\mathrm{d}x} = x^{-2}$。由此可得

$$D_x(x^{-2}v) = -\frac{1}{x^2}, \quad x^{-2}v = \frac{1}{x} + C, \quad v = x + Cx^2,$$

最终得到

$$y(x) = \frac{1}{(x + Cx^2)^3}。$$ ∎

例题 6 方程

$$2x\mathrm{e}^{2y}\frac{\mathrm{d}y}{\mathrm{d}x} = 3x^4 + \mathrm{e}^{2y} \tag{11}$$

既不是可分离变量的,也不是线性的,也不是齐次的,也不是 Bernoulli 方程。但我们观察到,y 只出现在 e^{2y} 和 $D_x(\mathrm{e}^{2y}) = 2\mathrm{e}^{2y}y'$ 的组合中。这促使我们进行替换,

$$v = \mathrm{e}^{2y}, \quad \frac{\mathrm{d}v}{\mathrm{d}x} = 2\mathrm{e}^{2y}\frac{\mathrm{d}y}{\mathrm{d}x},$$

从而将方程 (11) 转化为线性方程 $xv'(x) = 3x^4 + v(x)$,即

$$\frac{\mathrm{d}v}{\mathrm{d}x} - \frac{1}{x}v = 3x^3。$$

在乘以积分因子 $\rho = 1/x$ 之后,我们得到

$$\frac{1}{x}v = \int 3x^2 \mathrm{d}x = x^3 + C, \quad \text{所以 } \mathrm{e}^{2y} = v = x^4 + Cx,$$

因此

$$y(x) = \frac{1}{2}\ln|x^4 + Cx|。$$ ∎

飞行轨线

假设一架飞机从位于其预定目的地 [位于原点 $(0, 0)$ 处的机场] 正东方向的点 $(a, 0)$ 处起飞。飞机以相对于风的恒定速度 v_0 飞行，风以恒定速度 w 吹向正北。如图 1.6.4 所示，我们假设飞机飞行员保持直接朝原点方向飞行。

图 1.6.5 帮助我们推导出飞机相对于地面的速度分量。它们是

$$\frac{\mathrm{d}x}{\mathrm{d}t} = -v_0 \cos\theta = -\frac{v_0 x}{\sqrt{x^2+y^2}},$$

$$\frac{\mathrm{d}y}{\mathrm{d}t} = -v_0 \sin\theta + w = -\frac{v_0 y}{\sqrt{x^2+y^2}} + w。$$

因此，飞机轨线 $y = f(x)$ 满足微分方程

$$\frac{\mathrm{d}y}{\mathrm{d}x} = \frac{\mathrm{d}y/\mathrm{d}t}{\mathrm{d}x/\mathrm{d}t} = \frac{1}{v_0 x}\left(v_0 y - w\sqrt{x^2+y^2}\right)。 \tag{12}$$

若我们设

$$k = \frac{w}{v_0} \tag{13}$$

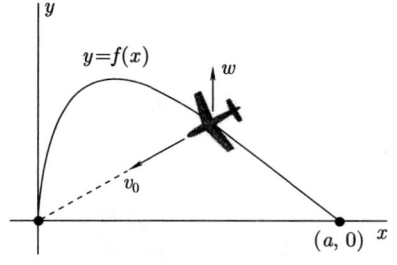

图 1.6.4 飞机朝原点飞去

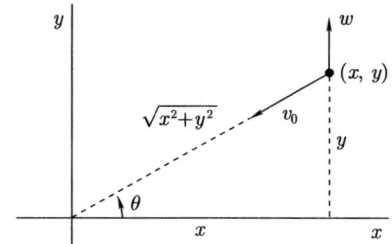

图 1.6.5 飞机速度矢量的分量

为风速与飞机空速之比，则方程 (12) 可以采用齐次形式

$$\frac{\mathrm{d}y}{\mathrm{d}x} = \frac{y}{x} - k\left[1+\left(\frac{y}{x}\right)^2\right]^{1/2}。 \tag{14}$$

然后进行替换 $y = xv$，$y' = v + xv'$，照常会得到

$$\int \frac{\mathrm{d}v}{\sqrt{1+v^2}} = -\int \frac{k}{x}\mathrm{d}x。 \tag{15}$$

通过三角替换法，或者通过查阅相关的积分表，我们得到

$$\ln\left(v + \sqrt{1+v^2}\right) = -k \ln x + C, \tag{16}$$

由初始条件 $v(a) = y(a)/a = 0$ 可得

$$C = k \ln a_\circ \tag{17}$$

正如我们要求你在习题 68 中证明的那样，将式 (17) 代入方程 (16)，然后求出 v，结果为

$$v = \frac{1}{2}\left[\left(\frac{x}{a}\right)^{-k} - \left(\frac{x}{a}\right)^k\right]_\circ \tag{18}$$

因为 $y = xv$，所以我们最终得到飞机轨线方程

$$y(x) = \frac{a}{2}\left[\left(\frac{x}{a}\right)^{1-k} - \left(\frac{x}{a}\right)^{1+k}\right]_\circ \tag{19}$$

注意，只有在 $k < 1$（即 $w < v_0$）的情况下，式 (19) 对应的曲线才会经过原点，这样飞机才能到达目的地。如果 $w = v_0$（使得 $k = 1$），那么式 (19) 的形式变为 $y(x) = \frac{1}{2}a(1 - x^2/a^2)$，所以飞机的轨线接近点 $(0, a/2)$，而不是 $(0, 0)$。如果 $w > v_0$（因此 $k > 1$），情况甚至更糟，在这种情况下，由式 (19) 可知，当 $x \to 0$ 时，$y \to +\infty$。图 1.6.6 说明了这三种情况。

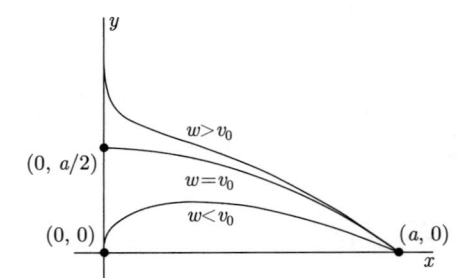

图 1.6.6 $w < v_0$（飞机速度超过风速）、$w = v_0$（等速）和 $w > v_0$（风速更大）三种情况

例题 7 **飞行轨线** 如果 $a = 200$ mile，$v_0 = 500$ mile/h 且 $w = 100$ mile/h，那么 $k = w/v_0 = \frac{1}{5}$，所以飞机将成功到达位于 $(0, 0)$ 处的机场。利用这些值，由式 (19) 可得

$$y(x) = 100\left[\left(\frac{x}{200}\right)^{4/5} - \left(\frac{x}{200}\right)^{6/5}\right]_\circ \tag{20}$$

现在，假设我们想求出飞机在飞行过程中偏离航线的最大幅度。也就是说，对于 $0 \leqslant x \leqslant 200$，$y(x)$ 的最大值是多少？

解答：对式 (20) 中的函数进行微分可得

$$\frac{\mathrm{d}y}{\mathrm{d}x} = \frac{1}{2}\left[\frac{4}{5}\left(\frac{x}{200}\right)^{-1/5} - \frac{6}{5}\left(\frac{x}{200}\right)^{1/5}\right],$$

我们很容易求解方程 $y'(x) = 0$ 得到 $(x/200)^{2/5} = \frac{2}{3}$。因此

$$y_{\max} = 100\left[\left(\frac{2}{3}\right)^2 - \left(\frac{2}{3}\right)^3\right] = \frac{400}{27} \approx 14.81_\circ$$

因此，飞机在西行途中，一度向北吹了近 15 mile。[式 (20) 中的函数就是构建图 1.6.4 所用的函数。只是图中的竖直比例被扩大了 4 倍。] ∎

恰当微分方程

我们已经看到,一阶微分方程的通解 $y(x)$ 通常由如下形式的等式隐式定义,
$$F(x, y(x)) = C, \tag{21}$$
其中 C 是一个常数。另一方面,已知恒等式 (21),我们可以通过对两侧关于 x 求导来恢复原微分方程。只要式 (21) 隐式定义 y 为 x 的可微函数,那么可以得到如下形式的原微分方程,
$$\frac{\partial F}{\partial x} + \frac{\partial F}{\partial y}\frac{\mathrm{d}y}{\mathrm{d}x} = 0, \ominus$$
即
$$M(x, y) + N(x, y)\frac{\mathrm{d}y}{\mathrm{d}x} = 0, \tag{22}$$
其中 $M(x, y) = F_x(x, y)$,$N(x, y) = F_y(x, y)$。

有时,为了方便,将方程 (22) 改写为如下更对称的形式,
$$M(x, y)\mathrm{d}x + N(x, y)\mathrm{d}y = 0, \tag{23}$$
称为其**微分形式**。一般一阶微分方程 $y' = f(x, y)$ 可以写成这种形式,其中 $M = f(x, y)$ 且 $N \equiv -1$。前面的讨论表明,如果存在函数 $F(x, y)$ 使得
$$\frac{\partial F}{\partial x} = M \quad \text{和} \quad \frac{\partial F}{\partial y} = N,$$
那么方程
$$F(x, y) = C$$
隐式定义了方程 (23) 的通解。在这种情况下,方程 (23) 被称为**恰当微分方程**,$F(x, y)$ 的微分
$$\mathrm{d}F = F_x\mathrm{d}x + F_y\mathrm{d}y$$
恰好等于 $M\mathrm{d}x + N\mathrm{d}y$。

很自然的问题是:我们如何能确定微分方程 (23) 是否为恰当微分方程?如果它是恰当微分方程,我们如何求出满足 $F_x = M$ 和 $F_y = N$ 的函数 F 呢?为了回答第一个问题,让我们回顾一下,如果二阶混合偏导数 F_{xy} 和 F_{yx} 在 xy 平面内的开集上是连续的,那么它们相等:$F_{xy} = F_{yx}$。若方程 (23) 是恰当微分方程,并且 M 和 N 有连续偏导数,则有
$$\frac{\partial M}{\partial y} = F_{xy} = F_{yx} = \frac{\partial N}{\partial x}。$$

因此,方程
$$\frac{\partial M}{\partial y} = \frac{\partial N}{\partial x} \tag{24}$$

⊖ 这里我们对二元函数应用了链式法则。

为微分方程 $Mdx + Ndy = 0$ 是恰当微分方程的必要条件。也就是说,若 $M_y \neq N_x$,则所讨论的微分方程不是恰当微分方程,所以我们无须试图求出满足 $F_x = M$ 和 $F_y = N$ 的函数 $F(x, y)$,因为不存在这样的函数。

例题 8 微分方程
$$y^3 dx + 3xy^2 dy = 0 \tag{25}$$
是恰当微分方程,因为我们能够立即看出,函数 $F(x, y) = xy^3$ 具有 $F_x = y^3$ 且 $F_y = 3xy^2$ 的性质。因此,方程 (25) 的通解为
$$xy^3 = C。$$
若你愿意,上式还可以写成 $y(x) = kx^{-1/3}$。 ∎

但是假设我们将例题 8 中微分方程的每一项都除以 y^2,可得
$$ydx + 3xdy = 0。 \tag{26}$$
这个方程就不是恰当微分方程,因为根据 $M = y$ 和 $N = 3x$,我们有
$$\frac{\partial M}{\partial y} = 1 \neq 3 = \frac{\partial N}{\partial x}。$$
因此,不满足式 (24) 中的必要条件。

此时我们面临一种奇怪的情况。微分方程 (25) 和 (26) 本质上是等价的,它们有完全相同的解,但一个是恰当微分方程,另一个不是。简而言之,一个给定的微分方程是否为恰当微分方程,与其被写成的精确形式 $Mdx + Ndy = 0$ 有关。

定理 1 恰当微分方程的判定 假设在开矩形 $R: a < x < b, c < y < d$ 内,函数 $M(x, y)$ 和 $N(x, y)$ 是连续的,并且有连续一阶偏导数。那么微分方程
$$M(x, y)dx + N(x, y)dy = 0 \tag{23}$$
在 R 内是恰当微分方程,当且仅当
$$\frac{\partial M}{\partial y} = \frac{\partial N}{\partial x} \tag{24}$$
在 R 的每个点处都成立。也就是说,当且仅当式 (24) 在 R 上成立时,存在一个定义在 R 上的函数 $F(x, y)$ 满足 $\partial F/\partial x = M$ 和 $\partial F/\partial y = N$。

定理 1 告诉我们,(在实际应用中通常满足的可微性条件下) 必要条件式 (24) 也是恰当微分方程的充分条件。换句话说,如果 $M_y = N_x$,那么微分方程 $Mdx + Ndy = 0$ 是恰当微分方程。

证明:我们已经知道,若方程 (23) 是恰当微分方程,则式 (24) 必然成立。为了证明反命题,我们必须证明,若式 (24) 成立,则我们可以构造一个函数 $F(x, y)$,使得 $\partial F/\partial x = M$

且 $\partial F/\partial y = N$。首先注意到，对于任意函数 $g(y)$，函数

$$F(x,\,y) = \int M(x,\,y)\mathrm{d}x + g(y) \tag{27}$$

满足条件 $\partial F/\partial x = M$。[在式 (27) 中，符号 $\int M(x,\,y)\mathrm{d}x$ 表示 $M(x,\,y)$ 关于 x 的不定积分。] 我们计划选择 $g(y)$ 使得

$$N = \frac{\partial F}{\partial y} = \left(\frac{\partial}{\partial y}\int M(x,\,y)\mathrm{d}x\right) + g'(y),$$

即使得

$$g'(y) = N - \frac{\partial}{\partial y}\int M(x,\,y)\mathrm{d}x。 \tag{28}$$

为了证明存在这样一个 y 的函数，只须证明式 (28) 右侧仅是 y 的函数。然后我们可以通过关于 y 积分求出 $g(y)$。因为式 (28) 右侧定义在一个矩形上，从而定义在一个作为 x 的函数的区间上，因此只需要证明它对 x 的导数恒为零。而根据假设

$$\frac{\partial}{\partial x}\left(N - \frac{\partial}{\partial y}\int M(x,\,y)\mathrm{d}x\right) = \frac{\partial N}{\partial x} - \boxed{\frac{\partial}{\partial x}}\boxed{\frac{\partial}{\partial y}}\int M(x,\,y)\mathrm{d}x$$

$$= \frac{\partial N}{\partial x} - \boxed{\frac{\partial}{\partial y}}\boxed{\frac{\partial}{\partial x}}\int M(x,\,y)\mathrm{d}x^{\ominus}$$

$$= \frac{\partial N}{\partial x} - \frac{\partial M}{\partial y} = 0。$$

所以，我们确实可以通过对式 (28) 进行积分，得到所需的函数 $g(y)$。我们将此结果代入式 (27) 可得

$$F(x,\,y) = \int M(x,\,y)\mathrm{d}x + \int\left(N(x,\,y) - \frac{\partial}{\partial y}\int M(x,\,y)\mathrm{d}x\right)\mathrm{d}y, \tag{29}$$

这就是所需的满足 $F_x = M$ 和 $F_y = N$ 的函数。 ▲

与其记住式 (29)，不如按照式 (27) 和式 (28) 所示的过程来求解恰当微分方程 $M\mathrm{d}x + N\mathrm{d}y = 0$。首先，我们对 $M(x,\,y)$ 关于 x 进行积分，并且写出

$$F(x,\,y) = \int M(x,\,y)\mathrm{d}x + g(y),$$

⊖ 注意微分顺序的交换。

其中就变量 x 而言，把函数 $g(y)$ 看作一个"任意积分常数"。然后我们通过施加条件 $\partial F/\partial y = N(x, y)$ 来确定 $g(y)$。这就得到以隐式形式 $F(x, y) = C$ 表示的通解。

例题 9 求解微分方程

$$(6xy - y^3)dx + (4y + 3x^2 - 3xy^2)dy = 0。 \tag{30}$$

解答：令 $M(x, y) = 6xy - y^3$ 且 $N(x, y) = 4y + 3x^2 - 3xy^2$。给定的方程为恰当微分方程，因为

$$\frac{\partial M}{\partial y} = 6x - 3y^2 = \frac{\partial N}{\partial x}。$$

对 $\partial F/\partial x = M(x, y)$ 关于 x 进行积分，可得

$$F(x, y) = \int (6xy - y^3)dx = 3x^2y - xy^3 + g(y)。$$

然后我们对上式关于 y 求导，并且令 $\partial F/\partial y = N(x, y)$，则有

$$\frac{\partial F}{\partial y} = 3x^2 - 3xy^2 + g'(y) = 4y + 3x^2 - 3xy^2,$$

由此可得 $g'(y) = 4y$，从而 $g(y) = 2y^2 + C_1$，所以

$$F(x, y) = 3x^2y - xy^3 + 2y^2 + C_1。$$

因此，微分方程的通解由下列等式隐式定义，

$$3x^2y - xy^3 + 2y^2 = C \tag{31}$$

（我们已经将常数 C_1 包含到常数 C 里面）。∎

备注：图 1.6.7 显示了例题 9 中微分方程的相当复杂的解曲线结构。满足给定初始条件 $y(x_0) = y_0$ 的解由式 (31) 隐式定义，其中 C 通过将 $x = x_0$ 和 $y = y_0$ 代入等式来确定。例如，满足 $y(0) = 1$ 的特解由等式 $3x^2y - xy^3 + 2y^2 = 2$ 隐式定义。图中另外两个特殊点，在 (0, 0) 和 (0.75, 2.12) 附近，是使方程 (30) 中两个系数函数都为零的点，所以 1.3 节的定理不能保证解是唯一的。∎

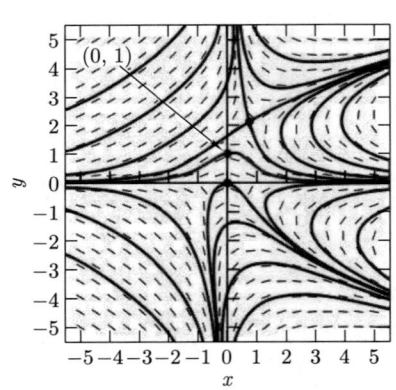

图 1.6.7 例题 9 中恰当微分方程的斜率场和解曲线

可降阶二阶方程

一个二阶微分方程涉及未知函数 $y(x)$ 的二阶导数，因此具有一般形式

$$F(x, y, y', y'') = 0。 \tag{32}$$

如果二阶方程中缺少因变量 y 或自变量 x，那么通过简单替换，就可以很容易地将其简化为可以用本章方法求解的一阶方程。

因变量 y 缺失 若 y 缺失，则方程 (32) 的形式变为
$$F(x,\ y',\ y'')=0。 \tag{33}$$
然后进行替换
$$p=y'=\frac{\mathrm{d}y}{\mathrm{d}x},\qquad y''=\frac{\mathrm{d}p}{\mathrm{d}x}, \tag{34}$$
从而得到一阶微分方程
$$F(x,\ p,\ p')=0。$$
如果我们能求解这个方程，得到包含任意常数 C_1 的通解 $p(x,\ C_1)$，那么我们只需要写出
$$y(x)=\int y'(x)\mathrm{d}x=\int p(x,\ C_1)\mathrm{d}x+C_2,$$
从而得到方程 (33) 的解，其中包含两个任意常数 C_1 和 C_2（正如在二阶微分方程的情况下所预期的那样）。

例题 10 求解缺少因变量 y 的方程 $xy''+2y'=6x$。

解答： 利用式 (34) 中定义的替换关系，可得一阶方程
$$x\frac{\mathrm{d}p}{\mathrm{d}x}+2p=6x,\qquad 即\ \frac{\mathrm{d}p}{\mathrm{d}x}+\frac{2}{x}p=6。$$
观察发现右侧的方程是线性的，我们乘以其积分因子
$$\rho=\exp\left(\int(2/x)\mathrm{d}x\right)=\mathrm{e}^{2\ln x}=x^2,\ 可得$$
$$D_x(x^2 p)=6x^2,$$
$$x^2 p=2x^3+C_1,$$
$$p=\frac{\mathrm{d}y}{\mathrm{d}x}=2x+\frac{C_1}{x^2}。$$
最后关于 x 进行积分，可得二阶方程 $xy''+2y'=6x$ 的通解
$$y(x)=x^2-\frac{C_1}{x}+C_2。$$
当 $C_1=0$ 但 $C_2\neq 0$ 时的解曲线只是抛物线 $y=x^2$（其中 $C_1=C_2=0$）的竖直平移。图 1.6.8 显示了这条抛物线以及当 $C_2=0$ 但 $C_1\neq 0$ 时的一些典型解曲线。当 C_1 和 C_2 均非零时的解曲线是图 1.6.8 中所示曲线（除了抛物线）的竖直平移。∎

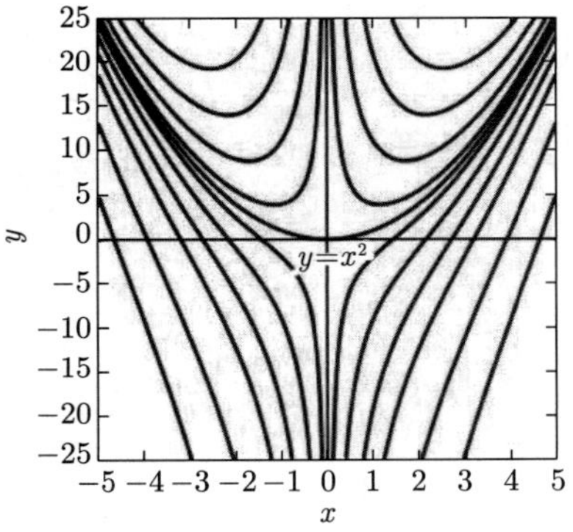

图 1.6.8 当 $C_1=0,\ \pm 3,\ \pm 10,\ \pm 20,\ \pm 35,\ \pm 60,\ \pm 100$ 时，由 $y(x)=x^2-\dfrac{C_1}{x}$ 所得的典型解曲线

自变量 x 缺失 若 x 缺失，则方程 (32) 的形式变为
$$F(y,\ y',\ y'')=0。 \tag{35}$$
然后进行替换

$$p = y' = \frac{\mathrm{d}y}{\mathrm{d}x}, \qquad y'' = \frac{\mathrm{d}p}{\mathrm{d}x} = \frac{\mathrm{d}p}{\mathrm{d}y}\frac{\mathrm{d}y}{\mathrm{d}x} = p\frac{\mathrm{d}p}{\mathrm{d}y}, \ominus \qquad (36)$$

从而得到一阶微分方程

$$F\left(y,\ p,\ p\frac{\mathrm{d}p}{\mathrm{d}y}\right) = 0,$$

其中 p 是 y 的函数。如果我们能求解这个方程，得到包含任意常数 C_1 的通解 $p(y,\ C_1)$，那么（假设 $y' \neq 0$）我们只需要写出

$$x(y) = \int \frac{\mathrm{d}x}{\mathrm{d}y}\mathrm{d}y = \int \frac{1}{\mathrm{d}y/\mathrm{d}x}\mathrm{d}y = \int \frac{1}{p}\mathrm{d}y = \int \frac{\mathrm{d}y}{p(y,\ C_1)} + C_2。$$

如果最终的积分 $P = \int (1/p)\mathrm{d}y$ 可以被求出来，那么结果就是二阶微分方程的隐式解 $x(y) = P(y,\ C_1) + C_2$。

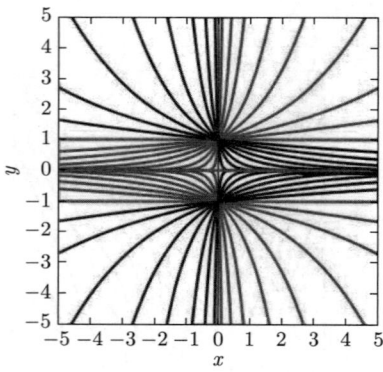

图 1.6.9 （见文前彩插）当 $B = 0$ 且 $A = 0, \pm 1$ 时，解曲线 $y = Ae^{Bx}$ 是水平直线 $y = 0, \pm 1$。当 $B > 0$ 且 $A = \pm 1$ 时的指数曲线是彩色的，当 $B < 0$ 且 $A = \pm 1$ 时的指数曲线是黑色的

例题 11 求解缺少自变量 x 的方程 $yy'' = (y')^2$。

解答：我们暂时假设 y 和 y' 均非负，在最后再指出这个限制是不必要的。利用式 (36) 中定义的替换关系，可得一阶方程

$$yp\frac{\mathrm{d}p}{\mathrm{d}y} = p^2。$$

然后分离变量可得

$$\int \frac{\mathrm{d}p}{p} = \int \frac{\mathrm{d}y}{y},$$

$$\ln p = \ln y + C \quad （因为 y > 0 且 p = y' > 0），$$

$$p = C_1 y,$$

其中 $C_1 = e^C$。因此

$$\frac{\mathrm{d}x}{\mathrm{d}y} = \frac{1}{p} = \frac{1}{C_1 y},$$

$$C_1 x = \int \frac{\mathrm{d}y}{y} = \ln y + C_2。$$

由此得到二阶方程 $yy'' = (y')^2$ 的通解为

$$y(x) = \exp(C_1 x - C_2) = Ae^{Bx},$$

其中 $A = e^{-C_2}$，$B = C_1$。尽管我们的临时假设隐含着常数 A 和 B 均为正，但我们很容易验证 $y(x) = Ae^{Bx}$ 对 A 和 B 的所有实值都满足 $yy'' = (y')^2$。当 $B = 0$ 时，对于不同

$\ominus$ 链式法则允许我们用 p 和 $\dfrac{\mathrm{d}p}{\mathrm{d}y}$ 表示 y''。

的 A 值，我们得到平面内所有的水平直线作为解曲线。图 1.6.9 的上半部分显示了（例如）当 $A=1$ 而 B 取不同正值时所得的解曲线。当 $A=-1$ 时，解曲线由这些解曲线沿 x 轴反射得到，而当 B 取负值时，解曲线由它们沿 y 轴反射得到。由此我们看到，我们所得的 $yy''=(y')^2$ 的解，允许 y 和 y' 有正负两种可能性。 ∎

习题

求出习题 1~30 中微分方程的通解。其中上标符号 $\prime$ 表示对 x 求导。

1. $(x+y)y' = x-y$
2. $2xyy' = x^2 + 2y^2$
3. $xy' = y + 2\sqrt{xy}$
4. $(x-y)y' = x+y$
5. $x(x+y)y' = y(x-y)$
6. $(x+2y)y' = y$
7. $xy^2y' = x^3 + y^3$
8. $x^2y' = xy + x^2\mathrm{e}^{y/x}$
9. $x^2y' = xy + y^2$
10. $xyy' = x^2 + 3y^2$
11. $(x^2-y^2)y' = 2xy$
12. $xyy' = y^2 + x\sqrt{4x^2+y^2}$
13. $xy' = y + \sqrt{x^2+y^2}$
14. $yy' + x = \sqrt{x^2+y^2}$
15. $x(x+y)y' + y(3x+y) = 0$
16. $y' = \sqrt{x+y+1}$
17. $y' = (4x+y)^2$
18. $(x+y)y' = 1$
19. $x^2y' + 2xy = 5y^3$
20. $y^2y' + 2xy^3 = 6x$
21. $y' = y + y^3$
22. $x^2y' + 2xy = 5y^4$
23. $xy' + 6y = 3xy^{4/3}$
24. $2xy' + y^3\mathrm{e}^{-2x} = 2xy$
25. $y^2(xy'+y)(1+x^4)^{1/2} = x$
26. $3y^2y' + y^3 = \mathrm{e}^{-x}$
27. $3xy^2y' = 3x^4 + y^3$
28. $x\mathrm{e}^y y' = 2(\mathrm{e}^y + x^3\mathrm{e}^{2x})$
29. $(2x\sin y\cos y)y' = 4x^2 + \sin^2 y$
30. $(x+\mathrm{e}^y)y' = x\mathrm{e}^{-y} - 1$

在习题 31~42 中，验证所给微分方程是恰当微分方程，并求解方程。

31. $(2x+3y)\mathrm{d}x + (3x+2y)\mathrm{d}y = 0$
32. $(4x-y)\mathrm{d}x + (6y-x)\mathrm{d}y = 0$
33. $(3x^2+2y^2)\mathrm{d}x + (4xy+6y^2)\mathrm{d}y = 0$
34. $(2xy^2+3x^2)\mathrm{d}x + (2x^2y+4y^3)\mathrm{d}y = 0$
35. $\left(x^3 + \dfrac{y}{x}\right)\mathrm{d}x + (y^2 + \ln x)\mathrm{d}y = 0$
36. $(1+y\mathrm{e}^{xy})\mathrm{d}x + (2y + x\mathrm{e}^{xy})\mathrm{d}y = 0$
37. $(\cos x + \ln y)\mathrm{d}x + \left(\dfrac{x}{y} + \mathrm{e}^y\right)\mathrm{d}y = 0$
38. $(x+\tan^{-1}y)\mathrm{d}x + \dfrac{x+y}{1+y^2}\mathrm{d}y = 0$
39. $(3x^2y^3 + y^4)\mathrm{d}x + (3x^3y^2 + y^4 + 4xy^3)\mathrm{d}y = 0$
40. $(\mathrm{e}^x \sin y + \tan y)\mathrm{d}x + (\mathrm{e}^x \cos y + x\sec^2 y)\mathrm{d}y = 0$
41. $\left(\dfrac{2x}{y} - \dfrac{3y^2}{x^4}\right)\mathrm{d}x + \left(\dfrac{2y}{x^3} - \dfrac{x^2}{y^2} + \dfrac{1}{\sqrt{y}}\right)\mathrm{d}y = 0$
42. $\dfrac{2x^{5/2} - 3y^{5/3}}{2x^{5/2}y^{2/3}}\mathrm{d}x + \dfrac{3y^{5/3} - 2x^{5/2}}{3x^{3/2}y^{5/3}}\mathrm{d}y = 0$

求出习题 43~54 中每个可降阶二阶微分方程的通解。如有必要可以假设 x、y 或 y' 为正值（如例题 11 所示）。

43. $xy'' = y'$
44. $yy'' + (y')^2 = 0$
45. $y'' + 4y = 0$
46. $xy'' + y' = 4x$
47. $y'' = (y')^2$
48. $x^2y'' + 3xy' = 2$
49. $yy'' + (y')^2 = yy'$
50. $y'' = (x+y')^2$
51. $y'' = 2y(y')^3$
52. $y^3y'' = 1$
53. $y'' = 2yy'$
54. $yy'' = 3(y')^2$

55. 证明替换关系 $v = ax + by + c$ 可将微分方程 $\mathrm{d}y/\mathrm{d}x = F(ax+by+c)$ 转化为可分离变量方程。

56. 假设 $n \neq 0$ 且 $n \neq 1$。证明替换关系 $v = y^{1-n}$ 可将 Bernoulli 方程 $\mathrm{d}y/\mathrm{d}x + P(x)y = Q(x)y^n$ 转化为线性方程

$$\dfrac{\mathrm{d}v}{\mathrm{d}x} + (1-n)P(x)v(x) = (1-n)Q(x)\text{。}$$

57. 证明替换关系 $v = \ln y$ 可将微分方程 $\mathrm{d}y/\mathrm{d}x + P(x)y = Q(x)(y \ln y)$ 转化为线性方程 $\mathrm{d}v/\mathrm{d}x + P(x) = Q(x)v(x)$。

58. 利用习题 57 中的思路求解方程

$$x\dfrac{\mathrm{d}y}{\mathrm{d}x} - 4x^2y + 2y\ln y = 0\text{。}$$

59. 求解微分方程

$$\frac{dy}{dx} = \frac{x-y-1}{x+y+3},$$

通过求出 h 和 k 使得替换关系 $x = u + h$、$y = v + k$ 可将其转化为齐次方程

$$\frac{dv}{du} = \frac{u-v}{u+v}。$$

60. 利用习题 59 中的方法求解微分方程

$$\frac{dy}{dx} = \frac{2y-x+7}{4x-3y-18}。$$

61. 进行适当替换,求出方程 $dy/dx = \sin(x-y)$ 的解。这个通解是否包含通过代入微分方程就能轻易验证的线性解 $y(x) = x - \pi/2$?

62. 证明微分方程

$$\frac{dy}{dx} = -\frac{y(2x^3 - y^3)}{x(2y^3 - x^3)}$$

的解曲线具有形式 $x^3 + y^3 = Cxy$。

63. 方程 $dy/dx = A(x)y^2 + B(x)y + C(x)$ 被称为 **Riccati 方程**。假设这个方程的一个特解 $y_1(x)$ 是已知的。证明替换关系

$$y = y_1 + \frac{1}{v}$$

可以将 Riccati 方程转化为线性方程

$$\frac{dv}{dx} + (B + 2Ay_1)v = -A。$$

利用习题 63 的方法求解习题 64 和习题 65 中的方程,已知 $y_1(x) = x$ 是它们的一个解。

64. $\dfrac{dy}{dx} + y^2 = 1 + x^2$

65. $\dfrac{dy}{dx} + 2xy = 1 + x^2 + y^2$

66. 具有如下形式的方程

$$y = xy' + g(y') \qquad (37)$$

被称为 **Clairaut 方程**。证明由下式

$$y(x) = Cx + g(C) \qquad (38)$$

所描述的单参数直线族是方程 (37) 的通解。

67. 考虑 Clairaut 方程

$$y = xy' - \frac{1}{4}(y')^2,$$

即方程 (37) 中的 $g(y') = -\frac{1}{4}(y')^2$。证明直线

$$y = Cx - \frac{1}{4}C^2$$

与抛物线 $y = x^2$ 在点 $\left(\frac{1}{2}C, \frac{1}{4}C^2\right)$ 处相切。解释为什么这意味着 $y = x^2$ 是所给 Clairaut 方程的奇异解。这个奇异解和单参数直线解族显示在图 1.6.10 中。

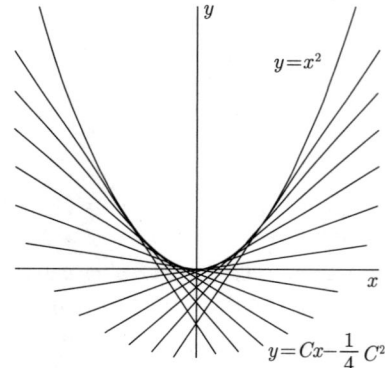

图 1.6.10 习题 67 中 Clairaut 方程的解。方程为 $y = Cx - \frac{1}{4}C^2$ 的"典型"直线与抛物线在点 $\left(\frac{1}{2}C, \frac{1}{4}C^2\right)$ 处相切

68. 由本节式 (16) 和式 (17) 推导出式 (18)。

69. 飞行轨线 在例题 7 的情况下,假设 $a = 100$ mile、$v_0 = 400$ mile/h 以及 $w = 40$ mile/h。那么现在风把飞机吹向北多远?

70. 飞行轨线 如正文所述,假设一架飞机保持向位于原点的机场航行。如果 $v_0 = 500$ mile/h 且 $w = 50$ mile/h(风吹向正北),飞机从点 $(200, 150)$ 处起飞,证明飞机轨线可由下式描述,

$$y + \sqrt{x^2 + y^2} = 2(200x^9)^{1/10}。$$

71. 过河 一条 100 ft 宽的河流正以 w ft/s 的速度向北流。一只狗从点 $(100, 0)$ 处出发，以 $v_0 = 4$ ft/s 的速度总是朝着正对面的西岸上位于点 $(0, 0)$ 处的一棵树游去。

(a) 如果 $w = 2$ ft/s，证明这只狗能到达这棵树的位置。

(b) 如果 $w = 4$ ft/s，证明这只狗将到达树以北 50 ft 的西岸点处。

(c) 如果 $w = 6$ ft/s，证明这只狗永远不能到达西岸。

72. 曲率 在平面曲线微积分中，我们知道曲线 $y = y(x)$ 在点 (x, y) 处的曲率 κ 可由下式给出，
$$\kappa = \frac{|y''(x)|}{[1 + y'(x)^2]^{3/2}},$$
并且已知半径为 r 的圆的曲率为 $\kappa = 1/r$。[参见 Edwards 和 Penney 的书 *Calculus: Early Transcendentals*（第 7 版）中 11.6 节的例题 3.] 反过来，通过替换 $\rho = y'$ 推导二阶微分方程

$$ry'' = [1 + (y')^2]^{3/2}$$

（其中 r 为常数）的通解具有如下形式

$$(x - a)^2 + (y - b)^2 = r^2.$$

因此半径为 r 的圆（或其一部分）是唯一具有恒定曲率 $1/r$ 的平面曲线。

应用　计算机代数求解法

请访问 bit.ly/3vQXNeJ，利用 Maple、Mathematica 和 MATLAB 等计算资源对此主题进行更多讨论和探索。

计算机代数系统通常包括"自动"求解微分方程的命令。但是两个不同的这样的系统经常会给出不同的结果，且它们的等价性并不明显，而单个系统可能会给出形式过于复杂的解。因此，微分方程的计算机代数解通常需要用户进行大量的"处理"或简化，以便得到具体和适用的信息。这里，我们利用如下有趣的微分方程来说明这些问题，

$$\frac{\mathrm{d}y}{\mathrm{d}x} = \sin(x - y), \tag{1}$$

此方程在 1.3 节的应用中出现过。Maple 命令

```
dsolve( D(y)(x)= sin(x-y(x)), y(x));
```

可以得到简单而值得考虑的结果

$$y(x) = x - 2\tan^{-1}\left(\frac{x - 2 - C1}{x - C1}\right), \tag{2}$$

我们当时引用过这个结果。但是所谓等效的 Mathematica 命令

```
DSolve[ y'[x] == Sin[x-y[x]], y[x], x]
```

和 Wolfram|Alpha 询问

```
y' = sin(x-y)
```

都得到了相当复杂的结果，通过大量的简化工作，我们可以从中提取出看起来完全不同的解

$$y(x) = 2\cos^{-1}\left(\frac{2\cos\dfrac{x}{2} + (x-c)\left(\cos\dfrac{x}{2} + \sin\dfrac{x}{2}\right)}{\sqrt{2 + 2(x-c+1)^2}}\right)。 \tag{3}$$

这种明显的差异并不罕见；不同的符号代数系统，甚至同一系统的不同版本，对同一微分方程通常都会得出不同形式的解。除了试图调和如式 (2) 和式 (3) 所示的这些看起来完全不同的结果之外，一种常见的策略是先简化微分方程，然后再将其提交到计算机代数系统。

练习

练习 1：证明在方程 (1) 中进行合理替换 $v = x - y$，可得可分离变量方程

$$\frac{\mathrm{d}v}{\mathrm{d}x} = 1 - \sin v。 \tag{4}$$

现在由 Maple 命令 `int(1/(1-sin(v)),v)` 可得

$$\int\frac{\mathrm{d}v}{1-\sin v} = \frac{2}{1-\tan\dfrac{v}{2}} \tag{5}$$

(省略了积分常数，符号计算机代数系统经常这样做)。

练习 2：利用简单代数从式 (5) 推导出积分公式

$$\int\frac{\mathrm{d}v}{1-\sin v} = \frac{1+\tan\dfrac{v}{2}}{1-\tan\dfrac{v}{2}} + C。 \tag{6}$$

练习 3：从式 (6) 推导出方程 (4) 具有通解

$$v(x) = 2\tan^{-1}\left(\frac{x-1+C}{x+1+C}\right),$$

从而推导出方程 (1) 具有通解

$$y(x) = x - 2\tan^{-1}\left(\frac{x-1+C}{x+1+C}\right)。 \tag{7}$$

练习 4：最后，调和式 (2) 和式 (7) 中的形式。常数 C 和 C_1 之间的关系是什么？

研究：对于你自己的微分方程，令 p 和 q 是你的学号中的两个不同的非零数字，然后考虑微分方程

$$\frac{\mathrm{d}y}{\mathrm{d}x} = \frac{1}{p}\cos(x-qy)。 \tag{8}$$

(a) 使用计算机代数系统或本应用中列出的某种技术组合，求出符号通解。

(b) 确定与形如 $y(x_0) = y_0$ 的几个典型初始条件对应的符号特解。

(c) 确定 a 和 b 的可能值，使得直线 $y = ax + b$ 是方程 (8) 的解曲线。

(d) 绘制一个方向场和一些典型解曲线。你能在符号解和你的（线性和非线性）解曲线之间建立联系吗？

第 1 章 总结

本章我们讨论了几种重要类型的一阶微分方程的应用和求解方法，其中包括可分离变量方程（1.4 节）、线性方程（1.5 节）或恰当方程（1.6 节）。在 1.6 节中，我们还讨论了替换技术，这种技术有时可用于将给定的一阶微分方程转化为可分离变量方程、线性方程或恰当方程。

为了避免让人觉得这些方法构成了一个由互不相关的特殊技术组成的"大杂烩"，重要的是要注意它们都是同一思想的不同实现方式。事实上，本书的这一开篇章是唯一致力于这个中心主题的，这个总结将解释每种求解技术与这一思想的关系。与此同时，接下来的复习题将用到所有这些方法，从而进一步强调贯穿本章的共同主线。

给定一个微分方程

$$f(x,\ y,\ y') = 0, \tag{1}$$

我们试图把它写成

$$\frac{\mathrm{d}}{\mathrm{d}x}[G(x,\ y)] = 0 \tag{2}$$

的形式。正是为了得到方程 (2) 中的形式，我们将方程 (1) 中的每项乘以一个适当的积分因子（即使我们所做的只是分离变量）。但是一旦我们找到了一个函数 $G(x, y)$ 使得方程 (1) 和方程 (2) 等价，那么通解可由如下等式隐式定义，

$$G(x,\ y) = C, \tag{3}$$

这个等式是通过对方程 (2) 积分得到的。本章讨论的所有求解技术都有一个共同目标，即将给定的微分方程转化为式 (3) 的形式，即使函数 $G(x,\ y)$ 并不总是显而易见的。

给定一个待解的一阶微分方程，我们可以通过以下步骤来求解它：

- 它是可分离变量方程吗？如果是，分离变量并进行积分（1.4 节）。
- 它是线性方程吗？也就是说，它是否可以写成如下形式，

$$\frac{\mathrm{d}y}{\mathrm{d}x} + P(x)y = Q(x)?$$

  如果是，乘以 1.5 节中的积分因子 $\rho = \exp\left(\int P \mathrm{d}x\right)$。

- 它是恰当方程吗？也就是说，当方程被写成 $M\mathrm{d}x + N\mathrm{d}y = 0$ 的形式时，等式 $\partial M/\partial y = \partial N/\partial x$ 成立吗（1.6 节）？
- 如果当前形式下的方程不是可分离变量方程、线性方程或恰当方程，是否存在一个合理替换关系可以将其转化成上述类型的方程？例如，它是齐次方程吗（1.6 节）？

这里概述的求解思路适用于许多一阶微分方程。然而，更多的方程则不然。由于计算机的广泛应用，通常使用数值技术近似求解那些不能用本章方法轻易求解或显式求解的微分方程。事实上，本章图中所示的大多数解曲线都是用数值近似值而不是精确解绘制的。第

2 章将讨论获得微分方程适当解的几种数值方法。

第 1 章 复习题

求出复习题 1~30 中微分方程的通解。其中上标符号 $\prime$ 表示对 x 求导。

1. $x^3 + 3y - xy' = 0$
2. $xy^2 + 3y^2 - x^2y' = 0$
3. $xy + y^2 - x^2y' = 0$
4. $2xy^3 + e^x + (3x^2y^2 + \sin y)y' = 0$
5. $3y + x^4y' = 2xy$
6. $2xy^2 + x^2y' = y^2$
7. $2x^2y + x^3y' = 1$
8. $2xy + x^2y' = y^2$
9. $xy' + 2y = 6x^2\sqrt{y}$
10. $y' = 1 + x^2 + y^2 + x^2y^2$
11. $x^2y' = xy + 3y^2$
12. $6xy^3 + 2y^4 + (9x^2y^2 + 8xy^3)y' = 0$
13. $4xy^2 + y' = 5x^4y^2$
14. $x^3y' = x^2y - y^3$
15. $y' + 3y = 3x^2 e^{-3x}$
16. $y' = x^2 - 2xy + y^2$
17. $e^x + ye^{xy} + (e^y + xe^{yx})y' = 0$
18. $2x^2y - x^3y' = y^3$
19. $3x^5y^2 + x^3y' = 2y^3$
20. $xy' + 3y = 3x^{-3/2}$
21. $(x^2 - 1)y' + (x - 1)y = 1$
22. $xy' = 6y + 12x^4y^{2/3}$
23. $e^y + y\cos x + (xe^y + \sin x)y' = 0$
24. $9x^2y^2 + x^{3/2}y' = y^2$
25. $2y + (x+1)y' = 3x + 3$
26. $9x^{1/2}y^{4/3} - 12x^{1/5}y^{3/2} + (8x^{3/2}y^{1/3} - 15x^{6/5}y^{1/2})y' = 0$
27. $3y + x^3y^4 + 3xy' = 0$
28. $y + xy' = 2e^{2x}$
29. $(2x+1)y' + y = (2x+1)^{3/2}$
30. $y' = \sqrt{x+y}$

复习题 31~36 中的每个微分方程都属于本章所考虑的两种不同类型，即可分离变量方程、线性方程、齐次方程、Bernoulli 方程和恰当方程等中的两种。因此，请用两种不同方法推导出每个方程的通解，然后调和你的结果。

31. $\dfrac{dy}{dx} = 3(y+7)x^2$
32. $\dfrac{dy}{dx} = xy^3 - xy$
33. $\dfrac{dy}{dx} = -\dfrac{3x^2 + 2y^2}{4xy}$
34. $\dfrac{dy}{dx} = \dfrac{x + 3y}{y - 3x}$
35. $\dfrac{dy}{dx} = \dfrac{2xy + 2x}{x^2 + 1}$
36. $\dfrac{dy}{dx} = \dfrac{\sqrt{y} - y}{\tan x}$

第 2 章　数学模型与数值方法

2.1　种群模型

在 1.4 节中，我们介绍了解为 $P(t) = P_0 e^{kt}$ 的指数微分方程 $dP/dt = kP$，它是出生率和死亡率恒定时种群数量自然增长的数学模型。这里我们将提出一种更一般的种群模型，它允许出生率和死亡率不恒定。不过，与之前一样，我们的种群数量函数 $P(t)$ 是对实际种群数量的连续近似，而实际种群数量当然只会以整数增量变化，即每次出生或死亡一个个体。

假设种群数量仅因出生和死亡的发生而变化，即不考虑从所研究国家或环境外入境或出境的移民。习惯上，我们根据如下定义的出生率和死亡率函数来追踪种群数量的增长或下降：

- $\beta(t)$ 是 t 时刻每单位时间每单位种群数量的出生数；
- $\delta(t)$ 是 t 时刻每单位时间每单位种群数量的死亡数。

那么，在时间间隔 $[t, t+\Delta t]$ 内，出生数和死亡数可以由下式（近似）给出，

$$\text{出生数：} \beta(t) \cdot P(t) \cdot \Delta t, \qquad \text{死亡数：} \delta(t) \cdot P(t) \cdot \Delta t。$$

因此，在长度为 Δt 的时间间隔 $[t, t+\Delta t]$ 内，种群数量的变化量 ΔP 为

$$\Delta P = \{\text{出生数}\} - \{\text{死亡数}\} \approx \beta(t) \cdot P(t) \cdot \Delta t - \delta(t) \cdot P(t) \cdot \Delta t,$$

所以

$$\frac{\Delta P}{\Delta t} \approx [\beta(t) - \delta(t)] P(t)。$$

当 $\Delta t \to 0$ 时，这个近似值的误差应该趋近于零，所以取极限，我们得到微分方程

$$\frac{dP}{dt} = (\beta - \delta) P, \ominus \tag{1}$$

简洁起见，我们进行了简写，即 $\beta = \beta(t)$、$\delta = \delta(t)$ 以及 $P = P(t)$。方程 (1) 是**一般种群数量方程**。若 β 和 δ 均为常数，则方程 (1) 退化为自然增长方程，其中 $k = \beta - \delta$。但是

⊖　回顾微积分知识

$$\frac{dP}{dt} = \lim_{\Delta t \to 0} \frac{\Delta P}{\Delta t}。$$

它也包含了 β 和 δ 是 t 的可变函数的可能性。不必事先知道出生率和死亡率，它们很可能依赖于未知函数 $P(t)$。

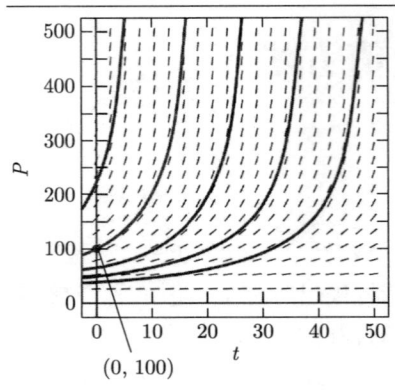

图 2.1.1 例题 1 中方程 $dP/dt = (0.0005)P^2$ 的方向场和解曲线

例题 1 **种群数量激增** 假设一种短吻鳄的种群数量最初是 100，并且其死亡率为 $\delta = 0$（即没有短吻鳄死亡）。如果出生率为 $\beta = (0.0005)P$，即随着种群数量的增长而增长，那么方程 (1) 给出初值问题

$$\frac{dP}{dt} = (0.0005)P^2, \quad P(0) = 100$$

（t 以年为单位）。然后分离变量，可得

$$\int \frac{1}{P^2} dP = \int (0.0005) dt;$$

$$-\frac{1}{P} = (0.0005)t + C。$$

将 $t = 0$ 和 $P = 100$ 代入上式可得 $C = -1/100$，由此我们很容易解出

$$P(t) = \frac{2000}{20 - t}。$$

例如，$P(10) = 2000/10 = 200$，所以 10 年之后短吻鳄的种群数量会翻倍。但是我们看到，当 $t \to 20$ 时，$P \to +\infty$，所以真正的"种群数量激增"将在 20 年内发生。事实上，如图 2.1.1 所示的方向场和解曲线表明，无论（正的）初始种群数量 $P(0) = P_0$ 的大小如何，种群数量激增总会发生。特别是，种群数量似乎总会在有限时间内变成无限。∎

有限种群数量与 logistic 方程

在各种不同情况下，比如一个国家的人口数量和一个封闭容器中的果蝇数量，经常可以观察到出生率随着种群数量本身的增加而下降。其原因可能包括从科学或文化的日益成熟到有限的食物供应。例如，假设出生率 β 是种群数量 P 的线性递减函数，即 $\beta = \beta_0 - \beta_1 P$，其中 β_0 和 β_1 均为正常数。如果死亡率 $\delta = \delta_0$ 保持恒定，那么方程 (1) 的形式可取为

$$\frac{dP}{dt} = (\beta_0 - \beta_1 P - \delta_0)P,$$

即

$$\frac{dP}{dt} = aP - bP^2, \tag{2}$$

其中 $a = \beta_0 - \delta_0$ 且 $b = \beta_1$。

如果系数 a 和 b 均为正值，那么方程 (2) 被称为 **logistic** 方程，可以采用变量分离法求解。为了将种群数量 $P(t)$ 的行为与方程中参数的值联系起来，将 logistic 方程改写为如

下形式是有益的,
$$\frac{dP}{dt} = kP(M-P), \tag{3}$$
其中 $k=b$ 和 $M=a/b$ 均为常数。

例题 2 **logistic 模型** 在 1.3 节例题 4 中,我们用图解的方式探讨了以如下 logistic 方程为模型的种群数量问题,
$$\frac{dP}{dt} = 0.0004P(150-P) = 0.06P - 0.0004P^2。 \tag{4}$$

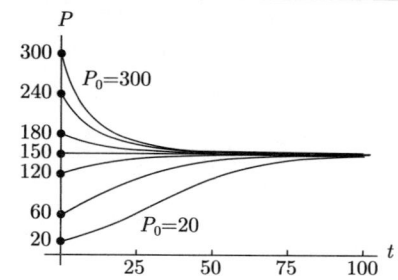

图 2.1.2 logistic 方程 $P' = 0.06P - 0.0004P^2$ 的典型解曲线

为了符号化求解这个微分方程,我们分离变量并积分,从而得到
$$\int \frac{dP}{P(150-P)} = \int 0.0004 \, dt,$$
$$\frac{1}{150}\int \left(\frac{1}{P} + \frac{1}{150-P}\right) dP = \int 0.0004 \, dt,$$
$$\ln|P| - \ln|150-P| = 0.06t + C,$$
$$\frac{P}{150-P} = \pm e^C e^{0.06t} = Be^{0.06t}, \quad 其中 B = \pm e^C。 ⊖$$

如果我们将 $t=0$ 和 $P=P_0 \neq 150$ 代入上述最后一个方程,得到 $B = P_0/(150-P_0)$。因此
$$\frac{P}{150-P} = \frac{P_0 e^{0.06t}}{150-P_0}。$$

最后,从这个方程很容易求解出用初始种群数量 $P_0 = P(0)$ 表示的 t 时刻种群数量,
$$P(t) = \frac{150P_0}{P_0 + (150-P_0)e^{-0.06t}}。 \tag{5}$$

图 2.1.2 展现了从 $P_0 = 20$ 到 $P_0 = 300$ 的不同初始种群数量值所对应的多条解曲线。注意,所有这些解曲线似乎都趋近于作为渐近线的水平线 $P = 150$。实际上,你应该能够直接从式 (5) 中看出,无论初始值 $P_0 > 0$ 取何值,都有 $\lim_{t \to \infty} P(t) = 150$。 ■

极限种群数量与承载能力

例题 2 中所述的有限极限种群数量是 logistic 种群的特征。在习题 32 中,我们要求你使用例题 2 中的求解方法证明 logistic 初值问题

⊖ 此处我们已将被积函数分解为部分分式。

$$\frac{dP}{dt} = kP(M-P), \quad P(0) = P_0 \tag{6}$$

的解是

$$P(t) = \frac{MP_0}{P_0 + (M-P_0)e^{-kMt}}。 \tag{7}$$

实际动物种群数量是正值。若 $P_0 = M$，则式 (7) 退化为不变的（恒值的）"平衡种群数量"，即 $P(t) \equiv M$。另外，logistic 种群行为取决于 $0 < P_0 < M$ 还是 $P_0 > M$。如果 $0 < P_0 < M$，那么由式 (6) 和式 (7) 可知 $P' > 0$，并且

$$P(t) = \frac{MP_0}{P_0 + (M-P_0)e^{-kMt}} = \frac{MP_0}{P_0 + \{\text{正数}\}} < \frac{MP_0}{P_0} = M。 ⊖$$

然而，如果 $P_0 > M$，那么由式 (6) 和式 (7) 可知 $P' < 0$，并且

$$P(t) = \frac{MP_0}{P_0 + (M-P_0)e^{-kMt}} = \frac{MP_0}{P_0 + \{\text{负数}\}} > \frac{MP_0}{P_0} = M。$$

无论哪种情况，分母中的"正数"或"负数"的绝对值都小于 P_0，并且由于指数因子的作用，随着 $t \to +\infty$ 而趋近于 0。由此可得

$$\lim_{t \to +\infty} P(t) = \frac{MP_0}{P_0 + 0} = M。 \tag{8}$$

因此，满足 logistic 方程的种群不会像指数方程 $P' = kP$ 所模拟的自然增长种群那样无限制地增长。

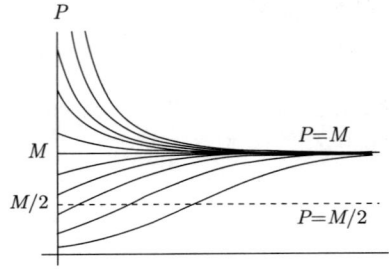

图 2.1.3 logistic 方程 $P' = kP(M-P)$ 的典型解曲线。起始于直线 $P = M/2$ 下方的每条解曲线在这条直线上都有一个拐点（参见习题 34。）

相反，当 $t \to +\infty$ 时，它趋近于有限**极限种群数量** M。如图 2.1.3 中典型 logistic 解曲线所示，如果 $0 < P_0 < M$，那么种群数量 $P(t)$ 稳步增长并从下方趋近于 M，但是如果 $P_0 > M$，那么 $P(t)$ 稳步减小并从上方趋近于 M。有时 M 被称为环境的**承载能力**，视它为环境可以长期支撑的最大种群数量。

例题 3　**极限种群数量**　假设 1885 年某个国家的人口是 50 百万，并且当时以每年 75 万的速度增长。同时假设 1940 年其人口达到 100 百万，然后以每年 1 百万人的速度增长。假设这个国家的人口数量满足 logistic 方程。请确定极限人口数量 M，并预测在 2000 年时的人口数量。

解答： 我们将两组给定数据代入方程 (3)，可得

$$0.75 = 50k(M - 50), \quad 1.00 = 100k(M - 100)。$$

我们同时求解得到 $M = 200$ 和 $k = 0.0001$。因此，这个国家的极限人口数量是 200 百万。利用 M 和 k 的这些值，以及 $t = 0$ 对应的年份为 1940 年（其中 $P_0 = 100$），根据式 (7)，

⊖　当 $t \to \infty$ 时，指数因子 $e^{-kMt} \to 0$。

我们得到 2000 年的人口数量将是

$$P(60) = \frac{100 \cdot 200}{100 + (200 - 100)\mathrm{e}^{-(0.000\ 1)(200)(60)}},$$

大约为 153.7 百万人。 ∎

历史注释： logistic 方程作为人口数量增长的一个可能模型，是由比利时数学家和人口统计学家 P. F. Verhulst（在大约 1840 年）提出的。在接下来的两道例题中，我们将比较自然增长模型和 logistic 模型拟合 19 世纪美国人口普查数据的效果，然后对 20 世纪的人口预测结果进行比较。

例题 4　增长百分率　美国人口在 1800 年是 5.308 百万，在 1900 年是 76.212 百万。如果在自然增长模型 $P(t) = P_0 \mathrm{e}^{rt}$ 中，我们取 $P_0 = 5.308$（即认为 $t = 0$ 对应 1800 年），并将 $t = 100$ 和 $P = 76.212$ 代入，可得

$$76.212 = 5.308\mathrm{e}^{100r}, \quad \text{所以} \quad r = \frac{1}{100}\ln\frac{76.212}{5.308} \approx 0.026643。$$

因此，对于 19 世纪的美国人口，我们的自然增长模型为

$$P(t) = (5.308)\mathrm{e}^{(0.026643)t} \tag{9}$$

（其中 t 以年为单位，P 以百万为单位）。因为 $\mathrm{e}^{0.026643} \approx 1.02700$，所以 1800 年到 1900 年间美国的平均人口增长率大约为每年 2.7%。 ∎

例题 5　logistic 模型　美国人口在 1850 年是 23.192 百万。如果我们取 $P_0 = 5.308$，并将两组数据 $t = 50$、$P = 23.192$（对应 1850 年）和 $t = 100$、$P = 76.212$（对应 1900 年）代入 logistic 模型式 (7)，我们可以得到如下两个关于未知数 k 和 M 的方程：

$$\begin{aligned}\frac{(5.308)M}{5.308 + (M - 5.308)\mathrm{e}^{-50kM}} &= 23.192, \\ \frac{(5.308)M}{5.308 + (M - 5.308)\mathrm{e}^{-100kM}} &= 76.212。\end{aligned} \tag{10}$$

像这样的非线性系统通常采用合适的计算机系统进行数值求解。但是使用合适的代数技巧（参见本节习题 36），可以手动求解方程组 (10) 得到 $k = 0.000167716$ 和 $M = 188.121$。将这些值代入式 (7)，得到 logistic 模型

$$P(t) = \frac{998.546}{5.308 + (182.813)\mathrm{e}^{-(0.031\ 551)t}}。\tag{11}$$

图 2.1.4 中的表格将 1800 年至 1900 年美国人口普查的实际数据与根据式 (9) 中的指数增长模型和式 (11) 中的 logistic 模型预测的数据进行了比较。两者都与 19 世纪的实际

数据吻合得很好。但是，指数模型的预测结果与 20 世纪前几十年的人口普查数据有明显差异，而 logistic 模型的预测结果直到 1940 年仍然是准确的。到 20 世纪末，指数模型极大高估了美国的实际人口数量，它预测 2000 年将超过 10 亿，然而 logistic 模型有些低估了这个数值。

年份	美国实际人口	指数模型	指数误差	logistic 模型	logistic 误差
1800	5.308	5.308	0.000	5.308	0.000
1810	7.240	6.929	0.311	7.202	0.038
1820	9.638	9.044	0.594	9.735	−0.097
1830	12.861	11.805	1.056	13.095	−0.234
1840	17.064	15.409	1.655	17.501	−0.437
1850	23.192	20.113	3.079	23.192	0.000
1860	31.443	26.253	5.190	30.405	1.038
1870	38.558	34.268	4.290	39.326	−0.768
1880	50.189	44.730	5.459	50.034	0.155
1890	62.980	58.387	4.593	62.435	0.545
1900	76.212	76.212	0.000	76.213	−0.001
1910	92.228	99.479	−7.251	90.834	1.394
1920	106.022	129.849	−23.827	105.612	0.410
1930	123.203	169.492	−46.289	119.834	3.369
1940	132.165	221.237	−89.072	132.886	−0.721
1950	151.326	288.780	−137.454	144.354	6.972
1960	179.323	376.943	−197.620	154.052	25.271
1970	203.302	492.023	−288.721	161.990	41.312
1980	226.542	642.236	−415.694	168.316	58.226
1990	248.710	838.308	−589.598	173.252	75.458
2000	281.422	1 094.240	−812.818	177.038	104.384

图 2.1.4　指数增长模型和 logistic 模型的预测结果与美国人口普查数据的比较（单位：百万）

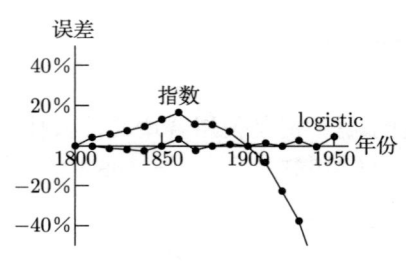

图 2.1.5　1800 年至 1950 年，指数人口模型和 logistic 人口模型的百分比误差

图 2.1.5 对两种模型进行了比较，图中显示了 1800 年至 1950 年其各自误差占实际人口数量百分比的曲线图。我们看到，logistic 模型相当好地追踪了整个 150 年间的实际人口数量。然而，指数误差在 19 世纪要大得多，并且在 20 世纪上半叶甚至超出了图表。

为了衡量给定模型对实际数据的拟合程度，习惯上将（模型中）**平均误差**定义为单个误差平方的平均值的平方根（显示在图 2.1.4 中表的第四列和第六列中）。仅使用 1800 年至 1900 年的数据，由这个定义得到指数模型的平均误差为 3.162，而 logistic 模型的平均误差仅为 0.452。因此，即使在 1900 年，我们也很可能已经预料到，logistic 模型会比指数模型更准确地预测 20 世纪美国的人口增长。

例题 4 和例题 5 的寓意很简单，即我们不应该对基于极其有限信息（比如仅是一对数据点）的模型期望过高。统计科学的大量工作都致力于对大型"数据集"进行分析，以建立有用的（也许可靠的）数学模型。

logistic 方程的更多应用

接下来我们描述一些情况，以说明在不同情况下，logistic 方程都是一个令人满意的数学模型。

1. **有限环境情况** 一个特定环境可以支撑一个最多具有 M 个个体的种群。那么预计增长率 $\beta-\delta$（结合出生率和死亡率）与 $M-P$ 成正比是合理的，因为我们可以认为 $M-P$ 是种群进一步扩张的潜力。即 $\beta-\delta=k(M-P)$，所以

$$\frac{\mathrm{d}P}{\mathrm{d}t}=(\beta-\delta)P=kP(M-P)。$$

一个有限环境情况的典型例子是一个封闭容器中的果蝇种群。

2. **竞争情况** 如果出生率 β 恒定，但死亡率 δ 与 P 成正比，即 $\delta=\alpha P$，那么

$$\frac{\mathrm{d}P}{\mathrm{d}t}=(\beta-\alpha P)P=kP(M-P)。$$

这可能是同类相食种群研究中一个合理的工作假设，因为在同类相食种群中，所有死亡都是由个体间的偶然相遇造成的。当然，个体间的竞争通常不会如此致命，也不会产生如此直接和决定性的影响。

3. **联合比例情况** 令 $P(t)$ 表示在恒定规模的易感种群 M 中，感染某种具有传染性且不可治愈的疾病的个体数。这种疾病通过偶遇传播。那么 $P'(t)$ 应该与患病个体数 P 和未患病个体数 $M-P$ 的乘积成正比，因此 $\mathrm{d}P/\mathrm{d}t=kP(M-P)$。我们再次发现此时数学模型是 logistic 方程。谣言在 M 个个体的种群中传播的数学描述与此是完全相同的。

例题 6 **谣言的传播** 假设在 $t=0$ 时刻，在一个拥有 $M=100$ 千人口的城市中，有 10 千人听说了某个谣言。1 周之后，听说该谣言的人数 $P(t)$ 增加到 $P(1)=20$ 千。假设 $P(t)$ 满足 logistic 方程，那么什么时候全城 80% 的人都听说过此谣言？

解答：将 $P_0=10$ 和 $M=100$（千）代入式 (7)，可得

$$P(t)=\frac{1000}{10+90\mathrm{e}^{-100kt}}。 \tag{12}$$

然后将 $t=1$ 和 $P=20$ 代入上式，得到方程

$$20=\frac{1000}{10+90\mathrm{e}^{-100k}},$$

从中很容易解出

$$e^{-100k} = \frac{4}{9}, \quad 所以 \ k = \frac{1}{100} \ln \frac{9}{4} \approx 0.008\ 109。^{\ominus}$$

根据 $P(t) = 80$，由式 (12) 可得

$$80 = \frac{1000}{10 + 90e^{-100kt}},$$

从中可以解出 $e^{-100kt} = \frac{1}{36}$。由此可得，当

$$t = \frac{\ln 36}{100k} = \frac{\ln 36}{\ln \frac{9}{4}} \approx 4.42,$$

即大约 4 周零 3 天之后，全城 80% 的人都听说过这个谣言。 ∎

世界末日与种族灭绝

考虑一个简单动物种群，其数量为 $P(t)$，其中雌性完全依靠与雄性偶遇达到繁殖目的。我们合理预计这种相遇的发生率与 $P/2$ 的雄性数量和 $P/2$ 的雌性数量的乘积成正比，即与 P^2 成正比。因此，我们假设（每单位时间）出生数量为 kP^2（其中 k 为常数）。那么，出生率（每单位时间每单位种群数量的出生数量）为 $\beta = kP$。如果死亡率 δ 恒定，那么根据一般种群数量方程 (1)，得到微分方程

$$\frac{dP}{dt} = kP^2 - \delta P = kP(P - M) \tag{13}$$

（其中 $M = \delta/k > 0$），此方程可以作为这类种群满足的数学模型。

注意方程 (13) 的右侧项是 logistic 方程 (3) 的右侧项的相反数。我们将看到常数 M 此时是**临界种群数量**，种群未来行为方式关键取决于初始种群数量 P_0 是小于还是大于 M。

例题 7   **世界末日与种族灭绝**   考虑一个动物种群，其数量为 $P(t)$，其模型方程为

$$\frac{dP}{dt} = 0.000\ 4P(P - 150) = 0.000\ 4P^2 - 0.06P。 \tag{14}$$

如果 (a) $P(0) = 200$，(b) $P(0) = 100$，我们要求出 $P(t)$。

解答：为了求解方程 (14)，我们分离变量并积分，可得

$$\int \frac{dP}{P(P-150)} = \int 0.000\ 4\ dt,$$

$$-\frac{1}{150} \int \left(\frac{1}{P} - \frac{1}{P-150}\right) dP = \int 0.000\ 4\ dt,$$

$$\ln|P| - \ln|P - 150| = -0.06t + C,\ ^{\ominus}$$

⊖ 记住 $\ln \frac{4}{9} = -\ln \frac{9}{4}$。
⊖ 注意部分分式的使用。

$$\frac{P}{P-150} = \pm e^{C} e^{-0.06t} = B e^{-0.06t}。 \ominus \tag{15}$$

(a) 将 $t=0$ 和 $P=200$ 代入式 (15)，得出 $B=4$。根据 B 的这个值，我们可由式 (15) 解出

$$P(t) = \frac{600 e^{-0.06t}}{4 e^{-0.06t} - 1}。 \tag{16}$$

注意，当 t 增大并趋近于 $T = \ln(4)/0.06 \approx 23.105$ 时，式 (16) 右侧项的分母减小并从正值趋于 0。因此，当 $t \to T^-$ 时，$P(t) \to +\infty$。这是一种世界末日情形，即真正的种群数量激增。

(b) 将 $t=0$ 和 $P=100$ 代入式 (15)，得出 $B=-2$。根据 B 的这个值，我们可由式 (15) 解出

$$P(t) = \frac{300 e^{-0.06t}}{2 e^{-0.06t} + 1} = \frac{300}{2 + e^{0.06t}}。 \tag{17}$$

注意，当 t 无限增大时，式 (17) 右侧项的正分母趋于 $+\infty$。因此，当 $t \to +\infty$ 时，$P(t) \to 0$。这是一种（最终）种群灭绝情形。 ■

因此，例题 7 中的种群要么激增，要么成为濒临灭绝的濒危物种，这取决于其最初种群数量是否超过临界种群数量 $M = 150$。有时在动物种群中观察到这种近似现象，例如美国南部某些地区的短吻鳄种群。

图 2.1.6 显示了典型解曲线，说明了满足方程 (13) 的种群数量 $P(t)$ 的两种可能性。如果 $P_0 = M$（恰巧！），那么种群数量保持恒定。然而，这种平衡状态是非常不稳定的。如果 P_0 超过 M（即使略超），那么 $P(t)$ 也会无限制地快速增长，而如果初始（正的）种群数量小于 M（即使略小），那么当 $t \to +\infty$ 时，种群数量会（更缓慢地）减少到零。参见习题 33。

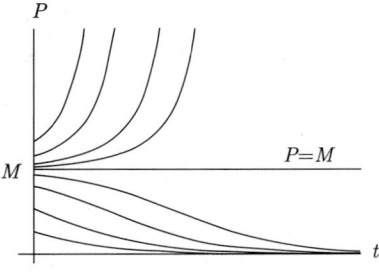

图 2.1.6 激增–灭绝方程 $P' = kP(P-M)$ 的典型解曲线

习题

分离变量并使用部分分式求解习题 1~8 中的初值问题。（在这些问题中出现的微分方程都是 logistic 方程的例子。）请使用精确解或计算机生成的斜率场绘制出给定微分方程的若干解的图形，并标出指定的特解。

1. $\dfrac{dx}{dt} = x - x^2$，$x(0) = 2$
2. $\dfrac{dx}{dt} = 10x - x^2$，$x(0) = 1$
3. $\dfrac{dx}{dt} = 1 - x^2$，$x(0) = 3$

$\ominus$ 此处我们用 B 表示 $\pm e^C$。

4. $\dfrac{\mathrm{d}x}{\mathrm{d}t} = 9 - 4x^2$, $x(0) = 0$

5. $\dfrac{\mathrm{d}x}{\mathrm{d}t} = 3x(5 - x)$, $x(0) = 8$

6. $\dfrac{\mathrm{d}x}{\mathrm{d}t} = 3x(x - 5)$, $x(0) = 2$

7. $\dfrac{\mathrm{d}x}{\mathrm{d}t} = 4x(7 - x)$, $x(0) = 11$

8. $\dfrac{\mathrm{d}x}{\mathrm{d}t} = 7x(x - 13)$, $x(0) = 17$

9. **种群增长** 一个兔子种群数量 P 的时间变化率与 P 的平方根成正比。在时间 $t = 0$（月）时，兔子种群数量为 100 只，并以每月 20 只兔子的速度增长。一年之后会有多少只兔子？

10. **因疾病灭绝** 假设在时间 $t = 0$ 时，湖中种群数量为 $P(t)$ 的鱼类受到一种疾病的攻击，导致鱼类停止繁殖（所以出生率 $\beta = 0$），并且此后死亡率 δ（每单位鱼群数量每周死亡数）与 $1/\sqrt{P}$ 成正比。如果最初湖里有 900 条鱼，6 周后剩下 441 条，那么多久之后湖里的鱼会全部死亡？

11. **鱼类种群** 假设当某个湖泊里充满鱼时，鱼的出生率 β 和死亡率 δ 都与 $\sqrt{P}$ 成反比。
    (a) 证明
    $$P(t) = \left(\dfrac{1}{2}kt + \sqrt{P_0}\right)^2,$$
    其中 k 是一个常数。
    (b) 如果 $P_0 = 100$，并且 6 个月之后湖里有 169 条鱼，那么一年之后会有多少条鱼？

12. **种群增长** 沼泽中一种短吻鳄种群数量 P 的时间变化率与 P 的平方成正比。1988 年沼泽里有 12 只短吻鳄，1998 年有 24 只。那么什么时候沼泽里会有 48 只短吻鳄？此后会发生什么？

13. **出生率超过死亡率** 考虑一种多产的兔子种群，其出生率 β 和死亡率 δ 都与兔子种群数量 $P = P(t)$ 成正比，且 $\beta > \delta$。
    (a) 证明
    $$P(t) = \dfrac{P_0}{1 - kP_0 t}, \quad k\text{为常数}。$$
    注意当 $t \to 1/(kP_0)$ 时，$P(t) \to +\infty$。这是世界末日情形。
    (b) 假设 $P_0 = 6$，并且 10 个月之后有 9 只兔子。那么世界末日情形什么时候发生？

14. **死亡率超过出生率** 在 $\beta < \delta$ 的情况下，重复习题 13 的 (a) 部分。从长远来看，此时兔子种群数量会发生什么变化？

15. **极限种群数量** 考虑一个种群数量为 $P(t)$ 的种群，$P(t)$ 满足 logistic 方程 $\mathrm{d}P/\mathrm{d}t = aP - bP^2$，其中 $B = aP$ 为单位时间出生数，$D = bP^2$ 为单位时间死亡数。如果最初种群数量 $P(0) = P_0$，并且在时间 $t = 0$ 时，每月出生数为 B_0，每月死亡数为 D_0，证明极限种群数量为 $M = B_0 P_0 / D_0$。

计算器对下列许多问题会很有帮助。

16. **极限种群数量** 考虑一个种群数量为 $P(t)$ 的兔子种群，$P(t)$ 满足习题 15 中的 logistic 方程。如果初始种群数量为 120 只兔子，并且在时间 $t = 0$ 时，每月有 8 只兔子出生，6 只兔子死亡，那么 $P(t)$ 达到极限种群数量 M 的 95% 需要几个月？

17. **极限种群数量** 考虑一个种群数量为 $P(t)$ 的兔子种群，$P(t)$ 满足习题 15 中的 logistic 方程。如果初始种群数量为 240 只兔子，并且在时间 $t = 0$ 时，每月有 9 只兔子出生，12 只兔子死亡，那么 $P(t)$ 达到极限种群数量 M 的 105% 需要几个月？

18. **临界种群数量** 考虑一个种群数量为 $P(t)$ 的种群，$P(t)$ 满足灭绝-激增方程 $\mathrm{d}P/\mathrm{d}t = aP^2 - bP$，其中 $B = aP^2$ 是单位时间出生数，$D = bP$ 是单位时间死亡数。如果初始种群数量 $P(0) = P_0$，并且在时间 $t = 0$ 时，每月出生数和死亡数分别为 B_0 和 D_0，证明临界种群数量为 $M = D_0 P_0 / B_0$。

19. **临界种群数量** 考虑一个种群数量为 $P(t)$ 的短吻鳄种群，$P(t)$ 满足习题 18 中的灭绝-激增方程。如果初始种群数量为 100 只短吻鳄，并且在时间 $t = 0$ 时，每月有 10 只短吻鳄出生，9 只短吻鳄死亡，那么 $P(t)$ 达到临界种群数量 M 的 10 倍需要几个月？

20. **临界种群数量** 考虑一个种群数量为 $P(t)$ 的

短吻鳄种群，$P(t)$ 满足习题 18 中的灭绝-激增方程。如果初始种群数量为 110 只短吻鳄，并且在时间 $t=0$ 时，每月有 11 只短吻鳄出生，12 只短吻鳄死亡，那么 $P(t)$ 达到临界种群数量 M 的 10% 需要几个月？

21. **logistic 模型** 假设一个国家的人口数量 $P(t)$ 满足微分方程 $dP/dt = kP(200-P)$，其中 k 为常数。1980 年该国人口数量为 10000 万，然后以每年 100 万的速度增长。预测 2040 年这个国家的人口数量。

22. **logistic 模型** 假设在时间 $t=0$ 时，在具有 100000 个人的"logistic"人口中，有一半人听说过某种谣言，随后听说谣言的人数以每天 1000 人的速度增长。这个谣言需要多久才能传播到 80% 的人口中？（提示：通过将 $P(0)$ 和 $P'(0)$ 代入 logistic 方程 (3)，求出 k 的值。）

23. **溶解速度** 随着盐 KNO_3 溶解于甲醇中，t s 后溶液中盐的克数 $x(t)$ 满足微分方程 $dx/dt = 0.8x - 0.004x^2$。

    (a) 在甲醇中溶解的盐的最大量是多少？

    (b) 如果 $t=0$ 时，$x=50$，那么再加 50 g 盐需要多长时间才能溶解？

24. **疾病传播** 假设一个社区有 15000 人易患 Michaud 综合征，这是一种传染性疾病。在时间 $t=0$ 时，患 Michaud 综合征的人数 $N(t)$ 为 5000，并以每天 500 人的速度增长。假设 $N'(t)$ 与感染此病人数和未感染此病人数的乘积成正比。那么又有 5000 人患上 Michaud 综合征需要多长时间？

25. **logistic 模型** 图 2.1.7 中表里的数据给出了满足 logistic 方程 (3) 的某个种群数量 $P(t)$。

    (a) 极限种群数量 M 是多少？（提示：使用近似公式
    $$P'(t) \approx \frac{P(t+h) - P(t-h)}{2h},$$
    取 $h=1$ 估算出 $P=25.00$ 和 $P=47.54$ 时 $P'(t)$ 的值。然后将这些值代入 logistic 方程，求出 k 和 M。）

    (b) 使用 (a) 部分中所得的 k 和 M 的值确定何时 $P=75$。（提示：取 $t=0$ 对应 1925 年。）

年份	P（百万）
1924	24.63
1925	25.00
1926	25.38
⋮	⋮
1974	47.04
1975	47.54
1976	48.04

图 2.1.7 习题 25 的种群数量数据

26. **死亡率恒定** 一种种群数量为 $P(t)$ 的小型啮齿动物的出生率为 $\beta = (0.001)P$（每单位啮齿动物每月的出生数），死亡率 δ 恒定。如果 $P(0) = 100$ 且 $P'(0) = 8$，那么种群数量翻倍到 200 只需要多长时间（几个月）？（提示：首先求出 δ 的值。）

27. **死亡率恒定** 考虑一个种群数量为 $P(t)$ 的动物种群，其死亡率（每单位种群数量每月死亡数）恒定为 $\delta = 0.01$，其出生率 β 与 P 成比例。假设 $P(0) = 200$ 且 $P'(0) = 2$。

    (a) 何时 $P = 1000$？

    (b) 世界末日情形何时发生？

28. **种群数量增长** 假设一个沼泽里短吻鳄的种群数量 $x(t)$（其中 t 以月为单位）满足微分方程 $dx/dt = 0.0001x^2 - 0.01x$。

    (a) 如果初始沼泽里有 25 只短吻鳄，求解这个微分方程以确定短吻鳄数量的长期变化情况。

    (b) 如果初始有 150 只短吻鳄，重复 (a) 部分。

29. **logistic 模型** 从 1790 年到 1930 年，美国人口数量 $P(t)$（t 以年为单位）从 3.9 百万增长到 123.2 百万。在此期间，$P(t)$ 始终接近于下列初值问题的解
    $$\frac{dP}{dt} = 0.03135P - 0.0001489P^2, \quad P(0) = 3.9。$$

    (a) 这个 logistic 方程预测出 1930 年美国的人口数量是多少？

    (b) 它预测的极限人口数量是多少？

    (c) 自 1930 年以来，这个 logistic 方程一直在准确地预测美国人口数量吗？

[这个问题是基于 Verhulst 的计算,他在 1845 年使用 1790 年至 1840 年的美国人口数据准确预测了 1930 年(当然是在他去世后很久)之前的美国人口数量。]

30. **肿瘤生长** 一个肿瘤可以被视为增殖细胞的种群。根据经验,肿瘤细胞的"出生率"随时间呈指数下降,即 $\beta(t) = \beta_0 e^{-\alpha t}$(其中 α 和 β_0 均为正常数),因此

$$\frac{\mathrm{d}P}{\mathrm{d}t} = \beta_0 e^{-\alpha t} P, \quad P(0) = P_0。$$

由这个初值问题求解出

$$P(t) = P_0 \exp\left(\frac{\beta_0}{\alpha}(1 - e^{-\alpha t})\right)。$$

观察发现当 $t \to +\infty$ 时, $P(t)$ 趋近于有限极限种群数量 $P_0 \exp(\beta_0/\alpha)$。

31. **肿瘤生长** 对于习题 30 中的肿瘤,假设在时间 $t=0$ 时有 $P_0 = 10^6$ 个细胞,此后 $P(t)$ 以每月 3×10^5 个细胞的速度增长。6 个月之后肿瘤(在大小和细胞数量上)翻倍。数值解出 α,然后求出肿瘤的极限种群数量。

32. 请推导 logistic 初值问题 $P' = kP(M - P)$, $P(0) = P_0$ 的解为

$$P(t) = \frac{MP_0}{P_0 + (M - P_0)e^{-kMt}}。$$

并明确你的推导如何依赖 $0 < P_0 < M$ 和 $P_0 > M$。

33. **(a)** 请推导灭绝–激增初值问题 $P' = kP(P - M)$, $P(0) = P_0$ 的解为

$$P(t) = \frac{MP_0}{P_0 + (M - P_0)e^{kMt}}。$$

(b) 随着 t 的增加, $P(t)$ 的行为如何依赖 $0 < P_0 < M$ 和 $P_0 > M$?

34. 如果 $P(t)$ 满足 logistic 方程 (3),请使用链式法则证明

$$P''(t) = 2k^2 P\left(P - \frac{1}{2}M\right)(P - M)。$$

从而得出结论:若 $0 < P < \frac{1}{2}M$,则 $P'' > 0$;若 $P = \frac{1}{2}M$,则 $P'' = 0$;若 $\frac{1}{2}M < P < M$,则 $P'' < 0$;若 $P > M$,则 $P'' > 0$。特别地,由此可得,任何与直线 $P = \frac{1}{2}M$ 相交的解曲线在两条线交点处都有一个拐点,因此类似于图 2.1.3 中较低的 S 形曲线之一。

35. **逼近极限种群数量** 考虑两个种群数量函数 $P_1(t)$ 和 $P_2(t)$,两者都满足 logistic 方程 (3),并有相同的极限种群数量 M,但常数 k 的值不同,分别为 k_1 和 k_2。假设 $k_1 < k_2$。那么哪个种群数量最快逼近 M?你可以通过检查斜率场(尤其有合适软件可用时)进行几何推理,也可通过分析式 (7) 中给出的解进行符号化推理,或者通过代入连续的 t 值进行数值推理。

logistic 建模

在习题 36~38 中,我们将用 logistic 方程"拟合"给定数据。

36. 为了由方程 (10) 中的两个方程求解出 k 和 M 的值,首先对变量 $x = e^{-50kM}$ 求解第一个方程,对变量 $x^2 = e^{-100kM}$ 求解第二个方程。然后,通过让所得的用 M 表示的 x^2 的两个表达式相等,从而得到一个很容易求解出 M 的方程。已知 M 后,由任何一个原始方程很容易求解出 k。上述方法可用于将 logistic 方程"拟合"到任意与等间隔时间 $t_0 = 0$、t_1 和 $t_2 = 2t_1$ 对应的三个种群数量值 P_0、P_1 和 P_2。

37. 使用习题 36 的方法,用 logistic 方程拟合 1850 年、1900 年和 1950 年的实际美国人口数据(如图 2.1.4 所示)。求解所得的 logistic 方程,并对 1990 年和 2000 年的预测人口数量与实际人口数量进行比较。

38. 用 logistic 方程拟合 1900 年、1930 年和 1960 年的实际美国人口数据(如图 2.1.4 所示)。求解所得的 logistic 方程,然后将 1980 年、1990 年和 2000 年的预测人口数量与实际人口数量进行比较。

39. 周期性增长率 动物种群的出生率和死亡率通常不是恒定的,相反,它们会随着季节的推移呈周期性变化。如果种群数量 P 满足微分方程

$$\frac{\mathrm{d}P}{\mathrm{d}t} = (k + b\cos 2\pi t)P,$$

其中 t 以年为单位,k 和 b 都是正常数,求出 $P(t)$。因此,增长率函数 $r(t) = k + b\cos 2\pi t$ 围绕其平均值 k 周期性变化。请绘制一幅图,将该种群的增长与具有相同初始值 P_0 但满足自然增长方程 $P' = kP$(相同的常数 k)的种群的增长进行对比。多年之后,这两个种群相比如何?

应用 种群数据的 logistic 建模

请访问 bit.ly/3nDiU0m,利用 Maple、Mathematica 和 MATLAB 等计算资源对此主题进行更多讨论和探索。

这些研究处理用一个 logistic 模型拟合给定种群数据的问题。因此,我们要确定数值常数 a 和 b,使得初值问题

$$\frac{\mathrm{d}P}{\mathrm{d}t} = aP + bP^2, \quad P(0) = P_0 \tag{1}$$

的解 $P(t)$ 逼近时间 $t_0 = 0$,t_1,$\cdots$,t_n 时的给定种群数量值 P_0,P_1,$\cdots$,P_n。如果我们将方程 (1)(具有 $kM = a$ 和 $k = -b$ 的 logistic 方程)改写为如下形式:

$$\frac{1}{P}\frac{\mathrm{d}P}{\mathrm{d}t} = a + bP, \tag{2}$$

那么我们看到这些点

$$\left(P(t_i), \frac{P'(t_i)}{P(t_i)}\right), \quad i = 0,\ 1,\ 2,\ \cdots,\ n,$$

都应该位于 y 截距为 a 且斜率为 b 的直线上[由方程 (2) 中右侧 P 的函数确定]。

这一观察提供了一种求出 a 和 b 的方法。如果我们可以确定与给定种群数据对应的导数 P_1',P_2',$\cdots$ 的近似值,那么我们便可继续进行以下步骤:

- 首先,在一张坐标纸上以水平轴为 P 轴画出点 $(P_1, P_1'/P_1)$,$(P_2, P_2'/P_2)$,$\cdots$。
- 然后,用直尺画出一条很好地逼近这些点的直线。
- 最后,测量这条直线的 y 截距 a 和斜率 b。

但是,我们如何求出所需的(尚且)未知的函数 P 的导数 $P'(t)$ 的值呢?最简单的方法是使用如下近似

$$P_i' = \frac{P_{i+1} - P_{i-1}}{t_{i+1} - t_{i-1}}, \tag{3}$$

如图 2.1.8 所示。例如,如果我们取 $i = 0$ 对应于 1790 年,那么图 2.1.9 中的美国人口数

据给出对应于 1800 年的点 (t_1, P_1) 处的斜率为

$$P_1' = \frac{P_2 - P_0}{t_2 - t_0} = \frac{7.240 - 3.929}{20} \approx 0.166。$$

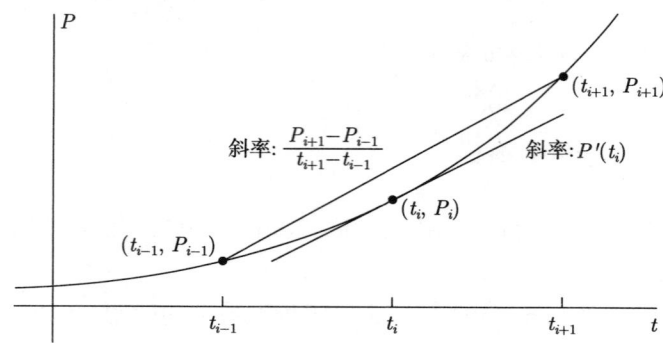

图 2.1.8 对导数 $P'(t_i)$ 的对称差分近似 $\frac{P_{i+1} - P_{i-1}}{t_{i+1} - t_{i-1}}$

练习

研究 A：请使用式 (3) 验证图 2.1.9 中表格最后一列的斜率数值，然后画出在图 2.1.10 中用圆点表示的点 $(P_1, P_1'/P_1)$，$\cdots$，$(P_{11}, P_{11}'/P_{11})$。如果有合适的图形计算器、电子制表软件或计算机程序，请使用它们求出与这些点拟合最好的如方程 (2) 中所示的直线 $y = a + bP$。如果没有，请你自己画一条直线逼近这些点，然后尽可能精确地测量其截距 a 和斜率 b。接下来，根据这些数值参数求解 logistic 方

年份	i	t_i	种群 P_i	斜率 P_i'
1790	0	−10	3.929	
1800	1	0	5.308	0.166
1810	2	10	7.240	0.217
1820	3	20	9.638	0.281
1830	4	30	12.861	0.371
1840	5	40	17.064	0.517
1850	6	50	23.192	0.719
1860	7	60	31.443	0.768
1870	8	70	38.558	0.937
1880	9	80	50.189	1.221
1890	10	90	62.980	1.301
1900	11	100	76.212	1.462
1910	12	110	92.228	

图 2.1.9 美国人口数据（单位：百万）以及近似的斜率

程 (1)，其中取 $t=0$ 对应 1800 年。最后，将预测的 20 世纪美国人口数据与图 2.1.4 中列出的实际数据进行比较。

研究 B：重复研究 A，但是取 $t=0$ 对应 1900 年，并且只使用 20 世纪的人口数据。那么对 20 世纪最后几十年的美国人口数量，你能得到更好的近似值吗？

研究 C：对图 2.1.11 所示的世界人口数据进行类似地建模。联合国人口司预测，2025 年世界人口将达到 81.77 亿。你的预测是什么？

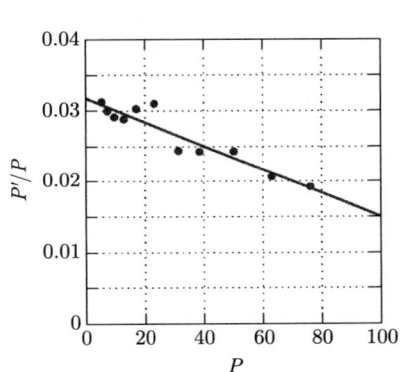

年份	世界人口（亿）
1960	30.49
1965	33.58
1970	37.21
1975	41.03
1980	44.73
1985	48.82
1990	52.49
1995	56.79
2000	61.27

图 2.1.10　1800 年到 1900 年，美国人口数据对应的点和近似的直线

图 2.1.11　世界人口数据

2.2　平衡解与稳定性

在之前的章节中，我们经常使用微分方程的显式解来解答特定的数值问题。但是，即使给定的微分方程很难或者无法显式求解，通常也可以提取有关其解的一般性质的定性信息。例如，我们可以确定当 $t \to +\infty$ 时，每个解 $x(t)$ 是无限制增长的，还是趋近于有限极限值，或者是 t 的周期函数。本节我们主要通过考虑可以显式求解的简单微分方程来介绍一些更重要的定性问题，这些问题对于难以求解或无法求解的方程有时可以得到解答。

例题 1　**冷却与加热**　设 $x(t)$ 表示初始温度为 $x(0)=x_0$ 的物体的温度。在 $t=0$ 时刻，这个物体被浸入一种温度恒定为 A 的介质中。假设牛顿冷却定律成立，即

$$\frac{\mathrm{d}x}{\mathrm{d}t} = -k(x-A) \quad (k>0 \text{ 为常数}), \tag{1}$$

我们很容易（通过变量分离法）求解出显式解

$$x(t) = A + (x_0 - A)\mathrm{e}^{-kt}。$$

由此可得

$$\lim_{t\to\infty} x(t) = A, \tag{2}$$

所以物体的温度将趋近于周围介质的温度（这在直觉上是显而易见的）。注意常值函数 $x(t) \equiv A$ 是方程 (1) 的一个解，它对应于物体与周围介质处于热平衡时的温度。在图 2.2.1 中，式 (2) 中的极限意味着，当 $t \to +\infty$ 时，每条其他解曲线都渐近地趋近于平衡解曲线 $x = A$。

备注：方程 (1) 的解的行为可以用图 2.2.2 中的**相图**简要概括，相图表示 x 作为 x 自身的函数的变化方向（或"相位"）。如果 $x < A$，右侧项 $f(x) = -k(x - A) = k(A - x)$ 为正；如果 $x > A$，右侧项为负。与这一观察结果对应的事实是，随着 t 的增加，起始于直线 $x = A$ 上方的解和起始于此直线下方的解都趋近于极限解 $x(t) \equiv A$（如图中箭头所示）。

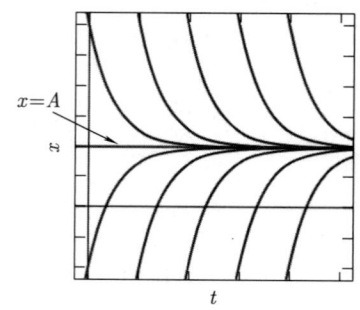
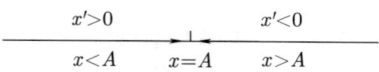

图 2.2.1 牛顿冷却定律控制方程 $dx/dt = f(x) = k(A - x)$ 的典型解曲线

图 2.2.2 方程 $dx/dt = f(x) = k(A - x)$ 的相图

在 2.1 节中，我们介绍了一般种群数量方程

$$\frac{dx}{dt} = (\beta - \delta)x, \tag{3}$$

其中 β 和 δ 分别为出生率和死亡率，即每单位时间每单位个体的出生数或死亡数。当 $t \to +\infty$ 时，种群数量 $x(t)$ 是有界还是无界的问题显然很有趣。在许多情况下，比如 2.1 节中的 logistic 种群和激增-灭绝种群，出生率和死亡率都是 x 的已知函数。那么方程 (3) 采用如下形式：

$$\frac{dx}{dt} = f(x)。 \tag{4}$$

这是一个**自治**一阶微分方程，其中自变量 t 没有显式出现。如例题 1 所示，方程 $f(x) = 0$ 的解起着重要的作用，这个解被称为自治微分方程 $dx/dt = f(x)$ 的**临界点**。

若 $x = c$ 是方程 (4) 的临界点，则微分方程有恒定解 $x(t) \equiv c$。微分方程的恒定解有时被称为**平衡解**（人们可以认为，一个种群数量保持恒定是因为它与环境处于"平衡"状态）。因此临界点 $x = c$（一个数字）对应于平衡解 $x(t) \equiv c$（一个常值函数）。

例题 2 将说明这样一个事实，即自治一阶方程的解（随着 t 的增加）的定性行为可以用其临界点来描述。

例题 2 **平衡解** 考虑 logistic 微分方程

$$\frac{\mathrm{d}x}{\mathrm{d}t} = kx(M-x) \tag{5}$$

（其中 $k > 0$ 且 $M > 0$）。该方程有两个临界点，即方程

$$f(x) = kx(M-x) = 0$$

的解 $x = 0$ 和 $x = M$。在 2.1 节中，我们讨论了满足初始条件 $x(0) = x_0$ 的 logistic 方程的解

$$x(t) = \frac{Mx_0}{x_0 + (M - x_0)\mathrm{e}^{-kMt}}。 \tag{6}$$

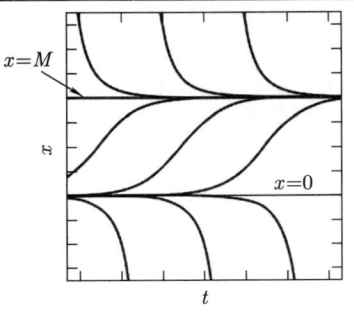

图 2.2.3 logistic 方程 $\mathrm{d}x/\mathrm{d}t = kx(M-x)$ 的典型解曲线

注意由初始值 $x_0 = 0$ 和 $x_0 = M$ 可以得到方程 (5) 的平衡解 $x(t) \equiv 0$ 和 $x(t) \equiv M$。

在 2.1 节中我们观察到，如果 $x_0 > 0$，那么当 $t \to +\infty$ 时，$x(t) \to M$。但是如果 $x_0 < 0$，那么式 (6) 中的分母初始为正，但当

$$t = t_1 = \frac{1}{kM} \ln \frac{M - x_0}{-x_0} > 0$$

时，分母为零。因为在这种情况下式 (6) 中的分子为负，由此得到

$$\lim_{t \to t_1^-} x(t) = -\infty, \quad \text{如果 } x_0 < 0。$$

由此可知 logistic 方程 (5) 的解曲线如图 2.2.3 所示。此时从图中我们可以看出，每个解要么随着 t 的增加趋近于平衡解 $x(t) \equiv M$，要么（在视觉上很明显）偏离另一个平衡解 $x(t) \equiv 0$。 ∎

临界点的稳定性

图 2.2.3 说明了稳定性的概念。我们称一个自治一阶微分方程的临界点 $x = c$ 是**稳定**的，只要当初始值 x_0 足够接近于 c，则对于所有 $t > 0$，$x(t)$ 都保持接近于 c。虽然没有必要，但可以给出更精确的定义：若对于每个 $\epsilon > 0$，都存在 $\delta > 0$，使得对于所有 $t > 0$ 都有

$$|x_0 - c| < \delta \quad \text{意味着} \quad |x(t) - c| < \epsilon, \tag{7}$$

则临界点 c 是**稳定的**。否则临界点 $x = c$ 是**不稳定的**。

图 2.2.4 从"更广阔的视角"展示了 $k = 1$ 和 $M = 4$ 时 logistic 方程的解曲线。注意，包含稳定平衡曲线 $x = 4$ 的条带 $3.5 < x < 4.5$ 就像一个漏斗，即解曲线（从左向右移动）进入这个条带，此后一直留在其中。相比之下，包含不稳定解曲线 $x = 0$ 的条带

$-0.5 < x < 0.5$ 就像一个喷口，即解曲线离开这个条带，此后一直留在其外面。因此，临界点 $x = M$ 是稳定的，而临界点 $x = 0$ 是不稳定的。

备注 1：我们可以凭借如图 2.2.5 所示的相图，利用初始值来概述 logistic 方程 (5) 的解的行为。该图表明，如果 $x_0 > M$ 或 $0 < x_0 < M$，那么当 $t \to +\infty$ 时，$x(t) \to M$，然而如果 $x_0 < 0$，那么随着 t 的增加，$x(t) \to -\infty$。M 是一个稳定临界点的事实很重要，例如，当我们想要用种群数量为 M 的细菌进行实验时。对于较大的 M，不可能精确数出 M 个细菌，但是任何初值为正值的种群数量随着 t 的增加都将趋近于 M。

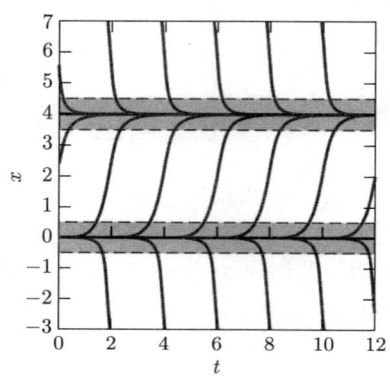

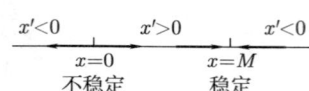

图 2.2.4　方程 $dx/dt = 4x - x^2$ 的解曲线以及所显示出的漏斗形状和喷口形状

图 2.2.5　logistic 方程 $dx/dt = f(x) = kx(M - x)$ 的相图

备注 2：对于一个实际种群，与 logistic 方程

$$\frac{dx}{dt} = ax - bx^2 \tag{8}$$

的极限解 $M = a/b$ 的稳定性相关的问题是 M 的 "可预测性"。对于一个实际种群，我们不太可能确切知道系数 a 和 b。但是，如果将它们替换为接近的近似值 a^* 和 b^*，这些近似值可能是从经验测量中推导出来的，那么近似极限种群数量 $M^* = a^*/b^*$ 将会接近于实际极限种群数量 $M = a/b$。因此，我们可以说，由 logistic 方程所预测的极限种群数量值 M，不仅是微分方程的一个稳定临界点，而且对于方程中常系数的小扰动，这个值也是 "稳定的"。（请注意，上述两个表述中一个涉及初始值 x_0 的变化；另一个涉及系数 a 和 b 的变化。）　■

例题 3　**激增-灭绝**　现在考虑 2.1 节的激增-灭绝方程 (13)，即

$$\frac{dx}{dt} = kx(x - M). \tag{9}$$

与 logistic 方程一样，该方程有两个临界点 $x = 0$ 和 $x = M$，分别对应于平衡解 $x(t) \equiv 0$ 和 $x(t) \equiv M$。根据 2.1 节习题 33，当 $x(0) = x_0$ 时其解由下式给出

$$x(t) = \frac{Mx_0}{x_0 + (M - x_0)e^{kMt}} \tag{10}$$

[该解与式 (6) 中的 logistic 解只有一个符号上的差异]。如果 $x_0 < M$，那么（由于分母中指数的系数为正）由式 (10) 可以立即得出，当 $t \to +\infty$ 时，$x(t) \to 0$。但是如果 $x_0 > M$，

那么式 (10) 中的分母初始为正，但当
$$t = t_1 = \frac{1}{kM} \ln \frac{x_0}{x_0 - M} > 0$$
时，则分母为零。因为在这种情况下式 (10) 中的分子为正，由此得到
$$\lim_{t \to t_1^-} x(t) = +\infty, \quad \text{如果 } x_0 > M_\circ$$
因此，激增–灭绝方程 (9) 的解曲线如图 2.2.6 所示。沿着平衡曲线 $x = 0$ 的窄带（如图 2.2.4 所示）是解的漏斗，而沿着解曲线 $x = M$ 的窄带则是解的喷口。方程 (9) 的解的行为可以用图 2.2.7 中的相图来概括，我们可以看出临界点 $x = 0$ 是稳定的，而临界点 $x = M$ 是不稳定的。∎

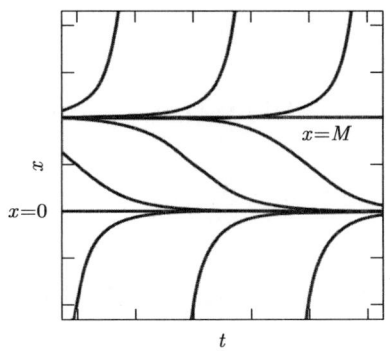
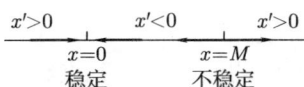

图 2.2.6　激增–灭绝方程 $\mathrm{d}x/\mathrm{d}t = kx(x - M)$ 的典型解曲线　　图 2.2.7　激增–灭绝方程 $\mathrm{d}x/\mathrm{d}t = kx(x - M)$ 的相图

存在捕捞的 logistic 种群

考虑自治微分方程
$$\frac{\mathrm{d}x}{\mathrm{d}t} = ax - bx^2 - h \tag{11}$$
（其中 a、b 和 h 均为正值）以描述一个存在捕捞的 logistic 种群。例如，我们可以考虑一个湖里每年因捕鱼而减少 h 条鱼的鱼群。

例题 4　**阈值–极限种群数量**　让我们将方程 (11) 改写成如下形式：
$$\frac{\mathrm{d}x}{\mathrm{d}t} = kx(M - x) - h, \tag{12}$$
其中 M 是不存在捕捞即 $h = 0$ 的情况下的极限种群数量。假设此后 $h > 0$，我们可以求解二次方程 $-kx^2 + kMx - h = 0$ 得到两个临界点
$$H, N = \frac{kM \pm \sqrt{(kM)^2 - 4hk}}{2k} = \frac{1}{2}\left(M \pm \sqrt{M^2 - 4h/k}\right), \tag{13}$$

假设捕捞量 h 足够小，使得 $4h < kM^2$，那么两个根 H 和 N 均为实数，且 $0 < H < N < M$。因此，我们可以将方程 (12) 改写成如下形式：

$$\frac{dx}{dt} = k(N-x)(x-H)。 \tag{14}$$

例如，当一个参数的值被改变时，方程临界点的数目可能突然改变。在习题 24 中，我们要求你根据初始值 $x(0) = x_0$ 求解上述方程得到解

$$x(t) = \frac{N(x_0 - H) - H(x_0 - N)e^{-k(N-H)t}}{(x_0 - H) - (x_0 - N)e^{-k(N-H)t}}。 \tag{15}$$

注意对于 $t > 0$，指数 $-k(N-H)t$ 为负。若 $x_0 > N$，则式 (15) 中圆括号内的每个系数均为正，由此可得，

$$\text{若} \quad x_0 > N, \quad \text{则} x(t) \to N, \quad \text{当} \quad t \to +\infty。 \tag{16}$$

在习题 25 中，对于依赖于 x_0 的正值 t_1，我们要求你也从式 (15) 中推断出如下结论：

$$\text{若} \ H < x_0 < N, \text{则当} \ t \to +\infty \ \text{时}, x(t) \to N, \tag{17}$$

然而

$$\text{若} \ x_0 < H, \text{则当} \ t \to t_1 \ \text{时}, x(t) \to -\infty。 \tag{18}$$

由此可知，仍然假设 $4h < kM^2$ 时，方程 (12) 的解曲线如图 2.2.8 所示。（你能想象出沿着直线 $x = N$ 的漏斗和沿着直线 $x = H$ 的喷口吗？）因此，恒定解 $x(t) \equiv N$ 是一个平衡极限解，而 $x(t) \equiv H$ 是一个区分不同行为的阈值解，即若 $x_0 > H$，则种群数量趋近于 N，但若 $x_0 < H$，则种群会因捕捞而灭绝。最后，图 2.2.9 所示的相图显示了稳定临界点 $x = N$ 和不稳定临界点 $x = H$。 ∎

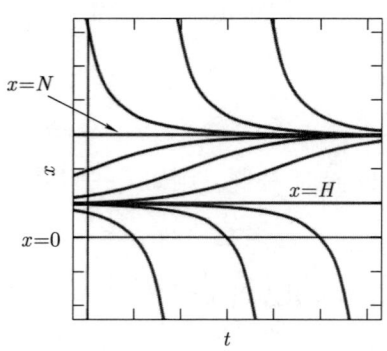

图 2.2.8 logistic 捕捞方程 $dx/dt = k(N-x)(x-H)$ 的典型解曲线

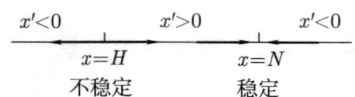

图 2.2.9 logistic 捕捞方程 $dx/dt = k(N-x)(x-H)$ 的相图

例题 5 **盛产鱼的湖** 为了将例题 4 中的稳定性结论进行具体应用，假设 t 年后湖里

鱼群数量 $x(t)$（以百条为单位）满足 $k=1$ 和 $M=4$ 的 logistic 方程。如果没有任何捕鱼活动，无论最初鱼群数量是多少，这个湖最终会有近 400 条鱼。现在假设 $h=3$，即每年捕捞 300 条鱼（全年以恒定速度捕捞）。那么方程 (12) 变为 $\mathrm{d}x/\mathrm{d}t = x(4-x) - 3$，并且二次方程

$$-x^2 + 4x - 3 = (3-x)(x-1) = 0$$

有解 $H=1$ 和 $N=3$。因此，阈值种群数量为 100 条鱼，（新的）极限种群数量为 300 条鱼。简而言之，如果最初湖里有超过 100 条鱼，那么随着时间 t 的增加，鱼群数量将趋近于极限值 300 条。但是，如果最初湖里的鱼少于 100 条，那么这个湖的鱼将会被"捕捞一空"，即鱼会在一段有限时间内完全消失。∎

分岔与参数依赖性

用微分方程建模的生物或物理系统可能主要依赖于方程中出现的某些系数或参数的数值。例如，方程临界点的数目可能会随着参数值的改变而突然改变。

例题 6　**临界–过度捕捞**　微分方程

$$\frac{\mathrm{d}x}{\mathrm{d}t} = x(4-x) - h \tag{19}$$

（x 以百为单位）对 logistic 种群的捕捞过程进行建模，其中 $k=1$ 以及极限种群数量 $M=4$（百）。在例题 5 中，我们考虑了捕捞量 $h=3$ 的情况，并发现新的极限种群数量为 $N=3$（百）和阈值种群数量为 $H=1$（百）。那么包含平衡解 $x(t) \equiv 3$ 和 $x(t) \equiv 1$ 的典型解曲线如图 2.2.8 所示。

现在让我们来研究这幅图对捕捞量 h 的依赖性。根据式 (13)，其中 $k=1$ 和 $M=4$，可以得出极限种群数量 N 和阈值种群数量 H 为

$$H, N = \frac{1}{2}(4 \pm \sqrt{16-4h}) = 2 \pm \sqrt{4-h}。 \tag{20}$$

如果 $h < 4$，我们可以认为 h 取负值是描述放养鱼而非捕捞鱼，那么有不同的平衡解 $x(t) \equiv N$ 和 $x(t) \equiv H$，其中 $N > H$，如图 2.2.8 所示。

但是如果 $h=4$，那么由式 (20) 可得 $N=H=2$，所以微分方程只有一个平衡解 $x(t) \equiv 2$。在这种情况下，方程的解曲线如图 2.2.10 所示。如果鱼的初始数量 x_0（以百为单位）超过 2，那么鱼群数量将趋近于极限种群数量 2（百）。然而，任何初始鱼群数量 $x_0 < 2$（百）都将导致鱼群灭绝，这是每年捕捞 4 百条鱼的结果。因此，临界点 $x=2$ 可以被描述为"半稳定的"，即在 $x > 2$ 一侧，解曲线随着 t 的增加而趋近于平衡解 $x(t) \equiv 2$，解曲线看起来是稳定的，但在 $x < 2$ 一侧，解曲线反而偏离平衡解，解曲线看起来是不稳定的。

最后，如果 $h > 4$，那么式 (20) 所对应的二次方程无实解，则微分方程 (19) 无平衡解。此时解曲线如图 2.2.11 所示，并且（无论初始鱼群数量是多少）由于过度捕捞，鱼群

终将灭绝。

如果我们想象转动一个刻度盘来逐渐增大方程 (19) 中参数 h 的值，那么解曲线的图将从类似 $h < 4$ 时的图 2.2.8 变成 $h = 4$ 时的图 2.2.10，再变成类似 $h > 4$ 时的图 2.2.11。因此对这个微分方程，

- 当 $h < 4$ 时有两个临界点；
- 当 $h = 4$ 时有一个临界点；
- 当 $h > 4$ 时没有临界点。

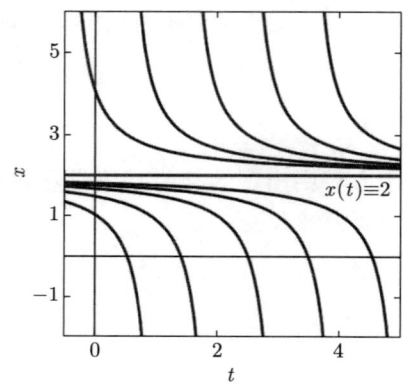

图 2.2.10 具有临界捕捞量 $h = 4$ 的方程 $x' = x(4-x) - h$ 的解曲线

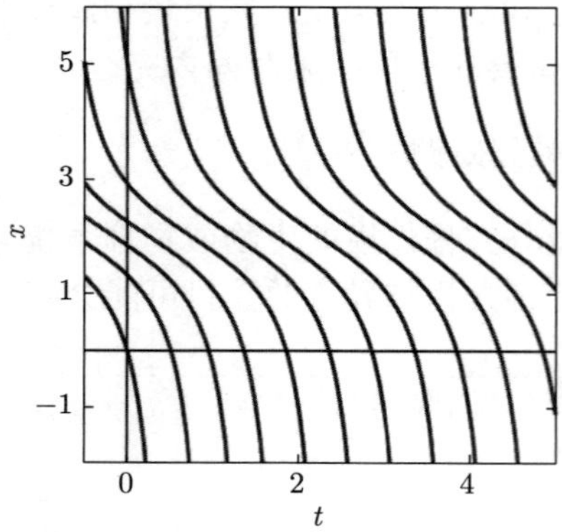

图 2.2.11 具有过度捕捞量 $h = 5$ 的方程 $x' = x(4-x) - h$ 的解曲线

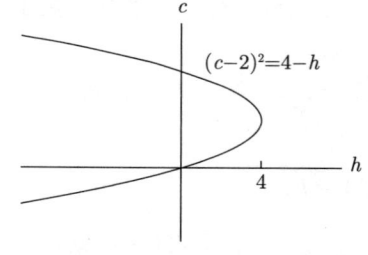

对于包含参数 h 的微分方程，解的定性性质随着 h 的增加而改变，值 $h = 4$ 被称为**分岔点**。将解中相应的"分岔"可视化的常用方法是绘制由所有点 (h, c) 组成的**分岔图**，其中 c 是方程 $x' = x(4-x) - h$ 的临界点。例如，如果我们将式 (20) 改写为

$$c = 2 \pm \sqrt{4-h},$$
$$(c-2)^2 = 4-h,$$

图 2.2.12 抛物线 $(c-2)^2 = 4-h$ 是微分方程 $x' = x(4-x) - h$ 的分岔图

此时 $c = N$ 或者 $c = H$，那么我们得到如图 2.2.12 所示的抛物线方程。这条抛物线就是对捕捞量由参数 h 指定的 logistic 鱼群进行建模的微分方程的分岔图。

习题

在习题 1~12 中，首先求解方程 $f(x) = 0$，找到给定自治微分方程 $dx/dt = f(x)$ 的临界点。然后分析 $f(x)$ 的符号，确定每个临界点是稳定的还是不稳定的，并对微分方程构建相应的相图。接下来，显式地求解微分方程，得到用 t 表示的 $x(t)$。最后，使用精确解或计算机生成的斜率场，对给定微分方

程绘制典型解曲线,并直观验证每个临界点的稳定性。

1. $\dfrac{\mathrm{d}x}{\mathrm{d}t} = x - 4$
2. $\dfrac{\mathrm{d}x}{\mathrm{d}t} = 3 - x$
3. $\dfrac{\mathrm{d}x}{\mathrm{d}t} = x^2 - 4x$
4. $\dfrac{\mathrm{d}x}{\mathrm{d}t} = 3x - x^2$
5. $\dfrac{\mathrm{d}x}{\mathrm{d}t} = x^2 - 4$
6. $\dfrac{\mathrm{d}x}{\mathrm{d}t} = 9 - x^2$
7. $\dfrac{\mathrm{d}x}{\mathrm{d}t} = (x-2)^2$
8. $\dfrac{\mathrm{d}x}{\mathrm{d}t} = -(3-x)^2$
9. $\dfrac{\mathrm{d}x}{\mathrm{d}t} = x^2 - 5x + 4$
10. $\dfrac{\mathrm{d}x}{\mathrm{d}t} = 7x - x^2 - 10$
11. $\dfrac{\mathrm{d}x}{\mathrm{d}t} = (x-1)^3$
12. $\dfrac{\mathrm{d}x}{\mathrm{d}t} = (2-x)^3$

在习题 13~18 中,使用计算机系统或图形计算器绘制斜率场或足够多的解曲线,指出给定微分方程的每个临界点的稳定性或不稳定性。(就例题 6 中提到的意义而言,其中一些临界点可能是半稳定的。)

13. $\dfrac{\mathrm{d}x}{\mathrm{d}t} = (x+2)(x-2)^2$
14. $\dfrac{\mathrm{d}x}{\mathrm{d}t} = x(x^2 - 4)$
15. $\dfrac{\mathrm{d}x}{\mathrm{d}t} = (x^2 - 4)^2$
16. $\dfrac{\mathrm{d}x}{\mathrm{d}t} = (x^2 - 4)^3$
17. $\dfrac{\mathrm{d}x}{\mathrm{d}t} = x^2(x^2 - 4)$
18. $\dfrac{\mathrm{d}x}{\mathrm{d}t} = x^3(x^2 - 4)$

19. 使用微分方程 $\mathrm{d}x/\mathrm{d}t = \dfrac{1}{10}x(10-x) - h$ 对捕捞量为 h 的 logistic 种群进行建模。(如例题 6 所示)请确定临界点数目对参数 h 的依赖性,然后构建类似图 2.2.12 所示的分岔图。

20. 使用微分方程 $\mathrm{d}x/\mathrm{d}t = \dfrac{1}{100}x(x-5) + s$ 对放养量为 s 的种群进行建模。请确定临界点 c 的数目对参数 s 的依赖性,然后在 sc 平面上构建相应的分岔图。

21. **叉形分岔** 考虑微分方程 $\mathrm{d}x/\mathrm{d}t = kx - x^3$。
    (a) 如果 $k \leqslant 0$,证明 x 的唯一临界值 $c = 0$ 是稳定的。
    (b) 如果 $k > 0$,证明临界点 $c = 0$ 此时是不稳定的,但是临界点 $c = \pm\sqrt{k}$ 是稳定的。因此,解的定性性质在 $k = 0$ 处随着参数 k 的增大而改变,所以 $k = 0$ 是具有参数 k 的微分方程的一个分岔点。具有 (k, c) 形式的所

有点的绘图即为如图 2.2.13 所示的"叉形图",其中 c 是方程 $x' = kx - x^3$ 的一个临界点。

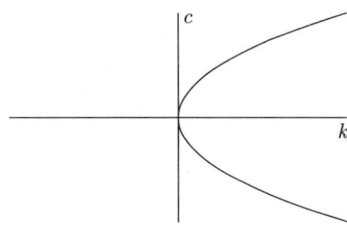

图 2.2.13 方程 $\mathrm{d}x/\mathrm{d}t = kx - x^3$ 的分岔图

22. 考虑包含参数 k 的微分方程 $\mathrm{d}x/\mathrm{d}t = x + kx^3$。(如习题 21 所示)分析临界点的数目和性质对 k 值的依赖性,并构建相应的分岔图。

23. **变速捕捞** 假设 logistic 方程 $\mathrm{d}x/\mathrm{d}t = kx(M-x)$ 可以对一个湖里 t 个月之后的鱼群数量 $x(t)$ 进行建模,在此期间没有捕鱼活动发生。现在假设由于捕鱼,将鱼以每月 hx 条的速度从湖里捞出(其中 h 为正常数)。因此,鱼群的"捕捞"速率与现有鱼群数量成正比,而不是例题 4 中的恒定速率。
    (a) 如果 $0 < h < kM$,证明此时鱼群仍然是 logistic 种群。那么新的极限种群数量是多少?
    (b) 如果 $h \geqslant kM$,证明当 $t \to +\infty$ 时,$x(t) \to 0$,所以这个湖里的鱼最终被捕捞殆尽。

24. 在 logistic 捕捞方程 $\mathrm{d}x/\mathrm{d}t = k(N-x)(x-H)$ 中分离变量,然后使用部分分式推导出由式 (15) 所给的解。

25. 使用式 (15) 中解的另一种形式
$$x(t) = \dfrac{N(x_0 - H) + H(N - x_0)\mathrm{e}^{-k(N-H)t}}{(x_0 - H) + (N - x_0)\mathrm{e}^{-k(N-H)t}}$$
$$= \dfrac{H(N - x_0)\mathrm{e}^{-k(N-H)t} - N(H - x_0)}{(N - x_0)\mathrm{e}^{-k(N-H)t} - (H - x_0)}$$

建立式 (17) 和式 (18) 中所述的结论。

恒速捕捞

例题 4 处理了方程 $\mathrm{d}x/\mathrm{d}t = kx(M-x) - h$ 中 $4h > kM^2$ 的情形,此方程描述一个 logistic 种群被恒速捕捞的情况。习题 26 和习题 27 则处理其他情形。

26. 如果 $4h=kM^2$，证明典型解曲线如图 2.2.14 所示。因此如果 $x_0 \geq M/2$，那么当 $t \to +\infty$ 时，$x(t) \to M/2$。但是如果 $x_0 < M/2$，那么在一段有限时间之后 $x(t) = 0$，所以湖里的鱼会被捕捞殆尽。临界点 $x = M/2$ 可能被称为半稳定的，因为从一侧看它是稳定的，从另一侧看是不稳定的。

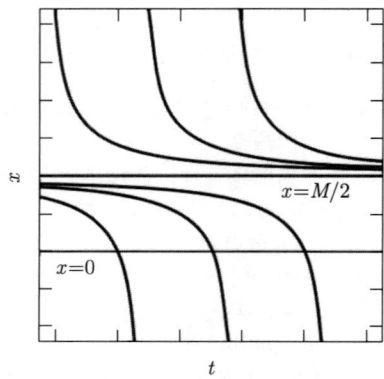

图 2.2.14　一个 logistic 种群的捕捞量满足 $4h = kM^2$ 时的解曲线

27. 如果 $4h > kM^2$，证明在一段有限时间之后 $x(t) = 0$，所以湖里的鱼会被捕捞殆尽（无论初始鱼群数量为何值）。[提示：使用完全平方法把微分方程改写成 $dx/dt = -k[(x-a)^2 + b^2]$ 的形式。然后采用变量分离法显式求解]。本题和上一道题（以及例题 4）的结果表明，$h = \frac{1}{4}kM^2$ 是一个 logistic 种群的临界捕捞量。在任何更低的捕捞量下，种群数量趋近于小于 M 的极限种群数量 N（为什么？），然而在任何更高的捕捞量下，种群将会灭绝。

28. **短吻鳄种群**　本题处理微分方程 $dx/dt = kx(x-M) - h$，此方程模拟一个简单种群（如短吻鳄）的捕获过程。证明此方程可以被改写成 $dx/dt = k(x-H)(x-K)$ 的形式，其中

$$H = \frac{1}{2}\left(M + \sqrt{M^2 + 4h/k}\right) > 0,$$
$$K = \frac{1}{2}\left(M - \sqrt{M^2 + 4h/k}\right) < 0.$$

并证明其典型解曲线如图 2.2.15 所示。

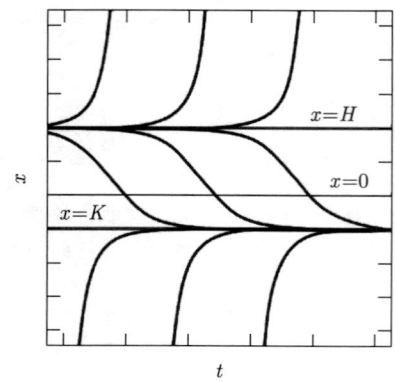

图 2.2.15　捕获一个短吻鳄种群的解曲线

29. 考虑如下两个微分方程

$$\frac{dx}{dt} = (x-a)(x-b)(x-c) \quad (21)$$

和

$$\frac{dx}{dt} = (a-x)(b-x)(c-x), \quad (22)$$

每个方程都有临界点 a、b 和 c，假设 $a < b < c$。对于其中一个方程，用 α 标记，只有临界点 b 是稳定的；对于另一个方程，用 β 标记，b 是唯一不稳定临界点。为两个方程建立相图，确定哪个是方程 α，哪个是方程 β。不要试图显式求解任何一个方程，为每个方程大致绘出典型解曲线的草图。你应该在其中一个草图中看到两个漏斗和一个喷口，在另一个草图中看到两个喷口和一个漏斗。

2.3 加速度-速度模型

在 1.2 节中，我们讨论了一个质量为 m 的物体，在恒定重力加速度的作用下，在地球表面附近的竖直运动。如果我们忽略任何空气阻力的影响，那么牛顿第二定律（$F = ma$）意味着，质量为 m 的物体的速度 v 满足方程

$$m\frac{dv}{dt} = F_G, \ominus \tag{1}$$

其中 $F_G = -mg$ 是（竖直向下的）重力，其中重力加速度在 mks 单位制下为 $g \approx 9.8 \text{ m/s}^2$（在 fps 单位制下 $g \approx 32 \text{ ft/s}^2$）。

例题 1 **不计空气阻力** 假设以 $v_0 = 49(\text{m/s})$ 的初始速度，从地面（$y_0 = 0$）竖直向上射出一支弓弩箭。那么将 $g = 9.8$ 代入方程 (1)，可得

$$\frac{dv}{dt} = -9.8, \text{ 所以 } v(t) = -(9.8)t + v_0 = -(9.8)t + 49。$$

由此可得弓弩箭的高度函数 $y(t)$ 为

$$y(t) = \int [-(9.8)t + 49]dt = -(4.9)t^2 + 49t + y_0 = -(4.9)t^2 + 49t。$$

当 $v = -(9.8)t + 49 = 0$ 时，即当 $t = 5(\text{s})$ 时，弓弩箭达到最大高度。因此其最大高度为

$$y_{\max} = y(5) = -(4.9)(5^2) + (49)(5) = 122.5 \text{ (m)}。$$

当 $y = -(4.9)t(t-10) = 0$ 时，也就是在升空 10 秒后，弓弩箭返回地面。■

现在我们要在如例题 1 这样的问题中考虑空气阻力。那么在方程 (1) 中必须加上空气阻力对质量为 m 的运动物体所施加的力 F_R，所以现在

$$m\frac{dv}{dt} = F_G + F_R。 \tag{2}$$

牛顿在他的 *Principia Mathematica* 一书中指出，某些简单的物理假设表明，F_R 与速度的平方成正比：$F_R = kv^2$。但经验研究表明，空气阻力对速度的实际依赖关系可能相当复杂。在许多情况下，进行如下假设即可，

$$F_R = kv^p，$$

其中 $1 \leqslant p \leqslant 2$，并且 k 的值取决于物体的尺寸和形状，以及空气的密度和黏度。一般来说，对于相对低速运动 $p = 1$，对于高速运动 $p = 2$，而对于中速运动 $1 < p < 2$。但是，"低速"有多慢，"高速"有多快，取决于确定系数 k 值的相同因素。

因此，空气阻力是一个复杂的物理现象。但是，简化的假设，即 F_R 恰好具有这里给出的形式，无论 $p = 1$ 还是 $p = 2$，都可以得到一个易于处理的数学模型，该模型展示了

$\ominus$ 回顾加速度的定义为 $\dfrac{dv}{dt}$。

有阻力运动的最重要的定性特征。

与速度成正比的阻力

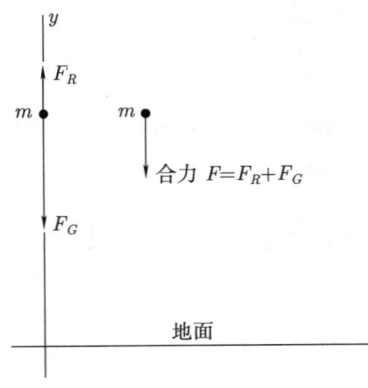

图 2.3.1　在空气阻力作用下的竖直运动
(注：当物体下降时 F_R 向上作用)

让我们首先考虑质量为 m 的物体在地球表面附近的竖直运动，该物体受到两个力的作用：向下的重力 F_G 和与速度成正比（所以 $p=1$）且方向与物体的运动方向相反的空气阻力 F_R。如果我们建立一个坐标系，其中竖直向上的方向为 y 轴的正方向，而 $y=0$ 对应于地面，那么 $F_G = -mg$，并且

$$F_R = -kv, \tag{3}$$

其中 k 是一个正常数，$v = \mathrm{d}y/\mathrm{d}t$ 是物体的速度。注意，式 (3) 中的负号使得物体下降（v 为负）时 F_R 为正（向上的力），使得物体上升（v 为正）时 F_R 为负（向下的力）。如图 2.3.1 所示，那么作用在物体上的合力为

$$F = F_R + F_G = -kv - mg,$$

并且由牛顿运动定律 $F = m(\mathrm{d}v/\mathrm{d}t)$ 可得方程

$$m\frac{\mathrm{d}v}{\mathrm{d}t} = -kv - mg。$$

因此

$$\frac{\mathrm{d}v}{\mathrm{d}t} = -\rho v - g, \tag{4}$$

其中 $\rho = k/m > 0$。你应该自己验证一下，如果 y 轴以竖直向下为正，那么方程 (4) 将采用 $\mathrm{d}v/\mathrm{d}t = -\rho v + g$ 的形式。

方程 (4) 是可分离变量的一阶微分方程，其解为

$$v(t) = \left(v_0 + \frac{g}{\rho}\right)\mathrm{e}^{-\rho t} - \frac{g}{\rho}。 \tag{5}$$

这里，$v_0 = v(0)$ 是物体的初始速度。注意，

$$v_\tau = \lim_{t \to \infty} v(t) = -\frac{g}{\rho}。 \tag{6}$$

因此，在空气阻力的作用下，物体下落的速度不会无限增加，相反，它会趋近于一个有限极限速度，或称终端速度，

$$|v_\tau| = \frac{g}{\rho} = \frac{mg}{k}。 \tag{7}$$

这一事实使降落伞成为一项实用的发明，它甚至有助于解释从高空飞行的飞机上不带降落

伞坠落的人为何能偶尔幸存。

现在我们将式 (5) 改写为如下形式，

$$\frac{dy}{dt} = (v_0 - v_\tau)e^{-\rho t} + v_\tau。 \tag{8}$$

积分可得

$$y(t) = -\frac{1}{\rho}(v_0 - v_\tau)e^{-\rho t} + v_\tau t + C。$$

我们将 $t = 0$ 代入上式，并令 $y_0 = y(0)$ 表示物体的初始高度。从而我们得到 $C = y_0 + (v_0 - v_\tau)/\rho$，所以

$$y(t) = y_0 + v_\tau t + \frac{1}{\rho}(v_0 - v_\tau)(1 - e^{-\rho t})。 \tag{9}$$

式 (8) 和式 (9) 给出了在重力和空气阻力作用下竖直运动的物体的速度 v 和高度 y。这些公式取决于物体的初始高度 y_0、初始速度 v_0 以及阻力系数 ρ，阻力系数是一个常数，使空气阻力引起的加速度为 $a_R = -\rho v$。这两个公式也涉及由式 (6) 定义的终端速度 v_τ。

对于一个借助降落伞降落的人来说，ρ 的典型值是 1.5，它对应的终端速度为 $|v_\tau| \approx$ 21.3 ft/s，或约 14.5 mile/h。如果一个不幸的跳伞者使用一件不系扣子的大衣代替降落伞随风飘动，那么 ρ 可能会减小到 0.5，此时终端速度为 $|v_\tau| \approx 65$ ft/s，约为 44 mile/h。有关跳伞的一些计算，请参见本节习题 10 和习题 11。

例题 2　**与速度成正比的阻力**　我们再次考虑从地面上以 $v_0 = 49$ m/s 的初始速度竖直向上射出的弩箭。但是现在我们考虑空气阻力，在方程 (4) 中取 $\rho = 0.04$。我们将此时所得的最大高度和在空中停留的时间与例题 1 中的结果进行比较。

解答：我们将 $y_0 = 0$、$v_0 = 49$ 以及 $v_\tau = -g/\rho = -245$ 代入式 (5) 和式 (9)，可得

$$v(t) = 294e^{-t/25} - 245,$$

$$y(t) = 7\,350 - 245t - 7\,350e^{-t/25}。$$

为了求出弩箭达到最大高度（当 $v = 0$ 时）所需的时间，我们求解方程

$$v(t) = 294e^{-t/25} - 245 = 0$$

得到 $t_m = 25\ln(294/245) \approx 4.558(\text{s})$。此时其最大高度为 $y_{\max} = v(t_m) \approx 108.280$ m（而不是不计空气阻力时的 122.5 m）。为了求出弩箭撞击地面的时间，我们必须求解方程

$$y(t) = 7\,350 - 245t - 7\,350e^{-t/25} = 0。$$

使用牛顿迭代法，我们可以从初始猜测 $t_0 = 10$ 开始，执行迭代 $t_{n+1} = t_n - y(t_n)/y'(t_n)$，以逐步逼近根。或者我们可以简单地使用计算器或计算机上的 `Solve` 命令。我们得到弩箭

在空中的时间为 $t_f \approx 9.411$ s（而不是不计空气阻力时的 10 s）。它撞击地面的速度降低到 $|v(t_f)| \approx 43.227$ m/s（而不是其初始速度 49 m/s）。

因此，空气阻力的作用是减小弩箭的最大高度、在空中停留的总时间以及最终的撞击速度。还要注意，弩箭现在下降的时间（$t_f - t_m \approx 4.853$ s）比上升的时间（$t_m \approx 4.558$ s）要长。∎

与速度平方成正比的阻力

现在我们假设空气阻力与速度的平方成正比：

$$F_R = \pm kv^2, \tag{10a}$$

其中 $k > 0$。这里符号的选择取决于运动的方向，而阻力的方向总是与运动方向相反。取正 y 方向向上，那么对于向上运动（当 $v > 0$ 时）$F_R < 0$，而对于向下运动（当 $v < 0$ 时）$F_R > 0$。因此 F_R 的符号始终与 v 的符号相反，所以我们可以将式 (10a) 改写为

$$F_R = -kv|v|。 \tag{10b}$$

那么根据牛顿第二定律，可得

$$m\frac{dv}{dt} = F_G + F_R = -mg - kv|v|;$$

即

$$\frac{dv}{dt} = -g - \rho v|v|, \tag{11}$$

其中 $\rho = k/m > 0$。我们必须分别讨论向上运动和向下运动的情况。

向上运动：假设从初始位置 y_0 以初始速度 $v_0 > 0$ 竖直向上发射一个抛射体。那么当 $v > 0$ 时，由方程 (11) 得到微分方程

$$\frac{dv}{dt} = -g - \rho v^2 = -g\left(1 + \frac{\rho}{g}v^2\right)。 \tag{12}$$

在习题 13 中，我们要求你做替换 $u = v\sqrt{\rho/g}$，并应用熟悉的积分公式

$$\int \frac{1}{1+u^2} du = \tan^{-1} u + C$$

推导出抛射体的速度函数

$$v(t) = \sqrt{\frac{g}{\rho}} \tan\left(C_1 - t\sqrt{\rho g}\right), \quad \text{其中 } C_1 = \tan^{-1}\left(v_0\sqrt{\frac{\rho}{g}}\right)。 \tag{13}$$

由于 $\int \tan u \, du = -\ln|\cos u| + C$，所以二次积分（参见习题 14）可得位置函数

$$y(t) = y_0 + \frac{1}{\rho} \ln\left|\frac{\cos\left(C_1 - t\sqrt{\rho g}\right)}{\cos C_1}\right|。 \tag{14}$$

向下运动： 假设从初始位置 y_0 以初始速度 $v_0 \leqslant 0$ 竖直向下发射（或下落）一个抛射体。那么当 $v < 0$ 时，由方程 (11) 得到微分方程

$$\frac{\mathrm{d}v}{\mathrm{d}t} = -g + \rho v^2 = -g\left(1 - \frac{\rho}{g}v^2\right)。 \tag{15}$$

在习题 15 中，我们要求你做替换 $u = v\sqrt{\rho/g}$，并应用积分公式

$$\int \frac{1}{1-u^2}\mathrm{d}u = \tanh^{-1} u + C^{\ominus}$$

推导出抛射体的速度函数

$$v(t) = \sqrt{\frac{g}{\rho}}\tanh\left(C_2 - t\sqrt{\rho g}\right), \quad \text{其中 } C_2 = \tanh^{-1}\left(v_0\sqrt{\frac{\rho}{g}}\right)。 \tag{16}$$

由于 $\int \tanh u\,\mathrm{d}u = \ln|\cosh u| + C$，所以再次积分（参见习题 16）可得位置函数

$$y(t) = y_0 - \frac{1}{\rho}\ln\left|\frac{\cosh\left(C_2 - t\sqrt{\rho g}\right)}{\cosh C_2}\right|。 \tag{17}$$

[注意式 (16) 和式 (17) 与向上运动时的式 (13) 和式 (14) 之间的对比。]

如果 $v_0 = 0$，那么 $C_2 = 0$，所以 $v(t) = -\sqrt{g/\rho}\tanh(t\sqrt{\rho g})$。因为

$$\lim_{x\to\infty}\tanh x = \lim_{x\to\infty}\frac{\sinh x}{\cosh x} = \lim_{x\to\infty}\frac{\frac{1}{2}(\mathrm{e}^x - \mathrm{e}^{-x})}{\frac{1}{2}(\mathrm{e}^x + \mathrm{e}^{-x})} = 1,$$

由此可知，在向下运动的情况下，物体趋近于终端速度

$$|v_\tau| = \sqrt{\frac{g}{\rho}} \tag{18}$$

[可以与方程 (4) 所描述的具有线性阻力的向下运动情况下的 $|v_\tau| = g/\rho$ 相比较]。

例题 3 **与速度平方成正比的阻力** 我们再次考虑从地面上以 $v_0 = 49$ m/s 的初始速度竖直向上发射的弩箭，如例题 2 所述。但是现在我们假设空气阻力与速度的平方成正比，并在方程 (12) 和方程 (15) 中取 $\rho = 0.001\,1$。在习题 17 和习题 18 中，我们要求你验证下表最后一行中的数据。

空气阻力	最大高度/ft	空中时间/s	上升时间/s	下降时间/s	落地速度/(ft/s)
0.0	122.5	10	5	5	49
$0.04v$	108.28	9.41	4.56	4.85	43.23
$0.001 1v^2$	108.47	9.41	4.61	4.80	43.49

⊖ 我们可以使用部分分式法并根据公式 $\tanh^{-1} u = \frac{1}{2}\ln\left(\frac{1+u}{1-u}\right)$，$|u| < 1$，推导出这个积分公式。

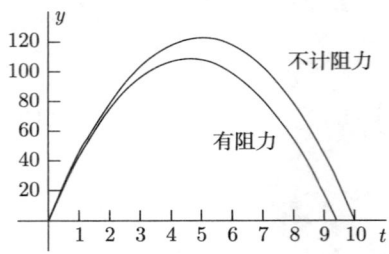

图 2.3.2 例题 1（不计空气阻力）、例题 2（具有线性空气阻力）和例题 3（具有与速度平方成正比的空气阻力）中的高度函数都被绘制出来。后两者的图形在视觉上难以区分

对比这里最后两行数据可以看出，就弩箭运动而言，线性空气阻力和与速度平方成正比的空气阻力之间几乎没有差别。如图 2.3.2 所示，对相应的高度函数进行了作图，几乎看不出差异。然而，在更复杂的情况下，例如，太空飞行器重返大气层并下降时，线性和非线性阻力之间的差异可能是显著的。∎

可变重力加速度

除非竖直运动的抛射体保持在地球表面附近，否则作用于其上的重力加速度不是恒定的。根据牛顿万有引力定律，相距为 r 质量分别为 M 和 m 的两个质点间的引力由下式给出

$$F = \frac{GMm}{r^2}, \tag{19}$$

其中 G 是一个特定的经验常数 [在 mks 单位制下 $G \approx 6.6726 \times 10^{-11}$ N·(m/kg)^2]。如果两个质量体中的一个或者两个都是均质球体，那么该公式也有效；在这种情况下，距离 r 是球心之间的距离。

下面的例题类似于 1.2 节中的例题 2，但是现在我们考虑月球引力。

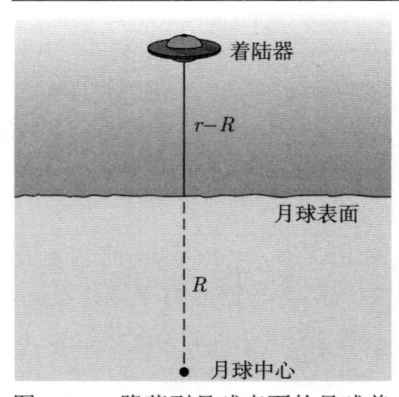

图 2.3.3 降落到月球表面的月球着陆器

例题 4 **月球着陆器** 一个月球着陆器朝着月球自由下落，在距离月球表面 53 km 的高度处，测得其向下的速度为 1 477 km/h。其制动火箭，当在自由空间启动时，可以提供 $T = 4$ m/s^2 的减速度。在离月球表面多高的地方应该启动制动火箭以确保"软着陆"（落地瞬时 $v = 0$）？

解答： 设 $r(t)$ 表示 t 时刻着陆器距月球中心的距离（如图 2.3.3 所示）。当我们将（恒定的）推力加速度 T 和式 (19) 中（负的）月球加速度 $F/m = GM/r^2$ 结合起来，我们得到（加速度）微分方程

$$\frac{d^2 r}{dt^2} = T - \frac{GM}{r^2}, \tag{20}$$

其中 $M = 7.35 \times 10^{22}$ (kg) 是月球质量，其半径 $R = 1.74 \times 10^6$ m（或者 1740 km，地球半径的四分之一多一点）。注意到这个二阶微分方程不包含自变量 t，我们进行替换

$$v = \frac{dr}{dt}, \quad \frac{d^2 r}{dt^2} = \frac{dv}{dt} = \frac{dv}{dr} \cdot \frac{dr}{dt} = v \frac{dv}{dr}$$

[如 1.6 节式 (36) 所示]，从而得到具有新的自变量 r 的一阶方程
$$v\frac{dv}{dr} = T - \frac{GM}{r^2}.$$
此时对 r 积分，可得公式
$$\frac{1}{2}v^2 = Tr + \frac{GM}{r} + C, \tag{21a}$$
上述公式在点火前（$T=0$）和点火后（$T=4$）都适用。

点火前：将 $T=0$ 代入式 (21a) 得到
$$\frac{1}{2}v^2 = \frac{GM}{r} + C_1, \tag{21b}$$
式中常数由 $C_1 = v_0^2/2 - GM/r_0$ 给出，其中
$$v_0 = -1477\frac{\text{km}}{\text{h}} \times 1000\frac{\text{m}}{\text{km}} \times \frac{1\text{ h}}{3600\text{ s}} = -\frac{14770}{36}\frac{\text{m}}{\text{s}}$$
以及 $r_0 = (1.74 \times 10^6) + 53\,000 = 1.793 \times 10^6$ m（从初始速度—位置测量）。

点火后：将 $T=4$，$v=0$，$r=R$（着陆处）代入式 (21a) 可得
$$\frac{1}{2}v^2 = 4r + \frac{GM}{r} + C_2, \tag{21c}$$
其中常数 $C_2 = -4R - GM/R$ 是通过将着陆处的值 $v=0$，$r=R$ 代入得到的。

在点火的瞬间，月球着陆器的位置和速度同时满足式 (21b) 和式 (21c)。因此，通过令式 (21b) 和式 (21c) 右侧项相等，我们可以解出它在点火时离月球表面的期望高度 h。由此得到 $r = \frac{1}{4}(C_1 - C_2) = 1.781\,87 \times 10^6$，最后 $h = r - R = 41870$ m（即 41.87 km，略大于 26 mile）。此外，将 r 的这个值代入式 (21b)，得到点火瞬间的速度 $v = -450$ m/s。∎

逃逸速度

Jules Verne 在他的小说 *From the Earth to the Moon*（1865）中提出了这样一个问题：从地球表面发射的抛射体能到达月球所需的初始速度是多少？类似地，我们可以问，抛射体完全逃离地球所需的初始速度 v_0 是多少？如果对于所有 $t > 0$，其速度 $v = dr/dt$ 保持为正，那么它就会永远远离地球。用 $r(t)$ 表示 t 时刻抛射体到地球

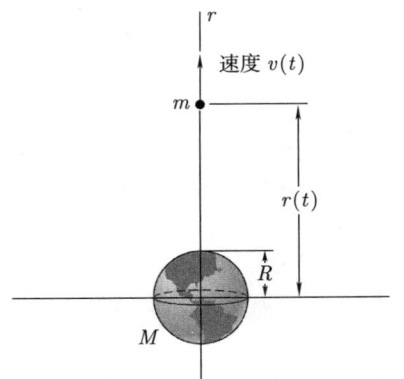

图 2.3.4 一个距离地球很远质量为 m 的物体

中心的距离（如图 2.3.4 所示），我们得到如下类似于方程 (20) 的方程

$$\frac{dv}{dt} = \frac{d^2r}{dt^2} = -\frac{GM}{r^2}, \tag{22}$$

不过这里 $T = 0$（无推力），$M = 5.975 \times 10^{24}$(kg) 表示地球质量，其赤道半径 $R = 6.378 \times 10^6$(m)。将例题 4 中由链式法则所得表达式 $dv/dt = v(dv/dr)$ 代入后可得

$$v\frac{dv}{dr} = -\frac{GM}{r^2}。$$

然后两边同时对 r 进行积分可得

$$\frac{1}{2}v^2 = \frac{GM}{r} + C。$$

此时当 $t = 0$ 时，$v = v_0$ 且 $r = R$，所以 $C = \frac{1}{2}v_0^2 - GM/R$，因此解出 v^2 为

$$v^2 = v_0^2 + 2GM\left(\frac{1}{r} - \frac{1}{R}\right)。 \tag{23}$$

方程 (22) 的这个隐式解确定了抛射体的速度 v，这个速度是其到地球中心的距离 r 的函数。特别地，

$$v^2 > v_0^2 - \frac{2GM}{R},$$

所以只要 $v_0^2 \geqslant 2GM/R$，v 将保持为正。因此，**从地球逃逸的速度**由下式给出

$$v_0 = \sqrt{\frac{2GM}{R}}。 \tag{24}$$

在习题 27 中，我们要求你证明，如果抛射体的初始速度超过 $\sqrt{2GM/R}$，那么当 $t \to \infty$ 时，$r(t) \to \infty$，所以它确实"逃离"了地球。根据 G 和地球质量 M 以及半径 R 的给定值，可以得到 $v_0 \approx 11\,180$(m/s)（大约 36 680 ft/s，大约 6.95 mile/s，大约 25 000 mile/h）。

备注：对任何其他（球形）行星体，当我们使用其质量和半径时，也可以根据式 (24) 计算逃逸速度。例如，当我们使用例题 4 中所给的月球质量 M 和半径 R 时，我们得到从月球表面逃逸的速度为 $v_0 \approx 2\,375$ m/s。这只是从地球表面逃逸速度的五分之一多一点，这一事实极大便利了（"从月球到地球的"）返程。∎

习题

1. 一辆玛莎拉蒂的加速度与 250 km/h 和这辆跑车的速度之差成正比。如果该车能在 10 s 内从静止加速到 100 km/h，那么该车从静止加速到 200 km/h 需要多长时间？

   习题 2~8 探讨与速度的次幂成正比的阻力的影响。

2. 假设一个物体在阻尼介质中运动，它受到的阻力与其速度 v 成正比，即 $dv/dt = -kv$。
   (a) 证明在 t 时刻其速度和位置可由下式给出：
   $$v(t) = v_0 e^{-kt}$$
   和
   $$x(t) = x_0 + \left(\frac{v_0}{k}\right)(1 - e^{-kt})。$$

(b) 推断出物体只能移动有限距离, 并求出这个距离。

3. 假设一艘摩托艇在以 40 ft/s 的速度运动时, 其发动机突然熄火, 10 秒之后, 摩托艇减速到 20 ft/s。假设与习题 2 一样, 它在滑行时遇到的阻力与其速度成正比。这艘摩托艇到底能滑行多远?

4. 考虑一个在某种介质中水平运动的物体, 它受到的阻力与速度 v 的平方成正比, 即 $dv/dt = -kv^2$。证明

$$v(t) = \frac{v_0}{1 + v_0 k t}$$

并且

$$x(t) = x_0 + \frac{1}{k}\ln(1 + v_0 k t)。$$

注意, 与习题 2 的结果相反, 当 $t \to +\infty$ 时, $x(t) \to +\infty$。当物体运动得相当缓慢时, 哪种介质提供的阻力更小, 是本题中的介质还是习题 2 中的介质? 你的答案是否与 $t \to \infty$ 时观察到的 $x(t)$ 的行为一致?

5. 假设阻力与速度的平方成正比 (与习题 4 一样), 那么习题 3 中的摩托艇在发动机熄火后的第一分钟内滑行了多远?

6. 假设一个以速度 v 运动的物体遇到形如 $dv/dt = -kv^{3/2}$ 的阻力。证明

$$v(t) = \frac{4v_0}{(kt\sqrt{v_0} + 2)^2}$$

并且

$$x(t) = x_0 + \frac{2}{k}\sqrt{v_0}\left(1 - \frac{2}{kt\sqrt{v_0} + 2}\right)。$$

然后推断出结论: 在 $\frac{3}{2}$ 次方的阻力下, 物体在停下来之前只能滑行有限距离。

计算器对下列许多问题会很有帮助。

7. 假设一辆车从静止状态启动, 其发动机能提供 10 ft/s^2 的加速度, 而空气阻力为每英尺每秒的汽车速度提供 0.1 ft/s^2 的减速度。

(a) 求出这辆汽车的最大可能 (极限) 速度。

(b) 求出汽车达到其极限速度的 90% 需要多长时间, 以及在此过程中行驶了多远。

8. 重新求解习题 7 的两个部分, 唯一的区别是, 当汽车的速度是 v ft/s 时, 由于空气阻力产生的减速度现在是 $(0.001)v^2$ ft/s^2。

习题 9~12 中阻力与速度成正比。

9. 一艘摩托艇重 32 000 lb, 其发动机可以提供 5 000 lbf 的推力。假设对艇速 v ft/s, 水的阻力是 100 lbf。那么

$$1000\frac{dv}{dt} = 5000 - 100v。$$

如果摩托艇从静止状态启动, 它能达到的最大速度是多少?

10. **降落的跳伞者** 一位女士从海拔高度为 10000 ft 的飞机上跳伞降落, 自由下落 20 s, 然后打开她的降落伞。她需要多久才能达到地面? 假设线性空气阻力 ρv ft/s^2, 并且无降落伞时取 $\rho = 0.15$, 有降落伞时取 $\rho = 1.5$。(提示: 首先确定降落伞打开时, 她离地面的高度和速度。)

11. **降落的伞兵** 据一家报纸报道, 一名伞兵在一次 1 200 ft 高空跳伞训练中, 他的降落伞没能打开, 但是未打开的降落伞在风中摆动为他提供了一些阻力, 使其幸存了下来。据称, 他在下落 8 s 后, 以 100 mile/h 的速度落地。请验证这个报道的准确性。(提示: 通过假设终端速度为 100 mile/h, 求出方程 (4) 中的 ρ。然后计算下降 1200 ft 所需要的时间。)

12. **核废料处理** 有人提议将核废料装入重量为 $W = 640$ lb 且体积为 8 ft^3 的桶中, 然后投入海洋 ($v_0 = 0$)。桶在水中下落的力平衡方程为

$$m\frac{dv}{dt} = -W + B + F_R,$$

其中浮力 B 等于桶所排开的相同体积水 (密度为 62.5 lb/ft^3) 的重量 (阿基米德定律), F_R 是水的阻力, 经验发现, 对于每英尺每秒的桶速, 阻力为 1 lb。如果桶在超过 75 ft/s 的冲击下有可能爆裂, 那么桶在海洋中被投掷而不爆裂的最大深度是多少?

13. 在方程 (12) 中分离变量，并代入 $u = v\sqrt{\rho/g}$，以得到由式 (13) 所给出的向上运动的速度函数，其中初始条件为 $v(0) = v_0$。

14. 对式 (13) 中的速度函数进行积分，以得到由式 (14) 所给出的向上运动的位置函数，其中初始条件为 $y(0) = y_0$。

15. 在方程 (15) 中分离变量，并代入 $u = v\sqrt{\rho/g}$，以得到由式 (16) 所给出的向下运动的速度函数，其中初始条件为 $v(0) = v_0$。

16. 对式 (16) 中的速度函数进行积分，以得到由式 (17) 所给出的向下运动的位置函数，其中初始条件为 $y(0) = y_0$。

习题 17 和习题 18 将式 (12)~(17) 应用于弩箭的运动。

17. 考虑例题 3 中的弩箭，在 $t = 0$ 时刻，从地面 ($y = 0$ 处) 以初始速度 $v_0 = 49$ m/s 竖直向上射出。在式 (12) 中取 $g = 9.8$ m/s^2 和 $\rho = 0.001\,1$。然后使用式 (13) 和式 (14) 证明弩箭在大约 4.61 s 内达到其最大高度约 108.47 m。

18. 继续习题 17，假设现在弩箭从高度为 $y_0 = 108.47$ m 处下落 ($v_0 = 0$)。然后使用式 (16) 和式 (17) 证明弩箭大约 4.80 s 后以大约 43.49 m/s 的撞击速度落地。

习题 19~23 中阻力与速度的平方成正比。

19. 一艘摩托艇从静止状态出发 [初始速度 $v(0) = v_0 = 0$]。其发动机可以提供 4 ft/s^2 的恒定加速度，但是水的阻力产生 ($v^2/400$) ft/s^2 的减速度。求出 $t = 10$ s 时的速度 v，同时求出 $t \to +\infty$ 时的极限速度 (即摩托艇的最大可能速度)。

20. 以 160 ft/s 的初始速度从地面竖直向上射出一支箭。它同时经受重力带来的减速度和空气阻力产生的减速度 $v^2/800$。它能飞到多高的空中？

21. 如果以初始速度 v_0 从地面向上投掷一个球，球受到的阻力与 v^2 成正比，由式 (14) 推导出球所能达到的最大高度为

$$y_{\max} = \frac{1}{2\rho}\ln\left(1 + \frac{\rho v_0^2}{g}\right).$$

22. 假设对于一名打开降落伞坠落的伞兵，在方程 (15) 中 $\rho = 0.075$（在 fps 单位制下，其中 $g = 32$ ft/s^2）。如果他从 10000 ft 的高空跳下并立即打开降落伞，那么他的终端速度是多少？他要多久才能到达地面？

23. 假设习题 22 中的伞兵在打开降落伞前自由下落 30 s，其中 $\rho = 0.00075$。现在他要多久才能到达地面？

习题 24~30 探讨重力加速度和逃逸速度。

24. 已知太阳质量是地球质量的 329320 倍，其半径是地球半径的 109 倍。

   (a) 地球要被压缩到半径是多少（以米为单位）时才能成为一个黑洞，即从其表面逃逸的速度等于光速 $c = 3 \times 10^8$ m/s？

   (b) 用太阳代替地球重复 (a) 部分。

25. (a) 证明如果以小于逃逸速度 $\sqrt{2GM/R}$ 的初始速度 v_0 从地球表面竖直向上发射一个抛射体，那么抛射体所能达到的离地球中心的最大距离为

$$r_{\max} = \frac{2GMR}{2GM - Rv_0^2},$$

其中 M 和 R 分别是地球的质量和半径。

   (b) 发射这样一个抛射体的初始速度 v_0 必须是多少，才能达到离地球表面 100 km 的最大高度？

   (c) 求出从地球表面以逃逸速度的 90% 的速度发射的抛射体所能达到的离地球中心的最大距离，用地球半径表示。

26. 假设你的火箭发动机失效，你被困在一颗小行星上，该小行星的直径为 3 mile，密度等于半径为 3 960 mile 的地球的密度。如果你的腿有足够的弹力，使你能够在穿着宇航服的时候，在地球上竖直向上跳 4 ft 高，那么你能仅靠腿的力量从这颗小行星上起飞吗？

27. (a) 假设从地球表面 $r = R$ 处竖直发射一个抛射体，初始速度为 $v_0 = \sqrt{2GM/R}$，所以 $v_0^2 = k^2/R$，其中 $k^2 = 2GM$。显式求解微分方程 $dr/dt = k/\sqrt{r}$ [源自本节式 (23)]，推断出 $t \to \infty$ 时 $r(t) \to \infty$。

   (b) 如果以 $v_0 > \sqrt{2GM/R}$ 的初始速度竖直

发射这个抛射体，请推导出

$$\frac{dr}{dt} = \sqrt{\frac{k^2}{r} + \alpha} > \frac{k}{\sqrt{r}}.$$

并解释为什么还能得出当 $t \to \infty$ 时 $r(t) \to \infty$ 的结论。

28. **(a)** 假设一个物体从距离地球中心 $r_0 > R$ 处下落（$v_0 = 0$），所以其加速度为 $dv/dt = -GM/r^2$。忽略空气阻力，证明物体在

$$t = \sqrt{\frac{r_0}{2GM}} \left(\sqrt{rr_0 - r^2} + r_0 \cos^{-1} \sqrt{\frac{r}{r_0}} \right)$$

时刻达到高度 $r < r_0$ 处。（提示：做替换 $r = r_0 \cos^2 \theta$ 以计算积分 $\int \sqrt{r/(r_0 - r)} \, dr$。）

(b) 如果一个物体从距离地球表面 1000 km 的高空下落，忽略空气阻力，那么它下落需要多长时间？会以什么速度撞击地球表面？

29. 假设以 $v_0 < \sqrt{2GM/R}$ 的初始速度从地球表面竖直向上发射一个抛射体。那么它距离地球表面的高度 $y(t)$ 满足初值问题

$$\frac{d^2 y}{dt^2} = -\frac{GM}{(y+R)^2}, \quad y(0) = 0, \quad y'(0) = v_0.$$

代入 $dv/dt = v(dv/dy)$，然后积分得到抛射体在高度 y 处的速度 v，即

$$v^2 = v_0^2 - \frac{2GMy}{R(R+y)}.$$

如果其初始速度为 1 km/s，那么它能达到的最大高度是多少？

30. 在 Jules Verne 的原始问题中，从地球表面发射的抛射体受地球和月球引力的共同作用，所以它到地球中心的距离 $r(t)$ 满足初值问题

$$\frac{d^2 r}{dt^2} = -\frac{GM_e}{r^2} + \frac{GM_m}{(S-r)^2},$$

$$r(0) = R, \quad r'(0) = v_0,$$

其中 M_e 和 M_m 分别表示地球和月球的质量，R 是地球的半径，$S = 384400$ km 是地球中心到月球中心的距离。为了抵达月球，抛射体必须刚好经过地球和月球之间其净加速度为零的点。此后，抛射体在月球的"控制之下"，并从那里掉落到月球表面。求出能使抛射体"从地球到达月球"所需的最小发射速度 v_0。

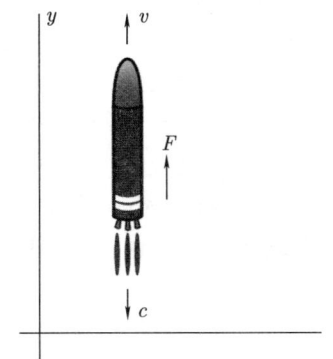

图 2.3.5 一枚升空的火箭

应用　火箭推进

假设在 $t = 0$ 时刻从地球表面竖直向上发射如图 2.3.5 所示的火箭。我们想要计算它在 t 时刻的高度 y 和速度 $v = dy/dt$。火箭由以（相对于火箭）恒定的速度 c（从后部）排出的废气推动。由于燃料的燃烧，火箭的质量 $m = m(t)$ 是可变的。

为了推导火箭的运动方程，我们使用牛顿第二定律

$$\frac{dP}{dt} = F, \tag{1}$$

其中 P 是动量（质量和速度的乘积），F 表示合外力（重力、空气阻力等）。如果火箭的质量 m 是恒定的，那么 $m'(t) \equiv 0$，例如，当火箭发动机被关闭或者烧毁时，则由

式 (1) 可得

$$F = \frac{\mathrm{d}(mv)}{\mathrm{d}t} = m\frac{\mathrm{d}v}{\mathrm{d}t} + \frac{\mathrm{d}m}{\mathrm{d}t}v = m\frac{\mathrm{d}v}{\mathrm{d}t},$$

这是牛顿第二定律更为熟知的形式 $F = ma$（其中 $\mathrm{d}v/\mathrm{d}t = a$）。

但是这里 m 不是恒定的。假设在从 t 到 $t + \Delta t$ 的短时间间隔内，m 变为 $m + \Delta m$，v 变为 $v + \Delta v$。那么火箭自身动量的变化量为

$$\Delta P \approx (m + \Delta m)(v + \Delta v) - mv = m\Delta v + v\Delta m + \Delta m \Delta v_{\circ}$$

但是这个系统还包括在这段时间间隔内排出的废气，其质量为 $-\Delta m$，近似速度为 $v - c$。因此，在时间间隔 Δt 内动量的总变化量为

$$\Delta P \approx (m\Delta v + v\Delta m + \Delta m \Delta v) + (-\Delta m)(v - c)$$
$$= m\Delta v + c\Delta m + \Delta m \Delta v_{\circ}$$

现在我们对等式两侧同时除以 Δt，并取 $\Delta t \to 0$ 时的极限，若假设 $m(t)$ 是连续的，那么 $\Delta m \to 0$。然后用所得的表达式替换式 (1) 中的 $\mathrm{d}P/\mathrm{d}t$，则导出**火箭推进方程**

$$m\frac{\mathrm{d}v}{\mathrm{d}t} + c\frac{\mathrm{d}m}{\mathrm{d}t} = F_{\circ} \tag{2}$$

如果 $F = F_G + F_R$，其中 $F_G = -mg$ 是恒定重力，$F_R = -kv$ 是与速度成正比的空气阻力，那么根据式 (2) 最终得出

$$m\frac{\mathrm{d}v}{\mathrm{d}t} + c\frac{\mathrm{d}m}{\mathrm{d}t} = -mg - kv_{\circ} \tag{3}$$

练习：恒定推力

现在假设在时间间隔 $[0, t_1]$ 内以恒定"燃烧率" β 消耗火箭燃料，在此期间火箭的质量从 m_0 减少到 m_1。因此

$$\begin{aligned} m(0) &= m_0, & m(t_1) &= m_1, \\ m(t) &= m_0 - \beta t, & \frac{\mathrm{d}m}{\mathrm{d}t} &= -\beta \quad \text{对于 } t \leqslant t_1, \end{aligned} \tag{4}$$

并在 $t = t_1$ 时燃料耗尽。

问题 1   将式 (4) 中的表达式代入式 (3)，得到微分方程

$$(m_0 - \beta t)\frac{\mathrm{d}v}{\mathrm{d}t} + kv = \beta c - (m_0 - \beta t)g_{\circ} \tag{5}$$

求解这个线性方程可得

$$v(t) = v_0 M^{k/\beta} - \frac{g\beta t}{\beta - k} + \left(\frac{\beta c}{k} + \frac{gm_0}{\beta - k}\right)(1 - M^{k/\beta}), \tag{6}$$

其中 $v_0 = v(0)$，并且

$$M = \frac{m(t)}{m_0} = \frac{m_0 - \beta t}{m_0}$$

表示火箭在 t 时刻的**质量分数**。

练习：无阻力

问题 2 对于没有空气阻力的情况，在式 (5) 中令 $k=0$，并积分可得

$$v(t) = v_0 - gt + c\ln\frac{m_0}{m_0 - \beta t}。 \tag{7}$$

因为 $m_0 - \beta t_1 = m_1$，由此可知，火箭在燃料燃尽（$t = t_1$）时的速度为

$$v_1 = v(t_1) = v_0 - gt_1 + c\ln\frac{m_0}{m_1}。 \tag{8}$$

问题 3 从式 (7) 开始，积分可得

$$y(t) = (v_0 + c)t - \frac{1}{2}gt^2 - \frac{c}{\beta}(m_0 - \beta t)\ln\frac{m_0}{m_0 - \beta t}。 \tag{9}$$

由此可知，火箭在燃料燃尽时的高度为

$$y_1 = y(t_1) = (v_0 + c)t_1 - \frac{1}{2}gt_1^2 - \frac{cm_1}{\beta}\ln\frac{m_0}{m_1}。 \tag{10}$$

问题 4 在第二次世界大战中，用于攻击伦敦的 V-2 火箭的初始质量为 12 850 kg，其中 68.5% 是燃料。这些燃料均匀燃烧了 70 s，排气速度为 2 km/s。假设它遇到的空气阻力为 1.45 N 每 m/s 速度。那么在从地面静止竖直向上发射 V-2 火箭的假设下，求出火箭在燃料燃尽时的速度和高度。

问题 5 实际上，只有在火箭已经处于运动状态时，我们的基本微分方程式 (3) 才完全适用。然而，当火箭位于发射台上并启动发动机时，可以观察到，在火箭真正"发射"并开始上升之前，要经过一定的时间间隔。原因在于，如果在式 (3) 中 $v = 0$，那么所得火箭的初始加速度

$$\frac{\mathrm{d}v}{\mathrm{d}t} = \frac{c}{m}\frac{\mathrm{d}m}{\mathrm{d}t} - g$$

可能是**负**值。但是火箭并没有往地面下下降，它只是"停在那里"，然而（由于 m 在减少）计算得到的加速度会不断增加，直到达到 0，（此后）变为正值，所以火箭可以开始上升。引入描述恒定推力情况的符号后，可以证明如果排气速度 c 小于 m_0g/β，那么火箭最初只会"停在那里"，并得出火箭在实际发射前经过的时间 t_B 可由下式给出：

$$t_B = \frac{m_0 g - \beta c}{\beta g}。$$

自由空间

假设最后火箭在自由空间中加速运动，那里既没有重力也没有阻力，所以 $g = k = 0$。当式 (8) 中 $g = 0$ 时，我们可以看到，随着火箭的质量从 m_0 减小到 m_1，其速度增量为

$$\Delta v = v_1 - v_0 = c\ln\frac{m_0}{m_1}。 \tag{11}$$

注意 Δv 仅依赖于排气速度 c 和初末质量的比值 m_0/m_1，而不依赖于燃烧速率 β。例如，如果从静止状态（$v_0 = 0$）发射火箭，并且 $c = 5$ km/s 及 $m_0/m_1 = 20$，那么在燃料燃尽时其速度为 $v_1 = 5\ln 20 \approx 15$ km/s。因此，如果一枚火箭最初主要由燃料组成，那么它可以达到的速度就会明显大于其排气的（相对）速度。

2.4 数值近似：Euler 法

具有一般形式的微分方程

$$\frac{dy}{dx} = f(x, y) \tag{1}$$

能够用第 1 章所讨论的初等方法精确而显式地求解，这是例外而非常规。例如，考虑一个简单的方程

$$\frac{dy}{dx} = e^{-x^2}. \tag{2}$$

方程 (1) 的解只是 e^{-x^2} 的原函数。但是，众所周知，$f(x) = e^{-x^2}$ 的每个原函数都是**非初等**函数，即无法用我们熟悉的初等微积分函数的有限组合来表示的函数。所以方程 (1) 的特解无法用初等函数有限表示。因此，任何试图使用第 1 章的符号技术为方程 (1) 的解寻找简单显式公式的尝试都注定要失败。

作为一种可能的替代方法，我们可以使用老式的计算机绘图仪（用墨水笔机械地绘制曲线）进行编程，绘制出初始点为 (x_0, y_0)，并试图穿过给定微分方程 $y' = f(x, y)$ 的斜率场的解曲线。绘图仪执行的步骤可以描述如下：

- 绘图笔从初始点 (x_0, y_0) 开始，沿着经过 (x_0, y_0) 的斜率线段移动微小的距离至 (x_1, y_1)。
- 在 (x_1, y_1) 处绘图笔改变方向，现在沿着经过这个新的起始点 (x_1, y_1) 的斜率线段移动微小的距离至下一个起始点 (x_2, y_2)。
- 在 (x_2, y_2) 处绘图笔再次改变方向，现在沿着经过 (x_2, y_2) 的斜率线段移动微小的距离至下一个起始点 (x_3, y_3)。

图 2.4.1 显示了以这种方式继续的结果，即从一个起始点到下一个起始点的一系列离散直线段。在此图中，我们看到一条由连接点 (x_0, y_0), (x_1, y_1), (x_2, y_2), (x_3, y_3), $\cdots$ 的线段所组成的多角曲线。然而，假设在中途修正斜率线段之前，绘图笔每次沿着斜率线段移动的"微小距离"足够小，以至于肉眼无法区分构成多角曲线的各个线段。那么所得的多角曲线看起来就像一条光滑的、连续转弯的微分方程解曲线。事实上，第 1 章图中所示的大多数解曲线（本质上）都是由计算机基于这种原理生成的。

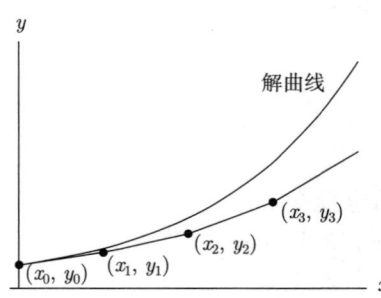

图 2.4.1 近似解曲线过程的前几步

Leonhard Euler 是 18 世纪伟大的数学家，有许多数学概念、公式、方法和结果以他的名字命名，在当时没有计算机绘图仪，他的想法是用数值而非图形来完成所有这些工作。为了近似初值问题

$$\frac{dy}{dx} = f(x, y), \qquad y(x_0) = y_0 \tag{3}$$

的解，我们首先选取一个固定的（水平）**步长** h，用于确定从一个点到下一个点的每一步。假设我们从初始点 (x_0, y_0) 开始，经过 n 步之后到达点 (x_n, y_n)。然后，从 (x_n, y_n) 到下一点 (x_{n+1}, y_{n+1}) 的这一步如图 2.4.2 所示。经过 (x_n, y_n) 的方向线段的斜率为 $m = f(x_n, y_n)$。因此，从 x_n 到 x_{n+1} 的水平变化量 h 对应于从 y_n 到 y_{n+1} 的垂直变化量 $m \cdot h = h \cdot f(x_n, y_n)$。所以新点的坐标 (x_{n+1}, y_{n+1}) 可用旧坐标表示为

$$x_{n+1} = x_n + h, \qquad y_{n+1} = y_n + h \cdot f(x_n, y_n)。$$

已知初值问题 (2)，步长为 h 的 **Euler 法**包括从初始点 (x_0, y_0) 开始并应用公式

$$x_1 = x_0 + h \qquad y_1 = y_0 + h \cdot f(x_0, y_0)$$
$$x_2 = x_1 + h \qquad y_2 = y_1 + h \cdot f(x_1, y_1)$$
$$x_3 = x_2 + h \qquad y_3 = y_2 + h \cdot f(x_2, y_2)$$
$$\vdots \qquad\qquad \vdots$$

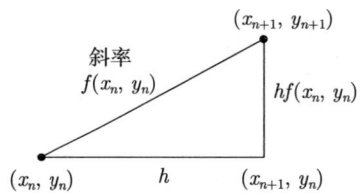

图 2.4.2 从 (x_n, y_n) 到 (x_{n+1}, y_{n+1}) 的一步

计算近似解曲线上的连续点 (x_1, y_1), (x_2, y_2), (x_3, y_3), $\cdots$。

然而，我们通常不绘制对应的多角近似曲线。相反，应用 Euler 法得到的数值结果是初值问题的精确（尽管未知）解 $y(x)$ 在点 $x_1, x_2, x_3, \cdots, x_n, \cdots$ 处的真值

$$y(x_1), \ y(x_2), \ y(x_3), \ \cdots, \ y(x_n), \ \cdots$$

的近似值序列

$$y_1, \ y_2, \ y_3, \ \cdots \ y_n, \ \cdots。$$

这些结果通常以所需解的近似值表的形式呈现。

算法　Euler 法

给定初值问题

$$\frac{dy}{dx} = f(x, y), \qquad y(x_0) = y_0, \tag{3}$$

步长为 h 的 Euler 法由应用如下迭代公式组成：

$$y_{n+1} = y_n + h \cdot f(x_n, y_n) \quad (n \geqslant 0),$$

以分别计算在点 $x_1, x_2, x_3, \cdots$ 处 [精确] 解 $y = y(x)$ 的 [真] 值 $y(x_1), y(x_2), y(x_3), \cdots$ 的连续近似值 $y_1, y_2, y_3, \cdots$。

迭代公式 (3) 告诉我们如何实施从 y_n 到 y_{n+1} 的典型步骤，这是 Euler 法的核心。尽

管 Euler 法最重要的应用是对非线性方程, 但是我们首先用一个精确解已知的简单初值问题来说明该方法, 只是为了比较近似解和实际解。

例题 1 应用 Euler 法近似如下初值问题的解

$$\frac{\mathrm{d}y}{\mathrm{d}x} = x + \frac{1}{5}y, \quad y(0) = -3, \tag{4}$$

(a) 首先在区间 $[0, 5]$ 上取步长 $h = 1$;
(b) 然后在区间 $[0, 1]$ 上取步长 $h = 0.2$。

解答: **(a)** 将 $x_0 = 0$, $y_0 = -3$, $f(x, y) = x + \frac{1}{5}y$ 和 $h = 1$ 代入迭代公式 (3), 得到在点 $x_1 = 1$、$x_2 = 2$、$x_3 = 3$、$x_4 = 4$ 和 $x_5 = 5$ 处的近似值

$$y_1 = y_0 + h \cdot \left[x_0 + \frac{1}{5}y_0\right] = (-3) + (1)\left[0 + \frac{1}{5}(-3)\right] = -3.6,$$

$$y_2 = y_1 + h \cdot \left[x_1 + \frac{1}{5}y_1\right] = (-3.6) + (1)\left[1 + \frac{1}{5}(-3.6)\right] = -3.32,$$

$$y_3 = y_2 + h \cdot \left[x_2 + \frac{1}{5}y_2\right] = (-3.32) + (1)\left[2 + \frac{1}{5}(-3.32)\right] = -1.984,$$

$$y_4 = y_3 + h \cdot \left[x_3 + \frac{1}{5}y_3\right] = (-1.984) + (1)\left[3 + \frac{1}{5}(-1.984)\right] = 0.619\,2,$$

$$y_5 = y_4 + h \cdot \left[x_4 + \frac{1}{5}y_4\right] = (0.691\,2) + (1)\left[4 + \frac{1}{5}(0.691\,2)\right] \approx 4.743\,0。$$

注意每一步的计算结果是如何反馈到下一步计算的。所得近似值表为

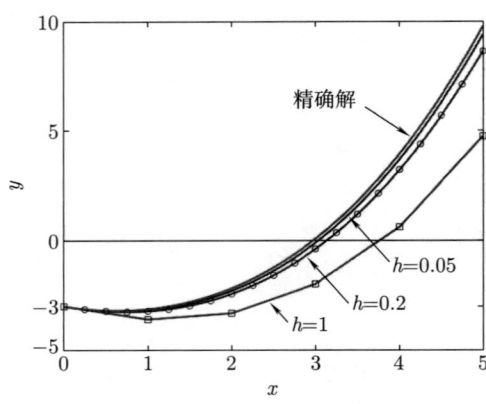

图 2.4.3 步长为 $h = 1$, $h = 0.2$ 和 $h = 0.05$ 的 Euler 近似过程的图形

x	0	1	2	3	4	5
近似 y	-3	-3.6	-3.32	-1.984	0.6912	4.7430

图 2.4.3 显示了该近似过程的图形, 以及步长 $h = 0.2$ 和 0.05 时所得的 Euler 近似值, 以及精确解

$$y(x) = 22\mathrm{e}^{x/5} - 5x - 25$$

的图形, 这个精确解很容易用 1.5 节的线性方程求解技术得到。我们可以看出, 步长越小, 精度越高, 但是对于任何单个近似过程, 精度都会随着离初始点的距离增大而降低。

(b) 重新将 $x_0 = 0$，$y_0 = -3$，$f(x, y) = x + \dfrac{1}{5}y$ 和 $h = 0.2$ 代入迭代公式 (3)，得到在点 $x_1 = 0.2$，$x_2 = 0.4$，$x_3 = 0.6$，$x_4 = 0.8$ 和 $x_5 = 1$ 处的近似值

$$y_1 = y_0 + h \cdot [x_0 + \frac{1}{5}y_0] = (-3) + (0.2)[0 + \frac{1}{5}(-3)] = -3.12,$$

$$y_2 = y_1 + h \cdot [x_1 + \frac{1}{5}y_1] = (-3.12) + (0.2)[0.2 + \frac{1}{5}(-3.12)] \approx -3.205,$$

$$y_3 = y_2 + h \cdot [x_2 + \frac{1}{5}y_2] \approx (-3.205) + (0.2)[0.4 + \frac{1}{5}(-3.205)] \approx -3.253,$$

$$y_4 = y_3 + h \cdot [x_3 + \frac{1}{5}y_3] \approx (-3.253) + (0.2)[0.6 + \frac{1}{5}(-3.253)] \approx -3.263,$$

$$y_5 = y_4 + h \cdot [x_4 + \frac{1}{5}y_4] \approx (-3.263) + (0.2)[0.8 + \frac{1}{5}(-3.263)] \approx -3.234。$$

所得近似值表为

x	0	0.2	0.4	0.6	0.8	1
近似 y	-3	-3.12	-3.205	-3.253	-3.263	-3.234

Euler 法要达到高精度，通常需要步长非常小，因此步数要比手工所能合理进行的步数更多。本节的应用部分包含 Euler 法自动化的计算器和计算机程序。如图 2.4.4 所示的表就是用其中一个程序计算所得。我们可以看到，从 $x = 0$ 到 $x = 1$ 取 500 个 Euler 步（即步长 $h = 0.002$）所得的值，精度达到 0.001 以内。∎

x	$h=0.2$ 近似 y	$h=0.02$ 近似 y	$h=0.002$ 近似 y	实值 y
0	-3.000	-3.000	-3.000	-3.000
0.2	-3.120	-3.104	-3.102	-3.102
0.4	-3.205	-3.172	-3.168	-3.168
0.6	-3.253	-3.201	-3.196	-3.195
0.8	-3.263	-3.191	-3.184	-3.183
1	-3.234	-3.140	-3.130	-3.129

图 2.4.4 步长分别为 $h = 0.2$，$h = 0.02$ 和 $h = 0.002$ 时所得的 Euler 近似值

例题 2 **下落的棒球** 假设 1.3 节例题 3 中的棒球只是从直升机上自由下落（而不是被扔下去的）。那么 t 秒后其速度 $v(t)$ 满足初值问题

$$\frac{\mathrm{d}v}{\mathrm{d}t} = 32 - 0.16v, \quad v(0) = 0。 \tag{5}$$

我们使用 $h = 1$ 的 Euler 法，在球下落的前 10 秒内，以 1 秒为间隔追踪球的增长速度。将

$t_0 = 0$, $v_0 = 0$, $F(t, v) = 32 - 0.16v$ 和 $h = 1$ 代入迭代公式 (3), 可得近似值

$$v_1 = v_0 + h \cdot [32 - 0.16v_0] = 0 + (1)[32 - 0.16(0)] = 32,$$

$$v_2 = v_1 + h \cdot [32 - 0.16v_1] = 32 + (1)[32 - 0.16(32)] = 58.88,$$

$$v_3 = v_2 + h \cdot [32 - 0.16v_2] = 58.88 + (1)[32 - 0.16(58.88)] \approx 81.46,$$

$$v_4 = v_3 + h \cdot [32 - 0.16v_3] = 81.46 + (1)[32 - 0.16(81.46)] \approx 100.43,$$

$$v_5 = v_4 + h \cdot [32 - 0.16v_4] = 100.43 + (1)[32 - 0.16(100.43)] \approx 116.36。$$

以这种方式继续, 我们完成了图 2.4.5 所示的表中 $h = 1$ 这一列的 v 值, 我们以 ft/s 为单位把速度项四舍五入到最接近的值。与 $h = 0.1$ 对应的值是用计算机计算出来的, 我们看到它们精确到大约 1 ft/s。同时注意到, 当球下落 10 秒后, 其速度已经达到极限速度 200 ft/s 的 80% 左右。 ■

t	$h=1$ 近似 v	$h=0.1$ 近似 v	实际 v
1	32	30	30
2	59	55	55
3	81	77	76
4	100	95	95
5	116	111	110
6	130	124	123
7	141	135	135
8	150	145	144
9	158	153	153
10	165	160	160

图 2.4.5 例题 2 中步长分别为 $h = 1$ 和 $h = 0.1$ 时所得的 Euler 近似值

局部误差和累积误差

Euler 法中有几个误差源, n 值较大即 x_n 不够接近 x_0 时, 可能会导致对 $y(x_n)$ 的近似值 y_n 不可靠。在线性近似公式

$$y(x_{n+1}) \approx y_n + h \cdot f(x_n, y_n) = y_{n+1} \tag{6}$$

中, 误差为点 (x_n, y_n) 处的切线偏离经过点 (x_n, y_n) 的解曲线的程度, 如图 2.4.6 所示。这种在整个过程中的每一步都会引入的误差, 被称为 Euler 法的**局部误差**。

如果式 (6) 中的起始点 y_n 是一个精确值，而不仅仅是对实际值 $y(x_n)$ 的近似值，那么图 2.4.6 所示的局部误差将是 y_{n+1} 的总误差。但是 y_n 本身受到之前步引入的所有局部误差的累积影响。因此，图 2.4.6 中的切线是与"错误的"解曲线相切的，即经过 (x_n, y_n) 的解曲线，而不是经过初始点 (x_0, y_0) 的实际解曲线。图 2.4.7 说明了 Euler 法的这种**累积误差**，它是指从点 (x_0, y_0) 开始的多角阶梯式线段偏离经过点 (x_0, y_0) 的实际解曲线的程度。

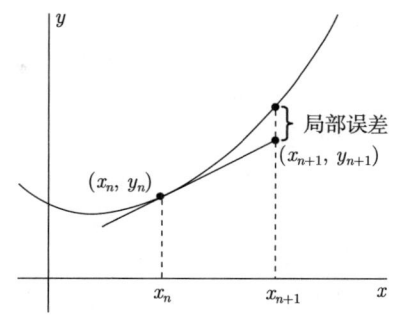

图 2.4.6　Euler 法的局部误差

在 Euler 法中，试图减小累积误差的常用方法是减小步长 h。图 2.4.8 中的表格给出了采用逐渐减小的步长 $h = 0.1$，$h = 0.02$，$h = 0.005$ 和 $h = 0.001$ 近似初值问题

$$\frac{\mathrm{d}y}{\mathrm{d}x} = x + y, \quad y(0) = 1$$

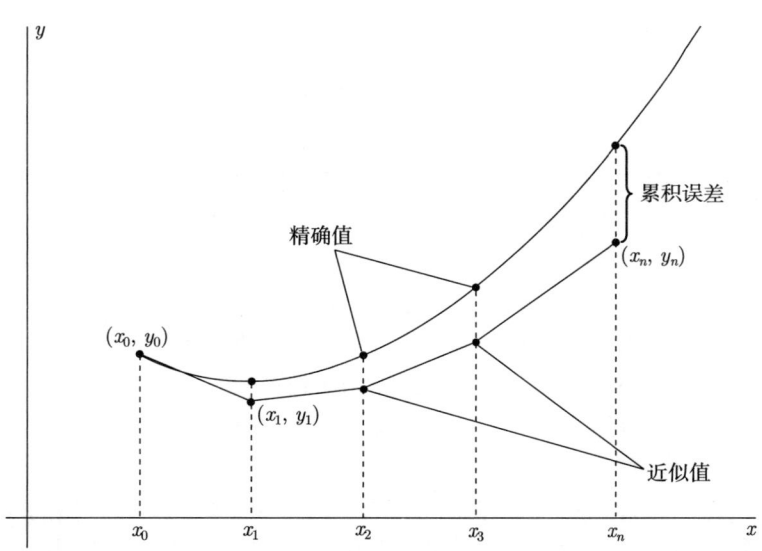

图 2.4.7　Euler 法的累积误差

的精确解 $y(x) = 2\mathrm{e}^x - x - 1$ 所得的结果。我们仅以 $\Delta x = 0.1$ 为间隔显示计算值。例如，对于 $h = 0.001$，计算需要 1000 个 Euler 步，但是仅当 n 为 100 的倍数时，才显示 y_n 值，所以 x_n 是 0.1 的整数倍。

通过逐列浏览图 2.4.8，我们观察到，对于每个固定的步长 h，误差 $y_{实际} - y_{近似}$ 随着

x 离起始点 $x_0 = 0$ 距离的增大而增大。但是通过逐行浏览表，我们发现对于每个固定的 x，误差随着步长 h 的减小而减小。最后一点 $x = 1$ 处的百分比误差范围从 $h = 0.1$ 时的 7.25% 下降到 $h = 0.001$ 时的 0.08%。因此，步长越小，误差随着离起始点距离的增大而增长得越慢。

计算图 2.4.8 中 $h = 0.1$ 时的数据列仅需要 10 步，所以可以使用手持计算器实施 Euler 法。但是 $h = 0.02$，$h = 0.005$ 和 $h = 0.001$ 时，达到 $x = 1$ 则分别需要 50 步、200 步和 1000 步。当多于 10 步或者 20 步时，几乎总是使用计算机来实现 Euler 法。一旦编写了一个适当的计算机程序，从原则上来讲，不同步长执行起来一样方便，毕竟计算机几乎不会在意需要执行多少步。

x	$h=0.1$ 近似 y	$h=0.02$ 近似 y	$h=0.005$ 近似 y	$h=0.001$ 近似 y	实际 y
0.1	1.1000	1.1082	1.1098	1.1102	1.1103
0.2	1.2200	1.2380	1.2416	1.2426	1.2428
0.3	1.3620	1.3917	1.3977	1.3993	1.3997
0.4	1.5282	1.5719	1.5807	1.5831	1.5836
0.5	1.7210	1.7812	1.7933	1.7966	1.7974
0.6	1.9431	2.0227	2.0388	2.0431	2.0442
0.7	2.1974	2.2998	2.3205	2.3261	2.3275
0.8	2.4872	2.6161	2.6422	2.6493	2.6511
0.9	2.8159	2.9757	3.0082	3.0170	3.0192
1.0	3.1875	3.3832	3.4230	3.4338	3.4366

图 2.4.8　通过逐步减小步长近似 $dy/dx = x + y$，$y(0) = 1$ 的解

那么，为什么我们不直接选择一个非常小的步长（如 $h = 10^{-12}$），以期望得到非常高的精度呢？不这样做有两个原因。第一个是显而易见的：计算所需要的时间。例如，图 2.4.8 中的数据是使用每秒执行 9 个 Euler 步的手持计算器获得的。因此，近似 $y(1)$，当 $h = 0.1$ 时需要一秒多一点的时间，当 $h = 0.001$ 时大约需要 1 分 50 秒。但是当 $h = 10^{-12}$ 时，那就需要 3000 多年！

第二个原因更加隐蔽。除了上述讨论的局部误差和累积误差外，因为每次计算只能使用有限位有效数字，所以计算机本身在每个阶段还会产生**舍入误差**。用 $h = 0.0001$ 进行 Euler 法计算时，引入舍入误差的频率是 $h = 0.1$ 时的 1000 倍。因此对于某些微分方程，实际上 $h = 0.1$ 时所得结果可能比 $h = 0.0001$ 时所得结果更精确，因为后一种情况下的舍入误差的累积效应，可能超过 $h = 0.1$ 情况下的累积误差和舍入误差的总和。

在实践中和理论上，h 的"最佳"选择都难以确定。这取决于初值问题 (2) 中函数 $f(x, y)$ 的性质、所编程序的确切代码以及所使用的特定计算机。如果步长太大，Euler 法所固有的误差可能会使近似不够精确；而如果步长 h 太小，则舍入误差可能会累积到不可

接受的程度，或者执行程序可能需要太多计算时间而不切实际。在数值分析课程和教科书中，会讨论数值算法中误差传播的问题。

图 2.4.8 中的计算说明了连续多次应用诸如 Euler 法的数值算法的常用策略，即在第一次应用该方法时先选择 n 个子区间，然后在后续每次应用该方法时将 n 翻倍。对逐次结果进行直观比较，通常可以"直观感受"其精确性。在接下来的两道例题中，我们将以图形方式展示连续应用 Euler 法的结果。

例题 3　**近似 logistic 解**　logistic 初值问题

$$\frac{\mathrm{d}y}{\mathrm{d}x} = \frac{1}{3}y(8-y), \quad y(0) = 1$$

的精确解为 $y(x) = 8/(1 + 7\mathrm{e}^{-8x/3})$。图 2.4.9 展示了精确解曲线，以及在区间 $0 \leqslant x \leqslant 5$ 上分别取 $n = 5$，$n = 10$ 和 $n = 20$ 个子区间，应用 Euler 法所得的近似解曲线。每条"曲线"实际上都是由连接连续点 (x_n, y_n) 和 (x_{n+1}, y_{n+1}) 的线段组成。采用 5 个子区间的 Euler 近似的效果很差，采用 10 个子区间的近似值也在稳定之前超出解的极限值 $y = 8$，但是采用 20 个子区间时，我们所得结果与解的实际行为具有相当好的定性一致性。　■

例题 4　初值问题

$$\frac{\mathrm{d}y}{\mathrm{d}x} = y\cos x, \quad y(0) = 1$$

的精确解为周期函数 $y(x) = \mathrm{e}^{\sin x}$。图 2.4.10 展示了精确解曲线，以及在区间 $0 \leqslant x \leqslant 6\pi$ 上分别取 $n = 50$，$n = 100$，$n = 200$ 和 $n = 400$ 个子区间，应用 Euler 法所得的近似解曲线。即使使用了这么多的子区间，Euler 法显然也很难与实际解中的振荡保持一致。因此，后续章节中所讨论的更精确的方法是有必要的，以进行严肃的数值研究。　■

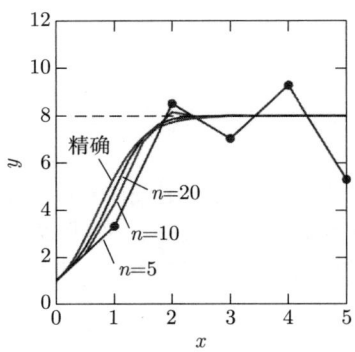

图 2.4.9　分别采用 $n = 5$，$n = 10$ 和 $n = 20$ 个子区间，应用 Euler 法近似 logistic 解

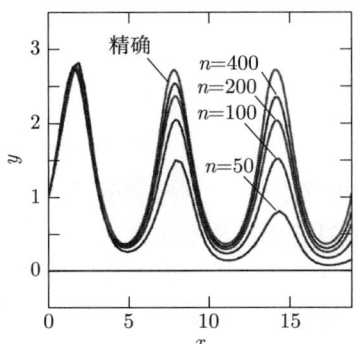

图 2.4.10　分别采用 50，100，200 和 400 个子区间，应用 Euler 法近似精确解 $y = \mathrm{e}^{\sin x}$

提醒

图 2.4.8 所示的数据表明，Euler 法在区间 $[0, 1]$ 上近似 $dy/dx = x + y$，$y(0) = 1$ 的解时效果很好。也就是说，对于每个固定的 x，随着步长 h 的减小，近似值逐渐逼近 $y(x)$ 的实际值。例如，与 $x = 0.3$ 和 $x = 0.5$ 对应的行中，近似值分别为 $y(0.3) \approx 1.40$ 和 $y(0.5) \approx 1.80$，这与表中最后一列所示的实际值一致。

相反，例题 5 将展示，对某些初值问题，Euler 法没有这么好的表现。

例题 5   **警示性示例**   在区间 $[0, 1]$ 上，应用 Euler 法近似如下初值问题的解：

$$\frac{dy}{dx} = x^2 + y^2, \qquad y(0) = 1 。 \tag{7}$$

解答：此时 $f(x, y) = x^2 + y^2$，所以 Euler 法的迭代公式为

$$y_{n+1} = y_n + h \cdot (x_n^2 + y_n^2) 。 \tag{8}$$

采用步长 $h = 0.1$，可得

$$y_1 = 1 + (0.1) \cdot [(0)^2 + (1)^2] = 1.1,$$

$$y_2 = 1.1 + (0.1) \cdot [(0.1)^2 + (1.1)^2] = 1.222,$$

$$y_3 = 1.222 + (0.1) \cdot [(0.2)^2 + (1.222)^2] \approx 1.3753,$$

$$\vdots$$

四舍五入到小数点后第四位，以这种方式获得的前 10 个值为

$$y_1 = 1.1000 \qquad y_6 = 2.1995$$
$$y_2 = 1.2220 \qquad y_7 = 2.7193$$
$$y_3 = 1.3753 \qquad y_8 = 3.5078$$
$$y_4 = 1.5735 \qquad y_9 = 4.8023$$
$$y_5 = 1.8371 \qquad y_{10} = 7.1895$$

但是，我们没有天真地接受这些结果作为准确的近似值，而是决定使用计算机采用更小的 h 值重复计算。图 2.4.11 中的表格显示了步长分别为 $h = 0.1$，$h = 0.02$ 和 $h = 0.005$ 时所得的结果。通过观察表格我们发现，在例题 1 中看到的程序的"稳定性"现在消失了。实际上，很明显在 $x = 1$ 附近出现了问题。

图 2.4.12 为这个问题提供了图形线索。该图显示了 $dy/dx = x^2 + y^2$ 的斜率场，以及经过点 $(0, 1)$ 的解曲线，这条解曲线是基于接下来两节中将要介绍的更精确的近似法之一所绘制的。看起来这条解曲线在 $x = 0.97$ 附近可能有一条垂直渐近线。事实上，使用

Bessel 函数表示的精确解（详见 8.6 节习题 16）可以用于证明，当（大约）$x \to 0.969811$ 时，$y(x) \to +\infty$。虽然 Euler 法给出了 $x = 1$ 处的值（尽管是伪值），但实际解在整个区间 $[0, 1]$ 上并不存在。另外，Euler 法无法 "跟上" $y(x)$ 在 x 接近 0.969811 附近的无穷间断点时所发生的快速变化。

x	$h=0.1$ 近似 y	$h=0.02$ 近似 y	$h=0.005$ 近似 y
0.1	1.1000	1.1088	1.1108
0.2	1.2220	1.2458	1.2512
0.3	1.3753	1.4243	1.4357
0.4	1.5735	1.6658	1.6882
0.5	1.8371	2.0074	2.0512
0.6	2.1995	2.5201	2.6104
0.7	2.7193	3.3612	3.5706
0.8	3.5078	4.9601	5.5763
0.9	4.8023	9.0000	12.2061
1.0	7.1895	30.9167	1502.2090

图 2.4.11 尝试近似 $dy/dx = x^2 + y^2$，$y(0) = 1$ 的解

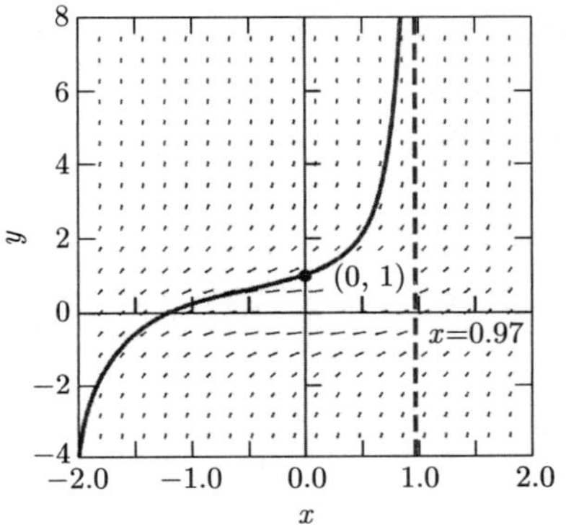

图 2.4.12 初值问题 $dy/dx = x^2 + y^2$，$y(0) = 1$ 的解

例题 5 提醒我们在某些初值问题的数值解中存在陷阱。当然，试图在一个甚至不存在解（或者解不唯一，在这种情况下，没有通用方法可以预测数值近似解在非唯一性点处的分支方向）的区间上近似解是毫无意义的。我们永远不应该将应用 Euler 法时采用单个固定步长 h 所得的结果视为准确的。采用更小步长（例如 $h/2$，$h/5$ 或 $h/10$）的第二次 "运行" 可能会给出看似一致的结果，从而表明其准确性，或者如例题 5 所示，它可能揭示这个问题中存在着某个隐藏的困难。许多问题只是需要更精确更强大的方法，本章最后两节将讨论这些方法。

习题

在习题 1~10 中，给出了初值问题及其精确解 $y(x)$。在区间 $[0, \frac{1}{2}]$ 上，应用两次 Euler 法近似这个解，首先采用步长 $h = 0.25$，然后采用步长 $h = 0.1$。将 $x = \frac{1}{2}$ 处保留三位小数的两个近似值与实际解的值 $y(\frac{1}{2})$ 进行比较。下面的问题需要使用计算器。

1. $y' = -y$，$y(0) = 2$；$y(x) = 2\mathrm{e}^{-x}$
2. $y' = 2y$，$y(0) = \frac{1}{2}$；$y(x) = \frac{1}{2}\mathrm{e}^{2x}$
3. $y' = y + 1$，$y(0) = 1$；$y(x) = 2\mathrm{e}^x - 1$
4. $y' = x - y$，$y(0) = 1$；$y(x) = 2\mathrm{e}^{-x} + x - 1$
5. $y' = y - x - 1$，$y(0) = 1$；$y(x) = 2 + x - \mathrm{e}^x$
6. $y' = -2xy$，$y(0) = 2$；$y(x) = 2\mathrm{e}^{-x^2}$
7. $y' = -3x^2 y$，$y(0) = 3$；$y(x) = 3\mathrm{e}^{-x^3}$
8. $y' = \mathrm{e}^{-y}$，$y(0) = 0$；$y(x) = \ln(x+1)$
9. $y' = \frac{1}{4}(1 + y^2)$，$y(0) = 1$；$y(x) = \tan \frac{1}{4}(x + \pi)$
10. $y' = 2xy^2$，$y(0) = 1$；$y(x) = \dfrac{1}{1 - x^2}$

备注：本习题之后的应用部分，列出了可用于求解余下问题的图解计算器或计算机程序。

可编程计算器或计算机对于习题 11~16 会很有用。在每道题中，求出给定初值问题的精确解。然后在给定区间上，应用两次 Euler 法近似这个解（精确到小数点后第四位），首先采用步长 $h = 0.01$，然后采用步长 $h = 0.005$。制作一个表格，当 x 是 0.2 的整数倍时，显示近似值和实际值，以及更精确近似值的百分比误差。其中上标符号 $\prime$ 表示对 x 求导。

11. $y' = y - 2$, $y(0) = 1$; $0 \leqslant x \leqslant 1$
12. $y' = \dfrac{1}{2}(y-1)^2$, $y(0) = 2$; $0 \leqslant x \leqslant 1$
13. $yy' = 2x^3$, $y(1) = 3$; $1 \leqslant x \leqslant 2$
14. $xy' = y^2$, $y(1) = 1$; $1 \leqslant x \leqslant 2$
15. $xy' = 3x - 2y$, $y(2) = 3$; $2 \leqslant x \leqslant 3$
16. $y^2 y' = 2x^5$, $y(2) = 3$; $2 \leqslant x \leqslant 3$

习题 17~24 需要使用计算机。在这些初值问题中，应用步长分别为 $h = 0.1$, 0.02, 0.004, 0.000 8 的 Euler 法，在给定区间的 10 个等间距点处，近似解的值到小数点后第四位。以表格形式显示结果，并配上合适的标题，以便于评估改变步长 h 的效果。其中上标符号 $\prime$ 表示对 x 求导。

17. $y' = x^2 + y^2$, $y(0) = 0$; $0 \leqslant x \leqslant 1$
18. $y' = x^2 - y^2$, $y(0) = 1$; $0 \leqslant x \leqslant 2$
19. $y' = x + \sqrt{y}$, $y(0) = 1$; $0 \leqslant x \leqslant 2$
20. $y' = x + \sqrt[3]{y}$, $y(0) = -1$; $0 \leqslant x \leqslant 2$
21. $y' = \ln y$, $y(1) = 2$; $1 \leqslant x \leqslant 2$
22. $y' = x^{2/3} + y^{2/3}$, $y(0) = 1$; $0 \leqslant x \leqslant 2$
23. $y' = \sin x + \cos y$, $y(0) = 0$; $0 \leqslant x \leqslant 1$
24. $y' = \dfrac{x}{1+y^2}$, $y(-1) = 1$; $-1 \leqslant x \leqslant 1$

25. 降落的跳伞者 若你从例题 2 中的直升机上跳伞，并立即拉开降落伞的开伞锁。此时在方程 (5) 中 $k = 1.6$，所以你向下的速度满足初值问题

$$\dfrac{dv}{dt} = 32 - 1.6v, \quad v(0) = 0$$

（其中 t 以 s 为单位，v 以 ft/s 为单位）。请在可编程计算器或计算机上，使用 Euler 法近似 $0 \leqslant t \leqslant 2$ 时的解，首先采用步长 $h = 0.01$，然后采用步长 $h = 0.005$，将近似的 v 值四舍五入到小数点后一位。请问跳伞 1 s 后达到极限速度 20 ft/s 的百分比是多少？2 s 后呢？

26. 鹿群数量 假设小森林里鹿群数量 $P(t)$ 的初始数为 25，并满足 logistic 方程

$$\dfrac{dP}{dt} = 0.0225P - 0.0003P^2$$

（其中 t 以月为单位）。请在可编程计算器或计算机上，使用 Euler 法近似 10 年来的解，首先采用步长 $h = 1$，然后采用步长 $t = 0.5$，将近似的 P 值四舍五入到整数只鹿。请问 5 年之后达到极限种群数量 75 只鹿的百分比是多少？10 年之后呢？

使用计算机系统应用 Euler 法，求出习题 27 和习题 28 中期望的解值。从步长 $h = 0.1$ 开始，然后依次使用更小的步长，直到 $x = 2$ 处的近似解值在四舍五入到小数点后两位时都相同。

27. $y' = x^2 + y^2 - 1$, $y(0) = 0$; $y(2) = ?$
28. $y' = x + \dfrac{1}{2}y^2$, $y(-2) = 0$; $y(2) = ?$

习题 29 至习题 31 说明了 Euler 法在解的间断点附近的不可靠性。下面的问题需要使用计算机。

29. 考虑初值问题

$$7x\dfrac{dy}{dx} + y = 0, \quad y(-1) = 1.$$

(a) 求出这个问题的精确解

$$y(x) = -\dfrac{1}{x^{1/7}},$$

它在 $x = 0$ 处具有无穷不连续性。

(b) 在区间 $-1 \leqslant x \leqslant 0.5$ 上，应用步长 $h = 0.15$ 的 Euler 法近似这个解。注意，仅从这些数据来看，你可能不会怀疑在 $x = 0$ 附近有任何困难。原因在于数值近似过程会"跨越间断点"到 $7xy' + y = 0$（$x > 0$）的另一个解。

(c) 最后，应用步长 $h = 0.03$ 和 $h = 0.006$ 的 Euler 法，但仍然只在原始点 $x = -1.00$，

30. 在区间 [0, 2] 上,应用步长依次减小的 Euler 法,凭经验验证初值问题

$$\frac{dy}{dx} = x^2 + y^2, \quad y(0) = 0$$

的解在 $x = 2.003147$ 附近有一条垂直渐近线。(将此与例题 2 进行对比,在例题 2 中 $y(0) = 1$。)

31. 方程

$$\frac{dy}{dx} = (1 + y^2)\cos x$$

的通解为 $y(x) = \tan(C + \sin x)$。当初始条件为 $y(0) = 0$ 时,解 $y(x) = \tan(\sin x)$ 表现良好。但是当 $y(0) = 1$ 时,解 $y(x) = \tan(\frac{1}{4}\pi + \sin x)$ 在 $x = \sin^{-1}(\pi/4) \approx 0.90334$ 处有一条垂直渐近线。使用 Euler 法凭经验验证这一事实。

应用　Euler 法的实现

请访问 bit.ly/3pFU6Yt,利用 Maple、Mathematica 和 MATLAB 等计算资源对此主题进行更多讨论和探索。

构建一个计算器或计算机程序来实现数值算法可以加深对该算法的理解。图 2.4.13 列出了实现 Euler 法的 TI-84 Plus 和 Python 程序,它们可以近似本节中所考虑的如下初值问题的解:

$$\frac{dy}{dx} = x + y, \quad y(0) = 1。$$

即使你对 Python 和 TI 计算器编程语言不太熟悉,最后一列所提供的注释应该可以使这些程序易于理解。可在互联网上免费获取的 Python 是一种通用计算语言,广泛应用于教育和工业领域。特别地,Python 的许多附加软件包使其成为一个强大的科学计算平台,其中数值、绘图和符号功能已接近 MATLAB、Mathematica 和 Maple 等商业系统的功能。此外,Python 代码的设计注重可读性,使其非常适合表达基本的数学算法。

TI-84 Plus	Python	注释
PROGRAM:EULER	# Program EULER	Program title
:10→N	N = 10	Number of steps
:0→X	X = 0.0	Initial x
:1→Y	Y = 1.0	Initial y
:1→T	X1 = 1.0	Final x
:(T-X)/N→H	H = (X1-X)/N	Step size
:For(I,1,N)	for I in range(N):	Begin loop
:X+Y→F	F = X + Y	Function value
:Y+H*F→Y	Y = Y + H*F	Euler iteration
:X+H→X	X = X + H	New x
:Disp X,Y	print (X,Y)	Display results
:End	# END	End loop

图 2.4.13　基于 TI-84 Plus 和 Python 的 Euler 法程序

为了增加步数（从而减小步长），你只需要改变程序第一行中所指定的N值。同时，为了将 Euler 法应用于一个不同的方程 $dy/dx = f(x, y)$，你只需要更改计算函数值F的那一行即可。

任何其他程序化编程语言（如 FORTRAN 或 C^{++}）都将遵循图 2.4.13 中 TI-84 Plus 和 Python 代码的平行行所示的模式。一些现代函数式编程语言甚至更接近标准数学符号。图 2.4.14 展示了 Euler 法的 MATLAB 实现。其中euler1函数以初始值x、初始值y、x的最终值x1以及所需的子区间个数n作为输入量。例如，MATLAB 命令

    [X, Y] = euler1(0, 1, 1, 10)

会生成图 2.4.8 的表中前两列所示的 x_n 和 y_n 数据。（名称euler1将这个用户自定义函数与 MATLAB 内置的euler函数区分开。）

```
function yp = f(x,y)
yp = x + y;                    % yp = y'

function [X,Y] = euler1(x,y,x1,n)
h = (x1 - x)/n;                % step size
X = x;                         % initial x
Y = y;                         % initial y
for i = 1:n                    % begin loop
    y = y + h*f(x,y);          % Euler iteration
    x = x + h;                 % new x
    X = [X;x];                 % update x-column
    Y = [Y;y];                 % update y-column
end                            % end loop
```

图 2.4.14 Euler 法的 MATLAB 实现

你应该开始本节应用，即使用你自己的计算器或计算机系统实现 Euler 法。首先将你的程序应用于例题 1 中的初值问题，然后应用于本节的其他一些问题，以此来调试程序。

练习：著名数字的研究

下列问题将数字 $e \approx 2.71828$，$\ln 2 \approx 0.69315$ 和 $\pi \approx 3.14159$ 描述为某些初值问题解的特定值。在每种情况下，应用 Euler 法，并依次取子区间个数为 $n = 50, 100, 200, \cdots$（每次将 n 翻倍）。请问四舍五入到小数点后三位时，需要多少个子区间才能连续两次获得目标数字的正确值？

1. 数字 $e = y(1)$，其中 $y(x)$ 是初值问题 $dy/dx = y$，$y(0) = 1$ 的解。
2. 数字 $\ln 2 = y(2)$，其中 $y(x)$ 是初值问题 $dy/dx = 1/x$，$y(1) = 0$ 的解。
3. 数字 $\pi = y(1)$，其中 $y(x)$ 是初值问题 $dy/dx = 4/(1 + x^2)$，$y(0) = 0$ 的解。

还要解释每个问题的重点是什么，即为什么指定的著名数字是预期的数值结果？

2.5 对 Euler 法的深入研究

实际上，在 2.4 节中介绍的 Euler 法并不常用，主要是因为还有更精确的方法可用。但是 Euler 法简单，仔细研究这种方法可以深入了解更精确方法的工作原理，因为许多更精确方法都是通过对 Euler 法进行改进或扩展而来的。

为了比较两种不同的数值近似方法，我们需要某种方式来衡量每种方法的精确性。定理 1 告诉我们，当我们使用 Euler 法时，我们可以期望的精度是多少。

定理 1　Euler 法的误差　假设初值问题

$$\frac{\mathrm{d}y}{\mathrm{d}x} = f(x, y), \qquad y(x_0) = y_0 \tag{1}$$

在 $a = x_0$ 的闭区间 $[a, b]$ 上有唯一解 $y(x)$，并且假设 $y(x)$ 在 $[a, b]$ 上有连续二阶导数。（这可以从下列假设中得出：当 $a \leqslant x \leqslant b$ 且 $c \leqslant y \leqslant d$，对于 $[a, b]$ 内的所有 x，$c \leqslant y(x) \leqslant d$ 时，f、f_x 和 f_y 都是连续的。）那么存在一个常数 C 使得下列陈述成立：如果在区间 $[a, b]$ 上的点处，实际值 $y(x_1)$，$y(x_2)$，$y(x_3)$，$\cdots$，$y(x_k)$ 的近似值 y_1，y_2，y_3，$\cdots$，y_k 是使用步长为 $h > 0$ 的 Euler 法计算所得，那么对于每个 $n = 1, 2, 3, \cdots, k$，都有

$$|y_n - y(x_n)| \leqslant Ch。 \tag{2}$$

备注： 式 (2) 中的**误差**

$$y_{\text{实际}} - y_{\text{近似}} = y(x_n) - y_n$$

表示 Euler 法在 n 步近似后的 [累积] 误差，而不包括舍入误差（就好像我们使用的是一台不会产生舍入误差的完美机器）。上述定理可以概括为 Euler 法的误差是 h 阶的，即误差以 [预先确定的] 常数 C 乘以步长 h 为界。例如，如果我们（在给定的闭区间上）将步长减半，则最大误差也会相应地减半；类似地，步长为 $h/10$ 时，我们得到的精度是步长为 h 时的 10 倍（即 $1/10$ 的最大误差）。因此，原则上，我们可以通过选择足够小的 h 来获得任何我们想要的精度。

在此我们省略该定理的证明，但是你们可以在 G. Birkhoff 和 G. C. Rota 的 Ordinary Differential Equations(第 4 版) 的第 7 章中查阅相关证明。常数 C 值得讨论一下。由于 C 会随着 $|y''(x)|$ 在区间 $[a, b]$ 上的最大值的增大而趋于增大，可见 C 必定以一种相当复杂的方式依赖于 y，所以实际计算使式 (2) 中的不等式成立的 C 值通常是不切实际的。实际上，我们通常采取如下步骤：

1. 选取合理的步长 h，对初值问题 (1) 应用 Euler 法。

2. 采用 $h/2$，$h/4$，依此类推，即在每个阶段将步长减半，重复应用 Euler 法。

3. 继续计算，直到保留适当有效位数时某一阶段所得结果与前一阶段所得结果一致。那么此阶段所得近似值被认为可能精确到指定的有效位数。

例题 1　**将步长减半**　对初值问题
$$\frac{dy}{dx} = -\frac{2xy}{1+x^2}, \quad y(0) = 1 \tag{3}$$
执行上述步骤以精确近似解在 $x=1$ 处的值 $y(1)$。

解答：使用一个 Euler 法程序，也许是图 2.4.13 或图 2.4.14 中列出的程序之一，我们从步长 $h = 0.04$ 开始，那么需要 $n = 25$ 步达到 $x = 1$。图 2.5.1 中的表格给出了 h 值依次变小时所得的 $y(1)$ 的近似值。数据表明 $y(1)$ 的真实值恰好是 0.5。事实上，初值问题 (3) 的精确解为 $y(x) = 1/(1+x^2)$，所以 $y(1)$ 的真实值恰好是 $\frac{1}{2}$。■

h	近似 $y(1)$	实际 $y(1)$	|误差|$/h$
0.04	0.50451	0.50000	0.11
0.02	0.50220	0.50000	0.11
0.01	0.50109	0.50000	0.11
0.005	0.50054	0.50000	0.11
0.0025	0.50027	0.50000	0.11
0.00125	0.50013	0.50000	0.10
0.000625	0.50007	0.50000	0.11
0.0003125	0.50003	0.50000	0.10

图 2.5.1　例题 1 中的数值表

图 2.5.1 中表的最后一列显示了误差大小与 h 的比值，即 $|y_{实际} - y_{近似}|/h$。观察这一列的数据是如何证实定理 1 的，在这个计算中，式 (2) 中的误差界似乎对略大于 0.1 的 C 值成立。

改进的 Euler 法

如图 2.5.2 所示，Euler 法是相当不对称的。它使用解曲线在区间 $[x_n, x_n + h]$ 左端点处所预测的斜率 $k = f(x_n, y_n)$ 作为解在整个区间上的实际斜率。现在我们把注意力转向一种容易获得更高精度的方法，我们称它为改进的 Euler 法。

给定初值问题
$$\frac{dy}{dx} = f(x, y), \quad y(x_0) = y_0, \tag{4}$$
假设我们采用步长 h 执行 n 步后，已经计算出解在 $x_n = x_0 + nh$ 处的实际值 $y(x_n)$ 的近似值 y_n。我们可

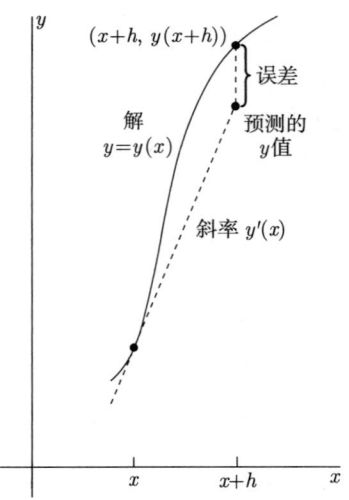

图 2.5.2　Euler 法中的实际值和预测值

以使用 Euler 法获得解在 $x_{n+1} = x_n + h$ 处的第一个估计值，我们现在称之为 u_{n+1} 而不

是 y_{n+1}。因此
$$u_{n+1} = y_n + h \cdot f(x_n, y_n) = y_n + h \cdot k_1。$$

此时已经计算出 $u_{n+1} \approx y(x_{n+1})$，我们可以取
$$k_2 = f(x_{n+1}, u_{n+1})$$
作为解曲线 $y = y(x)$ 在 $x = x_{n+1}$ 处斜率的第二个估计值。

当然，我们已经计算出 $x = x_n$ 处的近似斜率 $k_1 = f(x_n, y_n)$。那么为什么不对这两个斜率进行平均，以获得解曲线在整个子区间 $[x_n, x_{n+1}]$ 上的平均斜率的更精确的估计呢？这个思想就是改进的 Euler 法的精髓。图 2.5.3 显示了该方法背后的几何结构。

> **算法　改进的 Euler 法** 对于给定的初值问题
> $$\frac{\mathrm{d}y}{\mathrm{d}x} = f(x, y), \quad y(x_0) = y_0,$$
> **步长为 h 的改进 Euler 法**在于应用迭代公式
> $$\begin{aligned} k_1 &= f(x_n, y_n), \\ u_{n+1} &= y_n + h \cdot k_1, \\ k_2 &= f(x_{n+1}, u_{n+1}), \\ y_{n+1} &= y_n + h \cdot \frac{1}{2}(k_1 + k_2) \end{aligned} \tag{5}$$
> 计算 [精确] 解 $y = y(x)$ 分别在点 $x_1, x_2, x_3, \cdots$ 处的（实际）值 $y(x_1), y(x_2), y(x_3), \cdots$ 的近似值 $y_1, y_2, y_3, \cdots$。

备注：对于区间 $[x_n, x_{n+1}]$ 上的近似平均斜率，如果我们令
$$k = \frac{k_1 + k_2}{2},$$
那么式 (5) 中最后一个公式可以采用 "Euler 形式"
$$y_{n+1} = y_n + h \cdot k。$$

改进的 Euler 法是一类被称为**预估–校正法**的数值技术之一。该方法首先计算下一个 y 值的预估值 u_{n+1}，然后用它校正自身。因此，步长为 h 的**改进的 Euler 法**包括使用**预估步**
$$u_{n+1} = y_n + h \cdot f(x_n, y_n) \tag{6}$$
和**校正步**
$$y_{n+1} = y_n + h \cdot \frac{1}{2}[f(x_n, y_n) + f(x_{n+1}, u_{n+1})] \tag{7}$$

迭代计算初值问题 (4) 的实际解的值 $y(x_1)$，$y(x_2)$，$y(x_3)$，$\cdots$ 的近似值 y_1，y_2，y_3，$\cdots$。

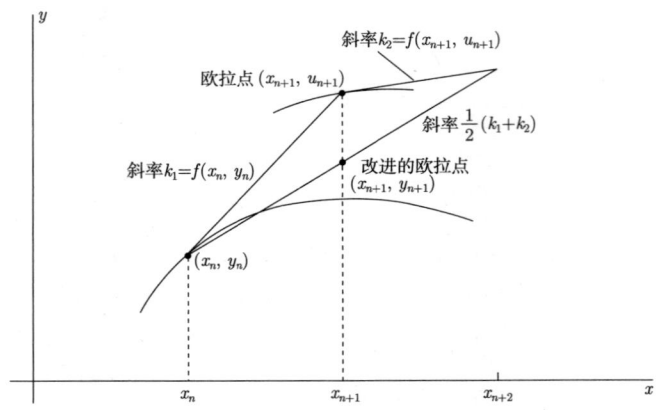

图 2.5.3 改进的 Euler 法：对 (x_n, y_n) 和 (x_{n+1}, u_{n+1}) 处的切线斜率进行平均

备注： 与常规 Euler 步每次只需要对函数 $f(x, y)$ 进行一次估算相比，每个改进的 Euler 步需要对函数进行两次估算。我们自然会怀疑这种双倍的计算代价是否值得。

解答： 在初值问题 (4) 的精确解 $y = y(x)$ 有连续三阶导数的假设下，我们可以证明改进的 Euler 法的误差为 h^2 阶的，详见 Birkhoff 和 Rota 的书的第 7 章。这意味着在一个给定的有界区间 $[a, b]$ 上，每个近似值 y_n 都满足不等式

$$|y(x_n) - y_n| \leqslant Ch^2, \tag{8}$$

其中常数 C 不依赖于 h。由于如果 h 本身很小，h^2 比 h 小很多，那么这意味着改进的 Euler 法比 Euler 法本身更精确。[将式 (8) 与 Euler 法的相应误差估计式 (2) 进行比较。] 这一优势会因大约需要两倍的计算量而被抵消。但是式 (8) 中的因子 h^2 意味着步长减半则最大误差减为原来的 1/4，若步长为 $h/10$，我们所得的精度是步长为 h 时的 100 倍（即最大误差为原来的 1/100）。■

例题 2 **Euler 法与改进的 Euler 法相比** 图 2.4.8 显示了将 Euler 法应用于精确解为 $y(x) = 2e^x - x - 1$ 的初值问题

$$\frac{dy}{dx} = x + y, \quad y(0) = 1 \tag{9}$$

所得结果。在式 (6) 和式 (7) 中使用 $f(x, y) = x + y$，那么改进的 Euler 法的预估-校正公式为

$$u_{n+1} = y_n + h \cdot (x_n + y_n),$$

$$y_{n+1} = y_n + h \cdot \frac{1}{2}[(x_n + y_n) + (x_{n+1} + u_{n+1})]。$$

采用步长 $h = 0.1$，我们可以计算出

$$u_1 = 1 + (0.1) \cdot (0 + 1) = 1.1,$$

$$y_1 = 1 + (0.05) \cdot [(0+1) + (0.1+1.1)] = 1.11,$$

$$u_2 = 1.11 + (0.1) \cdot (0.1 + 1.11) = 1.231,$$

$$y_2 = 1.11 + (0.05) \cdot [(0.1+1.11) + (0.2+1.231)] = 1.24205,$$

如此等等。图 2.5.4 中的表格比较了使用改进的 Euler 法所得结果与之前使用"未改进的" Euler 法所得结果。当使用相同的步长 $h = 0.1$ 时，Euler 法近似 $y(1)$ 的误差为 7.25%，但是改进的 Euler 法近似的误差仅为 0.24%。

x	Euler 法 $h=0.1$ 近似 y	Euler 法 $h=0.005$ 近似 y	改进的 Euler 法 $h=0.1$ 近似 y	实际 y
0.1	1.1000	1.1098	1.1100	1.1103
0.2	1.2200	1.2416	1.2421	1.2428
0.3	1.3620	1.3977	1.3985	1.3997
0.4	1.5282	1.5807	1.5818	1.5836
0.5	1.7210	1.7933	1.7949	1.7974
0.6	1.9431	2.0388	2.0409	2.0442
0.7	2.1974	2.3205	2.3231	2.3275
0.8	2.4872	2.6422	2.6456	2.6511
0.9	2.8159	3.0082	3.0124	3.0192
1.0	3.1875	3.4230	3.4282	3.4366

图 2.5.4 Euler 法和改进的 Euler 法对 $dy/dx = x + y$, $y(0) = 1$ 的解的近似

事实上，在这道例题中，步长为 $h = 0.1$ 的改进的 Euler 法比步长为 $h = 0.005$ 的原始 Euler 法更精确。后者需要对函数 $f(x, y)$ 进行 200 次估算，而前者只需要 20 次这样的估算，所以在这种情况下，改进的 Euler 法只需要大约十分之一的工作量就能得到更高的精度。

图 2.5.5 显示了将步长为 $h = 0.005$ 的改进的 Euler 法应用于初值问题 (9) 所得的结果。很明显，表中数据具有五位有效数字的精度。这表明与原始 Euler 法相比，改进的 Euler 法对于某些实际应用，比如绘制解曲线，是足够精确的。■

使用改进的 Euler 法程序（类似于本节应用中所列出的程序）计算例题 1 中的初值问题

$$\frac{dy}{dx} = -\frac{2xy}{1+x^2}, \quad y(0) = 1$$

的解 $y(x) = 1/(1+x^2)$ 的精确值 $y(1) = 0.5$ 的近似值。图 2.5.6 中的表格给出了步长依次减半所得的结果。注意该表的最后一列赫然证实了式 (8) 中误差界的形式，并且每次步长减半，误差几乎正好减小到原来的 $1/4$，这正

x	改进的 Euler法 近似 y	实际 y
0.0	1.00000	1.00000
0.1	1.11034	1.11034
0.2	1.24280	1.24281
0.3	1.39971	1.39972
0.4	1.58364	1.58365
0.5	1.79744	1.79744
0.6	2.04423	2.04424
0.7	2.32749	2.32751
0.8	2.65107	2.65108
0.9	3.01919	3.01921
1.0	3.43654	3.43656

图 2.5.5 步长为 $h = 0.005$ 的改进的 Euler 法对方程 (9) 的解的近似

是误差与 h^2 成正比时所应发生的。

h	近似 $y(1)$	误差	|误差|/h^2
0.04	0.500195903	−0.000195903	0.12
0.02	0.500049494	−0.000049494	0.12
0.01	0.500012437	−0.000012437	0.12
0.005	0.500003117	−0.000003117	0.12
0.0025	0.500000780	−0.000000780	0.12
0.00125	0.500000195	−0.000000195	0.12
0.000625	0.500000049	−0.000000049	0.12
0.0003125	0.500000012	−0.000000012	0.12

图 2.5.6 改进的 Euler 法对 $dy/dx = -2xy/(1+x^2)$，$y(0) = 1$ 的解值 $y(1)$ 的近似

在下面两道例题中，我们展示了采用这种将步长逐次减半，从而使我们正在近似的解所在的固定区间的子区间数翻倍的策略所得的图形结果。

例题 3　**近似 logistic 解**　在 2.4 节例题 3 中，我们将 Euler 法应用于 logistic 初值问题

$$\frac{dy}{dx} = \frac{1}{3}y(8-y), \quad y(0) = 1。$$

图 2.4.9 展示了精确解 $y(x) = 8/(1 + 7e^{-8x/3})$ 与在 $0 \leqslant x \leqslant 5$ 上使用 $n = 20$ 个子区间的 Euler 法近似解之间的明显差异。图 2.5.7 显示了使用改进的 Euler 法绘制的近似解曲线。

采用五个子区间的近似结果仍然很糟糕，也许更糟糕！此结果似乎趋于平稳，但远远低于实际极限种群数量 $M = 8$。你应该至少手动执行前两个改进的 Euler 步，以亲自查看近似解在第一步中适当增加后，在第二步中减少而不是继续增加（本应如此）是如何发生的。在本节应用中，我们要求你通过实践证明，使用步长为 $h = 1$ 的改进的 Euler 法所得近似解在 $y \approx 4.3542$ 处趋于平稳。

相比之下，具有 $n = 20$ 个子区间的近似解曲线与精确解曲线的轨线相当接近，而具有 $n = 40$ 个子区间时，精确解曲线与近似解曲线在图 2.5.7 中难以区分。图 2.5.8 中的表格表明在区间 $0 \leqslant x \leqslant 5$ 上，具有 $n = 200$ 个子区间的改进的 Euler 法近似值可以四舍五入精确到小数点后四位（即五位有效数字）。由于在普通计算机屏幕的分辨率下，第四位有效数字的差异在视觉上并不明显，所以认为（使用几百个子区间的）改进的 Euler 法足以满足许多绘图目的。

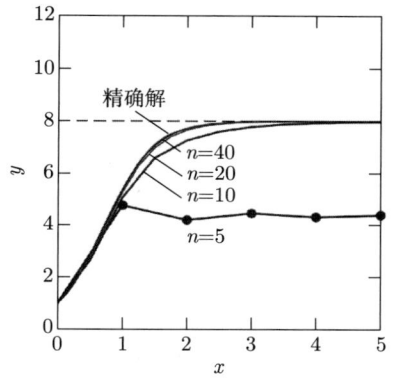

x	实际 $y(x)$	改进的Euler法 $n=200$
0	1.0000	1.0000
1	5.3822	5.3809
2	7.7385	7.7379
3	7.9813	7.9812
4	7.9987	7.9987
5	7.9999	7.9999

图 2.5.7　分别采用 $n=5, n=10, n=20$ 和 $n=40$ 个子区间，使用改进的 Euler 法近似一个 logistic 解

图 2.5.8　使用改进的 Euler 法近似例题 3 中的初值问题的实际解

例题 4　在 2.4 节例题 4 中，我们将 Euler 法应用于初值问题

$$\frac{\mathrm{d}y}{\mathrm{d}x} = y\cos x, \qquad y(0) = 1。$$

图 2.4.10 显示了周期性精确解 $y(x) = \mathrm{e}^{\sin x}$ 与在 $0 \leqslant x \leqslant 6\pi$ 上使用多达 $n = 400$ 个子区间的 Euler 法近似解之间明显的视觉差异。

图 2.5.9 显示了精确解曲线以及分别使用 $n = 50$，$n = 100$ 和 $n = 200$ 个子区间的改进的 Euler 法绘制的近似解曲线。由图可知，采用 $n = 200$ 所得的近似解曲线与精确解曲线难以区分，而采用 $n = 100$ 所得的近似解曲线与精确解曲线只能勉强区分。

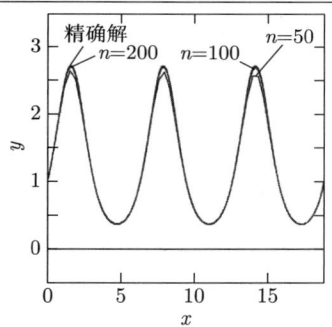

图 2.5.9　分别采用 $n = 50, 100, 200$ 个子区间，使用改进的 Euler 法近似精确解 $y = \mathrm{e}^{\sin x}$

虽然图 2.5.7 和图 2.5.9 表明，改进的 Euler 法可以提供足以满足许多绘图目的的精度，但它并不能为更仔细的研究提供有时所需的更高精度的数值精度。例如，再次考虑例题 1 中的初值问题

$$\frac{\mathrm{d}y}{\mathrm{d}x} = -\frac{2xy}{1+x^2}, \qquad y(0) = 1。$$

图 2.5.6 中表格的最后一列表明，如果在区间 $0 \leqslant x \leqslant 1$ 上使用具有 n 个子区间即步长为 $h = 1/n$ 的改进的 Euler 法，那么在最终的近似值 $y_n \approx y(1)$ 中所产生的误差 E 可由下式给出：

$$E = |y(1) - y_n| \approx (0.12)h^2 = \frac{0.12}{n^2}。$$

如果是这样，那么（例如）近似值 $y(1)$ 的 12 位精度就要求 $(0.12)n^{-2} < 5 \times 10^{-13}$，这意味着 $n \geqslant 489898$。因此，步长为 $h \approx 0.000002$，大约需要执行 50 万步。除了（使用可用的计算资源）执行这么多步可能不切实际之外，由这么多连续步产生的舍入误差很可能会超过理论预测的累积误差（而我们假设在每个单独步中都进行精确计算）。因此，对于这种高精度计算，仍然需要比改进的 Euler 法更精确的方法。2.6 节将介绍这样一种方法。

习题

一个手持计算器就足以解决习题 1~10，其中给出了初值问题及其精确解。在区间 $[0, 0.5]$ 上，应用步长为 $h = 0.1$ 的改进的 Euler 法近似精确解。制作一个表格，显示在点 $x = 0.1, 0.2, 0.3, 0.4, 0.5$ 处的近似解和实际解，结果保留到小数点后第四位。

1. $y' = -y$, $y(0) = 2$; $y(x) = 2e^{-x}$
2. $y' = 2y$, $y(0) = \frac{1}{2}$; $y(x) = \frac{1}{2}e^{2x}$
3. $y' = y + 1$, $y(0) = 1$; $y(x) = 2e^x - 1$
4. $y' = x - y$, $y(0) = 1$; $y(x) = 2e^{-x} + x - 1$
5. $y' = y - x - 1$, $y(0) = 1$; $y(x) = 2 + x - e^x$
6. $y' = -2xy$, $y(0) = 2$; $y(x) = 2e^{-x^2}$
7. $y' = -3x^2 y$, $y(0) = 3$; $y(x) = 3e^{-x^3}$
8. $y' = e^{-y}$, $y(0) = 0$; $y(x) = \ln(x+1)$
9. $y' = \frac{1}{4}(1 + y^2)$, $y(0) = 1$; $y(x) = \tan\frac{1}{4}(x + \pi)$
10. $y' = 2xy^2$, $y(0) = 1$; $y(x) = \frac{1}{1-x^2}$

备注：本习题之后的应用部分，列出了可用于求解习题 11~24 的图解计算器和计算机程序。

可编程计算器或计算机对习题 11~16 会很有用。在每道题中，求出给定初值问题的精确解。然后在给定区间上，应用两次改进的 Euler 法近似这个精确解（结果保留到小数点后第五位），首先采用步长 $h = 0.01$，然后采用步长 $h = 0.005$。制作一个表格，当 x 是 0.2 的整数倍时，显示近似值和实际值，以及更精确近似值的百分比误差。其中上标符号 $\prime$ 表示对 x 求导。

11. $y' = y - 2$, $y(0) = 1$; $0 \leqslant x \leqslant 1$
12. $y' = \frac{1}{2}(y-1)^2$, $y(0) = 2$; $0 \leqslant x \leqslant 1$
13. $yy' = 2x^3$, $y(1) = 3$; $1 \leqslant x \leqslant 2$
14. $xy' = y^2$, $y(1) = 1$; $1 \leqslant x \leqslant 2$
15. $xy' = 3x - 2y$, $y(2) = 3$; $2 \leqslant x \leqslant 3$
16. $y^2 y' = 2x^5$, $y(2) = 3$; $2 \leqslant x \leqslant 3$

习题 17~24 需要使用计算机。在这些初值问题中，分别应用步长为 $h = 0.1, 0.02, 0.004, 0.0008$ 的改进的 Euler 法，在给定区间的 10 个等间距点处，近似解的值到小数点后第五位。以表格形式显示结果，并配上合适的标题，以便于评估改变步长 h 的效果。其中上标符号 $\prime$ 表示对 x 求导。

17. $y' = x^2 + y^2$, $y(0) = 0$; $0 \leqslant x \leqslant 1$
18. $y' = x^2 - y^2$, $y(0) = 1$; $0 \leqslant x \leqslant 2$
19. $y' = x + \sqrt{y}$, $y(0) = 1$; $0 \leqslant x \leqslant 2$
20. $y' = x + \sqrt[3]{y}$, $y(0) = -1$; $0 \leqslant x \leqslant 2$
21. $y' = \ln y$, $y(1) = 2$; $1 \leqslant x \leqslant 2$
22. $y' = x^{2/3} + y^{2/3}$, $y(0) = 1$; $0 \leqslant x \leqslant 2$
23. $y' = \sin x + \cos y$, $y(0) = 0$; $0 \leqslant x \leqslant 1$
24. $y' = \dfrac{x}{1+y^2}$, $y(-1) = 1$; $-1 \leqslant x \leqslant 1$

25. **降落的跳伞者** 正如 2.4 节习题 25，你从一架直升机上跳伞并立即打开降落伞，所以你向下的速度满足初值问题

$$\frac{dv}{dt} = 32 - 1.6v, \qquad v(0) = 0$$

（其中 t 以 s 为单位，v 以 ft/s 为单位）。请在可编程计算器或计算机上，使用改进的 Euler 法近似 $0 \leqslant t \leqslant 2$ 时的解，首先采用步长 $h = 0.01$，然后采用步长 $h = 0.005$，将近似的 v 值四舍五入到小数点后第三位。请问跳伞 1 秒后达到极限速度 20 ft/s 的百分比是多少？2 秒后呢？

26. **鹿群数量** 正如 2.4 节习题 26，假设小森林里

鹿群数量 $P(t)$ 初始数目为 25，并满足 logistic 方程

$$\frac{\mathrm{d}P}{\mathrm{d}t} = 0.0225P - 0.0003P^2$$

（其中 t 以月为单位）。请在可编程计算器或计算机上，使用改进的 Euler 法近似 10 年来的解，首先采用步长 $h = 1$，然后采用步长 $h = 0.5$，将近似的 P 值四舍五入到小数点后第三位。请问 5 年之后达到极限种群数量 75 只鹿的百分比是多少？10 年之后呢？

减小步长

使用计算机系统应用改进的 Euler 法，求出习题 27 和习题 28 中期望的解值。从步长 $h = 0.1$ 开始，然后依次使用更小的步长，直到 $x = 2$ 处的连续近似解值在四舍五入到小数点后四位时都相同。

27. $y' = x^2 + y^2 - 1$, $y(0) = 0$; $y(2) = ?$

28. $y' = x + \frac{1}{2}y^2$, $y(-2) = 0$; $y(2) = ?$

29. 与速度成正比的阻力 考虑 2.3 节例题 2 中的弩箭，以 49 m/s 的初始速度从地面竖直向上射出。由于线性空气阻力，其速度函数 $v(t)$ 满足初值问题

$$\frac{\mathrm{d}v}{\mathrm{d}t} = -0.04v - 9.8, \quad v(0) = 49.$$

其精确解为 $v(t) = 294e^{-t/25} - 245$。在计算器或计算机上，分别采用 $n = 50$ 和 $n = 100$ 个子区间实现改进的 Euler 法近似 $0 \leqslant t \leqslant 10$ 时的 $v(t)$。以 1 秒为间隔显示结果。若结果都四舍五入到小数点后第二位，请问这两个近似解是否一致，是否与精确解一致？如果精确解未知，请解释你如何能够使用改进的 Euler 法更精确地近似

(a) 弩箭上升到最高点所需的时间（在 2.3 节中给出的结果是 4.56 s）；

(b) 在空中运行 9.41 s 后的撞击速度。

30. 与速度平方成正比的阻力 现在考虑 2.3 节例题 3 中的弩箭。它仍然以 49 m/s 的初始速度从地面竖直向上射出，但由于空气阻力与速度平方成正比，其速度函数 $v(t)$ 满足初值问题

$$\frac{\mathrm{d}v}{\mathrm{d}t} = -0.0011v|v| - 9.8, \quad v(0) = 49.$$

2.3 节中讨论的符号解需要对弩箭的上升和下降分别进行研究，其中 $v(t)$ 在上升过程中由正切函数给出，在下降过程中由双曲正切函数给出。但是改进的 Euler 法无须进行这种区分。在计算器或计算机上，分别采用 $n = 100$ 和 $n = 200$ 个子区间实现改进的 Euler 法近似 $0 \leqslant t \leqslant 10$ 时的 $v(t)$。以 1 秒为间隔显示结果。若结果都四舍五入到小数点后第二位，请问这两个近似解是否一致？如果精确解未知，请解释你如何能够使用改进的 Euler 法更精确地近似

(a) 弩箭上升到最高点所需的时间（在 2.3 节中给出的结果是 4.61 s）；

(b) 在空中运行 9.41 s 后的撞击速度。

应用 改进的 Euler 法的实现

请访问 bit.ly/3BmRUr5，利用 Maple、Mathematica 和 MATLAB 等计算资源对此主题进行更多讨论和探索。

图 2.5.10 列出了实现改进的 Euler 法的 TI-84 Plus 和 Python 程序，它们可以近似本节例题 2 中所考虑的如下初值问题的解：

$$\frac{\mathrm{d}y}{\mathrm{d}x} = x + y, \quad y(0) = 1.$$

即使你对 Python 和 TI 编程语言不太熟悉，最后一列所提供的注释应该可以使这些程序

易于理解。

TI-84 Plus	Python	注释
PROGRAM:IMPEULER	# Program IMPEULER	Program title
	def F(X, Y): return X + Y	Define function f
:10→N	N = 10	No. of steps
:0→X	X = 0.0	Initial x
:1→Y	Y = 1.0	Initial y
:1→T	X1 = 1.0	Final x
:(T-X)/N→H	H = (X1-X)/N	Step size
:For(I,1,N)	for I in range(N):	Begin loop
:Y→Z	Y0 = Y	Save previous y
:X+Y→K	K1 = F(X, Y)	First slope
:Z+H*K→Y	Y = Y0 + H*K1	Predictor
:X+H→X	X = X + H	New x
:X+Y→L	K2 = F(X, Y)	Second slope
:(K+L)/2→K	K = (K1 + K2)/2	Average slope
:Z+H*K→Y	Y = Y0 + H*K	Corrector
:Disp X,Y	PRINT (X, Y)	Display results
:End	# END	End loop

图 2.5.10　基于 TI-84 Plus 和 Python 的改进的 Euler 法程序

为了将改进的 Euler 法应用于微分方程 $dy/dx = f(x, y)$，你只需要将 X+Y 全部替换为所需的表达式。为了增加步数（从而减小步长），你只需要改变程序第二行中所指定的 N 值。

图 2.5.11 展示了改进的 Euler 法的 MATLAB 实现。其中函数 impeuler 以初始值 x、初

```
function yp = f(x,y)
yp = x + y;                          % yp = y'

function [X,Y] = impeuler(x,y,x1,n)
h = (x1 - x)/n;                      % step size
X = x;                               % initial x
Y = y;                               % initial y
for i = 1:n;                         % begin loop
    k1 = f(x,y);                     % first slope
    k2 = f(x+h,y+h*k1);              % second slope
    k = (k1 + k2)/2;                 % average slope
    x = x + h;                       % new x
    y = y + h*k;                     % new y
    X = [X;x];                       % update x-column
    Y = [Y;y];                       % update y-column
end                                  % end loop
```

图 2.5.11　改进的 Euler 法的 MATLAB 实现

始值y、x的最终值x1以及所需的子区间数n作为输入量。作为输出，它生成得到的 x 和 y 值的列向量x和Y。例如，MATLAB 命令

```
[X, Y] = impeuler(0, 1, 1, 10)
```

会生成如图 2.5.4 所示的第一列和第四列数据。

你应该开始本节应用，即使用你自己的计算器或计算机系统实现改进的 Euler 法。首先将你的程序应用于例题 1 中的初值问题，然后应用于本节的其他一些问题，以此来调试程序。

练习

再探著名数字 下列问题将数字 $e \approx 2.7182818$、$\ln 2 \approx 0.6931472$ 和 $\pi \approx 3.1415927$ 描述为某些初值问题解的特定值。在每种情况下，应用改进的 Euler 法，并依次取子区间个数为 $n = 10, 20, 40, \cdots$（每次将 n 翻倍）。请问四舍五入到小数点后五位时，需要多少个子区间才能连续两次获得目标数字的正确值？

1. 数字 $e = y(1)$，其中 $y(x)$ 是初值问题 $dy/dx = y$，$y(0) = 1$ 的解。

2. 数字 $\ln 2 = y(2)$，其中 $y(x)$ 是初值问题 $dy/dx = 1/x$，$y(1) = 0$ 的解。

3. 数字 $\pi = y(1)$，其中 $y(x)$ 是初值问题 $dy/dx = 4/(1+x^2)$，$y(0) = 0$ 的解。

logistic 种群 请将你的改进的 Euler 法程序应用于例题 3 中的初值问题 $dy/dx = \frac{1}{3}y(8-y)$，$y(0) = 1$。特别地，验证（如例题 3 中所述）当步长 $h = 1$ 时，近似解在 $y \approx 4.3542$ 处趋于平稳，而不是在精确解的极限值 $y = 8$ 处趋于平稳。也许对 $0 \leqslant x \leqslant 100$ 建立一个近似值表就能清楚地说明这一点。

为了研究你自己的 logistic 种群，考虑初值问题

$$\frac{dy}{dx} = \frac{1}{n}y(m-y), \quad y(0) = 1,$$

其中（例如）m 和 n 分别是你的学号中最大和最小的非零数字。步长为 $h = 1$ 的改进的 Euler 法近似解是否在精确解的"正确"极限值处趋于平稳？如果没有，找到一个更小的 h 值，使得近似解在精确解的极限值处趋于平稳。

周期性捕捞与放养 微分方程

$$\frac{dy}{dt} = ky(M-y) - h\sin\left(\frac{2\pi t}{P}\right)$$

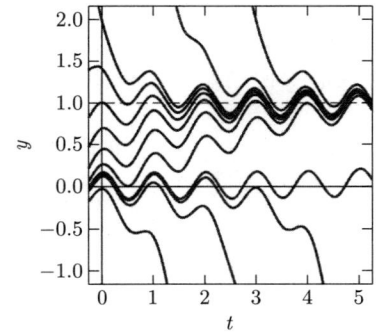

图 2.5.12 方程 $dy/dt = y(1-y) - \sin 2\pi t$ 的解曲线

对周期性捕捞与放养的 logistic 种群进行了建模，其中 P 为周期，h 为最大捕捞/放养率。对于 $k = M = h = P = 1$ 的情况，使用数值近似程序绘制的典型解曲线如图 2.5.12 所示。尽管没有证明，但是这幅图表明，存在初始种群数量阈值，使得

- 如果初始种群数量高于此阈值，种群数量在（未捕捞的）稳定极限种群数量 $y(t) \equiv M$ 附近（或许以周期 P?）振荡；
- 如果初始种群数量低于此阈值，种群就会灭绝。

请使用合适的绘图工具，研究你自己的周期性捕捞与放养的 logistic 种群（选择参数 k, M, h 和 P 的典型值）。这里指出的观察结果适用于你的 logistic 种群吗？

2.6 Runge-Kutta 法

为了近似初值问题

$$\frac{dy}{dx} = f(x, y), \quad y(x_0) = y_0 \tag{1}$$

的解 $y = y(x)$，我们现在讨论一种比改进的 Euler 法精确得多的方法，并且在实践中它比 2.4 节和 2.5 节中所讨论的任何数值方法都更广泛地被使用。这种方法被称为 Runge-Kutta 法，是以发明此方法的德国数学家 Carl Runge（1856—1927）和 Wilhelm Kutta（1867—1944）的名字命名的。

使用常用符号，假设我们已经计算出实际值 $y(x_1)$, $y(x_2)$, $y(x_3)$, $\cdots$, $y(x_n)$ 的近似值 y_1, y_2, y_3, $\cdots$, y_n，现在要计算 $y_{n+1} \approx y(x_{n+1})$。那么根据微积分基本定理，则有

$$y(x_{n+1}) - y(x_n) = \int_{x_n}^{x_{n+1}} y'(x)dx = \int_{x_n}^{x_n+h} y'(x)dx。 \tag{2}$$

然后，由数值积分的 Simpson 法则可得

$$y(x_{n+1}) - y(x_n) \approx \frac{h}{6}\left[y'(x_n) + 4y'\left(x_n + \frac{h}{2}\right) + y'(x_{n+1})\right]。 \tag{3}$$

因此我们可以定义 y_{n+1} 使得

$$y_{n+1} \approx y_n + \frac{h}{6}\left[y'(x_n) + 2y'\left(x_n + \frac{h}{2}\right) + 2y'\left(x_n + \frac{h}{2}\right) + y'(x_{n+1})\right], \tag{4}$$

由于我们要使用两种不同方法近似区间 $[x_n, x_{n+1}]$ 中点 $x_n + \frac{1}{2}h$ 处的斜率 $y'\left(x_n + \frac{1}{2}h\right)$，所以我们将 $4y'\left(x_n + \frac{1}{2}h\right)$ 分成了两项之和。

在式 (4) 右侧，我们分别使用下面的估计值替换（实际）斜率值 $y'(x_n)$、$y'\left(x_n + \frac{1}{2}h\right)$、$y'\left(x_n + \frac{1}{2}h\right)$ 和 $y'(x_{n+1})$。

$$k_1 = f(x_n, y_n) \tag{5a}$$

- 这是使用 Euler 法在 x_n 处所得的斜率值。

$$k_2 = f\left(x_n + \frac{1}{2}h, y_n + \frac{1}{2}hk_1\right) \tag{5b}$$

- 这是通过使用 Euler 法预测区间 $[x_n, x_{n+1}]$ 中点处的纵坐标所得的该点处斜率的估计值。

$$k_3 = f\left(x_n + \frac{1}{2}h, y_n + \frac{1}{2}hk_2\right) \tag{5c}$$

- 这是使用改进的 Euler 法在中点处所得的斜率值。

$$k_4 = f(x_{n+1}, y_n + hk_3) \tag{5d}$$

- 这是通过采用中点处改进的斜率值 k_3 并使用 Euler 法前进到 x_{n+1} 处所得的斜率值。

当在式 (4) 中进行这些替换后，得到迭代公式

$$y_{n+1} = y_n + \frac{h}{6}(k_1 + 2k_2 + 2k_3 + k_4)。 \tag{6}$$

使用此公式依次计算近似值 y_1，y_2，y_3，$\cdots$ 的过程构成 **Runge-Kutta** 法。注意，如果我们将区间 $[x_n, x_{n+1}]$ 上的近似平均斜率写作

$$k = \frac{1}{6}(k_1 + 2k_2 + 2k_3 + k_4), \tag{7}$$

那么式 (6) 变为 "Euler 形式"

$$y_{n+1} = y_n + h \cdot k。$$

Runge-Kutta 法是一种四阶方法，可以证明在 $a = x_0$ 的有界区间 $[a, b]$ 上，其累积误差是 h^4 阶的。[因此，式 (6) 中的迭代过程有时被称为四阶 Runge-Kutta 法，因为可以发展其他阶的 Runge-Kutta 法。] 也就是说，

$$|y(x_n) - y_n| \leqslant Ch^4, \tag{8}$$

其中常数 C 取决于函数 $f(x, y)$ 和区间 $[a, b]$，但不依赖于步长 h。下面的例题通过与之前介绍的低阶精度的数值方法进行对比，显示了 Runge-Kutta 法的高精度。

例题 1　我们首先将 Runge-Kutta 法应用于我们在 2.4 节图 2.4.8 和 2.5 节例题 2 中所考虑的例证性初值问题

$$\frac{\mathrm{d}y}{\mathrm{d}x} = x + y, \quad y(0) = 1。 \tag{9}$$

此问题的精确解为 $y(x) = 2\mathrm{e}^x - x - 1$。为了证实观点，我们取 $h = 0.5$，这比之前的任何例题所取的步长都要大，那么从 $x = 0$ 到 $x = 1$ 只需要两步。

在第一步中，我们使用式 (5) 和式 (6) 可以计算出

$$k_1 = 0 + 1 = 1,$$

$$k_2 = (0 + 0.25) + (1 + (0.25) \cdot (1)) = 1.5,$$

$$k_3 = (0 + 0.25) + (1 + (0.25) \cdot (1.5)) = 1.625,$$

$$k_4 = (0.5) + (1 + (0.5) \cdot (1.625)) = 2.3125,$$

于是

$$y_1 = 1 + \frac{0.5}{6}[1 + 2 \cdot (1.5) + 2 \cdot (1.625) + 2.3125] \approx 1.7969。$$

类似地，由第二步可得 $y_2 \approx 3.4347$。

图 2.6.1 给出了这些结果以及应用步长为 $h = 0.1$ 的改进的 Euler 法所得的结果（来自图 2.5.4）。我们可以看到，即使采用了更大的步长，（对于上述问题）Runge-Kutta 法的精度（就相对百分比误差而言）仍然是改进的 Euler 法精度的四到五倍。

	改进的Euler法		Runge-Kutta 法		
x	$h{=}0.1$ y	百分比误差	$h{=}0.5$ y	百分比误差	实际 y
0.0	1.0000	0.00%	1.0000	0.00%	1.0000
0.5	1.7949	0.14%	1.7969	0.03%	1.7974
1.0	3.4282	0.24%	3.4347	0.05%	3.4366

图 2.6.1 对于初值问题 $dy/dx = x + y$，$y(0) = 1$，应用 Runge-Kutta 法和改进的 Euler 法所得的结果

习惯上通常用计算函数 $f(x, y)$ 的次数，来衡量数值求解 $dy/dx = f(x, y)$ 所涉及的计算工作量。在例题 1 中，Runge-Kutta 法需要对 $f(x, y) = x + y$ 进行 8 次求值（每步 4 次），而改进的 Euler 法需要 20 次这样的求值（每步 2 次，一共 10 步）。因此，Runge-Kutta 法仅用 40% 的计算工作量就能达到四倍以上的精度。

本节应用部分列出了实现 Runge-Kutta 法的计算机程序。图 2.6.2 显示了采用相同步长 $h = 0.1$ 时，应用改进的 Euler 法和 Runge-Kutta 法求解初值问题 $dy/dx = x + y$，$y(0) = 1$ 所得的结果。在 $x = 1$ 处，改进的 Euler 法所得值的相对误差约为 0.24%，而 Runge-Kutta 法所得值的相对误差为 0.00012%。在这个对比中，Runge-Kutta 法的精度大约是改进的 Euler 法的 2000 倍，但只需要两倍的函数求值计算量。

根据 Runge-Kutta 法的误差约束

$$|y(x_n) - y_n| \leqslant Ch^4,$$

当步长 h 减小时，它会导致绝对误差迅速减小（除非存在非常小的步长可能导致不可接受的舍入误差的可能性）。由式 (8) 中的不等式可知，（在一个固定的有界区间上）将步长减半可使绝对误差减小为原来的 $\left(\frac{1}{2}\right)^4 = \frac{1}{16}$。（相比之下，Euler 法对应的因子是 $\frac{1}{2}$，改进的 Euler 法对应的因子是 $\frac{1}{4}$。）因此，在 Runge-Kutta 法中，连续将步长减半直到计算结果"稳定"的常规操作是特别有效的。

x	改进的Euler法 y	Runge-Kutta法 y	实际 y
0.1	1.1100	1.110342	1.110342
0.2	1.2421	1.242805	1.242806
0.3	1.3985	1.399717	1.399718
0.4	1.5818	1.583648	1.583649
0.5	1.7949	1.797441	1.797443
0.6	2.0409	2.044236	2.044238
0.7	2.3231	2.327503	2.327505
0.8	2.6456	2.651079	2.651082
0.9	3.0124	3.019203	3.019206
1.0	3.4282	3.436559	3.436564

图 2.6.2 采用相同步长 $h = 0.1$ 时,应用 Runge-Kutta 法和改进的 Euler 法求解初值问题 $dy/dx = x+y$, $y(0) = 1$ 所得的结果

例题 2　**无穷间断点**　在 2.4 节例题 5 中,我们看到,当 x 趋近于 $x = 0.969811$ 附近的无穷间断点时(如图 2.6.3 所示),Euler 法不足以逼近初值问题

$$\frac{dy}{dx} = x^2 + y^2, \quad y(0) = 1 \qquad (10)$$

的解 $y(x)$。现在我们将 Runge-Kutta 法应用于这个初值问题。

图 2.6.4 显示了在区间 [0.0,0.9] 上分别采用步长 $h = 0.1$、$h = 0.05$ 和 $h = 0.025$ 时,应用 Runge-Kutta 法计算所得结果。虽然在 $x = 0.9$ 附近仍有一些困难,但是我们根据这些数据似乎可以得出可靠的结论 $y(0.5) \approx 2.0670$。

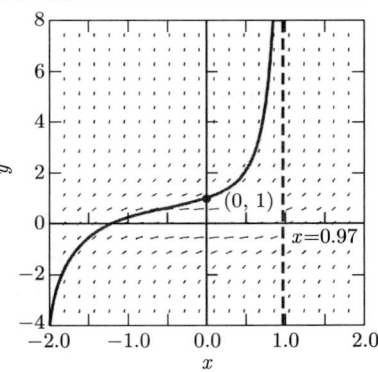

图 2.6.3　$dy/dx = x^2+y^2, y(0) = 1$ 的解

x	$h{=}0.1$ y	$h{=}0.05$ y	$h{=}0.025$ y
0.1	1.1115	1.1115	1.1115
0.3	1.4397	1.4397	1.4397
0.5	2.0670	2.0670	2.0670
0.7	3.6522	3.6529	3.6529
0.9	14.0218	14.2712	14.3021

图 2.6.4　近似初值问题 (10) 的解

因此,我们重新开始,将 Runge-Kutta 法应用于初值问题

$$\frac{dy}{dx} = x^2 + y^2, \quad y(0.5) = 2.0670。 \qquad (11)$$

图 2.6.5 显示了在区间 [0.5, 0.9] 上分别采用步长 $h=0.01$、$h=0.005$ 和 $h=0.0025$ 所得的结果。我们现在得出结论 $y(0.9) \approx 14.3049$。

x	$h=0.01$ y	$h=0.005$ y	$h=0.0025$ y
0.5	2.0670	2.0670	2.0670
0.6	2.6440	2.6440	2.6440
0.7	3.6529	3.6529	3.6529
0.8	5.8486	5.8486	5.8486
0.9	14.3048	14.3049	14.3049

图 2.6.5 近似初值问题 (11) 的解

最后，在区间 [0.90, 0.95] 上，分别采用步长 $h=0.002$、$h=0.001$ 和 $h=0.0005$，对初值问题

$$\frac{\mathrm{d}y}{\mathrm{d}x} = x^2 + y^2, \quad y(0.9) = 14.304\,9 \tag{12}$$

应用 Runge-Kutta 法所得的结果显示在图 2.6.6 中。我们最终的近似结果为 $y(0.95) \approx 50.4723$。在 $x=0.95$ 处解的实际值为 $y(0.95) \approx 50.471867$。这个略微高估的值主要是因为：在问题 (12) 中四位小数的初始值（实际上）是对实际值 $y(0.9) \approx 14.304864$ 向上舍入的结果，当我们接近竖直渐近线时，这种误差会被大幅放大。

x	$h=0.002$ y	$h=0.001$ y	$h=0.0005$ y
0.90	14.3049	14.3049	14.3049
0.91	16.7024	16.7024	16.7024
0.92	20.0617	20.0617	20.0617
0.93	25.1073	25.1073	25.1073
0.94	33.5363	33.5363	33.5363
0.95	50.4722	50.4723	50.4723

图 2.6.6 近似初值问题 (12) 的解

例题 3 **跳伞员** 一名体重为 60 kg 的跳伞员，从初始高度为 5 千米的高空悬停的直升机上跳下。假定她以零初始速度竖直下落，并承受向上的空气阻力 F_R，F_R 可用她的速度 v（m/s）表示为

$$F_R = (0.0096)(100v + 10v^2 + v^3)$$

（以牛顿为单位，并且坐标轴正向指向下方，所以在她下降到地面的过程中都有 $v>0$）。如果她不打开降落伞，那么她的终端速度是多少？5 s 之后她下降的速度有多快？10 s 之后呢？20 s 之后呢？

解答：根据牛顿定律 $F = ma$，可得
$$m\frac{\mathrm{d}v}{\mathrm{d}t} = mg - F_R,$$
由于 $m = 60$ 且 $g = 9.8$，所以
$$60\frac{\mathrm{d}v}{\mathrm{d}t} = (60)(9.8) - (0.0096)(100v + 10v^2 + v^3). \tag{13}$$
因此，速度函数 $v(t)$ 满足初值问题
$$\frac{\mathrm{d}v}{\mathrm{d}t} = f(v), \quad v(0) = 0, \tag{14}$$
其中
$$f(v) = 9.8 - (0.00016)(100v + 10v^2 + v^3). \tag{15}$$

当重力和空气阻力平衡时，跳伞员达到她的终端速度，此时 $f(v) = 0$。因此，我们可以通过求解方程
$$f(v) = 9.8 - (0.00016)(100v + 10v^2 + v^3) = 0 \tag{16}$$
立即计算出她的终端速度。图 2.6.7 显示了函数 $f(v)$ 的图形，并展示出唯一实数解 $v \approx 35.5780$（通过图形得到，或者使用计算器或计算机的 Solve 程序得到）。因此，跳伞员的终端速度约为 35.578 m/s，大约是 128 km/h（约 80 mile/h）。

图 2.6.8 给出了应用 Runge-Kutta 法近似初值问题 (14) 的解的结果，采用步长 $h = 0.2$ 和 $h = 0.1$ 所得结果（在保留到小数点后第三位的情况下）相同。通过观察发现，实际上仅需 15 s 就达到了终端速度。但是跳伞员的速度仅 5 s 后就达到其终端速度的 91.85%，10 s 后达到终端速度的 99.78%。 ∎

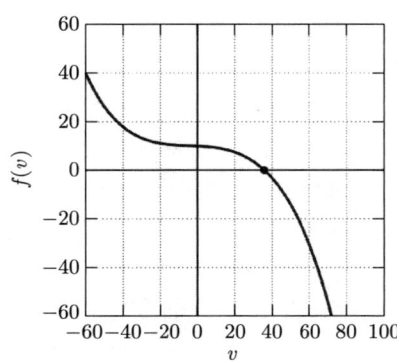

t/s	v/(m/s)	t/s	v/(m/s)
0	0	11	35.541
1	9.636	12	35.560
2	18.386	13	35.569
3	25.299	14	35.574
4	29.949	15	35.576
5	32.678	16	35.577
6	34.137	17	35.578
7	34.875	18	35.578
8	35.239	19	35.578
9	35.415	20	35.578
10	35.500		

图 2.6.7 $f(v) = 9.8 - (0.00016)(100v + 10v^2 + v^3)$ 的图形

图 2.6.8 跳伞员的速度数据

本节最后一道例题包含一个警示：对于某些类型的初值问题，我们所讨论过的数值方法远不如像在前面的例题中那么成功。

例题 4　**警示性示例**　考虑一个看似无异的初值问题

$$\frac{\mathrm{d}y}{\mathrm{d}x} = 5y - 6\mathrm{e}^{-x}, \quad y(0) = 1, \tag{17}$$

其精确解为 $y(x) = \mathrm{e}^{-x}$。图 2.6.9 中的表格显示了在区间 $[0, 4]$ 上应用步长为 $h = 0.2$、$h = 0.1$ 和 $h = 0.05$ 的 Runge-Kutta 法所得的结果。显然，这些尝试都非常不成功。虽然当 $x \to +\infty$ 时，$y(x) = \mathrm{e}^{-x} \to 0$，但是我们的数值近似值似乎趋向于 $-\infty$ 而不是零。

x	$h=0.2$ Runge-Kutta y	$h=0.1$ Runge-Kutta y	$h=0.05$ Runge-Kutta y	实际 y
0.4	0.66880	0.67020	0.67031	0.67032
0.8	0.43713	0.44833	0.44926	0.44933
1.2	0.21099	0.29376	0.30067	0.30119
1.6	−0.46019	0.14697	0.19802	0.20190
2.0	−4.72142	−0.27026	0.10668	0.13534
2.4	−35.53415	−2.90419	−0.12102	0.09072
2.8	−261.25023	−22.05352	−1.50367	0.06081
3.2	−1916.69395	−163.25077	−11.51868	0.04076
3.6	−14059.35494	−1205.71249	−85.38156	0.02732
4.0	−103126.5270	−8903.12866	−631.03934	0.01832

图 2.6.9　应用 Runge-Kutta 法试图数值求解初值问题 (17)

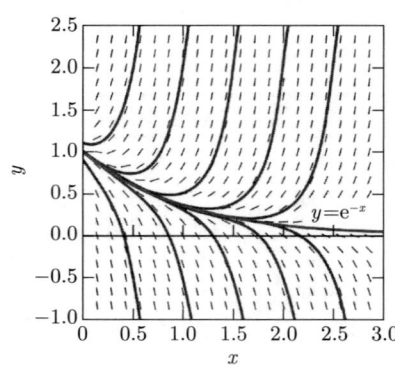

图 2.6.10　方程 $\mathrm{d}y/\mathrm{d}x = 5y - 6\mathrm{e}^{-x}$ 的方向场和解曲线 ⊖

原因在于方程 $\mathrm{d}y/\mathrm{d}x = 5y - 6\mathrm{e}^{-x}$ 的通解为

$$y(x) = \mathrm{e}^{-x} + C\mathrm{e}^{5x}。 \tag{18}$$

当 $C = 0$ 时，得到满足初始条件 $y(0) = 1$ 的问题 (17) 的特解。但是，与精确解 $y(x) = \mathrm{e}^{-x}$ 的任何偏差，无论多么小，即使只是由于舍入误差，都（实际上）会在式 (18) 中引入一个非零的 C 值。如图 2.6.10 所示，形如式 (18) 且 $C \neq 0$ 时的所有解曲线都会快速偏离 $C = 0$ 时的解曲线，即使它们的初始值都接近于 1。■

例题 4 所示的这类困难有时是不可避免的，但是我们至少可以希望在这样一个问题出现时能够辨别出来。近似值的数量级随步长变化而变化是这种不稳定性的一个常见迹象。这些困难会在数值分析教材中讨论，并且是目前该领域研究的主题。

⊖　请前往 bit.ly/3FRqBsg 查看图 2.6.10 的交互式版本。

习题

📱一个手持计算器就足以解决习题 1~10，其中给出了初值问题及其精确解。在区间 $[0,\ 0.5]$ 上，应用步长为 $h=0.25$ 的 Runge-Kutta 法近似精确解。制作一个表格，显示在点 $x=0.25$ 和 0.5 处的近似解和实际解，结果保留到小数点后第五位。

1. $y'=-y,\ y(0)=2;\ y(x)=2\mathrm{e}^{-x}$
2. $y'=2y,\ y(0)=\dfrac{1}{2};\ y(x)=\dfrac{1}{2}\mathrm{e}^{2x}$
3. $y'=y+1,\ y(0)=1;\ y(x)=2\mathrm{e}^{x}-1$
4. $y'=x-y,\ y(0)=1;\ y(x)=2\mathrm{e}^{-x}+x-1$
5. $y'=y-x-1,\ y(0)=1;\ y(x)=2+x-\mathrm{e}^{x}$
6. $y'=-2xy,\ y(0)=2;\ y(x)=2\mathrm{e}^{-x^{2}}$
7. $y'=-3x^{2}y,\ y(0)=3;\ y(x)=3\mathrm{e}^{-x^{3}}$
8. $y'=\mathrm{e}^{-y},\ y(0)=0;\ y(x)=\ln(x+1)$
9. $y'=\dfrac{1}{4}(1+y^{2}),\ y(0)=1;\ y(x)=\tan\dfrac{1}{4}(x+\pi)$
10. $y'=2xy^{2},\ y(0)=1;\ y(x)=\dfrac{1}{1-x^{2}}$

备注：本习题之后的应用部分，列出了可用于求解余下问题的图解计算器或计算机程序。

📱可编程计算器或计算机对于习题 11~16 会很有用。在每道题中，求出给定初值问题的精确解。然后在给定的区间上，应用两次 Runge-Kutta 法近似这个解（精确到小数点后第五位），首先采用步长 $h=0.2$，然后采用步长 $h=0.1$。制作一个表格，当 x 是 0.2 的整数倍时，显示近似值和实际值，以及更精确近似值的百分比误差。其中上标符号 / 表示对 x 求导。

11. $y'=y-2,\ y(0)=1;\ 0\leqslant x\leqslant 1$
12. $y'=\dfrac{1}{2}(y-1)^{2},\ y(0)=2;\ 0\leqslant x\leqslant 1$
13. $yy'=2x^{3},\ y(1)=3;\ 1\leqslant x\leqslant 2$
14. $xy'=y^{2},\ y(1)=1;\ 1\leqslant x\leqslant 2$
15. $xy'=3x-2y,\ y(2)=3;\ 2\leqslant x\leqslant 3$
16. $y^{2}y'=2x^{5},\ y(2)=3;\ 2\leqslant x\leqslant 3$

📱习题 17~24 需要使用计算机。在这些初值问题中，应用步长分别为 $h=0.2,\ 0.1,\ 0.05,\ 0.025$ 的 Runge-Kutta 法，在给定区间的五个等间距点处，近似解的值到小数点后第六位。以表格形式显示结果，并配上合适的标题，以便于评估改变步长 h 的效果。其中上标符号 / 表示对 x 求导。

17. $y'=x^{2}+y^{2},\ y(0)=0;\ 0\leqslant x\leqslant 1$
18. $y'=x^{2}-y^{2},\ y(0)=1;\ 0\leqslant x\leqslant 2$
19. $y'=x+\sqrt{y},\ y(0)=1;\ 0\leqslant x\leqslant 2$
20. $y'=x+\sqrt[3]{y},\ y(0)=-1;\ 0\leqslant x\leqslant 2$
21. $y'=\ln y,\ y(1)=2;\ 1\leqslant x\leqslant 2$
22. $y'=x^{2/3}+y^{2/3},\ y(0)=1;\ 0\leqslant x\leqslant 2$
23. $y'=\sin x+\cos y,\ y(0)=0;\ 0\leqslant x\leqslant 1$
24. $y'=\dfrac{x}{1+y^{2}},\ y(-1)=1;\ -1\leqslant x\leqslant 1$

📱**25. 降落的跳伞者** 正如 2.5 节习题 25，你从一架直升机上跳伞并立即打开降落伞，所以你向下的速度满足初值问题

$$\dfrac{\mathrm{d}v}{\mathrm{d}t}=32-1.6v,\qquad v(0)=0$$

（其中 t 以 s 为单位，v 以 ft/s 为单位）。请在可编程计算器或计算机上，使用 Runge-Kutta 法近似 $0\leqslant t\leqslant 2$ 时的解，首先采用步长 $h=0.1$，然后采用步长 $h=0.05$，将近似的 v 值四舍五入到小数点后第三位。请问跳伞 1 秒后达到极限速度 20 ft/s 的百分比是多少？2 秒后呢？

26. 鹿群数量 正如 2.5 节习题 26，假设小森林里鹿群数量 $P(t)$ 初始数目为 25，并满足 logistic 方程

$$\dfrac{\mathrm{d}P}{\mathrm{d}t}=0.0225P-0.0003P^{2}$$

（其中 t 以月为单位）。请在可编程计算器或计算机上，使用 Runge-Kutta 法近似 10 年来的解，首先采用步长 $h=6$，然后采用步长 $h=3$，将近似的 P 值四舍五入到小数点后第四位。请问 5 年之后达到极限种群数量 75 只鹿的百分比是多少？10 年之后呢？

📱使用计算机系统应用 Runge-Kutta 法，求出习题 27 和习题 28 中期望的解值。从步长 $h=1$ 开始，然后依次使用更小的步长，直到 $x=2$ 处的连续近似解值在四舍五入到小数点后五位时都相同。

27. $y' = x^2 + y^2 - 1$, $y(0) = 0$; $y(2) = ?$

28. $y' = x + \frac{1}{2}y^2$, $y(-2) = 0$; $y(2) = ?$

速度-加速度问题

在习题 29 和习题 30 中，运动质点的线性加速度 $a = dv/dt$ 由公式 $dv/dt = f(t, v)$ 给出，其中速度 $v = dy/dt$ 是质点在 t 时刻的位置函数 $y = y(t)$ 的导数。假设通过使用 Runge-Kutta 法数值求解初值问题

$$\frac{dv}{dt} = f(t, v), \quad v(0) = v_0 \qquad (19)$$

近似速度 $v(t)$。也就是说，从 $t_0 = 0$ 和 v_0 开始，应用式 (5) 和式 (6)，其中用 t 和 v 代替 x 和 y，计算在时间 $t_1, t_2, t_3, \cdots, t_m$（其中 $t_{n+1} = t_n + h$）处的速度近似值 $v_1, v_2, v_3, \cdots, v_m$。假设现在我们还要近似质点移动的距离 $y(t)$。我们可以从初始位置 $y(0) = y_0$ 开始并逐步计算

$$y_{n+1} = y_n + v_n h + \frac{1}{2}a_n h^2 \qquad (20)$$

（$n = 1, 2, 3, \cdots$），其中 $a_n = f(t_n, v_n) \approx v'(t_n)$ 是质点在 t_n 时刻的近似加速度。如果加速度 a_n 在时间区间 $[t_n, t_{n+1}]$ 内保持恒定，那么式 (20) 将给出正确的（从 y_n 到 y_{n+1} 的）增量。

因此，一旦列表计算出了速度的近似值，那么式 (20) 提供了一种用列表计算相应连续位置的简单方法。本节应用部分将展示此过程，从（例题 3）图 2.6.8 中的速度数据开始，继续追踪跳伞员在下降到地面过程中的位置。

29. 重新考虑 2.3 节例题 2 中的弩箭，以 49 m/s 的初始速度从地面竖直向上射出。由于线性空气阻力，其速度函数 $v = dy/dt$ 满足初值问题

$$\frac{dv}{dt} = -0.04v - 9.8, \quad v(0) = 49,$$

其精确解为 $v(t) = 294e^{-t/25} - 245$。

(a) 在计算器或计算机上，分别采用 $n = 100$ 和 $n = 200$ 个子区间，实现 Runge-Kutta 法近似 $0 \leqslant t \leqslant 10$ 时的 $v(t)$。以 1 秒为间隔显示结果。若结果都四舍五入到小数点后第四位，请问这两个近似解是否一致，是否与精确解一致？

(b) 现在采用 200 个子区间，并使用 (a) 部分中的速度数据，近似 $0 \leqslant t \leqslant 10$ 时的 $y(t)$。以 1 秒为间隔显示结果。在结果四舍五入到小数点后第二位时，这些近似的位置值与精确解

$$y(t) = 7350(1 - e^{-t/25}) - 245t$$

一致吗？

(c) 如果精确解未知，请解释你如何能够使用 Runge-Kutta 法更精确地近似弩箭上升和下降的时间以及它所达到的最大高度。

30. 现在再次考虑 2.3 节例题 3 中的弩箭。它仍然以 49 m/s 的初始速度从地面竖直向上射出，但由于空气阻力与速度平方成正比，其速度函数 $v(t)$ 满足初值问题

$$\frac{dv}{dt} = -0.0011v|v| - 9.8, \quad v(0) = 49。$$

从这个初值问题开始，重复习题 29 的 (a) 到 (c) 部分 [在 (a) 部分中，你可能需要 $n = 200$ 个子区间以获得四位精度，在 (b) 部分中，你可能需要 $n = 400$ 个子区间以获得两位精度]。根据 2.3 节习题 17 和习题 18 的结果，弩箭在上升和下降过程中的速度和位置函数可由下式给出。

上升：

$v(t) = 94.388 \tan(0.478837 - 0.103827t)$,

$y(t) = 108.465 +$

$\qquad 909.091 \ln(\cos(0.478837-$

$\qquad 0.103827t))$;

下降：

$v(t) = -94.388 \tanh(0.103827(t - 4.6119))$,

$y(t) = 108.465 -$

$\qquad 909.091 \ln(\cosh(0.103827$

$\qquad (t - 4.6119)))$。

应用　Runge-Kutta 法的实现

📱 请访问 bit.ly/3bmt5k8，利用 Maple、Mathematica 和 MATLAB 等计算资源对此主题进行更多讨论和探索。

图 2.6.11 列出了实现 Runge-Kutta 法的 TI-Nspire™ CX II CAS 和 Python 程序，它们可以近似本节例题 1 中所考虑的如下初值问题的解：

$$\frac{dy}{dx} = x + y, \quad y(0) = 1。$$

即使你对 Python 和 TI 编程语言不太熟悉，最后一列所提供的注释应该可以使这些程序易于理解。

TI-Nspire™ CX II CAS	Python	注释
Define rk()=Prgm	# Program RK	Program title
f(x,y):=x+y	def F(X, Y): return X + Y	Define function f
n:=10	N = 10	No. of steps
x:=0.0	X = 0.0	Initial x
y:=1.0	Y = 1.0	Initial y
x1:=1.0	X1 = 1.0	Final x
h:=(x1−x)/n	H = (X1−X)/N	Step size
For i,1,n	for I in range(N):	Begin loop
x0:=x	X0 = X	Save previous x
y0:=y	Y0 = Y	Save previous y
k1:=f(x,y)	K1 = F(X, Y)	First slope
x:=x0+h/2	X = X0 + H/2	Midpoint
y:=y0+(h*k1)/2	Y = Y0 + H*K1/2	Midpt predictor
k2:=f(x,y)	K2 = F(X, Y)	Second slope
y:=y0+(h*k2)/2	Y = Y0 + H*K2/2	Midpt predictor
k3:=f(x,y)	K3 = F(X, Y)	Third slope
x:=x0+h	X = X0 + H	New x
y:=y0+h*k3	Y = Y0 + H*K3	Endpt predictor
k4:=f(x,y)	K4 = F(X, Y)	Fourth slope
k:=(k1+2*k2+2*k3+k4)/6	K = (K1+2*K2+2*K3+K4)/6	Average slope
y:=y0+h*k	Y = Y0 + H*K	Corrector
Disp x,y	PRINT (X, Y)	Display results
EndFor	# END	End loop
EndPrgm		

图 2.6.11　基于 TI-Nspire™ CX II CAS 和 Python 的 Runge-Kutta 法程序

为了将 Runge-Kutta 法应用于一个不同的方程 $dy/dx = f(x, y)$，你只需要改变程序的初始行中定义的函数 f。为了增加步数（从而减小步长），你只需要改变程序第二行中所指定的 n 值。

图 2.6.12 展示了 Runge-Kutta 法的 MATLAB 实现。假设描述微分方程 $y' = f(x, y)$

的函数 f 已经被定义。那么函数rk以初始值x、初始值y、x的最终值x1以及所需的子区间数n作为输入量。作为输出，它生成得到的 x 和 y 值的列向量X和Y。例如，MATLAB 命令

    [X, Y] = rk(0, 1, 1, 10)

会生成如图 2.6.2 所示的表格的第一列和第三列数据。

你应该开始本节应用，即使用你自己的计算器或计算机系统实现 Runge-Kutta 法。首先将你的程序应用于例题 1 中的初值问题，然后应用于本节的其他一些问题，以此来调试程序。

```
function yp = f(x,y)
yp = x + y;                              % yp = y'

function [X,Y] = rk(x,y,x1,n)
h = (x1 - x)/n;                          % step size
X = x;                                   % initial x
Y = y;                                   % initial y
for i = 1:n                              % begin loop
    k1 = f(x,y);                         % first slope
    k2 = f(x+h/2,y+h*k1/2);              % second slope
    k3 = f(x+h/2,y+h*k2/2);              % third slope
    k4 = f(x+h,y+h*k3);                  % fourth slope
    k  = (k1+2*k2+2*k3+k4)/6;            % average slope
    x  = x + h;                          % new x
    y  = y + h*k;                        % new y
    X  = [X;x];                          % update x-column
    Y  = [Y;y];                          % update y-column
end                                      % end loop
```

图 2.6.12 Runge-Kutta 法的 MATLAB 实现

练习

最后一次研究著名数字 下列问题将数字

$$e \approx 2.718\,281\,828\,46, \quad \ln 2 \approx 0.693\,147\,180\,56 \quad \text{和} \quad \pi \approx 3.141\,592\,653\,59$$

描述为某些初值问题解的特定值。在每种情况下，应用 Runge-Kutta 法，并依次取子区间个数为 $n = 10$，20，40，$\cdots$（每次将 n 翻倍）。请问四舍五入到小数点后九位时，需要多少个子区间才能连续两次获得目标数字的正确值？

1. 数字 $e = y(1)$，其中 $y(x)$ 是初值问题 $dy/dx = y$，$y(0) = 1$ 的解。

2. 数字 $\ln 2 = y(2)$，其中 $y(x)$ 是初值问题 $dy/dx = 1/x$，$y(1) = 0$ 的解。

3. 数字 $\pi = y(1)$，其中 $y(x)$ 是初值问题 $dy/dx = 4/(1+x^2)$，$y(0) = 0$ 的解。

跳伞员的降落 下面的 MATLAB 函数描述了例题 3 中跳伞员的加速度函数。

```
function     vp = f(t,v)
vp = 9.8-0.00016*(100*v + 10*v^2 + v^3);
```

然后使用命令

```
k = 200                                  % 200 subintervals
```

```
[t, v] = rk(0, 0, 20, k);           % Runge-Kutta approximation
[t(1:10:k+1); v(1:10:k+1)]           % Display every 10th entry
```
即可生成如图 2.6.8 所示的近似速度表。最后，命令
```
y = zeros(k+1,1):                    % initialize y
h = 0.1;                             % step size
for n = 1:k                          % for n = 1 to k
   a = f(t(n), v(n)):                % acceleration
   y(n+1)= y(n)+ v(n)*h + 0.5*a*h^2; % Equation (20)
end                                  % end loop
[t(1:20:k+1), v(1:20:k+1), y(1:20:k+1)]   % each 20th entry
```
可以对习题 29 和习题 30 的说明中的式 (20) 所描述的位置函数实施计算。图 2.6.13 中的表格展示了这些计算结果。结果表明跳伞员在前 20 s 下降了 629.866 m，然后以 35.578 m/s 的终端速度自由下落剩下的 4 370.134 m 到达地面。因此，她下降的总时间为 $20 + (4\,370.134/35.578) \approx 142.833$ s，即大约 2 分 23 秒。

使用可用的计算机系统实现这些方法之后，来解决自己设计的问题，如采用你自己的质量 m 以及合理的形如 $F_R = av + bv^2 + cv^3$ 的空气阻力，分析你自己（也许从不同高度）跳伞的情况。

t/s	v/(m/s)	y/m
0	0	0
2	18.386	18.984
4	29.949	68.825
6	34.137	133.763
8	35.239	203.392
10	35.500	274.192
12	35.560	345.266
14	35.574	416.403
16	35.577	487.555
18	35.578	558.710
20	35.578	629.866

图 2.6.13　跳伞员的速度和位置数据

第 3 章 高阶线性方程

3.1 二阶线性方程简介

在第 1 章和第 2 章中，我们研究了一阶微分方程。现在我们来看看 $n \geqslant 2$ 的高阶方程，本章从线性方程开始。线性微分方程的一般理论与本节概述的二阶情况（$n=2$）相似。

回顾一下，关于（未知）函数 $y(x)$ 的二阶微分方程的一种形式为

$$G(x, y, y', y'') = 0。 \tag{1}$$

这个微分方程被称为**线性**的，只要 G 关于因变量 y 及其导数 y' 和 y'' 是线性的。因此，一个二阶线性方程具有（或可以写成）如下形式：

$$A(x)y'' + B(x)y' + C(x)y = F(x)。 \tag{2}$$

除非另有说明，我们总是假设（已知的）系数函数 $A(x)$、$B(x)$、$C(x)$ 和 $F(x)$ 在某个我们希望求解这个微分方程的（也许无界）开区间 I 上是连续的，但我们不要求它们是 x 的线性函数。因此，微分方程

$$e^x y'' + (\cos x)y' + (1 + \sqrt{x})y = \tan^{-1} x$$

是线性的，因为因变量 y 及其导数 y' 和 y'' 以线性方式出现。对比之下，方程

$$y'' = \boxed{yy'} \quad \text{和} \quad y'' + 3\boxed{(y')^2} + \boxed{4y^3} = 0$$

不是线性的，因为方程中出现了 y 或者其导数的乘积和幂运算项。

如果方程 (2) 右侧的函数 $F(x)$ 在 I 上恒等于零，则称方程 (2) 是**齐次**线性方程，否则，它是**非齐次**的。例如，二阶方程

$$x^2 y'' + 2xy' + 3y = \boxed{\cos x}$$

是非齐次的，其相关齐次方程为

$$x^2 y'' + 2xy' + 3y = 0。$$

一般而言，与方程 (2) **相关**的齐次线性方程为

$$A(x)y'' + B(x)y' + C(x)y = 0。 \tag{3}$$

如果微分方程 (2) 是对一个物理系统建模所得，那么非齐次项 $F(x)$ 通常对应于系统受到的一些外部影响。

备注： 请注意，"齐次"一词在二阶线性微分方程中的含义与在一阶微分方程中的含义（如 1.6 节所述）

截然不同。当然，无论是在数学领域还是在更普遍的语言领域，同一个词在不同的语境中有不同的含义都是很常见的。

一个典型应用

线性微分方程通常作为机械系统或电路的数学模型出现。例如，假设一个质量为 m 的质量块同时与弹簧和阻尼器（减震器）相连，弹簧对其施加的力为 F_S，阻尼器对其施加的力为 F_R（如图 3.1.1 和图 3.1.2 所示）。假设弹簧的恢复力 F_S 与质量块距其平衡位置的位移 x 成正比，且作用方向与位移方向相反。那么

$$F_S = -kx \quad (\text{其中 } k > 0),$$

所以若 $x > 0$（弹簧被拉伸），则 $F_S < 0$；若 $x < 0$（弹簧被压缩），则 $F_S > 0$。我们假设阻尼力 F_R 与质量块的速度 $v = \mathrm{d}x/\mathrm{d}t$ 成正比，且作用方向与运动方向相反。那么

$$F_R = -cv = -c\frac{\mathrm{d}x}{\mathrm{d}t} \quad (\text{其中 } c > 0),$$

所以若 $v > 0$（向右运动），则 $F_R < 0$；若 $v < 0$（向左运动），则 $F_R > 0$。

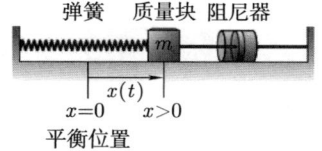

图 3.1.1　一个质量块—弹簧—阻尼器系统　　图 3.1.2　作用在质量块 m 上的力的方向

如果 F_R 和 F_S 是作用在质量块 m 上仅有的力，则由此产生的加速度为 $a = \mathrm{d}v/\mathrm{d}t$，那么由牛顿定律 $F = ma$ 可得

$$mx'' = F_S + F_R, \tag{4}$$

即

$$m\frac{\mathrm{d}^2 x}{\mathrm{d}t^2} + c\frac{\mathrm{d}x}{\mathrm{d}t} + kx = 0。 \tag{5}$$

由此我们得到质量块 m 的位置函数 $x(t)$ 所满足的微分方程。这个齐次二阶线性方程控制着质量块的自由振动，我们将在 3.4 节详细讨论这个问题。

如果除了 F_S 和 F_R 之外，质量块 m 还受到外力 $F(t)$ 的作用，那么必须在方程 (4) 右侧加上这个外力，从而所得方程为

$$m\frac{\mathrm{d}^2 x}{\mathrm{d}t^2} + c\frac{\mathrm{d}x}{\mathrm{d}t} + kx = F(t)。 \tag{6}$$

这个非齐次线性微分方程控制着质量块在外力 $F(t)$ 作用下的受迫振动。

齐次二阶线性方程

考虑一般二阶线性方程

$$A(x)y'' + B(x)y' + C(x)y = F(x), \tag{7}$$

其中系数函数 A, B, C 和 F 在开区间 I 上是连续的。这里我们还假设在 I 的每个点 $A(x) \neq 0$，所以我们可以将方程 (7) 中的每一项除以 $A(x)$，即将其写成如下形式：

$$y'' + p(x)y' + q(x)y = f(x)。 \tag{8}$$

我们将首先讨论相关齐次方程

$$y'' + p(x)y' + q(x)y = 0。 \tag{9}$$

这个齐次线性方程具有一个特别有用的性质，即方程 (9) 的任意两个解的和也是一个解，一个解的任意常数倍也是一个解。这是下面定理的中心思想。

定理 1 齐次方程解的叠加原理

令 y_1 和 y_2 是齐次线性方程 (9) 在区间 I 上的两个解，若 c_1 和 c_2 是常数，则线性组合

$$y = c_1 y_1 + c_2 y_2 \tag{10}$$

也是方程 (9) 在区间 I 上的一个解。

证明：根据微分运算的线性性质，几乎可以立即得出结论，即

$$y' = c_1 y_1' + c_2 y_2' \quad \text{和} \quad y'' = c_1 y_1'' + c_2 y_2''。$$

因为 y_1 和 y_2 是方程的解，所以

$$\begin{aligned} y'' + py' + qy &= (c_1 y_1 + c_2 y_2)'' + p(c_1 y_1 + c_2 y_2)' + q(c_1 y_1 + c_2 y_2) \\ &= (c_1 y_1'' + c_2 y_2'') + p(c_1 y_1' + c_2 y_2') + q(c_1 y_1 + c_2 y_2) \\ &= c_1(y_1'' + py_1' + qy_1) + c_2(y_2'' + py_2' + qy_2) \\ &= c_1 \cdot 0 + c_2 \cdot 0 = \boxed{0}。 \end{aligned}$$

因此 $y = c_1 y_1 + c_2 y_2$ 也是方程的一个解。 ▲

例题 1 通过检验可知

$$y_1(x) = \cos x \quad \text{和} \quad y_2(x) = \sin x$$

是方程

$$y'' + y = 0$$

的两个解。定理 1 告诉我们，这些解的任意线性组合，例如

$$y(x) = 3y_1(x) - 2y_2(x) = 3\cos x - 2\sin x$$

也是一个解。我们稍后会看到，反过来，方程 $y''+y=0$ 的每个解都是这两个特解 y_1 和 y_2 的线性组合。因此，$y''+y=0$ 的通解可由下式给出：

$$y(x) = c_1 \cos x + c_2 \sin x.$$

重要的是要明白，因为可以独立选择两个系数 c_1 和 c_2，所以这个单一的通解公式包含了特解的"双重无穷"种组合。图 3.1.3 至图 3.1.5 呈现了 c_1 和 c_2 其中之一等于零或两者均非零时解的一些可能情况。

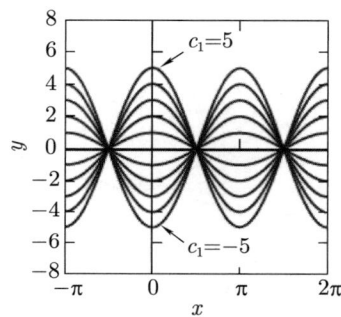
图 3.1.3　方程 $y''+y=0$ 的解 $y(x) = c_1 \cos x$ ⊖

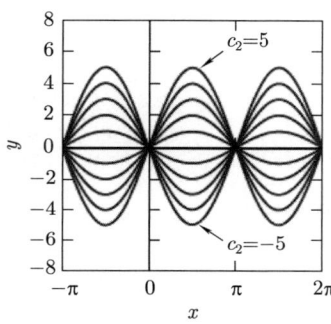
图 3.1.4　方程 $y''+y=0$ 的解 $y(x) = c_2 \sin x$

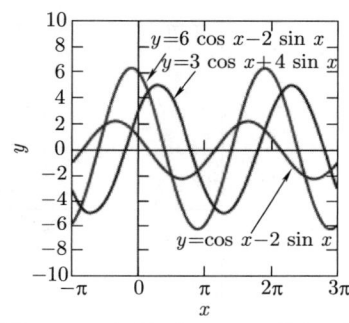
图 3.1.5　方程 $y''+y=0$ 的解，其中 c_1 和 c_2 均非零

在本节的前面，我们给出了线性方程 $mx'' + cx' + kx = F(t)$ 作为如图 3.1.1 所示质量块运动的数学模型。物理学研究表明，质量块的运动应由其初始位置和初始速度决定。因此，给定 $x(0)$ 和 $x'(0)$ 的任意预赋值，方程 (6) 都应有满足这些初始条件的唯一解。更一般地，为了成为既定物理状态的"好"数学模型，微分方程必须具有满足任何适当初始条件的唯一解。下面的存在唯一性定理（在附录中证明）为一般二阶方程提供了这一保证。

定理 2　线性方程解的存在唯一性

假设函数 p, q 和 f 在包含点 a 的开区间 I 上是连续的，那么，给定任意两个数 b_0 和 b_1，方程

$$y'' + p(x)y' + q(x)y = f(x) \tag{8}$$

在整个区间 I 上存在满足初始条件

$$y(a) = b_0, \quad y'(a) = b_1 \tag{11}$$

的唯一（即一个且只有一个）解。

备注 1：方程 (8) 和条件 (11) 构成一个二阶线性**初值问题**。定理 2 告诉我们，任何这样的初值问题在整个区间 I 上都有唯一解，其中方程 (8) 中的系数函数都是连续的。回顾 1.3 节可知，非线性微分方程通常仅在较小的区间上才有唯一解。

⊖　请前往 bit.ly/3lLepkU 查看图 3.1.3 和图 3.1.4 的交互式版本。

备注 2: 鉴于一阶微分方程 $dy/dx = F(x, y)$ 通常只允许有一条解曲线 $y = y(x)$ 经过给定的初始点 (a, b), 定理 2 意味着二阶方程 (8) 有无穷多条经过点 (a, b_0) 的解曲线, 即初始斜率 $y'(a) = b_1$ 的每个(实数)值都对应一条。也就是说, 不是只有一条经过 (a, b_0) 的直线与解曲线相切, 而是每条经过 (a, b_0) 的非竖直直线都与方程 (8) 的某条解曲线相切。图 3.1.6 显示了方程 $y'' + 3y' + 2y = 0$ 的若干条解曲线, 它们都具有相同的初始值 $y(0) = 1$, 而图 3.1.7 显示了若干条具有相同初始斜率 $y'(0) = 1$ 的解曲线。本节末尾的应用部分说明了如何为给定的齐次二阶线性微分方程构造这样的解曲线族。 ∎

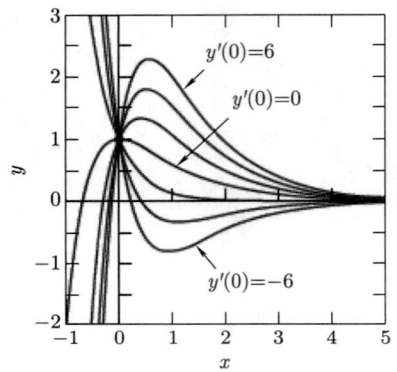

图 3.1.6 方程 $y'' + 3y' + 2y = 0$ 的解, 它们具有相同的初始值 $y(0) = 1$ 但具有不同的初始斜率

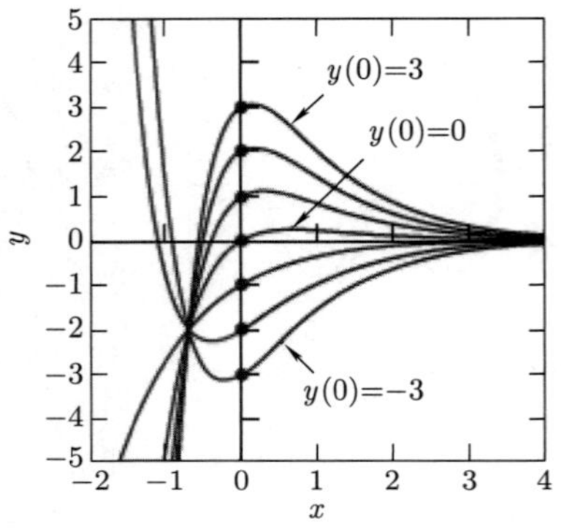

图 3.1.7 方程 $y'' + 3y' + 2y = 0$ 的解, 它们具有相同的初始斜率 $y'(0) = 1$ 但具有不同的初始值 ⊖

例题 1 **续** 我们在例题 1 的第一部分中看到, $y(x) = 3\cos x - 2\sin x$ 是 $y'' + y = 0$ (在整个实轴上) 的一个解。它具有初始值 $y(0) = 3$, $y'(0) = -2$。定理 2 告诉我们上述解是具有这些初始值的唯一解。更一般而言, 解

$$y(x) = b_0 \cos x + b_1 \sin x$$

满足任意初始条件 $y(0) = b_0$, $y'(0) = b_1$, 这说明这样一个解的存在性, 亦由定理 2 所保证。 ∎

例题 1 向我们展示了, 给定一个齐次二阶线性微分方程, 如何求出解 $y(x)$, 其存在性由定理 2 保证。首先, 我们求出两个 "本质不同" 的解 y_1 和 y_2, 然后, 我们试图对通解

$$y = c_1 y_1 + c_2 y_2 \tag{12}$$

施加初始条件 $y(a) = b_0$, $y'(a) = b_1$, 即我们试图求解联立方程组

$$\begin{aligned} c_1 y_1(a) + c_2 y_2(a) &= b_0, \\ c_1 y_1'(a) + c_2 y_2'(a) &= b_1, \end{aligned} \tag{13}$$

⊖ 请前往 bit.ly/3FOO5y5 查看图 3.1.6 和图 3.1.7 的交互式版本。

从而得到系数 c_1 和 c_2。

例题 2 验证函数
$$y_1(x) = e^x \quad \text{和} \quad y_2(x) = xe^x$$
是微分方程
$$y'' - 2y' + y = 0$$
的解，然后求出一个满足初始条件 $y(0) = 3$，$y'(0) = 1$ 的解。

解答：我们省略常规验证过程。将给定的初始条件施加于通解
$$y(x) = c_1 e^x + c_2 x e^x,$$
那么
$$y'(x) = (c_1 + c_2)e^x + c_2 x e^x,$$
从而得到联立方程组
$$\begin{aligned} y(0) &= c_1 &&= 3, \\ y'(0) &= c_1 + c_2 &= 1。\end{aligned}$$
求出解为 $c_1 = 3$，$c_2 = -2$。因此，原初值问题的解为
$$y(x) = 3e^x - 2xe^x。$$
图 3.1.8 显示了 $y'' - 2y' + y = 0$ 的其他几个解，它们都具有相同的初始值 $y(0) = 3$。

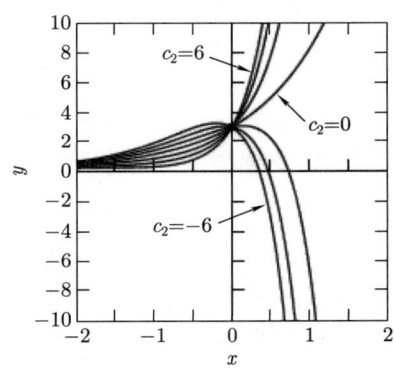

图 3.1.8　方程 $y'' - 2y' + y = 0$ 的不同解 $y(x) = 3e^x + c_2 x e^x$，它们具有相同的初始值 $y(0) = 3$

为了使例题 2 的过程能成功实施，两个解 y_1 和 y_2 必须具有一个难以捉摸的性质，即无论初始条件 b_0 和 b_1 如何，总能从式 (13) 的方程组解出 c_1 和 c_2。下面的定义明确地说明了两个函数 y_1 和 y_2 必须如何不同。

定义　两个函数的线性无关性
定义在开区间 I 上的两个函数，若两者都不是对方的常数倍，则称它们在 I 上**线性无关**。

如果两个函数在一个开区间上不是线性无关的，即其中一个函数是另一个函数的常数倍，则称它们在该开区间上**线性相关**。我们总是可以通过观察两个商 f/g 或 g/f 中是否有一个是区间 I 上的常值函数，来确定两个给定的函数 f 和 g 是否在区间 I 上线性相关。

例题 3　由此可见，下列函数对在整个实轴上线性无关：
$$\sin x \quad \text{和} \quad \cos x;$$
$$e^x \quad \text{和} \quad e^{-2x};$$

$$e^x \text{ 和 } xe^x;$$
$$x+1 \text{ 和 } x^2;$$
$$x \text{ 和 } |x|。$$

也就是说，$\sin x/\cos x = \tan x$ 和 $\cos x/\sin x = \cot x$ 都不是常值函数，$e^x/e^{-2x} = e^{3x}$ 和 $e^{-2x}/e^x = e^{-3x}$ 都不是常值函数，等等。但恒等于零的函数 $f(x) \equiv 0$ 和任意其他函数 g 在每个区间上均线性相关，因为 $0 \cdot g(x) = 0 = f(x)$。此外，函数

$$f(x) = \sin 2x \quad \text{和} \quad g(x) = \sin x \cos x。$$

在任意区间上线性相关，因为 $f(x) = 2g(x)$ 是我们熟悉的三角恒等式 $\sin 2x = 2\sin x\cos x$。∎

通解

齐次方程 $y'' + py' + qy = 0$ 总是有两个线性无关的解吗？定理 2 给出了肯定的回答。我们只需要选择 y_1 和 y_2，使得

$$y_1(a) = 1, \ y_1'(a) = 0 \quad \text{和} \quad y_2(a) = 0, \ y_2'(a) = 1。$$

那么 $y_1 = ky_2$ 或 $y_2 = ky_1$ 是不可能成立的，因为对于任意常数 k 都有 $k \cdot 0 \ne 1$。定理 2 告诉我们存在两个这样的线性无关解，实际上，找到它们是一件至关重要的事情，我们将在本节末尾简要讨论，并从 3.3 节开始更详细地讨论这件事情。

最后，我们要证明，给定齐次方程

$$y''(x) + p(x)y'(x) + q(x)y(x) = 0 \tag{9}$$

的任意两个线性无关解 y_1 和 y_2，方程 (9) 的每个解 y 都可以表示为 y_1 和 y_2 的一个线性组合

$$y = c_1 y_1 + c_2 y_2。 \tag{12}$$

这意味着式 (12) 中的函数是方程 (9) 的通解，它提供了这个微分方程的所有可能解。

正如方程组 (13) 所示，式 (12) 中的常数 c_1 和 c_2 的确定取决于由 y_1 和 y_2 及其导数的值构成的一个特定的 2×2 阶行列式。给定两个函数 f 和 g，那么 f 和 g 的 **Wronski** 行列式为

$$W = \begin{vmatrix} f & g \\ f' & g' \end{vmatrix} = fg' - f'g。$$

我们写作 $W(f, g)$ 或 $W(x)$，这取决于我们是想强调这两个函数还是强调 Wronski 行列式的求值点 x。例如

$$W(\cos x, \ \sin x) = \begin{vmatrix} \cos x & \sin x \\ -\sin x & \cos x \end{vmatrix} = \cos^2 x + \sin^2 x = 1$$

和

$$W(\mathrm{e}^x,\ x\mathrm{e}^x) = \begin{vmatrix} \mathrm{e}^x & x\mathrm{e}^x \\ \mathrm{e}^x & \mathrm{e}^x + x\mathrm{e}^x \end{vmatrix} = \mathrm{e}^{2x}。$$

这些是微分方程的成对线性无关解的例子（参见本节例题 1 和例题 2）。注意，在这两种情况下，Wronski 行列式处处非零。

另一方面，如果函数 f 和 g 是线性相关的，比如 $f = kg$，那么

$$W(f,\ g) = \begin{vmatrix} kg & g \\ kg' & g' \end{vmatrix} = kgg' - kg'g \equiv 0。$$

因此，两个线性相关函数的 Wronski 行列式恒等于零。在 3.2 节我们将证明，若两个函数 y_1 和 y_2 是齐次二阶线性微分方程的解，则定理 3 的 (b) 部分中所述的强逆命题成立。

> **定理 3　解的 Wronski 行列式**
> 假设 y_1 和 y_2 是齐次二阶线性微分方程 [方程 (9)]
> $$y'' + p(x)y' + q(x)y = 0$$
> 在开区间 I 上的两个解，其中 p 和 q 是连续的。
> **(a)** 若 y_1 和 y_2 线性相关，则在 I 上 $W(y_1,\ y_2) \equiv 0$。
> **(b)** 若 y_1 和 y_2 线性无关，则在 I 的每个点处 $W(y_1,\ y_2) \neq 0$。

因此，给定方程 (9) 的两个解，只有两种可能性：若解线性相关，则 Wronski 行列式 W 恒等于零；若解线性无关，则 Wronski 行列式永远不会等于零。后一个事实需要我们证明，若 y_1 和 y_2 是方程 (9) 的线性无关解，则 $y = c_1 y_1 + c_2 y_2$ 是其通解。

> **定理 4　齐次方程的通解**
> 令 y_1 和 y_2 是齐次方程 [方程 (9)]
> $$y'' + p(x)y' + q(x)y = 0$$
> 在开区间 I 上的两个线性无关解，其中 p 和 q 是连续的。若 Y 是方程 (9) 在 I 上的任意解，则对于 I 内的所有 x，存在数 c_1 和 c_2，使得
> $$Y(x) = c_1 y_1(x) + c_2 y_2(x)。$$

本质上，定理 4 告诉我们，当我们已经找到二阶齐次微分方程 (9) 的两个线性无关解时，我们就已经找到了它的所有解。因此，我们称线性组合 $Y = c_1 y_1 + c_2 y_2$ 为这个微分方程的一个通解。

定理 4 的证明：选择 I 内一点 a，考虑联立方程组

$$\begin{aligned} c_1 y_1(a) + c_2 y_2(a) &= Y(a), \\ c_1 y_1'(a) + c_2 y_2'(a) &= Y'(a)。 \end{aligned} \tag{14}$$

以 c_1 和 c_2 为未知量的这个线性方程组的系数构成的行列式就是 Wronski 行列式 $W(y_1, y_2)$ 在 $x = a$ 处的取值。根据定理 3，这个行列式是非零的，所以由初等代数可知，从方程组 (14) 可以求解出 c_1 和 c_2。利用 c_1 和 c_2 的这些值，我们定义方程 (9) 的解为

$$G(x) = c_1 y_1(x) + c_2 y_2(x),$$

那么

$$G(a) = c_1 y_1(a) + c_2 y_2(a) = Y(a)$$

和

$$G'(a) = c_1 y_1'(a) + c_2 y_2'(a) = Y'(a)。$$

因此，两个解 Y 和 G 在 a 处具有相同的初始值，同样，Y' 和 G' 也是如此。根据由这样的初始值所确定的解的唯一性（定理 2），可知 Y 和 G 在 I 上是一致的。因此，我们得到

$$Y(x) \equiv G(x) = c_1 y_1(x) + c_2 y_2(x),$$

正如期望的一样。 ▲

例题 4 如果 $y_1(x) = e^{2x}$ 和 $y_2(x) = e^{-2x}$，那么

$$y_1'' = (2)(2)e^{2x} = 4e^{2x} = 4y_1 \quad \text{和} \quad y_2'' = (-2)(-2)e^{-2x} = 4e^{-2x} = 4y_2。$$

因此，y_1 和 y_2 是

$$y'' - 4y = 0 \tag{15}$$

的线性无关解。但是因为

$$\frac{d^2}{dx^2}(\cosh 2x) = \frac{d}{dx}(2\sinh 2x) = 4\cosh 2x,$$

类似地，$(\sinh 2x)'' = 4\sinh 2x$，所以 $y_3(x) = \cosh 2x$ 和 $y_4(x) = \sinh 2x$ 也是方程 (15) 的解。因此，由定理 4 可知，函数 $\cosh 2x$ 和 $\sinh 2x$ 可以表示为 $y_1(x) = e^{2x}$ 和 $y_2(x) = e^{-2x}$ 的线性组合。当然，这并不意外，因为

$$\cosh 2x = \frac{1}{2}e^{2x} + \frac{1}{2}e^{-2x} \quad \text{和} \quad \sinh 2x = \frac{1}{2}e^{2x} - \frac{1}{2}e^{-2x},$$

这是根据双曲余弦和双曲正弦的定义得到的。 ■

备注：因为 e^{2x}，e^{-2x} 以及 $\cosh 2x$，$\sinh 2x$ 是方程 (15) 中 $y'' - 4y = 0$ 的两对不同的线性无关解，所以定理 4 表明，此方程的每个特解 $Y(x)$ 都可以写成如下两种形式：

$$Y(x) = c_1 e^{2x} + c_2 e^{-2x}$$

和

$$Y(x) = a\cosh 2x + b\sinh 2x。$$

从而这两种不同的线性组合（具有任意常系数）为同一微分方程 $y'' - 4y = 0$ 的所有解的集合提供了两种不同的表达形式。因此，这两个线性组合中的每一个都是方程的通解。事实上，这就是为什么将特定的这种线性组合称为"一个通解"而不是"通解"是准确的。 ■

常系数二阶线性微分方程

作为本节所介绍的一般理论的示例,我们讨论具有常系数 a,b 和 c 的齐次二阶线性微分方程

$$ay'' + by' + cy = 0。 \tag{16}$$

我们首先寻找方程 (16) 的单一解,从观察下式开始,

$$(\mathrm{e}^{rx})' = r\mathrm{e}^{rx} \quad \text{和} \quad (\mathrm{e}^{rx})'' = r^2 \mathrm{e}^{rx}, \tag{17}$$

所以 e^{rx} 的任意阶导数都是 e^{rx} 的常数倍。因此,如果我们将 $y = \mathrm{e}^{rx}$ 代入方程 (16),那么方程中每一项都是 e^{rx} 的常数倍,其中常数系数取决于 r 和系数 a,b 和 c。这表明我们可以试图找到一个 r 值使得 e^{rx} 的这些倍数的和为零。如果我们成功了,那么 $y = \mathrm{e}^{rx}$ 将是方程 (16) 的一个解。

例如,如果我们将 $y = \mathrm{e}^{rx}$ 代入方程

$$y'' - 5y' + 6y = 0,$$

可得

$$r^2 \mathrm{e}^{rx} - 5r\mathrm{e}^{rx} + 6\mathrm{e}^{rx} = 0。$$

则有

$$(r^2 - 5r + 6)\mathrm{e}^{rx} = 0, \quad (r-2)(r-3)\mathrm{e}^{rx} = 0。$$

因此,当 $r = 2$ 或 $r = 3$ 时,$y = \mathrm{e}^{rx}$ 就是方程的一个解。所以,在寻找单一解的过程中,我们实际上已经找到了两个解:$y_1(x) = \mathrm{e}^{2x}$ 和 $y_2(x) = \mathrm{e}^{3x}$。

为了在一般情况下实施这一过程,我们将 $y = \mathrm{e}^{rx}$ 代入方程 (16)。借助式 (17) 中的等式,我们发现结果为

$$ar^2 \mathrm{e}^{rx} + br\mathrm{e}^{rx} + c\mathrm{e}^{rx} = 0。$$

由于 e^{rx} 永远非零,所以我们得出结论,当 r 是代数方程

$$ar^2 + br + c = 0 \tag{18}$$

的根时,$y(x) = \mathrm{e}^{rx}$ 恰好满足微分方程 (16)。方程 (18) 被称为齐次线性微分方程

$$ay'' + by' + cy = 0 \tag{16}$$

的**特征方程**。如果方程 (18) 有两个不同(不相等)的根 r_1 和 r_2,那么方程 (16) 对应的解 $y_1(x) = \mathrm{e}^{r_1 x}$ 和 $y_2(x) = \mathrm{e}^{r_2 x}$ 是线性无关的。(为什么?)这给出了以下结果。

定理 5　不同实根

若特征方程 (18) 的根 r_1 和 r_2 是实数且不同,则

$$y(x) = c_1 \mathrm{e}^{r_1 x} + c_2 \mathrm{e}^{r_2 x} \tag{19}$$

是方程 (16) 的一个通解。

例题 5 求出如下方程的通解：
$$2y'' - 7y' + 3y = 0。$$

解答： 我们可以通过因式分解
$$(2r-1)(r-3) = 0$$

求解特征方程
$$2r^2 - 7r + 3 = 0。$$

其根 $r_1 = \dfrac{1}{2}$ 和 $r_2 = 3$ 是实数且不同，所以由定理 5 得到通解
$$y(x) = c_1 e^{x/2} + c_2 e^{3x}。$$

例题 6 微分方程 $y'' + 2y' = 0$ 的特征方程为
$$r^2 + 2r = r(r+2) = 0,$$

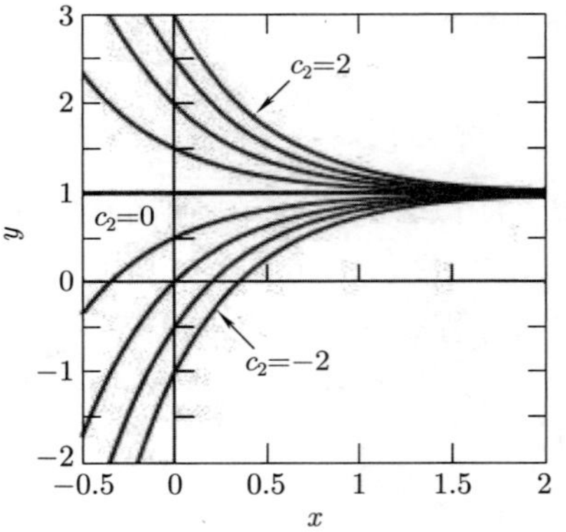

它有不同实根 $r_1 = 0$ 和 $r_2 = -2$。因为 $e^{0 \cdot x} \equiv 1$，所以我们得到通解
$$y(x) = c_1 + c_2 e^{-2x}。$$

图 3.1.9 显示了当 $c_1 = 1$ 时的几条不同解曲线，当 $x \to +\infty$ 时，它们似乎都趋近于解曲线 $y(x) \equiv 1$（其中 $c_2 = 0$）。

图 3.1.9 方程 $y'' + 2y' = 0$ 的解 $y(x) = 1 + c_2 e^{-2x}$，具有不同 c_2 值

备注： 注意定理 5 将一个涉及微分方程的问题转化为一个只涉及代数方程求解的问题。

如果特征方程 (18) 有相等的根 $r_1 = r_2$，那么（起初）我们只能得到方程 (16) 的单一解 $y_1(x) = e^{r_1 x}$。这种情况下的问题是求出微分方程"缺失"的第二个解。当特征方程是方程
$$(r - r_1)^2 = r^2 - 2r_1 r + r_1^2 = 0$$

的常数倍时，就会出现二重根 $r = r_1$。任何具有这个特征方程的微分方程都等价于
$$y'' - 2r_1 y' + r_1^2 y = 0。 \tag{20}$$

但是通过直接代入很容易验证，$y = xe^{r_1 x}$ 是方程 (20) 的第二个解。显然（但你应该进行验证）
$$y_1(x) = e^{r_1 x} \quad \text{和} \quad y_2(x) = xe^{r_1 x}$$

是线性无关函数，所以微分方程 (20) 的通解为
$$y(x) = c_1 e^{r_1 x} + c_2 x e^{r_1 x}。$$

定理 6　重根

若特征方程 (18) 具有相等（必然是实数）根 $r_1 = r_2$，则

$$y(x) = (c_1 + c_2 x)e^{r_1 x} \tag{21}$$

是方程 (16) 的一个通解。

例题 7　为了求解初值问题

$$y'' + 2y' + y = 0;$$

$$y(0) = 5, \quad y'(0) = -3,$$

我们首先注意到特征方程

$$r^2 + 2r + 1 = (r+1)^2 = 0$$

有相等的根 $r_1 = r_2 = -1$。因此由定理 6 提供的通解为

$$y(x) = c_1 e^{-x} + c_2 x e^{-x}。$$

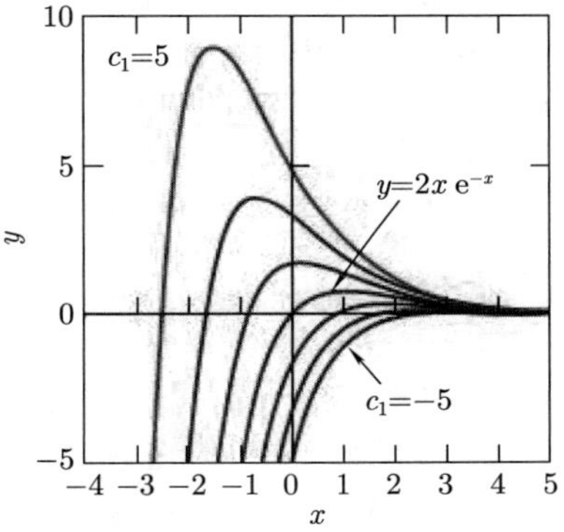

图 3.1.10　方程 $y'' + 2y' + y = 0$ 的解 $y(x) = c_1 e^{-x} + 2xe^{-x}$，具有不同的 c_1 值

对其进行微分，可得

$$y'(x) = -c_1 e^{-x} + c_2 e^{-x} - c_2 x e^{-x},$$

所以由初始条件得到方程组

$$\begin{aligned} y(0) &= c_1 &&= 5, \\ y'(0) &= -c_1 + c_2 &&= -3, \end{aligned}$$

这意味着 $c_1 = 5$ 且 $c_2 = 2$。因此所求初值问题的特解为

$$y(x) = 5e^{-x} + 2xe^{-x}。$$

图 3.1.10 显示了这个特解以及形如 $y(x) = c_1 e^{-x} + 2xe^{-x}$ 的其他几个特解。■

特征方程 (18) 可以有实根，也可以有复根。复根的情况将在 3.3 节中讨论。

习题

在习题 1 ~ 16 中，给出了一个齐次二阶线性微分方程、两个函数 y_1 和 y_2 以及一对初始条件。首先验证 y_1 和 y_2 是微分方程的解。然后找出满足给定初始条件的形如 $y = c_1 y_1 + c_2 y_2$ 的特解。上标符号 $'$ 表示对 x 求导。

1. $y'' - y = 0$；$y_1 = e^x$，$y_2 = e^{-x}$；$y(0) = 0$，$y'(0) = 5$

2. $y'' - 9y = 0$；$y_1 = e^{3x}$，$y_2 = e^{-3x}$；$y(0) = -1$，$y'(0) = 15$

3. $y'' + 4y = 0$；$y_1 = \cos 2x$，

$y_2 = \sin 2x$; $y(0) = 3$, $y'(0) = 8$

4. $y'' + 25y = 0$; $y_1 = \cos 5x$, $y_2 = \sin 5x$; $y(0) = 10$, $y'(0) = -10$

5. $y'' - 3y' + 2y = 0$; $y_1 = e^x$, $y_2 = e^{2x}$; $y(0) = 1$, $y'(0) = 0$

6. $y'' + y' - 6y = 0$; $y_1 = e^{2x}$, $y_2 = e^{-3x}$; $y(0) = 7$, $y'(0) = -1$

7. $y'' + y' = 0$; $y_1 = 1$, $y_2 = e^{-x}$; $y(0) = -2$, $y'(0) = 8$

8. $y'' - 3y' = 0$; $y_1 = 1$, $y_2 = e^{3x}$; $y(0) = 4$, $y'(0) = -2$

9. $y'' + 2y' + y = 0$; $y_1 = e^{-x}$, $y_2 = xe^{-x}$; $y(0) = 2$, $y'(0) = -1$

10. $y'' - 10y' + 25y = 0$; $y_1 = e^{5x}$, $y_2 = xe^{5x}$; $y(0) = 3$, $y'(0) = 13$

11. $y'' - 2y' + 2y = 0$; $y_1 = e^x \cos x$, $y_2 = e^x \sin x$; $y(0) = 0$, $y'(0) = 5$

12. $y'' + 6y' + 13y = 0$; $y_1 = e^{-3x} \cos 2x$, $y_2 = e^{-3x} \sin 2x$; $y(0) = 2$, $y'(0) = 0$

13. $x^2 y'' - 2xy' + 2y = 0$; $y_1 = x$, $y_2 = x^2$; $y(1) = 3$, $y'(1) = 1$

14. $x^2 y'' + 2xy' - 6y = 0$; $y_1 = x^2$, $y_2 = x^{-3}$; $y(2) = 10$, $y'(2) = 15$

15. $x^2 y'' - xy' + y = 0$; $y_1 = x$, $y_2 = x \ln x$; $y(1) = 7$, $y'(1) = 2$

16. $x^2 y'' + xy' + y = 0$; $y_1 = \cos(\ln x)$, $y_2 = \sin(\ln x)$; $y(1) = 2$, $y'(1) = 3$

下面三道题将说明叠加原理一般不适用于非线性方程。

17. 证明 $y = 1/x$ 是 $y' + y^2 = 0$ 的一个解，但是如果 $c \neq 0$ 且 $c \neq 1$，那么 $y = c/x$ 不是此方程的解。

18. 证明 $y = x^3$ 是 $yy'' = 6x^4$ 的一个解，但是如果 $c^2 \neq 1$，那么 $y = cx^3$ 不是此方程的解。

19. 证明 $y_1 \equiv 1$ 和 $y_2 = \sqrt{x}$ 是 $yy'' + (y')^2 = 0$ 的解，但是它们的和 $y = y_1 + y_2$ 不是此方程的解。

判断习题 20 ~ 26 中的函数对在实轴上是线性无关的还是线性相关的。

20. $f(x) = \pi$, $g(x) = \cos^2 x + \sin^2 x$
21. $f(x) = x^3$, $g(x) = x^2|x|$
22. $f(x) = 1 + x$, $g(x) = 1 + |x|$
23. $f(x) = xe^x$, $g(x) = |x|e^x$
24. $f(x) = \sin^2 x$, $g(x) = 1 - \cos 2x$
25. $f(x) = e^x \sin x$, $g(x) = e^x \cos x$
26. $f(x) = 2\cos x + 3\sin x$, $g(x) = 3\cos x - 2\sin x$
27. 令 y_p 是非齐次方程 $y'' + py' + qy = f(x)$ 的一个特解，并令 y_c 为其相关齐次方程的一个解。证明 $y = y_c + y_p$ 是给定非齐次方程的一个解。
28. 使用习题 27 的符号，根据 $y_p = 1$ 和 $y_c = c_1 \cos x + c_2 \sin x$，求出方程 $y'' + y = 1$ 满足初始条件 $y(0) = -1 = y'(0)$ 的解。
29. 证明 $y_1 = x^2$ 和 $y_2 = x^3$ 是方程 $x^2 y'' - 4xy' + 6y = 0$ 的两个不同解，并且它们都满足初始条件 $y(0) = 0 = y'(0)$。解释为什么这些事实与定理 2（关于保证唯一性）并不矛盾。

习题 30 ~ 32 探索 Wronski 行列式的性质。

30. (a) 证明 $y_1 = x^3$ 和 $y_2 = |x^3|$ 是方程 $x^2 y'' - 3xy' + 3y = 0$ 在实轴上的线性无关解。
    (b) 验证 $W(y_1, y_2)$ 恒等于零。为什么这些事实与定理 3 并不矛盾呢？
31. 证明 $y_1 = \sin x^2$ 和 $y_2 = \cos x^2$ 是线性无关函数，但它们的 Wronski 行列式在 $x = 0$ 处等于零。为什么这意味着不存在形如 $y'' + p(x)y' + q(x)y = 0$ 且 p 和 q 处处连续的微分方程同时以 y_1 和 y_2 为解？
32. 令 y_1 和 y_2 是 $A(x)y'' + B(x)y' + C(x)y = 0$ 在开区间 I 上的两个解，其中 A, B 和 C 是连续的，$A(x)$ 永远非零。

(a) 令 $W = W(y_1, y_2)$。证明

$$A(x)\frac{dW}{dx} = (y_1)(Ay_2'') - (y_2)(Ay_1'').$$

然后根据原始微分方程，替换掉上述方程中的 Ay_2'' 和 Ay_1''，从而证明

$$A(x)\frac{dW}{dx} = -B(x)W(x).$$

(b) 求解上述一阶方程，从而推导出 Abel 公式

$$W(x) = K \exp\left(-\int \frac{B(x)}{A(x)} dx\right),$$

其中 K 为常数。

(c) 为什么 Abel 公式意味着 Wronski 行列式 $W(y_1, y_2)$ 不是处处为零,就是处处非零(如定理 3 所述)?

应用定理 5 和定理 6,求出习题 33 ~ 42 中所给微分方程的通解。上标符号 $\prime$ 表示对 x 求导。

33. $y'' - 3y' + 2y = 0$
34. $y'' + 2y' - 15y = 0$
35. $y'' + 5y' = 0$
36. $2y'' + 3y' = 0$
37. $2y'' - y' - y = 0$
38. $4y'' + 8y' + 3y = 0$
39. $4y'' + 4y' + y = 0$
40. $9y'' - 12y' + 4y = 0$
41. $6y'' - 7y' - 20y = 0$
42. $35y'' - y' - 12y = 0$

习题 43 ~ 48 给出了常系数齐次二阶微分方程 $ay'' + by' + cy = 0$ 的一个通解 $y(x)$。找到这样一个方程。

43. $y(x) = c_1 + c_2 e^{-10x}$
44. $y(x) = c_1 e^{10x} + c_2 e^{-10x}$
45. $y(x) = c_1 e^{-10x} + c_2 x e^{-10x}$
46. $y(x) = c_1 e^{10x} + c_2 e^{100x}$
47. $y(x) = c_1 + c_2 x$
48. $y(x) = e^x \left(c_1 e^{x\sqrt{2}} + c_2 e^{-x\sqrt{2}} \right)$

习题 49 和习题 50 处理如图 3.1.6 和图 3.1.7 所示的 $y'' + 3y' + 2y = 0$ 的解曲线。

49. 在图 3.1.6 中,求出满足 $y(0) = 1$ 和 $y'(0) = 6$ 的解曲线上的最高点。

50. 由图 3.1.7 可知,图中所示的解曲线均相交于第三象限的一个共同点。假设情况确实如此,求出该点的坐标。

51. 二阶 **Euler** 方程是具有如下形式的方程:
$$ax^2 y'' + bxy' + cy = 0, \quad (22)$$
其中 a, b, c 均为常数。

(a) 证明如果 $x > 0$,那么进行替换 $v = \ln x$ 可以将方程 (22) 转化为以 v 为自变量的常系数线性方程
$$a\frac{\mathrm{d}^2 y}{\mathrm{d}v^2} + (b-a)\frac{\mathrm{d}y}{\mathrm{d}v} + cy = 0。 \quad (23)$$

(b) 若方程 (23) 的特征方程的根 r_1 和 r_2 是实数且不同,则可以得出结论:Euler 方程 (22) 的一个通解为 $y(x) = c_1 x^{r_1} + c_2 x^{r_2}$。

请使用习题 51 的替换 $v = \ln x$,求出习题 52 ~ 56 中 Euler 方程的通解(对于 $x > 0$)。

52. $x^2 y'' + xy' - y = 0$
53. $x^2 y'' + 2xy' - 12y = 0$
54. $4x^2 y'' + 8xy' - 3y = 0$
55. $x^2 y'' + xy' = 0$
56. $x^2 y'' - 3xy' + 4y = 0$

应用 绘制二阶解曲线族

请访问 bit.ly/3jJ7AP4,利用 Maple、Mathematica 和 MATLAB 等计算资源对此主题进行更多讨论和探索。

本应用处理用计算机绘制如图 3.1.6 和图 3.1.7 所示的解曲线族。首先指出微分方程
$$y'' + 3y' + 2y = 0 \tag{1}$$
的通解为
$$y(x) = c_1 e^{-x} + c_2 e^{-2x}。 \tag{2}$$
这与在 Wolfram|Alpha 中进行简单查询
```
y" + 3y' + 2y = 0
```
所得的输出结果一致。

然后指出方程 (1) 满足 $y(0) = a$ 和 $y'(0) = b$ 的特解对应于 $c_1 = 2a+b$ 和 $c_2 = -a-b$,即
$$y(x) = (2a+b)e^{-x} - (a+b)e^{-2x}。 \tag{3}$$

对于图 3.1.6，我们固定 $a=1$，从而得到特解
$$y(x) = (b+2)\mathrm{e}^{-x} - (b+1)\mathrm{e}^{-2x}。 \tag{4}$$

使用 MATLAB 循环

```
x = -1 : 0.02 : 5       % x-vector from x = -1 to x = 5
for b = -6 : 2 : 6      % for b = -6 to 6 with db = 2 do
    y = (b + 2)*exp(-x)- (b + 1)*exp(-2*x);
    plot(x,y)
end
```

可以生成图 3.1.6。

对于图 3.1.7，我们改为固定 $b=1$，从而得到特解
$$y(x) = (2a+1)\mathrm{e}^{-x} - (a+1)\mathrm{e}^{-2x}。 \tag{5}$$

使用 MATLAB 循环

```
x = -2 : 0.02 : 4       % x-vector from x = -2 to x = 4
for a = -3 : 1 : 3      % for a = -3 to 3 with da = 1 do
    y = (2*a + 1)*exp(-x)- (a + 1)*exp(-2*x);
    plot(x,y)
end
```

可以生成图 3.1.7。

计算机系统，如 Maple 和 Mathematica，以及图形计算器，都有执行 for 循环语句的命令，例如这里所示的两个。而且，这类系统通常允许交互式研究，其中解曲线会根据屏幕上的输入数据实时重新绘制。例如，图 3.1.11 是使用 MATLAB 的 uicontrol 命令生成的，用户移动滑动条可以尝试初始条件 $y(0)=a$ 和 $y'(0)=b$ 的各种组合。

首先在弹出的对话框中指定 a 和 b 的取值范围之后，执行 Mathematica 命令

```
Manipulate[
    Plot[(2*a+b)*Exp[-x]+(-b-a)*Exp[-2*x],
    {x,-1,5}, PlotRange —> {-5,5}],
    {a,-3,3}, {b,-6,6}]
```

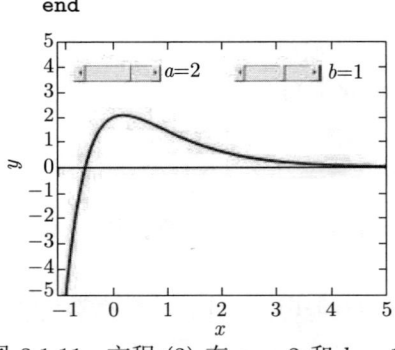

图 3.1.11 方程 (3) 在 $a=2$ 和 $b=1$ 时解的 MATLAB 图形。使用滑动条可交互式更改 a 和 b 的值

可以生成类似的图形，执行如下 Maple 命令也一样：

```
Explore(plot((2*a+b)*exp(-x)+(-b-a)*exp(-2*x),
    x = -1..5, y=-5..5))
```

练习

首先，重新生成图 3.1.6 和图 3.1.7，或者创建一个交互式图形，对 a 和 b 的任意期望组合显示方程 (3) 的解图形。然后，对于下面的每个微分方程，修改你的命令以检查满足 $y(0) = 1$ 的解曲线族，以及满足初始条件 $y'(0) = 1$ 的解曲线族。

1. $y'' - y = 0$
2. $y'' - 3y' + 2y = 0$
3. $2y'' + 3y' + y = 0$
4. $y'' + y = 0$（参见例题 1）
5. $y'' + 2y' + 2y = 0$，其通解为 $y(x) = \mathrm{e}^{-x}(c_1 \cos x + c_2 \sin x)$

3.2 线性方程的通解

现在我们来证明，在 3.1 节中对二阶线性方程的讨论可以很自然地推广到具有如下形式的一般 n 阶线性微分方程：

$$P_0(x)y^{(n)} + P_1(x)y^{(n-1)} + \cdots + P_{n-1}(x)y' + P_n(x)y = F(x)。 \tag{1}$$

除非另做说明，我们总是假设系数函数 $P_i(x)$ 和 $F(x)$ 在我们希望求解方程的某个（可能无界的）开区间 I 上是连续的。假设在 I 的每个点处 $P_0(x) \neq 0$，我们可以将方程 (1) 的每一项除以 $P_0(x)$，从而得到一个首项系数为 1 的方程，其形式为

$$y^{(n)} + p_1(x)y^{(n-1)} + \cdots + p_{n-1}(x)y' + p_n(x)y = f(x)。 \tag{2}$$

与方程 (2) 相关的齐次线性方程为

$$y^{(n)} + p_1(x)y^{(n-1)} + \cdots + p_{n-1}(x)y' + p_n(x)y = 0。 \tag{3}$$

与二阶情况一样，齐次 n 阶线性微分方程有一个宝贵的性质，即该方程解的任何叠加或线性组合都是方程的解。下述定理的证明过程本质上与 3.1 节定理 1 的证明过程相同，就是一个常规验证过程。

定理 1　齐次方程解的叠加原理

令 $y_1, y_2, \cdots, y_n$ 是齐次线性方程 (3) 在区间 I 上的 n 个解。若 $c_1, c_2, \cdots, c_n$ 是常数，则线性组合

$$y = c_1 y_1 + c_2 y_2 + \cdots + c_n y_n \tag{4}$$

也是方程 (3) 在 I 上的一个解。

例题 1　　**叠加**　　很容易验证函数

$$y_1(x) = \mathrm{e}^{-3x}, \quad y_2(x) = \cos 2x \quad \text{和} \quad y_3(x) = \sin 2x$$

都是齐次三阶方程

$$y^{(3)} + 3y'' + 4y' + 12y = 0$$

在整个实轴上的解。定理 1 告诉我们，这些解的任何线性组合，例如
$$y(x) = -3y_1(x) + 3y_2(x) - 2y_3(x) = -3\mathrm{e}^{-3x} + 3\cos 2x - 2\sin 2x$$
也是方程在整个实轴上的解。相反，我们将会看到，本例题中微分方程的每个解都是这三个特解 y_1，y_2 和 y_3 的线性组合。因此通解可由下式给出：
$$y(x) = c_1\mathrm{e}^{-3x} + c_2\cos 2x + c_3\sin 2x。$$

解的存在唯一性

在 3.1 节中，我们看到二阶线性微分方程的一个特解由两个初始条件决定。类似地，n 阶线性微分方程的一个特解由 n 个初始条件决定。下面的定理是 3.1 节定理 2 的自然推广，在附录中给出其证明过程。

定理 2　线性方程解的存在唯一性

假设函数 p_1，p_2，$\cdots$，p_n 和 f 在包含点 a 的开区间 I 上是连续的。那么，给定 n 个数 b_0，b_1，$\cdots$，b_{n-1}，n 阶线性方程 [方程 (2)]
$$y^{(n)} + p_1(x)y^{(n-1)} + \cdots + p_{n-1}(x)y' + p_n(x)y = f(x)$$
在整个区间 I 上有满足 n 个初始条件
$$y(a) = b_0, \quad y'(a) = b_1, \quad \cdots, \quad y^{(n-1)}(a) = b_{n-1} \tag{5}$$
的唯一（即只有一个）解。

方程 (2) 和条件 (5) 构成了一个 n 阶**初值问题**。定理 2 告诉我们，任何这样的初值问题在整个区间 I 上都有唯一解，其中方程 (2) 中的系数函数是连续的。然而，它并没有告诉我们如何求出这个解。在 3.3 节中，我们将看到如何在应用中常见的常系数情况下构造初值问题的显式解。

例题 1　续　根据前文我们已经知道
$$y(x) = -3\mathrm{e}^{-3x} + 3\cos 2x - 2\sin 2x$$
是方程
$$y^{(3)} + 3y'' + 4y' + 12y = 0$$
在整个实轴上的一个解。这个特解有初始值 $y(0) = 0$，$y'(0) = 5$ 和 $y''(0) = -39$，而定理 2 表明不存在其他具有相同初始值的解。注意，其图形（参见图 3.2.1）右侧看起来是周期性的。实际上，由于第一项中指数为负，所以我们发现对于较大的正数 x 有 $y(x) \approx 3\cos 2x - 2\sin 2x$。

备注：因为其通解涉及三个任意常数 c_1，c_2 和 c_3，所以例题 1 中的三阶方程有"三重无穷"个解，包括三个特别简单的解族：

- $y(x) = c_1 e^{-3x}$（由 $c_2 = c_3 = 0$ 时的通解得到）;
- $y(x) = c_2 \cos 2x$（由 $c_1 = c_3 = 0$ 得到）;
- $y(x) = c_3 \sin 2x$（由 $c_1 = c_2 = 0$ 得到）。

此外，定理 2 还表明与独立选择的三个初始值 $y(0) = b_0$，$y'(0) = b_1$ 和 $y''(0) = b_2$ 相对应的特解有三重无穷个。图 3.2.2 到图 3.2.4 分别显示了三个对应的解族，对于每个解族，这三个初始值中有两个为零。

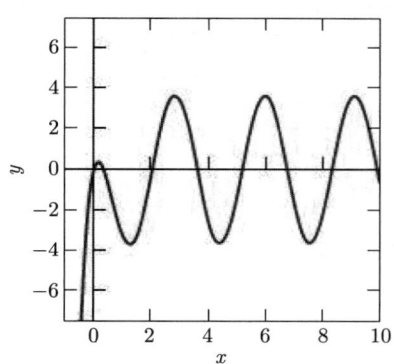

图 3.2.1 特解 $y(x) = -3e^{-3x} + 3\cos 2x - 2\sin 2x$

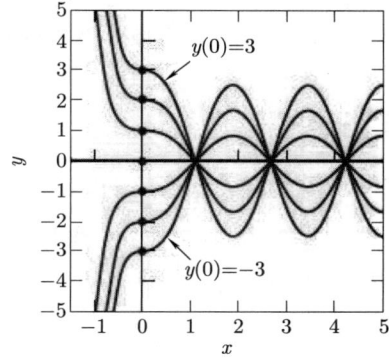

图 3.2.2 当 $y'(0) = y''(0) = 0$ 但 $y(0)$ 取不同值时，方程 $y^{(3)} + 3y'' + 4y' + 12y = 0$ 的解

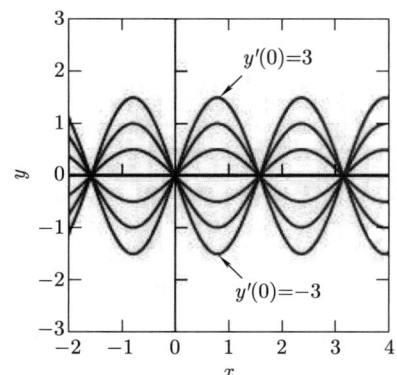

图 3.2.3 当 $y(0) = y''(0) = 0$ 但 $y'(0)$ 取不同值时，方程 $y^{(3)} + 3y'' + 4y' + 12y = 0$ 的解

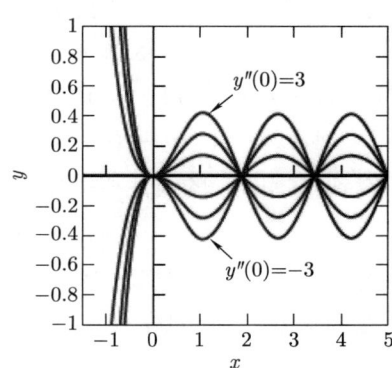

图 3.2.4 当 $y(0) = y'(0) = 0$ 但 $y''(0)$ 取不同值时，方程 $y^{(3)} + 3y'' + 4y' + 12y = 0$ 的解 ⊖

注意，定理 2 意味着，平凡解 $y(x) \equiv 0$ 是满足平凡初始条件
$$y(a) = y'(a) = \cdots = y^{(n-1)}(a) = 0$$
的齐次方程
$$y^{(n)} + p_1(x)y^{(n-1)} + \cdots + p_{n-1}(x)y' + p_n(x)y = 0 \tag{3}$$
的唯一解。

⊖ 请前往 bit.ly/3ALMRQo 查看图 3.2.2 至图 3.2.4 的交互式版本。

例题 2 容易验证
$$y_1(x) = x^2 \quad \text{和} \quad y_2(x) = x^3$$
是方程
$$x^2 y'' - 4xy' + 6y = 0$$
的两个不同解，并且它们都满足初始条件 $y(0) = y'(0) = 0$。为什么这与定理 2 的唯一性表述不相矛盾？这是因为该微分方程的首项系数在 $x = 0$ 处等于零，所以在包含点 $x = 0$ 的开区间上，该方程不能被写成方程 (3) 的形式，即系数函数连续的形式。 ■

线性无关解

基于二阶线性方程通解的知识，我们预计齐次 n 阶线性方程
$$y^{(n)} + p_1(x) y^{(n-1)} + \cdots + p_{n-1}(x) y' + p_n(x) y = 0 \tag{3}$$
的通解将是线性组合
$$y = c_1 y_1 + c_2 y_2 + \cdots + c_n y_n, \tag{4}$$
其中 $y_1, y_2, \cdots, y_n$ 是方程 (3) 的特解。但这 n 个特解必须"足够无关"，以便我们总是可以选择式 (4) 中的系数 $c_1, c_2, \cdots, c_n$ 来满足形如式 (5) 的任意初始条件。问题是：三个或更多函数无关应该是什么意思？

回顾一下，对于两个函数 f_1 和 f_2，如果其中一个是另一个的常数倍，即对于某个常数 k 如果 $f_1 = k f_2$ 或 $f_2 = k f_1$，那么这两个函数是线性相关的。若我们将这些等式写成
$$(1) f_1 + (-k) f_2 = 0 \quad \text{或者} \quad (k) f_1 + (-1) f_2 = 0,$$
则我们看到 f_1 和 f_2 的线性相关性意味着存在两个不全为零的常数 c_1 和 c_2，使得
$$c_1 f_1 + c_2 f_2 = 0。 \tag{6}$$
反之，若 c_1 和 c_2 不全为零，则式 (6) 肯定意味着 f_1 和 f_2 是线性相关的。

类比于式 (6)，我们说 n 个函数 $f_1, f_2, \cdots, f_n$ 是线性相关的，只要它们的某个非平凡线性组合
$$c_1 f_1 + c_2 f_2 + \cdots + c_n f_n$$
恒等于零，非平凡意味着系数 $c_1, c_2, \cdots, c_n$ 不全为零（尽管其中一些可能为零）。

定义 函数的线性相关性
称 n 个函数 $f_1, f_2, \cdots, f_n$ 在区间 I 上**线性相关**，只要存在不全为零的常数 $c_1, c_2, \cdots, c_n$，使得在 I 上有
$$c_1 f_1 + c_2 f_2 + \cdots + c_n f_n = 0, \tag{7}$$
即

$$c_1 f_1(x) + c_2 f_2(x) + \cdots + c_n f_n(x) = 0$$

对 I 内所有 x 都成立。

如果式 (7) 中的所有系数不全为零，那么显然我们至少可以解出其中一个函数作为其他函数的线性组合，反之亦然。因此，函数 $f_1, f_2, \cdots, f_n$ 是线性相关的，当且仅当其中至少一个函数是其他函数的线性组合。

例题 3   **线性相关** 函数

$$f_1(x) = \sin 2x, \quad f_2(x) = \sin x \cos x \quad 和 \quad f_3(x) = e^x$$

在实轴上线性相关，因为

$$(1)f_1 + (-2)f_2 + (0)f_3 = 0$$

（由熟悉的三角恒等式 $\sin 2x = 2\sin x \cos x$ 得到）。 ∎

称 n 个函数 $f_1, f_2, \cdots, f_n$ 在区间 I 上**线性无关**，只要它们在 I 上不是线性相关的。相当于，它们在 I 上线性无关，只要等式

$$c_1 f_1 + c_2 f_2 + \cdots + c_n f_n = 0 \tag{7}$$

在 I 上仅在如下平凡情况下成立：

$$c_1 = c_2 = \cdots = c_n = 0,$$

即这些函数的非平凡线性组合在 I 上不会为零。换句话说，如果函数 $f_1, f_2, \cdots, f_n$ 中没有一个是其他的线性组合，那么这些函数线性无关。（为什么？）

有时，如例题 3 所示，我们可以通过找到系数的非平凡值使得式 (7) 成立，来证明 n 个给定函数线性相关。但是为了证明 n 个给定函数线性无关，我们必须证明不能找到系数的非平凡值，而这很难以任何直接或明显的方式做到。

幸运的是，在齐次 n 阶线性方程的 n 个解已知的情况下，在许多例子中，有一个工具可以使确定它们线性相关或无关的过程成为一种常规操作。这个工具就是 Wronski 行列式，我们曾在 3.1 节中（针对 $n=2$ 的情况）介绍过。假设 n 个函数 $f_1, f_2, \cdots, f_n$ 都是 $n-1$ 次可微的。那么它们的 **Wronski 行列式**为 $n \times n$ 阶行列式

$$W = \begin{vmatrix} f_1 & f_2 & \cdots & f_n \\ f_1' & f_2' & \cdots & f_n' \\ \vdots & \vdots & & \vdots \\ f_1^{(n-1)} & f_2^{(n-1)} & \cdots & f_n^{(n-1)} \end{vmatrix}. \tag{8}$$

我们写作 $W(f_1, f_2, \cdots, f_n)$ 或 $W(x)$，这取决于我们是想强调函数本身，还是强调 Wronski 行列式的求值点 x。Wronski 行列式是以波兰数学家 J. M. H. Wronski（1778—1853）的名字命名的。

在 3.1 节中我们看到，两个线性相关函数的 Wronski 行列式恒等于零。更一般地说，n 个线性相关函数 f_1，f_2，$\cdots$，f_n 的 Wronski 行列式恒等于零。为了证明这一点，假设在区间 I 上对不全为零的常数 c_1，c_2，$\cdots$，c_n 的某个选择，式 (7) 成立。然后对这个等式连续微分 $n-1$ 次，得到 n 个方程

$$\begin{aligned} c_1 f_1(x) + c_2 f_2(x) &+ \cdots + & c_n f_n(x) &= 0, \\ c_1 f_1'(x) + c_2 f_2'(x) &+ \cdots + & c_n f_n'(x) &= 0, \\ &\vdots& \\ c_1 f_1^{(n-1)}(x) + c_2 f_2^{(n-1)}(x) &+ \cdots + & c_n f_n^{(n-1)}(x) &= 0, \end{aligned} \qquad (9)$$

对 I 内所有 x 都成立。回顾线性代数知识可知，对于含有 n 个未知数由 n 个线性齐次方程组成的方程组，当且仅当系数的行列式为零时，这个方程组有一个非平凡解。在方程组 (9) 中，未知量是常数 c_1，c_2，$\cdots$，c_n，系数的行列式就是 Wronski 行列式 $W(f_1, f_2, \cdots, f_n)$ 在 I 的典型点 x 处的值。因为我们知道 c_i 不全为零，所以 $W(x) \equiv 0$，正如我们想要证明的那样。

因此，为了证明函数 f_1，f_2，$\cdots$，f_n 在区间 I 上线性无关，只要证明它们的 Wronski 行列式正好在 I 的一点处不为零即可。

例题 4   **Wronski 行列式**   证明（例题 1 中的）函数 $y_1(x) = e^{-3x}$，$y_2(x) = \cos 2x$ 和 $y_3(x) = \sin 2x$ 线性无关。

解答：这些函数的 Wronski 行列式为

$$W = \begin{vmatrix} e^{-3x} & \cos 2x & \sin 2x \\ -3e^{-3x} & -2\sin 2x & 2\cos 2x \\ 9e^{-3x} & -4\cos 2x & -4\sin 2x \end{vmatrix}$$

$$= e^{-3x} \begin{vmatrix} -2\sin 2x & 2\cos 2x \\ -4\cos 2x & -4\sin 2x \end{vmatrix} + 3e^{-3x} \begin{vmatrix} \cos 2x & \sin 2x \\ -4\cos 2x & -4\sin 2x \end{vmatrix} +$$

$$9e^{-3x} \begin{vmatrix} \cos 2x & \sin 2x \\ -2\sin 2x & 2\cos 2x \end{vmatrix} = 26 e^{-3x} \neq 0。^{\ominus}$$

因为处处都有 $W \neq 0$，所以 y_1，y_2 和 y_3 在任意开区间（包括整个实轴）上线性无关。∎

例题 5   **Wronski 行列式**   首先证明三阶方程

$$x^3 y^{(3)} - x^2 y'' + 2x y' - 2y = 0 \qquad (10)$$

的三个解

$\ominus$ 我们将行列式 W 按其第一列展开。

$$y_1(x) = x, \quad y_2(x) = x\ln x \quad \text{和} \quad y_3(x) = x^2$$

在开区间 $x > 0$ 上线性无关。然后求出一个满足如下初始条件的方程 (10) 的特解：

$$y(1) = 3, \quad y'(1) = 2, \quad y''(1) = 1。 \tag{11}$$

解答：注意，对于 $x > 0$，我们可以将方程 (10) 中的每一项除以 x^3，得到形如式 (3) 的标准形式的齐次线性方程。当我们计算这三个给定解的 Wronski 行列式时，我们发现

$$W = \begin{vmatrix} x & x\ln x & x^2 \\ 1 & 1+\ln x & 2x \\ 0 & \dfrac{1}{x} & 2 \end{vmatrix} = x。$$

因此，对于 $x > 0$，$W(x) \neq 0$，所以 y_1，y_2 和 y_3 在区间 $x > 0$ 上线性无关。为了求出期望的特解，我们将式 (11) 中的初始条件施加于

$$\begin{aligned} y(x) &= c_1 x + c_2 x \ln x + c_3 x^2, \\ y'(x) &= c_1 + c_2(1+\ln x) + 2c_3 x, \\ y''(x) &= 0 + \dfrac{c_2}{x} + 2c_3。 \end{aligned}$$

从而得到联立方程组

$$\begin{aligned} y(1) &= c_1 + c_3 = 3, \\ y'(1) &= c_1 + c_2 + 2c_3 = 2, \\ y''(1) &= c_2 + 2c_3 = 1, \end{aligned}$$

求解可得 $c_1 = 1$，$c_2 = -3$ 和 $c_3 = 2$。因此所求问题的特解为

$$y(x) = x - 3x\ln x + 2x^2。$$

倘若 $W(y_1, y_2, \cdots, y_n) \neq 0$，（定理 4）表明我们总是可以找到线性组合

$$y = c_1 y_1 + c_2 y_2 + \cdots + c_n y_n$$

中系数的值使之满足形如式 (5) 的任意给定的初始条件。定理 3 给出了在解线性无关的情况下 W 非零的必要性。

定理 3　解的 Wronski 行列式

假设 $y_1, y_2, \cdots, y_n$ 是齐次 n 阶线性方程

$$y^{(n)} + p_1(x) y^{(n-1)} + \cdots + p_{n-1}(x) y' + p_n(x) y = 0 \tag{3}$$

在开区间 I 上的 n 个解，其中每个 p_i 均连续。令

$$W = W(y_1, y_2, \cdots, y_n)。$$

(a) 若 $y_1, y_2, \cdots, y_n$ 线性相关，则在 I 上 $W \equiv 0$。

(b) 若 y_1, y_2, $\cdots$, y_n 线性无关，则在 I 的每一点处都有 $W \neq 0$。

因此，只有两种可能性：W 在 I 上要么处处为零，要么处处非零。

证明：我们已经证明过 (a) 部分。为了证明 (b) 部分，只要假设在 I 的某个点处有 $W(a) = 0$，并证明这意味着解 y_1, y_2, $\cdots$, y_n 线性相关即可。但 $W(a)$ 就是以 c_1, c_2, $\cdots$, c_n 为 n 个未知量的由 n 个齐次线性方程构成的方程组

$$\begin{aligned} c_1 y_1(a) + & \quad c_2 y_2(a) + \cdots + & c_n y_n(a) = 0, \\ c_1 y_1'(a) + & \quad c_2 y_2'(a) + \cdots + & c_n y_n'(a) = 0, \\ & & \vdots \\ c_1 y_1^{(n-1)}(a) + & c_2 y_2^{(n-1)}(a) + \cdots + & c_n y_n^{(n-1)}(a) = 0 \end{aligned} \quad (12)$$

的系数形成的行列式。因为 $W(a) = 0$，所以方程组 (9) 之后引用的线性代数的基本事实表明，方程组 (12) 有一个非平凡解。也就是说，数 c_1, c_2, $\cdots$, c_n 不全为零。

我们现在用这些值来定义方程 (3) 的特解

$$Y(x) = c_1 y_1(x) + c_2 y_2(x) + \cdots + c_n y_n(x)。 \quad (13)$$

则方程组 (12) 表明 Y 满足平凡初始条件

$$Y(a) = Y'(a) = \cdots = Y^{(n-1)}(a) = 0。$$

因此，定理 2（唯一性）意味着在 I 上 $Y(x) \equiv 0$。鉴于式 (13) 以及 c_1, c_2, $\cdots$, c_n 不全为零的事实，得到所期望的结论，即解 y_1, y_2, $\cdots$, y_n 线性相关。从而完成了定理 3 的证明。 ▲

通解

我们现在可以证明，给定一个齐次 n 阶方程的任意 n 个线性无关解的固定集合，该方程的每个（其他）解都可以表示为这 n 个特解的线性组合。利用定理 3 中 n 个线性无关解的 Wronski 行列式非零的事实，下面定理的证明过程本质上与 3.1 节定理 4（针对 $n = 2$ 的情况）的证明过程相同。

定理 4　齐次方程的通解

令 y_1, y_2, $\cdots$, y_n 是齐次方程

$$y^{(n)} + p_1(x) y^{(n-1)} + \cdots + p_{n-1}(x) y' + p_n(x) y = 0 \quad (3)$$

在开区间 I 上的 n 个线性无关解，其中 p_i 是连续的。若 Y 是方程 (3) 的任意解，则对于 I 内的所有 x，存在数 c_1, c_2, $\cdots$, c_n 使得

$$Y(x) = c_1 y_1(x) + c_2 y_2(x) + \cdots + c_n y_n(x)。$$

因此，一个齐次 n 阶线性微分方程的每个解都是任意 n 个给定线性无关解的线性组合

$$y = c_1 y_1 + c_2 y_2 + \cdots + c_n y_n。$$

在此基础上，我们称这样的线性组合为微分方程的**通解**。

例题 6　　**特解**　根据例题 4，线性微分方程 $y^{(3)} + 3y'' + 4y' + 12y = 0$ 的特解 $y_1(x) = \mathrm{e}^{-3x}$，$y_2(x) = \cos 2x$ 和 $y_3(x) = \sin 2x$ 是线性无关的。现在定理 2 称，给定 b_0，b_1 和 b_2，存在一个特解 $y(x)$ 满足初始条件 $y(0) = b_0$，$y'(0) = b_1$ 和 $y''(0) = b_2$。因此定理 4 表明这个特解是 y_1，y_2 和 y_3 的线性组合。也就是说，存在系数 c_1，c_2 和 c_3 使得

$$y(x) = c_1 \mathrm{e}^{-3x} + c_2 \cos 2x + c_3 \sin 2x。$$

通过逐次微分，并把 $x = 0$ 代入，我们发现要求出这些系数，只需要求解如下三个线性方程

$$\begin{aligned} c_1 + c_2 &= b_0, \\ -3c_1 \quad\quad + 2c_3 &= b_1, \\ 9c_1 - 4c_2 \quad\quad &= b_2。\end{aligned}$$

（参见本节应用。）■

非齐次方程

我们现在考虑非齐次 n 阶线性微分方程

$$y^{(n)} + p_1(x) y^{(n-1)} + \cdots + p_{n-1}(x) y' + p_n(x) y = f(x), \tag{2}$$

其相关的齐次方程为

$$y^{(n)} + p_1(x) y^{(n-1)} + \cdots + p_{n-1}(x) y' + p_n(x) y = 0。 \tag{3}$$

假设已知非齐次方程 (2) 的单个固定特解 y_p，且 Y 是方程 (2) 的任意其他解。如果 $y_c = Y - y_p$，那么将 y_c 代入微分方程可得（利用微分的线性）

$$\begin{aligned} y_c^{(n)} &+ p_1 y_c^{(n-1)} + \cdots + p_{n-1} y_c' + p_n y_c \\ &= \left(Y^{(n)} + p_1 Y^{(n-1)} + \cdots + p_{n-1} Y' + p_n Y \right) - \\ &\quad \left(y_p^{(n)} + p_1 y_p^{(n-1)} + \cdots + p_{n-1} y_p' + p_n y_p \right) \\ &= f(x) - f(x) = 0。\end{aligned}$$

因此，$y_c = Y - y_p$ 是相关齐次方程 (3) 的一个解。那么

$$Y = y_c + y_p, \tag{14}$$

由定理 4 可知

$$y_c = c_1 y_1 + c_2 y_2 + \cdots + c_n y_n, \tag{15}$$

其中 y_1，y_2，$\cdots$，y_n 是相关齐次方程的线性无关解。我们称 y_c 为非齐次方程的**余函数**，并由此证明了非齐次方程 (2) 的通解是其余函数 y_c 与方程 (2) 的单个特解 y_p 之和。

定理 5　非齐次方程的解

设 y_p 是非齐次方程 (2) 在开区间 I 上的一个特解，其中函数 p_i 和 f 是连续的。令 $y_1, y_2, \cdots, y_n$ 是相关齐次方程 (3) 的线性无关解。若 Y 是方程 (2) 在 I 上的任意解，则对于 I 内的所有 x，存在数 $c_1, c_2, \cdots, c_n$ 使得

$$Y(x) = c_1 y_1(x) + c_2 y_2(x) + \cdots + c_n y_n(x) + y_p(x)。 \qquad (16)$$

例题 7　显然 $y_p = 3x$ 是方程

$$y'' + 4y = 12x \qquad (17)$$

的一个特解，而 $y_c(x) = c_1 \cos 2x + c_2 \sin 2x$ 是其齐次解。请求出满足初始条件 $y(0) = 5$，$y'(0) = 7$ 的方程 (17) 的解。

解答：方程 (17) 的通解为

$$y(x) = c_1 \cos 2x + c_2 \sin 2x + 3x。$$

那么

$$y'(x) = -2c_1 \sin 2x + 2c_2 \cos 2x + 3。$$

因此由初始条件可得

$$y(0) = c_1 = 5,$$
$$y'(0) = 2c_2 + 3 = 7。$$

我们解出 $c_1 = 5$ 和 $c_2 = 2$。因此，期望的解为

$$y(x) = 5 \cos 2x + 2 \sin 2x + 3x。$$

习题

在习题 1～6 中，直接证明给定的函数在实轴上线性相关。也就是说，找到给定函数的恒等于零的一个非平凡线性组合。

1. $f(x) = 2x$, $g(x) = 3x^2$, $h(x) = 5x - 8x^2$
2. $f(x) = 5$, $g(x) = 2 - 3x^2$, $h(x) = 10 + 15x^2$
3. $f(x) = 0$, $g(x) = \sin x$, $h(x) = e^x$
4. $f(x) = 17$, $g(x) = 2\sin^2 x$, $h(x) = 3\cos^2 x$
5. $f(x) = 17$, $g(x) = \cos^2 x$, $h(x) = \cos 2x$
6. $f(x) = e^x$, $g(x) = \cosh x$, $h(x) = \sinh x$

在习题 7～12 中，使用 Wronski 行列式证明给定函数在指定的区间上是线性无关的。

7. $f(x) = 1$, $g(x) = x$, $h(x) = x^2$；实轴
8. $f(x) = e^x$, $g(x) = e^{2x}$, $h(x) = e^{3x}$；实轴
9. $f(x) = e^x$, $g(x) = \cos x$, $h(x) = \sin x$；实轴
10. $f(x) = e^x$, $g(x) = x^{-2}$, $h(x) = x^{-2} \ln x$；$x > 0$
11. $f(x) = x$, $g(x) = xe^x$, $h(x) = x^2 e^x$；实轴
12. $f(x) = x$, $g(x) = \cos(\ln x)$, $h(x) = \sin(\ln x)$；$x > 0$

在习题 13～20 中，给出了一个三阶齐次线性方程和三个线性无关解。求出满足给定初始条件的特解。

13. $y^{(3)} + 2y'' - y' - 2y = 0$; $y(0) = 1$, $y'(0) = 2$, $y''(0) = 0$; $y_1 = e^x$,

14. $y^{(3)} - 6y'' + 11y' - 6y = 0$；$y(0) = 0$，$y'(0) = 0$，$y''(0) = 3$；$y_1 = e^x$，$y_2 = e^{2x}$，$y_3 = e^{3x}$

15. $y^{(3)} - 3y'' + 3y' - y = 0$；$y(0) = 2$，$y'(0) = 0$，$y''(0) = 0$；$y_1 = e^x$，$y_2 = xe^x$，$y_3 = x^2 e^x$

16. $y^{(3)} - 5y'' + 8y' - 4y = 0$；$y(0) = 1$，$y'(0) = 4$，$y''(0) = 0$；$y_1 = e^x$，$y_2 = e^{2x}$，$y_3 = xe^{2x}$

17. $y^{(3)} + 9y' = 0$；$y(0) = 3$，$y'(0) = -1$，$y''(0) = 2$；$y_1 = 1$；$y_2 = \cos 3x$，$y_3 = \sin 3x$

18. $y^{(3)} - 3y'' + 4y' - 2y = 0$；$y(0) = 1$，$y'(0) = 0$，$y''(0) = 0$；$y_1 = e^x$，$y_2 = e^x \cos x$，$y_3 = e^x \sin x$

19. $x^3 y^{(3)} - 3x^2 y'' + 6xy' - 6y = 0$；$y(1) = 6$，$y'(1) = 14$，$y''(1) = 22$；$y_1 = x$，$y_2 = x^2$，$y_3 = x^3$

20. $x^3 y^{(3)} + 6x^2 y'' + 4xy' - 4y = 0$；$y(1) = 1$，$y'(1) = 5$，$y''(1) = -11$；$y_1 = x$，$y_2 = x^{-2}$，$y_3 = x^{-2} \ln x$

在习题 21~24 中，给出了一个非齐次微分方程、一个齐次解 y_c 和一个特解 y_p。求出满足给定初始条件的解。

21. $y'' + y = 3x$；$y(0) = 2$，$y'(0) = -2$；$y_c = c_1 \cos x + c_2 \sin x$；$y_p = 3x$

22. $y'' - 4y = 12$；$y(0) = 0$，$y'(0) = 10$；$y_c = c_1 e^{2x} + c_2 e^{-2x}$；$y_p = -3$

23. $y'' - 2y' - 3y = 6$；$y(0) = 3$，$y'(0) = 11$；$y_c = c_1 e^{-x} + c_2 e^{3x}$；$y_p = -2$

24. $y'' - 2y' + 2y = 2x$；$y(0) = 4$，$y'(0) = 8$；$y_c = c_1 e^x \cos x + c_2 e^x \sin x$；$y_p = x + 1$

25. 令 $Ly = y'' + py' + qy$。设 y_1 和 y_2 是两个满足下式的函数

$$Ly_1 = f(x) \quad 和 \quad Ly_2 = g(x).$$

证明它们的和 $y = y_1 + y_2$ 满足非齐次方程 $Ly = f(x) + g(x)$。

26. **(a)** 通过检验找出如下两个非齐次方程的特解：

$$y'' + 2y = 4 \quad 和 \quad y'' + 2y = 6x.$$

(b) 利用习题 25 的方法求出微分方程 $y'' + 2y = 6x + 4$ 的一个特解。

27. 直接证明函数
$$f_1(x) \equiv 1, \quad f_2(x) = x \quad 和 \quad f_3(x) = x^2$$
在整个实轴上线性无关。（提示：假设 $c_1 + c_2 x + c_3 x^2 = 0$。对这个等式求两次微分，然后从所得方程中得出结论：$c_1 = c_2 = c_3 = 0$。）

28. 推广习题 27 的方法，以直接证明函数
$$f_0(x) \equiv 1, \ f_1(x) = x,$$
$$f_2(x) = x^2, \ \cdots, \ f_n(x) = x^n$$
在实轴上线性无关。

29. 利用习题 28 的结果和线性无关的定义直接证明，对于任意常数 r，函数
$$f_0(x) = e^{rx}, \quad f_1(x) = xe^{rx}, \quad \cdots,$$
$$f_n(x) = x^n e^{rx}$$
在整个实轴上线性无关。

30. 验证 $y_1 = x$ 和 $y_2 = x^2$ 是方程
$$x^2 y'' - 2xy' + 2y = 0$$
在整个实轴上的线性无关解，但 $W(x, x^2)$ 在 $x = 0$ 处等于零。为什么这些观察结果与定理 3 的 (b) 部分不相矛盾？

31. 本题说明为什么我们对一个 n 阶线性微分方程的解只能施加 n 个初始条件。

(a) 给定方程
$$y'' + py' + qy = 0,$$
解释为什么 $y''(a)$ 的值由 $y(a)$ 和 $y'(a)$ 的值决定。

(b) 证明当且仅当 $C = 5$ 时，方程
$$y'' - 2y' - 5y = 0$$
有满足条件
$$y(0) = 1, \quad y'(0) = 0 \quad 和 \quad y''(0) = C$$
的解。

32. 证明满足定理 2 假设的 n 阶齐次线性微分方程有 n 个线性无关解 $y_1, y_2, \cdots, y_n$。（提示：令 y_i 是满足如下条件的唯一解，
$$y_i^{(i-1)}(a) = 1 \quad 和 \quad y_i^{(k)}(a) = 0 \quad 若 \ k \neq i-1.)$$

33. 假设三个数 r_1, r_2 和 r_3 互不相同。通过证明三个函数 $\exp(r_1x)$, $\exp(r_2x)$ 和 $\exp(r_3x)$ 的 Wronski 行列式

$$W = \exp[(r_1+r_2+r_3)x] \cdot \begin{vmatrix} 1 & 1 & 1 \\ r_1 & r_2 & r_3 \\ r_1^2 & r_2^2 & r_3^2 \end{vmatrix}$$

对所有 x 都非零,来证明这三个函数线性无关。

34. 假设已知当 r_1, r_2, $\cdots$, r_n 是不同的数时,**Vandermonde 行列式**

$$V = \begin{vmatrix} 1 & 1 & \cdots & 1 \\ r_1 & r_2 & \cdots & r_n \\ r_1^2 & r_2^2 & \cdots & r_n^2 \\ \vdots & \vdots & & \vdots \\ r_1^{n-1} & r_2^{n-1} & \cdots & r_n^{n-1} \end{vmatrix}$$

是非零的。利用习题 33 中的方法证明函数

$$f_i(x) = \exp(r_ix), \quad 1 \leqslant i \leqslant n$$

是线性无关的。

35. 根据 3.1 节习题 32,二阶方程

$$y'' + p_1(x)y' + p_2(x)y = 0$$

的两个解的 Wronski 行列式 $W(y_1, y_2)$ 可由 Abel 公式

$$W(x) = K\exp\left(-\int p_1(x)\mathrm{d}x\right)$$

给出,其中 K 为某个常数。可以证明 n 阶方程 $y^{(n)} + p_1(x)y^{(n-1)} + \cdots + p_{n-1}(x)y' + p_n(x)y = 0$ 的 n 个解 y_1, y_2, $\cdots$, y_n 的 Wronski 行列式满足相同的恒等式。对 $n=3$ 的情况证明如下:

(a) 函数行列式的导数是分别对原行列式各行进行微分后所得行列式的和。由此得出

$$W' = \begin{vmatrix} y_1 & y_2 & y_3 \\ y_1' & y_2' & y_3' \\ y_1^{(3)} & y_2^{(3)} & y_3^{(3)} \end{vmatrix}.$$

(b) 在方程

$$y^{(3)} + p_1y'' + p_2y' + p_3y = 0$$

中代入 $y_1^{(3)}$, $y_2^{(3)}$ 和 $y_3^{(3)}$,然后证明 $W' = -p_1W$。此时积分可得 Abel 公式。

36. 假设已知齐次二阶线性微分方程

$$y'' + p(x)y' + q(x)y = 0 \quad (18)$$

的一个解 $y_1(x)$(在区间 I 上,其中 p 和 q 是连续函数)。**降阶法**是将 $y_2(x) = v(x)y_1(x)$ 代入方程 (18),并试图确定函数 $v(x)$,使得 $y_2(x)$ 是方程 (18) 的第二个线性无关解。将 $y = v(x)y_1(x)$ 代入方程 (18) 后,利用 $y_1(x)$ 是解的事实来推导

$$y_1v'' + (2y_1' + py_1)v' = 0. \quad (19)$$

若已知 $y_1(x)$,则方程 (19) 是一个可分离变量方程,可以很容易地解出 $v(x)$ 的导数 $v'(x)$。然后对 $v'(x)$ 积分就可以得到所需的(非常数)函数 $v(x)$。

37. 在对给定的齐次二阶线性微分方程和已知解 $y_1(x)$ 应用方程 (19) 之前,为了正确确定系数函数 $v(x)$,必须先将方程写成式 (18) 的形式,即首项系数为 1 的形式。通常,将 $y = v(x)y_1(x)$ 代入给定的微分方程,然后直接求出 $v(x)$,这样更方便。因此,从方程

$$x^2y'' - 5xy' + 9y = 0 \quad (x>0)$$

的易于验证的解 $y_1(x) = x^3$ 开始,代入 $y = vx^3$,从而推导出 $xv'' + v' = 0$。然后解出 $v(x) = C\ln x$,从而(取 $C=1$)得到第二个解 $y_2(x) = x^3\ln x$。

在习题 38~42 中,每题都给出了一个微分方程和一个解 y_1。使用习题 37 中的降阶法求出第二个线性无关解 y_2。

38. $x^2y'' + xy' - 9y = 0 \ (x>0)$; $y_1(x) = x^3$
39. $4y'' - 4y' + y = 0$; $y_1(x) = \mathrm{e}^{x/2}$
40. $x^2y'' - x(x+2)y' + (x+2)y = 0 \ (x>0)$; $y_1(x) = x$
41. $(x+1)y'' - (x+2)y' + y = 0 \ (x>-1)$; $y_1(x) = \mathrm{e}^x$
42. $(1-x^2)y'' + 2xy' - 2y = 0 \ (-1<x<1)$; $y_1(x) = x$
43. 首先注意到 $y_1(x) = x$ 是 1 阶 Legendre 方程

$$(1-x^2)y'' - 2xy' + 2y = 0$$

的一个解。然后使用降阶法推导出第二个解

$$y_2(x) = 1 - \frac{x}{2}\ln\frac{1+x}{1-x} \quad (\text{对于 } -1<x<1).$$

44. 首先通过替换法验证 $y_1(x) = x^{-1/2}\cos x$ 是 $\frac{1}{2}$ 阶 Bessel 方程

$$x^2y'' + xy' + (x^2 - \frac{1}{4})y = 0$$

的一个解（对于 $x > 0$）。然后通过降阶法推导出第二个解 $y_2(x) = x^{-1/2}\sin x$。

应用　绘制三阶解曲线族

请访问 bit.ly/3EqwtqH，利用 Maple、Mathematica 和 MATLAB 等计算资源对此主题进行更多讨论和探索。

本节应用处理用计算机绘制如图 3.2.2 到图 3.2.4 所示的解族。根据例题 6，我们知道方程

$$y^{(3)} + 3y'' + 4y' + 12y = 0 \tag{1}$$

的通解为

$$y(x) = c_1 e^{-3x} + c_2 \cos 2x + c_3 \sin 2x。 \tag{2}$$

对于图 3.2.2，使用例题 6 的方法可以证明，满足初始条件 $y(0) = a$，$y'(0) = 0$ 和 $y''(0) = 0$ 的方程 (1) 的特解可由下式给出：

$$y(x) = \frac{a}{13}(4e^{-3x} + 9\cos 2x + 6\sin 2x)。 \tag{3}$$

使用 MATLAB 循环

```
x = -1.5 : 0.02 : 5       % x-vector from x = -1.5 to x = 5
for a = -3 : 1 : 3        % for a = -3 to 3 with da = 1 do
    c1 = 4*a/13;
    c2 = 9*a/13;
    c3 = 6*a/13;
    y = c1*exp(-3*x)+ c2*cos(2*x)+ c3*sin(2*x);
    plot(x,y)
end
```

可以生成图 3.2.2 。

对于图 3.2.3，可以证明满足初始条件 $y(0) = 0$，$y'(0) = b$ 和 $y''(0) = 0$ 的方程 (1) 的特解可由下式给出：

$$y(x) = \frac{b}{2}\sin 2x, \tag{4}$$

并相应地改变上述 for 循环。

对于图 3.2.4，可以证明满足初始条件 $y(0) = 0$，$y'(0) = 0$ 和 $y''(0) = c$ 的方程 (1) 的特解可由下式给出：

$$y(x) = \frac{c}{26}(2e^{-3x} - 2\cos 2x + 3\sin 2x)。 \tag{5}$$

练习

计算机代数系统，如 Maple 和 Mathematica，以及图形计算器，都有执行 for 循环的命令，比如这里所展示的。首先重新生成图 3.2.2 到图 3.2.4。然后对习题 13～20 中的微分方程绘制类似的解曲线族。

3.3 常系数齐次方程

在 3.2 节中，我们看到一个 n 阶齐次线性方程的通解是 n 个线性无关特解的线性组合，但是我们很少谈到如何切实地找到这些解，哪怕是单个解。变系数线性微分方程的求解通常需要采用数值方法（第 2 章）或无穷级数法（第 8 章）。但是现在我们可以展示如何显式而直观地找到给定的常系数 n 阶线性方程的 n 个线性无关解。一般这样的方程可以写成如下形式：

$$a_n y^{(n)} + a_{n-1} y^{(n-1)} + \cdots + a_2 y'' + a_1 y' + a_0 y = 0, \tag{1}$$

其中系数 a_0，a_1，a_2，$\cdots$，a_n 都是实常数，且 $a_n \neq 0$。

特征方程

我们首先寻找方程 (1) 的单个解，通过观察发现

$$\frac{\mathrm{d}^k}{\mathrm{d}x^k}(\mathrm{e}^{rx}) = r^k \mathrm{e}^{rx}, \tag{2}$$

所以 e^{rx} 的任意阶导数都是 e^{rx} 的常数倍。因此，如果我们将 $y = \mathrm{e}^{rx}$ 代入方程 (1)，那么每一项都将是 e^{rx} 的常数倍，其中常系数取决于 r 和系数 a_k。这表明我们可以试图找出 r 使得所有这些 e^{rx} 的倍数之和为零，在这种情况下，$y = \mathrm{e}^{rx}$ 将是方程 (1) 的一个解。

例如，在 3.1 节中，我们将 $y = \mathrm{e}^{rx}$ 代入二阶方程

$$ay'' + by' + cy = 0$$

推导出 r 必须满足的特征方程

$$ar^2 + br + c = 0。$$

为了在一般情况下实施这一技术，我们将 $y = \mathrm{e}^{rx}$ 代入方程 (1)，借助式 (2)，我们发现结果为

$$a_n r^n \mathrm{e}^{rx} + a_{n-1} r^{n-1} \mathrm{e}^{rx} + \cdots + a_2 r^2 \mathrm{e}^{rx} + a_1 r \mathrm{e}^{rx} + a_0 \mathrm{e}^{rx} = 0,$$

即

$$\mathrm{e}^{rx}(a_n r^n + a_{n-1} r^{n-1} + \cdots + a_2 r^2 + a_1 r + a_0) = 0。$$

因为 e^{rx} 恒不为零，所以我们看到当 r 是方程

$$a_n r^n + a_{n-1} r^{n-1} + \cdots + a_2 r^2 + a_1 r + a_0 = 0 \tag{3}$$

的根时，$y = \mathrm{e}^{rx}$ 将是方程 (1) 的解。上述方程被称为微分方程 (1) 的**特征方程**或**辅助方程**。那么，我们的问题就简化为求解这个纯代数方程。

根据代数基本定理，每个 n 次多项式，如方程 (3) 中的多项式，都有 n 个零点，尽管这些零点不一定不同，也不一定是实数。找到这些零点的精确值可能很困难，甚至是不可能的。对于二次方程，二次公式已足够，但对于更高次的方程，我们可能需要发现一个偶然的因式分解或者应用数值技术，如牛顿法（或者使用计算器和计算机的 solve 命令）。

不同实根

不管我们使用什么方法，假设我们已经求解出了特征方程。那么我们总能写出微分方程的通解。在方程 (3) 出现重根或复根的情况下，情况稍微复杂一些，所以让我们首先讨论最简单的情况，即特征方程有 n 个不同（两两不相等）实根 r_1, r_2, $\cdots$, r_n。那么函数

$$e^{r_1 x}, \quad e^{r_2 x}, \quad \cdots, \quad e^{r_n x}$$

都是方程 (1) 的解，并且（根据 3.2 节习题 34）这 n 个解在整个实轴上是线性无关的。综上所述，我们证明了定理 1。

定理 1　不同实根

若特征方程 (3) 的根 r_1, r_2, $\cdots$, r_n 均为实数且不相同，则

$$y(x) = c_1 e^{r_1 x} + c_2 e^{r_2 x} + \cdots + c_n e^{r_n x} \tag{4}$$

是方程 (1) 的一个通解。

例题 1　**不同实根**　求解初值问题

$$y^{(3)} + 3y'' - 10y' = 0;$$
$$y(0) = 7, \quad y'(0) = 0, \quad y''(0) = 70。$$

解答：给定微分方程的特征方程为

$$r^3 + 3r^2 - 10r = 0。$$

我们通过因式分解

$$r(r^2 + 3r - 10) = r(r+5)(r-2) = 0$$

来求解，所以特征方程有三个不同实根 $r = 0$，$r = -5$ 和 $r = 2$。因为 $e^0 = 1$，则由定理 1 得到通解

$$y(x) = c_1 + c_2 e^{-5x} + c_3 e^{2x}。$$

然后由给定的初始条件得到系数 c_1，c_2 和 c_3 满足的线性方程

$$\begin{aligned} y(0) &= c_1 + c_2 + c_3 = 7, \\ y'(0) &= \quad\quad -5c_2 + 2c_3 = 0, \\ y''(0) &= \quad\quad 25c_2 + 4c_3 = 70。 \end{aligned}$$

根据后两个方程得到 $y''(0) - 2y'(0) = 35c_2 = 70$，所以 $c_2 = 2$。然后由第二个方程得到 $c_3 = 5$，最后由第一个方程得到 $c_1 = 0$。因此期望的特解为
$$y(x) = 2e^{-5x} + 5e^{2x}。$$

多项式微分算子

如果特征方程 (3) 的根并非不同，即有重根，那么我们不能根据定理 1 的方法求出方程 (1) 的 n 个线性无关解。例如，如果根是 $1, 2, 2, 2$，我们只能得到两个函数 e^x 和 e^{2x}。那么，问题就变成了求出缺失的线性无关解。为此，为了方便起见，采用"算子符号"，将方程 (1) 写成 $Ly = 0$ 的形式，其中**算子**

$$L = a_n \frac{d^n}{dx^n} + a_{n-1} \frac{d^{n-1}}{dx^{n-1}} + \cdots + a_2 \frac{d^2}{dx^2} + a_1 \frac{d}{dx} + a_0 \tag{5}$$

作用于 n 次可微函数 $y(x)$，得到 y 及其前 n 阶导数的线性组合

$$Ly = a_n y^{(n)} + a_{n-1} y^{(n-1)} + \cdots + a_2 y^{(2)} + a_1 y' + a_0 y。$$

我们也用 $D = d/dx$ 表示关于 x 的微分运算，所以

$$Dy = y', \quad D^2 y = y'', \quad D^3 y = y^{(3)},$$

以此类推。用 D 表示，式 (5) 中的算子 L 可以写成

$$L = a_n D^n + a_{n-1} D^{n-1} + \cdots + a_2 D^2 + a_1 D + a_0, \tag{6}$$

并且我们会发现，将式 (6) 右侧视为"变量" D 的（形式上的）n 次多项式是有用的，它是一个**多项式微分算子**。

首项系数为 1 的一次多项式算子具有 $D - a$ 的形式，其中 a 是实数。它作用于函数 $y = y(x)$，可得

$$(D - a)y = Dy - ay = y' - ay。$$

关于这类算子具有一个重要性质，即对任意二次可微函数 $y = y(x)$，它们中的任意两个算子都可以交换：

$$(D - a)(D - b)y = (D - b)(D - a)y。 \tag{7}$$

通过

$$\begin{aligned}
(D - a)(D - b)y &= (D - a)(y' - by) \\
&= D(y' - by) - a(y' - by) \\
&= y'' - (b + a)y' + aby = y'' - (a + b)y' + bay \\
&= D(y' - ay) - b(y' - ay) \\
&= (D - b)(y' - ay) = (D - b)(D - a)y
\end{aligned}$$

可以证明式 (7)。我们同时注意到 $(D-a)(D-b) = D^2 - (a+b)D + ab$。类似地，可以通过对因子数量进行归纳来证明，与以 x 表示实变量的线性因子的普通乘积 $(x-a_1)(x-a_2)\cdots(x-a_n)$ 的展开方式相同，对形如 $(D-a_1)(D-a_2)\cdots(D-a_n)$ 的算子积进行展开，即展开乘积并合并系数。因此，多项式微分算子的代数运算与普通实数多项式的代数运算极为相似。

重实根

让我们现在考虑特征方程

$$a_n r^n + a_{n-1} r^{n-1} + \cdots + a_2 r^2 + a_1 r + a_0 = 0 \tag{3}$$

有重根的可能情况。例如，假设方程 (3) 只有两个不同的根，即 1 重根 r_0 和 $k = n-1 > 1$ 重根 r_1。那么（除以 a_n 后）方程 (3) 可以改写为如下形式

$$(r-r_1)^k (r-r_0) = (r-r_0)(r-r_1)^k = 0。 \tag{8}$$

类似地，式 (6) 中对应的算子 L 可以写成

$$L = (D-r_1)^k (D-r_0) = (D-r_0)(D-r_1)^k, \tag{9}$$

根据式 (7)，各因子的顺序没有影响。

微分方程 $Ly = 0$ 的两个解肯定是 $y_0 = e^{r_0 x}$ 和 $y_1 = e^{r_1 x}$。然而，这还不够，因为方程是 $k+1$ 阶的，所以我们需要 $k+1$ 个线性无关解来构造通解。为了找到缺失的 $k-1$ 个解，我们注意到

$$Ly = (D-r_0)[(D-r_1)^k y] = 0。$$

因此，k 阶方程

$$(D-r_1)^k y = 0 \tag{10}$$

的每个解也将是原方程 $Ly = 0$ 的解。因此，我们的问题就归结为求出微分方程 (10) 的通解。

根据 $y_1 = e^{r_1 x}$ 是方程 (10) 的一个解的事实，我们可以尝试进行替换

$$y(x) = u(x) y_1(x) = u(x) e^{r_1 x}, \tag{11}$$

其中 $u(x)$ 是一个待定函数。观察到

$$(D-r_1)[u e^{r_1 x}] = (Du) e^{r_1 x} + u(r_1 e^{r_1 x}) - r_1 (u e^{r_1 x}) = (Du) e^{r_1 x}。 ^{\ominus} \tag{12}$$

对上述事实应用 k 次后，对于任意充分可微的函数 $u(x)$，则有

$$(D-r_1)^k [u e^{r_1 x}] = (D^k u) e^{r_1 x}。 \tag{13}$$

因此，当且仅当 $D^k u = u^{(k)} = 0$ 时，$y = u e^{r_1 x}$ 是方程 (10) 的解。但当且仅当

$$u(x) = c_1 + c_2 x + c_3 x^2 + \cdots + c_k x^{k-1}$$

$\ominus$ 这是关键步骤：将原本可能的三项减少到只剩一项。

是一个次数最多为 $k-1$ 的多项式时，上述表述成立。因此方程 (10) 的期望解为
$$y(x) = ue^{r_1 x} = (c_1 + c_2 x + c_3 x^2 + \cdots + c_k x^{k-1})e^{r_1 x}。$$
特别地，我们在这里看到了原微分方程 $Ly = 0$ 的额外解 $xe^{r_1 x}$，$x^2 e^{r_1 x}$，$\cdots$，$x^{k-1} e^{r_1 x}$。

前面的分析可以用任意多项式算子替换算子 $D - r_1$ 来进行。当这样做时，结果证明了下面的定理。

> **定理 2　重根**
> 如果特征方程 (3) 有一个 k 重根 r，那么微分方程 (1) 的通解与 r 对应的部分具有如下形式：
> $$(c_1 + c_2 x + c_3 x^2 + \cdots + c_k x^{k-1})e^{rx}。 \tag{14}$$

我们观察发现，根据 3.2 节习题 29，式 (14) 中所涉及的 k 个函数 e^{rx}，xe^{rx}，$x^2 e^{rx}$，$\cdots$ 和 $x^{k-1} e^{rx}$ 在实轴上是线性无关的。因此，一个 k 重根对应微分方程的 k 个线性无关解。

例题 2　**重实根**　求出如下五阶微分方程的通解：
$$9y^{(5)} - 6y^{(4)} + y^{(3)} = 0。$$

解答：特征方程为
$$9r^5 - 6r^4 + r^3 = r^3(9r^2 - 6r + 1) = r^3(3r - 1)^2 = 0。$$
它有三重根 $r = 0$ 和二重根 $r = \dfrac{1}{3}$。三重根 $r = 0$ 对解的贡献为
$$c_1 e^{0 \cdot x} + c_2 x e^{0 \cdot x} + c_3 x^2 e^{0 \cdot x} = c_1 + c_2 x + c_3 x^2，$$
而二重根 $r = \dfrac{1}{3}$ 的贡献为 $c_4 e^{x/3} + c_5 x e^{x/3}$。因此，给定微分方程的通解为
$$y(x) = c_1 + c_2 x + c_3 x^2 + c_4 e^{x/3} + c_5 x e^{x/3}。$$

复值函数与 Euler 公式

因为我们已经假设微分方程及其特征方程的系数为实数，所以任何复（非实）数根都会以复共轭对 $a \pm bi$ 的形式出现，其中 a 和 b 为实数，$i = \sqrt{-1}$。这就提出了一个问题，即诸如 $e^{(a+bi)x}$ 这样的指数可能意味着什么？

为了回答这个问题，我们回顾初等微积分中指数函数的 Taylor（或 MacLaurin）级数
$$e^t = \sum_{n=0}^{\infty} \frac{t^n}{n!} = 1 + t + \frac{t^2}{2!} + \frac{t^3}{3!} + \frac{t^4}{4!} + \cdots。$$

若我们将 $t = \mathrm{i}\theta$ 代入上述级数，并根据 $\mathrm{i}^2 = -1$，$\mathrm{i}^3 = -\mathrm{i}$，$\mathrm{i}^4 = 1$，等等，则可得 [注]

$$\mathrm{e}^{\mathrm{i}\theta} = \sum_{n=0}^{\infty} \frac{(\mathrm{i}\theta)^n}{n!}$$

$$= 1 + \mathrm{i}\theta - \frac{\theta^2}{2!} - \frac{\mathrm{i}\theta^3}{3!} + \frac{\theta^4}{4!} + \frac{\mathrm{i}\theta^5}{5!} - \cdots$$

$$= \left(1 - \frac{\theta^2}{2!} + \frac{\theta^4}{4!} - \cdots\right) + \mathrm{i}\left(\theta - \frac{\theta^3}{3!} + \frac{\theta^5}{5!} - \cdots\right).$$

因为最后一行中的两个实级数分别是 $\cos\theta$ 和 $\sin\theta$ 的 Taylor 级数，所以这意味着

$$\mathrm{e}^{\mathrm{i}\theta} = \cos\theta + \mathrm{i}\sin\theta. \tag{15}$$

这个结果被称为 **Euler 公式**。正因为如此，对于任意复数 [注] $z = x+\mathrm{i}y$，我们定义指数函数 e^z 为

$$\mathrm{e}^z = \mathrm{e}^{x+\mathrm{i}y} = \mathrm{e}^x \mathrm{e}^{\mathrm{i}y} = \mathrm{e}^x(\cos y + \mathrm{i}\sin y). \tag{16}$$

因此，特征方程的复根将导致微分方程的复值解。实变量 x 的**复值函数** F 与每个实数 x（在其定义域内）形成的复数相关联，即

$$F(x) = f(x) + \mathrm{i}g(x). \tag{17}$$

实值函数 f 和 g 分别被称为 F 的**实部**和**虚部**。若其可微，则我们定义 F 的**导数** F' 为

$$F'(x) = f'(x) + \mathrm{i}g'(x). \tag{18}$$

因此，我们只需要分别对 F 的实部和虚部求导。

我们说复值函数 $F(x)$ 满足齐次线性微分方程 $L[F(x)] = 0$，只要它在式 (17) 中的实部和虚部分别满足这个方程，所以 $L[F(x)] = L[f(x)] + \mathrm{i}L[g(x)] = 0$。

此处我们感兴趣的特殊复值函数的形式为 $F(x) = \mathrm{e}^{rx}$，其中 $r = a \pm b\mathrm{i}$。由 Euler 公式，我们注意到

$$\mathrm{e}^{(a+b\mathrm{i})x} = \mathrm{e}^{ax}\mathrm{e}^{\mathrm{i}bx} = \mathrm{e}^{ax}(\cos bx + \mathrm{i}\sin bx) \tag{19a}$$

和

$$\mathrm{e}^{(a-b\mathrm{i})x} = \mathrm{e}^{ax}\mathrm{e}^{-\mathrm{i}bx} = \mathrm{e}^{ax}(\cos bx - \mathrm{i}\sin bx). \tag{19b}$$

如果 r 是一个复数，e^{rx} 的最重要的性质是

$$D_x(\mathrm{e}^{rx}) = r\mathrm{e}^{rx}, \tag{20}$$

基于前面给出的定义和公式，通过简单计算可以证明这一论断：

$$D_x(\mathrm{e}^{rx}) = D_x(\mathrm{e}^{ax}\cos bx) + \mathrm{i}D_x(\mathrm{e}^{ax}\sin bx)$$

$$= (a\mathrm{e}^{ax}\cos bx - b\mathrm{e}^{ax}\sin bx) + \mathrm{i}(a\mathrm{e}^{ax}\sin bx + b\mathrm{e}^{ax}\cos bx)$$

$$= (a + b\mathrm{i})(\mathrm{e}^{ax}\cos bx + \mathrm{i}\mathrm{e}^{ax}\sin bx) = r\mathrm{e}^{rx}.$$

[注] 一个被称为复分析的发展成熟的数学分支为计算这些级数提供了坚实的基础。

[注] 复数的引入揭示了指数函数和三角函数之间的惊人联系。

复根

由式 (20) 可知，当 r 为复数时（正如当 r 是实数时一样），e^{rx} 是微分方程 (1) 的一个解，当且仅当 r 是其特征方程的根。若一对共轭复根 $r_1 = a + bi$ 和 $r_2 = a - bi$ 是单根（非重根），则方程 (1) 的通解的对应部分为

$$y(x) = C_1 e^{r_1 x} + C_2 e^{r_2 x} = C_1 e^{(a+bi)x} + C_2 e^{(a-bi)x}$$
$$= C_1 e^{ax}(\cos bx + i\sin bx) + C_2 e^{ax}(\cos bx - i\sin bx)$$
$$y(x) = (C_1 + C_2) e^{ax} \cos bx + i(C_1 - C_2) e^{ax} \sin bx,$$

其中任意常数 C_1 和 C_2 可以是复数。例如，选择 $C_1 = C_2 = \frac{1}{2}$ 时，可得实值解 $y_1(x) = e^{ax} \cos bx$，而选择 $C_1 = -\frac{1}{2}i$ 和 $C_2 = \frac{1}{2}i$ 时，可得独立实值解 $y_2(x) = e^{ax} \sin bx$。由此得到以下结论。

> **定理 3 复根**
> 若特征方程 (3) 有一对不重复的共轭复根 $a \pm bi$（其中 $b \neq 0$），则方程 (1) 的通解的对应部分具有如下形式：
> $$e^{ax}(c_1 \cos bx + c_2 \sin bx)。 \tag{21}$$

例题 3 **复根** 方程
$$y'' + b^2 y = 0 \quad (b > 0)$$
的特征方程为 $r^2 + b^2 = 0$，其根为 $r = \pm bi$。所以由定理 3（其中 $a = 0$）可得通解
$$y(x) = c_1 \cos bx + c_2 \sin bx。$$

例题 4 **复根** 求出方程
$$y'' - 4y' + 5y = 0$$
的特解，其中 $y(0) = 1$ 且 $y'(0) = 5$。

解答：在特征方程中配平方，可得
$$r^2 - 4r + 5 = (r-2)^2 + 1 = 0,$$
所以 $r - 2 = \pm\sqrt{-1} = \pm i$。从而我们得到共轭复根 $2 \pm i$（也可以直接用二次方程求根公式求得）。因此，根据 $a = 2$ 和 $b = 1$，由定理 3 得到通解
$$y(x) = e^{2x}(c_1 \cos x + c_2 \sin x)。$$
那么

$$y'(x) = 2e^{2x}(c_1 \cos x + c_2 \sin x) + e^{2x}(-c_1 \sin x + c_2 \cos x),$$

则由初始条件可得
$$y(0) = c_1 = 1 \quad \text{和} \quad y'(0) = 2c_1 + c_2 = 5.$$

由此可得 $c_2 = 3$，所以期望的特解为
$$y(x) = e^{2x}(\cos x + 3\sin x).$$

在下面的例题 5 中，我们使用了复数 z 的**极坐标形式**
$$z = x + iy = re^{i\theta}. \tag{22}$$

这种形式是根据 Euler 公式写的，即
$$z = r\left(\frac{x}{r} + i\frac{y}{r}\right) = r(\cos\theta + i\sin\theta) = re^{i\theta},$$

其中复数 z 的**模** $r = \sqrt{x^2 + y^2} > 0$ 及其**辐角** θ 如图 3.3.1 所示。例如，虚数 i 的模为 1，辐角为 $\pi/2$，所以 $i = e^{i\pi/2}$。类似地，$-i = e^{i3\pi/2}$。另一个结论是非零复数 $z = re^{i\theta}$ 有两个平方根

$$\sqrt{z} = \pm(re^{i\theta})^{1/2} = \pm\sqrt{r}e^{i\theta/2}, \tag{23}$$

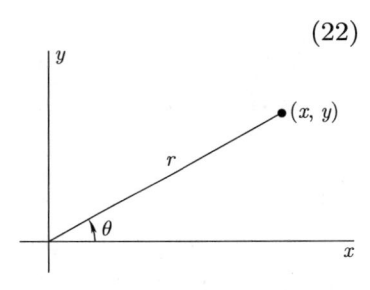

图 3.3.1　复数 $x+iy$ 的模与辐角

其中 $\sqrt{r}$ 表示（像通常用于正实数一样）z 的模的正平方根。

例题 5　　**极坐标形式**　　求 $y^{(4)} + 4y = 0$ 的一个通解。

解答：特征方程为
$$r^4 + 4 = (r^2)^2 - (2i)^2 = (r^2 + 2i)(r^2 - 2i) = 0,$$

其四个根为 $\pm\sqrt{\pm 2i}$。由于 $i = e^{i\pi/2}$ 和 $-i = e^{i3\pi/2}$，我们发现
$$\sqrt{2i} = (2e^{i\pi/2})^{1/2} = \sqrt{2}e^{i\pi/4} = \sqrt{2}\left(\cos\frac{\pi}{4} + i\sin\frac{\pi}{4}\right) = 1 + i$$

和
$$\sqrt{-2i} = (2e^{i3\pi/2})^{1/2} = \sqrt{2}e^{i3\pi/4} = \sqrt{2}\left(\cos\frac{3\pi}{4} + i\sin\frac{3\pi}{4}\right) = -1 + i.$$

因此，特征方程的四个（不同）根是 $r = \pm(\pm 1 + i)$。由这两对共轭复根 $1 \pm i$ 和 $-1 \pm i$ 得到微分方程 $y^{(4)} + 4y = 0$ 的一个通解
$$y(x) = e^x(c_1 \cos x + c_2 \sin x) + e^{-x}(c_3 \cos x + c_4 \sin x).$$

复重根

定理 2 适用于复重根。若共轭对 $a \pm bi$ 是 k 重根，则通解的对应部分具有如下形式：

$$(A_1 + A_2 x + \cdots + A_k x^{k-1}) e^{(a+bi)x} + (B_1 + B_2 x + \cdots + B_k x^{k-1}) e^{(a-bi)x}$$
$$= \sum_{p=0}^{k-1} x^p e^{ax} (c_p \cos bx + i d_p \sin bx)。 \tag{24}$$

可以证明，出现在式 (24) 中的 $2k$ 个函数
$$x^p e^{ax} \cos bx, \quad x^p e^{ax} \sin bx, \quad 0 \leqslant p \leqslant k-1$$
是线性无关的。

例题 6 **复重根** 求 $(D^2 + 6D + 13)^2 y = 0$ 的一个通解。

解答：通过配平方，我们看到特征方程
$$(r^2 + 6r + 13)^2 = [(r+3)^2 + 4]^2 = 0$$
的根为 $k = 2$ 重共轭对 $-3 \pm 2i$。从而由式 (24) 得到通解
$$y(x) = e^{-3x}(c_1 \cos 2x + d_1 \sin 2x) + x e^{-3x}(c_2 \cos 2x + d_2 \sin 2x)。$$

在应用中，我们很少预先得到像例题 6 中那样方便的因式分解。求解齐次线性方程最困难的部分通常是求其特征方程的根。当特征方程的根可以通过检验找到时，例题 7 展示了一种可能会成功的方法。本节应用部分说明了其他可能性。

例题 7 **通过检验找到一个根** 微分方程
$$y^{(3)} + y' - 10y = 0$$
的特征方程是三次方程
$$r^3 + r - 10 = 0。$$

根据初等代数的一个标准定理，唯一可能的有理根是常数项 10 的因子 $\pm 1, \pm 2, \pm 5$ 和 ± 10。通过反复试错（如果不是通过检验），我们发现根为 2。初等代数的因式定理表明 $r - 2$ 是 $r^3 + r - 10$ 的一个因式，由后者除以前者的商为二次多项式
$$r^2 + 2r + 5 = (r+1)^2 + 4。$$
这个商的根是共轭复数 $-1 \pm 2i$。由我们现在找到的三个根得到通解
$$y(x) = c_1 e^{2x} + e^{-x}(c_2 \cos 2x + c_3 \sin 2x)。$$

例题 8 **给定特征根** 某微分方程的特征方程的根分别为 $3, -5, 0, 0, 0, 0, -5, 2 \pm 3i$ 和 $2 \pm 3i$。写出这个齐次微分方程的通解。

解答：可以直接从所罗列根中读取方程的解，即
$$y(x) = c_1 + c_2 x + c_3 x^2 + c_4 x^3 + c_5 e^{3x} + c_6 e^{-5x} + c_7 x e^{-5x}$$
$$+ e^{2x}(c_8 \cos 3x + c_9 \sin 3x) + x e^{2x}(c_{10} \cos 3x + c_{11} \sin 3x)。$$

习题

求出习题 1~20 中微分方程的通解。

1. $y'' - 4y = 0$
2. $2y'' - 3y' = 0$
3. $y'' + 3y' - 10y = 0$
4. $2y'' - 7y' + 3y = 0$
5. $y'' + 6y' + 9y = 0$
6. $y'' + 5y' + 5y = 0$
7. $4y'' - 12y' + 9y = 0$
8. $y'' - 6y' + 13y = 0$
9. $y'' + 8y' + 25y = 0$
10. $5y^{(4)} + 3y^{(3)} = 0$
11. $y^{(4)} - 8y^{(3)} + 16y'' = 0$
12. $y^{(4)} - 3y^{(3)} + 3y'' - y' = 0$
13. $9y^{(3)} + 12y'' + 4y' = 0$
14. $y^{(4)} + 3y'' - 4y = 0$
15. $y^{(4)} - 8y'' + 16y = 0$
16. $y^{(4)} + 18y'' + 81y = 0$
17. $6y^{(4)} + 11y'' + 4y = 0$
18. $y^{(4)} = 16y$
19. $y^{(3)} + y'' - y' - y = 0$
20. $y^{(4)} + 2y^{(3)} + 3y'' + 2y' + y = 0$ [提示：把 $(r^2 + r + 1)^2$ 展开。]

求解习题 21~26 中所给的初值问题。

21. $y'' - 4y' + 3y = 0$; $y(0) = 7$, $y'(0) = 11$
22. $9y'' + 6y' + 4y = 0$; $y(0) = 3$, $y'(0) = 4$
23. $y'' - 6y' + 25y = 0$; $y(0) = 3$, $y'(0) = 1$
24. $2y^{(3)} - 3y'' - 2y' = 0$; $y(0) = 1$, $y'(0) = -1$, $y''(0) = 3$
25. $3y^{(3)} + 2y'' = 0$; $y(0) = -1$, $y'(0) = 0$, $y''(0) = 1$
26. $y^{(3)} + 10y'' + 25y' = 0$; $y(0) = 3$, $y'(0) = 4$, $y''(0) = 5$

求习题 27~32 中方程的通解。首先通过检验找到特征方程的一个较小的整数根，然后通过除法进行因式分解。

27. $y^{(3)} + 3y'' - 4y = 0$
28. $2y^{(3)} - y'' - 5y' - 2y = 0$
29. $y^{(3)} + 27y = 0$
30. $y^{(4)} - y^{(3)} + y'' - 3y' - 6y = 0$
31. $y^{(3)} + 3y'' + 4y' - 8y = 0$
32. $y^{(4)} + y^{(3)} - 3y'' - 5y' - 2y = 0$

在习题 33~36 中，给出了微分方程的一个解，求通解。

33. $y^{(3)} + 3y'' - 54y = 0$; $y = e^{3x}$
34. $3y^{(3)} - 2y'' + 12y' - 8y = 0$; $y = e^{2x/3}$
35. $6y^{(4)} + 5y^{(3)} + 25y'' + 20y' + 4y = 0$; $y = \cos 2x$
36. $9y^{(3)} + 11y'' + 4y' - 14y = 0$; $y = e^{-x}\sin x$
37. 求出一个函数 $y(x)$，使得 $y^{(4)}(x) = y^{(3)}(x)$ 对所有 x 都成立，并满足条件 $y(0) = 18$, $y'(0) = 12$, $y''(0) = 13$ 以及 $y^{(3)}(0) = 7$。
38. 求解初值问题
$$y^{(3)} - 5y'' + 100y' - 500y = 0;$$
$$y(0) = 0, \quad y'(0) = 10, \quad y''(0) = 250,$$
其中 $y_1(x) = e^{5x}$ 是这个微分方程的一个特解。

在习题 39~42 中，找到一个具体给定通解的线性齐次常系数方程。

39. $y(x) = (A + Bx + Cx^2)e^{2x}$
40. $y(x) = Ae^{2x} + B\cos 2x + C\sin 2x$
41. $y(x) = A\cos 2x + B\sin 2x + C\cosh 2x + D\sinh 2x$
42. $y(x) = (A + Bx + Cx^2)\cos 2x + (D + Ex + Fx^2)\sin 2x$

习题 43~47 涉及复系数微分方程的求解。

43. (a) 利用 Euler 公式，证明每个复数都可以写成 $re^{i\theta}$ 的形式，其中 $r \geq 0$ 且 $-\pi < \theta \leq \pi$。
(b) 将数 4, -2, $3i$, $1+i$ 和 $-1+i\sqrt{3}$ 表示成 $re^{i\theta}$ 的形式。
(c) 已知 $re^{i\theta}$ 的两个平方根为 $\pm\sqrt{r}e^{i\theta/2}$。求数 $2 - 2i\sqrt{3}$ 和 $-2 + 2i\sqrt{3}$ 的平方根。
44. 利用二次方程求根公式求解下列方程。注意在每种情况下根都不是共轭复根。
(a) $x^2 + ix + 2 = 0$
(b) $x^2 - 2ix + 3 = 0$
45. 求 $y'' - 2iy' + 3y = 0$ 的一个通解。
46. 求 $y'' - iy' + 6y = 0$ 的一个通解。
47. 求 $y'' = (-2 + 2i\sqrt{3})y$ 的一个通解。
48. 求解初值问题
$$y^{(3)} = y; \quad y(0) = 1, \quad y'(0) = y''(0) = 0。$$
（提示：对通解
$$y(x) = Ae^x + Be^{\alpha x} + Ce^{\beta x}$$
施加给定的初始条件，其中 α 和 β 是 $r^3 - 1 = 0$ 的共轭复根，从而发现
$$y(x) = \frac{1}{3}\left(e^x + 2e^{-x/2}\cos\frac{x\sqrt{3}}{2}\right)$$

是方程的一个解。)

49. 求解初值问题

$$y^{(4)} = y^{(3)} + y'' + y' + 2y;$$
$$y(0) = y'(0) = y''(0) = 0,\ 2y^{(3)}(0) = 30。$$

50. 微分方程

$$y'' + (\operatorname{sgn} x)y = 0 \qquad (25)$$

含有不连续系数函数

$$\operatorname{sgn} x = \begin{cases} 1, & x > 0, \\ -1, & x < 0。\end{cases}$$

证明方程 (25) 仍然有两个对所有 x 定义的线性无关解 $y_1(x)$ 和 $y_2(x)$ 使得

- 每个解在 $x \ne 0$ 的每个点处都满足方程 (25);
- 每个解在 $x = 0$ 处都有连续导数;
- $y_1(0) = y_2'(0) = 1$ 且 $y_2(0) = y_1'(0) = 0$。

(提示：每个 $y_i(x)$ 在 $x < 0$ 时由一个公式定义，在 $x \geqslant 0$ 时由另一个公式定义。)这两个解的图形如图 3.3.2 所示。

51. 根据 3.1 节习题 51，通过做替换 $v = \ln x (x > 0)$，可以将二阶 Euler 方程 $ax^2y'' + bxy' + cy = 0$ 转化为常系数齐次线性方程。类似地证明这个同样的替换可以将三阶 Euler 方程

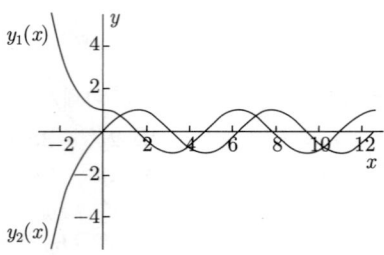

图 3.3.2 习题 50 中 $y_1(x)$ 和 $y_2(x)$ 的图形

$$ax^3y''' + bx^2y'' + cxy' + dy = 0$$

(其中 a, b, c, d 为常数) 转化为常系数方程

$$a\frac{\mathrm{d}^3y}{\mathrm{d}v^3} + (b-3a)\frac{\mathrm{d}^2y}{\mathrm{d}v^2} + (c-b+2a)\frac{\mathrm{d}y}{\mathrm{d}v} + dy = 0。$$

使用习题 51 中的替换 $v = \ln x$，求习题 52 ~ 58 中 Euler 方程的通解 $(x > 0)$。

52. $x^2y'' + xy' + 9y = 0$
53. $x^2y'' + 7xy' + 25y = 0$
54. $x^3y''' + 6x^2y'' + 4xy' = 0$
55. $x^3y''' - x^2y'' + xy' = 0$
56. $x^3y''' + 3x^2y'' + xy' = 0$
57. $x^3y''' - 3x^2y'' + xy' = 0$
58. $x^3y''' + 6x^2y'' + 7xy' + y = 0$

应用　线性方程的近似解法

请访问 bit.ly/3CnUZZc，利用 Maple、Mathematica 和 MATLAB 等计算资源对此主题进行更多讨论和探索。

为了满足诸如本节应用的需要，多项式求解应用程序现在是计算器和计算机系统的一个常见功能，即使在没有明显的简单的因式分解或甚至不能进行简单的因式分解的情况下，也可以用它们来数值求解特征方程。例如，假设我们要求解齐次线性微分方程

$$y^{(3)} - 3y'' + y = 0, \qquad (1)$$

其特征方程为

$$r^3 - 3r^2 + 1 = 0。\qquad (2)$$

典型的图形计算器有一个 solve 命令，可以用来求多项式方程的近似根。我们发现方程 (2) 的根为 $r \approx -0.5321,\ 0.6527,\ 2.8794$。一些计算机代数系统命令为

```
fsolve(r^3 - 3*r^2 + 1 = 0, r);        (Maple)
NSolve[r^3 - 3*r^2 + 1 == 0, r]        (Mathematica)
```

```
r^3 - 3r^2 + 1 = 0                    （Wolfram|Alpha）
roots([1 -3 0 1])                     （MATLAB）
```
（在 MATLAB 命令中，输入多项式的系数向量`[1 -3 0 1]`，按降序排列。）无论如何，我们得到了这些近似根，由此可以（近似）给出微分方程 (1) 的通解

$$y(x) = c_1 \mathrm{e}^{-0.5321x} + c_2 \mathrm{e}^{0.6527x} + c_3 \mathrm{e}^{2.8794x}。 \tag{3}$$

练习

使用计算器或计算机方法，如上述所示，求下列微分方程的通解（以近似数值形式表示）。

1. $y^{(3)} - 3y' + y = 0$
2. $y^{(3)} + 3y'' - 3y = 0$
3. $y^{(3)} + y' + y = 0$
4. $y^{(3)} + 3y' + 5y = 0$
5. $y^{(4)} + 2y^{(3)} - 3y = 0$
6. $y^{(4)} + 3y' - 4y = 0$

3.4 机械振动

相对于在更复杂的机械系统中发生的振动，连接在弹簧上的质量块的运动可以作为振动的一个相对简单的例子。对于许多这样的系统，对这些振动的分析是一个求解常系数线性微分方程的问题。

如图 3.4.1 所示，我们考虑一个质量为 m 的物体附着在一根普通弹簧的一端，弹簧既能抵抗压缩也能抵抗拉伸，弹簧的另一端连接在固定的墙壁

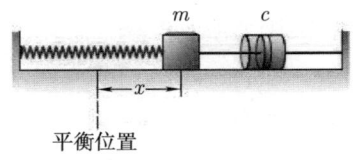

图 3.4.1　一个质量块-弹簧-阻尼器系统

上。假设物体位于一个无摩擦的水平面上，所以当弹簧被压缩和拉伸时，物体只能前后移动。用 x 表示物体到其**平衡位置**（即弹簧未变形时的位置）的距离。当弹簧被拉伸时，我们取 $x > 0$，而当弹簧被压缩时，$x < 0$。

根据胡克定律，弹簧对质量块施加的恢复力 F_S 与弹簧被拉伸或压缩的距离 x 成正比。因为被拉伸或压缩的距离与质量块 m 偏离其平衡位置的位移 x 相同，所以由此可得

$$F_S = -kx。 \tag{1}$$

正比例常数 k 被称为**弹簧常数**。注意 F_S 和 x 具有相反的符号：当 $x > 0$ 时，$F_S < 0$；当 $x < 0$ 时，$F_S > 0$。⊖

图 3.4.1 显示了附着在一个阻尼器上的质量块，阻尼器是一种类似于减振器的装置，它提供一个与质量块 m 瞬时运动方向相反方向的力。我们假设阻尼器的设计使得这个力 F_R 与质量块的速度 $v = \mathrm{d}x/\mathrm{d}t$ 成正比，也就是说

⊖ 稍后我们将考虑不服从胡克定律的弹簧。

$$F_R = -cv = -c\frac{\mathrm{d}x}{\mathrm{d}t}。 \tag{2}$$

正常数 c 是阻尼器的**阻尼常数**。更一般地，我们可以将式 (2) 视作系统中指定的摩擦力（包括质量块 m 运动受到的空气阻力）。

如果除了力 F_S 和 F_R，质量块还受到一个给定的**外力** $F_E = F(t)$，则作用在质量块上的合力为 $F = F_S + F_R + F_E$。利用牛顿定律

$$F = ma = m\frac{\mathrm{d}^2 x}{\mathrm{d}t^2} = mx''，$$

我们得到控制质量块运动的二阶线性微分方程

$$mx'' + cx' + kx = F(t)。 \tag{3}$$

如果没有阻尼器（并忽略所有的摩擦力），那么我们在方程 (3) 中设置 $c = 0$，并将该运动称为**无阻尼**运动；如果 $c > 0$，则称其为**有阻尼**运动。如果无外力作用，我们将方程 (3) 中的 $F(t)$ 用 0 代替。在这种情况下，我们称之为**自由**运动，而在 $F(t) \neq 0$ 的情况下，称之为**受迫**运动。因此齐次方程

$$mx'' + cx' + kx = 0 \tag{4}$$

描述了在没有外力作用的情况下，质量块在有阻尼器的弹簧上的自由运动。我们将在之后的 3.6 节中讨论受迫运动。

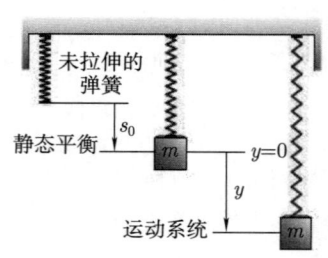

图 3.4.2 一个竖直悬挂在弹簧上的质量块

作为另一个例子，如图 3.4.2 所示，我们可以将质量块连接到弹簧下端，弹簧竖直悬挂在固定支架上。在这种情况下，质量块的重量 $W = mg$ 会将弹簧拉伸一个距离 s_0，该距离可由式 (1) 确定，其中 $F_S = -W$ 且 $x = s_0$。也就是说，$mg = ks_0$，所以 $s_0 = mg/k$。由此得到质量块的**静态平衡**位置。如果用 y 表示质量块运动中的位移，从其静态平衡位置向下测量，那么我们要求你在习题 9 中证明 y 满足方程 (3)；具体来说，如果我们考虑阻尼力和外力（即除了重力以外的力），证明 y 满足下列方程

$$my'' + cy' + ky = F(t)。 \tag{5}$$

单摆

在方程 (3) 和方程 (5) 中出现的微分方程的重要性，源于它描述了许多其他简单机械系统的运动。例如，如图 3.4.3 所示，一个**单摆**由一个质量块 m 在一根长度为 L 的细绳（或者更好的是一根无质量的杆）的末端来回摆动组成。我们可以通过给定细绳或杆在 t 时刻与竖直线沿逆时针方向所成夹角 $\theta = \theta(t)$，来指定质量块在 t 时刻的位置。为了分析质量块 m 的运动，我们将应用机械能守恒定律，根据该定律，质量块 m 的动能和势能之和保持不变。

沿着圆弧从 O 到 m 的距离为 $s = L\theta$, 所以质量块的速度为 $v = ds/dt = L(d\theta/dt)$, 因此其动能为

$$T = \frac{1}{2}mv^2 = \frac{1}{2}m\left(\frac{ds}{dt}\right)^2 = \frac{1}{2}mL^2\left(\frac{d\theta}{dt}\right)^2。$$

接下来我们选取质量块可到达的最低点 O 作为参考点（参见图 3.4.3）。那么其势能 V 是其重量 mg 与其在 O 点以上的竖直高度 $h = L(1 - \cos\theta)$ 的乘积, 所以

$$V = mgL(1 - \cos\theta)。$$

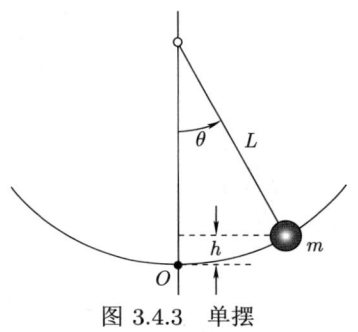

图 3.4.3 单摆

因此, 由 T 和 V 之和为常数 C 的事实可得

$$\frac{1}{2}mL^2\left(\frac{d\theta}{dt}\right)^2 + mgL(1 - \cos\theta) = C。$$

我们对等式两边关于 t 求导, 可得

$$mL^2\left(\frac{d\theta}{dt}\right)\left(\frac{d^2\theta}{dt^2}\right) + mgL(\sin\theta)\frac{d\theta}{dt} = 0,$$

两边同除以 $mL^2(d\theta/dt)$ 后, 则有

$$\frac{d^2\theta}{dt^2} + \frac{g}{L}\sin\theta = 0。 \tag{6}$$

也可以用我们熟悉的牛顿第二定律 $F = ma$（应用于质量块的加速度的切向分量和作用于其上的力）, 以一种看似更基本的方式推导出这个微分方程。然而, 基于能量守恒推导微分方程的方法, 经常出现在无法如此直接应用牛顿定律的更复杂情况下, 在像摆这样的更简单的应用中, 使用能量法可能是有指导意义的。

现在回顾一下, 若 θ 很小, 则 $\sin\theta \approx \theta$（这个近似是通过只保留 $\sin\theta$ 的泰勒级数的第一项得到的）。事实上, 当 $|\theta|$ 不超过 $\pi/12$（即 $15°$）时, $\sin\theta$ 和 θ 的值到小数点后两位都一致。例如, 在一个典型的摆中, θ 永远不会超过 $15°$。因此, 通过在方程 (6) 中用 θ 替换 $\sin\theta$ 来简化单摆的数学模型似乎是合理的。若我们还插入一项 $c\theta'$ 来表示周围介质的摩擦阻力, 则得到一个形如式 (4) 的方程:

$$\theta'' + c\theta' + k\theta = 0, \tag{7}$$

其中 $k = g/L$。注意这个方程与杆端的质量块 m 无关。然而, 我们或许可以预测到, $\sin\theta$ 与 θ 之间差异的影响会随着时间累积, 使得方程 (7) 可能无法准确描述摆在长时间内的实际运动。

在本节的剩余部分中, 我们首先分析自由无阻尼运动, 然后分析自由有阻尼运动。

自由无阻尼运动

若弹簧上只有一个质量块, 既无阻尼也无外力, 则方程 (3) 采用更简单的形式

$$mx'' + kx = 0。 \qquad (8)$$

为了方便，定义

$$\omega_0 = \sqrt{\frac{k}{m}}, \qquad (9)$$

并将方程 (8) 改写为

$$x'' + \omega_0^2 x = 0。 \qquad (8')$$

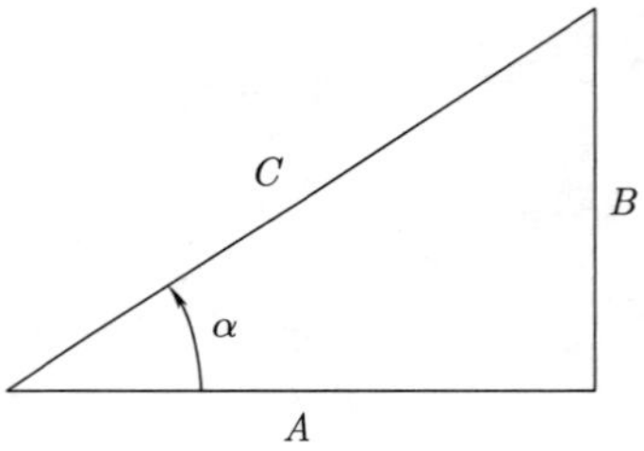

方程 (8′) 的通解为

$$x(t) = A\cos\omega_0 t + B\sin\omega_0 t。 \qquad (10)$$

为了分析这个解所描述的运动，如图 3.4.4 所示，我们选择常数 C 和 α，使得

$$C = \sqrt{A^2 + B^2}, \quad \cos\alpha = \frac{A}{C} \quad 和 \quad \sin\alpha = \frac{B}{C}。 \qquad (11)$$

图 3.4.4　角 α

注意，尽管 $\tan\alpha = B/A$，但是角 α 并不是由反正切函数的主分支（仅给出区间 $-\pi/2 < x < \pi/2$ 内的值）得到。反而，α 是 0 到 2π 之间的夹角，其余弦和正弦的符号由式 (11) 给出，其中 A 或 B 或两者都可能为负。因此

$$\alpha = \begin{cases} \tan^{-1}(B/A), & A > 0, \ B > 0\,(\text{第一象限}), \\ \pi + \tan^{-1}(B/A), & A < 0\,(\text{第二或第三象限}), \\ 2\pi + \tan^{-1}(B/A), & A > 0, \ B < 0\,(\text{第四象限}), \end{cases}$$

其中 $\tan^{-1}(B/A)$ 是 $(-\pi/2, \pi/2)$ 内的角度，可由计算器或计算机得到。

无论如何，由式 (10) 和式 (11) 可得

$$x(t) = C\left(\frac{A}{C}\cos\omega_0 t + \frac{B}{C}\sin\omega_0 t\right) = C(\cos\alpha\cos\omega_0 t + \sin\alpha\sin\omega_0 t)。$$

借助余弦加法公式，我们得到

$$x(t) = C\cos(\omega_0 t - \alpha)。 \qquad (12)$$

因此，质量块以如下参数围绕其平衡位置来回振动：
1. 振幅 C，
2. 圆周频率 ω_0，
3. 相位角 α。

这种运动被称为简谐运动。

若时间 t 以秒为单位测量，则圆周频率 ω_0 的单位为弧度每秒（rad/s）。运动的**周期**是系统完成一次完整振动所需的时间，所以由下式给出

$$T = \frac{2\pi}{\omega_0}, \qquad (13)$$

单位为秒，其振动频率为

$$\nu = \frac{1}{T} = \frac{\omega_0}{2\pi}, \tag{14}$$

单位为赫兹（Hz），它测量每秒完成的周期数。注意，频率以周期数每秒为单位，而圆周频率则以弧度每秒为单位。

一个简谐位置函数

$$x(t) = C\cos(\omega_0 t - \alpha) = C\cos\left(\omega_0\left(t - \frac{\alpha}{\omega_0}\right)\right) = C\cos(\omega_0(t - \delta))$$

的典型图形如图 3.4.5 所示，其中指出了振幅 C、周期 T 和时滞

$$\delta = \frac{\alpha}{\omega_0}$$

的几何意义。

若已知质量块的初始位置 $x(0) = x_0$ 和初始速度 $x'(0) = v_0$，我们首先确定式 (10) 中系数 A 和 B 的值，然后如前所述，通过将 $x(t)$ 转换成式 (12) 的形式，从而求出振幅 C 和相位角 α。

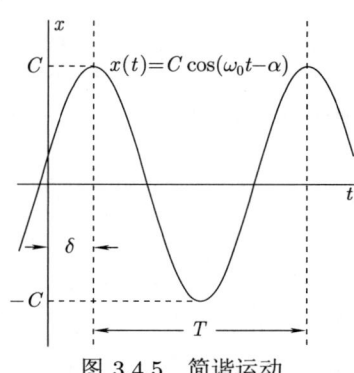

图 3.4.5　简谐运动

例题 1　**无阻尼质量块–弹簧系统**　一个质量为 $m = \frac{1}{2}$ kg 的物体连接在弹簧末端，弹簧被 100 N 的力拉伸了 2 m。它从初始位置 $x_0 = 1$ m 处以初速度 $v_0 = -5$ m/s 开始运动。（注意，这些初始条件表明，在 $t = 0$ 时刻，物体的位移向右，开始向左运动。）求出物体的位置函数及其运动的振幅、频率、振动周期和时滞。

解答：弹簧常数是 $k = (100 \text{ N})/(2 \text{ m}) = 50$ (N/m)，所以由方程 (8) 可得 $\frac{1}{2}x'' + 50x = 0$，即

$$x'' + 100x = 0 \text{。}$$

因此，由此产生的物体简谐运动的圆周频率为 $\omega_0 = \sqrt{100} = 10$ (rad/s)。与之对应的振动周期为

$$T = \frac{2\pi}{\omega_0} = \frac{2\pi}{10} \approx 0.6283 \text{ s,}$$

频率为

$$\nu = \frac{1}{T} = \frac{\omega_0}{2\pi} = \frac{10}{2\pi} \approx 1.5915 \text{ Hz。}$$

现对位置函数

$$x(t) = A\cos 10t + B\sin 10t \quad \text{和} \quad x'(t) = -10A\sin 10t + 10B\cos 10t$$

施加初始条件 $x(0) = 1$ 和 $x'(0) = -5$。易得 $A = 1$ 和 $B = -\frac{1}{2}$，所以物体的位置函数为
$$x(t) = \cos 10t - \frac{1}{2}\sin 10t。$$
因此其运动的振幅为
$$C = \sqrt{(1)^2 + \left(-\frac{1}{2}\right)^2} = \frac{1}{2}\sqrt{5} \text{ m}。$$
为了求出时滞，我们写成
$$x(t) = \frac{\sqrt{5}}{2}\left(\frac{2}{\sqrt{5}}\cos 10t - \frac{1}{\sqrt{5}}\sin 10t\right) = \frac{\sqrt{5}}{2}\cos(10t - \alpha),$$
其中相位角 α 满足
$$\cos\alpha = \frac{2}{\sqrt{5}} > 0 \quad 和 \quad \sin\alpha = -\frac{1}{\sqrt{5}} < 0。$$

因此 α 为第四象限角，即
$$\alpha = 2\pi + \tan^{-1}\left(\frac{-1/\sqrt{5}}{2/\sqrt{5}}\right)$$
$$= 2\pi - \tan^{-1}\left(\frac{1}{2}\right) \approx 5.8195,$$
而运动的时滞为
$$\delta = \frac{\alpha}{\omega_0} \approx 0.5820 \text{ s}。$$
根据振幅和近似相位角的显式表示，物体的位置函数采用如下形式
$$x(t) \approx \frac{1}{2}\sqrt{5}\cos(10t - 5.8195),$$
其图形如图 3.4.6 所示。 ■

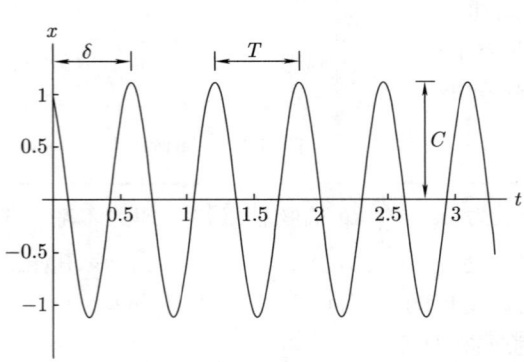

图 3.4.6 例题 1 中位置函数 $x(t) = C\cos(\omega_0 t - \alpha)$ 的图形，其中振幅 $C \approx 1.118$，周期 $T \approx 0.628$，时滞 $\delta \approx 0.582$

自由有阻尼运动

在有阻尼但无外力的情况下，我们所研究的微分方程采用形式 $mx'' + cx' + kx = 0$；或可写成
$$x'' + 2px' + \omega_0^2 x = 0, \tag{15}$$
其中 $\omega_0 = \sqrt{k/m}$ 为对应的无阻尼圆周频率，且有
$$p = \frac{c}{2m} > 0。\tag{16}$$
方程 (15) 的特征方程 $r^2 + 2pr + \omega_0^2 = 0$ 的根

$$r_1,\ r_2 = -p \pm (p^2 - \omega_0^2)^{1/2} \tag{17}$$

依赖式

$$p^2 - \omega_0^2 = \frac{c^2}{4m^2} - \frac{k}{m} = \frac{c^2 - 4km}{4m^2} \tag{18}$$

的符号。

临界阻尼 c_{cr} 由 $c_{\text{cr}} = \sqrt{4km}$ 给出，并根据 $c > c_{\text{cr}}$，$c = c_{\text{cr}}$ 或 $c < c_{\text{cr}}$ 来区分三种情况。

过阻尼情况：$c > c_{\text{cr}}$ ($c^2 > 4km$)。因为在这种情况下 c 比较大，与相对弱的弹簧或较小的质量块相比，我们面对的是强阻力。那么式 (17) 给出不同实根 r_1 和 r_2，并且它们都是负值。此时位置函数具有如下形式：

$$x(t) = c_1 e^{r_1 t} + c_2 e^{r_2 t}。 \tag{19}$$

很容易看出当 $t \to +\infty$ 时，$x(t) \to 0$，即物体稳定到其平衡位置，没有任何振动（参见习题 29）。图 3.4.7 给出了过阻尼情况下位置函数的一些典型图形，我们选择 x_0 为一个固定的正数，并显示了改变初始速度 v_0 的影响。在每种情况下，潜在的振动都被抑制了。

临界阻尼情况：$c = c_{\text{cr}}$ ($c^2 = 4km$)。在这种情况下，式 (17) 给出特征方程的相等的根 $r_1 = r_2 = -p$，所以通解为

$$x(t) = e^{-pt}(c_1 + c_2 t)。 \tag{20}$$

因为 $e^{-pt} > 0$，且 $c_1 + c_2 t$ 最多有一个正零点，所以物体最多只经过一次平衡位置，并且很明显当 $t \to +\infty$ 时，$x(t) \to 0$。图 3.4.8 显示了临界阻尼情况下一些运动的图形，它们与过阻尼情况下的图形（图 3.4.7）相似。在临界阻尼情况下，阻尼器的阻力刚好大到足以消除任何振动，但即使阻力稍有减小，也会出现剩下的一种情况，即表现出最剧烈行为的情况。

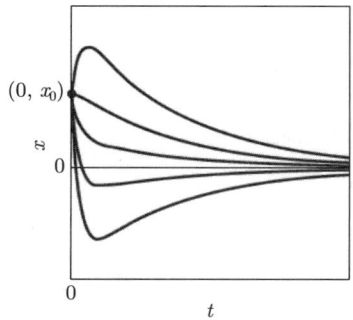

图 3.4.7 过阻尼运动：$x(t) = c_1 e^{r_1 t} + c_2 e^{r_2 t}$，其中 $r_1 < 0$ 且 $r_2 < 0$。以相同初始位置 x_0 和不同初始速度绘制的解曲线

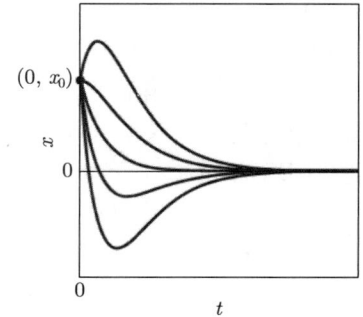

图 3.4.8 临界阻尼运动：$x(t) = (c_1 + c_2 t)e^{-pt}$，其中 $p > 0$。以相同初始位置 x_0 和不同初始速度绘制的解曲线

欠阻尼情况：$c < c_{\text{cr}}$ ($c^2 < 4km$)。特征方程现在有两个共轭复根 $-p \pm i\sqrt{\omega_0^2 - p^2}$，则通解为

$$x(t) = e^{-pt}(A\cos\omega_1 t + B\sin\omega_1 t), \tag{21}$$

其中

$$\omega_1 = \sqrt{\omega_0^2 - p^2} = \frac{\sqrt{4km - c^2}}{2m}。 \tag{22}$$

如式 (12) 的推导，利用余弦加法公式，我们可以将式 (21) 改写为

$$x(t) = Ce^{-pt}\left(\frac{A}{C}\cos\omega_1 t + \frac{B}{C}\sin\omega_1 t\right),$$

所以

$$x(t) = Ce^{-pt}\cos(\omega_1 t - \alpha), \tag{23}$$

其中

$$C = \sqrt{A^2 + B^2}, \quad \cos\alpha = \frac{A}{C} \quad \text{和} \quad \sin\alpha = \frac{B}{C}。$$

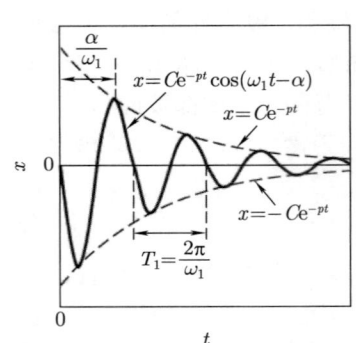

图 3.4.9 欠阻尼振动：$x(t) = Ce^{-pt}\cos(\omega_1 t - \alpha)$

式 (21) 中的解表示物体围绕其平衡位置做指数阻尼振动。$x(t)$ 的图形位于"振幅包络"线 $x = -Ce^{-pt}$ 和 $x = Ce^{-pt}$ 之间，并当 $\omega_1 t - \alpha$ 为 π 的整数倍时触及包络线。这种运动实际上并不是周期性的，但称 w_1 为其圆周频率（更准确地说，是其伪频率），称 $T_1 = 2\pi/\omega_1$ 为其振动伪周期，称 Ce^{-pt} 为其时变振幅仍然是有用的。这些量中的大多数显示在如图 3.4.9 所示的欠阻尼振动的典型图形中。由式 (22) 可知，在这种情况下，w_1 小于无阻尼圆周频率 w_0，所以 T_1 大于相同质量块在同一弹簧上做无阻尼振动的周期 T。因此，阻尼器的作用至少有两个效果：

1. 它根据时变振幅以指数方式抑制振动。
2. 它减慢运动，即阻尼器降低运动的频率。

正如下面的例题所示，与具有相同初始条件的无阻尼运动相比，阻尼通常还会进一步延迟运动，即增加时滞。

例题 2 **有阻尼质量块–弹簧系统** 例题 1 中的质量块和弹簧现在还连接到一个阻尼器上，阻尼器对每米每秒的速度提供 1 N 的阻力。与本节例题 1 一样，质量块从相同初始位置 $x(0) = 1$ 处以相同初始速度 $x'(0) = -5$ 开始运动。请求出质量块的位置函数、其新频率和运动伪周期、其新时滞及其前四次经过初始位置 $x = 0$ 的时间。

解答：与其记住前面讨论中给出的各种公式，不如养成在特定情况下建立微分方程，然后直接求解它的习惯。调用 $m = \frac{1}{2}$ 和 $k = 50$，现在已知在 mks 单位制下 $c = 1$。因此，方

程 (4) 变为 $\frac{1}{2}x'' + x' + 50x = 0$,即
$$x'' + 2x' + 100x = 0。$$
特征方程 $r^2 + 2r + 100 = (r+1)^2 + 99 = 0$ 有根 r_1,$r_2 = -1 \pm \sqrt{99}\mathrm{i}$,所以通解为
$$x(t) = \mathrm{e}^{-t}(A\cos\sqrt{99}t + B\sin\sqrt{99}t)。 \tag{24}$$
因此,新的圆周(伪)频率为 $\omega_1 = \sqrt{99} \approx 9.9499$(可与例题 1 中的 $\omega_0 = 10$ 对比)。新的(伪)周期和频率分别为
$$T_1 = \frac{2\pi}{\omega_1} = \frac{2\pi}{\sqrt{99}} \approx 0.6315 \text{ s}$$
和
$$\nu_1 = \frac{1}{T_1} = \frac{\omega_1}{2\pi} = \frac{\sqrt{99}}{2\pi} \approx 1.5836 \text{ Hz}$$
(可与例题 1 中的 $T \approx 0.6283 < T_1$ 和 $\nu \approx 1.5915 > \nu_1$ 对比)。

我们现在对式 (24) 中的位置函数和由此产生的速度函数
$$x'(t) = -\mathrm{e}^{-t}(A\cos\sqrt{99}t + B\sin\sqrt{99}t) + \sqrt{99}\mathrm{e}^{-t}(-A\sin\sqrt{99}t + B\cos\sqrt{99}t)$$
施加初始条件 $x(0) = 1$ 和 $x'(0) = -5$,可得
$$x(0) = A = 1 \quad \text{和} \quad x'(0) = -A + B\sqrt{99} = -5,$$
由此得到 $A = 1$ 且 $B = -4/\sqrt{99}$。因此,物体的新位置函数为
$$x(t) = \mathrm{e}^{-t}\left(\cos\sqrt{99}t - \frac{4}{\sqrt{99}}\sin\sqrt{99}t\right)。$$
故运动的时变振幅为
$$C_1\mathrm{e}^{-t} = \sqrt{(1)^2 + \left(-\frac{4}{\sqrt{99}}\right)^2}\mathrm{e}^{-t} = \sqrt{\frac{115}{99}}\mathrm{e}^{-t}。$$
因此,我们可以写出
$$x(t) = \frac{\sqrt{115}}{\sqrt{99}}\mathrm{e}^{-t}\left(\frac{\sqrt{99}}{\sqrt{115}}\cos\sqrt{99}t - \frac{4}{\sqrt{115}}\sin\sqrt{99}t\right)$$
$$= \sqrt{\frac{115}{99}}\mathrm{e}^{-t}\cos(\sqrt{99}t - \alpha_1),$$
其中相位角 α_1 满足
$$\cos\alpha_1 = \frac{\sqrt{99}}{\sqrt{115}} > 0 \quad \text{和} \quad \sin\alpha_1 = -\frac{4}{\sqrt{115}} < 0。$$
因此 α_1 是第四象限角,即
$$\alpha_1 = 2\pi + \tan^{-1}\left(\frac{-4/\sqrt{115}}{\sqrt{99}/\sqrt{115}}\right) = 2\pi - \tan^{-1}\left(\frac{4}{\sqrt{99}}\right) \approx 5.9009,$$

而运动时滞为
$$\delta_1 = \frac{\alpha_1}{\omega_1} \approx 0.5931 \text{ s}$$

（可与例题 1 中的 $\delta \approx 0.5820 < \delta_1$ 对比）。根据时变振幅和近似相位角的显式表示，质量块的位置函数可取如下形式：
$$x(t) \approx \sqrt{\frac{115}{99}} \mathrm{e}^{-t} \cos(\sqrt{99}\,t - 5.9009), \tag{25}$$

其图形如图 3.4.10 所示呈指数衰减（可与例题 1 中的无阻尼振动进行对比）。

由式 (23) 可知，当 $\cos(\omega_1 t - \alpha_1) = 0$ 时，也就是当
$$\omega_1 t - \alpha_1 = -\frac{3\pi}{2},\ -\frac{\pi}{2},\ \frac{\pi}{2},\ \frac{3\pi}{2},\ \cdots,$$
即
$$t = \delta_1 - \frac{3\pi}{2\omega_1},\ \delta_1 - \frac{\pi}{2\omega_1},\ \delta_1 + \frac{\pi}{2\omega_1},\ \delta_1 + \frac{3\pi}{2\omega_1},\ \cdots$$

时，质量块经过其平衡位置 $x = 0$。同理可知，对于例题 1 中无阻尼质量块，当
$$t = \delta_0 - \frac{3\pi}{2\omega_0},\ \delta_0 - \frac{\pi}{2\omega_0},\ \delta_0 + \frac{\pi}{2\omega_0},\ \delta_0 + \frac{3\pi}{2\omega_0},\ \cdots$$

时，它经过其平衡位置。下表比较了分别在无阻尼和有阻尼情况下所计算的前四个值 t_1, t_2, t_3, t_4。

n	1	2	3	4
t_n（无阻尼）	0.1107	0.4249	0.7390	1.0532
t_n（有阻尼）	0.1195	0.4352	0.7509	1.0667

因此，在图 3.4.11（其中只显示了前三处与平衡位置的交点）中，我们看到有阻尼振动稍微滞后于无阻尼振动。

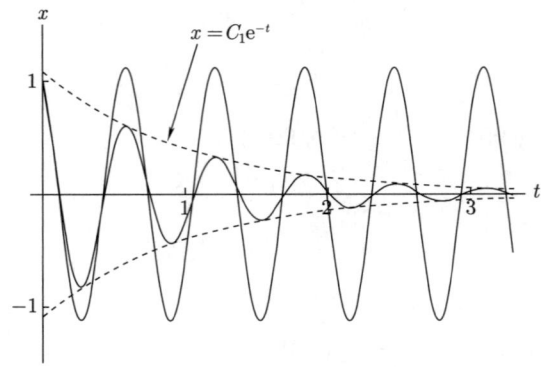

图 3.4.10 例题 2（有阻尼振动）中位置函数 $x(t) = C_1 \mathrm{e}^{-t} \cos(\omega_1 t - \alpha_1)$ 和例题 1（无阻尼振动）中位置函数 $x(t) = C \cos(\omega_0 t - \alpha)$ 以及包络线 $x(t) = \pm C_1 \mathrm{e}^{-t}$ 的图形

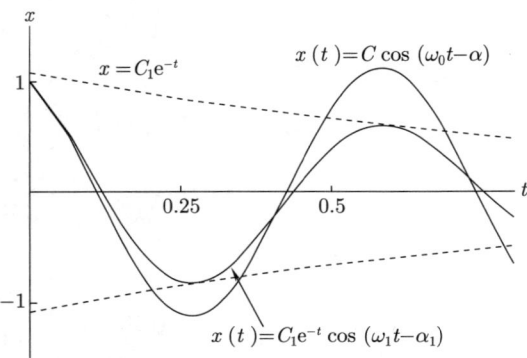

图 3.4.11 区间 $0 \leqslant t \leqslant 0.8$ 上的图形说明了与阻尼相关的附加延迟

习题

1. 确定 4 kg 质量块在弹簧常数为 16 N/m 的弹簧末端做简谐运动的周期和频率。
2. 确定质量为 0.75 kg 的物体在弹簧常数为 48 N/m 的弹簧末端做简谐运动的周期和频率。
3. 将 3 kg 的质量块连接在弹簧末端，该弹簧在 15 N 力的作用下伸长了 20 cm。令质量块从初始位置 $x_0 = 0$ 处以初始速度 $v_0 = -10$ m/s 开始运动。求出所产生运动的振幅、周期和频率。
4. 将质量为 250 g 的物体连接在弹簧末端，该弹簧在 9 N 力的作用下伸长了 25 cm。在 $t = 0$ 时刻，向右拉物体使弹簧伸长 1 m，并令物体以 5 m/s 的初始速度向左运动。
   (a) 求出 $x(t)$，表示成 $C\cos(\omega_0 t - \alpha)$ 的形式。
   (b) 求物体运动的振幅和周期。

单摆

在习题 5～8 中，假设摆长为 L 的单摆满足的微分方程为 $L\theta'' + g\theta = 0$，其中 $g = GM/R^2$ 为单摆所在位置处的重力加速度（其中离地球中心的距离为 R，M 表示地球的质量）。

5. 两个单摆的长度分别为 L_1 和 L_2，当它们分别位于距离地球中心 R_1 和 R_2 处时，它们的周期分别为 p_1 和 p_2。请证明

$$\frac{p_1}{p_2} = \frac{R_1\sqrt{L_1}}{R_2\sqrt{L_2}}.$$

6. 在地球半径为 $R = 3956$ (mile) 的巴黎，某个摆钟保持着准确的时间。但在赤道上的一个地方，这个时钟每天会走慢 2 分 40 秒。利用习题 5 的结果，求出地球赤道隆起的量。
7. 一个摆长为 100.10 in 的单摆位于地球半径为 $R = 3960$ (mile) 的海平面上的一点处，其周期与附近山上的一个摆长为 100.00 in 的单摆周期相同。利用习题 5 的结果求出山的高度。
8. 大多数落地钟都有可调节长度的摆。当一个这样的钟的摆长为 30 in 时，它每天走慢 10 min。请问这个钟用多长的钟摆才能保持准确的时间？
9. 推导描述连接在竖直悬挂弹簧底部的质量块的运动方程 (5)。[提示：首先用 $x(t)$ 表示质量块在弹簧未拉伸位置以下的位移，建立 x 满足的微分方程。然后将 $y = x - s_0$ 代入此微分方程。]

计算器对下列许多问题会很有帮助。

10. **浮标** 考虑一个半径为 r、高度为 h、具有均匀密度 $\rho \leq 0.5$（回顾一下，水的密度为 1 g/cm³）的圆柱形浮标。浮标起初静止悬浮，其底部在水面顶部，并在 $t = 0$ 时刻释放浮标。此后，浮标受到两种力的作用：大小等于其重量 $mg = \rho\pi r^2 hg$ 的向下的重力和（根据阿基米德浮力定律）大小等于所排开水的重量 $\pi r^2 xg$ 的向上的浮力，其中 $x = x(t)$ 为 t 时刻浮标底部在水面下的深度（如图 3.4.12 所示）。假设摩擦力可以忽略不计。推断浮标以周期 $p = 2\pi\sqrt{\rho h/g}$ 绕其平衡位置 $x_e = \rho h$ 做简谐运动。如果 $\rho = 0.5$ g/cm³、$h = 200$ cm 且 $g = 980$ cm/s²，计算 p 和运动的振幅。

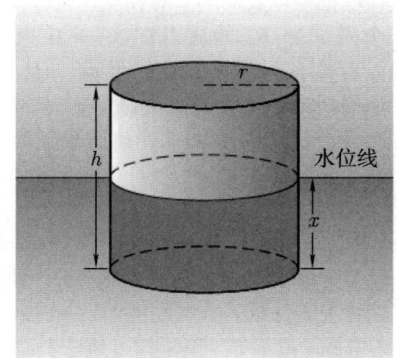

图 3.4.12 习题 10 的浮标

11. **浮标** 一个重 100 lb [因此在 ft-lb-s (fps) 单位制中其质量为 $m = 3.125$ slug] 的圆柱形浮标以其轴竖直的方式漂浮在水中（与习题 10 一样）。当轻微下压并松开浮标后，它每 10 秒上下振动 4 次。求浮标的半径。

12. 穿过地球的孔 假设地球是一个密度均匀、质量为 M、半径为 $R = 3960$ (mile) 的实心球体。对于位于地球内部到地心距离为 r 的质量为 m 的质点，吸引 m 趋向地心的引力为 $F_r = -GM_r m/r^2$，其中 M_r 为地球在半径为 r 的球体内那部分的质量（如图 3.4.13 所示）。

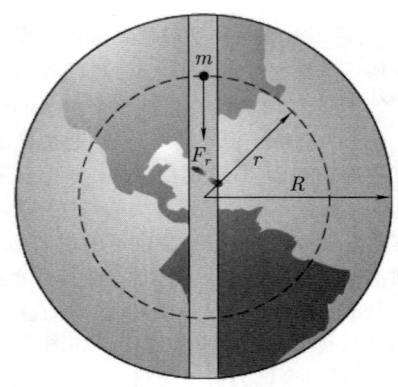

图 3.4.13 质点 m 落入穿过地心的孔（习题 12）

(a) 证明 $F_r = -GMmr/R^3$。
(b) 现在假设穿过地球中心径直钻一个小孔，这样就把地球表面两个对径点连接起来了。设一个质量为 m 的质点在 $t = 0$ 时刻以零初始速度落入这个孔中，并设 $r(t)$ 为它在 t 时刻到地心的距离，当质点位于地心"下方"时，我们取 $r < 0$。请由牛顿第二定律和 (a) 部分结果推导 $r''(t) = -k^2 r(t)$，其中 $k^2 = GM/R^3 = g/R$。
(c) 取 $g = 32.2 \text{ ft/s}^2$，请由 (b) 部分结果推断质点在孔的两端之间以大约 84 分钟的周期来回做简谐运动。
(d) 查找（或推导）卫星掠过地球表面的周期，并与 (c) 部分的结果进行比较。你如何解释这种巧合？还是只是巧合？
(e) 质点以什么速度（以英里每小时为单位）经过地心？
(f) 查找（或推导）卫星掠过地球表面的轨道速度，并与 (e) 部分的结果进行比较。你如何解释这种巧合？还是只是巧合？

13. 假设在 $m = 10$，$c = 9$ 和 $k = 2$ 的质量块–弹簧–阻尼器系统中，质量块以 $x(0) = 0$ 和 $x'(0) = 5$ 开始运动。
(a) 求位置函数 $x(t)$，并表明其图形如图 3.4.14 所示。
(b) 求质量块在开始返回原点之前向右运动了多远。

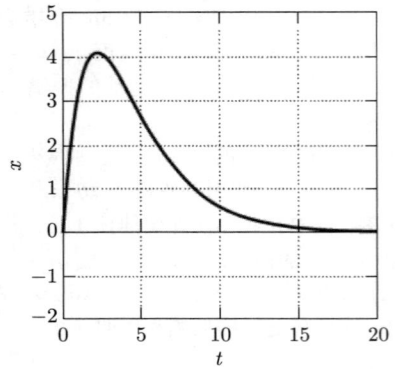

图 3.4.14 习题 13 的位置函数 $x(t)$

14. 假设在 $m = 25$，$c = 10$ 和 $k = 226$ 的质量块–弹簧–阻尼器系统中，质量块以 $x(0) = 20$ 和 $x'(0) = 41$ 开始运动。
(a) 求位置函数 $x(t)$，并表明其图形如图 3.4.15 所示。
(b) 求振荡的伪周期以及图中虚线所示的"包络线"的方程。

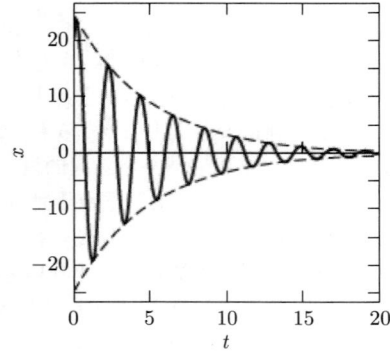

图 3.4.15 习题 14 的位置函数 $x(t)$

自由有阻尼运动

本节剩余习题处理自由有阻尼运动。在习题 15 ~ 21 中,一个质量块 m 同时与一根弹簧(具有给定的弹性常数 k)和一个阻尼器(具有给定的阻尼常数 c)相连接。质量块从初始位置 x_0 处以初始速度 v_0 开始运动。求位置函数 $x(t)$,并判断运动是过阻尼、临界阻尼还是欠阻尼。如果是欠阻尼运动,将位置函数写成 $x(t) = C_1 e^{-pt} \cos(\omega_1 t - \alpha_1)$ 的形式。此外,如果弹簧上的质量块从相同初始位置以相同初始速度开始运动,但断开阻尼器(所以 $c = 0$),求由此产生的无阻尼位置函数 $u(t) = C_0 \cos(\omega_0 t - \alpha_0)$。最后,构造一个可以通过比较 $x(t)$ 和 $u(t)$ 的图形来说明阻尼影响的图。

15. $m = \dfrac{1}{2}$, $c = 3$, $k = 4$; $x_0 = 2$, $v_0 = 0$
16. $m = 3$, $c = 30$, $k = 63$; $x_0 = 2$, $v_0 = 2$
17. $m = 1$, $c = 8$, $k = 16$; $x_0 = 5$, $v_0 = -10$
18. $m = 2$, $c = 12$, $k = 50$; $x_0 = 0$, $v_0 = -8$
19. $m = 4$, $c = 20$, $k = 169$; $x_0 = 4$, $v_0 = 16$
20. $m = 2$, $c = 16$, $k = 40$; $x_0 = 5$, $v_0 = 4$
21. $m = 1$, $c = 10$, $k = 125$; $x_0 = 6$, $v_0 = 50$
22. **竖直有阻尼运动** 将一个重 12 lb(在 fps 单位制下质量为 $m = 0.375$ slug)的重物连接在竖直悬挂的弹簧上和阻尼器上,其中弹簧伸长 6 in,阻尼器可为每英尺每秒速度提供 3 lbf 阻力。
    (a) 如果重物被拉至其静态平衡位置下方 1 ft 处,然后在 $t = 0$ 时刻从静止状态释放,求其位置函数 $x(t)$。
    (b) 求运动的频率、时变振幅和相位角。
23. **汽车悬架** 这个问题处理的是一个高度简化的汽车模型,车重 3200 lb(在 fps 单位制下质量为 $m = 100$ slug)。假设悬架系统类似单根弹簧,其减震器像单个阻尼器,使其竖直振动满足具有适当系数值的方程 (4)。
    (a) 如果汽车在减震器断开的情况下,以每分钟 80 个周期(周期/分钟)的频率进行自由振动,求弹簧的刚度系数 k。
    (b) 在连接减震器的情况下,汽车在颠簸的路面上行驶会产生振动,由此产生的有阻尼振动频率为 78 周期/分钟。请问多长时间后时变振幅是其初始值的 1%?

阻尼运动的类型

习题 24 ~ 34 处理位置函数 $x(t)$ 满足方程 (4) 的质量块–弹簧–阻尼器系统。令 $x_0 = x(0)$ 和 $v_0 = x'(0)$,回忆 $p = c/(2m)$、$\omega_0^2 = k/m$ 和 $\omega_1^2 = \omega_0^2 - p^2$。每题都会指定系统是临界阻尼、过阻尼或欠阻尼运动。

24. (临界阻尼)在这种情况下证明
$$x(t) = (x_0 + v_0 t + p x_0 t) e^{-pt}。$$

25. (临界阻尼)由习题 24 推断出,当且仅当 x_0 和 $v_0 + p x_0$ 符号相反时,质量块在 $t > 0$ 的某个瞬时经过 $x = 0$ 处。

26. (临界阻尼)由习题 24 推断出,当且仅当 x_0 和 $v_0 + p x_0$ 符号相同时,$x(t)$ 在 $t > 0$ 的某个瞬时具有局部极大值或极小值。

27. (过阻尼)在这种情况下证明
$$x(t) = \dfrac{1}{2\gamma}[(v_0 - r_2 x_0) e^{r_1 t} - (v_0 - r_1 x_0) e^{r_2 t}],$$
其中 r_1, $r_2 = -p \pm \sqrt{p^2 - \omega_0^2}$ 且 $\gamma = (r_1 - r_2)/2 > 0$。

28. (过阻尼)如果 $x_0 = 0$,根据习题 27 推导出
$$x(t) = \dfrac{v_0}{\gamma} e^{-pt} \sinh \gamma t。$$

29. (过阻尼)证明在这种情况下,质量块最多可以经过其平衡位置 $x = 0$ 处一次。

30. (欠阻尼)在这种情况下证明
$$x(t) = e^{-pt} \left(x_0 \cos \omega_1 t + \dfrac{v_0 + p x_0}{\omega_1} \sin \omega_1 t \right)。$$

31. (欠阻尼)如果阻尼常数 c 比 $\sqrt{8mk}$ 小,应用二项式级数证明
$$\omega_1 \approx \omega_0 \left(1 - \dfrac{c^2}{8mk} \right)。$$

32. (欠阻尼)证明
$$x(t) = C e^{-pt} \cos(\omega_1 t - \alpha)$$
的局部极大值和局部极小值出现在
$$\tan(\omega_1 t - \alpha) = -\dfrac{p}{\omega_1}$$

时。如果在 t_1 和 t_2 时刻出现两个连续的极大值，证明 $t_2 - t_1 = 2\pi/\omega_1$。

33. （欠阻尼）设 x_1 和 x_2 是 $x(t)$ 的两个连续局部极大值。根据习题 32 的结果，推断出

$$\ln \frac{x_1}{x_2} = \frac{2\pi p}{\omega_1}。$$

常数 $\Delta = 2\pi p/\omega_1$ 被称为振动的**对数衰减率**。还注意到，由于 $p = c/(2m)$，所以 $c = m\omega_1\Delta/\pi$。

注解：习题 33 的结果为测量流体的黏度提供了一种精确的方法，黏度是流体动力学中的一个重要参数，但不易直接测量。根据 Stokes 阻力定律，一个半径为 a 的球体以（相对较慢的）速度通过黏度为 μ 的流体时，受到的阻力为 $F_R = 6\pi\mu a v$。因此，如果弹簧上的球形质量块浸没在流体中并开始运动，则这种阻力将以阻尼常数 $c = 6\pi a \mu$ 抑制其振动。通过直接观察可以测量振动的频率 ω_1 和对数衰减率 Δ。那么，由习题 33 的最后一个公式得到 c 值，从而可以得到流体的黏度。

34. （欠阻尼）一个重 100 lb（在 fps 单位制下质量为 $m = 3.125$ slug）的物体连接在一根弹簧和一个阻尼器上振动。它的前两个最大位移 6.73 in 和 1.46 in 分别发生在 0.34 s 和 1.17 s 时。请计算阻尼常数（以镑秒每英尺为单位）和弹簧常数（以镑每英尺为单位）。

微分方程及决定论

给定质量 m、阻尼常数 c 和弹簧常数 k，3.1 节定理 2 意味着方程

$$mx'' + cx' + kx = 0 \tag{26}$$

对于 $t \geq 0$ 有满足给定初始条件 $x(0) = x_0$ 和 $x'(0) = v_0$ 的唯一解。因此，理想的质量块-弹簧-阻尼器系统未来的运动完全由微分方程和初始条件决定。当然，在实际的物理系统中，精确地测量参数 m，c 和 k 是不可能的。习题 35～38 探讨在预测物理系统的未来行为时产生的不确定性。

35. 假定在方程 (26) 中，$m = 1$，$c = 2$ 且 $k = 1$。证明满足 $x(0) = 0$ 和 $x'(0) = 1$ 的解为

$$x_1(t) = te^{-t}。$$

36. 假定 $m = 1$，$c = 2$ 而 $k = 1 - 10^{-2n}$。证明方程 (26) 满足 $x(0) = 0$ 和 $x'(0) = 1$ 的解为

$$x_2(t) = 10^n e^{-t} \sinh 10^{-n} t。$$

37. 假定 $m = 1$，$c = 2$ 而 $k = 1 + 10^{-2n}$。证明方程 (26) 满足 $x(0) = 0$ 和 $x'(0) = 1$ 的解为

$$x_3(t) = 10^n e^{-t} \sin 10^{-n} t。$$

38. 鉴于 $x_1(t)$ 和 $x_2(t)$ 的图形与图 3.4.7 和图 3.4.8 所示的图形相似，而 $x_3(t)$ 的图形则表现出类似于图 3.4.9 所示的阻尼振动，但具有很长的伪周期。尽管如此，证明对于每个固定的 $t > 0$，

$$\lim_{n\to\infty} x_2(t) = \lim_{n\to\infty} x_3(t) = x_1(t)。$$

并推断出在给定的有限时间间隔内，若 n 足够大，则这三个解是"实际"一致的。

3.5 非齐次方程与待定系数法

我们在 3.3 节中学习了如何求解常系数齐次线性方程，但在 3.4 节中我们看到，一个简单机械系统中的外力对其微分方程贡献了一个非齐次项。一般的常系数非齐次 n 阶线性方程具有如下形式

$$a_n y^{(n)} + a_{n-1} y^{(n-1)} + \cdots + a_1 y' + a_0 y = f(x)。 \tag{1}$$

根据 3.2 节定理 5，方程 (1) 的通解具有如下形式

$$y = y_c + y_p, \tag{2}$$

其中余函数 $y_c(x)$ 是相关的齐次方程

$$a_n y^{(n)} + a_{n-1} y^{(n-1)} + \cdots + a_1 y' + a_0 y = 0 \tag{3}$$

的通解，而 $y_p(x)$ 是方程 (1) 的一个特解。因此我们剩下的任务就是求出 y_p。

待定系数法是一种直接的方法，当方程 (1) 中给定的函数 $f(x)$ 足够简单时，我们可以对 y_p 的一般形式做出明智的猜测。例如，假设 $f(x)$ 是一个 m 次多项式。那么，由于多项式的导数是低次多项式，所以猜测特解

$$y_p(x) = A_m x^m + A_{m-1} x^{m-1} + \cdots + A_1 x + A_0$$

也是一个 m 次多项式是合理的，但系数尚未确定。因此，我们可以将 y_p 的表达式代入方程 (1)，然后通过在所得方程两边让 x 的同次幂项的系数分别相等，来尝试确定系数 A_0，A_1，$\cdots$，A_m，使得 y_p 确实是方程 (1) 的特解。

类似地，假设

$$f(x) = a \cos kx + b \sin kx。$$

那么，我们可以合理地期望得到一个具有相同形式的特解，即具有待定系数 A 和 B 的线性组合：

$$y_p(x) = A \cos kx + B \sin kx。$$

原因在于 $\cos kx$ 和 $\sin kx$ 的这种线性组合的任意阶导数都具有相同的形式。因此，我们可以将这种形式的 y_p 代入方程 (1)，然后通过在所得方程两边让 $\cos kx$ 和 $\sin kx$ 的系数分别相等，来尝试确定系数 A 和 B，使得 y_p 确实是一个特解。

事实证明，每当 $f(x)$ 的所有阶导数与 $f(x)$ 自身具有相同形式时，这种方法确实能成功。在全面介绍该方法之前，我们先用几个例子来初步说明它。

例题 1 **多项式函数** 求方程 $y'' + 3y' + 4y = 3x + 2$ 的特解。

解答：这里 $f(x) = 3x + 2$ 是一个 1 次多项式，故我们可猜测特解为

$$y_p(x) = Ax + B。$$

那么 $y_p' = A$ 且 $y_p'' = 0$，所以 y_p 将满足该微分方程，只要对所有 x，下式成立：

$$(0) + 3(A) + 4(Ax + B) = 3x + 2,$$

即

$$(4A)x + (3A + 4B) = 3x + 2。$$

如果上述方程两边的 x 项和常数项分别一致，则等式成立。因此，A 和 B 满足两个线性方程 $4A = 3$ 和 $3A + 4B = 2$ 即可，我们很容易解出 $A = \dfrac{3}{4}$ 和 $B = -\dfrac{1}{16}$。由此我们求出特解

$$y_p(x) = \frac{3}{4} x - \frac{1}{16}。$$ ∎

例题 2   **指数函数**   求方程 $y'' - 4y = 2e^{3x}$ 的特解。

解答：由于 e^{3x} 的任意阶导数都是 e^{3x} 的常数倍，所以可合理假设

$$y_p(x) = Ae^{3x}。$$

那么 $y_p'' = 9Ae^{3x}$，所以要满足给定微分方程，只要

$$9Ae^{3x} - 4(Ae^{3x}) = 2e^{3x};$$

即 $5A = 2$，故 $A = \dfrac{2}{5}$。因此我们所求的特解为 $y_p(x) = \dfrac{2}{5}e^{3x}$。∎

例题 3   **三角函数**   求方程 $3y'' + y' - 2y = 2\cos x$ 的特解。

解答：第一种猜测可以是 $y_p(x) = A\cos x$，但方程左侧 y' 的存在表明我们可能也需要一个包含 $\sin x$ 的项。所以我们尝试

$$y_p(x) = A\cos x + B\sin x,$$
$$y_p'(x) = -A\sin x + B\cos x,$$
$$y_p''(x) = -A\cos x - B\sin x。$$

然后，将 y_p 及其导数代入给定的微分方程，可得

$$3(-A\cos x - B\sin x) + (-A\sin x + B\cos x) - 2(A\cos x + B\sin x) = 2\cos x,$$

即（整理左侧系数）

$$(-5A + B)\cos x + (-A - 5B)\sin x = 2\cos x。$$

只要上述方程两侧的余弦和正弦项分别一致，则上式对所有 x 都成立。因此，A 和 B 满足如下两个线性方程即可：

$$-5A + B = 2,$$
$$-A - 5B = 0,$$

从中易解得 $A = -\dfrac{5}{13}$ 且 $B = \dfrac{1}{13}$。因此特解为

$$y_p(x) = -\dfrac{5}{13}\cos x + \dfrac{1}{13}\sin x。$$ ∎

下面的例题表面上与例题 2 类似，但它将表明待定系数法并不总是像我们所展示的那么简单。

例题 4   **修正试验函数**   求方程 $y'' - 4y = 2e^{2x}$ 的特解。

解答：如果我们尝试 $y_p(x) = Ae^{2x}$，我们会发现

$$y_p'' - 4y_p = 4Ae^{2x} - 4Ae^{2x} = 0 \ne 2e^{2x}。$$

因此，无论如何选取 A，$A\mathrm{e}^{2x}$ 都不能满足给定的非齐次方程。事实上，上述计算表明 $A\mathrm{e}^{2x}$ 反而满足相关的齐次方程。因此，我们应该从一个试验函数 $y_p(x)$ 开始，其导数包含 e^{2x} 和其他一些在代入微分方程后可以抵消掉的项，从而留下我们需要的 e^{2x} 项。一个合理的猜测是
$$y_p(x) = Ax\mathrm{e}^{2x},$$
则
$$y_p'(x) = A\mathrm{e}^{2x} + 2Ax\mathrm{e}^{2x} \quad \text{和} \quad y_p''(x) = 4A\mathrm{e}^{2x} + 4Ax\mathrm{e}^{2x}。$$
代入原微分方程，可得
$$(4A\mathrm{e}^{2x} + 4Ax\mathrm{e}^{2x}) - 4(Ax\mathrm{e}^{2x}) = 2\mathrm{e}^{2x}。$$
涉及 $x\mathrm{e}^{2x}$ 的项自然消去，只剩下 $4A\mathrm{e}^{2x} = 2\mathrm{e}^{2x}$，则 $A = \dfrac{1}{2}$。因此，特解为
$$y_p(x) = \frac{1}{2}x\mathrm{e}^{2x}。 \blacksquare$$

常规方法

在例题 4 中，我们最初的困难源于 $f(x) = 2\mathrm{e}^{2x}$ 满足相关的齐次方程的事实。稍后给出的规则 1 告诉我们，当我们没有前述困难时该怎么做，规则 2 则告诉我们有这种困难时该怎么做。

当方程 (1) 中的函数 $f(x)$ 是以下三类函数的（有限）积的线性组合时：

1. 关于 x 的多项式，

2. 指数函数 e^{rx}， (4)

3. $\cos kx$ 或 $\sin kx$，

可应用待定系数法。任何这样的函数，例如
$$f(x) = (3 - 4x^2)\mathrm{e}^{5x} - 4x^3 \cos 10x,$$
都有一个至关重要的性质，即只有有限多个线性无关函数作为项（被加数）出现在 $f(x)$ 及其各阶导数中。在规则 1 和规则 2 中，我们假设 $Ly = f(x)$ 是常系数非齐次线性方程，且 $f(x)$ 是此类函数。

规则 1　待定系数法

假设在 $f(x)$ 及其任意阶导数中没有一项满足相关的齐次方程 $Ly = 0$。那么取所有线性无关的这些项及其导数的线性组合作为 $y_p(x)$ 的试验解。然后通过将此试验解代入非齐次方程 $Ly = f(x)$ 中来确定系数。

注意，这个规则不是一个需要证明的定理，它仅仅是在寻找特解 y_p 时需要遵循的一个流程。如果我们成功求出了 y_p，那就不用多说了。（然而可以证明，在当前指定的条件下，这个流程总能成功实现。）

在实际应用中，我们通过首先利用特征方程求出余函数 y_c，然后写出在 $f(x)$ 及其逐次导数中出现的所有项的列表，以核对规则 1 中所做的假设。如果这个列表中的所有项都与 y_c 中的项不重复，则继续执行规则 1。

例题 5 求下列方程的特解：
$$y'' + 4y = 3x^3。 \tag{5}$$

解答：方程 (5)（熟悉的）齐次解为
$$y_c(x) = c_1 \cos 2x + c_2 \sin 2x。$$

函数 $f(x) = 3x^3$ 及其导数都是线性无关函数 x^3，x^2，x 和 1 的常数倍。因为这些项都没有出现在 y_c 中，所以我们可以尝试令
$$y_p = Ax^3 + Bx^2 + Cx + D,$$
$$y_p' = 3Ax^2 + 2Bx + C,$$
$$y_p'' = 6Ax + 2B。$$

代入方程 (5) 可得
$$y_p'' + 4y_p = (6Ax + 2B) + 4(Ax^3 + Bx^2 + Cx + D)$$
$$= 4Ax^3 + 4Bx^2 + (6A + 4C)x + (2B + 4D) = 3x^3。$$

在上述方程中，我们让 x 的同次幂项的系数分别相等，可得
$$4A = 3, \qquad 4B = 0,$$
$$6A + 4C = 0, \quad 2B + 4D = 0,$$

求解得到 $A = \dfrac{3}{4}$，$B = 0$，$C = -\dfrac{9}{8}$ 和 $D = 0$。因此方程 (5) 的特解为
$$y_p(x) = \frac{3}{4}x^3 - \frac{9}{8}x。 \blacksquare$$

例题 6 求解初值问题
$$y'' - 3y' + 2y = 3e^{-x} - 10\cos 3x; \tag{6}$$
$$y(0) = 1, \quad y'(0) = 2。$$

解答：特征方程 $r^2 - 3r + 2 = 0$ 的根为 $r = 1$ 和 $r = 2$，所以余函数为
$$y_c(x) = c_1 e^x + c_2 e^{2x}。$$

函数 $f(x) = 3e^{-x} - 10\cos 3x$ 及其导数所涉及的项为 e^{-x}，$\cos 3x$ 和 $\sin 3x$。因为这些项都没有出现在 y_c 中，所以我们可以尝试令

$$y_p = Ae^{-x} + B\cos 3x + C\sin 3x,$$
$$y_p' = -Ae^{-x} - 3B\sin 3x + 3C\cos 3x,$$
$$y_p'' = Ae^{-x} - 9B\cos 3x - 9C\sin 3x。$$

将这些表达式代入微分方程 (6) 并整理系数可得

$$y_p'' - 3y_p' + 2y_p = 6Ae^{-x} + (-7B - 9C)\cos 3x + (9B - 7C)\sin 3x$$
$$= 3e^{-x} - 10\cos 3x。$$

我们让包含 e^{-x} 的项、包含 $\cos 3x$ 的项和包含 $\sin 3x$ 的项的系数分别相等。得到下列方程组

$$6A = 3,$$
$$-7B - 9C = -10,$$
$$9B - 7C = 0,$$

求解得到 $A = \dfrac{1}{2}$，$B = \dfrac{7}{13}$ 和 $C = \dfrac{9}{13}$。由此给出特解

$$y_p(x) = \frac{1}{2}e^{-x} + \frac{7}{13}\cos 3x + \frac{9}{13}\sin 3x,$$

然而它不具有式 (6) 中所要求的初值。

为了满足这些初始条件，我们从通解

$$y(x) = y_c(x) + y_p(x)$$
$$= c_1 e^x + c_2 e^{2x} + \frac{1}{2}e^{-x} + \frac{7}{13}\cos 3x + \frac{9}{13}\sin 3x$$

开始，其导数为

$$y'(x) = c_1 e^x + 2c_2 e^{2x} - \frac{1}{2}e^{-x} - \frac{21}{13}\sin 3x + \frac{27}{13}\cos 3x。$$

由式 (6) 中的初始条件可导出等式

$$y(0) = c_1 + c_2 + \frac{1}{2} + \frac{7}{13} = 1,$$
$$y'(0) = c_1 + 2c_2 - \frac{1}{2} + \frac{27}{13} = 2,$$

解得 $c_1 = -\dfrac{1}{2}$ 和 $c_2 = \dfrac{6}{13}$。因此，期望的特解为

$$y(x) = -\frac{1}{2}e^x + \frac{6}{13}e^{2x} + \frac{1}{2}e^{-x} + \frac{7}{13}\cos 3x + \frac{9}{13}\sin 3x。$$ ∎

例题 7 求下列方程特解的一般形式：

$$y^{(3)} + 9y' = x\sin x + x^2 e^{2x}。 \tag{7}$$

解答：特征方程 $r^3 + 9r = 0$ 的根为 $r = 0$，$r = -3\mathrm{i}$ 和 $r = 3\mathrm{i}$，则余函数为
$$y_c(x) = c_1 + c_2 \cos 3x + c_3 \sin 3x。$$

方程 (7) 中右侧函数的导数涉及以下项
$$\cos x, \quad \sin x, \quad x\cos x, \quad x\sin x,$$
$$\mathrm{e}^{2x}, \quad x\mathrm{e}^{2x} \quad \text{和} \quad x^2\mathrm{e}^{2x}。$$

因为与余函数的项没有重复，所以试验解可以采用如下形式：
$$y_p(x) = A\cos x + B\sin x + Cx\cos x + Dx\sin x + E\mathrm{e}^{2x} + Fx\mathrm{e}^{2x} + Gx^2\mathrm{e}^{2x}。$$
将 y_p 代入方程 (7)，并使同类项系数相等，我们可以得到七个方程，从而可确定七个系数 A，B，C，D，E，F 和 G。∎

存在重复项的情况

现在我们将注意力转向规则 1 不适用的情形：$f(x)$ 及其导数中所包含的一些项满足相关的齐次方程。例如，假设我们要求微分方程
$$(D - r)^3 y = (2x - 3)\mathrm{e}^{rx} \tag{8}$$
的一个特解。按照规则 1 进行，我们的第一个猜测是
$$y_p(x) = A\mathrm{e}^{rx} + Bx\mathrm{e}^{rx}。^{\ominus} \tag{9}$$
这种形式的 $y_p(x)$ 是不合适的，因为方程 (8) 的余函数为
$$y_c(x) = c_1\mathrm{e}^{rx} + c_2 x\mathrm{e}^{rx} + c_3 x^2 \mathrm{e}^{rx}, \tag{10}$$
所以将式 (9) 代入方程 (8) 的左侧会得到零，而不是 $(2x - 3)\mathrm{e}^{rx}$。

为了了解如何修正我们的第一个猜测，根据 3.3 节式 (13)，我们观察到
$$(D - r)^2 [(2x - 3)\mathrm{e}^{rx}] = [D^2(2x - 3)]\mathrm{e}^{rx} = 0。$$
如果 $y(x)$ 是方程 (8) 的任意解，对方程两边应用算子 $(D - r)^2$，我们看到 $y(x)$ 也是方程 $(D - r)^5 y = 0$ 的一个解。这个齐次方程的通解可以被写成
$$y(x) = \underbrace{c_1\mathrm{e}^{rx} + c_2 x\mathrm{e}^{rx} + c_3 x^2 \mathrm{e}^{rx}}_{y_c} + \underbrace{Ax^3\mathrm{e}^{rx} + Bx^4\mathrm{e}^{rx}}_{y_p}。$$

因此，原方程 (8) 的每个解都是一个余函数与一个形如下式的特解之和：
$$y_p(x) = Ax^3\mathrm{e}^{rx} + Bx^4\mathrm{e}^{rx}。 \tag{11}$$

注意，式 (11) 右侧可由第一个猜测式 (9) 的各项乘以 x 的最小正整数幂项（在当前情况下为 x^3）得到，这个幂项要足以消除所得试验解 $y_p(x)$ 和式 (10) 所给余函数 $y_c(x)$ 之间的重复项。此过程在一般情况下都能成功。

$\ominus$ 通过用算子语言描述问题，我们可以应用 3.3 节的结果求 y_p。

为了简化规则 2 的一般表述，我们注意到，要求非齐次线性微分方程
$$Ly = f_1(x) + f_2(x) \tag{12}$$
的特解，只需要分别求出方程
$$Ly = f_1(x) \quad \text{和} \quad Ly = f_2(x) \tag{13}$$
的特解 $Y_1(x)$ 和 $Y_2(x)$ 即可。那么由线性性质可得
$$L[Y_1 + Y_2] = LY_1 + LY_2 = f_1(x) + f_2(x),$$
因此 $y_p = Y_1 + Y_2$ 是方程 (12) 的一个特解。(这是非齐次线性方程的一种"叠加原理"。)

现在我们的问题是求出方程 $Ly = f(x)$ 的一个特解，其中 $f(x)$ 是 (4) 中所列初等函数乘积的线性组合。因此，$f(x)$ 可以写成如下形式的项之和
$$P_m(x)\mathrm{e}^{rx}\cos kx \quad \text{或} \quad P_m(x)\mathrm{e}^{rx}\sin kx, \tag{14}$$
其中 $P_m(x)$ 为 x 的 m 次多项式。注意，这种项的任意阶导数都具有相同的形式，但同时出现了正弦项和余弦项。我们先前得到方程 (8) 的特解式 (11) 的过程可以被推广，以表明下面的过程总能成功。

规则 2 待定系数法

若函数 $f(x)$ 是式 (14) 中的任意一种形式，取试验解
$$y_p(x) = x^s[(A_0 + A_1 x + A_2 x^2 + \cdots + A_m x^m)\mathrm{e}^{rx}\cos kx + \\ (B_0 + B_1 x + B_2 x^2 + \cdots + B_m x^m)\mathrm{e}^{rx}\sin kx], \tag{15}$$
其中 s 是使得 y_p 中的项与余函数 y_c 中的项不重复的最小非负整数。然后通过将 y_p 代入非齐次方程确定式 (15) 中的系数。

实际上，我们很少需要处理如式 (14) 表现出充分普遍性的函数 $f(x)$。图 3.5.1 中的表格列出了各种常见情况下 y_p 的形式，分别对应于 $m = 0$，$r = 0$ 和 $k = 0$ 的可能情况。

$f(x)$	y_p
$P_m(x) = b_0 + b_1 x + b_2 x^2 + \cdots + b_m x^m$	$x^s(A_0 + A_1 x + A_2 x^2 + \cdots + A_m x^m)$
$a\cos kx + b\sin kx$	$x^s(A\cos kx + B\sin kx)$
$\mathrm{e}^{rx}(a\cos kx + b\sin kx)$	$x^s \mathrm{e}^{rx}(A\cos kx + B\sin kx)$
$P_m(x)\mathrm{e}^{rx}$	$x^s(A_0 + A_1 x + A_2 x^2 + \cdots + A_m x^m)\mathrm{e}^{rx}$
$P_m(x)(a\cos kx + b\sin kx)$	$x^s[(A_0 + A_1 x + \cdots + A_m x^m)\cos kx + (B_0 + B_1 x + \cdots + B_m x^m)\sin kx]$

图 3.5.1 待定系数法中的代替项

另一方面，通常有
$$f(x) = f_1(x) + f_2(x),$$

其中 $f_1(x)$ 和 $f_2(x)$ 是图 3.5.1 中表格所列的不同种类函数。在这种情况下，我们取 y_p 为 $f_1(x)$ 和 $f_2(x)$ 所对应的试验解之和，分别为每一部分选择 s，以消除与余函数的重复。例题 8～10 说明了这个过程。

例题 8 求下列方程的特解：

$$y^{(3)} + y'' = 3e^x + 4x^2 \text{。} \tag{16}$$

解答：特征方程 $r^3 + r^2 = 0$ 的根为 $r_1 = r_2 = 0$ 及 $r_3 = -1$，故余函数为

$$y_c(x) = c_1 + c_2 x + c_3 e^{-x} \text{。}$$

作为求特解的第一步，我们构建和

$$(Ae^x) + (B + Cx + Dx^2) \text{。}$$

对应于 $3e^x$ 的部分 Ae^x 与余函数的任何部分都不重复，但 $B + Cx + Dx^2$ 部分必须乘以 x^2 才能消除重复。因此，我们取

$$y_p = Ae^x + Bx^2 + Cx^3 + Dx^4,$$
$$y_p' = Ae^x + 2Bx + 3Cx^2 + 4Dx^3,$$
$$y_p'' = Ae^x + 2B + 6Cx + 12Dx^2,$$
$$y_p^{(3)} = Ae^x + 6C + 24Dx \text{。}$$

将这些导数代入方程 (16)，可得

$$2Ae^x + (2B + 6C) + (6C + 24D)x + 12Dx^2 = 3e^x + 4x^2 \text{。}$$

方程组

$$2A = 3, \quad 2B + 6C = 0,$$
$$6C + 24D = 0, \quad 12D = 4$$

有解 $A = \dfrac{3}{2}$，$B = 4$，$C = -\dfrac{4}{3}$ 和 $D = \dfrac{1}{3}$。因此期望的特解为

$$y_p(x) = \dfrac{3}{2}e^x + 4x^2 - \dfrac{4}{3}x^3 + \dfrac{1}{3}x^4 \text{。}$$

例题 9 确定下列方程特解的适当形式：

$$y'' + 6y' + 13y = e^{-3x} \cos 2x \text{。}$$

解答：特征方程 $r^2 + 6r + 13 = 0$ 的根为 $-3 \pm 2i$，故余函数为

$$y_c(x) = e^{-3x}(c_1 \cos 2x + c_2 \sin 2x) \text{。}$$

这与对特解的初次尝试 $e^{-3x}(A \cos 2x + B \sin 2x)$ 的形式相同，所以必须乘以 x 才能消除重复。因此我们取

$$y_p(x) = \mathrm{e}^{-3x}(Ax\cos 2x + Bx\sin 2x)。$$

例题 10 确定下列五阶方程特解的适当形式：
$$(D-2)^3(D^2+9)y = x^2\mathrm{e}^{2x} + x\sin 3x。$$

解答： 特征方程 $(r-2)^3(r^2+9) = 0$ 的根为 $r = 2,\ 2,\ 2,\ 3i,\ -3i$，故余函数为
$$y_c(x) = c_1\mathrm{e}^{2x} + c_2 x\mathrm{e}^{2x} + c_3 x^2\mathrm{e}^{2x} + c_4\cos 3x + c_5\sin 3x。$$
作为确定特解形式的第一步，我们检查下列求和形式
$$[(A + Bx + Cx^2)\mathrm{e}^{2x}] + [(D + Ex)\cos 3x + (F + Gx)\sin 3x]。$$
为了消除与 $y_c(x)$ 的项重复，对应于 $x^2\mathrm{e}^{2x}$ 的第一部分必须乘以 x^3，对应于 $x\sin 3x$ 的第二部分必须乘以 x。因此我们取
$$y_p(x) = (Ax^3 + Bx^4 + Cx^5)\mathrm{e}^{2x} + (Dx + Ex^2)\cos 3x + (Fx + Gx^2)\sin 3x。$$

常数变易法

最后，让我们指出不能使用待定系数法的情形。例如，考虑方程
$$y'' + y = \tan x, \tag{17}$$
乍一看，这可能与前面例题中所考虑的问题相似。但并非如此，因为函数 $f(x) = \tan x$ 有无穷多个线性无关的导数
$$\sec^2 x,\ 2\sec^2 x\tan x,\ 4\sec^2 x\tan^2 x + 2\sec^4 x,\ \cdots。$$
因此，我们没有可用的有限线性组合来作为试验解。

此时我们讨论**常数变易**法，原则上（也就是说，如果出现的积分可以被求值），它总是可以用来求如下非齐次线性微分方程的一个特解：
$$y^{(n)} + p_{n-1}(x)y^{(n-1)} + \cdots + p_1(x)y' + p_0(x)y = f(x), \tag{18}$$
只要我们已经知道相关齐次方程
$$y^{(n)} + p_{n-1}(x)y^{(n-1)} + \cdots + p_1(x)y' + p_0(x)y = 0 \tag{19}$$
的通解
$$y_c = c_1 y_1 + c_2 y_2 + \cdots + c_n y_n。 \tag{20}$$

简单地说，常数变易法的基本思想是，假设我们用变量即 x 的函数 $u_1,\ u_2,\ \cdots,\ u_n$ 来替换式 (20) 余函数中的常数或参数 $c_1,\ c_2,\ \cdots,\ c_n$。我们的问题是，是否可以通过组合这些函数，使得组合
$$y_p(x) = u_1(x)y_1(x) + u_2(x)y_2(x) + \cdots + u_n(x)y_n(x) \tag{21}$$
是非齐次方程 (18) 的一个特解。事实证明这总是可能的。

该方法对于 $n \geqslant 2$ 的所有阶数本质上是相同的，但我们将仅在 $n=2$ 的情况下对其进行详细描述。所以我们从在某个开区间 I 上具有余函数

$$y_c(x) = c_1 y_1(x) + c_2 y_2(x) \tag{22}$$

的二阶非齐次方程

$$L[y] = y'' + P(x)y' + Q(x)y = f(x) \tag{23}$$

开始，其中函数 P 和 Q 都是连续的。我们要求出函数 u_1 和 u_2，使得

$$y_p(x) = u_1(x)y_1(x) + u_2(x)y_2(x) \tag{24}$$

是方程 (23) 的一个特解。

两个函数 u_1 和 u_2 满足的一个条件是 $L[y_p] = f(x)$。因为确定两个函数需要两个条件，所以我们可以自由施加一个我们选择的附加条件。我们将以一种尽可能简化计算的方式操作。但是首先，为了施加条件 $L[y_p] = f(x)$，我们必须计算导数 y_p' 和 y_p''。根据乘积的求导法则，可得

$$y_p' = (u_1 y_1' + u_2 y_2') + (u_1' y_1 + u_2' y_2)。$$

为了避免二阶导数 u_1'' 和 u_2'' 的出现，我们现在施加的附加条件是上式的第二个求和必须消失，即

$$u_1' y_1 + u_2' y_2 = 0。 \tag{25}$$

则

$$y_p' = u_1 y_1' + u_2 y_2', \tag{26}$$

再根据乘积的求导法则，可得

$$y_p'' = (u_1 y_1'' + u_2 y_2'') + (u_1' y_1' + u_2' y_2')。 \tag{27}$$

但是 y_1 和 y_2 都满足与非齐次方程 (23) 相关的齐次方程

$$y'' + Py' + Qy = 0,$$

所以对 $i = 1, 2$ 有

$$y_i'' = -Py_i' - Qy_i。 \tag{28}$$

因此，由式 (27) 可知

$$y_p'' = (u_1' y_1' + u_2' y_2') - P \cdot (u_1 y_1' + u_2 y_2') - Q \cdot (u_1 y_1 + u_2 y_2)。$$

根据式 (24) 和式 (26)，这意味着

$$y_p'' = (u_1' y_1' + u_2' y_2') - Py_p' - Qy_p,$$

从而

$$L[y_p] = u_1' y_1' + u_2' y_2'。 \tag{29}$$

因此，y_p 满足非齐次方程 (23) 的要求，即 $L[y_p] = f(x)$，意味着

$$u_1'y_1' + u_2'y_2' = f(x)。 \tag{30}$$

最后，方程 (25) 和方程 (30) 决定了我们所需的函数 u_1 和 u_2。综合这些方程，我们得到关于两个导数 u_1' 和 u_2' 的两个线性方程构成的方程组

$$\begin{aligned} u_1'y_1 + u_2'y_2 &= 0, \\ u_1'y_1' + u_2'y_2' &= f(x)。 \end{aligned} \tag{31}$$

注意方程组 (31) 式中系数形成的行列式就是 Wronski 行列式 $W(y_1, y_2)$。一旦我们求解方程组 (31) 得到导数 u_1' 和 u_2'，我们对其进行积分得到函数 u_1 和 u_2，使得

$$y_p = u_1 y_1 + u_2 y_2 \tag{32}$$

是所期望的方程 (23) 的特解。在习题 63 中，我们要求你明确地执行上述过程，从而验证下面定理中关于 $y_p(x)$ 的公式。

定理 1　常数变易法

若非齐次方程 $y'' + P(x)y' + Q(x)y = f(x)$ 有余函数 $y_c(x) = c_1 y_1(x) + c_2 y_2(x)$，则其特解由下式给出

$$y_p(x) = -y_1(x) \int \frac{y_2(x)f(x)}{W(x)} dx + y_2(x) \int \frac{y_1(x)f(x)}{W(x)} dx, \tag{33}$$

其中 $W = W(y_1, y_2)$ 是相关齐次方程的两个线性无关解 y_1 和 y_2 的 Wronski 行列式。

例题 11　求方程 $y'' + y = \tan x$ 的一个特解。

解答： 余函数为 $y_c(x) = c_1 \cos x + c_2 \sin x$，我们可以直接将其代入式 (33) 中。但是建立方程组 (31) 并解出 u_1' 和 u_2' 更有指导意义，所以我们从下式开始

$$\begin{aligned} y_1 &= \cos x, & y_2 &= \sin x, \\ y_1' &= -\sin x, & y_2' &= \cos x。 \end{aligned}$$

从而方程组 (31) 为

$$\begin{aligned} (u_1')(\cos x) + (u_2')(\sin x) &= 0, \\ (u_1')(-\sin x) + (u_2')(\cos x) &= \tan x。 \end{aligned}$$

我们很容易求解这些方程得到

$$\begin{aligned} u_1' &= -\sin x \tan x = -\frac{\sin^2 x}{\cos x} = \cos x - \sec x, \\ u_2' &= \cos x \tan x = \sin x。 \end{aligned}$$

从而我们取

$$u_1 = \int (\cos x - \sec x)\mathrm{d}x = \sin x - \ln|\sec x + \tan x|$$

和

$$u_2 = \int \sin x\,\mathrm{d}x = -\cos x。$$

(你明白为什么我们选取积分常数为零吗?) 因此我们的特解为

$$y_p(x) = u_1(x)y_1(x) + u_2(x)y_2(x)$$
$$= (\sin x - \ln|\sec x + \tan x|)\cos x + (-\cos x)(\sin x),$$

即

$$y_p(x) = -(\cos x)\ln|\sec x + \tan x|。$$

习题

在习题 1~20 中, 求出给定方程的特解 y_p。在所有这些问题中, 上标符号 $\prime$ 表示对 x 求导。

1. $y'' + 16y = \mathrm{e}^{3x}$
2. $y'' - y' - 2y = 3x + 4$
3. $y'' - y' - 6y = 2\sin 3x$
4. $4y'' + 4y' + y = 3x\mathrm{e}^x$
5. $y'' + y' + y = \sin^2 x$
6. $2y'' + 4y' + 7y = x^2$
7. $y'' - 4y = \sinh x$
8. $y'' - 4y = \cosh 2x$
9. $y'' + 2y' - 3y = 1 + x\mathrm{e}^x$
10. $y'' + 9y = 2\cos 3x + 3\sin 3x$
11. $y^{(3)} + 4y' = 3x - 1$
12. $y^{(3)} + y' = 2 - \sin x$
13. $y'' + 2y' + 5y = \mathrm{e}^x \sin x$
14. $y^{(4)} - 2y'' + y = x\mathrm{e}^x$
15. $y^{(5)} + 5y^{(4)} - y = 17$
16. $y'' + 9y = 2x^2\mathrm{e}^{3x} + 5$
17. $y'' + y = \sin x + x\cos x$
18. $y^{(4)} - 5y'' + 4y = \mathrm{e}^x - x\mathrm{e}^{2x}$
19. $y^{(5)} + 2y^{(3)} + 2y'' = 3x^2 - 1$
20. $y^{(3)} - y = \mathrm{e}^x + 7$

在习题 21~30 中, 建立特解 y_p 的适当形式, 但无须确定系数的值。

21. $y'' - 2y' + 2y = \mathrm{e}^x \sin x$
22. $y^{(5)} - y^{(3)} = \mathrm{e}^x + 2x^2 - 5$
23. $y'' + 4y = 3x\cos 2x$
24. $y^{(3)} - y'' - 12y' = x - 2x\mathrm{e}^{-3x}$
25. $y'' + 3y' + 2y = x(\mathrm{e}^{-x} - \mathrm{e}^{-2x})$
26. $y'' - 6y' + 13y = x\mathrm{e}^{3x}\sin 2x$
27. $y^{(4)} + 5y'' + 4y = \sin x + \cos 2x$
28. $y^{(4)} + 9y'' = (x^2 + 1)\sin 3x$
29. $(D-1)^3(D^2 - 4)y = x\mathrm{e}^x + \mathrm{e}^{2x} + \mathrm{e}^{-2x}$
30. $y^{(4)} - 2y'' + y = x^2\cos x$

求解习题 31~40 中的初值问题。

31. $y'' + 4y = 2x$; $y(0) = 1$, $y'(0) = 2$
32. $y'' + 3y' + 2y = \mathrm{e}^x$; $y(0) = 0$, $y'(0) = 3$
33. $y'' + 9y = \sin 2x$; $y(0) = 1$, $y'(0) = 0$
34. $y'' + y = \cos x$; $y(0) = 1$, $y'(0) = -1$
35. $y'' - 2y' + 2y = x + 1$; $y(0) = 3$, $y'(0) = 0$
36. $y^{(4)} - 4y'' = x^2$; $y(0) = y'(0) = 1$, $y''(0) = y^{(3)}(0) = -1$
37. $y^{(3)} - 2y'' + y' = 1 + x\mathrm{e}^x$; $y(0) = y'(0) = 0$, $y''(0) = 1$
38. $y'' + 2y' + 2y = \sin 3x$; $y(0) = 2$, $y'(0) = 0$
39. $y^{(3)} + y'' = x + \mathrm{e}^{-x}$; $y(0) = 1$, $y'(0) = 0$, $y''(0) = 1$
40. $y^{(4)} - y = 5$; $y(0) = y'(0) = y''(0) = y^{(3)}(0) = 0$

41. 求出下列方程的一个特解:
$$y^{(4)} - y^{(3)} - y'' - y' - 2y = 8x^5。$$

42. 求出由习题 41 的微分方程和如下初始条件组成的初值问题的解:
$$y(0) = y'(0) = y''(0) = y^{(3)}(0) = 0。$$

43. (a) 根据 Euler 公式，可以写出

$$\cos 3x + \mathrm{i}\sin 3x = \mathrm{e}^{3\mathrm{i}x} = (\cos x + \mathrm{i}\sin x)^3,$$

展开并使实部和虚部对应相等，推导出恒等式

$$\cos^3 x = \frac{3}{4}\cos x + \frac{1}{4}\cos 3x,$$
$$\sin^3 x = \frac{3}{4}\sin x - \frac{1}{4}\sin 3x。$$

(b) 利用 (a) 部分的结果，求出下列方程的通解：

$$y'' + 4y = \cos^3 x。$$

利用三角恒等式，求出习题 44～46 中方程的通解。

44. $y'' + y' + y = \sin x \sin 3x$
45. $y'' + 9y = \sin^4 x$
46. $y'' + y = x\cos^3 x$

常数变易法

在习题 47～56 中，使用常数变易法求出给定微分方程的特解。

47. $y'' + 3y' + 2y = 4\mathrm{e}^x$ **48.** $y'' - 2y' - 8y = 3\mathrm{e}^{-2x}$
49. $y'' - 4y' + 4y = 2\mathrm{e}^{2x}$ **50.** $y'' - 4y = \sinh 2x$
51. $y'' + 4y = \cos 3x$ **52.** $y'' + 9y = \sin 3x$
53. $y'' + 9y = 2\sec 3x$ **54.** $y'' + y = \csc^2 x$
55. $y'' + 4y = \sin^2 x$ **56.** $y'' - 4y = x\mathrm{e}^x$

57. 你可以通过代入法验证 $y_c = c_1 x + c_2 x^{-1}$ 是下列非齐次二阶方程的余函数：

$$x^2 y'' + xy' - y = 72x^5。$$

但在应用常数变易法之前，你必须先对这个方程除以其首项系数 x^2，以将其改写成标准形式

$$y'' + \frac{1}{x}y' - \frac{1}{x^2}y = 72x^3。$$

因此，取方程 (23) 中的 $f(x) = 72x^3$。现在继续求解方程组 (31)，从而推导出特解 $y_p = 3x^5$。

在习题 58～62 中，已知非齐次二阶线性方程和余函数 y_c。应用习题 57 的方法求出这些方程的特解。

58. $x^2 y'' - 4xy' + 6y = x^3$；$y_c = c_1 x^2 + c_2 x^3$
59. $x^2 y'' - 3xy' + 4y = x^4$；$y_c = x^2(c_1 + c_2 \ln x)$
60. $4x^2 y'' - 4xy' + 3y = 8x^{4/3}$；$y_c = c_1 x + c_2 x^{3/4}$
61. $x^2 y'' + xy' + y = \ln x$；$y_c = c_1 \cos(\ln x) + c_2 \sin(\ln x)$
62. $(x^2 - 1)y'' - 2xy' + 2y = x^2 - 1$；$y_c = c_1 x + c_2(1 + x^2)$

63. 请执行本节内容所示的求解过程，由方程组 (31) 和 (32) 推导出常数变易法的公式 (33)。

64. 应用常数变易法的公式 (33)，求出非齐次方程 $y'' + y = 2\sin x$ 的特解 $y_p(x) = -x\cos x$。

应用　常数变易法的自动实现

请访问 bit.ly/3GtanWB，利用 Maple、Mathematica 和 MATLAB 等计算资源对此主题进行更多讨论和探索。

对于常数变易法的公式 (33)，当显示的积分过于烦琐或不便于人工计算时，特别适合在计算机代数系统中实现。例如，假设我们要求出例题 11 中非齐次方程

$$y'' + y = \tan x$$

的一个特解，其余函数为 $y_c(x) = c_1 \cos x + c_2 \sin x$。那么 Maple 命令

```
y1 := cos(x):
y2 := sin(x):
f := tan(x):
W := y1*diff(y2,x)- y2*diff(y1,x):
```

```
    W := simplify(W):
    yp := -y1*int(y2*f/W,x)+ y2*int(y1*f/W,x):
    simplify(yp);
```
可以实现式 (33) 并产生结果

$$y_p(x) = -(\cos x)\ln\left(\frac{1+\sin x}{\cos x}\right),$$

这与例题 11 中所得结果 $y_p(x) = -(\cos x)\ln(\sec x + \tan x)$ 等价。类似的 Mathematica 命令

```
    y1 = Cos[x];
    y2 = Sin[x];
    f = Tan[x];
    W = y1*D[y2, x] - y2*D[y1, x] // Simplify
    yp = -y1*Integrate[y2*f/W,x] + y2*Integrate[y1*f/W,x];
    Simplify[yp]
```
产生结果

$$y_p(x) = -(\cos x)\ln\left(\frac{\cos(x/2)+\sin(x/2)}{\cos(x/2)-\sin(x/2)}\right),$$

（根据常用的平方差法）它也与例题 11 中所得结果等价。

练习

同样，为了求解已知余函数 $y_c(x) = c_1 y_1(x) + c_2 y_2(x)$ 的二阶线性方程 $y'' + P(x)y' + Q(x)y = f(x)$，我们只需要在当前所示的初始行中添加 $y_1(x), y_2(x)$ 和 $f(x)$ 的相应定义即可。用这种方法求出练习 1~6 中非齐次方程的所示特解 $y_p(x)$。

1. $y'' + y = 2\sin x$ $y_p(x) = -x\cos x$
2. $y'' + y = 4x\sin x$ $y_p(x) = x\sin x - x^2\cos x$
3. $y'' + y = 12x^2\sin x$ $y_p(x) = 3x^2\sin x + (3x - 2x^3)\cos x$
4. $y'' - 2y' + 2y = 2e^x\sin x$ $y_p(x) = -xe^x\cos x$
5. $y'' - 2y' + 2y = 4xe^x\sin x$ $y_p(x) = e^x(x\sin x - x^2\cos x)$
6. $y'' - 2y' + 2y = 12x^2 e^x \sin x$ $y_p(x) = e^x[3x^2\sin x + (3x - 2x^3)\cos x]$

3.6 受迫振动与共振

在 3.4 节中，我们推导出微分方程

$$mx'' + cx' + kx = F(t), \tag{1}$$

它控制与弹簧（具有弹簧常数 k）和阻尼器（具有阻尼常数 c）相连并受到外力 $F(t)$ 作用的质量块 m 的一维运动。具有旋转部件的机械通常涉及质量块–弹簧系统（或其等效系

统），其中外力为简谐力：

$$F(t) = F_0 \cos \omega t \quad \text{或} \quad F(t) = F_0 \sin \omega t, \tag{2}$$

上式中常数 F_0 是周期性力的振幅，而 ω 是其圆周频率。

作为一个旋转机械部件如何提供简谐力的例子，我们考虑如图 3.6.1 所示的带有旋转竖直飞轮的小车。小车的质量为 $m - m_0$，不包括质量为 m_0 的飞轮。飞轮的质心偏离其中心的距离为 a，其角速度为 ω 弧度每秒。如图所示，小车连接在弹簧（具有弹簧常数 k）上。假设小车自身的质心位于飞轮中心正下方，用 $x(t)$ 表示它距离其平衡位置（此处弹簧未被拉伸）的位移。由图 3.6.1 可知，组合小车加飞轮的质心的位移 $\overline{x}$ 可由下式给出：

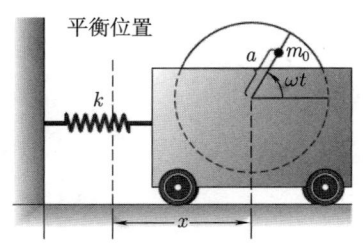

图 3.6.1 带飞轮的小车系统

$$\overline{x} = \frac{(m-m_0)x + m_0(x + a\cos\omega t)}{m} = x + \frac{m_0 a}{m}\cos\omega t。$$

让我们忽略摩擦，并应用牛顿第二定律 $m\overline{x}'' = -kx$，因为由弹簧所施加的力为 $-kx$。我们将 $\overline{x}$ 代入上述方程，可得 ⊖

$$mx'' - m_0 a \omega^2 \cos\omega t = -kx,$$

即

$$mx'' + kx = m_0 a \omega^2 \cos \omega t。 \tag{3}$$

因此，带有旋转飞轮的小车就像在振幅为 $F_0 = m_0 a \omega^2$ ⊖ 的简谐外力作用下连接在弹簧上的质量块。这样一个系统是一种前装式洗衣机的合理模型，其中所装进的正在被洗的衣服会偏离中心。这说明了分析具有与式 (2) 一样外力的方程 (1) 的解的实际重要性。

无阻尼受迫振动

为了研究在外力 $F(t) = F_0 \cos \omega t$ 作用下的无阻尼振动，我们在方程 (1) 中令 $c = 0$，从而从方程

$$mx'' + kx = F_0 \cos \omega t \tag{4}$$

开始，其余函数为 $x_c = c_1 \cos \omega_0 t + c_2 \sin \omega_0 t$。其中

$$\omega_0 = \sqrt{\frac{k}{m}}$$

[如同 3.4 节方程 (9)] 为质量块–弹簧系统的（圆周）**固有频率**。角度 $\omega_0 t$ 以（无量纲）弧度为单位的事实提醒我们，如果 t 以秒（s）为单位，那么 ω_0 将以弧度每秒即以秒的倒数（s^{-1}）为单位。同样回顾 3.4 节方程 (14)，若用圆周频率 ω 除以一个周期的弧度数 2π，可

⊖ 位移 $\overline{x}$ 是将小车和飞轮质心的位移按质量加权得到的平均值。

⊖ 注意振幅 F_0 随着 ω 的平方增加，这意味着小的不平衡会导致大的外力。

以得到以 Hz（赫兹 = 周每秒）为单位的相应的（常用）**频率** $\nu = \omega/2\pi$。

让我们首先假设外部频率和固有频率不相等：$\omega \neq \omega_0$。我们将 $x_p = A\cos\omega t$ 代入方程 (4) 以寻求特解。[因为方程 (4) 左侧没有涉及 x' 的项，所以在 x_p 中不需要正弦项。] 由此得到

$$-m\omega^2 A\cos\omega t + kA\cos\omega t = F_0 \cos\omega t,$$

所以

$$A = \frac{F_0}{k - m\omega^2} = \frac{F_0/m}{\omega_0^2 - \omega^2}, \ominus \tag{5}$$

从而

$$x_p(t) = \frac{F_0/m}{\omega_0^2 - \omega^2}\cos\omega t。 \tag{6}$$

因此，通解 $x = x_c + x_p$ 为

$$x(t) = c_1 \cos\omega_0 t + c_2 \sin\omega_0 t + \frac{F_0/m}{\omega_0^2 - \omega^2}\cos\omega t, \tag{7}$$

其中常数 c_1 和 c_2 由初始值 $x(0)$ 和 $x'(0)$ 决定。同样，如同 3.4 节方程 (12)，我们可以将方程 (7) 改写为

$$x(t) = \underbrace{C\cos(\omega_0 t - \alpha)}_{\text{圆周频率 }\omega_0} + \underbrace{\frac{F_0/m}{\omega_0^2 - \omega^2}\cos\omega t}_{\text{圆周频率 }\omega}, \tag{8}$$

所以我们看到，由此产生的运动是两个振动的叠加，其中一个具有固有圆周频率 ω_0，另一个具有外力的频率 ω。

例题 1　假设 $m = 1$，$k = 9$，$F_0 = 80$ 以及 $\omega = 5$，则微分方程 (4) 变为

$$x'' + 9x = 80\cos 5t。$$

若 $x(0) = x'(0) = 0$，求 $x(t)$。

解答：正如前面所讨论的那样，这里的固有频率 $\omega_0 = 3$ 和外力的频率 $\omega = 5$ 是不相等的。首先我们将 $x_p = A\cos 5t$ 代入微分方程可得 $-25A + 9A = 80$，所以 $A = -5$。因此特解为

$$x_p(t) = -5\cos 5t。$$

余函数为 $x_c = c_1 \cos 3t + c_2 \sin 3t$，所以给定的非齐次方程的通解为

$$x(t) = c_1\cos 3t + c_2 \sin 3t - 5\cos 5t,$$

其导数为

$$x'(t) = -3c_1 \sin 3t + 3c_2 \cos 3t + 25\sin 5t。$$

$\ominus$　我们的假设 $\omega \neq \omega_0$ 可以保证除数不为零。

由初始条件 $x(0) = 0$ 和 $x'(0) = 0$ 可得 $c_1 = 5$ 和 $c_2 = 0$，故期望的特解为

$$x(t) = 5\cos 3t - 5\cos 5t。$$

如图 3.6.2 所示，$x(t)$ 的周期是两个余弦项的周期 $2\pi/3$ 和 $2\pi/5$ 的最小公倍数 2π。∎

差拍振动

如果我们对式 (7) 中的解施加初始条件 $x(0) = x'(0) = 0$，那么我们求得

$$c_1 = -\frac{F_0}{m(\omega_0^2 - \omega^2)} \quad \text{和} \quad c_2 = 0,$$

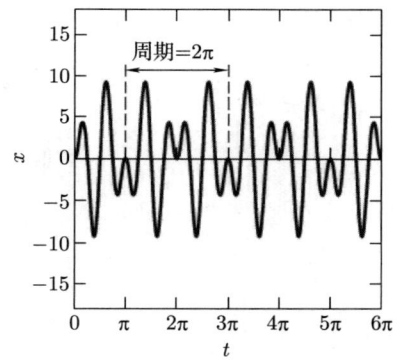

图 3.6.2 例题 1 中的响应 $x(t) = 5\cos 3t - 5\cos 5t$

所以特解为

$$x(t) = \frac{F_0}{m(\omega_0^2 - \omega^2)}(\cos\omega t - \cos\omega_0 t)。 \tag{9}$$

三角恒等式 $2\sin A\sin B = \cos(A - B) - \cos(A + B)$，应用于 $A = \frac{1}{2}(\omega_0 + \omega)t$ 和 $B = \frac{1}{2}(\omega_0 - \omega)t$，我们能够将式 (9) 改写为

$$x(t) = \frac{2F_0}{m(\omega_0^2 - \omega^2)}\sin\frac{1}{2}(\omega_0 - \omega)t\sin\frac{1}{2}(\omega_0 + \omega)t。 \tag{10}$$

现在假设 $\omega \approx \omega_0$，使得 $\omega_0 + \omega$ 远大于 $|\omega_0 - \omega|$。那么 $\sin\frac{1}{2}(\omega_0 + \omega)t$ 是一个快速变化的函数，而 $\sin\frac{1}{2}(\omega_0 - \omega)t$ 是一个缓慢变化的函数。因此，我们可以将式 (10) 解释为具有圆周频率 $\frac{1}{2}(\omega_0 + \omega)$ 的快速振动

$$x(t) = A(t)\sin\frac{1}{2}(\omega_0 + \omega)t,$$

但是具有缓慢变化的振幅

$$A(t) = \frac{2F_0}{m(\omega_0^2 - \omega^2)}\sin\frac{1}{2}(\omega_0 - \omega)t。$$

例题 2 根据 $m = 0.1$，$F_0 = 50$，$\omega_0 = 55$ 以及 $\omega = 45$，由式 (10) 可得

$$x(t) = \sin 5t \sin 50t。$$

图 3.6.3 显示了频率为 $\frac{1}{2}(\omega_0 + \omega) = 50$ 的相应振动，此振动由频率为 $\frac{1}{2}(\omega_0 - \omega) = 5$ 的振

幅函数 $A(t) = \sin 5t$ "调制"。

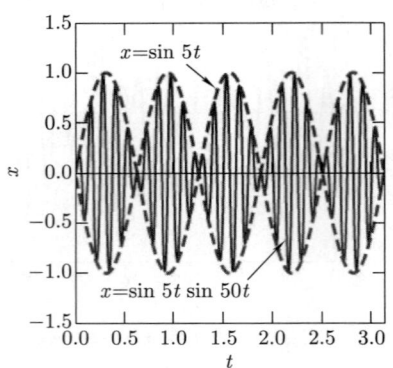

图 3.6.3 差拍振动现象

具有（相对）缓慢变化的周期振幅的快速振动表现出**差拍振动**现象。例如，如果两个未完全协调的小号同时演奏中音 C，其中一个以 $\omega_0/(2\pi) = 258$ Hz 演奏，而另一个以 $\omega/(2\pi) = 254$ Hz 演奏，那么人们就会听到一个频率为

$$\frac{(\omega_0 - \omega)/2}{2\pi} = \frac{258 - 254}{2} = 2 \text{ (Hz)}$$

的强音拍，即一种听得见的组合音振幅的变化。

共振

查看式 (6) 可知，当固有频率 ω_0 和外部频率 ω 大致相等时，x_p 的振幅 A 很大。有时将式 (5) 改写为

$$A = \frac{F_0}{k - m\omega^2} = \frac{F_0/k}{1 - (\omega/\omega_0)^2} = \pm\frac{\rho F_0}{k} \tag{11}$$

的形式是有用的，其中 F_0/k 是常数为 k 的弹簧由于恒定力 F_0 而产生的**静态位移**，且**放大系数** ρ 被定义为

$$\rho = \frac{1}{|1 - (\omega/\omega_0)^2|}。 \tag{12}$$

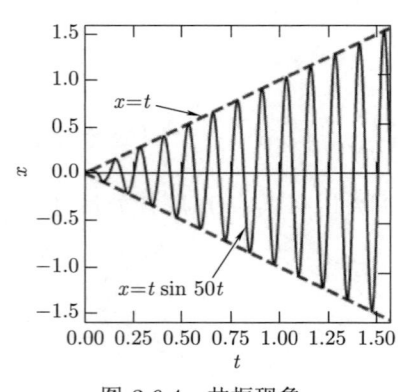

图 3.6.4 共振现象

显然当 $\omega \to \omega_0$ 时，$\rho \to +\infty$。这就是**共振现象**，即在频率为 $\omega \approx \omega_0$ 的外力作用下，固有频率为 ω_0 的无阻尼系统振动的振幅（当 $\omega \to \omega_0$ 时）会无限制增大。

我们一直假设 $\omega \neq \omega_0$。如果 ω 和 ω_0 精确相等，我们预料会发生什么样的灾难呢？那么将方程 (4) 的各项除以 m 后变为

$$x'' + \omega_0^2 x = \frac{F_0}{m}\cos\omega_0 t。 \tag{13}$$

由于 $\cos\omega_0 t$ 是余函数中的一项，故待定系数法要求我们尝试

$$x_p(t) = t(A\cos\omega_0 t + B\sin\omega_0 t)。$$

我们将上式代入方程 (13)，从而求出 $A = 0$ 和 $B = F_0/(2m\omega_0)$。因此特解为

$$x_p(t) = \frac{F_0}{2m\omega_0} t\sin\omega_0 t。 \tag{14}$$

图 3.6.4 中 $x_p(t)$ 的图形（其中 $m = 1$，$F_0 = 100$ 和 $\omega_0 = 50$）生动地展示了在 $\omega = \omega_0$ 的纯共振情况下，振动的振幅在理论上是如何无限制增大的。我们可以将这种现象解释为系

统的固有振动通过外部所施加的相同频率的振动而得到增强。

例题 3　**带旋转飞轮的小车**　假设在图 3.6.1 所示的带飞轮的小车中，$m = 5$ kg 且 $k = 500$ N/m，则固有频率为 $\omega_0 = \sqrt{k/m} = 10$ rad/s，即 $10/(2\pi) \approx 1.59$ Hz。因此，若飞轮以大约 $(1.59)(60) \approx 95$ 转每分钟（rpm）的角速度旋转，我们预计会发生非常大振幅的振动。　∎

在实际中，阻尼很小的机械系统会被共振振动破坏。一个壮观的例子是，一列士兵整齐划一地走过一座桥。任何复杂的结构，如桥梁，都有许多固有振动频率。如果士兵的节奏频率近似等于结构的固有频率之一，那么就像在弹簧上的质量块的简单例子中一样，共振就会发生。事实上，由此产生的共振的振幅可能非常大，以至于桥梁将会倒塌。这种情况确实发生过，例如，1831 年，英国曼彻斯特附近的布劳顿桥倒塌，这就是现在人们在过桥时打破节奏的标准做法的原因。共振可能与 1981 年堪萨斯城的灾难有关，在那次灾难中，一个酒店的上面有人跳舞的阳台（被称为空中步道）倒塌了。在地震中，建筑物的倒塌有时是由于地面以结构的一个固有频率振动所引起的共振造成的；在 1985 年 9 月 19 日的墨西哥城地震中，许多建筑物都遭遇了这种情况。偶尔飞机会因发动机振动所引起的机翼共振而坠毁。据报道，对于某些最早的商用喷气式飞机，飞机在湍流中竖直振动的固有频率几乎与由飞行员头部（质量块）和脊椎（弹簧）组成的质量块—弹簧系统的固有频率完全相同。由此发生的共振导致飞行员难以读取仪表。大型现代商用喷气式飞机具有不同的固有频率，从而使得这种共振问题不再发生。

机械系统建模

在所有类型的机械结构和系统的设计中，始终都需要考虑如何避免破坏性共振。通常，在确定系统振动的固有频率时，最重要的步骤是建立其微分方程。除了牛顿定律 $F = ma$ 之外，能量守恒定律有时对此也很有用（如 3.4 节中摆运动方程的推导）。下面的动能和势能公式通常是有用的。

1. 动能：$T = \dfrac{1}{2}mv^2$，质量块 m 以速度 v 平移；
2. 动能：$T = \dfrac{1}{2}I\omega^2$，转动惯量为 I 的物体以角速度 ω 旋转；
3. 势能：$V = \dfrac{1}{2}kx^2$，常数为 k 的弹簧被拉伸或压缩距离 x；
4. 势能：$V = mgh$，质量块 m 在参考水平面（即 $V = 0$ 的水平面）以上高度 h 处的重力势能，前提是 g 可以被视为常数。

例题 4　**滚动的圆盘**　如图 3.6.5 所示，如果常数为 k 的弹簧上的质量块 m 是半径为 a 的均匀圆盘，它不是无摩擦滑动，而是无滑移滚动，求此时圆盘的固有频率。

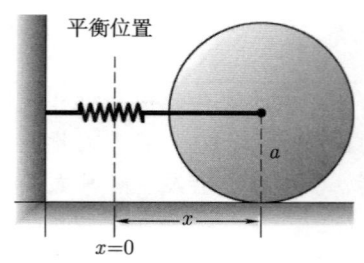

图 3.6.5 滚动的圆盘

解答：根据上述标记法，由能量守恒定律得到

$$\frac{1}{2}mv^2 + \frac{1}{2}I\omega^2 + \frac{1}{2}kx^2 = E,$$

其中 E 是一个常数（系统的总机械能）。我们注意到 $v = a\omega$，且对于均匀圆盘有 $I = ma^2/2$。那么我们可以将上述方程化简为

$$\frac{3}{4}mv^2 + \frac{1}{2}kx^2 = E.$$

因为这个方程右侧是常数，所以现在对 t 求导（其中 $v = x'$ 和 $v' = x''$），可得

$$\frac{3}{2}mx'x'' + kxx' = 0.$$

我们对各项除以 $\frac{3}{2}mx'$，则有

$$x'' + \frac{2k}{3m}x = 0. \ominus$$

因此，滚动圆盘水平来回振动的固有频率为 $\sqrt{2k/3m}$，即用 $\sqrt{2/3} \approx 0.8165$ 乘以我们所熟悉的弹簧上的质量块在无摩擦滑动而非无滑移滚动时的固有频率 $\sqrt{k/m}$。有趣（且也许令人惊讶）的是，这个固有频率并不依赖于圆盘的半径。它可以是一角硬币，也可以是半径为一米（但具有相同质量）的大圆盘。 ■

例题 5　**汽车悬架**　假设一辆汽车竖直振动，就好像它是单个弹簧（具有弹簧常数 $k = 7 \times 10^4$ N/m）上的质量块 $m = 800$ kg 连接单个阻尼器（具有阻尼常数 $c = 3000$ N·s/m）。假设这辆断开阻尼器的汽车沿幅值为 5 cm 且波长为 $L = 10$ m 的搓板状路面行驶（参见图 3.6.6）。请问在什么车速下会发生共振？

解答：如图 3.6.7 所示，我们把汽车想象成独轮车。令 $x(t)$ 表示质量块 m 偏离其平衡位置向上的位移，忽略重力，因为如 3.4 节习题 9 一样，它只会改变平衡位置。我们将路面的方程写成

$$y = a\cos\frac{2\pi s}{L} \quad (a = 0.05 \text{ m}, L = 10 \text{ m}). \tag{15}$$

当汽车运动时，弹簧的拉伸量为 $x - y$，所以由牛顿第二定律 $F = ma$ 可得

$$mx'' = -k(x - y),$$

即

$$mx'' + kx = ky. \tag{16}$$

若车速为 v，则在式 (15) 中 $s = vt$，所以方程 (16) 的形式为

$\ominus$ 我们在 3.4 节使用了同样的技术来推导控制单摆的微分方程。

$$mx'' + kx = ka\cos\frac{2\pi vt}{L}。 \tag{16'}$$

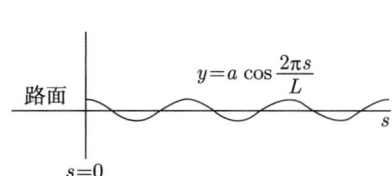

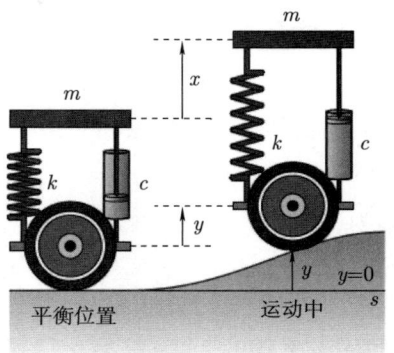

图 3.6.6　例题 5 中的搓板状路面　　　　图 3.6.7　汽车的"独轮车模型"

这就是控制汽车竖直振动的微分方程。将其与方程 (4) 进行比较，我们看到我们得到的是圆周频率为 $\omega = 2\pi v/L$ 的受迫振动。当 $\omega = \omega_0 = \sqrt{k/m}$ 时，将会发生共振。我们利用数值数据求出共振时汽车的速度

$$v = \frac{L}{2\pi}\sqrt{\frac{k}{m}} = \frac{10}{2\pi}\sqrt{\frac{7\times 10^4}{800}} \approx 14.89 \text{ (m/s)},$$

即大约 33.3 mile/h（使用换算系数 2.237 mile/h 为 1 m/s）。∎

有阻尼受迫振动

在真实物理系统中，总是存在一些阻尼，若没有其他因素也会有来自摩擦效应的。方程

$$mx'' + cx' + kx = F_0\cos\omega t \tag{17}$$

的余函数 x_c 依据 $c > c_{cr} = \sqrt{4km}$，$c = c_{cr}$ 或 $c < c_{cr}$ 分别由 3.4 节式 (19)、式 (20) 或式 (21) 给出。具体的形式在这里并不重要。重要的是，在任何情况下，这些公式都表明，当 $t \to +\infty$ 时，$x_c(t) \to 0$。因此 x_c 是方程 (17) 的**瞬态解**，它随着时间的流逝而消失，只留下特解 x_p。

根据待定系数法，我们应该在方程 (17) 中代入

$$x(t) = A\cos\omega t + B\sin\omega t。$$

当我们这样做时，整理各项，并让 $\cos\omega t$ 和 $\sin\omega t$ 的系数分别对应相等，从而我们得到两个方程

$$(k - m\omega^2)A + c\omega B = F_0, \quad -c\omega A + (k - m\omega^2)B = 0, \tag{18}$$

我们可以毫不费力地解出

$$A = \frac{(k-m\omega^2)F_0}{(k-m\omega^2)^2+(c\omega)^2}, \quad B = \frac{c\omega F_0}{(k-m\omega^2)^2+(c\omega)^2}。 \tag{19}$$

如果我们照常写成

$$A\cos\omega t + B\sin\omega t = C(\cos\omega t\cos\alpha + \sin\omega t\sin\alpha) = C\cos(\omega t - \alpha),$$

我们看到所得的稳态周期振动

$$x_p(t) = C\cos(\omega t - \alpha) \tag{20}$$

的振幅为

$$C = \sqrt{A^2+B^2} = \frac{F_0}{\sqrt{(k-m\omega^2)^2+(c\omega)^2}}。 \tag{21}$$

此时式 (19) 意味着 $\sin\alpha = B/C > 0$，所以由此可知相位角 α 位于第一象限或第二象限。因此

$$\tan\alpha = \frac{B}{A} = \frac{c\omega}{k-m\omega^2}, \quad 其中 \ 0 < \alpha < \pi, \tag{22}$$

故有

$$\alpha = \begin{cases} \tan^{-1}\dfrac{c\omega}{k-m\omega^2}, & 如果 \ k > m\omega^2, \\ \pi + \tan^{-1}\dfrac{c\omega}{k-m\omega^2}, & 如果 \ k < m\omega^2 \end{cases}$$

（但是若 $k = m\omega^2$，则 $\alpha = \pi/2$）。

注意，如果 $c > 0$，那么当受迫频率 ω 等于临界频率 $\omega_0 = \sqrt{k/m}$ 时，与无阻尼情况下的共振情况相反，此时"受迫振幅"即由式 (21) 定义的函数 $C(\omega)$ 将始终保持有限。但是受迫振幅可以对某个 ω 值达到最大值，在这种情况下，我们谈论的是实际共振。为了了解实际共振是否发生以及何时发生，我们只需要将 C 作为 ω 的函数并绘图，然后寻找全局最大值。可以证明（参见习题 27），如果 $c \geqslant \sqrt{2km}$，那么 C 是 ω 的稳定递减函数。但是如果 $c < \sqrt{2km}$，那么振幅 C 在 ω 取小于 ω_0 的某个值时达到最大值，从而发生实际共振，随后在 $\omega \to +\infty$ 时趋近于零。由此可见，一个欠阻尼系统通常会经历受迫振动，且其振幅具有如下特点：

- 当 ω 接近临界共振频率时，其振幅很大；
- 当 ω 非常小时，其振幅接近 F_0/k；
- 当 ω 非常大时，其振幅很小。

例题 6 **实际共振** 对于一个有阻尼质量块–弹簧系统，其中 $m = 1$，$c = 2$ 和 $k = 26$，在外力 $F(t) = 82\cos 4t$ 的作用下，当 $x(0) = 6$ 和 $x'(0) = 0$ 时，求系统的瞬态运动和稳态周期振动。并探讨该系统发生实际共振的可能性。

解答： 由此产生的质量块的运动 $x(t) = x_{\text{tr}}(t) + x_{\text{sp}}(t)$ 满足初值问题

$$x'' + 2x' + 26x = 82\cos 4t; \quad x(0) = 6, \quad x'(0) = 0。 \tag{23}$$

其中 x_{tr} 表示瞬态振动，x_{sp} 表示稳态振动 ⊖。与其应用本节前面所推导的一般公式，不如在具体问题中直接求解。特征方程

$$r^2 + 2r + 26 = (r+1)^2 + 25 = 0$$

的根为 $r = -1 \pm 5\text{i}$，故余函数为

$$x_c(t) = \text{e}^{-t}(c_1\cos 5t + c_2\sin 5t)。$$

我们将试验解

$$x(t) = A\cos 4t + B\sin 4t$$

代入给定方程，整理同类项，并让 $\cos 4t$ 和 $\sin 4t$ 的系数分别对应相等，从而得到方程组

$$10A + 8B = 82,$$
$$-8A + 10B = 0,$$

求解可得 $A = 5$ 且 $B = 4$。因此式 (23) 中方程的通解为

$$x(t) = \text{e}^{-t}(c_1\cos 5t + c_2\sin 5t) + 5\cos 4t + 4\sin 4t。$$

此时我们施加初始条件 $x(0) = 6$ 和 $x'(0) = 0$，从而得到 $c_1 = 1$ 和 $c_2 = -3$。因此，质量块的瞬态运动和稳态周期振动分别为

$$x_{\text{tr}}(t) = \text{e}^{-t}(\cos 5t - 3\sin 5t)$$

和

$$x_{\text{sp}}(t) = 5\cos 4t + 4\sin 4t = \sqrt{41}\left(\frac{5}{\sqrt{41}}\cos 4t + \frac{4}{\sqrt{41}}\sin 4t\right)$$
$$= \sqrt{41}\cos(4t - \alpha),$$

其中 $\alpha = \tan^{-1}\left(\dfrac{4}{5}\right) \approx 0.6747$。

图 3.6.8 显示了初值问题

$$x'' + 2x' + 26x = 82\cos 4t, \quad x(0) = x_0, \quad x'(0) = 0 \tag{24}$$

在初始位置取不同值 $x_0 = -20, -10, 0, 10, 20$ 时，解 $x(t) = x_{\text{tr}}(t) + x_{\text{sp}}(t)$ 的图形。由图我们清楚地看出，瞬态解 $x_{\text{tr}}(t)$ "随着时间的流逝而消失"而只留下稳态周期运动 $x_{\text{sp}}(t)$ 的意思。实际上，因为 $x_{\text{tr}}(t)$ 以指数方式趋近于 0，在几个周期内，完全解 $x(t)$ 和稳态周期解 $x_{\text{sp}}(t)$ 就几乎无法区分（无论初始位置 x_0 取何值）。

为了研究在给定系统中发生实际共振的可能性，我们将值 $m = 1$，$c = 2$ 和 $k = 26$ 代入式 (21)，从而发现在频率 ω 处的受迫振幅为

⊖ 注意稳态周期振动不依赖于系统的初始条件。

$$C(\omega) = \frac{82}{\sqrt{676 - 48\omega^2 + \omega^4}}.$$

$C(\omega)$ 的图形如图 3.6.9 所示。当

$$C'(\omega) = \frac{-41(4\omega^3 - 96\omega)}{(676 - 48\omega^2 + \omega^4)^{3/2}} = \frac{-164\omega(\omega^2 - 24)}{(676 - 48\omega^2 + \omega^4)^{3/2}} = 0$$

时振幅最大。因此，当外部频率为 $\omega = \sqrt{24}$（略小于质量块–弹簧系统的无阻尼临界频率 $\omega_0 = \sqrt{k/m} = \sqrt{26}$）时，发生实际共振。∎

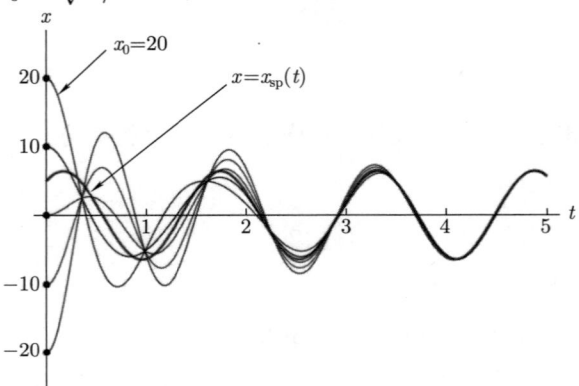

图 3.6.8 初值问题 (24) 的解，其中 $x_0 = -20, -10, 0, 10, 20$⊖

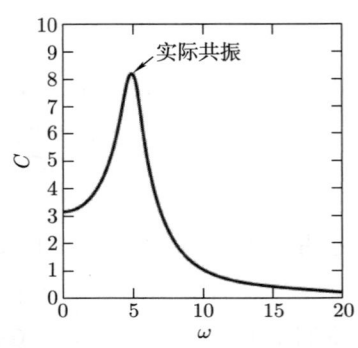

图 3.6.9 振幅 C 与外部频率 ω 的关系图

习题

📱 在习题 1～6 中，将给定初值问题的解表示为如式 (8) 所示的两个振动的和。其中，上标符号 $\prime$ 表示对 t 求导。在习题 1～4 中，用一种可以识别并标记其周期的方式（如图 3.6.2 所示），绘制解函数 $x(t)$ 的图形。

1. $x'' + 9x = 10\cos 2t$; $x(0) = x'(0) = 0$
2. $x'' + 4x = 5\sin 3t$; $x(0) = x'(0) = 0$
3. $x'' + 100x = 225\cos 5t + 300\sin 5t$; $x(0) = 375$, $x'(0) = 0$
4. $x'' + 25x = 90\cos 4t$; $x(0) = 0$, $x'(0) = 90$
5. $mx'' + kx = F_0 \cos\omega t$, 其中 $\omega \neq \omega_0$; $x(0) = x_0$, $x'(0) = 0$
6. $mx'' + kx = F_0 \cos\omega t$, 其中 $\omega = \omega_0$; $x(0) = 0$, $x'(0) = v_0$

📱 在习题 7～10 中，求出给定方程 $mx'' + cx' + kx = F(t)$ 在频率为 ω 的周期外力函数 $F(t)$ 作用下的稳态周期解 $x_{\text{sp}}(t) = C\cos(\omega t - \alpha)$。然后绘制 $x_{\text{sp}}(t)$ 以及调整后的外力函数 $F_1(t) = F(t)/m\omega$（用于比较）的图形。

7. $x'' + 4x' + 4x = 10\cos 3t$
8. $x'' + 3x' + 5x = -4\cos 5t$
9. $2x'' + 2x' + x = 3\sin 10t$
10. $x'' + 3x' + 3x = 8\cos 10t + 6\sin 10t$

📱 在习题 11～14 中，分别求出并绘出给定微分方程的稳态周期解 $x_{\text{sp}}(t) = C\cos(\omega t - \alpha)$ 以及满足给定初始条件的实际解 $x(t) = x_{\text{sp}}(t) + x_{\text{tr}}(t)$。

11. $x'' + 4x' + 5x = 10\cos 3t$; $x(0) = x'(0) = 0$
12. $x'' + 6x' + 13x = 10\sin 5t$; $x(0) = x'(0) = 0$
13. $x'' + 2x' + 26x = 600\cos 10t$; $x(0) = 10$, $x'(0) = 0$

⊖ 请前往 bit.ly/3DJ7YF0 查看图 3.6.8 的交互式版本。

14. $x'' + 8x' + 25x = 200\cos t + 520\sin t$;
    $x(0) = -30$, $x'(0) = -10$

在习题 15 ~ 18 中，对于受迫的质量块-弹簧-阻尼器系统，给出了其运动方程 $mx'' + cx' + kx = F_0 \cos \omega t$ 中的相关参数。探讨该系统发生实际共振的可能性。特别是求出频率为 ω 的稳态周期受迫振动的振幅 $C(\omega)$。绘出 $C(\omega)$ 的图形，并求出实际共振频率 ω（如果有的话）。

15. $m = 1$, $c = 2$, $k = 2$, $F_0 = 2$
16. $m = 1$, $c = 4$, $k = 5$, $F_0 = 10$
17. $m = 1$, $c = 6$, $k = 45$, $F_0 = 50$
18. $m = 1$, $c = 10$, $k = 650$, $F_0 = 100$

19. 一个重 100 lb（在 fps 单位制下质量 $m = 3.125$ slug）的质量块连接在弹簧末端，弹簧被 100 lbf 的力拉伸了 1 in。一个力 $F_0 \cos \omega t$ 作用在质量块上。请问共振将以什么频率（以赫兹为单位）发生？忽略阻尼。

20. **洗衣机** 一台前装式洗衣机安装在一种像弹簧一样的厚橡胶垫上，洗衣机的重量 $W = mg$（其中 $g = 9.8$ m/s^2）恰好使橡胶垫压缩了 0.5 cm。当其旋转体以 ω 弧度每秒的速度旋转时，旋转体对洗衣机施加的竖直力为 $F_0 \cos \omega t$ 牛顿。请问共振将以什么速度（以每分钟转数为单位）发生？忽略摩擦力。

21. **摆-簧系统** 如图 3.6.10 所示，质量块 m 位于摆（长度为 L）的末端，同时连接在一根水平弹簧（具有常数 k）上。假设 m 的小幅振动使弹簧基本上保持水平，且忽略阻尼。求质量块运动的固有圆周频率 ω_0，用 L, k, m 以及重力常数 g 表示。

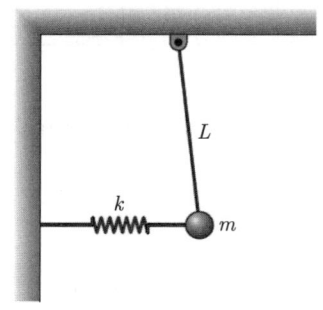

图 3.6.10 习题 21 的摆-簧系统

22. **质量块-弹簧-滑轮系统** 如图 3.6.11 所示，一个质量块 m 悬挂在绳索末端，绳索绕过一个半径为 a、转动惯量为 I 的滑轮。滑轮轮缘连接着一根弹簧（具有常数 k）。假设小幅振动使弹簧基本上保持水平，且忽略摩擦力。求系统的固有圆周频率，用 m, a, k, I 和 g 表示。

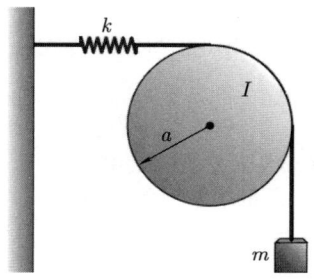

图 3.6.11 习题 22 的质量块-弹簧-滑轮系统

23. **地震振动** 有一栋两层建筑物，第一层牢牢固定在地面上，第二层质量为 $m = 1000$ slug（在 fps 单位制下），重 16 吨（32000 lb）。建筑物的弹性框架就像一根弹簧，可以抵抗第二层的水平位移，它需要 5 吨的水平力才能将第二层移动 1 ft 的距离。假设在地震中，地面以振幅 A_0 和圆周频率 ω 水平振动，从而在第二层产生一个水平外力 $F(t) = mA_0\omega^2 \sin \omega t$。

(a) 第二层振动的固有频率（以赫兹为单位）是多少？

(b) 如果地面每 2.25 s 发生一次振幅为 3 in 的振动，那么第二层所产生的受迫振动的振幅是多少？

24. 无阻尼弹簧上的质量块受到外力 $F(t) = F_0 \cos^3 \omega t$ 的作用。证明存在两个发生共振的 ω 值，并求出这两个值。

25. **推导方程**
$$mx'' + cx' + kx = F_0 \sin \omega t$$
的稳态周期解。特别地，证明它具有人们所期望的形式，即与式 (20) 的形式相同，其中 C 和 ω 的值均相同，只是用 $\sin(\omega t - \alpha)$ 代替了 $\cos(\omega t - \alpha)$。

26. 给定同时含有余弦和正弦外力项的微分方程
$$mx'' + cx' + kx = E_0 \cos \omega t + F_0 \sin \omega t,$$

推导稳态周期解

$$x_{\text{sp}}(t) = \frac{\sqrt{E_0^2 + F_0^2}}{\sqrt{(k-m\omega^2)^2 + (c\omega)^2}} \cos(\omega t - \alpha - \beta),$$

其中 α 由式 (22) 定义,而 $\beta = \tan^{-1}(F_0/E_0)$。
[提示:将分别对应于 $E_0 \cos\omega t$ 和 $F_0 \sin\omega t$ (参见习题 25) 的稳态周期解相加。]

27. 根据式 (21),系统 $mx'' + cx' + kx = F_0 \cos\omega t$ 的受迫稳态周期振动的振幅为

$$C(\omega) = \frac{F_0}{\sqrt{(k-m\omega^2)^2 + (c\omega)^2}}.$$

   (a) 若 $c \geqslant c_{\text{cr}}/\sqrt{2}$,其中 $c_{\text{cr}} = \sqrt{4km}$,证明 C 随着 ω 的增加而稳定递减。
   (b) 若 $c < c_{\text{cr}}/\sqrt{2}$,证明当

$$\omega = \omega_m = \sqrt{\frac{k}{m} - \frac{c^2}{2m^2}} < \omega_0 = \sqrt{\frac{k}{m}}$$

时 C 达到最大值(实际共振)。

28. 正如本节所讨论的带飞轮小车的例题所示,一个不平衡的旋转机械部件通常会产生一个振幅与频率 ω 的平方成正比的力。
   (a) 证明微分方程

$$mx'' + cx' + kx = mA\omega^2 \cos\omega t$$

[其中外力项类似于方程 (17) 中的外力项] 的稳态周期解的振幅为

$$C(\omega) = \frac{mA\omega^2}{\sqrt{(k-m\omega^2)^2 + (c\omega)^2}}.$$

   (b) 假设 $c^2 < 2mk$。证明当频率为

$$\omega_m = \sqrt{\frac{k}{m}\left(\frac{2mk}{2mk-c^2}\right)}$$

时出现最大振幅。因此,在这种情况下,共振频率大于(与习题 27 的结果相反)固有频率 $\omega_0 = \sqrt{k/m}$。(提示:求出 C 的平方的最大值。)

汽车振动

习题 29 和习题 30 进一步讨论例题 5 中的汽车问题。当减振器正常连接时(此时 $c > 0$),汽车向上的位移函数满足方程 $mx'' + cx' + kx = cy' + ky$。当路面函数为 $y = a\sin\omega t$ 时,该微分方程变为

$$mx'' + cx' + kx = E_0 \cos\omega t + F_0 \sin\omega t,$$

其中 $E_0 = c\omega a$ 且 $F_0 = ka$。

29. 应用习题 26 的结果,证明由此产生的汽车稳态周期振动的振幅 C 为

$$C = \frac{a\sqrt{k^2 + (c\omega)^2}}{\sqrt{(k-m\omega^2)^2 + (c\omega)^2}}.$$

因为当汽车以速度 v 运动时,$\omega = 2\pi v/L$,所以这就使得 C 是 v 的函数。

30. 通过使用例题 5 中所给的数值数据(其中 $c = 3000 \text{ N} \cdot \text{s/m}$),图 3.6.12 显示了振幅函数 $C(\omega)$ 的图形。由图可知,随着汽车从静止逐渐加速,它最初以略大于 5 cm 的振幅振动。最大振幅约为 14 cm 的共振发生在速度为 32 mile/h 左右,但随后在高速行驶中振幅下降到更可容忍的程度。请通过分析函数 $C(\omega)$ 来验证这些基于图形的结论。特别地,求出实际共振频率和相应的振幅。

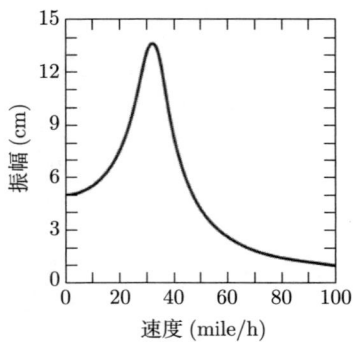

图 3.6.12 汽车在搓板状路面上振动的振幅

应用　受迫振动

请访问 bit.ly/2Zvu1QR,利用 Maple、Mathematica 和 MATLAB 等计算资源对此主题进行更多讨论和探索。

这里我们使用方程
$$mx'' + cx' + kx = F(t) \tag{1}$$
研究质量块–弹簧–阻尼器系统的受迫振动。为了简化符号，我们取 $m = p^2$，$c = 2p$ 以及 $k = p^2q^2 + 1$，其中 $p > 0$ 且 $q > 0$。那么方程 (1) 的余函数为
$$x_c(t) = \mathrm{e}^{-t/p}(c_1 \cos qt + c_2 \sin qt)。 \tag{2}$$
我们将取 $p = 5$ 和 $q = 3$，从而研究
$$25x'' + 10x' + 226x = F(t), \quad x(0) = 0, \quad x'(0) = 0 \tag{3}$$
对应的瞬态解和稳态周期解，并对外力 $F(t)$ 的几种可能性进行说明。在你进行类似的个人研究时，你可以选择 $6 \leqslant p \leqslant 9$ 和 $2 \leqslant q \leqslant 5$ 的整数 p 和 q。

练习

研究 A：在周期外力 $F(t) = 901 \cos 3t$ 作用下，MATLAB 命令
```
x = dsolve('25*D2x+10*Dx+226*x=901*cos(3*t)',
    'x(0)=0, Dx(0)=0');
x = simple(x);
syms t, xsp = cos(3*t)+ 30*sin(3*t);
ezplot(x, [0 6*pi]), hold on
ezplot(xsp, [0 6*pi])
```
可以生成如图 3.6.13 所示的图形。我们看到（瞬态加上稳态周期）解
$$x(t) = \cos 3t + 30 \sin 3t + \mathrm{e}^{-t/5}\left(-\cos 3t - \frac{451}{15} \sin 3t\right)$$
迅速"发展"为稳态周期振动 $x_{\mathrm{sp}}(t) = \cos 3t + 30 \sin 3t$。

研究 B：对于阻尼振动外力
$$F(t) = 900\mathrm{e}^{-t/5} \cos 3t,$$
此时与式 (2) 中的余函数有重复项。Maple 命令
```
de2 := 25*diff(x(t),t,t)+10*diff(x(t),t)+226*x(t)=
    900*exp(-t/5)*cos(3*t);
dsolve({de2,x(0)=0,D(x)(0)=0}, x(t));
x := simplify(combine(rhs(%),trig));
C := 6*t*exp(-t/5);
plot({x, C, -C}, t=0..8*Pi);
```
可以生成如图 3.6.14 所示的图形。我们看到解
$$x(t) = 6t\mathrm{e}^{-t/5} \sin 3t$$
在包络曲线 $x = \pm 6t\mathrm{e}^{-t/5}$ 之间上下振荡。（注意 t 的这个系数预示共振情况。）

研究 C：对于阻尼振动外力
$$F(t) = 2700t\mathrm{e}^{-t/5} \cos 3t,$$

此时存在更复杂的共振情况。Mathematica 命令

```
de3 = 25 x''[t] + 10 x'[t] + 226 x[t] ==
    2700 t Exp[-t/5] Cos[3t]
soln = DSolve[{de3, x[0] == 0, x'[0] == 0}, x[t], t]
x = First[x[t] /. soln]
amp = Exp[-t/5] Sqrt[(3t)^2 + (9t^2 - 1)^2]
Plot[{x, amp, -amp}, {t, 0, 10 Pi}]
```

可以生成如图 3.6.15 所示的图形。我们看到解

$$x(t) = e^{-t/5}[3t\cos 3t + (9t^2 - 1)\sin 3t]$$

在包络曲线

$$x = \pm e^{-t/5}\sqrt{(3t)^2 + (9t^2-1)^2}$$

之间上下振荡。

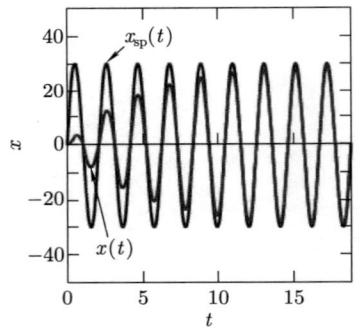 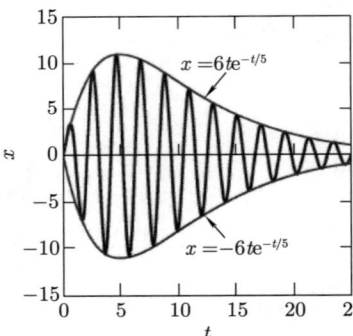 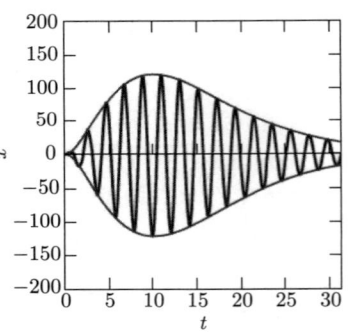

图 3.6.13 在周期外力 $F(t)=901\cos 3t$ 作用下，解 $x(t)=x_{\text{tr}}(t) + x_{\text{sp}}(t)$ 与稳态周期解 $x(t)=x_{\text{sp}}(t)$

图 3.6.14 在阻尼振动外力 $F(t)=900e^{-t/5}\cos 3t$ 作用下，解 $x(t)=6te^{-t/5}\sin 3t$ 与包络曲线 $x(t)=\pm 6te^{-t/5}$

图 3.6.15 在外力 $F(t)=2700t\,e^{-t/5}\cos 3t$ 作用下，解 $x(t)=e^{-t/5}[3t\cos 3t + (9t^2-1)\sin 3t]$ 与包络曲线 $x(t) = \pm e^{-t/5}\sqrt{(3t)^2+(9t^2-1)^2}$

3.7 电路

现在我们研究 RLC 电路，它是更复杂的电路和网络的基本构件。如图 3.7.1 所示，它包括

一个电阻为 R 欧姆的**电阻器**，

一个电感为 L 亨利的**电感器**，

一个电容为 C 法拉的**电容器**，

它们与 t 时刻提供 $E(t)$ 伏特电压的电动势源（例如电池或发电机）串联。若如图 3.7.1 所示的电路中开关是闭合的，则 t 时刻电路中产生的电流为 $I(t)$ 安培，电容器上产生的电荷

为 $Q(t)$ 库仑。函数 Q 和 I 之间的关系为
$$\frac{dQ}{dt} = I(t)。 \tag{1}$$
我们将始终使用 mks 制电单位，其中时间以秒为单位。

根据电学的基本原理，穿过三个电路元件的**电压降**显示在如图 3.7.2 所示的表中。我们可以借助该表和 Kirchhoff 定律之一：

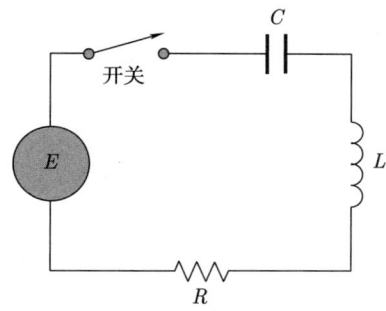

电路元件	电压降
电感器	$L\dfrac{dI}{dt}$
电阻器	RI
电容器	$\dfrac{1}{C}Q$

图 3.7.1　串联 RLC 电路　　　　　图 3.7.2　电压降表

在一个电路的简单回路中，穿过各元件的电压降的（代数）和等于所施加的电压，来分析图 3.7.1 所示串联电路的行为。因此，图 3.7.1 所示的简单 RLC 电路中的电流和电荷满足基本电路方程
$$L\frac{dI}{dt} + RI + \frac{1}{C}Q = E(t)。 \tag{2}$$
如果我们将式 (1) 代入方程 (2)，那么在电压 $E(t)$ 已知的假设下，可以得到电荷 $Q(t)$ 满足的二阶线性微分方程
$$LQ'' + RQ' + \frac{1}{C}Q = E(t)。 \tag{3}$$
在大多数实际问题中，我们主要关心的是电流 I 而不是电荷 Q，因此我们对方程 (3) 两边同时微分，并用 I 代替 Q'，可得
$$LI'' + RI' + \frac{1}{C}I = E'(t)。 \tag{4}$$
在这里我们不假设你事先熟悉电路。只需要将电路中的电阻器、电感器和电容器视为分别由常数 R、L 和 C 标定的"黑盒子"即可。电池或发电机由其所提供的电压 $E(t)$ 描述。当开关断开时，电路中无电流流过；当开关闭合时，电路中有电流 $I(t)$，电容器上有电荷 $Q(t)$。关于这些常数和函数，我们只需要知道它们满足方程 (1) ~ (4)，即 RLC 电路的数学模型。那么通过研究这个数学模型，我们可以学到很多关于电的知识。

机电类比

令人惊讶的是，方程 (3) 和方程 (4) 与质量块–弹簧–阻尼器系统在外力 $F(t)$ 作用下的控制方程

$$mx'' + cx' + kx = F(t) \tag{5}$$

具有完全相同的形式。图 3.7.3 中的表格详细说明了这个重要的**机电类比**。因此，在 3.6 节中为机械系统推导出的大多数结果可以立即应用于电路。同一微分方程可以作为不同物理系统的数学模型，这一事实有力地说明了数学在自然现象研

机械系统	电气系统
质量 m	电感 L
阻尼常数 c	电阻 R
弹簧常数 k	电容倒数 $1/C$
位置 x	电荷 Q [使用方程(3)]，或者电流 I [使用方程(4)]
力 F	电动势 E (或者其导数 E')

图 3.7.3　机电类比

究中所起的统一作用。更具体地说，利用图 3.7.3 中的对应关系，使用廉价且易得的电路元件，可以为给定的机械系统构建电路模型。然后，通过对电路模型进行精确而简单的测量，可以预测机械系统的性能。当实际的机械系统造价昂贵，或者当测量位移和速度不方便、不准确甚至存在危险时，这种方法尤其有用。这种思想是模拟计算机的基础，即机械系统的电路模型。在反应堆本身建成之前，模拟计算机模拟了用于商业电力和潜艇推进的第一批核反应堆。

在交流电压为 $E(t) = E_0 \sin \omega t$ 的典型情况下，方程 (4) 取如下形式

$$LI'' + RI' + \frac{1}{C}I = \omega E_0 \cos \omega t。 \tag{6}$$

与在简谐外力作用下的质量块–弹簧–阻尼器系统中一样，方程 (6) 的解为**瞬态电流** I_{tr} 与**稳态周期电流** I_{sp} 之和，当 $t \to +\infty$ 时，瞬态电流趋于零 [在方程 (6) 的系数均为正数的假设下，则特征方程的根的实部为负]，因此

$$I = I_{\text{tr}} + I_{\text{sp}}。 \tag{7}$$

回顾 3.6 节方程 (19) $\sim$ (22) 可知，具有外力 $F(t) = F_0 \cos \omega t$ 的方程 (5) 的稳态周期解为

$$x_{\text{sp}}(t) = \frac{F_0 \cos(\omega t - \alpha)}{\sqrt{(k - m\omega^2)^2 + (c\omega)^2}},$$

其中

$$\alpha = \tan^{-1} \frac{c\omega}{k - m\omega^2}, \quad 0 \leqslant \alpha \leqslant \pi。$$

如果我们用 L 代替 m、用 R 代替 c、用 $1/C$ 代替 k 以及用 ωE_0 代替 F_0，我们可以得到稳态周期电流

$$I_{\text{sp}}(t) = \frac{E_0 \cos(\omega t - \alpha)}{\sqrt{R^2 + \left(\omega L - \dfrac{1}{\omega C}\right)^2}}, \tag{8}$$

其中相位角
$$\alpha = \tan^{-1}\frac{\omega RC}{1-LC\omega^2}, \quad 0 \leqslant \alpha \leqslant \pi_\circ \tag{9}$$

电抗与阻抗

在式 (8) 分母中的量
$$Z = \sqrt{R^2 + \left(\omega L - \frac{1}{\omega C}\right)^2} \quad (\text{欧姆}) \tag{10}$$

被称为电路的**阻抗**。则稳态周期电流
$$I_{\rm sp}(t) = \frac{E_0}{Z}\cos(\omega t - \alpha) \tag{11}$$

具有振幅
$$I_0 = \frac{E_0}{Z}, \tag{12}$$

这令人想起欧姆定律，即 $I = E/R$。

式 (11) 给出的稳态周期电流是一个余弦函数，而输入电压 $E(t) = E_0\sin\omega t$ 是一个正弦函数。为了将 $I_{\rm sp}$ 转换成正弦函数，我们首先引入**电抗**
$$S = \omega L - \frac{1}{\omega C}\circ \tag{13}$$

故 $Z = \sqrt{R^2 + S^2}$，且由式 (9) 可知，α 如图 3.7.4 所示，其中滞后角 $\delta = \alpha - \frac{1}{2}\pi$。现在由式 (11) 可得

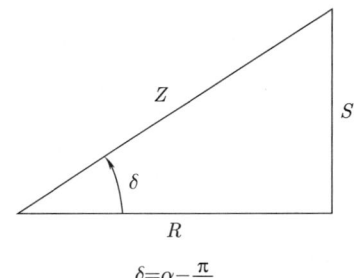

图 3.7.4 电抗与滞后角

$$\begin{aligned}I_{\rm sp}(t) &= \frac{E_0}{Z}(\cos\alpha\cos\omega t + \sin\alpha\sin\omega t)\\ &= \frac{E_0}{Z}\left(-\frac{S}{Z}\cos\omega t + \frac{R}{Z}\sin\omega t\right)\\ &= \frac{E_0}{Z}(\cos\delta\sin\omega t - \sin\delta\cos\omega t)_\circ\end{aligned}$$

因此
$$I_{\rm sp}(t) = \frac{E_0}{Z}\sin(\omega t - \delta), \tag{14}$$

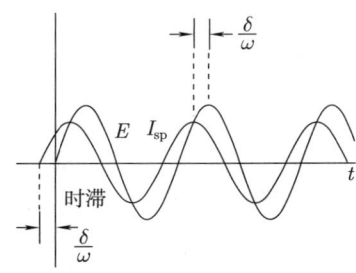

图 3.7.5 电流滞后于所施加电压的时滞

其中
$$\delta = \tan^{-1}\frac{S}{R} = \tan^{-1}\frac{LC\omega^2 - 1}{\omega RC}\circ \tag{15}$$

这最终给出了稳态周期电流 I_{sp} 滞后于输入电压的**时滞** δ/ω（以秒位单位）（如图 3.7.5 所示。）

初值问题

当我们要求出瞬态电流时，通常会给定初始值 $I(0)$ 和 $Q(0)$。所以我们必须首先求出 $I'(0)$。为此，我们将 $t=0$ 代入方程 (2)，可得方程

$$LI'(0) + RI(0) + \frac{1}{C}Q(0) = E(0), \tag{16}$$

从而根据电流、电荷和电压的初始值来确定 $I'(0)$。

例题 1　　**交流电压**　　考虑一个 RLC 电路，其中 $R = 50\,\Omega$（欧姆）、$L = 0.1\,\text{H}$（亨利）且 $C = 5 \times 10^{-4}\,\text{F}$（法拉）。在 $t = 0$ 时刻，当 $I(0)$ 和 $Q(0)$ 均为零时，电路连接到一台 110 V、60 Hz 的交流发电机上。求出电路中的电流以及稳态周期电流滞后于电压的时滞。

解答：频率为 60 Hz 意味着 $\omega = (2\pi)(60)\,\text{rad/s}$，大约 377 rad/s。所以我们取 $E(t) = 110 \sin 377t$，在这个讨论中，我们用等号代替了约等号。那么微分方程 (6) 的形式为

$$(0.1)I'' + 50I' + 2000I = (377)(110)\cos 377t。$$

我们将 R，L，C 的给定值以及 $\omega = 377$ 代入式 (10)，求出阻抗为 $Z = 59.58\,\Omega$，所以稳态周期振幅为

$$I_0 = \frac{110\,\text{V}}{59.58\,\Omega} = 1.846\,\text{A}。$$

根据相同数据，由式 (15) 得到正弦相位角

$$\delta = \tan^{-1}(0.648) = 0.575。$$

因此电流滞后于电压的时滞为

$$\frac{\delta}{\omega} = \frac{0.575}{377} = 0.0015\,\text{s},$$

而稳态周期电流为

$$I_{\text{sp}} = (1.846)\sin(377t - 0.575)。$$

特征方程 $(0.1)r^2 + 50r + 2000 = 0$ 有两个根 $r_1 \approx -44$ 和 $r_2 \approx -456$。根据这些近似值，通解为

$$I(t) = c_1 e^{-44t} + c_2 e^{-456t} + (1.846)\sin(377t - 0.575),$$

其导数为

$$I'(t) = -44c_1 e^{-44t} - 456c_2 e^{-456t} + 696\cos(377t - 0.575)。$$

因为 $I(0) = Q(0) = 0$，所以由方程 (16) 也可得出 $I'(0) = 0$。代入这些初始值，我们得到方程组

$$I(0) = c_1 + c_2 - 1.004 = 0,$$
$$I'(0) = -44c_1 - 456c_2 + 584 = 0,$$

它的解为 $c_1 = -0.307$，$c_2 = 1.311$。因此瞬态解为

$$I_{\text{tr}}(t) = (-0.307)\mathrm{e}^{-44t} + (1.311)\mathrm{e}^{-456t}。$$

观察到在五分之一秒后，我们有 $|I_{\text{tr}}(0.2)| < 0.000047$ A（相当于人类单个神经纤维中的电流），这表明瞬态解确实很快就会消失。∎

例题 2 **恒定电压** 假设例题 1 的 RLC 电路仍具有初始值 $I(0) = Q(0) = 0$，并且在 $t=0$ 时刻连接到一个能提供恒定 110 V 电压的电池上。现在请求出电路中的电流。

解答：我们现在已知 $E(t) \equiv 110$，所以由方程 (16) 可得

$$I'(0) = \frac{E(0)}{L} = \frac{110}{0.1} = 1100 \ (\text{A/s}),$$

并且微分方程为

$$(0.1)I'' + 50I' + 2000I = E'(t) = 0。$$

其通解是我们在例题 1 中所求出的余函数：

$$I(t) = c_1 \mathrm{e}^{-44t} + c_2 \mathrm{e}^{-456t}。$$

我们求解方程组

$$I(0) = c_1 + c_2 = 0,$$
$$I'(0) = -44c_1 - 456c_2 = 1100,$$

可得 $c_1 = -c_2 = 2.670$。因此

$$I(t) = (2.670)(\mathrm{e}^{-44t} - \mathrm{e}^{-456t})。$$

注意，即使电压恒定，当 $t \to +\infty$ 时，仍有 $I(t) \to 0$。∎

电共振

再次考虑对应于正弦输入电压 $E(t) = E_0 \sin \omega t$ 的电流微分方程 (6)。我们已经知道其稳态周期电流的振幅为

$$I_0 = \frac{E_0}{Z} = \frac{E_0}{\sqrt{R^2 + \left(\omega L - \dfrac{1}{\omega C}\right)^2}}。 \quad (17)$$

对于常数 R，L，C 和 E_0 的典型值，I_0 作为 ω 的函数的图形类似于图 3.7.6 所示。它在 $\omega_m = 1/\sqrt{LC}$ 处达到最大值，然后随着 $\omega \to +\infty$ 而趋近于零，临界频率 ω_m 即为电路的**共振频率**。

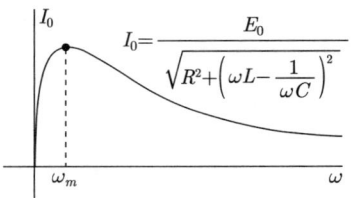

图 3.7.6 频率对 I_0 的影响

在 3.6 节中，我们强调了在大多数机械系统中避免共振的重要性（大提琴是一个寻求共振的机械系统的例子）。但是，许多常见的电子设备如果不利用共振现象就无法正常工作。收音机就是一个熟悉的例子。其调谐电路的一个高度简化模型就是我们所讨论的 RLC 电路。它的电感 L 和电阻 R 是恒定的，但它的电容 C 随着我们操作调音盘而变化。

假设我们想要收听一个频率为 ω 的特定广播电台，从而（实际上）为该电台的调谐电路提供一个输入电压 $E(t) = E_0 \sin \omega t$。在调谐电路中所产生的稳态周期电流 $I_{\rm sp}$ 驱动其放大器，进而驱动其扬声器，其中我们听到的声音的音量大致与 $I_{\rm sp}$ 的振幅 I_0 成正比。为了最大声听到我们喜欢的电台（频率为 ω），同时关掉其他频率的广播电台，因此我们要选择 C 使 I_0 最大。但检查式 (17)，将 ω 视为常数，C 是唯一的变量。我们一眼就能看出，无须演算便知当

$$\omega L - \frac{1}{\omega C} = 0,$$

即当

$$C = \frac{1}{L\omega^2} \ominus \tag{18}$$

时 I_0 最大。所以我们只需要转动刻度盘将电容设置为这个值即可。

这是老式晶体管收音机的工作方式，而现代 AM 收音机具有更复杂的设计。一对可变电容器被采用。第一个控制如前所述选定的频率，第二个控制收音机本身产生的信号的频率，保持在比期望频率高 455 千赫兹 (kHz) 左右。由此产生的 455 kHz 的拍频，被称为中频，然后分几个阶段被放大。这种技术的优点在于，可以很容易地设计几个在放大阶段中所使用的 RLC 电路，使其在 455 kHz 处发生共振并抑制其他频率，从而使接收器具有更多的选择性以及更好地放大所需的信号。

习题

RL 电路

习题 1～6 处理如图 3.7.7 所示的 RL 电路，这是一个串联电路，它包含一个电感为 L 亨利的电感器、一个电阻为 R 欧姆的电阻器和一个电动势源 (emf)，但不包含电容器。在这种情况下，方程 (2) 简化为线性一阶方程

$$LI' + RI = E(t).$$

1. 在图 3.7.7 所示的电路中，假设 $L = 5$ H，$R = 25$ Ω，而电动势源 E 是一块能向电路提供 100 V 电压的电池。同时假设开关长时间处于位置 1 处，使得 4 A 的稳定电流在电路中流动。在 $t = 0$ 时刻，将开关转到位置 2 处，使得 $I(0) = 4$，且当 $t \geqslant 0$ 时 $E = 0$。求出 $I(t)$。

2. 给定与习题 1 相同的电路，假设开关最初处于位置 2 处，但在 $t = 0$ 时刻被转到位置 1 处，使得 $I(0) = 0$，且当 $t \geqslant 0$ 时 $E = 100$。求出 $I(t)$，并证明当 $t \to +\infty$ 时，$I(t) \to 4$。

3. **交流电** 假设习题 2 中的电池被替换为一个可以提供 $E(t) = 100 \cos 60t$ 伏特电压的交流发电机，在其他条件相同的情况下，请求出 $I(t)$。

4. **最大电流** 在图 3.7.7 所示的电路中，在开

⊖ 记住"分母越小分数越大"。

关处于位置 1 处时，假设 $L = 2$，$R = 40$，$E(t) = 100\mathrm{e}^{-10t}$ 且 $I(0) = 0$。求 $t \geqslant 0$ 时电路中的最大电流。

5. 在图 3.7.7 所示的电路中，开关处于位置 1 处时，假设 $E(t) = 100\mathrm{e}^{-10t} \cos 60t$，$R = 20$，$L = 2$ 且 $I(0) = 0$。求出 $I(t)$。

6. **稳态电流** 在图 3.7.7 所示的电路中，在开关处于位置 1 处时，取 $L = 1$，$R = 10$ 且 $E(t) = 30 \cos 60t + 40 \sin 60t$。
    (a) 代入 $I_{\mathrm{sp}}(t) = A \cos 60t + B \sin 60t$，然后确定 A 和 B，以求出电路中的稳态电流 I_{sp}。
    (b) 将解写成 $I_{\mathrm{sp}}(t) = C \cos(\omega t - \alpha)$ 的形式。

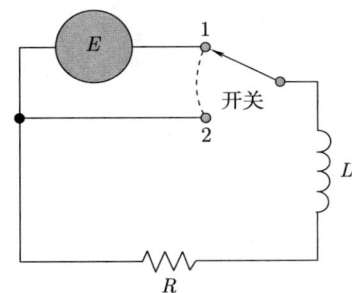

图 3.7.7　用于习题 1～6 的电路

RC 电路

习题 7～10 处理如图 3.7.8 所示的 RC 电路，它包含一个电阻器（R 欧姆）、一个电容器（C 法拉）、一个开关、一个电动势源，但不包含电感器。将 $L = 0$ 代入方程 (3)，从而得到 t 时刻电容器上电荷 $Q = Q(t)$ 满足的线性一阶微分方程

$$R\frac{\mathrm{d}Q}{\mathrm{d}t} + \frac{1}{C}Q = E(t)。$$

注意 $I(t) = Q'(t)$。

7. (a) 若 $E(t) \equiv E_0$（由电池提供的恒定电压），且开关在 $t = 0$ 时刻闭合，使得 $Q(0) = 0$，求出此 RC 电路中的电荷 $Q(t)$ 和电流 $I(t)$。
    (b) 证明
    $$\lim_{t \to +\infty} Q(t) = E_0 C \text{ 以及 } \lim_{t \to +\infty} I(t) = 0。$$

8. 假设在图 3.7.8 所示的电路中，我们有 $R = 10$，$C = 0.02$，$Q(0) = 0$ 以及 $E(t) = 100\mathrm{e}^{-5t}$（伏特）。
    (a) 求 $Q(t)$ 和 $I(t)$。
    (b) 当 $t \geqslant 0$ 时，电容器上的最大电荷是多少？它在何时出现？

9. 假设在图 3.7.8 所示的电路中，$R = 200$，$C = 2.5 \times 10^{-4}$，$Q(0) = 0$ 以及 $E(t) = 100 \cos 120t$。
    (a) 求 $Q(t)$ 和 $I(t)$。
    (b) 稳态电流的振幅是多少？

10. 在 $t = 0$ 时刻（开关闭合时），对图 3.7.8 所示的 RC 电路施加一个电压为 $E(t) = E_0 \cos \omega t$ 的电动势，且 $Q(0) = 0$。将 $Q_{\mathrm{sp}}(t) = A \cos \omega t + B \sin \omega t$ 代入微分方程，证明电容器上的稳态周期电荷为

$$Q_{\mathrm{sp}}(t) = \frac{E_0 C}{\sqrt{1 + \omega^2 R^2 C^2}} \cos(\omega t - \beta),$$

其中 $\beta = \tan^{-1}(\omega RC)$。

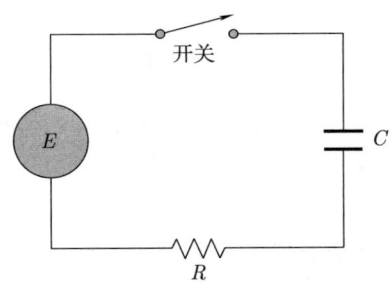

图 3.7.8　用于习题 7～10 的电路

RLC 电路

在习题 11～16 中，已知输入电压为 $E(t)$ 的 RLC 电路的参数。将

$$I_{\mathrm{sp}}(t) = A \cos \omega t + B \sin \omega t$$

代入方程 (4) 中，利用 ω 的适当值，求出以 $I_{\mathrm{sp}}(t) = I_0 \sin(\omega t - \delta)$ 的形式表示的稳态周期电流。

11. $R = 30 \ \Omega$，$L = 10 \ \mathrm{H}$，$C = 0.02 \ \mathrm{F}$；$E(t) = 50 \sin 2t \ \mathrm{V}$

12. $R = 200 \ \Omega$，$L = 5 \ \mathrm{H}$，$C = 0.001 \ \mathrm{F}$；$E(t) = 100 \sin 10t \ \mathrm{V}$

13. $R = 20 \ \Omega$，$L = 10 \ \mathrm{H}$，$C = 0.01 \ \mathrm{F}$；$E(t) = 200 \cos 5t \ \mathrm{V}$

14. $R = 50\ \Omega$, $L = 5$ H, $C = 0.005$ F;
    $E(t) = 300\cos 100t + 400\sin 100t$ V
15. $R = 100\ \Omega$, $L = 2$ H, $C = 5\times 10^{-6}$ F;
    $E(t) = 110\sin 60\pi t$ V
16. $R = 25\ \Omega$, $L = 0.2$ H, $C = 5\times 10^{-4}$ F;
    $E(t) = 120\cos 377t$ V

🖩 在习题 17～22 中，描述了一个输入电压为 $E(t)$ 的 RLC 电路。利用给定的初始电流（以安培为单位）和电容器上的初始电荷（以库仑为单位），求出电流 $I(t)$。

17. $R = 16\ \Omega$, $L = 2$ H, $C = 0.02$ F;
    $E(t) = 100$ V; $I(0) = 0$, $Q(0) = 5$
18. $R = 60\ \Omega$, $L = 2$ H, $C = 0.0025$ F;
    $E(t) = 100\mathrm{e}^{-t}$ V; $I(0) = 0$, $Q(0) = 0$
19. $R = 60\ \Omega$, $L = 2$ H, $C = 0.0025$ F;
    $E(t) = 100\mathrm{e}^{-10t}$ V; $I(0) = 0$, $Q(0) = 1$

🖩 在习题 20～22 中，分别画出稳态周期电流 $I_{\mathrm{sp}}(t)$ 和总电流 $I(t) = I_{\mathrm{sp}}(t) + I_{\mathrm{tr}}(t)$ 的图形。

20. 采用习题 11 的电路和输入电压，其中 $I(0) = 0$ 且 $Q(0) = 0$。
21. 采用习题 13 的电路和输入电压，其中 $I(0) = 0$ 且 $Q(0) = 3$。
22. 采用习题 15 的电路和输入电压，其中 $I(0) = 0$ 且 $Q(0) = 0$。
23. **LC 电路** 考虑输入电压为 $E(t) = E_0\sin\omega t$ 的 LC 电路，即 $R = 0$ 的 RLC 电路。证明电流在特定的共振频率下会发生无界振动，用 L 和 C 表示这个频率。
24. 本节正文中指出，若 R, L 和 C 均为正，则 $LI'' + RI' + I/C = 0$ 的任意解都是瞬态解，并且它随着 $t \to +\infty$ 而趋近于零。证明这一点。
25. 证明方程 (6) 的稳态周期解的振幅 I_0 在频率 $\omega = 1/\sqrt{LC}$ 处达到最大值。

3.8 端点问题与特征值

你现在很熟悉这样一个事实：二阶线性微分方程的解由两个初始条件唯一确定。特别地，初值问题

$$y'' + p(x)y' + q(x)y = 0; \quad y(a) = 0, \quad y'(a) = 0 \tag{1}$$

的唯一解是平凡解 $y(x) \equiv 0$。第 3 章的大部分内容都直接或间接以线性初值问题解的唯一性（由 3.2 节定理 2 保证）为基础。

在本节中，我们将会看到对于诸如

$$y'' + p(x)y' + q(x)y = 0; \quad y(a) = 0, \quad y(b) = 0 \tag{2}$$

这样的问题，情况是完全不同的。问题 (1) 和问题 (2) 之间的区别在于，问题 (2) 的两个条件分别施加于两个不同的点 a 和 b 处，其中（可假设）$a < b$。在问题 (2) 中，我们要在区间 (a, b) 上，求微分方程在区间端点处满足条件 $y(a) = 0$ 和 $y(b) = 0$ 的解。这样的问题被称为**端点**或**边界值问题**。例题 1 和例题 2 说明了在端点问题中可能出现的各种复杂情况。

例题 1   **仅有平凡解的端点问题**   考虑端点问题

$$y'' + 3y = 0; \quad y(0) = 0, \quad y(\pi) = 0。 \tag{3}$$

上述微分方程的通解为

$$y(x) = A\cos x\sqrt{3} + B\sin x\sqrt{3}。$$

此时 $y(0)=A$，所以条件 $y(0)=0$ 意味着 $A=0$。因此，唯一可能的解具有 $y(x)=B\sin x\sqrt{3}$ 的形式。而

$$y(\pi) = B\sin \pi\sqrt{3} \approx -0.7458B,$$

所以另一个条件 $y(\pi) = 0$ 也要求 $B = 0$。从图形上看，图 3.8.1 说明了这样一个事实，即在 $B \neq 0$ 的情况下，没有可能的解 $y(x) = B\sin x\sqrt{3}$ 能击中 $x = \pi$ 处所期望的目标值 $y = 0$。因此端点值问题 (3) 的唯一解是平凡解 $y(x) \equiv 0$（这或许并不意外）。∎

例题 2 **具有无穷多个解的端点问题** 考虑端点问题

$$y'' + 4y = 0; \quad y(0) = 0, \quad y(\pi) = 0。 \tag{4}$$

上述微分方程的通解为

$$y(x) = A\cos 2x + B\sin 2x。$$

同样 $y(0) = A$，所以条件 $y(0) = 0$ 意味着 $A = 0$。因此，唯一可能的解具有 $y(x) = B\sin 2x$ 的形式。但现在无论系数 B 取何值，都有 $y(\pi) = B\sin 2\pi = 0$。因此，如图 3.8.2 所示，每个可能的解 $y(x) = B\sin 2x$ 都自动击中 $x = \pi$ 处所期望的目标值 $y = 0$（无论 B 取何值）。因此，端点值问题 (4) 有无穷多个不同的非平凡解。也许这看起来有点令人惊讶。∎

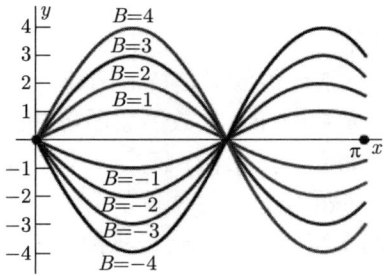

图 3.8.1 例题 1 中端点值问题的各种可能解 $y(x) = B\sin x\sqrt{3}$。在 $B \neq 0$ 的情况下，没有解能击中 $x = \pi$ 处的目标值 $y = 0$

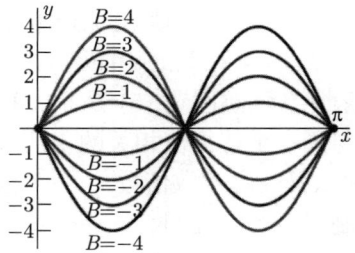

图 3.8.2 例题 2 中端点值问题的各种可能解 $y(x) = B\sin 2x$。无论系数 B 取何值，解自动击中 $x = \pi$ 处的目标值 $y = 0$ ⊖

备注 1：请注意，例题 1 和例题 2 的结果的巨大差异源于问题 (3) 和问题 (4) 中微分方程之间看似很小的差异，其中一个方程中的系数 3 被另一个方程中的系数 4 所取代。数学与其他领域一样，有时也存在"大门靠小铰链转动"的情况。

备注 2：例题 1 和例题 2 讨论的端点值问题类似"射击"。我们考虑一个从左侧端点值开始的可能解，并询问它是否能击中由右侧端点值所指定的"目标"。

特征值问题

例题 1 和例题 2 不是特例，它们说明了如式 (2) 所示的端点问题的典型情况：它可能没有非平凡解，也可能有无穷多个非平凡解。注意，问题 (3) 和问题 (4) 都可以写成如下形式：

⊖ 请前往 bit.ly/3BMGk9D 查看图 3.8.2 的交互式版本。

$$y'' + p(x)y' + \lambda q(x)y = 0; \quad y(a) = 0, \quad y(b) = 0, \tag{5}$$

其中 $p(x) \equiv 0$，$q(x) \equiv 1$，$a = 0$ 且 $b = \pi$。数字 λ 是问题中的一个参数（与 3.5 节中变化的参数无关）。若我们取 $\lambda = 3$，得到问题 (3) 中的方程；取 $\lambda = 4$，则得到问题 (4) 中的方程。例题 1 和例题 2 表明，含有参数的端点问题中的情况可能（并且通常会）强烈依赖于参数的具体数值。

一个端点值问题，例如问题 (5)，含有一个未指定的参数 λ，被称为**特征值问题**。在特征值问题中，我们要问的问题是：参数 λ 取何值时，端点值问题存在非平凡（即非零）解？这样一个 λ 值被称为问题的**特征值**。人们可以把这样一个值看作使问题存在正常（非零）解的 λ 的 "适当" 值。

因此我们在例题 2 中看到，$\lambda = 4$ 是如下端点问题的一个特征值：

$$y'' + \lambda y = 0, \quad y(0) = 0, \quad y(\pi) = 0, \tag{6}$$

而例题 1 表明 $\lambda = 3$ 不是该问题的特征值。

假设 $\lambda_\star$ 是问题 (5) 的一个特征值，而 $y_\star(x)$ 是该问题中参数 λ 被特定数值 $\lambda_\star$ 替换后所得端点问题的一个非平凡解，则

$$y_\star'' + p(x)y_\star' + \lambda_\star q(x)y_\star = 0 \quad \text{且} \quad y_\star(a) = 0, \quad y_\star(b) = 0。$$

那么我们称 $y_\star$ 是与特征值 $\lambda_\star$ 相关的**特征函数**。因此我们在例题 2 中看到，$y_\star(x) = \sin 2x$ 是与特征值 $\lambda_\star = 4$ 相关的特征函数，并且 $\sin 2x$ 的任意常数倍数仍是特征函数。

更一般地，注意问题 (5) 是齐次的，因为一个特征函数的任意常数倍数还是特征函数，实际上是与同一个特征值相关的特征函数。也就是说，如果 $y = y_\star(x)$ 满足 $\lambda = \lambda_\star$ 时的问题 (5)，那么其任意常数倍数 $cy_\star(x)$ 也满足 $\lambda = \lambda_\star$ 的问题 (5)。（在对系数函数 p 和 q 的较宽的限制下）可以证明与同一个特征值相关的任意两个特征函数必定是线性相关的。

例题 3 确定端点问题

$$y'' + \lambda y = 0; \quad y(0) = 0, \quad y(L) = 0 \quad (L > 0) \tag{7}$$

的特征值和相关的特征函数。

解答：我们必须考虑 λ 的所有可能（实）值，包括正值、零值和负值。

若 $\lambda = 0$，则方程简化为 $y'' = 0$，其通解为

$$y(x) = Ax + B。$$

那么由端点条件 $y(0) = 0 = y(L)$ 立即得到 $A = B = 0$，所以在这种情况下，唯一解是平凡函数 $y(x) \equiv 0$。因此，$\lambda = 0$ 不是问题 (7) 的特征值。

若 $\lambda < 0$，则我们可以令 $\lambda = -\alpha^2$（其中 $\alpha > 0$）。那么微分方程的形式为

$$y'' - \alpha^2 y = 0,$$

其通解为
$$y(x) = c_1 \mathrm{e}^{\alpha x} + c_2 \mathrm{e}^{-\alpha x} = A \cosh \alpha x + B \sinh \alpha x,$$
其中 $A = c_1+c_2$ 且 $B = c_1-c_2$。[应用了公式 $\cosh \alpha x = (\mathrm{e}^{\alpha x} + \mathrm{e}^{-\alpha x})/2$ 和 $\sinh \alpha x = (\mathrm{e}^{\alpha x} - \mathrm{e}^{-\alpha x})/2$。] 然后由条件 $y(0) = 0$ 可得
$$y(0) = A \cosh 0 + B \sinh 0 = A = 0,$$
所以 $y(x) = B \sinh \alpha x$。但现在由第二个端点条件 $y(L) = 0$ 得到 $y(L) = B \sinh \alpha L = 0$。这意味着 $B = 0$，因为 $\alpha \neq 0$，且仅当 $x = 0$ 时才有 $\sinh x = 0$（可查看图 3.8.3 中 $y = \sinh x$ 和 $y = \cosh x$ 的图形）。因此，在 $\lambda < 0$ 的情况下，问题 (7) 的唯一解是平凡解 $y \equiv 0$，由此我们可以断定该问题没有负特征值。

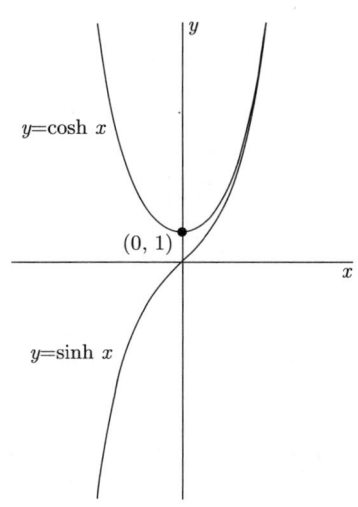

图 3.8.3　双曲正弦和双曲余弦函数图

唯一剩下的可能性是 $\lambda = \alpha^2 > 0$，其中 $\alpha > 0$。在这种情况下，微分方程变为
$$y'' + \alpha^2 y = 0,$$
其通解为
$$y(x) = A \cos \alpha x + B \sin \alpha x。$$
条件 $y(0) = 0$ 意味着 $A = 0$，所以 $y(x) = B \sin \alpha x$。由条件 $y(L) = 0$ 则可得
$$y(L) = B \sin \alpha L = 0。$$
若 $B \neq 0$，可能发生这种情况吗？是有可能的，但前提是 αL 是 π 的（正）整数倍：
$$\alpha L = \pi, \ 2\pi, \ 3\pi, \ \cdots, \ n\pi, \ \cdots;$$
即只要
$$\lambda = \alpha^2 = \frac{\pi^2}{L^2}, \ \frac{4\pi^2}{L^2}, \ \frac{9\pi^2}{L^2}, \ \cdots, \ \frac{n^2\pi^2}{L^2}, \ \cdots。$$
因此我们发现问题 (7) 有一个正特征值的无穷序列
$$\lambda_n = \frac{n^2\pi^2}{L^2}, \quad n = 1, \ 2, \ 3, \ \cdots。 \tag{8}$$
对于 $B = 1$，与特征值 λ_n 相关的特征函数为
$$y_n(x) = \sin \frac{n\pi x}{L}, \quad n = 1, \ 2, \ 3, \ \cdots。 \tag{9}$$

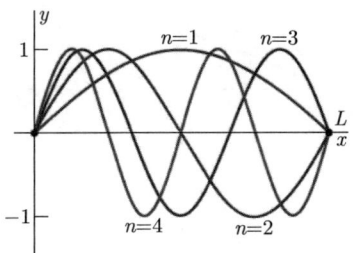

图 3.8.4　特征函数 $y_n(x) = \sin \dfrac{n\pi x}{L}$，其中 $n = 1, \ 2, \ 3, \ 4$

图 3.8.4 显示了其中前几个特征函数的图形。我们可以明显地看到，端点条件 $y(0) = y(L) = 0$ 是如何用于选择这些正弦函数的，它们从 $x = 0$ 处开始一个周期，并在 $x = L$ 处结束，这恰好位于半个周期结束处。

例题 3 说明了一般情况。根据一个我们将推迟到 10.1 节再精确表述的定理，在 $q(x) > 0$ 的假设下，在区间 $[a, b]$ 上，任何形如式 (5) 的问题都有一个发散的特征值递增序列

$$\lambda_1 < \lambda_2 < \lambda_3 < \cdots < \lambda_n < \cdots \to +\infty,$$

每个都有一个相关的特征函数。对于下列更一般类型的特征值问题也是如此，其中端点条件涉及 y 及其导数 y' 的值：

$$y'' + p(x)y' + \lambda q(x)y = 0;$$
$$a_1 y(a) + a_2 y'(a) = 0, \quad b_1 y(b) + b_2 y'(b) = 0, \quad (10)$$

其中 a_1，a_2，b_1 和 b_2 都是给定的常数。当 $a_1 = 1 = b_2$ 且 $a_2 = 0 = b_1$ 时，我们得到例题 4 中的问题 [与前面的例题一样，其中 $p(x) \equiv 0$ 且 $q(x) \equiv 1$]。

例题 4 确定如下问题的特征值和特征函数：

$$y'' + \lambda y = 0; \quad y(0) = 0, \quad y'(L) = 0. \quad (11)$$

解答：实际上，与例题 3 中所使用的相同的论证表明，唯一可能的特征值是正值，所以我们取 $\lambda = \alpha^2 > 0$（$\alpha > 0$），则微分方程为

$$y'' + \alpha^2 y = 0,$$

其通解为

$$y(x) = A\cos\alpha x + B\sin\alpha x.$$

由条件 $y(0) = 0$ 立即可得 $A = 0$，所以

$$y(x) = B\sin\alpha x, \quad y'(x) = B\alpha\cos\alpha x.$$

现在由第二个端点条件 $y'(L) = 0$ 可得

$$y'(L) = B\alpha\cos\alpha L = 0.$$

当 $B \neq 0$ 时，若要这个等式成立，只要 αL 是 $\pi/2$ 的奇数正整数倍：

$$\alpha L = \frac{\pi}{2}, \frac{3\pi}{2}, \cdots, \frac{(2n-1)\pi}{2}, \cdots;$$

即只要

$$\lambda = \frac{\pi^2}{4L^2}, \frac{9\pi^2}{4L^2}, \cdots, \frac{(2n-1)^2\pi^2}{4L^2}, \cdots.$$

因此，问题 (11) 的第 n 个特征值 λ_n 及其相关的特征函数分别为

$$\lambda_n = \frac{(2n-1)^2\pi^2}{4L^2} \quad \text{和} \quad y_n(x) = \sin\frac{(2n-1)\pi x}{2L}, \quad (12)$$

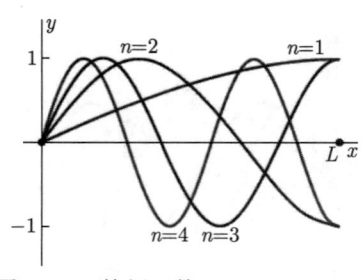

图 3.8.5 特征函数 $y_n(x) = \sin\dfrac{(2n-1)\pi x}{2L}$，其中 $n = 1$, 2, 3, 4

其中 $n = 1$, 2, 3, $\cdots$。图 3.8.5 显示了其中前几个特征函数的图形。我们可以明显地看

到，端点条件 $y(0) = y'(L) = 0$ 是如何用于选择这些正弦函数的，它们从 $x = 0$ 处开始一个周期，但在 $x = L$ 处结束，这恰好位于半个周期的中间。∎

确定问题 (10) 的特征值的一般流程可概述如下。我们首先将微分方程的通解写成
$$y = Ay_1(x, \lambda) + By_2(x, \lambda)。$$
因为 y_1 和 y_2 都依赖于 λ，所以我们写成 $y_i(x, \lambda)$ 的形式，正如例题 3 和例题 4 所示，其中
$$y_1(x) = \cos \alpha x = \cos x\sqrt{\lambda}, \quad y_2(x) = \sin \alpha x = \sin x\sqrt{\lambda}。$$
随后我们施加两个端点条件，注意每个端点条件关于 y 和 y' 都是线性的，从而关于 A 和 B 也是线性的。当我们在所得的一对方程中收集整理 A 和 B 的系数时，可以得到方程组
$$\begin{aligned} \alpha_1(\lambda)A + \beta_1(\lambda)B &= 0, \\ \alpha_2(\lambda)A + \beta_2(\lambda)B &= 0。 \end{aligned} \tag{13}$$
现在当且仅当方程组 (13) 有非平凡解（即 A 和 B 不都为零的解）时，λ 才是一个特征值。但是对于这样一个齐次线性方程组，当且仅当其系数形成的行列式为零时，才有非平凡解。因此，我们得出结论，问题 (10) 的特征值是如下方程的（实数）解：
$$D(\lambda) = \alpha_1(\lambda)\beta_2(\lambda) - \alpha_2(\lambda)\beta_1(\lambda) = 0。 \tag{14}$$

为了在具体问题中说明方程 (14)，让我们回顾例题 3 的特征值问题。若 $\lambda > 0$，则微分方程 $y'' + \lambda y = 0$ 有通解 $y(x) = A\cos(\sqrt{\lambda}x) + B\sin(\sqrt{\lambda}x)$，则由端点条件 $y(0) = 0$ 和 $y(L) = 0$ 得到对应于方程组 (13) 的方程组（以 A 和 B 为未知量）
$$\begin{aligned} y(0) &= A \cdot 1 \quad\quad + B \cdot 0 \quad\quad = 0, \\ y(L) &= A\cos(\sqrt{\lambda}L) + B\sin(\sqrt{\lambda}L) = 0。 \end{aligned}$$
那么对应于式 (14) 的行列式方程 $D(\lambda) = 0$ 就是方程 $\sin(\sqrt{\lambda}L) = 0$，这意味着 $\sqrt{\lambda}L = n\pi$ 或 $\lambda = n^2\pi^2/L^2$，其中 $n = 1, 2, 3, \cdots$（正如我们在例题 3 中所见）。

对于更一般的问题，求解式 (14) 中的方程 $D(\lambda) = 0$ 可能会存在巨大的困难，需要采用数值近似法（如牛顿法）或求助于计算机代数系统。

对特征值问题的兴趣大多源于它们极具多样化的物理应用。本节的剩余部分将致力于三个这样的应用。许多其他的应用包含在第 9 章和第 10 章（关于偏微分方程与边值问题）中。

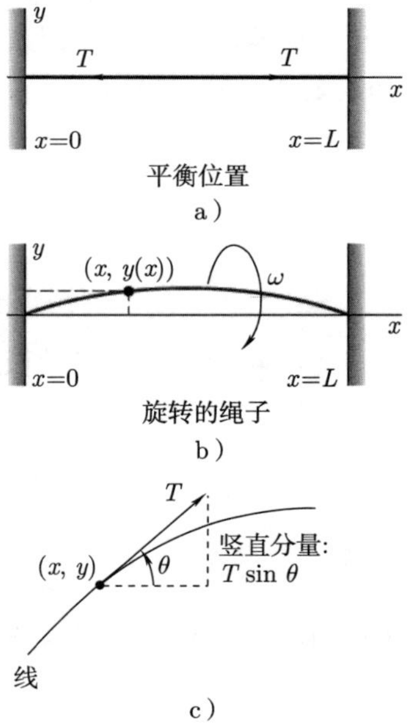

图 3.8.6 旋转的绳子

旋转的绳子

我们谁没有对快速旋转的跳绳的形状感到过好奇呢？让我们考虑一根长度为 L 且具有恒定线密度 ρ（单位长度的质量）的紧绷的柔性线所呈现的形状（图 3.8.6a），如果它

以恒定的角速度 ω（以弧度每秒为单位）绕其沿 x 轴的平衡位置旋转（像跳绳一样）（图 3.8.6b）。我们假设线在任意一点一侧的部分对线在该点另一侧的部分施加恒定的拉力 T，其中 T 的方向与线在该点处相切。我们进一步假设，当线绕 x 轴旋转时，每个点都以该点在 x 轴上的平衡位置为中心做圆周运动。因此，线是有弹性的，所以当它旋转时，它也伸展成弯曲的形状。用 $y(x)$ 表示线偏离旋转轴上的点 x 的位移。最后，如图 3.8.6 c 所示，我们假设线的挠度很小，使得 $\sin\theta \approx \tan\theta = y'(x)$。

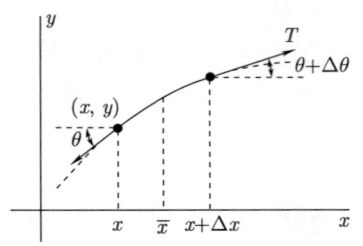

图 3.8.7　作用在一小段旋转线上的力

我们计划将牛顿定律 $F = ma$ 应用于区间 $[x, x+\Delta x]$ 对应的质量为 $\rho\Delta x$ 的一段线，以推导出 $y(x)$ 满足的微分方程。作用在这段线上的唯一的力是其两端处的拉力。由图 3.8.7 可知，正 y 方向上的竖直合力为

$$F = T\sin(\theta+\Delta\theta) - T\sin\theta \approx T\tan(\theta+\Delta\theta) - T\tan\theta,$$

所以

$$F \approx Ty'(x+\Delta x) - Ty'(x)。 \tag{15}$$

接下来，我们回顾一下初等微积分或物理学中关于匀速圆周运动的物体（向内）向心加速度的公式 $a = r\omega^2$（r 是圆周半径，ω 是物体的角速度）。这里我们有 $r = y$，所以这段线的竖直加速度为 $a = -\omega^2 y$，负号是因为向内方向是负 y 方向。由于 $m = \rho\Delta x$，将这个公式以及式 (15) 代入 $F = ma$ 中，可得

$$Ty'(x+\Delta x) - Ty'(x) \approx -\rho\omega^2 y\Delta x,$$

所以

$$T \cdot \frac{y'(x+\Delta x) - y'(x)}{\Delta x} \approx -\rho\omega^2 y。$$

我们现在取 $\Delta x \to 0$ 时的极限，以得到线的运动微分方程

$$Ty'' + \rho\omega^2 y = 0。 \tag{16}$$

若记

$$\lambda = \frac{\rho\omega^2}{T}, \tag{17}$$

并施加使线的两端固定的条件，我们最终得到在例题 3 中所考虑的特征值问题

$$y'' + \lambda y = 0; \quad y(0) = 0, \quad y(L) = 0\,(L > 0)。 \tag{7}$$

我们已经求出问题 (7) 的特征值为

$$\lambda_n = \frac{n^2\pi^2}{L^2}, \quad n = 1,\,2,\,3,\,\cdots, \tag{8}$$

其中与 λ_n 相关的特征函数为 $y_n(x) = \sin(n\pi x/L)$。

但是这一切就旋转的线而言意味着什么呢？它意味着除非式 (17) 中的 λ 是式 (8) 中的特征值之一，否则问题 (7) 的唯一解是平凡解 $y(x) \equiv 0$。在这种情况下，线保持在其具有零挠度的平衡位置。但如果我们使式 (17) 和式 (8) 相等，并求出与 λ_n 对应的 ω_n 值，

$$\omega_n = \sqrt{\frac{\lambda_n T}{\rho}} = \frac{n\pi}{L}\sqrt{\frac{T}{\rho}}, \tag{18}$$

其中 $n = 1, 2, 3, \cdots$，我们得到角旋转的**临界速度**序列。只有在这些临界角速度下，线才能从其平衡位置旋转起来。以角速度 ω 旋转时，它呈现出形式为 $y_n = c_n \sin(n\pi x/L)$ 的形状，如图 3.8.4 所示（其中 $c_n \equiv 1$）。我们的数学模型还不够完整（或逼真），无法确定系数 c_n，但模型假设的挠度远小于图 3.8.4 中所观察到的挠度，所以 c_n 的数值必然明显小于 1。

假设我们让线以速度

$$\omega < \omega_1 = \frac{\pi}{L}\sqrt{\frac{T}{\rho}}$$

开始旋转，然后逐渐增大其旋转速度。只要 $\omega < \omega_1$，线就保持在其未偏转的位置 $y \equiv 0$ 处。但是当 $\omega = \omega_1$ 时，线突然进入旋转位置 $y = c_1 \sin(\pi x/L)$。当 ω 进一步增大时，线又突然回到其沿旋转轴的未偏转的位置！

均匀梁的挠度

我们现在考虑一个实例，使用一个相对简单的端点值问题来解释一个复杂的物理现象，即受竖直力作用的水平梁的形状。

考虑如图 3.8.8 所示的横截面和材料都均匀的水平梁。如果它只在其两端有支撑，那么其自身重力会使其纵向对称轴变形成如图中虚线所示的曲线。我们要研究这条曲线的形状 $y = y(x)$，即梁的**挠度曲线**。我们将使用如图 3.8.9 所示的坐标系，其中 y 轴正方向向下。

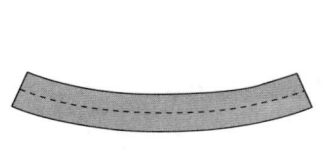

图 3.8.8　水平梁的形变

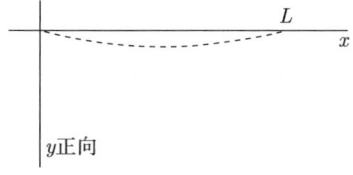

图 3.8.9　挠度曲线

弹性理论中有一个结论，当这样一根梁的挠度相对较小时（小到 $[y'(x)]^2$ 与单位 1 相比可以忽略不计），挠度曲线的适当数学模型是一个四阶微分方程

$$EIy^{(4)} = F(x), \tag{19}$$

其中

- E 是一个常数，被称为梁材料的杨氏模量，
- I 表示梁的横截面绕通过横截面矩心的水平线的转动惯量，
- $F(x)$ 表示在点 x 处垂直作用在梁上的向下力密度。

力的密度？是的，这意味着作用在非常短的一段梁 $[x, x + \Delta x]$ 上的向下的力大约是 $F(x)\Delta x$。$F(x)$ 的单位为每单位长度的力的单位，如磅每英尺。这里我们将考虑沿梁分布的唯一力是其自身重力 w（磅每英尺）的情况，所以 $F(x) \equiv w$，则方程 (19) 取如下形式：
$$EIy^{(4)} = w, \tag{20}$$
其中 E，I 与 w 均为常数。

注解： 假设我们之前不熟悉弹性理论以及这里的方程 (19) 或方程 (20)。重要的是能够从特定的应用学科中出现的微分方程开始，然后分析其含义，因此我们通过研究方程的解来逐渐加深对这个方程的理解。我们观察到，从本质上看，方程 (20) 意味着四阶导数 $y^{(4)}$ 与重力密度 w 成正比。然而，这种比例关系涉及两个常数：E，它只取决于梁的材料；I，它只取决于梁的横截面形状。各种材料的杨氏模量 E 的值可以在物理常数手册中找到；对于半径为 a 的圆形截面，$I = \frac{1}{4}\pi a^4$。

虽然方程 (20) 是一个四阶微分方程，但通过连续简单积分，其解只涉及简单一阶方程的解。对方程 (20) 进行一次积分，可得
$$EIy^{(3)} = wx + C_1;$$
进行第二次积分，可得
$$EIy'' = \frac{1}{2}wx^2 + C_1x + C_2;$$
再进行一次积分，可得
$$EIy' = \frac{1}{6}wx^3 + \frac{1}{2}C_1x^2 + C_2x + C_3;$$
最后进行一次积分，可得
$$EIy = \frac{1}{24}wx^4 + \frac{1}{6}C_1x^3 + \frac{1}{2}C_2x^2 + C_3x + C_4,$$
其中 C_1，C_2，C_3 和 C_4 都是任意常数。由此我们得到方程 (20) 的解具有如下形式：
$$y(x) = \frac{w}{24EI}x^4 + Ax^3 + Bx^2 + Cx + D, \tag{21}$$
其中 A，B，C 和 D 是由四次积分产生的常数。

这最后四个常数是由梁两端即在 $x = 0$ 和 $x = L$ 处的支撑方式决定的。图 3.8.10 显示了两种常见的支撑方式。一根梁也可能在一端用一种方式支撑，而在另一端用另一种方式支撑。例如，图 3.8.11 显示了一根**悬臂梁**，即在 $x = 0$ 处牢牢固定但在 $x = L$ 处自由（没有任何支撑）的梁。表 3.8.1 显示了对应于三种最常见情况的**边界条件**或**端点条件**。我们将看到，这些条件很容易应用于梁问题，然而在这里讨论它们的起源会使我们离题太远。

图 3.8.10 支撑梁的两种方式

图 3.8.11 悬臂梁

表 3.8.1

支撑方式	边界条件或端点条件
简支	$y = y'' = 0$
嵌入端或固定端	$y = y' = 0$
自由端	$y'' = y^{(3)} = 0$

例如，图 3.8.11 中悬臂梁的挠度曲线可由式 (21) 给出，其中系数 A，B，C 和 D 由 $x = 0$ 处的固定端和 $x = L$ 处的自由端对应的条件

$$y(0) = y'(0) = 0 \quad \text{和} \quad y''(L) = y^{(3)}(L) = 0 \tag{22}$$

确定。条件式 (22) 与微分方程 (20) 构成了一个**端点值问题**。

例题 5 **简支梁** 确定长度为 L、单位长度重力为 w、两端简支的均匀水平梁的挠度曲线的形状。

解答：我们有端点条件

$$y(0) = y''(0) = 0 = y(L) = y''(L)。$$

与其将它们直接施加于式 (21)，不如让我们从微分方程 $EIy^{(4)} = w$ 开始，按照进行四次连续积分的方式确定常数。由前两次积分可得

$$EIy^{(3)} = wx + A; \quad EIy'' = \frac{1}{2}wx^2 + Ax + B。$$

因此，$y''(0) = 0$ 意味着 $B = 0$，然后由 $y''(L) = 0$ 可得

$$0 = \frac{1}{2}wL^2 + AL。$$

由此可知 $A = -wL/2$，从而可得

$$EIy'' = \frac{1}{2}wx^2 - \frac{1}{2}wLx。$$

然后再进行两次积分可得

$$EIy' = \frac{1}{6}wx^3 - \frac{1}{4}wLx^2 + C,$$

最后可得
$$EIy(x) = \frac{1}{24}wx^4 - \frac{1}{12}wLx^3 + Cx + D。 \tag{23}$$

现在 $y(0) = 0$ 意味着 $D = 0$。又因为 $y(L) = 0$，所以
$$0 = \frac{1}{24}wL^4 - \frac{1}{12}wL^4 + CL。$$

由此可知 $C = wL^3/24$。因此，根据式 (23)，我们得到简支梁的形状为
$$y(x) = \frac{w}{24EI}(x^4 - 2Lx^3 + L^3x)。 \tag{24}$$

由对称性可以明显看出（也可参见习题 17），梁的最大挠度 $y_{\max}$ 出现在它的中点 $x = L/2$ 处，因此有

$$y_{\max} = y\left(\frac{L}{2}\right) = \frac{w}{24EI}\left(\frac{1}{16}L^4 - \frac{2}{8}L^4 + \frac{1}{2}L^4\right),$$

即
$$y_{\max} = \frac{5wL^4}{384EI}。 \tag{25}$$

例题 6 **简支杆** 例如，假设我们要计算一根长 20 ft 且具有直径为 1 in 的圆形截面的简支钢杆的最大挠度。从一本手册中我们发现，典型钢的密度为 $\delta = 7.75$ g/cm^3，其杨氏模量为 $E = 2 \times 10^{12}$ g/cm·s^2，所以使用 cgs 单位制进行计算会更加方便。因此我们的杆具有

$$\text{长：} \quad L = (20 \text{ ft})\left(30.48 \frac{\text{cm}}{\text{ft}}\right) = 609.60 \text{ cm}$$

和

$$\text{半径：} \quad a = \left(\frac{1}{2} \text{ in}\right)\left(2.54 \frac{\text{cm}}{\text{in}}\right) = 1.27 \text{ cm}。$$

其线质量密度（即单位长度的质量）为
$$\rho = \pi a^2 \delta = \pi(1.27)^2(7.75) \approx 39.27 \left(\frac{\text{g}}{\text{cm}}\right),$$

则
$$w = \rho g = \left(39.27 \frac{\text{g}}{\text{cm}}\right)\left(980 \frac{\text{cm}}{\text{s}^2}\right) \approx 38484.6 \frac{\text{dyn}}{\text{cm}}。$$

半径为 a 的圆盘绕直径的惯性面积矩为 $I = \frac{1}{4}\pi a^4$，所以
$$I = \frac{1}{4}\pi(1.27)^4 \approx 2.04 \text{ cm}^4。$$

因此由式 (25) 可知，杆在其中点处达到的最大挠度为

$$y_{\max} \approx \frac{(5)(38484.6)(609.60)^4}{(384)(2 \times 10^{12})(2.04)} \approx 16.96 \text{ cm},$$

约为 6.68 in。有趣的是，注意到 $y_{\max}$ 与 L^4 成正比，所以若杆只有 10 ft 长，则其最大挠度将只有原来的 1/16，即大约只有 0.42 in。因为 $I = \frac{1}{4}\pi a^4$，所以由式 (25) 我们可以看到，通过将杆的半径 a 加倍可以使最大挠度减少相同的量。∎

屈曲杆

图 3.8.12 显示了一根长度为 L 的均匀杆，两端铰接，在一端施加轴向压缩力 P 的作用下它发生"屈曲"。我们假设这种屈曲非常轻微，使得杆的挠度曲线 $y = y(x)$ 可被视为定义在区间 $0 \leqslant x \leqslant L$ 上。

在弹性理论中，线性端点边值问题

$$EIy'' + Py = 0, \quad y(0) = y(L) = 0 \tag{26}$$

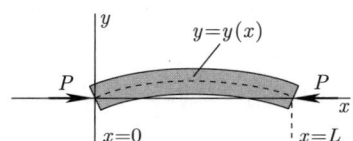

图 3.8.12 屈曲杆

被用于模拟杆的实际（非线性）行为。正如我们在讨论均匀梁的挠度时一样，E 表示梁材料的杨氏模量，I 表示梁的各横截面绕通过其矩心的水平线转动的转动惯量。

如果我们记

$$\lambda = \frac{P}{EI}, \tag{27}$$

那么问题 (26) 变成我们在例题 3 中所考虑的特征值问题

$$y'' + \lambda y = 0; \quad y(0) = y(L) = 0。 \tag{7}$$

我们发现其特征值 $\{\lambda_n\}$ 可由下式给出

$$\lambda_n = \frac{n^2\pi^2}{L^2}, \quad n = 1, 2, 3, \cdots, \tag{8}$$

其中与 λ_n 相关的特征函数为 $y_n = \sin(n\pi x/L)$。（因此，旋转的线和屈曲的杆会产生相同的特征值和特征函数。）

为了用屈曲杆来解释这一结果，由式 (27) 可知 $P = \lambda EI$。力

$$P_n = \lambda_n EI = \frac{n^2\pi^2 EI}{L^2}, \quad n = 1, 2, 3, \cdots \tag{28}$$

是杆的临界屈曲力。只有当压缩力 P 为这些临界力之一时，杆才会"屈曲"偏离其平直（未偏转）的形状。发生这种情况的最小压缩力为

$$P_1 = \frac{\pi^2 EI}{L^2}。 \tag{29}$$

这个最小临界力 P_1 被称为杆的 Euler 屈曲力，它是杆能安全承受而不发生屈曲的压缩力的上限。（在实际中，由于这里讨论的数学模型没有考虑到的因素的影响，杆可能在一个小得多的压力下失效。）

例题 7　**屈曲力**　例如，假设我们要计算一根长度为 10 ft 且具有直径为 1 in 的圆形截面的钢杆的 Euler 屈曲力。在 cgs 单位制中，我们有

$$E = 2 \times 10^{12} \text{ g/cm} \cdot \text{s}^2,$$

$$L = (10 \text{ ft})\left(30.48 \frac{\text{cm}}{\text{ft}}\right) = 304.8 \text{ cm},$$

$$I = \frac{\pi}{4}\left[(0.5 \text{ in})\left(2.54 \frac{\text{cm}}{\text{in}}\right)\right]^4 \approx 2.04 \text{ cm}^4.$$

将这些值代入式 (29)，我们得到对该杆的临界力为

$$P_1 \approx 4.34 \times 10^8 \text{ dyn} \approx 976 \text{ lb},$$

其中使用了转换因子 4.448×10^5 dyn/lb。■

习题

在习题 1～5 中，特征值均非负。首先确定 $\lambda = 0$ 是否为特征值，然后求出正特征值和相关的特征函数。

1. $y'' + \lambda y = 0$; $y'(0) = 0$, $y(1) = 0$
2. $y'' + \lambda y = 0$; $y'(0) = 0$, $y'(\pi) = 0$
3. $y'' + \lambda y = 0$; $y(-\pi) = 0$, $y(\pi) = 0$
4. $y'' + \lambda y = 0$; $y'(-\pi) = 0$, $y'(\pi) = 0$
5. $y'' + \lambda y = 0$; $y(-2) = 0$, $y'(2) = 0$

习题 6～14 探讨各种特征值问题的特征值和相关的特征函数。

6. 考虑特征值问题

$$y'' + \lambda y = 0;\ y'(0) = 0,\ y(1) + y'(1) = 0.$$

所有特征值均非负，所以记 $\lambda = \alpha^2$，其中 $\alpha \geqslant 0$。

(a) 证明 $\lambda = 0$ 不是特征值。
(b) 证明当且仅当 $B = 0$，且 α 是方程 $\tan z = 1/z$ 的正根时，$y = A\cos\alpha x + B\sin\alpha x$ 满足端点条件。如图 3.8.13 所示，这些根 $\{\alpha_n\}_1^\infty$ 是曲线 $y = \tan z$ 与 $y = 1/z$ 交点的横坐标。因此，该问题的特征值和特征函数分别为数 $\{\alpha_n^2\}_1^\infty$ 和函数 $\{\cos\alpha_n x\}_1^\infty$。

7. 考虑特征值问题

$$y'' + \lambda y = 0;\ y(0) = 0,\ y(1) + y'(1) = 0,$$

所有特征值均非负。

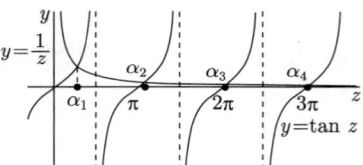

图 3.8.13　特征值由 $y = \tan z$ 与 $y = 1/z$ 的图形的交点确定（习题 6）

(a) 证明 $\lambda = 0$ 不是特征值。
(b) 证明特征函数是函数 $\{\sin\alpha_n x\}_1^\infty$，其中 α_n 是方程 $\tan z = -z$ 的第 n 个正根。
(c) 绘图标出作为曲线 $y = \tan z$ 与 $y = -z$ 交点的根 $\{\alpha_n\}_1^\infty$。并由这个图推断出当 n 较大时，$\alpha_n \approx (2n-1)\pi/2$。

8. 考虑特征值问题

$$y'' + \lambda y = 0;\ y(0) = 0,\ y(1) = y'(1),$$

所有特征值均非负。

(a) 证明 $\lambda = 0$ 是特征值，且其相关的特征函数为 $y_0(x) = x$。
(b) 证明其余的特征函数可由 $y_n(x) = \sin\beta_n x$ 给出，其中 β_n 是方程 $\tan z = z$ 的第 n 个正根。请绘图显示这些根。并由图推断出当 n 较大时，$\beta_n \approx (2n+1)\pi/2$。

9. 证明例题 4 中的特征值问题没有负特征值。

10. 证明特征值问题
$$y'' + \lambda y = 0; \quad y(0) = 0, \quad y(1) + y'(1) = 0$$
没有负特征值。（提示：利用图形说明方程 $\tanh z = -z$ 的唯一根为 $z = 0$。）

11. 使用类似于习题 10 所建议的方法，证明习题 6 中的特征值问题没有负特征值。

12. 考虑特征值问题
$$y'' + \lambda y = 0; \quad y(-\pi) = y(\pi), \quad y'(-\pi) = y'(\pi),$$
它不属于式 (10) 中的类型，因为两个端点条件在两个端点之间没有"分离"。

  (a) 证明 $\lambda_0 = 0$ 是特征值，且其相关的特征函数为 $y_0(x) \equiv 1$。

  (b) 证明没有负特征值。

  (c) 证明第 n 个正特征值为 n^2，并且它有两个线性无关的相关特征函数 $\cos nx$ 和 $\sin nx$。

13. 考虑特征值问题
$$y'' + 2y' + \lambda y = 0; \quad y(0) = y(1) = 0。$$

  (a) 证明 $\lambda = 1$ 不是特征值。

  (b) 证明不存在使 $\lambda < 1$ 的特征值 λ。

  (c) 证明第 n 个正特征值为 $\lambda_n = n^2 \pi^2 + 1$，且其相关的特征函数为 $y_n(x) = e^{-x} \sin n\pi x$。

14. 考虑特征值问题
$$y'' + 2y' + \lambda y = 0; \quad y(0) = 0, \quad y'(1) = 0。$$
证明特征值均为正，且第 n 个正特征值为 $\lambda_n = \alpha_n^2 + 1$，其相关的特征函数为 $y_n(x) = e^{-x} \sin \alpha_n x$，其中 α_n 为 $\tan z = z$ 的第 n 个正根。

均匀梁的挠度

习题 15 ~ 18 探讨具有不同支撑类型的梁的挠度。

15. **悬臂梁**
  (a) 均匀悬臂梁在 $x = 0$ 处固定，在另一端 $x = L$ 处自由。证明其形状可由下式给出：
$$y(x) = \frac{w}{24EI}(x^4 - 4Lx^3 + 6L^2 x^2)。$$

  (b) 证明仅在 $x = 0$ 处 $y'(x) = 0$，并由此可以得出（为什么？）悬臂梁的最大挠度为 $y_{\max} = y(L) = wL^4/(8EI)$。

16. **两端固定支梁**
  (a) 假设一根梁在其两端 $x = 0$ 和 $x = L$ 处固定。证明其形状可由下式给出：
$$y(x) = \frac{w}{24EI}(x^4 - 2Lx^3 + L^2 x^2)。$$

  (b) 证明 $y'(x) = 0$ 的根为 $x = 0$，$x = L$ 和 $x = L/2$，并由此可以得出（为什么？）梁的最大挠度为
$$y_{\max} = y\left(\frac{L}{2}\right) = \frac{wL^4}{384EI},$$
这是简支梁最大挠度的 1/5。

17. **简支梁** 对于挠度曲线由式 (24) 给出的简支梁，证明 $y'(x) = 0$ 在 $[0, L]$ 内的唯一根为 $x = L/2$，并由此可以得出（为什么？）最大挠度确实可由式 (25) 给出。

18. **一端固定支梁**
  (a) 一根梁在左端 $x = 0$ 处固定，而在另一端 $x = L$ 处简支。证明其挠度曲线为
$$y(x) = \frac{w}{48EI}(2x^4 - 5Lx^3 + 3L^2 x^2)。$$

  (b) 证明其最大挠度出现在 $x = (15 - \sqrt{33})L/16$ 处，约为两端简支梁的最大挠度的 41.6%。

第 4 章 微分方程组简介

4.1 一阶方程组及其应用

在前面的章节中，我们已经讨论了求解仅涉及一个因变量的常微分方程的方法。然而，许多应用需要使用两个或多个因变量，每个因变量是单个自变量（通常是时间）的函数。这样的问题自然导致一个联立常微分方程组。我们通常用 t 表示自变量，用 $x_1, x_2, x_3, \cdots$ 或 $x, y, z, \cdots$ 表示因变量（t 的未知函数）。上标符号 $\prime$ 表示对 t 求导。

我们主要研究方程数量与因变量（未知函数）数量相同的方程组。例如，由两个以 x 和 y 为因变量的一阶方程构成的方程组具有如下一般形式

$$\begin{aligned} f(t, x, y, x', y') &= 0, \\ g(t, x, y, x', y') &= 0, \end{aligned} \tag{1}$$

其中函数 f 和 g 是已知的。这个方程组的**解**是一对关于 t 的函数 $x(t)$，$y(t)$，它们在 t 值的某个区间内同时满足这两个方程。

举一个二阶方程组的例子，考虑一个质量为 m 的粒子，它在依赖于时间 t 的力场 $\boldsymbol{F}$ 的作用下在空间移动，粒子的位置为 $(x(t), y(t), z(t))$，其速度为 $(x'(t), y'(t), z'(t))$。以分量方式应用牛顿第二定律 $m\boldsymbol{a} = \boldsymbol{F}$，我们可以得到由自变量为 t 且因变量为 x, y, z 的三个二阶方程构成的方程组

$$\begin{aligned} mx'' &= F_1(t, x, y, z, x', y', z'), \\ my'' &= F_2(t, x, y, z, x', y', z'), \\ mz'' &= F_3(t, x, y, z, x', y', z'), \end{aligned} \tag{2}$$

右侧的三个函数 F_1，F_2，F_3 是向量值函数 $\boldsymbol{F}$ 的分量。

初步应用

例题 1 至例题 3 将进一步说明微分方程组是如何在科学问题中自然产生的。

例题 1 **双质量块–弹簧系统** 考虑如图 4.1.1 所示的由两个质量块和两根弹簧构成的系统，其中右边的质量块 m_2 受到给定外力 $f(t)$ 的作用。我们用 $x(t)$ 表示质量块 m_1 距离其静态平衡位置（当系统静止且处于平衡状态且 $f(t) = 0$ 时）的位移（向右），用 $y(t)$ 表示质量块 m_2 距离其静态位置的位移。因此，当 x 和 y 为零时，两根弹簧既没拉伸也没压缩。

在图 4.1.1 的构型中，第一根弹簧被拉伸 x 个单位，第二根弹簧被拉伸 $y-x$ 个单位。我们将牛顿运动定律应用于图 4.1.2 所示的两个"自由体图"，从而得到位置函数 $x(t)$ 和 $y(t)$ 必须满足的微分方程组

$$m_1 x'' = -k_1 x + k_2(y-x),$$
$$m_2 y'' = -k_2(y-x) + f(t)。 \tag{3}$$

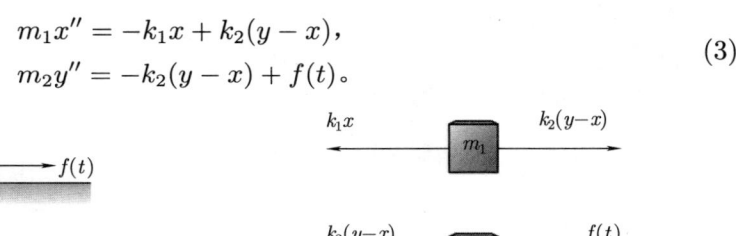

图 4.1.1 例题 1 中的双质量块-弹簧系统   图 4.1.2 例题 1 中系统的"自由体图"

例如，若在合适的物理单位下，$m_1 = 2$，$m_2 = 1$，$k_1 = 4$，$k_2 = 2$ 并且 $f(t) = 40\sin 3t$，则方程组 (3) 可以简化为

$$2x'' = -6x + 2y,$$
$$y'' = 2x - 2y + 40\sin 3t。 \tag{4}$$

例题 2　**双盐水箱**　考虑如图 4.1.3 所示的两个相连的盐水箱。1 号水箱装有 100 gal 盐水，其中含有 $x(t)$ lb 盐；2 号水箱装有 200 gal 盐水，其中含有 $y(t)$ lb 盐。通过搅拌使每个水箱中的盐水保持均匀，并按图 4.1.3 所示的速率将盐水从一个水箱抽送到另一个水箱中。此外，淡水以 20 gal/min 的速度流入 1 号水箱，盐水以 20 gal/min 的速度从 2 号水箱流出（所以两个水箱中盐水的总体积保持不变）。两个水箱中的盐浓度分别为 $x/100$ lb/gal 和 $y/200$ lb/gal。当我们计算两个水箱中含盐量的变化率时，我们就得到 $x(t)$ 和 $y(t)$ 必须满足的微分方程组：

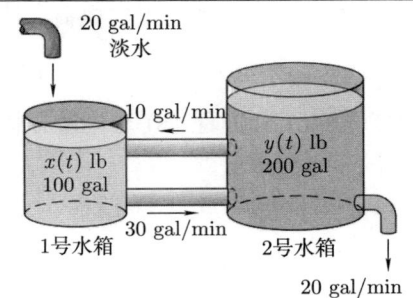

图 4.1.3 例题 2 中的两个盐水箱

$$x' = -30 \cdot \frac{x}{100} + 10 \cdot \frac{y}{200} = -\frac{3}{10}x + \frac{1}{20}y,$$
$$y' = 30 \cdot \frac{x}{100} - 10 \cdot \frac{y}{200} - 20 \cdot \frac{y}{200} = \frac{3}{10}x - \frac{3}{20}y,$$

即

$$20x' = -6x + y,$$
$$20y' = 6x - 3y。 \tag{5}$$

例题 3 **电路网** 考虑如图 4.1.4 所示的电路网，其中 $I_1(t)$ 表示沿指示方向通过电感器 L 的电流，$I_2(t)$ 表示通过电阻器 R_2 的电流。通过电阻器 R_1 的电流为 $I = I_1 - I_2$，方向如图所示。我们回顾一下 Kirchhoff 电压定律，大意是绕这样一个网络的任何闭回路的电压降的（代数）和为零。如 3.7 节所述，通过三种电路元件的电压降如图 4.1.5 中所示。我们将 Kirchhoff 定律应用于该网络的左侧回路，可得

$$2\frac{dI_1}{dt} + 50(I_1 - I_2) - 100 = 0, \tag{6}$$

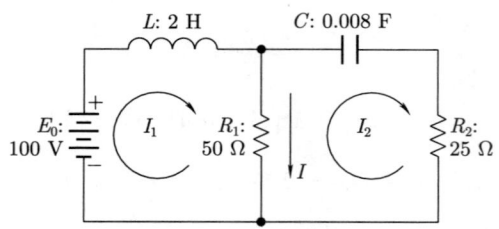

电路元件	电压降
电感器	$L\dfrac{dI}{dt}$
电阻器	RI
电容器	$\dfrac{1}{C}Q$

图 4.1.4 例题 3 中的电路网

图 4.1.5 通过常用电路元件的电压降

因为从电池的负极到正极的电压降是 -100。由右侧回路得到方程

$$125Q_2 + 25I_2 + 50(I_2 - I_1) = 0, \tag{7}$$

其中 $Q_2(t)$ 是电容器上的电荷。因为 $dQ_2/dt = I_2$，对方程 (7) 的两侧进行微分可得

$$125I_2 + 75\frac{dI_2}{dt} - 50\frac{dI_1}{dt} = 0。\tag{8}$$

将方程 (6) 和方程 (8) 分别除以因数 2 和 -25 后，我们得到电流 $I_1(t)$ 和 $I_2(t)$ 必须满足的微分方程组

$$\frac{dI_1}{dt} + 25I_1 - 25I_2 = 50, \tag{9}$$

$$2\frac{dI_1}{dt} - 3\frac{dI_2}{dt} - 5I_2 = 0。$$

一阶方程组

考虑一个可以从中解出因变量的最高阶导数的微分方程组，其中因变量的最高阶导数作为 t 和因变量的低阶导数的显式函数出现。例如，就由两个二阶方程构成的方程组而言，我们假设它可以被写成如下形式：

$$\begin{aligned}x_1'' &= f_1(t, x_1, x_2, x_1', x_2'), \\ x_2'' &= f_2(t, x_1, x_2, x_1', x_2')。\end{aligned} \tag{10}$$

任何这样的高阶方程组都可以转化为等价的一阶方程组，这在实践和理论上都具有重要意义。

为了描述这种转化是如何完成的，我们首先考虑由单个 n 阶方程构成的"方程组"
$$x^{(n)} = f(t,\ x,\ x',\ \cdots,\ x^{(n-1)})。 \tag{11}$$
我们引入因变量 $x_1,\ x_2,\ \cdots,\ x_n$，定义如下：
$$x_1 = x,\quad x_2 = x',\quad x_3 = x'',\quad \cdots,\quad x_n = x^{(n-1)}。 \tag{12}$$
注意 $x_1' = x' = x_2$，$x_2' = x'' = x_3$，以此类推。因此，将式 (12) 代入方程 (11)，可得到由 n 个一阶方程构成的方程组
$$\begin{aligned} x_1' &= x_2,\\ x_2' &= x_3,\\ &\vdots\\ x_{n-1}' &= x_n,\\ x_n' &= f(t,\ x_1,\ x_2,\ \cdots,\ x_n)。 \end{aligned} \tag{13}$$
显然，这个方程组等价于原 n 阶方程 (11)，即当且仅当由式 (12) 所定义的函数 $x_1(t), x_2(t)$，$\cdots,\ x_n(t)$ 满足方程组 (13) 时，$x(t)$ 是方程 (11) 的解。

例题 4 三阶方程
$$x^{(3)} + 3x'' + 2x' - 5x = \sin 2t$$
具有式 (11) 的形式，其中
$$f(t,\ x,\ x',\ x'') = 5x - 2x' - 3x'' + \sin 2t。$$
因此，使用如下替换
$$x_1 = x,\quad x_2 = x' = x_1',\quad x_3 = x'' = x_2',$$
可以得到由三个一阶方程构成的方程组
$$\begin{aligned} x_1' &= x_2,\\ x_2' &= x_3,\\ x_3' &= 5x_1 - 2x_2 - 3x_3 + \sin 2t。 \end{aligned}$$ ∎

例题 4 中所得的一阶方程组似乎没有什么优势，因为我们可以使用第 3 章的方法求解原始（线性）三阶方程。但是假设我们面对的是非线性方程
$$x'' = x^3 + (x')^3,$$
那么我们之前的方法都不适用。其对应的一阶方程组为
$$\begin{aligned} x_1' &= x_2,\\ x_2' &= (x_1)^3 + (x_2)^3, \end{aligned} \tag{14}$$
我们将在 4.3 节中看到，存在有效的数值技术来近似任何本质上是一阶方程组的解。因此

在这种情况下，转化成一阶方程组是有利的。从实际的角度来看，大型高阶微分方程组通常是借助计算机进行数值求解的，第一步是将这样的方程组转化为一阶方程组，这一步有标准的计算机程序可用。

例题 5 在例题 1 中我们推导出二阶方程组

$$2x'' = -6x + 2y,$$
$$y'' = 2x - 2y + 40\sin 3t。 \tag{4}$$

将此方程组转化为等价的一阶方程组。

解答：根据式 (12) 中的等式，我们定义

$$x_1 = x, \quad x_2 = x' = x_1', \quad y_1 = y, \quad y_2 = y' = y_1'。$$

那么由方程组 (4) 可以得到由四个以 x_1, x_2, y_1 和 y_2 为因变量的一阶方程构成的方程组

$$x_1' = x_2,$$
$$2x_2' = -6x_1 + 2y_1,$$
$$y_1' = y_2,$$
$$y_2' = 2x_1 - 2y_1 + 40\sin 3t。 \tag{15}$$

∎

简单二维方程组

通过替换 $x' = y$ 和 $x'' = y'$，可以将（具有常系数和自变量 t 的）线性二阶微分方程

$$x'' + px' + qx = 0 \tag{16}$$

转化为二维线性方程组

$$x' = y,$$
$$y' = -qx - py。 \tag{17}$$

反过来，我们可以通过求解熟悉的单个方程 (16) 来求解方程组 (17)。

例题 6 求解二维方程组

$$x' = -2y,$$
$$y' = \frac{1}{2}x, \tag{18}$$

我们观察发现

$$x'' = -2y' = -2\left(\frac{1}{2}x\right) = -x。$$

由此得到单个二阶方程 $x'' + x = 0$，其通解为

$$x(t) = A\cos t + B\sin t = C\cos(t - \alpha),$$

其中 $A = C\cos\alpha$，$B = C\sin\alpha$。那么

$$y(t) = -\frac{1}{2}x'(t) = -\frac{1}{2}(-A\sin t + B\cos t)$$
$$= \frac{1}{2}C\sin(t-\alpha)。$$

因此，恒等式 $\cos^2\theta + \sin^2\theta = 1$ 意味着，对于 t 的每个值，点 $(x(t)$，$y(t))$ 都位于具有半轴 C 和 $C/2$ 的如下椭圆上

$$\frac{x^2}{C^2} + \frac{y^2}{(C/2)^2} = 1。$$

图 4.1.6 在 xy 平面上显示了几个这样的椭圆。

二维方程组

$$x' = f(t,\ x,\ y),$$
$$y' = g(t,\ x,\ y)$$

的解 $(x(t)$，$y(t))$ 可以被视为方程组在 xy 平面上的**解曲线**或**轨线**的参数化形式。因此，方程组 (18) 的轨线是图 4.1.6 中的椭圆簇。初始点 $(x(0)$，$y(0))$ 的选择决定这些轨线中的哪一条是由特解参数化得到的。

在 xy 平面上显示方程组轨线的图，即所谓的相平面图，无法精确揭示点 $(x(t)$，$y(t))$ 是如何沿其轨线移动的。若函数 f 和 g 不涉及自变量 t，则可以绘制出**方向场**，它显示了代表具有与导数 $x' = f(x,y)$ 和 $y' = g(x,y)$ 成

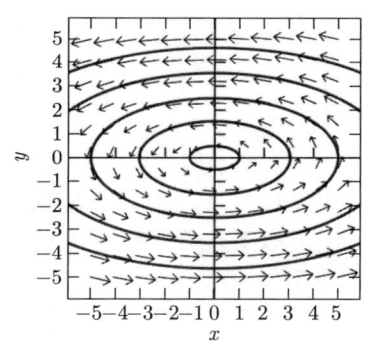

图 4.1.6 例题 6 中方程组 $x' = -2y$，$y' = \frac{1}{2}x$ 的方向场和解曲线

正比的分量的向量的典型箭头。因为运动的点 $(x(t)$，$y(t))$ 具有速度向量 $(x'(t)$，$y'(t))$，所以这个方向场表明点沿其轨线运动的方向。例如，图 4.1.6 中绘制的方向场表明，每个这样的点绕其椭圆轨线逆时针运动。在 $x(t)$ 和 $y(t)$ 作为 t 的函数的单独图形中可以显示更多信息。

例题 6　**续**　根据初始值 $x(0)=2$ 和 $y(0)=0$，由例题 6 中的通解可得

$$x(0) = A = 2,\quad y(0) = -\frac{1}{2}B = 0。$$

所得的特解可由下式给出

$$x(t) = 2\cos t,\quad y(t) = \sin t。$$

这两个函数的图形如图 4.1.7 所示。我们看到，开始 $x(t)$ 是减小的，而 $y(t)$ 是增大的。由此可知，随着 t 的增加，解点 $(x(t)$，$y(t))$ 沿逆时针方向遍历轨线 $\frac{1}{4}x^2 + y^2 = 1$，正如图 4.1.6 中方向场向量所示。

例题 7 求出下列方程组的通解：
$$x' = y,$$
$$y' = 2x + y, \tag{19}$$

我们观察发现
$$x'' = y' = 2x + y = x' + 2x。$$

由此得到单个线性二阶方程
$$x'' - x' - 2x = 0,$$

其特征方程为
$$r^2 - r - 2 = (r+1)(r-2) = 0,$$

通解为
$$x(t) = Ae^{-t} + Be^{2t}。 \tag{20}$$

那么
$$y(t) = x'(t) = -Ae^{-t} + 2Be^{2t}。 \tag{21}$$

由式 (20) 和式 (21) 参数化的方程组 (19) 的典型相平面轨线显示在图 4.1.8 中。这些轨线可能类似于有共同渐近线的双曲线，但习题 23 表明它们的实际形式要稍微复杂一些。∎

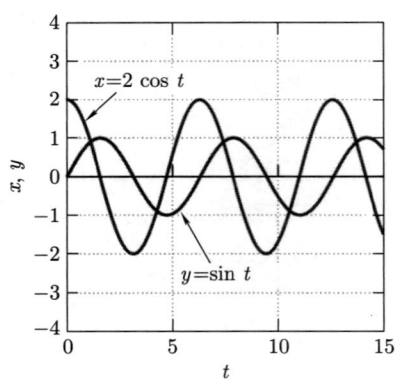

图 4.1.7 初值问题 $x' = -2y$, $y' = \frac{1}{2}x$, $x(0) = 2$, $y(0) = 0$ 的 x 和 y 解曲线

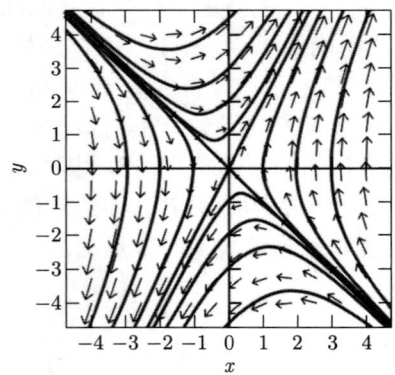

图 4.1.8 例题 7 中方程组 $x' = y$, $y' = 2x + y$ 的方向场和解曲线

例题 8 求解初值问题
$$x' = -y,$$
$$y' = 1.01x - 0.2y, \tag{22}$$
$$x(0) = 0, \quad y(0) = -1,$$

我们观察发现
$$x'' = -y' = -(1.01x - 0.2y) = -1.01x - 0.2x'。$$
由此得到单个线性二阶方程
$$x'' + 0.2x' + 1.01x = 0,$$
其特征方程为
$$r^2 + 0.2r + 1.01 = (r + 0.1)^2 + 1 = 0,$$
特征根为 $-0.1 \pm \mathrm{i}$,且通解为
$$x(t) = \mathrm{e}^{-t/10}(A\cos t + B\sin t)。$$
因为 $x(0) = A = 0$,所以
$$x(t) = B\mathrm{e}^{-t/10}\sin t,$$
$$y(t) = -x'(t) = \frac{1}{10}B\mathrm{e}^{-t/10}\sin t - B\mathrm{e}^{-t/10}\cos t。$$
最后,因为 $y(0) = -B = -1$,所以方程组 (22) 的期望解为
$$\begin{aligned} x(t) &= \mathrm{e}^{-t/10}\sin t, \\ y(t) &= \frac{1}{10}\mathrm{e}^{-t/10}(\sin t - 10\cos t)。 \end{aligned} \tag{23}$$
这些公式是图 4.1.9 中的螺旋轨线的参数化形式,当 $t \to +\infty$ 时,轨线趋近于原点。由式 (23) 所给出的 x 和 y 解曲线如图 4.1.10 所示。∎

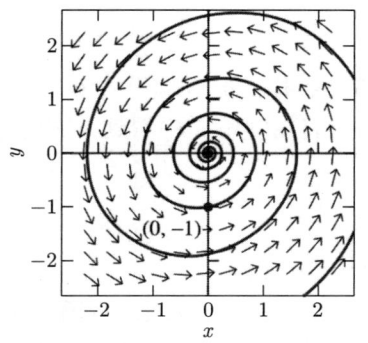
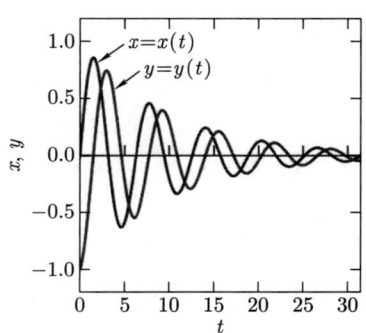

图 4.1.9 例题 8 中方程组 $x' = -y, y' = 1.01x - 0.2y$ 的方向场和解曲线　　图 4.1.10 例题 8 中初值问题的 x 和 y 解曲线

当我们在第 5 章研究线性方程组时,我们将了解为什么例题 6 至例题 8 中表面上相似的方程组却具有如图 4.1.6、图 4.1.8 和图 4.1.9 所示的明显不同的轨线。

线性方程组

与高阶方程组相比，除了数值计算的实际优势外，一阶方程组的一般理论和系统求解技术可以更容易、更简洁地被描述。例如，考虑如下形式的线性一阶方程组：

$$\begin{aligned} x_1' &= p_{11}(t)x_1 + p_{12}(t)x_2 + \cdots + p_{1n}x_n + f_1(t), \\ x_2' &= p_{21}(t)x_1 + p_{22}(t)x_2 + \cdots + p_{2n}x_n + f_2(t), \\ &\vdots \\ x_n' &= p_{n1}(t)x_1 + p_{n2}(t)x_2 + \cdots + p_{nn}x_n + f_n(t). \end{aligned} \tag{24}$$

若函数 f_1, f_2, $\cdots$, f_n 恒等于零，则称这个方程组是**齐次的**；否则，它是**非齐次的**。因此，线性方程组 (5) 是齐次的，而线性方程组 (15) 是非齐次的。方程组 (14) 是非线性的，因为第二个方程的右侧不是因变量 x_1 和 x_2 的线性函数。

方程组 (24) 的**解**是（在某个区间上）完全满足式 (24) 中每个方程的 n 元函数组 $x_1(t)$, $x_2(t)$, $\cdots$, $x_n(t)$。我们将看到，由 n 个线性一阶方程构成的方程组的一般理论与单个 n 阶线性微分方程的一般理论有许多相似之处。定理 1（在附录中证明）类似于 3.2 节定理 2。它告诉我们，如果式 (24) 中的系数函数 p_{ij} 和 f_j 是连续的，那么方程组有满足给定初始条件的唯一解。

定理 1　线性方程组解的存在唯一性

假设函数 p_{11}, p_{12}, $\cdots$, p_{nn} 和函数 f_1, f_2, $\cdots$, f_n 在包含点 a 的开区间 I 上连续。那么，给定 n 个数 b_1, b_2, $\cdots$, b_n，则方程组 (24) 在整个区间 I 上有满足下列 n 个初始条件的唯一解：

$$x_1(a) = b_1, \quad x_2(a) = b_2, \quad \cdots, \quad x_n(a) = b_n. \tag{25}$$

因此，需要 n 个初始条件来确定由 n 个线性一阶方程构成的方程组的解，因而我们期望这样一个方程组的通解包含 n 个任意常数。例如，我们在例题 5 中看到，描述例题 1 中位置函数 $x(t)$ 和 $y(t)$ 的二阶线性方程组

$$\begin{aligned} 2x'' &= -6x + 2y, \\ y'' &= 2x - 2y + 40\sin 3t, \end{aligned}$$

等价于由四个一阶线性方程构成的方程组 (15)。因此，需要四个初始条件来确定例题 1 中两个质量块的后续运动。典型的初始值是初始位置 $x(0)$ 和 $y(0)$ 以及初始速度 $x'(0)$ 和 $y'(0)$。另一方面，我们发现例题 2 中两个水箱中盐的含量 $x(t)$ 和 $y(t)$ 可由下列由两个一阶线性方程构成的方程组描述：

$$\begin{aligned} 20x' &= -6x + y, \\ 20y' &= 6x - 3y. \end{aligned}$$

因此，两个初始值 $x(0)$ 和 $y(0)$ 应足以确定其解。给定一个高阶方程组，我们通常必须将

其转化为等价的一阶方程组，以发现需要多少个初始条件来确定唯一解。定理 1 告诉我们，这些条件的数量与等价的一阶方程组中方程的数量完全相同。

习题

在习题 1～16 中，将给定的微分方程或方程组转化为等价的一阶微分方程组。

1. $x'' + 3x' + 7x = t^2$
2. $x'' + 4x - x^3 = 0$（此方程在 6.4 节中用于描述连接"软"弹簧的质量块的运动。）
3. $x'' + 2x' + 26x = 82\cos 4t$（此方程在 3.6 节中用于模拟质量块–弹簧系统的振动。）
4. $x^{(3)} - 2x'' + x' = 1 + te^t$
5. $x^{(4)} + 3x'' + x = e^t \sin 2t$
6. $x^{(4)} + 6x'' - 3x' + x = \cos 3t$
7. $t^2 x'' + tx' + (t^2 - 1)x = 0$
8. $t^3 x^{(3)} - 2t^2 x'' + 3tx' + 5x = \ln t$
9. $x^{(3)} = (x')^2 + \cos x$
10. $x'' - 5x + 4y = 0$, $y'' + 4x - 5y = 0$
11. $x'' = -\dfrac{kx}{(x^2+y^2)^{3/2}}$, $y'' = -\dfrac{ky}{(x^2+y^2)^{3/2}}$
（这些方程在 4.3 节应用中用于描述卫星绕行星在椭圆轨道上的运动。）
12. $3x'' = 2y'$, $3y'' = -2x'$
13. $x'' = -75x + 25y$, $y'' = 50x - 50y + 50\cos 5t$（此方程组在 5.4 节中用于描述双质量块–弹簧系统的运动。）
14. $x'' + 3x' + 4x - 2y = 0$, $y'' + 2y' - 3x + y = \cos t$
15. $x'' = 3x - y + 2z$, $y'' = x + y - 4z$, $z'' = 5x - y - z$
16. $x'' = (1-y)x$, $y'' = (1-x)y$

使用例题 6～8 的方法，求出习题 17～26 中方程组的通解。若给定初始条件，则求出相应的特解。对于每道题，使用计算机系统或图形计算器为给定方程组构建方向场和典型解曲线。

17. $x' = y$, $y' = -x$
18. $x' = y$, $y' = x$
19. $x' = -2y$, $y' = 2x$; $x(0) = 1$, $y(0) = 0$
20. $x' = 10y$, $y' = -10x$; $x(0) = 3$, $y(0) = 4$
21. $x' = \dfrac{1}{2}y$, $y' = -8x$
22. $x' = 8y$, $y' = -2x$
23. $x' = y$, $y' = 6x - y$; $x(0) = 1$, $y(0) = 2$
24. $x' = -y$, $y' = 10x - 7y$; $x(0) = 2$, $y(0) = -7$
25. $x' = -y$, $y' = 13x + 4y$; $x(0) = 0$, $y(0) = 3$
26. $x' = y$, $y' = -9x + 6y$

习题 27～29 探索一阶方程组的笛卡儿轨线方程。

27. **(a)** 计算 $[x(t)]^2 + [y(t)]^2$，证明习题 17 的方程组 $x' = y$, $y' = -x$ 的轨线是圆。
    (b) 计算 $[x(t)]^2 - [y(t)]^2$，证明习题 18 的方程组 $x' = y$, $y' = x$ 的轨线是双曲线。
28. **(a)** 从习题 19 的方程组 $x' = -2y$, $y' = 2x$ 的通解开始，计算 $x^2 + y^2$，以证明其轨线是圆。
    (b) 类似地，证明习题 21 的方程组 $x' = \dfrac{1}{2}y$, $y' = -8x$ 的轨线是椭圆，其方程的形式为 $16x^2 + y^2 = C^2$。
29. 首先由式 (20) 和式 (21) 求解出用 $x(t)$ 和 $y(t)$ 以及常数 A 和 B 表示的 e^{-t} 和 e^{2t}。然后将结果代入 $(e^{2t})(e^{-t})^2 = 1$ 中，证明例题 7 中的方程组 $x' = y$, $y' = 2x + y$ 的轨线满足如下形式的方程
$$4x^3 - 3xy^2 + y^3 = C \quad （\text{常数}）。$$
最后证明由 $C = 0$ 得到如图 4.1.8 中所示的直线 $y = -x$ 和 $y = 2x$。

30. **双质量块–弹簧系统** 对于图 4.1.11 所示的两个质量块（始于平衡状态）的位移，推导方程

$$m_1 x_1'' = -(k_1+k_2)x_1 + k_2 x_2,$$
$$m_2 x_2'' = k_2 x_1 - (k_2+k_3)x_2。$$

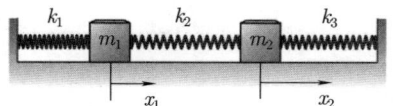

图 4.1.11　习题 30 的系统

31. **振动的粒子** 如图 4.1.12 所示，两个质量为 m 的粒子在（恒定）张力 T 的作用下连接到一根线上。假设粒子竖直（即平行于 y 轴）振动，其振幅很小，以至于所示角度的正弦值可由其正切值精确近似。证明位移 y_1 和 y_2 满足方程

$$ky_1'' = -2y_1 + y_2, \quad ky_2'' = y_1 - 2y_2,$$

其中 $k = mL/T$。

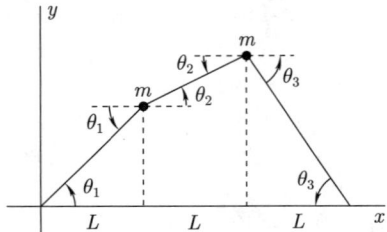

图 4.1.12 习题 31 的机械系统

32. **发酵罐** 如图 4.1.13 所示，三个 100 gal 的发酵罐相连，通过搅拌使每个罐中的混合物保持均匀。用 $x_i(t)$ 表示 t 时刻 T_i 号罐中的酒精量（以 lb 为单位，其中 $i = 1, 2, 3$）。假设混合物以 10 gal/min 的速率在罐间循环。推导出方程

$$10x_1' = -x_1 \qquad + x_3$$
$$10x_2' = x_1 - x_2$$
$$10x_3' = x_2 - x_3。$$

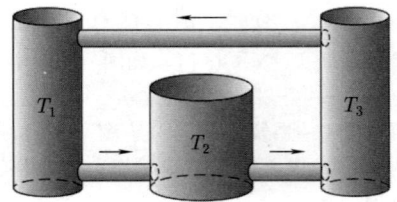

图 4.1.13 习题 32 的发酵罐

33. **电路** 在图 4.1.14 的电路中，包含一个电感器、两个电阻器和一个发电机，该发电机在电流 I_1 的方向上可提供 $E(t) = 100\sin 60t$ V 的交流电压降，为电流 I_1 和 I_2 建立一阶微分方程组。

34. **电路** 重复习题 33，只是把发电机换成可提供 100 V 电动势的电池，把电感器换成 1 mF 的电容器。

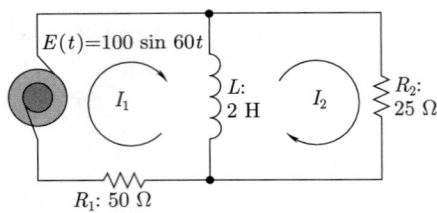

图 4.1.14 习题 33 的电路

粒子运动

习题 35～37 涉及描述粒子在各种力的作用下运动的微分方程组。

35. **平方反比力场** 一个质量为 m 的粒子在坐标为 $(x(t), y(t))$ 的平面上运动，并受到指向原点大小为 $k/(x^2 + y^2)$ 的力即平方反比中心力场的作用。证明

$$mx'' = -\frac{kx}{r^3} \quad \text{和} \quad my'' = -\frac{ky}{r^3},$$

其中 $r = \sqrt{x^2 + y^2}$。

36. **重力和阻力** 假设一个质量为 m 的抛射体在接近地球表面的大气中的竖直平面内运动，它受到两种力的作用：一种是大小为 mg 的向下的重力，另一种是阻力 $\boldsymbol{F}_R$，其方向与速度向量 $\boldsymbol{v}$ 的方向相反，大小为 kv^2（其中 $v = |\boldsymbol{v}|$ 是抛射体的速度大小；参见图 4.1.15）。证明抛射体的运动方程为

$$mx'' = -kvx', \quad my'' = -kvy' - mg,$$

其中 $v = \sqrt{(x')^2 + (y')^2}$。

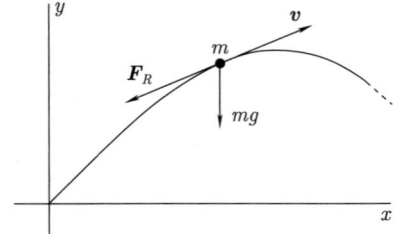

图 4.1.15 习题 36 中抛射体的轨线

37. **磁场** 假设一个质量为 m 及电荷为 q 的粒子在磁场 $\boldsymbol{B} = B\boldsymbol{k}$（即平行于 z 轴的均匀场）的作用下在 xy 平面内运动，如果其速度为 $\boldsymbol{v}$，那

么作用在该粒子上的力为 $\boldsymbol{F} = q\boldsymbol{v} \times \boldsymbol{B}$。证明粒子的运动方程为

$$mx'' = +qBy', \quad my'' = -qBx'.$$

应用 万有引力与开普勒行星运动定律

📖 请访问 bit.ly/3nCQCTM，利用 Maple、Mathematica 和 MATLAB 等计算资源对此主题进行更多讨论和探索。

大约在 17 世纪初，约翰尼斯·开普勒（Johannes Kepler）分析了天文学家第谷·布拉赫（Tycho Brahe）一生的行星观测结果。开普勒得出结论，行星围绕太阳的运动可由现今被称为**开普勒行星运动定律**的以下三个命题来描述：

1. 每颗行星的轨道都是以太阳为一个焦点的椭圆。

2. 从太阳到每颗行星的半径向量以恒定面积速率扫过区域。

3. 行星公转周期的平方与其椭圆轨道长半轴的立方成正比。

在 *Principia Mathematica*（1687）一书中，牛顿由开普勒定律推导出万有引力的平方反比定律。在本应用中，我们将引导你从牛顿万有引力定律（反向）推导出开普勒的前两个定律。

假设太阳位于某行星运动平面的原点，并将该行星的位置向量写成

$$\boldsymbol{r}(t) = (x(t), \ y(t)) = x\boldsymbol{i} + y\boldsymbol{j}, \tag{1}$$

其中 $\boldsymbol{i} = (1, 0)$ 和 $\boldsymbol{j} = (0, 1)$ 表示正 x 和 y 方向上的单位向量。那么，万有引力平方反比定律意味着（习题 35）行星的加速度向量 $\boldsymbol{r}''(t)$ 为

$$\boldsymbol{r}'' = -\frac{k\boldsymbol{r}}{r^3}, \tag{2}$$

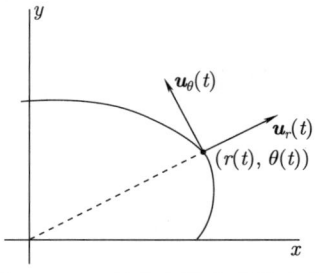

图 4.1.16 径向和横向单位向量 $\boldsymbol{u}_r$ 和 $\boldsymbol{u}_\theta$

其中 $r = \sqrt{x^2 + y^2}$ 是从太阳到行星的距离。若行星在 t 时刻的极坐标为 $(r(t), \theta(t))$，则如图 4.1.16 所示的径向和横向单位向量为

$$\boldsymbol{u}_r = \boldsymbol{i}\cos\theta + \boldsymbol{j}\sin\theta \quad \text{和} \quad \boldsymbol{u}_\theta = -\boldsymbol{i}\sin\theta + \boldsymbol{j}\cos\theta. \tag{3}$$

径向单位向量 $\boldsymbol{u}_r$（当位于行星的位置处时）总是径直指向远离原点的方向，所以 $\boldsymbol{u}_r = \boldsymbol{r}/r$，而横向单位向量 $\boldsymbol{u}_\theta$ 是由 $\boldsymbol{u}_r$ 逆时针旋转 90° 得到的。

练习

步骤 1：对方程 (3) 以分量方式进行求导，证明

$$\frac{d\boldsymbol{u}_r}{dt} = \boldsymbol{u}_\theta \frac{d\theta}{dt} \quad \text{和} \quad \frac{d\boldsymbol{u}_\theta}{dt} = -\boldsymbol{u}_r \frac{d\theta}{dt}. \tag{4}$$

步骤 2：利用方程 (4) 对行星的位置向量 $\boldsymbol{r} = r\boldsymbol{u}_r$ 进行求导，从而证明其速度向量为

$$v = \frac{dr}{dt} = u_r \frac{dr}{dt} + r\frac{d\theta}{dt} u_\theta \text{。} \tag{5}$$

步骤 3：再次求导以证明行星的加速度向量 $a = dv/dt$ 为

$$a = \left[\frac{d^2 r}{dt^2} - r\left(\frac{d\theta}{dt}\right)^2\right] u_r + \left[\frac{1}{r}\frac{d}{dt}\left(r^2 \frac{d\theta}{dt}\right)\right] u_\theta \text{。} \tag{6}$$

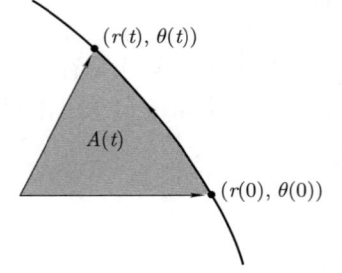

图 4.1.17　半径向量扫出的面积

步骤 4：式 (2) 和式 (6) 右侧的径向分量和横向分量必须分别一致。令横向分量即 u_θ 的系数相等，可得

$$\frac{1}{r}\frac{d}{dt}\left(r^2 \frac{d\theta}{dt}\right) = 0, \tag{7}$$

由此可得

$$r^2 \frac{d\theta}{dt} = h, \tag{8}$$

其中 h 是一个常数。由于在图 4.1.17 中用于计算面积 $A(t)$ 的极坐标面积元可由 $dA = \frac{1}{2} r^2 d\theta$ 给出，所以方程 (8) 意味着导数 $A'(t)$ 是常数，这便是开普勒第二定律的表述。

步骤 5：令式 (2) 和式 (6) 中的径向分量相等，然后利用式 (8) 中的结果，证明行星的径向坐标函数 $r(t)$ 满足二阶微分方程

$$\frac{d^2 r}{dt^2} - \frac{h^2}{r^3} = -\frac{k}{r^2} \text{。} \tag{9}$$

步骤 6：虽然微分方程 (9) 是非线性的，但是通过简单的替换可以将其转化为线性方程。为此，假设轨道可以被写成极坐标形式 $r = r(\theta)$，首先使用链式法则和方程 (8) 证明，若 $r = 1/z$，则

$$\frac{dr}{dt} = -h\frac{dz}{d\theta} \text{。}$$

再次求导，由方程 (9) 推导出函数 $z(\theta) = 1/r(\theta)$ 满足二阶方程

$$\frac{d^2 z}{d\theta^2} + z = \frac{k}{h^2} \text{。} \tag{10}$$

步骤 7：证明方程 (10) 的通解为

$$z(\theta) = A\cos\theta + B\sin\theta + \frac{k}{h^2} \text{。} \tag{11}$$

步骤 8：最后，由式 (11) 推导出 $r(\theta) = 1/z(\theta)$ 为

$$r(\theta) = \frac{L}{1 + e\cos(\theta - \alpha)}, \tag{12}$$

其中 $e = Ch^2/k$，$C\cos\alpha = A$，$C\sin\alpha = B$ 以及 $L = h^2/k$。函数 (12) 的极坐标图形是焦点位于原点且偏心率为 e 的圆锥截面：若 $0 \leqslant e < 1$，则截面为椭圆；若 $e = 1$，则截面为抛物线；若 $e > 1$，则截面为双曲线。行星轨道是有界的，因此是偏心率 $e < 1$ 的椭圆。如图 4.1.18 所示，椭圆的长轴沿着径向线 $\theta = \alpha$ 延伸。

步骤 9：绘制一些由式 (12) 所描述的具有不同偏心率、大小和方向的典型椭圆轨道。在直角坐标系中，你可以写出

$$x(t) = r(t)\cos t, \quad y(t) = r(t)\sin t, \quad 0 \leqslant t \leqslant 2\pi$$

以绘制一个偏心率为 e、半正焦弦为 L（参见图 4.1.18）及旋转角度为 α 的椭圆轨道。地球轨道的偏心率为 $e \approx 0.0167$，如此接近于零，以至于其轨道看起来接近圆形（尽管太阳偏离中心），其他行星轨道的偏心率范围从金星的 0.0068 和火星的 0.0933 到水星的 0.2056 和冥王星的 0.2486。但许多彗星的轨道都具有高偏心率，比如对于哈雷彗星 $e \approx 0.97$（如图 4.1.19 所示）。

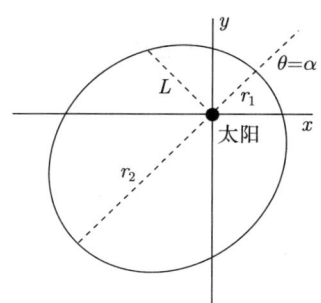

图 4.1.18 具有近日点距离 $r_1 = L/(1+e)$ 和远日点距离 $r_2 = L/(1-e)$ 的椭圆轨道
$$r = \frac{L}{1 + e\cos(\theta - \alpha)}$$

图 4.1.19 哈雷彗星的轨道形状

历史注释：式 (12) 是 1960 年美国宇航局技术报告的起点，这份报告是美国最早载人航天尝试取得成功的基础。这份文件分析了航天器在指定着陆位置时的轨道太空飞行轨线。该报告的作者之一 Katherine Johnson（1918—2000）是美国宇航局飞行研究部第一位被认可为一份研究报告作者的女性。她的贡献包括使用微分方程的数值求解方法来计算水星计划太空飞行的轨线和阿波罗登月舱飞往月球的交会路径。有关 Johnson 非凡职业生涯的精彩描述，请参阅 Margot Lee Shetterly 的 *Hidden Figures*（2016）一书。

4.2 消元法

求解线性微分方程组的最基本方法包括通过适当组合成对的方程来消去因变量。这个过程的目的是连续消去因变量，直到仅剩下单个只包含一个因变量的方程。这个剩下的方程一般是一个高阶线性方程，通常可以用第 3 章的方法求解。在求出其解之后，使用原始微分方程或在消去过程中出现的微分方程，可以依次求出其他因变量。

线性微分方程组的**消元法**类似于通过每次消去一个未知数直到仅剩下一个具有单个未知数的方程的过程来求解线性代数方程组。对那些包含不超过两个或三个方程的易处理的小型方程组来说，消元法是最方便的。对于这样的方程组，消元法提供了一种简单而具体的方法，几乎不需要任何初步理论或正式体系。但对于更大型的微分方程组及其理论探讨，第 5 章的矩阵法更可取。

例题 1 求出方程组
$$x' = 4x - 3y, \quad y' = 6x - 7y \tag{1}$$
满足初始条件 $x(0) = 2$ 和 $y(0) = -1$ 的特解。

解答：如果我们从式 (1) 中的第二个方程解出 x，可得
$$x = \frac{1}{6}y' + \frac{7}{6}y, \tag{2}$$
所以
$$x' = \frac{1}{6}y'' + \frac{7}{6}y'。 \tag{3}$$
然后我们将 x 和 x' 的这些表达式代入方程组 (1) 的第一个方程中，从而得到
$$\frac{1}{6}y'' + \frac{7}{6}y' = 4\left(\frac{1}{6}y' + \frac{7}{6}y\right) - 3y,$$
简化可得
$$y'' + 3y' - 10y = 0。$$
这个二阶线性方程有特征方程
$$r^2 + 3r - 10 = (r-2)(r+5) = 0,$$
所以其通解为
$$y(t) = c_1 e^{2t} + c_2 e^{-5t}。 \tag{4}$$
接下来，将式 (4) 代入式 (2) 可得
$$x(t) = \frac{1}{6}(2c_1 e^{2t} - 5c_2 e^{-5t}) + \frac{7}{6}(c_1 e^{2t} + c_2 e^{-5t}),$$
即
$$x(t) = \frac{3}{2}c_1 e^{2t} + \frac{1}{3}c_2 e^{-5t}。 \tag{5}$$
因此式 (4) 和式 (5) 构成方程组 (1) 的通解。

给定的初始条件意味着
$$x(0) = \frac{3}{2}c_1 + \frac{1}{3}c_2 = 2$$
和
$$y(0) = c_1 + c_2 = -1,$$
很容易从这些方程解出 $c_1 = 2$ 和 $c_2 = -3$。因此，期望的解为
$$x(t) = 3e^{2t} - e^{-5t}, \quad y(t) = 2e^{2t} - 3e^{-5t}。$$

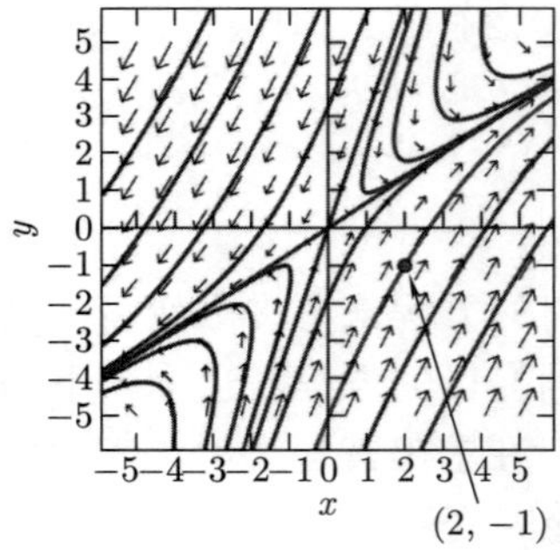

图 4.2.1 例题 1 中方程组 $x' = 4x - 3y$，$y' = 6x - 7y$ 的方向场和解曲线 ⊖

图 4.2.1 显示了由任意常数 c_1 和 c_2 具有不同值的方程 $x(t) = \frac{3}{2}c_1 e^{2t} + \frac{1}{3}c_2 e^{-5t}$ 和 $y(t) = c_1 e^{2t} + c_2 e^{-5t}$ 参数化的这条解曲线和其他典型解曲线。我们看到两个类似双曲线的曲线族共用同一对（斜的）渐近线。■

备注：由式 (4) 和式 (5) 定义的通解可被视为函数对或向量 $(x(t), y(t))$。回顾向量的分量加法（以及向量与标量的乘法），我们可以将式 (4) 式 (5) 中的通解写成

⊖ 请前往 bit.ly/3aXfLmt 查看图 4.2.1 的交互式版本。

$$(x(t),\ y(t)) = \left(\frac{3}{2}c_1\mathrm{e}^{2t} + \frac{1}{3}c_2\mathrm{e}^{-5t},\ c_1\mathrm{e}^{2t} + c_2\mathrm{e}^{-5t}\right)$$

$$= c_1\left(\frac{3}{2}\mathrm{e}^{2t},\ \mathrm{e}^{2t}\right) + c_2\left(\frac{1}{3}\mathrm{e}^{-5t},\ \mathrm{e}^{-5t}\right)。$$

这个表达式将方程组 (1) 的通解表示为两个特解

$$(x_1,\ y_1) = \left(\frac{3}{2}\mathrm{e}^{2t},\ \mathrm{e}^{2t}\right) \quad \text{和} \quad (x_2,\ y_2) = \left(\frac{1}{3}\mathrm{e}^{-5t},\ \mathrm{e}^{-5t}\right)$$

的线性组合。

多项式微分算子

在例题 1 中，我们采用了一个特别的步骤，即通过将其中一个自变量用另一个自变量来表示，从而消除它。我们现在来描述系统的消元流程。为此，使用算子符号是最方便的。回顾 3.3 节，一个**多项式微分算子**具有形式

$$L = a_n D^n + a_{n-1} D^{n-1} + \cdots + a_1 D + a_0, \tag{6}$$

其中 D 表示对自变量 t 求导。

若 L_1 和 L_2 是两个这样的算子，则它们的乘积 $L_1 L_2$ 定义为

$$L_1 L_2[x] = L_1[L_2 x]。 \tag{7}$$

例如，如果 $L_1 = D + a$ 和 $L_2 = D + b$，那么

$$L_1 L_2[x] = (D+a)[(D+b)x] = D(Dx + bx) + a(Dx + bx)$$
$$= [D^2 + (a+b)D + ab]x。$$

这说明了一个事实：两个常系数多项式算子可以相乘，就好像它们是关于"变量" D 的普通多项式。因为这样的多项式的乘法是可交换的，所以若 $x(t)$ 的所需导数存在，则有

$$L_1 L_2[x] = L_2 L_1[x]。 \tag{8}$$

相比之下，对于变系数多项式算子，交换性这一性质一般不成立，参见习题 21 和习题 22。

任何由两个常系数线性微分方程构成的方程组都可以写成

$$\begin{aligned} L_1 x + L_2 y &= f_1(t), \\ L_3 x + L_4 y &= f_2(t), \end{aligned} \tag{9}$$

其中 L_1，L_2，L_3 和 L_4 是如式 (6) 所示的多项式微分算子（可能是不同阶的），而 $f_1(t)$ 和 $f_2(t)$ 是给定的函数。例如，（例题 1 中）方程组 (1) 可以写成

$$\begin{aligned} (D-4)x + \quad\ 3y &= 0, \\ -6x + (D+7)y &= 0, \end{aligned} \tag{10}$$

则有 $L_1 = D - 4$，$L_2 = 3$，$L_3 = -6$ 和 $L_4 = D + 7$。

为了从方程组 (9) 中消去因变量 x，我们对第一个方程作用算子 L_3，对第二个方程作用算子 L_1，从而得到方程组

$$\begin{aligned} L_3L_1x + L_3L_2y &= L_3f_1(t), \\ L_1L_3x + L_1L_4y &= L_1f_2(t). \end{aligned} \tag{11}$$

用第二个方程减去第一个方程，得到一个关于单个因变量 y 的方程

$$(L_1L_4 - L_2L_3)y = L_1f_2(t) - L_3f_1(t). \tag{12}$$

在求解出 $y = y(t)$ 之后，我们可以将结果代入式 (9) 中的任意一个原方程，然后求解出 $x = x(t)$。

或者，我们可以以同样的方式从原方程组 (9) 中消去因变量 y。如果这样做，我们就得到方程

$$(L_1L_4 - L_2L_3)x = L_4f_1(t) - L_2f_2(t), \tag{13}$$

现在可以求解出 $x = x(t)$。

请注意，相同的算子 $L_1L_4 - L_2L_3$ 出现在方程 (12) 和方程 (13) 的左侧。这是方程组 (9) 的**算子行列式**

$$\begin{vmatrix} L_1 & L_2 \\ L_3 & L_4 \end{vmatrix} = L_1L_4 - L_2L_3. \tag{14}$$

用行列式符号表示，方程 (12) 和方程 (13) 可以被改写为

$$\begin{vmatrix} L_1 & L_2 \\ L_3 & L_4 \end{vmatrix} y = \begin{vmatrix} L_1 & f_1(t) \\ L_3 & f_2(t) \end{vmatrix}, \\ \begin{vmatrix} L_1 & L_2 \\ L_3 & L_4 \end{vmatrix} x = \begin{vmatrix} f_1(t) & L_2 \\ f_2(t) & L_4 \end{vmatrix}. \tag{15}$$

重要的是要注意式 (15) 右侧的行列式是通过对函数作用算子来求值的。式 (15) 中的方程很容易让人联想到求解两个关于两个（代数）变量的线性方程的克拉默法则，因此很容易记住。实际上，你可以通过实施这里所描述的系统的消元流程或直接使用式 (15) 中的行列式符号来求解由两个线性微分方程构成的方程组。若方程组是齐次的 [即 $f_1(t) \equiv 0$ 且 $f_2(t) \equiv 0$]，则这两个过程都特别简单，因为在这种情况下，方程 (12)、方程 (13) 和方程 (15) 的右侧均为零。

例题 2　求出下列方程组的通解：

$$\begin{aligned} (D-4)x + \quad\;\; 3y &= 0, \\ -6x + (D+7)y &= 0. \end{aligned} \tag{10}$$

解答：此方程组的算子行列式为

$$(D-4)(D+7) - 3 \cdot (-6) = D^2 + 3D - 10 \text{。} \tag{16}$$

因此方程 (13) 和方程 (12) 为
$$x'' + 3x' - 10x = 0,$$
$$y'' + 3y' - 10y = 0 \text{。}$$

它们的特征方程为
$$r^2 + 3r - 10 = (r-2)(r+5) = 0,$$

所以它们（各自）的通解为
$$\begin{aligned} x(t) &= a_1 e^{2t} + a_2 e^{-5t}, \\ y(t) &= b_1 e^{2t} + b_2 e^{-5t} \text{。} \end{aligned} \tag{17}$$

此时，我们似乎有四个任意常数 a_1，a_2，b_1 和 b_2。但是根据 4.1 节定理 1 可知，由两个一阶方程构成的方程组的通解只涉及两个任意常数。我们需要解决这个明显的难题。

解释很简单：这四个常数之间必定有一些隐藏的关系。我们可以通过将式 (17) 中的解代入式 (10) 中的任意一个原方程来发现这些关系。代入第一个方程，我们得到
$$\begin{aligned} 0 &= x' - 4x + 3y \\ &= (2a_1 e^{2t} - 5a_2 e^{-5t}) - 4(a_1 e^{2t} + a_2 e^{-5t}) + 3(b_1 e^{2t} + b_2 e^{-5t}), \end{aligned}$$

即
$$0 = (-2a_1 + 3b_1)e^{2t} + (-9a_2 + 3b_2)e^{-5t} \text{。}$$

但是 e^{2t} 和 e^{-5t} 是线性无关函数，由此可得 $a_1 = \frac{3}{2}b_1$ 和 $a_2 = \frac{1}{3}b_2$。因此，期望的通解为
$$x(t) = \frac{3}{2}b_1 e^{2t} + \frac{1}{3}b_2 e^{-5t}, \quad y(t) = b_1 e^{2t} + b_2 e^{-5t} \text{。}$$

请注意，此结果与我们在例题 1 中使用不同方法所得的通解 [即式 (4) 和式 (5)] 一致。 ∎

如例题 2 所示，用于求解线性方程组的消元过程经常会引入一些相互依赖的常数，这些常数可能看起来是任意的，但实际上并不独立。那么，必须通过将所得的通解代入一个或多个原微分方程来消除"额外的"常数。线性方程组通解中任意常数的适当数量由下列命题确定。

> 若式 (15) 中的算子行列式不恒等于零，则方程组 (9) 的通解中独立的任意常数的数量等于其算子行列式的阶数，即其作为一个关于 D 的多项式的阶数。

[关于这一事实的证明，请参阅 E. L. Ince 的 *Ordinary Differential Equations*（1956）一书的第 144 ~ 150 页。] 因此，例题 2 中方程组 (10) 的通解涉及两个任意常数，因为其算子行列式 $D^2 + 3D - 10$ 是 2 阶的。

若算子行列式恒为零，则方程组被称为是**退化的**。一个退化方程组可能无解，也可能有无穷多个独立解。例如，算子行列式为零的方程组

$$Dx - Dy = 0,$$
$$2Dx - 2Dy = 1$$

明显相互矛盾，因此无解。相反地，算子行列式为零的方程组

$$Dx + Dy = t,$$
$$2Dx + 2Dy = 2t$$

显然冗余，我们可以用任意（连续可微）函数代替 $x(t)$，然后积分得到 $y(t)$。粗略地说，每个退化方程组都等价于一个相互矛盾方程组或一个冗余方程组。

尽管上述过程和结果是针对由两个方程构成的方程组的情况描述的，但它们可以很容易地被推广到由三个或更多个方程构成的方程组。对于由三个线性方程构成的方程组

$$\begin{aligned} L_{11}x + L_{12}y + L_{13}z &= f_1(t), \\ L_{21}x + L_{22}y + L_{23}z &= f_2(t), \\ L_{31}x + L_{32}y + L_{33}z &= f_3(t), \end{aligned} \tag{18}$$

因变量 $x(t)$ 满足单个线性方程

$$\begin{vmatrix} L_{11} & L_{12} & L_{13} \\ L_{21} & L_{22} & L_{23} \\ L_{31} & L_{32} & L_{33} \end{vmatrix} x = \begin{vmatrix} f_1(t) & L_{12} & L_{13} \\ f_2(t) & L_{22} & L_{23} \\ f_3(t) & L_{32} & L_{33} \end{vmatrix}, \tag{19}$$

对 $y = y(t)$ 和 $z = z(t)$ 也可以写出类似的方程。然而，对于大多数由多于三个方程构成的方程组，算子行列式的方法过于烦琐而不实用。

机械振动

机械系统通常以一种或多种特定方式周期性地振动或振荡。本节的方法常常可用于分析给定系统的"固有振动模式"。例题 3 将说明这种方法。

例题 3 双质量块–弹簧系统 在 4.1 节例题 1 中，我们对图 4.2.2 中两个质量块的位移推导出方程

$$\begin{aligned} (D^2 + 3)x + \quad (-1)y &= 0, \\ -2x + (D^2 + 2)y &= 0。 \end{aligned} \tag{20}$$

这里 $f(t) \equiv 0$，因为我们假设没有外力。求出方程组 (20) 的通解。

解答：方程组 (20) 的算子行列式为

$$(D^2 + 3)(D^2 + 2) - (-1)(-2) = D^4 + 5D^2 + 4 = (D^2 + 1)(D^2 + 4)。$$

因此，关于 $x(t)$ 和 $y(t)$ 的方程为

$$\begin{aligned} (D^2 + 1)(D^2 + 4)x &= 0, \\ (D^2 + 1)(D^2 + 4)y &= 0。 \end{aligned} \tag{21}$$

特征方程 $(r^2+1)(r^2+4)=0$ 有根 i，$-$i，2i 和 $-$2i。所以式 (21) 中方程的通解为
$$\begin{aligned} x(t) &= a_1\cos t + a_2\sin t + b_1\cos 2t + b_2\sin 2t, \\ y(t) &= c_1\cos t + c_2\sin t + d_1\cos 2t + d_2\sin 2t。 \end{aligned} \tag{22}$$

因为算子行列式是 4 阶的，所以通解应该包含 4 个（而不是 8 个）任意常数。当我们将式 (22) 中的 $x(t)$ 和 $y(t)$ 代入式 (20) 中的第一个方程时，可得

$$\begin{aligned} 0 =& x'' + 3x - y \\ =& (-a_1\cos t - a_2\sin t - 4b_1\cos 2t - 4b_2\sin 2t) + \\ & 3(a_1\cos t + a_2\sin t + b_1\cos 2t + b_2\sin 2t) - \\ & (c_1\cos t + c_2\sin t + d_1\cos 2t + d_2\sin 2t), \end{aligned}$$

化简可得

$$\begin{aligned} 0 =& (2a_1 - c_1)\cos t + (2a_2 - c_2)\sin t + \\ & (-b_1 - d_1)\cos 2t + (-b_2 - d_2)\sin 2t。 \end{aligned}$$

由于 $\cos t$，$\cos 2t$，$\sin t$ 和 $\sin 2t$ 是线性无关的，由此可知上述最后一个方程的系数为零。从而

$$c_1 = 2a_1, \quad c_2 = 2a_2, \quad d_1 = -b_1 \quad 和 \quad d_2 = -b_2。$$

因此
$$\begin{aligned} x(t) &= a_1\cos t + a_2\sin t + b_1\cos 2t + b_2\sin 2t, \\ y(t) &= 2a_1\cos t + 2a_2\sin t - b_1\cos 2t - b_2\sin 2t \end{aligned} \tag{23}$$

是方程组 (20) 所期望的通解。■

式 (23) 中的方程描述了图 4.2.2 中质量块–弹簧系统的**自由振动**，即无外力作用下的运动。需要四个初始条件（通常为初始位移和速度）来确定 a_1，a_2，b_1 和 b_2 的值。那么表达式

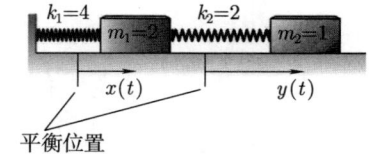

图 4.2.2 例题 3 的双质量块–弹簧系统

$$\begin{aligned} (x(t),\ y(t)) =& a_1(\cos t,\ 2\cos t) + a_2(\sin t,\ 2\sin t) + \\ & b_1(\cos 2t,\ -\cos 2t) + b_2(\sin 2t,\ -\sin 2t) \end{aligned} \tag{24}$$

将方程组 (20) 的通解表示为四个特解的线性组合。此外，前两个特解表示质量块的物理上相似的振动，后两个也是如此。

实际上，我们可以（通过常用的三角函数运算）写出

$$a_1\cos t + a_2\sin t = A\cos(t-\alpha),$$
$$2a_1\cos t + 2a_2\sin t = 2A\cos(t-\alpha)$$

以及

$$b_1\cos 2t + b_2\sin 2t = B\cos(2t-\beta),$$
$$-b_1\cos 2t - b_2\sin 2t = -B\cos(2t-\beta),$$

其中 $A=\sqrt{a_1^2+a_2^2}$, $\tan\alpha=a_2/a_1$, $B=\sqrt{b_1^2+b_2^2}$ 和 $\tan\beta=b_2/b_1$。因此，式 (24) 可以取形式

$$(x,y) = A(x_1,y_1) + B(x_2,y_2), \tag{25}$$

其中特解
$$(x_1(t),y_1(t)) = (\cos(t-\alpha), 2\cos(t-\alpha)) \tag{26}$$

和
$$(x_2(t),y_2(t)) = (\cos(2t-\beta), -\cos(2t-\beta)) \tag{27}$$

描述质量块–弹簧系统的两种**固有振动模式**。此外，它们还显示出两个**固有圆周频率** $\omega_1=1$ 和 $\omega_2=2$。

　　式 (25) 中的线性组合表示，质量块–弹簧系统的任意自由振动可以作为其两种固有振动模式的叠加，其中常数 A, α, B 和 β 由初始条件确定。图 4.2.3（其中 $\alpha=0$）显示了式 (26) 中的固有模式 (x_1,y_1)，其中两个质量块以相同振动频率 $\omega_1=1$ 沿相同方向同步运动，但 m_2 的振幅是 m_1 的两倍（因为 $y_1=2x_1$）。图 4.2.4（其中 $\beta=0$）显示了式 (27) 中的固有模式 (x_2,y_2)，其中两个质量块以相同频率 $\omega_2=2$ 沿相反方向同步运动，并且振动幅度相等（因为 $y_2=-x_2$）。

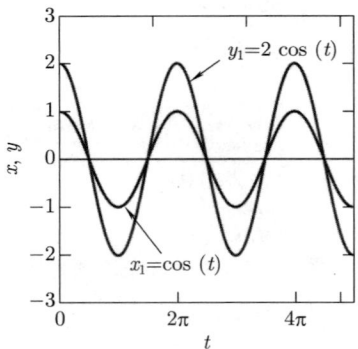

图 4.2.3　两个质量块都以频率 $\omega_1=1$ 沿相同方向运动

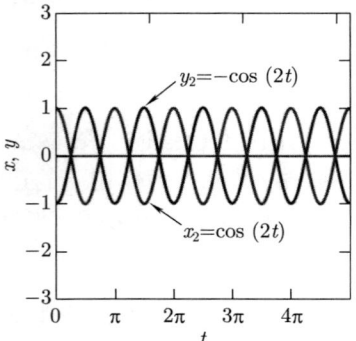

图 4.2.4　两个质量块都以频率 $\omega_2=2$ 沿相反方向同步运动

习题

　　求出习题 1~20 中线性方程组的通解。如果初始条件给定，求出满足初始条件的特解。在习题 1~6 中，使用计算机系统或图形计算器为给定方程组构建方向场和典型解曲线。

1. $x' = -x + 3y$, $y' = 2y$
2. $x' = x - 2y$, $y' = 2x - 3y$
3. $x' = -3x + 2y$, $y' = -3x + 4y$; $x(0) = 0$, $y(0) = 2$
4. $x' = 3x - y$, $y' = 5x - 3y$; $x(0) = 1$, $y(0) = -1$
5. $x' = -3x - 4y$, $y' = 2x + y$
6. $x' = x + 9y$, $y' = -2x - 5y$; $x(0) = 3$, $y(0) = 2$
7. $x' = 4x + y + 2t$, $y' = -2x + y$
8. $x' = 2x + y$, $y' = x + 2y - e^{2t}$
9. $x' = 2x - 3y + 2\sin 2t$, $y' = x - 2y - \cos 2t$
10. $x' + 2y' = 4x + 5y$, $2x' - y' = 3x$; $x(0) = 1$, $y(0) = -1$
11. $2y' - x' = x + 3y + e^t$, $3x' - 4y' = x - 15y + e^{-t}$
12. $x'' = 6x + 2y$, $y'' = 3x + 7y$
13. $x'' = -5x + 2y$, $y'' = 2x - 8y$
14. $x'' = -4x + \sin t$, $y'' = 4x - 8y$
15. $x'' - 3y' - 2x = 0$, $y'' + 3x' - 2y = 0$
16. $x'' + 13y' - 4x = 6\sin t$, $y'' - 2x' - 9y = 0$
17. $x'' + y'' - 3x' - y' - 2x + 2y = 0$, $2x'' + 3y'' - 9x' - 2y' - 4x + 6y = 0$
18. $x' = x + 2y + z$, $y' = 6x - y$, $z' = -x - 2y - z$
19. $x' = 4x - 2y$, $y' = -4x + 4y - 2z$, $z' = -4y + 4z$
20. $x' = y + z + e^{-t}$, $y' = x + z$, $z' = x + y$（提示：通过检验求解特征方程。）

习题 21 和习题 22 探讨线性算子的代数性质。

21. 假设 $L_1 = a_1 D^2 + b_1 D + c_1$ 和 $L_2 = a_2 D^2 + b_2 D + c_2$，其中系数均为常数，并且假设 $x(t)$ 是一个四次可微函数。验证 $L_1 L_2 x = L_2 L_1 x$。
22. 假设 $L_1 x = t D x + x$ 和 $L_2 x = D x + t x$。证明 $L_1 L_2 x \ne L_2 L_1 x$。因此，具有可变系数的线性算子通常不可交换。

证明习题 23 ~ 25 中的方程组是退化的。在每道题中，通过尝试求解方程组，以确定它有无穷多个解还是无解。

23. $(D + 2)x + (D + 2)y = e^{-3t}$
    $(D + 3)x + (D + 3)y = e^{-2t}$
24. $(D + 2)x + (D + 2)y = t$
    $(D + 3)x + (D + 3)y = t^2$
25. $(D^2 + 5D + 6)x + D(D + 2)y = 0$
    $(D + 3)x + Dy = 0$

在习题 26 ~ 29 中，首先计算给定方程组的算子行列式，以便确定在通解中应该出现多少个任意常数。然后尝试对方程组进行显式求解，从而求出这样一个通解。

26. $(D^2 + 1)x + D^2 y = 2e^{-t}$
    $(D^2 - 1)x + D^2 y = 0$
27. $(D^2 + 1)x + (D^2 + 2)y = 2e^{-t}$
    $(D^2 - 1)x + D^2 y = 0$
28. $(D^2 + D)x + D^2 y = 2e^{-t}$
    $(D^2 - 1)x + (D^2 - D)y = 0$
29. $(D^2 + 1)x - D^2 y = 2e^{-t}$
    $(D^2 - 1)x + D^2 y = 0$
30. **双盐水箱** 在 4.1 节例题 2 中的两个盐水箱中，假设每个水箱中初始（$t = 0$）盐浓度为 0.5 lb/gal。然后求解那里的方程组 (5)，以求出 t 时刻两个水箱中盐的含量 $x(t)$ 和 $y(t)$。
31. **电路网** 假设 4.1 节例题 3 中的电路网最初是断开的，没有电流流过。并假设在 $t = 0$ 时刻闭合电路网，求解那里的方程组 (9)，以求出 $I_1(t)$ 和 $I_2(t)$。
32. 重复习题 31，但使用 4.1 节习题 33 的电路网。
33. 重复习题 31，但使用 4.1 节习题 34 的电路网。假设 $I_1(0) = 2$ 和 $Q(0) = 0$，使得在 $t = 0$ 时刻，电容器上没有电荷。
34. **三个盐水箱** 如 4.1 节图 4.1.13 所示，三个 100 gal 的盐水箱相连。假设第一个水箱最初含有 100 lb 的盐，而另两个水箱装满淡水。求出 t 时刻三个水箱中各自的含盐量。（提示：检查 4.1 节习题 32 中要推导的方程。）
35. **磁场** 根据 4.1 节习题 37，回顾质量为 m 且电荷为 q 的粒子在均匀磁场 $\boldsymbol{B} = B\boldsymbol{k}$ 作用下的运动方程
$$mx'' = qBy', \quad my'' = -qBx'.$$
假设初始条件为 $x(0) = r_0$, $y(0) = 0$, $x'(0) = 0$ 以及 $y'(0) = -\omega r_0$，其中 $\omega = qB/m$。证明粒子的轨线是半径为 r_0 的圆。
36. **电磁场** 如果除了磁场 $\boldsymbol{B} = B\boldsymbol{k}$ 之外，习题 35 中的带电粒子还在均匀电场 $\boldsymbol{E} = E\boldsymbol{i}$ 作用下以速度 $\boldsymbol{v}$ 运动，那么作用在粒子上的力为

$F = q(E + v \times B)$。假设粒子在原点从静止开始运动。证明其轨线为旋轮线
$$x = a(1 - \cos\omega t), \qquad y = -a(\omega t - \sin\omega t),$$
其中 $a = E/(\omega B)$ 及 $\omega = qB/m$。这样一条旋轮线的图形如图 4.2.5 所示。

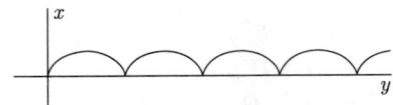

图 4.2.5 习题 36 中粒子的旋轮线路径

质量块-弹簧系统

37. 在例题 3 的质量块-弹簧系统中，假设 $m_1 = 2$，$m_2 = 0.5$，$k_1 = 75$ 以及 $k_2 = 25$。
    (a) 求出系统运动方程的通解。尤其证明其固有频率为 $\omega_1 = 5$ 和 $\omega_2 = 5\sqrt{3}$。
    (b) 描述系统的固有振动模式。

38. 考虑如图 4.2.6 所示由两个质量块和三根弹簧组成的系统。推导出运动方程
$$m_1 x'' = -(k_1 + k_2)x + k_2 y,$$
$$m_2 y'' = k_2 x - (k_2 + k_3)y。$$

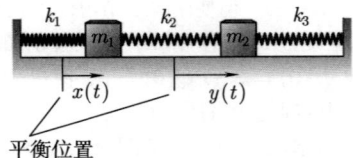

图 4.2.6 习题 38 的机械系统

在习题 39 ~ 46 中，根据给定质量和弹簧常数，求出习题 38 中方程组的通解。然后求出质量块-弹簧系统的固有频率，并描述其固有振动模式。使用计算机系统或图形计算器以图形方式说明两种固有模式（如图 4.2.3 和图 4.2.4 所示）。

39. $m_1 = 4$，$m_2 = 2$，$k_1 = 8$，$k_2 = 4$，$k_3 = 0$
40. $m_1 = 2$，$m_2 = 1$，$k_1 = 100$，$k_2 = 50$，$k_3 = 0$
41. $m_1 = 1$，$m_2 = 1$，$k_1 = 1$，$k_2 = 4$，$k_3 = 1$
42. $m_1 = 1$，$m_2 = 2$，$k_1 = 1$，$k_2 = 2$，$k_3 = 2$
43. $m_1 = 1$，$m_2 = 1$，$k_1 = 1$，$k_2 = 2$，$k_3 = 1$
44. $m_1 = 1$，$m_2 = 1$，$k_1 = 2$，$k_2 = 1$，$k_3 = 2$
45. $m_1 = 1$，$m_2 = 2$，$k_1 = 2$，$k_2 = 4$，$k_3 = 4$
46. $m_1 = 1$，$m_2 = 1$，$k_1 = 4$，$k_2 = 6$，$k_3 = 4$

47. (a) 对于如图 4.2.7 所示的系统，推导出运动方程
$$mx'' = -2kx + ky,$$
$$my'' = kx - 2ky + kz,$$
$$mz'' = ky - 2kz。$$
(b) 假设 $m = k = 1$。证明系统的固有振动频率为
$$\omega_1 = \sqrt{2}, \quad \omega_2 = \sqrt{2 - \sqrt{2}} \text{ 和 } \omega_3 = \sqrt{2 + \sqrt{2}}。$$

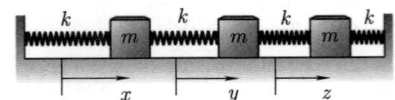

图 4.2.7 习题 47 的机械系统

48. **圆内旋轮线** 假设在平面内运动的粒子的轨线 $(x(t), y(t))$ 满足初值问题
$$x'' - 2y' + 3x = 0,$$
$$y'' + 2x' + 3y = 0;$$
$$x(0) = 4, \quad y(0) = x'(0) = y'(0) = 0。$$
求解此问题。你应该得到
$$x(t) = 3\cos t + \cos 3t,$$
$$y(t) = 3\sin t - \sin 3t。$$
验证这些方程描述了圆内旋轮线，此线由半径为 $b = 1$ 的圆在半径为 $a = 4$ 的圆内滚动时，追踪固定在小圆圆周上的点 $P(x, y)$ 所得。如果 P 在 $t = 0$ 时刻从 $A(a, 0)$ 点开始运动，那么参数 t 表示如图 4.2.8 所示的角度 AOC。

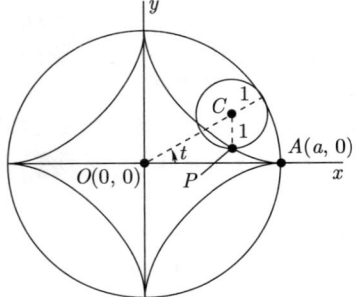

图 4.2.8 习题 48 的圆内旋轮线

应用 方程组的计算机代数解法

请访问 bit.ly/2XV0lfw，利用 Maple、Mathematica 和 MATLAB 等计算资源对此主题进行更多讨论和探索。

计算机代数系统可以用来求解方程组以及单个微分方程。例如，考虑例题 1 中的方程组

$$\frac{\mathrm{d}x}{\mathrm{d}t} = 4x - 3y, \qquad \frac{\mathrm{d}y}{\mathrm{d}t} = 6x - 7y。 \tag{1}$$

由 Maple 命令

```
dsolve({diff(x(t), t)= 4*x(t)- 3*y(t),
        diff(y(t), t)= 6*x(t)- 7*y(t)}, {x(t), y(t)});
```

得到（经过一些简化）

$$\begin{aligned} x(t) &= \frac{1}{7}(3a_1 - 2a_2)\mathrm{e}^{-5t} + \frac{1}{7}(-3a_1 + 9a_2)\mathrm{e}^{2t}, \\ y(t) &= \frac{1}{7}(9a_1 - 6a_2)\mathrm{e}^{-5t} + \frac{1}{7}(-2a_1 + 6a_2)\mathrm{e}^{2t}, \end{aligned} \tag{2}$$

由 Mathematica 命令

```
DSolve[ {x'[t] == 4 x[t] - 3 y[t],
         y'[t] == 6 x[t] - 7 y[t]}, {x[t], y[t]}, t ]
```

得到

$$x(t) = b_1\mathrm{e}^{-5t} + 3b_2\mathrm{e}^{2t}, \qquad y(t) = 3b_1\mathrm{e}^{-5t} + 2b_2\mathrm{e}^{2t}, \tag{3}$$

用 Wolfram|Alpha 查询可得

```
x' = 4x - 3y, y' = 6x - 7y
```

式 (2) 和式 (3) 中的通解显然彼此等价吗？并且与正文中求出的通解

$$x(t) = \frac{3}{2}c_1\mathrm{e}^{2t} + \frac{1}{3}c_2\mathrm{e}^{-5t}, \qquad y(t) = c_1\mathrm{e}^{2t} + c_2\mathrm{e}^{-5t} \tag{4}$$

显然等价吗？式 (2) 中的常数 a_1 和 a_2。式 (3) 中的常数 b_1 和 b_2 以及式 (4) 中的常数 c_1 和 c_2 之间是什么关系？

现代计算机代数系统和一些图形计算器也允许对诸如式 (1) 中的方程组进行交互式研究。

现在对正文中例题 3 的质量块-弹簧系统，考虑初值问题

$$\begin{aligned} x'' &= -3x + y, & x(0) &= 0, & x'(0) &= 6, \\ y'' &= 2x - 2y, & y(0) &= 0, & y'(0) &= 6。 \end{aligned} \tag{5}$$

那么由 Maple 命令

```
dsolve({diff(x(t), t, t)= -3*x(t)+ y(t),
        diff(y(t), t, t)= 2*x(t)- 2*y(t),
```

```
    x(0)= 0, y(0)= 0, D(x)(0)= 6, D(y)(0)= 6},
    {x(t), y(t)});
```
和 Mathematica 命令
```
DSolve[{x''[t] == -3 x[t] + y[t],
       y''[t] == 2 x[t] - 2 y[t],
       x[0] == 0, y[0] == 0, x'[0] == 6, y'[0] == 6},
       {x[t], y[t]}, t ] // ExpToTrig // Simplify
```
都可以得到解
$$x(t) = 4\sin t + \sin 2t, \quad y(t) = 8\sin t - \sin 2t, \tag{6}$$
我们从中看到下列两种振动的线性组合:
- 一种频率为 1 的振动, 其中两个质量块同步运动, 第二个质量块的运动幅度是第一个质量块的两倍;
- 一种频率为 2 的振动, 其中两个质量块以相同的运动幅度沿相反方向运动。

练习

你可以类似地应用可用的计算机代数系统来求解本节习题 1 ~ 20 以及习题 39 ~ 46 (如果你愿意, 可以为后面的这几道题提供初始条件)。

4.3 方程组的数值解法

我们现在来讨论微分方程组解的数值逼近。我们的目标是将 2.4 节至 2.6 节的方法应用于初值问题
$$\boldsymbol{x}' = \boldsymbol{f}(t, \boldsymbol{x}), \quad \boldsymbol{x}(t_0) = \boldsymbol{x}_0, \tag{1}$$
其中方程组是由 m 个一阶微分方程构成的。在式 (1) 中, 自变量是标量 t, 而
$$\boldsymbol{x} = (x_1, x_2, \cdots, x_m) \quad \text{和} \quad \boldsymbol{f} = (f_1, f_2, \cdots, f_m)$$
是向量值函数。若 $\boldsymbol{f}$ 的分量函数及其一阶偏导数在点 $(t_0, \boldsymbol{x}_0)$ 的邻域内均连续, 则附录中的定理 3 和定理 4 保证了问题 (1) 的解 $\boldsymbol{x} = \boldsymbol{x}(t)$ 在 (t 轴上) 包含 t_0 的某个子区间上的存在唯一性。有了这个保证, 我们就可以继续讨论这个解的数值逼近法。

从步长 h 开始, 我们要近似 $\boldsymbol{x}(t)$ 在点 $t_1, t_2, t_3, \cdots$ 处的值, 当 $n \geqslant 0$ 时 $t_{n+1} = t_n + h$。假设我们已经计算出了问题 (1) 的精确解的实际值
$$\boldsymbol{x}(t_1), \quad \boldsymbol{x}(t_2), \quad \boldsymbol{x}(t_3), \quad \cdots, \quad \boldsymbol{x}(t_n)$$
的近似值
$$\boldsymbol{x}_1, \quad \boldsymbol{x}_2, \quad \boldsymbol{x}_3, \quad \cdots, \quad \boldsymbol{x}_n。$$
那么我们可以通过 2.4 节至 2.6 节中的任何一种方法实施从 $\boldsymbol{x}_n$ 到下一个近似值 $\boldsymbol{x}_{n+1} \approx \boldsymbol{x}(t_{n+1})$ 这一步。本质上需要做的就是用目前讨论的向量表示法写出所选方法的迭代公式。

方程组的 Euler 法

例如，方程组的 Euler 法的迭代公式为

$$\boldsymbol{x}_{n+1} = \boldsymbol{x}_n + h\boldsymbol{f}(t, \boldsymbol{x}_n)。 \tag{2}$$

为了检验两个一阶微分方程即 $m=2$ 的情况，让我们写

$$\boldsymbol{x} = \begin{bmatrix} x \\ y \end{bmatrix} \quad \text{和} \quad \boldsymbol{f} = \begin{bmatrix} f \\ g \end{bmatrix}。$$

那么初值问题 (1) 变为

$$\begin{aligned} x' &= f(t, x, y), & x(t_0) &= x_0, \\ y' &= g(t, x, y), & y(t_0) &= y_0, \end{aligned} \tag{3}$$

向量公式 (2) 的标量分量为

$$\begin{aligned} x_{n+1} &= x_n + hf(t_n, x_n, y_n), \\ y_{n+1} &= y_n + hg(t_n, x_n, y_n)。 \end{aligned} \tag{4}$$

注意，式 (4) 中的每个迭代公式都具有单个 Euler 迭代的形式，但是 y_n 作为参数添加到（关于 x_{n+1} 的）第一个公式中，而 x_n 作为参数添加到（关于 y_{n+1} 的）第二个公式中。将 2.4 节至 2.6 节中的其他方法推广到方程组 (3) 遵循类似模式。

用于方程组的改进 Euler 法在每一步包括先计算预测步

$$\boldsymbol{u}_{n+1} = \boldsymbol{x}_n + h\boldsymbol{f}(t_n, \boldsymbol{x}_n) \tag{5}$$

再计算校正步

$$\boldsymbol{x}_{n+1} = \boldsymbol{x}_n + \frac{h}{2}[\boldsymbol{f}(t_n, \boldsymbol{x}_n) + \boldsymbol{f}(t_{n+1}, \boldsymbol{u}_{n+1})]。 \tag{6}$$

对于二维初值问题 (3) 的情况，式 (5) 和式 (6) 的标量分量分别为

$$\begin{aligned} u_{n+1} &= x_n + hf(t_n, x_n, y_n), \\ v_{n+1} &= y_n + hg(t_n, x_n, y_n) \end{aligned} \tag{7}$$

和

$$\begin{aligned} x_{n+1} &= x_n + \frac{h}{2}[f(t_n, x_n, y_n) + f(t_{n+1}, u_{n+1}, v_{n+1})], \\ y_{n+1} &= y_n + \frac{h}{2}[g(t_n, x_n, y_n) + g(t_{n+1}, u_{n+1}, v_{n+1})]。 \end{aligned} \tag{8}$$

例题 1 考虑初值问题

$$\begin{aligned} x' &= 3x - 2y, & x(0) &= 3; \\ y' &= 5x - 4y, & y(0) &= 6。 \end{aligned} \tag{9}$$

方程组 (9) 的精确解为
$$x(t) = 2e^{-2t} + e^t, \qquad y(t) = 5e^{-2t} + e^t。 \tag{10}$$

此处对于式 (3) 我们有 $f(x, y) = 3x - 2y$ 和 $g(x, y) = 5x - 4y$，所以 Euler 迭代公式 (4) 变为
$$x_{n+1} = x_n + h \cdot (3x_n - 2y_n), \qquad y_{n+1} = y_n + h \cdot (5x_n - 4y_n)。$$

当步长 $h = 0.1$ 时，我们计算得到
$$x_1 = 3 + 0.1 \cdot (3 \cdot 3 - 2 \cdot 6) = 2.7,$$
$$y_1 = 6 + 0.1 \cdot (5 \cdot 3 - 4 \cdot 6) = 5.1$$

和
$$x_2 = 2.7 + 0.1 \cdot [3 \cdot (2.7) - 2 \cdot (5.1)] = 2.49,$$
$$y_2 = 5.1 + 0.1 \cdot [5 \cdot (2.7) - 4 \cdot (5.1)] = 4.41。$$

当 $t_2 = 0.2$ 时，由式 (10) 所给的实际值为 $x(0.2) \approx 2.562$ 和 $y(0.2) \approx 4.573$。

当单步步长 $h = 0.2$ 时，为了计算 $x(0.2)$ 和 $y(0.2)$ 的改进 Euler 近似值，我们首先计算预测值
$$u_1 = 3 + 0.2 \cdot (3 \cdot 3 - 2 \cdot 6) = 2.4,$$
$$v_1 = 6 + 0.2 \cdot (5 \cdot 3 - 4 \cdot 6) = 4.2。$$

然后由校正式 (8) 得到
$$x_1 = 3 + 0.1 \cdot [(3 \cdot 3 - 2 \cdot 6) + (3 \cdot 2.4 - 2 \cdot 4.2)] = 2.58,$$
$$y_1 = 6 + 0.1 \cdot [(5 \cdot 3 - 4 \cdot 6) + (5 \cdot 2.4 - 4 \cdot 4.2)] = 4.62。$$

正如我们所料，改进 Euler 单步比普通 Euler 两步能提供更好的精度。∎

Runge-Kutta 法与二阶方程

Runge-Kutta 法向量形式的迭代公式为
$$\boldsymbol{x}_{n+1} = \boldsymbol{x}_n + \frac{h}{6}(\boldsymbol{k}_1 + 2\boldsymbol{k}_2 + 2\boldsymbol{k}_3 + \boldsymbol{k}_4), \tag{11}$$

其中向量 $\boldsymbol{k}_1$, $\boldsymbol{k}_2$, $\boldsymbol{k}_3$ 和 $\boldsymbol{k}_4$ 定义如下 [通过类比 2.6 节式 (5a) $\sim$ (5d)]：
$$\begin{aligned}
\boldsymbol{k}_1 &= \boldsymbol{f}(t_n, \boldsymbol{x}_n), \\
\boldsymbol{k}_2 &= \boldsymbol{f}(t_n + \tfrac{1}{2}h, \boldsymbol{x}_n + \tfrac{1}{2}h\boldsymbol{k}_1), \\
\boldsymbol{k}_3 &= \boldsymbol{f}(t_n + \tfrac{1}{2}h, \boldsymbol{x}_n + \tfrac{1}{2}h\boldsymbol{k}_2), \\
\boldsymbol{k}_4 &= \boldsymbol{f}(t_n + h, \boldsymbol{x}_n + h\boldsymbol{k}_3)。
\end{aligned} \tag{12}$$

为了对二维初值问题

$$\begin{aligned} x' &= f(t, \ x, \ y), & x(t_0) &= x_0, \\ y' &= g(t, \ x, \ y), & y(t_0) &= y_0, \end{aligned} \tag{3}$$

用标量符号描述 Runge-Kutta 法，让我们写

$$\boldsymbol{x} = \left[\begin{array}{c} x \\ y \end{array}\right], \quad \boldsymbol{f} = \left[\begin{array}{c} f \\ g \end{array}\right] \quad \text{和} \quad \boldsymbol{k}_i = \left[\begin{array}{c} F_i \\ G_i \end{array}\right], \ i = 1, \ 2, \ 3, \ 4 \text{。}$$

那么，对于从 $(x_n, \ y_n)$ 到下一个近似值 $(x_{n+1}, \ y_{n+1}) \approx (x(t_{n+1}), \ y(t_{n+1}))$ 这一步，Runge-Kutta 迭代公式为

$$\begin{aligned} x_{n+1} &= x_n + \frac{h}{6}(F_1 + 2F_2 + 2F_3 + F_4), \\ y_{n+1} &= y_n + \frac{h}{6}(G_1 + 2G_2 + 2G_3 + G_4), \end{aligned} \tag{13}$$

其中函数 f 的值 F_1, F_2, F_3 和 F_4 为

$$\begin{aligned} F_1 &= f(t_n, \ x_n, \ y_n), \\ F_2 &= f(t_n + \tfrac{1}{2}h, \ x_n + \tfrac{1}{2}hF_1, \ y_n + \tfrac{1}{2}hG_1), \\ F_3 &= f(t_n + \tfrac{1}{2}h, \ x_n + \tfrac{1}{2}hF_2, \ y_n + \tfrac{1}{2}hG_2), \\ F_4 &= f(t_n + h, \ x_n + hF_3, \ y_n + hG_3), \ ^{\ominus} \end{aligned} \tag{14}$$

G_1, G_2, G_3 和 G_4 是函数 g 的类似定义值。

也许二维 Runge-Kutta 法最常见的应用是数值求解如下形式的二阶初值问题

$$\begin{aligned} x'' &= g(t, \ x, \ x'), \\ x(t_0) &= x_0, \quad x'(t_0) = y_0 \text{。} \end{aligned} \tag{15}$$

如果我们引入辅助变量 $y = x'$，那么问题 (15) 可转化为二维一阶问题

$$\begin{aligned} x' &= y, & x(t_0) &= x_0, \\ y' &= g(t, \ x, \ y), & y(t_0) &= y_0 \text{。} \end{aligned} \tag{16}$$

这是一个形如式 (3) 的问题，其中 $f(t, \ x, \ y) = y$。

如果函数 f 和 g 不太复杂，那么手动实施这里所描述的二维 Runge-Kutta 法合理步数是可行的。但是第一台可操作电子计算机（在第二次世界大战期间）专门用来实现类似于 Runge-Kutta 法的方法，用于炮弹弹道的数值计算。本节应用部分列出了可用于二维方程组的 TI Nspire™ CX II CAS 和 Python 版本的程序 RK2DIM。

$\ominus$ 注意，在求出 F_2 和 G_2 之前，必须先计算 F_1 和 G_1，以此类推。

例题 2 初值问题

$$x'' = -x; \quad x(0) = 0, \quad x'(0) = 1 \tag{17}$$

的精确解为 $x(t) = \sin t$。通过替换 $y = x'$ 可将问题 (17) 转化为二维问题

$$\begin{aligned} x' &= y, & x(0) &= 0; \\ y' &= -x, & y(0) &= 1, \end{aligned} \tag{18}$$

它具有式 (3) 的形式，其中 $f(t, x, y) = y$ 和 $g(t, x, y) = -x$。图 4.3.1 中的表格给出了 $0 \leqslant t \leqslant 5$（弧度）时采用步长 $h = 0.05$ 使用程序 RK2DIM 所产生的结果。所给出的 $x = \sin t$ 和 $y = \cos t$ 的值均精确到小数点后第五位。∎

t	$x=\sin t$	$y=\cos t$
0.5	0.47943	0.87758
1.0	0.84147	0.54030
1.5	0.99749	0.07074
2.0	0.90930	−0.41615
2.5	0.59847	−0.80114
3.0	0.14112	−0.98999
3.5	−0.35078	−0.93646
4.0	−0.75680	−0.65364
4.5	−0.97753	−0.21080
5.0	−0.95892	0.28366

图 4.3.1 问题 (18) 的 Runge-Kutta 值（其中 $h = 0.05$）

例题 3 **月球着陆器** 在 2.3 节例题 4 中，我们考虑了一个最初自由落向月球表面的月球着陆器。当其制动火箭启动时，可以提供 $T = 4 \text{ m/s}^2$ 的减速度。我们发现，当着陆器位于距离月球表面 41870 m（刚刚超过 26 mile）的高度，然后以 450 m/s 的速度下降时，通过点燃这些制动火箭，可以实现在月球表面的软着陆。

现在我们要计算月球着陆器的下降时间。设着陆器到月球中心的距离 $x(t)$ 以米为单位，时间 t 以秒为单位。根据 2.3 节中的分析 [其中我们使用了 $r(t)$ 代替 $x(t)$]，$x(t)$ 满足初值问题

$$\begin{aligned} \frac{\mathrm{d}^2 x}{\mathrm{d}t^2} &= T - \frac{GM}{x^2} = 4 - \frac{4.9044 \times 10^{12}}{x^2}, \\ x(0) &= R + 41870 = 1781870, \quad x'(0) = -450, \end{aligned} \tag{19}$$

其中 $G \approx 6.6726 \times 10^{-11} \text{ N} \cdot (\text{m/kg})^2$ 是万有引力常量，$M = 7.35 \times 10^{22}$ kg 和 $R = 1.74 \times 10^6$ m 分别是月球的质量和半径。当 $x(t) = R = 1740000$ 时，求出 t 的值。

问题 (19) 等价于一阶方程组

$$\begin{aligned} \frac{\mathrm{d}x}{\mathrm{d}t} &= y, \quad x(0) = 1781870; \\ \frac{\mathrm{d}y}{\mathrm{d}t} &= 4 - \frac{4.9044 \times 10^{12}}{x^2}, \quad y(0) = -450。 \end{aligned} \tag{20}$$

图 4.3.2 中的表格给出了步长为 $h = 1$ 的 Runge-Kutta 近似结果（所示数据与步长为 $h = 2$ 所得数据一致）。显然，在月球表面（$x = 1740000$）着陆发生在 $t = 180$ 到 $t = 190$ 秒之间的某个时间。图 4.3.3 中的表格给出了 $t(0) = 180$、$x(0) = 1740059$、$y(0) = -16.83$ 以及 $h = 0.1$ 时的第二个 Runge-Kutta 近似结果。现在很明显，着陆器降落到月球表面的

时间非常接近 187 秒，即 3 分 7 秒。（这两个表中的最终速度项为正值，因为如果着陆器在着陆后没有关闭其制动火箭，着陆器将会开始上升。）

t/s	x/m	$v/(m/s)$
0	1781870	−450.00
20	1773360	−401.04
40	1765826	−352.37
60	1759264	−303.95
80	1753667	−255.74
100	1749033	−207.73
120	1745357	−159.86
140	1742637	−112.11
160	1740872	−64.45
180	1740059	−16.83
200	1740199	30.77

t/s	x/m	$v/(m/s)$
180	1740059	−16.83
181	1740044	−14.45
182	1740030	−12.07
183	1740019	−9.69
184	1740011	−7.31
185	1740005	−4.93
186	1740001	−2.55
187	1740000	−0.17
188	1740001	2.21
189	1740004	4.59
190	1740010	6.97

图 4.3.2　着陆器降落到月球表面

图 4.3.3　重点关注月球着陆器的软着陆

高阶方程组

正如我们在 4.1 节中看到的，任何高阶微分方程组都可以用等价的一阶微分方程组来代替。例如，考虑二阶方程组

$$\begin{aligned} x'' &= F(t,\ x,\ y,\ x',\ y'),\\ y'' &= G(t,\ x,\ y,\ x',\ y')。 \end{aligned} \tag{21}$$

如果我们做如下替换

$$x = x_1,\quad y = x_2,\quad x' = x_3 = x_1',\quad y' = x_4 = x_2',$$

那么我们可以得到由四个一阶方程构成的等价方程组

$$\begin{aligned} x_1' &= x_3,\\ x_2' &= x_4,\\ x_3' &= F(t,\ x_1,\ x_2,\ x_3,\ x_4),\\ x_4' &= G(t,\ x_1,\ x_2,\ x_3,\ x_4), \end{aligned} \tag{22}$$

其中未知函数为 $x_1(t) = x(t)$，$x_2(t) = y(t)$，$x_3(t)$ 和 $x_4(t)$。为了求解这样一个方程组，编写一个四维版本的程序 RK2DIM 是常规（即使有点烦琐的）操作。但是在一种可容纳向量的编程语言中，一个 n 维 Runge-Kutta 程序并不比一个一维程序复杂多少。例如，本节应用部分列出了 n 维 MALTLAB 程序rkn，该程序与图 2.6.11 中的一维程序rk非常相似。

> **例题 4**　**击出的棒球**　假设一个被击出的球从 $x_0 = 0$，$y_0 = 0$ 处以初始速度 $v_0 = 160$ ft/s 和初始倾角 $\theta = 30°$ 开始运动。如果忽略空气阻力，通过 4.1 节和 4.2 节的基本方法，我们发现棒球在撞击地面之前，在 5 s 内移动了 $400\sqrt{3}$ ft（约 693 ft）的（水平）距离。现在假设除了向下的重力加速度（$g = 32$ ft/s^2）外，棒球还受到因空气阻力而产生的大小为 $0.0025v^2$ ft/s^2 的加速度，方向与其瞬时运动方向相反。请确定在这些条件下棒球水平运动的距离。

解答：根据 4.1 节习题 36，棒球的运动方程为

$$\frac{d^2x}{dt^2} = -cv\frac{dx}{dt}, \quad \frac{d^2y}{dt^2} = -cv\frac{dy}{dt} - g, \tag{23}$$

其中 $v = \sqrt{(x')^2 + (y')^2}$ 是球的速度，且在 fps 单位制下 $c = 0.0025$ 和 $g = 32$。我们将其转化为形如式 (22) 的一阶方程组，从而得到由四个一阶微分方程构成的方程组

$$\begin{aligned} x_1' &= x_3, \\ x_2' &= x_4, \\ x_3' &= -cx_3\sqrt{x_3^2 + x_4^2}, \\ x_4' &= -cx_4\sqrt{x_3^2 + x_4^2} - g, \end{aligned} \tag{24}$$

其中

$$\begin{aligned} x_1(0) &= x_2(0) = 0, \\ x_3(0) &= 80\sqrt{3}, \quad x_4(0) = 80。\end{aligned} \tag{25}$$

注意 $x_3(t)$ 和 $x_4(t)$ 只是棒球速度向量的 x 和 y 分量，所以 $v = \sqrt{x_3^2 + x_4^2}$。我们继续应用 Runge-Kutta 法来研究由式 (24) 和式 (25) 中的初值问题所描述的击出的球棒的运动，首先取 $c = 0$ 来忽略空气阻力，然后使用 $c = 0.0025$ 来考虑空气阻力。

无空气阻力：图 4.3.4 给出了使用步长 $h = 0.1$ 和 $c = 0$（无空气阻力）时应用诸如 **rkn** 之类的 Runge-Kutta 程序所得的数值结果。为了便于解释结果，在每个选定步打印的输出量包括棒球的水平和竖直坐标 x 和 y、速度 v 以及其速度向量的倾角 α（从水平方向测量的角度）。当 $c = 0$ 时，这些结果与精确解一致。棒球在 5s 时运动了 $400\sqrt{3} \approx 692.82$ ft 的水平距离，在 2.5 s 后达到 100 ft 的最大高度。同时注意到，棒球以与初始角度和初始速度相同的角度和速度撞击地面。

有空气阻力：图 4.3.5 给出了击出的棒球受空气阻力时使用 $c = 0.0025$ 这一相当现实的值所得到的结果。当任一方向都精确到百分之一英尺以内，采用步长 $h = 0.05$ 和 $h = 0.025$ 所得结果相同。现在我们看到，在空气阻力作用下，棒球在 4 s 多一点的时间内移动了远低于 400 ft 的距离。图 4.3.6 中更精细的数据表明，棒球仅水平移动了约 340 ft，其最大高度仅约 66 ft。如图 4.3.7 所示，空气阻力把一个巨大的本垒打转变成一个常规的飞球（如果

被直接打到中外场）。同时注意到，当球撞击地面时，其速度略低于其初始速度的一半（仅约 79 ft/s），并以更陡的角度（约 46°）下落。每个棒球迷都从经验上观察过飞球轨线的这些方面。∎

t	x	y	v	α
0.0	0.00	0.00	160.00	30
0.5	69.28	36.00	152.63	25
1.0	138.56	64.00	146.64	19
1.5	207.85	84.00	142.21	13
2.0	277.13	96.00	139.48	7
2.5	346.41	100.00	138.56	0
3.0	415.69	96.00	139.48	−7
3.5	484.97	84.00	142.21	−13
4.0	554.26	64.00	146.64	−19
4.5	623.54	36.00	152.63	−25
5.0	692.82	0.00	160.00	−30

图 4.3.4　不受空气阻力（$c=0$）击出的棒球

t	x	y	v	α
0.0	0.00	0.00	160.00	30
0.5	63.25	32.74	127.18	24
1.0	117.11	53.20	104.86	17
1.5	164.32	63.60	89.72	8
2.0	206.48	65.30	80.17	−3
2.5	244.61	59.22	75.22	−15
3.0	279.29	46.05	73.99	−27
3.5	310.91	26.41	75.47	−37
4.0	339.67	0.91	78.66	−46

图 4.3.5　受到空气阻力（$c=0.0025$）击出的棒球

t	x	y	v	α
1.5	164.32	63.60	89.72	8
1.6	173.11	64.60	87.40	5
1.7	181.72	65.26	85.29	3
1.8	190.15	65.60	83.39	1
1.9	198.40	65.61	81.68	−1　←最大高度
2.0	206.48	65.30	80.17	−3
⋮	⋮	⋮	⋮	⋮
3.8	328.50	11.77	77.24	−42
3.9	334.14	6.45	77.93	−44
4.0	339.67	0.91	78.66	−46　←撞击地面
4.1	345.10	−4.84	79.43	−47
4.2	350.41	−10.79	80.22	−49

图 4.3.6　击出的球的最高点及其与地面的撞击信息

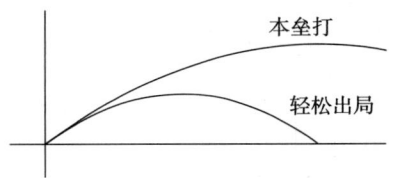

图 4.3.7　"轻松出局"还是本垒打？

可变步长法

对于大型方程组，即使使用计算机，Runge-Kutta 法也需要相当多的计算工作量。因此，正如步长 h 不应太大，否则解中产生的误差不可接受一样，h 也不应太小，否则需要太多的步数，从而产生不可接受的计算量。因此，微分方程的实际数值求解涉及精度和效率之间的权衡。

为了达到这种权衡，现代可变步长法会随着求解过程的进行而改变步长 h。在因变量变化缓慢的区域采用较大的步长；当这些变量快速变化时，采用较小的步长，以防止出现较大误差。

一种自适应或可变步长 Runge-Kutta 法使用预先指定的最小误差容限 MinTol 和最大误差容限 MaxTol，以试图确保从 x_n 到 x_{n+1} 的典型步骤中所产生的误差既不太大（从而不准确）也不太小（从而低效）。为此，一个相当简单的方案可以概述如下：

- 用长度为 $t_n - t_{n-1} = h$ 的 Runge-Kutta 步已得到 x_n，令 $x^{(1)}$ 表示下一个长度为 h 的 Runge-Kutta 步的结果，令 $x^{(2)}$ 表示每个长度都为 $h/2$ 的连续两个 Runge-Kutta 步的结果。
- 由于 $x^{(2)}$ 应该比 $x^{(1)}$ 更精确地接近于 $x(t_n + h)$，取

$$\text{Err} = \left| x^{(1)} - x^{(2)} \right|$$

为 $x^{(1)}$ 的误差估计值。
- 若 MinTol $\leqslant$ Err $\leqslant$ MaxTol，则令 $x_{n+1} = x^{(1)}$，$t_{n+1} = t_n + h$，然后继续下一步。
- 若 Err $<$ MinTol，则误差太小！因此，令 $x_{n+1} = x^{(1)}$，$t_{n+1} = t_n + h$，但是在进行下一步之前将步长加倍到 $2h$。
- 若 Err $>$ MaxTol，则误差太大。因此，摈弃 $x^{(1)}$，并从 x_n 处使用减半的步长 $h/2$ 重新开始。

具体实施这样一个方案可能会很复杂。关于对自适应 Runge-Kutta 法的更完整但可读性更强的讨论，请参阅 William H. Press 等的 *Numerical Recipes: The Art of Scientific Computing*（第三版）一书的 17.2 节。

几个广泛使用的科学计算软件包（如 Maple、Mathematica 和 MATLAB）都包含本质上可求解任意数量的联立微分方程的复杂的可变步长程序。例如，这样一个通用程序可用于对太阳系的主要组成部分——太阳和（已知的）和八大行星和冥王星进行数值模拟。如果 m_i 表示质量，$r_i = (x_i, y_i, z_i)$ 表示这 10 个物体中第 i 个物体的位置向量，那么根据牛顿定律，m_i 的运动方程为

$$m_i r_i'' = \sum_{j \neq i} \frac{G m_i m_j}{(r_{ij})^3} (r_j - r_i), \tag{26}$$

其中 $r_{ij} = |r_j - r_i|$ 表示 m_i 和 m_j 之间的距离。对于每个 $i = 1, 2, 3, \cdots, 10$，式 (26) 中的求和是对 $j \neq i$ 从 1 到 10 的所有值求和。式 (26) 中的 10 个向量方程构成了一个由 30 个二阶标量方程组成的方程组，而等价的一阶方程组由 60 个关于太阳系中 10 个主要天体的坐标和速度分量的微分方程组成。涉及这么多（或更多）微分方程的数学模型在科学、工程和应用技术中相当常见，对它们进行数值分析需要复杂的软硬件。

地球-月球卫星轨道

对于一个需要自适应步长法才能有效求解的程序示例,我们考虑在地球 E 和月球 M 轨道上运行的阿波罗卫星。图 4.3.8 显示了一个 x_1x_2 坐标系,其原点位于地球和月球的质心,并且它以每"月球月"即大约 $\tau = 27.32$ 天一圈的速度旋转,所以地球和月球在 x_1 轴上的位置保持固定。如果我们取地球和月球中心之间的距离(假设为常数,大约 384000 km)作为单位距离,那么它们的坐标是 $E(-\mu, 0)$ 和 $M(1-\mu, 0)$,用地球质量 m_E 和月球质量 m_M 表示 $\mu = m_M/(m_E + m_M)$。如果我们取总质量 $m_E + m_M$ 作为单位质量,并且取 $\tau/(2\pi) \approx 4.35$ 天作为单位时间,那么方程 (26) 中的引力常量为 $G = 1$,并且卫星位置 $S(x_1, x_2)$ 满足的运动方程为

$$
\begin{aligned}
x_1'' &= x_1 + 2x_2' - \frac{(1-\mu)(x_1+\mu)}{(r_E)^3} - \frac{\mu(x_1-1+\mu)}{(r_M)^3}, \\
x_2'' &= x_2 - 2x_1' - \frac{(1-\mu)x_2}{(r_E)^3} - \frac{\mu x_2}{(r_M)^3},
\end{aligned}
\tag{27}
$$

其中 r_E 和 r_M 分别表示卫星到地球和月球的距离(如图 4.3.8 所示)。每个方程右侧的前两项由坐标系的旋转产生。在这里所描述的单位制中,月球质量约为 $m_M = 0.012277471$。通过替换

$$x_1' = x_3, \quad x_2' = x_4, \text{ 因此 } x_1'' = x_3', \quad x_2'' = x_4',$$

二阶方程组 (27) 可以转化为等价的(由四个微分方程构成的)一阶方程组。

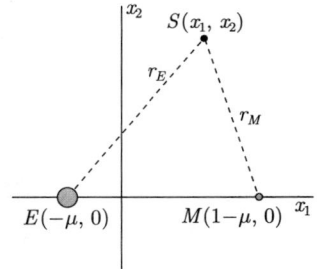

图 4.3.8 地球-月球质心坐标系

假设卫星最初绕月球在半径约为 2400 km 的顺时针圆形轨道上运行。在离地球最远的点($x_1 = 0.994$)处,以初始速度 v_0 将其"发射"到地球-月球轨道。相应的初始条件为

$$x_1(0) = 0.994, \quad x_2(0) = 0, \quad x_3(0) = 0, \quad x_4(0) = -v_0。$$

采用 MATLAB 软件系统中的自适应步长法(ode45)数值求解方程组 (27)。分别使用

$$v_0 = 2.031732629557 \text{ 和 } v_0 = 2.001585106379,$$

可获得图 4.3.9 和图 4.3.10 中的轨道。(在此处所使用的单位制中,速度单位约为 3680 km/h。)在每种情况下,我们都得到了一条绕地球和月球的闭合但多环周期轨道,即所谓的总线轨道,但是初始速度相对较小的变化会改变环的数量!想了解更多信息,请参阅由 O. B. Francis, Jr. 等于 1966 年 6 月 7 日为 NASA-George C. Marshall Space Flight Center 编写的 NASA Contractor Report CR-61139,题目为 "Study of the Methods for the Numerical Solution of Ordinary Differential Equations"。

所谓的月地总线轨道,即卫星反复穿越的闭合轨道,仅在如上所述的旋转的 x_1x_2 坐标系中是周期性的。图 4.3.9 中的卫星大约在其进入轨道 48.4 天后穿越其闭合轨道,并返

回与月球会合的地点。图 4.3.11 和图 4.3.12 描述了同一颗卫星但在以地球为中心的普通非旋转 xy 坐标系中的运动,其中月球沿近圆形轨道逆时针绕地球运行,大约 27.3 天完成一圈。月球从 S 点出发,48.4 天后,它绕地球转了 1.75 圈多一点,到达与卫星会合的 R 点。图 4.3.11 显示了卫星进入其轨道一天半后月球和卫星的位置,它们都沿逆时针方向绕地球运行。图 4.3.12 显示了它们在 R 点会合前一天半的位置,此时,卫星已经在(所示的 xy 坐标系中)看起来像一个缓慢变化的椭圆轨道上绕地球运行了约 2.5 圈。

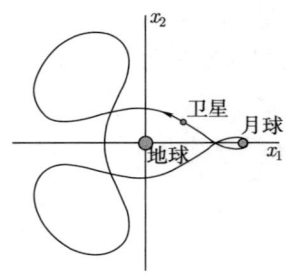

图 4.3.9 发射速度为 $v_0 = 7476$ km/h 时的阿波罗月地总线轨道

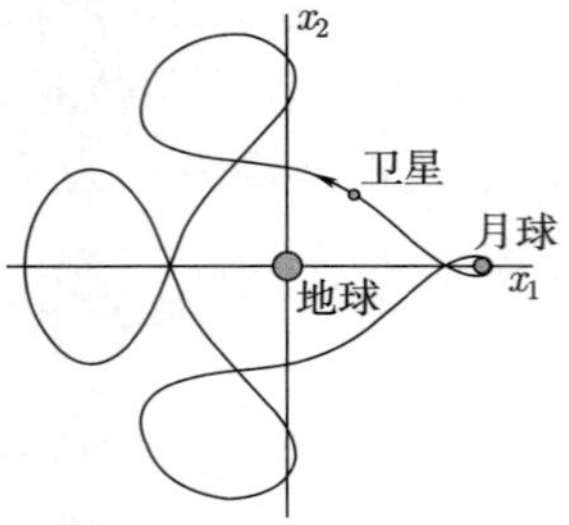

图 4.3.10 发射速度为 $v_0 = 7365$ km/h 时的阿波罗月地总线轨道

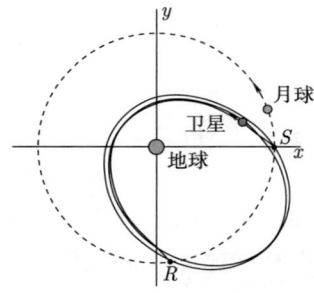

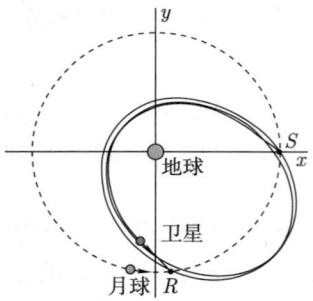

图 4.3.11 在非旋转坐标系中,月球和卫星在卫星从起始点 S 进入轨道 1.5 天后的位置

图 4.3.12 在非旋转坐标系中,月球和卫星在其于 R 点会合前 1.5 天的位置

习题

一个手持式计算器足以解决习题 1~8。在每道题中,已知初值问题及其精确解。请以三种方式近似 $x(0.2)$ 和 $y(0.2)$ 的值:

(a) 采用需要两步的步长为 $h=0.1$ 的 Euler 法;

(b) 采用只需一步的步长为 $h=0.2$ 的改进 Euler 法;

(c) 采用只需一步的步长为 $h=0.2$ 的 Runge-Kutta 法。将近似值与实际值 $x(0.2)$ 和 $y(0.2)$ 进行比较。

1. $x' = x + 2y$, $x(0) = 0$,
   $y' = 2x + y$, $y(0) = 2$;
   $x(t) = e^{3t} - e^{-t}$, $y(t) = e^{3t} + e^{-t}$

2. $x' = 2x + 3y$, $x(0) = 1$,
   $y' = 2x + y$, $y(0) = -1$;
   $x(t) = e^{-t}$, $y(t) = -e^{-t}$

3. $x' = 3x + 4y$, $x(0) = 1$,
   $y' = 3x + 2y$, $y(0) = 1$;

$$x(t) = \frac{1}{7}(8e^{6t} - e^{-t}), \quad y(t) = \frac{1}{7}(6e^{6t} + e^{-t})$$

4. $x' = 9x + 5y$, $x(0) = 1$,
   $y' = -6x - 2y$, $y(0) = 0$;
   $x(t) = -5e^{3t} + 6e^{4t}$, $y(t) = 6e^{3t} - 6e^{4t}$

5. $x' = 2x - 5y$, $x(0) = 2$,
   $y' = 4x - 2y$, $y(0) = 3$;
   $x(t) = 2\cos 4t - \dfrac{11}{4}\sin 4t$,
   $y(t) = 3\cos 4t + \dfrac{1}{2}\sin 4t$

6. $x' = x - 2y$, $x(0) = 0$,
   $y' = 2x + y$, $y(0) = 4$;
   $x(t) = -4e^t \sin 2t$, $y(t) = 4e^t \cos 2t$

7. $x' = 3x - y$, $x(0) = 2$,
   $y' = x + y$, $y(0) = 1$;
   $x(t) = (t+2)e^{2t}$, $y(t) = (t+1)e^{2t}$

8. $x' = 5x - 9y$, $x(0) = 0$,
   $y' = 2x - y$, $y(0) = -1$;
   $x(t) = 3e^{2t} \sin 3t$, $y(t) = e^{2t}(\sin 3t - \cos 3t)$

📱 本节剩余的题需要一台计算机。在习题 9 ~ 12 中，已知初值问题及其精确解。在这四道题中，使用步长分别为 $h = 0.1$ 和 $h = 0.05$ 的 Runge-Kutta 法近似值 $x(1)$ 和 $y(1)$，将结果保留到小数点后第五位。将近似值与实际值进行比较。

9. $x' = 2x - y$, $x(0) = 1$,
   $y' = x + 2y$, $y(0) = 0$;
   $x(t) = e^{2t}\cos t$, $y(t) = e^{2t}\sin t$

10. $x' = x + 2y$, $x(0) = 0$,
    $y' = x + e^{-t}$, $y(0) = 0$;
    $x(t) = \dfrac{1}{9}(2e^{2t} - 2e^{-t} + 6te^{-t})$,
    $y(t) = \dfrac{1}{9}(e^{2t} - e^{-t} + 6te^{-t})$

11. $x' = -x + y - (1 + t^3)e^{-t}$, $x(0) = 0$,
    $y' = -x - y - (t - 3t^2)e^{-t}$, $y(0) = 1$;
    $x(t) = e^{-t}(\sin t - t)$, $y(t) = e^{-t}(\cos t + t^3)$

12. $x'' + x = \sin t$, $x(0) = 0$; $x(t) = \dfrac{1}{2}(\sin t - t\cos t)$

13. **弩箭** 假设以 288 ft/s 的初始速度竖直向上射出一支弩箭。若因空气阻力其减速度为 $0.04v$，则其高度 $x(t)$ 满足初值问题
    $$x'' = -32 - (0.04)x';$$
    $$x(0) = 0, \quad x'(0) = 288。$$
    求出弩箭达到的最大高度以及达到该高度所需的时间。

14. 重复习题 13，但假设因空气阻力弩箭的减速度为 $0.0002v^2$。

15. **抛射物高度** 假设从地球表面以初始速度 v_0 竖直向上发射一枚抛射物。如果不考虑空气阻力，那么在 t 时刻其高度 $x(t)$ 满足初值问题
    $$\frac{\mathrm{d}^2 x}{\mathrm{d}t^2} = -\frac{gR^2}{(x+R)^2}; \quad x(0) = 0, \quad x'(0) = v_0。$$
    使用值 $g = 32.15$ ft/s$^2 \approx 0.006089$ mile/s^2 表示地球表面的重力加速度，$R = 3960$ mile 表示地球半径。如果 $v_0 = 1$ mile/s，求出抛射物达到的最大高度及其上升到该高度所需的时间。

击出的棒球

📱 习题 16 ~ 18 处理例题 4 中被击出的棒球，其初始速度为 160 ft/s，空气阻力系数为 $c = 0.0025$。

16. 求出初始倾角分别为 40°、45° 和 50° 时的射程，即球在撞击地面之前运动的水平距离，及其总飞行时间。

17. 求出使射程最大化的初始倾角（精确到 1°）。若没有空气阻力，它正好是 45°，但你的答案应该小于 45°。

18. 求出射程为 300 ft 时大于 45° 的初始倾角（精确到 0.5°）。

19. **本垒打** 如果由 Babe Ruth 击出的棒球在离本垒板 50 ft 高和 500 ft 水平距离的地方击中看台，求出此棒球的初始速度（其中 $c = 0.0025$，初始倾角为 40°）。

20. **弩箭** 考虑习题 14 的弩箭，以相同初始速度 288 ft/s 射出，空气阻力减速度为 $0.0002v^2$，方向与其运动方向相反。假设这支弩箭从地面以 45° 初始角被射出。求出弩箭竖直飞行的高度和水平飞行的距离，以及它在空中停留的时间。

21. **炮弹** 假设一枚炮弹从地面以 3000 ft/s 的初始速度和 40° 的初始倾角被发射。假设其空气阻力减速度为 $0.0001v^2$。

(a) 炮弹的射程是多少？总飞行时间是多少？撞击地面的速度是多少？

(b) 炮弹的最大高度是多少？何时达到这个高度？

(c) 你会发现炮弹在其轨道顶点处仍在减速。它在下降过程中达到的最低速度是多少？

应用　彗星与航天器

　　请访问 bit.ly/3pKH37R，利用 Maple、Mathematica 和 MATLAB 等计算资源对此主题进行更多讨论和探索。

　　图 4.3.13 列出了 TI-Nspire™ CX II CAS 和 Python 版本的二维 Runge-Kutta 程序 RK2DIM。你应该注意到，它与图 2.6.11 中所列出的一维 Runge-Kutta 程序非常相似，那里的单行（在适当的地方）被替换为这里的两行，以计算一对 x 和 y 值或斜率。还要注意，所使用的符号本质上是本节式 (13) 和式 (14) 的符号。前几行定义了例题 2 所需的函数和初始数据。

TI-Nspire™ CX II CAS	Python	注释
Define rk2dim()=Prgm	# Program RK2DIM	Program title
f(t,x,y):=y	def F(T, X, Y): return Y	Define function f
g(t,x,y):=-x	def G(T, X, Y): return -X	Define function g
n:=50	N = 50	No. of steps
t:=0.0	T = 0.0	Initial t
x:=0.0	X = 0.0	Initial x
y:=1.0	Y = 1.0	Initial y
t1:=5.0	T1 = 5	Final t
h:=(t1-t)/n	H = (T1-T)/N	Step size
For i,1,n	for I in range(N):	Begin loop
t0:=t	T0 = T	Save previous t
x0:=x	X0 = X	Save previous x
y0:=y	Y0 = Y	Save previous y
f1:=f(t,x,y)	F1 = F(T, X, Y)	First f-slope
g1:=g(t,x,y)	G1 = G(T, X, Y)	First g-slope
t:=t0+h/2	T = T0 + H/2	Midpoint t
x:=x0+(h*f1)/2	X = X0 + H*F1/2	Midpt x-predictor
y:=y0+(h*g1)/2	Y = Y0 + H*G1/2	Midpt y-predictor
f2:=f(t,x,y)	F2 = F(T, X, Y)	Second f-slope
g2:=g(t,x,y)	G2 = G(T, X, Y)	Second g-slope
x:=x0+(h*f2)/2	X = X0 + H*F2/2	Midpt x-predictor
y:=y0+(h*g2)/2	Y = Y0 + H*G2/2	Midpt y-predictor
f3:=f(t,x,y)	F3 = F(T, X, Y)	Third f-slope
g3:=g(t,x,y)	G3 = G(T, X, Y)	Third g-slope
t:=t0+h	T = T0 + H	New t
x:=x0+h*f3	X = X0 + H*F3	Endpt x-predictor
y:=y0+h*g3	Y = Y0 + H*G3	Endpt y-predictor
f4:=f(t,x,y)	F4 = F(T, X, Y)	Fourth f-slope
g4:=g(t,x,y)	G4 = G(T, X, Y)	Fourth g-slope
fa:=(f1+2*f2+2*f3+f4)/6	FA = (F1+2*F2+2*F3+F4)/6	Average f-slope
ga:=(g1+2*g2+2*g3+g4)/6	GA = (G1+2*G2+2*G3+G4)/6	Average g-slope
x:=x0+h*fa	X = X0 + H*FA	x-corrector
y:=y0+h*ga	Y = Y0 + H*GA	y-corrector
Disp t,x,y	print (T, X, Y)	Display results
EndFor	# END	End loop
EndPrgm		

图 4.3.13　TI-Nspire™ CX II CAS 和 Python 版本的二维 Runge-Kutta 程序

图 4.3.14 展示了 Runge-Kutta 法的 n 维 MATLAB 实现。MATLAB 函数f定义了待解方程组 $\boldsymbol{x}' = \boldsymbol{f}(t, \boldsymbol{x})$ 中微分方程右侧的向量。然后，rkn函数将初始 t 值t、初始 x 值的列向量x、最终 t 值t1以及期望的子区间数n作为输入量。作为输出，它产生所得的 t 值的列向量T和其行给出相应 x 值的矩阵x。例如，对于图中所示的 $\boldsymbol{f}$，由 MATLAB 命令

```
[T, X] = rkn(0, [0; 1], 5, 50)
```

可以生成图 4.3.1 中的表格所示的数据（其中每个变量的每五个值列出一次）。

你可以使用本节例题 $1 \sim 3$ 来测试你自己的 Runge-Kutta 法的实现。然后研究接下来所描述的彗星和航天器问题。

```
function xp = f(t,x)
xp = x;
xp(1) = x(2);
xp(2) = -x(1);

function [T,Y] = rkn(t,x,t1,n)
h = (t1 - t)/n;                    % step size
T = t;                             % initial t
X = x';                            % initial x-vector
for i = 1:n                        % begin loop
    k1 = f(t,x);                   % first k-vector
    k2 = f(t+h/2,x+h*k1/2);        % second k-vector
    k3 = f(t+h/2,x+h*k2/2);        % third k-vector
    k4 = f(t+h  ,x+h*k3 );         % fourth k-vector
    k  = (k1+2*k2+2*k3+k4)/6;      % average k-vector
    t  = t + h;                    % new t
    x  = x + h*k;                  % new x
    T = [T;t];                     % update t-column
    X = [X;x'];                    % update x-matrix
end                                % end loop
```

图 4.3.14　Runge-Kutta 法的 MATLAB 实现

练习

你的航天器着陆　你的航天器正以恒定速度 V 飞行，接近一个质量为 M、半径为 R 的遥远的类地行星。当启动时，你的减速系统可提供恒定的推力 T，直到撞击行星表面。在减速期间，你离行星中心的距离 $x(t)$ 满足微分方程

$$\frac{\mathrm{d}^2 x}{\mathrm{d}t^2} = T - \frac{GM}{x^2}, \tag{1}$$

其中如例题 3 所示，$G \approx 6.6726 \times 10^{-11}$ N·(m/kg)^2。你的问题是：为了实现软着陆，在距离地表什么高度处应该启动你的减速系统？对于一个合理的问题，你可以取

$$M = 5.97 \times 10^{24} \text{ (kg)},$$
$$R = 6.38 \times 10^{6} \text{ (m)},$$
$$V = p \times 10^{4} \text{ (km/h)},$$
$$T = g + q \text{ (m/s}^2\text{)},$$

其中 $g = GM/R^2$ 是行星表面的重力加速度。选择 p 和 q 分别为你身份证号码中最小和次最小的非零数字。求出"点火高度",精确到米,以及由此产生的"下降时间",精确到十分之一秒。

开普勒行星(或卫星)运动定律 考虑一个在椭圆轨道上围绕质量为 M 的行星运行的卫星,并假设所选的物理单位使得 $GM = 1$(其中 G 为引力常量)。若行星位于 xy 平面的原点处,则卫星的运动方程为

$$\frac{d^2x}{dt^2} = -\frac{x}{(x^2+y^2)^{3/2}}, \quad \frac{d^2y}{dt^2} = -\frac{y}{(x^2+y^2)^{3/2}}。 \tag{2}$$

令 T 表示卫星的公转周期。开普勒第三定律表明,T 的平方与椭圆轨道长半轴 a 的立方成正比。特别地,如果 $GM = 1$,那么

$$T^2 = 4\pi^2 a^3。 \tag{3}$$

[详见 Edwards 和 Penney 的 *Calculus: Early Transcendentals*(第 7 版)的 4.11.6 节。] 若引入卫星的 x 和 y 速度分量 $x_3 = x' = x_1'$ 和 $x_4 = y' = x_2'$,则可以将方程组 (2) 转化为由四个一阶微分方程构成的方程组,其形式与 4.3 节方程 (22) 的形式相同。

(a) 数值求解具有如下初始条件的这个 4×4 方程组:

$$x(0) = 1, \quad y(0) = 0, \quad x'(0) = 0, \quad y'(0) = 1,$$

其解理论上对应于半径为 $a = 1$ 的圆形轨道,所以由式 (3) 可得 $T = 2\pi$。这会是你得到的结果吗?

(b) 现在数值求解具有如下初始条件的方程组:

$$x(0) = 1, \quad y(0) = 0, \quad x'(0) = 0, \quad y'(0) = \frac{1}{2}\sqrt{6},$$

其解理论上对应于长半轴为 $a = 2$ 的椭圆轨道,所以由式 (3) 可得 $T = 4\pi\sqrt{2}$。这会是你得到的结果吗?

哈雷彗星 哈雷彗星最后一次到达近日点(其最接近位于原点的太阳的点)是在 1986 年 2 月 9 日。当时的位置和速度分量分别为

$$\boldsymbol{p}_0 = (0.325514, \ -0.459460, \ 0.166229),$$
$$\boldsymbol{v}_0 = (-9.096111, \ -6.916686, \ -1.305721),$$

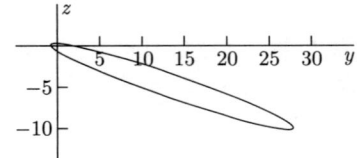

图 4.3.15 哈雷彗星轨道在 yz 平面上的投影。

其中位置以 AU(天文单位,以地球轨道的长半轴为单位距离)为单位,时间以年为单位。在此系统中,彗星的三维运动方程为

$$\frac{d^2x}{dt^2} = -\frac{\mu x}{r^3}, \quad \frac{d^2y}{dt^2} = -\frac{\mu y}{r^3}, \quad \frac{d^2z}{dt^2} = -\frac{\mu z}{r^3}, \tag{4}$$

其中

$$\mu = 4\pi^2 \quad \text{和} \quad r = \sqrt{x^2+y^2+z^2}。$$

数值求解方程组 (4),以验证图 4.3.15 所示哈雷彗星轨道在 yz 平面上投影的外观。同时绘制轨道在 xy 平面和 xz 平面上的投影。

图 4.3.16 显示了哈雷彗星到太阳的距离 $r(t)$ 的图形。观察这幅图发现,哈雷彗星在不到 40 年的时间里达到约 35 AU 的最大距离(在远日点),并在大约四分之三个世纪后返回近日点。图 4.3.17 中的近距离观察表明,哈雷彗星的公转周期约为 76 年。请利用你的数值解来完善这些观察结果。并给出你对彗星下一次经过近日点的日期的最佳估计。

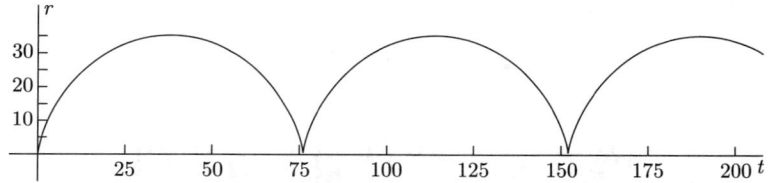

图 4.3.16 哈雷彗星到太阳的距离 $r(t)$ 在 200 年内的图形。在 $t = 75$ 附近是否存在尖点？

你自己的彗星 2007 年你生日的前一天晚上，你在附近的山顶上安装好你的望远镜。这是一个晴朗的夜晚，你很幸运：凌晨 0 点 30 分，你发现了一颗新的彗星。在连续几个晚上重复观测之后，你就可以计算出它在第一个晚上的太阳系坐标 $\boldsymbol{p}_0 = (x_0, y_0, z_0)$ 及其速度向量 $\boldsymbol{v}_0 = (v_{x0}, v_{y0}, v_{z0})$。使用这些信息，确定以下内容：

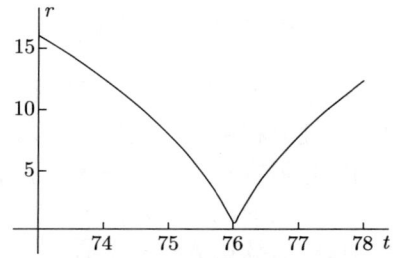

- 彗星的近日点（离太阳最近的点）和远日点（离太阳最远的点），
- 彗星在近日点和远日点处的速度，
- 彗星绕太阳公转的周期，
- 彗星下两次经过近日点的日期。

图 4.3.17 近距离观察哈雷彗星在大约 76 年后经过近日点

以 AU 为长度单位，以地球年为时间单位，你的彗星的运动方程可由式 (4) 给出。对于你自己的彗星，从随机的初始位置和速度向量开始，它们的数量级与哈雷彗星的相同。如有必要，重复随机选择初始位置和速度向量，直到你得到一个远在地球轨道之外的貌似合理的偏心轨道（就像大多数真正的彗星一样）。

第 5 章 线性微分方程组

5.1 矩阵与线性方程组

尽管 4.2 节的简单消元技术足以求解只包含两个或三个常系数方程的小型线性方程组，但是线性方程组的一般性质，以及适用于较大型方程组的求解方法，使用向量和矩阵的语言和符号最容易简洁地描述。为了便于参考和回顾，本节从对所需的矩阵符号和术语进行完整且独立的说明开始。线性代数的特殊技术，特别是与特征值和特征向量相关的技术，将在本章的后续章节中根据需要进行介绍。

对矩阵符号和术语进行回顾

一个 $m \times n$ **矩阵** $\boldsymbol{A}$ 是一个由排列成 m（水平）**行**和 n（竖直）**列**的 mn 个数（或元素）组成的矩形数组：

$$\boldsymbol{A} = \begin{bmatrix} a_{11} & a_{12} & a_{13} & \cdots & a_{1j} & \cdots & a_{1n} \\ a_{21} & a_{22} & a_{23} & \cdots & a_{2j} & \cdots & a_{2n} \\ a_{31} & a_{32} & a_{33} & \cdots & a_{3j} & \cdots & a_{3n} \\ \vdots & \vdots & \vdots & & \vdots & & \vdots \\ a_{i1} & a_{i2} & a_{i3} & \cdots & a_{ij} & \cdots & a_{in} \\ \vdots & \vdots & \vdots & & \vdots & & \vdots \\ a_{m1} & a_{m2} & a_{m3} & \cdots & a_{mj} & \cdots & a_{mn} \end{bmatrix} \text{。} \qquad (1)$$

我们通常用**黑斜体**大写字母表示矩阵。有时我们用缩写形式 $\boldsymbol{A} = [a_{ij}]$ 表示如式 (1) 所示在第 i 行第 j 列具有元素 a_{ij} 的矩阵。我们用

$$\boldsymbol{0} = \begin{bmatrix} 0 & 0 & \cdots & 0 \\ 0 & 0 & \cdots & 0 \\ \vdots & \vdots & & \vdots \\ 0 & 0 & \cdots & 0 \end{bmatrix} \qquad (2)$$

表示**零矩阵**，它的所有元素都是零。实际上，对于每对正整数 m 和 n，都有一个 $m \times n$ 零矩阵，但单一符号 $\boldsymbol{0}$ 足以表示所有这些零矩阵。

两个 $m \times n$ 矩阵 $\boldsymbol{A} = [a_{ij}]$ 和 $\boldsymbol{B} = [b_{ij}]$ 被称为**相等的**，如果对应元素都相等，即如果

对于 $1 \leqslant i \leqslant m$ 和 $1 \leqslant j \leqslant n$ 都有 $a_{ij} = b_{ij}$。我们通过相应元素相加将 A 和 B 相加：
$$A + B = [a_{ij}] + [b_{ij}] = [a_{ij} + b_{ij}]。 \tag{3}$$
因此，$C = A + B$ 的第 i 行第 j 列的元素是 $c_{ij} = a_{ij} + b_{ij}$。矩阵 A 乘以数 c 只需要将其每个元素乘以 c：
$$cA = Ac = [ca_{ij}]。 \tag{4}$$

例题 1 如果
$$A = \begin{bmatrix} 2 & -3 \\ 4 & 7 \end{bmatrix}, \quad B = \begin{bmatrix} -13 & 10 \\ 7 & -5 \end{bmatrix} \quad 和 \quad C = \begin{bmatrix} 3 & 0 \\ 5 & -7 \end{bmatrix},$$
那么
$$A + B = \begin{bmatrix} 2 & -3 \\ 4 & 7 \end{bmatrix} + \begin{bmatrix} -13 & 10 \\ 7 & -5 \end{bmatrix} = \begin{bmatrix} -11 & 7 \\ 11 & 2 \end{bmatrix}$$
和
$$6C = 6 \cdot \begin{bmatrix} 3 & 0 \\ 5 & -7 \end{bmatrix} = \begin{bmatrix} 18 & 0 \\ 30 & -42 \end{bmatrix}。 \blacksquare$$

我们用 $-A$ 表示 $(-1)A$，并定义矩阵的减法为
$$A - B = A + (-B)。 \tag{5}$$

刚才定义的矩阵运算具有如下性质，每个性质都类似于实数系统的一个熟悉的代数性质：

$$A + 0 = 0 + A = A, \quad A - A = 0; \tag{6}$$

$$A + B = B + A \qquad （交换律）; \tag{7}$$

$$A + (B + C) = (A + B) + C \qquad （结合律）; \tag{8}$$

$$\begin{aligned} c(A + B) &= cA + cB \\ (c + d)A &= cA + dA \end{aligned} \qquad （分配律）。 \tag{9}$$

这些性质都很容易通过对逐个元素应用实数的相应性质来验证。例如，因为实数的加法是可交换的，所以对于所有 i 和 j 都有 $a_{ij} + b_{ij} = b_{ij} + a_{ij}$。因此
$$A + B = [a_{ij} + b_{ij}] = [b_{ij} + a_{ij}] = B + A。$$

$m \times n$ 矩阵 $A = [a_{ij}]$ 的**转置** A^{T} 为 $n \times m$（注意！）矩阵，其第 j 列是 A 的第 j 行（所以其第 i 行是 A 的第 i 列）。因此 $A^{\mathrm{T}} = [a_{ji}]$，尽管这在符号上并不完美；必须记住，除非 A 是**方阵**，即除非 $m = n$，否则 A^{T} 不会和 A 有相同的形状。

一个 $m \times 1$ 矩阵，即仅有单列的矩阵，被称为**列向量**，或者简称为**向量**。我们经常用**黑体**小写字母表示列向量，如下所示

$$\boldsymbol{b} = \begin{bmatrix} 3 \\ -7 \\ 0 \end{bmatrix} \quad \text{或者} \quad \boldsymbol{x} = \begin{bmatrix} x_1 \\ x_2 \\ \vdots \\ x_m \end{bmatrix}。$$

类似地，**行向量**是一个 $1 \times n$ 矩阵，即仅有单行的矩阵，例如 $\boldsymbol{c} = \begin{bmatrix} 5 & 17 & 0 & -3 \end{bmatrix}$。出于美观和排版的原因，我们经常将列向量写成行向量的转置；例如，前面的两个列向量可以被写成如下形式：

$$\boldsymbol{b} = \begin{bmatrix} 3 & -7 & 0 \end{bmatrix}^{\mathrm{T}} \quad \text{和} \quad \boldsymbol{x} = \begin{bmatrix} x_1 & x_2 & \cdots & x_m \end{bmatrix}^{\mathrm{T}}。$$

有时用 m 个行向量或者 n 个列向量来描述一个 $m \times n$ 矩阵是很方便的。因此，如果我们写成

$$\boldsymbol{A} = \begin{bmatrix} \boldsymbol{a}_1 \\ \boldsymbol{a}_2 \\ \vdots \\ \boldsymbol{a}_m \end{bmatrix} \quad \text{和} \quad \boldsymbol{B} = \begin{bmatrix} \boldsymbol{b}_1 & \boldsymbol{b}_2 & \cdots & \boldsymbol{b}_n \end{bmatrix},$$

不言而喻，$\boldsymbol{a}_1, \boldsymbol{a}_2, \cdots, \boldsymbol{a}_m$ 是矩阵 $\boldsymbol{A}$ 的行向量，$\boldsymbol{b}_1, \boldsymbol{b}_2, \cdots, \boldsymbol{b}_n$ 是矩阵 $\boldsymbol{B}$ 的列向量。

矩阵乘法

式 (6) 至式 (9) 中列出的性质是很自然的和意料之中的。矩阵运算领域的第一个惊喜来自乘法运算。我们首先定义元素数量都为 p 的行向量 $\boldsymbol{a}$ 和列向量 $\boldsymbol{b}$ 的**标量积**。如果

$$\boldsymbol{a} = \begin{bmatrix} a_1 & a_2 & \cdots & a_p \end{bmatrix}, \quad \boldsymbol{b} = \begin{bmatrix} b_1 & b_2 & \cdots & b_p \end{bmatrix}^{\mathrm{T}},$$

那么 $\mathbf{a} \cdot \mathbf{b}$ 定义为

$$\boldsymbol{a} \cdot \boldsymbol{b} = \sum_{k=1}^{p} a_k b_k = a_1 b_1 + a_2 b_2 + \cdots + a_p b_p, \tag{10}$$

与两个向量的标量积或点积完全相同，这是初等微积分中熟悉的主题。

两个矩阵的乘积 $\boldsymbol{AB}$ 只有当 $\boldsymbol{A}$ 的列数等于 $\boldsymbol{B}$ 的行数时才有定义。如果 $\boldsymbol{A}$ 是一个 $m \times p$ 矩阵，$\boldsymbol{B}$ 是一个 $p \times n$ 矩阵，那么它们的**乘积** $\boldsymbol{AB}$ 是一个 $m \times n$ 矩阵 $\boldsymbol{C} = [c_{ij}]$，其中 C_{ij} 是 $\boldsymbol{A}$ 的第 i 行向量 $\boldsymbol{a}_i$ 与 $\boldsymbol{B}$ 的第 j 列向量 $\boldsymbol{b}_j$ 的标量积。因此

$$\boldsymbol{C} = \boldsymbol{AB} = [\boldsymbol{a}_i \cdot \boldsymbol{b}_j]。 \tag{11}$$

用 $\boldsymbol{A} = [a_{ij}]$ 和 $\boldsymbol{B} = [b_{ij}]$ 的单个元素表示，式 (11) 可以重新写成如下形式：

$$c_{ij} = \sum_{k=1}^{p} a_{ik} b_{kj}。 \tag{12}$$

为了便于手工计算，式 (11) 和式 (12) 中的定义很容易通过下列可视化图片来记忆：

$$\boldsymbol{a}_i \longrightarrow \begin{bmatrix} a_{11} & a_{12} & \cdots & a_{1p} \\ a_{21} & a_{22} & \cdots & a_{2p} \\ \vdots & \vdots & & \vdots \\ a_{i1} & a_{i2} & \cdots & a_{ip} \\ \vdots & \vdots & & \vdots \\ a_{m1} & a_{m2} & \cdots & a_{mp} \end{bmatrix} \begin{bmatrix} b_{11} & b_{12} & \cdots & b_{1j} & \cdots & b_{1n} \\ b_{21} & b_{22} & \cdots & b_{2j} & \cdots & b_{2n} \\ \vdots & \vdots & & \vdots & & \vdots \\ b_{p1} & b_{p2} & \cdots & b_{pj} & \cdots & b_{pn} \\ & & & \uparrow \\ & & & \boldsymbol{b}_j \end{bmatrix},$$

这表明我们可以通过建立行向量 $\boldsymbol{a}_i$ 与列向量 $\boldsymbol{b}_j$ 的点积来得到 $\boldsymbol{AB}$ 的第 i 行第 j 列的元素 c_{ij}。想成"将 $\boldsymbol{A}$ 的行倒到 $\boldsymbol{B}$ 的列上"可能会有所帮助。这也提醒我们 $\boldsymbol{A}$ 的列数必须等于 $\boldsymbol{B}$ 的行数。

例题 2 通过验证以下公式来检查你对矩阵乘法定义的理解，如果

$$\boldsymbol{A} = \begin{bmatrix} 2 & -3 \\ -1 & 5 \end{bmatrix}, \quad \boldsymbol{B} = \begin{bmatrix} 13 & 9 \\ 4 & 0 \end{bmatrix},$$

那么

$$\boldsymbol{AB} = \begin{bmatrix} 2 & -3 \\ -1 & 5 \end{bmatrix} \begin{bmatrix} 13 & 9 \\ 4 & 0 \end{bmatrix} = \begin{bmatrix} 14 & 18 \\ 7 & -9 \end{bmatrix}。$$

类似地，验证

$$\begin{bmatrix} 2 & -3 & 1 \\ 4 & 5 & -2 \\ 6 & -7 & 0 \end{bmatrix} \begin{bmatrix} x \\ y \\ z \end{bmatrix} = \begin{bmatrix} 2x - 3y + z \\ 4x + 5y - 2z \\ 6x - 7y \end{bmatrix}$$

以及

$$\begin{bmatrix} 1 & 2 \\ 3 & 4 \\ 5 & 6 \\ 7 & 8 \end{bmatrix} \begin{bmatrix} 2 & 1 & 3 \\ -1 & 3 & -2 \end{bmatrix} = \begin{bmatrix} 0 & 7 & -1 \\ 2 & 15 & 1 \\ 4 & 23 & 3 \\ 6 & 31 & 5 \end{bmatrix}。$$

通过根据矩阵乘法的定义直接进行计算（虽然冗长）可以证明，矩阵乘法满足结合律，并且关于矩阵加法也满足分配律，即

$$\boldsymbol{A}(\boldsymbol{BC}) = (\boldsymbol{AB})\boldsymbol{C} \tag{13}$$

和
$$A(B+C) = AB + AC, \tag{14}$$
只要矩阵的维数使得所显示的乘法和加法都是可能的。

但是矩阵乘法是不可交换的。也就是说,如果 A 和 B 都是 $n \times n$ 矩阵(使得乘积 AB 和 BA 都有定义并且具有相同维数 $n \times n$),那么一般来说,
$$AB \neq BA。\tag{15}$$
此外,可能发生
$$AB = 0 \quad 即使 \quad A \neq 0 \quad 且 \quad B \neq 0。\tag{16}$$
在习题中你可以发现说明式 (15) 和式 (16) 中现象的例子,然而你可以很容易地使用具有小整数元素的 2×2 矩阵构建自己的例子。

逆矩阵

一个 $n \times n$ 方阵被称为 n **阶矩阵**。n 阶**单位**矩阵是方阵
$$I = \begin{bmatrix} 1 & 0 & 0 & 0 & \cdots & 0 \\ 0 & 1 & 0 & 0 & \cdots & 0 \\ 0 & 0 & 1 & 0 & \cdots & 0 \\ 0 & 0 & 0 & 1 & \cdots & 0 \\ \vdots & \vdots & \vdots & \vdots & & \vdots \\ 0 & 0 & 0 & 0 & \cdots & 1 \end{bmatrix}, \tag{17}$$
其中**主对角线**上的每个元素都是 1,所有非对角线上的元素都是零。对于每个与 I 同阶的方阵 A,很容易验证
$$AI = A = IA。\tag{18}$$

如果 A 是一个方阵,那么 A 的**逆矩阵**就是一个与 A 同阶的方阵 B,并且使得
$$AB = I, \quad BA = I$$
都成立。不难证明,如果矩阵 A 有逆矩阵,那么这个逆矩阵是唯一的。我们用 A^{-1} 表示 A 的逆矩阵。因此,若已知 A^{-1} 存在,则
$$AA^{-1} = I = A^{-1}A。\tag{19}$$
很明显在考虑任何零方阵的情况下,有些方阵没有逆矩阵。也很容易证明,如果 A^{-1} 存在,那么 $(A^{-1})^{-1}$ 存在,并且 $(A^{-1})^{-1} = A$。

在线性代数中已证明,当且仅当方阵 A 的行列式 $\det(A)$ 非零时,A^{-1} 存在。若 $\det(A) \neq 0$,则矩阵 A 被称为**非奇异**矩阵;若 $\det(A) = 0$,则 A 被称为**奇异**矩阵。

行列式

我们假设学生在之前的课程中已经计算过 2×2 和 3×3 行列式。如果 $\boldsymbol{A} = [a_{ij}]$ 是一个 2×2 矩阵，那么其**行列式** $\det(\boldsymbol{A}) = |\boldsymbol{A}|$ 定义为

$$|\boldsymbol{A}| = \begin{vmatrix} a_{11} & a_{12} \\ a_{21} & a_{22} \end{vmatrix} = a_{11}a_{22} - a_{12}a_{21}。$$

高阶行列式可以由如下所示的归纳法定义。如果 $\boldsymbol{A} = [a_{ij}]$ 是一个 $n \times n$ 矩阵，令 $\boldsymbol{A}_{ij}$ 表示通过删除 $\boldsymbol{A}$ 的第 i 行和第 j 列所得到的 $(n-1) \times (n-1)$ 矩阵。行列式 $|\boldsymbol{A}|$ 沿其第 i 行的展开式可由下式给出

$$|\boldsymbol{A}| = \sum_{j=1}^{n}(-1)^{i+j}a_{ij}|\boldsymbol{A}_{ij}| \qquad (i \text{ 固定}), \tag{20a}$$

沿其第 j 列的展开式为

$$|\boldsymbol{A}| = \sum_{i=1}^{n}(-1)^{i+j}a_{ij}|\boldsymbol{A}_{ij}| \qquad (j \text{ 固定})。 \tag{20b}$$

在线性代数中已证明，在式 (20a) 中无论我们使用哪一行以及在式 (20b) 中无论我们使用哪一列，在所有 $2n$ 种情况下结果都是相同的。因此这些公式都很好地定义了 $|\boldsymbol{A}|$。

例题 3 如果

$$\boldsymbol{A} = \begin{bmatrix} 3 & 1 & -2 \\ 4 & 2 & 1 \\ -2 & 3 & 5 \end{bmatrix},$$

那么 $|\boldsymbol{A}|$ 沿其第二行的展开式为

$$|\boldsymbol{A}| = -4 \cdot \begin{vmatrix} 1 & -2 \\ 3 & 5 \end{vmatrix}^{\ominus} + 2 \cdot \begin{vmatrix} 3 & -2 \\ -2 & 5 \end{vmatrix} - 1 \cdot \begin{vmatrix} 3 & 1 \\ -2 & 3 \end{vmatrix}$$

$$= -4 \cdot 11 + 2 \cdot 11 - 1 \cdot 11 = -33。$$

同时 $|\boldsymbol{A}|$ 沿其第三列的展开式为

$$|\boldsymbol{A}| = -2 \cdot \begin{vmatrix} 4 & 2 \\ -2 & 3 \end{vmatrix} - 1 \cdot \begin{vmatrix} 3 & 1 \\ -2 & 3 \end{vmatrix} + 5 \cdot \begin{vmatrix} 3 & 1 \\ 4 & 2 \end{vmatrix}$$

$$= -2 \cdot 16 - 1 \cdot 11 + 5 \cdot 2 = -33。$$

计算器和计算机便于计算高维行列式和逆矩阵，而 2×2 矩阵的行列式和逆矩阵易于

㊀ 这是通过删除 $\boldsymbol{A}$ 中包含 4 的行和列所得到的矩阵。

手工计算。例如，如果 2×2 矩阵

$$\boldsymbol{A} = \begin{bmatrix} a & b \\ c & d \end{bmatrix}$$

具有非零行列式 $|\boldsymbol{A}| = ad - bc \neq 0$，那么其逆矩阵为

$$\boldsymbol{A}^{-1} = \frac{1}{|\boldsymbol{A}|} \begin{bmatrix} d & -b \\ -c & a \end{bmatrix}。 \tag{21}$$

注意，式 (21) 右侧的矩阵是通过对 $\boldsymbol{A}$ 交换对角线元素并改变非对角线元素的符号得到的。

例题 4 如果

$$\boldsymbol{A} = \begin{bmatrix} 6 & 8 \\ 5 & 7 \end{bmatrix},$$

那么 $|\boldsymbol{A}| = 6 \cdot 7 - 5 \cdot 8 = 2$。因此，由式 (21) 可知

$$\boldsymbol{A}^{-1} = \frac{1}{2} \begin{bmatrix} 7 & -8 \\ -5 & 6 \end{bmatrix} = \begin{bmatrix} \frac{7}{2} & -4 \\ -\frac{5}{2} & 3 \end{bmatrix}。$$

你应该停下来验证一下

$$\boldsymbol{A}^{-1}\boldsymbol{A} = \begin{bmatrix} \frac{7}{2} & -4 \\ -\frac{5}{2} & 3 \end{bmatrix} \begin{bmatrix} 6 & 8 \\ 5 & 7 \end{bmatrix} = \begin{bmatrix} 1 & 0 \\ 0 & 1 \end{bmatrix}。 \quad \blacksquare$$

矩阵值函数

矩阵值函数或简称**矩阵函数**是诸如

$$\boldsymbol{x}(t) = \begin{bmatrix} x_1(t) \\ x_2(t) \\ \vdots \\ x_n(t) \end{bmatrix} \tag{22a}$$

或

$$\boldsymbol{A}(t) = \begin{bmatrix} a_{11}(t) & a_{12}(t) & \cdots & a_{1n}(t) \\ a_{21}(t) & a_{22}(t) & \cdots & a_{2n}(t) \\ \vdots & \vdots & & \vdots \\ a_{m1}(t) & a_{m2}(t) & \cdots & a_{mn}(t) \end{bmatrix} \tag{22b}$$

这样的矩阵，其中每个元素都是 t 的函数。如果矩阵函数 $\boldsymbol{A}(t)$ 的每个元素在一点（或一个区间上）都连续（或可微），我们就称 $\boldsymbol{A}(t)$ 在这一点（或这个区间上）**连续**（或**可微**）。可微矩阵函数的导数是通过对逐个元素求导来定义的，即

$$\boldsymbol{A}'(t) = \frac{\mathrm{d}\boldsymbol{A}}{\mathrm{d}t} = \left[\frac{\mathrm{d}a_{ij}}{\mathrm{d}t}\right]。 \tag{23}$$

例题 5 如果

$$\boldsymbol{x}(t) = \begin{bmatrix} t \\ t^2 \\ \mathrm{e}^{-t} \end{bmatrix}, \quad \boldsymbol{A}(t) = \begin{bmatrix} \sin t & 1 \\ t & \cos t \end{bmatrix},$$

那么

$$\frac{\mathrm{d}\boldsymbol{x}}{\mathrm{d}t} = \begin{bmatrix} 1 \\ 2t \\ -\mathrm{e}^{-t} \end{bmatrix}, \quad \boldsymbol{A}'(t) = \begin{bmatrix} \cos t & 0 \\ 1 & -\sin t \end{bmatrix}。$$ ∎

求导法则

$$\frac{\mathrm{d}}{\mathrm{d}t}(\boldsymbol{A}+\boldsymbol{B}) = \frac{\mathrm{d}\boldsymbol{A}}{\mathrm{d}t} + \frac{\mathrm{d}\boldsymbol{B}}{\mathrm{d}t} \tag{24}$$

和

$$\frac{\mathrm{d}}{\mathrm{d}t}(\boldsymbol{AB}) = \boldsymbol{A}\frac{\mathrm{d}\boldsymbol{B}}{\mathrm{d}t} + \frac{\mathrm{d}\boldsymbol{A}}{\mathrm{d}t}\boldsymbol{B}, \tag{25}$$

通过对逐个元素应用初等微积分中对实值函数的类似求导法则，很容易得到这些法则。如果 c 是一个（常）实数，且 $\boldsymbol{C}$ 是一个常数矩阵，那么

$$\frac{\mathrm{d}}{\mathrm{d}t}(c\boldsymbol{A}) = c\frac{\mathrm{d}\boldsymbol{A}}{\mathrm{d}t}, \quad \frac{\mathrm{d}}{\mathrm{d}t}(\boldsymbol{CA}) = \boldsymbol{C}\frac{\mathrm{d}\boldsymbol{A}}{\mathrm{d}t} \quad \text{和} \quad \frac{\mathrm{d}}{\mathrm{d}t}(\boldsymbol{AC}) = \frac{\mathrm{d}\boldsymbol{A}}{\mathrm{d}t}\boldsymbol{C}。 \tag{26}$$

由于矩阵乘法的不可交换性，重要的是不要颠倒式 (25) 和式 (26) 中因子的顺序。

一阶线性方程组

矩阵和向量的符号和术语在第一次接触时可能看起来相当复杂，但它很容易通过练习来理解。矩阵符号的一个主要用途是简化微分方程组的计算，尤其是那些用标量符号表示会很麻烦的计算。

我们在此讨论由如下 n 个一阶线性方程构成的一般方程组

$$\begin{aligned} x_1' &= p_{11}(t)x_1 + p_{12}(t)x_2 + \cdots + p_{1n}(t)x_n + f_1(t), \\ x_2' &= p_{21}(t)x_1 + p_{22}(t)x_2 + \cdots + p_{2n}(t)x_n + f_2(t), \\ x_3' &= p_{31}(t)x_1 + p_{32}(t)x_2 + \cdots + p_{3n}(t)x_n + f_3(t), \end{aligned} \tag{27}$$

$$\vdots$$

$$x'_n = p_{n1}(t)x_1 + p_{n2}(t)x_2 + \cdots + p_{nn}(t)x_n + f_n(t).$$

如果我们引入系数矩阵

$$\boldsymbol{P}(t) = [p_{ij}(t)]$$

以及列向量

$$\boldsymbol{x} = [x_i] \quad \text{和} \quad \boldsymbol{f}(t) = [f_i(t)],$$

那么方程组 (27) 可以采取如下单个矩阵方程的形式

$$\frac{\mathrm{d}\boldsymbol{x}}{\mathrm{d}t} = \boldsymbol{P}(t)\boldsymbol{x} + \boldsymbol{f}(t). \tag{28}$$

我们将看到线性方程组 (27) 的一般理论与单个 n 阶方程的一般理论非常相似。方程 (28) 中使用的矩阵符号不仅强调了这种相似，而且节省了大量的空间。

方程 (28) 在开区间 I 上的**解**是一个列向量函数 $\boldsymbol{x}(t) = [x_i(t)]$，使得 $\boldsymbol{x}$ 的分量函数在 I 上完全满足方程组 (27)。如果函数 $p_{ij}(t)$ 和 $f_i(t)$ 在 I 上都连续，那么 4.1 节的定理 1 保证了满足预设初始条件 $\boldsymbol{x}(a) = \boldsymbol{b}$ 的唯一解 $\boldsymbol{x}(t)$ 在 I 上的存在性。

例题 6 一阶方程组

$$x'_1 = 4x_1 - 3x_2,$$
$$x'_2 = 6x_1 - 7x_2$$

可以被写成单个矩阵方程

$$\frac{\mathrm{d}\boldsymbol{x}}{\mathrm{d}t} = \begin{bmatrix} 4 & -3 \\ 6 & -7 \end{bmatrix} \boldsymbol{x} = \boldsymbol{P}\boldsymbol{x}.$$

为了验证向量函数

$$\boldsymbol{x}_1(t) = \begin{bmatrix} 3\mathrm{e}^{2t} \\ 2\mathrm{e}^{2t} \end{bmatrix} \quad \text{和} \quad \boldsymbol{x}_2(t) = \begin{bmatrix} \mathrm{e}^{-5t} \\ 3\mathrm{e}^{-5t} \end{bmatrix}$$

都是具有系数矩阵 $\boldsymbol{P}$ 的矩阵微分方程的解，我们只需要计算

$$\boldsymbol{P}\boldsymbol{x}_1 = \begin{bmatrix} 4 & -3 \\ 6 & -7 \end{bmatrix} \begin{bmatrix} 3\mathrm{e}^{2t} \\ 2\mathrm{e}^{2t} \end{bmatrix} = \begin{bmatrix} 6\mathrm{e}^{2t} \\ 4\mathrm{e}^{2t} \end{bmatrix} = \boldsymbol{x}'_1$$

和

$$\boldsymbol{P}\boldsymbol{x}_2 = \begin{bmatrix} 4 & -3 \\ 6 & -7 \end{bmatrix} \begin{bmatrix} \mathrm{e}^{-5t} \\ 3\mathrm{e}^{-5t} \end{bmatrix} = \begin{bmatrix} -5\mathrm{e}^{-5t} \\ -15\mathrm{e}^{-5t} \end{bmatrix} = \boldsymbol{x}'_2.$$

为了研究方程 (28) 的解的一般性质,我们首先考虑相关齐次方程

$$\frac{\mathrm{d}\boldsymbol{x}}{\mathrm{d}t} = \boldsymbol{P}(t)\boldsymbol{x}, \tag{29}$$

它具有方程 (28) 所示的形式,但其中 $\boldsymbol{f}(t) \equiv \boldsymbol{0}$。我们期望它有 n 个在某种意义上无关的解 $\boldsymbol{x}_1$,$\boldsymbol{x}_2$,$\cdots$,$\boldsymbol{x}_n$,使得方程 (29) 的每个解都是这 n 个特解的线性组合。给定方程 (29) 的 n 个解 $\boldsymbol{x}_1$,$\boldsymbol{x}_2$,$\cdots$,$\boldsymbol{x}_n$,让我们写成

$$\boldsymbol{x}_j(t) = \begin{bmatrix} x_{1j}(t) \\ \vdots \\ x_{ij}(t) \\ \vdots \\ x_{nj}(t) \end{bmatrix}. \tag{30}$$

因此,$x_{ij}(t)$ 表示向量 $\boldsymbol{x}_j(t)$ 的第 i 个分量,所以第二个下标指的是向量函数 $\boldsymbol{x}_j(t)$,而第一个下标指的是这个函数的一个分量。下面的定理 1 与 3.2 节的定理 1 类似。

定理 1 叠加原理

设 $\boldsymbol{x}_1$,$\boldsymbol{x}_2$,$\cdots$,$\boldsymbol{x}_n$ 是齐次线性方程 (29) 在开区间 I 上的 n 个解。如果 c_1,c_2,$\cdots$,c_n 均为常数,那么线性组合

$$\boldsymbol{x}(t) = c_1\boldsymbol{x}_1(t) + c_2\boldsymbol{x}_2(t) + \cdots + c_n\boldsymbol{x}_n(t) \tag{31}$$

也是方程 (29) 在 I 上的一个解。

证明:我们知道对每个 i($1 \leqslant i \leqslant n$)都有 $\boldsymbol{x}'_i = \boldsymbol{P}(t)\boldsymbol{x}_i$,所以立即可得

$$\begin{aligned}
\boldsymbol{x}' &= c_1\boldsymbol{x}'_1 + c_2\boldsymbol{x}'_2 + \cdots + c_n\boldsymbol{x}'_n \\
&= c_1\boldsymbol{P}(t)\boldsymbol{x}_1 + c_2\boldsymbol{P}(t)\boldsymbol{x}_2 + \cdots + c_n\boldsymbol{P}(t)\boldsymbol{x}_n \\
&= \boldsymbol{P}(t)(c_1\boldsymbol{x}_1 + c_2\boldsymbol{x}_2 + \cdots + c_n\boldsymbol{x}_n)。
\end{aligned}$$

也就是说,$\boldsymbol{x}' = \boldsymbol{P}(t)\boldsymbol{x}$,正如所期望的一样。这个证明过程相当简洁,清楚地展示了矩阵符号的优势。▲

例题 6 **续** 如果 $\boldsymbol{x}_1$ 和 $\boldsymbol{x}_2$ 是例题 6 中所讨论的方程

$$\frac{\mathrm{d}\boldsymbol{x}}{\mathrm{d}t} = \begin{bmatrix} 4 & -3 \\ 6 & -7 \end{bmatrix}\boldsymbol{x}$$

的两个解,那么线性组合

$$\boldsymbol{x}(t) = c_1\boldsymbol{x}_1(t) + c_2\boldsymbol{x}_2(t) = c_1\begin{bmatrix} 3\mathrm{e}^{2t} \\ 2\mathrm{e}^{2t} \end{bmatrix} + c_2\begin{bmatrix} \mathrm{e}^{-5t} \\ 3\mathrm{e}^{-5t} \end{bmatrix}$$

也是一个解。根据 $\boldsymbol{x} = \begin{bmatrix} x_1 & x_2 \end{bmatrix}^{\mathrm{T}}$，若用标量形式表示解，则有

$$x_1(t) = 3c_1 \mathrm{e}^{2t} + c_2 \mathrm{e}^{-5t},$$

$$x_2(t) = 2c_1 \mathrm{e}^{2t} + 3c_2 \mathrm{e}^{-5t},$$

这等同于我们在 4.2 节例题 2 中通过消元法所求出的通解。∎

无关性与通解

对向量值函数定义线性无关性的方法与对实值函数定义线性无关性的方法（3.2 节）相同。向量值函数 $\boldsymbol{x}_1$，$\boldsymbol{x}_2$，$\cdots$，$\boldsymbol{x}_n$ 在区间 I 上是**线性相关的**，只要存在不全为零的常数 c_1，c_2，$\cdots$，c_n 使得

$$c_1 \boldsymbol{x}_1(t) + c_2 \boldsymbol{x}_2(t) + \cdots + c_n \boldsymbol{x}_n(t) = \boldsymbol{0} \tag{32}$$

对于 I 中所有 t 都成立。否则，它们是**线性无关的**。相当于，只有它们中任何一个不是其他的线性组合，它们就是线性无关的。例如，例题 6 中的两个解 $\boldsymbol{x}_1$ 和 $\boldsymbol{x}_2$ 是线性无关的，因为很明显，两者都不是另一个的标量倍。

正如在单个 n 阶方程的情况下一样，存在 Wronski 行列式可以告诉我们齐次方程 (29) 的 n 个给定解是否线性相关。如果 $\boldsymbol{x}_1$，$\boldsymbol{x}_2$，$\cdots$，$\boldsymbol{x}_n$ 是这样的解，那么它们的 **Wronski 行列式**为 $n \times n$ 行列式

$$W(t) = \begin{vmatrix} x_{11}(t) & x_{12}(t) & \cdots & x_{1n}(t) \\ x_{21}(t) & x_{22}(t) & \cdots & x_{2n}(t) \\ \vdots & \vdots & & \vdots \\ x_{n1}(t) & x_{n2}(t) & \cdots & x_{nn}(t) \end{vmatrix}, \tag{33}$$

其中使用式 (30) 中的符号表示解的分量。我们可以写成 $W(t)$ 或 $W(\boldsymbol{x}_1, \boldsymbol{x}_2, \cdots, \boldsymbol{x}_n)$ 的形式。注意 W 是将解 $\boldsymbol{x}_1$，$\boldsymbol{x}_2$，$\cdots$，$\boldsymbol{x}_n$ 作为其列向量的矩阵的行列式。下面的定理 2 与 3.2 节的定理 3 类似。而且，其证明过程本质上是相同的，只需要用式 (33) 中 $W(\boldsymbol{x}_1, \boldsymbol{x}_2, \cdots, \boldsymbol{x}_n)$ 的定义代替单个 n 阶方程的 n 个解的 Wronski 行列式的定义（参见本节习题 42~44）。

定理 2　解的 Wronski 行列式

假设 $\boldsymbol{x}_1$，$\boldsymbol{x}_2$，$\cdots$，$\boldsymbol{x}_n$ 是齐次线性方程 $\boldsymbol{x}' = \boldsymbol{P}(t)\boldsymbol{x}$ 在开区间 I 上的 n 个解。并且假设 $\boldsymbol{P}(t)$ 在 I 上连续。令

$$W = W(\boldsymbol{x}_1, \boldsymbol{x}_2, \cdots, \boldsymbol{x}_n),$$

那么，
- 若 $\boldsymbol{x}_1$，$\boldsymbol{x}_2$，$\cdots$，$\boldsymbol{x}_n$ 在 I 上是线性相关的，则在 I 的每个点处都有 $W = 0$。
- 若 $\boldsymbol{x}_1$，$\boldsymbol{x}_2$，$\cdots$，$\boldsymbol{x}_n$ 在 I 上是线性无关的，则在 I 的每一点处都有 $W \neq 0$。

因此，对于齐次方程组的解只有两种可能：要么在 I 的每个点处 $W=0$，要么在 I 上没有使 $W=0$ 的点。

例题 7   很容易验证（如例题 6 所示）

$$\boldsymbol{x}_1(t) = \begin{bmatrix} 2\mathrm{e}^t \\ 2\mathrm{e}^t \\ \mathrm{e}^t \end{bmatrix}, \quad \boldsymbol{x}_2(t) = \begin{bmatrix} 2\mathrm{e}^{3t} \\ 0 \\ -\mathrm{e}^{3t} \end{bmatrix} \text{ 和 } \boldsymbol{x}_3(t) = \begin{bmatrix} 2\mathrm{e}^{5t} \\ -2\mathrm{e}^{5t} \\ \mathrm{e}^{5t} \end{bmatrix}$$

是如下方程的解

$$\frac{\mathrm{d}\boldsymbol{x}}{\mathrm{d}t} = \begin{bmatrix} 3 & -2 & 0 \\ -1 & 3 & -2 \\ 0 & -1 & 3 \end{bmatrix} \boldsymbol{x}. \tag{34}$$

这些解的 Wronski 行列式为

$$W = \begin{vmatrix} 2\mathrm{e}^t & 2\mathrm{e}^{3t} & 2\mathrm{e}^{5t} \\ 2\mathrm{e}^t & 0 & -2\mathrm{e}^{5t} \\ \mathrm{e}^t & -\mathrm{e}^{3t} & \mathrm{e}^{5t} \end{vmatrix} = \mathrm{e}^{9t} \begin{vmatrix} 2 & 2 & 2 \\ 2 & 0 & -2 \\ 1 & -1 & 1 \end{vmatrix} = -16\mathrm{e}^{9t},$$

它永不为零。因此定理 2 表明解 $\boldsymbol{x}_1$，$\boldsymbol{x}_2$ 和 $\boldsymbol{x}_3$（在任意开区间上）是线性无关的。 ∎

下面的定理 3 与 3.2 节的定理 4 类似。它表明一个 $n \times n$ 的齐次方程组 $\boldsymbol{x}' = \boldsymbol{P}(t)\boldsymbol{x}$ 的**通解**是任意 n 个给定的线性无关解 $\boldsymbol{x}_1$，$\boldsymbol{x}_2$，$\cdots$，$\boldsymbol{x}_n$ 的线性组合

$$\boldsymbol{x} = c_1\boldsymbol{x}_1 + c_2\boldsymbol{x}_2 + \cdots + c_n\boldsymbol{x}_n. \tag{35}$$

定理 3   齐次方程组的通解

设 $\boldsymbol{x}_1$，$\boldsymbol{x}_2$，$\cdots$，$\boldsymbol{x}_n$ 是齐次线性方程 $\boldsymbol{x}' = \boldsymbol{P}(t)\boldsymbol{x}$ 在开区间 I 上的 n 个线性无关解，其中 $\boldsymbol{P}(t)$ 是连续的。如果 $\boldsymbol{x}(t)$ 是方程 $\boldsymbol{x}' = \boldsymbol{P}(t)\boldsymbol{x}$ 在 I 上的任意解，那么存在数 c_1，c_2，$\cdots$，c_n 使得对于 I 中所有 t 都有

$$\boldsymbol{x}(t) = c_1\boldsymbol{x}_1(t) + c_2\boldsymbol{x}_2(t) + \cdots + c_n\boldsymbol{x}_n(t). \tag{35}$$

证明：设 a 是区间 I 内的一个固定点。我们首先证明存在数 c_1，c_2，$\cdots$，c_n 使得解

$$\boldsymbol{y}(t) = c_1\boldsymbol{x}_1(t) + c_2\boldsymbol{x}_2(t) + \cdots + c_n\boldsymbol{x}_n(t) \tag{36}$$

与给定解 $\boldsymbol{x}(t)$ 在 $t = a$ 处有相同的初始值，即使得

$$c_1\boldsymbol{x}_1(a) + c_2\boldsymbol{x}_2(a) + \cdots + c_n\boldsymbol{x}_n(a) = \boldsymbol{x}(a). \tag{37}$$

设 $\boldsymbol{X}(t)$ 是由列向量 $\boldsymbol{x}_1$，$\boldsymbol{x}_2$，$\cdots$，$\boldsymbol{x}_n$ 组成的 $n \times n$ 矩阵，且 $\boldsymbol{c}$ 是由分量 c_1，c_2，$\cdots$，c_n 组成的列向量。那么式 (37) 可以写成如下形式

$$\boldsymbol{X}(a)\boldsymbol{c} = \boldsymbol{x}(a). \tag{38}$$

因为解 $x_1, x_2, \cdots, x_n$ 是线性无关的，所以 Wronski 行列式 $W(a) = |X(a)|$ 是非零的。那么矩阵 $X(a)$ 存在逆矩阵 $X(a)^{-1}$。因此向量 $c = X(a)^{-1}x(a)$ 满足式 (38)，正如所期望的一样。

最后，请注意，给定的解 $x(t)$ 和式 (36) 中的解 $y(t)$（在 $t = a$ 处）具有相同的初始值，由方程 $c = X(a)^{-1}x(a)$ 确定 c_i 的值。由 4.1 节的存在唯一性定理可知，对于 I 中所有 t，$x(t) = y(t)$。从而建立了式 (35)。 ▲

备注：正如定理 3 的假设，每个具有连续系数矩阵的 $n \times n$ 方程组 $x' = P(t)x$ 确实有一组 n 个线性无关解 $x_1, x_2, \cdots, x_n$。为 $x_j(t)$ 选择唯一解，使

$$x_j(a) = \begin{bmatrix} 0 \\ 0 \\ \vdots \\ 0 \\ 1 \\ 0 \\ \vdots \\ 0 \\ 0 \end{bmatrix} \leftarrow \text{位置 } j$$

即可，也就是说，除了第 j 行为 1 外，其他元素均为零的列向量。（换句话说，$x_j(a)$ 只不过是单位矩阵的第 j 列。）那么

$$W(x_1, x_2, \cdots, x_n)|_{t=a} = |I| = 1 \neq 0,$$

所以根据定理 2，解 $x_1, x_2, \cdots, x_n$ 是线性无关的。事实上，如何明确地找到这些解是另一回事，我们将在 5.2 节中（对于常系数矩阵的情况）讨论这个问题。 ∎

初值问题与初等行变换

齐次线性方程组 $x' = P(t)x$ 的通解式 (35) 可以写成如下形式：

$$x(t) = X(t)c, \tag{39}$$

其中

$$X(t) = \begin{bmatrix} x_1(t) & x_2(t) & \cdots & x_n(t) \end{bmatrix} \tag{40}$$

是 $n \times n$ 矩阵，其列向量是线性无关解 $x_1, x_2, \cdots, x_n$，且 $c = \begin{bmatrix} c_1 & c_2 & \cdots & c_n \end{bmatrix}^{\mathrm{T}}$ 是线性组合

$$x(t) = c_1 x_1(t) + c_2 x_2(t) + \cdots + c_n x_n(t) \tag{35}$$

的系数向量。

现在假设我们希望求解初值问题

$$\frac{\mathrm{d}x}{\mathrm{d}t} = Px, \quad x(a) = b, \tag{41}$$

其中初始向量 $\boldsymbol{b} = \begin{bmatrix} b_1 & b_2 & \cdots & b_n \end{bmatrix}^{\mathrm{T}}$ 是已知的。那么，根据式 (39)，求解方程组

$$\boldsymbol{X}(a)\boldsymbol{c} = \boldsymbol{b}, \tag{42}$$

就可以求出式 (35) 中的系数 c_1, c_2, $\cdots$, c_n。

因此，我们简要回顾基本的行化简技术，以求解 $n \times n$ 的代数线性方程组

$$\begin{aligned} a_{11}x_1 + a_{12}x_2 + \cdots + a_{1n}x_n &= b_1, \\ a_{21}x_1 + a_{22}x_2 + \cdots + a_{2n}x_n &= b_2, \\ &\vdots \\ a_{n1}x_1 + a_{n2}x_2 + \cdots + a_{nn}x_n &= b_n, \end{aligned} \tag{43}$$

它具有非奇异系数矩阵 $\boldsymbol{A} = [a_{ij}]$、常数向量 $\boldsymbol{b} = [b_i]$ 和未知数 x_1, x_2, $\cdots$, x_n。基本思想是将方程组 (43) 转化为更简单的上三角形式

$$\begin{aligned} \bar{a}_{11}x_1 + \bar{a}_{12}x_2 + \cdots + \bar{a}_{1n}x_n &= \bar{b}_1, \\ \bar{a}_{22}x_2 + \cdots + \bar{a}_{2n}x_n &= \bar{b}_2, \\ &\vdots \\ \bar{a}_{nn}x_n &= \bar{b}_n, \end{aligned} \tag{44}$$

其中只有未知数 x_j, x_{j+1}, $\cdots$, x_n 显式地出现在第 j 个方程中（$j = 1$, 2, $\cdots$, n）。那么，通过回代过程，可以很容易地求解变换后的方程组。首先，由式 (44) 中的最后一个方程解出 x_n，然后由倒数第二个方程解出 x_{n-1}，以此类推，直到最终由第一个方程解出 x_1。

从方程组 (43) 到上三角形式的变换过程最容易通过对增广系数矩阵

$$\begin{bmatrix} \boldsymbol{A} & \vdots & \boldsymbol{b} \end{bmatrix} = \begin{bmatrix} a_{11} & a_{12} & \cdots & a_{1n} & \vdots & b_1 \\ a_{21} & a_{22} & \cdots & a_{2n} & \vdots & b_2 \\ \vdots & \vdots & & \vdots & \vdots & \vdots \\ a_{n1} & a_{n2} & \cdots & a_{nn} & \vdots & b_n \end{bmatrix} \tag{45}$$

进行初等行变换来描述，这个矩阵是通过将向量 $\boldsymbol{b}$ 作为附加列与矩阵 $\boldsymbol{A}$ 相连而得到的。可采用的**初等行变换**有以下三种类型：

1. 将矩阵的任意（单）行乘以一个非零常数；

2. 交换矩阵的任意两行；

3. 用任意一行减去另一行的常数倍。

目标是使用一系列这样的变换（逐个、依次执行）将 $\begin{bmatrix} \boldsymbol{A} & \vdots & \boldsymbol{b} \end{bmatrix}$ 转化成主对角线下面的元素均为零的上三角矩阵。那么，这个上三角增广系数矩阵对应于如式 (44) 中的上三角

方程组。如下面的例题所示，变换 $\begin{bmatrix} A & \vdots & b \end{bmatrix}$ 的过程从左到右逐列进行。

例题 8 利用例题 7 中所给出的解向量求解初值问题

$$\frac{d\boldsymbol{x}}{dt} = \begin{bmatrix} 3 & -2 & 0 \\ -1 & 3 & -2 \\ 0 & -1 & 3 \end{bmatrix} \boldsymbol{x}, \quad \boldsymbol{x}(0) = \begin{bmatrix} 0 \\ 2 \\ 6 \end{bmatrix}. \tag{46}$$

解答：由定理 3 可知，线性组合

$$\boldsymbol{x}(t) = c_1 \boldsymbol{x}_1(t) + c_2 \boldsymbol{x}_2(t) + c_3 \boldsymbol{x}_3(t)$$

$$= c_1 \begin{bmatrix} 2e^t \\ 2e^t \\ e^t \end{bmatrix} + c_2 \begin{bmatrix} 2e^{3t} \\ 0 \\ -e^{3t} \end{bmatrix} + c_3 \begin{bmatrix} 2e^{5t} \\ -2e^{5t} \\ e^{5t} \end{bmatrix}$$

是 3×3 线性方程组 (46) 的通解。在标量形式下，可得通解为

$$x_1(t) = 2c_1 e^t + 2c_2 e^{3t} + 2c_3 e^{5t},$$
$$x_2(t) = 2c_1 e^t \phantom{+ 2c_2 e^{3t}} - 2c_3 e^{5t},$$
$$x_3(t) = c_1 e^t - c_2 e^{3t} + c_3 e^{5t}.$$

我们要求满足如下初始条件

$$x_1(0) = 0, \quad x_2(0) = 2, \quad x_3(0) = 6$$

的特解。当我们将这些值代入上面的三个标量等式时，就得到代数线性方程组

$$2c_1 + 2c_2 + 2c_3 = 0,$$
$$2c_1 - 2c_3 = 2,$$
$$c_1 - c_2 + c_3 = 6,$$

其增广系数矩阵为

$$\begin{bmatrix} 2 & 2 & 2 & \vdots & 0 \\ 2 & 0 & -2 & \vdots & 2 \\ 1 & -1 & 1 & \vdots & 6 \end{bmatrix}.$$

将前两行每行乘以 $\frac{1}{2}$，可得

$$\begin{bmatrix} 1 & 1 & 1 & \vdots & 0 \\ 1 & 0 & -1 & \vdots & 1 \\ 1 & -1 & 1 & \vdots & 6 \end{bmatrix},$$

然后用第二行和第三行减去第一行得到矩阵

$$\begin{bmatrix} 1 & 1 & 1 & \vdots & 0 \\ 0 & -1 & -2 & \vdots & 1 \\ 0 & -2 & 0 & \vdots & 6 \end{bmatrix}.$$

此时这个矩阵的第一列具有我们想要的形式。

现在我们将第二行乘以 -1，然后将所得结果的两倍加到第三行。由此我们得到上三角增广系数矩阵

$$\begin{bmatrix} 1 & 1 & 1 & \vdots & 0 \\ 0 & 1 & 2 & \vdots & -1 \\ 0 & 0 & 4 & \vdots & 4 \end{bmatrix}^{\ominus},$$

这对应于变换后的方程组

$$\begin{aligned} c_1 + c_2 + c_3 &= 0, \\ c_2 + 2c_3 &= -1, \\ 4c_3 &= 4. \end{aligned}$$

最终我们依次解出 $c_3 = 1$, $c_2 = -3$ 和 $c_1 = 2$。因此，期望的特解可由下式给出：

$$x(t) = 2x_1(t) - 3x_2(t) + x_3(t) = \begin{bmatrix} 4e^t - 6e^{3t} + 2e^{5t} \\ 4e^t \quad\quad\quad - 2e^{5t} \\ 2e^t + 3e^{3t} + e^{5t} \end{bmatrix}.$$ ∎

非齐次解

最后我们将注意力转向如下形式的非齐次线性方程组：

$$\frac{dx}{dt} = P(t)x + f(t)。 \tag{47}$$

下面的定理与 3.2 节的定理 5 类似，并可以用完全相同的方法证明，要用本节的前述定理代替 3.2 节中的类似定理。简而言之，定理 4 意味着方程 (47) 的通解具有如下形式：

$$x(t) = x_c(t) + x_p(t), \tag{48}$$

其中 $x_p(t)$ 是方程 (47) 的单个特解，而**余函数** $x_c(t)$ 是相关齐次方程 $x' = P(t)x$ 的通解。

定理 4　非齐次方程组的解

设 x_p 为非齐次线性方程组 (47) 在开区间 I 上的一个特解，其中函数 $P(t)$ 和 $f(t)$ 在 I 上均连续。设 $x_1, x_2, \cdots, x_n$ 是相关齐次方程在 I 上的线性无关解。如果 $x(t)$ 是方程 (47) 在 I 上的任意解，那么存在数 $c_1, c_2, \cdots, c_n$ 使得对于 I 中所有 t 都有

$$x(t) = c_1 x_1(t) + c_2 x_2(t) + \cdots + c_n x_n(t) + x_p(t)。 \tag{49}$$

㊀　这个矩阵的主对角线下面的元素都为零。

因此，求非齐次线性方程组的通解包含两个独立的步骤：
1. 求相关齐次方程组的通解 $\boldsymbol{x}_c(t)$；
2. 求非齐次方程组的单个特解 $\boldsymbol{x}_p(t)$。

那么二者之和 $\boldsymbol{x}(t) = \boldsymbol{x}_c(t) + \boldsymbol{x}_p(t)$ 就是非齐次方程组的通解。

例题 9 非齐次线性方程组

$$\begin{aligned} x_1' &= 3x_1 - 2x_2 \phantom{{}-2x_3} - 9t + 13, \\ x_2' &= -x_1 + 3x_2 - 2x_3 + 7t - 15, \\ x_3' &= - x_2 + 3x_3 - 6t + 7 \end{aligned}$$

具有式 (47) 的形式，其中

$$\boldsymbol{P}(t) = \begin{bmatrix} 3 & -2 & 0 \\ -1 & 3 & -2 \\ 0 & -1 & 3 \end{bmatrix}, \quad \boldsymbol{f}(t) = \begin{bmatrix} -9t + 13 \\ 7t - 15 \\ -6t + 7 \end{bmatrix}.$$

在例题 7 中，我们看到相关齐次线性方程组

$$\frac{\mathrm{d}\boldsymbol{x}}{\mathrm{d}t} = \begin{bmatrix} 3 & -2 & 0 \\ -1 & 3 & -2 \\ 0 & -1 & 3 \end{bmatrix} \boldsymbol{x}$$

的通解可由

$$\boldsymbol{x}_c(t) = \begin{bmatrix} 2c_1\mathrm{e}^t + 2c_2\mathrm{e}^{3t} + 2c_3\mathrm{e}^{5t} \\ 2c_1\mathrm{e}^t \phantom{+ 2c_2\mathrm{e}^{3t}} - 2c_3\mathrm{e}^{5t} \\ c_1\mathrm{e}^t - c_2\mathrm{e}^{3t} + c_3\mathrm{e}^{5t} \end{bmatrix}$$

给出。通过代入，我们可以验证函数

$$\boldsymbol{x}_p(t) = \begin{bmatrix} 3t \\ 5 \\ 2t \end{bmatrix}$$

（利用计算机代数系统得到的，或者可能是通过使用 5.7 节中所讨论的方法得到的）是原始非齐次方程组的一个特解。因此，定理 4 表明非齐次方程组的通解可由

$$\boldsymbol{x}(t) = \boldsymbol{x}_c(t) + \boldsymbol{x}_p(t)$$

给出，即由

$$\begin{aligned} x_1(t) &= 2c_1\mathrm{e}^t + 2c_2\mathrm{e}^{3t} + 2c_3\mathrm{e}^{5t} + 3t, \\ x_2(t) &= 2c_1\mathrm{e}^t \phantom{+ 2c_2\mathrm{e}^{3t}} - 2c_3\mathrm{e}^{5t} + 5, \\ x_3(t) &= c_1\mathrm{e}^t - c_2\mathrm{e}^{3t} + c_3\mathrm{e}^{5t} + 2t \end{aligned}$$

给出。

习题

1. 设
$$A = \begin{bmatrix} 2 & -3 \\ 4 & 7 \end{bmatrix} \quad \text{和} \quad B = \begin{bmatrix} 3 & -4 \\ 5 & 1 \end{bmatrix}.$$
求 (a) $2A + 3B$；(b) $3A - 2B$；(c) AB；(d) BA。

2. 验证 (a) $A(BC) = (AB)C$；(b) $A(B + C) = AB + AC$。其中 A 和 B 是习题 1 中所给矩阵，而
$$C = \begin{bmatrix} 0 & 2 \\ 3 & -1 \end{bmatrix}.$$

3. 已知
$$A = \begin{bmatrix} 2 & 0 & -1 \\ 3 & -4 & 5 \end{bmatrix}, \quad B = \begin{bmatrix} 1 & 3 \\ -7 & 0 \\ 3 & -2 \end{bmatrix},$$
求 AB 和 BA。

4. 设 A 和 B 是习题 3 中所给矩阵，并设
$$x = \begin{bmatrix} 2t \\ e^{-t} \end{bmatrix}, \quad y = \begin{bmatrix} t^2 \\ \sin t \\ \cos t \end{bmatrix}.$$
求 Ay 和 Bx。乘积 Ax 和 By 有定义吗？解释你的答案。

5. 设
$$A = \begin{bmatrix} 3 & 2 & -1 \\ 0 & 4 & 3 \\ -5 & 2 & 7 \end{bmatrix}, \quad B = \begin{bmatrix} 0 & -3 & 2 \\ 1 & 4 & -3 \\ 2 & 5 & -1 \end{bmatrix}.$$
求 (a) $7A + 4B$；(b) $3A - 5B$；(c) AB；(d) BA；(e) $A - tI$。

6. 设
$$A_1 = \begin{bmatrix} 2 & 1 \\ -3 & 2 \end{bmatrix}, \quad A_2 = \begin{bmatrix} 1 & 3 \\ -1 & -2 \end{bmatrix},$$
$$B = \begin{bmatrix} 2 & 4 \\ 1 & 2 \end{bmatrix}.$$
(a) 证明 $A_1 B = A_2 B$，注意 $A_1 \neq A_2$。因此，消去律对矩阵不成立；也就是说，如果 $A_1 B = A_2 B$ 且 $B \neq 0$，并不能推导出 $A_1 = A_2$。
(b) 设 $A = A_1 - A_2$，利用 (a) 部分证明 $AB = 0$。因此两个非零矩阵的乘积可能是零矩阵。

7. 计算习题 6 中矩阵 A 和 B 的行列式。对于任意两个同阶方阵 A 和 B，则有
$$\det(AB) = \det(A) \cdot \det(B).$$
你的结果与此定理一致吗？

8. 假设 A 和 B 是习题 5 中的矩阵。验证 $\det(AB) = \det(BA)$。

在习题 9 和习题 10 中，验证求导的乘积定律，即 $(AB)' = A'B + AB'$。

9. $A(t) = \begin{bmatrix} t & 2t-1 \\ t^3 & \dfrac{1}{t} \end{bmatrix}$, $B(t) = \begin{bmatrix} 1-t & 1+t \\ 3t^2 & 4t^3 \end{bmatrix}$

10. $A(t) = \begin{bmatrix} e^t & t & t^2 \\ -t & 0 & 2 \\ 8t & -1 & t^3 \end{bmatrix}$, $B(t) = \begin{bmatrix} 3 \\ 2e^{-t} \\ 3t \end{bmatrix}$

在习题 11~20 中，将给定方程组写成 $(x)' = P(t)x + f(t)$ 的形式。

11. $x' = -3y$, $y' = 3x$
12. $x' = 3x - 2y$, $y' = 2x + y$
13. $x' = 2x + 4y + 3e^t$, $y' = 5x - y - t^2$
14. $x' = tx - e^t y + \cos t$, $y' = e^{-t} x + t^2 y - \sin t$
15. $x' = y + z$, $y' = z + x$, $z' = x + y$
16. $x' = 2x - 3y$, $y' = x + y + 2z$, $z' = 5y - 7z$
17. $x' = 3x - 4y + z + t$, $y' = x - 3z + t^2$, $z' = 6y - 7z + t^3$
18. $x' = tx - y + e^t z$, $y' = 2x + t^2 y - z$, $z' = e^{-t} x + 3ty + t^3 z$
19. $x'_1 = x_2$, $x'_2 = 2x_3$, $x'_3 = 3x_4$, $x'_4 = 4x_1$
20. $x'_1 = x_2 + x_3 + 1$, $x'_2 = x_3 + x_4 + t$, $x'_3 = x_1 + x_4 + t^2$, $x'_4 = x_1 + x_2 + t^3$

在习题 21~30 中，首先验证给定向量是给定方程组的解。然后利用 Wronski 行列式证明它们是线性无关的。最后写出方程组的通解。

21. $x' = \begin{bmatrix} 4 & 2 \\ -3 & -1 \end{bmatrix} x$; $x_1 = \begin{bmatrix} 2e^t \\ -3e^t \end{bmatrix}$, $x_2 = \begin{bmatrix} e^{2t} \\ -e^{2t} \end{bmatrix}$

22. $x' = \begin{bmatrix} -3 & 2 \\ -3 & 4 \end{bmatrix} x$; $x_1 = \begin{bmatrix} e^{3t} \\ 3e^{3t} \end{bmatrix}$, $x_2 = \begin{bmatrix} 2e^{-2t} \\ e^{-2t} \end{bmatrix}$

23. $x' = \begin{bmatrix} 3 & -1 \\ 5 & -3 \end{bmatrix} x$; $x_1 = e^{2t} \begin{bmatrix} 1 \\ 1 \end{bmatrix}$, $x_2 = e^{-2t} \begin{bmatrix} 1 \\ 5 \end{bmatrix}$

24. $x' = \begin{bmatrix} 4 & 1 \\ -2 & 1 \end{bmatrix} x;\ x_1 = e^{3t} \begin{bmatrix} 1 \\ -1 \end{bmatrix},$

   $x_2 = e^{2t} \begin{bmatrix} 1 \\ -2 \end{bmatrix}$

25. $x' = \begin{bmatrix} 4 & -3 \\ 6 & -7 \end{bmatrix} x;\ x_1 = \begin{bmatrix} 3e^{2t} \\ 2e^{2t} \end{bmatrix},\ x_2 = \begin{bmatrix} e^{-5t} \\ 3e^{-5t} \end{bmatrix}$

26. $x' = \begin{bmatrix} 3 & -2 & 0 \\ -1 & 3 & -2 \\ 0 & -1 & 3 \end{bmatrix} x;\ x_1 = e^{t} \begin{bmatrix} 2 \\ 2 \\ 1 \end{bmatrix},$

   $x_2 = e^{3t} \begin{bmatrix} -2 \\ 0 \\ 1 \end{bmatrix},\ x_3 = e^{5t} \begin{bmatrix} 2 \\ -2 \\ 1 \end{bmatrix}$

27. $x' = \begin{bmatrix} 0 & 1 & 1 \\ 1 & 0 & 1 \\ 1 & 1 & 0 \end{bmatrix} x;\ x_1 = e^{2t} \begin{bmatrix} 1 \\ 1 \\ 1 \end{bmatrix},$

   $x_2 = e^{-t} \begin{bmatrix} 1 \\ 0 \\ -1 \end{bmatrix},\ x_3 = e^{-t} \begin{bmatrix} 0 \\ 1 \\ -1 \end{bmatrix}$

28. $x' = \begin{bmatrix} 1 & 2 & 1 \\ 6 & -1 & 0 \\ -1 & -2 & -1 \end{bmatrix} x;\ x_1 = \begin{bmatrix} 1 \\ 6 \\ -13 \end{bmatrix},$

   $x_2 = e^{3t} \begin{bmatrix} 2 \\ 3 \\ -2 \end{bmatrix},\ x_3 = e^{-4t} \begin{bmatrix} -1 \\ 2 \\ 1 \end{bmatrix}$

29. $x' = \begin{bmatrix} -8 & -11 & -2 \\ 6 & 9 & 2 \\ -6 & -6 & 1 \end{bmatrix} x;\ x_1 = e^{-2t} \begin{bmatrix} 3 \\ -2 \\ 2 \end{bmatrix},$

   $x_2 = e^{t} \begin{bmatrix} 1 \\ -1 \\ 1 \end{bmatrix},\ x_3 = e^{3t} \begin{bmatrix} 1 \\ -1 \\ 0 \end{bmatrix}$

30. $x' = \begin{bmatrix} 1 & -4 & 0 & -2 \\ 0 & 1 & 0 & 0 \\ 6 & -12 & -1 & -6 \\ 0 & -4 & 0 & -1 \end{bmatrix} x;\ x_1 = e^{-t} \begin{bmatrix} 1 \\ 0 \\ 0 \\ 1 \end{bmatrix},$

   $x_2 = e^{-t} \begin{bmatrix} 0 \\ 0 \\ 1 \\ 0 \end{bmatrix},\ x_3 = e^{t} \begin{bmatrix} 0 \\ 1 \\ 0 \\ -2 \end{bmatrix},\ x_4 = e^{t} \begin{bmatrix} 1 \\ 0 \\ 3 \\ 0 \end{bmatrix}$

在习题 31~40 中，求出所示线性方程组满足给定初始条件的特解。

31. 习题 22 的方程组：$x_1(0) = 0$，$x_2(0) = 5$。
32. 习题 23 的方程组：$x_1(0) = 5$，$x_2(0) = -3$。
33. 习题 24 的方程组：$x_1(0) = 11$，$x_2(0) = -7$。
34. 习题 25 的方程组：$x_1(0) = 8$，$x_2(0) = 0$。
35. 习题 26 的方程组：$x_1(0) = 0$，$x_2(0) = 0$，$x_3(0) = 4$。
36. 习题 27 的方程组：$x_1(0) = 10$，$x_2(0) = 12$，$x_3(0) = -1$。
37. 习题 29 的方程组：$x_1(0) = 1$，$x_2(0) = 2$，$x_3(0) = 3$。
38. 习题 29 的方程组：$x_1(0) = 5$，$x_2(0) = -7$，$x_3(0) = 11$。
39. 习题 30 的方程组：$x_1(0) = x_2(0) = x_3(0) = x_4(0) = 1$。
40. 习题 30 的方程组：$x_1(0) = 1$，$x_2(0) = 3$，$x_3(0) = 4$，$x_4(0) = 7$。

线性无关性与 Wronski 行列式

习题 41~45 对定理 2 及其证明提供了进一步的见解。

41. (a) 证明向量函数

$$x_1(t) = \begin{bmatrix} t \\ t^2 \end{bmatrix} \quad \text{和} \quad x_2 = \begin{bmatrix} t^2 \\ t^3 \end{bmatrix}$$

在实轴上是线性无关的。

(b) 为什么由定理 2 可以得出不存在连续矩阵 $P(t)$ 使得 x_1 和 x_2 都是 $x' = P(t)x$ 的解？

42. 假设在开区间 I 上向量函数

$$x_1(t) = \begin{bmatrix} x_{11}(t) \\ x_{21}(t) \end{bmatrix} \quad \text{和} \quad x_2(t) = \begin{bmatrix} x_{12}(t) \\ x_{22}(t) \end{bmatrix}$$

中的一个向量是另一个的常数倍。证明它们的 Wronski 行列式 $W(t) = |[x_{ij}(t)]|$ 在 I 上必定恒等于零。这证明了定理 2 在 $n = 2$ 的情况下的 (a) 部分。

43. 假设习题 42 的向量 $x_1(t)$ 和 $x_2(t)$ 是方程 $x' = P(t)x$ 的解，其中 2×2 矩阵 $P(t)$ 在开区间 I 上连续。证明如果在 I 中存在点 a 使其 Wronski 行列式 $W(a)$ 为零，那么存在不都为零的数 c_1 和 c_2 使得 $c_1 x_1(a) + c_2 x_2(a) = \mathbf{0}$。

然后由方程 $\boldsymbol{x}' = \boldsymbol{P}(t)\boldsymbol{x}$ 的解的唯一性推断出，对于 I 中所有 t 都有

$$c_1\boldsymbol{x}_1(t) + c_2\boldsymbol{x}_2(t) = \boldsymbol{0},$$

即 $\boldsymbol{x}_1$ 和 $\boldsymbol{x}_2$ 是线性相关的。这证明了定理 2 在 $n=2$ 的情况下的 (b) 部分。

44. 推广习题 42 和习题 43，对任意正整数 n 证明定理 2。

45. 设 $\boldsymbol{x}_1(t)$，$\boldsymbol{x}_2(t)$，$\cdots$，$\boldsymbol{x}_n(t)$ 为向量函数，其第 i 个分量（对于某个固定的 i）$x_{i1}(t)$，$x_{i2}(t)$，$\cdots$，$x_{in}(t)$ 是线性无关的实值函数。推断出向量函数本身是线性无关的结论。

应用　线性方程组的自动求解

请访问 bit.ly/2Zt81FY，利用 Maple、Mathematica 和 MATLAB 等计算资源对此主题进行更多讨论和探索。

具有两个或三个以上方程的线性方程组最常借助于计算器或计算机进行求解。例如，回顾在例题 8 中我们需要求解的线性方程组

$$2c_1 + 2c_2 + 2c_3 = 0,$$
$$2c_1 \qquad\quad - 2c_3 = 2,$$
$$c_1 - c_2 + c_3 = 6,$$

它可以写成 $\boldsymbol{AC} = \boldsymbol{B}$ 的形式，其中包含 3×3 系数矩阵 $\boldsymbol{A}$，右侧的 3×1 列向量 $\boldsymbol{B} = \begin{bmatrix} 0 & 2 & 6 \end{bmatrix}^{\mathrm{T}}$，以及未知的列向量 $\boldsymbol{C} = \begin{bmatrix} c_1 & c_2 & c_3 \end{bmatrix}^{\mathrm{T}}$。

使用 Maple 命令

```
with(linalg):
A := array([[2, 2, 2], [2, 0, -2], [1, -1 ,1]]):
B := array([[0], [2], [6]]):
C := multiply(inverse(A), B);
```

Mathematica 命令

```
A = {{2, 2, 2}, {2, 0, -2}, {1, -1, 1}};
B = {{0}, {2}, {6}};
C = Inverse[A].B
```

或 MATLAB 命令

```
A = [[2 2 2]; [2 0 -2]; [1 -1 1]];
B = [0; 2; 6];
C = inv(A)*B
```

可以得到相同的结果。我们也可以使用 Wolfram|Alpha 查询

```
2c1 + 2c2 + 2c3 = 0, 2c1 - 2c3 = 2, c1 - c2 + c3 = 6
```

练习

使用你自己的计算器或可用的计算机代数系统"自动"求解本节习题 31~40。

5.2 齐次方程组的特征值法

现在我们介绍一种可替代消元法的强大方法,用于构建如下常系数齐次一阶线性方程组的通解:

$$\begin{aligned} x_1' &= a_{11}x_1 + a_{12}x_2 + \cdots + a_{1n}x_n, \\ x_2' &= a_{21}x_1 + a_{22}x_2 + \cdots + a_{2n}x_n, \\ &\vdots \\ x_n' &= a_{n1}x_1 + a_{n2}x_2 + \cdots + a_{nn}x_n. \end{aligned} \quad (1)$$

根据 5.1 节的定理 3,我们知道找到 n 个线性无关的解向量 $\boldsymbol{x}_1, \boldsymbol{x}_2, \cdots, \boldsymbol{x}_n$ 即可,那么具有任意系数的线性组合

$$\boldsymbol{x}(t) = c_1\boldsymbol{x}_1 + c_2\boldsymbol{x}_2 + \cdots + c_n\boldsymbol{x}_n \quad (2)$$

将是方程组 (1) 的通解。

为了寻找所需的 n 个线性无关的解向量,我们可以用求解单个常系数齐次方程的特征根法(3.3 节)进行类比。预测解向量具有形式

$$\boldsymbol{x}(t) = \begin{bmatrix} x_1 \\ x_2 \\ x_3 \\ \vdots \\ x_n \end{bmatrix} = \begin{bmatrix} v_1 e^{\lambda t} \\ v_2 e^{\lambda t} \\ v_3 e^{\lambda t} \\ \vdots \\ v_n e^{\lambda t} \end{bmatrix} = \begin{bmatrix} v_1 \\ v_2 \\ v_3 \\ \vdots \\ v_n \end{bmatrix} e^{\lambda t} = \boldsymbol{v} e^{\lambda t} \quad (3)$$

是合理的,其中 $\lambda, v_1, v_2, \cdots, v_n$ 是适当的标量常数。因为如果我们将

$$x_i = v_i e^{\lambda t}, \qquad x_i' = \lambda v_i e^{\lambda t}, \qquad (i = 1, 2, \cdots, n)$$

代入方程 (1),那么所得方程中的每一项都有因子 $e^{\lambda t}$,所以我们可以把它消掉。这将留给我们含有合适 λ 值的 n 个线性方程,我们希望可以从中解出式 (3) 中的系数 $v_1, v_2, \cdots, v_n$ 的值,使得 $\boldsymbol{x}(t) = \boldsymbol{v} e^{\lambda t}$ 确实是方程组 (1) 的一个解。

为了研究这种可能性,将方程组 (1) 写成矩阵形式

$$\boldsymbol{x}' = \boldsymbol{A}\boldsymbol{x} \quad (4)$$

会更有效,其中 $\boldsymbol{A} = [a_{ij}]$。当我们将试验解 $\boldsymbol{x} = \boldsymbol{v} e^{\lambda t}$ 及其导数 $\boldsymbol{x}' = \lambda \boldsymbol{v} e^{\lambda t}$ 代入方程 (4),结果为

$$\lambda \boldsymbol{v} e^{\lambda t} = \boldsymbol{A}\boldsymbol{v} e^{\lambda t}.$$

我们消去非零标量因子 $e^{\lambda t}$,可得

$$\boldsymbol{A}\boldsymbol{v} = \lambda \boldsymbol{v}. \quad (5)$$

这意味着 $x = v\mathrm{e}^{\lambda t}$ 将是方程 (4) 的非平凡解,只要 v 是非零向量,且 λ 是使式 (5) 成立的常数;也就是说,矩阵积 Av 是向量 v 的标量倍。现在的问题是:我们如何求出 v 和 λ?

为了回答这个问题,我们将式 (5) 重写为如下形式:

$$(A - \lambda I)v = 0 。 \tag{6}$$

给定 λ,这是一个以 $v_1, v_2, \cdots, v_n$ 为未知量由 n 个齐次线性方程构成的方程组。根据线性代数的标准定理,当且仅当其系数矩阵的行列式为零时,即当且仅当

$$|A - \lambda I| = \det(A - \lambda I) = 0, \tag{7}$$

它有非平凡解。用最简单的表述,求解方程组 $x' = Ax$ 的**特征值法**包括,求出使方程 (7) 成立的 λ 值,然后用这个 λ 值求解方程 (6) 得到 $v_1, v_2, \cdots, v_n$。那么 $x = v\mathrm{e}^{\lambda t}$ 就是一个解向量。此方法的名称来自以下定义。

定义　特征值与特征向量
如果

$$|A - \lambda I| = 0, \tag{7}$$

那么数 λ(零或非零)被称为 $n \times n$ 矩阵 A 的**特征值**。与特征值 λ 相关的**特征向量**是使 $Av = \lambda v$ 的非零向量 v,所以

$$(A - \lambda I)v = 0 。 \tag{6}$$

注意,如果 v 是与特征值 λ 相关的特征向量,那么 v 的任意非零常数标量倍 cv 也是其特征向量,这可以通过在方程 (6) 两边乘以 $c \neq 0$ 得到。

$$|A - \lambda I| = \begin{vmatrix} a_{11} - \lambda & a_{12} & \cdots & a_{1n} \\ a_{21} & a_{22} - \lambda & \cdots & a_{2n} \\ \vdots & \vdots & & \vdots \\ a_{n1} & a_{n2} & \cdots & a_{nn} - \lambda \end{vmatrix} = 0 \tag{8}$$

被称为矩阵 A 的**特征方程**(**characteristic equation**),其根是 A 的特征值。将式 (8) 中的行列式展开,我们显然可以得到如下形式的 n 次多项式

$$(-1)^n \lambda^n + b_{n-1} \lambda^{n-1} + \cdots + b_1 \lambda + b_0 = 0 。 \tag{9}$$

根据代数基本定理,这个方程有 n 个根,可能有些是复根,有些是重根,因此 $n \times n$ 矩阵有 n 个特征值(如果有重根,重复计数)。虽然我们假设 A 的元素是实数,但我们允许出现复特征值和复值特征向量的可能性。

我们对方程 (4) 至方程 (7) 的讨论为以下定理提供了证明,此定理是求解常系数一阶线性方程组的特征值法的基础。

> **定理 1 $x' = Ax$ 的特征值解法**
>
> 设 λ 是一阶线性方程组
> $$\frac{\mathrm{d}x}{\mathrm{d}t} = Ax$$
> 的（常）系数矩阵 A 的特征值。如果 v 是与 λ 相关的特征向量，那么
> $$x(t) = v\mathrm{e}^{\lambda t}$$
> 是方程组的非平凡解。

特征值法

概括地说，这种求解 $n \times n$ 齐次常系数方程组 $x' = Ax$ 的方法的步骤如下：

1. 我们首先求解特征方程 (8)，得到矩阵 A 的特征值 λ_1，λ_2，$\cdots$，λ_n；
2. 然后我们试图找出与这些特征值相关的 n 个线性无关的特征向量 v_1，v_2，$\cdots$，v_n；
3. 第二步并不总是可行的，但如果可行，我们可以得到 n 个线性无关解
$$x_1(t) = v_1\mathrm{e}^{\lambda_1 t}, \quad x_2(t) = v_2\mathrm{e}^{\lambda_2 t}, \quad \cdots, \quad x_n(t) = v_n\mathrm{e}^{\lambda_n t}。 \tag{10}$$
在这种情况下，$x' = Ax$ 的通解是这 n 个解的线性组合
$$x(t) = c_1 x_1(t) + c_2 x_2(t) + \cdots + c_n x_n(t)。$$

我们将分别讨论可能发生的各种情况，这取决于特征值是不同的还是重复的，是实数还是复数。其中重复特征值（特征方程的多重根）的情况将被推迟到 5.5 节讨论。

不同的实特征值

如果特征值 λ_1，λ_2，$\cdots$，λ_n 是实数且不相同，那么我们将它们依次代入方程 (6)，并解出相关的特征向量 v_1，v_2，$\cdots$，v_n。在这种情况下，可以证明由式 (10) 所给的特解向量总是线性无关的。[例如，参见 Edwards 和 Penney 的 *Elementary Linear Algebra*（1988）一书的 6.2 节。] 在任何特定的例子中，这种线性无关性总是可以通过使用 5.1 节的 Wronski 行列式来验证。下面的例题说明了该过程。

例题 1 求如下方程组的通解：
$$\begin{aligned} x_1' &= 4x_1 + 2x_2, \\ x_2' &= 3x_1 - x_2。 \end{aligned} \tag{11}$$

解答：方程组 (11) 的矩阵形式为
$$x' = \begin{bmatrix} 4 & 2 \\ 3 & -1 \end{bmatrix} x。 \tag{12}$$

系数矩阵的特征方程为

$$\begin{vmatrix} 4-\lambda & 2 \\ 3 & -1-\lambda \end{vmatrix} = (4-\lambda)(-1-\lambda) - 6$$
$$= \lambda^2 - 3\lambda - 10 = (\lambda+2)(\lambda-5) = 0,$$

所以有不同的实特征值 $\lambda_1 = -2$ 和 $\lambda_2 = 5$。

对于方程 (12) 中的系数矩阵 $\boldsymbol{A}$ 和相关的特征向量 $\boldsymbol{v} = \begin{bmatrix} a & b \end{bmatrix}^T$，特征向量方程 $(\boldsymbol{A} - \lambda \boldsymbol{I})\boldsymbol{v} = \boldsymbol{0}$ 取如下形式

$$\begin{bmatrix} 4-\lambda & 2 \\ 3 & -1-\lambda \end{bmatrix} \begin{bmatrix} a \\ b \end{bmatrix} = \begin{bmatrix} 0 \\ 0 \end{bmatrix}。 \tag{13}$$

情况 1：$\lambda_1 = -2$。将第一个特征值 $\lambda_1 = -2$ 代入方程 (13)，可得方程组

$$\begin{bmatrix} 6 & 2 \\ 3 & 1 \end{bmatrix} \begin{bmatrix} a \\ b \end{bmatrix} = \begin{bmatrix} 0 \\ 0 \end{bmatrix},$$

即两个标量方程

$$\begin{aligned} 6a + 2b &= 0, \\ 3a + b &= 0。 \end{aligned} \tag{14}$$

与我们在 5.1 节中讨论过的解非奇异的（代数）线性方程组相比，齐次线性方程组 (14) 是奇异的，这两个标量方程显然是等价的（一个是另一个的倍数）。因此，方程组 (14) 有无穷多个非零解，我们可以任意选择 a（但非零），然后解出 b。

将特征值 λ 代入特征向量方程 $(\boldsymbol{A} - \lambda \boldsymbol{I})\boldsymbol{v} = \boldsymbol{0}$，总能得到一个奇异的齐次线性方程组，在其无穷多个解中，（如有可能）我们通常寻求一个具有小整数值的"简单"解。观察式 (14) 中的第二个方程，选择 $a = 1$ 得到 $b = -3$，因此

$$\boldsymbol{v}_1 = \begin{bmatrix} 1 \\ -3 \end{bmatrix}$$

是与 $\lambda_1 = -2$ 相关的特征向量（$\boldsymbol{v}_1$ 的任意非零常数倍都是）。

备注：如果代替"最简单的"选择 $a = 1$, $b = -3$，我们做出另一种选择 $a = c \neq 0$, $b = -3c$，就会得到特征向量

$$\boldsymbol{v}_1 = \begin{bmatrix} c \\ -3c \end{bmatrix} = c \begin{bmatrix} 1 \\ -3 \end{bmatrix}。$$

因为这是之前结果的常数倍，所以我们做的任何选择都会导致相同解（在相差常数倍意义下）

$$\boldsymbol{x}_1(t) = \begin{bmatrix} 1 \\ -3 \end{bmatrix} \mathrm{e}^{-2t}。$$

情况 2：$\lambda_2 = 5$。将第二个特征值 $\lambda_2 = 5$ 代入方程 (13)，可得一对等价标量方程

$$-a + 2b = 0,$$
$$3a - 6b = 0。 \tag{15}$$

在第一个方程中令 $b = 1$，我们得到 $a = 2$，所以

$$\boldsymbol{v}_2 = \begin{bmatrix} 2 \\ 1 \end{bmatrix}$$

是与 $\lambda_2 = 5$ 相关的特征向量。另一种不同的选择 $a = 2c$，$b = c \neq 0$ 只会得到 $\boldsymbol{v}_2$ 的（常数）倍。

这两个特征值和相关的特征向量产生了两个解

$$\boldsymbol{x}_1(t) = \begin{bmatrix} 1 \\ -3 \end{bmatrix} \mathrm{e}^{-2t} \quad 和 \quad \boldsymbol{x}_2(t) = \begin{bmatrix} 2 \\ 1 \end{bmatrix} \mathrm{e}^{5t}。$$

它们是线性无关的，因为其 Wronski 行列式

$$\begin{vmatrix} \mathrm{e}^{-2t} & 2\mathrm{e}^{5t} \\ -3\mathrm{e}^{-2t} & \mathrm{e}^{5t} \end{vmatrix} = 7\mathrm{e}^{3t}$$

是非零的。因此方程组 (11) 的通解为

$$\boldsymbol{x}(t) = c_1 \boldsymbol{x}_1(t) + c_2 \boldsymbol{x}_2(t) = c_1 \begin{bmatrix} 1 \\ -3 \end{bmatrix} \mathrm{e}^{-2t} + c_2 \begin{bmatrix} 2 \\ 1 \end{bmatrix} \mathrm{e}^{5t},$$

其标量形式为

$$x_1(t) = c_1 \mathrm{e}^{-2t} + 2c_2 \mathrm{e}^{5t},$$
$$x_2(t) = -3c_1 \mathrm{e}^{-2t} + c_2 \mathrm{e}^{5t}。$$

图 5.2.1 显示了方程组 (11) 的一些典型解曲线。我们看到两个双曲线族共用同一对渐近线：由 $c_1 = 0$ 时的通解所得的直线 $x_1 = 2x_2$，以及由 $c_2 = 0$ 时所得的直线 $x_2 = -3x_1$。给定初始值 $x_1(0) = b_1$，$x_2(0) = b_2$，从图中可以明显看出：

- 如果点 (b_1, b_2) 位于直线 $x_2 = -3x_1$ 右侧，那么当 $t \to +\infty$ 时，$x_1(t)$ 和 $x_2(t)$ 都趋向于 $+\infty$；
- 如果点 (b_1, b_2) 位于直线 $x_2 = -3x_1$ 左侧，那么当 $t \to +\infty$ 时，$x_1(t)$ 和 $x_2(t)$ 都趋向于 $-\infty$。

备注：如例题 1 所示，在讨论线性方程组 $\boldsymbol{x}' = \boldsymbol{A}\boldsymbol{x}$ 时，使用向量 $\boldsymbol{x}_1$，$\boldsymbol{x}_2$，$\cdots$，$\boldsymbol{x}_n$ 表示方程组的不同向量值解，而使用标量 x_1，x_2，$\cdots$，x_n 表示单个向量值解 $\boldsymbol{x}$ 的分量。

区划分析

通常，一个复杂的过程或系统可以被分解成更简单的子系统或可以被单独分析的"隔间"。然后，通过描述各个隔间之间的相互作用可以对整个系统进行建模。因此，一个化工

厂可能由一系列独立的阶段（甚至是物理隔间）组成，在这些阶段中，各种反应物和产物结合或混合。可能会出现这样的情况：一个单独的微分方程描述系统的每个隔间，然后整个物理系统由一个微分方程组来建模。

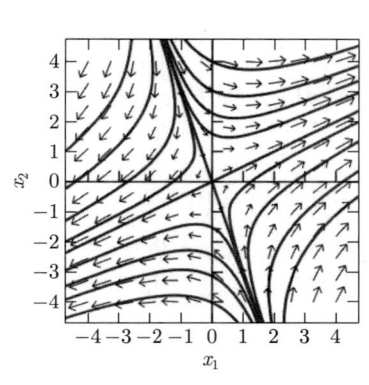

图 5.2.1 例题 1 中线性方程组 $x_1' = 4x_1 + 2x_2$，$x_2' = 3x_1 - x_2$ 的方向场和解曲线

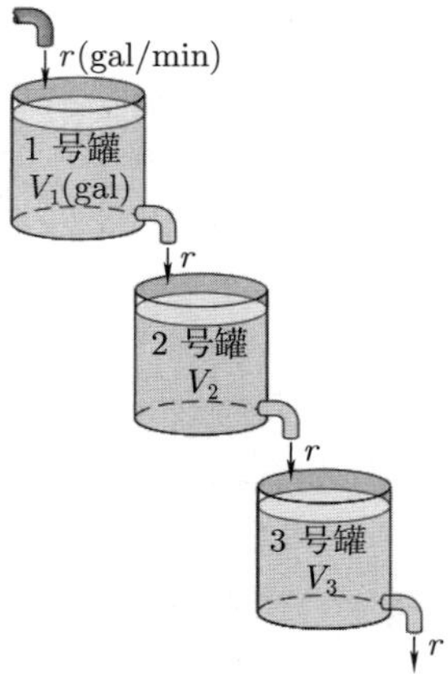

图 5.2.2 例题 2 中的三个盐水罐

作为一个三级系统的简单示例，图 5.2.2 显示了三个盐水罐，分别装有 V_1，V_2 和 V_3 加仑的盐水。淡水流入 1 号罐，与盐水混合后从 1 号罐流入 2 号罐，再从 2 号罐流入 3 号罐，最后从 3 号罐流出。设 $x_i(t)$ 表示 t 时刻 i（其中 $i = 1$，2，3）号罐中含盐量（以磅为单位）。如果每个流速都是 r gal/min，那么如 4.1 节的例题 2 所示，简单地计算盐浓度可得一阶方程组

$$\begin{aligned} x_1' &= -k_1 x_1, \\ x_2' &= k_1 x_1 - k_2 x_2, \\ x_3' &= k_2 x_2 - k_3 x_3, \end{aligned} \tag{16}$$

其中

$$k_i = \frac{r}{V_i}, \quad i = 1, \ 2, \ 3。 \tag{17}$$

例题 2　**三个盐水罐**　如果 $V_1 = 20$，$V_2 = 40$，$V_3 = 50$，$r = 10$ (gal/min)，以及三个盐水罐中初始含盐量（以磅为单位）为

$$x_1(0) = 15, \quad x_2(0) = x_3(0) = 0,$$

求出 $t \geqslant 0$ 时刻每个罐中含盐量。

解答：将给定的数值代入式 (16) 和式 (17)，我们得到关于向量 $\boldsymbol{x}(t) = \begin{bmatrix} x_1(t) & x_2(t) & x_3(t) \end{bmatrix}^{\mathrm{T}}$ 的初值问题

$$\boldsymbol{x}'(t) = \begin{bmatrix} -0.5 & 0 & 0 \\ 0.5 & -0.25 & 0 \\ 0 & 0.25 & -0.2 \end{bmatrix} \boldsymbol{x}, \quad \boldsymbol{x}(0) = \begin{bmatrix} 15 \\ 0 \\ 0 \end{bmatrix}. \tag{18}$$

矩阵的简单形式

$$\boldsymbol{A} - \lambda \boldsymbol{I} = \begin{bmatrix} -0.5 - \lambda & 0 & 0 \\ 0.5 & -0.25 - \lambda & 0 \\ 0 & 0.25 & -0.2 - \lambda \end{bmatrix} \tag{19}$$

很容易导出特征方程

$$|\boldsymbol{A} - \lambda \boldsymbol{I}| = (-0.5 - \lambda)(-0.25 - \lambda)(-0.2 - \lambda) = 0。$$

因此式 (18) 中的系数矩阵 $\boldsymbol{A}$ 具有不同的特征值 $\lambda_1 = -0.5$, $\lambda_2 = -0.25$ 和 $\lambda_3 = -0.2$。

情况 1：$\lambda_1 = -0.5$。将 $\lambda = -0.5$ 代入式 (19)，我们得到关于相关特征向量 $\boldsymbol{v} = \begin{bmatrix} a & b & c \end{bmatrix}^{\mathrm{T}}$ 的方程

$$[\boldsymbol{A} + (0.5) \cdot \boldsymbol{I}]\boldsymbol{v} = \begin{bmatrix} 0 & 0 & 0 \\ 0.5 & 0.25 & 0 \\ 0 & 0.25 & 0.3 \end{bmatrix} \begin{bmatrix} a \\ b \\ c \end{bmatrix} = \begin{bmatrix} 0 \\ 0 \\ 0 \end{bmatrix}。$$

最后两行分别除以 0.25 和 0.05 后，得到标量方程

$$2a + b = 0,$$
$$5b + 6c = 0。$$

当 $b = -6$ 和 $c = 5$ 时，第二个方程得以满足，然后由第一个方程得到 $a = 3$。因此特征向量

$$\boldsymbol{v}_1 = \begin{bmatrix} 3 & -6 & 5 \end{bmatrix}^{\mathrm{T}}$$

与特征值 $\lambda_1 = -0.5$ 相关。

情况 2：$\lambda_2 = -0.25$。将 $\lambda = -0.25$ 代入式 (19)，我们得到关于相关特征向量 $\boldsymbol{v} = \begin{bmatrix} a & b & c \end{bmatrix}^{\mathrm{T}}$ 的方程

$$[\boldsymbol{A} + (0.25) \cdot \boldsymbol{I}]\boldsymbol{v} = \begin{bmatrix} -0.25 & 0 & 0 \\ 0.5 & 0 & 0 \\ 0 & 0.25 & 0.05 \end{bmatrix} \begin{bmatrix} a \\ b \\ c \end{bmatrix} = \begin{bmatrix} 0 \\ 0 \\ 0 \end{bmatrix}。$$

前两行都意味着 $a = 0$，第三行除以 0.05 得到方程

$$5b + c = 0,$$

它在 $b = 1$ 和 $c = -5$ 时得以满足。因此特征向量

$$\boldsymbol{v}_2 = \begin{bmatrix} 0 & 1 & -5 \end{bmatrix}^{\mathrm{T}}$$

与特征值 $\lambda_2 = -0.25$ 相关。

情况 3：$\lambda_3 = -0.2$。将 $\lambda = -0.2$ 代入式 (19)，我们得到关于特征向量 v 的方程

$$[A + (0.2) \cdot I]v = \begin{bmatrix} -0.3 & 0 & 0 \\ 0.5 & -0.05 & 0 \\ 0 & 0.25 & 0 \end{bmatrix} \begin{bmatrix} a \\ b \\ c \end{bmatrix} = \begin{bmatrix} 0 \\ 0 \\ 0 \end{bmatrix}.$$

第一行和第三行分别意味着 $a = 0$ 和 $b = 0$，但是第三列全为零使得 c 是任意的（但非零）。因此

$$v_3 = \begin{bmatrix} 0 & 0 & 1 \end{bmatrix}^\mathrm{T}$$

是与 $\lambda_3 = -0.2$ 相关的特征向量。

因此通解

$$x(t) = c_1 v_1 \mathrm{e}^{\lambda_1 t} + c_2 v_2 \mathrm{e}^{\lambda_2 t} + c_3 v_3 \mathrm{e}^{\lambda_3 t}$$

的形式为

$$x(t) = c_1 \begin{bmatrix} 3 \\ -6 \\ 5 \end{bmatrix} \mathrm{e}^{-0.5t} + c_2 \begin{bmatrix} 0 \\ 1 \\ -5 \end{bmatrix} \mathrm{e}^{-0.25t} + c_3 \begin{bmatrix} 0 \\ 0 \\ 1 \end{bmatrix} \mathrm{e}^{-0.2t}.$$

所得的标量方程为

$$\begin{aligned} x_1(t) &= 3c_1 \mathrm{e}^{-0.5t}, \\ x_2(t) &= -6c_1 \mathrm{e}^{-0.5t} + c_2 \mathrm{e}^{-0.25t}, \\ x_3(t) &= 5c_1 \mathrm{e}^{-0.5t} - 5c_2 \mathrm{e}^{-0.25t} + c_3 \mathrm{e}^{-0.2t}. \end{aligned}$$

当我们施加初始条件 $x_1(0) = 15$，$x_2(0) = x_3(0) = 0$ 时，我们得到方程

$$\begin{aligned} 3c_1 &= 15, \\ -6c_1 + c_2 &= 0, \\ 5c_1 - 5c_2 + c_3 &= 0, \end{aligned}$$

很容易（依次）解出 $c_1 = 5$，$c_2 = 30$ 和 $c_3 = 125$。因此，最终 t 时刻三个盐水罐中含盐量可由下式给出：

$$\begin{aligned} x_1(t) &= 15\mathrm{e}^{-0.5t}, \\ x_2(t) &= -30\mathrm{e}^{-0.5t} + 30\mathrm{e}^{-0.25t}, \\ x_3(t) &= 25\mathrm{e}^{-0.5t} - 150\mathrm{e}^{-0.25t} + 125\mathrm{e}^{-0.2t}. \end{aligned}$$

图 5.2.3 显示了 $x_1(t)$，$x_2(t)$ 和 $x_3(t)$ 的图形。正如我们所料，1 号罐被流入的淡水迅速"稀释"，当 $t \to +\infty$ 时，$x_1(t) \to 0$。2 号罐和 3 号罐中含盐量 $x_2(t)$ 和 $x_3(t)$ 依次达到峰值，然后当 $t \to +\infty$ 时，随着由三个罐组成的整个系统的盐被清除，含盐量趋近于零。∎

复特征值

即使某些特征值是复数，只要它们是不同的，采用前面所述的方法仍然可以得到 n 个线性无关的解。唯一复杂的是与复特征值相关的特征向量通常是复值的，所以我们会得到复值解。

为了获得实值解，我们注意到，因为我们假设矩阵 $\boldsymbol{A}$ 只有实数元素，即特征方程 (8) 中的系数都是实数。因此，任何复特征值都必定以复共轭对的形式出现。那么假设 $\lambda = p + qi$ 和 $\overline{\lambda} = p - qi$ 就是这样一对特征值。如果 $\boldsymbol{v}$ 是与 λ 相关的特征向量，则

$$(\boldsymbol{A} - \lambda \boldsymbol{I})\boldsymbol{v} = \boldsymbol{0},$$

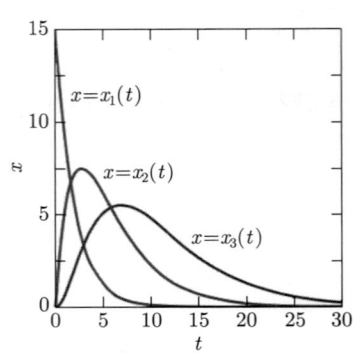

图 5.2.3 例题 2 中的含盐量函数

那么对这个方程取复共轭，可得

$$(\boldsymbol{A} - \overline{\lambda}\boldsymbol{I})\overline{\boldsymbol{v}} = \boldsymbol{0},$$

因为 $\overline{\boldsymbol{A}} = \boldsymbol{A}$ 和 $\overline{\boldsymbol{I}} = \boldsymbol{I}$（这些矩阵是实数矩阵），并且复数积的共轭是因数共轭的乘积。因此 $\boldsymbol{v}$ 的共轭 $\overline{\boldsymbol{v}}$ 是与 $\overline{\lambda}$ 相关的特征向量。当然向量的共轭是按分量方式定义的，如果

$$\boldsymbol{v} = \begin{bmatrix} a_1 + b_1 \mathrm{i} \\ a_2 + b_2 \mathrm{i} \\ \vdots \\ a_n + b_n \mathrm{i} \end{bmatrix} = \begin{bmatrix} a_1 \\ a_2 \\ \vdots \\ a_n \end{bmatrix} + \begin{bmatrix} b_1 \\ b_2 \\ \vdots \\ b_n \end{bmatrix} \mathrm{i} = \boldsymbol{a} + \boldsymbol{b}\mathrm{i}, \tag{20}$$

那么 $\overline{\boldsymbol{v}} = \boldsymbol{a} - \boldsymbol{b}\mathrm{i}$。那么与 λ 和 $\boldsymbol{v}$ 相关的复值解为

$$\boldsymbol{x}(t) = \boldsymbol{v}\mathrm{e}^{\lambda t} = \boldsymbol{v}\mathrm{e}^{(p+qi)t} = (\boldsymbol{a} + \boldsymbol{b}\mathrm{i})\mathrm{e}^{pt}(\cos qt + \mathrm{i}\sin qt),\ominus$$

即

$$\boldsymbol{x}(t) = \mathrm{e}^{pt}(\boldsymbol{a}\cos qt - \boldsymbol{b}\sin qt) + \mathrm{i}\mathrm{e}^{pt}(\boldsymbol{b}\cos qt + \boldsymbol{a}\sin qt)。\tag{21}$$

因为复值解的实部和虚部也是解，所以我们得到与复共轭特征值 $p \pm qi$ 相关的两个实值解

$$\begin{aligned}\boldsymbol{x}_1(t) &= \operatorname{Re}[\boldsymbol{x}(t)] = \mathrm{e}^{pt}(\boldsymbol{a}\cos qt - \boldsymbol{b}\sin qt), \\ \boldsymbol{x}_2(t) &= \operatorname{Im}[\boldsymbol{x}(t)] = \mathrm{e}^{pt}(\boldsymbol{b}\cos qt + \boldsymbol{a}\sin qt)。\end{aligned} \tag{22}$$

很容易验证，取 $\overline{\boldsymbol{v}}\mathrm{e}^{\overline{\lambda}t}$ 的实部和虚部可以得到相同的两个实值解。与其死记硬背式 (22)，不

⊖ 根据 Euler 公式，$\mathrm{e}^{(p+qi)t} = \mathrm{e}^{pt}(\cos qt + \mathrm{i}\sin qt)$。

如在具体的实例中进行如下操作：
- 首先显式求出与复特征值 λ 相关的单个复值解 $\boldsymbol{x}(t)$；
- 然后找出实部和虚部即 $\boldsymbol{x}_1(t)$ 和 $\boldsymbol{x}_2(t)$，以得到与两个复共轭特征值 λ 和 $\overline{\lambda}$ 对应的两个无关的实值解。

例题 3 求下列方程组的通解：
$$\begin{aligned}\frac{\mathrm{d}x_1}{\mathrm{d}t} &= 4x_1 - 3x_2, \\ \frac{\mathrm{d}x_2}{\mathrm{d}t} &= 3x_1 + 4x_2。\end{aligned} \tag{23}$$

解答： 系数矩阵
$$\boldsymbol{A} = \begin{bmatrix} 4 & -3 \\ 3 & 4 \end{bmatrix}$$

具有特征方程
$$|\boldsymbol{A} - \lambda \boldsymbol{I}| = \begin{vmatrix} 4-\lambda & -3 \\ 3 & 4-\lambda \end{vmatrix} = (4-\lambda)^2 + 9 = 0,$$

因此它有复共轭特征值 $\lambda = 4 - 3\mathrm{i}$ 和 $\overline{\lambda} = 4 + 3\mathrm{i}$。

将 $\lambda = 4 - 3\mathrm{i}$ 代入特征向量方程 $(\boldsymbol{A} - \lambda \boldsymbol{I})\boldsymbol{v} = \boldsymbol{0}$，对于相关特征向量 $\boldsymbol{v} = \begin{bmatrix} a & b \end{bmatrix}^\mathrm{T}$，我们得到方程
$$[\boldsymbol{A} - (4 - 3\mathrm{i}) \cdot \boldsymbol{I}]\boldsymbol{v} = \begin{bmatrix} 3\mathrm{i} & -3 \\ 3 & 3\mathrm{i} \end{bmatrix} \begin{bmatrix} a \\ b \end{bmatrix} = \begin{bmatrix} 0 \\ 0 \end{bmatrix}。$$

由每行除以 3 得到两个标量方程
$$\begin{aligned} \mathrm{i}a - b &= 0, \\ a + \mathrm{i}b &= 0, \end{aligned}$$

当 $a = 1$ 和 $b = \mathrm{i}$ 时，每个方程都得以满足。因此 $\boldsymbol{v} = \begin{bmatrix} 1 & \mathrm{i} \end{bmatrix}^\mathrm{T}$ 是与复特征值 $\lambda = 4 - 3\mathrm{i}$ 相关的复特征向量。

那么 $\boldsymbol{x}' = \boldsymbol{A}\boldsymbol{x}$ 对应的复值解 $\boldsymbol{x}(t) = \boldsymbol{v}\mathrm{e}^{\lambda t}$ 为
$$\boldsymbol{x}(t) = \begin{bmatrix} 1 \\ \mathrm{i} \end{bmatrix} \mathrm{e}^{(4-3\mathrm{i})t} = \begin{bmatrix} 1 \\ \mathrm{i} \end{bmatrix} \mathrm{e}^{4t}(\cos 3t - \mathrm{i}\sin 3t) = \mathrm{e}^{4t} \begin{bmatrix} \cos 3t - \mathrm{i}\sin 3t \\ \mathrm{i}\cos 3t + \sin 3t \end{bmatrix}。$$

$\boldsymbol{x}(t)$ 的实部和虚部是实值解
$$\boldsymbol{x}_1(t) = \mathrm{e}^{4t} \begin{bmatrix} \cos 3t \\ \sin 3t \end{bmatrix} \quad \text{和} \quad \boldsymbol{x}_2(t) = \mathrm{e}^{4t} \begin{bmatrix} -\sin 3t \\ \cos 3t \end{bmatrix}。$$

那么 $\boldsymbol{x}' = \boldsymbol{A}\boldsymbol{x}$ 的实值通解可由下式给出

$$\boldsymbol{x}(t) = c_1\boldsymbol{x}_1(t) + c_2\boldsymbol{x}_2(t) = \mathrm{e}^{4t}\begin{bmatrix} c_1\cos 3t - c_2\sin 3t \\ c_1\sin 3t + c_2\cos 3t \end{bmatrix}。$$

最后，方程组 (23) 的标量形式的通解为

$$x_1(t) = \mathrm{e}^{4t}(c_1\cos 3t - c_2\sin 3t),$$
$$x_2(t) = \mathrm{e}^{4t}(c_1\sin 3t + c_2\cos 3t)。$$

图 5.2.4 显示了方程组 (23) 的一些典型解曲线。每一条看起来都如同从 x_1x_2 平面内的原点出发沿逆时针旋转。实际上，由于通解中存在因子 e^{4t}，我们可以看到：
- 沿着每条解曲线，当 $t \to -\infty$ 时，点 $(x_1(t), x_2(t))$ 趋近于原点；
- 然而，当 $t \to +\infty$ 时，$x_1(t)$ 和 $x_2(t)$ 的绝对值都无界递增。∎

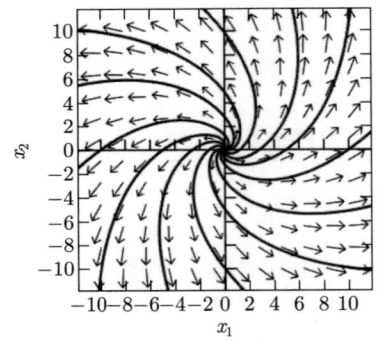

图 5.2.4 例题 3 中线性方程组 $x_1' = 4x_1 - 3x_2$，$x_2' = 3x_1 + 4x_2$ 的方向场和解曲线

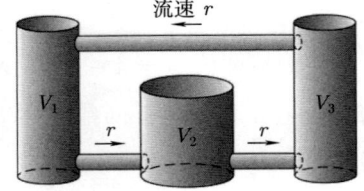

图 5.2.5 例题 4 中的三个盐水罐

图 5.2.5 显示了一个由体积分别为 V_1、V_2 和 V_3 的三个盐水罐组成的"密封"系统。该系统与图 5.2.2 中"开放式"系统的不同之处在于，此时 1 号罐的流入量为 3 号罐的流出量。使用与例题 2 相同的符号，对方程 (16) 进行适当修改变为

$$\begin{aligned}\frac{\mathrm{d}x_1}{\mathrm{d}t} &= -k_1 x_1 \qquad\qquad + k_3 x_3, \\ \frac{\mathrm{d}x_2}{\mathrm{d}t} &= k_1 x_1 - k_2 x_2, \\ \frac{\mathrm{d}x_3}{\mathrm{d}t} &= k_2 x_2 - k_3 x_3,\end{aligned} \tag{24}$$

其中 $k_i = r/V_i$，如同式 (17)。

例题 4 **三个盐水罐** 如图 5.2.5 所示，如果 $V_1 = 50$ gal，$V_2 = 25$ gal，$V_3 = 50$ gal 以及 $r = 10$ gal/min，求三个盐水罐在 t 时刻的含盐量 $x_1(t)$，$x_2(t)$ 和 $x_3(t)$。

解答：对于给定的数值，方程 (24) 取如下形式

$$\frac{\mathrm{d}\boldsymbol{x}}{\mathrm{d}t} = \begin{bmatrix} -0.2 & 0 & 0.2 \\ 0.2 & -0.4 & 0 \\ 0 & 0.4 & -0.2 \end{bmatrix} \boldsymbol{x}, \tag{25}$$

照常 $\boldsymbol{x} = \begin{bmatrix} x_1 & x_2 & x_3 \end{bmatrix}^\mathrm{T}$。当我们沿其第一行展开矩阵

$$\boldsymbol{A} - \lambda \cdot \boldsymbol{I} = \begin{bmatrix} -0.2 - \lambda & 0 & 0.2 \\ 0.2 & -0.4 - \lambda & 0 \\ 0 & 0.4 & -0.2 - \lambda \end{bmatrix} \tag{26}$$

的行列式，我们发现 $\boldsymbol{A}$ 的特征方程是

$$(-0.2 - \lambda)(-0.4 - \lambda)(-0.2 - \lambda) + (0.2)(0.2)(0.4)$$
$$= -\lambda^3 - (0.8) \cdot \lambda^2 - (0.2) \cdot \lambda$$
$$= -\lambda[(\lambda + 0.4)^2 + (0.2)^2] = 0。$$

因此 $\boldsymbol{A}$ 有零特征值 $\lambda_0 = 0$ 和复共轭特征值 $\lambda, \overline{\lambda} = -0.4 \pm 0.2\mathrm{i}$。

情况 1：$\lambda_0 = 0$。将 $\lambda = 0$ 代入式 (26)，对于 $\boldsymbol{v} = \begin{bmatrix} a & b & c \end{bmatrix}^\mathrm{T}$，得到特征向量方程

$$(\boldsymbol{A} - 0 \cdot \boldsymbol{I})\boldsymbol{v} = \begin{bmatrix} -0.2 & 0 & 0.2 \\ 0.2 & -0.4 & 0 \\ 0 & 0.4 & -0.2 \end{bmatrix} \begin{bmatrix} a \\ b \\ c \end{bmatrix} = \begin{bmatrix} 0 \\ 0 \\ 0 \end{bmatrix}。$$

由第一行得到 $a = c$，由第二行得到 $a = 2b$，所以 $\boldsymbol{v}_0 = \begin{bmatrix} 2 & 1 & 2 \end{bmatrix}^\mathrm{T}$ 是与特征值 $\lambda_0 = 0$ 相关的特征向量。方程 (25) 对应的解 $\boldsymbol{x}_0(t) = \boldsymbol{v}_0 \mathrm{e}^{\lambda_0 t}$ 为常数解

$$\boldsymbol{x}_0(t) = \begin{bmatrix} 2 \\ 1 \\ 2 \end{bmatrix}。 \tag{27}$$

情况 2：$\lambda = -0.4 - 0.2\mathrm{i}$。将 $\lambda = -0.4 - 0.2\mathrm{i}$ 代入式 (26)，得到特征向量方程

$$[\boldsymbol{A} - (-0.4 - 0.2\mathrm{i})\boldsymbol{I}]\boldsymbol{v} = \begin{bmatrix} 0.2 + (0.2)\mathrm{i} & 0 & 0.2 \\ 0.2 & (0.2)\mathrm{i} & 0 \\ 0 & 0.4 & 0.2 + (0.2)\mathrm{i} \end{bmatrix} \begin{bmatrix} a \\ b \\ c \end{bmatrix}$$
$$= \begin{bmatrix} 0 \\ 0 \\ 0 \end{bmatrix}。$$

当 $a=1$ 和 $b=\mathrm{i}$ 时，第二个方程 $(0.2)a+(0.2)\mathrm{i}b=0$ 得以满足。然后由第一个方程
$$[0.2+(0.2)\mathrm{i}]a+(0.2)c=0$$
得到 $c=-1-\mathrm{i}$。因此 $\boldsymbol{v}=\begin{bmatrix}1 & \mathrm{i} & (-1-\mathrm{i})\end{bmatrix}^T$ 是与复特征值 $\lambda=-0.4-0.2\mathrm{i}$ 相关的复特征向量。

方程 (25) 对应的复值解 $\boldsymbol{x}(t)=\boldsymbol{v}\mathrm{e}^{\lambda t}$ 为
$$\boldsymbol{x}(t)=\begin{bmatrix}1 & \mathrm{i} & -1-\mathrm{i}\end{bmatrix}^T \mathrm{e}^{(-0.4-0.2\mathrm{i})t}$$
$$=\begin{bmatrix}1 & \mathrm{i} & -1-\mathrm{i}\end{bmatrix}^T \mathrm{e}^{-0.4t}(\cos 0.2t-\mathrm{i}\sin 0.2t)$$
$$=\mathrm{e}^{-0.4t}\begin{bmatrix}\cos 0.2t-\mathrm{i}\sin 0.2t \\ \sin 0.2t+\mathrm{i}\cos 0.2t \\ -\cos 0.2t-\sin 0.2t-\mathrm{i}\cos 0.2t+\mathrm{i}\sin 0.2t\end{bmatrix}。$$

那么 $\boldsymbol{x}(t)$ 的实部和虚部是实值解
$$\boldsymbol{x}_1(t)=\mathrm{e}^{-0.4t}\begin{bmatrix}\cos 0.2t \\ \sin 0.2t \\ -\cos 0.2t-\sin 0.2t\end{bmatrix},$$
$$\boldsymbol{x}_2(t)=\mathrm{e}^{-0.4t}\begin{bmatrix}-\sin 0.2t \\ \cos 0.2t \\ -\cos 0.2t+\sin 0.2t\end{bmatrix}。 \tag{28}$$

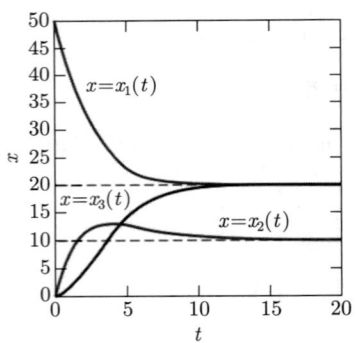

图 5.2.6 例题 4 的盐含量函数

通解
$$\boldsymbol{x}(t)=c_0\boldsymbol{x}_0(t)+c_1\boldsymbol{x}_1(t)+c_2\boldsymbol{x}_2(t)$$
有标量分量
$$\begin{aligned}x_1(t)&=2c_0+\mathrm{e}^{-0.4t}(c_1\cos 0.2t-c_2\sin 0.2t),\\ x_2(t)&=c_0+\mathrm{e}^{-0.4t}(c_1\sin 0.2t+c_2\cos 0.2t),\\ x_3(t)&=2c_0+\mathrm{e}^{-0.4t}[(-c_1-c_2)\cos 0.2t+(-c_1+c_2)\sin 0.2t],\end{aligned} \tag{29}$$
表示三个盐水罐在 t 时刻的含盐量。

观察到
$$x_1(t)+x_2(t)+x_3(t)\equiv 5c_0。 \tag{30}$$
当然，密封系统中总盐量是恒定的，式 (30) 中的常数 c_0 是总盐量的五分之一。由于在式 (29) 中存在因子 $\mathrm{e}^{-0.4t}$，我们可以看到
$$\lim_{t\to\infty}x_1(t)=2c_0,\quad \lim_{t\to\infty}x_2(t)=c_0 \quad 和 \quad \lim_{t\to\infty}x_3(t)=2c_0。$$

因此，当 $t\to+\infty$ 时，系统中的盐趋于稳态分布，此时两个 50 gal 的容器各含 40% 的盐，25 gal 的容器含 20% 的盐。所以无论三个罐中盐的初始分布如何，整个系统中盐浓度的极限分布都是均匀的。图 5.2.6 显示了 $c_0=10$，$c_1=30$ 和 $c_2=-10$ 时三个解函数的图形，在此情况下，

$$x_1(0)=50, \quad x_2(0)=x_3(0)=0。$$

习题

在习题 1~16 中，应用本节特征值法求出给定方程组的通解。如果已知初始值，同时求出相应的特解。对于每道题，使用计算机系统或图形计算器为给定方程组构造方向场和典型解曲线。

1. $x_1'=x_1+2x_2$，$x_2'=2x_1+x_2$
2. $x_1'=2x_1+3x_2$，$x_2'=2x_1+x_2$
3. $x_1'=3x_1+4x_2$，$x_2'=3x_1+2x_2$；$x_1(0)=x_2(0)=1$
4. $x_1'=4x_1+x_2$，$x_2'=6x_1-x_2$
5. $x_1'=6x_1-7x_2$，$x_2'=x_1-2x_2$
6. $x_1'=9x_1+5x_2$，$x_2'=-6x_1-2x_2$；$x_1(0)=1$，$x_2(0)=0$
7. $x_1'=-3x_1+4x_2$，$x_2'=6x_1-5x_2$
8. $x_1'=x_1-5x_2$，$x_2'=x_1-x_2$
9. $x_1'=2x_1-5x_2$，$x_2'=4x_1-2x_2$；$x_1(0)=2$，$x_2(0)=3$
10. $x_1'=-3x_1-2x_2$，$x_2'=9x_1+3x_2$
11. $x_1'=x_1-2x_2$，$x_2'=2x_1+x_2$；$x_1(0)=0$，$x_2(0)=4$
12. $x_1'=x_1-5x_2$，$x_2'=x_1+3x_2$
13. $x_1'=5x_1-9x_2$，$x_2'=2x_1-x_2$
14. $x_1'=3x_1-4x_2$，$x_2'=4x_1+3x_2$
15. $x_1'=7x_1-5x_2$，$x_2'=4x_1+3x_2$
16. $x_1'=-50x_1+20x_2$，$x_2'=100x_1-60x_2$

在习题 17~25 中，通过检验和因式分解可以得到系数矩阵的特征值。应用特征值法求出每个方程组的通解。

17. $x_1'=4x_1+x_2+4x_3$，$x_2'=x_1+7x_2+x_3$，$x_3'=4x_1+x_2+4x_3$
18. $x_1'=x_1+2x_2+2x_3$，$x_2'=2x_1+7x_2+x_3$，$x_3'=2x_1+x_2+7x_3$
19. $x_1'=4x_1+x_2+x_3$，$x_2'=x_1+4x_2+x_3$，$x_3'=x_1+x_2+4x_3$
20. $x_1'=5x_1+x_2+3x_3$，$x_2'=x_1+7x_2+x_3$，$x_3'=3x_1+x_2+5x_3$
21. $x_1'=5x_1-6x_3$，$x_2'=2x_1-x_2-2x_3$，$x_3'=4x_1-2x_2-4x_3$
22. $x_1'=3x_1+2x_2+2x_3$，$x_2'=-5x_1-4x_2-2x_3$，$x_3'=5x_1+5x_2+3x_3$
23. $x_1'=3x_1+x_2+x_3$，$x_2'=-5x_1-3x_2-x_3$，$x_3'=5x_1+5x_2+3x_3$
24. $x_1'=2x_1+x_2-x_3$，$x_2'=-4x_1-3x_2-x_3$，$x_3'=4x_1+4x_2+2x_3$
25. $x_1'=5x_1+5x_2+2x_3$，$x_2'=-6x_1-6x_2-5x_3$，$x_3'=6x_1+6x_2+5x_3$
26. 求满足初始条件 $x_1(0)=0$，$x_2(0)=0$，$x_3(0)=17$ 的下列方程组的特解：

$$\frac{\mathrm{d}x_1}{\mathrm{d}t} = 3x_1 + x_3,$$

$$\frac{\mathrm{d}x_2}{\mathrm{d}t} = 9x_1 - x_2 + 2x_3,$$

$$\frac{\mathrm{d}x_3}{\mathrm{d}t} = -9x_1 + 4x_2 - x_3。$$

级联式盐水罐

在如图 5.2.7 所示的两个盐水罐中，含盐量 $x_1(t)$ 和 $x_2(t)$ 满足微分方程

$$\frac{\mathrm{d}x_1}{\mathrm{d}t}=-k_1x_1, \quad \frac{\mathrm{d}x_2}{\mathrm{d}t}=k_1x_1-k_2x_2,$$

其中 $k_i=r/V_i$ $(i=1,2)$。在习题 27 和习题 28 中，已知体积 V_1 和 V_2。首先根据假设 $r=10$ (gal/min)，$x_1(0)=15$ (lb) 及 $x_2(0)=0$ 解出 $x_1(t)$ 和 $x_2(t)$。然后求出 2 号罐曾经最大含盐量。最后，绘制显示 $x_1(t)$ 和 $x_2(t)$ 的图形的图。

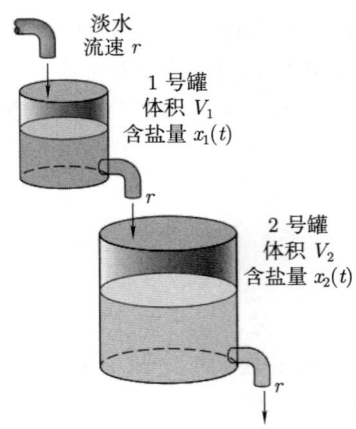

图 5.2.7 习题 27 和习题 28 中的两个盐水罐

27. $V_1 = 50$ (gal), $V_2 = 25$ (gal)
28. $V_1 = 25$ (gal), $V_2 = 40$ (gal)

互联式盐水罐

📱 在如图 5.2.8 所示的两个盐水罐中，含盐量 $x_1(t)$ 和 $x_2(t)$ 满足微分方程

$$\frac{dx_1}{dt} = -k_1 x_1 + k_2 x_2, \quad \frac{dx_2}{dt} = k_1 x_1 - k_2 x_2,$$

其中 $k_i = r/V_i$。在习题 29 和习题 30 中，首先根据假设 $r = 10$ (gal/min)，$x_1(0) = 15$ (lb) 及 $x_2(0) = 0$ 解出 $x_1(t)$ 和 $x_2(t)$。然后绘制显示 $x_1(t)$ 和 $x_2(t)$ 的图形的图。

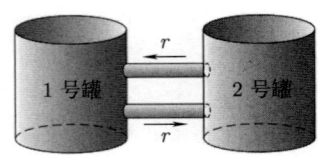

图 5.2.8 习题 29 和习题 30 中的两个盐水罐

29. $V_1 = 50$ (gal), $V_2 = 25$ (gal)
30. $V_1 = 25$ (gal), $V_2 = 40$ (gal)

开放式三罐系统

📱 习题 31~34 处理如图 5.2.2 所示的开放式三罐系统。淡水流入 1 号罐；与盐水混合后从 1 号罐流入 2 号罐，再从 2 号罐流入 3 号罐，最后从 3 号罐流出；并且均以给定的流速 r gal/min 流动。已知三个盐水罐的初始含盐量 $x_1(0) = x_0$ (lb)，$x_2(0) = 0$ 和 $x_3(0) = 0$，以及它们的体积 V_1、V_2 和 V_3（以 gal 为单位）。首先求出三个罐在 t 时刻的含盐量，然后确定 3 号罐曾经的最大含盐量。最后，绘制显示 $x_1(t)$，$x_2(t)$ 和 $x_3(t)$ 的图形的图。

31. $r = 30$, $x_0 = 27$, $V_1 = 30$, $V_2 = 15$, $V_3 = 10$
32. $r = 60$, $x_0 = 45$, $V_1 = 20$, $V_2 = 30$, $V_3 = 60$
33. $r = 60$, $x_0 = 45$, $V_1 = 15$, $V_2 = 10$, $V_3 = 30$
34. $r = 60$, $x_0 = 40$, $V_1 = 20$, $V_2 = 12$, $V_3 = 60$

密封式三罐系统

📱 习题 35~37 处理如图 5.2.5 所示的密封式三罐系统，它可由方程 (24) 描述。混合盐水从 1 号罐流入 2 号罐，从 2 号罐流入 3 号罐，从 3 号罐流入 1 号罐，并且均以给定的流速 r gal/min 流动。已知三个盐水罐的初始含盐量 $x_1(0) = x_0$ (bl)，$x_2(0) = 0$ 和 $x_3(0) = 0$，以及它们的体积 V_1、V_2 和 V_3（以 gal 为单位）。首先求出三个罐在 t 时刻的含盐量，然后确定每个罐中含盐量的极限值（当 $t \to +\infty$ 时）。最后，绘制显示 $x_1(t)$，$x_2(t)$ 和 $x_3(t)$ 的图形的图。

35. $r = 120$, $x_0 = 33$, $V_1 = 20$, $V_2 = 6$, $V_3 = 40$
36. $r = 10$, $x_0 = 18$, $V_1 = 20$, $V_2 = 50$, $V_3 = 20$
37. $r = 60$, $x_0 = 55$, $V_1 = 60$, $V_2 = 20$, $V_3 = 30$

对于习题 38~40 中给出的每个矩阵 $\boldsymbol{A}$，矩阵中的零元素使得其特征多项式容易计算。求出 $\boldsymbol{x}' = \boldsymbol{A}\boldsymbol{x}$ 的通解。

38. $\boldsymbol{A} = \begin{bmatrix} 1 & 0 & 0 & 0 \\ 2 & 2 & 0 & 0 \\ 0 & 3 & 3 & 0 \\ 0 & 0 & 4 & 4 \end{bmatrix}$

39. $\boldsymbol{A} = \begin{bmatrix} -2 & 0 & 0 & 9 \\ 4 & 2 & 0 & -10 \\ 0 & 0 & -1 & 8 \\ 0 & 0 & 0 & 1 \end{bmatrix}$

40. $\boldsymbol{A} = \begin{bmatrix} 2 & 0 & 0 & 0 \\ -21 & -5 & -27 & -9 \\ 0 & 0 & 5 & 0 \\ 0 & 0 & -21 & -2 \end{bmatrix}$

41. 4×4 方程组
$$\begin{aligned} x_1' &= 4x_1 + x_2 + x_3 + 7x_4, \\ x_2' &= x_1 + 4x_2 + 10x_3 + x_4, \\ x_3' &= x_1 + 10x_2 + 4x_3 + x_4, \\ x_4' &= 7x_1 + x_2 + x_3 + 4x_4 \end{aligned}$$
的系数矩阵 A 有特征值 $\lambda_1 = -3$, $\lambda_2 = -6$, $\lambda_3 = 10$ 和 $\lambda_4 = 15$。求出满足如下初始条件的上述方程组的特解：
$$x_1(0)=3, \quad x_2(0)=x_3(0)=1, \quad x_4(0)=3.$$

在习题 42~50 中，使用计算器或计算机系统计算特征值和特征向量（如下面 5.2 节应用中所示），以便求出给定系数矩阵 A 的线性方程组 $x' = Ax$ 的通解。

42. $A = \begin{bmatrix} -40 & -12 & 54 \\ 35 & 13 & -46 \\ -25 & -7 & 34 \end{bmatrix}$

43. $A = \begin{bmatrix} -20 & 11 & 13 \\ 12 & -1 & -7 \\ -48 & 21 & 31 \end{bmatrix}$

44. $A = \begin{bmatrix} 147 & 23 & -202 \\ -90 & -9 & 129 \\ 90 & 15 & -123 \end{bmatrix}$

45. $A = \begin{bmatrix} 9 & -7 & -5 & 0 \\ -12 & 7 & 11 & 9 \\ 24 & -17 & -19 & -9 \\ -18 & 13 & 17 & 9 \end{bmatrix}$

46. $A = \begin{bmatrix} 13 & -42 & 106 & 139 \\ 2 & -16 & 52 & 70 \\ 1 & 6 & -20 & -31 \\ -1 & -6 & 22 & 33 \end{bmatrix}$

47. $A = \begin{bmatrix} 23 & -18 & -16 & 0 \\ -8 & 6 & 7 & 9 \\ 34 & -27 & -26 & -9 \\ -26 & 21 & 25 & 12 \end{bmatrix}$

48. $A = \begin{bmatrix} 47 & -8 & 5 & -5 \\ -10 & 32 & 18 & -2 \\ 139 & -40 & -167 & -121 \\ -232 & 64 & 360 & 248 \end{bmatrix}$

49. $A = \begin{bmatrix} 139 & -14 & -52 & -14 & 28 \\ -22 & 5 & 7 & 8 & -7 \\ 370 & -38 & -139 & -38 & 76 \\ 152 & -16 & -59 & -13 & 35 \\ 95 & -10 & -38 & -7 & 23 \end{bmatrix}$

50. $A = \begin{bmatrix} 9 & 13 & 0 & 0 & 0 & -13 \\ -14 & 19 & -10 & -20 & 10 & 4 \\ -30 & 12 & -7 & -30 & 12 & 18 \\ -12 & 10 & -10 & -9 & 10 & 2 \\ 6 & 9 & 0 & 6 & 5 & -15 \\ -14 & 23 & -10 & -20 & 10 & 0 \end{bmatrix}$

应用 特征值和特征向量的自动计算

请访问 bit.ly/3bgtLHM，利用 Maple、Mathematica 和 MATLAB 等计算资源对此主题进行更多讨论和探索。

大多数计算系统都能很容易求出特征值和特征向量。例如，图 5.2.9 显示了用图形计算器计算例题 2 中矩阵
$$A = \begin{bmatrix} -0.5 & 0 & 0 \\ 0.5 & -0.25 & 0 \\ 0 & 0.25 & -0.2 \end{bmatrix}$$
的特征值和特征向量。我们看到这三个特征向量是以列向量

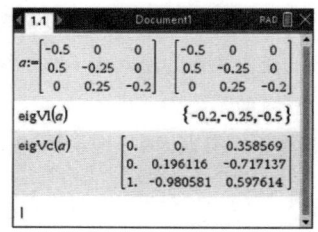

图 5.2.9 采用图形计算器计算矩阵 A 的特征值和特征向量

的形式显示，并与它们对应的特征值以相同的顺序出现。在这个显示中，特征向量被归一化，即乘以一个适当的标量，使其长度为 1。例如，你可以验证，所显示的与第三个特征值 $\lambda = -\frac{1}{2}$ 对应的特征向量是 $\boldsymbol{v} = \begin{bmatrix} 1 & -2 & \frac{5}{3} \end{bmatrix}^{\mathrm{T}}$ 的标量倍。Maple 命令

```
with(linalg)
A := matrix(3,3,[-0.5,0,0,0.5,-0.25,0,0,0.25,-0.2]);
eigenvects(A);
```

Mathematica 命令

```
A = {{-0.5,0,0},{0.5,-0.25,0},{0,0.25,-0.2}}
Eigensystem[A]
```

Wolfram|Alpha 查询

```
((-0.5, 0, 0), (0.5, -0.25, 0), (0, 0.25, -0.2))
```

以及 MATLAB 命令

```
A = [-0.5,0,0; 0.5,-0.25,0; 0,0.25,-0.2]
[V,D] = eig(A)
```

（其中D是显示A的特征值的对角矩阵，V的列向量是相应的特征向量）都产生类似的结果。你可以使用这些命令求出本节中任何问题所需的特征值和特征向量。

练习

为了进行更深入的研究，选择一个正整数 $n < 10$（例如 $n = 5$），并设 q_1, q_2, $\cdots$, q_n 表示你的学号的前 n 个非零数字。现在考虑如图 5.2.2 所示的开放式盐水罐系统，只是有 n 个而不是三个体积为 $V_i = 10q_i$（$i = 1, 2, \cdots, n$）gal 的连续盐水罐。如果每个流速都是 $r = 10$ gal/min，那么含盐量 $x_1(t)$, $x_2(t)$, $\cdots$, $x_n(t)$ 满足线性方程组

$$x_1' = -k_1 x_1,$$
$$x_i' = k_{i-1}x_{i-1} - k_i x_i \quad (i = 2, 3, \cdots, n),$$

其中 $k_i = r/V_i$。应用特征值法求解具有如下初始条件的上述方程组

$$x_1(0) = 10, \quad x_2(0) = x_3(0) = \cdots = x_n(0) = 0。$$

绘出解函数的图形，并根据图形估计每个盐水罐曾经的最大含盐量。

作为另一个研究，假设包含 n 个盐水罐的系统如图 5.2.5 一样是密封的，所以 1 号罐接收来自 n 号罐的流出物作为流入物（而不是淡水）。那么第一个方程应该替换为 $x_1' = k_n x_n - k_1 x_1$。现在证明，在这个密封的系统中，当 $t \to +\infty$ 时，原本在 1 号罐中的盐以恒定的密度分布在各号罐中。如图 5.2.6 这样的图应该可以很明显地说明这一点。

5.3 线性方程组的解曲线图集

在上一节中，我们看到 $n \times n$ 矩阵 $\boldsymbol{A}$ 的特征值和特征向量对于齐次常系数线性方程组

$$\boldsymbol{x}' = \boldsymbol{A}\boldsymbol{x} \tag{1}$$

的求解是至关重要的。事实上，根据 5.2 节的定理 1，如果 λ 是 $\boldsymbol{A}$ 的特征值，$\boldsymbol{v}$ 是与 λ 相关的 $\boldsymbol{A}$ 的特征向量，那么

$$\boldsymbol{x}(t) = \boldsymbol{v}\mathrm{e}^{\lambda t} \tag{2}$$

是方程组 (1) 的非平凡解。此外，如果 $\boldsymbol{A}$ 有与其 n 个特征值 λ_1，λ_2，$\cdots$，λ_n 相关的 n 个线性无关的特征向量 $\boldsymbol{v}_1$，$\boldsymbol{v}_2$，$\cdots$，$\boldsymbol{v}_n$，那么实际上方程组 (1) 的所有解均可由线性组合

$$\boldsymbol{x}(t) = c_1\boldsymbol{v}_1\mathrm{e}^{\lambda_1 t} + c_2\boldsymbol{v}_2\mathrm{e}^{\lambda_2 t} + \cdots + c_n\boldsymbol{v}_n\mathrm{e}^{\lambda_n t} \tag{3}$$

给出，其中 c_1，c_2，$\cdots$，c_n 为任意常数。若特征值包含复共轭对，则通过取与复特征值对应的式 (3) 中的项的实部和虚部，我们可以由式 (3) 得到一个实值通解。

本节的目标是获得对矩阵 $\boldsymbol{A}$ 的特征值和特征向量在方程组 (1) 的求解中所起作用的几何理解。主要以 $n = 2$ 为例进行说明，我们将看到特征值和特征向量的特殊排列对应于方程组 (1) 的相平面图中的可识别模式，可以说是"指纹"。正如在代数中我们学会识别关于 x 和 y 的方程何时对应于一条直线或抛物线一样，我们可以从矩阵 $\boldsymbol{A}$ 的特征值和特征向量预测方程组 (1) 的解曲线的总体外观。通过考虑这些特征值和特征向量的各种情况，我们将创建一个典型相平面图的"图集"（即本节末尾出现的图 5.3.16），本质上，它给出了 2×2 齐次线性常系数方程组的解可表现出的几何行为的完整目录。这不仅可以帮助我们分析形如式 (1) 的方程组，而且可以帮助我们分析可用线性方程组近似的更复杂的方程组，这是我们将在 6.2 节中探讨的主题。

维数 $n = 2$ 的方程组

除非另有说明，此后我们假设 $n = 2$，所以矩阵 $\boldsymbol{A}$ 的特征值是 λ_1 和 λ_2。正如我们在 5.2 节中所述，如果 λ_1 和 λ_2 是不同的，那么 $\boldsymbol{A}$ 的相关特征向量 $\boldsymbol{v}_1$ 和 $\boldsymbol{v}_2$ 是线性无关的。此时，如果 λ_1 和 λ_2 是实数，那么方程组 (1) 的通解可以写成

$$\boldsymbol{x}(t) = c_1\boldsymbol{v}_1\mathrm{e}^{\lambda_1 t} + c_2\boldsymbol{v}_2\mathrm{e}^{\lambda_2 t}, \tag{4}$$

如果 λ_1 和 λ_2 是共轭复数 $p \pm \mathrm{i}q$，那么通解可以写成

$$\boldsymbol{x}(t) = c_1\mathrm{e}^{pt}(\boldsymbol{a}\cos qt - \boldsymbol{b}\sin qt) + c_2\mathrm{e}^{pt}(\boldsymbol{b}\cos qt + \boldsymbol{a}\sin qt), \tag{5}$$

这里向量 $\boldsymbol{a}$ 和 $\boldsymbol{b}$ 分别是与特征值 $p \pm \mathrm{i}q$ 相关的 $\boldsymbol{A}$ 的（复值）特征向量的实部和虚部。如果 λ_1 和 λ_2 相等（比如等于一个共同值 λ），那么正如我们将在 5.5 节中看到的，矩阵 $\boldsymbol{A}$ 可能有，也可能没有两个线性无关的特征向量 $\boldsymbol{v}_1$ 和 $\boldsymbol{v}_2$。若有，则再次应用 5.2 节的特征值法，方程组 (1) 的通解依旧可由线性组合

$$\boldsymbol{x}(t) = c_1\boldsymbol{v}_1\mathrm{e}^{\lambda t} + c_2\boldsymbol{v}_2\mathrm{e}^{\lambda t} \tag{6}$$

给出。如果 $\boldsymbol{A}$ 没有两个线性无关的特征向量，那么正如我们将看到的，我们可以找到一个向量 $\boldsymbol{v}_2$ 使得方程组 (1) 的通解可由下式给出

$$\boldsymbol{x}(t) = c_1\boldsymbol{v}_1\mathrm{e}^{\lambda t} + c_2(\boldsymbol{v}_1 t + \boldsymbol{v}_2)\mathrm{e}^{\lambda t}, \tag{7}$$

其中 v_1 是与唯一的特征值 λ 相关的 A 的特征向量。向量 v_2 的性质和通解 (7) 的其他细节将在 5.5 节中讨论,但我们在这里包含这种情况是为了使我们的图集完整。

有了这个代数背景,我们开始分析方程组 (1) 的解曲线。首先我们假设矩阵 A 的特征值 λ_1 和 λ_2 是实数,随后我们考虑 λ_1 和 λ_2 是共轭复数的情况。

实特征值

我们将 λ_1 和 λ_2 为实数的情况分成以下几种可能。

不同特征值
- 非零且符号相反 ($\lambda_1 < 0 < \lambda_2$)
- 两个负值 ($\lambda_1 < \lambda_2 < 0$)
- 两个正值 ($0 < \lambda_2 < \lambda_1$)
- 一个零值和一个负值 ($\lambda_1 < \lambda_2 = 0$)
- 一个零值和一个正值 ($0 = \lambda_2 < \lambda_1$)

重特征值
- 正值 ($\lambda_1 = \lambda_2 > 0$)
- 负值 ($\lambda_1 = \lambda_2 < 0$)
- 零值 ($\lambda_1 = \lambda_2 = 0$)

鞍点

符号相反的非零不同特征值:当 $\lambda_1 < 0 < \lambda_2$ 时的关键观察是,方程组 $x' = Ax$ 的通解

$$x(t) = c_1 v_1 e^{\lambda_1 t} + c_2 v_2 e^{\lambda_2 t} \tag{4}$$

中的正标量因子 $e^{\lambda_1 t}$ 和 $e^{\lambda_2 t}$ 随着 t 的变化(在实轴上)朝相反方向移动。例如,当 t 增大且为正时,$e^{\lambda_2 t}$ 增大,因为 $\lambda_2 > 0$,而 $e^{\lambda_1 t}$ 趋于零,因为 $\lambda_1 < 0$;因此式 (4) 中的解 $x(t)$ 中的项 $c_1 v_1 e^{\lambda_1 t}$ 为零,$x(t)$ 趋近于 $c_2 v_2 e^{\lambda_2 t}$。若 t 增大且为负,则会发生相反的情况:

因子 $e^{\lambda_1 t}$ 增大而 $e^{\lambda_2 t}$ 减小,解 $x(t)$ 趋近于 $c_1 v_1 e^{\lambda_1 t}$。如果我们暂时假设 c_1 和 c_2 均非零,那么可以宽泛地说,当 t 从 $-\infty$ 到 $+\infty$ 变化时,解 $x(t)$ 从"主要"是特征向量 v_1 的倍数转变为"主要"是 v_2 的倍数。

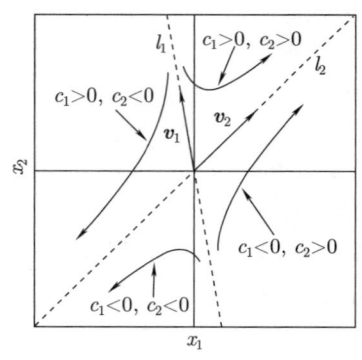

图 5.3.1 当 A 的特征值 λ_1,λ_2 为实数且 $\lambda_1 < 0 < \lambda_2$ 时,方程组 $x' = Ax$ 的解曲线 $x(t) = c_1 v_1 e^{\lambda_1 t} + c_2 v_2 e^{\lambda_2 t}$

从几何上讲,这意味着由式 (4) 给出的所有解曲线在 c_1 和 c_2 均非零时都有两条渐近线,即经过原点并分别平行于特征向量 v_1 和 v_2 的直线 l_1 和 l_2;当 $t \to -\infty$ 时,解曲线趋近于 l_1,当 $t \to +\infty$ 时,解曲

线趋近于 l_2。事实上，如图 5.3.1 所示，直线 l_1 和 l_2 有效地将平面划分为四个"象限"，在这些象限内，随着 t 的增大，所有的解曲线都从渐近线 l_1 流向渐近线 l_2。（对图 5.3.1 以及其他图中所示的特征向量进行了缩放，使其具有相等的长度。）解曲线所在的特定象限由系数 c_1 和 c_2 的符号决定。例如，如果 c_1 和 c_2 均为正，那么当 $t \to -\infty$ 时，对应的解曲线沿特征向量 $\boldsymbol{v}_1$ 的方向渐近扩展，而当 $t \to +\infty$ 时，沿 $\boldsymbol{v}_2$ 的方向渐近扩展。如果 $c_1 > 0$ 而 $c_2 < 0$，那么当 $t \to -\infty$ 时，对应的解曲线仍沿 $\boldsymbol{v}_1$ 方向渐近扩展，但是当 $t \to +\infty$ 时，沿与 $\boldsymbol{v}_2$ 相反的方向渐近扩展（因为负系数 c_2 使向量 $c_2\boldsymbol{v}_2$ 指向 $\boldsymbol{v}_2$ 的反向）。

如果 c_1 或 c_2 等于零，那么解曲线仍然局限于直线 l_1 和 l_2 中的一条。例如，如果 $c_1 \neq 0$ 但 $c_2 = 0$，那么解 (4) 就变成 $\boldsymbol{x}(t) = c_1 \boldsymbol{v}_1 \mathrm{e}^{\lambda_1 t}$，这意味着对应的解曲线沿着直线 l_1 延伸。因为 $\lambda_1 < 0$，所以当 $t \to +\infty$ 时，它或沿着 $\boldsymbol{v}_1$ 的方向（若 $c_1 > 0$）或沿着与 $\boldsymbol{v}_1$ 相反的方向（若 $c_1 < 0$）逐渐接近原点，当 $t \to -\infty$ 时，它逐渐远离原点。类似地，如果 $c_1 = 0$ 而 $c_2 \neq 0$，那么因为 $\lambda_2 > 0$，所以当 $t \to +\infty$ 时，解曲线沿着直线 l_2 远离原点，当 $t \to -\infty$ 时趋向原点。

图 5.3.1 显示了系数 c_1 和 c_2 的非零值对应的典型解曲线。因为解曲线的整体图形显示出一个鞍形曲面的水平曲线（比如 $z = xy$），所以我们称原点为方程组 $\boldsymbol{x}' = \boldsymbol{A}\boldsymbol{x}$ 的**鞍点**。

例题 1 图 5.3.1 中的解曲线对应于在方程组 $\boldsymbol{x}' = \boldsymbol{A}\boldsymbol{x}$ 中选择

$$\boldsymbol{A} = \begin{bmatrix} 4 & 1 \\ 6 & -1 \end{bmatrix}, \tag{8}$$

你可以验证，$\boldsymbol{A}$ 的特征值为 $\lambda_1 = -2$ 和 $\lambda_2 = 5$（因此 $\lambda_1 < 0 < \lambda_2$），与之相关的特征向量为

$$\boldsymbol{v}_1 = \begin{bmatrix} -1 \\ 6 \end{bmatrix} \quad \text{和} \quad \boldsymbol{v}_2 = \begin{bmatrix} 1 \\ 1 \end{bmatrix}。$$

根据式 (4) 所得通解为

$$\boldsymbol{x}(t) = c_1 \begin{bmatrix} -1 \\ 6 \end{bmatrix} \mathrm{e}^{-2t} + c_2 \begin{bmatrix} 1 \\ 1 \end{bmatrix} \mathrm{e}^{5t}, \tag{9}$$

或者采用标量形式

$$\begin{aligned} x_1(t) &= -c_1 \mathrm{e}^{-2t} + c_2 \mathrm{e}^{5t}, \\ x_2(t) &= 6c_1 \mathrm{e}^{-2t} + c_2 \mathrm{e}^{5t}。 \end{aligned} \tag{10}$$

对于方程组 $\boldsymbol{x}' = \boldsymbol{A}\boldsymbol{x}$，其中 $\boldsymbol{A}$ 由式 (8) 给出，本节末尾的图集图 5.3.16 展示了一组更完整的解曲线以及一个方向场。（在习题 29 中，相对于由直线 l_1 和 l_2 定义的"轴"，它们形成解曲线的自然参照系，我们将探讨解曲线 (10) 的"笛卡儿"方程。）

结点：汇与源

不同的负特征值： 当 $\lambda_1 < \lambda_2 < 0$ 时，因子 $e^{\lambda_1 t}$ 和 $e^{\lambda_2 t}$ 都随着 t 的增大而减小。事实上，当 $t \to +\infty$ 时，$e^{\lambda_1 t}$ 和 $e^{\lambda_2 t}$ 都趋近于零，这意味着解曲线

$$\boldsymbol{x}(t) = c_1 \boldsymbol{v}_1 e^{\lambda_1 t} + c_2 \boldsymbol{v}_2 e^{\lambda_2 t} \tag{4}$$

趋近于原点；同样地，当 $t \to -\infty$ 时，$e^{\lambda_1 t}$ 和 $e^{\lambda_2 t}$ 都无限增大，所以解曲线"趋于无穷远"。此外，对式 (4) 中的解求导可得

$$\boldsymbol{x}'(t) = c_1 \lambda_1 \boldsymbol{v}_1 e^{\lambda_1 t} + c_2 \lambda_2 \boldsymbol{v}_2 e^{\lambda_2 t} = e^{\lambda_2 t} \left[c_1 \lambda_1 \boldsymbol{v}_1 e^{(\lambda_1 - \lambda_2)t} + c_2 \lambda_2 \boldsymbol{v}_2 \right] 。 \tag{11}$$

这表明解曲线 $\boldsymbol{x}(t)$ 的切向量 $\boldsymbol{x}'(t)$ 是向量 $c_1 \lambda_1 \boldsymbol{v}_1 e^{(\lambda_1 - \lambda_2)t} + c_2 \lambda_2 \boldsymbol{v}_2$ 的标量倍，当 $t \to +\infty$ 时，它趋近于向量 $\boldsymbol{v}_2$ 的固定非零倍数 $c_2 \lambda_2 \boldsymbol{v}_2$（因为 $e^{(\lambda_1 - \lambda_2)t}$ 趋于零）。由此可知，如果 $c_2 \neq 0$，那么当 $t \to +\infty$ 时，解曲线 $\boldsymbol{x}(t)$ 变得越来越接近平行于特征向量 $\boldsymbol{v}_2$。（更具体地说，例如，如果 $c_2 > 0$，那么 $\boldsymbol{x}(t)$ 沿着与 $\boldsymbol{v}_2$ 相反的方向接近原点，因为标量 $c_2 \lambda_2$ 为负值。）因此，如果 $c_2 \neq 0$，那么随着 t 的增大，解曲线趋于原点，并且在这里与经过原点且平行于 $\boldsymbol{v}_2$ 的直线 l_2 相切。

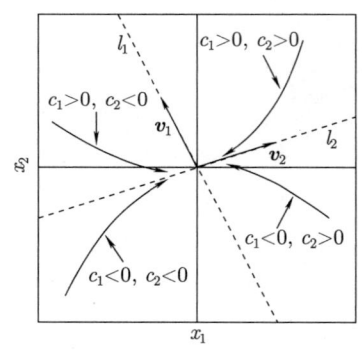

图 5.3.2 当 $\boldsymbol{A}$ 的特征值 λ_1，λ_2 为实数且 $\lambda_1 < \lambda_2 < 0$ 时，方程组 $\boldsymbol{x}' = \boldsymbol{A}\boldsymbol{x}$ 的解曲线 $\boldsymbol{x}(t) = c_1 \boldsymbol{v}_1 e^{\lambda_1 t} + c_2 \boldsymbol{v}_2 e^{\lambda_2 t}$

另一方面，如果 $c_2 = 0$，那么解曲线 $\boldsymbol{x}(t)$ 沿着经过原点且平行于特征向量 $\boldsymbol{v}_1$ 的直线 l_1 类似地延伸。同样，最终的效果是，直线 l_1 和 l_2 将平面划分为四个"象限"，如图 5.3.2 所示，图中显示了系数 c_1 和 c_2 的非零值对应的典型解曲线。

为了描述如图 5.3.2 所示的相轨线图的外观，我们引入一些新的术语，这些术语在现在和第 6 章研究非线性方程组时都很有用。通常，我们称原点为方程组 $\boldsymbol{x}' = \boldsymbol{A}\boldsymbol{x}$ 的**结点**，前提是同时满足以下两个条件：

• 当 $t \to +\infty$ 时，每条轨线要么趋近原点要么远离原点；

• 每条轨线都与某条经过原点的直线在原点处相切。

此外，我们称原点是一个**正常**结点，前提是没有两对不同的"相反"轨线与经过原点的同一条直线相切。这就是图 5.3.6 中的情况，其中轨线就是直线，而不仅仅与直线相切；事实上，一个正常结点可以被称为"星点"。然而，在图 5.3.2 中，除了沿直线 l_1 延伸的轨线外，其余所有轨线均与直线 l_2 相切，因此，我们称该结点为**非正常**（退化）结点。

更进一步，对于方程组 $\boldsymbol{x}' = \boldsymbol{A}\boldsymbol{x}$，当 $t \to +\infty$ 时，如果每条轨线都趋近于原点（如图 5.3.2 所示），那么这个原点被称为**汇**；相反，如果每条轨线都远离原点，那么这个原点就是一个**源**。因此，我们将图 5.3.2 中轨线的特征模式描述为非正常结点汇。

例题 2 图 5.3.2 中的解曲线对应于在方程组 $\boldsymbol{x}' = \boldsymbol{A}\boldsymbol{x}$ 中选择

$$\boldsymbol{A} = \begin{bmatrix} -8 & 3 \\ 2 & -13 \end{bmatrix}。 \tag{12}$$

矩阵 $\boldsymbol{A}$ 的特征值是 $\lambda_1 = -14$ 和 $\lambda_2 = -7$（从而 $\lambda_1 < \lambda_2 < 0$），与之相关的特征向量为

$$\boldsymbol{v}_1 = \begin{bmatrix} -1 \\ 2 \end{bmatrix} \quad \text{和} \quad \boldsymbol{v}_2 = \begin{bmatrix} 3 \\ 1 \end{bmatrix}。$$

那么由式 (4) 得到通解为

$$\boldsymbol{x}(t) = c_1 \begin{bmatrix} -1 \\ 2 \end{bmatrix} \mathrm{e}^{-14t} + c_2 \begin{bmatrix} 3 \\ 1 \end{bmatrix} \mathrm{e}^{-7t}, \tag{13}$$

或者采用标量形式

$$x_1(t) = -c_1 \mathrm{e}^{-14t} + 3c_2 \mathrm{e}^{-7t},$$

$$x_2(t) = 2c_1 \mathrm{e}^{-14t} + c_2 \mathrm{e}^{-7t}。$$

对于方程组 $\boldsymbol{x}' = \boldsymbol{A}\boldsymbol{x}$，其中 $\boldsymbol{A}$ 由式 (12) 给出，图集图 5.3.16 展示了一组更完整的解曲线以及一个方向场。∎

不同正特征值的情况可以由不同负特征值的情况镜像形成。但是我们不需要单独分析它，我们可以依靠以下原理，其验证过程是一个例行检查符号问题（习题 30）。

原理 线性方程组中的时间逆转

设 $\boldsymbol{x}(t)$ 是二维线性方程组

$$\boldsymbol{x}' = \boldsymbol{A}\boldsymbol{x} \tag{1}$$

的一个解，那么函数 $\tilde{\boldsymbol{x}}(t) = \boldsymbol{x}(-t)$ 是方程组

$$\tilde{\boldsymbol{x}}' = -\boldsymbol{A}\tilde{\boldsymbol{x}} \tag{14}$$

的一个解。

我们进一步注意到，两个向量值函数 $\boldsymbol{x}(t)$ 和 $\tilde{\boldsymbol{x}}(t)$ 当 $-\infty < t < \infty$ 时在平面上具有相同的解曲线（或图像）。然而，由链式法则可得 $\tilde{\boldsymbol{x}}'(t) = -\boldsymbol{x}'(t)$；因为 $\tilde{\boldsymbol{x}}(t)$ 和 $\boldsymbol{x}(-t)$ 表示同一点，由此可知，在它们的共同解曲线上的每个点处，两个函数 $\boldsymbol{x}(t)$ 和 $\tilde{\boldsymbol{x}}(t)$ 的速度向量互为相反值。因此，两个解随着 t 的增大沿着相反的方向遍历它们的共同解曲线，或者，换句话说，一个解随着 t 的增大和另一个解随着 t 的减小沿着相同的方向遍历。简而言之，我们可以说方程组 (1) 和方程组 (14) 的解在"时间逆转"下相互对应，因为我们可以通过在一个方程组的解中让时间"倒流"来得到另一个方程组的解。

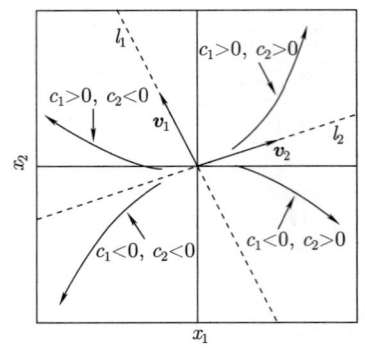

图 5.3.3 当 A 的特征值 λ_1, λ_2 为实数且 $0 < \lambda_2 < \lambda_1$ 时，方程组 $x' = Ax$ 的解曲线 $x(t) = c_1 v_1 e^{\lambda_1 t} + c_2 v_2 e^{\lambda_2 t}$

不同的正特征值：如果矩阵 A 有正的特征值且 $0 < \lambda_2 < \lambda_1$，那么正如你可以验证（习题 31），矩阵 $-A$ 有负的特征值 $-\lambda_1 < -\lambda_2 < 0$，但有相同的特征向量 v_1 和 v_2。那么前述情况表明方程组 $x' = -Ax$ 在原点处有一个非正常结点汇。但是方程组 $x' = Ax$ 有相同的轨线，只是（随着 t 的增大）沿着每条解曲线的运动方向相反。因此，对于方程组 $x' = Ax$，原点现在是一个源，而不是一个汇，我们称这个原点为**非正常结点源**。图 5.3.3 显示了由 $x(t) = c_1 v_1 e^{\lambda_1 t} + c_2 v_2 e^{\lambda_2 t}$ 所给出的系数 c_1 和 c_2 为非零值时所对应的典型解曲线。

例题 3 图 5.3.3 中的解曲线对应于在方程组 $x' = Ax$ 中选择

$$A = -\begin{bmatrix} -8 & 3 \\ 2 & -13 \end{bmatrix} = \begin{bmatrix} 8 & -3 \\ -2 & 13 \end{bmatrix}, \tag{15}$$

从而 A 是例题 2 中矩阵的负矩阵。因此，我们可以通过将时间逆转原理应用于解 (13) 来求解方程组 $x' = Ax$：将式 (13) 右侧中的 t 替换为 $-t$，可得

$$x(t) = c_1 \begin{bmatrix} -1 \\ 2 \end{bmatrix} e^{14t} + c_2 \begin{bmatrix} 3 \\ 1 \end{bmatrix} e^{7t}。 \tag{16}$$

当然，我们也可以通过求出矩阵 A 的特征值 λ_1, λ_2 和特征向量 v_1, v_2 来"从头开始"。这些可以从特征值的定义中求出，但是更容易注意到（再次参见习题 31），因为 A 是矩阵 (12) 的负矩阵，λ_1 和 λ_2 同样是它们在例题 2 中值的相反值，而我们可以取 v_1 和 v_2 与例题 2 中相同。通过任何一种方法，我们都能求出 $\lambda_1 = 14$ 和 $\lambda_2 = 7$（所以 $0 < \lambda_2 < \lambda_1$），与之相关的特征向量为

$$v_1 = \begin{bmatrix} -1 \\ 2 \end{bmatrix} \quad \text{和} \quad v_2 = \begin{bmatrix} 3 \\ 1 \end{bmatrix}。$$

那么由式 (4) 可知，通解为

$$x(t) = c_1 \begin{bmatrix} -1 \\ 2 \end{bmatrix} e^{14t} + c_2 \begin{bmatrix} 3 \\ 1 \end{bmatrix} e^{7t}$$

[与式 (16) 一致]，或采用标量形式

$$x_1(t) = -c_1 e^{14t} + 3c_2 e^{7t},$$
$$x_2(t) = 2c_1 e^{14t} + c_2 e^{7t}。$$

对于方程组 $\boldsymbol{x}' = \boldsymbol{A}\boldsymbol{x}$，其中 $\boldsymbol{A}$ 由式 (15) 给出，图集图 5.3.16 展示了一组更完整的解曲线以及一个方向场。 ■

零特征值与直线解

一个零特征值和一个负特征值： 当 $\lambda_1 < \lambda_2 = 0$ 时，通解式 (4) 变为

$$\boldsymbol{x}(t) = c_1 \boldsymbol{v}_1 \mathrm{e}^{\lambda_1 t} + c_2 \boldsymbol{v}_2 。 \tag{17}$$

对于系数 c_1 的任意固定非零值，式 (17) 中的项 $c_1 \boldsymbol{v}_1 \mathrm{e}^{\lambda_1 t}$ 是特征向量 $\boldsymbol{v}_1$ 的标量倍，因此（随着 t 的变化）沿着经过原点并平行于 $\boldsymbol{v}_1$ 的直线 l_1 移动；因为 $\lambda_1 < 0$，所以当 $t \to +\infty$ 时，移动的方向指向原点。例如，如果 $c_1 > 0$，那么 $c_1 \boldsymbol{v}_1 \mathrm{e}^{\lambda_1 t}$ 沿着 $\boldsymbol{v}_1$ 的方向延伸，随着 t 的增大而接近原点，随着 t 的减少而远离原点。相反，如果 $c_1 < 0$，那么 $c_1 \boldsymbol{v}_1 \mathrm{e}^{\lambda_1 t}$ 沿着与 $\boldsymbol{v}_1$ 相反的方向延伸，同时随着 t 的增大仍然接近原点。粗略地说，我们可以把项 $c_1 \boldsymbol{v}_1 \mathrm{e}^{\lambda_1 t}$ 的移动单独设想成一对在原点处头对头相对的箭头。式 (17) 中的解曲线 $\boldsymbol{x}(t)$ 就是在这相同轨线 $c_1 \boldsymbol{v}_1 \mathrm{e}^{\lambda_1 t}$ 的基础上平移（或偏移）常数向量 $c_2 \boldsymbol{v}_2$。因此，在这种情况下，方程组 $\boldsymbol{x}' = \boldsymbol{A}\boldsymbol{x}$ 的相轨线图由平行于特征向量 $\boldsymbol{v}_1$ 的所有直线组成，其中沿

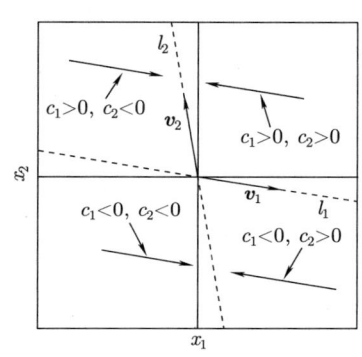

图 5.3.4 当 $\boldsymbol{A}$ 的特征值 λ_1，λ_2 为实数且 $\lambda_1 < \lambda_2 = 0$ 时，方程组 $\boldsymbol{x}' = \boldsymbol{A}\boldsymbol{x}$ 的解曲线 $\boldsymbol{x}(t) = c_1 \boldsymbol{v}_1 \mathrm{e}^{\lambda_1 t} + c_2 \boldsymbol{v}_2$

着每条这样的直线，解（从两个方向）向经过原点并平行于 $\boldsymbol{v}_1$ 的直线 l_2 移动。图 5.3.4 显示了系数 c_1 和 c_2 的非零值对应的典型解曲线。

值得注意的是，位于直线 l_2 上由常数向量 $\boldsymbol{b}$ 表示的每个单点都代表方程组 $\boldsymbol{x}' = \boldsymbol{A}\boldsymbol{x}$ 的一个常数解。事实上，如果 $\boldsymbol{b}$ 位于 l_2 上，那么 $\boldsymbol{b}$ 是与特征值 $\lambda_2 = 0$ 相关的 $\boldsymbol{A}$ 的特征向量 $\boldsymbol{v}_2$ 的标量倍 $k \cdot \boldsymbol{v}_2$。在这种情况下，常值解 $\boldsymbol{x}(t) \equiv \boldsymbol{b}$ 可由式 (17) 得到，其中 $c_1 = 0$ 和 $c_2 = k$。这个常数解的"轨线"是位于直线 l_2 上的一个单点，是由 4.1 节的定理 1 所保证的初值问题

$$\boldsymbol{x}' = \boldsymbol{A}\boldsymbol{x}, \quad \boldsymbol{x}(0) = \boldsymbol{b}$$

的唯一解。注意，这种情况与我们到目前为止所考虑的其他特征值情况形成鲜明对比，其中 $\boldsymbol{x}(t) \equiv \boldsymbol{0}$ 是方程组 $\boldsymbol{x}' = \boldsymbol{A}\boldsymbol{x}$ 的唯一常数解。（在习题 32 中，我们将探讨方程组 $\boldsymbol{x}' = \boldsymbol{A}\boldsymbol{x}$ 具有除 $\boldsymbol{x}(t) \equiv \boldsymbol{0}$ 以外的常数解的一般情况。）

例题 4 图 5.3.4 中的解曲线对应于在方程组 $\boldsymbol{x}' = \boldsymbol{A}\boldsymbol{x}$ 中选择

$$\boldsymbol{A} = \begin{bmatrix} -36 & -6 \\ 6 & 1 \end{bmatrix} 。 \tag{18}$$

矩阵 A 的特征值为 $\lambda_1 = -35$ 和 $\lambda_2 = 0$，与之相关的特征向量为

$$\boldsymbol{v}_1 = \begin{bmatrix} 6 \\ -1 \end{bmatrix} \quad \text{和} \quad \boldsymbol{v}_2 = \begin{bmatrix} 1 \\ -6 \end{bmatrix}.$$

根据式 (17)，通解为

$$\boldsymbol{x}(t) = c_1 \begin{bmatrix} 6 \\ -1 \end{bmatrix} \mathrm{e}^{-35t} + c_2 \begin{bmatrix} 1 \\ -6 \end{bmatrix}, \tag{19}$$

或者采用标量形式

$$x_1(t) = 6c_1 \mathrm{e}^{-35t} + c_2,$$
$$x_2(t) = -c_1 \mathrm{e}^{-35t} - 6c_2.$$

对于方程组 $\boldsymbol{x}' = \boldsymbol{Ax}$，其中 $\boldsymbol{A}$ 由式 (18) 给出，图集图 5.3.16 展示了一组更完整的解曲线以及一个方向场。∎

一个零特征值和一个正特征值：当 $0 = \lambda_2 < \lambda_1$ 时，方程组 $\boldsymbol{x}' = \boldsymbol{Ax}$ 的解又是

$$\boldsymbol{x}(t) = c_1 \boldsymbol{v}_1 \mathrm{e}^{\lambda_1 t} + c_2 \boldsymbol{v}_2. \tag{17}$$

根据时间逆转原理，方程组 $\boldsymbol{x}' = \boldsymbol{Ax}$ 的轨线与方程组 $\boldsymbol{x}' = -\boldsymbol{Ax}$ 的轨线相同，只不过它们移动的方向相反。因为矩阵 $-\boldsymbol{A}$ 的特征值 $-\lambda_1$ 和 $-\lambda_2$ 满足 $-\lambda_1 < -\lambda_2 = 0$，根据前述情况，$\boldsymbol{x}' = -\boldsymbol{Ax}$ 的轨线是平行于特征向量 $\boldsymbol{v}_1$ 的直线，并且从两个方向向直线 l_2 移动。因此，方程组 $\boldsymbol{x}' = \boldsymbol{Ax}$ 的轨线是平行于 $\boldsymbol{v}_1$ 的直线，并且向远离直线 l_2 的方向移动。图 5.3.5 展示了由 $\boldsymbol{x}(t) = c_1 \boldsymbol{v}_1 \mathrm{e}^{\lambda_1 t} + c_2 \boldsymbol{v}_2$ 所给出的系数 c_1 和 c_2 为非零值时所对应的典型解曲线。

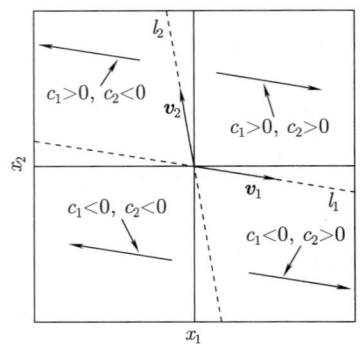

图 5.3.5 当 A 的特征值 λ_1、λ_2 为实数且 $0 = \lambda_2 < \lambda_1$ 时，方程组 $\boldsymbol{x}' = \boldsymbol{Ax}$ 的解曲线 $\boldsymbol{x}(t) = c_1 \boldsymbol{v}_1 \mathrm{e}^{\lambda_1 t} + c_2 \boldsymbol{v}_2$

例题 5 图 5.3.5 中的解曲线对应于在方程组 $\boldsymbol{x}' = \boldsymbol{Ax}$ 中选择

$$\boldsymbol{A} = -\begin{bmatrix} -36 & -6 \\ 6 & 1 \end{bmatrix} = \begin{bmatrix} 36 & 6 \\ -6 & -1 \end{bmatrix}, \tag{20}$$

从而 $\boldsymbol{A}$ 是例题 4 中负矩阵。我们可以再次利用时间逆转原理来求解该方程组：将例题 4 中解式 (19) 右侧中的 t 替换为 $-t$，可得

$$\boldsymbol{x}(t) = c_1 \begin{bmatrix} 6 \\ -1 \end{bmatrix} \mathrm{e}^{35t} + c_2 \begin{bmatrix} 1 \\ -6 \end{bmatrix}. \tag{21}$$

或者，直接求出 $\boldsymbol{A}$ 的特征值和特征向量，可得 $\lambda_1 = 35$ 和 $\lambda_2 = 0$，以及相关的特征向量为

$$\boldsymbol{v}_1 = \begin{bmatrix} 6 \\ -1 \end{bmatrix} \quad \text{和} \quad \boldsymbol{v}_2 = \begin{bmatrix} 1 \\ -6 \end{bmatrix}.$$

由式 (17) 得到方程组 $\boldsymbol{x}' = \boldsymbol{Ax}$ 的通解为

$$\boldsymbol{x}(t) = c_1 \begin{bmatrix} 6 \\ -1 \end{bmatrix} \mathrm{e}^{35t} + c_2 \begin{bmatrix} 1 \\ -6 \end{bmatrix}$$

[与式 (21) 一致]，或采用标量形式

$$x_1(t) = 6c_1 \mathrm{e}^{35t} + c_2,$$
$$x_2(t) = -c_1 \mathrm{e}^{35t} - 6c_2。$$

对于方程组 $\boldsymbol{x}' = \boldsymbol{Ax}$，其中 $\boldsymbol{A}$ 由式 (20) 给出，图集图 5.3.16 展示了一组更完整的解曲线以及一个方向场。 ∎

重特征值、正常结点与非正常结点

重复的正特征值：正如我们之前提到的，如果矩阵 $\boldsymbol{A}$ 有一个重特征值，那么 $\boldsymbol{A}$ 可能有也可能没有两个相应的线性无关的特征向量。由于这两种可能将导致截然不同的相轨线，所以我们将分别考虑它们。我们用 λ 表示 $\boldsymbol{A}$ 的重特征值，且 $\lambda > 0$。

  具有两个无关特征向量：首先，如果 $\boldsymbol{A}$ 确实有两个线性无关的特征向量，那么很容易证明（习题 33），事实上每个非零向量都是 $\boldsymbol{A}$ 的特征向量，由此可以得出 $\boldsymbol{A}$ 必定等于标量 λ 乘以二阶单位矩阵，即

$$\boldsymbol{A} = \lambda \begin{bmatrix} 1 & 0 \\ 0 & 1 \end{bmatrix} = \begin{bmatrix} \lambda & 0 \\ 0 & \lambda \end{bmatrix}。 \qquad (22)$$

因此方程组 $\boldsymbol{x}' = \boldsymbol{Ax}$ 变成（采用标量形式）

$$\begin{aligned} x_1'(t) &= \lambda x_1(t), \\ x_2'(t) &= \lambda x_2(t)。 \end{aligned} \qquad (23)$$

方程 (23) 的通解为

$$\begin{aligned} x_1(t) &= c_1 \mathrm{e}^{\lambda t}, \\ x_2(t) &= c_2 \mathrm{e}^{\lambda t}, \end{aligned} \qquad (24)$$

或者采用向量形式

$$\boldsymbol{x}(t) = \mathrm{e}^{\lambda t} \begin{bmatrix} c_1 \\ c_2 \end{bmatrix}。 \qquad (25)$$

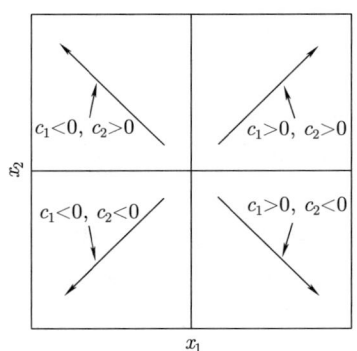

图 5.3.6 当 $\boldsymbol{A}$ 有一个重复的正特征值和两个线性无关特征向量时，方程组 $\boldsymbol{x}' = \boldsymbol{Ax}$ 的解曲线 $\boldsymbol{x}(t) = \mathrm{e}^{\lambda t} \begin{bmatrix} c_1 \\ c_2 \end{bmatrix}$

与之前的情况一样，我们也可以从通解 (4) 开始推导出式 (25)：因为所有非零向量都是 $\boldsymbol{A}$ 的特征向量，所以我们可以随意取 $\boldsymbol{v}_1 = \begin{bmatrix} 1 & 0 \end{bmatrix}^{\mathrm{T}}$ 和 $\boldsymbol{v}_2 =$

$\begin{bmatrix} 0 & 1 \end{bmatrix}^\mathrm{T}$ 作为一对线性无关特征向量的代表，每个特征向量都与特征值 λ 相关。然后由式 (4) 得到与式 (25) 相同的结果：

$$x(t) = c_1 v_1 \mathrm{e}^{\lambda t} + c_2 v_2 \mathrm{e}^{\lambda t} = \mathrm{e}^{\lambda t}(c_1 v_1 + c_2 v_2) = \mathrm{e}^{\lambda t} \begin{bmatrix} c_1 \\ c_2 \end{bmatrix}.$$

无论哪种方法，我们在式 (25) 中的解表明 $x(t)$ 总是固定向量 $\begin{bmatrix} c_1 & c_2 \end{bmatrix}^\mathrm{T}$ 的正标量倍。因此，除了 $c_1 = c_2 = 0$ 的情况外，方程组 (1) 的轨线都是从原点出发并向外延伸（因为 $\lambda > 0$）的半直线或射线。如上所述，在这种情况下，原点代表一个正常结点，因为没有两对"相反"的解曲线与经过原点的同一条直线相切。此外，原点也是一个源（而不是一个汇），所以在这种情况下，我们称原点为**正常结点源**。图 5.3.6 显示了这些点的"爆炸星形"模式特征。

例题 6 图 5.3.6 中的解曲线对应于矩阵 A 由式 (22) 给出的情况，其中 $\lambda = 2$，即

$$A = \begin{bmatrix} 2 & 0 \\ 0 & 2 \end{bmatrix}. \tag{26}$$

那么由式 (25) 得到方程组 $x' = Ax$ 的通解为

$$x(t) = \mathrm{e}^{2t} \begin{bmatrix} c_1 \\ c_2 \end{bmatrix}, \tag{27}$$

或者采用标量形式

$$x_1(t) = c_1 \mathrm{e}^{2t},$$
$$x_2(t) = c_2 \mathrm{e}^{2t}.$$

对于方程组 $x' = Ax$，其中 A 由式 (26) 给出，图集图 5.3.16 展示了一组更完整的解曲线以及一个方向场。 ∎

没有两个无关特征向量：剩下的可能性是矩阵 A 有一个重复的正特征值，但没有两个线性无关的特征向量。此时方程组 $x' = Ax$ 的通解可由上面式 (7) 给出，即

$$x(t) = c_1 v_1 \mathrm{e}^{\lambda t} + c_2 (v_1 t + v_2) \mathrm{e}^{\lambda t}. \tag{7}$$

这里 v_1 是一个与重特征值 λ 相关的矩阵 A 的特征向量，v_2 是一个（非零）"广义特征向量"，将在 5.5 节对其进行更详细的描述。为了分析这一轨线，我们首先在式 (7) 中分配因子 $\mathrm{e}^{\lambda t}$，可得

$$x(t) = c_1 v_1 \mathrm{e}^{\lambda t} + c_2 (v_1 t \mathrm{e}^{\lambda t} + v_2 \mathrm{e}^{\lambda t}). \tag{28}$$

我们的假设 $\lambda > 0$ 意味着 $\mathrm{e}^{\lambda t}$ 和 $t \mathrm{e}^{\lambda t}$ 在 $t \to -\infty$ 时都趋近于零，所以根据式 (28)，解 $x(t)$

在 $t \to -\infty$ 时趋近于原点。除了由 $c_1 = c_2 = 0$ 给出的平凡解外,由式 (7) 给出的所有轨线都随着 t 的增大而从原点"散发出去"。

这些曲线的流动方向可以通过切向量 $\boldsymbol{x}'(t)$ 来理解。将式 (28) 改写为
$$\boldsymbol{x}(t) = e^{\lambda t}[c_1 \boldsymbol{v}_1 + c_2(\boldsymbol{v}_1 t + \boldsymbol{v}_2)],$$
并应用向量值函数的乘积法则,可得
$$\begin{aligned} \boldsymbol{x}'(t) &= e^{\lambda t} c_2 \boldsymbol{v}_1 + \lambda e^{\lambda t}[c_1 \boldsymbol{v}_1 + c_2(\boldsymbol{v}_1 t + \boldsymbol{v}_2)] \\ &= e^{\lambda t}(c_2 \boldsymbol{v}_1 + \lambda c_1 \boldsymbol{v}_1 + \lambda c_2 \boldsymbol{v}_1 t + \lambda c_2 \boldsymbol{v}_2)_{\circ} \end{aligned} \tag{29}$$
对于 $t \neq 0$,我们可以在式 (29) 中提取出 t,并重新排列项,可得
$$\boldsymbol{x}'(t) = t e^{\lambda t}\left[\lambda c_2 \boldsymbol{v}_1 + \frac{1}{t}(\lambda c_1 \boldsymbol{v}_1 + \lambda c_2 \boldsymbol{v}_2 + c_2 \boldsymbol{v}_1)\right]_{\circ} \tag{30}$$

式 (30) 表明,对于 $t \neq 0$,切向量 $\boldsymbol{x}'(t)$ 是向量 $\lambda c_2 \boldsymbol{v}_1 + \frac{1}{t}(\lambda c_1 \boldsymbol{v}_1 + \lambda c_2 \boldsymbol{v}_2 + c_2 \boldsymbol{v}_1)$ 的非零标量倍,如果 $c_2 \neq 0$,当 $t \to +\infty$ 或 $t \to -\infty$ 时,这个向量趋近于特征向量 $\boldsymbol{v}_1$ 的固定非零倍数 $\lambda c_2 \boldsymbol{v}_1$。在这种情况下,随着 t 在数值上(在任一方向上)变得越来越大,解曲线在点 $\boldsymbol{x}(t)$ 处的切线变得越来越接近平行于特征向量 $\boldsymbol{v}_1$,因为它平行于趋近于 $\lambda c_2 \boldsymbol{v}_1$ 的切向量 $\boldsymbol{x}'(t)$。简而言之,我们可以说,随着 t 的数值增大,解曲线上的点 $\boldsymbol{x}(t)$ 在越来越接近平行于向量 $\boldsymbol{v}_1$ 的方向上移动,或者更简单地说,在 $\boldsymbol{x}(t)$ 附近解曲线本身几乎与 $\boldsymbol{v}_1$ 平行。

我们得出结论,如果 $c_2 \neq 0$,那么当 $t \to -\infty$ 时,点 $\boldsymbol{x}(t)$ 沿着与向量 $\boldsymbol{v}_1$ 相切的解曲线趋近于原点。但是当 $t \to +\infty$ 时,点 $\boldsymbol{x}(t)$ 离原点越来越远,轨线在这一点处的切线趋向于与经过 $\boldsymbol{x}(t)$ 且平行于(固定)向量 $\boldsymbol{v}_1$ 的(移动)线(在方向上)的差异越来越小。不太严格但不失启发地讲,我们可以说,在离原点足够远的点处,所有的轨线大体上都平行于单个向量 $\boldsymbol{v}_1$。

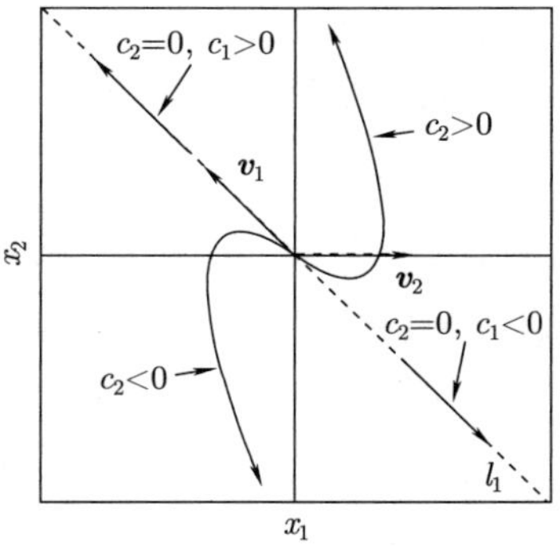

如果换成 $c_2 = 0$,那么解式 (7) 变成
$$\boldsymbol{x}(t) = c_1 \boldsymbol{v}_1 e^{\lambda t}, \tag{31}$$
因此它沿着经过原点且平行于特征向量 $\boldsymbol{v}_1$ 的直线 l_1 运行。因为 $\lambda > 0$,所以 $\boldsymbol{x}(t)$ 随着 t 的增大而远离原点;如果 $c_1 > 0$,$\boldsymbol{x}(t)$ 沿着 $\boldsymbol{v}_1$ 的方向流动,如果 $c_1 < 0$,$\boldsymbol{x}(t)$ 沿着与 $\boldsymbol{v}_1$ 相反的方向流动。

图 5.3.7 当 $\boldsymbol{A}$ 有一个重复的正特征值 λ 以及相关特征向量 $\boldsymbol{v}_1$ 和"广义特征向量"$\boldsymbol{v}_2$ 时,方程组 $\boldsymbol{x}' = \boldsymbol{A}\boldsymbol{x}$ 的解曲线 $\boldsymbol{x}(t) = c_1 \boldsymbol{v}_1 e^{\lambda t} + c_2(\boldsymbol{v}_1 t + \boldsymbol{v}_2)e^{\lambda t}$

通过以另一种方式写出式 (7):
$$\boldsymbol{x}(t) = c_1 \boldsymbol{v}_1 e^{\lambda t} + c_2(\boldsymbol{v}_1 t + \boldsymbol{v}_2)e^{\lambda t} = (c_1 + c_2 t)\boldsymbol{v}_1 e^{\lambda t} + c_2 \boldsymbol{v}_2 e^{\lambda t}, \tag{32}$$
我们可以进一步看到系数 c_2 的影响。由式 (32) 可知,若 $c_2 \neq 0$,则解曲线 $\boldsymbol{x}(t)$ 不越过直

线 l_1。事实上，如果 $c_2 > 0$，那么式 (32) 表明，对于所有的 t，解曲线 $\boldsymbol{x}(t)$ 和 $\boldsymbol{v}_2$ 位于 l_1 的同一侧，而如果 $c_2 < 0$，那么 $\boldsymbol{x}(t)$ 位于 l_1 的另一侧。

那么为了了解整体情况，例如假设系数 $c_2 > 0$。从一个较大的负 t 值开始，式 (30) 表明，随着 t 的增大，解曲线 $\boldsymbol{x}(t)$ 最初从原点出发的方向大致是向量 $te^{\lambda t}\lambda c_2 \boldsymbol{v}_1$ 的方向。由于标量 $te^{\lambda t}\lambda c_2$ 是负值（因为 $t<0$ 且 $\lambda c_2 > 0$），轨线的方向与 $\boldsymbol{v}_1$ 的方向相反。另一方面，对于较大的正 t 值，标量 $te^{\lambda t}\lambda c_2$ 是正值，所以 $\boldsymbol{x}(t)$ 沿着与 $\boldsymbol{v}_1$ 几乎相同的方向流动。因此，当 t 从 $-\infty$ 增大到 $+\infty$ 时，解曲线沿着与 $\boldsymbol{v}_1$ 相反的方向离开原点，当它远离原点时做了一个 "U 形转弯"，最终沿着 $\boldsymbol{v}_1$ 的方向流动。

因为所有非零轨线在原点处与直线 l_1 相切，所以原点表示一个**非正常结点源**。对于方程组 $\boldsymbol{x}' = \boldsymbol{A}\boldsymbol{x}$，当 $\boldsymbol{A}$ 有一个重特征值但没有两个线性无关特征向量时，图 5.3.7 显示了由 $\boldsymbol{x}(t) = c_1\boldsymbol{v}_1 e^{\lambda t} + c_2(\boldsymbol{v}_1 t + \boldsymbol{v}_2)e^{\lambda t}$ 所给出的典型解曲线。

例题 7 图 5.3.7 中的解曲线对应于在方程组 $\boldsymbol{x}' = \boldsymbol{A}\boldsymbol{x}$ 中选择

$$\boldsymbol{A} = \begin{bmatrix} 1 & -3 \\ 3 & 7 \end{bmatrix}. \tag{33}$$

在 5.5 节例题 2 和例题 3 中，我们将看到 $\boldsymbol{A}$ 有重特征值 $\lambda = 4$，与之相关的特征向量和广义特征向量分别为

$$\boldsymbol{v}_1 = \begin{bmatrix} -3 \\ 3 \end{bmatrix} \quad \text{和} \quad \boldsymbol{v}_2 = \begin{bmatrix} 1 \\ 0 \end{bmatrix}. \tag{34}$$

根据式 (7)，所得通解为

$$\boldsymbol{x}(t) = c_1 \begin{bmatrix} -3 \\ 3 \end{bmatrix} e^{4t} + c_2 \begin{bmatrix} -3t+1 \\ 3t \end{bmatrix} e^{4t}, \tag{35}$$

或者采用标量形式

$$x_1(t) = (-3c_2 t - 3c_1 + c_2)e^{4t},$$
$$x_2(t) = (3c_2 t + 3c_1)e^{4t}.$$

对于方程组 $\boldsymbol{x}' = \boldsymbol{A}\boldsymbol{x}$，其中 $\boldsymbol{A}$ 由式 (33) 给出，图集图 5.3.16 展示了一组更完整的解曲线以及一个方向场。∎

重复的负特征值：时间逆转原理再次表明，方程组 $\boldsymbol{x}' = \boldsymbol{A}\boldsymbol{x}$ 的解 $\boldsymbol{x}(t)$ 与用 $-t$ 替换 t 后的方程组 $\boldsymbol{x}' = -\boldsymbol{A}\boldsymbol{x}$ 的解相同，因此，这两个方程组共享相同的轨线，但沿着相反的方向流动。更进一步，如果矩阵 $\boldsymbol{A}$ 有重复的负特征值 λ，那么矩阵 $-\boldsymbol{A}$ 有重复的正特征值 $-\lambda$（再次参见习题 31）。因此，当 $\boldsymbol{A}$ 有一个重复的负特征值时，为了构建方程组 $\boldsymbol{x}' = \boldsymbol{A}\boldsymbol{x}$ 的相轨线图，我们只需要将重复的正特征值对应的相轨线图中的轨线方向反转即可。这些图

显示在图 5.3.8 和图 5.3.9 中。在图 5.3.8 中，原点表示一个**正常结点汇**，而在图 5.3.9 中，原点表示一个**非正常结点汇**。

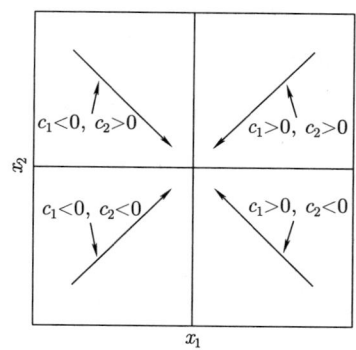

图 5.3.8 当 $\boldsymbol{A}$ 有一个重复的负特征值 λ 和两个线性无关的特征向量时，方程组 $\boldsymbol{x}' = \boldsymbol{A}\boldsymbol{x}$ 的解曲线 $\boldsymbol{x}(t) = \mathrm{e}^{\lambda t}\begin{bmatrix} c_1 \\ c_2 \end{bmatrix}$

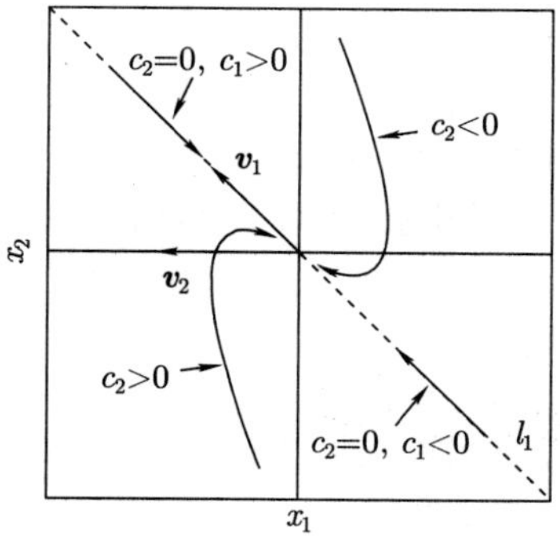

图 5.3.9 当 $\boldsymbol{A}$ 有一个重复的负特征值 λ 以及相关特征向量 $\boldsymbol{v}_1$ 和 "广义特征向量" $\boldsymbol{v}_2$ 时，方程组 $\boldsymbol{x}' = \boldsymbol{A}\boldsymbol{x}$ 的解曲线为 $\boldsymbol{x}(t) = c_1\boldsymbol{v}_1\mathrm{e}^{\lambda t} + c_2(\boldsymbol{v}_1 t + \boldsymbol{v}_2)\mathrm{e}^{\lambda t}$

例题 8 图 5.3.8 中的解曲线对应于在方程组 $\boldsymbol{x}' = \boldsymbol{A}\boldsymbol{x}$ 中选择

$$\boldsymbol{A} = -\begin{bmatrix} 2 & 0 \\ 0 & 2 \end{bmatrix} = \begin{bmatrix} -2 & 0 \\ 0 & -2 \end{bmatrix}, \tag{36}$$

因此，$\boldsymbol{A}$ 是例题 6 中矩阵的负矩阵。我们可以通过将时间逆转原理应用于式 (27) 的解中来求解这个方程组：将式 (27) 右侧的 t 替换为 $-t$，可得

$$\boldsymbol{x}(t) = \mathrm{e}^{-2t}\begin{bmatrix} c_1 \\ c_2 \end{bmatrix}, \tag{37}$$

或者采用标量形式

$$x_1(t) = c_1\mathrm{e}^{-2t},$$
$$x_2(t) = c_2\mathrm{e}^{-2t}。$$

或者，因为 $\boldsymbol{A}$ 由式 (22) 给出，其中 $\lambda = -2$，由式 (25) 可以直接得到式 (37) 中的解。对于方程组 $\boldsymbol{x}' = \boldsymbol{A}\boldsymbol{x}$，其中 $\boldsymbol{A}$ 由式 (36) 给出，图集图 5.3.16 展示了一组更完整的解曲线以及一个方向场。∎

例题 9 图 5.3.9 中的解曲线对应于在方程组 $\boldsymbol{x}' = \boldsymbol{A}\boldsymbol{x}$ 中选择

$$\boldsymbol{A} = -\begin{bmatrix} 1 & -3 \\ 3 & 7 \end{bmatrix} = \begin{bmatrix} -1 & 3 \\ -3 & -7 \end{bmatrix}。 \tag{38}$$

因此，A 是例题 7 中矩阵的负矩阵，我们可以再次将时间逆转原理应用于式 (35) 的解中：将式 (35) 右侧的 t 替换为 $-t$，可得

$$\boldsymbol{x}(t) = c_1 \begin{bmatrix} -3 \\ 3 \end{bmatrix} \mathrm{e}^{-4t} + c_2 \begin{bmatrix} 3t+1 \\ -3t \end{bmatrix} \mathrm{e}^{-4t}。 \tag{39}$$

我们也可以利用下列方法得到与式 (39) 中的解等价的形式。你可以验证 A 有重特征值 $\lambda = -2$ 以及由式 (34) 所给出的特征向量 $\boldsymbol{v}_1$，即

$$\boldsymbol{v}_1 = \begin{bmatrix} -3 \\ 3 \end{bmatrix}。$$

然而，正如 5.5 节的方法所示，与 $\boldsymbol{v}_1$ 相关的广义特征向量 $\boldsymbol{v}_2$ 现在可以为

$$\boldsymbol{v}_2 = -\begin{bmatrix} 1 \\ 0 \end{bmatrix} = \begin{bmatrix} -1 \\ 0 \end{bmatrix},$$

即 $\boldsymbol{v}_2$ 是式 (34) 中广义特征向量的负向量。那么由式 (7) 得到方程组 $\boldsymbol{x}' = \boldsymbol{A}\boldsymbol{x}$ 的通解为

$$\boldsymbol{x}(t) = c_1 \begin{bmatrix} -3 \\ 3 \end{bmatrix} \mathrm{e}^{-4t} + c_2 \begin{bmatrix} -3t-1 \\ 3t \end{bmatrix} \mathrm{e}^{-4t}, \tag{40}$$

或者采用标量形式

$$x_1(t) = (-3c_2 t - 3c_1 - c_2)\mathrm{e}^{-4t},$$
$$x_2(t) = (3c_2 t + 3c_1)\mathrm{e}^{-4t}。$$

注意，将解式 (39) 中的 c_2 替换为 $-c_2$ 就得到解式 (40)，从而确认这两个解确实是等价的。对于方程组 $\boldsymbol{x}' = \boldsymbol{A}\boldsymbol{x}$，其中 $\boldsymbol{A}$ 由式 (38) 给出，图集图 5.3.16 展示了一组更完整的解曲线以及一个方向场。∎

特殊情况：重复的零特征值

重复的零特征值：同样，矩阵 $\boldsymbol{A}$ 可能有也可能没有与重特征值 $\lambda = 0$ 相关的两个线性无关的特征向量。如果有，那么（再次利用习题 33）我们断定每个非零向量都是 $\boldsymbol{A}$ 的特征向量，即对于所有二维向量 $\boldsymbol{v}$ 都有 $\boldsymbol{A}\boldsymbol{v} = 0 \cdot \boldsymbol{v} = \boldsymbol{0}$。由此可知，$\boldsymbol{A}$ 是二阶零矩阵，即

$$\boldsymbol{A} = \begin{bmatrix} 0 & 0 \\ 0 & 0 \end{bmatrix}。$$

因此，方程组 $\boldsymbol{x}' = \boldsymbol{A}\boldsymbol{x}$ 化简为 $x_1'(t) = x_2'(t) = 0$，也就是说，$x_1(t)$ 和 $x_2(t)$ 都是常数函数。因此 $\boldsymbol{x}' = \boldsymbol{A}\boldsymbol{x}$ 的通解就是

$$\boldsymbol{x}(t) = \begin{bmatrix} c_1 \\ c_2 \end{bmatrix}, \tag{41}$$

其中 c_1 和 c_2 是任意常数，而由式 (41) 所给出的"轨线"只是相平面上的固定点 (c_1, c_2)。

如果 $\boldsymbol{A}$ 没有与 $\lambda = 0$ 相关的两个线性无关的特征向量，那么方程组 $\boldsymbol{x}' = \boldsymbol{Ax}$ 的通解可由式 (7) 给出，其中 $\lambda = 0$，即

$$\boldsymbol{x}(t) = c_1\boldsymbol{v}_1 + c_2(\boldsymbol{v}_1 t + \boldsymbol{v}_2) = (c_1\boldsymbol{v}_1 + c_2\boldsymbol{v}_2) + c_2\boldsymbol{v}_1 t。 \tag{42}$$

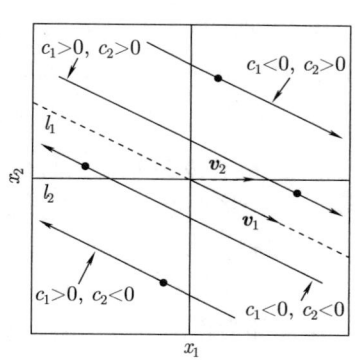

同样，$\boldsymbol{v}_1$ 表示与重特征值 $\lambda = 0$ 相关的矩阵 $\boldsymbol{A}$ 的特征向量，$\boldsymbol{v}_2$ 表示相应的非零"广义特征向量"。如果 $c_2 \neq 0$，那么由式 (42) 所给出的轨线是与特征向量 $\boldsymbol{v}_1$ 平行且从点 $c_1\boldsymbol{v}_1 + c_2\boldsymbol{v}_2$（当 $t = 0$ 时）开始的直线。当 $c_2 > 0$ 时，轨线沿着与 $\boldsymbol{v}_1$ 相同的方向延伸，而当 $c_2 < 0$ 时，解曲线沿着与 $\boldsymbol{v}_1$ 相反的方向流动。同样，经过原点且分别平行于向量 $\boldsymbol{v}_1$ 和 $\boldsymbol{v}_2$ 的直线 l_1 和 l_2，将平面划分为与系数 c_1 和 c_2 的符号相对应的"象限"。轨线的"起点" $c_1\boldsymbol{v}_1 + c_2\boldsymbol{v}_2$ 所在的特定象限由 c_1 和 c_2

图 5.3.10 当 $\boldsymbol{A}$ 有重复的零特征值以及相关特征向量 $\boldsymbol{v}_1$ 和"广义特征向量" $\boldsymbol{v}_2$ 时，方程组 $\boldsymbol{x}' = \boldsymbol{Ax}$ 的解曲线 $\boldsymbol{x}(t) = (c_1\boldsymbol{v}_1 + c_2\boldsymbol{v}_2) + c_2\boldsymbol{v}_1 t$。每条解曲线上的黑点对应于 $t = 0$

的符号决定。最后，如果 $c_2 = 0$，那么由式 (42) 可知，对所有 t 都有 $\boldsymbol{x}(t) \equiv c_1\boldsymbol{v}_1$，这意味着直线 l_1 上的每个固定点 $c_1\boldsymbol{v}_1$ 都对应一条解曲线。（因此，直线 l_1 可以被视为分隔两条相向车道的中间地带。）图 5.3.10 显示了系数 c_1 和 c_2 的非零值对应的典型解曲线。

例题 10 图 5.3.10 中的解曲线对应于在方程组 $\boldsymbol{x}' = \boldsymbol{Ax}$ 中选择

$$\boldsymbol{A} = \begin{bmatrix} 2 & 4 \\ -1 & -2 \end{bmatrix}。 \tag{43}$$

你可以验证 $\boldsymbol{v}_1 = \begin{bmatrix} 2 & -1 \end{bmatrix}^T$ 是与重特征值 $\lambda = 0$ 相关的 $\boldsymbol{A}$ 的一个特征向量。此外，使用 5.5 节的方法，我们可以证明 $\boldsymbol{v}_2 = \begin{bmatrix} 1 & 0 \end{bmatrix}^T$ 是 $\boldsymbol{A}$ 的相应"广义特征向量"。从而根据式 (42)，方程组 $\boldsymbol{x}' = \boldsymbol{Ax}$ 的通解为

$$\boldsymbol{x}(t) = c_1 \begin{bmatrix} 2 \\ -1 \end{bmatrix} + c_2 \left(\begin{bmatrix} 2 \\ -1 \end{bmatrix} t + \begin{bmatrix} 1 \\ 0 \end{bmatrix} \right), \tag{44}$$

或者采用标量形式

$$x_1(t) = 2c_1 + (2t+1)c_2,$$
$$x_2(t) = -c_1 - tc_2。$$

对于方程组 $\boldsymbol{x}' = \boldsymbol{Ax}$，其中 $\boldsymbol{A}$ 由式 (43) 给出，图集图 5.3.16 展示了一组更完整的解曲线以及一个方向场。 ∎

复共轭特征值和特征向量

我们现在来考虑矩阵 A 的特征值 λ_1 和 λ_2 是共轭复数的情况。正如我们在本节开始所述，方程组 $x' = Ax$ 的通解可由式 (5) 给出，即

$$x(t) = c_1 e^{pt}(a \cos qt - b \sin qt) + c_2 e^{pt}(b \cos qt + a \sin qt)。 \tag{5}$$

这里向量 a 和 b 分别是与特征值 $\lambda_1 = p + iq$ 相关的 A 的一个（复值）特征向量的实部和虚部。我们将根据 λ_1 和 λ_2 的实部 p 是零、是正还是负来划分复共轭特征值的情况：

- 纯虚值（$\lambda_1, \lambda_2 = \pm iq$，其中 $q \neq 0$）
- 实部为负的复数（$\lambda_1, \lambda_2 = p \pm iq$，其中 $p < 0$ 且 $q \neq 0$）
- 实部为正的复数（$\lambda_1, \lambda_2 = p \pm iq$，其中 $p > 0$ 且 $q \neq 0$）

纯虚数特征值：中心和椭圆轨道

纯虚数特征值： 这里我们假定矩阵 A 的特征值由 $\lambda_1, \lambda_2 = \pm iq$ 且 $q \neq 0$ 给出。在式 (5) 中取 $p = 0$，得到方程组 $x' = Ax$ 的通解为

$$x(t) = c_1(a \cos qt - b \sin qt) + c_2(b \cos qt + a \sin qt)。 \tag{45}$$

我们不会像在之前的情况中所做的那样，直接分析由式 (45) 所给出的轨线，而是从能阐明这些解曲线本质的示例开始。

例题 11 求解初值问题

$$x' = \begin{bmatrix} 6 & -17 \\ 8 & -6 \end{bmatrix} x, \quad x(0) = \begin{bmatrix} 4 \\ 2 \end{bmatrix}。 \tag{46}$$

解答： 系数矩阵

$$A = \begin{bmatrix} 6 & -17 \\ 8 & -6 \end{bmatrix} \tag{47}$$

有特征方程

$$|A - \lambda I| = \begin{bmatrix} 6 - \lambda & -17 \\ 8 & -6 - \lambda \end{bmatrix} = \lambda^2 + 100 = 0,$$

所以有复共轭特征值 $\lambda_1, \lambda_2 = \pm 10i$。如果 $v = \begin{bmatrix} a & b \end{bmatrix}^T$ 是一个与 $\lambda = 10i$ 相关的特征向量，那么根据特征向量方程 $(A - \lambda I)v = 0$，可得

$$[A - 10i \cdot I]v = \begin{bmatrix} 6 - 10i & -17 \\ 8 & -6 - 10i \end{bmatrix} \begin{bmatrix} a \\ b \end{bmatrix} = \begin{bmatrix} 0 \\ 0 \end{bmatrix}。$$

将第二行除以 2，得到两个标量方程

$$(6-10\mathrm{i})a - 17b = 0,$$
$$4a - (3+5\mathrm{i})b = 0, \tag{48}$$

当 $a = 3+5\mathrm{i}$, $b = 4$ 时，每个方程都得以满足。因此所需的特征向量是 $\boldsymbol{v} = \begin{bmatrix} 3+5\mathrm{i} & 4 \end{bmatrix}^{\mathrm{T}}$，其实部和虚部分别为

$$\boldsymbol{a} = \begin{bmatrix} 3 \\ 4 \end{bmatrix} \quad \text{和} \quad \boldsymbol{b} = \begin{bmatrix} 5 \\ 0 \end{bmatrix}. \tag{49}$$

在式 (45) 中取 $q = 10$，从而得到方程组 $\boldsymbol{x}' = \boldsymbol{A}\boldsymbol{x}$ 的通解为

$$\begin{aligned}
\boldsymbol{x}(t) &= c_1 \left(\begin{bmatrix} 3 \\ 4 \end{bmatrix} \cos 10t - \begin{bmatrix} 5 \\ 0 \end{bmatrix} \sin 10t \right) + c_2 \left(\begin{bmatrix} 5 \\ 0 \end{bmatrix} \cos 10t + \begin{bmatrix} 3 \\ 4 \end{bmatrix} \sin 10t \right) \\
&= \begin{bmatrix} c_1(3\cos 10t - 5\sin 10t) + c_2(5\cos 10t + 3\sin 10t) \\ 4c_1 \cos 10t + 4c_2 \sin 10t \end{bmatrix}.
\end{aligned} \tag{50}$$

要求解给定的初值问题，只需要确定系数 c_1 和 c_2 的值。根据初始条件 $\boldsymbol{x}(0) = \begin{bmatrix} 4 & 2 \end{bmatrix}^{\mathrm{T}}$，很容易得到 $c_1 = c_2 = \dfrac{1}{2}$，然后使用这些值，式 (50) 变为（采用标量形式）

$$\begin{aligned} x_1(t) &= 4\cos 10t - \sin 10t, \\ x_2(t) &= 2\cos 10t + 2\sin 10t. \end{aligned} \tag{51}$$

图 5.3.11 显示了由式 (51) 以及初始点 $(4, 2)$ 所给出的轨线。

这条解曲线看起来是一个逆时针旋转了角度 $\theta = \arctan\dfrac{2}{4} \approx 0.4636$ 的椭圆。如图 5.3.11 所示，我们可以通过找到相对于旋转过的 u 轴和 v 轴的解曲线方程来验证这一点。利用解析几何中的标准公式，这些新方程可以写为

$$\begin{aligned}
u &= x_1 \cos\theta + x_2 \sin\theta = \frac{2}{\sqrt{5}} x_1 + \frac{1}{\sqrt{5}} x_2, \\
v &= -x_1 \sin\theta + x_2 \cos\theta = -\frac{1}{\sqrt{5}} x_1 + \frac{2}{\sqrt{5}} x_2.
\end{aligned} \tag{52}$$

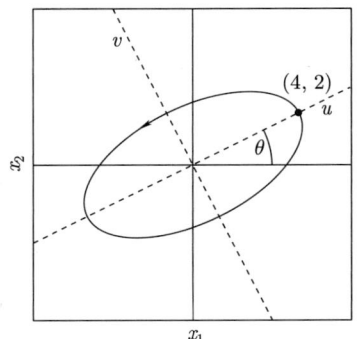

图 5.3.11 初值问题 (46) 的解曲线 $x_1(t) = 4\cos 10t - \sin 10t$, $x_2(t) = 2\cos 10t + 2\sin 10t$

在习题 34 中，我们要求你将式 (51) 中的 x_1 和 x_2 的表达式代入式 (52)，（化简后）得到

$$u = 2\sqrt{5} \cos 10t, \quad v = \sqrt{5} \sin 10t. \tag{53}$$

式 (53) 不仅证实了式 (51) 中的解曲线确实是一个旋转角度为 θ 的椭圆，而且还表明椭圆

的半长轴和半短轴的长度分别为 $2\sqrt{5}$ 和 $\sqrt{5}$。

此外，我们可以证明，任意选择初始点（除了原点）都会得到一条与图 5.3.11 中轨线旋转相同角度 θ 且（在某种意义上）"同心"的椭圆形解曲线（参见习题 35~37）。所有这些同心旋转椭圆都以原点 $(0, 0)$ 为中心，因此被称为系数矩阵 $\boldsymbol{A}$ 具有纯虚数特征值的方程组 $\boldsymbol{x}' = \boldsymbol{A}\boldsymbol{x}$ 的**中心**。对于方程组 $\boldsymbol{x}' = \boldsymbol{A}\boldsymbol{x}$，其中 $\boldsymbol{A}$ 由式 (47) 给出，图集图 5.3.16 展示了一组更完整的解曲线以及一个方向场。

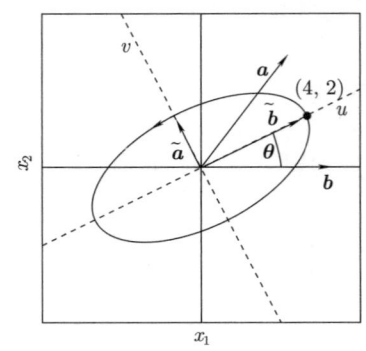

图 5.3.12 显示了向量 $\boldsymbol{a}$，$\boldsymbol{b}$，$\tilde{\boldsymbol{a}}$ 和 $\tilde{\boldsymbol{b}}$ 的初值问题 (46) 的解曲线

深入研究：特征向量的几何意义。 我们在式 (50) 中的通解基于式 (49) 中的向量 $\boldsymbol{a}$ 和 $\boldsymbol{b}$，即矩阵 $\boldsymbol{A}$ 的复特征向量 $\boldsymbol{v} = \begin{bmatrix} 3+5\mathrm{i} & 4 \end{bmatrix}^{\mathrm{T}}$ 的实部和虚部。因此，我们可能期望 $\boldsymbol{a}$ 和 $\boldsymbol{b}$ 与图 5.3.11 中的解曲线有一些明确的几何联系。例如，我们可以猜测 $\boldsymbol{a}$ 和 $\boldsymbol{b}$ 平行于椭圆轨线的长轴和短轴。然而，从显示了向量 $\boldsymbol{a}$ 和 $\boldsymbol{b}$ 以及由式 (51) 所给出的解曲线的图 5.3.12 中，可以清楚地看出，情况并非如此。那么 $\boldsymbol{A}$ 的特征向量在方程组 $\boldsymbol{x}' = \boldsymbol{A}\boldsymbol{x}$ 的相轨线图中起任何几何作用吗？

（肯定的）回答基于事实：矩阵 $\boldsymbol{A}$ 的一个复特征向量的任何非零实数或复数倍仍然是与该特征值相关的 $\boldsymbol{A}$ 的特征向量。也许，如果我们将特征向量 $\boldsymbol{v} = \begin{bmatrix} 3+5\mathrm{i} & 4 \end{bmatrix}^{\mathrm{T}}$ 乘以一个合适的非零复常数 z，那么由此产生的特征向量 $\tilde{\boldsymbol{v}}$ 的实部 $\tilde{\boldsymbol{a}}$ 和虚部 $\tilde{\boldsymbol{b}}$ 可以很容易地被识别出具有椭圆的几何特征。为此，我们将 $\boldsymbol{v}$ 乘以复标量 $z = \frac{1}{2}(1+\mathrm{i})$。（这个特殊选择的原因很快就会清楚。）所得的矩阵 $\boldsymbol{A}$ 的新复特征向量 $\tilde{\boldsymbol{v}}$ 为

$$\tilde{\boldsymbol{v}} = z \cdot \boldsymbol{v} = \frac{1}{2}(1+\mathrm{i}) \cdot \begin{bmatrix} 3+5\mathrm{i} \\ 4 \end{bmatrix} = \begin{bmatrix} -1+4\mathrm{i} \\ 2+2\mathrm{i} \end{bmatrix},$$

其实部和虚部分别为

$$\tilde{\boldsymbol{a}} = \begin{bmatrix} -1 \\ 2 \end{bmatrix} \quad \text{和} \quad \tilde{\boldsymbol{b}} = \begin{bmatrix} 4 \\ 2 \end{bmatrix}。$$

很明显，向量 $\tilde{\boldsymbol{b}}$ 平行于椭圆轨线的长轴。而且，你可以很容易地检验 $\tilde{\boldsymbol{a}} \cdot \tilde{\boldsymbol{b}} = 0$，这意味着 $\tilde{\boldsymbol{a}}$ 垂直于 $\tilde{\boldsymbol{b}}$，因此平行于椭圆短轴，如图 5.3.12 所示。此外，$\tilde{\boldsymbol{b}}$ 的长度是 $\tilde{\boldsymbol{a}}$ 的长度的两倍，这反映了椭圆长轴和短轴的长度具有这一相同比例的事实。因此，对于具有纯虚数特征值的矩阵 $\boldsymbol{A}$，通解 (45) 中所使用的 $\boldsymbol{A}$ 的复特征向量，如果选择恰当，对方程组 $\boldsymbol{x}' = \boldsymbol{A}\boldsymbol{x}$ 的椭圆解曲线的几何性质确实具有重要意义。

标量 z 的值 $\frac{1}{2}(1+\mathrm{i})$ 是如何选择的？为了使 $\tilde{\boldsymbol{v}} = z \cdot \boldsymbol{v}$ 的实部 $\tilde{\boldsymbol{a}}$ 和虚部 $\tilde{\boldsymbol{b}}$ 平行于椭圆

的轴，至少有 $\tilde{a}$ 和 $\tilde{b}$ 必须相互垂直。在习题 38，我们要求你证明当且仅当 z 具有 $r(1\pm i)$ 的形式时，其中 r 是非零实数，这个条件得以满足，并且证明如果以这种方式选择 z，那么 $\tilde{a}$ 和 $\tilde{b}$ 实际上平行于椭圆的轴。值 $r=\frac{1}{2}$ 则使 $\tilde{a}$ 和 $\tilde{b}$ 的长度与椭圆轨线的半短轴和半长轴的长度一致。更一般地，我们可以证明，给定具有纯虚数特征值的矩阵 A 的任意特征向量 v，存在一个常数 z，使得特征向量 $\tilde{v}=z\cdot v$ 的实部 $\tilde{a}$ 和虚部 $\tilde{b}$ 平行于方程组 $x'=Ax$ 的（椭圆）轨线的轴。

深入研究：流动方向。图 5.3.11 和图 5.3.12 表明式 (51) 中的解曲线随着 t 的增大呈逆时针方向流动。但是，你可以检验矩阵

$$-A = \begin{bmatrix} -6 & 17 \\ -8 & 6 \end{bmatrix}$$

与式 (47) 中的矩阵 A 具有相同的特征值和特征向量，然而（根据时间逆转原理）方程组 $x'=-Ax$ 的轨线与 $x'=-Ax$ 的相同，但流动方向相反，即沿着顺时针方向。显然，仅仅知道矩阵 A 的特征值和特征向量，不足以预测随着 t 的增大方程组 $x'=Ax$ 的椭圆轨线的流动方向。那么我们如何才能确定这个流动方向呢？

一种简单的方法是使用切向量 x' 来监控解曲线穿过正 x_1 轴时的流动方向。如果 s 是一个任意正数 [所以点 $(s,0)$ 位于正 x_1 轴上]，并且如果矩阵 A 为

$$A = \begin{bmatrix} a & b \\ c & d \end{bmatrix},$$

那么对于方程组 $x'=Ax$，经过 $(s,0)$ 的任何轨线在点 $(s,0)$ 处都满足

$$x' = Ax = \begin{bmatrix} a & b \\ c & d \end{bmatrix} \begin{bmatrix} s \\ 0 \end{bmatrix} = \begin{bmatrix} as \\ cs \end{bmatrix} = s \begin{bmatrix} a \\ c \end{bmatrix}。$$

因此，在该点处，解曲线的流动方向是向量 $\begin{bmatrix} a & c \end{bmatrix}^\mathrm{T}$ 的正标量倍。由于 c 不能为零（参见习题 39），所以这个向量要么"向上"指向相平面的第一象限（若 $c>0$），要么"向下"指向第四象限（若 $c<0$）。若向上，则解曲线的流动沿逆时针方向；若向下，则沿顺时针方向。对于式 (47) 中的矩阵 A，向量 $\begin{bmatrix} a & c \end{bmatrix}^\mathrm{T} = \begin{bmatrix} 6 & 8 \end{bmatrix}^\mathrm{T}$ 指向第一象限，因为 $c=8>0$，这表明流动沿逆时针方向（如图 5.3.11 和图 5.3.12 所示）。

复特征值：螺旋汇与源

实部为负的复特征值：现在我们假设矩阵 A 的特征值由 $\lambda_1,\lambda_2 = p\pm iq$ 且 $q\neq 0$ 和 $p<0$ 给出。在这种情况下，方程组 $x'=Ax$ 的通解直接由式 (5) 给出，即

$$x(t) = c_1 \mathrm{e}^{pt}(a\cos qt - b\sin qt) + c_2 \mathrm{e}^{pt}(b\cos qt + a\sin qt), \tag{5}$$

其中向量 a 和 b 有其通常意义。同样，我们从一个示例开始，以获得对这些解曲线的理解。

例题 12 求解初值问题

$$x' = \begin{bmatrix} 5 & -17 \\ 8 & -7 \end{bmatrix} x, \quad x(0) = \begin{bmatrix} 4 \\ 2 \end{bmatrix}. \tag{54}$$

解答： 系数矩阵

$$A = \begin{bmatrix} 5 & -17 \\ 8 & -7 \end{bmatrix} \tag{55}$$

有特征方程

$$|A - \lambda I| = \begin{vmatrix} 5-\lambda & -17 \\ 8 & -7-\lambda \end{vmatrix} = (\lambda+1)^2 + 100 = 0,$$

因此有复共轭特征值 λ_1，$\lambda_2 = -1 \pm 10\mathrm{i}$。若 $v = \begin{bmatrix} a & b \end{bmatrix}^\mathrm{T}$ 是一个与 $\lambda = -1 + 10\mathrm{i}$ 相关的特征向量，则由特征向量方程 $(A - \lambda I)v = 0$ 得到与例题 11 中相同的方程组 (48)：

$$\begin{aligned} (6 - 10\mathrm{i})a - \quad & 17b = 0, \\ 4a - (3 + 5\mathrm{i})&b = 0. \end{aligned} \tag{48}$$

如例题 11 所示，当 $a = 3 + 5\mathrm{i}$ 和 $b = 4$ 时，两个方程都得以满足。因此，所需的与 $\lambda_1 = -1 + 10\mathrm{i}$ 相关的特征向量还是 $v = \begin{bmatrix} 3+5\mathrm{i} & 4 \end{bmatrix}^\mathrm{T}$，其实部和虚部分别为

$$a = \begin{bmatrix} 3 \\ 4 \end{bmatrix} \quad \text{和} \quad b = \begin{bmatrix} 5 \\ 0 \end{bmatrix}. \tag{56}$$

因此，在式 (5) 中令 $p = -1$ 和 $q = 10$，得到方程组 $x' = Ax$ 的通解为

$$\begin{aligned} x(t) &= c_1 \mathrm{e}^{-t} \left(\begin{bmatrix} 3 \\ 4 \end{bmatrix} \cos 10t - \begin{bmatrix} 5 \\ 0 \end{bmatrix} \sin 10t \right) + c_2 \mathrm{e}^{-t} \left(\begin{bmatrix} 5 \\ 0 \end{bmatrix} \cos 10t + \begin{bmatrix} 3 \\ 4 \end{bmatrix} \sin 10t \right) \\ &= \begin{bmatrix} c_1 \mathrm{e}^{-t}(3\cos 10t - 5\sin 10t) + c_2 \mathrm{e}^{-t}(5\cos 10t + 3\sin 10t) \\ 4c_1 \mathrm{e}^{-t} \cos 10t + 4c_2 \mathrm{e}^{-t} \sin 10t \end{bmatrix}. \end{aligned} \tag{57}$$

根据初始条件 $x(0) = \begin{bmatrix} 4 & 2 \end{bmatrix}^\mathrm{T}$，再次得到 $c_1 = c_2 = \dfrac{1}{2}$，然后使用这些值，式 (57) 变成（采用标量形式）

$$x_1(t) = \mathrm{e}^{-t}(4\cos 10t - \sin 10t), \tag{58}$$

$$x_2(t) = \mathrm{e}^{-t}(2\cos 10t + 2\sin 10t).$$

图 5.3.13 显示了由式 (58) 以及初始点 (4, 2) 所给出的轨线。将此螺旋轨线与式 (51) 中的椭圆轨线进行比较是值得注意的。式 (58) 中关于 $x_1(t)$ 和 $x_2(t)$ 的等式是通过将式 (51) 中对应项乘以公因式 e^{-t} 得到的，此公因式为正且随 t 的增大而减小。因此，当 t 为正值时，可以说螺旋轨线是通过站在原点处勾画椭圆轨线式 (51) 时将其上的点"卷进去"产生的。当 t 为负时，这个图更像是"抛弃"椭圆上远离原点的点，以在螺旋上创建相应的点。

对于方程组 $\boldsymbol{x}' = \boldsymbol{A}\boldsymbol{x}$，其中 $\boldsymbol{A}$ 由式 (55) 给出，图集图 5.3.16 展示了一组更完整的解曲线以及一个方向场。因为解曲线全都"螺旋式进入"原点，所以在这种情况下我们称原点为**螺旋汇**。

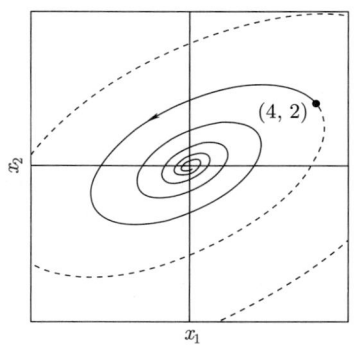

图 5.3.13 初值问题 (54) 的解曲线 $x_1(t) = \mathrm{e}^{-t}(4\cos 10t - \sin 10t)$，$x_2(t) = \mathrm{e}^{-t}(2\cos 10t + 2\sin 10t)$。曲线的虚线部分和实线部分分别对应于 t 的负值和正值

实部为正的复特征值：我们最后考虑矩阵 $\boldsymbol{A}$ 的特征值由 λ_1，$\lambda_2 = p \pm \mathrm{i}q$ 且 $q \neq 0$ 和 $p > 0$ 给出的情况。正如上述情况一样，方程组 $\boldsymbol{x}' = \boldsymbol{A}\boldsymbol{x}$ 的通解可由式 (5) 给出，即

$$\boldsymbol{x}(t) = c_1 \mathrm{e}^{pt}(\boldsymbol{a}\cos qt - \boldsymbol{b}\sin qt) + c_2 \mathrm{e}^{pt}(\boldsymbol{b}\cos qt + \boldsymbol{a}\sin qt)\text{。} \tag{5}$$

一个示例将说明 $p > 0$ 和 $p < 0$ 两种情况之间的密切关系。

例题 13 求解初值问题

$$\boldsymbol{x}' = \begin{bmatrix} -5 & 17 \\ -8 & 7 \end{bmatrix}\boldsymbol{x}, \quad \boldsymbol{x}(0) = \begin{bmatrix} 4 \\ 2 \end{bmatrix}\text{。} \tag{59}$$

解答：虽然我们可以像之前的情况一样直接应用特征值或特征向量法（参见习题 40），但是这里更方便的是注意到系数矩阵

$$\boldsymbol{A} = \begin{bmatrix} -5 & 17 \\ -8 & 7 \end{bmatrix} \tag{60}$$

是例题 12 中所使用的矩阵式 (55) 的负矩阵。因此，根据时间逆转原理，初值问题 (59) 的解可以通过简单地将例题 12 中初值问题的解式 (58) 右侧的 t 替换为 $-t$ 来得到，即

$$\begin{aligned} x_1(t) &= \mathrm{e}^{t}(4\cos 10t + \sin 10t), \\ x_2(t) &= \mathrm{e}^{t}(2\cos 10t - 2\sin 10t)\text{。} \end{aligned} \tag{61}$$

图 5.3.14 显示了由式 (61) 以及初始点 (4, 2) 所给出的轨线。对于方程组 $\boldsymbol{x}' = \boldsymbol{A}\boldsymbol{x}$，其中 $\boldsymbol{A}$ 由式 (60) 给出，图集图 5.3.16 展示了这条解曲线以及一个方向场。因为解曲线"螺旋式远离"原点，所以在这种情况下我们称原点为**螺旋源**。

(4, 2)
x_2
x_1

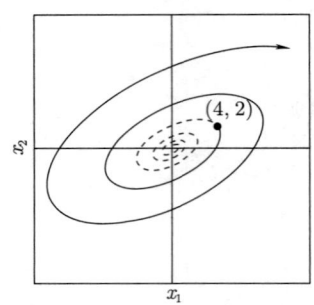

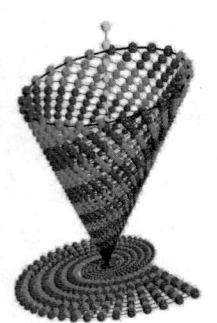

图 5.3.14　初值问题 (59) 的解曲线 $x_1(t) = \mathrm{e}^t(4\cos 10t + \sin 10t)$，$x_2(t) = \mathrm{e}^t(2\cos 10t - 2\sin 10t)$。曲线的虚线部分和实线部分分别对应于 t 的负值和正值

图 5.3.15　(见文前彩插) 方程组 $\boldsymbol{x}' = \boldsymbol{A}\boldsymbol{x}$ 的三维轨线，其中矩阵 $\boldsymbol{A}$ 由式 (62) 给出

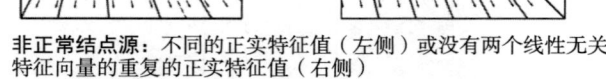

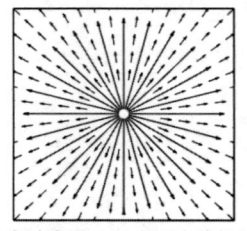

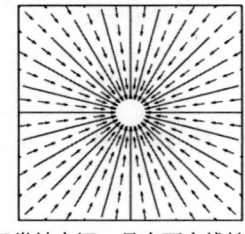

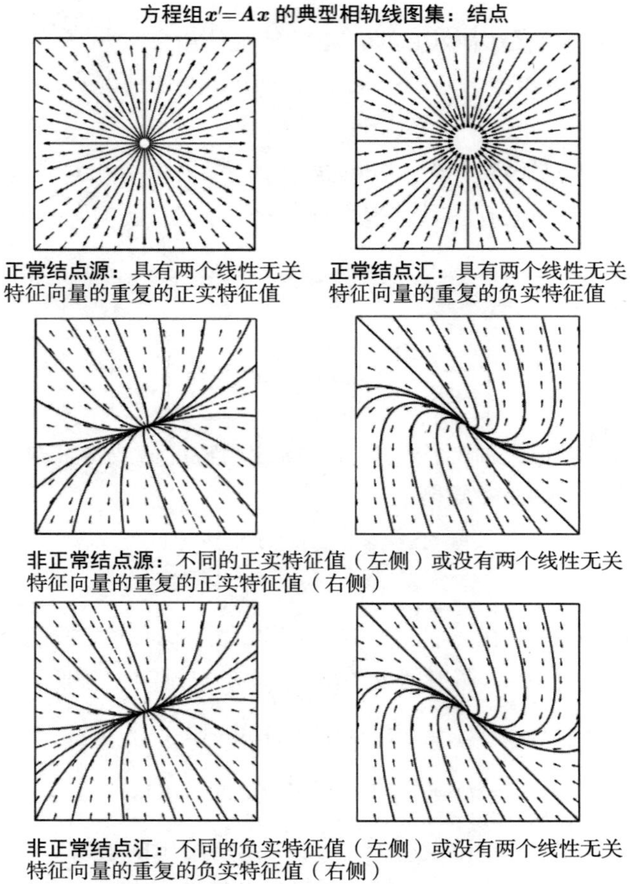

方程组x′=Ax 的典型相轨线图集：结点
正常结点源：具有两个线性无关特征向量的重复的正实特征值
正常结点汇：具有两个线性无关特征向量的重复的负实特征值
非正常结点源：不同的正实特征值（左侧）或没有两个线性无关特征向量的重复的正实特征值（右侧）
非正常结点汇：不同的负实特征值（左侧）或没有两个线性无关特征向量的重复的负实特征值（右侧）

图 5.3.16　方程组 $\boldsymbol{x}' = \boldsymbol{A}\boldsymbol{x}$ 的典型相平面轨线图集

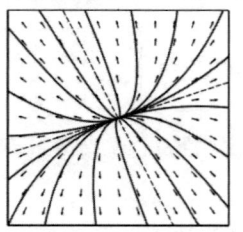

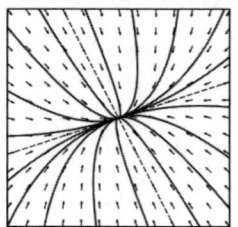

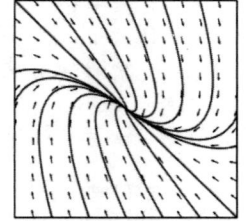

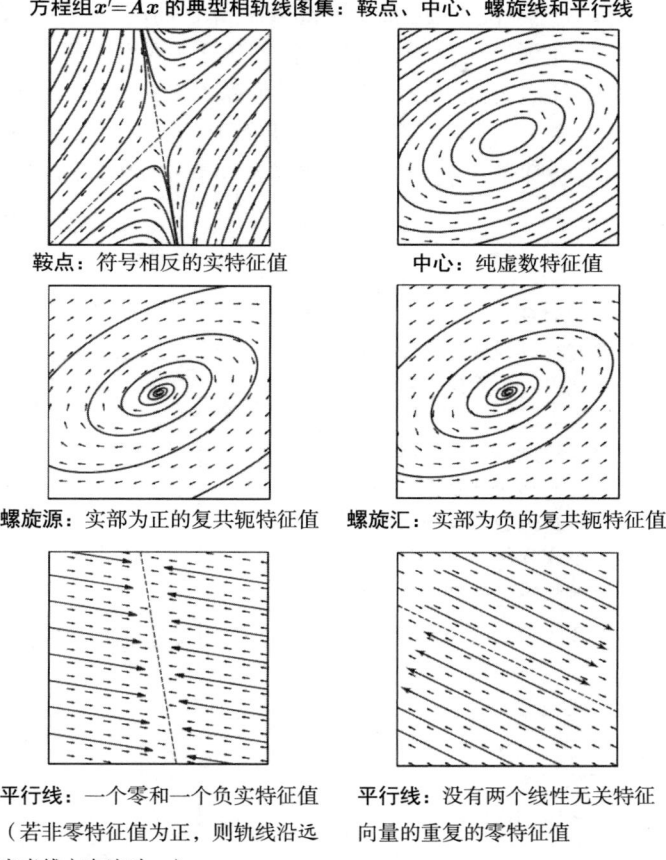

方程组$x'=Ax$的典型相轨线图集：鞍点、中心、螺旋线和平行线

鞍点：符号相反的实特征值　　　　中心：纯虚数特征值

螺旋源：实部为正的复共轭特征值　　螺旋汇：实部为负的复共轭特征值

平行线：一个零和一个负实特征值　　平行线：没有两个线性无关特征
（若非零特征值为正，则轨线沿远　　向量的重复的零特征值
离虚线方向流动。）

图 5.3.16　（续）

三维示例

图 5.3.15 给出了具有常系数矩阵

$$A = \begin{bmatrix} 4 & 10 & 0 \\ -5 & -6 & 0 \\ 0 & 0 & 1 \end{bmatrix} \tag{62}$$

的三维方程组 $x' = Ax$ 解的空间轨线。为了描述在这个方程组的轨线上运动的点 $x(t)$ 在空间中的运动，我们可以把这条轨线看作一串项链，上面放着不同颜色的珠子，以固定的时间增量标记其连续位置（所以点在珠子间距最大的地方移动最快）。为了帮助眼睛跟随移动点的进程，珠子的大小随着时间的推移和沿着轨线的运动而不断减小。

矩阵 A 有单个实特征值 -1 和单个（实）特征向量 $\begin{bmatrix} 0 & 0 & 1 \end{bmatrix}^{\mathrm{T}}$，以及复共轭特征

值 $-1\pm 5\mathrm{i}$。负实特征值对应于位于 x_3 轴上并随着 $t \to 0$ 而趋近于原点的轨线（如图中纵轴上的珠子所示）。因此，原点 $(0, 0, 0)$ 是一个"吸引"方程组所有轨线的汇。

实部为负的复共轭特征值对应于在水平 $x_1 x_2$ 平面上当靠近原点时绕原点旋转的轨线。任何其他轨线，即从既不在 x_3 轴上也不在 $x_1 x_2$ 平面上的点开始的轨线，在逼近位于圆锥体顶点处的原点时，通过绕圆锥体表面螺旋式旋转来组合前面的行为。

习题

对于 5.2 节习题 1~16 中的每个方程组，根据图 5.3.16 对系数矩阵 A 的特征值和特征向量进行分类，并手绘方程组的相轨线图。然后使用计算机系统或图形计算器检查你的答案。

习题 17~28 中的相轨线图与形如 $x' = Ax$ 的线性方程组对应，其中矩阵 A 有两个线性无关的特征向量。确定每个方程组的特征值和特征向量的性质。例如，你可以识别出这个方程组有纯虚数特征值，或者它有符号相反的实特征值，或者与正特征值相关的特征向量大致为 $\begin{bmatrix} 2 & -1 \end{bmatrix}^\mathrm{T}$，等等。

17.

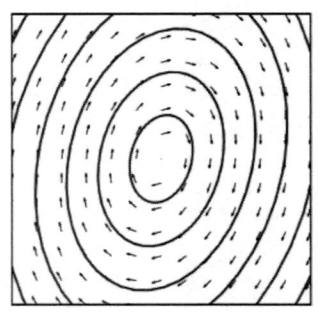

18.

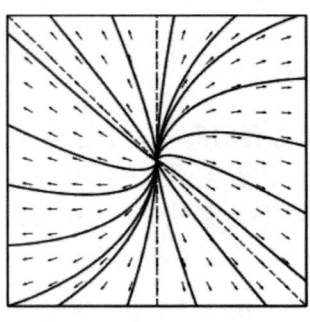

19.

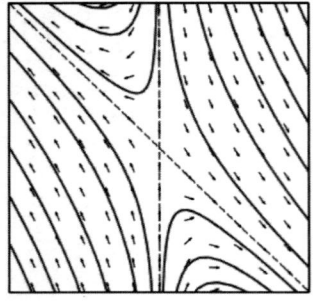

20.

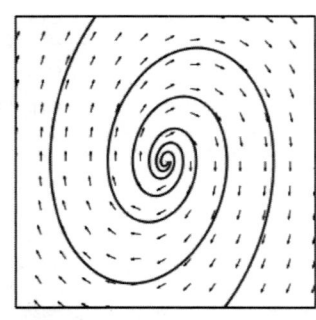

21.

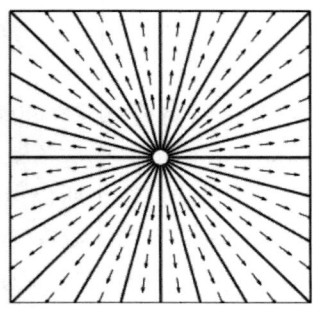

22.

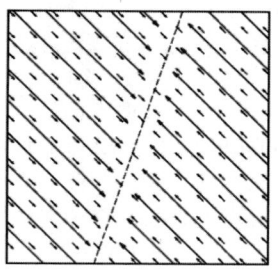

23.

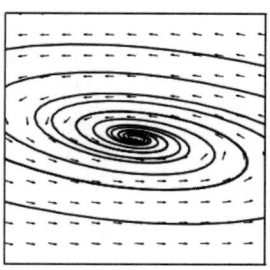

24.

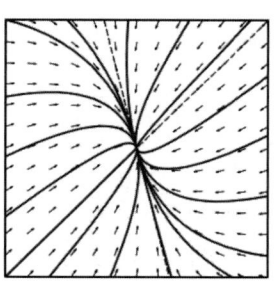

25.

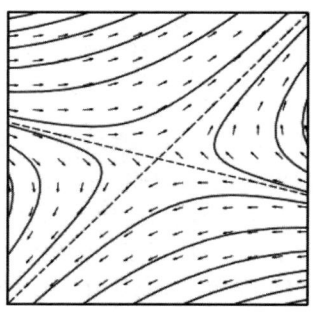

26.

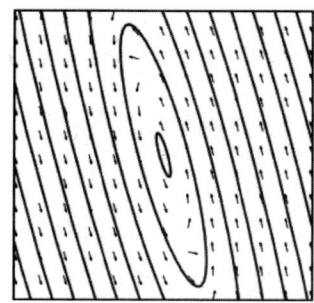

27.

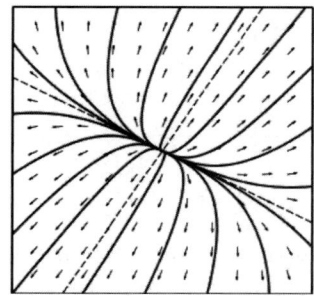

28.

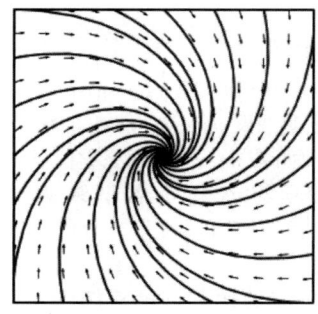

29. 通过引入如图 5.3.17 中所示的斜 uv 坐标系，其中 u 和 v 轴分别由特征向量 $v_1 = \begin{bmatrix} -1 \\ 6 \end{bmatrix}$ 和 $v_2 = \begin{bmatrix} 1 \\ 1 \end{bmatrix}$ 确定，我们可以对例题 1 中的方程组

$$x' = \begin{bmatrix} 4 & 1 \\ 6 & -1 \end{bmatrix} x$$

的通解

$$x(t) = c_1 \begin{bmatrix} -1 \\ 6 \end{bmatrix} e^{-2t} + c_2 \begin{bmatrix} 1 \\ 1 \end{bmatrix} e^{5t} \quad (9)$$

给出一个更简单的描述。

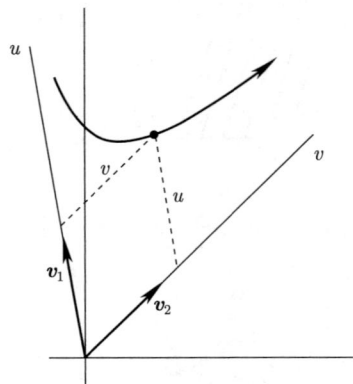

图 5.3.17 由特征向量 v_1 和 v_2 确定的斜 uv 坐标系

动点 $x(t)$ 的 uv 坐标函数 $u(t)$ 和 $v(t)$ 就是沿平行于 v_1 和 v_2 的方向所测量的它到原点的距离。由式 (9) 可知,方程组的轨线可由下式描述

$$u(t) = u_0 e^{-2t}, \quad v(t) = v_0 e^{5t}, \quad (63)$$

其中 $u_0 = u(0)$ 且 $v_0 = v(0)$。

(a) 证明如果 $v_0 = 0$,那么这条轨线位于 u 轴上,而如果 $u_0 = 0$,那么它位于 v 轴上。

(b) 证明若 u_0 和 v_0 都非零,则式 (63) 中的参数曲线的"笛卡儿"方程可由 $v = Cu^{-5/2}$ 给出。

30. 使用向量值函数的链式法则验证时间逆转原理。

在习题 31~33 中,A 代表 2×2 矩阵。

31. 利用特征值和特征向量的定义(5.2 节),证明如果 λ 是 A 的特征值,相关特征向量为 v,那么 $-\lambda$ 是矩阵 $-A$ 的相关特征向量为 v 的特征值。证明如果 A 有相关特征向量分别为 v_1 和 v_2 的正特征值 $0 < \lambda_2 < \lambda_1$,那么 $-A$ 有负特征值 $-\lambda_1 < -\lambda_2 < 0$,相关的特征向量为 v_1 和 v_2。

32. 证明方程组 $x' = Ax$ 有不同于 $x(t) \equiv 0$ 的常数解,当且仅当存在一个使 $Ax = 0$ 的(常数)向量 $x \neq 0$。(在线性代数中已证明,当 $\det(A) = 0$ 时,这样一个向量 x 完全存在。)

33. (a) 证明如果 A 有重特征值 λ 及两个线性无关的相关特征向量,那么每个非零向量 v 都是 A 的特征向量。(提示:将 v 表示为线性无关特征向量的线性组合,并在两边同乘以 A。)

(b) 证明 A 必定由式 (22) 给出。(建议:在方程 $Av = \lambda v$ 中取 $v = \begin{bmatrix} 1 & 0 \end{bmatrix}^T$ 和 $v = \begin{bmatrix} 0 & 1 \end{bmatrix}^T$。)

34. 通过将式 (51) 中 $x_1(t)$ 和 $x_2(t)$ 的表达式代入式 (52) 并简化,验证式 (53)。

习题 35~37 表明,例题 11 中的方程组的所有非平凡解曲线都是由图 5.3.11 中轨线旋转相同角度的椭圆。

35. 例题 11 中的方程组可以用标量形式重写为

$$x_1' = 6x_1 - 17x_2,$$
$$x_2' = 8x_1 - 6x_2,$$

得到一阶微分方程

$$\frac{\mathrm{d}x_2}{\mathrm{d}x_1} = \frac{\mathrm{d}x_2/\mathrm{d}t}{\mathrm{d}x_1/\mathrm{d}t} = \frac{8x_1 - 6x_2}{6x_1 - 17x_2},$$

或者采用微分形式

$$(6x_2 - 8x_1)\mathrm{d}x_1 + (6x_1 - 17x_2)\mathrm{d}x_2 = 0。$$

利用如下通解验证这个方程是恰当方程:

$$-4x_1^2 + 6x_1x_2 - \frac{17}{2}x_2^2 = k, \quad (64)$$

其中 k 是一个常数。

36. 在解析几何中,已经证明,对于一般的二次等式

$$Ax_1^2 + Bx_1x_2 + Cx_2^2 = k, \quad (65)$$

当且仅当 $Ak > 0$ 且判别式 $B^2 - 4AC < 0$ 时,它表示一个以原点为中心的椭圆。证明当 $k < 0$ 时,式 (64) 满足这些条件,从而推断出例题 11 中的方程组的所有非退化解曲线均为椭圆。

37. 可以进一步证明，式 (65) 一般表示旋转角度 θ 的圆锥截面，其中 θ 由式

$$\tan 2\theta = \frac{B}{A-C}$$

给出。证明将此公式应用于式 (64)，可以得到例题 11 中的角度 $\theta = \arctan\frac{2}{4}$，从而推断出例题 11 中的方程组的所有椭圆形解曲线都旋转了相同的角度 θ。（建议：你可能会发现正切函数的倍角公式很有用。）

38. 设 $v = \begin{bmatrix} 3+5i & 4 \end{bmatrix}^{\mathrm{T}}$ 是例题 11 中的复特征向量，并设 z 为一个复数。

(a) 证明当且仅当对于某个非零实数 r，$z = r(1 \pm i)$ 时，向量 $\tilde{v} = z \cdot v$ 的实部 $\tilde{a}$ 和虚部 $\tilde{b}$ 是垂直的。

(b) 证明如果是这种情况，那么 $\tilde{a}$ 和 $\tilde{b}$ 平行于例题 11 中所得椭圆轨线的轴（如图 5.3.12 所示）。

39. 设 A 表示 2×2 矩阵

$$A = \begin{bmatrix} a & b \\ c & d \end{bmatrix}.$$

(a) 证明 A 的特征方程 [5.2 节式 (8)] 可由下式给出：

$$\lambda^2 - (a+d)\lambda + (ad-bc) = 0.$$

(b) 假设 A 的特征值是纯虚数。证明 A 的迹 $\mathrm{trace}(A) = a + d$ 必定为零，且行列式 $\det(A) = ad - bc$ 必定为正。推断出 $c \neq 0$。

40. 采用特征值或特征向量法，确认初值问题 (59) 的解是式 (61)。

应用　动态相平面图形

使用计算机系统，通过允许初始条件、特征值甚至特征向量"实时"变化，我们可以将图 5.3.16 中的静态相轨线图集"赋予生命"。这种动态相平面图形为 2×2 矩阵 A 的代数性质和方程组 $x' = Ax$ 的相平面轨线图之间的关系提供了更多的见解。

例如，基本的线性方程组

$$\frac{\mathrm{d}x_1}{\mathrm{d}t} = -x_1,$$

$$\frac{\mathrm{d}x_2}{\mathrm{d}t} = -kx_2 \quad (k \text{ 为非零常数}),$$

有通解

$$x_1(t) = ae^{-t}, \quad x_2(t) = be^{-kt},$$

其中 (a, b) 是初始点。如果 $a \neq 0$，那么我们可以写出

$$x_2 = be^{-kt} = \frac{b}{a^k}(ae^{-t})^k = cx_1^k, \tag{1}$$

其中 $c = b/a^k$。一个 Maple 版本的命令

```
with(plots):
createPlot := proc(k)
    soln := plot([exp(-t), exp(-k*t),
    t = -10..10], x = -5..5, y = -5..5):
return display(soln):
```

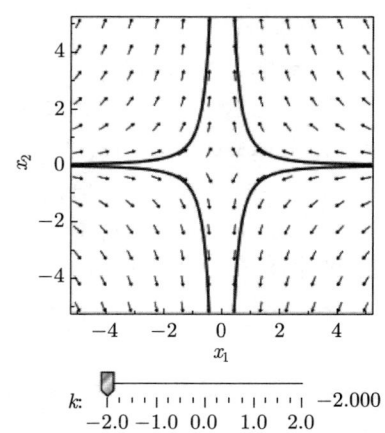

图 5.3.18　解曲线 (1) 的交互式显示。使用滑动条，k 的值可以从 -2 到 2 连续变化

```
end proc:
Explore(createPlot(k),
    parameters = [k = -2.0..2.0])
```

可生成图 5.3.18，它允许用户从 $k = -2$ 到 $k = 2$ 连续改变参数 k，从而动态地显示解曲线 (1) 随着 k 的变化的变化。

图 5.3.19 给出了图 5.3.18 中交互式显示的快照，对应的参数 k 的值分别为 -1，$\frac{1}{2}$ 和 2。基于此变化过程，你认为当 $k = 1$ 时解曲线 (1) 是什么样子？式 (1) 是否证实了你的猜测？

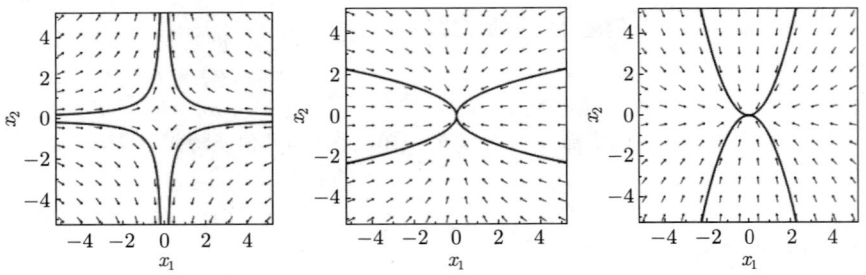

图 5.3.19 图 5.3.18 中交互式显示的快照，其中初始条件保持不变，参数 k 分别等于 -1，$\frac{1}{2}$ 和 2

作为另一个示例，Mathematica 版本的命令

```
a = {{-5, 17}, {-8, 7}};
x[t_] := {x1[t], x2[t]};
Manipulate[
    soln = DSolve[{x'[t] == a.x[t],
        x[0] == pt[[1]]}, x[t], t];
    ParametricPlot[x[t]/.soln, {t, -3.5, 10},
        PlotRange -> 5],
    {{pt, {{4, 2}}}, Locator}]
```

用于产生图 5.3.20，它显示了本节例题 13 中的初值问题

$$\boldsymbol{x}' = \begin{bmatrix} -5 & 17 \\ -8 & 7 \end{bmatrix} \boldsymbol{x}, \quad \boldsymbol{x}(0) = \begin{bmatrix} 4 \\ 2 \end{bmatrix} \tag{2}$$

的解曲线（类似于图 5.3.13 和图 5.3.14）。然而在图 5.3.20 中，初始条件 (4, 2) 附在一个可以被自由拖动到相平面上的任意所需位置的"定位点"上，随着定位点的变化，相应的解曲线立即被重新绘制，从而动态地说明了改变初始条件的效果。

最后，图 5.3.21 显示了一个更复杂，但可能更具启发性的示例。正如你可以验证，矩阵

$$\boldsymbol{A} = \frac{1}{10} \begin{bmatrix} k+9 & 3-3k \\ 3-3k & 9k+1 \end{bmatrix} \tag{3}$$

第 5 章 线性微分方程组   367

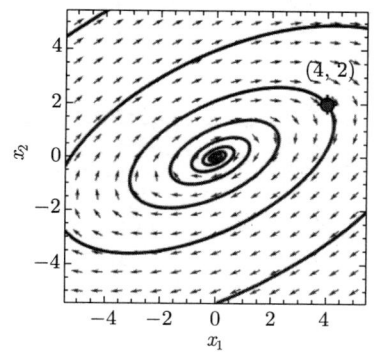 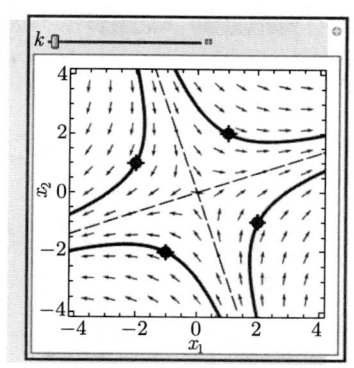

图 5.3.20 初值问题 (2) 的交互式显示。当"定位点"被拖动到不同位置时,解曲线立即被重新绘制,从而显示改变初始条件的效果

图 5.3.21 A 由式 (3) 给出的初值问题 $x' = Ax$ 的交互式显示。初始条件和参数 k 的值都可以动态变化 ⊖

有可变的特征值 1 和 k,但分别具有固定的相关特征向量 $\begin{bmatrix} 3 & 1 \end{bmatrix}^T$ 和 $\begin{bmatrix} 1 & -3 \end{bmatrix}^T$。生成图 5.3.21 的 Mathematica 版本的命令为

```
a[k_] := (1/10){{k + 9, 3 - 3k}, {3 - 3k, 9k + 1}}
x[t_] := {x1[t], x2[t]}
Manipulate[
    soln[k_] = DSolve[{x'[t] == a[k].x[t],
        x[0] == #}, x[t], t]&/@pt;
    curve = ParametricPlot
        [Evaluate[x[t]/.soln[k]], {t, -10, 10},
        PlotRange -> 4], {k, -1, 1},
    {{pt, {{2, -1}, {1, 2}, {-1, -2}, {-2, 1}}},
    Locator}]
```

它显示了 A 由式 (3) 给出的方程组 $x' = Ax$ 的相轨线图。不仅单条轨线的初始条件由"定位点"独立控制,而且使用滑动条,我们还可以从 -1 到 1 连续地改变 k 的值,从而使解曲线被立即重新绘制。因此,对于一个固定的 k 值,我们可以在整个相平面上进行改变初始条件的实验,或者相反,我们可以保持初始条件不变,观察改变 k 值的效果。

进一步举例说明这种展示可以揭示什么,图 5.3.22 由图 5.3.21 的一系列快照组成,初始条件保持固定,k 依次取特定值 -1, -0.25, 0, 0.5, 0.65 和 1。其结果是一个"视频",显示了从一个具有"双曲"轨线的鞍点,到一对平行线,再到一个具有"抛物线"轨线的非正常结点源,最后到一个具有直线轨线的正常结点源的爆炸星形模式的过渡的各个

⊖ 请前往 bit.ly/3AFYsk4 查看图 5.3.21 的交互式版本。

阶段。也许这些画面为描述由一组相互依赖的微分方程构成的"动态方程组"提供了一种新的解释。

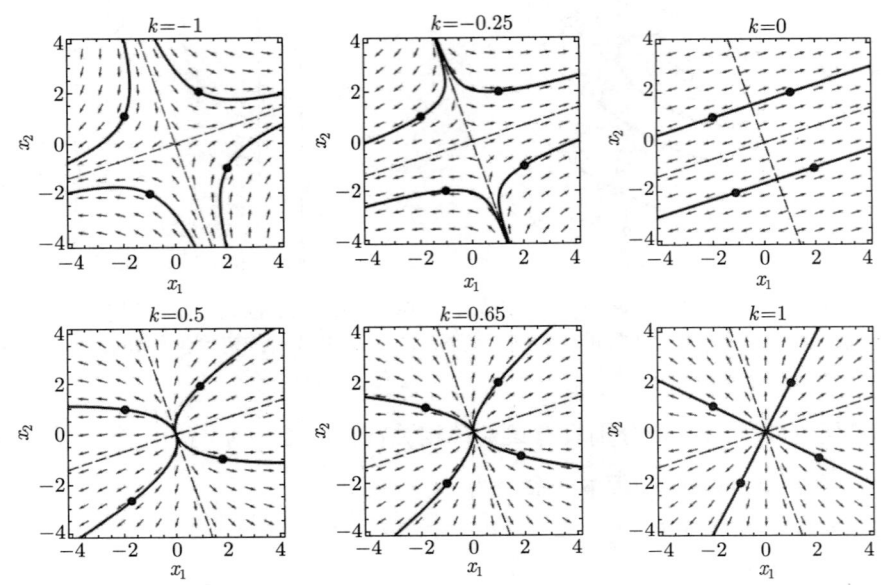

图 5.3.22 图 5.3.21 中交互式显示的快照，其中初始条件保持不变，参数 k 从 -1 增大到 1

5.4 二阶方程组及其机械应用

本节我们应用 5.1 节和 5.2 节中的矩阵法研究具有两个或更多个自由度的典型质量块–弹簧系统的振动。我们选取的示例是为了说明通常反映复杂机械系统特征的现象。

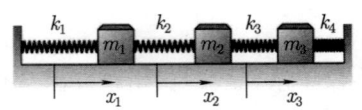

图 5.4.1 三个耦合弹簧的质量块

图 5.4.1 显示了三个相互连接的质量块，且两壁之间通过四根弹簧连接。我们假设质量块进行无摩擦滑动，且假设每根弹簧都遵循胡克定律，即其被拉伸或压缩量 x 与反作用力 F 由公式 $F = -kx$ 联系起来。如果三个质量块（从它们各自的平衡位置）向右的位移 x_1，x_2 和 x_3 均为正，那么

- 第一根弹簧被拉伸了距离 x_1；
- 第二根弹簧被拉伸了距离 $x_2 - x_1$；
- 第三根弹簧被拉伸了距离 $x_3 - x_2$；
- 第四个弹簧被压缩了距离 x_3。

因此，将牛顿定律 $F = ma$ 应用于这三个质量块（如 4.1 节例题 1 所示），得到其运动方程：

$$m_1 x_1'' = -k_1 x_1 \qquad\qquad + k_2(x_2 - x_1),$$
$$m_2 x_2'' = -k_2(x_2 - x_1) + k_3(x_3 - x_2), \tag{1}$$
$$m_3 x_3'' = -k_3(x_3 - x_2) - k_4 x_3。$$

尽管我们在写这些方程时假设质量块的位移均为正，但是不管这些位移的符号是什么，其实它们同样遵循胡克定律和牛顿定律。

根据位移向量 $\boldsymbol{x} = \begin{bmatrix} x_1 & x_2 & x_3 \end{bmatrix}^\mathrm{T}$、质量矩阵

$$\boldsymbol{M} = \begin{bmatrix} m_1 & 0 & 0 \\ 0 & m_2 & 0 \\ 0 & 0 & m_3 \end{bmatrix} \tag{2}$$

和刚度矩阵

$$\boldsymbol{K} = \begin{bmatrix} -(k_1 + k_2) & k_2 & 0 \\ k_2 & -(k_2 + k_3) & k_3 \\ 0 & k_3 & -(k_3 + k_4) \end{bmatrix}, \tag{3}$$

方程组 (1) 可以写成矩阵形式

$$\boldsymbol{M}\boldsymbol{x}'' = \boldsymbol{K}\boldsymbol{x}。 \tag{4}$$

式 (1) 至式 (4) 中的符号可以很自然地推广到如图 5.4.2 所示的由 n 个耦合弹簧的质量块构成的系统。我们只需要将方程 (4) 中的质量矩阵和刚度矩阵分别替换为

$$\boldsymbol{M} = \begin{bmatrix} m_1 & 0 & \cdots & 0 \\ 0 & m_2 & \cdots & 0 \\ \vdots & \vdots & & \vdots \\ 0 & 0 & \cdots & m_n \end{bmatrix} \tag{5}$$

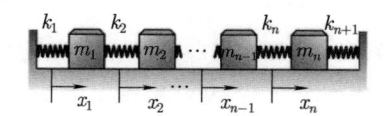

图 5.4.2 由 n 个耦合弹簧的质量块构成的系统

和

$$\boldsymbol{K} = \begin{bmatrix} -(k_1 + k_2) & k_2 & 0 & \cdots & 0 \\ k_2 & -(k_2 + k_3) & k_3 & \cdots & 0 \\ 0 & k_3 & -(k_3 + k_4) & \cdots & 0 \\ 0 & 0 & k_4 & \cdots & 0 \\ \vdots & \vdots & & & \vdots \\ 0 & 0 & \cdots & -(k_{n-1} + k_n) & k_n \\ 0 & 0 & \cdots & k_n & -(k_n + k_{n+1}) \end{bmatrix}。 \tag{6}$$

对角矩阵 $\boldsymbol{M}$ 显然是非奇异的；要得到它的逆 $\boldsymbol{M}^{-1}$，我们只需要把每个对角线元素替换成它的倒数。因此，在方程 (4) 的两边同乘以 $\boldsymbol{M}^{-1}$，可以得到齐次二阶方程组

$$x'' = Ax, \tag{7}$$

其中 $A = M^{-1}K$。存在各种各样的无摩擦机械系统，可以为其定义满足方程 (4) 的位移或位置向量 x、非奇异质量矩阵 M 和刚度矩阵 K。

二阶方程组的求解

为了寻求方程 (7) 的解，我们代入如下形式的试验解（照 5.2 节中对一阶方程组的方式）

$$x(t) = v e^{\alpha t}, \tag{8}$$

其中 v 是一个常数向量。那么 $x'' = \alpha^2 v e^{\alpha t}$，所以将式 (8) 代入方程 (7) 可得

$$\alpha^2 v e^{\alpha t} = A v e^{\alpha t},$$

这意味着

$$Av = \alpha^2 v。 \tag{9}$$

因此当且仅当 $\alpha^2 = \lambda$ 是矩阵 A 的特征值，且 v 是相关的特征向量时，$x(t) = v e^{\alpha t}$ 是 $x'' = Ax$ 的解。

如果 $x'' = Ax$ 是对一个机械系统建模，那么典型情况是 A 的特征值为负实数。若

$$\alpha^2 = \lambda = -\omega^2 < 0,$$

则 $\alpha = \pm \omega i$。在这种情况下，由式 (8) 给出的解变为

$$x(t) = v e^{i\omega t} = v(\cos \omega t + i \sin \omega t)。$$

那么 $x(t)$ 的实部和虚部

$$x_1(t) = v \cos \omega t \quad \text{和} \quad x_2(t) = v \sin \omega t \tag{10}$$

是方程组的线性无关实值解。这一分析引出以下定理。

定理 1　二阶齐次线性方程组

若 $n \times n$ 矩阵 A 有不同的负特征值 $-\omega_1^2, -\omega_2^2, \cdots, -\omega_n^2$ 及其相关的（实）特征向量 $v_1, v_2, \cdots, v_n$，则方程

$$x'' = Ax$$

的通解为

$$x(t) = \sum_{i=1}^{n} (a_i \cos \omega_i t + b_i \sin \omega_i t) v_i, \tag{11}$$

其中 a_i 和 b_i 是任意常数。在具有非重复的零特征值 λ_0 及其相关的特征向量 v_0 的特殊情况下，

$$x_0(t) = (a_0 + b_0 t) v_0 \tag{12}$$

是通解的对应部分。

备注：只要 $Av_0 = 0$，那么非零向量 v_0 是与 $\lambda_0 = 0$ 对应的特征向量。若 $x(t) = (a_0 + b_0 t)v_0$，则
$$x'' = 0 \cdot v_0 = (a_0 + b_0 t) \cdot \mathbf{0} = (a_0 + b_0 t) \cdot (Av_0) = Ax,$$
从而验证了式 (12) 中的形式。 ∎

例题 1 **质量块–弹簧系统** 如图 5.4.3 所示，考虑 $n = 2$ 的质量块–弹簧系统。因为没有第三根弹簧连接于右侧的壁面，所以我们设 $k_3 = 0$。如果 $m_1 = 2$，$m_2 = 1$，$k_1 = 100$ 以及 $k_2 = 50$，那么方程 $Mx'' = Kx$ 为

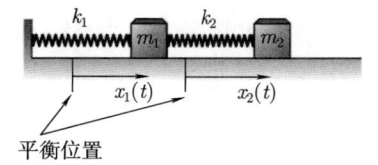

图 5.4.3　例题 1 中的质量块–弹簧系统

$$\begin{bmatrix} 2 & 0 \\ 0 & 1 \end{bmatrix} x'' = \begin{bmatrix} -150 & 50 \\ 50 & -50 \end{bmatrix} x, \quad (13)$$

将其简化为 $x'' = Ax$ 的形式，其中

$$A = \begin{bmatrix} -75 & 25 \\ 50 & -50 \end{bmatrix}.$$

A 的特征方程为
$$(-75 - \lambda)(-50 - \lambda) - 50 \cdot 25 = \lambda^2 + 125\lambda + 2500$$
$$= (\lambda + 25)(\lambda + 100) = 0,$$

所以 A 有负特征值 $\lambda_1 = -25$ 和 $\lambda_2 = -100$。根据定理 1，方程组 (13) 从而有（圆）频率为 $\omega_1 = 5$ 和 $\omega_2 = 10$ 的解。

情况 1：$\lambda_1 = -25$。特征向量方程 $(A - \lambda I)v = \mathbf{0}$ 为
$$\begin{bmatrix} -50 & 25 \\ 50 & -25 \end{bmatrix} \begin{bmatrix} a \\ b \end{bmatrix} = \begin{bmatrix} 0 \\ 0 \end{bmatrix},$$

所以与 $\lambda_1 = -25$ 相关的特征向量为 $v_1 = \begin{bmatrix} 1 & 2 \end{bmatrix}^\mathrm{T}$。

情况 2：$\lambda_2 = -100$。特征向量方程 $(A - \lambda I)v = \mathbf{0}$ 为
$$\begin{bmatrix} 25 & 25 \\ 50 & 50 \end{bmatrix} \begin{bmatrix} a \\ b \end{bmatrix} = \begin{bmatrix} 0 \\ 0 \end{bmatrix},$$

所以与 $\lambda_2 = -100$ 相关的特征向量为 $v_2 = \begin{bmatrix} 1 & -1 \end{bmatrix}^\mathrm{T}$。

由式 (11) 可知方程组 (13) 的通解可由下式给出
$$x(t) = (a_1 \cos 5t + b_1 \sin 5t)v_1 + (a_2 \cos 10t + b_2 \sin 10t)v_2. \quad (14)$$

正如在 4.2 节例题 3 的讨论中一样，式 (14) 右侧两项表示质量块–弹簧系统的**自由振动**。

它们描述了物理系统在其两个（圆）**固有频率** $\omega_1 = 5$ 和 $\omega_2 = 10$ 下的两种**固有振动模式**。固有模式

$$\boldsymbol{x}_1(t) = (a_1 \cos 5t + b_1 \sin 5t)\boldsymbol{v}_1 = c_1 \cos(5t - \alpha_1) \begin{bmatrix} 1 \\ 2 \end{bmatrix}$$

（其中 $c_1 = \sqrt{a_1^2 + b_1^2}$，$\cos \alpha_1 = a_1/c_1$ 和 $\sin \alpha_1 = b_1/c_1$）有标量分量形式

$$\begin{aligned} x_1(t) &= c_1 \cos(5t - \alpha_1), \\ x_2(t) &= 2c_1 \cos(5t - \alpha_1), \end{aligned} \tag{15}$$

从而描述了一种自由振动，其中两个质量块以相同频率 $\omega_1 = 5$ 沿相同方向同步运动，但 m_2 的运动振幅是 m_1 的两倍（参见图 5.4.4）。固有模式

$$\boldsymbol{x}_2(t) = (a_2 \cos 10t + b_2 \sin 10t)\boldsymbol{v}_2 = c_2 \cos(10t - \alpha_2) \begin{bmatrix} 1 \\ -1 \end{bmatrix}$$

有标量分量形式

$$\begin{aligned} x_1(t) &= c_2 \cos(10t - \alpha_2), \\ x_2(t) &= -c_2 \cos(10t - \alpha_2), \end{aligned} \tag{16}$$

从而描述了一种自由振动，其中两个质量块以相同频率 $\omega_2 = 10$ 和相同振幅沿相反方向同步运动（参见图 5.4.5）。∎

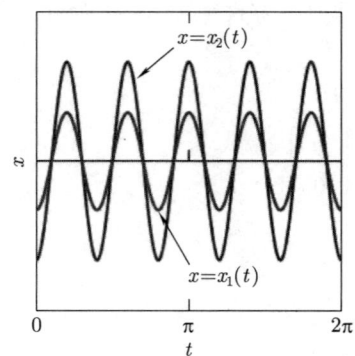

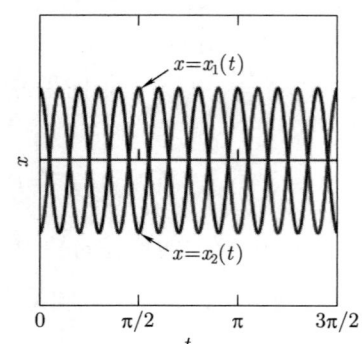

图 5.4.4　以频率 $\omega_1 = 5$ 沿相同方向的振动；质量块 2 的运动振幅是质量块 1 的两倍

图 5.4.5　以频率 $\omega_2 = 10$ 沿相反方向的振动，两个质量块具有相同的运动振幅

例题 2　**火车车厢**　图 5.4.6 显示了三节由缓冲弹簧连接的火车车厢，缓冲弹簧在受到压缩时会做出反应，但不会伸展而是会脱离。在式 (2) 至式 (4) 中，取 $n = 3$，$k_2 = k_3 = k$ 以及 $k_1 = k_4 = 0$，我们得到方程组

$$\begin{bmatrix} m_1 & 0 & 0 \\ 0 & m_2 & 0 \\ 0 & 0 & m_3 \end{bmatrix} \boldsymbol{x}'' = \begin{bmatrix} -k & k & 0 \\ k & -2k & k \\ 0 & k & -k \end{bmatrix} \boldsymbol{x}, \tag{17}$$

它等价于

$$\boldsymbol{x}'' = \begin{bmatrix} -c_1 & c_1 & 0 \\ c_2 & -2c_2 & c_2 \\ 0 & c_3 & -c_3 \end{bmatrix} \boldsymbol{x}, \tag{18}$$

图 5.4.6 例题 2 的三节火车车厢

其中

$$c_i = \frac{k}{m_i} \quad (i = 1, 2, 3)。 \tag{19}$$

如果我们进一步假设 $m_1 = m_3$,所以 $c_1 = c_3$,那么经过简单计算,得到方程 (18) 中的系数矩阵 $\boldsymbol{A}$ 的特征方程

$$-\lambda(\lambda + c_1)(\lambda + c_1 + 2c_2) = 0。 \tag{20}$$

因此,矩阵 $\boldsymbol{A}$ 有特征值

$$\lambda_1 = 0, \quad \lambda_2 = -c_1, \quad \lambda_3 = -c_1 - 2c_2, \tag{21a}$$

与之对应的物理系统的固有频率为

$$\omega_1 = 0, \quad \omega_2 = \sqrt{c_1}, \quad \omega_3 = \sqrt{c_1 + 2c_2}。 \tag{21b}$$

举个数值实例,假设第一节和第三节车厢各重 12 ton(吨),中间一节车厢重 8 ton(吨),弹簧常数为 $k = 1.5$ ton/ft,即 $k = 3000$ lb/ft。然后,使用 fps 单位制,其中质量以 slug 为单位(32 bl 的重量相当于 1 slug 的质量),我们有

$$m_1 = m_3 = 750, \quad m_2 = 500,$$

且

$$c_1 = \frac{3000}{750} = 4, \quad c_2 = \frac{3000}{500} = 6。$$

因此系数矩阵 $\boldsymbol{A}$ 为

$$\boldsymbol{A} = \begin{bmatrix} -4 & 4 & 0 \\ 6 & -12 & 6 \\ 0 & 4 & -4 \end{bmatrix}, \tag{22}$$

由式 (21a) 和式 (21b) 所给出的特征值-频率对为 $\lambda_1 = 0$,$\omega_1 = 0$;$\lambda_2 = -4$,$\omega_2 = 2$ 以及 $\lambda_3 = -16$,$\omega_3 = 4$。

情况 1:$\lambda_1 = 0$,$\omega_1 = 0$。特征向量方程 $(\boldsymbol{A} - \lambda \boldsymbol{I})\boldsymbol{v} = \boldsymbol{0}$ 为

$$\boldsymbol{A}\boldsymbol{v} = \begin{bmatrix} -4 & 4 & 0 \\ 6 & -12 & 6 \\ 0 & 4 & -4 \end{bmatrix} \begin{bmatrix} a \\ b \\ c \end{bmatrix} = \begin{bmatrix} 0 \\ 0 \\ 0 \end{bmatrix},$$

所以很明显 $v_1 = \begin{bmatrix} 1 & 1 & 1 \end{bmatrix}^T$ 是与 $\lambda_1 = 0$ 相关的特征向量。根据定理 1，$x'' = Ax$ 的通解的对应部分是
$$x_1(t) = (a_1 + b_1 t)v_1。$$

情况 2：$\lambda_2 = -4$，$\omega_2 = 2$。特征向量方程 $(A - \lambda I)v = 0$ 为
$$(A + 4I)v = \begin{bmatrix} 0 & 4 & 0 \\ 6 & -8 & 6 \\ 0 & 4 & 0 \end{bmatrix} \begin{bmatrix} a \\ b \\ c \end{bmatrix} = \begin{bmatrix} 0 \\ 0 \\ 0 \end{bmatrix},$$

所以很明显 $v_2 = \begin{bmatrix} 1 & 0 & -1 \end{bmatrix}^T$ 是与 $\lambda_2 = -4$ 相关的特征向量。根据定理 1，$x'' = Ax$ 的通解的对应部分是
$$x_2(t) = (a_2 \cos 2t + b_2 \sin 2t)v_2。$$

情况 3：$\lambda_3 = -16$，$\omega_3 = 4$。特征向量方程 $(A - \lambda I)v = 0$ 为
$$(A + 16I)v = \begin{bmatrix} 12 & 4 & 0 \\ 6 & 4 & 6 \\ 0 & 4 & 12 \end{bmatrix} \begin{bmatrix} a \\ b \\ c \end{bmatrix} = \begin{bmatrix} 0 \\ 0 \\ 0 \end{bmatrix},$$

所以很明显 $v_3 = \begin{bmatrix} 1 & -3 & 1 \end{bmatrix}^T$ 是与 $\lambda_3 = -16$ 相关的特征向量。根据定理 1，$x'' = Ax$ 的通解的对应部分是
$$x_3(t) = (a_3 \cos 4t + b_3 \sin 4t)v_3。$$

因此，$x'' = Ax$ 的通解 $x = x_1 + x_2 + x_3$ 可由下式给出

$$\begin{aligned} x(t) = &a_1 \begin{bmatrix} 1 \\ 1 \\ 1 \end{bmatrix} + b_1 t \begin{bmatrix} 1 \\ 1 \\ 1 \end{bmatrix} + a_2 \begin{bmatrix} 1 \\ 0 \\ -1 \end{bmatrix} \cos 2t + \\ &b_2 \begin{bmatrix} 1 \\ 0 \\ -1 \end{bmatrix} \sin 2t + a_3 \begin{bmatrix} 1 \\ -3 \\ 1 \end{bmatrix} \cos 4t + b_3 \begin{bmatrix} 1 \\ -3 \\ 1 \end{bmatrix} \sin 4t。 \end{aligned} \quad (23)$$

为了确定一个特解，让我们假设最左侧车厢以速度 v_0 向右运动，并且在 $t = 0$ 时刻与另外两节衔接在一起但处于静止状态的车厢相撞。对应的初始条件为

$$x_1(0) = x_2(0) = x_3(0) = 0, \tag{24a}$$

$$x_1'(0) = v_0, \quad x_2'(0) = x_3'(0) = 0。 \tag{24b}$$

然后将式 (24a) 代入式 (23)，得到标量方程

$$a_1 + a_2 + a_3 = 0,$$
$$a_1 \quad\quad - 3a_3 = 0,$$
$$a_1 - a_2 + a_3 = 0,$$

很容易得到 $a_1 = a_2 = a_3 = 0$。因此，三节车厢的位置函数为

$$\begin{aligned}x_1(t) &= b_1 t + b_2 \sin 2t + b_3 \sin 4t, \\ x_2(t) &= b_1 t \quad\quad\quad\quad - 3b_3 \sin 4t, \\ x_3(t) &= b_1 t - b_2 \sin 2t + b_3 \sin 4t,\end{aligned} \tag{25}$$

它们的速度函数为

$$\begin{aligned}x_1'(t) &= b_1 + 2b_2 \cos 2t + 4b_3 \cos 4t, \\ x_2'(t) &= b_1 \quad\quad\quad\quad - 12 b_3 \cos 4t, \\ x_3'(t) &= b_1 - 2b_2 \cos 2t + 4b_3 \cos 4t.\end{aligned} \tag{26}$$

将式 (24b) 代入式 (26)，得到方程

$$b_1 + 2b_2 + 4b_3 = v_0,$$
$$b_1 \quad\quad - 12 b_3 = 0,$$
$$b_1 - 2b_2 + 4b_3 = 0,$$

很容易解出 $b_1 = \dfrac{3}{8} v_0$，$b_2 = \dfrac{1}{4} v_0$ 以及 $b_3 = \dfrac{1}{32} v_0$。最后，位置函数 (25) 变为

$$\begin{aligned}x_1(t) &= \frac{1}{32} v_0 (12t + 8 \sin 2t + \sin 4t), \\ x_2(t) &= \frac{1}{32} v_0 (12t \quad\quad\quad - 3 \sin 4t), \\ x_3(t) &= \frac{1}{32} v_0 (12t - 8 \sin 2t + \sin 4t).\end{aligned} \tag{27}$$

但是这些方程只有在两根缓冲弹簧都保持压缩的情况下才成立，即同时满足

$$x_2 - x_1 < 0 \quad \text{和} \quad x_3 - x_2 < 0.$$

为了探索这些表达式关于 t 意味着什么，我们进行如下计算

$$x_2(t) - x_1(t) = \frac{1}{32} v_0 (-8 \sin 2t - 4 \sin 4t)$$

$$= -\frac{1}{32}v_0(8\sin 2t + 8\sin 2t \cos 2t)$$
$$= -\frac{1}{4}v_0(\sin 2t)(1 + \cos 2t),$$

类似地,
$$x_3(t) - x_2(t) = -\frac{1}{4}v_0(\sin 2t)(1 - \cos 2t)_{\circ}$$

由此可知,直到 $t = \pi/2 \approx 1.57$(s)时,$x_2 - x_1 < 0$ 和 $x_3 - x_2 < 0$ 都成立,此时根据式 (26) 和式 (27),得到数值

$$x_1\left(\frac{\pi}{2}\right) = x_2\left(\frac{\pi}{2}\right) = x_3\left(\frac{\pi}{2}\right) = \frac{3\pi v_0}{16},$$
$$x_1'\left(\frac{\pi}{2}\right) = x_2'\left(\frac{\pi}{2}\right) = 0, \quad x_3'\left(\frac{\pi}{2}\right) = v_{0\circ}$$

我们从而得出结论,三节车厢保持连接并向右运动,直到 $t = \pi/2$ 时刻脱离连接。此后,1 号车厢和 2 号车厢保持静止,而 3 号车厢继续以速度 v_0 向右运动。例如,如果 $v_0 = 48$ ft/s(约 33 mile/h),那么三节车厢在其连接的 1.57 s 内行驶了 $9\pi \approx 28.27$ (ft) 的距离,并且当 $t > \pi/2$ 时,

$$x_1(t) = x_2(t) = 9\pi, \quad x_3(t) = 48t - 15\pi_{\circ} \tag{27'}$$

图 5.4.7 说明了 "之前" 和 "之后" 的情况,图 5.4.8 显示了式 (27) 和式 (27′) 中函数 $x_1(t)$、$x_2(t)$ 和 $x_3(t)$ 的图形。∎

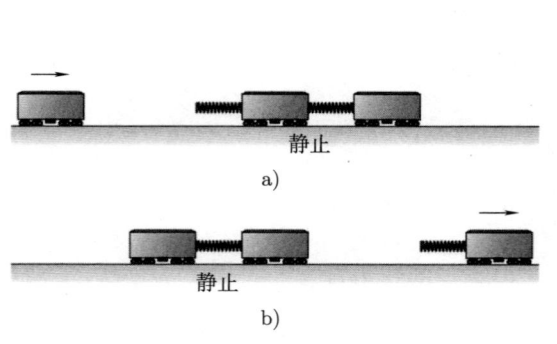

图 5.4.7 a) 之前; b) 之后

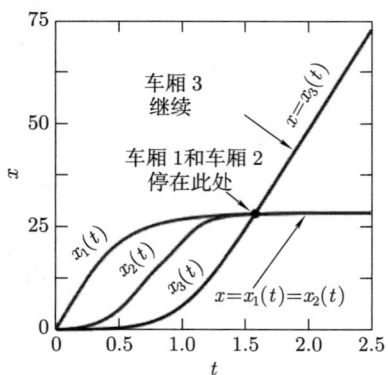

图 5.4.8 例题 2 中三节火车车厢的位置函数

受迫振动与共振

现在假设图 5.4.2 中质量块–弹簧系统的第 i 个质量块除了受到弹簧施加的力外,还受到外力 F_i($i = 1, 2, \cdots, n$)的作用。那么齐次方程 $\boldsymbol{Mx''} = \boldsymbol{Kx}$ 被替换为非齐次方程

$$\boldsymbol{Mx''} = \boldsymbol{Kx} + \boldsymbol{F}, \tag{28}$$

其中 $\boldsymbol{F} = \begin{bmatrix} F_1 & F_2 & \cdots & F_n \end{bmatrix}^{\mathrm{T}}$ 是对系统施加的**外力向量**。两边同乘以 $\boldsymbol{M}^{-1}$ 可得

$$\boldsymbol{x}'' = \boldsymbol{A}\boldsymbol{x} + \boldsymbol{f}, \tag{29}$$

其中 $\boldsymbol{f}$ 是每单位质量的外力向量。我们对如下周期性外力的情况特别感兴趣

$$\boldsymbol{f}(t) = \boldsymbol{F}_0 \cos \omega t \tag{30}$$

（其中 $\boldsymbol{F}_0$ 是一个常数向量）。然后我们预测一个周期特解

$$\boldsymbol{x}_p(t) = \boldsymbol{c} \cos \omega t, \tag{31}$$

其中用到已知的外部频率 ω 以及一个待定系数向量 $\boldsymbol{c}$。（这是采用待定系数法求解方程组的一个实例，将在 5.7 节进行更充分地讨论。）因为 $\boldsymbol{x}_p'' = -\omega^2 \boldsymbol{c} \cos \omega t$，将式 (30) 和式 (31) 代入式 (29)，然后消去公因式 $\cos \omega t$，得到线性方程组

$$(\boldsymbol{A} + \omega^2 \boldsymbol{I})\boldsymbol{c} = -\boldsymbol{F}_0, \tag{32}$$

从中可以解出 $\boldsymbol{c}$。

观察到，除非 $-\omega^2 = \lambda$ 是 $\boldsymbol{A}$ 的一个特征值，否则矩阵 $\boldsymbol{A} + \omega^2 \boldsymbol{I}$ 是非奇异的，在这种情况下，可以由方程 (32) 解出 $\boldsymbol{c}$。因此，只要外力频率不等于系统的固有频率 $\omega_1, \omega_2, \cdots, \omega_n$ 之一，则存在形如式 (31) 的周期特解。ω 为固有频率的情况与 3.6 节中所讨论的**共振**现象对应。

例题 3 **质量块–弹簧共振** 假设例题 1 中的第二个质量块受到周期性外力 $50 \cos \omega t$ 的作用。然后在图 5.4.9 中，令 $m_1 = 2$，$m_2 = 1$，$k_1 = 100$，$k_2 = 50$ 和 $F_0 = 50$，那么方程 (29) 取形式

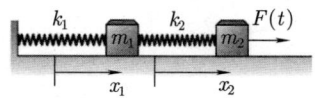

图 5.4.9 例题 3 中的受迫质量块–弹簧系统

$$\boldsymbol{x}'' = \begin{bmatrix} -75 & 25 \\ 50 & -50 \end{bmatrix} \boldsymbol{x} + \begin{bmatrix} 0 \\ 50 \end{bmatrix} \cos \omega t, \tag{33}$$

将 $\boldsymbol{x} = \boldsymbol{c} \cos \omega t$ 代入，得到关于系数向量 $\boldsymbol{c} = \begin{bmatrix} c_1 & c_2 \end{bmatrix}^{\mathrm{T}}$ 的方程

$$\begin{bmatrix} \omega^2 - 75 & 25 \\ 50 & \omega^2 - 50 \end{bmatrix} \boldsymbol{c} = \begin{bmatrix} 0 \\ -50 \end{bmatrix}. \tag{34}$$

很容易求解这个方程组，得到

$$c_1 = \frac{1250}{(\omega^2 - 25)(\omega^2 - 100)}, \quad c_2 = -\frac{50(\omega^2 - 75)}{(\omega^2 - 25)(\omega^2 - 100)}. \tag{35}$$

例如，如果外部频率的平方为 $\omega^2 = 50$，那么由式 (35) 可得 $c_1 = -1$，$c_2 = -1$。由此产生的受迫周期振动可描述为

$$x_1(t) = -\cos \omega t, \quad x_2(t) = -\cos \omega t.$$

因此，两个质量块以相同振幅沿相同方向同步振动。

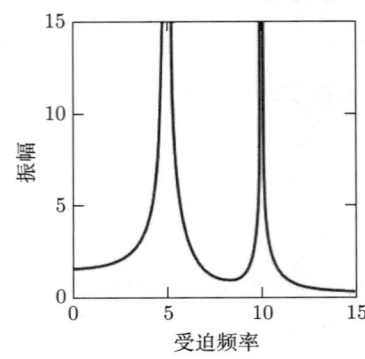

图 5.4.10　例题 3 中的频率-振幅图

如果外部频率的平方为 $\omega^2 = 125$，那么由式 (35) 可得 $c_1 = \frac{1}{2}$、$c_2 = -1$。由此产生的受迫周期振动可由下式描述

$$x_1(t) = \frac{1}{2}\cos\omega t, \quad x_2(t) = -\cos\omega t,$$

现在两个质量块沿相反方向同步振动，但是 m_2 的运动振幅是 m_1 的两倍。

从式 (35) 的分母可以明显看出，当 ω 趋近于两个固有频率 $\omega_1 = 5$ 和 $\omega_2 = 10$（在例题 1 中所得）中的任意一个时，c_1 和 c_2 趋近于 $+\infty$。图 5.4.10 显示了受迫周期解 $\boldsymbol{x}(t) = \boldsymbol{c}\cos\omega t$ 的振幅 $\sqrt{c_1^2 + c_2^2}$ 与受迫频率 ω 的函数关系图。在 $\omega_1 = 5$ 和 $\omega_2 = 10$ 处的峰值表现出明显的共振现象。∎

周期解与瞬态解

由 5.1 节的定理 4 可知，受迫方程组

$$\boldsymbol{x}'' = \boldsymbol{A}\boldsymbol{x} + \boldsymbol{F}_0\cos\omega t \tag{36}$$

的特解具有如下形式

$$\boldsymbol{x}(t) = \boldsymbol{x}_c(t) + \boldsymbol{x}_p(t), \tag{37}$$

其中 $\boldsymbol{x}_p(t)$ 是非齐次方程组的特解，$\boldsymbol{x}_c(t)$ 是对应齐次方程组的解。在机械系统中，摩擦阻力的典型作用是使余函数解 $\boldsymbol{x}_c(t)$ 衰减，即使得

$$\boldsymbol{x}_c(t) \to \boldsymbol{0} \quad \text{当 } t \to +\infty。 \tag{38}$$

因此，$\boldsymbol{x}_c(t)$ 是仅依赖于初始条件的**瞬态解**；它随着时间的推移而消失，只剩下由外部驱动力产生的**稳态周期解** $\boldsymbol{x}_p(t)$，即

$$\boldsymbol{x}(t) \to \boldsymbol{x}_p(t) \quad \text{当 } t \to +\infty。 \tag{39}$$

实际上，每个物理系统都包含以这种方式使瞬态解衰减的摩擦阻力（无论多么小）。

习题

习题 1~7 处理如图 5.4.11 所示的质量块-弹簧系统，其中刚度矩阵为

$$\boldsymbol{K} = \begin{bmatrix} -(k_1+k_2) & k_2 \\ k_2 & -(k_2+k_3) \end{bmatrix},$$

并给定质量和弹簧常数在 mks 单位制下的值。求出系统的两个固有频率，并描述其两个固有振动模式。

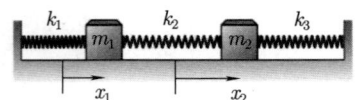

图 5.4.11　习题 1~7 中的质量块-弹簧系统

1. $m_1 = m_2 = 1$；$k_1 = 0$，$k_2 = 2$，$k_3 = 0$（没

有壁面）

2. $m_1 = m_2 = 1$；$k_1 = 1$，$k_2 = 4$，$k_3 = 1$

3. $m_1 = 1$，$m_2 = 2$；$k_1 = 1$，$k_2 = k_3 = 2$

4. $m_1 = m_2 = 1$；$k_1 = 1$，$k_2 = 2$，$k_3 = 1$

5. $m_1 = m_2 = 1$；$k_1 = 2$，$k_2 = 1$，$k_3 = 2$

6. $m_1 = 1$，$m_2 = 2$；$k_1 = 2$，$k_2 = k_3 = 4$

7. $m_1 = m_2 = 1$；$k_1 = 4$，$k_2 = 6$，$k_3 = 4$

在习题 8~10 中，所示质量块-弹簧系统在给定外力 $F_1(t)$ 和 $F_2(t)$ 分别作用于质量块 m_1 和 m_2 的情况下，在其平衡位置 $[x_1(0) = x_2(0) = 0]$ 从静止 $[x_1'(0) = x_2'(0) = 0]$ 开始运动。求出由此产生的系统的运动，并将其描述为三种不同频率的振动的叠加。

8. 习题 2 中的质量块-弹簧系统，其中 $F_1(t) = 96\cos 5t$，$F_2(t) \equiv 0$

9. 习题 3 中的质量块-弹簧系统，其中 $F_1(t) \equiv 0$，$F_2(t) = 120\cos 3t$

10. 习题 7 中的质量块-弹簧系统，其中 $F_1(t) = 30\cos t$，$F_2(t) = 60\cos t$

11. 考虑一个质量块-弹簧系统，它包含两个质量分别为 $m_1 = 1$ 和 $m_2 = 1$ 的质量块，其位移函数 $x(t)$ 和 $y(t)$ 分别满足微分方程
$$x'' = -40x + 8y,$$
$$y'' = 12x - 60y.$$

(a) 描述系统自由振动的两种基本模式。

(b) 假设两个质量块在如下初始条件下开始运动：
$$x(0) = 19,\ x'(0) = 12$$
和
$$y(0) = 3,\ y'(0) = 6,$$
并且它们受到相同力 $F_1(t) = F_2(t) = -195\cos 7t$ 的作用。将产生的运动描述为三种不同频率的振动的叠加。

在习题 12 和习题 13 中，利用给定的质量和弹簧常数，求出图 5.4.1 中由三个质量块构成的系统的固有频率。对于每个固有频率 ω，给出相应固有模式 $x_1 = a_1\cos\omega t$，$x_2 = a_2\cos\omega t$，$x_3 = a_3\cos\omega t$ 的振幅的比值 $a_1 : a_2 : a_3$。

12. $m_1 = m_2 = m_3 = 1$；$k_1 = k_2 = k_3 = k_4 = 1$

13. $m_1 = m_2 = m_3 = 1$；$k_1 = k_2 = k_3 = k_4 = 2$
（提示：一个特征值是 $\lambda = -4$。）

14. 动力阻尼器 在图 5.4.12 的系统中，设在 mks 单位制下 $m_1 = 1$，$k_1 = 50$，$k_2 = 10$ 和 $F_0 = 5$，并且 $\omega = 10$。然后求出 m_2，使得在所产生的稳态周期振动中，质量块 m_1 将保持静止。因此，第二对质量块和弹簧的作用将抵消力对第一个质量块的作用。这是一个动力阻尼器的例子。它有一个电学上的类比，即一些有线电视公司用此来阻止你接收某些有线电视频道。

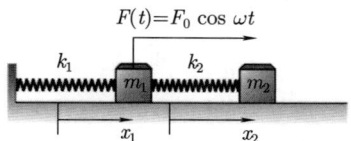

图 5.4.12 习题 14 中的机械系统

15. 假设在图 5.4.9 所示的受迫质量块-弹簧系统中，$m_1 = 2$，$m_2 = \dfrac{1}{2}$，$k_1 = 75$，$k_2 = 25$，$F_0 = 100$ 以及 $\omega = 10$（均在 mks 单位制下）。求方程组 $\boldsymbol{Mx}'' = \boldsymbol{Kx} + \boldsymbol{F}$ 满足初始条件 $\boldsymbol{x}(0) = \boldsymbol{x}'(0) = \boldsymbol{0}$ 的解。

两节火车车厢

在习题 16~19 中，我们将例题 2 中的分析应用于包含两节火车车厢的系统。

16. 图 5.4.13 显示了带有缓冲弹簧的两节火车车厢。我们想研究具有初始速度 v_0 的 1 号车厢撞击处于静止状态的 2 号车厢后所发生的动量传递过程。与正文中的方程 (18) 类似的方程为
$$\boldsymbol{x}'' = \begin{bmatrix} -c_1 & c_1 \\ c_2 & -c_2 \end{bmatrix}\boldsymbol{x},$$
$x_1'(0) = 0 \quad x_2'(0) = 0$

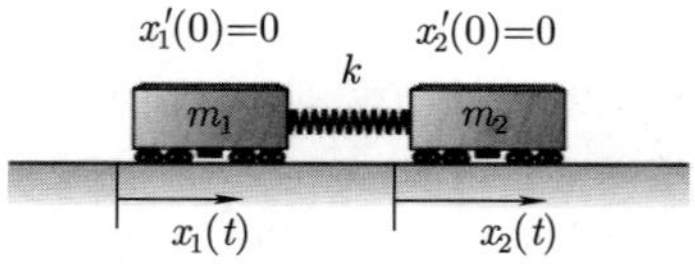

图 5.4.13 习题 16~19 中的两节火车车厢

其中 $c_i = k/m_i$（$i = 1, 2$）。证明系数矩阵 $\boldsymbol{A}$ 的特征值为 $\lambda_1 = 0$ 和 $\lambda_2 = -c_1 - c_2$，

与之相关的特征向量为 $v_1 = \begin{bmatrix} 1 & 1 \end{bmatrix}^T$ 和 $v_2 = \begin{bmatrix} c_1 & -c_2 \end{bmatrix}^T$。

17. 如果习题 16 中的两节车厢均重 16 ton [所以 $m_1 = m_2 = 1000$ (slug)]，并且 $k = 1$ ton/ft（即 2000 lb/ft），证明两节车厢在 $\pi/2$ s 后分离，并且此后 $x_1'(t) = 0$ 而 $x_2'(t) = v_0$。因此，1 号车厢的原始动量完全传递给了 2 号车厢。

18. 如果 1 号车厢和 2 号车厢分别重 8 ton 和 16 ton，并且 $k = 3000$ lb/ft，证明两节车厢在 $\pi/3$ s 后分离，并且此后
$$x_1'(t) = -\frac{1}{3}v_0 \quad \text{和} \quad x_2'(t) = +\frac{2}{3}v_0。$$
因此，两节车厢向相反方向反弹。

19. 如果 1 号车厢和 2 号车厢分别重 24 ton 和 8 ton，并且 $k = 1500$ lb/ft，证明两节车厢在 $\pi/2$ s 后分离，并且此后
$$x_1'(t) = +\frac{1}{2}v_0 \quad \text{和} \quad x_2'(t) = +\frac{3}{2}v_0。$$
因此，两节车厢都沿原来的运动方向但以不同速度继续运动。

三节火车车厢

习题 20~23 处理例题 2 中所讨论的如图 5.4.6 所示的由三节车厢（质量相同）和两根缓冲弹簧（弹簧常数相同）构成的同一系统。车厢在 $t = 0$ 时刻从 $x_1(0) = x_2(0) = x_3(0) = 0$ 处以给定的初始速度（其中 $v_0 = 48$ ft/s）连接。证明在 $t = \pi/2$ (s) 之前，火车车厢保持连接状态，在此之后，它们以恒定速度沿各自的路线前进。确定当 $t > \pi/2$ 时，三节车厢的最终恒定速度 $x_1'(t)$, $x_2'(t)$ 和 $x_3'(t)$ 的值。在每道中，（如例题 2 所示）你应该求出第一节和第三节车厢在某种适当意义上的交换行为。

20. $x_1'(0) = v_0$, $x_2'(0) = 0$, $x_3'(0) = -v_0$
21. $x_1'(0) = 2v_0$, $x_2'(0) = 0$, $x_3'(0) = -v_0$
22. $x_1'(0) = v_0$, $x_2'(0) = 2v_0$, $x_3'(0) = -2v_0$
23. $x_1'(0) = 3v_0$, $x_2'(0) = 2v_0$, $x_3'(0) = 2v_0$
24. 在图 5.4.6 所示的由三节火车车厢构成的系统中，假设 1 号车厢和 3 号车厢各重 32 ton，2 号车厢重 8 ton，并且每根弹簧常数为 4 ton/ft。如果 $x_1'(0) = v_0$ 且 $x_2'(0) = x_3'(0) = 0$，证明

直到 $t = \pi/2$ 时两根弹簧都处于压缩状态，并且此后
$$x_1'(t) = -\frac{1}{9}v_0 \quad \text{和} \quad x_2'(t) = x_3'(t) = +\frac{8}{9}v_0。$$
因此，1 号车厢反弹，但 2 号车厢和 3 号车厢以相同速度继续前进。

双轴汽车

在 3.6 节例题 4 中，我们研究了一辆单轴汽车，实际上是一辆独轮车的竖直振动。现在我们可以分析一个更现实的模型：一辆有两个轴且前后悬挂系统分开的汽车。图 5.4.14 表示了这种汽车的悬挂系统。我们假设车体的作用就像一根质量为 m、长度为 $L = L_1 + L_2$ 的实心棒。它绕其质心 C 转动的惯性矩为 I，质心离汽车前端的距离为 L_1。汽车的前后悬架弹簧分别具有胡克常数 k_1 和 k_2。当汽车运动时，令 $x(t)$ 表示汽车质心离平衡点的竖直位移；令 $\theta(t)$ 表示它离水平线的角位移（以弧度为单位）。然后用关于线加速度和角加速度的牛顿运动定律可以推导出方程

$$mx'' = -(k_1 + k_2)x + (k_1 L_1 - k_2 L_2)\theta,$$
$$I\theta'' = (k_1 L_1 - k_2 L_2)x - (k_1 L_1^2 + k_2 L_2^2)\theta.$$
(40)

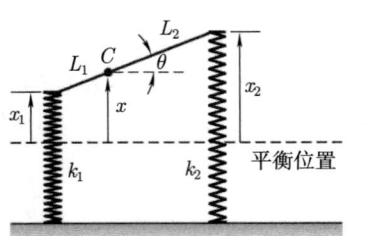

图 5.4.14 双轴汽车模型

25. 假设 $m = 75$ slug（汽车重 2400 lb）、$L_1 = 7$ ft、$L_2 = 3$ ft（这是一辆后置发动机汽车）、$k_1 = k_2 = 2000$ lb/ft 以及 $I = 1000$ ft·lb·s^2。那么方程 (40) 取如下形式

$$75x'' + 4000x - 8000\theta = 0,$$
$$1000\theta'' - 8000x + 116000\theta = 0。$$

(a) 求出汽车的两个固有频率 ω_1 和 ω_2。

(b) 现在假设汽车以 v ft/s 的速度沿着波长为 40 ft 的正弦曲线形状的崎岖路面行驶。其结果是汽车受到频率为 $\omega = 2\pi v/40 = \pi v/20$ 的周期性力。当 $\omega = \omega_1$ 或 $\omega = \omega_2$ 时会发生共振。求出相应的两个临界车速（以 ft/s 和 mile/h 为单位）。

26. 假设在图 5.4.14 中 $k_1 = k_2 = k$ 且 $L_1 = L_2 = \frac{1}{2}L$（对称情况）。然后证明每个自由振动都是一个频率为

$$\omega_1 = \sqrt{2k/m}$$

的竖直振动和一个频率为

$$\omega_2 = \sqrt{kL^2/(2I)}$$

的角振动的组合。

在习题 27~29 中，将图 5.4.14 所示系统作为具有在 fps 单位制下给定参数的无阻尼汽车模型。

(a) 求出两个固有振动频率（以 Hz 为单位）。

(b) 假设这辆车沿着波长为 40 ft 的正弦曲线形崎岖路面行驶。求出两个临界速度。

27. $m = 100$, $I = 800$, $L_1 = L_2 = 5$, $k_1 = k_2 = 2000$
28. $m = 100$, $I = 1000$, $L_1 = 6$, $L_2 = 4$, $k_1 = k_2 = 2000$
29. $m = 100$, $I = 800$, $L_1 = L_2 = 5$, $k_1 = 1000$, $k_2 = 2000$

应用　由地震引发的多层建筑的振动

请访问 bit.ly/3EmOgPQ，利用 Maple、Mathematica 和 MATLAB 等计算资源对此主题进行更多讨论和探索。

在本节应用中，你将研究图 5.4.15 所示的七层建筑对横向地震地面振动的响应。假设（地上）七层楼每层各重 16 ton，那么每层的质量为 $m = 1000$ (slug)。同时假设相邻楼层之间存在 $k = 5$（ton/ft）的水平恢复力。也就是说，对各楼层水平位移进行响应的内力如图 5.4.16 所示。由此可知，图 5.4.15 所示的自由横向振动满足方程 $\boldsymbol{Mx''} = \boldsymbol{Kx}$，其中 $n = 7$，对于 $1 \leqslant i \leqslant 7$，$m_i = 1000$（对于每个 i）且 $k_i = 10000$ (lb/ft)。然后将这个方程组简化为 $\boldsymbol{x''} = \boldsymbol{Ax}$ 的形式，其中

$$\boldsymbol{A} = \begin{bmatrix} -20 & 10 & 0 & 0 & 0 & 0 & 0 \\ 10 & -20 & 10 & 0 & 0 & 0 & 0 \\ 0 & 10 & -20 & 10 & 0 & 0 & 0 \\ 0 & 0 & 10 & -20 & 10 & 0 & 0 \\ 0 & 0 & 0 & 10 & -20 & 10 & 0 \\ 0 & 0 & 0 & 0 & 10 & -20 & 10 \\ 0 & 0 & 0 & 0 & 0 & 10 & -10 \end{bmatrix}. \tag{1}$$

一旦输入矩阵 $\boldsymbol{A}$，TI-Nspire™ 命令 eigVl(A) 立即计算出如图 5.4.17 中表格的 λ 列所示的七个特征值。或者，你也可以使用 Maple 命令 eigenvals(A)、MATLAB 命令 eig(A) 或 Mathematica 命令 Eigenvalues[A]。然后计算表中其余列所显示的项，即七层建筑振动的固有频率和周期。请注意，典型地震产生的地面振动周期为 2 s，与建筑物第五层的固有频率（周期为 1.9869 s）非常接近，这令人不安。

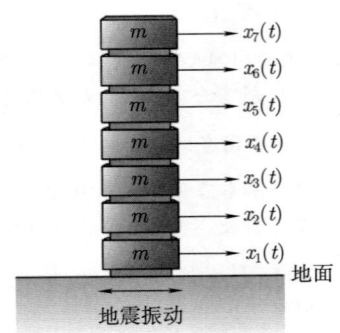

图 5.4.15　七层建筑

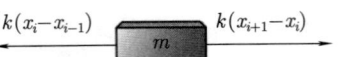

图 5.4.16　作用于第 i 层的力

i	特征值 λ	固有频率 $\omega=\sqrt{-\lambda}$	周期 $P=\dfrac{2\pi}{\omega}(s)$
1	−38.2709	6.1863	1.0157
2	−33.3826	5.7778	1.0875
3	−26.1803	5.1167	1.2280
4	−17.9094	4.2320	1.4847
5	−10.0000	3.1623	1.9869
6	−3.8197	1.9544	3.2149
7	−0.4370	0.6611	9.5042

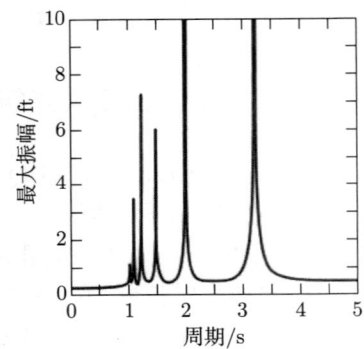

图 5.4.17　七层建筑的固有频率和周期

图 5.4.18　七层建筑的共振振动，其中最大振幅为周期的函数

振幅为 E、加速度为 $a=-E\omega^2\cos\omega t$ 的水平地震地面振动 $E\cos\omega t$，在建筑物的每层产生相反的惯性力 $F=ma=mE\omega^2\cos\omega t$。得到的非齐次方程组为

$$\boldsymbol{x}''=\boldsymbol{A}\boldsymbol{x}+(E\omega^2\cos\omega t)\boldsymbol{b}, \tag{2}$$

其中 $\boldsymbol{b}=\begin{bmatrix}1 & 1 & 1 & 1 & 1 & 1\end{bmatrix}^{\mathrm{T}}$，$\boldsymbol{A}$ 是式 (1) 中的矩阵。图 5.4.18 显示了（任何单层受迫振动的）最大振幅与地震振动周期 $\dfrac{2\pi}{\omega}$ 的关系图，其中振幅 E 取为 0.25 ft（仅 3 in！）。图中峰值与七个共振频率中的前六个对应。例如，我们看到，周期为 2 (s) 的地震可能会在建筑物中产生破坏性的共振振动，而周期为 2.5 (s) 的地震可能不会对建筑物造成损害。不同的建筑物有不同的固有振动频率，所以一场给定的地震可能会摧毁一座建筑物，但隔壁的建筑物却毫发无损。1985 年 9 月 19 日，墨西哥城发生毁灭性地震后，人们观察到了这种看似反常的现象。

练习

对于你要研究的个人七层建筑，让每层的重量（以 ton 为单位）等于你的学生证号码中的最大数字，让 k（以 ton/ft 为单位）等于其中最小的非零数字。产生类似图 5.4.17 和图 5.4.18 所示的数值和图形结果。你的建筑容易受到周期在 2 s 至 3 s 范围内的地震的破坏吗？

你可能希望手动解决以下热身问题开始。

1. 对于每层重 16 ton、每层的恢复力为 $k=5$ ton/ft 且地上有两层的建筑物，求出其固有振动周期。

2. 对于每层重 16 ton、每层的恢复力为 $k=5$ ton/ft 且地上有三层的建筑物，求出其固有振动周期。

3. 对于问题 2 中的三层建筑物，若上面两层每层重 8 ton 而不是 16 ton，求出此建筑物的固有振动频率和固有振动模式。并以 $A:B:C$ 且 $A=1$ 的形式给出三层振动振幅 A、B 和 C 的比值。

4. 假设问题 3 中的建筑物经受了一次地震，其中地面经历了周期为 3 s、振幅为 3 in 的水平正弦振动。求出地上三层所产生的稳态周期振动的振幅。假设加速度为 $a = -E\omega^2\sin\omega t$ 的地面运动 $E\sin\omega t$ 在质量为 m 的楼层上会产生一个相反的惯性力 $F = -ma = mE\omega^2\sin\omega t$。

5.5 多重特征值解

在 5.2 节中我们看到，如果 $n\times n$ 矩阵 $\boldsymbol{A}$ 有 n 个不同的（实数或复数）特征值 $\lambda_1, \lambda_2, \cdots, \lambda_n$ 及其各自相关的特征向量 $\boldsymbol{v}_1, \boldsymbol{v}_2, \cdots, \boldsymbol{v}_n$，那么方程组

$$\frac{\mathrm{d}\boldsymbol{x}}{\mathrm{d}t} = \boldsymbol{A}\boldsymbol{x} \tag{1}$$

的通解可由式

$$\boldsymbol{x}(t) = c_1\boldsymbol{v}_1\mathrm{e}^{\lambda_1 t} + c_2\boldsymbol{v}_2\mathrm{e}^{\lambda_2 t} + \cdots + c_n\boldsymbol{v}_n\mathrm{e}^{\lambda_n t} \tag{2}$$

给出，其中包含任意常数 $c_1, c_2, \cdots, c_n$。本节我们讨论特征方程

$$|\boldsymbol{A} - \lambda\boldsymbol{I}| = 0 \tag{3}$$

没有 n 个不同根，从而至少有一个重根的情况。

若一个特征值是方程 (3) 的 k 次方根，则其**多重度**为 k。对于每个特征值 λ，特征向量方程

$$(\boldsymbol{A} - \lambda\boldsymbol{I})\boldsymbol{v} = \boldsymbol{0} \tag{4}$$

至少有一个非零解 $\boldsymbol{v}$，所以至少有一个与 λ 相关的特征向量。但一个多重度为 $k > 1$ 的特征值可能有少于 k 个线性无关的相关特征向量。在这种情况下，我们无法找到 $\boldsymbol{A}$ 的 n 个线性无关的特征向量的"完整集合"，而这是形成式 (2) 中的通解所必需的。

如果一个多重度为 k 的特征值有 k 个线性无关的相关特征向量，那么我们称这个特征值是**完备的**。如果矩阵 $\boldsymbol{A}$ 的每个特征值都是**完备的**，那么，因为与不同特征值相关的特征向量是线性无关的，所以 $\boldsymbol{A}$ 确实有一个由与特征值 $\lambda_1, \lambda_2, \cdots, \lambda_n$（每个都以其多重度重复）相关的 n 个线性无关的特征向量 $\boldsymbol{v}_1, \boldsymbol{v}_2, \cdots, \boldsymbol{v}_n$ 组成的完整集合。在这种情况下，$\boldsymbol{x}' = \boldsymbol{A}\boldsymbol{x}$ 的通解仍然可由式 (2) 中通常的组合给出。

例题 1 求下列方程组的通解

$$x' = \begin{bmatrix} 9 & 4 & 0 \\ -6 & -1 & 0 \\ 6 & 4 & 3 \end{bmatrix} x \text{。} \tag{5}$$

解答：方程 (5) 中系数矩阵 A 的特征方程为

$$|A - \lambda I| = \begin{vmatrix} 9-\lambda & 4 & 0 \\ -6 & -1-\lambda & 0 \\ 6 & 4 & 3-\lambda \end{vmatrix}$$

$$= (3-\lambda)[(9-\lambda)(-1-\lambda) + 24]$$

$$= (3-\lambda)(15 - 8\lambda + \lambda^2)$$

$$= (5-\lambda)(3-\lambda)^2 = 0 \text{。}$$

因此，A 有单一特征值 $\lambda_1 = 5$ 和多重度为 $k = 2$ 的多重特征值 $\lambda_2 = 3$。

情况 1：$\lambda_1 = 5$。特征向量方程 $(A - \lambda I)v = 0$ 为

$$(A - 5I)v = \begin{bmatrix} 4 & 4 & 0 \\ -6 & -6 & 0 \\ 6 & 4 & -2 \end{bmatrix} \begin{bmatrix} a \\ b \\ c \end{bmatrix} = \begin{bmatrix} 0 \\ 0 \\ 0 \end{bmatrix},$$

其中 $v = \begin{bmatrix} a & b & c \end{bmatrix}^T$。根据前两个方程 $4a + 4b = 0$ 和 $-6a - 6b = 0$，都可以得到 $b = -a$。那么第三个方程可以化简为 $2a - 2c = 0$，所以 $c = a$。选择 $a = 1$ 就得到与特征值 $\lambda_1 = 5$ 相关的特征向量

$$v_1 = \begin{bmatrix} 1 & -1 & 1 \end{bmatrix}^T \text{。}$$

情况 2：$\lambda_2 = 3$。现在特征向量方程为

$$(A - 3I)v = \begin{bmatrix} 6 & 4 & 0 \\ -6 & -4 & 0 \\ 6 & 4 & 0 \end{bmatrix} \begin{bmatrix} a \\ b \\ c \end{bmatrix} = \begin{bmatrix} 0 \\ 0 \\ 0 \end{bmatrix},$$

所以非零向量 $v = \begin{bmatrix} a & b & c \end{bmatrix}^T$ 是特征向量，当且仅当

$$6a + 4b = 0, \tag{6}$$

即 $b = -\dfrac{3}{2}a$。方程 (6) 不涉及 c 的事实意味着 c 是任意的，仅受条件 $v \neq 0$ 的约束。如果 $c = 1$，那么我们可以选择 $a = b = 0$，由此得到与 $\lambda_2 = 3$ 相关的特征向量

$$\boldsymbol{v}_2 = \begin{bmatrix} 0 & 0 & 1 \end{bmatrix}^{\mathrm{T}}。$$

如果 $c = 0$，那么我们必须选择 a 非零。例如，如果 $a = 2$（为了避免出现分数），那么 $b = -3$，所以

$$\boldsymbol{v}_3 = \begin{bmatrix} 2 & -3 & 0 \end{bmatrix}^{\mathrm{T}}$$

是与 2 重特征值 $\lambda_2 = 3$ 相关的第二个线性无关的特征向量。

因此，我们已经找到与特征值 5, 3, 3 相关的三个特征向量组成的完整集合 $\boldsymbol{v}_1$, $\boldsymbol{v}_2$, $\boldsymbol{v}_3$。方程 (5) 对应的通解为

$$\begin{aligned}\boldsymbol{x}(t) &= c_1\boldsymbol{v}_1\mathrm{e}^{5t} + c_2\boldsymbol{v}_2\mathrm{e}^{3t} + c_3\boldsymbol{v}_3\mathrm{e}^{3t} \\ &= c_1\begin{bmatrix} 1 \\ -1 \\ 1 \end{bmatrix}\mathrm{e}^{5t} + c_2\begin{bmatrix} 0 \\ 0 \\ 1 \end{bmatrix}\mathrm{e}^{3t} + c_3\begin{bmatrix} 2 \\ -3 \\ 0 \end{bmatrix}\mathrm{e}^{3t},\end{aligned} \tag{7}$$

采用标量分量函数给出为

$$\begin{aligned} x_1(t) &= c_1\mathrm{e}^{5t} \phantom{+ c_2\mathrm{e}^{3t}} + 2c_3\mathrm{e}^{3t}, \\ x_2(t) &= -c_1\mathrm{e}^{5t} \phantom{+ c_2\mathrm{e}^{3t}} - 3c_3\mathrm{e}^{3t}, \\ x_3(t) &= c_1\mathrm{e}^{5t} + c_2\mathrm{e}^{3t}。\end{aligned}$$

备注：我们需要对在例题 1 中与多重特征值 $\lambda_2 = 3$ 相关的两个特征向量

$$\boldsymbol{v}_2 = \begin{bmatrix} 0 & 0 & 1 \end{bmatrix}^{\mathrm{T}} \quad \text{和} \quad \boldsymbol{v}_3 = \begin{bmatrix} 2 & -3 & 0 \end{bmatrix}^{\mathrm{T}}$$

的选择进行说明。对于任何与 $\lambda_2 = 3$ 相关的特征向量，$b = -\dfrac{3}{2}a$ 的事实意味着任何这样的特征向量都可以写成

$$\boldsymbol{v} = \begin{bmatrix} a \\ -\dfrac{3}{2}a \\ c \end{bmatrix} = c\begin{bmatrix} 0 \\ 0 \\ 1 \end{bmatrix} + \dfrac{1}{2}a\begin{bmatrix} 2 \\ -3 \\ 0 \end{bmatrix} = c\boldsymbol{v}_2 + \dfrac{1}{2}a\boldsymbol{v}_3,$$

所以它是 $\boldsymbol{v}_2$ 和 $\boldsymbol{v}_3$ 的一个线性组合。因此，如果 a 和 c 不都为零，我们可以选择 $\boldsymbol{v}$ 而不是 $\boldsymbol{v}_3$ 作为第三个特征向量，那么新的通解

$$\boldsymbol{x}(t) = c_1\boldsymbol{v}_1\mathrm{e}^{5t} + c_2\boldsymbol{v}_2\mathrm{e}^{3t} + c_3\boldsymbol{v}\mathrm{e}^{3t}$$

将等价于式 (7) 中的通解。因此，我们不必担心如何"正确"地选择与多重特征值相关的线性无关特征向量。任何选择都可以，我们通常会做出最简单的选择。 ■

有缺陷的特征值

下面的例题表明，不幸的是，并非所有的多重特征值都是完备的。

例题 2   矩阵

$$A = \begin{bmatrix} 1 & -3 \\ 3 & 7 \end{bmatrix} \tag{8}$$

有特征方程

$$|A - \lambda I| = \begin{vmatrix} 1-\lambda & -3 \\ 3 & 7-\lambda \end{vmatrix}$$

$$= (1-\lambda)(7-\lambda) + 9$$

$$= \lambda^2 - 8\lambda + 16 = (\lambda - 4)^2 = 0。$$

因此 A 有多重度为 2 的单一特征值 $\lambda_1 = 4$。特征向量方程

$$(A - 4I)v = \begin{bmatrix} -3 & -3 \\ 3 & 3 \end{bmatrix} \begin{bmatrix} a \\ b \end{bmatrix} = \begin{bmatrix} 0 \\ 0 \end{bmatrix}$$

则等同于等价的标量方程

$$-3a - 3b = 0, \quad 3a + 3b = 0。$$

所以如果 $v = \begin{bmatrix} a & b \end{bmatrix}^T$ 是 A 的一个特征向量，那么 $b = -a$。因此，任何与 $\lambda_1 = 4$ 相关的特征向量都是 $v = \begin{bmatrix} 1 & -1 \end{bmatrix}^T$ 的非零倍数。因此多重度为 2 的特征值 $\lambda_1 = 4$ 只有一个无关的特征向量，从而它是不完备的。∎

如果多重度为 $k > 1$ 的特征值 λ 是不完备的，则称它为**有缺陷的**。如果 λ 只有 $p < k$ 个线性无关的特征向量，那么"缺失的"特征向量的数量

$$d = k - p \tag{9}$$

被称为有缺陷的特征值 λ 的**缺陷度**。因此，例题 2 中有缺陷的特征值 $\lambda_1 = 4$ 具有多重度 $k = 2$ 和缺陷度 $d = 1$，因为我们看到它只有 $p = 1$ 个相关特征向量。

如果 $n \times n$ 矩阵 A 的特征值不是都完备的，那么目前所述的特征值法得到的方程组 $x' = Ax$ 的线性无关解个数将少于所需的 n 个。因此，我们需要探索如何求出与一个多重度为 $k > 1$ 的有缺陷的特征值 λ 对应的"缺陷解"。

多重度 $k = 2$ 的情况

让我们从 $k = 2$ 的情况开始，假设我们已经发现（如例题 2 中所示），只有单个与有缺陷的特征值 λ 相关的特征向量 v_1。那么此时我们只求出了 $x' = Ax$ 的单个解

$$x_1(t) = v_1 e^{\lambda t}。 \tag{10}$$

通过与单个线性微分方程的重特征根的情况（参见 3.3 节）进行类比，我们可能希望求出具有形式为

$$x_2(t) = (v_2 t)\mathrm{e}^{\lambda t} = v_2 t \mathrm{e}^{\lambda t} \tag{11}$$

的第二个解。当我们将 $x = v_2 t \mathrm{e}^{\lambda t}$ 代入 $x' = Ax$ 时，我们得到方程

$$v_2 \mathrm{e}^{\lambda t} + \lambda v_2 t \mathrm{e}^{\lambda t} = A v_2 t \mathrm{e}^{\lambda t}。$$

但是因为 $\mathrm{e}^{\lambda t}$ 和 $t\mathrm{e}^{\lambda t}$ 的系数必须平衡，由此可得 $v_2 = 0$，因此 $x_2(t) \equiv 0$。这意味着，与我们的希望相反，方程组 $x' = Ax$ 没有式 (11) 中所假设的形式的非平凡解。

与其简单地放弃式 (11) 背后的思想，不如让我们将其稍微扩展，用 $v_1 t + v_2$ 替换 $v_2 t$。从而我们探讨具有如下形式为

$$x_2(t) = (v_1 t + v_2)\mathrm{e}^{\lambda t} = v_1 t \mathrm{e}^{\lambda t} + v_2 \mathrm{e}^{\lambda t}, \tag{12}$$

的第二个解的可能性，其中 v_1 和 v_2 是非零常数向量。当我们将 $x = v_1 t \mathrm{e}^{\lambda t} + v_2 \mathrm{e}^{\lambda t}$ 代入 $x' = Ax$ 时，我们得到方程

$$v_1 \mathrm{e}^{\lambda t} + \lambda v_1 t \mathrm{e}^{\lambda t} + \lambda v_2 \mathrm{e}^{\lambda t} = A v_1 t \mathrm{e}^{\lambda t} + A v_2 \mathrm{e}^{\lambda t}。 \tag{13}$$

此时我们令 $\mathrm{e}^{\lambda t}$ 和 $t\mathrm{e}^{\lambda t}$ 的系数相等，从而得到向量 v_1 和 v_2 必须满足的两个方程

$$(A - \lambda I)v_1 = 0 \tag{14}$$

和

$$(A - \lambda I)v_2 = v_1 \tag{15}$$

以便使式 (12) 给出 $x' = Ax$ 的解。

注意，方程 (14) 仅仅证实 v_1 是与特征值 λ 相关的 A 的特征向量。那么方程 (15) 说明向量 v_2 满足方程

$$(A - \lambda I)^2 v_2 = (A - \lambda I)[(A - \lambda I)v_2] = (A - \lambda I)v_1 = 0。$$

由此可知，为了同时求解方程 (14) 和方程 (15)，只要求出单个方程 $(A - \lambda I)^2 v_2 = 0$ 的解 v_2 使所得向量 $v_1 = (A - \lambda I)v_2$ 非零即可。事实证明，如果 A 的有缺陷的特征值 λ 的多重度为 2，那么这总是可能的。因此，以下算法中所描述的流程总是能成功地求出与这样一个特征值相关的两个线性无关解。

算法　有缺陷的 2 重特征值

1. 首先求出方程

$$(A - \lambda I)^2 v_2 = 0 \tag{16}$$

的非零解 v_2，使得

$$(A - \lambda I)v_2 = v_1 \tag{17}$$

非零，从而得到与 λ 相关的特征向量 v_1。

2. 然后形成方程 $\boldsymbol{x}' = \boldsymbol{Ax}$ 的两个与 λ 对应的无关解

$$\boldsymbol{x}_1(t) = \boldsymbol{v}_1 \mathrm{e}^{\lambda t} \tag{18}$$

和

$$\boldsymbol{x}_2(t) = (\boldsymbol{v}_1 t + \boldsymbol{v}_2)\mathrm{e}^{\lambda t}。 \tag{19}$$

例题 3 求下列方程组的通解：

$$\boldsymbol{x}' = \begin{bmatrix} 1 & -3 \\ 3 & 7 \end{bmatrix} \boldsymbol{x}。 \tag{20}$$

解答：在例题 2 中，我们发现方程 (20) 中的系数矩阵 $\boldsymbol{A}$ 有多重度为 2 的有缺陷的特征值 $\lambda = 4$。因此，我们从如下计算开始

$$(\boldsymbol{A} - 4\boldsymbol{I})^2 = \begin{bmatrix} -3 & -3 \\ 3 & 3 \end{bmatrix} \begin{bmatrix} -3 & -3 \\ 3 & 3 \end{bmatrix} = \begin{bmatrix} 0 & 0 \\ 0 & 0 \end{bmatrix}。$$

因此，方程 (16) 为

$$\begin{bmatrix} 0 & 0 \\ 0 & 0 \end{bmatrix} \boldsymbol{v}_2 = \boldsymbol{0},$$

因此任意选择 $\boldsymbol{v}_2$ 都能满足上式。原则上，对于 $\boldsymbol{v}_2$ 的某些选择，$(\boldsymbol{A} - 4\boldsymbol{I})\boldsymbol{v}_2$ 可能是非零的（如所期望的），然而对于其他选择则不是。如果我们试用 $\boldsymbol{v}_2 = \begin{bmatrix} 1 & 0 \end{bmatrix}^\mathrm{T}$，我们发现

$$(\boldsymbol{A} - 4\boldsymbol{I})\boldsymbol{v}_2 = \begin{bmatrix} -3 & -3 \\ 3 & 3 \end{bmatrix} \begin{bmatrix} 1 \\ 0 \end{bmatrix} = \begin{bmatrix} -3 \\ 3 \end{bmatrix} = \boldsymbol{v}_1$$

是非零的，因此这是一个与 $\lambda = 4$ 相关的特征向量。（它是 -3 乘以例题 2 中所得的特征向量。）因此，由式 (18) 和式 (19) 所给出的方程 (20) 的两个解为

$$\boldsymbol{x}_1(t) = \boldsymbol{v}_1 \mathrm{e}^{4t} = \begin{bmatrix} -3 \\ 3 \end{bmatrix} \mathrm{e}^{4t},$$

$$\boldsymbol{x}_2(t) = (\boldsymbol{v}_1 t + \boldsymbol{v}_2)\mathrm{e}^{4t} = \begin{bmatrix} -3t+1 \\ 3t \end{bmatrix} \mathrm{e}^{4t}。$$

由此产生的通解

$$\boldsymbol{x}(t) = c_1 \boldsymbol{x}_1(t) + c_2 \boldsymbol{x}_2(t)$$

具有标量分量函数

$$x_1(t) = (-3c_2 t + c_2 - 3c_1)\mathrm{e}^{4t},$$

$$x_2(t) = (3c_2 t + 3c_1)\mathrm{e}^{4t}。$$

当 $c_2 = 0$ 时，这些解等式简化为等式 $x_1(t) = -3c_1 \mathrm{e}^{4t}$，$x_2(t) = 3c_1 \mathrm{e}^{4t}$，它们可参数化为 $x_1 x_2$ 平面内的直线 $x_1 = -x_2$。当 $t \to +\infty$ 时，如果 $c_1 > 0$，那么点 $(x_1(t), x_2(t))$ 沿着这条直线向西北方向远离原点，如果 $c_1 < 0$，那么向东南方向远离原点。如图 5.5.1 所示，若 $c_2 \neq 0$，则每条解曲线在原点处与直线 $x_1 = -x_2$ 相切；点 $(x_1(t), x_2(t))$ 在 $t \to -\infty$ 时趋近原点，在 $t \to +\infty$ 时沿着解曲线趋向 $+\infty$。■

广义特征向量

方程 (16) 中的向量 $\boldsymbol{v}_2$ 是广义特征向量的一个例子。如果 λ 是矩阵 $\boldsymbol{A}$ 的一个特征值，那么与 λ 相关的**秩为 r 的广义特征向量**是满足下式的向量 $\boldsymbol{v}$：

$$(\boldsymbol{A} - \lambda \boldsymbol{I})^r \boldsymbol{v} = \boldsymbol{0} \quad \text{但是} \quad (\boldsymbol{A} - \lambda \boldsymbol{I})^{r-1} \boldsymbol{v} \neq \boldsymbol{0}。 \quad (21)$$

如果 $r = 1$，那么式 (21) 仅仅意味着 $\boldsymbol{v}$ 是一个与 λ 相关的特征向量（回顾方阵的 0 次幂是单位矩阵的公约）。因此，秩为 1 的广义特征向量就是普通特征向量。方程 (16) 中的向量 $\boldsymbol{v}_2$ 是一个秩为 2 的广义特征向量（而不是普通特征向量）。

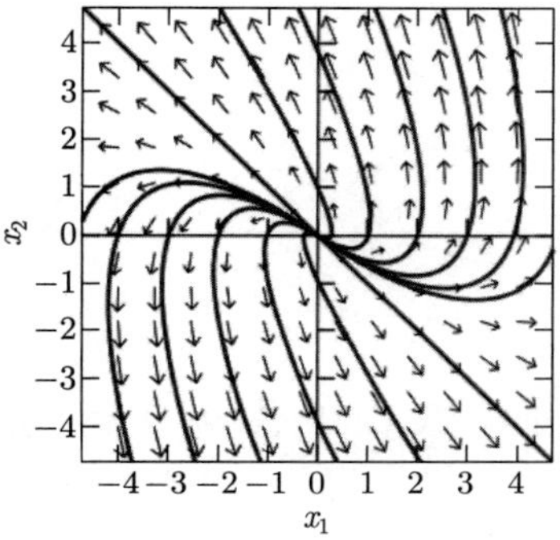

图 5.5.1 例题 3 中线性方程组 $x_1' = x_1 - 3x_2$，$x_2' = 3x_1 + 7x_2$ 的方向场和解曲线

前面所描述的多重度为 2 时的方法可以归结为找到一对广义特征向量 $\{\boldsymbol{v}_1, \boldsymbol{v}_2\}$，其中一个秩为 1，一个秩为 2，使得 $(\boldsymbol{A} - \lambda \boldsymbol{I}) \boldsymbol{v}_2 = \boldsymbol{v}_1$。更高多重度时的方法涉及更长的广义特征向量"链"。**基于特征向量 $\boldsymbol{v}_1$ 的长度为 k 的广义特征向量链**是一个由 k 个广义特征向量组成的集合 $\{\boldsymbol{v}_1, \boldsymbol{v}_2, \cdots, \boldsymbol{v}_k\}$，使得

$$\begin{aligned}
(\boldsymbol{A} - \lambda \boldsymbol{I}) \boldsymbol{v}_k &= \boldsymbol{v}_{k-1}, \\
(\boldsymbol{A} - \lambda \boldsymbol{I}) \boldsymbol{v}_{k-1} &= \boldsymbol{v}_{k-2}, \\
&\vdots \\
(\boldsymbol{A} - \lambda \boldsymbol{I}) \boldsymbol{v}_2 &= \boldsymbol{v}_1。
\end{aligned} \quad (22)$$

因为 $\boldsymbol{v}_1$ 是普通特征向量，所以 $(\boldsymbol{A} - \lambda \boldsymbol{I}) \boldsymbol{v}_1 = \boldsymbol{0}$。因此，由式 (22) 可知

$$(\boldsymbol{A} - \lambda \boldsymbol{I})^k \boldsymbol{v}_k = \boldsymbol{0}。 \quad (23)$$

如果 $\{\boldsymbol{v}_1, \boldsymbol{v}_2, \boldsymbol{v}_3\}$ 是矩阵 $\boldsymbol{A}$ 的与多重特征值 λ 相关的长度为 3 的广义特征向量链，那么很容易证明 $\boldsymbol{x}' = \boldsymbol{A}\boldsymbol{x}$ 的三个线性无关解可由下式给出

$$\begin{aligned}
\boldsymbol{x}_1(t) &= \boldsymbol{v}_1 \mathrm{e}^{\lambda t}, \\
\boldsymbol{x}_2(t) &= (\boldsymbol{v}_1 t + \boldsymbol{v}_2) \mathrm{e}^{\lambda t},
\end{aligned} \quad (24)$$

$$\boldsymbol{x}_3(t) = (\frac{1}{2}\boldsymbol{v}_1 t^2 + \boldsymbol{v}_2 t + \boldsymbol{v}_3)\mathrm{e}^{\lambda t}。$$

例如，由方程 (22) 可得

$$\boldsymbol{A}\boldsymbol{v}_3 = \boldsymbol{v}_2 + \lambda\boldsymbol{v}_3, \quad \boldsymbol{A}\boldsymbol{v}_2 = \boldsymbol{v}_1 + \lambda\boldsymbol{v}_2, \quad \boldsymbol{A}\boldsymbol{v}_1 = \lambda\boldsymbol{v}_1,$$

所以

$$\begin{aligned}
\boldsymbol{A}\boldsymbol{x}_3 &= \left[\frac{1}{2}\boldsymbol{A}\boldsymbol{v}_1 t^2 + \boldsymbol{A}\boldsymbol{v}_2 t + \boldsymbol{A}\boldsymbol{v}_3\right]\mathrm{e}^{\lambda t} \\
&= \left[\frac{1}{2}\lambda\boldsymbol{v}_1 t^2 + (\boldsymbol{v}_1 + \lambda\boldsymbol{v}_2)t + (\boldsymbol{v}_2 + \lambda\boldsymbol{v}_3)\right]\mathrm{e}^{\lambda t} \\
&= (\boldsymbol{v}_1 t + \boldsymbol{v}_2)\mathrm{e}^{\lambda t} + \lambda\left(\frac{1}{2}\boldsymbol{v}_1 t^2 + \boldsymbol{v}_2 t + \boldsymbol{v}_3\right)\mathrm{e}^{\lambda t} \\
&= \boldsymbol{x}_3'。
\end{aligned}$$

因此，式 (24) 中 $\boldsymbol{x}_3(t)$ 确实定义了 $\boldsymbol{x}' = \boldsymbol{A}\boldsymbol{x}$ 的一个解。

因此，为了"处理"一个多重度为 3 的特征值 λ，只要求出与 λ 相关的长度为 3 的广义特征向量链 $\{\boldsymbol{v}_1, \boldsymbol{v}_2, \boldsymbol{v}_3\}$ 即可。查看方程 (23)，我们看到我们只需要求出

$$(\boldsymbol{A} - \lambda\boldsymbol{I})^3 \boldsymbol{v}_3 = \boldsymbol{0}$$

的一个解 $\boldsymbol{v}_3$，使得向量

$$\boldsymbol{v}_2 = (\boldsymbol{A} - \lambda\boldsymbol{I})\boldsymbol{v}_3 \quad \text{和} \quad \boldsymbol{v}_1 = (\boldsymbol{A} - \lambda\boldsymbol{I})\boldsymbol{v}_2$$

都是非零的（尽管，正如我们将看到的，这并不总是可能的）。

例题 4 求下列方程组的三个线性无关解：

$$\boldsymbol{x}' = \begin{bmatrix} 0 & 1 & 2 \\ -5 & -3 & -7 \\ 1 & 0 & 0 \end{bmatrix} \boldsymbol{x}。 \tag{25}$$

解答：方程 (25) 中的系数矩阵的特征方程为

$$\begin{aligned}
|\boldsymbol{A} - \lambda\boldsymbol{I}| &= \begin{bmatrix} -\lambda & 1 & 2 \\ -5 & -3-\lambda & -7 \\ 1 & 0 & -\lambda \end{bmatrix} \\
&= 1 \cdot [-7 - 2 \cdot (-3-\lambda)] + (-\lambda)[(-\lambda)(-3-\lambda) + 5] \\
&= -\lambda^3 - 3\lambda^2 - 3\lambda - 1 = -(\lambda+1)^3 = 0,
\end{aligned}$$

因此 $\boldsymbol{A}$ 有多重度为 3 的特征值 $\lambda = -1$。特征向量 $\boldsymbol{v} = \begin{bmatrix} a & b & c \end{bmatrix}^\mathrm{T}$ 对应的特征向量方

程 $(A-\lambda I)v = 0$ 为

$$(A+I)v = \begin{bmatrix} 1 & 1 & 2 \\ -5 & -2 & -7 \\ 1 & 0 & 1 \end{bmatrix} \begin{bmatrix} a \\ b \\ c \end{bmatrix} = \begin{bmatrix} 0 \\ 0 \\ 0 \end{bmatrix}.$$

由第三行 $a+c=0$ 得出 $c=-a$，然后由第一行 $a+b+2c=0$ 得出 $b=a$。因此，在相差常数倍数意义下，特征值 $\lambda=-1$ 只有单个相关特征向量 $v = \begin{bmatrix} a & a & -a \end{bmatrix}^{\mathrm{T}}$，其中 $a \neq 0$，所以 $\lambda=-1$ 的缺陷度为 2。

为了应用这里对三重特征值所描述的方法，我们首先计算出

$$(A+I)^2 = \begin{bmatrix} 1 & 1 & 2 \\ -5 & -2 & -7 \\ 1 & 0 & 1 \end{bmatrix} \begin{bmatrix} 1 & 1 & 2 \\ -5 & -2 & -7 \\ 1 & 0 & 1 \end{bmatrix} = \begin{bmatrix} -2 & -1 & -3 \\ -2 & -1 & -3 \\ 2 & 1 & 3 \end{bmatrix}$$

和

$$(A+I)^3 = \begin{bmatrix} 1 & 1 & 2 \\ -5 & -2 & -7 \\ 1 & 0 & 1 \end{bmatrix} \begin{bmatrix} -2 & -1 & -3 \\ -2 & -1 & -3 \\ 2 & 1 & 3 \end{bmatrix} = \begin{bmatrix} 0 & 0 & 0 \\ 0 & 0 & 0 \\ 0 & 0 & 0 \end{bmatrix}.$$

因此，任何非零向量 v_3 都将是方程 $(A+I)^3 v_3 = 0$ 的解。例如，从 $v_3 = \begin{bmatrix} 1 & 0 & 0 \end{bmatrix}^{\mathrm{T}}$ 开始，我们计算出

$$v_2 = (A+I)v_3 = \begin{bmatrix} 1 & 1 & 2 \\ -5 & -2 & -7 \\ 1 & 0 & 1 \end{bmatrix} \begin{bmatrix} 1 \\ 0 \\ 0 \end{bmatrix} = \begin{bmatrix} 1 \\ -5 \\ 1 \end{bmatrix},$$

$$v_1 = (A+I)v_2 = \begin{bmatrix} 1 & 1 & 2 \\ -5 & -2 & -7 \\ 1 & 0 & 1 \end{bmatrix} \begin{bmatrix} 1 \\ -5 \\ 1 \end{bmatrix} = \begin{bmatrix} -2 \\ -2 \\ 2 \end{bmatrix}.$$

注意 v_1 是之前求出的 $a=-2$ 时的特征向量 v，这种一致性是对我们矩阵计算的准确性的检验。

因此我们求出了与三重特征值 $\lambda=-1$ 相关的长度为 3 的广义特征向量链 $\{v_1, v_2, v_3\}$。将其代入式 (24)，立即得到方程组 $x' = Ax$ 的线性无关解

$$x_1(t) = v_1 \mathrm{e}^{-t} = \begin{bmatrix} -2 \\ -2 \\ 2 \end{bmatrix} \mathrm{e}^{-t},$$

$$\boldsymbol{x}_2(t) = (\boldsymbol{v}_1 t + \boldsymbol{v}_2)\mathrm{e}^{-t} = \begin{bmatrix} -2t+1 \\ -2t-5 \\ 2t+1 \end{bmatrix} \mathrm{e}^{-t},$$

$$\boldsymbol{x}_3(t) = \left(\frac{1}{2}\boldsymbol{v}_1 t^2 + \boldsymbol{v}_2 t + \boldsymbol{v}_3\right)\mathrm{e}^{-t} = \begin{bmatrix} -t^2+t+1 \\ -t^2-5t \\ t^2+t \end{bmatrix} \mathrm{e}^{-t}. \quad \blacksquare$$

一般情况

线性代数的一个基本定理表明，每个 $n \times n$ 矩阵 $\boldsymbol{A}$ 有 n 个线性无关的广义特征向量。这 n 个广义特征向量可以排列成链，与给定特征值 λ 相关的链的长度之和等于 λ 的多重度。但是这些链的结构取决于 λ 的缺陷度，而且可能相当复杂。例如，多重度为 4 的特征值可以对应于下列情况

- 四个长度为 1 的链（缺陷度为 0）；
- 两个长度为 1 的链和一个长度为 2 的链（缺陷度为 1）；
- 两个长度为 2 的链（缺陷度为 2）；
- 一个长度为 1 的链和一个长度为 3 的链（缺陷度为 2）；
- 一个长度为 4 的链（缺陷度为 3）。

注意，在每种情况下，最长链的长度不超过 $d+1$，其中 d 是特征值的缺陷度。因此，一旦我们找到与多重特征值 λ 相关的所有普通特征向量，从而知道 λ 的缺陷度 d，我们就可以从方程

$$(\boldsymbol{A} - \lambda \boldsymbol{I})^{d+1} \boldsymbol{u} = \boldsymbol{0} \tag{26}$$

开始建立与 λ 相关的广义特征向量链。

算法　广义特征向量链

从方程 (26) 的非零解 $\boldsymbol{u}_1$ 开始，依次乘以矩阵 $\boldsymbol{A} - \lambda \boldsymbol{I}$，直到得到零向量。如果

$$(\boldsymbol{A} - \lambda \boldsymbol{I})\boldsymbol{u}_1 = \boldsymbol{u}_2 \neq \boldsymbol{0},$$

$$\vdots$$

$$(\boldsymbol{A} - \lambda \boldsymbol{I})\boldsymbol{u}_{k-1} = \boldsymbol{u}_k \neq \boldsymbol{0},$$

但是 $(\boldsymbol{A} - \lambda \boldsymbol{I})\boldsymbol{u}_k = \boldsymbol{0}$，那么向量

$$\{\boldsymbol{v}_1, \boldsymbol{v}_2, \cdots, \boldsymbol{v}_k\} = \{\boldsymbol{u}_k, \boldsymbol{u}_{k-1}, \cdots, \boldsymbol{u}_2, \boldsymbol{u}_1\}$$

（按其出现的顺序倒序排列）形成一个基于（普通）特征向量 $\boldsymbol{v}_1$ 的长度为 k 的广义特征向量链。

每个长度为 k 的广义特征向量链 $\{\boldsymbol{v}_1,\ \boldsymbol{v}_2,\ \ldots,\ \boldsymbol{v}_k\}$（其中 $\boldsymbol{v}_1$ 是与 λ 相关的普通特征向量）决定了 $\boldsymbol{x}' = \boldsymbol{Ax}$ 对应于特征值 λ 的 k 个无关解的集合：

$$\begin{aligned}
\boldsymbol{x}_1(t) &= \boldsymbol{v}_1 \mathrm{e}^{\lambda t}, \\
\boldsymbol{x}_2(t) &= (\boldsymbol{v}_1 t + \boldsymbol{v}_2)\mathrm{e}^{\lambda t}, \\
\boldsymbol{x}_3(t) &= \left(\frac{1}{2}\boldsymbol{v}_1 t^2 + \boldsymbol{v}_2 t + \boldsymbol{v}_3\right)\mathrm{e}^{\lambda t}, \\
&\vdots \\
\boldsymbol{x}_k(t) &= \left(\frac{\boldsymbol{v}_1 t^{k-1}}{(k-1)!} + \cdots + \frac{\boldsymbol{v}_{k-2} t^2}{2!} + \boldsymbol{v}_{k-1} t + \boldsymbol{v}_k\right)\mathrm{e}^{\lambda t}。
\end{aligned} \tag{27}$$

注意，在 $k = 2$ 和 $k = 3$ 的情况下，式 (27) 分别简化为式 (18) 和式 (19) 以及式 (24)。

为了保证我们得到 $n \times n$ 矩阵 $\boldsymbol{A}$ 的 n 个实际上线性无关的广义特征向量，从而在合并与不同广义特征向量链对应的所有"解链"时，得到 $\boldsymbol{x}' = \boldsymbol{Ax}$ 的 n 个线性无关解的完备集合，我们可以依靠以下两个事实：

- 任何广义特征向量链都构成一个线性无关向量集。
- 如果两个广义特征向量链基于线性无关的特征向量，那么这两个链的并集就是一个线性无关向量集（无论这两个基特征向量是与不同的特征值相关还是与相同的特征值相关）。

例题 5 假设 6×6 矩阵 $\boldsymbol{A}$ 有两个多重度为 3 的特征值 $\lambda_1 = -2$ 和 $\lambda_2 = 3$，其缺陷度分别为 1 和 2。那么 λ_1 必定有一个相关的特征向量 $\boldsymbol{u}_1$ 和一个长度为 2 的广义特征向量链 $\{\boldsymbol{v}_1,\ \boldsymbol{v}_2\}$（其中特征向量 $\boldsymbol{u}_1$ 和 $\boldsymbol{v}_1$ 是线性无关的），而 λ_2 必定有一个长度为 3 的基于其单一特征向量 $\boldsymbol{w}_1$ 的广义特征向量链 $\{\boldsymbol{w}_1,\ \boldsymbol{w}_2,\ \boldsymbol{w}_3\}$。那么这六个广义特征向量 $\boldsymbol{u}_1$，$\boldsymbol{v}_1$，$\boldsymbol{v}_2$，$\boldsymbol{w}_1$，$\boldsymbol{w}_2$ 和 $\boldsymbol{w}_3$ 是线性无关的，从而得到 $\boldsymbol{x}' = \boldsymbol{Ax}$ 的以下六个无关解：

$$\begin{aligned}
\boldsymbol{x}_1(t) &= \boldsymbol{u}_1 \mathrm{e}^{-2t}, \\
\boldsymbol{x}_2(t) &= \boldsymbol{v}_1 \mathrm{e}^{-2t}, \\
\boldsymbol{x}_3(t) &= (\boldsymbol{v}_1 t + \boldsymbol{v}_2)\mathrm{e}^{-2t}, \\
\boldsymbol{x}_4(t) &= \boldsymbol{w}_1 \mathrm{e}^{3t}, \\
\boldsymbol{x}_5(t) &= (\boldsymbol{w}_1 t + \boldsymbol{w}_2)\mathrm{e}^{3t}, \\
\boldsymbol{x}_6(t) &= \left(\frac{1}{2}\boldsymbol{w}_1 t^2 + \boldsymbol{w}_2 t + \boldsymbol{w}_3\right)\mathrm{e}^{3t}。
\end{aligned}$$

如例题 5 所示，计算与不同特征值和广义特征值链对应的无关解是一个常规问题。确定与给定的多重特征值相关的链结构可能更有趣（如例题 6 所示）。

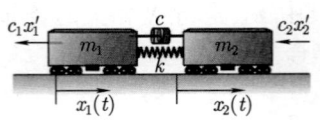

图 5.5.2 例题 6 中的火车车厢

一个应用

图 5.5.2 显示了由一根弹簧（永久连接在两节车厢上）和一个阻尼器连接的两节车厢，阻尼器对两节车厢施加方向相反的与其相对速度成正比的大小为 $c(x_1' - x_2')$ 的力。两节车厢还受到与其各自速度成正比的摩擦阻力 $c_1 x_1'$ 和 $c_2 x_2'$。应用牛顿定律 $ma = F$（如 4.1 节例题 1 所示）可以得到运动方程

$$m_1 x_1'' = k(x_2 - x_1) - c_1 x_1' - c(x_1' - x_2'),$$
$$m_2 x_2'' = k(x_1 - x_2) - c_2 x_2' - c(x_2' - x_1')。 \tag{28}$$

根据位置向量 $\boldsymbol{x}(t) = \begin{bmatrix} x_1(t) & x_2(t) \end{bmatrix}^{\mathrm{T}}$，这些方程可以写成矩阵形式

$$\boldsymbol{M}\boldsymbol{x}'' = \boldsymbol{K}\boldsymbol{x} + \boldsymbol{R}\boldsymbol{x}', \tag{29}$$

其中 $\boldsymbol{M}$ 和 $\boldsymbol{K}$ 分别是质量和刚度矩阵 [如 5.4 节的式 (2) 和式 (3)]，而

$$\boldsymbol{R} = \begin{bmatrix} -(c+c_1) & c \\ c & -(c+c_2) \end{bmatrix}$$

是阻力矩阵。不幸的是，由于存在涉及 $\boldsymbol{x}'$ 的项，所以不能使用 5.4 节的方法。

相反，我们将方程组 (28) 写成关于四个未知函数 $x_1(t)$，$x_2(t)$，$x_3(t) = x_1'(t)$ 和 $x_4(t) = x_2'(t)$ 的一阶方程组。如果 $m_1 = m_2 = 1$，我们得到

$$\boldsymbol{x}' = \boldsymbol{A}\boldsymbol{x}, \tag{30}$$

其中此时 $\boldsymbol{x} = \begin{bmatrix} x_1 & x_2 & x_3 & x_4 \end{bmatrix}^{\mathrm{T}}$ 以及

$$\boldsymbol{A} = \begin{bmatrix} 0 & 0 & 1 & 0 \\ 0 & 0 & 0 & 1 \\ -k & k & -(c+c_1) & c \\ k & -k & c & -(c+c_2) \end{bmatrix}。 \tag{31}$$

例题 6 **两节火车车厢** 利用 $m_1 = m_2 = c = 1$ 和 $k = c_1 = c_2 = 2$，方程组 (30) 变为

$$\boldsymbol{x}' = \begin{bmatrix} 0 & 0 & 1 & 0 \\ 0 & 0 & 0 & 1 \\ -2 & 2 & -3 & 1 \\ 2 & -2 & 1 & -3 \end{bmatrix} \boldsymbol{x}。 \tag{32}$$

尽管计算机代数系统诸如 Maple、Mathematica 或 MATLAB 在计算特征方程时很有用，但是手动计算方程 (32) 中系数矩阵 $\boldsymbol{A}$ 的特征方程

$$\lambda^4 + 6\lambda^3 + 12\lambda^2 + 8\lambda = \lambda(\lambda+2)^3 = 0$$

并不太烦琐。因此 $\boldsymbol{A}$ 有单一特征值 $\lambda_0 = 0$ 和三重特征值 $\lambda_1 = -2$。

情况 1：$\lambda_0 = 0$。对于特征向量 $\boldsymbol{v} = \begin{bmatrix} a & b & c & d \end{bmatrix}^{\mathrm{T}}$，特征向量方程 $(\boldsymbol{A} - \lambda \boldsymbol{I})\boldsymbol{v} = \boldsymbol{0}$ 为

$$\boldsymbol{A}\boldsymbol{v} = \begin{bmatrix} 0 & 0 & 1 & 0 \\ 0 & 0 & 0 & 1 \\ -2 & 2 & -3 & 1 \\ 2 & -2 & 1 & -3 \end{bmatrix} \begin{bmatrix} a \\ b \\ c \\ d \end{bmatrix} = \begin{bmatrix} 0 \\ 0 \\ 0 \\ 0 \end{bmatrix}.$$

由前两行可得 $c = d = 0$，然后由后两行可得 $a = b$。因此

$$\boldsymbol{v}_0 = \begin{bmatrix} 1 & 1 & 0 & 0 \end{bmatrix}^{\mathrm{T}}$$

是与 $\lambda_0 = 0$ 相关的特征向量。

情况 2：$\lambda_1 = -2$。特征向量方程 $(\boldsymbol{A} - \lambda \boldsymbol{I})\boldsymbol{v} = \boldsymbol{0}$ 为

$$(\boldsymbol{A} + 2\boldsymbol{I})\boldsymbol{v} = \begin{bmatrix} 2 & 0 & 1 & 0 \\ 0 & 2 & 0 & 1 \\ -2 & 2 & -1 & 1 \\ 2 & -2 & 1 & -1 \end{bmatrix} \begin{bmatrix} a \\ b \\ c \\ d \end{bmatrix} = \begin{bmatrix} 0 \\ 0 \\ 0 \\ 0 \end{bmatrix}.$$

这里第三个和第四个标量方程是第一个和第二个方程的差，从而是多余的。因此 $\boldsymbol{v}$ 由前两个方程

$$2a + c = 0 \quad \text{和} \quad 2b + d = 0$$

决定。我们可以单独选择 a 和 b，然后解出 c 和 d。从而我们得到与三重特征值 $\lambda_1 = -2$ 相关的两个特征向量。选择 $a = 1$，$b = 0$ 得到 $c = -2$，$d = 0$，从而得到特征向量

$$\boldsymbol{u}_1 = \begin{bmatrix} 1 & 0 & -2 & 0 \end{bmatrix}^{\mathrm{T}}.$$

选择 $a = 0$，$b = 1$ 得到 $c = 0$，$d = -2$，从而得到特征向量

$$\boldsymbol{u}_2 = \begin{bmatrix} 0 & 1 & 0 & -2 \end{bmatrix}^{\mathrm{T}}.$$

因为 $\lambda_1 = -2$ 有缺陷度 1，所以我们需要一个秩为 2 的广义特征向量，从而需要方程

$$(\boldsymbol{A} + 2\boldsymbol{I})^2 \boldsymbol{v}_2 = \begin{bmatrix} 2 & 2 & 1 & 1 \\ 2 & 2 & 1 & 1 \\ 0 & 0 & 0 & 0 \\ 0 & 0 & 0 & 0 \end{bmatrix} \boldsymbol{v}_2 = \boldsymbol{0}$$

的非零解 $\boldsymbol{v}_2$。显然，

$$\boldsymbol{v}_2 = \begin{bmatrix} 0 & 0 & 1 & -1 \end{bmatrix}^{\mathrm{T}}$$

是这样一个向量,并且我们发现

$$(\boldsymbol{A}+2\boldsymbol{I})\boldsymbol{v}_2 = \begin{bmatrix} 2 & 0 & 1 & 0 \\ 0 & 2 & 0 & 1 \\ -2 & 2 & -1 & 1 \\ 2 & -2 & 1 & -1 \end{bmatrix} \begin{bmatrix} 0 \\ 0 \\ 1 \\ -1 \end{bmatrix} = \begin{bmatrix} 1 \\ -1 \\ -2 \\ 2 \end{bmatrix} = \boldsymbol{v}_1$$

非零,因此它是与 $\lambda_1 = -2$ 相关的特征向量。那么 $\{\boldsymbol{v}_1, \boldsymbol{v}_2\}$ 是我们所需的长度为 2 的链。

刚刚求出的特征向量 $\boldsymbol{v}_1$ 不是之前所求的两个特征向量 $\boldsymbol{u}_1$ 和 $\boldsymbol{u}_2$,但是我们观察到 $\boldsymbol{v}_1 = \boldsymbol{u}_1 - \boldsymbol{u}_2$。为了用长度为 1 的链 $\boldsymbol{w}_1$ 来完整解决问题,我们可以选择与 $\boldsymbol{v}_1$ 无关的 $\boldsymbol{u}_1$ 和 $\boldsymbol{u}_2$ 的任意线性组合。例如,我们可以选择 $\boldsymbol{w}_1 = \boldsymbol{u}_1$ 或 $\boldsymbol{w}_1 = \boldsymbol{u}_2$。然而,我们马上就会看到特定的选择

$$\boldsymbol{w}_1 = \boldsymbol{u}_1 + \boldsymbol{u}_2 = \begin{bmatrix} 1 & 1 & -2 & -2 \end{bmatrix}^{\mathrm{T}}$$

会产生一个具有物理意义的方程组的解。

最后,由链 $\{\boldsymbol{v}_0\}$、$\{\boldsymbol{w}_1\}$ 和 $\{\boldsymbol{v}_1, \boldsymbol{v}_2\}$ 得到 (32) 中方程组 $\boldsymbol{x}' = \boldsymbol{A}\boldsymbol{x}$ 的四个无关解

$$\begin{aligned} \boldsymbol{x}_1(t) &= \boldsymbol{v}_0 \mathrm{e}^{0 \cdot t} = \begin{bmatrix} 1 & 1 & 0 & 0 \end{bmatrix}^{\mathrm{T}}, \\ \boldsymbol{x}_2(t) &= \boldsymbol{w}_1 \mathrm{e}^{-2t} = \begin{bmatrix} 1 & 1 & -2 & -2 \end{bmatrix}^{\mathrm{T}} \mathrm{e}^{-2t}, \\ \boldsymbol{x}_3(t) &= \boldsymbol{v}_1 \mathrm{e}^{-2t} = \begin{bmatrix} 1 & -1 & -2 & 2 \end{bmatrix}^{\mathrm{T}} \mathrm{e}^{-2t}, \\ \boldsymbol{x}_4(t) &= (\boldsymbol{v}_1 t + \boldsymbol{v}_2) \mathrm{e}^{-2t} = \begin{bmatrix} t & -t & -2t+1 & 2t-1 \end{bmatrix}^{\mathrm{T}} \mathrm{e}^{-2t}。 \end{aligned} \quad (33)$$

通解

$$\boldsymbol{x}(t) = c_1 \boldsymbol{x}_1(t) + c_2 \boldsymbol{x}_2(t) + c_3 \boldsymbol{x}_3(t) + c_4 \boldsymbol{x}_4(t)$$

的四个标量分量可以描述为

$$\begin{aligned} x_1(t) &= c_1 + \mathrm{e}^{-2t}(c_2 + c_3 + c_4 t), \\ x_2(t) &= c_1 + \mathrm{e}^{-2t}(c_2 - c_3 - c_4 t), \\ x_3(t) &= \mathrm{e}^{-2t}(-2c_2 - 2c_3 + c_4 - 2c_4 t), \\ x_4(t) &= \mathrm{e}^{-2t}(-2c_2 + 2c_3 - c_4 + 2c_4 t)。 \end{aligned} \quad (34)$$

回顾一下,$x_1(t)$ 和 $x_2(t)$ 是两个质量块的位置函数,而 $x_3(t) = x_1'(t)$ 和 $x_4(t) = x_2'(t)$ 是它们各自的速度函数。

例如,假设 $x_1(0) = x_2(0) = 0$,并且 $x_1'(0) = x_2'(0) = v_0$。那么从方程

$$x_1(0) = c_1 + c_2 + c_3 = 0,$$
$$x_2(0) = c_1 + c_2 - c_3 = 0,$$
$$x_1'(0) = -2c_2 - 2c_3 + c_4 = v_0,$$
$$x_2'(0) = -2c_2 + 2c_3 - c_4 = v_0$$

可以很容易解出 $c_1 = \frac{1}{2}v_0$, $c_2 = -\frac{1}{2}v_0$ 以及 $c_3 = c_4 = 0$, 所以

$$x_1(t) = x_2(t) = \frac{1}{2}v_0(1 - e^{-2t}),$$
$$x_1'(t) = x_2'(t) = v_0 e^{-2t}.$$

在这种情况下，两节火车车厢以大小相等但指数衰减的速度继续沿相同方向行驶，当 $t \to +\infty$ 时，趋近于位移 $x_1 = x_2 = \frac{1}{2}v_0$。

从物理上解释式 (33) 中所给的单个广义特征向量解是很有意义的。退化解（$\lambda_0 = 0$）

$$\boldsymbol{x}_1(t) = \begin{bmatrix} 1 & 1 & 0 & 0 \end{bmatrix}^{\mathrm{T}}$$

描述了具有位置函数 $x_1(t) \equiv 1$ 和 $x_2(t) \equiv 1$ 的两个处于静止状态的质量块。与精心选择的特征向量 $\boldsymbol{w}_1$ 对应的解

$$\boldsymbol{x}_2(t) = \begin{bmatrix} 1 & 1 & -2 & -2 \end{bmatrix}^{\mathrm{T}} e^{-2t}$$

描述了两个质量块具有大小相等方向相同的速度的阻尼运动 $x_1(t) = e^{-2t}$ 和 $x_2(t) = e^{-2t}$。最后，由长度为 2 的链 $\{\boldsymbol{v}_1, \boldsymbol{v}_2\}$ 所得的解 $\boldsymbol{x}_3(t)$ 和 $\boldsymbol{x}_4(t)$ 都描述了朝相反方向运动的两个质量块的阻尼运动。∎

正如适用于多重实特征值一样，本节的方法也适用于多重复特征值（尽管必要的计算往往有些冗长）。给定一个多重度为 k 的复共轭特征值对 $\alpha \pm \beta i$, 我们研究其中一个（例如 $\alpha - \beta i$), 就像它是实数一样，求出 k 个无关复值解。那么这些复值解的实部和虚部提供了与两个多重度都为 k 的特征值 $\lambda = \alpha - \beta i$ 和 $\overline{\lambda} = \alpha + \beta i$ 相关的 $2k$ 个实值解。参见习题 33 和习题 34。

习题

求出习题 1~22 中方程组的通解。在习题 1~6 中，使用计算机系统或图形计算器为给定方程组构造方向场和典型解曲线。

1. $\boldsymbol{x}' = \begin{bmatrix} -2 & 1 \\ -1 & -4 \end{bmatrix} \boldsymbol{x}$
2. $\boldsymbol{x}' = \begin{bmatrix} 3 & -1 \\ 1 & 1 \end{bmatrix} \boldsymbol{x}$
3. $\boldsymbol{x}' = \begin{bmatrix} 1 & -2 \\ 2 & 5 \end{bmatrix} \boldsymbol{x}$
4. $\boldsymbol{x}' = \begin{bmatrix} 3 & -1 \\ 1 & 5 \end{bmatrix} \boldsymbol{x}$
5. $\boldsymbol{x}' = \begin{bmatrix} 7 & 1 \\ -4 & 3 \end{bmatrix} \boldsymbol{x}$
6. $\boldsymbol{x}' = \begin{bmatrix} 1 & -4 \\ 4 & 9 \end{bmatrix} \boldsymbol{x}$

7. $x' = \begin{bmatrix} 2 & 0 & 0 \\ -7 & 9 & 7 \\ 0 & 0 & 2 \end{bmatrix} x$

8. $x' = \begin{bmatrix} 25 & 12 & 0 \\ -18 & -5 & 0 \\ 6 & 6 & 13 \end{bmatrix} x$

9. $x' = \begin{bmatrix} -19 & 12 & 84 \\ 0 & 5 & 0 \\ -8 & 4 & 33 \end{bmatrix} x$

10. $x' = \begin{bmatrix} -13 & 40 & -48 \\ -8 & 23 & -24 \\ 0 & 0 & 3 \end{bmatrix} x$

11. $x' = \begin{bmatrix} -3 & 0 & -4 \\ -1 & -1 & -1 \\ 1 & 0 & 1 \end{bmatrix} x$

12. $x' = \begin{bmatrix} -1 & 0 & 1 \\ 0 & -1 & 1 \\ 1 & -1 & -1 \end{bmatrix} x$

13. $x' = \begin{bmatrix} -1 & 0 & 1 \\ 0 & 1 & -4 \\ 0 & 1 & -3 \end{bmatrix} x$

14. $x' = \begin{bmatrix} 0 & 0 & 1 \\ -5 & -1 & -5 \\ 4 & 1 & -2 \end{bmatrix} x$

15. $x' = \begin{bmatrix} -2 & -9 & 0 \\ 1 & 4 & 0 \\ 1 & 3 & 1 \end{bmatrix} x$

16. $x' = \begin{bmatrix} 1 & 0 & 0 \\ -2 & -2 & -3 \\ 2 & 3 & 4 \end{bmatrix} x$

17. $x' = \begin{bmatrix} 1 & 0 & 0 \\ 18 & 7 & 4 \\ -27 & -9 & -5 \end{bmatrix} x$

18. $x' = \begin{bmatrix} 1 & 0 & 0 \\ 1 & 3 & 1 \\ -2 & -4 & -1 \end{bmatrix} x$

19. $x' = \begin{bmatrix} 1 & -4 & 0 & -2 \\ 0 & 1 & 0 & 0 \\ 6 & -12 & -1 & -6 \\ 0 & -4 & 0 & -1 \end{bmatrix} x$

20. $x' = \begin{bmatrix} 2 & 1 & 0 & 1 \\ 0 & 2 & 1 & 0 \\ 0 & 0 & 2 & 1 \\ 0 & 0 & 0 & 2 \end{bmatrix} x$

21. $x' = \begin{bmatrix} -1 & -4 & 0 & 0 \\ 1 & 3 & 0 & 0 \\ 1 & 2 & 1 & 0 \\ 0 & 1 & 0 & 1 \end{bmatrix} x$

22. $x' = \begin{bmatrix} 1 & 3 & 7 & 0 \\ 0 & -1 & -4 & 0 \\ 0 & 1 & 3 & 0 \\ 0 & -6 & -14 & 1 \end{bmatrix} x$

在习题 23~32 中，已知系数矩阵 A 的特征值。求所示方程组 $x' = Ax$ 的通解。特别是在习题 29~32 中，使用计算机代数系统（如本节应用中所示）可能是有用的。

23. $x' = \begin{bmatrix} 39 & 8 & -16 \\ -36 & -5 & 16 \\ 72 & 16 & -29 \end{bmatrix} x; \quad \lambda = -1, 3, 3$

24. $x' = \begin{bmatrix} 28 & 50 & 100 \\ 15 & 33 & 60 \\ -15 & -30 & -57 \end{bmatrix} x; \quad \lambda = -2, 3, 3$

25. $x' = \begin{bmatrix} -2 & 17 & 4 \\ -1 & 6 & 1 \\ 0 & 1 & 2 \end{bmatrix} x; \quad \lambda = 2, 2, 2$

26. $x' = \begin{bmatrix} 5 & -1 & 1 \\ 1 & 3 & 0 \\ -3 & 2 & 1 \end{bmatrix} x; \quad \lambda = 3, 3, 3$

27. $x' = \begin{bmatrix} -3 & 5 & -5 \\ 3 & -1 & 3 \\ 8 & -8 & 10 \end{bmatrix} x; \quad \lambda = 2, 2, 2$

28. $x' = \begin{bmatrix} -15 & -7 & 4 \\ 34 & 16 & -11 \\ 17 & 7 & 5 \end{bmatrix} x; \quad \lambda = 2, 2, 2$

29. $x' = \begin{bmatrix} -1 & 1 & 1 & -2 \\ 7 & -4 & -6 & 11 \\ 5 & -1 & 1 & 3 \\ 6 & -2 & -2 & 6 \end{bmatrix} x;$

$\lambda = -1, \ -1, \ 2, \ 2$

30. $x' = \begin{bmatrix} 2 & 1 & -2 & 1 \\ 0 & 3 & -5 & 3 \\ 0 & -13 & 22 & -12 \\ 0 & -27 & 45 & -25 \end{bmatrix} x;$

$\lambda = -1, \ -1, \ 2, \ 2$

31. $x' = \begin{bmatrix} 35 & -12 & 4 & 30 \\ 22 & -8 & 3 & 19 \\ -10 & 3 & 0 & -9 \\ -27 & 9 & -3 & -23 \end{bmatrix} x;$

$\lambda = 1, \ 1, \ 1, \ 1$

32. $x' = \begin{bmatrix} 11 & -1 & 26 & 6 & -3 \\ 0 & 3 & 0 & 0 & 0 \\ -9 & 0 & -24 & -6 & 3 \\ 3 & 0 & 9 & 5 & -1 \\ -48 & -3 & -138 & -30 & 18 \end{bmatrix} x;$

$\lambda = 2, \ 2, \ 3, \ 3, \ 3$

33. 方程组

$$x' = \begin{bmatrix} 3 & -4 & 1 & 0 \\ 4 & 3 & 0 & 1 \\ 0 & 0 & 3 & -4 \\ 0 & 0 & 4 & 3 \end{bmatrix} x$$

的系数矩阵 A 的特征方程为

$$\phi(\lambda) = (\lambda^2 - 6\lambda + 25)^2 = 0。$$

因此，A 具有重复的复共轭特征值对 $3 \pm 4i$。首先证明复向量

$$v_1 = \begin{bmatrix} 1 & i & 0 & 0 \end{bmatrix}^T \quad 和 \quad v_2 = \begin{bmatrix} 0 & 0 & 1 & i \end{bmatrix}^T$$

构成与特征值 $\lambda = 3 - 4i$ 相关的长度为 2 的链 $\{v_1, v_2\}$。然后计算复值解

$$v_1 e^{\lambda t} \quad 和 \quad (v_1 t + v_2) e^{\lambda t}$$

的实部和虚部，以求出 $x' = Ax$ 的四个无关实值解。

34. 方程组

$$x' = \begin{bmatrix} 2 & 0 & -8 & -3 \\ -18 & -1 & 0 & 0 \\ -9 & -3 & -25 & -9 \\ 33 & 10 & 90 & 32 \end{bmatrix} x$$

的系数矩阵 A 的特征方程为

$$\phi(\lambda) = (\lambda^2 - 4\lambda + 13)^2 = 0。$$

因此，A 具有重复的复共轭特征值对 $2 \pm 3i$。首先证明复向量

$$v_1 = \begin{bmatrix} -i & 3+3i & 0 & -1 \end{bmatrix}^T,$$

$$v_2 = \begin{bmatrix} 3 & -10+9i & -i & 0 \end{bmatrix}^T$$

构成与特征值 $\lambda = 2 + 3i$ 相关的长度为 2 的链 $\{v_1, v_2\}$。然后（如习题 33 所示）计算 $x' = Ax$ 的四个无关实值解。

两节火车车厢

35. 设物理参数为

$$m_1 = m_2 = c_1 = c_2 = c = k = 1,$$

且初始条件为

$$x_1(0) = x_2(0) = 0, \quad x_1'(0) = x_2'(0) = v_0,$$

求出图 5.5.2 中火车车厢的位置函数 $x_1(t)$ 和 $x_2(t)$。这些车厢行驶多远才停下来？

36. 在假设 1 号车厢被 2 号车厢挡住了空气阻力的情况下，重复习题 35，所以此时 $c_1 = 0$。证明，在停车之前，车厢行驶的距离是习题 35 中距离的两倍。

应用　有缺陷特征值与广义特征向量

请访问 bit.ly/3ClWgjv，利用 Maple、Mathematica 和 MATLAB 等计算资源对此主题进行更多讨论和探索。

一个典型的计算机代数系统既可以计算给定矩阵 A 的特征值，也可以计算与每个特征值相关的线性无关（普通）特征向量。例如，考虑本节习题 31 中的 4×4 矩阵

$$A = \begin{bmatrix} 35 & -12 & 4 & 30 \\ 22 & -8 & 3 & 19 \\ -10 & 3 & 0 & -9 \\ -27 & 9 & -3 & -23 \end{bmatrix}。 \tag{1}$$

当输入矩阵 A 时，Maple 计算

```
with(linalg): eigenvectors(A);
[1, 4, {[-1, 0, 1, 1], [0, 1, 3, 0]}]
```

或者 Mathematica 计算

```
Eigensystem[A]
{{1,1,1,1},
{{-3, -1,0,3}, {0,1,3,0}, {0,0,0,0}, {0,0,0,0}}}
```

表明式 (1) 中的矩阵 A 有多重度为 4 的特征值 $\lambda = 1$，并且只有两个线性无关的相关特征向量 v_1 和 v_2。MATLAB 命令

```
[V, D] = eig(sym(A))
```

可以提供相同的信息。因此特征值 $\lambda = 1$ 有缺陷度 $d = 2$。如果 $B = A - (1)I$，你应该会发现 $B^2 \neq 0$ 但 $B^3 = 0$。如果

$$u_1 = \begin{bmatrix} 1 & 0 & 0 & 0 \end{bmatrix}^T, \quad u_2 = Bu_1, \quad u_3 = Bu_2,$$

那么 $\{u_1, u_2, u_3\}$ 应该是一个基于普通特征向量 u_3（它应该是原始特征向量 v_1 和 v_2 的线性组合）的长度为 3 的广义特征向量链。

练习

利用你的计算机代数系统进行这种构造，最后写出线性方程组 $x' = Ax$ 的四个线性无关解。

为了研究更奇异的矩阵，考虑 MATLAB 的 `gallery(5)` 中的示例矩阵

$$A = \begin{bmatrix} -9 & 11 & -21 & 63 & -252 \\ 70 & -69 & 141 & -421 & 1684 \\ -575 & 575 & -1149 & 3451 & -13801 \\ 3891 & -3891 & 7782 & -23345 & 93365 \\ 1024 & -1024 & 2048 & -6144 & 24572 \end{bmatrix}。 \tag{2}$$

使用如这里所示的适当的命令，来显示 A 有一个多重度为 5 且缺陷度为 4 的唯一特征值 $\lambda = 0$。注意 $A - (0)I = A$，你应该会发现 $A^4 \neq 0$ 但 $A^5 = 0$。因此计算向量

$$u_1 = \begin{bmatrix} 1 & 0 & 0 & 0 & 0 \end{bmatrix}^T, \quad u_2 = Au_1, \quad u_3 = Au_2, \quad u_4 = Au_3, \quad u_5 = Au_4。$$

你应该发现 $\boldsymbol{u}_5$ 是使 $\boldsymbol{A}\boldsymbol{u}_5 = \boldsymbol{0}$ 的非零向量，从而它是与特征值 $\lambda = 0$ 相关的 $\boldsymbol{A}$ 的（普通）特征向量。因此 $\{\boldsymbol{u}_1,\ \boldsymbol{u}_2,\ \boldsymbol{u}_3,\ \boldsymbol{u}_4,\ \boldsymbol{u}_5\}$ 是一个长度为 5 的式 (2) 中矩阵 $\boldsymbol{A}$ 的广义特征向量链，那么最终你可以写出线性方程组 $\boldsymbol{x}' = \boldsymbol{A}\boldsymbol{x}$ 的五个线性无关解。

5.6 矩阵指数与线性方程组

一个 $n \times n$ 的齐次线性方程组

$$\boldsymbol{x}' = \boldsymbol{A}\boldsymbol{x} \tag{1}$$

的解向量可以用于构造方阵 $\boldsymbol{X} = \boldsymbol{\Phi}(t)$，此方阵满足与方程 (1) 相关的矩阵微分方程

$$\boldsymbol{X}' = \boldsymbol{A}\boldsymbol{X}。 \tag{1'}$$

假设 $\boldsymbol{x}_1(t),\ \boldsymbol{x}_2(t),\ \cdots,\ \boldsymbol{x}_n(t)$ 是方程 (1) 的 n 个线性无关解。那么以这些解向量作为其列向量的 $n \times n$ 矩阵

$$\boldsymbol{\Phi}(t) = \begin{bmatrix} \boldsymbol{x}_1(t) & \boldsymbol{x}_2(t) & \cdots & \boldsymbol{x}_n(t) \end{bmatrix}, \tag{2}$$

被称为方程组 (1) 的**基本矩阵**。

基本矩阵解

因为式 (2) 中基本矩阵 $\boldsymbol{\Phi}(t)$ 的列向量 $\boldsymbol{x} = \boldsymbol{x}_j(t)$ 满足微分方程 $\boldsymbol{x}' = \boldsymbol{A}\boldsymbol{x}$，所以（根据矩阵乘法的定义）可知矩阵 $\boldsymbol{X} = \boldsymbol{\Phi}(t)$ 本身满足矩阵微分方程 $\boldsymbol{X}' = \boldsymbol{A}\boldsymbol{X}$。因为其列向量是线性无关的，所以基本矩阵 $\boldsymbol{\Phi}(t)$ 是非奇异的，因此存在逆矩阵 $\boldsymbol{\Phi}(t)^{-1}$。反之，方程 (1') 的任何非奇异矩阵解 $\boldsymbol{\Psi}(t)$ 具有满足方程组 (1) 的线性无关列向量，所以 $\boldsymbol{\Psi}(t)$ 是方程组 (1) 的基本矩阵。

根据式 (2) 中基本矩阵 $\boldsymbol{\Phi}(t)$，方程组 $\boldsymbol{x}' = \boldsymbol{A}\boldsymbol{x}$ 的通解

$$\boldsymbol{x}(t) = c_1\boldsymbol{x}_1(t) + c_2\boldsymbol{x}_2(t) + \cdots + c_n\boldsymbol{x}_n(t) \tag{3}$$

可以写成

$$\boldsymbol{x}(t) = \boldsymbol{\Phi}(t)\boldsymbol{c}, \tag{4}$$

其中 $\boldsymbol{c} = \begin{bmatrix} c_1 & c_2 & \cdots & c_n \end{bmatrix}^{\mathrm{T}}$ 是一个任意常数向量。如果 $\boldsymbol{\Psi}(t)$ 是方程组 (1) 的任意其他基本矩阵，那么 $\boldsymbol{\Psi}(t)$ 的每个列向量都是 $\boldsymbol{\Phi}(t)$ 的列向量的线性组合，所以由式 (4) 可知，对于某个 $n \times n$ 常数矩阵 $\boldsymbol{C}$，则有

$$\boldsymbol{\Psi}(t) = \boldsymbol{\Phi}(t)\boldsymbol{C}。 \tag{4'}$$

为了使式 (3) 中的解 $\boldsymbol{x}(t)$ 满足给定的初始条件

$$\boldsymbol{x}(0) = \boldsymbol{x}_0, \tag{5}$$

只需要让式 (4) 中的系数向量 $\boldsymbol{c}$ 满足 $\boldsymbol{\Phi}(0)\boldsymbol{c} = \boldsymbol{x}_0$ 即可，也就是说，只需要令

$$\boldsymbol{c} = \boldsymbol{\Phi}(0)^{-1}\boldsymbol{x}_0。 \tag{6}$$

当我们将式 (6) 代入式 (4)，即可得到下列定理的结论。

定理 1　基本矩阵解

设 $\boldsymbol{\Phi}(t)$ 是齐次线性方程组 $\boldsymbol{x}' = \boldsymbol{A}\boldsymbol{x}$ 的一个基本矩阵。那么初值问题

$$\boldsymbol{x}' = \boldsymbol{A}\boldsymbol{x}, \quad \boldsymbol{x}(0) = \boldsymbol{x}_0 \tag{7}$$

的（唯一）解可由

$$\boldsymbol{x}(t) = \boldsymbol{\Phi}(t)\boldsymbol{\Phi}(0)^{-1}\boldsymbol{x}_0 \tag{8}$$

给出。

5.2 节告诉我们如何为具有 $n \times n$ 常数系数矩阵 $\boldsymbol{A}$ 的方程组

$$\boldsymbol{x}' = \boldsymbol{A}\boldsymbol{x} \tag{9}$$

找到一个基本矩阵，至少在 $\boldsymbol{A}$ 有分别与（未必不同的）特征值 $\lambda_1, \lambda_2, \cdots, \lambda_n$ 相关的 n 个线性无关特征向量 $\boldsymbol{v}_1, \boldsymbol{v}_2, \cdots, \boldsymbol{v}_n$ 构成的完备集合的情况下。在这种情况下，方程组 (9) 对应的解向量可由

$$\boldsymbol{x}_i(t) = \boldsymbol{v}_i \mathrm{e}^{\lambda_i t}$$

给出，其中 $i = 1, 2, \cdots, n$。因此，由解 $\boldsymbol{x}_1, \boldsymbol{x}_2, \ldots, \boldsymbol{x}_n$ 作为列向量的 $n \times n$ 矩阵

$$\boldsymbol{\Phi}(t) = \begin{bmatrix} \boldsymbol{v}_1 \mathrm{e}^{\lambda_1 t} & \boldsymbol{v}_2 \mathrm{e}^{\lambda_2 t} & \cdots & \boldsymbol{v}_n \mathrm{e}^{\lambda_n t} \end{bmatrix} \tag{10}$$

是方程组 $\boldsymbol{x}' = \boldsymbol{A}\boldsymbol{x}$ 的一个基本矩阵。

为了应用式 (8)，我们必须能够计算逆矩阵 $\boldsymbol{\Phi}(0)^{-1}$。正如我们在 5.1 节中提到的，非奇异 2×2 矩阵

$$\boldsymbol{A} = \begin{bmatrix} a & b \\ c & d \end{bmatrix}$$

的逆矩阵为

$$\boldsymbol{A}^{-1} = \frac{1}{\Delta} \begin{bmatrix} d & -b \\ -c & a \end{bmatrix}, \tag{11}$$

其中 $\Delta = \det(\boldsymbol{A}) = ad - bc \neq 0$。非奇异 3×3 矩阵 $\boldsymbol{A} = [a_{ij}]$ 的逆矩阵为

$$\boldsymbol{A}^{-1} = \frac{1}{\Delta} \begin{bmatrix} A_{11} & -A_{12} & A_{13} \\ -A_{21} & A_{22} & -A_{23} \\ A_{31} & -A_{32} & A_{33} \end{bmatrix}^{\mathrm{T}}, \tag{12}$$

其中 $\Delta = \det(\boldsymbol{A}) \neq 0$，$A_{ij}$ 表示通过删除 $\boldsymbol{A}$ 的第 i 行和第 j 列所得的 $\boldsymbol{A}$ 的 2×2 子矩阵的行列式。[不要忽略式 (12) 中的转置符号 T。] 式 (12) 在推广到 $n \times n$ 矩阵时也是有效

的，但在实际中，较大型矩阵的逆通常通过行约化法（请参阅任何线性代数教材）或使用计算器或计算机代数系统进行计算。

例题 1 求出下列方程组的一个基本矩阵：

$$\begin{aligned} x' &= 4x + 2y, \\ y' &= 3x - y, \end{aligned} \tag{13}$$

然后用它求出方程组 (13) 满足初始条件 $x(0) = 1$ 和 $y(0) = -1$ 的解。

解答：由 5.2 节例题 1 中所得的线性无关解

$$\boldsymbol{x}_1(t) = \begin{bmatrix} e^{-2t} \\ -3e^{-2t} \end{bmatrix} \quad \text{和} \quad \boldsymbol{x}_2(t) = \begin{bmatrix} 2e^{5t} \\ e^{5t} \end{bmatrix}$$

得到基本矩阵

$$\boldsymbol{\Phi}(t) = \begin{bmatrix} e^{-2t} & 2e^{5t} \\ -3e^{-2t} & e^{5t} \end{bmatrix}。 \tag{14}$$

那么

$$\boldsymbol{\Phi}(0) = \begin{bmatrix} 1 & 2 \\ -3 & 1 \end{bmatrix},$$

由式 (11) 得到逆矩阵

$$\boldsymbol{\Phi}(0)^{-1} = \frac{1}{7} \begin{bmatrix} 1 & -2 \\ 3 & 1 \end{bmatrix}。 \tag{15}$$

因此由式 (8) 可得解

$$\boldsymbol{x}(t) = \begin{bmatrix} e^{-2t} & 2e^{5t} \\ -3e^{-2t} & e^{5t} \end{bmatrix} \left(\frac{1}{7}\right) \begin{bmatrix} 1 & -2 \\ 3 & 1 \end{bmatrix} \begin{bmatrix} 1 \\ -1 \end{bmatrix} = \left(\frac{1}{7}\right) \begin{bmatrix} e^{-2t} & 2e^{5t} \\ -3e^{-2t} & e^{5t} \end{bmatrix} \begin{bmatrix} 3 \\ 2 \end{bmatrix},$$

所以

$$\boldsymbol{x}(t) = \frac{1}{7} \begin{bmatrix} 3e^{-2t} + 4e^{5t} \\ -9e^{-2t} + 2e^{5t} \end{bmatrix}。$$

从而原初值问题的解为

$$x(t) = \frac{3}{7}e^{-2t} + \frac{4}{7}e^{5t}, \qquad y(t) = -\frac{9}{7}e^{-2t} + \frac{2}{7}e^{5t}。 \qquad \blacksquare$$

备注：基本矩阵法的一个优点是：一旦我们知道基本矩阵 $\boldsymbol{\Phi}(t)$ 和逆矩阵 $\boldsymbol{\Phi}(0)^{-1}$，我们就可以通过矩阵乘法快速计算出与不同初始条件对应的解。例如，假设我们要寻求方程组 (13) 满足新初始条件 $x(0) = 77$ 和 $y(0) = 49$ 的解。那么将式 (14) 和式 (15) 代入式 (8)，可得新的特解

$$x(t) = \frac{1}{7} \begin{bmatrix} e^{-2t} & 2e^{5t} \\ -3e^{-2t} & e^{5t} \end{bmatrix} \begin{bmatrix} 1 & -2 \\ 3 & 1 \end{bmatrix} \begin{bmatrix} 77 \\ 49 \end{bmatrix}$$

$$= \frac{1}{7} \begin{bmatrix} e^{-2t} & 2e^{5t} \\ -3e^{-2t} & e^{5t} \end{bmatrix} \begin{bmatrix} -21 \\ 280 \end{bmatrix} = \begin{bmatrix} -3e^{-2t} + 80e^{5t} \\ 9e^{-2t} + 40e^{5t} \end{bmatrix}。$$ ∎

指数矩阵

我们现在讨论直接从系数矩阵 A 为常系数线性方程组 $x' = Ax$ 构造基本矩阵的可能性，也就是说，不需要先应用前几节的方法寻找一个线性无关的解向量集合。

我们已经看到指数函数在线性微分方程和方程组的解中起着核心作用，范围从解为 $x(t) = x_0 e^{kt}$ 的标量方程 $x' = kx$ 到具有向量解 $x(t) = ve^{\lambda t}$ 的线性方程组 $x' = Ax$，其系数矩阵 A 具有特征值 λ 和相关特征向量 v。我们现在定义矩阵的指数

$$X(t) = e^{At}$$

是具有 $n \times n$ 系数矩阵 A 的矩阵微分方程

$$X' = AX$$

的矩阵解，这类似于普通指数函数 $x(t) = e^{at}$ 是一阶微分方程 $x' = ax$ 的标量解。

复数 z 的指数 e^z 可以通过指数级数来定义（如 3.3 节所述）⊖

$$e^z = 1 + z + \frac{z^2}{2!} + \frac{z^3}{3!} + \cdots + \frac{z^n}{n!} + \cdots。 \tag{16}$$

类似地，如果 A 是 $n \times n$ 矩阵，那么**指数矩阵** e^A 就是由下列级数所定义的 $n \times n$ 矩阵

$$e^A = I + A + \frac{A^2}{2!} + \cdots + \frac{A^n}{n!} + \cdots, \tag{17}$$

其中 I 是单位矩阵。式 (17) 右侧的无穷级数的意义可由下式给出

$$\sum_{n=0}^{\infty} \frac{A^n}{n!} = \lim_{k \to \infty} \left(\sum_{n=0}^{k} \frac{A^n}{n!} \right), \tag{18}$$

其中 $A^0 = I$，$A^2 = AA$，$A^3 = AA^2$，以此类推；归纳起来，当 $n \geqslant 0$ 时，$A^{n+1} = AA^n$。可以证明，对于每个 $n \times n$ 方阵 A，式 (18) 中的极限都存在。也就是说，对于每个方阵 A，都可以 [由式 (17)] 定义指数矩阵 e^A。

例题 2 考虑 2×2 对角矩阵

$$A = \begin{bmatrix} a & 0 \\ 0 & b \end{bmatrix}。$$

⊖ 令人惊讶的是，指数级数不仅可以用来定义复数的指数，甚至可以用来定义矩阵的指数。

那么很明显，对于每个整数 $n \geqslant 1$，都有
$$\boldsymbol{A}^n = \begin{bmatrix} a^n & 0 \\ 0 & b^n \end{bmatrix}。$$

从而可得
$$\begin{aligned}
\mathrm{e}^{\boldsymbol{A}} &= \boldsymbol{I} + \boldsymbol{A} + \frac{\boldsymbol{A}^2}{2!} + \cdots \\
&= \begin{bmatrix} 1 & 0 \\ 0 & 1 \end{bmatrix} + \begin{bmatrix} a & 0 \\ 0 & b \end{bmatrix} + \begin{bmatrix} a^2/2! & 0 \\ 0 & b^2/2! \end{bmatrix} + \cdots \\
&= \begin{bmatrix} 1 + a + a^2/2! + \cdots & 0 \\ 0 & 1 + b + b^2/2! + \cdots \end{bmatrix}。
\end{aligned}$$

因此
$$\mathrm{e}^{\boldsymbol{A}} = \begin{bmatrix} \mathrm{e}^a & 0 \\ 0 & \mathrm{e}^b \end{bmatrix},$$

所以 2×2 对角矩阵 $\boldsymbol{A}$ 的指数仅仅通过对 $\boldsymbol{A}$ 的每个对角元素取指数即可得到。■

利用例题 2 中 2×2 矩阵的结果，可以以同样的方式建立 $n \times n$ 矩阵的指数。$n \times n$ 对角矩阵

$$\boldsymbol{D} = \begin{bmatrix} a_1 & 0 & \cdots & 0 \\ 0 & a_2 & \cdots & 0 \\ \vdots & \vdots & & \vdots \\ 0 & 0 & \cdots & a_n \end{bmatrix} \tag{19}$$

的指数是通过对 $\boldsymbol{D}$ 的每个对角元素取指数所得的 $n \times n$ 对角矩阵

$$\mathrm{e}^{\boldsymbol{D}} = \begin{bmatrix} \mathrm{e}^{a_1} & 0 & \cdots & 0 \\ 0 & \mathrm{e}^{a_2} & \cdots & 0 \\ \vdots & \vdots & & \vdots \\ 0 & 0 & \cdots & \mathrm{e}^{a_n} \end{bmatrix}。 \tag{20}$$

指数矩阵 $\mathrm{e}^{\boldsymbol{A}}$ 满足在标量指数情况下我们所熟悉的大多数指数关系。例如，如果 $\boldsymbol{0}$ 是 $n \times n$ 零矩阵，那么由式 (17) 可得 $n \times n$ 单位矩阵，即
$$\mathrm{e}^{\boldsymbol{0}} = \boldsymbol{I}。 \tag{21}$$

在习题 31 中，我们要求你证明一个有用的指数定律适用于可交换的 $n \times n$ 矩阵：
$$\text{如果}\quad \boldsymbol{AB} = \boldsymbol{BA}，\text{那么}\quad \mathrm{e}^{\boldsymbol{A}+\boldsymbol{B}} = \mathrm{e}^{\boldsymbol{A}}\mathrm{e}^{\boldsymbol{B}}。 \tag{22}$$

在习题 32 中，我们要求你证明

$$(e^{\boldsymbol{A}})^{-1} = e^{-\boldsymbol{A}}. \tag{23}$$

特别地，矩阵 $e^{\boldsymbol{A}}$ 对于每个 $n \times n$ 矩阵 $\boldsymbol{A}$ 都是非奇异的（使我们想起一个事实：对于所有 z，都有 $e^z \neq 0$）。由初等线性代数可知，$e^{\boldsymbol{A}}$ 的列向量总是线性无关的。

如果 t 是一个标量变量，那么将式 (17) 中的 $\boldsymbol{A}$ 替换成 $\boldsymbol{A}t$，可得

$$e^{\boldsymbol{A}t} = \boldsymbol{I} + \boldsymbol{A}t + \boldsymbol{A}^2 \frac{t^2}{2!} + \cdots + \boldsymbol{A}^n \frac{t^n}{n!} + \cdots. \tag{24}$$

（当然，$\boldsymbol{A}t$ 仅仅通过将 $\boldsymbol{A}$ 的每个元素乘以 t 得到。）

例题 3 如果

$$\boldsymbol{A} = \begin{bmatrix} 0 & 3 & 4 \\ 0 & 0 & 6 \\ 0 & 0 & 0 \end{bmatrix},$$

那么

$$\boldsymbol{A}^2 = \begin{bmatrix} 0 & 0 & 18 \\ 0 & 0 & 0 \\ 0 & 0 & 0 \end{bmatrix} \quad 和 \quad \boldsymbol{A}^3 = \begin{bmatrix} 0 & 0 & 0 \\ 0 & 0 & 0 \\ 0 & 0 & 0 \end{bmatrix},$$

所以当 $n \geqslant 3$ 时，$\boldsymbol{A}^n = \boldsymbol{0}$。因此，由式 (24) 可知

$$e^{\boldsymbol{A}t} = \boldsymbol{I} + \boldsymbol{A}t + \frac{1}{2}\boldsymbol{A}^2 t^2$$

$$= \begin{bmatrix} 1 & 0 & 0 \\ 0 & 1 & 0 \\ 0 & 0 & 1 \end{bmatrix} + \begin{bmatrix} 0 & 3 & 4 \\ 0 & 0 & 6 \\ 0 & 0 & 0 \end{bmatrix} t + \frac{1}{2} \begin{bmatrix} 0 & 0 & 18 \\ 0 & 0 & 0 \\ 0 & 0 & 0 \end{bmatrix} t^2;$$

即

$$e^{\boldsymbol{A}t} = \begin{bmatrix} 1 & 3t & 4t + 9t^2 \\ 0 & 1 & 6t \\ 0 & 0 & 1 \end{bmatrix}.$$

备注：如果对于某个正整数 n，$\boldsymbol{A}^n = \boldsymbol{0}$，那么式 (24) 中的指数级数在有限项之后终止，所以如例题 3 一样，很容易计算指数矩阵 $e^{\boldsymbol{A}}$（或 $e^{\boldsymbol{A}t}$）。这样一个幂为零的矩阵被称为**幂零矩阵**。

例题 4 如果

$$\boldsymbol{A} = \begin{bmatrix} 2 & 3 & 4 \\ 0 & 2 & 6 \\ 0 & 0 & 2 \end{bmatrix},$$

那么
$$A = \begin{bmatrix} 2 & 0 & 0 \\ 0 & 2 & 0 \\ 0 & 0 & 2 \end{bmatrix} + \begin{bmatrix} 0 & 3 & 4 \\ 0 & 0 & 6 \\ 0 & 0 & 0 \end{bmatrix} = D + B,$$

其中 $D = 2I$ 是对角矩阵，B 是例题 3 中的幂零矩阵。因此，由式 (20) 和式 (22) 可得

$$e^{At} = e^{(D+B)t} = e^{Dt}e^{Bt} = \begin{bmatrix} e^{2t} & 0 & 0 \\ 0 & e^{2t} & 0 \\ 0 & 0 & e^{2t} \end{bmatrix} \begin{bmatrix} 1 & 3t & 4t+9t^2 \\ 0 & 1 & 6t \\ 0 & 0 & 1 \end{bmatrix};$$

因此

$$e^{At} = \begin{bmatrix} e^{2t} & 3te^{2t} & (4t+9t^2)e^{2t} \\ 0 & e^{2t} & 6te^{2t} \\ 0 & 0 & e^{2t} \end{bmatrix}。$$ ∎

矩阵指数解

对式 (24) 中级数逐项求导是有效的，结果为

$$\frac{\mathrm{d}}{\mathrm{d}t}(e^{At}) = A + A^2 t + A^3 \frac{t^2}{2!} + \cdots = A\left(I + At + A^2 \frac{t^2}{2!} + \cdots\right),$$

即

$$\frac{\mathrm{d}}{\mathrm{d}t}(e^{At}) = Ae^{At}, \tag{25}$$

类似于初等微积分中的公式 $D_t(e^{kt}) = ke^{kt}$。因此矩阵值函数

$$X(t) = e^{At}$$

满足矩阵微分方程

$$X' = AX。$$

因为矩阵 e^{At} 是非奇异的，所以矩阵指数 e^{At} 是线性方程组 $x' = Ax$ 的一个基本矩阵。特别地，它是使 $X(0) = I$ 的基本矩阵 $X(t)$。因此，定理 1 隐含了下列结果。

定理 2　矩阵指数解

如果 A 是一个 $n \times n$ 矩阵，那么初值问题

$$x' = Ax, \quad x(0) = x_0 \tag{26}$$

的解可由

$$x(t) = e^{At} x_0 \tag{27}$$

给出，并且这个解是唯一的。

因此，齐次线性方程组的求解就简化为计算指数矩阵。反之，如果我们已经知道线性方程组 $x' = Ax$ 的一个基本矩阵 $\Phi(t)$，那么由 $e^{At} = \Phi(t)C$ [根据式 (4')] 以及 $e^{A \cdot 0} = e^0 = I$（单位矩阵），可得

$$e^{At} = \Phi(t)\Phi(0)^{-1}. \tag{28}$$

所以我们可以通过求解线性方程组 $x' = Ax$ 求出矩阵指数 e^{At}。

例题 5 在例题 1 中，我们发现系数矩阵为

$$A = \begin{bmatrix} 4 & 2 \\ 3 & -1 \end{bmatrix}$$

的方程组 $x' = Ax$ 有基本矩阵

$$\Phi(t) = \begin{bmatrix} e^{-2t} & 2e^{5t} \\ -3e^{-2t} & e^{5t} \end{bmatrix} \quad \text{以及} \quad \Phi(0)^{-1} = \frac{1}{7}\begin{bmatrix} 1 & -2 \\ 3 & 1 \end{bmatrix}.$$

因此由式 (28) 可得

$$e^{At} = \frac{1}{7}\begin{bmatrix} e^{-2t} & 2e^{5t} \\ -3e^{-2t} & e^{5t} \end{bmatrix}\begin{bmatrix} 1 & -2 \\ 3 & 1 \end{bmatrix}$$

$$= \frac{1}{7}\begin{bmatrix} e^{-2t} + 6e^{5t} & -2e^{-2t} + 2e^{5t} \\ -3e^{-2t} + 3e^{5t} & 6e^{-2t} + e^{5t} \end{bmatrix}. \quad \blacksquare$$

例题 6 利用指数矩阵求解初值问题

$$x' = \begin{bmatrix} 2 & 3 & 4 \\ 0 & 2 & 6 \\ 0 & 0 & 2 \end{bmatrix}x, \quad x(0) = \begin{bmatrix} 19 \\ 29 \\ 39 \end{bmatrix}. \tag{29}$$

解答： 显然式 (29) 中的系数矩阵 A 具有特征方程 $(2-\lambda)^3 = 0$，因此具有三重特征值 $\lambda = 2, 2, 2$。很容易看出特征向量方程

$$(A - 2I)v = \begin{bmatrix} 0 & 3 & 4 \\ 0 & 0 & 6 \\ 0 & 0 & 0 \end{bmatrix}\begin{bmatrix} a \\ b \\ c \end{bmatrix} = \begin{bmatrix} 0 \\ 0 \\ 0 \end{bmatrix}$$

（在相差常数倍数意义下）具有单一解 $v = \begin{bmatrix} 1 & 0 & 0 \end{bmatrix}^T$。因此只有一个与特征值 $\lambda = 2$ 相关的特征向量，所以我们还没有得到一个基本矩阵所需的三个线性无关解。但是我们注意到，A 与例题 4 中矩阵相同，已经计算出其矩阵指数为

$$e^{At} = \begin{bmatrix} e^{2t} & 3te^{2t} & (4t + 9t^2)e^{2t} \\ 0 & e^{2t} & 6te^{2t} \\ 0 & 0 & e^{2t} \end{bmatrix}.$$

因此，利用定理 2，初值问题 (29) 的解为

$$x(t) = e^{At}x(0) = \begin{bmatrix} e^{2t} & 3te^{2t} & (4t+9t^2)e^{2t} \\ 0 & e^{2t} & 6te^{2t} \\ 0 & 0 & e^{2t} \end{bmatrix} \begin{bmatrix} 19 \\ 29 \\ 39 \end{bmatrix}$$

$$= \begin{bmatrix} (19+243t+351t^2)e^{2t} \\ (29+234t)e^{2t} \\ 39e^{2t} \end{bmatrix}。$$ ∎

备注：使用 5.5 节的广义特征向量法可以求出与例题 6 中相同的特解 $x(t)$。首先要求出与矩阵 A 的三重特征值 $\lambda = 2$ 对应的广义特征向量链

$$v_1 = \begin{bmatrix} 18 \\ 0 \\ 0 \end{bmatrix}, \quad v_2 = \begin{bmatrix} 4 \\ 6 \\ 0 \end{bmatrix}, \quad v_3 = \begin{bmatrix} 0 \\ 0 \\ 1 \end{bmatrix}。$$

然后利用 5.5 节式 (27)，组装出式 (29) 中微分方程 $x' = Ax$ 的线性无关解

$$x_1(t) = v_1 e^{2t}, \quad x_2(t) = (v_1 t + v_2)e^{2t}, \quad x_3(t) = \left(\frac{1}{2}v_1 t^2 + v_2 t + v_3\right)e^{2t}。$$

最后一步是确定系数 c_1，c_2，c_3 的值，使特解 $x(t) = c_1 x_1(t) + c_2 x_2(t) + c_3 x_3(t)$ 满足式 (29) 中的初始条件。此刻应该很明显，从计算方面上讲例题 6 中所示方法很可能比广义特征向量法更"常规"，尤其当矩阵指数 e^{At} 很容易得到（例如，从计算机代数系统得到）时。 ∎

一般矩阵指数

在例题 4 中对 e^{At} 进行了相对简单的计算（并用于例题 6），这是基于，若

$$A = \begin{bmatrix} 2 & 3 & 4 \\ 0 & 2 & 6 \\ 0 & 0 & 2 \end{bmatrix},$$

则 $A - 2I$ 是幂零矩阵：

$$(A-2I)^3 = \begin{bmatrix} 0 & 3 & 4 \\ 0 & 0 & 6 \\ 0 & 0 & 0 \end{bmatrix}^3 = \begin{bmatrix} 0 & 0 & 0 \\ 0 & 0 & 0 \\ 0 & 0 & 0 \end{bmatrix} = \mathbf{0}。 \tag{30}$$

类似的结果适用于任何具有三重特征值 r 的 3×3 矩阵 A，在这种情况下，其特征方程简化为 $(\lambda - r)^3 = 0$。对于这样一个矩阵，类似于式 (30) 中的显式计算将表明

$$(A - rI)^3 = \mathbf{0}。 \tag{31}$$

(这个特殊的结果是高等线性代数中的 Cayley-Hamilton 定理的一个特例,根据这个定理,每个矩阵都满足它自己的特征方程。)因此矩阵 $A - rI$ 是幂零矩阵,由此可知

$$e^{At} = e^{(rI+A-rI)t} = e^{rIt} \cdot e^{(A-rI)t} = e^{rt}I \cdot [I + (A-rI)t + \frac{1}{2}(A-rI)^2 t^2], \tag{32}$$

由于式 (31),指数级数在这里终止。以这种方式,我们可以很容易对任意只有单个特征值的方阵计算矩阵指数 e^{At}。

式 (32) 中的计算激发了一种对任意 $n \times n$ 矩阵 A 计算 e^{At} 的方法。正如我们在 5.5 节中所看到的,A 有 n 个线性无关的广义特征向量 $u_1, u_2, \cdots, u_n$。每个广义特征向量 u 都与 A 的一个特征值 λ 相关,并且都有秩 $r \geqslant 1$ 使得

$$(A - \lambda I)^r u = 0 \quad 但是 \quad (A - \lambda I)^{r-1} u \neq 0。 \tag{33}$$

(如果 $r = 1$,那么 u 是使 $Au = \lambda u$ 的普通特征向量。)

即使我们还不知道 e^{At} 的显式形式,但是我们可以考虑函数 $x(t) = e^{At}u$,它是 e^{At} 的列向量的线性组合,因此是满足 $x(0) = u$ 的线性方程组 $x' = Ax$ 的解。实际上,我们可以用 A,u,λ 和 r 显式地计算 x:

$$x(t) = e^{At}u = e^{(\lambda I + A - \lambda I)t}u = e^{\lambda It}e^{(A-\lambda I)t}u$$

$$= e^{\lambda t}I\left[I + (A-\lambda I)t + \cdots + (A-\lambda I)^{r-1}\frac{t^{r-1}}{(r-1)!} + \cdots\right]u,$$

所以

$$x(t) = e^{\lambda t}\left[u + (A-\lambda I)ut + (A-\lambda I)^2 u\frac{t^2}{2!} + \cdots + (A-\lambda I)^{r-1}u\frac{t^{r-1}}{(r-1)!}\right], \tag{34}$$

其中利用了式 (33) 和 $e^{\lambda It} = e^{\lambda t}I$ 的事实。

如果使用涉及线性无关广义特征向量 $u_1, u_2, \cdots, u_n$ 的式 (34) 计算出 $x' = Ax$ 的线性无关解 $x_1(t), x_2(t), \cdots, x_n(t)$,那么 $n \times n$ 矩阵

$$\Phi(t) = \begin{bmatrix} x_1(t) & x_2(t) & \cdots & x_n(t) \end{bmatrix} \tag{35}$$

是方程组 $x' = Ax$ 的一个基本矩阵。最后,特定的基本矩阵 $X(t) = \Phi(t)\Phi(0)^{-1}$ 满足初始条件 $X(0) = I$,从而是所期望的矩阵指数 e^{At}。因此,我们概述了下列定理的证明过程。

定理 3 e^{At} 的计算

设 $u_1, u_2, \cdots, u_n$ 是 $n \times n$ 矩阵 A 的 n 个线性无关广义特征向量。对于每个 i,且 $1 \leqslant i \leqslant n$,设 $x_i(t)$ 是将 $u = u_i$ 和相关特征值 λ 以及广义特征向量 u_i 的秩 r 代入式 (34) 后所得的 $x' = Ax$ 的解。若基本矩阵 $\Phi(t)$ 由式 (35) 定义,则

$$e^{At} = \Phi(t)\Phi(0)^{-1}。 \tag{36}$$

例题 7 如果

$$A = \begin{bmatrix} 3 & 4 & 5 \\ 0 & 5 & 4 \\ 0 & 0 & 3 \end{bmatrix}, \tag{37}$$

求 e^{At}。

解答：即使矩阵 A 不是上三角矩阵，定理 3 也适用。但是因为 A 是上三角的，这个事实使我们能很快看出其特征方程为

$$(5 - \lambda)(3 - \lambda)^2 = 0。$$

因此 A 有单一特征值 $\lambda_1 = 5$ 和多重特征值 $\lambda_2 = 3$。

情况 1：$\lambda_1 = 5$。对于 $u = \begin{bmatrix} a & b & c \end{bmatrix}^T$，特征向量方程 $(A - \lambda I)u = 0$ 为

$$(A - 5I)u = \begin{bmatrix} -2 & 4 & 5 \\ 0 & 0 & 4 \\ 0 & 0 & -2 \end{bmatrix} \begin{bmatrix} a \\ b \\ c \end{bmatrix} = \begin{bmatrix} 0 \\ 0 \\ 0 \end{bmatrix}。$$

由后两个标量方程 $4c = 0$ 和 $-2c = 0$ 得到 $c = 0$。那么当 $a = 2$ 和 $b = 1$ 时，第一个方程 $-2a + 4b = 0$ 满足。因此特征值 $\lambda_1 = 5$ 有（普通）特征向量 $u_1 = \begin{bmatrix} 2 & 1 & 0 \end{bmatrix}^T$。方程组 $x' = Ax$ 的对应解为

$$x_1(t) = e^{5t}u_1 = e^{5t}\begin{bmatrix} 2 & 1 & 0 \end{bmatrix}^T。 \tag{38}$$

情况 2：$\lambda_2 = 3$。对于 $u = \begin{bmatrix} a & b & c \end{bmatrix}^T$，特征向量方程 $(A - \lambda I)u = 0$ 为

$$(A - 3I)u = \begin{bmatrix} 0 & 4 & 5 \\ 0 & 2 & 4 \\ 0 & 0 & 0 \end{bmatrix} \begin{bmatrix} a \\ b \\ c \end{bmatrix} = \begin{bmatrix} 0 \\ 0 \\ 0 \end{bmatrix}。$$

前两个方程 $4b + 5c = 0$ 和 $2b + 4c = 0$ 意味着 $b = c = 0$，但是留下 a 为任意值。因此特征值 $\lambda_2 = 3$ 有单个（普通）特征向量 $u_2 = \begin{bmatrix} 1 & 0 & 0 \end{bmatrix}^T$。方程组 $x' = Ax$ 的对应解为

$$x_2(t) = e^{3t}u_2 = e^{3t}\begin{bmatrix} 1 & 0 & 0 \end{bmatrix}^T。 \tag{39}$$

为了在方程 (33) 中寻求一个秩为 $r = 2$ 的广义特征向量，我们考虑方程

$$(A - 3I)^2 u = \begin{bmatrix} 0 & 8 & 16 \\ 0 & 4 & 8 \\ 0 & 0 & 0 \end{bmatrix} \begin{bmatrix} a \\ b \\ c \end{bmatrix} = \begin{bmatrix} 0 \\ 0 \\ 0 \end{bmatrix}。$$

当 $b=2$ 和 $c=-1$ 时，前两个方程 $8b+16c=0$ 和 $4b+8c=0$ 满足，但是留下 a 为任意值。当 $a=0$ 时，我们得到与特征值 $\lambda=3$ 相关的秩为 $r=2$ 的广义特征向量 $\boldsymbol{u}_3 = \begin{bmatrix} 0 & 2 & -1 \end{bmatrix}^\mathrm{T}$。因为 $(\boldsymbol{A}-3\boldsymbol{I})^2\boldsymbol{u}=\boldsymbol{0}$，所以由式 (34) 得到第三个解

$$\boldsymbol{x}_3(t) = \mathrm{e}^{3t}[\boldsymbol{u}_3 + (\boldsymbol{A}-3\boldsymbol{I})\boldsymbol{u}_3 t]$$

$$= \mathrm{e}^{3t}\left(\begin{bmatrix} 0 \\ 2 \\ -1 \end{bmatrix} + \begin{bmatrix} 0 & 4 & 5 \\ 0 & 2 & 4 \\ 0 & 0 & 0 \end{bmatrix}\begin{bmatrix} 0 \\ 2 \\ -1 \end{bmatrix}t\right) = \mathrm{e}^{3t}\begin{bmatrix} 3t \\ 2 \\ -1 \end{bmatrix}。 \qquad (40)$$

根据式 (39) 和式 (40) 列出的解，由式 (35) 所定义的基本矩阵

$$\boldsymbol{\varPhi}(t) = \begin{bmatrix} \boldsymbol{x}_1(t) & \boldsymbol{x}_2(t) & \boldsymbol{x}_3(t) \end{bmatrix}$$

为

$$\boldsymbol{\varPhi}(t) = \begin{bmatrix} 2\mathrm{e}^{5t} & \mathrm{e}^{3t} & 3t\mathrm{e}^{3t} \\ \mathrm{e}^{5t} & 0 & 2\mathrm{e}^{3t} \\ 0 & 0 & -\mathrm{e}^{3t} \end{bmatrix} \quad 并且 \quad \boldsymbol{\varPhi}(0)^{-1} = \begin{bmatrix} 0 & 1 & 2 \\ 1 & -2 & -4 \\ 0 & 0 & -1 \end{bmatrix}。$$

因此由定理 3 最终得出

$$\mathrm{e}^{\boldsymbol{A}t} = \boldsymbol{\varPhi}(t)\boldsymbol{\varPhi}(0)^{-1}$$

$$= \begin{bmatrix} 2\mathrm{e}^{5t} & \mathrm{e}^{3t} & 3t\mathrm{e}^{3t} \\ \mathrm{e}^{5t} & 0 & 2\mathrm{e}^{3t} \\ 0 & 0 & -\mathrm{e}^{3t} \end{bmatrix}\begin{bmatrix} 0 & 1 & 2 \\ 1 & -2 & -4 \\ 0 & 0 & -1 \end{bmatrix}$$

$$= \begin{bmatrix} \mathrm{e}^{3t} & 2\mathrm{e}^{5t}-2\mathrm{e}^{3t} & 4\mathrm{e}^{5t}-(4+3t)\mathrm{e}^{3t} \\ 0 & \mathrm{e}^{5t} & 2\mathrm{e}^{5t}-2\mathrm{e}^{3t} \\ 0 & 0 & \mathrm{e}^{3t} \end{bmatrix}。 \qquad ■$$

备注：如例题 7 所示，只要能求出一组由 $\boldsymbol{A}$ 的广义特征向量组成的基，就足以根据定理 3 计算出 $\mathrm{e}^{\boldsymbol{A}t}$。另外，如本节应用所示，也可以使用计算机代数系统。 ■

习题

在习题 1~8 中，求每个方程组的基本矩阵，然后应用式 (8) 求出满足给定初始条件的解。

1. $\boldsymbol{x}' = \begin{bmatrix} 2 & 1 \\ 1 & 2 \end{bmatrix}\boldsymbol{x}, \ \boldsymbol{x}(0) = \begin{bmatrix} 3 \\ -2 \end{bmatrix}$

2. $\boldsymbol{x}' = \begin{bmatrix} 2 & -1 \\ -4 & 2 \end{bmatrix}\boldsymbol{x}, \ \boldsymbol{x}(0) = \begin{bmatrix} 2 \\ -1 \end{bmatrix}$

3. $\boldsymbol{x}' = \begin{bmatrix} 2 & -5 \\ 4 & -2 \end{bmatrix}\boldsymbol{x}, \ \boldsymbol{x}(0) = \begin{bmatrix} 0 \\ 1 \end{bmatrix}$

4. $\boldsymbol{x}' = \begin{bmatrix} 3 & -1 \\ 1 & 1 \end{bmatrix}\boldsymbol{x}, \ \boldsymbol{x}(0) = \begin{bmatrix} 1 \\ 0 \end{bmatrix}$

5. $\boldsymbol{x}' = \begin{bmatrix} -3 & -2 \\ 9 & 3 \end{bmatrix}\boldsymbol{x}, \ \boldsymbol{x}(0) = \begin{bmatrix} 1 \\ -1 \end{bmatrix}$

6. $x' = \begin{bmatrix} 7 & -5 \\ 4 & 3 \end{bmatrix} x, \ x(0) = \begin{bmatrix} 2 \\ 0 \end{bmatrix}$

7. $x' = \begin{bmatrix} 5 & 0 & -6 \\ 2 & -1 & -2 \\ 4 & -2 & -4 \end{bmatrix} x, \ x(0) = \begin{bmatrix} 2 \\ 1 \\ 0 \end{bmatrix}$

8. $x' = \begin{bmatrix} 3 & 2 & 2 \\ -5 & -4 & -2 \\ 5 & 5 & 3 \end{bmatrix} x, \ x(0) = \begin{bmatrix} 1 \\ 0 \\ -1 \end{bmatrix}$

在习题 9~20 中，为每个给定方程组 $x' = Ax$ 计算矩阵指数 e^{At}。

9. $x'_1 = 5x_1 - 4x_2, \ x'_2 = 2x_1 - x_2$
10. $x'_1 = 6x_1 - 6x_2, \ x'_2 = 4x_1 - 4x_2$
11. $x'_1 = 5x_1 - 3x_2, \ x'_2 = 2x_1$
12. $x'_1 = 5x_1 - 4x_2, \ x'_2 = 3x_1 - 2x_2$
13. $x'_1 = 9x_1 - 8x_2, \ x'_2 = 6x_1 - 5x_2$
14. $x'_1 = 10x_1 - 6x_2, \ x'_2 = 12x_1 - 7x_2$
15. $x'_1 = 6x_1 - 10x_2, \ x'_2 = 2x_1 - 3x_2$
16. $x'_1 = 11x_1 - 15x_2, \ x'_2 = 6x_1 - 8x_2$
17. $x'_1 = 3x_1 + x_2, \ x'_2 = x_1 + 3x_2$
18. $x'_1 = 4x_1 + 2x_2, \ x'_2 = 2x_1 + 4x_2$
19. $x'_1 = 9x_1 + 2x_2, \ x'_2 = 2x_1 + 6x_2$
20. $x'_1 = 13x_1 + 4x_2, \ x'_2 = 4x_1 + 7x_2$

在习题 21~24 中，证明矩阵 A 是幂零矩阵，然后利用这个事实（如例题 3 所示）求出矩阵指数 e^{At}。

21. $A = \begin{bmatrix} 1 & -1 \\ 1 & -1 \end{bmatrix}$ 22. $A = \begin{bmatrix} 6 & 4 \\ -9 & -6 \end{bmatrix}$

23. $A = \begin{bmatrix} 1 & -1 & -1 \\ 1 & -1 & 1 \\ 0 & 0 & 0 \end{bmatrix}$ 24. $A = \begin{bmatrix} 3 & 0 & -3 \\ 5 & 0 & 7 \\ 3 & 0 & -3 \end{bmatrix}$

在习题 25~30 中，每个系数矩阵 A 都是幂零矩阵和单位矩阵的倍数之和。利用这个事实（如例题 6 所示）求解给定的初值问题。

25. $x' = \begin{bmatrix} 2 & 5 \\ 0 & 2 \end{bmatrix} x, \ x(0) = \begin{bmatrix} 4 \\ 7 \end{bmatrix}$

26. $x' = \begin{bmatrix} 7 & 0 \\ 11 & 7 \end{bmatrix} x, \ x(0) = \begin{bmatrix} 5 \\ -10 \end{bmatrix}$

27. $x' = \begin{bmatrix} 1 & 2 & 3 \\ 0 & 1 & 2 \\ 0 & 0 & 1 \end{bmatrix} x, \ x(0) = \begin{bmatrix} 4 \\ 5 \\ 6 \end{bmatrix}$

28. $x' = \begin{bmatrix} 5 & 0 & 0 \\ 10 & 5 & 0 \\ 20 & 30 & 5 \end{bmatrix} x, \ x(0) = \begin{bmatrix} 40 \\ 50 \\ 60 \end{bmatrix}$

29. $x' = \begin{bmatrix} 1 & 2 & 3 & 4 \\ 0 & 1 & 6 & 3 \\ 0 & 0 & 1 & 2 \\ 0 & 0 & 0 & 1 \end{bmatrix} x, \ x(0) = \begin{bmatrix} 1 \\ 1 \\ 1 \\ 1 \end{bmatrix}$

30. $x' = \begin{bmatrix} 3 & 0 & 0 & 0 \\ 6 & 3 & 0 & 0 \\ 9 & 6 & 3 & 0 \\ 12 & 9 & 6 & 3 \end{bmatrix} x, \ x(0) = \begin{bmatrix} 1 \\ 1 \\ 1 \\ 1 \end{bmatrix}$

31. 假设 $n \times n$ 矩阵 A 和 B 可交换，即 $AB = BA$。证明 $e^{A+B} = e^A e^B$。（提示：将右侧两个级数的乘积中的项分组，得到左侧级数。）

32. 由习题 31 的结果推导出，对于每个方阵 A，矩阵 e^A 是非奇异的，且 $(e^A)^{-1} = e^{-A}$。

33. 假设
$$A = \begin{bmatrix} 0 & 1 \\ 1 & 0 \end{bmatrix}。$$
证明如果 n 是正整数，那么 $A^{2n} = I$ 且 $A^{2n+1} = A$。并推断出
$$e^{At} = I \cosh t + A \sinh t,$$
然后应用这一事实求出 $x' = Ax$ 的通解。验证它等价于用特征值法求出的通解。

34. 假设
$$A = \begin{bmatrix} 0 & 2 \\ -2 & 0 \end{bmatrix}。$$
证明 $e^{At} = I \cos 2t + \frac{1}{2} A \sin 2t$。应用这一事实求出 $x' = Ax$ 的通解，并验证它等价于用特征值法求出的解。

应用定理 3 计算习题 35~40 中的矩阵指数 e^{At}。

35. $A = \begin{bmatrix} 3 & 4 \\ 0 & 3 \end{bmatrix}$ 36. $A = \begin{bmatrix} 1 & 2 & 3 \\ 0 & 1 & 4 \\ 0 & 0 & 1 \end{bmatrix}$

37. $A = \begin{bmatrix} 2 & 3 & 4 \\ 0 & 1 & 3 \\ 0 & 0 & 1 \end{bmatrix}$ 38. $A = \begin{bmatrix} 5 & 20 & 30 \\ 0 & 10 & 20 \\ 0 & 0 & 5 \end{bmatrix}$

39. $A = \begin{bmatrix} 1 & 3 & 3 & 3 \\ 0 & 1 & 3 & 3 \\ 0 & 0 & 2 & 3 \\ 0 & 0 & 0 & 2 \end{bmatrix}$ 40. $A = \begin{bmatrix} 2 & 4 & 4 & 4 \\ 0 & 2 & 4 & 4 \\ 0 & 0 & 2 & 4 \\ 0 & 0 & 0 & 3 \end{bmatrix}$

应用　矩阵指数解的自动计算

请访问 bit.ly/319SbRG，利用 Maple、Mathematica 和 MATLAB 等计算资源对此主题进行更多讨论和探索。

如果 A 是一个 $n \times n$ 矩阵，那么对于方程组

$$x' = Ax, \tag{1}$$

可以先用计算机代数系统计算基本矩阵 e^{At}，然后计算矩阵乘积 $x(t) = \mathrm{e}^{At} x_0$，以得到满足初始条件 $x(0) = x_0$ 的解。例如，假设我们要求解初值问题

$$x_1' = 13x_1 + 4x_2,$$
$$x_2' = 4x_1 + 7x_2;$$
$$x_1(0) = 11, \quad x_2(0) = 23。$$

在输入矩阵

$$A = \begin{bmatrix} 13 & 4 \\ 4 & 7 \end{bmatrix}, \quad x_0 = \begin{bmatrix} 11 \\ 23 \end{bmatrix} \tag{2}$$

后，Maple 命令

    with(linalg): exponential(A*t)

或 Mathematica 命令

    MatrixExp[A t]

或 MATLAB 命令

    syms t, expm(A*t)

都可以得到矩阵指数

$$\mathrm{expAt} = \frac{1}{5} \begin{bmatrix} \mathrm{e}^{5t} + 4\mathrm{e}^{15t} & -2\mathrm{e}^{5t} + 2\mathrm{e}^{15t} \\ -2\mathrm{e}^{5t} + 2\mathrm{e}^{15t} & 4\mathrm{e}^{5t} + \mathrm{e}^{15t} \end{bmatrix}。$$

然后由 Maple 的乘积命令 `multiply(expAt,x0)`、Mathematica 的乘积命令 `expAt.x0` 或者 MATLAB 的乘积命令 `expAt*x0` 都可以得到解向量

$$x = \begin{bmatrix} -7\mathrm{e}^{5t} + 18\mathrm{e}^{15t} \\ 14\mathrm{e}^{5t} + 9\mathrm{e}^{15t} \end{bmatrix}。$$

显然，这便是求解初值问题的方法！

矩阵指数还允许对方程组 (1) 进行方便的交互式探索。例如，一个 Mathematica 版本的命令

```
A = {{13, 4}, {4, 7}};
field = VectorPlot[A.{x, y}, {x, -25, 25},
    {y, -25, 25}];
Manipulate[
    curves = ParametricPlot[
        MatrixExp[A t, #] &/@pt, {t, -1, 1},
        PlotRange -> 25];
    Show[curves, field],
    {{pt, {{11, 23}, {20, -10}, {-20, -10},
    {-20, 10}}}, Locator}]
```

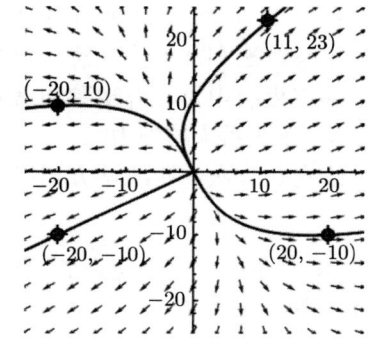

图 5.6.1 线性方程组 (1) 的交互式显示。当"定位点"被拖动到不同位置时，解曲线被立即重新绘制，从而说明方程组的行为

可用于生产图 5.6.1，它显示了方程组 (1) 的四条解曲线，其中所选矩阵 A 如式 (2) 所示。这四条解曲线中一条初始经过初值问题的点 $(11, 23)$，而另外三条初始分别经过点 $(20, -10)$、$(-20, -10)$ 和 $(-20, 10)$，每条解曲线的初始条件都由一个"定位点"指定，该定位点可以在相平面中被自由拖动到任何所期望的位置，相应的解曲线被立即重新绘制。

练习

尝试这种交互式显示可以很清楚地说明线性方程组的行为。例如，注意图 5.6.1 中的直线解；如果你可以在相平面周围拖动相应的定位点，你还能找到其他的直线解吗？你怎么能通过检查矩阵 A 来预测这个呢？

对于三维示例，可以求解初值问题

$$x_1' = -149x_1 - 50x_2 - 154x_3,$$
$$x_2' = 537x_1 + 180x_2 + 546x_3,$$
$$x_3' = -27x_1 - 9x_2 - 25x_3;$$
$$x_1(0) = 17, \quad x_2(0) = 43, \quad x_3(0) = 79。$$

下面是一个四维问题：

$$x_1' = 4x_1 + x_2 + x_3 + 7x_4,$$
$$x_2' = x_1 + 4x_2 + 10x_3 + x_4,$$
$$x_3' = x_1 + 10x_2 + 4x_3 + x_4,$$

$$x'_4 = 7x_1 + \quad x_2 + \quad x_3 + 4x_4;$$
$$x_1(0) = 15, \quad x_2(0) = 35, \quad x_3(0) = 55, \quad x_4(0) = 75。$$

如果此时你对矩阵指数太感兴趣，就自己编一些问题。例如，选择本章中出现的任意齐次线性方程组，用不同的初始条件进行实验。5.5 节应用中奇特的 5×5 矩阵 $\boldsymbol{A}$ 可能会提出一些有趣的可能性。

5.7 非齐次线性方程组

在 3.5 节中，我们展示了求出单个非齐次 n 阶线性微分方程的单个特解的两种技术，即待定系数法和常数变易法。每种方法都可以推广到非齐次线性方程组。在模拟物理情况的线性方程组中，非齐次项通常对应于外部影响，例如流入级联盐水箱的液体量或作用于质量块–弹簧系统的外力。

给定非齐次一阶线性方程组

$$\boldsymbol{x}' = \boldsymbol{A}\boldsymbol{x} + \boldsymbol{f}(t), \tag{1}$$

其中 $\boldsymbol{A}$ 是 $n \times n$ 常数矩阵，"非齐次项" $\boldsymbol{f}(t)$ 是给定的连续向量值函数，我们从 5.1 节定理 4 可知，方程组 (1) 的通解具有形式

$$\boldsymbol{x}(t) = \boldsymbol{x}_c(t) + \boldsymbol{x}_p(t), \tag{2}$$

其中

- $\boldsymbol{x}_c(t) = c_1 \boldsymbol{x}_1(t) + c_2 \boldsymbol{x}_2(t) + \cdots + c_n \boldsymbol{x}_n(t)$ 是相关齐次方程组 $\boldsymbol{x}' = \boldsymbol{A}\boldsymbol{x}$ 的通解，
- $\boldsymbol{x}_p(t)$ 是原非齐次方程组 (1) 的单个特解。

前面几节已经处理了 $\boldsymbol{x}_c(t)$，所以我们现在的任务是求出 $\boldsymbol{x}_p(t)$。

待定系数法

首先，我们假设式 (1) 中的非齐次项 $\boldsymbol{f}(t)$ 是多项式、指数函数、正弦和余弦函数的乘积的线性组合（具有常向量系数）。那么，方程组的待定系数法本质上与单个线性微分方程的待定系数法相同。我们先对特解 $\boldsymbol{x}_p$ 的一般形式做一个明智的猜测，然后尝试通过代入方程组 (1) 来确定 $\boldsymbol{x}_p$ 中的系数。此外，这种一般形式的选择本质上与在单个方程的情况下（在 3.5 节中讨论过）相同，我们只需要通过使用待定向量系数而不是待定标量来做出修改。因此，我们将把目前的讨论局限于说明性示例。

例题 1 求出下列非齐次方程组的特解：

$$\boldsymbol{x}' = \begin{bmatrix} 3 & 2 \\ 7 & 5 \end{bmatrix} \boldsymbol{x} + \begin{bmatrix} 3 \\ 2t \end{bmatrix}。 \tag{3}$$

解答：由于非齐次项 $\boldsymbol{f} = \begin{bmatrix} 3 & 2t \end{bmatrix}^\mathrm{T}$ 是线性的，所以选择如下形式的线性试验特解是合理的，

$$\boldsymbol{x}_p(t) = \boldsymbol{a}t + \boldsymbol{b} = \begin{bmatrix} a_1 \\ a_2 \end{bmatrix} t + \begin{bmatrix} b_1 \\ b_2 \end{bmatrix}。 \tag{4}$$

将 $\boldsymbol{x} = \boldsymbol{x}_p$ 代入方程 (3)，可得

$$\begin{bmatrix} a_1 \\ a_2 \end{bmatrix} = \begin{bmatrix} 3 & 2 \\ 7 & 5 \end{bmatrix} \begin{bmatrix} a_1 t + b_1 \\ a_2 t + b_2 \end{bmatrix} + \begin{bmatrix} 3 \\ 2t \end{bmatrix}$$

$$= \begin{bmatrix} 3a_1 + 2a_2 \\ 7a_1 + 5a_2 + 2 \end{bmatrix} t + \begin{bmatrix} 3b_1 + 2b_2 + 3 \\ 7b_1 + 5b_2 \end{bmatrix}。$$

我们使 t 的系数和常数项分别对应相等（以 x_1 和 x_2 分量形式表示），从而得到方程

$$\begin{aligned} 3a_1 + 2a_2 &= 0, \\ 7a_1 + 5a_2 + 2 &= 0, \\ 3b_1 + 2b_2 + 3 &= a_1, \\ 7b_1 + 5b_2 &= a_2。 \end{aligned} \tag{5}$$

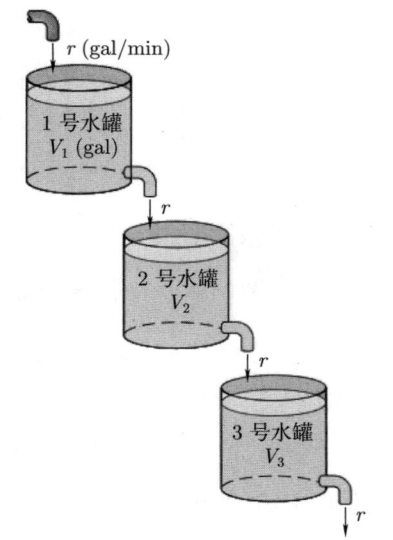

图 5.7.1　5.2 节例题 2 中的三个盐水罐

我们从式 (5) 的前两个方程解出 $a_1 = 4$ 和 $a_2 = -6$。然后根据这些值，我们可以从式 (5) 的最后两个方程解出 $b_1 = 17$ 和 $b_2 = -25$。将这些系数代入式 (4)，得到方程 (3) 的特解 $\boldsymbol{x} = \begin{bmatrix} x_1 & x_2 \end{bmatrix}^{\mathrm{T}}$，用标量形式表示为

$$\begin{aligned} x_1(t) &= 4t + 17, \\ x_2(t) &= -6t - 25。 \end{aligned}$$ ∎

例题 2　**级联盐水罐**　图 5.7.1 显示了 5.2 节例题 2 中所研究的三个盐水罐组成的系统。三个水罐的体积分别为 $V_1 = 20, V_2 = 40$ 和 $V_3 = 50$ (gal)，共同的流速为 $r = 10$ (gal/min)。假设最初三个水罐都装有淡水，但流入 1 号水罐的是每加仑含 2 磅盐的盐水，所以每分钟有 20 磅盐流入 1 号水罐。参考 5.2 节式 (18)，我们看到 t 时刻三个水罐中盐含量向量 $\boldsymbol{x}(t) = \begin{bmatrix} x_1(t) & x_2(t) & x_3(t) \end{bmatrix}^{\mathrm{T}}$（以 lb 为单位）满足非齐次初值问题

$$\frac{\mathrm{d}\boldsymbol{x}}{\mathrm{d}t} = \begin{bmatrix} -0.5 & 0 & 0 \\ 0.5 & -0.25 & 0 \\ 0 & 0.25 & -0.2 \end{bmatrix} \boldsymbol{x} + \begin{bmatrix} 20 \\ 0 \\ 0 \end{bmatrix}, \quad \boldsymbol{x}(0) = \begin{bmatrix} 0 \\ 0 \\ 0 \end{bmatrix}。 \tag{6}$$

这里非齐次项 $\boldsymbol{f} = \begin{bmatrix} 20 & 0 & 0 \end{bmatrix}^{\mathrm{T}}$ 对应于以 20 lb/min 的速度流入 1 号水罐的盐量，没有

（外部）盐流入 2 号水箱和 3 号水罐。

因为非齐次项是常量，所以我们自然选择一个常量试验函数 $\boldsymbol{x}_p = \begin{bmatrix} a_1 & a_2 & a_3 \end{bmatrix}^\mathrm{T}$，满足 $\boldsymbol{x}_p' \equiv \boldsymbol{0}$。然后将 $\boldsymbol{x} = \boldsymbol{x}_p$ 代入式 (6)，得到方程组

$$\begin{bmatrix} 0 \\ 0 \\ 0 \end{bmatrix} = \begin{bmatrix} -0.5 & 0 & 0 \\ 0.5 & -0.25 & 0 \\ 0 & 0.25 & -0.2 \end{bmatrix} \begin{bmatrix} a_1 \\ a_2 \\ a_3 \end{bmatrix} + \begin{bmatrix} 20 \\ 0 \\ 0 \end{bmatrix},$$

我们很容易依次解出 $a_1 = 40$，$a_2 = 80$ 和 $a_3 = 100$。因此特解为 $\boldsymbol{x}_p(t) = \begin{bmatrix} 40 & 80 & 100 \end{bmatrix}^\mathrm{T}$。

在 5.2 节例题 2 中，我们求出了相关齐次方程组的通解

$$\boldsymbol{x}_c(t) = c_1 \begin{bmatrix} 3 \\ -6 \\ 5 \end{bmatrix} \mathrm{e}^{-t/2} + c_2 \begin{bmatrix} 0 \\ 1 \\ -5 \end{bmatrix} \mathrm{e}^{-t/4} + c_3 \begin{bmatrix} 0 \\ 0 \\ 1 \end{bmatrix} \mathrm{e}^{-t/5},$$

所以非齐次方程组 (6) 的通解 $\boldsymbol{x} = \boldsymbol{x}_c + \boldsymbol{x}_p$ 可由下式给出，

$$\boldsymbol{x}(t) = c_1 \begin{bmatrix} 3 \\ -6 \\ 5 \end{bmatrix} \mathrm{e}^{-t/2} + c_2 \begin{bmatrix} 0 \\ 1 \\ -5 \end{bmatrix} \mathrm{e}^{-t/4} + c_3 \begin{bmatrix} 0 \\ 0 \\ 1 \end{bmatrix} \mathrm{e}^{-t/5} + \begin{bmatrix} 40 \\ 80 \\ 100 \end{bmatrix}. \tag{7}$$

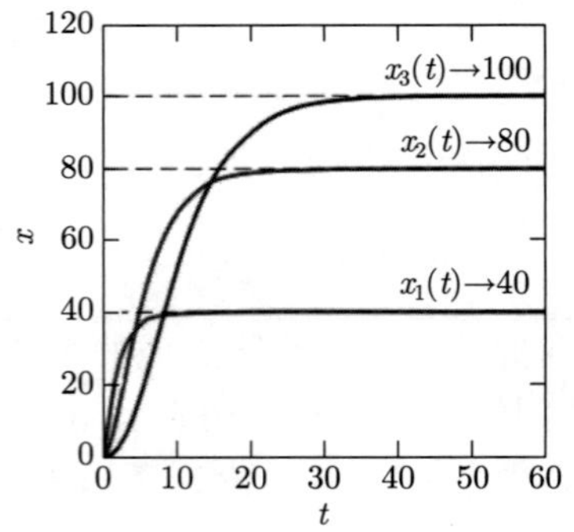

当我们应用式 (6) 中的零初始条件时，可得标量方程

$$3c_1 \qquad\qquad + 40 = 0,$$
$$-6c_1 + c_2 \qquad + 80 = 0,$$
$$5c_1 - 5c_2 + c_3 + 100 = 0,$$

很容易解出 $c_1 = -\dfrac{40}{3}$，$c_2 = -160$ 和 $c_3 = -\dfrac{2500}{3}$。将这些系数代入式 (7)，我们发现 t 时刻三个水罐中的盐含量可由下式给出，

$$\begin{aligned} x_1(t) &= 40 - 40\mathrm{e}^{-t/2}, \\ x_2(t) &= 80 + 80\mathrm{e}^{-t/2} - 160\mathrm{e}^{-t/4}, \\ x_3(t) &= 100 + \frac{100}{3}(-2\mathrm{e}^{-t/2} + 24\mathrm{e}^{-t/4} - 25\mathrm{e}^{-t/5}). \end{aligned} \tag{8}$$

图 5.7.2　由式 (8) 所定义的盐含量的解曲线

如图 5.7.2 所示，我们看到，当 $t \to +\infty$ 时，三个水罐中的盐都趋近于 2 lb/gal 的均匀密度，与流入 1 号水罐的盐密度相同。∎

在余函数和非齐次项中有重复表达式的情况下，方程组的待定系数法和单个方程的待定系数法（3.5 节中规则 2）之间有一个区别。对于方程组，试验解通常的首选不仅要乘以能消除重复的 t 的最小整数次幂，而且还要乘以 t 的所有低次（非负整数）幂，并且所有所得项都必须包含在试验解中。

例题 3 考虑非齐次方程组

$$\boldsymbol{x}' = \begin{bmatrix} 4 & 2 \\ 3 & -1 \end{bmatrix} \boldsymbol{x} - \begin{bmatrix} 15 \\ 4 \end{bmatrix} t e^{-2t}. \tag{9}$$

在 5.2 节例题 1 中，我们已求出相关齐次方程组的解

$$\boldsymbol{x}_c(t) = c_1 \begin{bmatrix} 1 \\ -3 \end{bmatrix} e^{-2t} + c_2 \begin{bmatrix} 2 \\ 1 \end{bmatrix} e^{5t}. \tag{10}$$

初步的试验解 $\boldsymbol{x}_p(t) = \boldsymbol{a} t e^{-2t} + \boldsymbol{b} e^{-2t}$ 显示出与式 (10) 中的余函数的重复。因此我们将选择

$$\boldsymbol{x}_p(t) = \boldsymbol{a} t^2 e^{-2t} + \boxed{\boldsymbol{b} t e^{-2t} + \boldsymbol{c} e^{-2t}}^{\ominus}$$

作为我们的试验解，那么我们有六个标量系数待确定。使用常数变易法更简单，这是我们的下一个主题。■

常数变易法

回顾 3.5 节，常数变易法可以应用于变系数线性微分方程，并且不局限于仅涉及多项式、指数函数和正弦函数的非齐次项。方程组的常数变易法具有同样的灵活性，并且具有简洁的矩阵表达形式，便于实际应用和理论研究。

我们要求出非齐次线性方程组

$$\boldsymbol{x}' = \boldsymbol{P}(t) \boldsymbol{x} + \boldsymbol{f}(t) \tag{11}$$

的特解 $\boldsymbol{x}_p$，假设我们已经求出了相关齐次方程组

$$\boldsymbol{x}' = \boldsymbol{P}(t) \boldsymbol{x} \tag{12}$$

的通解

$$\boldsymbol{x}_c(t) = c_1 \boldsymbol{x}_1(t) + c_2 \boldsymbol{x}_2(t) + \cdots + c_n \boldsymbol{x}_n(t). \tag{13}$$

我们首先使用具有列向量 $\boldsymbol{x}_1, \boldsymbol{x}_2, \cdots, \boldsymbol{x}_n$ 的基本矩阵 $\boldsymbol{\Phi}(t)$，将式 (13) 中的余函数改写为

$$\boldsymbol{x}_c(t) = \boldsymbol{\Phi}(t) \boldsymbol{c}, \tag{14}$$

$\ominus$ 这些 t 的低次幂也必须包括在内。

其中 c 表示其元素为系数 c_1，c_2，$\cdots$，c_n 的列向量。我们的想法是用变量向量 $u(t)$ 替换向量"参数" c。因此，我们寻求具有如下形式的特解

$$\boldsymbol{x}_p(t) = \boldsymbol{\Phi}(t)\boldsymbol{u}(t)。 \tag{15}$$

我们必须确定 $u(t)$，使得 x_p 确实满足方程 (11)。

$x_p(t)$ 的导数为（根据乘法法则）

$$\boldsymbol{x}_p'(t) = \boldsymbol{\Phi}'(t)\boldsymbol{u}(t) + \boldsymbol{\Phi}(t)\boldsymbol{u}'(t)。 \tag{16}$$

因此，将式 (15) 和式 (16) 代入方程 (11)，可得

$$\boldsymbol{\Phi}'(t)\boldsymbol{u}(t) + \boldsymbol{\Phi}(t)\boldsymbol{u}'(t) = \boldsymbol{P}(t)\boldsymbol{\Phi}(t)\boldsymbol{u}(t) + \boldsymbol{f}(t)。 \tag{17}$$

但是

$$\boldsymbol{\Phi}'(t) = \boldsymbol{P}(t)\boldsymbol{\Phi}(t), \tag{18}$$

因为 $\boldsymbol{\Phi}(t)$ 的每个列向量都满足方程 (12)。因此，方程 (17) 可化简为

$$\boldsymbol{\Phi}(t)\boldsymbol{u}'(t) = \boldsymbol{f}(t)。 \tag{19}$$

从而选择 $u(t)$ 使得

$$\boldsymbol{u}'(t) = \boldsymbol{\Phi}(t)^{-1}\boldsymbol{f}(t), \tag{20}$$

即使得

$$\boldsymbol{u}(t) = \int \boldsymbol{\Phi}(t)^{-1}\boldsymbol{f}(t)\mathrm{d}t \tag{21}$$

即可。（与导数一样，向量函数的不定积分是按元素定义的。）将式 (21) 代入式 (15)，我们最终得到所期望的特解，如下列定理所述。

定理 1 常数变易法

如果 $\boldsymbol{\Phi}(t)$ 是齐次方程组 $\boldsymbol{x}' = \boldsymbol{P}(t)\boldsymbol{x}$ 在某个区间上的基本矩阵，其中 $\boldsymbol{P}(t)$ 和 $\boldsymbol{f}(t)$ 都是连续的，那么非齐次方程组

$$\boldsymbol{x}' = \boldsymbol{P}(t)\boldsymbol{x} + \boldsymbol{f}(t)$$

的特解可由

$$\boldsymbol{x}_p(t) = \boldsymbol{\Phi}(t)\int \boldsymbol{\Phi}(t)^{-1}\boldsymbol{f}(t)\mathrm{d}t \tag{22}$$

给出。

这是一阶线性方程组的**常数变易法公式**。如果我们把这个特解和式 (14) 中的余函数相加，就可以得到非齐次方程组 (11) 的通解

$$\boldsymbol{x}(t) = \boldsymbol{\Phi}(t)\boldsymbol{c} + \boldsymbol{\Phi}(t)\int \boldsymbol{\Phi}(t)^{-1}\boldsymbol{f}(t)\mathrm{d}t。 \tag{23}$$

式 (22) 中的积分常数的选择是无关紧要的，因为我们只需要单个特解。在求解初值问题时，选择使 $\boldsymbol{x}_p(a) = \boldsymbol{0}$ 的积分常数往往很方便，因此从 a 到 t 积分：

$$\boldsymbol{x}_p(t) = \boldsymbol{\Phi}(t) \int_a^t \boldsymbol{\Phi}(s)^{-1} \boldsymbol{f}(s) \mathrm{d}s。 \tag{24}$$

如果我们将非齐次问题

$$\boldsymbol{x}' = \boldsymbol{P}(t)\boldsymbol{x} + \boldsymbol{f}(t), \quad \boldsymbol{x}(a) = \boldsymbol{0}$$

的特解式 (24) 与相关齐次问题 $\boldsymbol{x}' = \boldsymbol{P}(t)\boldsymbol{x}$，$\boldsymbol{x}(a) = \boldsymbol{x}_a$ 的解 $\boldsymbol{x}_c(t) = \boldsymbol{\Phi}(t)\boldsymbol{\Phi}(a)^{-1}\boldsymbol{x}_a$ 相加，可以得到非齐次初值问题

$$\boldsymbol{x}' = \boldsymbol{P}(t)\boldsymbol{x} + \boldsymbol{f}(t), \quad \boldsymbol{x}(a) = \boldsymbol{x}_a \tag{25}$$

的解

$$\boldsymbol{x}(t) = \boldsymbol{\Phi}(t)\boldsymbol{\Phi}(a)^{-1}\boldsymbol{x}_a + \boldsymbol{\Phi}(t) \int_a^t \boldsymbol{\Phi}(s)^{-1} \boldsymbol{f}(s) \mathrm{d}s。 \tag{26}$$

式 (22) 和式 (26) 对齐次方程组 $\boldsymbol{x}' = \boldsymbol{P}(t)\boldsymbol{x}$ 的任何基本矩阵 $\boldsymbol{\Phi}(t)$ 都成立。在 $\boldsymbol{P}(t) \equiv \boldsymbol{A}$ 这种常系数情况下，我们可以用指数矩阵 $\mathrm{e}^{\boldsymbol{A}t}$ 表示 $\boldsymbol{\Phi}(t)$，即满足 $\boldsymbol{\Phi}(0) = \boldsymbol{I}$ 的特定基本矩阵。那么，因为 $(\mathrm{e}^{\boldsymbol{A}t})^{-1} = \mathrm{e}^{-\boldsymbol{A}t}$，所以将 $\boldsymbol{\Phi}(t) = \mathrm{e}^{\boldsymbol{A}t}$ 代入式 (22)，可得非齐次方程组 $\boldsymbol{x}' = \boldsymbol{P}(t)\boldsymbol{x} + \boldsymbol{f}(t)$ 的特解

$$\boldsymbol{x}_p(t) = \mathrm{e}^{\boldsymbol{A}t} \int \mathrm{e}^{-\boldsymbol{A}t} \boldsymbol{f}(t) \mathrm{d}t。 \tag{27}$$

类似地，将 $\boldsymbol{\Phi}(t) = \mathrm{e}^{\boldsymbol{A}t}$ 代入 $a = 0$ 时的式 (25)，可得初值问题

$$\boldsymbol{x}' = \boldsymbol{P}(t)\boldsymbol{x} + \boldsymbol{f}(t), \quad \boldsymbol{x}(0) = \boldsymbol{x}_0 \tag{28}$$

的解

$$\boldsymbol{x}(t) = \mathrm{e}^{\boldsymbol{A}t}\boldsymbol{x}_0 + \mathrm{e}^{\boldsymbol{A}t} \int_0^t \mathrm{e}^{-\boldsymbol{A}t} \boldsymbol{f}(t) \mathrm{d}t。 ⊖ \tag{29}$$

备注：如果我们保留 t 作为自变量，而使用 s 作为积分变量，那么式 (27) 和式 (29) 中的解可以重写为

$$\boldsymbol{x}_p(t) = \int \mathrm{e}^{-\boldsymbol{A}(s-t)} \boldsymbol{f}(s) \mathrm{d}s \quad \text{和} \quad \boldsymbol{x}(t) = \mathrm{e}^{\boldsymbol{A}t}\boldsymbol{x}_0 + \int_0^t \mathrm{e}^{-\boldsymbol{A}(s-t)} \boldsymbol{f}(s) \mathrm{d}s。 \blacksquare$$

例题 4 求解初值问题

$$\boldsymbol{x}' = \begin{bmatrix} 4 & 2 \\ 3 & -1 \end{bmatrix} \boldsymbol{x} - \begin{bmatrix} 15 \\ 4 \end{bmatrix} t\mathrm{e}^{-2t}, \quad \boldsymbol{x}(0) = \begin{bmatrix} 7 \\ 3 \end{bmatrix}。 \tag{30}$$

⊖ 注意 $\mathrm{e}^{\boldsymbol{A}t}$ 和 $\mathrm{e}^{-\boldsymbol{A}t}$ 不能穿过积分号相互抵消！

解答： 相关齐次方程组的解如式 (10) 所示。由此得到基本矩阵

$$\boldsymbol{\Phi}(t) = \begin{bmatrix} e^{-2t} & 2e^{5t} \\ -3e^{-2t} & e^{5t} \end{bmatrix} \quad \text{且} \quad \boldsymbol{\Phi}(0)^{-1} = \frac{1}{7}\begin{bmatrix} 1 & -2 \\ 3 & 1 \end{bmatrix}。$$

由 5.6 节式 (28) 可知，式 (30) 中系数矩阵 $\boldsymbol{A}$ 的矩阵指数为

$$e^{\boldsymbol{A}t} = \boldsymbol{\Phi}(t)\boldsymbol{\Phi}(0)^{-1} = \begin{bmatrix} e^{-2t} & 2e^{5t} \\ -3e^{-2t} & e^{5t} \end{bmatrix} \cdot \frac{1}{7}\begin{bmatrix} 1 & -2 \\ 3 & 1 \end{bmatrix}$$

$$= \frac{1}{7}\begin{bmatrix} e^{-2t} + 6e^{5t} & -2e^{-2t} + 2e^{5t} \\ -3e^{-2t} + 3e^{5t} & 6e^{-2t} + e^{5t} \end{bmatrix}。$$

那么由式 (29) 中的常数变易法公式可得

$$e^{-\boldsymbol{A}t}\boldsymbol{x}(t) = \boldsymbol{x}_0 + \int_0^t e^{-\boldsymbol{A}s}\boldsymbol{f}(s)\mathrm{d}s$$

$$= \begin{bmatrix} 7 \\ 3 \end{bmatrix} + \int_0^t \frac{1}{7}\begin{bmatrix} e^{2s} + 6e^{-5s} & -2e^{2s} + 2e^{-5s} \\ -3e^{2s} + 3e^{-5s} & 6e^{2s} + e^{-5s} \end{bmatrix}\begin{bmatrix} -15se^{-2s} \\ -4se^{-2s} \end{bmatrix}\mathrm{d}s$$

$$= \begin{bmatrix} 7 \\ 3 \end{bmatrix} + \int_0^t \begin{bmatrix} -s - 14se^{-7s} \\ 3s - 7se^{-7s} \end{bmatrix}\mathrm{d}s$$

$$= \begin{bmatrix} 7 \\ 3 \end{bmatrix} + \frac{1}{14}\begin{bmatrix} -4 - 7t^2 + 4e^{-7t} + 28te^{-7t} \\ -2 + 21t^2 + 2e^{-7t} + 14te^{-7t} \end{bmatrix},$$

因此

$$e^{-\boldsymbol{A}t}\boldsymbol{x}(t) = \frac{1}{14}\begin{bmatrix} 94 - 7t^2 + 4e^{-7t} + 28te^{-7t} \\ 40 + 21t^2 + 2e^{-7t} + 14te^{-7t} \end{bmatrix}。$$

将等式右侧乘以 $e^{\boldsymbol{A}t}$，我们发现初值问题 (30) 的解可由下式给出，

$$\boldsymbol{x}(t) = \frac{1}{7}\begin{bmatrix} e^{-2t} + 6e^{5t} & -2e^{-2t} + 2e^{5t} \\ -3e^{-2t} + 3e^{5t} & 6e^{-2t} + e^{5t} \end{bmatrix} \cdot \frac{1}{14}\begin{bmatrix} 94 - 7t^2 + 4e^{-7t} + 28te^{-7t} \\ 40 + 21t^2 + 2e^{-7t} + 14te^{-7t} \end{bmatrix}$$

$$= \frac{1}{14}\begin{bmatrix} (6 + 28t - 7t^2)e^{-2t} + 92e^{5t} \\ (-4 + 14t + 21t^2)e^{-2t} + 46e^{5t} \end{bmatrix}。\blacksquare$$

综上所述，让我们研究一下如何将式 (22) 中的常数变易法公式与 3.5 节定理 1 中关于二阶线性微分方程

$$y'' + Py' + Qy = f(t) \tag{31}$$

的常数变易法公式"协调一致"。如果我们设 $y = x_1$, $y' = x_1' = x_2$, $y'' = x_1'' = x_2'$, 那么单个方程 (31) 等价于线性方程组 $x_1' = x_2$, $x_2' = -Qx_1 - Px_2 + f(t)$, 即

$$\boldsymbol{x}' = \boldsymbol{P}(t)\boldsymbol{x} + \boldsymbol{f}(t), \tag{32}$$

其中

$$\boldsymbol{x} = \begin{bmatrix} x_1 \\ x_2 \end{bmatrix} = \begin{bmatrix} y \\ y' \end{bmatrix}, \quad \boldsymbol{P}(t) = \begin{bmatrix} 0 & 1 \\ -Q & -P \end{bmatrix} \quad \text{和} \quad \boldsymbol{f}(t) = \begin{bmatrix} 0 \\ f(t) \end{bmatrix}。$$

现在与方程 (31) 相关的齐次方程 $y'' + Py' + Qy = 0$ 的两个线性无关解 y_1 和 y_2 为与方程组 (32) 相关的齐次方程组 $\boldsymbol{x}' = \boldsymbol{P}(t)\boldsymbol{x}$ 提供了两个线性无关解

$$\boldsymbol{x}_1 = \begin{bmatrix} y_1 \\ y_1' \end{bmatrix} \quad \text{和} \quad \boldsymbol{x}_2 = \begin{bmatrix} y_2 \\ y_2' \end{bmatrix}。$$

观察到基本矩阵 $\boldsymbol{\Phi} = \begin{bmatrix} \boldsymbol{x}_1 & \boldsymbol{x}_2 \end{bmatrix}$ 的行列式就是解 y_1 和 y_2 的 Wronski 行列式

$$W = \begin{vmatrix} y_1 & y_2 \\ y_1' & y_2' \end{vmatrix},$$

所以基本矩阵的逆矩阵为

$$\boldsymbol{\Phi}^{-1} = \frac{1}{W} \begin{vmatrix} y_2' & -y_2 \\ -y_1' & y_1 \end{vmatrix}。$$

因此, 由式 (22) 中的常数变易法公式 $\boldsymbol{x}_p = \boldsymbol{\Phi} \int \boldsymbol{\Phi}^{-1} \boldsymbol{f} \mathrm{d}t$ 可得

$$\begin{bmatrix} y_p \\ y_p' \end{bmatrix} = \begin{bmatrix} y_1 & y_2 \\ y_1' & y_2' \end{bmatrix} \int \frac{1}{W} \begin{bmatrix} y_2' & -y_2 \\ -y_1' & y_1 \end{bmatrix} \begin{bmatrix} 0 \\ f \end{bmatrix} \mathrm{d}t$$

$$= \begin{bmatrix} y_1 & y_2 \\ y_1' & y_2' \end{bmatrix} \int \frac{1}{W} \begin{bmatrix} -y_2 f \\ y_1 f \end{bmatrix} \mathrm{d}t。$$

这个列向量的第一个分量为

$$y_p = \begin{bmatrix} y_1 & y_2 \end{bmatrix} \int \frac{1}{W} \begin{bmatrix} -y_2 f \\ y_1 f \end{bmatrix} \mathrm{d}t = -y_1 \int \frac{y_2 f}{W} \mathrm{d}t + y_2 \int \frac{y_1 f}{W} \mathrm{d}t。$$

最后, 如果我们在整个过程中使用自变量 t, 那么上式右侧的最终结果就是 3.5 节式 (33) 中的常数变易法公式 (不过, 其中自变量用 x 表示)。

习题

应用待定系数法求出习题 1~14 中每个方程组的特解。如果已知初始条件，求出满足这些条件的特解。上标符号 $'$ 表示对 t 求导。

1. $x' = x + 2y + 3$, $y' = 2x + y - 2$
2. $x' = 2x + 3y + 5$, $y' = 2x + y - 2t$
3. $x' = 3x + 4y$, $y' = 3x + 2y + t^2$; $x(0) = y(0) = 0$
4. $x' = 4x + y + e^t$, $y' = 6x - y - e^t$; $x(0) = y(0) = 1$
5. $x' = 6x - 7y + 10$, $y' = x - 2y - 2e^{-t}$
6. $x' = 9x + y + 2e^t$, $y' = -8x - 2y + te^t$
7. $x' = -3x + 4y + \sin t$, $y' = 6x - 5y$; $x(0) = 1$, $y(0) = 0$
8. $x' = x - 5y + 2\sin t$, $y' = x - y - 3\cos t$
9. $x' = x - 5y + \cos 2t$, $y' = x - y$
10. $x' = x - 2y$, $y' = 2x - y + e^t \sin t$
11. $x' = 2x + 4y + 2$, $y' = x + 2y + 3$; $x(0) = 1$, $y(0) = -1$
12. $x' = x + y + 2t$, $y' = x + y - 2t$
13. $x' = 2x + y + 2e^t$, $y' = x + 2y - 3e^t$
14. $x' = 2x + y + 1$, $y' = 4x + 2y + e^{4t}$

两个盐水箱

习题 15 和习题 16 类似于例题 2，但是有两个盐水罐（如图 5.7.1 所示，体积分别为 V_1 gal 和 V_2 gal），而不是三个盐水罐。最初每个水罐都装有淡水，以 r gal/min 的速度流入 1 号水罐的盐水具有 c_0 lb/gal 的盐浓度。

(a) 求出 t 分钟后两个水罐中盐含量 $x_1(t)$ 和 $x_2(t)$。

(b) 求出每个水罐中极限（长期）盐含量。

(c) 计算每个水罐达到 1 lb/gal 的盐浓度需要多长时间。

15. $V_1 = 100$, $V_2 = 200$, $r = 10$, $c_0 = 2$
16. $V_1 = 200$, $V_2 = 100$, $r = 10$, $c_0 = 3$

在习题 17~34 中，使用常数变易法（或许使用计算机代数系统）求解初值问题

$$x' = Ax + f(t), \quad x(a) = x_a.$$

在每道题中，给出了由计算机代数系统所提供的矩阵指数 e^{At}。

17. $A = \begin{bmatrix} 6 & -7 \\ 1 & -2 \end{bmatrix}$, $f(t) = \begin{bmatrix} 60 \\ 90 \end{bmatrix}$, $x(0) = \begin{bmatrix} 0 \\ 0 \end{bmatrix}$,

$e^{At} = \dfrac{1}{6} \begin{bmatrix} -e^{-t} + 7e^{5t} & 7e^{-t} - 7e^{5t} \\ -e^{-t} + e^{5t} & 7e^{-t} - e^{5t} \end{bmatrix}$

18. 重复习题 17，但是把 $f(t)$ 替换成 $\begin{bmatrix} 100t \\ -50t \end{bmatrix}$。

19. $A = \begin{bmatrix} 1 & 2 \\ 2 & -2 \end{bmatrix}$, $f(t) = \begin{bmatrix} 180t \\ 90 \end{bmatrix}$, $x(0) = \begin{bmatrix} 0 \\ 0 \end{bmatrix}$,

$e^{At} = \dfrac{1}{5} \begin{bmatrix} e^{-3t} + 4e^{2t} & -2e^{-3t} + 2e^{2t} \\ -2e^{-3t} + 2e^{2t} & 4e^{-3t} + e^{2t} \end{bmatrix}$

20. 重复习题 19，但是把 $f(t)$ 替换成 $\begin{bmatrix} 75e^{2t} \\ 0 \end{bmatrix}$。

21. $A = \begin{bmatrix} 4 & -1 \\ 5 & -2 \end{bmatrix}$, $f(t) = \begin{bmatrix} 18e^{2t} \\ 30e^{2t} \end{bmatrix}$, $x(0) = \begin{bmatrix} 0 \\ 0 \end{bmatrix}$,

$e^{At} = \dfrac{1}{4} \begin{bmatrix} -e^{-t} + 5e^{3t} & e^{-t} - e^{3t} \\ -5e^{-t} + 5e^{3t} & 5e^{-t} - e^{3t} \end{bmatrix}$

22. 重复习题 21，但是把 $f(t)$ 替换成 $\begin{bmatrix} 28e^{-t} \\ 20e^{3t} \end{bmatrix}$。

23. $A = \begin{bmatrix} 3 & -1 \\ 9 & -3 \end{bmatrix}$, $f(t) = \begin{bmatrix} 7 \\ 5 \end{bmatrix}$, $x(0) = \begin{bmatrix} 3 \\ 5 \end{bmatrix}$,

$e^{At} = \begin{bmatrix} 1 + 3t & -t \\ 9t & 1 - 3t \end{bmatrix}$

24. 重复习题 23，但是使用 $f(t) = \begin{bmatrix} 0 \\ t^{-2} \end{bmatrix}$ 和 $x(1) = \begin{bmatrix} 3 \\ 7 \end{bmatrix}$。

25. $A = \begin{bmatrix} 2 & -5 \\ 1 & -2 \end{bmatrix}$, $f(t) = \begin{bmatrix} 4t \\ 1 \end{bmatrix}$, $x(0) = \begin{bmatrix} 0 \\ 0 \end{bmatrix}$,

$e^{At} = \begin{bmatrix} \cos t + 2\sin t & -5\sin t \\ \sin t & \cos t - 2\sin t \end{bmatrix}$

26. 重复习题 25，但是使用 $f(t) = \begin{bmatrix} 4\cos t \\ 6\sin t \end{bmatrix}$ 和

27. $A=\begin{bmatrix} 2 & -4 \\ 1 & -2 \end{bmatrix}$, $f(t)=\begin{bmatrix} 36t^2 \\ 6t \end{bmatrix}$, $x(0)=\begin{bmatrix} 0 \\ 0 \end{bmatrix}$,

$x(0)=\begin{bmatrix} 3 \\ 5 \end{bmatrix}$。

$e^{At}=\begin{bmatrix} 1+2t & -4t \\ t & 1-2t \end{bmatrix}$

28. 重复习题 27, 但是使用 $f(t)=\begin{bmatrix} 4\ln t \\ t^{-1} \end{bmatrix}$ 和

$x(1)=\begin{bmatrix} 1 \\ -1 \end{bmatrix}$。

29. $A=\begin{bmatrix} 0 & -1 \\ 1 & 0 \end{bmatrix}$, $f(t)=\begin{bmatrix} \sec t \\ 0 \end{bmatrix}$, $x(0)=\begin{bmatrix} 0 \\ 0 \end{bmatrix}$,

$e^{At}=\begin{bmatrix} \cos t & -\sin t \\ \sin t & \cos t \end{bmatrix}$

30. $A=\begin{bmatrix} 0 & -2 \\ 2 & 0 \end{bmatrix}$, $f(t)=\begin{bmatrix} t\cos 2t \\ t\sin 2t \end{bmatrix}$,

$x(0)=\begin{bmatrix} 0 \\ 0 \end{bmatrix}$, $e^{At}=\begin{bmatrix} \cos 2t & -\sin 2t \\ \sin 2t & \cos 2t \end{bmatrix}$

31. $A=\begin{bmatrix} 1 & 2 & 3 \\ 0 & 1 & 2 \\ 0 & 0 & 1 \end{bmatrix}$, $f(t)=\begin{bmatrix} 0 \\ 0 \\ 6e^t \end{bmatrix}$, $x(0)=\begin{bmatrix} 0 \\ 0 \\ 0 \end{bmatrix}$,

$e^{At}=\begin{bmatrix} e^t & 2te^t & (3t+2t^2)e^t \\ 0 & e^t & 2te^t \\ 0 & 0 & e^t \end{bmatrix}$

32. $A=\begin{bmatrix} 1 & 3 & 4 \\ 0 & 1 & 3 \\ 0 & 0 & 2 \end{bmatrix}$, $f(t)=\begin{bmatrix} 0 \\ 0 \\ 2e^{2t} \end{bmatrix}$, $x(0)=\begin{bmatrix} 0 \\ 0 \\ 0 \end{bmatrix}$,

$e^{At}=\begin{bmatrix} e^t & 3te^t & (-13-9t)e^t+13e^{2t} \\ 0 & e^t & -3e^t+3e^{2t} \\ 0 & 0 & e^{2t} \end{bmatrix}$

33. $A=\begin{bmatrix} 0 & 4 & 8 & 0 \\ 0 & 0 & 3 & 8 \\ 0 & 0 & 0 & 4 \\ 0 & 0 & 0 & 0 \end{bmatrix}$,

$f(t)=30\begin{bmatrix} t \\ t \\ t \\ t \end{bmatrix}$, $x(0)=\begin{bmatrix} 0 \\ 0 \\ 0 \\ 0 \end{bmatrix}$,

$e^{At}=\begin{bmatrix} 1 & 4t & 8t+6t^2 & 32t^2+8t^3 \\ 0 & 1 & 3t & 8t+6t^2 \\ 0 & 0 & 1 & 4t \\ 0 & 0 & 0 & 1 \end{bmatrix}$

34. $A=\begin{bmatrix} 0 & 4 & 8 & 0 \\ 0 & 0 & 0 & 8 \\ 0 & 0 & 2 & 4 \\ 0 & 0 & 0 & 2 \end{bmatrix}$,

$f(t)=\begin{bmatrix} 0 \\ 6t \\ 0 \\ e^{2t} \end{bmatrix}$, $x(0)=\begin{bmatrix} 4 \\ 2 \\ 2 \\ 1 \end{bmatrix}$,

$e^{At}=\begin{bmatrix} 1 & 4t & 4(-1+e^{2t}) & 16t(-1+e^{2t}) \\ 0 & 1 & 0 & 4(-1+e^{2t}) \\ 0 & 0 & e^{2t} & 4te^{2t} \\ 0 & 0 & 0 & e^{2t} \end{bmatrix}$

应用　常数变易法的自动实现

在应用常数变易法公式 (29) 时，鼓励采用机械的方法，特别是鼓励使用计算机代数系统。下面的 Mathematica 命令可以用于检查本节例题 4 中的结果。

```
A = {{4,2}, {3, -1}};
x0 ={{7}, {3}};
f[t_] := {{-15 t Exp[-2t]},{-4 t Exp[-2t]}};
exp[A_] := MatrixExp[A]
```

```
x = exp[A*t].(x0 + Integrate[exp[-A*s].f[s], {s, 0, t}])
```

请访问 bit.ly/3vQJjvu，利用 Maple、Mathematica 和 MATLAB 等计算资源对此主题进行更多讨论和探索。

练习

在 5.6 节应用中所示的矩阵指数命令为类似的 Maple 和 MATLAB 计算提供了基础。那么你可以程式化检查本节习题 17~34 的答案。

第 6 章 非线性系统与现象

6.1 稳定性与相平面

很多自然现象都可以用如下形式的二维一阶方程组建模：
$$\begin{aligned}\frac{\mathrm{d}x}{\mathrm{d}t} &= F(x,\ y), \\ \frac{\mathrm{d}y}{\mathrm{d}t} &= G(x,\ y),\end{aligned} \tag{1}$$

其中自变量 t 没有显式出现。我们通常认为因变量 x 和 y 是 xy 平面上的位置变量，而 t 是时间变量。我们会发现式 (1) 右侧没有 t 使方程组更易于分析，使其解更易于可视化。使用 2.2 节的术语，这种导数值与时间 t 无关（或"自治"）的微分方程组通常被称为**自治方程组**。

我们一般假设函数 F 和 G 在 xy 平面的某个区域 R 内是连续可微的。那么根据附录中的存在唯一性定理，给定 t_0 和 R 内的任意一点 (x_0, y_0)，方程组 (1) 存在唯一解 $x = x(t)$，$y = y(t)$，它定义在包含 t_0 的某个开区间 $(a,\ b)$ 上，并且满足初始条件
$$x(t_0) = x_0, \qquad y(t_0) = y_0。 \tag{2}$$

那么方程 $x = x(t)$，$y = y(t)$ 描述了相平面内的参数化解曲线。任何这样的解曲线都被称为方程组 (1) 的**轨线**，并且对于区域 R 内的每个点，都恰好有一条轨线经过它（参见习题 29）。方程组 (1) 的**临界点**是使
$$F(x_\star, y_\star) = G(x_\star, y_\star) = 0 \tag{3}$$
成立的点 $(x_\star,\ y_\star)$。

如果 $(x_\star,\ y_\star)$ 是方程组的一个临界点，那么常值函数
$$x(t) \equiv x_\star, \qquad y(t) \equiv y_\star \tag{4}$$
的导数为 $x'(t) \equiv 0$ 和 $y'(t) \equiv 0$，因此自动满足方程组 (1)。这样一个常值解被称为方程组的**平衡解**。注意式 (4) 中的平衡解的轨线由单个点 $(x_\star,\ y_\star)$ 组成。

在某些实际情况下，这些非常简单的解和轨线是最令人感兴趣的。例如，假设方程组 $x' = F(x, y)$，$y' = G(x, y)$ 模拟生活在同一环境中的两种动物种群数量 $x(t)$ 和 $y(t)$，它们可能会争夺同样的食物或相互捕食；$x(t)$ 可以表示 t 时刻兔子的数量，$y(t)$ 可以表示 t 时刻松鼠的数量。那么方程组的临界点 $(x_\star,\ y_\star)$ 明确指出了可以在这个环境中彼此共存的

兔子的恒定种群数量 $x_\star$ 和松鼠的恒定种群数量 $y_\star$。若 (x_0, y_0) 不是方程组的临界点，则 x_0 只兔子和 y_0 只松鼠的恒定种群不可能共存，其中一个种群数量或两个种群数量必须随时间变化。

例题 1 求出下列方程组的临界点：

$$\frac{\mathrm{d}x}{\mathrm{d}t} = 14x - 2x^2 - xy,$$
$$\frac{\mathrm{d}y}{\mathrm{d}t} = 16y - 2y^2 - xy。 \tag{5}$$

解答：查看一个临界点 (x, y) 必须满足的方程组

$$14x - 2x^2 - xy = x(14 - 2x - y) = 0,$$
$$16y - 2y^2 - xy = y(16 - 2y - x) = 0,$$

我们得到

$$x = 0 \quad \text{或} \quad 14 - 2x - y = 0, \tag{6a}$$

和

$$y = 0 \quad \text{或} \quad 16 - 2y - x = 0。 \tag{6b}$$

如果 $x = 0$ 且 $y \neq 0$，那么由 (6b) 中的第二个方程可得 $y = 8$。如果 $y = 0$ 且 $x \neq 0$，那么由 (6a) 中的第二个方程可得 $x = 7$。如果 x 和 y 均非零，那么我们求解联立方程组

$$2x + y = 14, \quad x + 2y = 16$$

得到 $x = 4$ 和 $y = 6$。因此，方程组 (5) 有四个临界点 $(0, 0)$，$(0, 8)$，$(7, 0)$ 和 $(4, 6)$。如果 $x(t)$ 和 $y(t)$ 分别表示兔子的数量和松鼠的数量，并且如果两个种群数量都是恒定的，那么方程组 (5) 只允许三种非平凡的可能性：要么没有兔子但有 8 只松鼠，要么有 7 只兔子但没有松鼠，要么有 4 只兔子和 6 只松鼠。特别地，临界点 $(4, 6)$ 描述了种群数量恒定且非零的两个物种共存的唯一可能性。∎

相轨线图

如果初始点 (x_0, y_0) 不是临界点，那么相应的轨线是 xy 平面上的一条曲线，并且随着 t 的增加，点 $(x(t), y(t))$ 沿着这条曲线移动。事实证明，任何不是由单点组成的轨线都是一条不自交的非退化曲线（参见习题 30）。我们可以通过在 xy 平面上绘制一个显示自治方程组 (1) 的临界点及其一组典型解曲线或轨线的图形，来定性地展示其解的行为。这种图形被称为**相轨线图**（或**相平面图**），因为它说明了方程组的"相位"或 xy 形态，并表明了它们如何随时间变化。

另一种使方程组可视化的方法是通过绘制斜率为

$$\frac{\mathrm{d}y}{\mathrm{d}x} = \frac{y'}{x'} = \frac{G(x, y)}{F(x, y)}$$

的典型线段，从而在 xy 相平面上构建一个**斜率场**，或者通过在每个点 (x, y) 处绘制与向量 $(F(x, y), G(x, y))$ 指向相同方向的典型向量来构建一个**方向场**。那么这样一个向量场指出了沿轨线运动的方向，以便随方程组所描述的流动来运动。

备注：值得强调的是，如果我们的微分方程组不是自治的，那么其临界点、轨线和方向向量通常都会随时间而变化。在这种情况下，我们将无法获得由（固定的）相轨线图或方向场所提供的具体可视化。事实上，这就是为什么对非线性方程组的入门研究集中在自治方程组上。∎

图 6.1.1 显示了例题 1 中关于兔子–松鼠的方程组的方向场和相轨线图。方向场箭头表示点 $(x(t), y(t))$ 的运动方向。我们看到，当给定兔子和松鼠的任意正初始数量 $x_0 \neq 4$ 和 $y_0 \neq 6$，随着 t 的增加，该点沿着趋近临界点 $(4, 6)$ 的轨线运动。

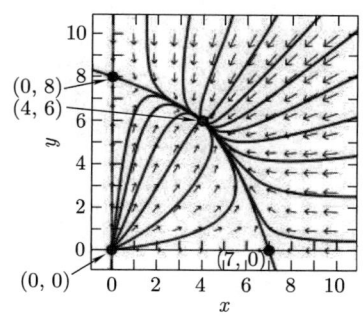

图 6.1.1 例题 1 中关于兔子–松鼠的方程组 $x' = 14x - 2x^2 - xy$，$y' = 16y - 2y^2 - xy$ 的方向场和相轨线图

例题 2 对于方程组

$$\begin{aligned} x' &= x - y, \\ y' &= 1 - x^2, \end{aligned} \tag{7}$$

在每个临界点处，我们从第一个方程看出 $x = y$，从第二个方程看出 $x = \pm 1$。因此，这个方程组有两个临界点 $(-1, -1)$ 和 $(1, 1)$。图 6.1.2 中的方向场表明，轨线以某种方式绕临界点 $(-1, -1)$ 逆时针"循环"，而似乎有些轨线可能趋近临界点 $(1, 1)$，而另一些轨线则远离临界点 $(1, 1)$。图 6.1.3 中方程组 (7) 的相轨线图证实了这些观察结果。∎

备注：人们可能会不经意地将例题 2 中的临界点写成 $(\pm 1, \pm 1)$，然后得出错误的结论，即方程组 (7) 有四个而不是只有两个临界点。在可行的情况下，确定一个自治方程组的临界点数量的可靠方法是绘制曲线 $F(x, y) = 0$ 和 $G(x, y) = 0$，然后留意它们的交点，每个交点都代表方程组的一个临界点。例如，图 6.1.4 显示了曲线（直线）$F(x, y) = x - y = 0$ 和构成"曲线"$G(x, y) = 1 - x^2 = 0$ 的一对直线 $x = 1$ 和 $x = -1$。那么很明显（仅）有两个交点 $(-1, -1)$ 和 $(1, 1)$。∎

临界点行为

我们对自治方程组的孤立临界点附近的轨线的行为特别感兴趣。图 6.1.5 为图 6.1.1 在临界点 $(4, 6)$ 附近的放大图，同样，图 6.1.6 和图 6.1.7 分别是图 6.1.3 在临界点 $(-1, -1)$

和 (1, 1) 附近的放大图。我们立即注意到，尽管这些相轨线图背后的方程组是非线性的，但是这三幅放大图中的每幅都与线性常系数方程组的相平面图 "集合" 图 5.3.16 中的一种情况惊人地相似。事实上，这三幅图形分别与结点汇、螺旋源和鞍点的情况非常相似。

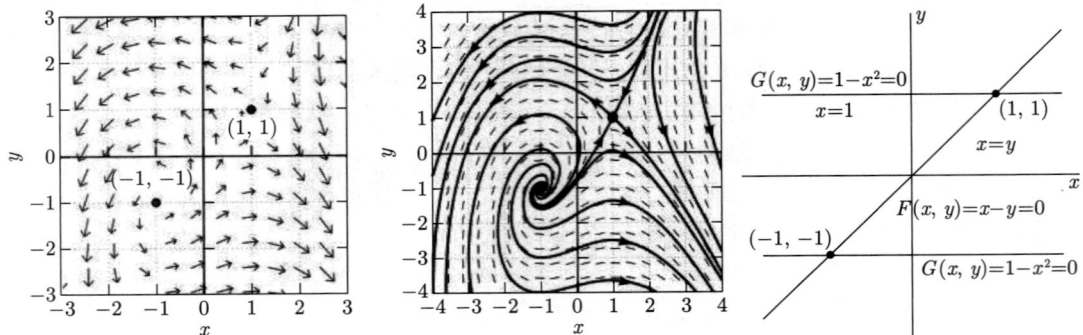

图 6.1.2　方程组 (7) 的方向场　　图 6.1.3　方程组 (7) 的相轨线图　　图 6.1.4　例题 2 中的两个临界点 $(-1, -1)$ 和 $(1, 1)$ 为曲线 $F(x, y) = x - y = 0$ 和 $G(x, y) = 1 - x^2 = 0$ 的交点

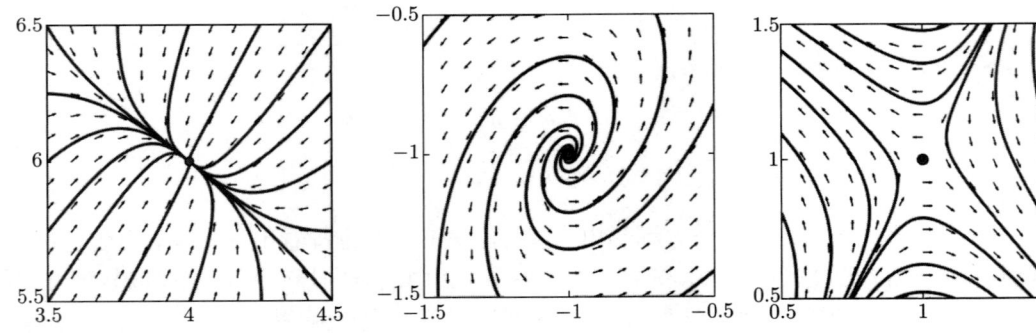

图 6.1.5　图 6.1.1 在临界点 $(4, 6)$ 附近的放大图　　图 6.1.6　图 6.1.3 在临界点 $(-1, -1)$ 附近的放大图　　图 6.1.7　图 6.1.3 在临界点 $(1, 1)$ 附近的放大图

这些相似之处并非巧合。事实上，正如我们将在下一节详细探讨的那样，非线性方程组在临界点附近的行为通常与相应的线性常系数方程组在原点附近的行为相似。由于这个原因，将 5.3 节中所介绍的用于线性常系数方程组的结点、汇等术语扩展到二维方程组 (1) 的临界点这一更广泛的背景下是很有用的。

通常，自治方程组 (1) 的临界点 $(x_\star, y_\star)$ 被称为**结点**的条件为：
- 要么当 $t \to +\infty$ 时每条轨线都趋近于 $(x_\star, y_\star)$，要么当 $t \to +\infty$ 时每条轨线都逐渐远离 $(x_\star, y_\star)$；

- 每条轨线都在 $(x_\star, y_\star)$ 处与经过这个临界点的某条直线相切。

与线性常系数方程组一样,只要没有两对不同的"反向"轨线与经过临界点的同一条直线相切,这个结点就被认为是**正常的**。另一方面,如图 6.1.1 和图 6.1.5 所示,方程组 (5) 的临界点 $(4, 6)$ 是一个**非正常**结点;正如这些图形所示,几乎所有趋近于这个临界点的轨线在该点处都有一条共同的切线。

同样,若所有的轨线都趋近于临界点,则此结点进一步被称为**汇**,若所有的轨线都从临界点逐渐远离(或发出),则此结点被称为**源**。因此,图 6.1.1 和图 6.1.5 中的临界点 $(4, 6)$ 是结点汇,而图 6.1.3 和图 6.1.6 中的临界点 $(-1, -1)$ 是一个源(更具体地说,是螺旋源)。另一方面,图 6.1.3 和图 6.1.7 中的临界点 $(1, 1)$ 是**鞍点**。

稳定性

若初始点 (x_0, y_0) 足够接近自治方程组 (1) 的临界点 $(x_\star, y_\star)$,则对于所有 $t > 0$,$(x(t), y(t))$ 都保持接近 $(x_\star, y_\star)$,就称这个临界点 $(x_\star, y_\star)$ 是稳定的。采用向量表示法,根据 $\boldsymbol{x}(t) = (x(t), y(t))$,初始点 $\boldsymbol{x}_0 = (x_0, y_0)$ 与临界点 $\boldsymbol{x}_\star = (x_\star, y_\star)$ 之间的距离为

$$|\boldsymbol{x}_0 - \boldsymbol{x}_\star| = \sqrt{(x_0 - x_\star)^2 + (y_0 - y_\star)^2}.$$

因此,临界点 $\boldsymbol{x}_\star$ 是**稳定的**,只要对于任意 $\epsilon > 0$,都存在 $\delta > 0$,使得

$$|\boldsymbol{x}_0 - \boldsymbol{x}_\star| < \delta \quad \text{意味着} \quad |\boldsymbol{x}(t) - \boldsymbol{x}_\star| < \epsilon \tag{8}$$

对于所有 $t > 0$ 都成立。注意,若当 $t \to +\infty$ 时 $\boldsymbol{x}(t) \to \boldsymbol{x}_\star$,就像在图 6.1.1 和图 6.1.5 中的临界点 $(4, 6)$ 这样的结点汇的情况下,则式 (8) 中的条件一定成立。因此,这个结点汇也可以被描述为稳定结点。

若临界点 $(x_\star, y_\star)$ 不是稳定的,则称其为**不稳定的**。图 6.1.3、图 6.1.6 和图 6.1.7 中所示的两个临界点 $(-1, -1)$ 和 $(1, 1)$ 都是不稳定的,因为宽泛地讲,在这两种情况下,我们都不能仅仅通过要求轨线在临界点附近开始,而保证轨线会保持在临界点附近。

如果 $(x_\star, y_\star)$ 是一个临界点,那么根据临界点的性质确定平衡解 $x(t) \equiv x_\star$ 和 $y(t) \equiv y_\star$ 为**稳定解**还是**不稳定解**。在实际应用中,平衡解的稳定性往往是一个关键问题。例如,假设在例题 1 中,$x(t)$ 和 $y(t)$ 分别表示兔子和松鼠的数量,以百为单位。我们将在 6.3 节中看到,图 6.1.1 中的临界点 $(4, 6)$ 是稳定的。由此可见,如果我们一开始有接近400 只兔子和 600 只松鼠,而不是正好是这些平衡值,那么在未来所有时间里,都将保持有接近 400 只兔子和接近 600 只松鼠。因此,稳定性的实际结果是,平衡种群中的微小变化(可能是由于随机的出生和死亡)不会破坏平衡,而导致与平衡解的巨大偏差。

如例题 3 所示,轨线有可能保持在稳定临界点附近而不趋近它。

例题 3 **无阻尼质量块–弹簧系统** 考虑一个在胡克常数为 k 的弹簧上进行无阻尼振动的质量为 m 的质量块,所以其位置函数 $x(t)$ 满足微分方程 $x'' + \omega^2 x = 0$(其中 $\omega^2 = k/m$)。

如果我们引入质量块的速度 $y = \mathrm{d}x/\mathrm{d}t$，那么可得方程组

$$\begin{aligned} \frac{\mathrm{d}x}{\mathrm{d}t} &= y, \\ \frac{\mathrm{d}y}{\mathrm{d}t} &= -\omega^2 x, \end{aligned} \tag{9}$$

其通解为

$$x(t) = \quad A\cos\omega t + \quad B\sin\omega t, \tag{10a}$$

$$y(t) = -A\omega \sin\omega t + B\omega\cos\omega t。 \tag{10b}$$

根据 $C = \sqrt{A^2 + B^2}$，$A = C\cos\alpha$ 和 $B = C\sin\alpha$，我们可以将式 (10) 中的解改写成

$$x(t) = \quad C\cos(\omega t - \alpha), \tag{11a}$$

$$y(t) = -\omega C\sin(\omega t - \alpha), \tag{11b}$$

所以很明显，除了临界点 (0，0) 以外的每条轨线都是一个形式为

$$\frac{x^2}{C^2} + \frac{y^2}{\omega^2 C^2} = 1 \tag{12}$$

的椭圆。如图 6.1.8 中的相轨线图所示（其中 $\omega = \dfrac{1}{2}$），在 xy 平面中除原点外的每个点 (x_0, y_0) 都正好位于其中一个椭圆上，并且每个解 $(x(t), y(t))$ 沿顺时针方向以周期 $P = 2\pi/\omega$ 遍历经过其初始点 (x_0, y_0) 的椭圆。[由式 (11) 可知，对于所有 t，都有 $x(t+P) = x(t)$ 和 $y(t+P) = y(t)$。] 因此，方程组 (9) 的每个非平凡解都是周期性的，其轨线是一条包围位于原点处的临界点的简单封闭曲线。■

图 6.1.9 显示了例题 3 中一条典型的椭圆轨线，其短半轴用 δ 表示，长半轴用 ϵ 表示。我们看到，如果初始点 (x_0, y_0) 位于距原点 δ 的距离内，所以其椭圆轨线位于图中所示轨线之内，那么点 $(x(t), y(t))$ 始终保持在距原点 ϵ 的距离内。因此，原点 (0，0) 是方程组 $x' = y$，$y' = -\omega^2 x$ 的稳定临界点，尽管事实上没有一条轨线趋近点 (0，0)。由代表周期性解的简单封闭轨线所包围的稳定临界点被称为**（稳定）中心**。

渐近稳定性

若临界点 $(x_\star, y_\star)$ 是稳定的，而且从足够接近 $(x_\star, y_\star)$ 处开始的每条轨线在 $t \to +\infty$ 时也都趋近于 $(x_\star, y_\star)$，则这个临界点被称为**渐近稳定的**。也就是说，存在 $\delta > 0$，使得

$$|\boldsymbol{x}_0 - \boldsymbol{x}_\star| < \delta \quad \text{意味着} \quad \lim_{t\to\infty} \boldsymbol{x}(t) = \boldsymbol{x}_\star, \tag{13}$$

其中 $\boldsymbol{x}_0 = (x_0, y_0)$，$\boldsymbol{x}_\star = (x_\star, y_\star)$，且 $\boldsymbol{x}(t) = (x(t), y(t))$ 是满足 $\boldsymbol{x}(0) = \boldsymbol{x}_0$ 的解。

备注：图 6.1.1 和图 6.1.5 中所示的稳定结点是渐近稳定的，因为当 $t \to +\infty$ 时，每条轨线都趋近于临界点 (4，6)。图 6.1.8 中所示的中心 (0，0) 是稳定的，但不是渐近稳定的，因为无论我们考虑多么小的椭圆轨线，绕这个椭圆运动的点都不会趋近原点。因此，渐近稳定性是一个比单纯稳定性更强的条件。■

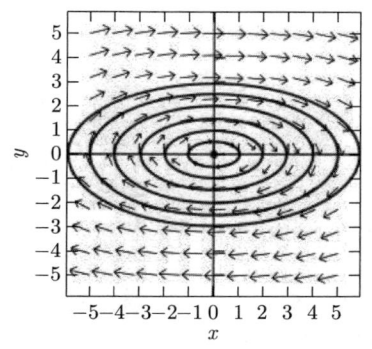
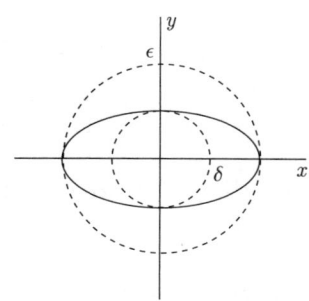

图 6.1.8　方程组 $x' = y$, $y' = -\dfrac{1}{4}x$ 的方向场和椭圆轨线，其中原点是稳定中心

图 6.1.9　如果初始点 (x_0, y_0) 位于距原点 δ 的距离内，那么点 $(x(t), y(t))$ 保持在距原点 ϵ 的距离内

现在假设 $x(t)$ 和 $y(t)$ 表示共存的种群数量，其中 $(x_\star, y_\star)$ 是一个渐近稳定临界点。那么，若初始种群数量 x_0 和 y_0 分别足够接近 $x_\star$ 和 $y_\star$，则有

$$\lim_{t\to\infty} x(t) = x_\star \quad \text{和} \quad \lim_{t\to\infty} y(t) = y_\star。 \tag{14}$$

也就是说，当 $t \to +\infty$ 时，$x(t)$ 和 $y(t)$ 实际上趋向平衡种群数量 $x_\star$ 和 $y_\star$，而不是仅仅保持接近这些值。

对于如例题 3 中的机械系统，临界点表示系统的平衡状态，即如果速度 $y = x'$ 和加速度 $y' = x''$ 同时为零，那么质量块保持静止，没有合力作用于它。临界点的稳定性涉及的问题是，当质量块稍微偏离其平衡状态时，它是否

1. 在 $t \to +\infty$ 时，向平衡点回移；
2. 仅仅保持在平衡点附近而不趋向它；
3. 进一步远离平衡点。

在情形 1 中，临界（平衡）点是渐近稳定的；在情形 2 中，它是稳定的但不是渐近稳定的；在情形 3 中，它是不稳定临界点。在足球顶端保持平衡的弹珠就是一个不稳定临界点的例子。有阻尼弹簧上的质量块说明了机械系统渐近稳定的情况。例题 3 中的无阻尼质量块–弹簧系统是一个稳定但不渐近稳定系统的例子。

例题 4　**有阻尼质量块–弹簧系统**　对于例题 3 中的质量块和弹簧，假设 $m = 1$ 和 $k = 2$，并且质量块还与阻尼常数为 $c = 2$ 的阻尼器相连。那么其位移函数 $x(t)$ 满足二阶方程

$$x''(t) + 2x'(t) + 2x(t) = 0。 \tag{15}$$

根据 $y = x'$，我们得到等价的一阶方程组

$$\frac{\mathrm{d}x}{\mathrm{d}t} = y,$$

$$\frac{\mathrm{d}y}{\mathrm{d}t} = -2x - 2y, \tag{16}$$

且有临界点 $(0, 0)$。方程 (15) 的特征方程 $r^2 + 2r + 2 = 0$ 有根 $-1 + \mathrm{i}$ 和 $-1 - \mathrm{i}$,所以方程组 (16) 的通解为

$$x(t) = \mathrm{e}^{-t}(A\cos t + B\sin t) = C\mathrm{e}^{-t}\cos(t - \alpha), \tag{17a}$$

$$y(t) = \mathrm{e}^{-t}[(B - A)\cos t - (A + B)\sin t] = -C\sqrt{2}\mathrm{e}^{-t}\sin\left(t - \alpha + \frac{1}{4}\pi\right), \tag{17b}$$

其中 $C = \sqrt{A^2 + B^2}$ 且 $\alpha = \tan^{-1}(B/A)$。我们看到,当 $t \to +\infty$ 时,$x(t)$ 和 $y(t)$ 在正负值之间振荡,并且都趋近于零。因此,一条典型轨线是向内趋向原点的螺旋线,如图 6.1.10 中的螺旋线所示。 ∎

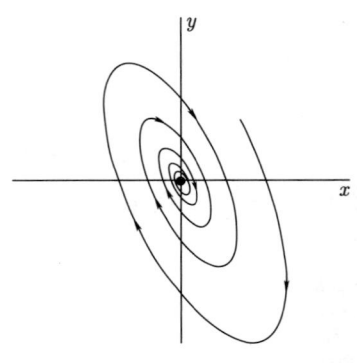

图 6.1.10 一个稳定螺旋点及其附近的一条轨线

从式 (17) 可以清楚地看出,当 $t \to +\infty$ 时,点 $(x(t), y(t))$ 趋近于原点,因此 $(0, 0)$ 是例题 4 中方程组 $x' = y$, $y' = -2x - 2y$ 的渐近稳定临界点。这样一个渐近稳定临界点被称为**稳定螺旋点**(或**螺旋汇**),其中轨线在趋近于这个临界点时绕其螺旋式旋转。在质量-弹簧-阻尼器系统的情况下,螺旋汇是由阻力引起的阻尼振动在相平面上的表现形式。

如果图 6.1.10 中的箭头反向,我们将看到一条从原点向外的螺旋形的轨线。一个不稳定临界点被称为**不稳定螺旋点**(或**螺旋源**),其中轨线从这个临界点发出并逐渐远离时绕其螺旋式旋转。例题 5 表明,轨线也有可能螺旋式进入**闭合轨线**,如代表周期性解的简单闭合解曲线(如图 6.1.8 中的椭圆轨线)。

例题 5 考虑方程组

$$\begin{aligned}\frac{\mathrm{d}x}{\mathrm{d}t} &= -ky + x(1 - x^2 - y^2), \\ \frac{\mathrm{d}y}{\mathrm{d}t} &= kx + y(1 - x^2 - y^2).\end{aligned} \tag{18}$$

在习题 21 中,我们要求你证明 $(0, 0)$ 是其唯一临界点。如下所示,通过引入极坐标 $x = r\cos\theta$, $y = r\sin\theta$,可以显式求解这个方程组。首先注意到

$$\frac{\mathrm{d}\theta}{\mathrm{d}t} = \frac{\mathrm{d}}{\mathrm{d}t}\left(\arctan\frac{y}{x}\right) = \frac{xy' - x'y}{x^2 + y^2}。$$

然后将式 (18) 中所给出的 x' 和 y' 的表达式代入上式,可得

$$\frac{\mathrm{d}\theta}{\mathrm{d}t} = \frac{k(x^2 + y^2)}{x^2 + y^2} = k。$$

由此可得
$$\theta(t) = kt + \theta_0, \quad \text{其中 } \theta_0 = \theta(0)。 \tag{19}$$

那么对 $r^2 = x^2 + y^2$ 进行微分，可得
$$2r\frac{\mathrm{d}r}{\mathrm{d}t} = 2x\frac{\mathrm{d}x}{\mathrm{d}t} + 2y\frac{\mathrm{d}y}{\mathrm{d}t}$$
$$= 2(x^2 + y^2)(1 - x^2 - y^2) = 2r^2(1 - r^2),$$

所以 $r = r(t)$ 满足微分方程
$$\frac{\mathrm{d}r}{\mathrm{d}t} = r(1 - r^2)。 \tag{20}$$

在习题 22 中，我们要求你推导出解
$$r(t) = \frac{r_0}{\sqrt{r_0^2 + (1 - r_0^2)\mathrm{e}^{-2t}}}, \tag{21}$$

其中 $r_0 = r(0)$。因此，方程 (18) 的典型解可以表示成如下形式
$$\begin{aligned} x(t) &= r(t)\cos(kt + \theta_0), \\ y(t) &= r(t)\sin(kt + \theta_0)。 \end{aligned} \tag{22}$$

如果 $r_0 = 1$，那么由式 (21) 可得 $r(t) \equiv 1$（单位圆）。否则，如果 $r_0 > 0$，那么式 (21) 表明当 $t \to +\infty$ 时 $r(t) \to 1$。因此，由式 (22) 定义的轨线在 $r_0 > 1$ 时螺旋式向内趋向单位圆，在 $0 < r_0 < 1$ 时螺旋式向外趋向这条闭合轨线。图 6.1.11 显示了一条从原点向外的螺旋形轨线和四条向内的螺旋形轨线，它们都趋近于闭合轨线 $r(t) \equiv 1$。∎

在相当普遍的假设下，可以证明自治方程组
$$\frac{\mathrm{d}x}{\mathrm{d}t} = F(x, y), \quad \frac{\mathrm{d}y}{\mathrm{d}t} = G(x, y)。$$

的非退化轨线有四种可能性：⊖

1. 当 $t \to +\infty$ 时，$(x(t), y(t))$ 趋近于一个临界点。

2. 随着 t 的增加，$(x(t), y(t))$ 是无界的。

3. $(x(t), y(t))$ 是一个具有闭合轨线的周期性解。

4. 当 $t \to +\infty$ 时，$(x(t), y(t))$ 螺旋式趋向一条闭合轨线。

综上所述，一个自治方程组轨线的相平面图的定性性质在很大程度上取决于其临界点的位置和其轨线在临界点附近的行为。我们将在 6.2 节中看到，在函数 F 和 G 受轻微限制的情况下，方程组 $x' =$

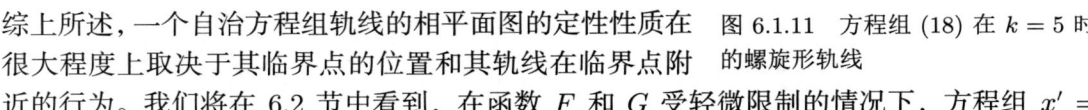

图 6.1.11　方程组 (18) 在 $k = 5$ 时的螺旋形轨线

⊖ 这就是著名的 Poincaré-Bendixson 定理的主要内容；有关更多详情，请参阅本书末尾参考文献中所列出的 Coddington 和 Levinson 所著的书的第 16 章。

$F(x, y)$, $y' = G(x, y)$ 的每个孤立临界点定性地与本节某个例题的情况类似, 即它要么是一个结点(正常或非正常的), 要么是一个鞍点, 要么是一个中心, 要么是一个螺旋点。

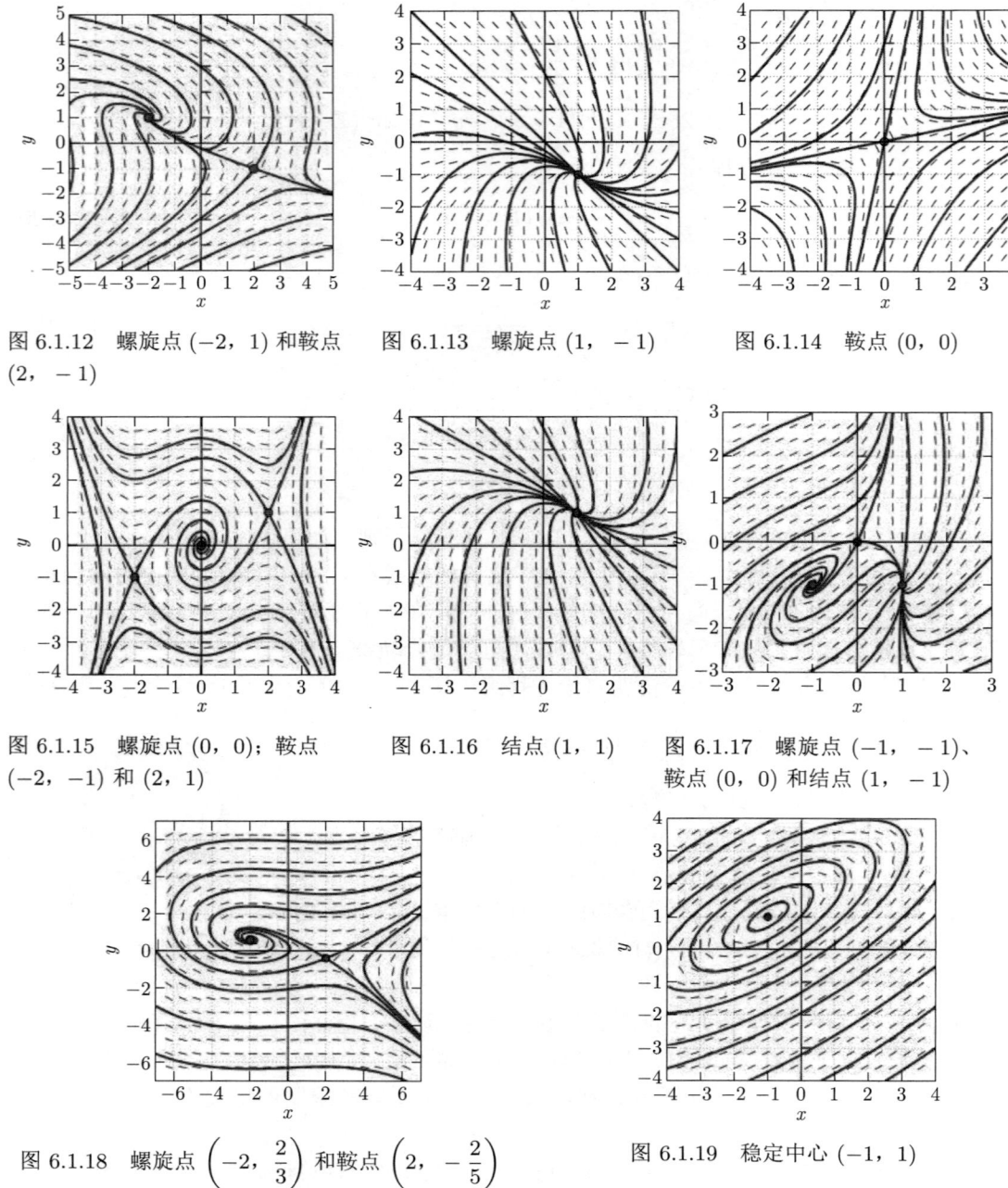

图 6.1.12 螺旋点 $(-2, 1)$ 和鞍点 $(2, -1)$

图 6.1.13 螺旋点 $(1, -1)$

图 6.1.14 鞍点 $(0, 0)$

图 6.1.15 螺旋点 $(0, 0)$; 鞍点 $(-2, -1)$ 和 $(2, 1)$

图 6.1.16 结点 $(1, 1)$

图 6.1.17 螺旋点 $(-1, -1)$、鞍点 $(0, 0)$ 和结点 $(1, -1)$

图 6.1.18 螺旋点 $\left(-2, \dfrac{2}{3}\right)$ 和鞍点 $\left(2, -\dfrac{2}{5}\right)$

图 6.1.19 稳定中心 $(-1, 1)$

习题

在习题 1~8 中，求出给定自治方程组的临界点，从而将每个方程组与图 6.1.12 到图 6.1.19 中其相轨线图进行匹配。

1. $\dfrac{dx}{dt} = 2x - y, \quad \dfrac{dy}{dt} = x - 3y$
2. $\dfrac{dx}{dt} = x - y, \quad \dfrac{dy}{dt} = x + 3y - 4$
3. $\dfrac{dx}{dt} = x - 2y + 3, \quad \dfrac{dy}{dt} = x - y + 2$
4. $\dfrac{dx}{dt} = 2x - 2y - 4, \quad \dfrac{dy}{dt} = x + 4y + 3$
5. $\dfrac{dx}{dt} = 1 - y^2, \quad \dfrac{dy}{dt} = x + 2y$
6. $\dfrac{dx}{dt} = 2 - 4x - 15y, \quad \dfrac{dy}{dt} = 4 - x^2$
7. $\dfrac{dx}{dt} = x - 2y, \quad \dfrac{dy}{dt} = 4x - x^3$
8. $\dfrac{dx}{dt} = x - y - x^2 + xy, \quad \dfrac{dy}{dt} = -y - x^2$

临界点的类型

在习题 9~12 中，求出所给二阶微分方程 $x'' + f(x, x') = 0$ 的每个平衡解 $x(t) \equiv x_0$。使用计算机系统或图形计算器为等价一阶方程组 $x' = y$，$y' = -f(x, y)$ 构建相轨线图和方向场，从而确定临界点 $(x_0, 0)$ 是这个方程组的中心、鞍点或螺旋点。

9. $x'' + 4x - x^3 = 0$
10. $x'' + 2x' + x + 4x^3 = 0$
11. $x'' + 3x' + 4\sin x = 0$
12. $x'' + (x^2 - 1)x' + x = 0$

稳定临界点与不稳定临界点

求解习题 13~20 中的每个线性方程组，以确定临界点 $(0, 0)$ 是稳定的、渐近稳定的还是不稳定的。使用计算机系统或图形计算器为给定方程组构建相轨线图和方向场，从而确定每个临界点的稳定性或不稳定性，并直观地判断它是结点、鞍点、中心或螺旋点。

13. $\dfrac{dx}{dt} = -2x, \quad \dfrac{dy}{dt} = -2y$
14. $\dfrac{dx}{dt} = 2x, \quad \dfrac{dy}{dt} = -2y$
15. $\dfrac{dx}{dt} = -2x, \quad \dfrac{dy}{dt} = -y$
16. $\dfrac{dx}{dt} = x, \quad \dfrac{dy}{dt} = 3y$
17. $\dfrac{dx}{dt} = y, \quad \dfrac{dy}{dt} = -x$
18. $\dfrac{dx}{dt} = -y, \quad \dfrac{dy}{dt} = 4x$
19. $\dfrac{dx}{dt} = 2y, \quad \dfrac{dy}{dt} = -2x$
20. $\dfrac{dx}{dt} = y, \quad \dfrac{dy}{dt} = -5x - 4y$
21. 验证 $(0, 0)$ 是例题 5 中方程组的唯一临界点。
22. 对方程 (20) 采用分离变量法，推导出式 (21) 中的解。

相轨线图与临界点

在习题 23~26 中，已知方程组 $dx/dt = F(x, y)$，$dy/dt = G(x, y)$。求解方程

$$\frac{dy}{dx} = \frac{G(x, y)}{F(x, y)}$$

以求出给定方程组的轨线。使用计算机系统或图形计算器构建方程组的相轨线图和方向场，从而直观地识别给定方程组的临界点 $(0, 0)$ 的表观特征和稳定性。

23. $\dfrac{dx}{dt} = y, \quad \dfrac{dy}{dt} = -x$
24. $\dfrac{dx}{dt} = y(1 + x^2 + y^2), \quad \dfrac{dy}{dt} = x(1 + x^2 + y^2)$
25. $\dfrac{dx}{dt} = 4y(1 + x^2 + y^2), \quad \dfrac{dy}{dt} = -x(1 + x^2 + y^2)$
26. $\dfrac{dx}{dt} = y^3 e^{x+y}, \quad \dfrac{dy}{dt} = -x^3 e^{x+y}$
27. 令 $(x(t), y(t))$ 是非自治方程组

$$\frac{dx}{dt} = y, \quad \frac{dy}{dt} = tx$$

的非平凡解。假设 $\phi(t) = x(t + \gamma)$ 和 $\psi(t) = y(t + \gamma)$，其中 $\gamma \neq 0$。证明 $(\phi(t), \psi(t))$ 不是方程组的解。

唯一解

习题 28~30 处理在函数 F 和 G 连续可微的区域内的方程组

$$\frac{\mathrm{d}x}{\mathrm{d}t} = F(x, y), \quad \frac{\mathrm{d}y}{\mathrm{d}t} = G(x, y),$$

所以对于每个数 a 和点 (x_0, y_0)，都有满足 $x(a) = x_0$ 和 $y(a) = y_0$ 的唯一解。

28. 假设 $(x(t), y(t))$ 是上述自治方程组的一个解。定义 $\phi(t) = x(t+\gamma)$ 和 $\psi(t) = y(t+\gamma)$，并假设 $\gamma \neq 0$。然后证明（与习题 27 的情况相反），$(\phi(t), \psi(t))$ 也是方程组的一个解。因此，自治方程组具有一个简单但重要的特性，即解的"t-平移"仍然是解。

29. 令 $(x_1(t), y_1(t))$ 和 $(x_2(t), y_2(t))$ 是两个解，它们的轨线在点 (x_0, y_0) 处相交，因此对于 t 的某些值 a 和 b，有 $x_1(a) = x_2(b) = x_0$ 且 $y_1(a) = y_2(b) = y_0$。定义

$$x_3(t) = x_2(t+\gamma) \quad 和 \quad y_3(t) = y_2(t+\gamma),$$

其中 $\gamma = b - a$，所以 $(x_2(t), y_2(t))$ 和 $(x_3(t), y_3(t))$ 有相同的轨线。应用唯一性定理证明 $(x_1(t), y_1(t))$ 和 $(x_3(t), y_3(t))$ 是同一个解。所以，原始的两条轨线是相同的。因此，自治方程组的两条不同轨线不可能相交。

30. 假设解 $(x_1(t), y_1(t))$ 对所有 t 都有定义，并且其轨线有一个明显的自交点，即对于某个 $P > 0$ 有

$$x_1(a) = x_1(a+P) = x_0,$$
$$y_1(a) = y_1(a+P) = y_0。$$

引入解

$$x_2(t) = x_1(t+P), \quad y_2(t) = y_1(t+P),$$

然后应用唯一性定理证明，对于所有 t，都有

$$x_1(t+P) = x_1(t) \quad 和 \quad y_1(t) = y_1(t+P)。$$

所以解 $(x_1(t), y_1(t))$ 是周期为 P 的周期解，并且具有一条闭合轨线。因此，自治方程组的解要么是具有闭合轨线的周期解，要么其轨线从不经过同一点两次。

应用　相轨线图与一阶方程

📱 请访问 bit.ly/3nAo0KT，利用 Maple、Mathematica 和 MATLAB 等计算资源对此主题进行更多讨论和探索。

考虑形如

$$\frac{\mathrm{d}y}{\mathrm{d}x} = \frac{G(x, y)}{F(x, y)} \tag{1}$$

的一阶微分方程，可能很难或不可能显式求解此方程。然而，其解曲线可以被绘制成相应自治二维方程组

$$\frac{\mathrm{d}x}{\mathrm{d}t} = F(x, y), \quad \frac{\mathrm{d}y}{\mathrm{d}t} = G(x, y) \tag{2}$$

的轨线。大多数 ODE 绘图仪都可以程式化地为自治方程组生成相轨线图。本章中出现的许多相轨线图都是使用（如图 6.1.20 所示的）John Polking 的基于 MATLAB 的 `pplane` 程序绘制的，此程序可免费用于教育用途（cs.unm.edu/~joel/dfield）。另一个免费的、用户友好的、基于 MATLAB 且具有类似图形功能的 ODE 软件包是 `Iode`（conf.math.illinois.edu/iode）。

例如，为了绘制微分方程
$$\frac{\mathrm{d}y}{\mathrm{d}x} = \frac{2xy - y^2}{x^2 - 2xy} \tag{3}$$
的解曲线，我们绘制方程组
$$\frac{\mathrm{d}x}{\mathrm{d}t} = x^2 - 2xy, \qquad \frac{\mathrm{d}y}{\mathrm{d}t} = 2xy - y^2 \tag{4}$$
的轨线。结果如图 6.1.21 所示。

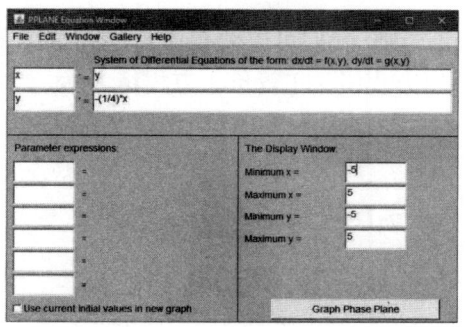

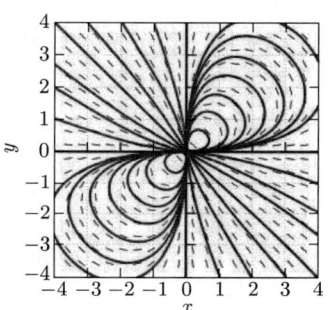

图 6.1.20 MATLAB 的 `pplane` 菜单项为方程组 $x' = y$, $y' = -\frac{1}{4}x$ 绘制方向场和相轨线图（如图 6.1.8 所示）

图 6.1.21 方程组 (4) 的相轨线图

练习

使用类似的方法为下列微分方程绘制一些解曲线。

1. $\dfrac{\mathrm{d}y}{\mathrm{d}x} = \dfrac{4x - 5y}{2x + 3y}$

2. $\dfrac{\mathrm{d}y}{\mathrm{d}x} = \dfrac{4x - 5y}{2x - 3y}$

3. $\dfrac{\mathrm{d}y}{\mathrm{d}x} = \dfrac{4x - 3y}{2x - 5y}$

4. $\dfrac{\mathrm{d}y}{\mathrm{d}x} = \dfrac{2xy}{x^2 - y^2}$

5. $\dfrac{\mathrm{d}y}{\mathrm{d}x} = \dfrac{x^2 + 2xy}{y^2 + 2xy}$

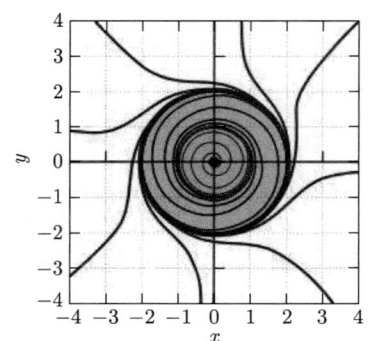

图 6.1.22 与方程 (5) 对应的方程组的相轨线图

现在你可以自己构造一些例子。选择类似上述练习 1~5 中的齐次函数，即分子和分母中 x 和 y 的次数相同的有理函数，效果会很好。形如

$$\frac{\mathrm{d}y}{\mathrm{d}x} = \frac{25x + y(1 - x^2 - y^2)(4 - x^2 - y^2)}{-25y + x(1 - x^2 - y^2)(4 - x^2 - y^2)} \tag{5}$$

的微分方程是本节例题 5 的推广，但不便于显式求解。其相轨线图（图 6.1.22）显示了两个周期闭合轨线，即圆 $r = 1$ 和 $r = 2$。有谁想试试三个圆的情况？

6.2 线性及准线性方程组

我们现在讨论自治方程组

$$\frac{\mathrm{d}x}{\mathrm{d}t} = f(x, y), \qquad \frac{\mathrm{d}y}{\mathrm{d}t} = g(x, y) \tag{1}$$

的解在孤立临界点 (x_0, y_0) 附近的行为，其中 $f(x_0, y_0) = g(x_0, y_0) = 0$。若一个临界点的某个邻域内不包含其他临界点，则称该临界点为**孤立的**。我们始终假设函数 f 和 g 在 (x_0, y_0) 的邻域内是连续可微的。

不失一般性，我们可以假设 $x_0 = y_0 = 0$。否则，我们可以做替换 $u = x - x_0$，$v = y - y_0$。那么 $\mathrm{d}x/\mathrm{d}t = \mathrm{d}u/\mathrm{d}t$ 和 $\mathrm{d}y/\mathrm{d}t = \mathrm{d}v/\mathrm{d}t$，所以方程组 (1) 等价于方程组

$$\begin{aligned}\frac{\mathrm{d}u}{\mathrm{d}t} &= f(u+x_0, v+y_0) = f_1(u, v), \\ \frac{\mathrm{d}v}{\mathrm{d}t} &= g(u+x_0, v+y_0) = g_1(u, v),\end{aligned} \tag{2}$$

那么 $(0, 0)$ 是其孤立临界点。

例题 1 方程组

$$\begin{aligned}\frac{\mathrm{d}x}{\mathrm{d}t} &= 3x - x^2 - xy = x(3-x-y), \\ \frac{\mathrm{d}y}{\mathrm{d}t} &= y + y^2 - 3xy = y(1-3x+y)\end{aligned} \tag{3}$$

的临界点之一为 $(1, 2)$。我们做替换 $u = x-1$，$v = y-2$，也就是说，$x = u+1$，$y = v+2$。那么

$$3 - x - y = 3 - (u+1) - (v+2) = -u - v$$

和

$$1 - 3x + y = 1 - 3(u+1) + (v+2) = -3u + v,$$

所以方程组 (3) 可以转化为如下形式

$$\begin{aligned}\frac{\mathrm{d}u}{\mathrm{d}t} &= (u+1)(-u-v) = -u - v - u^2 - uv, \\ \frac{\mathrm{d}v}{\mathrm{d}t} &= (v+2)(-3u+v) = -6u + 2v + v^2 - 3uv,\end{aligned} \tag{4}$$

且 $(0, 0)$ 为此方程组的一个临界点。如果我们能确定方程组 (4) 在 $(0, 0)$ 附近的轨线，那么将它们从 $(0, 0)$ 到 $(1, 2)$ 进行刚体运动下的平移，就能得到原方程组 (3) 在 $(1, 2)$ 附近的轨线。图 6.2.1 [显示了方程组 (3) 在 xy 平面内在临界点 $(1, 2)$ 附近由计算机绘制的轨线] 和图 6.2.2 [显示了方程组 (4) 在 uv 平面内在临界点 $(0, 0)$ 附近由计算机绘制的轨线] 说明了这种等价性。∎

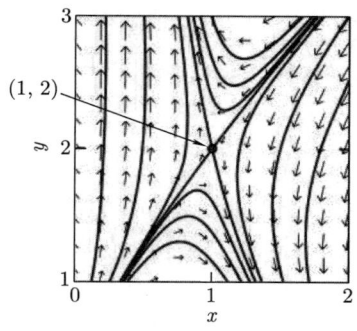
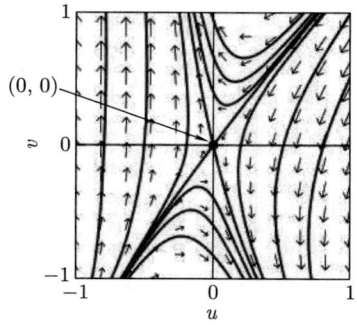

图 6.2.1 例题 1 中方程组 $x' = 3x - x^2 - xy$, $y' = y + y^2 - 3xy$ 的鞍点 $(1, 2)$

图 6.2.2 等价方程组 $u' = -u - v - u^2 - uv$, $v' = -6u + 2v + v^2 - 3uv$ 的鞍点 $(0, 0)$

图 6.2.1 和图 6.2.2 说明，xy 方程组 (1) 的解曲线只是 uv 方程组 (2) 的解曲线进行平移 $(u, v) \to (u + x_0, v + y_0)$ 后的图形。因此，在两个相应临界点附近，即 xy 平面内的 (x_0, y_0) 和 uv 平面内的 $(0, 0)$ 附近，两个相轨线图看起来完全一样。

临界点附近的线性化

二元函数的泰勒公式表明，如果函数 $f(x, y)$ 在固定点 (x_0, y_0) 附近是连续可微的，那么

$$f(x_0 + u, y_0 + v) = f(x_0, y_0) + f_x(x_0, y_0)u + f_y(x_0, y_0)v + r(u, v),$$

其中 "余项" $r(u, v)$ 满足条件

$$\lim_{(u, v) \to (0, 0)} \frac{r(u, v)}{\sqrt{u^2 + v^2}} = 0。$$

[注意，若 $r(u, v)$ 是包含常数或者关于 u 或 v 的线性项的和，则不满足这个条件。在这种意义上，$r(u, v)$ 由 u 和 v 的函数 $f(x_0 + u, y_0 + v)$ 的 "非线性部分" 组成。]

如果我们将泰勒公式应用于式 (2) 中的 f 和 g，并假设 (x_0, y_0) 是一个孤立临界点，那么由 $f(x_0, y_0) = g(x_0, y_0) = 0$，可得

$$\begin{aligned}\frac{\mathrm{d}u}{\mathrm{d}t} &= f_x(x_0, y_0)u + f_y(x_0, y_0)v + r(u, v), \\ \frac{\mathrm{d}v}{\mathrm{d}t} &= g_x(x_0, y_0)u + g_y(x_0, y_0)v + s(u, v),\end{aligned} \qquad (5)$$

其中 $r(u, v)$ 和 g 的类似余项 $s(u, v)$ 满足条件

$$\lim_{(u, v) \to (0, 0)} \frac{r(u, v)}{\sqrt{u^2 + v^2}} = \lim_{(u, v) \to (0, 0)} \frac{s(u, v)}{\sqrt{u^2 + v^2}} = 0。 \qquad (6)$$

那么当 u 和 v 的值很小时，余项 $r(u, v)$ 和 $s(u, v)$ 都非常小（即使与 u 和 v 相比也很小）。

若我们去掉式 (5) 中可能很小的非线性项 $r(u, v)$ 和 $s(u, v)$，结果得到线性方程组

$$\begin{aligned} \frac{\mathrm{d}u}{\mathrm{d}t} &= f_x(x_0, y_0)u + f_y(x_0, y_0)v, \\ \frac{\mathrm{d}v}{\mathrm{d}t} &= g_x(x_0, y_0)u + g_y(x_0, y_0)v, \end{aligned} \quad (7)$$

其中（变量 u 和 v 的）常系数是函数 f 和 g 在临界点 (x_0, y_0) 处的值 $f_x(x_0, y_0)$，$f_y(x_0, y_0)$ 和 $g_x(x_0, y_0)$，$g_y(x_0, y_0)$。因为式 (5) 等价于式 (2) 中的原始（一般）非线性方程组 $u' = f(x_0+u, y_0+v)$，$v' = g(x_0+u, y_0+v)$，所以条件 (6) 表明，当 (u, v) 接近于 $(0, 0)$ 时，**线性化方程组** (7) 与给定的非线性方程组非常近似。

假设 $(0, 0)$ 也是线性方程组的一个孤立临界点，并且式 (5) 中的余项满足条件 (6)，则原方程组 $x' = f(x, y)$，$y' = g(x, y)$ 在孤立临界点 (x_0, y_0) 处被称为是**准线性的**。在这种情况下，它在 (x_0, y_0) 处的**线性化**是线性方程组 (7)。简而言之，这种线性化是线性方程组 $\mathbf{u}' = \mathbf{J}\mathbf{u}$（其中 $\mathbf{u} = [u \ v]^\mathrm{T}$），其系数矩阵就是所谓的函数 f 和 g 的**雅可比矩阵**在点 (x_0, y_0) 处的取值，即

$$\mathbf{J}(x_0, y_0) = \begin{bmatrix} f_x(x_0, y_0) & f_y(x_0, y_0) \\ g_x(x_0, y_0) & g_y(x_0, y_0) \end{bmatrix}. \quad (8)$$

例题 1 续 在式 (3) 中，我们有 $f(x, y) = 3x - x^2 - xy$ 和 $g(x, y) = y + y^2 - 3xy$。那么

$$\mathbf{J}(x, y) = \begin{bmatrix} 3 - 2x - y & -x \\ -3y & 1 + 2y - 3x \end{bmatrix}, \quad \text{所以} \quad \mathbf{J}(1, 2) = \begin{bmatrix} -1 & -1 \\ -6 & 2 \end{bmatrix}.$$

因此，方程组 $x' = 3x - x^2 - xy$，$y' = y + y^2 - 3xy$ 在其临界点 $(1, 2)$ 处的线性化是线性方程组

$$u' = -u - v,$$
$$v' = -6u + 2v,$$

它是由我们去掉式 (4) 中的非线性（二次）项得到的。 ■

事实证明，在大多数（尽管不是全部）情况下，一个准线性方程组在孤立临界点 (x_0, y_0) 附近的相轨线图与其线性化方程组在原点附近的相轨线图在性质上非常相似。因此，理解一般自治方程组的第一步是描述线性方程组的孤立临界点。⊖

线性方程组的孤立临界点

在 5.3 节中，我们使用特征值-特征向量法研究了具有常系数矩阵 $\mathbf{A}$ 的 2×2 线性

⊖ 因此，一个方程组的线性化可以告诉我们关于方程组的一些重要信息，就像一条曲线的切线可以告诉我们关于曲线的一些重要信息一样。

方程组

$$\begin{bmatrix} x' \\ y' \end{bmatrix} = \begin{bmatrix} a & b \\ c & d \end{bmatrix} \begin{bmatrix} x \\ y \end{bmatrix}。 \tag{9}$$

无论矩阵 A 如何，原点 $(0,0)$ 都是方程组的一个临界点，但是如果我们进一步要求原点是一个孤立临界点，那么（根据线性代数的一个标准定理）A 的行列式 $ad-bc$ 必须非零。由此我们可以断定，A 的特征值 λ_1 和 λ_2 必须是非零的。事实上，λ_1 和 λ_2 是如下特征方程的解，

$$\begin{aligned} \det(A - \lambda I) &= \begin{vmatrix} a-\lambda & b \\ c & d-\lambda \end{vmatrix} \\ &= (a-\lambda)(d-\lambda) - bc \\ &= \lambda^2 - (a+d)\lambda + (ad-bc) \\ &= 0, \end{aligned} \tag{10}$$

而 $ad-bc \neq 0$ 的事实意味着 $\lambda = 0$ 不能满足方程 (10)，因此 λ_1 和 λ_2 都是非零的。反之亦成立：如果特征方程 (10) 无零解，即如果矩阵 A 的两个特征值都非零，那么行列式 $ad-bc$ 非零。综上所述，当且仅当 A 的特征值均非零时，原点 $(0,0)$ 是方程组 (9) 的一个孤立临界点。因此，我们对这个临界点的研究可以分为如图 6.2.3 中表格所列的五种情况。这个表格还给出了如 5.3 节所述以及如典型相轨线图集图 5.3.16 中所示的每个临界点的类型。

A 的特征值	临界点类型
具有相同符号的不同实数	非正常结点
具有相反符号的不同实数	鞍点
相同实数	正常或非正常结点
共轭复数	螺旋点
纯虚数	中心

图 6.2.3 对二维方程组 $x' = Ax$ 的孤立临界点 $(0,0)$ 的分类

然而，仔细观察这个图集，就会发现临界点的稳定性属性与 A 的特征值 λ_1 和 λ_2 之间有着惊人的联系。例如，如果 λ_1 和 λ_2 是两个不同的负实数，那么原点表示一个非正常结点汇，因为当 $t \to +\infty$ 时，所有轨线都趋近于原点，临界点是渐近稳定的。类似地，如果 λ_1 和 λ_2 是两个相同的负实数，那么原点是一个正常结点汇，并且也是渐近稳定的。此外，如果 λ_1 和 λ_2 是实部为负的共轭复数，那么原点是一个螺旋汇，且又是渐近稳定的。所有这三种情况都可以用如下方式描述：如果 λ_1 和 λ_2 的实部为负，那么原点是一个渐近稳定的临界点。（注意，如果 λ_1 和 λ_2 是实数，那么它们自身就是其实部。）

对于 λ_1 和 λ_2 的实部的符号的其他组合，可以进行类似的概括。事实上，正如图 6.2.4 中表格所示，方程组 (9) 的孤立临界点 $(0,0)$ 的稳定性属性总是由 λ_1 和 λ_2 的实部的符号来决定。（我们请你使用图 5.3.16 中的图集来验证表中的结论。）

综上我们有定理 1。

λ_1 和 λ_2 的实部	临界点类型	稳定性
同为负	• 正常或非正常结点汇 • 螺旋汇	渐近稳定
同为零（即 λ_1 和 λ_2 由 $\pm iq$ 给出，其中 $q \neq 0$）	• 中心	稳定 但不渐近稳定
至少一个为正	• 正常或非正常结点源 • 螺旋源 • 鞍点	不稳定

图 6.2.4 具有非零特征值 λ_1 和 λ_2 的方程组 (9) 的孤立临界点 (0，0) 的稳定性属性

定理 1　线性方程组的稳定性

设 λ_1 和 λ_2 是二维线性方程组

$$\frac{\mathrm{d}x}{\mathrm{d}t} = ax + by,$$
$$\frac{\mathrm{d}y}{\mathrm{d}t} = cx + dy \tag{11}$$

的系数矩阵 A 的特征值，其中 $ad - bc \neq 0$。那么临界点 (0，0) 是

1. 渐近稳定的，如果 λ_1 和 λ_2 的实部均为负；
2. 稳定但不是渐近稳定的，如果 λ_1 和 λ_2 的实部均为零（所以 $\lambda_1, \lambda_2 = \pm qi$）；
3. 不稳定的，如果 λ_1 或 λ_2 的实部为正。

值得考虑对线性方程组 (11) 的系数 a，b，c 和 d 施加小扰动造成的影响，这将导致特征值 λ_1 和 λ_2 的小扰动。如果这些扰动足够小，那么（λ_1 和 λ_2 的）正实部保持为正，负实部保持为负。从而，一个渐近稳定临界点保持渐近稳定，一个不稳定临界点保持不稳定。因此，定理 1 的第 2 部分是任意小扰动能够影响临界点 (0，0) 的稳定性的唯一情况。在这种情况下，特征方程的纯虚根 $\lambda_1, \lambda_2 = \pm qi$ 可能变为其附近的复根 $\mu_1, \mu_2 = r \pm si$，其中 r 可正可负（参见图 6.2.5）。因此，对线性方程组 (11) 的系数施加小扰动，可以将一个稳定中心变为一个不稳定或渐近稳定的螺旋点。

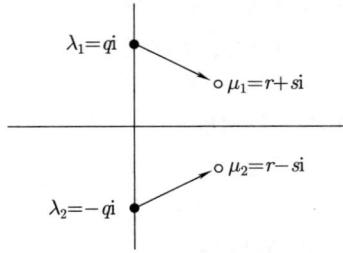

图 6.2.5　纯虚根受到扰动的影响

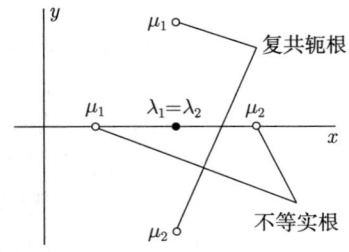

图 6.2.6　相等的根受到扰动的影响

还有一种特殊情况，即临界点 (0，0) 的类型，虽然不具有稳定性，但可能因其系数的微小扰动而改变。这就是 $\lambda_1 = \lambda_2$ 的情况，相等的根（在系数的小扰动下）可以分裂成两

个根 μ_1 和 μ_2, 这两个根要么是复共轭根, 要么是不等实根 (参见图 6.2.6)。在这两种情况下, 根的实部的符号被保留, 所以临界点的稳定性不变。然而, 其性质可能会改变; 由图 6.2.3 中的表格可知, 满足 $\lambda_1 = \lambda_2$ 的结点既可能保持为结点 (如果 μ_1 和 μ_2 是实数), 也可能变为螺旋点 (如果 μ_1 和 μ_2 是共轭复数)。

假设线性方程组 (11) 被用于模拟一种物理情况。因为不太可能完全精确地测量出式 (11) 的系数, 所以设未知的精确线性模型为

$$\begin{aligned}\frac{\mathrm{d}x}{\mathrm{d}t} &= a^\star x + b^\star y, \\ \frac{\mathrm{d}y}{\mathrm{d}t} &= c^\star x + d^\star y。\end{aligned} \tag{11*}$$

如果式 (11) 的系数与式 (11*) 的系数足够接近, 那么由上述讨论可知, 如果原点 (0, 0) 是式 (11*) 的渐近稳定临界点, 那么它也是式 (11) 的渐近稳定临界点, 如果它是式 (11*) 的不稳定临界点, 那么它也是式 (11) 的不稳定临界点。因此在这种情况下, 近似模型 (11) 和精确模型 (11*) 可以预测相同的定性行为 (关于渐近稳定性与不稳定性)。

准线性方程组

回顾我们在本节开始时第一次遇到准线性方程组的情形, 当时我们使用泰勒公式将非线性方程组 (2) 写成准线性形式 (5), 从而得到原非线性方程组的线性化方程组 (7)。如果非线性方程组 $x' = f(x, y)$, $y' = g(x, y)$ 有 (0, 0) 作为孤立临界点, 那么相应的准线性方程组为

$$\begin{aligned}\frac{\mathrm{d}x}{\mathrm{d}t} &= ax + by + r(x, y), \\ \frac{\mathrm{d}y}{\mathrm{d}t} &= cx + dy + s(x, y),\end{aligned} \tag{12}$$

其中 $a = f_x(0, 0)$, $b = f_y(0, 0)$ 以及 $c = g_x(0, 0)$, $d = g_y(0, 0)$; 我们还假设 $ad - bc \neq 0$。我们在没有证明的情况下所陈述的定理 2 本质上意味着, 就临界点 (0, 0) 的类型和稳定性而言, 小的非线性项 $r(x, y)$ 和 $s(x, y)$ 的影响等同于对相关线性方程组 (11) 的系数施加小扰动的影响。

定理 2　准线性方程组的稳定性

设 λ_1 和 λ_2 为与准线性方程组 (12) 相关的线性方程组 (11) 的系数矩阵的特征值。那么

1. 如果 λ_1 和 λ_2 是相等的实特征值, 那么方程组 (12) 的临界点 (0, 0) 要么是一个结点, 要么是一个螺旋点; 若 $\lambda_1 = \lambda_2 < 0$, 这个临界点则是渐近稳定的; 若 $\lambda_1 = \lambda_2 > 0$, 则是不稳定的。

2. 如果 λ_1 和 λ_2 是纯虚数, 那么 (0, 0) 要么是一个中心, 要么是一个螺旋点, 并且可能是渐近稳定的、稳定的或不稳定的。

3. 除非 λ_1 和 λ_2 是相等实数或纯虚数，否则准线性方程组 (12) 的临界点 (0，0) 与相关线性方程组 (11) 的临界点 (0，0) 具有相同的类型和稳定性。

线性化方程组的特征值 λ_1，λ_2	准线性方程组的临界点类型
$\lambda_1 < \lambda_2 < 0$	稳定非正常结点
$\lambda_1 = \lambda_2 < 0$	稳定结点或螺旋点
$\lambda_1 < 0 < \lambda_2$	不稳定鞍点
$\lambda_1 = \lambda_2 > 0$	不稳定结点或螺旋点
$\lambda_1 > \lambda_2 > 0$	不稳定非正常结点
$\lambda_1, \lambda_2 = a \pm bi\ (a<0)$	稳定螺旋点
$\lambda_1, \lambda_2 = a \pm bi\ (a>0)$	不稳定螺旋点
$\lambda_1, \lambda_2 = \pm bi$	稳定或不稳定，中心或螺旋点

图 6.2.7　准线性方程组的临界点分类

因此，如果 $\lambda_1 \neq \lambda_2$ 且 $\text{Re}(\lambda_1) \neq 0$，那么准线性方程组 (12) 的临界点的类型和稳定性可以通过分析其相关线性方程组 (11) 来确定，只有在纯虚数特征值的情况下，(0，0) 的稳定性才不由线性方程组决定。除了 $\lambda_1 = \lambda_2$ 且 $\text{Re}(\lambda_i) = 0$ 这种敏感情况，(0，0) 附近的轨线将与相关线性方程组的轨线定性相似，它们以同样的方式进入或离开临界点，但可能会以非线性方式"变形"。图 6.2.7 中的表格对这些情况进行了总结。

定理 2 中情况分类的一个重要结论是，如果准线性方程组的一个临界点是该方程组线性化方程组的渐近稳定临界点，那么这个临界点是渐近稳定的。此外，如果准线性方程组的一个临界点是其线性化方程组的不稳定临界点，那么这个临界点是不稳定的。如果一个准线性方程组被用于模拟一种物理情况，那么，除了前面提到的敏感情况外，方程组在临界点附近的定性行为可以通过检查其线性化方程组来确定。

例题 2　确定准线性方程组

$$\frac{\mathrm{d}x}{\mathrm{d}t} = 4x + 2y + 2x^2 - 3y^2,$$
$$\frac{\mathrm{d}y}{\mathrm{d}t} = 4x - 3y + 7xy \tag{13}$$

的临界点 (0，0) 的类型和稳定性。

解答：相关线性方程组 [只需要删除式 (13) 中的二次项即可得到] 的特征方程为

$$(4-\lambda)(-3-\lambda) - 8 = (\lambda - 5)(\lambda + 4) = 0,$$

所以特征值 $\lambda_1 = 5$ 和 $\lambda_2 = -4$ 是不等实数，且符号相反。根据对这种情况的讨论，我们知道 (0，0) 是线性方程组的不稳定鞍点，因此根据定理 2 的第 3 部分，它也是准线性方程组 (13) 的不稳定鞍点。图 6.2.8 显示了线性方程组在 (0，0) 附近的轨线，图 6.2.9 显示了非线性方程组 (13) 在该点附近的轨线。图 6.2.10 从"更广的角度"显示了非线性方程组 (13) 的相轨线图。除了位于 (0，0) 处的鞍点之外，在点 (0.279，1.065) 和 (0.933，-1.057) 附近还有螺旋点，在 (-2.354，-0.483) 附近还有一个结点。∎

我们已经看到，通过替换 $x = u + x_0$，$y = v + y_0$，可以将具有孤立临界点 (x_0, y_0) 的方程组 $x' = f(x, y)$，$y' = g(x, y)$ 转换为具有相应临界点 (0，0) 的等效 uv 方程组，

以及线性化方程组 $u' = Ju$，其系数矩阵 J 是函数 f 和 g 在 (x_0, y_0) 处的雅可比矩阵 (8)。因此，我们不需要显式地进行替换；相反，我们可以直接计算 J 的特征值，为应用定理 2 做准备。

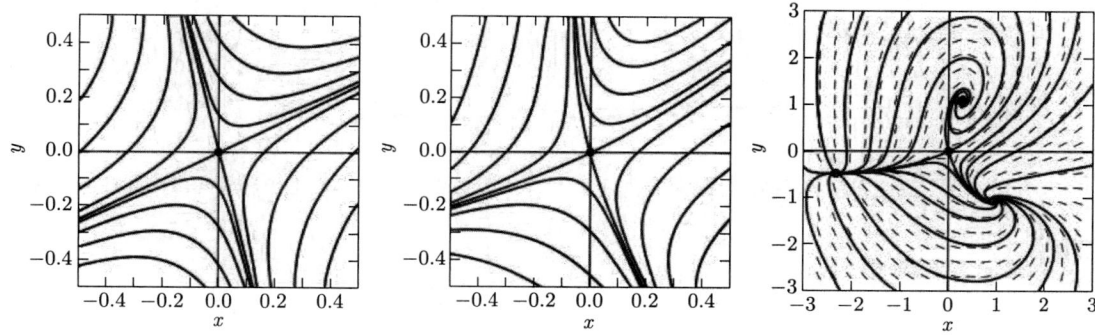

图 6.2.8　例题 2 中线性方程组的轨线　　图 6.2.9　例题 2 中原准线性方程组的轨线　　图 6.2.10　准线性方程组 (13) 的相轨线图

例题 3　确定准线性方程组

$$\frac{dx}{dt} = 33 - 10x - 3y + x^2,$$
$$\frac{dy}{dt} = -18 + 6x + 2y - xy$$
(14)

的临界点 (4, 3) 的类型和稳定性。

解答：根据 $f(x, y) = 33 - 10x - 3y + x^2$，$g(x, y) = -18 + 6x + 2y - xy$ 以及 $x_0 = 4$，$y_0 = 3$，我们有

$$J(x, y) = \begin{bmatrix} -10 + 2x & -3 \\ 6 - y & 2 - x \end{bmatrix}, \quad \text{所以} \quad J(4, 3) = \begin{bmatrix} -2 & -3 \\ 3 & -2 \end{bmatrix}。$$

相关线性方程组

$$\frac{du}{dt} = -2u - 3v,$$
$$\frac{dv}{dt} = 3u - 2v$$
(15)

有特征方程 $(\lambda + 2)^2 + 9 = 0$，它有共轭复根 $\lambda = -2 \pm 3i$。因此，(0, 0) 是线性方程组 (15) 的渐近稳定螺旋点，所以定理 2 表明 (4, 3) 是原准线性方程组 (14) 的渐近稳定螺旋点。图 6.2.11 显示了线性方程组 (15) 的一些典型轨线，图 6.2.12 显示了这个螺旋点是如何与原准线性方程组 (14) 的相轨线图相匹配的。∎

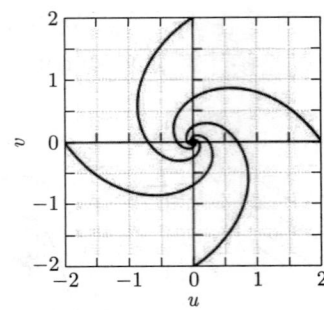

图 6.2.11 线性方程组 (15) 的螺旋形轨线

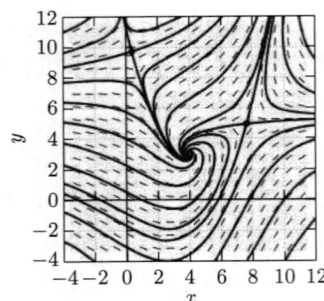

图 6.2.12 原准线性方程组 (14) 的相轨线图

习题

线性方程组的临界点

在习题 1~10 中，应用定理 1 确定临界点 $(0, 0)$ 的类型，并判断它是渐近稳定的、稳定的还是不稳定的。通过使用计算机系统或图形计算器为给定的线性方程组构建相轨线图来验证你的结论。

1. $\dfrac{dx}{dt} = -2x + y, \quad \dfrac{dy}{dt} = x - 2y$

2. $\dfrac{dx}{dt} = 4x - y, \quad \dfrac{dy}{dt} = 2x + y$

3. $\dfrac{dx}{dt} = x + 2y, \quad \dfrac{dy}{dt} = 2x + y$

4. $\dfrac{dx}{dt} = 3x + y, \quad \dfrac{dy}{dt} = 5x - y$

5. $\dfrac{dx}{dt} = x - 2y, \quad \dfrac{dy}{dt} = 2x - 3y$

6. $\dfrac{dx}{dt} = 5x - 3y, \quad \dfrac{dy}{dt} = 3x - y$

7. $\dfrac{dx}{dt} = 3x - 2y, \quad \dfrac{dy}{dt} = 4x - y$

8. $\dfrac{dx}{dt} = x - 3y, \quad \dfrac{dy}{dt} = 6x - 5y$

9. $\dfrac{dx}{dt} = 2x - 2y, \quad \dfrac{dy}{dt} = 4x - 2y$

10. $\dfrac{dx}{dt} = x - 2y, \quad \dfrac{dy}{dt} = 5x - y$

习题 11~18 中的每个方程组都有单个临界点 (x_0, y_0)。应用定理 2 对这个临界点的类型和稳定性进行分类。通过使用计算机系统或图形计算器为给定方程组构建相轨线图来验证你的结论。

11. $\dfrac{dx}{dt} = x - 2y, \quad \dfrac{dy}{dt} = 3x - 4y - 5$

12. $\dfrac{dx}{dt} = x - 2y - 8, \quad \dfrac{dy}{dt} = x + 4y + 10$

13. $\dfrac{dx}{dt} = 2x - y - 2, \quad \dfrac{dy}{dt} = 3x - 2y - 2$

14. $\dfrac{dx}{dt} = x + y - 7, \quad \dfrac{dy}{dt} = 3x - y - 5$

15. $\dfrac{dx}{dt} = x - y, \quad \dfrac{dy}{dt} = 5x - 3y - 2$

16. $\dfrac{dx}{dt} = x - 2y + 1, \quad \dfrac{dy}{dt} = x + 3y - 9$

17. $\dfrac{dx}{dt} = x - 5y - 5, \quad \dfrac{dy}{dt} = x - y - 3$

18. $\dfrac{dx}{dt} = 4x - 5y + 3, \quad \dfrac{dy}{dt} = 5x - 4y + 6$

准线性方程组的临界点

在习题 19~28 中，研究给定的准线性方程组的临界点 $(0, 0)$ 的类型。通过使用计算机系统或图形计算器构建相轨线图来验证你的结论。同时，描述在你的图形中可见的任何其他临界点的大致位置和明显类型。自由选择研究这些额外的临界点；你可以使用本节应用材料中所讨论的计算方法。

19. $\dfrac{dx}{dt} = x - 3y + 2xy, \quad \dfrac{dy}{dt} = 4x - 6y - xy$

20. $\dfrac{dx}{dt} = 6x - 5y + x^2, \quad \dfrac{dy}{dt} = 2x - y + y^2$

21. $\dfrac{dx}{dt} = x + 2y + x^2 + y^2, \quad \dfrac{dy}{dt} = 2x - 2y - 3xy$

22. $\dfrac{dx}{dt} = x + 4y - xy^2, \quad \dfrac{dy}{dt} = 2x - y + x^2y$

23. $\dfrac{dx}{dt} = 2x - 5y + x^3, \quad \dfrac{dy}{dt} = 4x - 6y + y^4$

24. $\dfrac{dx}{dt} = 5x - 3y + y(x^2+y^2)$, $\dfrac{dy}{dt} = 5x + y(x^2+y^2)$

25. $\dfrac{dx}{dt} = x - 2y + 3xy$, $\dfrac{dy}{dt} = 2x - 3y - x^2 - y^2$

26. $\dfrac{dx}{dt} = 3x - 2y - x^2 - y^2$, $\dfrac{dy}{dt} = 2x - y - 3xy$

27. $\dfrac{dx}{dt} = x - y + x^4 - y^2$, $\dfrac{dy}{dt} = 2x - y + y^4 - x^2$

28. $\dfrac{dx}{dt} = 3x - y + x^3 + y^3$, $\dfrac{dy}{dt} = 13x - 3y + 3xy$

在习题 29~32 中，求出给定方程组的所有临界点，并研究每个临界点的类型和稳定性。通过使用计算机系统或图形计算器构建相轨线图来验证你的结论。

29. $\dfrac{dx}{dt} = x - y$, $\dfrac{dy}{dt} = x^2 - y$

30. $\dfrac{dx}{dt} = y - 1$, $\dfrac{dy}{dt} = x^2 - y$

31. $\dfrac{dx}{dt} = y^2 - 1$, $\dfrac{dy}{dt} = x^3 - y$

32. $\dfrac{dx}{dt} = xy - 2$, $\dfrac{dy}{dt} = x - 2y$

分岔

分岔一词通常指某物"分裂开"。对于含有参数的微分方程或方程组而言，它是指随着参数的连续变化，解的性质发生突变。习题 33~36 说明了线性或准线性方程组的系数的微小扰动可以改变临界点的类型或稳定性（或两者兼而有之）的敏感情况。

33. 考虑线性方程组

$$\dfrac{dx}{dt} = \epsilon x - y, \qquad \dfrac{dy}{dt} = x + \epsilon y.$$

证明 **(a)** 如果 $\epsilon < 0$，临界点 $(0, 0)$ 是稳定螺旋点；
(b) 如果 $\epsilon = 0$，这个临界点是中心；
(c) 如果 $\epsilon > 0$，这个临界点是不稳定螺旋点。因此，对方程组 $x' = -y$, $y' = x$ 的微小扰动可以同时改变临界点的类型和稳定性。图 6.2.123a 到图 6.2.13e 显示了随着参数从 $\epsilon < 0$ 到 $\epsilon > 0$ 不断增加，在 $\epsilon = 0$ 时存在的稳定性的丧失过程。

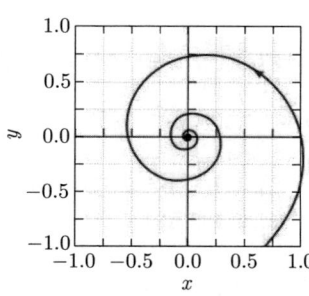
a）当 $\epsilon=-0.2$ 时的稳定螺旋点

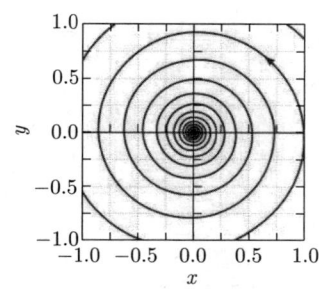
b）当 $\epsilon=-0.05$ 时的稳定螺旋点

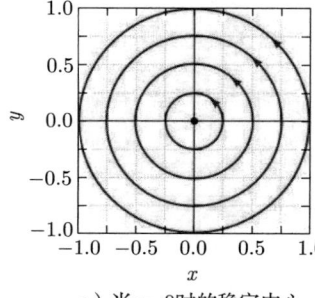
c）当 $\epsilon= 0$ 时的稳定中心

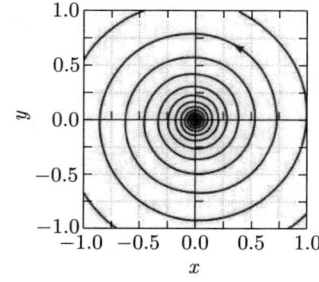
d）当 $\epsilon=0.05$ 时的不稳定螺旋点

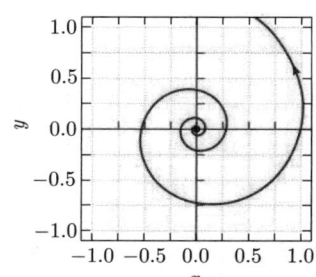
e）当 $\epsilon=0.2$ 时的不稳定螺旋点

图 6.2.13

34. 考虑线性方程组
$$\frac{dx}{dt} = -x + \epsilon y, \quad \frac{dy}{dt} = x - y。$$
证明 (a) 若 $\epsilon < 0$，临界点 $(0, 0)$ 是稳定螺旋点；
(b) 若 $0 \leqslant \epsilon < 1$，这个临界点是稳定结点。因此，对方程组 $x' = -x$，$y' = x - y$ 的微小扰动可以改变临界点 $(0, 0)$ 的类型而不改变其稳定性。

35. 本题处理准线性方程组
$$\frac{dx}{dt} = y + hx(x^2 + y^2),$$
$$\frac{dy}{dt} = -x + hy(x^2 + y^2),$$
用以说明定理 2 的敏感情况，其中定理没有提供关于临界点 $(0, 0)$ 的稳定性信息。
(a) 证明 $(0, 0)$ 是通过设置 $h = 0$ 所得的线性方程组的中心。
(b) 假设 $h \neq 0$。令 $r^2 = x^2 + y^2$，然后应用
$$x\frac{dx}{dt} + y\frac{dy}{dt} = r\frac{dr}{dt}$$
证明 $dr/dt = hr^3$。
(c) 假设 $h = -1$。对 (b) 部分中的微分方程进行积分，然后证明当 $t \to +\infty$ 时，$r \to 0$。因此，在这种情况下，$(0, 0)$ 是准线性方程组的渐近稳定临界点。
(d) 假设 $h = 1$。证明随着 t 的增加，$r \to +\infty$，所以此时 $(0, 0)$ 是不稳定临界点。

36. 本题针对准线性方程组
$$\frac{dx}{dt} = \epsilon x + y - x(x^2 + y^2),$$
$$\frac{dy}{dt} = -x + \epsilon y - y(x^2 + y^2)$$
描述著名的 Hopf 分岔，若 $\epsilon = 0$，则该方程有虚特征根 $\lambda = \pm i$。
(a) 如 6.1 节例题 5 所示，改用极坐标以获得方程组 $r' = r(\epsilon - r^2)$，$\theta' = -1$。
(b) 分离变量并直接积分，以证明若 $\epsilon \leqslant 0$，则当 $t \to +\infty$ 时，$r(t) \to 0$，所以在这种情况下，原点是稳定螺旋点。

(c) 类似地证明若 $\epsilon > 0$，则当 $t \to +\infty$ 时，$r(t) \to \sqrt{\epsilon}$，所以此时，原点是不稳定螺旋点。圆 $r(t) \equiv \sqrt{\epsilon}$ 本身就是一个闭合周期解或极限环。因此，随着参数 ϵ 穿过临界值 0 不断增大，生成的极限环也不断增大。

37. 在二维非准线性方程组的情况下，孤立临界点附近的轨线可能比本节所讨论的结点、中心、鞍点和螺旋点附近的轨线表现出复杂得多的结构。例如，考虑具有 $(0, 0)$ 作为孤立临界点的方程组
$$\frac{dx}{dt} = x(x^3 - 2y^3),$$
$$\frac{dy}{dt} = y(2x^3 - y^3)。$$
(16)

这个方程组不是准线性的，因为 $(0, 0)$ 不是平凡相关线性方程组 $x' = 0$，$y' = 0$ 的孤立临界点。求解齐次一阶方程
$$\frac{dy}{dx} = \frac{y(2x^3 - y^3)}{x(x^3 - 2y^3)}$$
以证明方程组 (16) 的轨线是形如
$$x^3 + y^3 = 3cxy$$
笛卡儿叶形线，其中 c 是一个任意常数（如图 6.2.14 所示）。

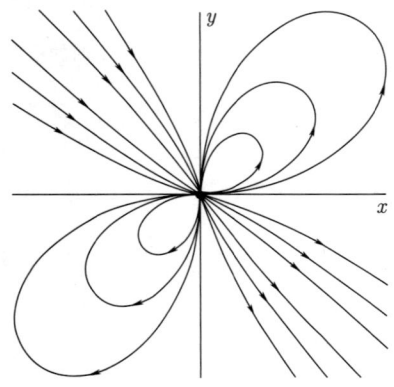

图 6.2.14　方程组 (16) 的轨线

38. 首先注意 2×2 矩阵 $\boldsymbol{A}$ 的特征方程可以写成 $\lambda^2 - T\lambda + D = 0$ 的形式，其中 D 是 $\boldsymbol{A}$ 的行列式，矩阵 $\boldsymbol{A}$ 的迹 T 是其两个对角线元素之和。然后应用定理 1 证明，方程组 $\boldsymbol{x}' = \boldsymbol{A}\boldsymbol{x}$ 的临界点 $(0, 0)$ 的类型可由点 (T, D) 在具有水平 T 轴和垂直 D 轴的迹–行列式平面中的位置决定，如图 6.2.15 所示。

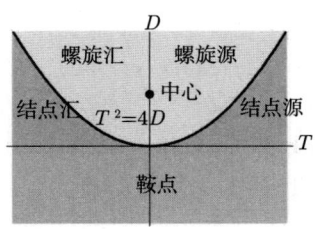

图 6.2.15 方程组 $\boldsymbol{x}' = \boldsymbol{A}\boldsymbol{x}$ 的临界点 $(0, 0)$ 是
- 螺旋汇或螺旋源，若点 (T, D) 位于抛物线 $T^2 = 4D$ 之上，但不在 D 轴上；
- 稳定中心，若点 (T, D) 位于正 D 轴上；
- 结点汇或结点源，若点 (T, D) 位于抛物线和 T 轴之间；
- 鞍点，若点 (T, D) 位于 T 轴之下

应用　准线性方程组的相轨线图

请访问 bit.ly/3mhh6uG，利用 Maple、Mathematica 和 MATLAB 等计算资源对此主题进行更多讨论和探索。

有趣而复杂的相轨线图往往是由线性方程组的简单非线性扰动引起的。例如，图 6.2.16 显示了准线性方程组

$$\begin{aligned}\frac{\mathrm{d}x}{\mathrm{d}t} &= -y\cos(x + y - 1), \\ \frac{\mathrm{d}y}{\mathrm{d}t} &= x\cos(x - y + 1)\end{aligned} \tag{1}$$

的相轨线图，在用圆点标记的七个临界点中，我们
- 在 xy 平面的第一和第三象限中看到明显的螺旋点；
- 在第二和第四象限中看到明显的鞍点，再加上正 x 轴上的另一个鞍点；
- 在负 y 轴上看到一个属性待定的临界点；
- 在原点处看到一个明显"非常弱"的螺旋点，意思是随着 t 的增加或减少（根据它是汇还是源）而被非常缓慢趋近的点。

一些 ODE 软件系统可以自动对临界点进行定位和分类。例如，图 6.2.17 显示了由 John Polking 基于 MATLAB 的 `pplane` 程序（在 6.1 节应用中引用过）所生成的屏幕。它显示了图 6.2.16 中第四象限的临界点的近似坐标为 $(1.5708, -2.1416)$，并且相关线性方程组的系数矩阵具有正特征值 $\lambda_1 \approx 2.8949$ 和负特征值 $\lambda_2 \approx -2.3241$。因此，由定理 2 可知，这个临界点确实是准线性方程组 (1) 的鞍点。

使用诸如 Maple 或 Mathematica 这样的通用计算机代数系统，你可能需要自己做一些工作，或者准确地告诉计算机该做什么，才能求出一个临界点并对其进行分类。例如，

Maple 命令

```
fsolve ({-y*cos(x+y-1)=0, x*cos(x-y+1)=0}, {x,y},{x=1 .. 2, y=-3..-2});
```

或 Mathematica 命令

```
FindRoot[{-y*Cos[x+y-1] == 0, x*Cos[x-y+1] == 0}, {x,1,2}, {y,-3,-2}]
```

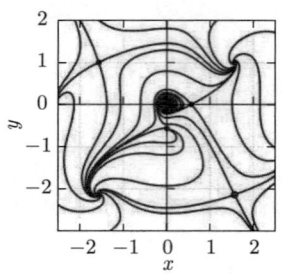

图 6.2.16　方程组 (1) 的相轨线图

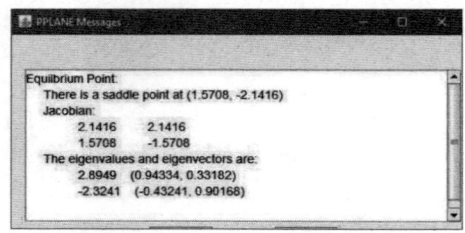

图 6.2.17　显示出的第四象限的鞍点

将会求出前面所指出的临界点坐标 $a = 1.5708$, $b = -2.1416$。然后做替换 $x = u + a$, $y = v + b$ 得到平移后的方程组

$$\begin{aligned}\frac{\mathrm{d}u}{\mathrm{d}t} &= (2.1416 - v)\cos(1.5708 - u - v) = f(u, v),\\ \frac{\mathrm{d}v}{\mathrm{d}t} &= (1.5708 + u)\cos(4.7124 + u - v) = g(u, v)\text{。}\end{aligned} \quad (2)$$

如果我们将 $u = v = 0$ 代入雅可比矩阵 $\partial(f, g)/\partial(u, v)$，可以得到与式 (2) 对应的线性方程组的系数矩阵

$$A = \begin{bmatrix} 2.1416 & 2.1416 \\ 1.5708 & -1.5708 \end{bmatrix}\text{。}$$

那么 Maple 命令

```
evalf(Eigenvals(A))
```

或 Mathematica 命令

```
Eigenvalues[A]
```

或 Wolfram|Alpha 查询

```
((2.1416, 2.1416), (1.5708, -1.5708))
```

可以得到特征值 $\lambda_1 \approx 2.8949$ 和 $\lambda_2 \approx -2.3241$，从而验证了方程组 (1) 的临界点 (1.5708, -2.1416) 确实是一个鞍点。

练习

使用计算机代数系统求出图 6.2.16 中所指出的方程组 (1) 的其他临界点并进行分类。然后以类似的方式研究你自己构建的一个准线性方程组。构造这样一个方程组的一种简便方法是从一个线性方程组开始，插入类似于方程组 (1) 中的正弦或余弦因子。

6.3 生态模型：捕食者与竞争者

稳定性理论的一些最有趣和最重要的应用涉及两个或多个生物种群在同一环境中的相互影响。我们首先考虑一个涉及两个物种的**捕食者–猎物**的情况。一个物种即**捕食者**以另一个物种即**猎物**为食，而后者又以环境中现成的第三种食物为食。一个标准的例子就是林地里的一群狐狸和兔子：狐狸（捕食者）吃兔子（猎物），而兔子吃林地里的某些植物。其他的例子还有鲨鱼（捕食者）和食用鱼（猎物）、鲈鱼（捕食者）和太阳鱼（猎物）、瓢虫（捕食者）和蚜虫（猎物），以及甲虫（捕食者）和蚧壳虫（猎物）等。

在 20 世纪 20 年代，意大利数学家 Vito Volterra（1860—1940）为了分析所观察到的亚得里亚海鲨鱼和食用鱼种群数量的周期性变化，建立了捕食者–猎物关系的经典数学模型。为了构建这样一个模型，我们用 $x(t)$ 表示 t 时刻猎物数量，用 $y(t)$ 表示捕食者数量，并做如下简化假设。

1. 在没有捕食者的情况下，猎物数量会以自然速率增长，即 $dx/dt = ax$，$a > 0$。

2. 在没有猎物的情况下，捕食者数量会以自然速率下降，即 $dy/dt = -by$，$b > 0$。

3. 当捕食者和猎物都存在时，结合这些自然增长率和下降率，就会出现猎物数量和捕食者数量都以与两个物种个体之间相遇的频率成正比的速率分别下降和增长。我们进一步假设，这种相遇的频率与乘积 xy 成正比，理由是，任何一个种群数量单独增加一倍，相遇的频率就会增加一倍，而两个种群数量都增加一倍，相遇的频率应该变为原来的四倍。因此，捕食者对猎物的消耗导致

- 猎物数量 x 以相互影响速率 $-pxy$ 下降，
- 捕食者数量 y 以相互影响速率 qxy 增长。

当我们把猎物数量 x 的自然增长速率 ax 和相互影响速率 $-pxy$，以及捕食者数量 y 的自然下降速率 $-by$ 和相互影响速率 qxy 结合起来，可以得到**捕食者–猎物方程组**

$$\begin{aligned}\frac{dx}{dt} &= ax - pxy = x(a - py), \\ \frac{dy}{dt} &= -by + qxy = y(-b + qx),\end{aligned} \tag{1}$$

其中常数 a，b，p 和 q 均为正数。[注意：你可能会见到以式 (1) 中任意顺序写出的捕食者和猎物方程组。重要的是要意识到，捕食者方程有负线性项和正相互影响项，而猎物方程有正线性项和负相互影响项。]

例题 1 **临界点** 一般捕食者–猎物方程组 (1) 的临界点是方程

$$x(a - py) = 0, \qquad y(-b + qx) = 0 \tag{2}$$

的解 (x, y)。这两个方程中的第一个意味着 $x = 0$ 或 $y = a/p \neq 0$，第二个意味着 $y = 0$

或 $x = b/q \neq 0$。由此很容易得出，这个捕食者–猎物方程组有两个（孤立）临界点 $(0, 0)$ 和 $(b/q, a/p)$。

临界点 $(0, 0)$：方程组 (1) 的雅可比矩阵为

$$J(x, y) = \begin{bmatrix} a - py & -px \\ qy & -b + qx \end{bmatrix}, \text{ 所以 } J(0, 0) = \begin{bmatrix} a & 0 \\ 0 & -b \end{bmatrix}. \tag{3}$$

矩阵 $J(0, 0)$ 有特征方程 $(a - \lambda)(-b - \lambda) = 0$ 以及具有不同符号的特征值 $\lambda_1 = a > 0$ 和 $\lambda_2 = -b < 0$。因此，由 6.2 节定理 1 和定理 2 可知，临界点 $(0, 0)$ 是捕食者–猎物方程组及其在 $(0, 0)$ 处的线性化方程组的不稳定鞍点。相应的平衡解 $x(t) \equiv 0$，$y(t) \equiv 0$ 仅仅描述了猎物种群 (x) 和捕食者种群 (y) 的同时灭绝。

临界点 $(b/q, a/p)$：雅可比矩阵

$$J(b/q, a/p) = \begin{bmatrix} 0 & -\dfrac{pb}{q} \\ \dfrac{aq}{p} & 0 \end{bmatrix} \tag{4}$$

有特征方程 $\lambda^2 + ab = 0$ 以及纯虚数特征值 $\lambda_1, \lambda_2 = \pm \mathrm{i}\sqrt{ab}$。由 6.2 节定理 1 可知，捕食者–猎物方程组在 $(b/q, a/p)$ 处的线性化方程组在原点有一个稳定中心。从而我们有 6.2 节定理 2 中的不确定情况，在这种情况下，临界点（除了稳定中心）也可能是捕食者–猎物方程组本身的稳定螺旋汇或不稳定螺旋源。因此，需要进一步研究以确定临界点 $(b/q, a/p)$ 的实际属性。相应的平衡解 $x(t) \equiv b/q$，$y(t) \equiv a/p$ 描述了能永久共存的唯一非零恒定猎物种群数量 (x) 和捕食者种群数量 (y)。

相轨线图：在习题 1 中，我们要求你对一个典型的捕食者–猎物方程组进行数值分析，并验证在其两个临界点处的线性化结果与图 6.3.1 所示的相轨线图定性地一致，其中非平凡临界点看起来是一个稳定中心。当然，这个图只有第一象限对应于物理上有意义的解，它们表示猎物和捕食者具有非负数量。

在习题 2 中，我们要求你推导出图 6.3.1 中捕食者–猎物方程组的精确隐式解，这个解可以用来证明其在第一象限的相平面轨线确实是如图所示的环绕临界点 $(75, 50)$ 的简单闭合曲线。那么由 6.1 节习题 30 可知，显式解函数 $x(t)$ 和 $y(t)$ 都是关于 t 的周期函数，从而解释了在捕食者–猎物种群中以经验为主观察到的周期性波动。∎

例题 2 **振荡的种群数量** 图 6.3.2 显示了计算机生成的捕食者–猎物方程组

$$\begin{aligned} \dfrac{\mathrm{d}x}{\mathrm{d}t} &= (0.2)x - (0.005)xy = (0.005)x(40 - y), \\ \dfrac{\mathrm{d}y}{\mathrm{d}t} &= -(0.5)y + (0.01)xy = (0.01)y(-50 + x) \end{aligned} \tag{5}$$

的方向场和相轨线图，其中 $x(t)$ 表示 t 个月后兔子的数量，$y(t)$ 表示 t 个月后狐狸的数

量。显然，临界点 (50，40) 是稳定中心，代表由 50 只兔子和 40 只狐狸构成的平衡种群。任何其他初始点都位于包围这个平衡点的闭合轨线上。方向场表示点 $(x(t),\ y(t))$ 沿逆时针方向遍历其轨线，其中兔子和狐狸的数量在它们各自的最大值和最小值之间周期性地振荡。一个缺点是相轨线图没有提供关于遍历每条轨线的速度信息。

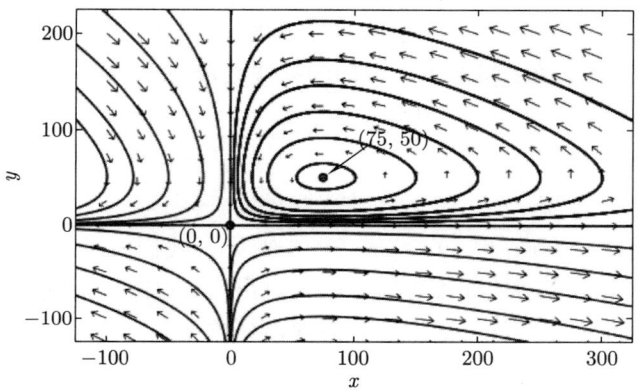

图 6.3.1 具有临界点 (0，0) 和 (75，50) 的捕食者–猎物方程组 $x' = 200x - 4xy$，$y' = -150y + 2xy$ 的相轨线图

将两个单独的种群数量函数绘制成时间 t 的函数，可以重新找回这种失去的"时间感"。在图 6.3.3 中，我们绘制了采用 4.3 节的 Runge-Kutta 法所计算出的近似解函数 $x(t)$ 和 $y(t)$ 的图形，其中初始值为 $x(0) = 70$ 和 $y(0) = 30$。我们看到兔子数量在极值 $x_{\max} \approx 72$ 和 $x_{\min} \approx 33$ 之间振荡，而狐狸数量在极值 $y_{\max} \approx 70$ 和 $y_{\min} \approx 20$ 之间（不同步）振荡。仔细测量表明，每个种群的振荡周期 P 略大于 20 个月。你可以"放大"每个图上的最大值或最小值点，以便对周期以及兔子和狐狸数量的最大值和最小值的估计更加精确。

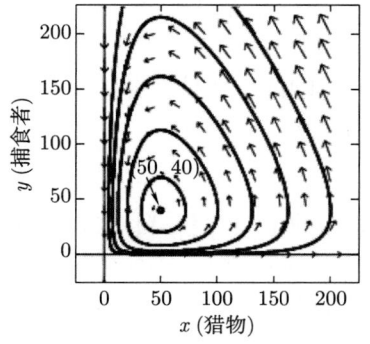 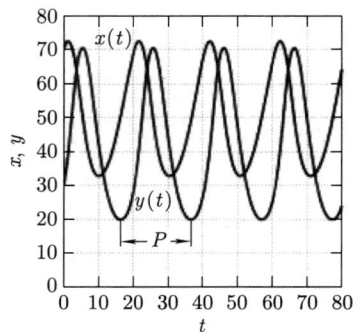

图 6.3.2 例题 2 中捕食者–猎物方程组的方向场和相轨线图

图 6.3.3 例题 2 中捕食者和猎物数量的周期性振荡

任何正的初始条件 $x_0 = x(0)$ 和 $y_0 = y(0)$ 都会产生类似的图形，其中兔子和狐狸种群都能共存。

竞争物种

现在我们考虑在 t 时刻数量分别为 $x(t)$ 和 $y(t)$ 的两个物种（例如动物、植物或细菌），它们在共同的环境中为获得食物而相互竞争。这与一个物种捕食另一个物种的情况形成鲜明对比。为了构建一个尽可能真实的数学模型，我们假设在没有任意一个物种的情况下，另一个物种将有一个有限（logistic）种群数量，就像 2.1 节中所考虑的那样。在两个物种之间没有任何相互影响或竞争的情况下，它们的种群数量 $x(t)$ 和 $y(t)$ 将满足微分方程

$$\begin{aligned}\frac{\mathrm{d}x}{\mathrm{d}t} &= a_1 x - b_1 x^2, \\ \frac{\mathrm{d}y}{\mathrm{d}t} &= a_2 y - b_2 y^2,\end{aligned} \tag{6}$$

其中每个方程都具有 2.1 节方程 (2) 的形式。但此外，我们假设竞争产生的影响是每个种群数量都会下降，并且下降率与它们的乘积 xy 成正比。我们在方程组 (6) 中，插入这种具有负比例常数 $-c_1$ 和 $-c_2$ 的项，从而得到**竞争方程组**

$$\begin{aligned}\frac{\mathrm{d}x}{\mathrm{d}t} &= a_1 x - b_1 x^2 - c_1 xy = x(a_1 - b_1 x - c_1 y), \\ \frac{\mathrm{d}y}{\mathrm{d}t} &= a_2 y - b_2 y^2 - c_2 xy = y(a_2 - b_2 y - c_2 x),\end{aligned} \tag{7}$$

其中系数 a_1，a_2，b_1，b_2，c_1 和 c_2 均为正数。

准线性方程组 (7) 有四个临界点。在设定上述两个方程右侧等于零之后，我们看到如果 $x = 0$，那么 $y = 0$ 或 $y = a_2/b_2$，而如果 $y = 0$，那么 $x = 0$ 或 $x = a_1/b_1$。这就得到了三个临界点 $(0, 0)$、$(0, a_2/b_2)$ 和 $(a_1/b_1, 0)$。第四个临界点由联立求解方程

$$b_1 x + c_1 y = a_1, \quad c_2 x + b_2 y = a_2 \tag{8}$$

得到。我们假设，正如在大多数感兴趣的应用中一样，这些方程只有单个解，并且相应的临界点位于 xy 平面的第一象限。那么这个点 (x_E, y_E) 是方程组 (7) 的第四个临界点，它代表具有恒定非零平衡种群数量 $x(t) \equiv x_E$ 和 $y(t) \equiv y_E$ 的两个物种共存的可能性。

我们感兴趣的是临界点 (x_E, y_E) 的稳定性。这取决于

$$c_1 c_2 < b_1 b_2 \quad \text{还是} \quad c_1 c_2 > b_1 b_2。 \tag{9}$$

在式 (9) 中每个不等式都有一个自然的解释。检查方程组 (6)，我们看到系数 b_1 和 b_2 表示每个种群对其自身增长的抑制作用（可能由于食物或空间的限制）。另一方面，c_1 和 c_2 表示两个种群之间竞争的影响。因此，$b_1 b_2$ 是对抑制作用的度量，而 $c_1 c_2$ 是对竞争作用的度量。对方程组 (7) 的总体分析结果如下：

1. 如果 $c_1 c_2 < b_1 b_2$，则与抑制作用相比，竞争作用较小，那么 (x_E, y_E) 是渐近稳定临界点，并且当 $t \to +\infty$ 时，每个解都趋近于这个临界点。因此，在这种情况下，这两个物种可以共存并且确实共存。

2. 如果 $c_1 c_2 > b_1 b_2$，则与抑制作用相比，竞争作用较大，那么 (x_E, y_E) 是不稳定临

界点，并且当 $t \to +\infty$ 时，$x(t)$ 或 $y(t)$ 趋近于零。因此，在这种情况下，这两个物种不能共存：一个存活，另一个灭绝。

我们不进行综合分析，而是给出两个示例来说明这两种可能性。

例题 3　**单一物种存活**　假设种群数量 $x(t)$ 和 $y(t)$ 满足方程

$$\begin{aligned} \frac{\mathrm{d}x}{\mathrm{d}t} &= 14x - \frac{1}{2}x^2 - xy, \\ \frac{\mathrm{d}y}{\mathrm{d}t} &= 16y - \frac{1}{2}y^2 - xy, \end{aligned} \tag{10}$$

其中 $a_1 = 14$，$a_2 = 16$，$b_1 = b_2 = \frac{1}{2}$ 且 $c_1 = c_2 = 1$。那么 $c_1 c_2 = 1 > \frac{1}{4} = b_1 b_2$，所以正如上述情况 2 中所预测的那样，我们应该期待单一物种存活。我们很容易求出四个临界点是 $(0, 0)$，$(0, 32)$，$(28, 0)$ 和 $(12, 8)$。我们将对这四个临界点进行逐一探讨。

临界点 $(0, 0)$：方程组 (10) 的雅可比矩阵为

$$\boldsymbol{J}(x, y) = \begin{bmatrix} 14 - x - y & -x \\ -y & 16 - y - x \end{bmatrix}, \text{ 所以 } \boldsymbol{J}(0, 0) = \begin{bmatrix} 14 & 0 \\ 0 & 16 \end{bmatrix}。 \tag{11}$$

矩阵 $\boldsymbol{J}(0, 0)$ 有特征方程 $(14 - \lambda)(16 - \lambda) = 0$，其特征值为

$$\lambda_1 = 14 \text{ 对应的特征向量为 } \boldsymbol{v}_1 = \begin{bmatrix} 1 & 0 \end{bmatrix}^{\mathrm{T}}$$

和

$$\lambda_2 = 16 \text{ 对应的特征向量为 } \boldsymbol{v}_2 = \begin{bmatrix} 0 & 1 \end{bmatrix}^{\mathrm{T}}。$$

两个特征值均为正，由此可得 $(0, 0)$ 是方程组在 $(0, 0)$ 处的线性化方程组 $x' = 14x$，$y' = 16y$ 的结点源，因此根据 6.2 节定理 2，它也是原方程组 (10) 的不稳定结点源。图 6.3.4 显示了线性化方程组在 $(0, 0)$ 附近的相轨线图。

临界点 $(0, 32)$：将 $x = 0$，$y = 32$ 代入式 (11) 中所示的雅可比矩阵 $\boldsymbol{J}(x, y)$，可得非线性方程组 (10) 在点 $(0, 32)$ 处的雅可比矩阵

$$\boldsymbol{J}(0, 32) = \begin{bmatrix} -18 & 0 \\ -32 & -16 \end{bmatrix}。 \tag{12}$$

对比 6.2 节式 (7) 和式 (8)，我们看到这个雅可比矩阵对应于方程组 (10) 在 $(0, 32)$ 处的线性化方程组

$$\begin{aligned} \frac{\mathrm{d}u}{\mathrm{d}t} &= -18u, \\ \frac{\mathrm{d}v}{\mathrm{d}t} &= -32u - 16v。 \end{aligned} \tag{13}$$

矩阵 $\boldsymbol{J}(0, 32)$ 有特征方程 $(-18 - \lambda)(-16 - \lambda) = 0$，其特征值为 $\lambda_1 = -18$ 和 $\lambda_2 = -16$，

对应的特征向量分别为 $\boldsymbol{v}_1 = [\ 1\ \ 16\ ]^T$ 和 $\boldsymbol{v}_2 = [\ 0\ \ 1\ ]^T$。因为这两个特征值均为负，所以 $(0,0)$ 是线性化方程组的结点汇，因此根据 6.2 节定理 2，$(0,32)$ 也是原方程组 (10) 的稳定结点汇。图 6.3.5 显示了线性化方程组在 $(0,0)$ 附近的相轨线图。

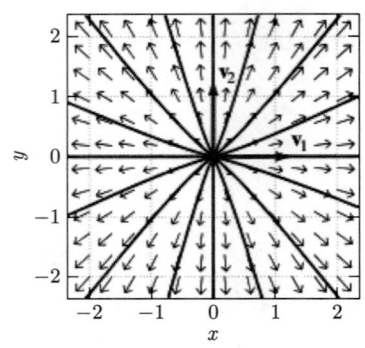 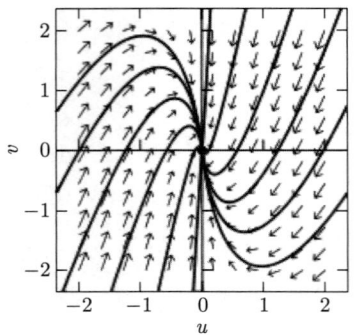

图 6.3.4 与临界点 $(0,0)$ 对应的线性方程组 $x' = 14x$, $y' = 16y$ 的相轨线图

图 6.3.5 与临界点 $(0,32)$ 对应的线性方程组 (13) 的相轨线图

临界点 $(28,0)$：雅可比矩阵

$$J(28,0) = \begin{bmatrix} -14 & -28 \\ 0 & -12 \end{bmatrix} \tag{14}$$

对应于方程组 (10) 在 $(28,0)$ 处的线性化方程组

$$\begin{aligned} \frac{du}{dt} &= -14u - 28v, \\ \frac{dv}{dt} &= -12v。 \end{aligned} \tag{15}$$

矩阵 $J(28,0)$ 有特征方程 $(-14-\lambda)(-12-\lambda) = 0$，其特征值为 $\lambda_1 = -14$ 和 $\lambda_2 = -12$，对应的特征向量分别为 $\boldsymbol{v}_1 = [\ 1\ \ 0\ ]^T$ 和 $\boldsymbol{v}_2 = [\ -14\ \ 1\ ]^T$。因为这两个特征值均为负，所以 $(0,0)$ 是线性化方程组的结点汇，因此根据 6.2 节定理 2，$(28,0)$ 也是原非线性方程组 (10) 的稳定结点汇。图 6.3.6 显示了线性化方程组在 $(0,0)$ 附近的相轨线图。

临界点 $(12,8)$：雅可比矩阵

$$J(12,8) = \begin{bmatrix} -6 & -12 \\ -8 & -4 \end{bmatrix} \tag{16}$$

对应于方程组 (10) 在 $(12,8)$ 处的线性化方程组

$$\begin{aligned} \frac{du}{dt} &= -6u - 12v, \\ \frac{dv}{dt} &= -8u - 4v。 \end{aligned} \tag{17}$$

矩阵 $\boldsymbol{J}(12, 8)$ 有特征方程

$$(-6-\lambda)(-4-\lambda) - (-8)(-12) = \lambda^2 + 10\lambda - 72 = 0,$$

其特征值为

$$\lambda_1 = -5 - \sqrt{97} < 0 \quad \text{对应的特征向量为} \quad \boldsymbol{v}_1 = \begin{bmatrix} \dfrac{1}{8}(1+\sqrt{97}) & 1 \end{bmatrix}^{\mathrm{T}}$$

和

$$\lambda_2 = -5 + \sqrt{97} > 0 \quad \text{对应的特征向量为} \quad \boldsymbol{v}_2 = \begin{bmatrix} \dfrac{1}{8}(1-\sqrt{97}) & 1 \end{bmatrix}^{\mathrm{T}} 。$$

因为这两个特征值的符号相反,所以 $(0, 0)$ 是线性化方程组的鞍点,因此根据 6.2 节定理 2,$(12, 8)$ 也是原方程组 (10) 的不稳定鞍点。图 6.3.7 显示了线性化方程组在 $(0, 0)$ 附近的相轨线图。

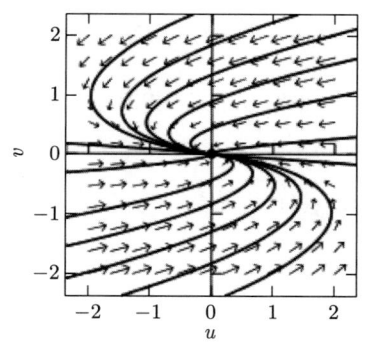 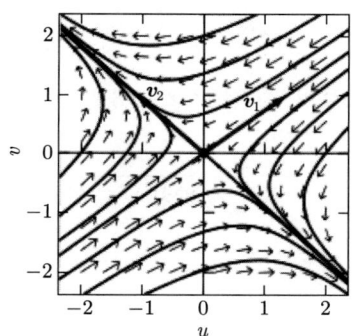

图 6.3.6 与临界点 $(28, 0)$ 对应的线性方程组 (15) 的相轨线图

图 6.3.7 与临界点 $(12, 8)$ 对应的线性方程组 (17) 的相轨线图

现在我们对这四个临界点的局部分析已经完成,剩下的就是将已发现的信息组合成一个连贯的全局图。如果我们接受以下事实:

- 在每个临界点附近,原方程组 (10) 的轨线与图 6.3.4 至图 6.3.7 所示的线性化轨线定性相似;
- 当 $t \to +\infty$,每条轨线要么趋近于一个临界点,要么向无穷大发散;

那么,原方程组的相轨线图看起来必定与图 6.3.8 所示的草图相似。这个草图显示了几条典型的手绘轨线,它们连接了在 $(0, 0)$ 处的结点源、在 $(0, 32)$ 和 $(28, 0)$ 处的结点汇以及在 $(12, 8)$ 处的鞍点,其中沿着这些轨线指示的流动方向与这些临界点的已知特征一致。图 6.3.9 显示了更精确的计算机生成的非线性方程组 (10) 的相轨线图和方向场。

趋向鞍点 $(12, 8)$ 的两条轨线与该鞍点一起形成**分界线**,将图 6.3.8 中的区域 I 和区域 II 分开。它在决定两个种群的长期行为方面起着至关重要的作用。如果初始点 (x_0, y_0) 正好位于分界线上,那么当 $t \to +\infty$ 时,$(x(t), y(t))$ 趋近于 $(12, 8)$。当然,随机事件使

得 $(x(t), y(t))$ 极不可能保持在分界线上。否则，这两个物种的和平共处是不可能的。如果 (x_0, y_0) 位于分界线上方的区域 I 中，那么当 $t \to +\infty$ 时，$(x(t), y(t))$ 趋近于 $(0, 32)$，所以种群数量 $x(t)$ 减少到零。或者，如果 (x_0, y_0) 位于分界线下方的区域 II 中，那么当 $t \to +\infty$ 时，$(x(t), y(t))$ 趋近于 $(28, 0)$，所以数量为 $y(t)$ 的种群灭绝。简而言之，具有初始竞争优势的种群存活下来，而另一个种群则面临灭绝。∎

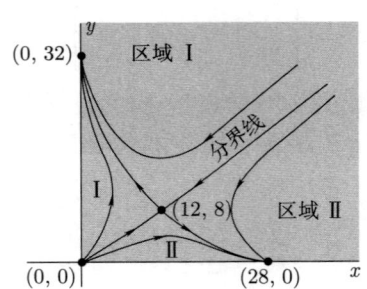

图 6.3.8　与例题 3 中的分析相一致的草图

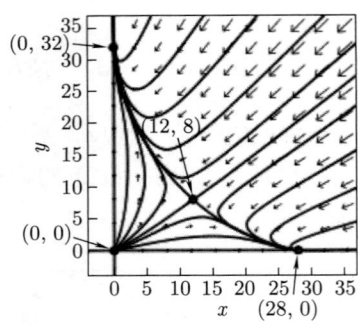

图 6.3.9　例题 3 中方程组的相轨线图和方向场

例题 4　**两个物种和平共处**　假设种群数量 $x(t)$ 和 $y(t)$ 满足竞争方程组

$$\begin{aligned}\frac{\mathrm{d}x}{\mathrm{d}t} &= 14x - 2x^2 - xy,\\ \frac{\mathrm{d}y}{\mathrm{d}t} &= 16y - 2y^2 - xy,\end{aligned} \tag{18}$$

其中 $a_1 = 14$, $a_2 = 16$, $b_1 = b_2 = 2$ 且 $c_1 = c_2 = 1$。那么 $c_1 c_2 = 1 < 4 = b_1 b_2$，所以现在抑制作用大于竞争作用。我们很容易求出四个临界点是 $(0, 0)$, $(0, 8)$, $(7, 0)$ 和 $(4, 6)$。我们按照例题 3 中的方式进行讨论。

临界点 $(0, 0)$：当我们去掉式 (18) 中的二次项时，我们在 $(0, 0)$ 处得到与例题 3 相同的线性化方程组 $x' = 14x$, $y' = 16y$。因此其系数矩阵有两个正特征值 $\lambda_1 = 14$ 和 $\lambda_2 = 16$，其相轨线图与图 6.3.4 中所示的图形相同。因此，$(0, 0)$ 是原方程组 (18) 的不稳定结点源。

临界点 $(0, 8)$：方程组 (18) 的雅可比矩阵为

$$\boldsymbol{J}(x, y) = \begin{bmatrix} 14 - 4x - y & -x \\ -y & 16 - 4y - x \end{bmatrix}, \quad \text{所以} \quad \boldsymbol{J}(0, 8) = \begin{bmatrix} 6 & 0 \\ -8 & -16 \end{bmatrix}. \tag{19}$$

矩阵 $\boldsymbol{J}(0, 8)$ 对应于方程组 (18) 在 $(0, 8)$ 处的线性化方程组

$$\begin{aligned}\frac{\mathrm{d}u}{\mathrm{d}t} &= 6u,\\ \frac{\mathrm{d}v}{\mathrm{d}t} &= -8u - 16v.\end{aligned} \tag{20}$$

它有特征方程 $(6-\lambda)(-16-\lambda)=0$，可得正特征值 $\lambda_1=6$ 和负特征值 $\lambda_2=-16$，对应的特征向量分别为 $\boldsymbol{v}_1=[\begin{array}{cc} 11 & -4 \end{array}]^{\mathrm{T}}$ 和 $\boldsymbol{v}_2=[\begin{array}{cc} 0 & 1 \end{array}]^{\mathrm{T}}$。由此可知，$(0,0)$ 是线性化方程组的鞍点，因此 $(0,8)$ 是原方程组 (18) 的不稳定鞍点。图 6.3.10 显示了线性化方程组在 $(0,0)$ 附近的相轨线图。

临界点 $(7,0)$：雅可比矩阵

$$\boldsymbol{J}(7,0)=\begin{bmatrix} -14 & -7 \\ 0 & 9 \end{bmatrix} \tag{21}$$

对应于方程组 (18) 在 $(7,0)$ 处的线性化方程组

$$\begin{aligned} \frac{\mathrm{d}u}{\mathrm{d}t} &= -14u-7v, \\ \frac{\mathrm{d}v}{\mathrm{d}t} &= 9v。 \end{aligned} \tag{22}$$

矩阵 $\boldsymbol{J}(7,0)$ 有特征方程 $(-14-\lambda)(9-\lambda)=0$，可得负特征值 $\lambda_1=-14$ 和正特征值 $\lambda_2=9$，对应的特征向量分别为 $\boldsymbol{v}_1=[\begin{array}{cc} 1 & 0 \end{array}]^{\mathrm{T}}$ 和 $\boldsymbol{v}_2=[\begin{array}{cc} -7 & 23 \end{array}]^{\mathrm{T}}$。由此可知，$(0,0)$ 是线性化方程组的鞍点，因此 $(7,0)$ 是原方程组 (18) 的不稳定鞍点。图 6.3.11 显示了线性化方程组在 $(0,0)$ 附近的相轨线图。

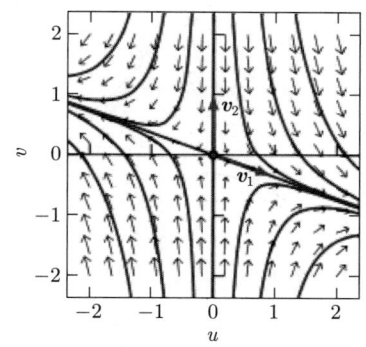 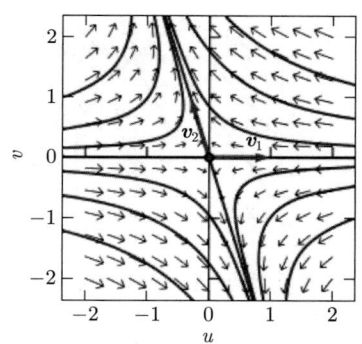

图 6.3.10 与临界点 $(0,8)$ 对应的线性方程组 (20) 的相轨线图。

图 6.3.11 与临界点 $(7,0)$ 对应的线性方程组 (22) 的相轨线图

临界点 $(4,6)$：雅可比矩阵

$$\boldsymbol{J}(4,6)=\begin{bmatrix} -8 & -4 \\ -6 & -12 \end{bmatrix} \tag{23}$$

对应于方程组 (18) 在 $(4,6)$ 处的线性化方程组

$$\begin{aligned} \frac{\mathrm{d}u}{\mathrm{d}t} &= -8u-4v, \\ \frac{\mathrm{d}v}{\mathrm{d}t} &= -6u-12v。 \end{aligned} \tag{24}$$

矩阵 $J(4, 6)$ 有特征方程
$$(-8-\lambda)(-12-\lambda)-(-6)(-4) = \lambda^2 + 20\lambda + 72 = 0,$$
可得两个负特征值
$$\lambda_1 = 2(-5-\sqrt{7}) \quad 对应的特征向量为 \quad \boldsymbol{v}_1 = \begin{bmatrix} \frac{1}{3}(-1+\sqrt{7}) & 1 \end{bmatrix}^{\mathrm{T}}$$
和
$$\lambda_2 = 2(-5+\sqrt{7}) \quad 对应的特征向量为 \quad \boldsymbol{v}_2 = \begin{bmatrix} \frac{1}{3}(-1-\sqrt{7}) & 1 \end{bmatrix}^{\mathrm{T}}。$$

由此可知，$(0, 0)$ 是线性化方程组的结点汇，因此 $(4, 6)$ 是原方程组 (18) 的稳定结点汇。图 6.3.12 显示了线性化方程组在 $(0, 0)$ 附近的相轨线图。

图 6.3.13 将所有这些局部信息组合成原方程组 (18) 的全局相轨线图。这个方程组的显著特征是，对于任何正初始种群数量值 x_0 和 y_0，当 $t \to +\infty$ 时，点 $(x(t), y(t))$ 趋近于单一临界点 $(4, 6)$。由此可知，这两个物种以稳定（和平）的方式共存。 ■

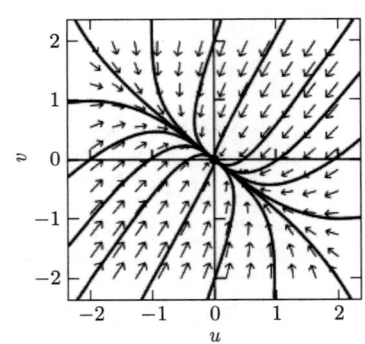
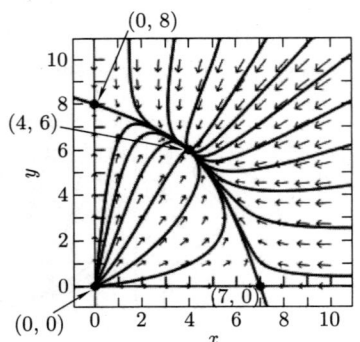

图 6.3.12　与临界点 $(4, 6)$ 对应的线性方程组 (24) 的相轨线图

图 6.3.13　例题 4 中竞争方程组 $x' = 14x - 2x^2 - xy$, $y' = 16y - 2y^2 - xy$ 的方向场和相轨线图

logistic 种群的相互影响

如果系数 a_1, a_2, b_1, b_2 为正，但 $c_1 = c_2 = 0$，那么方程
$$\begin{aligned} \frac{\mathrm{d}x}{\mathrm{d}t} &= a_1 x - b_1 x^2 - c_1 xy, \\ \frac{\mathrm{d}y}{\mathrm{d}t} &= a_2 y - b_2 y^2 - c_2 xy \end{aligned} \tag{25}$$

描述两个互不影响的独立的 logistic 种群 $x(t)$ 和 $y(t)$。例题 3 和例题 4 说明了 xy 项的系数 c_1 和 c_2 均为正的情况。两个种群之间的相互影响被描述为**竞争**，因为式 (25) 中的 xy 项的作用是降低两个种群的增长率，也就是说，每个种群都被它们的相互影响所"伤害"。

然而，假设式 (25) 中的相互影响系数 c_1 和 c_2 均为负。那么，xy 项的作用是提高两个种群的增长率，也就是说，每个种群都从它们的相互影响中"受益"。这种类型的相互影响被恰当地描述为两个 logistic 种群之间的**合作**。

最后，如果相互影响系数有不同的符号，那么这两个种群之间的相互影响为**捕食**作用。例如，如果 $c_1 > 0$ 但 $c_2 < 0$，那么 x 种群因它们的相互影响而受害，但 y 种群因它们的相互影响而受益。因此，我们可以把 $x(t)$ 描述为猎物种群，把 $y(t)$ 描述为捕食者种群。

如果在式 (25) 中 b_1 或 b_2 为零，那么相应的种群数量将（在没有另一个种群的情况下）呈现指数增长而不是 logistic 增长。例如，假设 $a_1 > 0$，$a_2 < 0$，$b_1 = b_2 = 0$，且 $c_1 > 0$，$c_2 < 0$。那么 $x(t)$ 是一个自然增长的猎物种群，而 $y(t)$ 是一个自然下降的捕食者种群。这就是我们在本节开始时所提出的原始捕食者–猎物模型。

习题 26 至习题 34 展示了这里提到的各种可能性。本节习题和例题说明了基本临界点分析的威力。但请记住，自然界中的生态系统很少像这些例题中那样简单。它们通常涉及两个以上的物种，并且这些种群的增长率和它们之间的相互影响往往比本节所讨论的更为复杂。因此，生态系统的数学建模仍然是当前研究的一个活跃领域。

习题

捕食者–猎物方程组

习题 1 和习题 2 处理与图 6.3.1 对应的捕食者–猎物方程组

$$\begin{aligned} \frac{dx}{dt} &= 200x - 4xy, \\ \frac{dy}{dt} &= -150y + 2xy。 \end{aligned} \quad (26)$$

1. 从方程组 (26) 的雅可比矩阵开始，推导出其在两个临界点 $(0, 0)$ 和 $(75, 50)$ 处的线性化方程组。使用图形计算器或计算机系统为这两个线性化方程组构建相轨线图，使之与图 6.3.1 所示的"大图"相一致。

2. 将式 (26) 中两个方程的商

$$\frac{dy}{dx} = \frac{-150y + 2xy}{200x - 4xy}$$

中的变量进行分离，从而推导出方程组的精确隐式解

$$200 \ln y + 150 \ln x - 2x - 4y = C。$$

使用图形计算器或计算机系统的等高线绘制功能，在 xy 平面上绘制经过点 $(75, 100)$，$(75, 150)$，$(75, 200)$，$(75, 250)$ 和 $(75, 300)$ 的此方程的等高线。你的结果与图 6.3.1 一致吗？

3. **昆虫种群** 若 $x(t)$ 是一种有害的昆虫种群（蚜虫）数量，在自然条件下，它在一定程度上受到一种无害捕食昆虫种群 $y(t)$（瓢虫）的控制。假设 $x(t)$ 和 $y(t)$ 满足捕食者–猎物方程组 (26)，则稳定平衡种群数量为 $x_E = b/q$ 和 $y_E = a/p$。现在假设使用一种杀虫剂，（每单位时间）杀死相同比例 $f < a$ 的每种昆虫。证明有害种群数量 x_E 增加，而无害种群数量 y_E 减少，所以使用杀虫剂是适得其反的。这是一个通过数学分析揭示对自然界进行善意干预但造成不良后果的例子。

竞争方程组

习题 4~7 处理竞争方程组

$$\begin{aligned} \frac{dx}{dt} &= 60x - 4x^2 - 3xy, \\ \frac{dy}{dt} &= 42y - 2y^2 - 3xy, \end{aligned} \quad (27)$$

其中 $c_1 c_2 = 9 > 8 = b_1 b_2$，所以竞争作用应该超过抑制作用。习题 4~7 意味着方程组 (27) 的四个

临界点 (0, 0)、(0, 21)、(15, 0) 和 (6, 12) 与图 6.3.9 所示的相似,即位于原点处的结点源,位于每条坐标轴上的结点汇,以及位于第一象限内部的鞍点。在每道题中,使用图形计算器或计算机系统在指定的临界点处为线性化方程组构建相轨线图。最后,为非线性方程组 (27) 创建一个第一象限相轨线图。你的局部与全局轨线图看起来一致吗?

4. 证明方程组 (27) 在 (0, 0) 处的线性化方程组 $x' = 60x$, $y' = 42y$ 的系数矩阵有正特征值 $\lambda_1 = 60$ 和 $\lambda_2 = 42$。因此,(0, 0) 是方程组 (27) 的结点源。

5. 证明方程组 (27) 在 (0, 21) 处的线性化方程组为 $u' = -3u$, $v' = -63u - 42v$。然后证明这个线性方程组的系数矩阵有负特征值 $\lambda_1 = -3$ 和 $\lambda_2 = -42$。因此,(0, 21) 是方程组 (27) 的结点汇。

6. 证明方程组 (27) 在 (15, 0) 处的线性化方程组为 $u' = -60u - 45v$, $v' = -3v$。然后证明这个线性方程组的系数矩阵有负特征值 $\lambda_1 = -60$ 和 $\lambda_2 = -3$。因此,(15, 0) 是方程组 (27) 的结点汇。

7. 证明方程组 (27) 在 (6, 12) 处的线性化方程组为 $u' = -24u - 18v$, $v' = -36u - 24v$。然后证明这个线性方程组的系数矩阵有特征值 $\lambda_1 = -24 - 18\sqrt{2} < 0$ 和 $\lambda_2 = -24 + 18\sqrt{2} > 0$。因此,(6, 12) 是方程组 (27) 的鞍点。

竞争方程组

习题 8~10 处理竞争方程组

$$\begin{aligned} \frac{dx}{dt} &= 60x - 3x^2 - 4xy, \\ \frac{dy}{dt} &= 42y - 3y^2 - 2xy, \end{aligned} \quad (28)$$

其中 $c_1c_2 = 8 < 9 = b_1b_2$,所以抑制作用应该超过竞争作用。方程组 (28) 在 (0, 0) 处的线性化方程组与方程组 (27) 在此处的线性化方程组相同。这一观察结果和习题 8~10 意味着方程组 (28) 的四个临界点 (0, 0)、(0, 14)、(20, 0) 和 (12, 6) 与图 6.3.13 所示的相似,即位于原点处的结点源,位于每条坐标轴上的鞍点,以及位于第一象限内部的结点汇。在每道题中,使用图形计算器或计算机系统在指定的临界点处为线性化方程组构建相轨线图。最后,为非线性方程组 (28) 创建一个第一象限相轨线图。你的局部与全局轨线图看起来一致吗?

8. 证明方程组 (28) 在 (0, 14) 处的线性化方程组为 $u' = 4u$, $v' = -28u - 42v$。然后证明这个线性方程组的系数矩阵有正特征值 $\lambda_1 = 4$ 和负特征值 $\lambda_2 = -42$。因此,(0, 14) 是方程组 (28) 的鞍点。

9. 证明方程组 (28) 在 (20, 0) 处的线性化方程组为 $u' = -60u - 80v$, $v' = 2v$。然后证明这个线性方程组的系数矩阵有负特征值 $\lambda_1 = -60$ 和正特征值 $\lambda_2 = 2$。因此,(20, 0) 是方程组 (28) 的鞍点。

10. 证明方程组 (28) 在 (12, 6) 处的线性化方程组为 $u' = -36u - 48v$, $v' = -12u - 18v$。然后证明这个线性方程组的系数矩阵有负特征值 $\lambda_1 = -27 + 3\sqrt{73}$ 和 $\lambda_2 = -27 - 3\sqrt{73}$。因此,(12, 6) 是方程组 (28) 的结点汇。

logistic 猎物种群

习题 11~13 处理捕食者-猎物方程组

$$\begin{aligned} \frac{dx}{dt} &= 5x - x^2 - xy, \\ \frac{dy}{dt} &= -2y + xy, \end{aligned} \quad (29)$$

其中数量为 $x(t)$ 的猎物种群属于 logistic 种群,但捕食者种群数量 $y(t)$(在没有任何猎物的情况下)会自然下降。习题 11~13 意味着方程组 (29) 的三个临界点 (0, 0)、(5, 0) 和 (2, 3) 如图 6.3.14 所示,具有位于原点处和正 x 轴上的鞍点,以及位于第一象限内部的螺旋汇。在每道题中,使用图形计算器或计算机系统在指定的临界点处为线性化方程组构建相轨线图。你的局部图看起来与图 6.3.14 一致吗?

11. 证明方程组 (29) 在 (0, 0) 处的线性化方程组 $x' = 5x$, $y' = -2y$ 的系数矩阵有正特征值 $\lambda_1 = 5$ 和负特征值 $\lambda_2 = -2$。因此,(0, 0) 是方程组 (29) 的鞍点。

12. 证明方程组 (29) 在 (5, 0) 处的线性化方程组为 $u' = -5u - 5v$, $v' = 3v$。然后证明这个线性方程组的系数矩阵有负特征值 $\lambda_1 = -5$ 和正特征值 $\lambda_2 = 3$。因此,(5, 0) 是方程组 (29)

的鞍点。

13. 证明方程组 (29) 在 (2, 3) 处的线性化方程组为 $u' = -2u - 2v$, $v' = 3u$。然后证明这个线性方程组的系数矩阵具有一对实部为负的复共轭特征值 λ_1, $\lambda_2 = -1 \pm i\sqrt{5}$。因此，(2, 3) 是方程组 (29) 的螺旋汇。

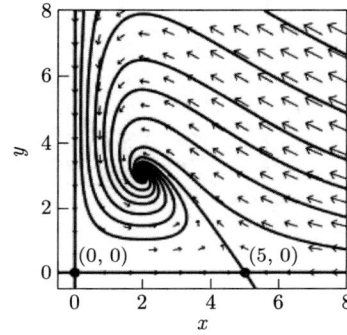

图 6.3.14　习题 11~13 的捕食者–猎物方程组的方向场和相轨线图

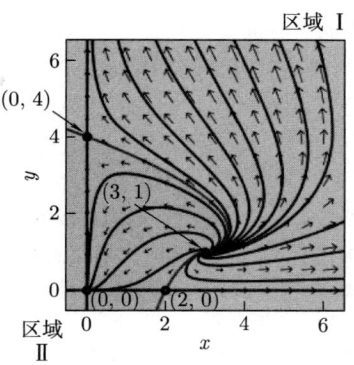

图 6.3.15　习题 14~17 的捕食者–猎物方程组的方向场和相轨线图

世界末日与灭绝

习题 14~17 处理捕食者–猎物方程组

$$\frac{dx}{dt} = x^2 - 2x - xy,$$
$$\frac{dy}{dt} = y^2 - 4y + xy。 \tag{30}$$

这里的每个种群，即猎物种群 $x(t)$ 和捕食者种群 $y(t)$，都是不成熟的种群（就像 2.1 节的短吻鳄），对它们来说，唯一的选择（在没有其他种群的情况下）是世界末日和灭绝。习题 14~17 意味着方程组 (30) 的四个临界点 (0, 0), (0, 4), (2, 0) 和 (3, 1) 如图 6.3.15 所示，即位于原点处的结点汇，位于每条坐标轴上的鞍点，以及位于第一象限内部的螺旋源。这是一个二维版本的"世界末日与灭绝"。如果初始点 (x_0, y_0) 位于区域 I，那么两个种群都会无限制地增长（直到世界末日），而如果它位于区域 II，那么两个种群都会减少到零（从而两者都会灭绝）。在每道题中，使用图形计算器或计算机系统在指定的临界点处为线性化方程组构建相轨线图。你的局部图看起来与图 6.3.15 一致吗？

14. 证明方程组 (30) 在 (0, 0) 处的线性化方程组 $x' = -2x$, $y' = -4y$ 的系数矩阵有负特征值 $\lambda_1 = -2$ 和 $\lambda_2 = -4$。因此，(0, 0) 是方程组 (30) 的结点汇。

15. 证明方程组 (30) 在 (0, 4) 处的线性化方程组为 $u' = -6u$, $v' = 4u + 4v$。然后证明这个线性方程组的系数矩阵有负特征值 $\lambda_1 = -6$ 和正特征值 $\lambda_2 = 4$。因此，(0, 4) 是方程组 (30) 的鞍点。

16. 证明方程组 (30) 在 (2, 0) 处的线性化方程组为 $u' = 2u - 2v$, $v' = -2v$。然后证明这个线性方程组的系数矩阵有正特征值 $\lambda_1 = 2$ 和负特征值 $\lambda_2 = -2$。因此，(2, 0) 是方程组 (30) 的鞍点。

17. 证明方程组 (30) 在 (3, 1) 处的线性化方程组为 $u' = 3u - 3v$, $v' = u + v$。然后证明这个线性方程组的系数矩阵具有一对实部为正的复共轭特征值 λ_1, $\lambda_2 = 2 \pm i\sqrt{2}$。因此，(3, 1) 是方程组 (30) 的螺旋源。

分岔

习题 18~25 处理捕食者–猎物方程组

$$\frac{dx}{dt} = 2x - xy + \epsilon x(5 - x),$$
$$\frac{dy}{dt} = -5y + xy, \tag{31}$$

其中当参数 ϵ 取值 $\epsilon = 0$ 时, 会出现分岔. 习题 18 和习题 19 处理 $\epsilon = 0$ 时的情况, 此时方程组 (31) 具有如下形式

$$\frac{dx}{dt} = 2x - xy, \qquad \frac{dy}{dt} = -5x + xy, \qquad (32)$$

这些问题意味着方程组 (32) 的两个临界点 (0, 0) 和 (5, 2) 如图 6.3.16 所示, 即位于原点处的鞍点和位于 (5, 2) 处的中心. 在每道题中, 使用图形计算器或计算机系统在指定的临界点处为线性化方程组构建相轨线图. 你的局部图看起来与图 6.3.16 一致吗?

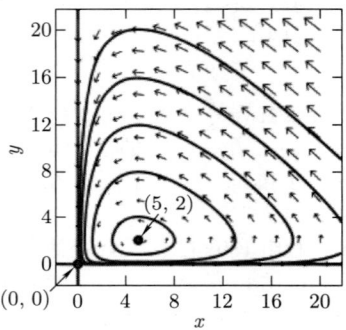

图 6.3.16 当 $\epsilon = 0$ 时的情况 (习题 18 和习题 19)

18. 证明方程组 (32) 在 (0, 0) 处的线性化方程组 $x' = 2x$, $y' = -5y$ 的系数矩阵有正特征值 $\lambda_1 = 2$ 和负特征值 $\lambda_2 = -5$. 因此, (0, 0) 是方程组 (32) 的鞍点.

19. 证明方程组 (32) 在 (5, 2) 处的线性化方程组为 $u' = -5v$, $v' = 2u$. 然后证明这个线性方程组的系数矩阵有一对共轭虚数特征值 λ_1, $\lambda_2 = \pm i\sqrt{10}$. 因此, (0, 0) 是线性方程组的稳定中心. 尽管这是 6.2 节定理 2 中的不确定情况, 但是图 6.3.16 表明 (5, 2) 也是方程组 (32) 的稳定中心.

■ 习题 20~22 处理 $\epsilon = -1$ 时的情况, 此时方程组 (31) 变为

$$\frac{dx}{dt} = -3x + x^2 - xy, \qquad \frac{dy}{dt} = -5y + xy, \qquad (33)$$

这意味着方程组 (33) 的三个临界点为 (0, 0), (3, 0) 和 (5, 2) 如图 6.3.17 所示, 具有位于原点处的结点汇, 位于正 x 轴上的鞍点, 以及位于 (5, 2) 处的螺旋源. 在每道题中, 使用图形计算器或计算机系统在指定的临界点处为线性化方程组构建相轨线图. 你的局部图看起来与图 6.3.17 一致吗?

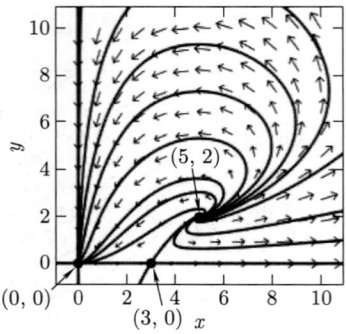

图 6.3.17 当 $\epsilon = -1$ 时的情况 (习题 20~22)

20. 证明方程组 (33) 在 (0, 0) 处的线性化方程组 $x' = -3x$, $y' = -5y$ 的系数矩阵有负特征值 $\lambda_1 = -3$ 和 $\lambda_2 = -5$. 因此, (0, 0) 是方程组 (33) 的结点汇.

21. 证明方程组 (33) 在 (3, 0) 处的线性化方程组为 $u' = 3u - 3v$, $v' = -2v$. 然后证明这个线性方程组的系数矩阵有正特征值 $\lambda_1 = 3$ 和负特征值 $\lambda_2 = -2$. 因此, (3, 0) 是方程组 (33) 的鞍点.

22. 证明方程组 (33) 在 (5, 2) 处的线性化方程组为 $u' = 5u - 5v$, $v' = 2u$. 然后证明这个线性方程组的系数矩阵有一对实部为正的复共轭特征值 λ_1, $\lambda_2 = \frac{1}{2}(5 \pm i\sqrt{15})$. 因此, (5, 2) 是方程组 (33) 的螺旋源.

■ 习题 23~25 处理 $\epsilon = 1$ 时的情况, 此时方程组 (31) 的形式为

$$\frac{dx}{dt} = 7x - x^2 - xy, \qquad \frac{dy}{dt} = -5y + xy, \qquad (34)$$

这些问题意味着方程组 (34) 的三个临界点为 (0, 0), (7, 0) 和 (5, 2) 如图 6.3.18 所示, 具有位于原点处和正 x 轴上的鞍点, 以及位于 (5, 2) 处的螺旋汇. 在每道题中, 使用图形计算器或计算机

系统在指定的临界点处为线性化方程组构建相轨线图。你的局部图看起来与图 6.3.18 一致吗？

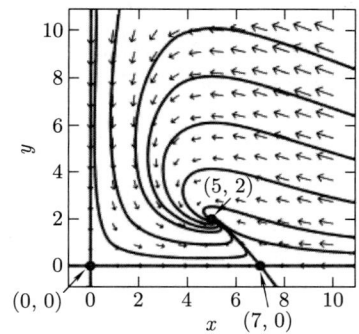

图 6.3.18　当 $\epsilon = 1$ 时的情况（习题 23~25）

23. 证明方程组 (34) 在 (0, 0) 处的线性化方程组 $x' = 7x$, $y' = -5y$ 的系数矩阵有正特征值 $\lambda_1 = 7$ 和负特征值 $\lambda_2 = -5$。因此，(0, 0) 是方程组 (34) 的鞍点。

24. 证明方程组 (34) 在 (7, 0) 处的线性化方程组为 $u' = -7u - 7v$, $v' = 2v$。然后证明这个线性方程组的系数矩阵有负特征值 $\lambda_1 = -7$ 和正特征值 $\lambda_2 = 2$。因此，(7, 0) 是方程组 (34) 的鞍点。

25. 证明方程组 (34) 在 (5, 2) 处的线性化方程组为 $u' = -5u - 5v$, $v' = 2u$。然后证明这个线性方程组的系数矩阵有一对实部为负的

复共轭特征值 λ_1，$\lambda_2 = \dfrac{1}{2}(-5 \pm \mathrm{i}\sqrt{15})$。因此，(5, 2) 是方程组 (34) 的螺旋汇。

对于习题 26~34 中的每个双种群系统，首先描述所涉及的 x 和 y 种群的类型（指数型或 logistic 型），以及它们相互影响的性质，即竞争、合作或捕食。然后求出并描述方程组的临界点（如类型和稳定性）。确定哪些非零的 x 和 y 种群可以共存。最后，构建相轨线图，使你能够根据两个种群的初始种群数量 $x(0)$ 和 $y(0)$ 来描述它们的长期行为。

26. $\dfrac{\mathrm{d}x}{\mathrm{d}t} = 2x - xy$,　$\dfrac{\mathrm{d}y}{\mathrm{d}t} = 3y - xy$

27. $\dfrac{\mathrm{d}x}{\mathrm{d}t} = 2xy - 4x$,　$\dfrac{\mathrm{d}y}{\mathrm{d}t} = xy - 3y$

28. $\dfrac{\mathrm{d}x}{\mathrm{d}t} = 2xy - 16x$,　$\dfrac{\mathrm{d}y}{\mathrm{d}t} = 4y - xy$

29. $\dfrac{\mathrm{d}x}{\mathrm{d}t} = 3x - x^2 - \dfrac{1}{2}xy$,　$\dfrac{\mathrm{d}y}{\mathrm{d}t} = 4y - 2xy$

30. $\dfrac{\mathrm{d}x}{\mathrm{d}t} = 3x - x^2 + \dfrac{1}{2}xy$,　$\dfrac{\mathrm{d}y}{\mathrm{d}t} = \dfrac{1}{5}xy - y$

31. $\dfrac{\mathrm{d}x}{\mathrm{d}t} = 3x - x^2 - \dfrac{1}{4}xy$,　$\dfrac{\mathrm{d}y}{\mathrm{d}t} = xy - 2y$

32. $\dfrac{\mathrm{d}x}{\mathrm{d}t} = 30x - 3x^2 + xy$,　$\dfrac{\mathrm{d}y}{\mathrm{d}t} = 60y - 3y^2 + 4xy$

33. $\dfrac{\mathrm{d}x}{\mathrm{d}t} = 30x - 2x^2 - xy$,　$\dfrac{\mathrm{d}y}{\mathrm{d}t} = 80y - 4y^2 + 2xy$

34. $\dfrac{\mathrm{d}x}{\mathrm{d}t} = 30x - 2x^2 - xy$,　$\dfrac{\mathrm{d}y}{\mathrm{d}t} = 20y - 4y^2 + 2xy$

应用　你自己的野生动物保护区

请访问 bit.ly/3pKfvQm，利用 Maple、Mathematica 和 MATLAB 等计算资源对此主题进行更多讨论和探索。

你拥有一个大型野生动物保护区，2007 年 1 月 1 日，你最初在那里饲养了 F_0 只狐狸和 R_0 只兔子。下面的微分方程对 t 个月后兔子的数量 $R(t)$ 和狐狸的数量 $F(t)$ 进行了建模：

$$\dfrac{\mathrm{d}R}{\mathrm{d}t} = (0.01)pR - (0.0001)aRF,$$

$$\dfrac{\mathrm{d}F}{\mathrm{d}t} = -(0.01)qF + (0.0001)bRF,$$

其中 p 和 q 是你学生证号中两个最大的数字（$p < q$），a 和 b 是你学生证号中两个最小的

非零数字（$a < b$）。

狐狸和兔子的数量将周期性地振荡，并且彼此不同步 [如图 6.3.3 中函数 $x(t)$ 和 $y(t)$]。选择狐狸的初始数量 F_0 和兔子的初始数量 R_0，也许各有几百只，以便在 RF 平面上所得的解曲线是一条相当不正圆的闭合曲线。（如果你一开始就养了相对较多的兔子和少量的狐狸，任何野生动物保护区的主人自然都会这么做，因为狐狸会捕食兔子，那么偏心率可能会增加。）

练习

你的任务是确定
1. 兔子和狐狸种群数量的振荡周期；
2. 兔子的最大数量和最小数量，以及它们首次出现的日期；
3. 狐狸的最大数量和最小数量，以及它们首次出现的日期。

利用可以绘制如图 6.3.2 和图 6.3.3 所示的 RF 轨线以及 tR 和 tF 解曲线的计算机软件，你可以以图形方式"放大"其坐标可提供所需信息的点。

6.4 非线性机械系统

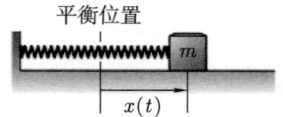

图 6.4.1 弹簧上的质量块

现在，我们将 6.1 节和 6.2 节的定性方法应用于对如图 6.4.1 所示的质量块–弹簧系统等简单机械系统的分析。设 m 表示适当单位制下的质量，设 $x(t)$ 表示质量块在 t 时刻离其平衡位置（此时弹簧未被拉伸）的位移。以前我们总是假设弹簧对质量块施加的力 $F(x)$ 是 x 的线性函数：$F(x) = -kx$（胡克定律）。然而，在现实中，自然界中的每根弹簧实际上都是非线性的（即使只是轻微的非线性）。此外，一些汽车悬架系统中的弹簧被故意设计成非线性的。那么这里我们对非线性的影响特别感兴趣。

所以现在我们允许力函数 $F(x)$ 是非线性的。因为在平衡位置 $x = 0$ 处 $F(0) = 0$，所以我们可以假设 F 有如下形式的幂级数展开式

$$F(x) = -kx + \alpha x^2 + \beta x^3 + \cdots。 \tag{1}$$

我们取 $k > 0$，所以当 x 足够小时，弹簧的反作用力与位移方向相反。如果我们还假设弹簧的反作用力对相同距离的正位移和负位移是对称的，那么 $F(-x) = -F(x)$，所以 F 是奇函数。在这种情况下，如果 n 是偶数，那么式 (1) 中 x^n 的系数为零，所以第一个非线性项是涉及 x^3 的项。

因此，为了得到一个非线性弹簧的简单数学模型，我们可以取

$$F(x) = -kx + \beta x^3, \tag{2}$$

即忽略式 (1) 中所有次数大于 3 的项。那么，质量块 m 的运动方程为

$$mx'' = -kx + \beta x^3。 \tag{3}$$

位置–速度相平面

如果我们引入位置为 $x(t)$ 的质量块的速度
$$y(t) = x'(t) \tag{4}$$
那么我们由方程 (3) 得到等价的一阶方程组
$$\begin{aligned}\frac{\mathrm{d}x}{\mathrm{d}t} &= y, \\ m\frac{\mathrm{d}y}{\mathrm{d}t} &= -kx + \beta x^3。\end{aligned} \tag{5}$$

这个方程组的相轨线图是一个位置–速度图,它说明了弹簧上的质量块的运动。通过如下计算,我们可以显式解出这个方程组的轨线,首先写出
$$\frac{\mathrm{d}y}{\mathrm{d}x} = \frac{\mathrm{d}y/\mathrm{d}t}{\mathrm{d}x/\mathrm{d}t} = \frac{-kx + \beta x^3}{my},\ \ominus$$
由此可得
$$my\,\mathrm{d}y + (kx - \beta x^3)\mathrm{d}x = 0。$$
然后积分得到典型轨线方程
$$\frac{1}{2}my^2 + \frac{1}{2}kx^2 - \frac{1}{4}\beta x^4 = E。 \tag{6}$$
我们用 E 表示任意的积分常数,因为 $K.E. = \frac{1}{2}my^2$ 是质量块以速度 y 运动时的动能,而且可以很自然地定义
$$P.E. = \frac{1}{2}kx^2 - \frac{1}{4}\beta x^4 \tag{7}$$
为弹簧的势能。那么式 (6) 可以写成 $K.E. + P.E. = E$,所以常数 E 就是质量块–弹簧系统的总能量。因此,式 (6) 表示弹簧上质量块的无阻尼运动的能量守恒。

质量块的行为取决于式 (2) 中非线性项的符号。弹簧被称为
- 硬弹簧,如果 $\beta < 0$;
- 软弹簧,如果 $\beta > 0$。

我们分别考虑这两种情况。

硬弹簧的振荡:如果 $\beta < 0$,那么式 (5) 中的第二个方程可以取 $my' = -x(|\beta|x^2 + k)$ 的形式,所以由此可得方程组的唯一临界点是原点 $(0, 0)$。每条轨线
$$\frac{1}{2}my^2 + \frac{1}{2}kx^2 + \frac{1}{4}|\beta|x^4 = E > 0 \tag{8}$$
都是一条如图 6.4.2 中所示的椭圆形闭合曲线,因此 $(0, 0)$ 是稳定中心。当点 $(x(t), y(t))$ 沿顺时针方向遍历轨线时,质量块的位置 $x(t)$ 和速度 $y(t)$ 交替振荡,如图 6.4.3 所

⊖ 消除时间 t 就得到关于 x 和 y 的可分离变量微分方程。

示。当 $y > 0$ 时,质量块(随着 x 增加)向右运动,当 $y < 0$ 时,质量块向左运动。因此,质量块在非线性硬弹簧上的行为定性地类似于质量块在 $\beta = 0$ 的线性弹簧上的行为(如 6.1 节例题 3 所示)。但线性和非线性情况的一个区别是,质量块在线性弹簧上的振荡周期 $T = 2\pi\sqrt{m/k}$ 与初始条件无关,而质量块在非线性弹簧上的周期取决于其初始位置 $x(0)$ 和初始速度 $y(0)$(参见习题 21~26)。

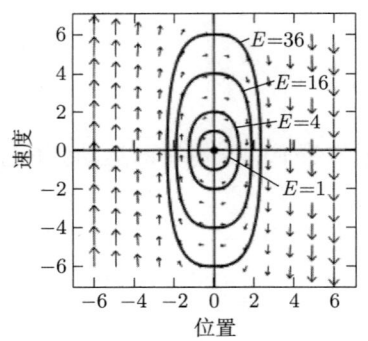 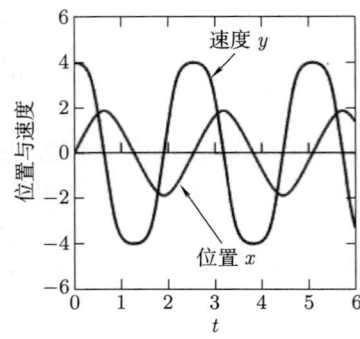

图 6.4.2 当 $m = k = 2$ 且 $\beta = -4 < 0$ 时的硬质量块–弹簧系统的位置–速度相轨线图

图 6.4.3 当 $m = k = 2$ 且 $\beta = -4 < 0$ 时的硬质量块–弹簧系统的位置和速度解曲线

备注: 硬弹簧方程 $mx'' = -kx - |\beta|x^3$ 具有等价一阶方程组

$$x' = y, \quad y' = -\frac{k}{m}x - \frac{|\beta|}{m}x^3,$$

其雅可比矩阵为

$$\mathbf{J}(x, y) = \begin{bmatrix} 0 & 1 \\ -\dfrac{k}{m} - \dfrac{3|\beta|}{m}x^2 & 0 \end{bmatrix}, \quad \text{所以} \quad \mathbf{J}(0, 0) = \begin{bmatrix} 0 & 1 \\ -\omega^2 & 0 \end{bmatrix}$$

(照常写成 $k/m = \omega^2$)。后一个矩阵有特征方程 $\lambda^2 + \omega^2 = 0$ 和纯虚数特征值 $\lambda_1, \lambda_2 = \pm\omega i$。因此,线性化方程组 $x' = y$,$y' = -\omega^2 x$ 在临界点 $(0, 0)$ 处有稳定中心,正如我们在 6.1 节例题 4 中所观察到的那样。然而,微分方程中的非线性三次项(实际上)已经用我们在图 6.4.2 中看到的"更平坦"的四次椭圆曲线取代了线性方程组的椭圆轨线(如图 6.1.8 所示)。

软弹簧的振荡: 如果 $\beta > 0$,那么式 (5) 中的第二个方程可以取 $my' = x(\beta x^2 - k)$ 的形式,所以由此可得除了临界点 $(0, 0)$ 之外,方程组还有两个临界点 $(\pm\sqrt{k/\beta}, 0)$。由这三个临界点可以得到使质量块能够保持静止的唯一解。下面的例题将说明质量块在软弹簧上的更大范围的可能行为。

例题 1 **无阻尼软弹簧** 如果 $m = 1$,$k = 4$ 和 $\beta = 1$,那么质量块的运动方程为

$$\frac{\mathrm{d}^2 x}{\mathrm{d}t^2} + 4x - x^3 = 0, \tag{9}$$

由式 (6) 得到的轨线形式为
$$\frac{1}{2}y^2 + 2x^2 - \frac{1}{4}x^4 = E。 \tag{10}$$
求解后得到
$$y = \pm\sqrt{2E - 4x^2 + \frac{1}{2}x^4}, \tag{10'}$$
我们可以选择恒定能量 E 的一个固定值,并手动绘制一条轨线,就像图 6.4.4 中计算机生成的位置-速度相轨线图中所示的那样。

不同类型的相平面轨线对应不同的能量 E 值。如果我们将 $x = \pm\sqrt{k/\beta}$ 和 $y = 0$ 代入式 (6),我们得到能量值 $E = k^2/(4\beta) = 4$(因为 $k = 4$ 且 $\beta = 1$),它对应于在非平凡临界点 $(-2, 0)$ 和 $(2, 0)$ 处与 x 轴相交的轨线。这些强调的轨线被称为**分界线**,因为它们将不同行为的相平面区域分隔开。

质量块运动的性质取决于由其初始条件所决定的轨线类型。在以分界线为界的区域内,环绕 $(0, 0)$ 的简单闭合轨线对应于 $0 < E < 4$ 范围内的能量。这些闭合轨线表示质量块在平衡点 $x = 0$ 周围来回周期振荡。

位于分界线上下方区域的无界轨线对应于大于 4 的 E 值。这些代表的运动是质量块接近 $x = 0$,并有足够的能量继续通过平衡点,不再返回(如图 6.4.5 所示)。

向右和向左开放的无界轨线对应于小于 4 的 E 值。这些代表的运动是质量块最初朝向平衡点 $x = 0$ 运动,但没有足够的能量到达它。在某个点处,质量块改变方向,回到它来的地方。

在图 6.4.4 中,看起来临界点 $(0, 0)$ 是稳定中心,而临界点 $(\pm 2, 0)$ 看起来像等价一阶方程组
$$x' = y, \quad y' = -4x + x^3 \tag{11}$$
的鞍点,它的雅可比矩阵为
$$\boldsymbol{J}(x, y) = \begin{bmatrix} 0 & 1 \\ -4 + 3x^2 & 0 \end{bmatrix}。$$
为了根据通常的临界点分析来检验这些观察结果,我们首先注意到,在临界点 $(0, 0)$ 处的雅可比矩阵
$$\boldsymbol{J}(0, 0) = \begin{bmatrix} 0 & 1 \\ -4 & 0 \end{bmatrix}$$
有特征方程 $\lambda^2 + 4 = 0$ 和纯虚数特征值 $\lambda_1, \lambda_2 = \pm 2i$,这与稳定中心一致。此外,与另外两个临界点对应的雅可比矩阵
$$\boldsymbol{J}(\pm 2, 0) = \begin{bmatrix} 0 & 1 \\ 8 & 0 \end{bmatrix}$$
有特征方程为 $\lambda^2 - 8 = 0$ 和符号相反的实特征值 $\lambda_1, \lambda_2 = \pm\sqrt{8}$,这与我们在 $(-2, 0)$ 和 $(2, 0)$ 附近观察到的鞍点行为一致。

备注：图 6.4.2 和图 6.4.4 说明，在非线性方程 $mx'' = kx + \beta x^3$ 中，$\beta < 0$ 时的硬弹簧和 $\beta > 0$ 时的软弹簧之间存在显著的定性差异。硬弹簧的相平面轨线都是有界的，而软弹簧有无界的相平面轨线（也是有界的）。然而，我们应该意识到，当无界的软弹簧轨线超过弹簧的伸缩能力而不断裂时，它就不再如实地表示物理上真实的运动。∎

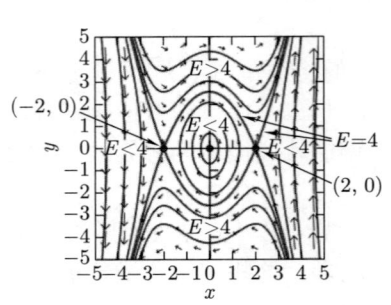

图 6.4.4 当 $m = 1$，$k = 4$ 且 $\beta = 1 > 0$ 时的软质量块–弹簧系统的位置–速度相轨线图。图中着重指出了分界线

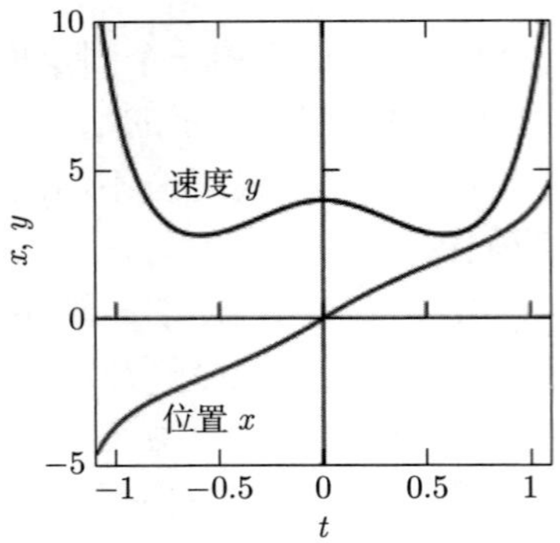

图 6.4.5 当 $m = 1$、$k = 4$、$\beta = 1 > 0$ 时的软质量块–弹簧系统的位置和速度解曲线，能量 $E = 8$ 足够大，使得质量块从左侧接近原点并无限地向右继续运动

阻尼非线性振动

现在假设弹簧上的质量块也与一个阻尼器相连，阻尼器提供的阻力与质量块的速度 $y = dx/dt$ 成正比。如果弹簧仍被假定为如式 (2) 所示的非线性的，那么质量块的运动方程为

$$mx'' = -cx' - kx + \beta x^3, \tag{12}$$

其中 $c > 0$ 是阻尼常数。如果 $\beta > 0$，那么等价的一阶方程组

$$\frac{dx}{dt} = y, \quad \frac{dy}{dt} = \frac{-kx - cy + \beta x^3}{m} = -\frac{c}{m}y - \frac{k}{m}x\left(1 - \frac{\beta}{k}x^2\right) \tag{13}$$

有临界点 $(0, 0)$ 和 $(\pm\sqrt{k/\beta}, 0)$，以及雅可比矩阵

$$\mathbf{J}(x, y) = \begin{bmatrix} 0 & 1 \\ -\dfrac{k}{m} + \dfrac{3\beta}{m}x^2 & -\dfrac{c}{m} \end{bmatrix}。$$

现在在原点处的临界点是最有趣的。雅可比矩阵

$$\mathbf{J}(0, 0) = \begin{bmatrix} 0 & 1 \\ -\dfrac{k}{m} & -\dfrac{c}{m} \end{bmatrix}$$

有特征方程

$$(-\lambda)\left(-\frac{c}{m} - \lambda\right) + \frac{k}{m} = \frac{1}{m}(m\lambda^2 + c\lambda + k) = 0$$

及特征值

$$\lambda_1, \lambda_2 = \frac{-c \pm \sqrt{c^2 - 4km}}{2m}。$$

由 6.2 节定理 2 可知，方程组 (13) 的临界点 (0, 0) 是

- 结点汇，如果阻力较大，使得 $c^2 > 4km$（在这种情况下，特征值为负且不相等）；
- 螺旋汇，如果 $c^2 < 4km$（在这种情况下，特征值是实部为负的共轭复数）。

下面的例题将说明后一种情况。（在具有相等负特征值的临界情况下，原点可能是结点汇，也可能是螺旋汇。）

例题 2 **阻尼软弹簧** 假设 $m = 1$，$c = 2$，$k = 5$ 且 $\beta = \frac{5}{4}$。那么非线性方程组 (13) 变为

$$\frac{\mathrm{d}x}{\mathrm{d}t} = y, \quad \frac{\mathrm{d}y}{\mathrm{d}t} = -5x - 2y + \frac{5}{4}x^3 = -2y - 5x\left(1 - \frac{1}{4}x^2\right)。 \tag{14}$$

它有临界点 (0, 0)，(±2, 0) 和雅可比矩阵

$$\boldsymbol{J}(x, y) = \begin{bmatrix} 0 & 1 \\ -5 + \dfrac{15}{4}x^2 & -2 \end{bmatrix}。$$

在 (0, 0) 处：雅可比矩阵

$$\boldsymbol{J}(0, 0) = \begin{bmatrix} 0 & 1 \\ -5 & -2 \end{bmatrix}$$

有特征方程 $\lambda^2 + 2\lambda + 5 = 0$，以及实部为负的复共轭特征值 $\lambda_1, \lambda_2 = -1 \pm 2\mathrm{i}$。因此 (0, 0) 是非线性方程组 (14) 的螺旋汇，并且质量块的线性化位置函数的形式为

$$x(t) = \mathrm{e}^{-t}(A\cos 2t + B\sin 2t),$$

这对应于围绕平衡位置 $x = 0$ 的指数阻尼振荡。

在 (±2, 0) 处：雅可比矩阵

$$\boldsymbol{J}(\pm 2, 0) = \begin{bmatrix} 0 & 1 \\ 10 & -2 \end{bmatrix}$$

有特征方程 $\lambda^2 + 2\lambda - 10 = 0$，以及符号不同的实特征值 $\lambda_1 = -1 - \sqrt{11} < 0$ 和 $\lambda_2 = -1 + \sqrt{11} > 0$。由此可知 (−2, 0) 和 (2, 0) 都是方程组 (14) 的鞍点。

图 6.4.6 中的位置–速度相轨线图显示了方程组 (14) 的轨线和位于 (0, 0) 处的螺旋汇，以及位于 (−2, 0) 和 (2, 0) 处的不稳定鞍点。着重标出的分界线将相平面划分为不同行为的区域。质量块的行为取决于其初始点 (x_0, y_0) 所在的区域。如果这个初始点位于

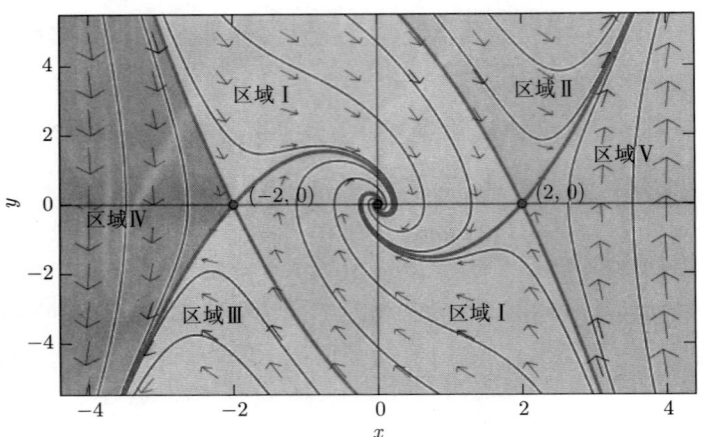

图 6.4.6 （见文前彩插）当 $m=1$，$k=5$，$\beta = \dfrac{5}{4}$ 以及阻力常数 $c=2$ 时，软质量块–弹簧系统的位置–速度相轨线图。图中着重标出了（绿色）分界线

- 分界线之间的区域 I，那么当 $t \to +\infty$ 时，轨线螺旋式进入原点，因此无阻尼情况下的周期振荡（图 6.4.4）现在被围绕稳定平衡位置 $x=0$ 的阻尼振荡所取代；
- 区域 II，那么质量块从左向右（x 增大）运动经过 $x=0$；
- 区域 III，那么质量块从右向左（x 减小）运动经过 $x=0$；
- 区域 IV，那么质量块从左侧接近（但未达到）不稳定平衡位置 $x=-2$，但之后会停止然后返回左侧；
- 区域 V，那么质量块从右侧接近（但未达到）不稳定平衡位置 $x=2$，但之后会停止然后返回到右侧。

如果初始点 (x_0, y_0) 正好位于其中一条分界线上，那么当 $t \to +\infty$ 时，相应的轨线要么趋近于稳定螺旋点，要么从一个鞍点逐渐趋向无穷远。 ∎

非线性单摆

在 3.4 节中，我们对如图 6.4.7 所示的单摆的无阻尼振荡推导出了方程

$$\frac{\mathrm{d}^2 \theta}{\mathrm{d}t^2} + \frac{g}{L} \sin \theta = 0。 \tag{15}$$

在 θ 接近零时，当时我们使用了近似 $\sin \theta \approx \theta$，从而得到用线性模型

$$\frac{\mathrm{d}^2 \theta}{\mathrm{d}t^2} + \omega^2 \theta = 0 \tag{16}$$

来代替方程 (15)，其中 $\omega^2 = g/L$。方程 (16) 的通解

$$\theta(t) = A \cos \omega t + B \sin \omega t \tag{17}$$

描述了以圆周频率 ω 和振幅 $C = (A^2 + B^2)^{1/2}$ 围绕平衡位置 $\theta = 0$ 的振荡。

线性模型不能很好地描述大 θ 值时单摆可能的运动。例如，方程 (15) 的平衡解 $\theta(t) \equiv \pi$ 表示单摆处于直立状态，而它并不满足线性方程 (16)。式 (17) 也没有包括单摆反复"越过顶部"的情况，所以 $\theta(t)$ 是关于 t 的稳定增长函数，而不是振荡函数。为了研究这些现象，我们必须分析非线性方程 $\theta'' + \omega^2 \sin \theta = 0$，而不仅仅是分析其线性化方程 $\theta'' + \omega^2 \theta = 0$。我们还想包括阻力与速度成正比的可能性，所以我们考虑一般的非线性单摆方程

$$\frac{\mathrm{d}^2\theta}{\mathrm{d}t^2} + c\frac{\mathrm{d}\theta}{\mathrm{d}t} + \omega^2 \sin \theta = 0。 \tag{18}$$

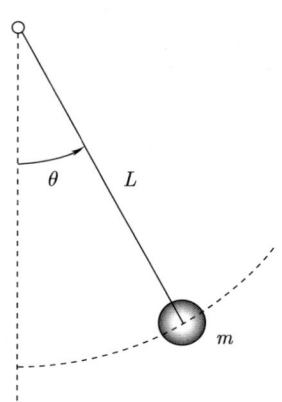

图 6.4.7 单摆

$c > 0$ 时的情况对应于阻尼运动，其中确实存在阻力与（角）速度成正比的可能性。但是我们首先考察 $c = 0$ 时的无阻尼情况。根据 $x(t) = \theta(t)$ 和 $y(t) = \theta'(t)$，等价的一阶方程组为

$$\frac{\mathrm{d}x}{\mathrm{d}t} = y, \quad \frac{\mathrm{d}y}{\mathrm{d}t} = -\omega^2 \sin x。 \tag{19}$$

通过将这个方程组写成

$$\begin{aligned}\frac{\mathrm{d}x}{\mathrm{d}t} &= y, \\ \frac{\mathrm{d}y}{\mathrm{d}t} &= -\omega^2 x + g(x),\end{aligned} \tag{20}$$

我们可以看出它是准线性的形式，其中

$$g(x) = -\omega^2(\sin x - x) = \omega^2\left(\frac{x^3}{3!} - \frac{x^5}{5!} + \cdots\right)$$

只有高次项。

方程组 (19) 的临界点是点 $(n\pi, 0)$，其中 n 为整数，它的雅可比矩阵为

$$\boldsymbol{J}(x, y) = \begin{bmatrix} 0 & 1 \\ -\omega^2 \cos x & 0 \end{bmatrix}。 \tag{21}$$

临界点 $(n\pi, 0)$ 的性质取决于 n 是偶数还是奇数。

偶数情况：如果 $n = 2m$ 是一个偶数，那么 $\cos n\pi = 1$，所以由式 (21) 得到矩阵

$$\boldsymbol{J}(2m\pi, 0) = \begin{bmatrix} 0 & 1 \\ -\omega^2 & 0 \end{bmatrix},$$

它有特征方程 $\lambda^2 + \omega^2 = 0$ 和纯虚数特征值 $\lambda_1, \lambda_2 = \pm\omega \mathrm{i}$。因此，方程组 (19) 在 $(n\pi, 0)$ 处的线性化方程组为

$$\frac{\mathrm{d}u}{\mathrm{d}t} = v, \quad \frac{\mathrm{d}v}{\mathrm{d}t} = -\omega^2 u, \tag{22}$$

其中 (0, 0) 是我们熟悉的被椭圆轨线所包围的稳定中心（如 6.1 节例题 3 所示）。虽然这是个微妙的情况，6.2 节定理 2 并没有解决这个问题，但是我们马上就会看到 $(2m\pi, 0)$ 也是原非线性单摆方程组 (19) 的稳定中心。

奇数情况：如果 $n = 2m + 1$ 是一个奇数，那么 $\cos n\pi = -1$，所以由式 (21) 得到矩阵

$$\boldsymbol{J}((2m+1)\pi, 0) = \begin{bmatrix} 0 & 1 \\ \omega^2 & 0 \end{bmatrix},$$

它有特征方程 $\lambda^2 - \omega^2 = 0$ 和符号不同的实特征值 $\lambda_1, \lambda_2 = \pm\omega$。因此，方程组 (19) 在 $((2m+1)\pi, 0)$ 处的线性化方程组为

$$\frac{\mathrm{d}u}{\mathrm{d}t} = v, \qquad \frac{\mathrm{d}v}{\mathrm{d}t} = \omega^2 u, \tag{23}$$

其中 (0, 0) 是鞍点。由 6.2 节定理 2 可知，临界点 $((2m+1)\pi, 0)$ 是原非线性单摆方程组 (19) 的相似鞍点。

轨线：通过显式求解方程组 (19) 得到相平面轨线，我们可以看出这些"偶中心"和"奇鞍点"是如何组合在一起的。如果我们写

$$\frac{\mathrm{d}y}{\mathrm{d}x} = \frac{\mathrm{d}y/\mathrm{d}t}{\mathrm{d}x/\mathrm{d}t} = -\frac{\omega^2 \sin x}{y},$$

分离变量得

$$y\mathrm{d}y + \omega^2 \sin x \mathrm{d}x = 0,$$

然后从 $x = 0$ 到 $x = x$ 进行积分可得

$$\frac{1}{2}y^2 + \omega^2(1 - \cos x) = E。 \tag{24}$$

我们用 E 表示任意积分常数，因为如果选择的物理单位使得 $m = L = 1$，那么左侧第一项是动能，第二项是单摆末端质量块的势能。那么 E 是总机械能；因此，式 (24) 表示无阻尼单摆的机械能守恒。

如果我们从式 (24) 中求解出 y，并使用半角恒等式，可得等式

$$y = \pm\sqrt{2E - 4\omega^2 \sin^2 \frac{1}{2}x}, \tag{25}$$

此式定义了相平面轨线。注意，如果 $E > 2\omega^2$，那么式 (25) 中的被开方数保持为正。图 6.4.8 显示了对不同能量 E 值绘制这些轨线的结果（以及方向场）。

图 6.4.8 中着重标出的分界线对应于能量临界值 $E = 2\omega^2$；它们进入和离开不稳定临界点 $(n\pi, 0)$，其中 n 为奇数。跟随沿着分界线的箭头，单摆理论上趋近于平衡竖直位置 $\theta = x = (2m+1)\pi$，并且刚好有足够能量到达它，但还不足以"越过顶部"。这个平衡位置的不稳定性表明，这种行为实际上可能永远不会被观察到！

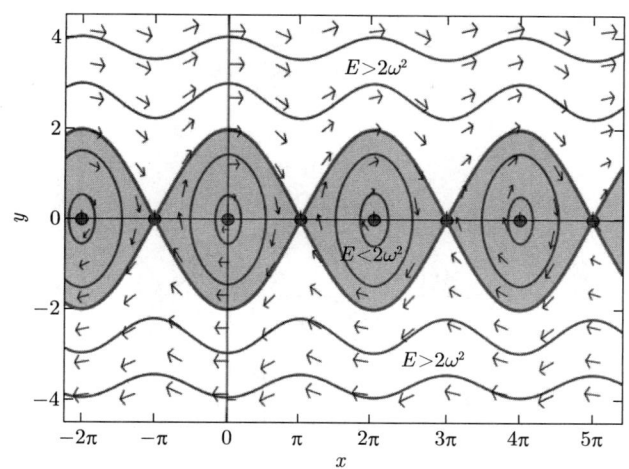

图 6.4.8 （见文前彩插）无阻尼单摆方程组 $x' = y$，$y' = -\sin x$ 的位置-速度相轨线图。图中着重标出了（绿色）分界线

环绕稳定临界点的简单闭合轨线表示单摆围绕稳定平衡位置 $\theta = 0$ 来回进行周期振荡，所有这些轨线都对应于单摆下摆的位置 $\theta = 2m\pi$。这些对应于能量 $E < 2\omega^2$，此能量不足以使单摆上升到竖直向上的位置，所以它的来回运动就是我们通常联想到的"摆动的钟摆"。

当 $E > 2\omega^2$ 时的无界轨线代表单摆反复越过顶部的旋转运动，若 $y(t)$ 为正，则沿顺时针方向运动，若 $y(t)$ 为负，则沿逆时针方向运动。

无阻尼振荡周期

如果单摆在初始条件
$$x(0) = \theta(0) = \alpha, \quad y(0) = \theta'(0) = 0 \tag{26}$$
下从静止状态释放，那么当 $t = 0$ 时，式 (24) 可化简为
$$\omega^2(1 - \cos\alpha) = E. \tag{27}$$
因此，若 $0 < \alpha < \pi$，则 $E < 2\omega^2$，所以单摆继而进行周期振荡。为了确定这个振荡周期，我们用式 (24) 减去式 (27)，并将结果写成如下形式（其中 $x = \theta$ 和 $y = \mathrm{d}\theta/\mathrm{d}t$），
$$\frac{1}{2}\left(\frac{\mathrm{d}\theta}{\mathrm{d}t}\right)^2 = \omega^2(\cos\theta - \cos\alpha). \tag{28}$$

一个完整振荡所需的时间周期 T 是 θ 从 $\theta = \alpha$ 减小到 $\theta = 0$ 即四分之一振荡所需时间量的四倍。因此，我们由方程 (28) 求解出 $\mathrm{d}t/\mathrm{d}\theta$ 并进行积分，可得
$$T = \frac{4}{\omega\sqrt{2}} \int_0^\alpha \frac{\mathrm{d}\theta}{\sqrt{\cos\theta - \cos\alpha}}. \tag{29}$$
为了试图求出这个积分，我们首先利用恒等式 $\cos\theta = 1 - 2\sin^2(\theta/2)$ 得到

$$T = \frac{2}{\omega}\int_0^\alpha \frac{\mathrm{d}\theta}{\sqrt{k^2-\sin^2(\theta/2)}},$$

其中

$$k = \sin\frac{\alpha}{2}。$$

然后，做替换 $u=(1/k)\sin(\theta/2)$，可得

$$T = \frac{4}{\omega}\int_0^1 \frac{\mathrm{d}u}{\sqrt{(1-u^2)(1-k^2u^2)}}。$$

最后，代入 $u=\sin\phi$ 可得

$$T = \frac{4}{\omega}\int_0^{\pi/2} \frac{\mathrm{d}\phi}{\sqrt{1-k^2\sin^2\phi}}。 \tag{30}$$

式 (30) 中的积分是第一类椭圆积分，通常用 $F(k, \pi/2)$ 表示。虽然对椭圆积分通常不能求出解析结果，但是可以对这个积分进行如下所示的数值近似。首先，我们使用二项式级数

$$\frac{1}{\sqrt{1-x}} = 1 + \sum_{n=1}^\infty \frac{1\cdot 3\cdots(2n-1)}{2\cdot 4\cdots(2n)}x^n, \tag{31}$$

展开式 (30) 中的被积函数，其中 $x=k^2\sin^2\phi<1$。然后，我们利用积分公式

$$\int_0^{\pi/2}\sin^{2n}\phi\,\mathrm{d}\phi = \frac{\pi}{2}\cdot\frac{1\cdot 3\cdots(2n-1)}{2\cdot 4\cdots(2n)} \tag{32}$$

α	T/T_0
10°	1.0019
20°	1.0077
30°	1.0174
40°	1.0313
50°	1.0498
60°	1.0732
70°	1.1021
80°	1.1375
90°	1.1803

图 6.4.9 非线性单摆的周期 T 对其初始角度 α 的依赖性

进行逐项积分。对于以初始角度 $\theta(0)=\alpha$ 从静止状态释放的非线性单摆的周期 T，最终结果就是用线性化周期 $T_0=2\pi/\omega$ 和 $k=\sin(\alpha/2)$ 表示的公式

$$\begin{aligned}T &= \frac{2\pi}{\omega}\left[1+\sum_{n=1}^\infty\left(\frac{1\cdot 3\cdots(2n-1)}{2\cdot 4\cdots(2n)}\right)^2 k^{2n}\right]\\ &= T_0\left[1+\left(\frac{1}{2}\right)^2 k^2+\left(\frac{1\cdot 3}{2\cdot 4}\right)^2 k^4+\left(\frac{1\cdot 3\cdot 5}{2\cdot 4\cdot 6}\right)^2 k^6+\cdots\right]。\end{aligned} \tag{33}$$

式 (33) 中第二对中括号内的无穷级数给出了因子 T/T_0，并由此表明非线性周期 T 比线性化周期长。通过对这个级数进行数值求和得到图 6.4.9 中的表格，它显示了 T/T_0 是如何随着 α 的增加而增加的。因此，如果 $\alpha=10°$，那么 T 比 T_0 大 0.19%，而如果 $\alpha=90°$，那么 T 比 T_0 大 18.03%。但即使是 0.19% 的差异也很重要，运算

$$(0.0019)\times 3600\frac{秒}{小时}\times 24\frac{小时}{天}\times 7\frac{天}{周}\approx 1149(秒/周)$$

表明线性化模型对摆钟来说是很不合适的，仅一周后就出现 19 分 9 秒的误差，这是不可接受的。

阻尼单摆振荡

最后，我们简要地讨论阻尼非线性单摆。等价于方程 (19) 的准线性一阶方程组为

$$\frac{\mathrm{d}x}{\mathrm{d}t} = y,$$
$$\frac{\mathrm{d}y}{\mathrm{d}t} = -\omega^2 \sin x - cy, \tag{34}$$

同样，临界点的形式为 $(n\pi, 0)$，其中 n 为整数。在习题 9~11 中，我们要求你验证
- 如果 n 是奇数，那么 $(n\pi, 0)$ 是方程组 (34) 的不稳定鞍点，与无阻尼情况一样；
- 如果 n 是偶数且 $c^2 > 4\omega^2$，那么 $(n\pi, 0)$ 是结点汇；
- 如果 n 是偶数且 $c^2 < 4\omega^2$，那么 $(n\pi, 0)$ 是螺旋汇。

图 6.4.10 显示了更有趣的欠阻尼情况下且 $c^2 < 4\omega^2$ 时的相平面轨线。除了物理上无法达到的能进入不稳定鞍点的分界线轨线之外，每条轨线最终都会被一个稳定螺旋点 $(n\pi, 0)$ "困住"，其中 n 为偶数。这意味着，即使单摆开始时有足够的能量越过顶部，但是在一定（有限）旋转次数之后，它已经失去足够的能量，此后它围绕其稳定（较低）的平衡位置进行阻尼振荡。

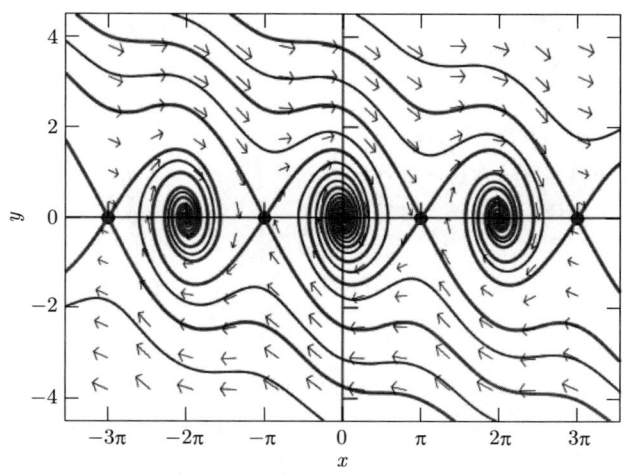

图 6.4.10　（见文前彩插）阻尼单摆方程组 $x' = y$，$y' = -\sin x - \frac{1}{4}y$ 的位置-速度相平面轨线图。图中着重标出了（绿色）分界线

习题

在习题 1~4 中，证明给定方程组是以 $(0, 0)$ 为临界点的准线性方程组，并根据此临界点的类型和稳定性对其进行分类。使用计算机系统或图形计算器构建相轨线图以说明你的结论。

1. $\dfrac{dx}{dt} = 1 - e^x + 2y$, $\dfrac{dy}{dt} = -x - 4\sin y$

2. $\dfrac{dx}{dt} = 2\sin x + \sin y$, $\dfrac{dy}{dt} = \sin x + 2\sin y$（图 6.4.11）

3. $\dfrac{dx}{dt} = e^x + 2y - 1$, $\dfrac{dy}{dt} = 8x + e^y - 1$

4. $\dfrac{dx}{dt} = \sin x \cos y - 2y$, $\dfrac{dy}{dt} = 4x - 3\cos x \sin y$

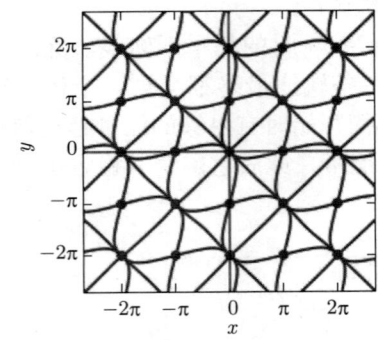

图 6.4.11　习题 2 中的方程组的轨线

求出习题 5~8 中准线性方程组的每个临界点，并对其进行分类。使用计算机系统或图形计算器构建相轨线图以说明你的结果。

5. $\dfrac{dx}{dt} = -x + \sin y$, $\dfrac{dy}{dt} = 2x$

6. $\dfrac{dx}{dt} = y$, $\dfrac{dy}{dt} = \sin \pi x - y$

7. $\dfrac{dx}{dt} = 1 - e^{x-y}$, $\dfrac{dy}{dt} = 2\sin x$

8. $\dfrac{dx}{dt} = 3\sin x + y$, $\dfrac{dy}{dt} = \sin x + 2y$

阻尼单摆的临界点

习题 9~11 处理阻尼单摆方程组 $x' = y$, $y' = -\omega^2 \sin x - cy$。

9. 证明如果 n 是奇数，那么临界点 $(n\pi, 0)$ 是阻尼单摆方程组的鞍点。

10. 证明如果 n 是偶数且 $c^2 > 4\omega^2$，那么临界点 $(n\pi, 0)$ 是阻尼单摆方程组的结点汇。

11. 证明如果 n 是偶数且 $c^2 < 4\omega^2$，那么临界点 $(n\pi, 0)$ 是阻尼单摆方程组的螺旋汇。

质量块-弹簧系统的临界点

在习题 12~16 中，每题都给出了一个形如 $x'' + f(x, x') = 0$ 的二阶方程，它对应于某个质量块-弹簧系统。求出等价一阶方程组的临界点，并对其进行分类。

12. $x'' + 20x - 5x^3 = 0$：验证其临界点与图 6.4.4 所示的临界点相似。

13. $x'' + 2x' + 20x - 5x^3 = 0$：验证其临界点与图 6.4.6 所示的临界点相似。

14. $x'' - 8x + 2x^3 = 0$：这里力的线性部分是排斥力而不是吸引力（对于普通弹簧）。验证其临界点与图 6.4.12 所示的临界点相似。因此有两个稳定平衡点和三种类型的周期振荡。

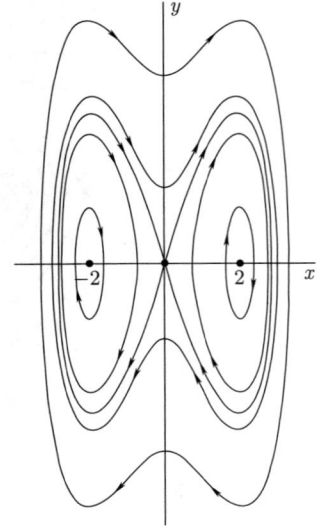

图 6.4.12　习题 14 的相轨线图

15. $x'' + 4x - x^2 = 0$：这里的力函数是非对称的。验证其临界点与图 6.4.13 所示的临界点相似。

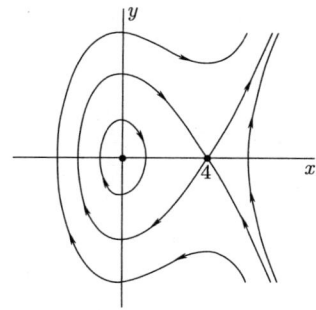

图 6.4.13 习题 15 的相轨线图

16. $x'' + 4x - 5x^3 + x^5 = 0$：这里的思想是在奇力函数中直到五次项被保留。验证其临界点与图 6.4.14 所示的临界点相似。

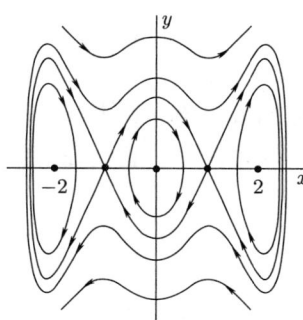

图 6.4.14 习题 16 的相轨线图

物理系统的临界点

在习题 17~20 中，分析所述方程组的临界点，使用计算机系统构建说明性的位置-速度相轨线图，并描述所发生的振荡。

17. 本节例题 2 说明了软质量块-弹簧系统的阻尼振动的情况。通过使用与例题 2 相同的参数，除了现在使用 $\beta = -\dfrac{5}{4} < 0$，探讨硬质量块-弹簧系统的阻尼振动的例子。

18. 例题 2 说明了阻力与速度成正比的软质量块-弹簧系统的阻尼振动的情况。通过使用与例题 2 相同的参数，但在式 (12) 中用阻力项 $-cx'|x'|$ 代替 $-cx'$，探讨阻力与速度的平方成正比的例子。

19. 现在重复例题 2，并使用习题 17 和习题 18 中相应的两处更改。也就是说，取 $\beta = -\dfrac{5}{4} < 0$，并且用 $-cx'|x'|$ 替换式 (12) 中的阻力项。

20. 类似于方程组 (34) 和图 6.4.10 所示，方程组 $x' = y,\ y' = -\sin x - \dfrac{1}{4} y|y|$ 对阻尼单摆系统建模。但现在阻力与单摆角速度的平方成正比。将此时发生的振荡与阻力和角速度本身成正比时发生的振荡进行比较。

振荡周期

习题 21~26 概述对具有如下运动方程的非线性弹簧上质量块的振荡周期 T 的研究：

$$\dfrac{\mathrm{d}^2 x}{\mathrm{d} t^2} + \phi(x) = 0。 \qquad (35)$$

如果 $\phi(x) = kx$，其中 $k > 0$，那么弹簧实际上是周期为 $T_0 = 2\pi/\sqrt{k}$ 的线性弹簧。

21. 通过积分一次 [如式 (6)]，推导出能量方程

$$\dfrac{1}{2} y^2 + V(x) = E, \qquad (36)$$

其中 $y = \mathrm{d}x/\mathrm{d}t$，且

$$V(x) = \int_0^x \phi(u) \mathrm{d}u。 \qquad (37)$$

22. 如果质量块以初始条件 $x(0) = x_0$ 和 $y(0) = 0$ 从静止状态释放，继而发生周期振荡，那么由式 (36) 推断出 $E = V(x_0)$，并且一次完整振荡所需的时间 T 为

$$T = \dfrac{4}{\sqrt{2}} \int_0^{x_0} \dfrac{\mathrm{d}u}{\sqrt{V(x_0) - V(u)}}。 \qquad (38)$$

23. 如果如正文所述 $\phi(x) = kx - \beta x^3$，那么从式 (37) 和式 (38) 推断出

$$T = 4\sqrt{2} \int_0^{x_0} \dfrac{\mathrm{d}x}{\sqrt{(x_0^2 - u^2)(2k - \beta x_0^2 - \beta u^2)}}。 \qquad (39)$$

24. 将 $u = x_0 \cos \phi$ 代入式 (39) 以证明

$$T = \dfrac{2T_0}{\pi\sqrt{1-\epsilon}} \int_0^{\pi/2} \dfrac{\mathrm{d}\phi}{\sqrt{1 - \mu \sin^2 \phi}}, \qquad (40)$$

其中 $T_0 = 2\pi/\sqrt{k}$ 是线性周期，且

$$\epsilon = \frac{\beta}{k}x_0^2 \quad \text{和} \quad \mu = -\frac{1}{2} \cdot \frac{\epsilon}{1-\epsilon}。 \tag{41}$$

25. 最后，利用式 (31) 中的二项式级数和式 (32) 中的积分公式对式 (40) 中的椭圆积分求值，从而证明振荡周期 T 为

$$T = \frac{T_0}{\sqrt{1-\epsilon}}\left(1 + \frac{1}{4}\mu + \frac{9}{64}\mu^2 + \frac{25}{256}\mu^3 + \cdots\right) \tag{42}$$

26. 如果 $\epsilon = \beta x_0^2/k$ 足够小，以至于 ϵ^2 可以忽略不计，那么由式 (41) 和式 (42) 可推断出

$$T \approx T_0\left(1 + \frac{3}{8}\epsilon\right) = T_0\left(1 + \frac{3\beta}{8k}x_0^2\right)。 \tag{43}$$

由此可得

- 如果 $\beta > 0$，则弹簧是软弹簧，那么 $T > T_0$，并且 T 随着 x_0 的增大而增大，所以图 6.4.4 中较大的椭圆对应较小的频率。
- 如果 $\beta < 0$，则弹簧是硬弹簧，那么 $T < T_0$，并且 T 随着 x_0 的增大而减小，所以图 6.4.2 中较大的椭圆对应较大的频率。

应用 Rayleigh 方程、van der Pol 方程和 FitzHugh-Nagumo 方程，SIR 模型和 COVID-19

请访问 bit.ly/3BlvMNE，利用 Maple、Mathematica 和 MATLAB 等计算资源对此主题进行更多讨论和探索。

在此，我们介绍一系列非线性微分方程或方程组，它们来自声学、电气工程、神经科学和流行病学领域。每个模型都是其领域内的基本模型；综合来看，它们在一定程度上表明了跨越各种应用的非线性方程的重要性。

Rayleigh 方程

英国数学物理学家 Rayleigh 勋爵（John William Strutt，1842—1919）引入了形如

$$mx'' + kx = ax' - b(x')^3 \tag{1}$$

的方程，以模拟单簧管簧片的振动。利用 $y = x'$，我们得到自治方程组

$$\begin{aligned} x' &= y, \\ y' &= \frac{-kx + ay - by^3}{m}, \end{aligned} \tag{2}$$

其相轨线图如图 6.4.15 所示（以 $m = k = a = b = 1$ 为例）。向外和向内的螺旋轨线收敛于一个"极限环"解，该解对应于簧片的周期性振动。这些振动的周期 T（以及频率）可以在如图 6.4.16 所示的 tx 解曲线上测量得到。这个振动周期只取决于方程 (1) 中的参数 m，k，a 和 b，与初始条件无关（为什么）。

练习

Rayleigh 方程 选择你自己的参数 m，k，a 和 b（也许是你的学号中最少的四个非零数字），并使用可用的 ODE 绘图工具绘制如图 6.4.15 和图 6.4.16 所示的轨线和解曲线。改变其中一个参数，看看由此产生的周期振动的振幅和频率是如何改变的。

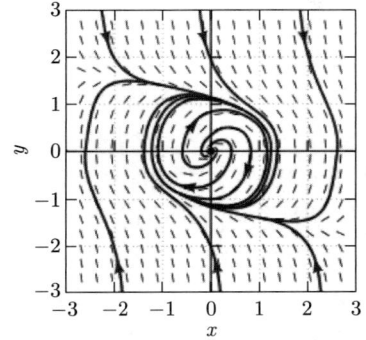 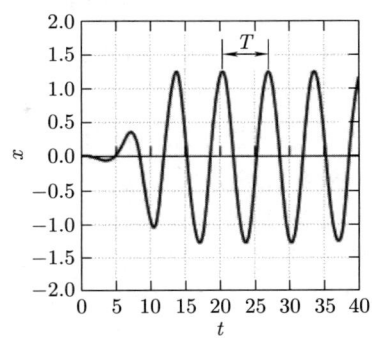

图 6.4.15 Rayleigh 方程组 (2) 的相轨线图,其中 $m = k = a = b = 1$

图 6.4.16 具有初始条件 $x(0) = 0.01$ 和 $x'(0) = 0$ 的 tx 解曲线

Van der Pol 方程

图 6.4.17 显示了一个简单的 RLC 电路,其中通常的(无源)电阻 R 被替换为有源元件(如真空管或半导体),穿过电路的电压降 V 由电流 I 的已知函数 $f(I)$ 给出。当然,对于电阻,$V = f(I) = IR$。若在 3.7 节中出现的熟悉的 RLC 电路方程 $LI' + RI + Q/C = 0$ 中,我们用 $f(I)$ 代替 IR,然后对方程进行微分,那么可以得到二阶方程

$$LI'' + f'(I)I' + \frac{I}{C} = 0。 \quad (3)$$

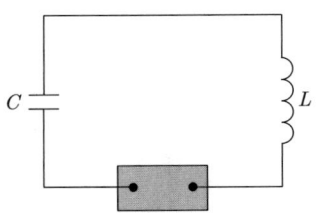

图 6.4.17 带有一个有源元件的简单电路

在 1924 年对早期商业收音机的振荡器电路的研究中,Balthasar van der Pol (1889—1959) 假设电压降是由形式为 $f(I) = bI^3 - aI$ 的非线性函数给出的,此时方程 (3) 变为

$$LI'' + (3bI^2 - a)I' + \frac{I}{C} = 0。 \quad (4)$$

这个方程与 Rayleigh 方程密切相关,其相轨线图与图 6.4.15 相似。事实上,对式 (2) 中的第二个方程进行微分,并利用 $x' = y$ 进行重新替换,可得方程

$$my'' + (3by^2 - a)y' + ky = 0, \quad (5)$$

其形式与方程 (4) 相同。

如果我们用 τ 表示方程 (4) 中的时间变量,并做替换 $I = px$ 和 $t = \tau/\sqrt{LC}$,结果为

$$\frac{d^2x}{dt^2} + (3bp^2x^2 - a)\sqrt{\frac{C}{L}}\frac{dx}{dt} + x = 0。$$

根据 $p = \sqrt{a/(3b)}$ 和 $\mu = a\sqrt{C/L}$,可得标准形式的 van der Pol 方程

$$x'' + \mu(x^2 - 1)x' + x = 0。 \quad (6)$$

对于参数 μ 的每个非负值，van der Pol 方程在 $x(0) = 2$ 和 $x'(0) = 0$ 时的解是周期性的，并且相应的相平面轨线是一个极限环，其他轨线收敛于这个极限环（如图 6.4.15 所示）。对于从 $\mu = 0$ 到 $\mu = 1000$ 或更大范围内选择的一个值，数值求解 van der Pol 方程并绘制这条周期性轨线，对你是有启发意义的。当 $\mu = 0$ 时，它是一个半径为 2 的圆（为什么？）。图 6.4.18 显示了 $\mu = 1$ 时的周期性轨线，图 6.4.19 显示了相应的 $x(t)$ 和 $y(t)$ 解曲线。当 μ 较大时，van der Pol 方程相当"刚性"，周期性轨线更加偏心，如图 6.4.20 所示，这是使用 MATLAB 的刚性 ODE 求解器 `ode15s` 绘制的。图 6.4.21 和图 6.4.22 中相应的 $x(t)$ 和 $y(t)$ 解曲线揭示了这些分量函数令人惊讶的行为。每个函数都交替出现长时间间隔的缓慢变化和在很短时间间隔内的突然变化，这种突变与图 6.4.21 和图 6.4.22 中可见的"准不连续性"相对应。例如，从图 6.4.23 可以看出，在 $t = 1614.28$ 和 $t = 1614.29$ 之间，$y(t)$ 的值快速从接近零变到超过 1300，然后又快速变回零。或许你可以测量 x 或 y 截点之间的距离，以表明绕图 6.4.20 中循环的电路周期大约为 $T = 1614$。事实上，这种计算和如这里所示的图形的构造可以很好地测试你的计算机系统的 ODE 求解器的鲁棒性。

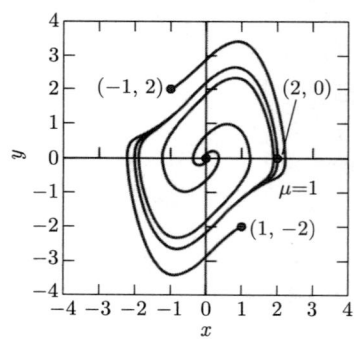 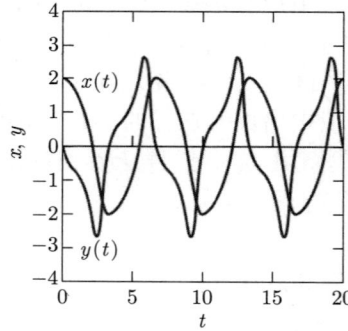 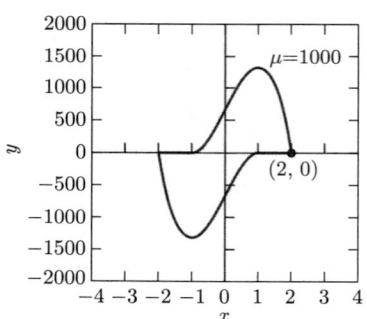

图 6.4.18 当 $\mu = 1$ 时的 van der Pol 方程的周期解的相平面轨线，以及一些螺旋式进出的轨线

图 6.4.19 定义 $\mu = 1$ 时的 van der Pol 方程的周期解的 $x(t)$ 和 $y(t)$ 解曲线

图 6.4.20 当 $\mu = 1000$ 时的 van der Pol 方程的周期解的相平面轨线

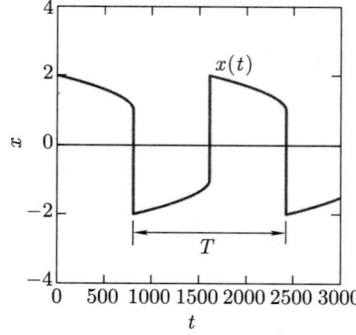 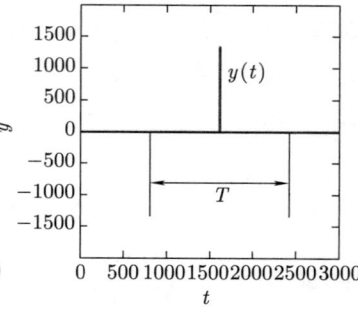 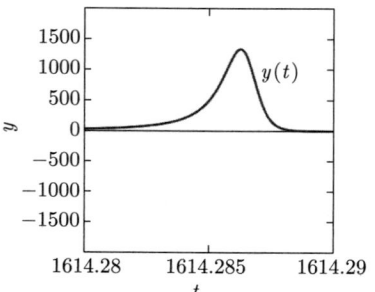

图 6.4.21 当 $\mu = 1000$ 时 $x(t)$ 的图形

图 6.4.22 当 $\mu = 1000$ 时 $y(t)$ 的图形

图 6.4.23 $y(t)$ 图形中的尖峰

练习

Van der Pol 方程 你也可以绘制 $\mu = 10$，100 或 1000 时的其他轨线（类似于图 6.4.18 中的轨线），它们被极限环从内部和外部所"吸引"。在图 6.4.18 中，原点看起来像螺旋点。事实上，可以证明，如果 $0 < \mu < 2$，那么 $(0, 0)$ 是 van der Pol 方程的螺旋源，如果 $\mu \geqslant 2$，那么它是结点源。

FitzHugh-Nagumo 方程

自从 Luigi Galvani（1737—1798）进行电刺激使死青蛙的腿部肌肉抽搐的早期实验以来，人们对构成神经系统基本构件的细胞即神经元的电特性进行了深入研究。这些特性中最重要的一个是**动作电位**，这是一种从神经元体沿其轴突向下传递的电信号（如图 6.4.24 所示）。动作电位是神经系统的信息单位；当动作电位到达轴突末端时，被称为神经递质的化学物质从轴突末端释放出来。然后，这些神经递质在其他神经细胞的树突中找到受体，在那些"目标"神经元中产生动作电位，从而传播"信息"。由于动作电位穿过神经元的速度非常快，它们提供了一种机制，通过这种机制，信号可以在神经系统中迅速传递。

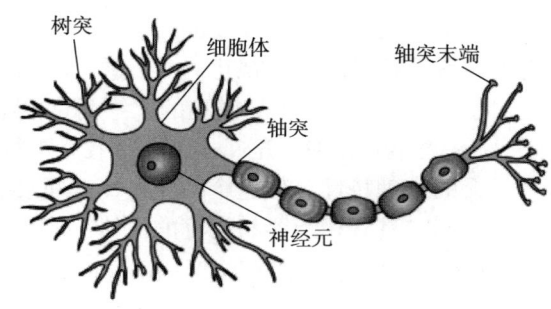

图 6.4.24 典型神经元的结构

动作电位尤其以其全有或全无的特点而闻名。如果目标神经元接收到的刺激低于某个阈值，那么就不会产生动作电位。然而，如果超过这个阈值，那么神经元就会"激发"一个动作电位，或者（如果刺激足够强烈）可能连续激发几个动作电位。通过这种方式，神经系统的电信号传递方法类似于计算机使用的二进制代码。

在 20 世纪 50 年代初，A. F. Huxley（1917—2012）和 A. L. Hodgkin（1914—1998）发表了一系列具有里程碑意义的论文，在这些论文中，他们将乌贼巨大轴突中的动作电位模拟成一个电路。这个模型的重点是神经元的膜电位，即神经细胞内外的电压差。在其静息状态下，一个典型神经元具有负膜电位，也就是说，细胞内部的电压低于周围介质的电压。（我们现在知道，这种电压差很大程度上是由于细胞膜上的"离子泵"，它使带正电的钠离子在细胞内的浓度低于在周围介质中的浓度。这些泵需要能量，事实上，身体代谢能量的很大一部分都用于这项任务）。钾离子在神经元电活动中也起着重要作用。

在动作电位期间，当电信号穿过神经元时，膜电位表现出一种突然且快速的正负值变化的特征模式。Hodgkin 和 Huxley 的工作的一个中心目标是用神经元膜的钠和钾的电导率来解释这些变化。电导率即电阻的倒数是膜对带电离子的渗透性的度量。例如，钠电导率的增加允许钠离子更自由地穿过膜，从高浓度区域流向低浓度区域。Hodgkin 和 Huxley 提出，在动作电位期间，电刺激（例如来自"上游"的另一个神经元）会导致神经元膜的钠和钾的电导率发生变化。这就导致一系列带电离子的流动，从而产生穿过细胞膜的电流。

研究人员应用电路理论，包括 3.7 节中所讨论的一些基本原理，来模拟这些电流。结果得到一个由四个非线性微分方程构成的方程组，其变量是神经元膜电位以及与膜的钠和钾的电导率有关的其他三个量。这个模型的预测结果不仅与实验结果非常吻合，而且还为随后的神经生理学发现指明了方向。Hodgkin-Huxley 模型是实验技术和理论分析双重成功的典范，至今仍是动作电位数学建模的起点。Hodgkin 和 Huxley 与 John Eccles 一起因他们的工作获得了 1963 年诺贝尔生理学或医学奖。

然而，对 Hodgkin-Huxley 模型的分析可能具有挑战性，因为其相空间是四维的，使得解曲线等特征难以可视化。由于这个原因，Richard FitzHugh（1922—2007）在 1961 年提出了 Hodgkin-Huxley 模型的二维简化模型，随后 J. Nagumo 等使用电路术语对其进行了分析。尽管 FitzHugh-Nagumo 方程并不打算像原始 Hodgkin-Huxley 方程那样直接捕捉神经元的生理特性，但这个简化模型很重要，因为它显示了神经元电活动的许多定性行为特征，同时具有相当容易研究的优势。

FitzHugh 模型实际上是 van der Pol 方程 (6) 的推广。你可以证明，通过在 van der Pol 方程中引入变量 $y = \frac{1}{\mu}x' + \frac{1}{3}x^3 - x$（与简单地取 $y = x'$ 相比，这样可以更好地进行相平面分析），可以得到方程组

$$x' = \mu\left(y + x - \frac{1}{3}x^3\right),$$
$$y' = -\frac{1}{\mu}x,$$

FitzHugh 通过添加项对其进行了推广：

$$x' = \mu\left(y + x - \frac{1}{3}x^3 + I\right),$$
$$y' = -\frac{1}{\mu}(x - a + by)_\circ \tag{7}$$

这里 a 和 b 是常数，I 是时间 t 的函数。宽泛地说，$x(t)$ 的行为方式类似于神经元膜电位，$I(t)$ 是施加于神经元的电刺激，而 $y(t)$ 是 Hodgkin-Huxley 模型中其他三个变量的组合。为了模拟神经元的电活动，我们将使用 FitzHugh 的值 $a = 0.7$，$b = 0.8$ 和 $\mu = 3$，同时给刺激 $I(t)$ 赋各种常数值。

首先，根据 $I(t) \equiv 0$（对应于神经元的静息状态），你可以验证方程组 (7) 在大约 $x = 1.1994$ 和 $y = -0.6243$ 处正好有一个平衡点。令人惊讶的是，当 I 变成非零时（对应于对神经元的电刺激），方程组的反应方式。图 6.4.25 显示了与三个常数值 $I(t) \equiv -0.15$，$I(t) \equiv -0.17$ 和 $I(t) \equiv -0.5$ 对应的方程组的解曲线。左图给出了 x 和 y 的相平面，而右图显示了 $x(t)$ 作为 t 的函数图。所有曲线都是在如左图所示的原始平衡点 $(1.1994, -0.6243)$ 处

从 $t = 0$ 时刻开始。

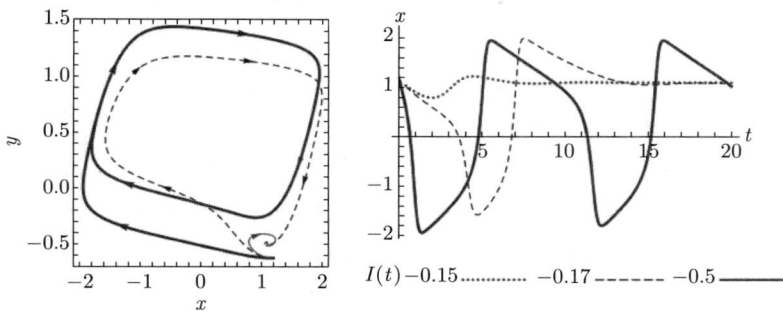

图 6.4.25　FitzHugh-Nagumo 方程组 (7) 在电刺激 $I(t)$ 的三个恒定值下的解，其中采用 $a = 0.7$, $b = 0.8$ 和 $\mu = 3$

当刺激 $I(t)$ 保持在恒定值 -0.15 时，x（类似于神经元膜电位）与其静息值略有不同，但很快找到一个新的"扰动"平衡，然后保持在这个平衡上（点曲线）；这反映了当神经元受到的刺激不足以产生动作电位时膜电位的行为。然而，当恒定的刺激略微降低到 -0.17 时，方程组的反应有很大的不同；x 会再次找到一个新的平衡，但只是在表现出大幅向下再向上的波动之后（虚线曲线）；这暗示着单个动作电位的激发。最后，当 $I(t) \equiv -0.5$ 时，x 以一种让人联想到 Rayleigh 和 van der Pol 方程组的方式反复振荡（实线曲线），这与对神经元的重复激发相对应。

练习

FitzHugh-Nagumo 方程组　在使用你自己的计算机系统的 ODE 求解器验证这些行为之后，你可以研究采用刺激 $I(t)$ 的其他非零恒定值会发生什么。所有这些值是否都会导致振荡相平面解或收敛到同一扰动平衡点的解？还是某些不同的值会导致不同的扰动平衡点？所有振荡解是否都对应于似乎收敛到单个极限环的相平面曲线？

FitzHugh-Nagumo 方程组已被证明是 Hodgkin-Huxley 方程组的一个非常有用的简化形式，它表现出神经元电活动的一些特征。有关更详细的讨论，请参阅 Leah Edelstein-Keshet 的经典著作 *Mathematical Models in Biology*（Society for Industrial and Applied Mathematics, 2005）。

SIR 模型和 COVID-19

微分方程一直被用来模拟传染病的传播。事实上，这门学科在接近 20 世纪初就成为数学流行病学的重要工具，至今仍然发挥着核心作用。这一发展的早期里程碑之一是由 W. O. Kermack（1898—1970）和 A. G. McKendrick（1876—1943）从 1927 年到 1939 年发表的一系列论文。他们的结论之一是（与当时的普遍看法相反），没有必要为了终止流行病而完全耗尽易感个体的数量。相反，只要易感个体的数量保持在临界阈值以下，流行病就可以得到控制，或完全避免。今天，这个观念是流行病学中反复出现的主题，也是"群体免疫"概念的基础。

Kermack 和 McKendrick 提出了一种现在被称为隔室模型的方法来描述疾病的传播。他们首先将人口分为三种不同的类别，即

- 易感染该疾病的个体数 $S(t)$；
- 目前被感染的个体数 $I(t)$（从而可能感染他人）；
- 已康复的个体数 $R(t)$。

然后，他们为未知函数 $S(t)$，$I(t)$ 和 $R(t)$ 建立了一个非线性微分方程组，该方程组的解可用于预测流行病的发展。尽管 Kermack 和 McKendrick 的处理方法在数学上相当先进，但他们研究的一个特殊案例引出了 SIR 模型

$$\frac{dS}{dt} = -\beta SI, \tag{8a}$$

$$\frac{dI}{dt} = \beta SI - \nu I, \tag{8b}$$

$$\frac{dR}{dt} = \nu I, \tag{8c}$$

其中 β 和 ν 是常数。

这些方程的基本原理基于现在被称为质量作用定律的一般原理，该定律指出，被感染个体数 I 的增长率取决于易感染该疾病的个体和目前被感染该疾病的个体之间的接触率。这就解释了方程 (8b) 中的项 βSI：易感人群和被感染者之间的接触程度，从而疾病的传播速率与这两组人群数量之积成正比。（为简单起见，我们假设完全"混合"，即人口中易感染者和被感染者彼此接触的可能性相同。）质量作用定律本身源于早期研究人员如 Ronald Ross（1857—1932）和 Hilda P. Hudson（1881—1965）的研究，他们的工作为 Kermack 和 McKendrick 的研究奠定了基础。（Ross 因发现蚊子在疟疾传播中所起的作用而最为著名）。

方程 (8b) 还包括项 $-\nu I$，其中常数 ν 表示感染后的康复率。这个特殊的 SIR 模型假设 (i) 没有出生或死亡人口，以及 (ii) 感染可获得永久免疫力，即没有人会被感染两次。因此，方程 (8b) 简单地表示被感染人数 I 的变化率等于新感染者出现的速率减去当前感染者消失的速率。（这与 6.1 节中用于求解混合问题的推理思路相同。）此外，每次从疾病中康复都表现为 I 的减少，这被 R 的等量增加所抵消，从而得到方程 (8c)。最后，人口中易感染者的数量 S 只有通过因新被感染而减少才能改变，如前所述，这些新被感染者以 βSI 的速率出现。由此得到方程 (8a)。

此时既没有出生也没有死亡的假设意味着总人口 $N = S + I + R$ 保持不变。事实证明了这一点，根据方程 (8a)~(8c)，

$$\frac{dS}{dt} + \frac{dI}{dt} + \frac{dR}{dt} = 0.$$

因此，我们实际上可以将三个方程 (8a)~(8c) 替换为由如下两个方程构成的方程组

$$\frac{\mathrm{d}S}{\mathrm{d}t} = -\beta SI, \tag{8a}$$

$$\frac{\mathrm{d}I}{\mathrm{d}t} = \beta SI - \nu I, \tag{8b}$$

因为康复个体数 $R(t)$ 总能从 $R = N - S - I$ 中求出。这种方程组规模的减小是相当重要的，因为它为使用相平面工具分析模型打开了大门。

为了说明从这种方法中可以获得什么，我们将使用 1976 年 H. W. Hethcote 在期刊 *Mathematical Biosciences* 上发表的题为 "Qualitative Analyses of Communicable Disease Models" 的文章中所描述的 SIR 模型的一个变体。这个变体可能更适合被称为 SIRS 模型，因为它假设先前感染所产生的对疾病的免疫力只是暂时的；因此，经过一段时间后，已康复类别 R 中的成员会回到易感染类别 S。此外，这个模型将假设确实会发生出生和死亡；这经常通过模型包括生命动力学来表述。然而，我们将继续假设人口保持不变，这意味着出生和死亡人数相等。

为了用公式表示这个模型，我们从方程 (8a) 和 (8b) 开始，进行一系列调整以体现我们的新假设。首先，我们假设死亡不是由疾病造成的，而是在整个人口中以恒定速率发生。如果我们以单位时间内每单位人口的死亡人数为单位来记录死亡率 δ，那么我们可以通过简单地从 $\mathrm{d}S/\mathrm{d}t$ 中减去 δS 来考虑这些死亡人数，类似地，从 $\mathrm{d}I/\mathrm{d}t$ 中减去 δI。（这是我们在 6.2 节中对种群模型的早期研究中所使用的方法。）同时，单位时间内的总死亡人数由 δN 给出，这些死亡人数必须由出生人数抵消。如果我们假设新生儿都是易感染的，那么我们的方程组变成

$$\frac{\mathrm{d}S}{\mathrm{d}t} = -\beta SI - \delta S + \delta N, \tag{9a}$$

$$\frac{\mathrm{d}I}{\mathrm{d}t} = \beta SI - \nu I - \delta I。 \tag{9b}$$

接下来，为了考虑感染所产生的免疫力的暂时性，我们令 α 表示单位时间内每单位人口中失去免疫力的（恒定）人数。因此，在一个单位时间内，从已康复类别转变为易感染类别的个体数量由 αR 给出。我们把此项加到方程 (9a) 右侧，得到方程组

$$\frac{\mathrm{d}S}{\mathrm{d}t} = -\beta SI - \delta S + \delta N + \alpha R, \tag{10a}$$

$$\frac{\mathrm{d}I}{\mathrm{d}t} = \beta SI - \nu I - \delta I。 \tag{10b}$$

最后，我们通过用 $N - S - I$ 代替 R，可以从方程 (10a) 中消除 R，并简化可得

$$\begin{aligned}\frac{\mathrm{d}S}{\mathrm{d}t} &= -\beta SI - \delta S + \delta N + \alpha(N - S - I) \\ &= -\beta SI + (\delta + \alpha)N - (\delta + \alpha)S - \alpha I。\end{aligned}$$

如果为方便起见，我们取总人口数 N 为 1（可以用任何单位来衡量，比如数百万人），那么合并同类项最终得出我们期望的方程组

$$\frac{\mathrm{d}S}{\mathrm{d}t} = -\beta SI + (\delta + \alpha)(1 - S) - \alpha I,$$
$$\frac{\mathrm{d}I}{\mathrm{d}t} = \beta SI - \nu I - \delta I。 \tag{11}$$

$S + I + R$ 保持固定为 1 的事实意味着，对所有 t 都有 $S + I \leqslant 1$。当然，S 和 I 总是非负数，所以方程组 (11) 的相平面轨线包含在如下三角形区域内

$$S + I \leqslant 1, \quad 0 \leqslant S \leqslant 1, \quad 0 \leqslant I \leqslant 1。 \tag{12}$$

通过更高级的技术可以证明，方程组 (11) 没有周期解，即相平面没有闭合轨线。因此，根据 6.1 节中列出的"四种可能性"，方程组 (11) 的所有轨线在 $t \to \infty$ 时必定趋近于临界点。因此，我们的注意力转向寻找方程组 (11) 的临界点。

在方程组 (11) 中，设 $\mathrm{d}S/\mathrm{d}t$ 和 $\mathrm{d}I/\mathrm{d}t$ 等于零，从而得到代数方程组

$$-\beta SI + (\delta + \alpha)(1 - S) - \alpha I = 0, \tag{13a}$$

$$(\beta S - \nu - \delta)I = 0。 \tag{13b}$$

显然，当 $S = 1$ 且 $I = 0$ 时，这个方程组得以满足，所以 $(1, 0)$ 是方程组 (11) 的临界点。这个点对应于整个人群都是易感染的；没有人被感染或康复，因此这种疾病要么被根除，要么从未出现过。

然而，如果

$$S = \frac{\nu + \delta}{\beta}, \tag{14}$$

方程 (13b) 也满足。我们定义 σ 为这个数的倒数，即

$$\sigma = \frac{\beta}{\nu + \delta}。$$

这个比值的分子 β 衡量易感染个体和已感染个体之间接触导致疾病传播的可能性，而分母 $\nu + \delta$ 是单位时间内因康复或死亡而脱离已感染类别的个体数量。因此，σ 本身是衡量流行病传播速率的一个指标，它反映了疾病传染性与已感染个体康复或死亡速度之间的竞争关系。（常数 σ 有时被称为传染接触数；可以证明，从一个给定的感染者那里感染这种疾病的易感染个体的平均数量是 σS。）

若 $\sigma < 1$，则式 (14) 表明方程组 (11) 在区域 (12) 内不存在除 $(1, 0)$ 以外的临界点。因此，我们期望这个临界点能吸引方程组 (11) 的所有轨线。我们可以通过在临界点 $(1, 0)$ 处计算方程组 (11) 的雅可比矩阵来证实这一点：

$$\boldsymbol{J}(S, I) = \begin{bmatrix} -\beta I - (\delta + \alpha) & -\beta S - \alpha \\ \beta I & \beta S - \nu - \delta \end{bmatrix}, \tag{15}$$

所以
$$J(1, 0) = \begin{bmatrix} -(\delta + \alpha) & -\beta - \alpha \\ 0 & \beta - \nu - \delta \end{bmatrix}。$$

因此，$J(1, 0)$ 的特征值可由下式给出：

$$-(\delta + \alpha) \quad 和 \quad \beta - \nu - \delta = \beta\left(1 - \frac{1}{\sigma}\right), \tag{16}$$

两个值均为负数。因此，由图 6.2.7 可知，临界点 (1, 0) 不仅是方程组 (11) 的相平面中的稳定结点，而且是非正常结点，这意味着轨线在趋近该点时共享一条公切线。

在假设最初人群中每个人要么易感染要么已感染的情况下，图 6.4.26 显示了当 $\sigma \approx 0.8$ 时方程组 (11) 的各种解曲线。左侧的相轨线图证实了位于 (1, 0) 处的临界点是稳定结点，其中所有轨线都在 (1, 0) 处与 S 轴相切。从这两个图中我们都可以看出，最终 $I(t)$ 都趋近于零，即使最初整个人口都被感染，这种流行病也会消失。

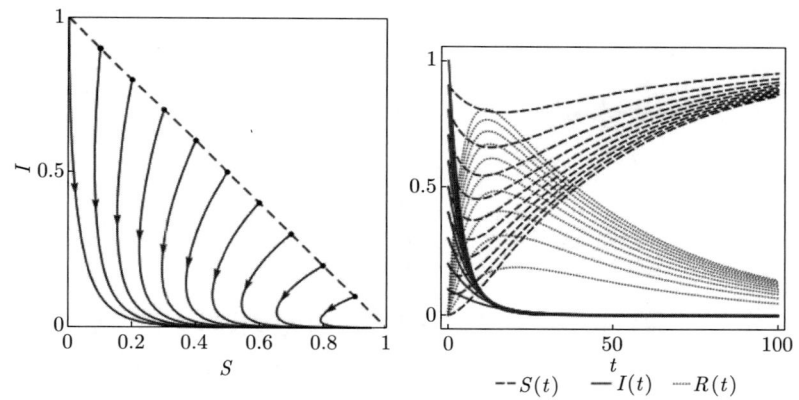

图 6.4.26 SIRS 模型 (11) 的相轨线图以及 S，I 和 R 的图形，其中 $\beta = 0.2$，$\nu = 0.25$，$\delta = 0.001$ 和 $\alpha = 0.02$

然而，当 $\sigma > 1$ 时，情况就不同了。在这种情况下，$S = 1/\sigma$ 满足 $0 \leqslant S \leqslant 1$，将这个值代入方程 (13a)，(经过一些代数运算后) 可得

$$I = \frac{(\delta + \alpha)(\sigma - 1)}{\beta + \alpha\sigma} > 0。$$

从 σ 的定义不难看出，S 和 I 的这些值满足 $S + I \leqslant 1$，所以我们的区域 (12) 现在包含两个临界点，即 (1, 0) 和

$$\left(\frac{1}{\sigma}, \frac{(\delta + \alpha)(\sigma - 1)}{\beta + \alpha\sigma}\right)。 \tag{17}$$

$J(1, 0)$ 的特征值仍然由式 (16) 给出，但是因为假设 σ 大于 1，所以现在 $J(1, 0)$ 有一个正特征值和一个负特征值。因此临界点 (1, 0) 不再表示方程组 (11) 的稳定结点，而是鞍

点。而且，通过将新临界点的坐标式 (17) 代入式 (15) 所得的雅可比矩阵 $J(S, I)$ 有些复杂，我们可以看到 J 的特征值要么是负实数，要么是实部为负的共轭复数。由图 6.2.7 可知，临界点式 (17) 表示稳定平衡点，要么是非正常结点，要么是螺旋点。

在再次假设最初人群中每个人要么易感染要么已感染的情况下，图 6.4.27 显示了当 $\sigma \approx 2$ 时方程组 (11) 的各种解曲线。在这种情况下，临界点式 (17) 是稳定螺旋点。在这种模型下，传染病并没有被根除，而是个体处于从易感染、已感染、康复，然后（在失去暂时免疫力后）又回到易感染这样一个持续"循环"中。

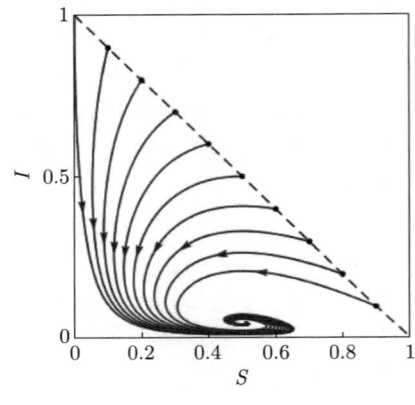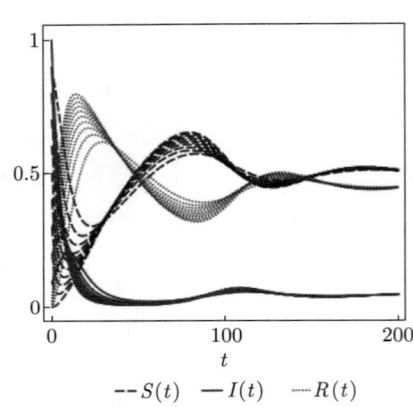

图 6.4.27 SIRS 模型 (11) 的相轨线图以及 S, I 和 R 的图形，其中 $\beta = 0.4$，$\nu = 0.2$，$\delta = 0.0001$ 和 $\alpha = 0.05$

2019 年底暴发的 COVID-19 引发全球范围内的大规模努力，以模拟冠状病毒的传播，并制定公共卫生措施以控制疫情。流行病学家利用各种各样的数学技术，包括像 SIR 模型这样的隔室模型，来预测疾病的发展轨线。例如，新墨西哥州卫生部使用"增强 SIR 模型"为新墨西哥州制作长期和短期的 COVID-19 预报；该模型是与由 Sara Del Valle 博士领导的 Los Alamos 国家实验室的信息系统和建模小组等组织合作开发的。SIR 模型的许多其他变体在州和国家层面上用于生成 COVID-19 分析。

有关在流行病学中使用隔室模型的更多细节，我们可以再次参考 Leah Edelstein-Keshet 的 *Mathematical Models in Biology* 一书。

练习

扁平化曲线 由方程 (8a)~(8c) 所描述的原始简单 SIR 模型可用于探索在 2020 年 COVID-19 流行期间引起大量讨论（和争议）的现象。当参数值取 $\beta = 0.003$ 和 $\nu = 0.3$ 以及初始值为 $S(0) = 1000$，$I(0) = 1$，$R(0) = 0$ 时，对于这些微分方程的数值解，图 6.4.28 显示了 $S(t)$，$I(t)$ 和 $R(t)$ 的图形。因此，这些解曲线追踪疾病在 $N = 1001$ 个人的（恒定）群体中的传播，其中只有一个人最初被感染。

I 曲线特别有趣。其最高点表明在任何一个时间点已感染个体的最大数量约为 $I_{\max} = 630$。方程 (8a) 和方程 (8b) 中的非线性项 $\beta S I$ 表示由于已感染和易感染个体之间的相互作用而导致的感染的传播。比

例常数 β 的值越大，相当于已感染和易感染个体之间的相互作用越频繁，从而相当于疾病的传播速率越快。这表明，在现实情况下，可以通过限制已感染和易感染个体之间的接触频率来降低 β 的值。这将减缓疾病的传播速率，并可能降低 I 曲线的最大高度。如果是这样，它将在外观上"更平坦"。

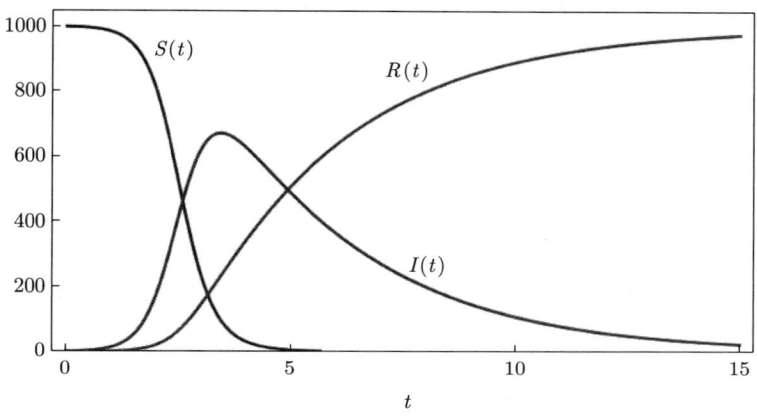

图 6.4.28　典型的 SIR 解曲线 ⊖

这种"曲线的扁平化"成为 2020 年被广泛讨论的公共卫生政策目标。为了最大限度地减少 COVID-19 患者给医院带来的负担，各国尝试了"保持社交距离"和戴口罩、关闭学校和企业以及禁止社交集会等各种限制已感染—易感染人群互动的手段。

对于你自己的研究，你可以取 $N = 100$，相当于一个州或国家 100% 的总人口。对于 3.5 亿的美国人口，那么初始值 $S(0) = 99.99$，$I(0) = 0.01$，$R(0) = 0$ 相当于最初已感染个体数为 3.5 万。首先，通过试错法确定 β 和 ν 的值，使得所得 SIR 解曲线与图 6.4.28 中所示的曲线类似。然后生成一系列证实 I 曲线随着 β 值的减小而扁平化的图形。最后，确定 β 必须有多小，才能使已感染个体数永远不会超过预定的最大值（例如，在美国为 1750 万人）。

6.5　动力系统中的混沌

请访问 bit.ly/3qktXi，利用 Maple、Mathematica 和 MATLAB 等计算资源对此主题进行更多讨论和探索。

在前面的章节中，我们已经研究了种群增长和机械系统，从决定论的观点来看，期望物理系统的初始状态完全决定其未来的演变。但是许多普通系统有时表现出混乱的行为，从某种意义上说，似乎无法从对初始条件的了解中可靠地预测未来状态。本节包括说明混沌现象的项目材料，混沌现象是当前科学和工程中非常感兴趣的主题。

种群增长与周期倍增

在 2.1 节中，我们介绍了 logistic 微分方程

⊖　请前往 bit.ly/3BQ52WK 查看图 6.4.28 的交互式版本。

$$\frac{dP}{dt} = aP - bP^2 \quad (a,\ b > 0), \tag{1}$$

它模拟有限（而非指数增长的）种群。事实上，如果种群数量 $P(t)$ 满足方程 (1)，那么当 $t \to +\infty$ 时，$P(t)$ 趋近于（有限）极限种群数量 $M = a/b$。我们在此以一种"差分方程"的形式讨论 logistic 方程的"离散"版本，这种"差分方程"在过去已被广泛地研究，但直到最近才被发现可以预测某些种群的相当奇特和意想不到的行为模式。

为了按照 2.4 节中的方式数值求解方程 (1)，我们首先选择一个固定的步长 $h > 0$，并考虑离散时间序列

$$t_0,\ t_1,\ t_2,\ \cdots,\ t_n,\ t_{n+1},\ \cdots, \tag{2}$$

其中，对于每个 n，有 $t_{n+1} = t_n + h$。从初始值 $P_0 = P(t_0)$ 开始，然后我们计算实际种群数量 $P(t)$ 的真实值 $P(t_1),\ P(t_2),\ P(t_3),\ \cdots$ 的近似值

$$P_1,\ P_2,\ \cdots,\ P_n,\ P_{n+1},\ \cdots。 \tag{3}$$

例如，求解 logistic 方程 (1) 的 Euler 法由用公式

$$P_{n+1} = P_n + (aP_n - bP_n^2) \cdot h \tag{4}$$

迭代计算式 (3) 中的近似值组成。

现在假设对于某个种群，可以选择步长 h，使得采用式 (4) 所计算的近似值与实际种群数量值相比具有可接受的精度。例如，对于一种动物或昆虫种群，这可能是事实，在这种种群中，所有的繁殖都发生在以固定时间间隔反复出现的短期繁殖季节内。如果 h 是连续繁殖季节之间的间隔，那么在一个繁殖季节期间的种群数量 P_n 可能只取决于上一个繁殖季节期间的种群数量 P_{n-1}，并且 P_n 可能完全决定下一个繁殖季节期间的种群数量 P_{n+1}。

为了便于讨论，我们假设种群数量的逐次近似值 $P_n = P(t_n)$ 可由方程

$$P_{n+1} = P_n + (aP_n - bP_n^2) \cdot h \tag{4}$$

给出。因此，我们将原始微分方程 (1) 替换为"离散"差分方程

$$\Delta P_n = (aP_n - bP_n^2)\Delta t, \tag{5}$$

它给出了用时间差 $h = \Delta t$ 和之前种群数量 P_n 表示的种群数量差 $\Delta P_n = P_{n+1} - P_n$。

方程 (4) 可被改写为 logistic 差分方程

$$P_{n+1} = rP_n - sP_n^2, \tag{6}$$

其中

$$r = 1 + ah\ ,\quad s = bh。 \tag{7}$$

将

$$P_n = \frac{r}{s}x_n \tag{8}$$

代入方程 (6)，进一步简化，可得
$$x_{n+1} = rx_n(1-x_n)。 \tag{9}$$

此时，我们将注意力集中于最终的迭代公式 (9) 上。从给定的 x_0 和 r 值开始，这个公式生成对应于连续时间 t_1, t_2, t_3, $\cdots$ 的一系列值 x_1, x_2, x_3, $\cdots$。我们可以把 t_n 时刻的 x_n 值看作环境所能容纳的最大种群数量的比例。假设极限比例种群数量

$$x_\infty = \lim_{n \to \infty} x_n \tag{10}$$

存在，我们要研究 x_∞ 依赖于式 (9) 中增长参数 r 的方式。也就是说，如果我们把 r 看作程序的输入，x_∞ 看作输出，我们要求输出是如何依赖于输入的。

式 (9) 中的迭代很容易用任何可用的计算器或计算机语言实现。图 6.5.1 对一个简单程序给出了 Maple、Mathematica 和 MATLAB 的说明性代码，该程序从 $x_1 = 0.5$ 开始计算，并产生了一个包含前 200 次（$k = 200$）迭代结果的列表，其中 $r = 1.5$。

Maple	Mathematica	MATLAB
r :=1.5:	r = 1.5;	r =1.5;
x = array (1..200):	x = Table[n, {n, 1, 200}];	x =1:200;
x[1] := 0.5:	x[[1]] =0.5;	x(1) = 0.5;
for n from 2 to 200 do	For[n=2, n<=200,	for n = 2:200
z := x[n-1]:	n=n+1,	z = x(n-1);
x[n] := r*z*(1-z):	z = x[[n-1]];	x(n) = r*z*(1-z);
od:	x[[n]] = r*z*(1-z)];	end

图 6.5.1　一个简单迭代程序的 Maple、Mathematica 和 MATLAB 版本

因为在式 (7) 中 $r = 1 + ah$，所以只有大于 1 的 r 值才符合离散种群数量增长的理想化模型。事实证明，对于在第一行输入的增长参数 r 的这种典型值，结果在很大程度上不依赖于初始值 x_1。经过合理次数（所需次数取决于 r 的值）的迭代之后，x_n 的值通常呈现出"稳定"在如式 (10) 所示的极限值 x_∞ 上。例如，图 6.5.2 显示了我们的简单迭代程序在增长率参数值 $r = 1.5$，2.0，2.5 时的运行结果，产生的极限（比例）种群数量分别为

$$x_\infty = 0.3333, \quad 0.5000 \quad 和 \quad 0.6000。$$

因此，（到目前为止）看起来 x_∞ 是存在的，并且其值随着 r 的增大而适度增大。

练习 1：在增长率参数 $1 < r < 3$ 的范围内，尝试几个其他值。你的结果是否支持极限种群数量总是存在并且是 r 的递增函数的推测？

图 6.5.3 中的结果表明，练习 1 中所陈述的推测是错误的！当增长率参数 $r = 3.1$ 和 $r = 3.25$ 时，（比例）种群数量未能稳定在单一极限种群数量上。（我们计算了一千多次迭代来确保这一点。）相反，它每隔一个月（以月为时间单位）在两个不同种群数量之间振

荡。例如，当 $r = 3.25$ 时，我们看到

$$x_{1001} = x_{1003} = x_{1005} = \cdots \approx 0.4953,$$

	$r=1.5$	$r=2.0$	$r=2.5$
x_1	0.5	0.5	0.5
x_2	0.3750	0.5000	0.6250
x_3	0.3516	0.5000	0.5859
⋮	⋮	⋮	⋮
x_{197}	0.3333	0.5000	0.6000
x_{198}	0.3333	0.5000	0.6000
x_{199}	0.3333	0.5000	0.6000
x_{200}	0.3333	0.5000	0.6000

	$r=3.1$	$r=3.25$	$r=3.5$
x_1	0.5000	0.5000	0.5000
x_2	0.7750	0.8125	0.8750
x_3	0.5406	0.4951	0.3828
x_4	0.7699	0.8124	0.8269
⋮	⋮	⋮	⋮
x_{1001}	0.5580	0.4953	0.5009
x_{1002}	0.7646	0.8124	0.8750
x_{1003}	0.5580	0.4953	0.3828
x_{1004}	0.7646	0.8124	0.8269
x_{1005}	0.5580	0.4953	0.5009
x_{1006}	0.7646	0.8124	0.8750
x_{1007}	0.5580	0.4953	0.3828
x_{1008}	0.7646	0.8124	0.8269

图 6.5.2 当增长参数为 $r = 1.5, 2.0, 2.5$ 时的迭代

图 6.5.3 当 $r = 3.1$ 和 $r = 3.25$ 时周期为 2 的循环；当 $r = 3.5$ 时周期为 4 的循环

然而

$$x_{1002} = x_{1004} = x_{1006} = \cdots \approx 0.8124。$$

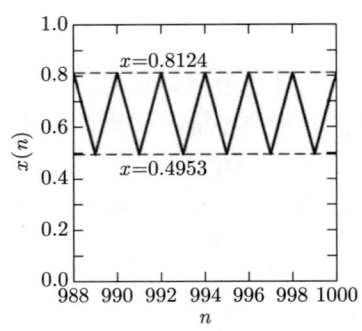

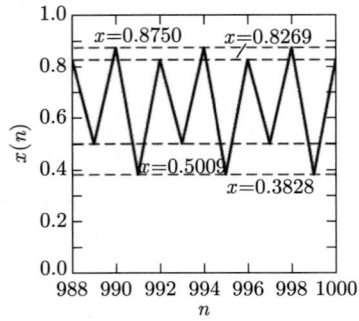

图 6.5.4　$x(n) = x_n$ 的图形，显示出当 $r = 3.25$ 时所得的周期为 2 的极限循环 ⊖

图 6.5.5　$x(n) = x_n$ 的图形，显示出当 $r = 3.5$ 时所得的周期为 4 的极限循环

因此，我们没有单一极限种群数量，而是由两个不同种群数量组成的"极限循环"（如图 6.5.4 所示）。而且，当增长率增加到 $r = 3.5$ 时，循环的周期加倍，此时我们有一个周期为

⊖ 请前往 bit.ly/3lJikyl 查看图 6.5.4 和图 6.5.5 的交互式版本。

4 的极限循环，即种群数量在四个不同值 0.5009，0.8750，0.3828 和 0.8269 之间反复循环（参见图 6.5.5）。

练习 2：尝试在增长率参数 $2.9 < r < 3.1$ 的范围内取值，以尽可能接近地确定单一极限种群数量（随着 r 的增加）分裂为周期为 2 的循环的位置。这种情况似乎正好发生在 r 超过 3 时吗？

图 6.5.6 所示的结果表明，当增长率参数值为 $r = 3.55$ 时，得到周期为 8 的循环。此时情况变化相当快。

练习 3：验证当增长率参数值为 $r = 3.565$ 时，可以得到周期为 16 的循环。

练习 4：看看你能否介于 $r = 3.565$ 和 $r = 3.570$ 之间得到一个周期为 32 的循环。

这是**周期倍增**现象，近年来，这种看似无害的迭代 $x_{n+1} = rx_n(1 - x_n)$ 变得很有名。当增长率参数增加到超过 $r = 3.56$ 时，周期倍增发生得如此之快，以至于在 $r = 3.57$ 附近的某处似乎爆发了彻底的混乱。因此，图 6.5.7 所示的图形表明，当 $r = 3.57$ 时，先前的周期性似乎消失了。没有明显的周期循环，种群数量似乎（从一个月到下个月）都在以某种本质上随机的方式发生变化。事实上，采用较小参数值所观察到的确定性种群数量增长现象，现在似乎已经退化为一个明显随机变化的不确定性过程。也就是说，尽管整个序列的种群数量值肯定是由值 $x_1 = 0.5$ 和 $r = 3.57$ 确定的，但是对于大 n 对应的后续种群数量值，现在似乎不能以任何系统化方式由前面的值"预测"或确定。

为本节在线提供的补充材料包括被称作 PICHFORK 的程序的 MATLAB、Mathematica 和其他版本。这个程序可以生成一个视觉展示，以显示我们的迭代行为取决于增长参数 r 值的方式。对于输入区间 $a \leqslant r \leqslant b$（所得图中的横轴）内的每个 r 值，首先执行 1000 次迭代以达到"稳定"。然后，通过由迭代生成的接下来的 250 个 x 值，寻找随后的周期倍增现象，并将其绘制在纵轴上，也就是说，在 (r, x) 处的屏幕像素被"打开"。由此产生的描述性命名的"叉形图"可以一目了然地显示，给定的 r 值对应于（具有有限周期的）循环还是混沌。如果图中的分辨率足以清楚地表明，只有有限个 x 值位于给定的 r 值之上，那么我们就会看到，对于这个特定的增长率参数值，迭代"最终是周期性的"。

n	x_n
1001	0.5060
1002	0.8874
1003	0.3548
1004	0.8127
1005	0.5405
1006	0.8817
1007	0.3703
1008	0.8278
1009	0.5060
1010	0.8874
1011	0.3548
1012	0.8127
1013	0.5405
1014	0.8817
1015	0.3703
1016	0.8278

图 6.5.6　当 $r = 3.55$ 时所得的周期为 8 的循环 ⊖

⊖ 请前往 bit.ly/3lJikyl 查看图 6.5.6 ~ 图 6.5.9 的交互式版本。

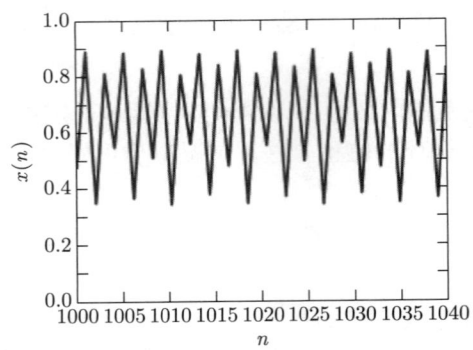

图 6.5.7 当 $r = 3.57$ 时：混沌！

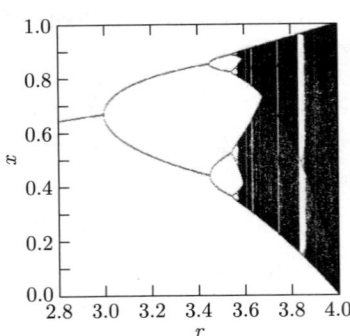

图 6.5.8 当 $2.8 \leqslant r \leqslant 4.0$ 且 $0 \leqslant x \leqslant 1$ 时的叉形图

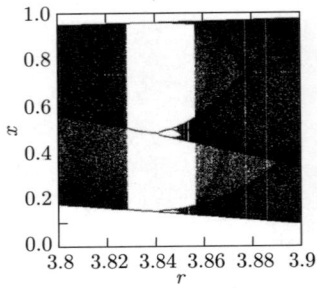

图 6.5.9 当 $3.8 \leqslant r \leqslant 3.9$ 且 $0 \leqslant x \leqslant 1$ 时的叉形图

图 6.5.8 显示了 $2.8 \leqslant r \leqslant 4.0$ 范围内的叉形图。从左向右浏览，我们先看到单一极限种群数量，直到 $r \approx 3$，然后是周期为 2 的循环，直到 $r \approx 3.45$，然后是周期为 4 的循环，然后是周期为 8 的循环，以此类推，迅速接近混沌的黑暗区域。但是请注意，图中在 $r = 3.6$ 和 $r = 3.7$ 之间、$r = 3.7$ 和 $r = 3.8$ 之间以及 $r = 3.8$ 和 $r = 3.9$ 之间出现了"空白"竖直带。这些代表从之前的混沌中恢复为 (周期性) 循环的区域。

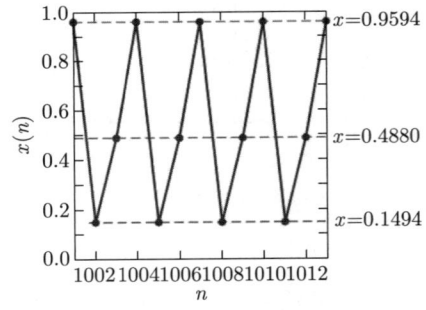

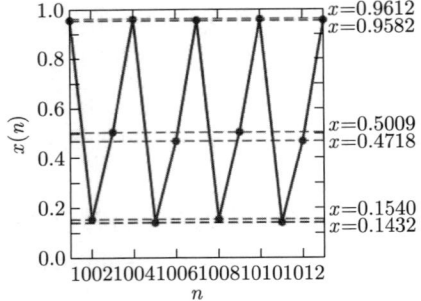

图 6.5.10 $x(n) = x_n$ 的图形，显示出当 $r = 3.84$ 时所得的周期为 3 的迭代循环 ⊖

图 6.5.11 $x(n) = x_n$ 的图形，显示出当 $r = 3.845$ 时所得的周期为 6 的迭代循环

例如，图 6.5.9 显示了区间 $3.8 \leqslant r \leqslant 3.9$ 内的图形，我们在 $r = 3.83$ 附近观察到从混沌中突然出现的周期为 3 的循环，然后相继分裂为周期为 6, 12, 24, ⋯ 的循环（如图 6.5.10 和图 6.5.11 所示）。这种从周期为 3 的循环开始的周期倍增现象尤其重要，详见 James Yorke 和 T. Y. Li 于 1975 年在 *American Mathematical Monthly* 上发表的题为

⊖ 请前往 bit.ly/3lJikyl 查看图 6.5.10 和图 6.5.11 的交互式版本。

"Period Three Implies Chaos"的基础文章。根据这篇文章，周期为 3 的循环的存在（对于一个适当的迭代）意味着每个其他（有限）周期循环的存在，以及根本没有周期的混乱的"循环"的存在。

项目 1：使用程序 PICHFORK 寻找其他有趣的循环，并通过适当的迭代计算验证其表面上的周期。例如，你应该能在 $r = 3.60$ 和 $r = 3.61$ 之间找到一个周期为 10 的循环，以及在 $r = 3.59$ 和 $r = 3.60$ 之间找到一个周期为 14 的循环。你能找到周期为 5 和 7 的循环吗？如果可以，请寻找随后的周期倍增现象。因为 PICHFORK 的运行需要几十万次迭代，所以如果你有一台快速计算机（或者你可以通宵运行的计算机）会有所帮助。

当我们从左到右浏览叉形图（如图 6.5.8）时，我们能发现增长率参数的逐次值 $r_1, r_2, r_3, \cdots$，在这些值处，随着 r 值的进一步增加，迭代 $x_{n+1} = rx_n(1-x_n)$ 中的分岔或质变出现。这些是 r 的离散值，在这些值处，增长参数的任何足够小的增加都会使迭代周期倍增。20 世纪 70 年代，Los Alamos 的物理学家 Mitchell Feigenbaum 发现，某种规律是这种周期倍增变成混沌的基础：

$$\lim_{k \to \infty} \frac{r_k - r_{k-1}}{r_{k+1} - r_k} = 4.66920160981 \cdots \tag{11}$$

式 (11) 左侧分数是叉形图中连续恒定周期"窗口"长度之比。事实上，当 $k \to +\infty$ 时，这个比率趋近于一个极限，而不是这个极限的具体值，这表明某种规律是在特定迭代 $x_{n+1} = rx_n(1-x_n)$ 中所观察到的周期倍增现象的基础。另一方面，现在已经知道，完全相同的 Feigenbaum 常数 $4.66920160981 \cdots$ 对许多不同科学领域中出现的各种周期倍增现象起着完全相同的作用。

项目 2：Feigenbaum 使用一台（现在早已淘汰的）HP-65 袖珍计算器（而不是一台功能强大的计算机）进行计算，最终发现了这个著名的常数。也许你想使用迭代计算和 PICHFORK 以足够的精度分离出前几个分岔值 $r_1, r_2, r_3, \cdots$，从而验证式 (11) 中的极限大约是 4.67。对于一种更新奇的方法，你可以参考 T. Gray 和 J. Glynn 的 *Exploring Mathematics with Mathematica*（1991）一书的第 124~126 页。

机械系统中的周期倍增现象

在 6.4 节，我们介绍了二阶微分方程

$$mx'' + cx' + kx + \beta x^3 = 0, \tag{12}$$

以模拟非线性弹簧上质量块的自由速度阻尼振动。回顾一下，方程 (12) 中的项 kx 表示线性弹簧对质量块施加的力，而项 βx^3 表示实际弹簧的非线性性质。

现在我们要讨论当外力 $F(t) = F_0 \cos \omega t$ 作用在质量块上时所产生的受迫振动。随着这样一个力添加到方程 (12) 中的系统上，我们得到质量块距离其平衡位置的位移 $x(t)$ 所

满足的受迫 Duffing 方程

$$mx'' + cx' + kx + \beta x^3 = F_0 \cos \omega t. \tag{13}$$

对于大多数参数值，不可能从方程 (13) 显式求解出 $x(t)$。然而，可以通过 (数值近似的) 相平面轨线定性地描述其解，就像我们在 6.4 节中用来描述非线性机械系统的自由振动那样。

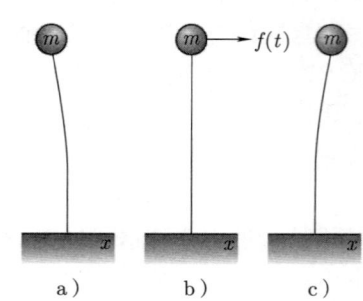

图 6.5.12 在细丝上的质量块的平衡位置：图 a $x < 0$ 时稳定平衡；图 b $x = 0$ 时不稳定平衡；图 c $x > 0$ 时稳定平衡

对于一个典型弹簧，胡克常数 k 为正，它可以抵抗偏离平衡的位移。但是确实存在可以模仿具有负胡克常数的弹簧的简单机械系统。例如，图 6.5.12 显示了一个置于竖直金属细丝顶部的质量为 m 的质量块。我们假设金属细丝只能在竖直平面内振动，并且表现得像一个柔性柱，当质量块被移到竖直位置的任何一侧时，它会"变形"或弯曲。那么在左侧 ($x < 0$) 和右侧 ($x > 0$) 各有一个稳定平衡点，但竖直平衡位置 ($x = 0$) 是不稳定的。当质量块稍微偏离这个不稳定平衡位置时，施加在其上的内力是斥力而不是引力；这对应于方程 (13) 中负的 k 值。如果通过（比如）振动电磁场对质量块施加周期力，且空气阻力抑制其振动，那么 $k < 0$ 但 $c > 0$ 且 $\beta > 0$ 的方程 (13) 是其水平位移函数 $x(t)$ 的合理数学模型。

在没有阻尼和外力的情况下，质量块自由振动的相平面轨线类似于图 6.4.12（6.4 节习题 14）中所示的轨线。质量块的行为就像它被 $x = 0$ 处的不稳定临界点所排斥，但被对称地位于原点两侧的两个稳定临界点所吸引。

我们在 3.6 节中看到，在线性情况下，周期性外力 $F(t) = F_0 \cos \omega t$ 会引起具有相同频率 ω 的稳定周期性响应 $x(t) = C \cos(\omega t - \alpha)$。稳定周期性响应的振幅 C 与外力的振幅 F_0 成正比。例如，如果周期性外力的振幅加倍，那么响应的唯一变化是其振幅也加倍。

为了说明非线性系统的完全不同的行为，我们在方程 (13) 中取 $k = -1$ 和 $m = c = \beta = \omega = 1$，所以微分方程为

$$x'' + x' - x + x^3 = F_0 \cos t. \tag{14}$$

作为练习，你可以验证两个稳定临界点是 $(-1, 0)$ 和 $(1, 0)$。我们要检验（可能是稳定周期性）响应 $x(t)$ 对周期为 $2\pi/\omega = 2\pi$ 的周期性外力的振幅 F_0 的依赖性。

图 6.5.13 ~ 图 6.5.16 显示了在外力振幅的值依次为 $F_0 = 0.60, 0.70, 0.75, 0.80$ 时所得的方程 (14) 的解。在每种情况下，根据初始条件 $x(0) = 1$ 和 $x'(0) = 0$，对方程进行数值求解，并将所得解在 $100 \leqslant t \leqslant 200$ 范围内绘制成图（以显示初始瞬态响应消失后所剩的稳定周期性响应）。每个图的图 a 部分显示了相平面轨线 $x = x(t)$ 和 $y = x'(t)$，图 b 部分显示了 tx 平面内的实际解曲线 $x = x(t)$。图 a 部分更生动地展示了解的定性特征，但图 b 部分需要确定解的周期和频率。

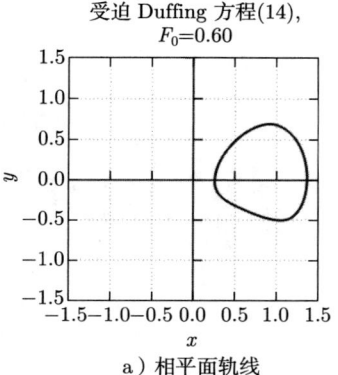
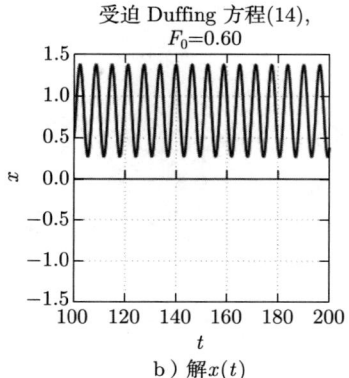

a）相平面轨线　　　　　　　b）解$x(t)$

图 6.5.13　当 $F_0 = 0.60$ 时周期为 2π 的响应

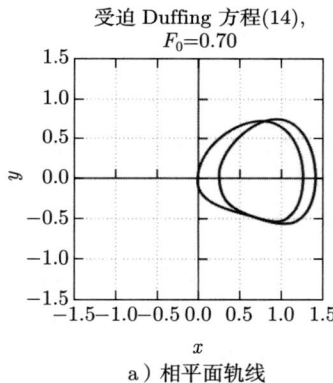
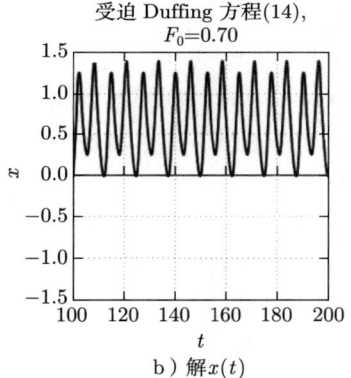

a）相平面轨线　　　　　　　b）解$x(t)$

图 6.5.14　当 $F_0 = 0.70$ 时周期为 4π 的响应

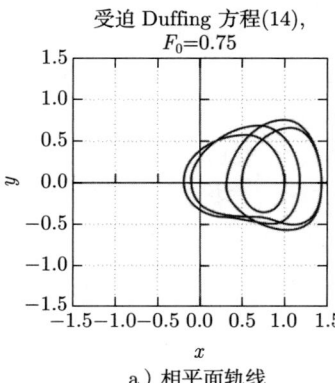
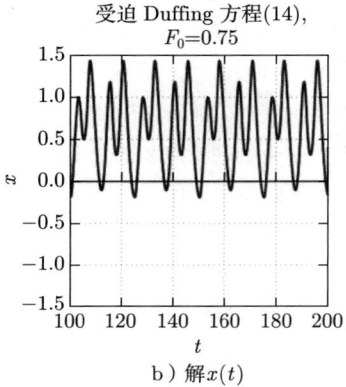

a）相平面轨线　　　　　　　b）解$x(t)$

图 6.5.15　当 $F_0 = 0.75$ 时周期为 8π 的响应

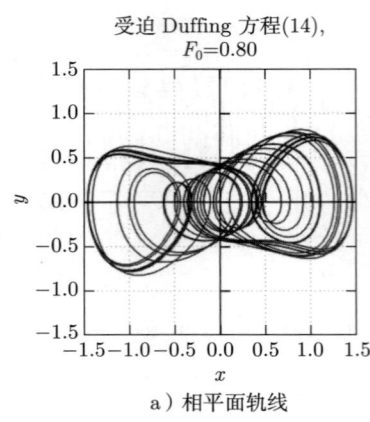 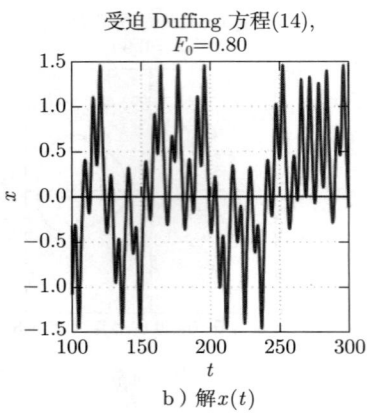

图 6.5.16 当 $F_0 = 0.80$ 时的混沌响应

图 6.5.13 显示了质量块绕右侧临界点的周期为 2π 的简单振动。在随后的系列图形中,我们看到随着外力的振幅从 $F_0 = 0.6$ 到 $F_0 = 0.8$ 的增大,会出现连续周期倍增现象,最后出现混沌。当一个适当的物理参数 [例如方程 (13) 中的 m, c, k, β, F_0 或 ω] 增大或减小时,这种趋向混沌的周期倍增现象是非线性机械系统行为的共同特征。在线性系统中不会出现这种现象。

项目 3:使用一个 ODE 绘图工具,看看你是否能重现图 6.5.13 ~ 图 6.5.16 。然后对方程 (14) 中的力常数研究参数范围 $1.00 \leqslant F_0 \leqslant 1.10$。当 $F_0 = 1.00$ 时,你应该看到一条周期为 6π 的相平面轨线,它包围了两个稳定临界点(以及一个不稳定临界点)。在大约 $F_0 = 1.07$ 时,出现周期倍增现象,在大约 $F_0 = 1.10$ 时,开始出现混沌。看看你是否能在 $F_0 = 1.07$ 和 $F_0 = 1.10$ 之间某处发现第二个周期倍增现象。最后生成相平面轨线以及你可以在其上测量周期的 tx 解曲线。

提醒:你不应该期望你自己的硬件和 ODE 软件能够复现图 6.5.16 中所示的 "混沌团" 的精确细节。为了解释其中的原因,我们将 $F_0 = 0.80$ 时的受迫 Duffing 方程 [方程 (14)] 视为一个输入—输出系统,即初始点 $(x(0), x'(0))$ 为输入,相应的解 $x(t)$ 为输出。这个输入—输出系统是混沌的,因为输入的微小变化可能导致输出的巨大变化。例如,图 6.5.17 中表格所示数据是用 MATLAB 精细数值求解器 **ode45** 生成的,其中设置了两个接近的初始点和两个不同的误差容限(ErrTol)。根据不同的误差容限,反复数值求解相同的初值问题,可以在一定程度上说明计算结果的可靠性;显著差异当然意味着缺乏可靠性。当初始条件为 $x(0) = 1$ 和 $x'(0) = 0$ 时,$x(100) \approx -1.1$ 和 $x(200) \approx -0.6$ 看起来似乎是合理的(尽管很难确定),但 $x(300)$ 的值仍然相当不确定。相比之下,当初始条件为 $x(0) = 1.000001$ 和 $x'(0) = 0$ 时,看起来似乎有 $x(200) \approx -0.3$。如果是这样,那么由初始条件的变化所引起的解表面上的显著变化,不会大于依靠机器运算的数值逼近过程中累计舍入误差所导致的解的变化。在这种情况下,任何数值计算的解在一长段时间之后都很可能明显偏离真实解。因此,我们不能对诸如图 6.5.16 中所示的数值生成的轨线中的精细结构过于确信。像这样的研究只能说明,初始条件为 $x(0) = 1$ 和 $x'(0) = 0$ 的实际长时间间隔解不是周期性的，而是以一种看似不可预测或混沌的方式来回"游荡"。因此，图 6.5.16 所示的解的定性特征可能接近于真实情况，而不一定能准确呈现出轨线的精确细节。受迫 Duffing 方程解的这种行为尚未被完全理解，仍然是当前研究的主题。在 Dan Schwalbe 和 Stan Wagon 所著的 *VisualDSolve*（1997）一书的第 15 章中可以找到有趣的解释和更多的参考文献。

t	$x(t)$ ErrTol=10^{-8}	$x(t)$ ErrTol=10^{-12}	$x(t)$ ErrTol=10^{-8}	$x(t)$ ErrTol=10^{-12}
0	1	1	1.000001	1.000001
100	−1.1125	−1.1125	−1.1125	−1.1125
200	−0.5823	−0.5828	−0.2925	−0.2816
300	−1.2850	−0.1357	−0.0723	−0.1633

图 6.5.17　MATLAB 试图近似受迫 Duffing 方程 $x'' + x' - x + x^3 = (0.80)\cos t$ 的解，其中 $0 \leqslant t \leqslant 300$，$x'(0) = 0$，且采用两个不同的 $x(0)$ 值和两个不同的误差容限（ErrTol 表示 ode45 中绝对误差容限和相对误差容限的值）

Lorenz 奇怪吸引子

将 $x_1 = x$ 和 $x_2 = x'$ 代入受迫 Duffing 方程 (13)，得到一个二维非线性一阶微分方程组，周期倍增现象是这类方程组的特征。但在更高维上，甚至会出现更奇特的现象，这些现象是目前正在进行的许多研究的主题。所有这些工作根本上都源于数学气象学家 E. N. Lorenz 对一个特殊三维非线性方程组的最初研究，他后来对这一探索做了如下描述。

20 世纪 50 年代中期，"数值天气预报"，即通过对可处理的大气方程的近似进行数值积分来预报，尽管这种方法当时产生的结果相当平庸，但是非常流行。一个较小但意志坚定的群体倾向于统计预测……我对此持怀疑态度，并决定通过将统计方法应用于一组由数值求解方程组所产生的人工数据来验证这个想法……第一个任务是找到一个合适的方程组来求解……这个方程组必须足够简单……并且通解必须是非周期性的，因为一旦检测到周期性，对周期序列的统计预测将是一件很容易的事情……（在与 Barry Saltzman 博士会谈的过程中）他向我展示了一些关于热对流的工作，其中他使用了一个由七个常微分方程构成的方程组。他的大多数解很快就出现了周期性行为，但有一个解没有稳定下来。此外，在这个解中，有四个变量似乎接近零。据推测，除去包含这四个变量的项后，控制其余三个变量的方程也将具有非周期解。回来后，我把这三个方程输入计算机，证实了 Saltzman 所指出的非周期性。[引自 E. Hairer、S. P. Norsett 和 G. Wanner 的 *Solving Ordinary Differential Equations I*（1987）一书。]

著名的 Lorenz 微分方程组为
$$\frac{\mathrm{d}x}{\mathrm{d}t} = -\sigma x + \sigma y,$$

$$\frac{\mathrm{d}y}{\mathrm{d}t} = \rho x - y - xz,$$
$$\frac{\mathrm{d}z}{\mathrm{d}t} = -\beta z + xy_\circ \tag{15}$$

图 6.5.18 显示了移动点 $P(x(t), y(t), z(t))$ 的轨线（通过数值积分得到），其空间坐标（作为时间 t 的函数）满足 Lorenz 微分方程组，其中参数值 $\beta = \frac{8}{3}$，$\sigma = 10$，$\rho = 28$。在点 $P(t)$ 沿着这个 Lorenz 轨线运动的过程中，它似乎在左侧随机循环数次，然后在右侧随机循环数次，然后在左侧随机循环数次，如此往复。当它来回游荡时，它通常会越来越接近一个被称为 Lorenz 奇怪吸引子的神秘集合（它似乎以某种方式"吸引"着移动的解点）。

考虑到 Lorenz 方程组的气象学起源，人们可能会联想到随机接续交替出现的雨天和晴天（尽管这并不是循环的真正含义）。

曲线起始点 $P(0)$ 的极小变化都可能彻底改变所产生的来回循环序列。难以察觉起始位置不同的两个点后来可能会在"Lorenz 蝴蝶"的不同"翅膀"上相距甚远。图中的蝴蝶形状让人想起近年来逐渐流行起来的所谓的"蝴蝶效应"：一只蝴蝶扇动翅膀，搅动一小股空气，从而引发一系列气象事件，最终在地球另一端的某个地方形成龙卷风。

为了标记移动点的来回进程，我们可以把它的轨线看作一串项链，上面放着珠子，以相等时间增量来标记其连续位置（所以点在珠子间距最大的地方移动最快）。珠子的颜色随着时间的推移和沿轨线的移动而不断变化。Lorenz 项链中珠子的这种颜色渐变在视觉上有效地显示了除了三个空间维度之外的第四个时间维度（参见图 6.5.18）。如果你的眼睛通过"跟随颜色的流动"沿着移动点的运动轨线移动，并随着珠子的间距调整其速度，那么整个图就会呈现出动态的一面，而不仅仅是静止图片的静态一面。

 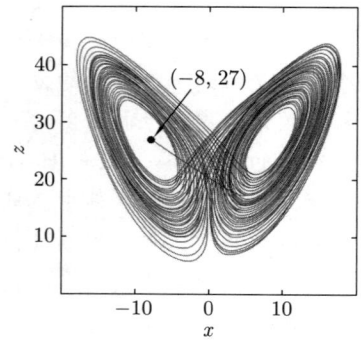

图 6.5.18 （见文前彩插）一串 Lorenz 项链

图 6.5.19 Lorenz 轨线在 xz 平面上的投影，其中初始点为 $(-8, 8, 27)$ 且 $0 \leqslant t \leqslant 60$

项目 4：有时，通过检查轨线在一个或多个坐标平面上的投影来阐明轨线的行为。首先使用 ODE 绘图工具生成如图 6.5.19 所示的 Lorenz 轨线在 xz 平面上的投影，其中使

用如式 (15) 后面所列的相同参数值。再绘制这同一个解在 xy 和 yz 平面上的投影。然后，用不同的参数值和初始条件进行实验。例如，当 $\rho = 70$（依然取 $\beta = \dfrac{8}{3}$，$\sigma = 10$）且初始值为 $x_0 = -4$ 和 $z_0 = 64$ 时，看看你能否得到一个周期解。为了得到一条几乎重复的轨线，你需要在 $0 \leqslant y_0 \leqslant 10$ 的范围内尝试取不同的 y_0 值，并查看如图 6.5.19 所示的在 xz 平面上的投影。

■ **项目 5**：另一个被广泛研究的非线性三维方程组是 Rössler 方程组

$$\begin{aligned}
\dfrac{\mathrm{d}x}{\mathrm{d}t} &= -y - z, \\
\dfrac{\mathrm{d}y}{\mathrm{d}t} &= x + \alpha y, \\
\dfrac{\mathrm{d}z}{\mathrm{d}t} &= \beta - \gamma z + xz。
\end{aligned} \qquad (16)$$

这个非线性方程组在历史上起源于对某类化学反应中的振动的研究。

图 6.5.20 显示了通过对参数值为 $\alpha = 0.398$，$\beta = 2$ 和 $\gamma = 4$ 的 Rössler 方程组进行数值积分所得的轨线空间图。当它逼近某种"混沌吸引子"，即看起来扭曲的 Rössler 带（有点像空间中的 Möbius 带）时，这条轨线一圈又一圈地旋转。研究随着参数 α 从 $\alpha = 0.3$ 开始增大到 $\alpha = 0.35$ 和 $\alpha = 0.375$ 时，Rössler 方程组出现的趋向混沌的周期倍增现象（在所有情况下取 $\beta = 2$ 和 $\gamma = 4$）。

图 6.5.21 显示了一条 Rössler 带，其中添加了彩色珠子，以表示一个解点沿轨线移动的进度。对这条"Rössler 项链"的检查可能表明，当移动点绕着带子一圈又一圈移动时，它以一种明显不可预测的方式穿过带子来回径向漂移。从附近初始位置出发的两个点可能会在某种程度上同步地绕着带子旋转，而以完全不同的方式进行径向移动，因此它们的轨线随着时间的推移而出现明显的偏差。

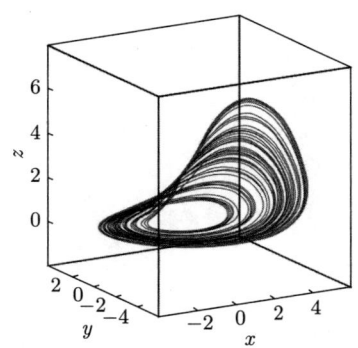

图 6.5.20 以一条轨线展示的 Rössler 带，其中 $x(0) = 2$，$y(0) = 0$，$z(0) = 3$ 且 $0 \leqslant t \leqslant 400$

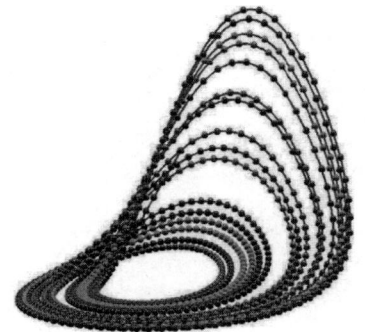

图 6.5.21 （见文前彩插）一条 Rössler 项链

总结

  本节我们只是对非线性方程组在当代应用中的重点思想做了一些尝试性介绍。要了解这些思想的完整表述，请参阅前面提到的 Hairer 等的著作的第 117~123 页中对 Lorenz 方程组的讨论。你将看到 Lorenz 轨线的某个方面，它是通过一幅看起来与图 6.5.8 所示的叉形图非常相似的图片直观描述的，你也会看到完全相同的 Feigenbaum 常数 4.6692…！

  关于对本章最后一节的历史背景的引人入胜的叙述，请参阅 James Gleick 的 *Chaos: Making a New Science*（1987）一书。关于对受迫 Duffing 方程、Lorenz 方程组和 Rössler 方程组的更详细讨论，请参阅 J. M. T. Thompson 和 H. B. Stewart 的 *Nonlinear Dynamics and Chaos*（1986）一书。

第 7 章 Laplace 变换法

7.1 Laplace 变换与逆变换

在第 3 章中，我们看到常系数线性微分方程有许多应用，并可以被系统地求解。然而，对于一些常见情况，本章的求解方法更可取。例如，分别与质量块–弹簧–阻尼器系统和串联 RLC 电路对应的微分方程为

$$mx'' + cx' + kx = F(t) \quad \text{和} \quad LI'' + RI' + \frac{1}{C}I = E'(t)。$$

实际上，受迫项 $F(t)$ 或 $E'(t)$ 不连续的情况经常发生，例如，当提供给电路的电压被周期性地断开和接通时。在这种情况下，使用第 3 章的方法可能会难以处理，Laplace 变换法则更方便。

我们可以把微分算子 D 看作一个变换，当它作用于函数 $f(t)$ 时，可以得到新的函数 $D\{f(t)\} = f'(t)$。Laplace 变换 $\mathscr{L}$ 涉及积分运算，能够得到关于新自变量 s 的新函数 $\mathscr{L}\{f(t)\} = F(s)$。图 7.1.1 用图解法表示了这种情况。在本节学习如何计算函数 $f(t)$ 的 Laplace 变换 $F(s)$ 之后，我们将在 7.2 节看到 Laplace 变换其实是将关于未知函数 $f(t)$ 的微分方程转化为关于 $F(s)$ 的代数方程。因为代数方程通常比微分方程更易求解，所以这是一种简化求解 $f(t)$ 问题的方法。

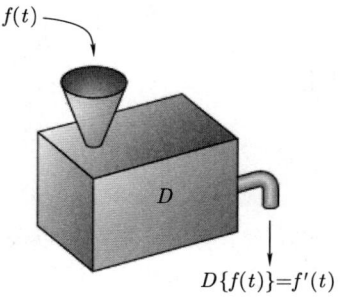

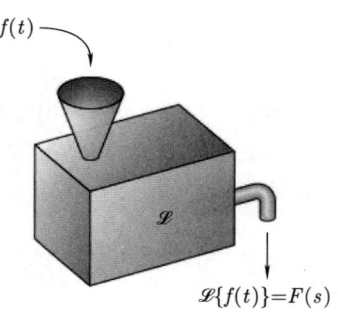

图 7.1.1 函数变换：$\mathscr{L}$ 与 D 的类比

定义 Laplace 变换

给定一个对所有 $t \geqslant 0$ 定义的函数 $f(t)$，f 的 Laplace 变换是函数 F，对广义积分收敛的所有 s 值，其定义如下：

$$F(s) = \mathscr{L}\{f(t)\} = \int_0^\infty \mathrm{e}^{-st} f(t) \mathrm{d}t。 \tag{1}$$

回顾一下，无穷区间上的**广义积分**被定义为有界区间上的积分的极限，即

$$\int_a^\infty g(t)\mathrm{d}t = \lim_{b\to\infty}\int_a^b g(t)\mathrm{d}t \text{。} \tag{2}$$

如果式 (2) 中的极限存在，那么我们就称广义积分**收敛**；否则称其**发散**或不存在。注意式 (1) 中的广义积分的被积函数除了包含积分变量 t 外，还包含参数 s。因此，当式 (1) 中的积分收敛时，它不仅收敛于一个数，而且收敛于一个关于 s 的函数 F。如下面的例题所示，$\mathscr{L}\{f(t)\}$ 的定义中的广义积分对某些 s 值收敛而对另一些 s 值发散是典型现象。

例题 1 若 $t \geqslant 0$ 时 $f(t) \equiv 1$，则根据式 (1) 中 Laplace 变换的定义，可得

$$\mathscr{L}\{1\} = \int_0^\infty \mathrm{e}^{-st}\mathrm{d}t = \left[-\frac{1}{s}\mathrm{e}^{-st}\right]_0^\infty = \lim_{b\to\infty}\left[-\frac{1}{s}\mathrm{e}^{-bs} + \frac{1}{s}\right],$$

因此

$$\mathscr{L}\{1\} = \frac{1}{s} \qquad \text{对于 } s > 0 \text{。} \tag{3}$$

正如式 (3) 所示，在问题以及例题中指定 Laplace 变换的定义域都是很好的做法。此外，在这个计算中，我们使用了常见的缩写

$$[g(t)]_a^\infty = \lim_{b\to\infty}[g(t)]_a^b \text{。} \tag{4}$$

备注：我们在例题 1 中计算出的极限，在 $s < 0$ 时不存在，因为此时当 $b \to +\infty$ 时，$(1/s)\mathrm{e}^{-bs}$ 会变得无界。因此 $\mathscr{L}\{1\}$ 仅对 $s > 0$ 有定义。这是典型的 Laplace 变换；对于某个数 a，变换的定义域通常是 $s > a$ 的形式。

例题 2 若 $t \geqslant 0$ 时 $f(t) = \mathrm{e}^{at}$，则我们得到

$$\mathscr{L}\{\mathrm{e}^{at}\} = \int_0^\infty \mathrm{e}^{-st}\mathrm{e}^{at}\mathrm{d}t = \int_0^\infty \mathrm{e}^{-(s-a)t}\mathrm{d}t = \left[-\frac{\mathrm{e}^{-(s-a)t}}{s-a}\right]_{t=0}^\infty \text{。}$$

若 $s - a > 0$，则当 $t \to +\infty$ 时，$\mathrm{e}^{-(s-a)t} \to 0$，由此可得

$$\mathscr{L}\{\mathrm{e}^{at}\} = \frac{1}{s-a} \qquad \text{对于 } s > a \text{。} \tag{5}$$

注意由广义积分给出 $\mathscr{L}\{\mathrm{e}^{at}\}$ 在 $s \leqslant a$ 时发散。同时值得注意的是，若 a 是复数，式 (5) 也成立。因为，若 $a = \alpha + \mathrm{i}\beta$，只要 $s > \alpha = \mathrm{Re}[a]$，则当 $t \to +\infty$ 时，有

$$\mathrm{e}^{-(s-a)t} = \mathrm{e}^{\mathrm{i}\beta t}\mathrm{e}^{-(s-\alpha)t} \to 0,$$

其中用到 $\mathrm{e}^{\mathrm{i}\beta t} = \cos\beta t + \mathrm{i}\sin\beta t$。

幂函数的 Laplace 变换 $\mathscr{L}\{t^a\}$ 用**伽马函数** $\Gamma(x)$ 表示最方便，伽马函数在 $x > 0$ 时由

如下公式定义：
$$\Gamma(x) = \int_0^\infty e^{-t} t^{x-1} dt。 \tag{6}$$

关于 $\Gamma(x)$ 的基本讨论，请参阅 8.5 节关于伽马函数的小节，在那里将证明
$$\Gamma(1) = 1, \tag{7}$$

且当 $x > 0$ 时
$$\Gamma(x+1) = x\Gamma(x)。 \tag{8}$$

那么由此可知，若 n 为正整数，则
$$\begin{aligned}\Gamma(n+1) &= n\Gamma(n) \\ &= n \cdot (n-1)\Gamma(n-1) \\ &= n \cdot (n-1) \cdot (n-2)\Gamma(n-2) \\ &\vdots \\ &= n(n-1)(n-2)\cdots 2 \cdot \Gamma(2) \\ &= n(n-1)(n-2)\cdots 2 \cdot 1 \cdot \Gamma(1);\end{aligned}$$

所以，若 n 为正整数，则有
$$\Gamma(n+1) = n!。 \tag{9}$$

因此，函数 $\Gamma(x+1)$ 对于所有 $x > -1$ 都是有定义且连续的，这与 $x = n$（一个正整数）的阶乘函数一致。

例题 3　假设 $f(t) = t^a$，其中 a 是实数且 $a > -1$。则有
$$\mathscr{L}\{t^a\} = \int_0^\infty e^{-st} t^a dt。$$

若我们在上述积分中做替换 $u = st$，$t = u/s$ 以及 $dt = du/s$，那么对于所有 $s > 0$（所以 $u = st > 0$），可得
$$\mathscr{L}\{t^a\} = \frac{1}{s^{a+1}} \int_0^\infty e^{-u} u^a du = \frac{\Gamma(a+1)}{s^{a+1}}。 \tag{10}$$

因为当 n 是非负整数时，$\Gamma(n+1) = n!$，所以我们得到
$$\mathscr{L}\{t^n\} = \frac{n!}{s^{n+1}} \quad 对于 \ s > 0。 \tag{11}$$

例如，
$$\mathscr{L}\{t\} = \frac{1}{s^2}, \quad \mathscr{L}\{t^2\} = \frac{2}{s^3} \quad 和 \quad \mathscr{L}\{t^3\} = \frac{6}{s^4}。$$

正如习题 1 和习题 2 所示，这些公式可以直接从定义中推导出来，而无须使用伽马函数。

变换的线性性质

我们没有必要更深入了解直接从定义出发的 Laplace 变换的计算。一旦我们知道了几个函数的 Laplace 变换，我们就可以把它们组合起来得到其他函数的变换。其原因是 Laplace 变换是一种线性运算。

定理 1　Laplace 变换的线性性质

如果 a 和 b 是常数，那么对于使函数 f 和 g 的 Laplace 变换同时存在的所有 s，则有

$$\mathscr{L}\{af(t)+bg(t)\}=a\mathscr{L}\{f(t)\}+b\mathscr{L}\{g(t)\}。 \tag{12}$$

定理 1 的证明可以直接从取极限运算和积分运算的线性性质得出：

$$\begin{aligned}\mathscr{L}\{af(t)+bg(t)\} &= \int_0^\infty e^{-st}[af(t)+bg(t)]dt \\ &= \lim_{c\to\infty}\int_0^c e^{-st}[af(t)+bg(t)]dt \\ &= a\left(\lim_{c\to\infty}\int_0^c e^{-st}f(t)dt\right)+b\left(\lim_{c\to\infty}\int_0^c e^{-st}g(t)dt\right) \\ &= a\mathscr{L}\{f(t)\}+b\mathscr{L}\{g(t)\}。\end{aligned}$$

例题 4　$\mathscr{L}\{t^{n/2}\}$ 的计算是基于伽马函数的已知的特殊值

$$\Gamma\left(\frac{1}{2}\right)=\sqrt{\pi}。 \tag{13}$$

例如，由此推导出

$$\Gamma\left(\frac{5}{2}\right)=\frac{3}{2}\Gamma\left(\frac{3}{2}\right)=\frac{3}{2}\cdot\frac{1}{2}\Gamma\left(\frac{1}{2}\right)=\frac{3}{4}\sqrt{\pi},$$

其中利用了式 (9) 中的公式 $\Gamma(x+1)=x\Gamma(x)$，首先取 $x=\dfrac{3}{2}$，然后取 $x=\dfrac{1}{2}$。那么由式 (10)～ 式 (12)，可得

$$\mathscr{L}\{3t^2+4t^{3/2}\}=3\cdot\frac{2!}{s^3}+\frac{4\Gamma\left(\dfrac{5}{2}\right)}{s^{5/2}}=\frac{6}{s^3}+3\sqrt{\frac{\pi}{s^5}}。$$

例题 5 回顾公式 $\cosh kt = (e^{kt} + e^{-kt})/2$。若 $k > 0$，则由定理 1 与例题 2 可得

$$\mathscr{L}\{\cosh kt\} = \frac{1}{2}\mathscr{L}\{e^{kt}\} + \frac{1}{2}\mathscr{L}\{e^{-kt}\} = \frac{1}{2}\left(\frac{1}{s-k} + \frac{1}{s+k}\right);$$

即

$$\mathscr{L}\{\cosh kt\} = \frac{s}{s^2 - k^2}, \qquad \text{对于 } s > k > 0 。 \tag{14}$$

同理,

$$\mathscr{L}\{\sinh kt\} = \frac{k}{s^2 - k^2}, \qquad \text{对于 } s > k > 0 。 \tag{15}$$

因为 $\cos kt = (e^{ikt} + e^{-ikt})/2$，所以由式 (5)（其中 $a = ik$）可得

$$\mathscr{L}\{\cos kt\} = \frac{1}{2}\left(\frac{1}{s-ik} + \frac{1}{s+ik}\right) = \frac{1}{2} \cdot \frac{2s}{s^2 - (ik)^2},$$

因此

$$\mathscr{L}\{\cos kt\} = \frac{s}{s^2 + k^2}, \qquad \text{对于 } s > 0 。 \tag{16}$$

（定义域由 $s > \text{Re}[ik] = 0$ 得到。）同理可得

$$\mathscr{L}\{\sin kt\} = \frac{k}{s^2 + k^2}, \qquad \text{对于 } s > 0 。 ^{\ominus} \tag{17}$$

例题 6 应用线性性质、式 (16) 以及熟悉的三角恒等式，我们得到

$$\begin{aligned}\mathscr{L}\{3e^{2t} + 2\sin^2 3t\} &= \mathscr{L}\{3e^{2t} + 1 - \cos 6t\} \\ &= \frac{3}{s-2} + \frac{1}{s} - \frac{s}{s^2 + 36} \\ &= \frac{3s^3 + 144s - 72}{s(s-2)(s^2 + 36)} \qquad \text{对于 } s > 0 。\end{aligned}$$

逆变换

根据本节后面的定理 3，对所有 $t \geqslant 0$ 都连续的两个不同函数不可能具有相同的 Laplace 变换。因此，如果 $F(s)$ 是某个连续函数 $f(t)$ 的变换，那么 $f(t)$ 是唯一确定的。这一观察结果使我们能够做出如下定义：如果 $F(s) = \mathscr{L}\{f(t)\}$，那么我们称 $f(t)$ 为 $F(s)$ 的 **Laplace 逆变换**，并记作

$$f(t) = \mathscr{L}^{-1}\{F(s)\}。 \tag{18}$$

$\ominus$ 利用 Laplace 变换的定义来求 $\mathscr{L}\{\cos kt\}$ 和 $\mathscr{L}\{\sin kt\}$ 会困难得多。

例题 7 利用在例题 2、例题 3 和例题 5 中推导出的 Laplace 变换，我们可以得到

$$\mathscr{L}^{-1}\left\{\frac{1}{s^3}\right\} = \frac{1}{2}t^2, \quad \mathscr{L}^{-1}\left\{\frac{1}{s+2}\right\} = e^{-2t}, \quad \mathscr{L}^{-1}\left\{\frac{2}{s^2+9}\right\} = \frac{2}{3}\sin 3t,$$

以此类推。 ■

标记法：函数及其变换。 在本章中，我们用小写字母表示 t 的函数。函数的变换则总是用相同字母的大写形式表示。因此 $F(s)$ 是 $f(t)$ 的 Laplace 变换，而 $x(t)$ 是 $X(s)$ 的 Laplace 逆变换。

Laplace 变换表[⊖]的作用类似于积分表的作用。图 7.1.2 中的表格列出了本节推导出的变换；利用 Laplace 变换的各种一般性质（我们将在后续各节中进行讨论），可以从这几个变换中推导出许多其他变换。

$f(t)$	$F(s)$	
1	$\dfrac{1}{s}$	$(s>0)$
t	$\dfrac{1}{s^2}$	$(s>0)$
$t^n\,(n\geqslant 0)$	$\dfrac{n!}{s^{n+1}}$	$(s>0)$
$t^a\,(a>-1)$	$\dfrac{\Gamma(a+1)}{s^{a+1}}$	$(s>0)$
e^{at}	$\dfrac{1}{s-a}$	$(s>a)$
$\cos kt$	$\dfrac{s}{s^2+k^2}$	$(s>0)$
$\sin kt$	$\dfrac{k}{s^2+k^2}$	$(s>0)$
$\cosh kt$	$\dfrac{s}{s^2-k^2}$	$(s>|k|)$
$\sinh kt$	$\dfrac{k}{s^2-k^2}$	$(s>|k|)$
$u(t-a)$	$\dfrac{e^{-as}}{s}$	$(s>0)$

图 7.1.2 Laplace 变换简表

分段连续函数

正如我们在本节开始时所述，我们需要能够处理某些类型的不连续函数。我们称函数 $f(t)$ 在有界区间 $a\leqslant t\leqslant b$ 上**分段连续**，若 $[a,b]$ 能够以如下方式细分为有限多个相邻子区间：

1. 使 f 在每个子区间内部连续；

2. 当 t 从每个子区间的内部趋近其每个端点时，$f(t)$ 存在有限极限。

若 f 在 $[0,+\infty)$ 的每个有界子区间上都是分段连续的，则我们称 f 对于 $t\geqslant 0$ 是分段连续的。因此，一个分段连续函数只有简单间断点（如果有的话），并且仅在孤立点处间断。如图 7.1.3 所示，在这些点处，函数值会经历有限跃变。$f(t)$ **在点 c 处的跃变**被定义为 $f(c+)-f(c-)$，其中

$$f(c+) = \lim_{\epsilon\to 0^+} f(c+\epsilon), \quad f(c-) = \lim_{\epsilon\to 0^+} f(c-\epsilon).$$

也许最简单的分段连续（但不连续）函数是**单位阶跃函数**，其图形如图 7.1.4 所示。其定义如下：

$$u(t) = \begin{cases} 0, & t<0, \\ 1, & t\geqslant 0. \end{cases} \tag{19}$$

因为 $t\geqslant 0$ 时 $u(t)=1$，又因为 Laplace 变换只涉及 $t\geqslant 0$ 时的函数值，所以我们立即得到

$$\mathscr{L}\{u(t)\} = \frac{1}{s} \quad (s>0). \tag{20}$$

⊖ "Laplace 变换表" 见 "前言" 脚注中的二维码或封底二维码。——编辑注

单位阶跃函数 $u_a(t) = u(t-a)$ 的图形如图 7.1.5 所示。其跃变发生在 $t = a$ 处而非 $t = 0$ 处；相当于，

$$u_a(t) = u(t-a) = \begin{cases} 0, & t < a, \\ 1, & t \geqslant a。 \end{cases} \tag{21}$$

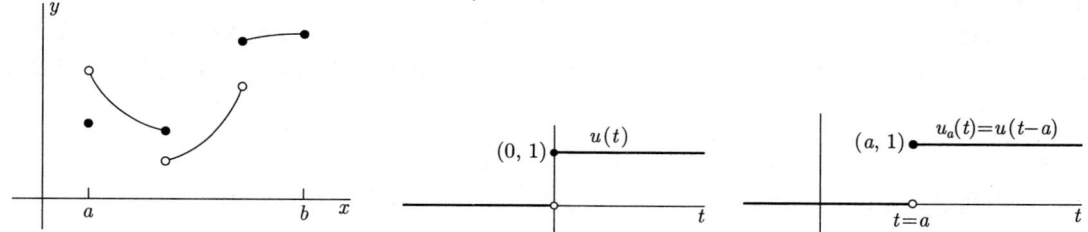

图 7.1.3 分段连续函数的图形，实心圆点表示间断点处的函数值

图 7.1.4 单位阶跃函数的图形

图 7.1.5 单位阶跃函数 $u_a(t)$ 在 $t = a$ 处有一个跃变

例题 8 若 $a > 0$，求 $\mathscr{L}\{u_a(t)\}$。

解答：我们从 Laplace 变换的定义出发，可得

$$\mathscr{L}\{u_a(t)\} = \int_0^\infty e^{-st} u_a(t) dt = \int_a^\infty e^{-st} dt = \lim_{b \to \infty} \left[-\frac{e^{-st}}{s} \right]_{t=a}^b,$$

因此，

$$\mathscr{L}\{u_a(t)\} = \frac{e^{-as}}{s} \quad (s > 0, \ a > 0)。 \tag{22}$$

变换的一般性质

由微积分知识可知，若 g 在有界区间 $[a, b]$ 上分段连续，则如下积分存在

$$\int_a^b g(t) dt。$$

因此，如果 f 在 $t \geqslant 0$ 时是分段连续的，那么对于所有 $b < +\infty$，下列积分存在

$$\int_0^b e^{-st} f(t) dt。$$

但为了使当 $b \to +\infty$ 时，上述积分的极限 $F(s)$ 存在，我们需要一些条件来限制 $f(t)$ 在 $t \to +\infty$ 时的增长率。若存在非负常数 M，c 和 T，使得

$$|f(t)| \leqslant M e^{ct} \quad \text{对于 } t \geqslant T, \tag{23}$$

则称函数 f 在 $t \to +\infty$ 时是**指数级的**。因此，一个函数是指数级的，只要（当 $t \to +\infty$ 时）其增长速度并不比某个具有线性指数的指数函数的常数倍快。M，c 和 T 的特定值并不那么重要。重要的是存在某些这样的值，使得条件式 (23) 满足。

条件式 (23) 仅仅说明 $f(t)/\mathrm{e}^{ct}$ 位于 $-M$ 和 M 之间，因此当 t 足够大时，其值有界。特别地，若 $f(t)$ 本身有界，则上述表述亦成立（其中 $c=0$）。因此每个有界函数，比如 $\cos kt$ 或 $\sin kt$，都是指数级的。

如果 $p(t)$ 是一个多项式，那么当 $t\to +\infty$ 时，$p(t)\mathrm{e}^{-t}\to 0$ 的事实意味着，（对于足够大的 T）式 (23) 成立，其中 $M=c=1$。因此，每个多项式函数都是指数级的。

作为连续从而在每个（有限）区间上有界但却不是指数级的初等函数的例子，考虑函数 $f(t)=\mathrm{e}^{t^2}=\exp(t^2)$。无论 c 取何值，因为当 $t\to +\infty$ 时，$t^2-ct\to +\infty$，所以我们看到

$$\lim_{t\to\infty}\frac{f(t)}{\mathrm{e}^{ct}}=\lim_{t\to\infty}\frac{\mathrm{e}^{t^2}}{\mathrm{e}^{ct}}=\lim_{t\to\infty}\mathrm{e}^{t^2-ct}=+\infty。$$

因此，条件式 (23) 对任意（有限）值 M 都不成立，所以我们推断出函数 $f(t)=\mathrm{e}^{t^2}$ 不是指数级的。

同理，因为当 $t\to +\infty$ 时，$\mathrm{e}^{-st}\mathrm{e}^{t^2}\to +\infty$，所以我们看到定义 $\mathscr{L}\{\mathrm{e}^{t^2}\}$ 的广义积分 $\int_0^\infty \mathrm{e}^{-st}\mathrm{e}^{t^2}\mathrm{d}t$（对任意 s）不存在，从而函数 e^{t^2} 没有 Laplace 变换。下面的定理保证了指数级的分段函数确实有 Laplace 变换。

> **定理 2　Laplace 变换的存在性**
>
> 如果函数 f 在 $t\geqslant 0$ 时是分段连续的，且当 $t\to +\infty$ 时为指数级的，那么其 Laplace 变换 $F(s)=\mathscr{L}\{f(t)\}$ 存在。更确切地说，若 f 分段连续且满足条件式 (23)，则对所有 $s>c$，$F(s)$ 存在。

证明：首先注意，在式 (23) 中我们可以取 $T=0$。根据分段连续性，$|f(t)|$ 在 $[0,T]$ 上有界。如有必要，增大式 (23) 中的 M，从而我们可以假设当 $0\leqslant t\leqslant T$ 时，$|f(t)|\leqslant M$。因为当 $t\geqslant 0$ 时，$\mathrm{e}^{ct}\geqslant 1$，所以对于所有 $t\geqslant 0$，有 $|f(t)|\leqslant M\mathrm{e}^{ct}$。

根据关于广义积分收敛性的一般性定理，即绝对收敛意味着收敛的事实，我们足以证明积分

$$\int_0^\infty \left|\mathrm{e}^{-st}f(t)\right|\mathrm{d}t$$

在 $s>c$ 时存在。为了证明这一点，相应地只要证明，当 $b\to +\infty$ 时，积分

$$\int_0^b \left|\mathrm{e}^{-st}f(t)\right|\mathrm{d}t$$

的值保持有界即可。但对于所有 $t\geqslant 0$，$|f(t)|\leqslant M\mathrm{e}^{ct}$ 的事实表明，当 $s>c$ 时，

$$\int_0^b \left|\mathrm{e}^{-st}f(t)\right|\mathrm{d}t \leqslant \int_0^b \left|\mathrm{e}^{-st}M\mathrm{e}^{ct}\right|\mathrm{d}t = M\int_0^b \mathrm{e}^{-(s-c)t}\mathrm{d}t$$

$$\leqslant M\int_0^\infty \mathrm{e}^{-(s-c)t}\mathrm{d}t = \frac{M}{s-c}。$$

这就证明了定理 2。

此外，我们已经证明，当 $s > c$ 时，

$$|F(s)| \leqslant \int_0^\infty \left|\mathrm{e}^{-st}f(t)\right|\mathrm{d}t \leqslant \frac{M}{s-c}。 \tag{24}$$

当在 $s \to +\infty$ 时取极限，我们得到如下结果。

> **推论 当 s 很大时的 $F(s)$**
> 若 $f(t)$ 满足定理 2 的假设，则
> $$\lim_{s \to \infty} F(s) = 0。 \tag{25}$$

条件式 (25) 严格限制了可以是 Laplace 变换的函数。例如，函数 $G(s) = s/(s+1)$ 不可能是任何"合理"函数的 Laplace 变换，因为当 $s \to +\infty$ 时，其极限是 1，不是 0。更一般地，一个有理函数，即两个多项式的商，只有当其分子的次数小于分母的次数时，（正如我们将看到的那样）才能是一个 Laplace 变换。

另一方面，定理 2 的假设是 $f(t)$ 的 Laplace 变换存在的充分条件，但不是必要条件。例如，函数 $f(t) = 1/\sqrt{t}$ 未能满足分段连续的要求（在 $t = 0$ 处），然而（参见例题 3，其中 $a = -\frac{1}{2} > -1$）其 Laplace 变换

$$\mathscr{L}\{t^{-1/2}\} = \frac{\Gamma\left(\frac{1}{2}\right)}{s^{1/2}} = \sqrt{\frac{\pi}{s}}$$

存在且违反了条件式 (24)，式 (24) 意味着当 $s \to +\infty$ 时，$sF(s)$ 保持有界。

本章其余部分主要讨论，通过先求出微分方程解的 Laplace 变换来求解这个微分方程的技术。那么这里的关键是，我们要知道这唯一地决定了微分方程的解；也就是说，我们所得的 s 的函数只有一个 Laplace 逆变换并且是所期望的解。在 Churchill 的 *Operational Mathematics*（第 3 版 1972）第 6 章中给出了下面定理的证明。

> **定理 3 Laplace 逆变换的唯一性**
> 假设函数 $f(t)$ 和 $g(t)$ 满足定理 2 的假设，因此它们的 Laplace 变换 $F(s)$ 和 $G(s)$ 都存在。如果对所有 $s > c$（对于某个 c），$F(s) = G(s)$，那么在 $[0, +\infty)$ 上，在 f 和 g 都连续的任意位置，都有 $f(t) = g(t)$。

因此，具有相同 Laplace 变换的两个指数级分段连续函数，只能在其不连续孤立点处有所不同。这在大多数实际应用中并不重要，所以我们可以认为 Laplace 逆变换本质上是唯一的。特别地，一个微分方程的两个解必定都连续，因此若它们具有相同的 Laplace 变换，则必定是同一个解。

历史备注：Laplace 变换有一段有趣的历史。Laplace 变换定义中的积分可能最早出现在 Leonhard Euler（1707—1783）的著作中。在数学中，习惯上以继 Euler 之后第二个发现它的人的名字命名一项技术或一个定理（否则就会有几百个不同的"Euler 定理"的例子）。在这种情况下，这第二个人是法国数学家 Pierre Simon de Laplace（1749—1827），他在概率论的研究工作中使用了这种积分。这种所谓求解微分方程的运算方法，都是基于 Laplace 变换，但没有被 Laplace 运用。事实上，它们是由实践工程师发现并普及的，尤其是英国电气工程师 Oliver Heaviside（1850—1925）。这些技术在被严格证明之前就得到了成功且广泛的应用，大约在 20 世纪初，它们的有效性曾受到相当大的争议。原因之一是 Heaviside 轻率地假定存在一些函数，其 Laplace 变换违背了 $s \to 0$ 时 $F(s) \to 0$ 的条件，从而提出了关于数学中函数的意义和本质的问题。（这让人想起两个世纪前 Leibniz 利用"无穷小"实数在微积分中获得正确结果的方式，从而提出了关于数学中数的本质与作用的问题。）

习题

应用式 (1) 中的定义，直接求出习题 1~10 中（由公式或图形）所描述的函数的 Laplace 变换。

1. $f(t) = t$
2. $f(t) = t^2$
3. $f(t) = e^{3t+1}$
4. $f(t) = \cos t$
5. $f(t) = \sinh t$
6. $f(t) = \sin^2 t$

7.

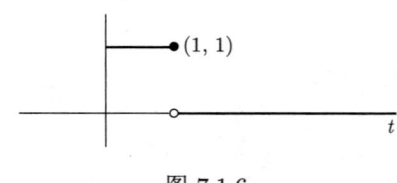

图 7.1.6

8.

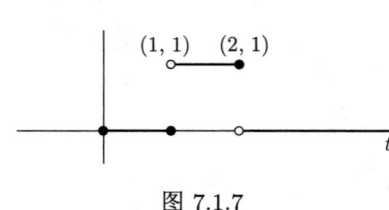

图 7.1.7

9.

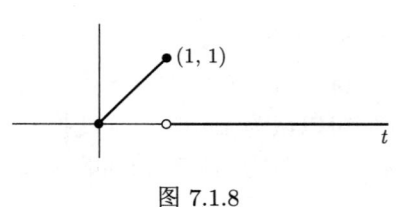

图 7.1.8

10.

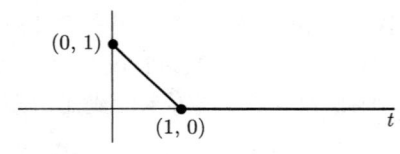

图 7.1.9

利用图 7.1.2 中的变换，求出习题 11~22 中函数的 Laplace 变换。这里可能需要进行初步分部积分。

11. $f(t) = \sqrt{t} + 3t$
12. $f(t) = 3t^{5/2} - 4t^3$
13. $f(t) = t - 2e^{3t}$
14. $f(t) = t^{3/2} - e^{-10t}$
15. $f(t) = 1 + \cosh 5t$
16. $f(t) = \sin 2t + \cos 2t$
17. $f(t) = \cos^2 2t$
18. $f(t) = \sin 3t \cos 3t$
19. $f(t) = (1+t)^3$
20. $f(t) = te^t$
21. $f(t) = t \cos 2t$
22. $f(t) = \sinh^2 3t$

利用图 7.1.2 中的变换，求出习题 23~32 中函数的 Laplace 逆变换。

23. $F(s) = \dfrac{3}{s^4}$
24. $F(s) = s^{-3/2}$
25. $F(s) = \dfrac{1}{s} - \dfrac{2}{s^{5/2}}$
26. $F(s) = \dfrac{1}{s+5}$
27. $F(s) = \dfrac{3}{s-4}$
28. $F(s) = \dfrac{3s+1}{s^2+4}$
29. $F(s) = \dfrac{5-3s}{s^2+9}$
30. $F(s) = \dfrac{9+s}{4-s^2}$
31. $F(s) = \dfrac{10s-3}{25-s^2}$
32. $F(s) = 2s^{-1}e^{-3s}$

33. 利用文中推导式 (16) 所用的方法推导 $f(t) = \sin kt$ 的变换。
34. 利用文中推导式 (14) 所用的方法推导 $f(t) = \sinh kt$ 的变换。
35. 利用表格式积分
$$\int e^{ax}\cos bx\,dx = \frac{e^{ax}}{a^2+b^2}(a\cos bx + b\sin bx)+C,$$
直接从 Laplace 变换的定义得到 $\mathscr{L}\{\cos kt\}$。
36. 证明当 $t \to +\infty$ 时，函数 $f(t) = \sin(e^{t^2})$ 是指数级的，但其导数不是。
37. 给定 $a > 0$，设若 $0 \leqslant t < a$，则 $f(t) = 1$，若 $t \geqslant a$，则 $f(t) = 0$。首先，绘制函数 f 的图形，明确它在 $t = a$ 处的值。然后用单位阶跃函数来表示 f，以证明 $\mathscr{L}\{f(t)\} = s^{-1}(1 - e^{-as})$。
38. 给定 $0 < a < b$，设若 $a \leqslant t < b$，则 $f(t) = 1$，若 $t < a$ 或 $t \geqslant b$，则 $f(t) = 0$。首先，绘制函数 f 的图形，明确它在 $t = a$ 和 $t = b$ 处的值。然后用单位阶跃函数来表示 f，以证明 $\mathscr{L}\{f(t)\} = s^{-1}(e^{-as} - e^{-bs})$。

习题 39~42 定义了单位阶梯函数并阐明了它的性质。

39. 单位阶梯函数定义如下：
$$f(t) = n \quad \text{若 } n-1 \leqslant t < n, \; n = 1, 2, 3, \cdots$$
(a) 绘制 f 的图形，看看为什么这个名字很适合。
(b) 证明对所有 $t \geqslant 0$，下式成立：
$$f(t) = \sum_{n=0}^{\infty} u(t-n)。$$
(c) 假设对于 (b) 部分中的无穷级数，可以逐项取 Laplace 变换（这是可以的）。应用等比级数得到下列结果
$$\mathscr{L}\{f(t)\} = \frac{1}{s(1-e^{-s})}。$$
40. (a) 函数 f 的图形如图 7.1.10 所示。证明 f 可以被写成如下形式：
$$f(t) = \sum_{n=0}^{\infty}(-1)^n u(t-n)。$$
(b) 利用习题 39 的方法证明
$$\mathscr{L}\{f(t)\} = \frac{1}{s(1+e^{-s})}。$$

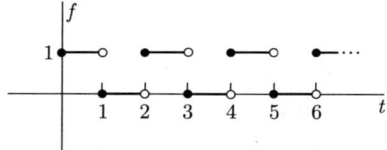

图 7.1.10　习题 40 中函数的图形

41. **方波函数**　方波函数 $g(t)$ 的图形如图 7.1.11 所示。用习题 40 的函数 f 表示 g，并由此推导出
$$\mathscr{L}\{g(t)\} = \frac{1-e^{-s}}{s(1+e^{-s})} = \frac{1}{s}\tanh\frac{s}{2}。$$
42. 给定常数 a 和 b，当 $t \geqslant 0$ 时，定义 $h(t)$ 为
$$h(t) = \begin{cases} a, & n-1 \leqslant t < n \text{ 且 } n \text{ 为奇数}; \\ b, & n-1 \leqslant t < n \text{ 且 } n \text{ 为偶数}。 \end{cases}$$
绘制 h 的图形，并应用前面的一道题，证明
$$\mathscr{L}\{h(t)\} = \frac{a+be^{-s}}{s(1+e^{-s})}。$$

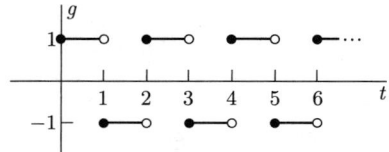

图 7.1.11　习题 41 中函数的图形

应用　计算机代数变换与逆变换

请访问 bit.ly/3bkLUo5，利用 Maple、Mathematica 和 MATLAB 等计算资源对

此主题进行更多讨论和探索。

若 $f(t) = t\cos 3t$，则由 Laplace 变换的定义得到广义积分

$$F(s) = \mathscr{L}\{f(t)\} = \int_0^\infty te^{-st}\cos 3t\,dt,$$

它的计算似乎需要进行烦琐的分部积分。因此，一个计算机代数 Laplace 变换包对于快速计算变换大有用处。Maple 包含积分变换包 **inttrans**，命令为

```
with(inttrans):
f := t*cos(3*t):
F := laplace(f, t, s);
```

可以立即得到 Laplace 变换 $F(s) = (s^2 - 9)/(s^2 + 9)^2$，类似的有 Mathematica 命令

```
f = t*Cos[3*t];
F = LaplaceTransform[f, t, s]
```

以及 Wolfram|Alpha 查询

```
laplace transform t*cos(3t)
```

我们可以使用 Maple 命令

```
invlaplace(F, s, t);
```

或 Mathematica 命令

```
InverseLaplaceTransform[F, s, t]
```

或 Wolfram|Alpha 查询

```
inverse laplace transform (s^2 − 9)/(s^2 + 9)^2
```

恢复出原函数 $f(t) = t\cos 3t$。

备注：仔细注意前面的 Maple 和 Mathematica 命令中 s 和 t 的顺序，变换时先 t 后 s；逆变换时先 s 后 t。 ∎

练习

你可以使用这些计算机代数命令检查本节习题 11~32 的答案，以及你自己选择的一些有趣的问题的答案。

7.2 初值问题的变换

我们现在讨论 Laplace 变换在求解常系数线性微分方程中的应用，例如

$$ax''(t) + bx'(t) + cx(t) = f(t), \tag{1}$$

其中给定初始条件 $x(0) = x_0$ 和 $x'(0) = x'_0$。由 Laplace 变换的线性性质，我们可以通过分别对方程 (1) 中的每项求 Laplace 变换以得到此方程的变换。变换后的方程为

$$a\mathscr{L}\{x''(t)\} + b\mathscr{L}\{x'(t)\} + c\mathscr{L}\{x(t)\} = \mathscr{L}\{f(t)\}, \tag{2}$$

它涉及未知函数 $x(t)$ 的导数 x' 和 x'' 的变换。该方法的关键是下面的定理 1，它告诉我们如何用一个函数本身的变换来表示这个函数导数的变换。

> **定理 1 导数的变换**
> 假设函数 $f(t)$ 在 $t \geq 0$ 时连续且分段光滑，并且在 $t \to +\infty$ 时是指数级的，因此存在非负常数 M, c 和 T 使得
> $$|f(t)| \leq Me^{ct}, \qquad t \geq T。 \tag{3}$$
> 那么当 $s > c$ 时，$\mathscr{L}\{f'(t)\}$ 存在，且
> $$\mathscr{L}\{f'(t)\} = s\mathscr{L}\{f(t)\} - f(0) = sF(s) - f(0)。 \tag{4}$$

若函数 f 在有界区间 $[a, b]$ 上分段连续，并且除了在有限多个点处之外是可微的，同时 $f'(t)$ 在 $[a, b]$ 上分段连续，则称函数 f 在有界区间 $[a, b]$ 上**分段光滑**。在 f 不可微的孤立点处，我们可以给 $f(t)$ 赋任意值。若 f 在 $[0, +\infty)$ 的每个有界子区间上都是分段光滑的，则称 f 在 $t \geq 0$ 时分段光滑。图 7.2.1 显示了 f 的图形上的"拐点"是如何与其导数 f' 的间断点对应的。

在 $t \geq 0$ 时 $f'(t)$ 连续（而不仅仅是分段连续）的情形最能展示证明定理 1 的主要思想。那么，从 $\mathscr{L}\{f'(t)\}$ 的定义出发，并进行分部积分，可得

$$\mathscr{L}\{f'(t)\} = \int_0^\infty e^{-st} f'(t) dt = \left[e^{-st} f(t)\right]_{t=0}^\infty + s\int_0^\infty e^{-st} f(t) dt。$$

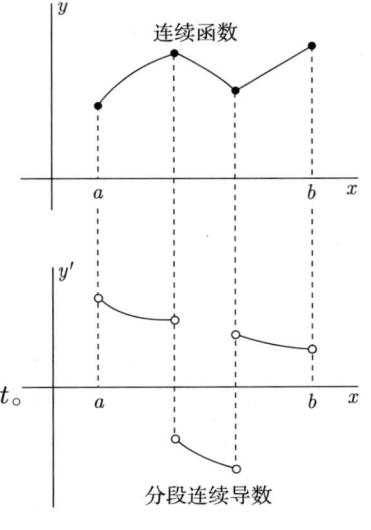

图 7.2.1 f' 的间断点与 f 的图形上的"拐点"相对应

根据式 (3)，当 $t \to +\infty$ 时，（在 $s > c$ 时）被积项 $e^{-st} f(t)$ 趋向零，并且它在下限 $t = 0$ 处的值为上述表达式的求值贡献了 $-f(0)$。剩下的积分就是 $\mathscr{L}\{f(t)\}$；由 7.1 节定理 2，当 $s > c$ 时，这个积分收敛。那么当 $s > c$ 时，$\mathscr{L}\{f'(t)\}$ 存在，并且其值如式 (4) 给出的。我们将把 $f'(t)$ 具有孤立间断点的情况推迟到本节末再述。

初值问题的解

为了实现方程 (1) 的变换，我们还需要二阶导数的变换。如果我们假设 $g(t) = f'(t)$ 满足定理 1 的假设条件，那么该定理意味着

$$\mathscr{L}\{f''(t)\} = \mathscr{L}\{g'(t)\} = s\mathscr{L}\{g(t)\} - g(0)$$
$$= s\mathscr{L}\{f'(t)\} - f'(0)$$

$$= s[s\mathscr{L}\{f(t)\} - f(0)] - f'(0),$$

因此
$$\mathscr{L}\{f''(t)\} = s^2 F(s) - sf(0) - f'(0)。 \tag{5}$$

重复这个计算过程，可得
$$\mathscr{L}\{f'''(t)\} = s\mathscr{L}\{f''(t)\} - f''(0) = s^3 F(s) - s^2 f(0) - sf'(0) - f''(0)。 \tag{6}$$

经过有限次这样的步骤，我们得到如下定理 1 的推广。

推论　高阶导数的变换

假设函数 $f, f', f'', \cdots, f^{(n-1)}$ 在 $t \geqslant 0$ 时连续且分段光滑，并且这些函数都满足式 (3) 中的条件，并且具有相同的 M 值和 c 值。则当 $s > c$ 时，$\mathscr{L}\{f^{(n)}(t)\}$ 存在，并且
$$\begin{aligned}\mathscr{L}\{f^{(n)}(t)\} &= s^n \mathscr{L}\{f(t)\} - s^{n-1} f(0) - s^{n-2} f'(0) - \cdots - f^{(n-1)}(0) \\ &= s^n F(s) - s^{n-1} f(0) - \cdots - sf^{(n-2)}(0) - f^{(n-1)}(0)。\end{aligned} \tag{7}$$

例题 1　求解初值问题
$$x'' - x' - 6x = 0; \quad x(0) = 2, \quad x'(0) = -1。$$

解答：根据给定的初始值，由式 (4) 和式 (5) 可得
$$\mathscr{L}\{x'(t)\} = s\mathscr{L}\{x(t)\} - x(0) = sX(s) - 2$$

和
$$\mathscr{L}\{x''(t)\} = s^2 \mathscr{L}\{x(t)\} - sx(0) - x'(0) = s^2 X(s) - 2s + 1,$$

其中（根据我们关于符号的约定）$X(s)$ 表示（未知）函数 $x(t)$ 的 Laplace 变换。因此，变换后的方程为
$$[s^2 X(s) - 2s + 1] - [sX(s) - 2] - 6[X(s)] = 0,$$

可快速简化为
$$(s^2 - s - 6)X(s) - 2s + 3 = 0。$$

因此
$$X(s) = \frac{2s - 3}{s^2 - s - 6} = \frac{2s - 3}{(s-3)(s+2)}。$$

由（积分学的）部分分式法可知，存在常数 A 和 B，使得
$$\frac{2s - 3}{(s-3)(s+2)} = \frac{A}{s-3} + \frac{B}{s+2},$$

方程两边同时乘以 $(s-3)(s+2)$，可得等式
$$2s - 3 = A(s+2) + B(s-3)。$$

若我们把 $s = 3$ 代入，可得 $A = \dfrac{3}{5}$；把 $s = -2$ 代入，则得到 $B = \dfrac{7}{5}$。因此

$$X(s) = \mathscr{L}\{x(t)\} = \dfrac{\frac{3}{5}}{s-3} + \dfrac{\frac{7}{5}}{s+2}。$$

由于 $\mathscr{L}^{-1}\{1/(s-a)\} = \mathrm{e}^{at}$，由此可得

$$x(t) = \dfrac{3}{5}\mathrm{e}^{3t} + \dfrac{7}{5}\mathrm{e}^{-2t}$$

是原初值问题的解。注意，我们并没有先求出微分方程的通解。Laplace 变换法借助于定理 1 及其推论，自动考虑给定的初始条件，直接产生期望的特解。∎

备注：在例题 1 中，我们通过将原分母 $s^2 - s - 6 = (s-3)(s+2)$ 的根 $s = 3$ 和 $s = -2$ 分别代入消去分数后所产生的方程

$$2s - 3 = A(s+2) + B(s-3)$$

的 "技巧"，求出部分分式的系数 A 和 B 的值。在任何替代这种捷径的方法中，"万无一失" 的方法是在等式两侧整理 s 各次幂项的系数，即

$$2s - 3 = (A+B)s + (2A - 3B)。$$

然后令相同幂次项的系数相等，从而得到线性方程组

$$A + B = 2,$$
$$2A - 3B = -3,$$

从中很容易解出相同的值 $A = \dfrac{3}{5}$ 和 $B = \dfrac{7}{5}$。∎

例题 2   **受迫质量块–弹簧系统**   求解初值问题

$$x'' + 4x = \sin 3t; \quad x(0) = x'(0) = 0。$$

如图 7.2.2 所示，这种问题出现在质量块–弹簧系统在外力作用下的运动中。

    解答：由于两个初始值均为零，所以由式 (5) 可得 $\mathscr{L}\{x''(t)\} = s^2 X(s)$。我们从图 7.1.2 的表格中可查找 $\sin 3t$ 的变换，从而得到变换后的方程

$$s^2 X(s) + 4X(s) = \dfrac{3}{s^2 + 9}。$$

因此

$$X(s) = \dfrac{3}{(s^2+4)(s^2+9)}。$$

由部分分式法可得

$$\dfrac{3}{(s^2+4)(s^2+9)} = \dfrac{As+B}{s^2+4} + \dfrac{Cs+D}{s^2+9}。$$

可靠的方法是通过两边乘以公分母来消去分数，然后在两侧整理 s 各次幂项的系数。在所得方程的两边，令相同幂次项的系数相等，从而得到由四个方程构成的线性方程组，我们可以从中解出 A，B，C 和 D。

然而，此时我们可以预测出 $A=C=0$，因为左侧的分子和分母都不涉及 s 的奇数次幂，而 A 或 C 的非零值将导致右侧出现奇数次项。所以我们将 A 和 C 替换成零，然后再消去分数。结果得到等式

$$3 = B(s^2+9) + D(s^2+4) = (B+D)s^2 + (9B+4D)。$$

当我们令 s 的相同幂次项的系数相等时，就得到线性方程组

$$B + D = 0,$$
$$9B + 4D = 3,$$

从中很容易解出 $B=\dfrac{3}{5}$ 和 $D=-\dfrac{3}{5}$。因此

$$X(s) = \mathscr{L}\{x(t)\} = \frac{3}{10}\cdot\frac{2}{s^2+4} - \frac{1}{5}\cdot\frac{3}{s^2+9}。$$

由于 $\mathscr{L}\{\sin 2t\} = 2/(s^2+4)$ 和 $\mathscr{L}\{\sin 3t\} = 3/(s^2+9)$，从而可得

$$x(t) = \frac{3}{10}\sin 2t - \frac{1}{5}\sin 3t。$$

图 7.2.3 显示了这个质量块的以 2π 为周期的位置函数的图形。注意 Laplace 变换法还是直接给出了解，而不需要先求出原非齐次微分方程的余函数和特解。因此，求解非齐次方程的方式与求解齐次方程的方式完全相同。∎

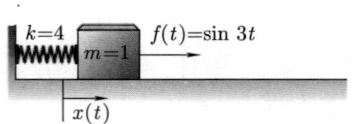

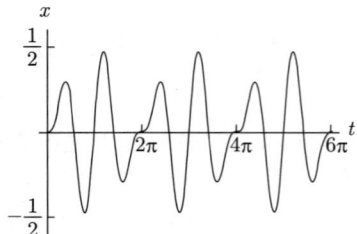

图 7.2.2 满足例题 2 中初值问题的质量块–弹簧系统。最初质量块在其平衡位置处于静止状态

图 7.2.3 例题 2 中的位置函数 $x(t)$

例题 1 和例题 2 说明了图 7.2.4 中所概述的求解过程。

线性方程组

Laplace 变换在工程问题中经常用于求解系数均为常数的线性方程组。当指定了初始条件时，Laplace 变换将这样一个线性微分方程组简化为线性代数方程组，其中未知量是解函数的变换。如例题 3 所示，用于方程组的技术与用于单个常系数线性微分方程的技术基本相同。

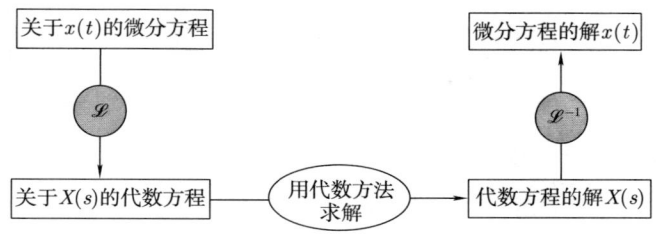

图 7.2.4 利用 Laplace 变换求解初值问题

例题 3 **双质量块–弹簧系统** 求解方程组

$$2x'' = -6x + 2y,$$
$$y'' = 2x - 2y + 40\sin 3t, \tag{8}$$

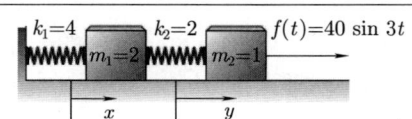

图 7.2.5 满足例题 3 中初值问题的质量块–弹簧系统。最初两个质量块都在其平衡位置处于静止状态

满足初始条件

$$x(0) = x'(0) = y(0) = y'(0) = 0。 \tag{9}$$

即从 $t = 0$ 时刻开始,此时系统在其平衡位置处于静止状态,对图 7.2.5 中的第二个质量块施加力 $f(t) = 40\sin 3t$。

解答:记 $X(s) = \mathscr{L}\{x(t)\}$ 且 $Y(s) = \mathscr{L}\{y(t)\}$。那么式 (9) 中的初始条件意味着

$$\mathscr{L}\{x''(t)\} = s^2 X(s), \quad \mathscr{L}\{y''(t)\} = s^2 Y(s)。$$

由于 $\mathscr{L}\{\sin 3t\} = 3/(s^2+9)$,所以对式 (8) 中方程进行变换,可得方程

$$2s^2 X(s) = -6X(s) + 2Y(s),$$
$$s^2 Y(s) = 2X(s) - 2Y(s) + \frac{120}{s^2+9}。$$

因此,变换后的方程组为

$$\begin{aligned}(s^2+3)X(s) \quad -Y(s) &= 0, \\ -2X(s) + (s^2+2)Y(s) &= \frac{120}{s^2+9}。\end{aligned} \tag{10}$$

关于 $X(s)$ 和 $Y(s)$ 的这对线性方程的行列式为

$$\begin{vmatrix} s^2+3 & -1 \\ -2 & s^2+2 \end{vmatrix} = (s^2+3)(s^2+2) - 2 = (s^2+1)(s^2+4),$$

例如,利用克拉默法则,我们很容易从方程组 (10) 解出

$$X(s) = \frac{120}{(s^2+1)(s^2+4)(s^2+9)} = \frac{5}{s^2+1} - \frac{8}{s^2+4} + \frac{3}{s^2+9} \tag{11a}$$

和
$$Y(s) = \frac{120(s^2+3)}{(s^2+1)(s^2+4)(s^2+9)} = \frac{10}{s^2+1} + \frac{8}{s^2+4} - \frac{18}{s^2+9}. \tag{11b}$$

使用例题 2 中的方法，很容易得到式 (11a) 和式 (11b) 中的部分分式分解。例如，注意到分母因子关于 s^2 是线性的，我们可以写出

$$\frac{120}{(s^2+1)(s^2+4)(s^2+9)} = \frac{A}{s^2+1} + \frac{B}{s^2+4} + \frac{C}{s^2+9},$$

由此可得

$$120 = A(s^2+4)(s^2+9) + B(s^2+1)(s^2+9) + C(s^2+1)(s^2+4). \tag{12}$$

将 $s^2 = -1$（即因子 s^2+1 的一个零点 $s=\mathrm{i}$）代入式 (12)，得到 $120 = A \cdot 3 \cdot 8$，所以 $A=5$。同理，将 $s^2=-4$ 代入式 (12)，得到 $B=-8$，将 $s^2=-9$ 代入得到 $C=3$。由此我们得到如式 (11a) 所示的部分分式分解。

总而言之，由式 (11a) 和式 (11b) 中表达式的 Laplace 逆变换，可以得到解

$$x(t) = 5\sin t - 4\sin 2t + \sin 3t,$$
$$y(t) = 10\sin t + 4\sin 2t - 6\sin 3t.$$

图 7.2.6 显示了这两个质量块的以 2π 为周期的位置函数的图形。 ∎

变换的视角

让我们把一般常系数二阶方程看作熟悉的质量块–弹簧–阻尼器系统（参见图 7.2.7）的运动方程

$$mx'' + cx' + kx = f(t),$$

则变换后的方程为

$$m[s^2 X(s) - sx(0) - x'(0)] + c[sX(s) - x(0)] + kX(s) = F(s). \tag{13}$$

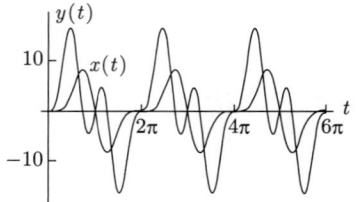
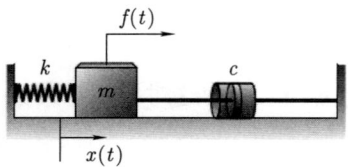

图 7.2.6 例题 3 中的位置函数 $x(t)$ 和 $y(t)$　　图 7.2.7 外力 $f(t)$ 作用下的质量块–弹簧–阻尼器系统

注意方程 (13) 是关于"未知量" $X(s)$ 的代数方程，实际上是线性方程。这就是 Laplace 变换法的动力来源：

将线性微分方程转化为易于求解的代数方程。

若我们从方程 (13) 解出 $X(s)$,可得

$$X(s) = \frac{F(s)}{Z(s)} + \frac{I(s)}{Z(s)}, \tag{14}$$

其中

$$Z(s) = ms^2 + cs + k \quad , \quad I(s) = mx(0)s + mx'(0) + cx(0)。$$

注意,$Z(s)$ 只取决于物理系统本身。因此,式 (14) 将 $X(s) = \mathscr{L}\{x(t)\}$ 表示为仅依赖于外力的项与仅依赖于初始条件的项之和。在欠阻尼系统的情况下,这两项分别为稳态周期解和瞬态解的变换

$$\mathscr{L}\{x_{\text{sp}}(t)\} = \frac{F(s)}{Z(s)} \quad \text{和} \quad \mathscr{L}\{x_{\text{tr}}(t)\} = \frac{I(s)}{Z(s)}。$$

求出这些解的唯一潜在困难在于,如何求出式 (14) 右侧项的 Laplace 逆变换。本章剩余的大部分内容将致力于求 Laplace 变换和逆变换。特别地,我们要寻求那些足够强大的方法,使我们能够求解用第 3 章的方法无法轻易求解的问题——不同于例题 1 和例题 2 中的问题。

其他变换技术

例题 4 证明

$$\mathscr{L}\{te^{at}\} = \frac{1}{(s-a)^2}。$$

解答: 若 $f(t) = te^{at}$,则 $f(0) = 0$ 且 $f'(t) = e^{at} + ate^{at}$。因此,由定理 1 可得

$$\mathscr{L}\{e^{at} + ate^{at}\} = \mathscr{L}\{f'(t)\} = s\mathscr{L}\{f(t)\} = s\mathscr{L}\{te^{at}\}。$$

由变换的线性性质可得

$$\mathscr{L}\{e^{at}\} + a\mathscr{L}\{te^{at}\} = s\mathscr{L}\{te^{at}\}。$$

故有

$$\mathscr{L}\{te^{at}\} = \frac{\mathscr{L}\{e^{at}\}}{s-a} = \frac{1}{(s-a)^2}, \tag{15}$$

因为 $\mathscr{L}\{e^{at}\} = 1/(s-a)$。 ■

例题 5 求出 $\mathscr{L}\{t\sin kt\}$。

解答: 令 $f(t) = t\sin kt$,则 $f(0) = 0$,且

$$f'(t) = \sin kt + kt\cos kt。$$

这个导数涉及新函数 $t\cos kt$，我们注意到 $f'(0) = 0$，再次求导，结果为
$$f''(t) = 2k\cos kt - k^2 t\sin kt。$$
但由二阶导数的变换公式 (5) 可得 $\mathscr{L}\{f''(t)\} = s^2\mathscr{L}\{f(t)\}$，另外 $\mathscr{L}\{\cos kt\} = s/(s^2+k^2)$，所以我们得到
$$\frac{2ks}{s^2 + k^2} - k^2\mathscr{L}\{t\sin kt\} = s^2\mathscr{L}\{t\sin kt\}。$$

最后，我们由这个方程可以解出
$$\mathscr{L}\{t\sin kt\} = \frac{2ks}{(s^2 + k^2)^2}。 \tag{16}$$

这个过程比另一种求积分
$$\mathscr{L}\{t\sin kt\} = \int_0^\infty te^{-st}\sin kt\,\mathrm{d}t$$

的方法要便捷得多。 ∎

例题 4 和例题 5 利用了这样一个事实：如果 $f(0) = 0$，那么 f 的微分对应于其变换乘以 s。由此认为微分的逆运算（不定积分）对应于变换除以 s 是合理的。

定理 2　积分的变换

若 $f(t)$ 在 $t \geqslant 0$ 时分段连续，并且当 $t \geqslant T$ 时满足指数级条件 $|f(t)| \leqslant Me^{ct}$，则当 $s > c$ 时有
$$\mathscr{L}\left\{\int_0^t f(\tau)\mathrm{d}\tau\right\} = \frac{1}{s}\mathscr{L}\{f(t)\} = \frac{F(s)}{s}。 \tag{17}$$
相当于
$$\mathscr{L}^{-1}\left\{\frac{F(s)}{s}\right\} = \int_0^t f(\tau)\mathrm{d}\tau。 \tag{18}$$

证明：由于 f 分段连续，则微积分基本定理表明
$$g(t) = \int_0^t f(\tau)\mathrm{d}\tau$$

是连续的，且在 f 连续处满足 $g'(t) = f(t)$，因此 g 在 $t \geqslant 0$ 时连续且分段光滑。而且
$$|g(t)| \leqslant \int_0^t |f(\tau)|\mathrm{d}\tau \leqslant M\int_0^t e^{c\tau}\mathrm{d}\tau = \frac{M}{c}(e^{ct} - 1) < \frac{M}{c}e^{ct},$$

所以当 $t \to +\infty$ 时，$g(t)$ 是指数级的。因此我们可以对 g 应用定理 1，由此可得
$$\mathscr{L}\{f(t)\} = \mathscr{L}\{g'(t)\} = s\mathscr{L}\{g(t)\} - g(0)。$$

此时 $g(0) = 0$，故除以 s 得到

$$\mathscr{L}\left\{\int_0^t f(\tau)\mathrm{d}\tau\right\} = \mathscr{L}\{g(t)\} = \frac{\mathscr{L}\{f(t)\}}{s},$$

从而完成证明。 ▲

例题 6 求下列函数的 Laplace 逆变换：

$$G(s) = \frac{1}{s^2(s-a)}。$$

解答： 实际上，式 (18) 意味着我们可以从分母中删除一个因子 s，对所得的更简单的表达式求逆变换，最后从 0 到 t 积分（以对缺失的因子 s 进行"纠正"）。于是

$$\mathscr{L}^{-1}\left\{\frac{1}{s(s-a)}\right\} = \int_0^t \mathscr{L}^{-1}\left\{\frac{1}{s-a}\right\}\mathrm{d}\tau = \int_0^t \mathrm{e}^{a\tau}\mathrm{d}\tau = \frac{1}{a}(\mathrm{e}^{at}-1)。$$

现在我们重复这种技术，可得

$$\mathscr{L}^{-1}\left\{\frac{1}{s^2(s-a)}\right\} = \int_0^t \mathscr{L}^{-1}\left\{\frac{1}{s(s-a)}\right\}\mathrm{d}\tau = \int_0^t \frac{1}{a}(\mathrm{e}^{a\tau}-1)\mathrm{d}\tau$$

$$= \left[\frac{1}{a}\left(\frac{1}{a}\mathrm{e}^{a\tau}-\tau\right)\right]_0^t = \frac{1}{a^2}(\mathrm{e}^{at}-at-1)。$$

为了求形如 $P(s)/[s^n Q(s)]$ 的分式的逆变换，这种技术通常比部分分式法更方便。 ■

定理 1 的证明： 我们用定理 1 在 f' 仅分段连续这种一般情况下的证明来结束本节。我们需要证明极限

$$\lim_{b\to\infty}\int_0^b \mathrm{e}^{-st}f'(t)\mathrm{d}t$$

存在并需要求其值。当 b 固定时，令 $t_1, t_2, \cdots, t_{k-1}$ 为区间 $[0, b]$ 内的点，并且 f' 在这些点处是间断的。令 $t_0 = 0$ 且 $t_k = b$。然后我们可以在 f' 连续的每个区间 (t_{n-1}, t_n) 上进行分部积分，从而可得

$$\int_0^b \mathrm{e}^{-st}f'(t)\mathrm{d}t = \sum_{n=1}^k \int_{t_{n-1}}^{t_n} \mathrm{e}^{-st}f'(t)\mathrm{d}t$$

$$= \sum_{n=1}^k \left[\mathrm{e}^{-st}f(t)\right]_{t_{n-1}}^{t_n} + \sum_{n=1}^k s\int_{t_{n-1}}^{t_n} \mathrm{e}^{-st}f(t)\mathrm{d}t。 \tag{19}$$

此时式 (19) 中的第一个求和

$$\sum_{n=1}^k \left[\mathrm{e}^{-st}f(t)\right]_{t_{n-1}}^{t_n} = [-f(t_0) + \mathrm{e}^{-st_1}f(t_1)] + [-\mathrm{e}^{-st_1}f(t_1) + \mathrm{e}^{-st_2}f(t_2)] + \cdots +$$

$$[-e^{st_{k-2}}f(t_{k-2}) + e^{-st_{k-1}}f(t_{k-1})] +$$
$$[-e^{st_{k-1}}f(t_{k-1}) + e^{-st_k}f(t_k)] \tag{20}$$

缩减为 $-f(t_0) + e^{-st_k}f(t_k) = -f(0) + e^{-sb}f(b)$，而第二个求和叠加为 s 乘以从 $t_0 = 0$ 到 $t_k = b$ 的积分。因此式 (19) 简化为

$$\int_0^b e^{-st}f'(t)\mathrm{d}t = -f(0) + e^{-sb}f(b) + s\int_0^b e^{-st}f(t)\mathrm{d}t。$$

但是由式 (3) 可知，若 $s > c$，则

$$\left|e^{-sb}f(b)\right| \leqslant e^{-sb} \cdot Me^{cb} = Me^{-b(s-c)} \to 0。$$

因此，最后对上述公式取 $b \to +\infty$ 时的极限（其中 s 固定），就得到期望的结果

$$\mathcal{L}\{f'(t)\} = s\mathcal{L}\{f(t)\} - f(0)。 \qquad \blacktriangle$$

定理 1 的推广

现在假设函数 f 只是分段连续的（而不是连续的），令 $t_1, t_2, t_3, \cdots$（其中 $t > 0$）为 f 或 f' 间断处对应的点。f 分段连续的事实包含如下假设：在相邻间断点之间的每个区间 $[t_{n-1}, t_n]$ 内，f 与一个函数一致，这个函数在整个闭区间上连续且具有"端点值"

$$f(t_{n-1}^+) = \lim_{t \to t_{n-1}^+} f(t) \quad \text{和} \quad f(t_n^-) = \lim_{t \to t_n^-} f(t),$$

这些值可能与实际值 $f(t_{n-1})$ 和 $f(t_n)$ 不一致。改变端点处的被积函数值不影响该函数在区间上的积分值。但是，如果应用微积分基本定理求积分值，那么不定积分函数必须在闭区间上连续。因此，我们用上面"从区间内连续的"端点值来（分部）计算式 (19) 右侧的积分。结果为

$$\sum_{n=1}^{k}\left[e^{-st}f(t)\right]_{t_{n-1}}^{t_n} = [-f(t_0^+) + e^{-st_1}f(t_1^-)] + [-e^{-st_1}f(t_1^+) + e^{-st_2}f(t_2^-)] + \cdots +$$
$$[-e^{st_{k-2}}f(t_{k-2}^+) + e^{-st_{k-1}}f(t_{k-1}^-)] + \tag{20'}$$
$$[-e^{st_{k-1}}f(t_{k-1}^+) + e^{-st_k}f(t_k^-)]$$
$$= -f(0^+) - \sum_{n=1}^{k-1} j_f(t_n) + e^{-sb}f(b^-),$$

其中

$$j_f(t_n) = f(t_n^+) - f(t_n^-) \tag{21}$$

表示 $f(t)$ 在 $t = t_n$ 处的（有限）跃变。假设 $\mathcal{L}\{f'(t)\}$ 存在，因此当我们对式 (19) 取 $b \to +\infty$ 时的极限时，就得到 $\mathcal{L}\{f'(t)\} = sF(s) - f(0)$ 的一般化结果

$$\mathcal{L}\{f'(t)\} = sF(s) - f(0^+) - \sum_{n=1}^{\infty} e^{-st_n} j_f(t_n)。 \tag{22}$$

例题 7 设 $f(t) = 1 + [\![t]\!]$ 为单位阶梯函数，其图形如图 7.2.8 所示。那么 $f(0) = 1$，$f'(t) \equiv 0$，并且对于每个整数 $n = 1, 2, 3, \cdots$，都有 $j_f(n) = 1$。从而由式 (22) 可得

$$0 = sF(s) - 1 - \sum_{n=1}^{\infty} e^{-ns},$$

所以 $f(t)$ 的 Laplace 变换为

$$F(s) = \frac{1}{s}\sum_{n=0}^{\infty} e^{-ns} = \frac{1}{s(1-e^{-s})}\text{。}$$

在上一步中，我们使用了等比级数求和公式

$$\sum_{n=0}^{\infty} x^n = \frac{1}{1-x},$$

其中 $x = e^{-s} < 1$。

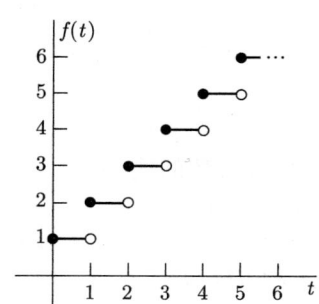

图 7.2.8 例题 7 中单位阶梯函数的图形

习题

利用 Laplace 变换求解习题 1~16 中的初值问题。

1. $x'' + 4x = 0;\ x(0) = 5,\ x'(0) = 0$
2. $x'' + 9x = 0;\ x(0) = 3,\ x'(0) = 4$
3. $x'' - x' - 2x = 0;\ x(0) = 0,\ x'(0) = 2$
4. $x'' + 8x' + 15x = 0;\ x(0) = 2,\ x'(0) = -3$
5. $x'' + x = \sin 2t;\ x(0) = 0 = x'(0)$
6. $x'' + 4x = \cos t;\ x(0) = 0 = x'(0)$
7. $x'' + x = \cos 3t;\ x(0) = 1,\ x'(0) = 0$
8. $x'' + 9x = 1;\ x(0) = 0 = x'(0)$
9. $x'' + 4x' + 3x = 1;\ x(0) = 0 = x'(0)$
10. $x'' + 3x' + 2x = t;\ x(0) = 0,\ x'(0) = 2$
11. $x' = 2x + y,\ y' = 6x + 3y;\ x(0) = 1,\ y(0) = -2$
12. $x' = x + 2y,\ y' = x + e^{-t};\ x(0) = y(0) = 0$
13. $x' + 2y' + x = 0,\ x' - y' + y = 0;\ x(0) = 0,\ y(0) = 1$
14. $x'' + 2x + 4y = 0,\ y'' + x + 2y = 0;\ x(0) = y(0) = 0,\ x'(0) = y'(0) = -1$
15. $x'' + x' + y' + 2x - y = 0,\ y'' + x' + y' + 4x - 2y = 0;\ x(0) = y(0) = 1,\ x'(0) = y'(0) = 0$
16. $x' = x + z,\ y' = x + y,\ z' = -2x - z;$ $x(0) = 1,\ y(0) = 0,\ z(0) = 0$

应用定理 2 求习题 17~24 中函数的 Laplace 逆变换。

17. $F(s) = \dfrac{1}{s(s-3)}$
18. $F(s) = \dfrac{3}{s(s+5)}$
19. $F(s) = \dfrac{1}{s(s^2+4)}$
20. $F(s) = \dfrac{2s+1}{s(s^2+9)}$
21. $F(s) = \dfrac{1}{s^2(s^2+1)}$
22. $F(s) = \dfrac{1}{s(s^2-9)}$
23. $F(s) = \dfrac{1}{s^2(s^2-1)}$
24. $F(s) = \dfrac{1}{s(s+1)(s+2)}$
25. 应用定理 1，由 $\mathscr{L}\{\cos kt\}$ 的公式推导出 $\mathscr{L}\{\sin kt\}$。
26. 应用定理 1，由 $\mathscr{L}\{\sinh kt\}$ 的公式推导出 $\mathscr{L}\{\cosh kt\}$。
27. (a) 应用定理 1，证明

$$\mathscr{L}\{t^n e^{at}\} = \frac{n}{s-a}\mathscr{L}\{t^{n-1} e^{at}\}\text{。}$$

(b) 推导出 $\mathscr{L}\{t^n e^{at}\} = n!/(s-a)^{n+1}$，其中 $n = 1, 2, 3, \cdots$。

参考例题 5，应用定理 1，推导出习题 28~30 中的 Laplace 变换。

28. $\mathscr{L}\{t\cos kt\} = \dfrac{s^2-k^2}{(s^2+k^2)^2}$

29. $\mathscr{L}\{t\sinh kt\} = \dfrac{2ks}{(s^2-k^2)^2}$

30. $\mathscr{L}\{t\cosh kt\} = \dfrac{s^2+k^2}{(s^2-k^2)^2}$

31. 应用例题 5 和习题 28 的结果，证明
$$\mathscr{L}^{-1}\left\{\dfrac{1}{(s^2+k^2)^2}\right\} = \dfrac{1}{2k^3}(\sin kt - kt\cos kt).$$

分段线性函数的变换

应用定理 1 的推广中的式 (22)，推导出习题 32~37 中所给的 Laplace 变换。

32. $\mathscr{L}\{u(t-a)\} = s^{-1}\mathrm{e}^{-as},\ a>0$。

33. 若在区间 $[a,b]$（其中 $0<a<b$）上 $f(t)=1$，除此以外 $f(t)=0$，则
$$\mathscr{L}\{f(t)\} = \dfrac{\mathrm{e}^{-as}-\mathrm{e}^{-bs}}{s}.$$

34. 如果 $f(t)=(-1)^{[t]}$ 是方波函数，其图形如图 7.2.9 所示，那么
$$\mathscr{L}\{f(t)\} = \dfrac{1}{s}\tanh\dfrac{s}{2}.$$
（提示：利用等比级数。）

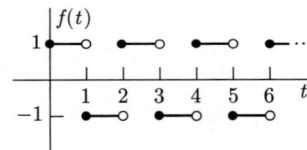

图 7.2.9　习题 34 中的方波函数图

35. 若 $f(t)$ 是单位开关函数，其图形如图 7.2.10 所示，则
$$\mathscr{L}\{f(t)\} = \dfrac{1}{s(1+\mathrm{e}^{-s})}.$$

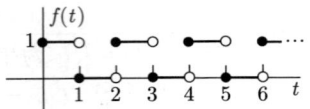

图 7.2.10　习题 35 中的开关函数图

36. 若 $g(t)$ 是三角波函数，其图形如图 7.2.11 所示，则
$$\mathscr{L}\{g(t)\} = \dfrac{1}{s^2}\tanh\dfrac{s}{2}.$$

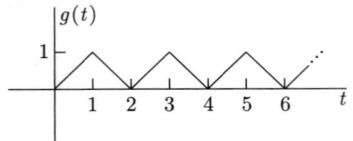

图 7.2.11　习题 36 中的三角波函数图

37. 若 $f(t)$ 是锯齿函数，其图形如图 7.2.12 所示，则
$$\mathscr{L}\{f(t)\} = \dfrac{1}{s^2} - \dfrac{\mathrm{e}^{-s}}{s(1-\mathrm{e}^{-s})}.$$
（提示：注意在 $f'(t)$ 被定义的地方，$f'(t)\equiv 1$。）

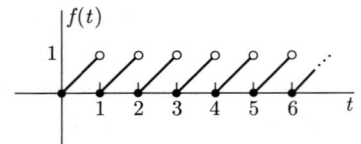

图 7.2.12　习题 37 中的锯齿函数图

应用　初值问题的变换

请访问 bit.ly/2ZyYRbz，利用 Maple、Mathematica 和 MATLAB 等计算资源对此主题进行更多讨论和探索。

典型的计算机代数系统编入了定理 1 及其推论，因此不仅可以变换函数（如 7.1 节应用所示），还可以变换整个初值问题。我们在此使用 Mathematica 说明这项技术，在 7.3 节

应用中将使用 Maple 说明此技术。考虑例题 2 中的初值问题
$$x'' + 4x = \sin 3t, \quad x(0) = x'(0) = 0。$$
首先我们定义微分方程及其初始条件，然后加载 Laplace 变换包。

    de = x''[t] + 4*x[t] == Sin[3*t]
    inits = {x[0] —> 0, x'[0] —> 0}

微分方程的 Laplace 变换命令为

    DE = LaplaceTransform[de, t, s]

此命令的结果是用此时仍未知的LaplaceTransform[x[t],t,s]表示的线性（代数）方程，我们在此没有显式给出这个结果。我们继续求出未知函数 $x(t)$ 的变换 $X(s)$，并代入初始条件。

    X = Solve[DE, LaplaceTransform[x[t],t,s]]
    X = X // Last // Last // Last
    X = X /. inits

$$\frac{3}{(s^2+4)(s^2+9)}$$

最后，我们只需要计算一个逆变换来求出 $x(t)$。

    x = InverseLaplaceTransform[X,s,t]

$$\frac{1}{5}(3\cos(t)\sin(t) - \sin(3t))$$

    x /. {Cos[t] Sin[t] —> 1/2 Sin[2t]}// Expand

$$\frac{3}{10}\sin(2t) - \frac{1}{5}\sin(3t)$$

练习

当然，我们或许可以使用DSolve立即得到这个结果，但是由这里所示步骤所产生的中间输出结果是很有指导意义的。你可以利用习题 1~16 中的初值问题自己尝试以上求解过程。

7.3 变换与部分分式

如 7.2 节例题 1 和例题 2 所示，常系数线性微分方程的求解通常可以简化为求形如

$$R(s) = \frac{P(s)}{Q(s)} \tag{1}$$

的有理函数的 Laplace 逆变换的问题，其中 $P(s)$ 的次数低于 $Q(s)$ 的次数。求 $\mathscr{L}^{-1}\{R(s)\}$ 的方法基于我们在初等微积分中用来求有理函数积分的部分分式法。下面两条规则描述了 $R(s)$ 的**部分分式分解法**，即将分母 $Q(s)$ 因式分解为线性因子和不可约二次因子，分别对应于 $Q(s)$ 的实零点和复零点。

规则 1　线性因子部分分式
在 $R(s)$ 的部分分式分解中，与 n 重线性因子 $s-a$ 对应的部分是 n 个部分分式之和，其形式为
$$\frac{A_1}{s-a}+\frac{A_2}{(s-a)^2}+\cdots+\frac{A_n}{(s-a)^n}, \tag{2}$$
其中 A_1，A_2，$\cdots$，A_n 为常数。

规则 2　二次因子部分分式
在部分分式分解中，与 n 重不可约二次因子 $(s-a)^2+b^2$ 对应的部分是 n 个部分分式之和，其形式为
$$\frac{A_1s+B_1}{(s-a)^2+b^2}+\frac{A_2s+B_2}{[(s-a)^2+b^2]^2}+\cdots+\frac{A_ns+B_n}{[(s-a)^2+b^2]^n}, \tag{3}$$
其中 A_1，A_2，$\cdots$，A_n 以及 B_1，B_2，$\cdots$，B_n 是常数。

求出 $\mathscr{L}^{-1}\{R(s)\}$ 包含两个步骤。首先，我们必须求出 $R(s)$ 的部分分式分解，然后我们必须求出在式 (2) 和式 (3) 中出现的各项部分分式的 Laplace 逆变换。后一步基于 Laplace 变换的以下基本性质。

定理 1　在 s 轴上的平移性
若对于 $s>c$，$F(s)=\mathscr{L}\{f(t)\}$ 存在，则对于 $s>a+c$，$\mathscr{L}\{\mathrm{e}^{at}f(t)\}$ 存在，并且
$$\mathscr{L}\{\mathrm{e}^{at}f(t)\}=F(s-a)。 \tag{4}$$
相当于
$$\mathscr{L}^{-1}\{F(s-a)\}=\mathrm{e}^{at}f(t)。 \tag{5}$$
因此，变换中的平移 $s\to s-a$ 对应于 t 的原始函数乘以 e^{at}。

证明：若在 $F(s)=\mathscr{L}\{f(t)\}$ 的定义中，我们简单地用 $s-a$ 替换 s，可得
$$F(s-a)=\int_0^\infty \mathrm{e}^{-(s-a)t}f(t)\mathrm{d}t=\int_0^\infty \mathrm{e}^{-st}[\mathrm{e}^{at}f(t)]\mathrm{d}t$$
$$=\mathscr{L}\{\mathrm{e}^{at}f(t)\}。$$
这就是式 (4)，显然式 (5) 亦可证。　▲

如果我们将平移定理应用到我们已经知道的 t^n，$\cos kt$ 和 $\sin kt$ 的 Laplace 变换公式中，即将这些函数分别乘以 e^{at}，并在变换中用 $s-a$ 替换 s，我们就可以对图 7.1.2 中的表格添加以下内容。

$f(t)$	$F(s)$		
$e^{at}t^n$	$\dfrac{n!}{(s-a)^{n+1}}$	$(s>a)$	(6)
$e^{at}\cos kt$	$\dfrac{s-a}{(s-a)^2+k^2}$	$(s>a)$	(7)
$e^{at}\sin kt$	$\dfrac{k}{(s-a)^2+k^2}$	$(s>a)$	(8)

为了便于查阅，本章所推导的所有 Laplace 变换都列于本书末尾出现的变换表中。

例题 1 **有阻尼的质量块–弹簧系统** 考虑一个质量块–弹簧系统（如图 7.3.1 所示），在 mks 单位制中 $m=\dfrac{1}{2}$，$k=17$ 以及 $c=3$。照常设 $x(t)$ 表示质量块 m 距离其平衡位置的位移。如果质量块以 $x(0)=3$ 和 $x'(0)=1$ 开始运动，对所产生的有阻尼自由振动，求出 $x(t)$。

解答： 对应的微分方程为 $\dfrac{1}{2}x''+3x'+17x=0$，所以我们需要求解初值问题
$$x''+6x'+34x=0;\quad x(0)=3,\quad x'(0)=1。$$
对微分方程各项进行 Laplace 变换。由于（显然）$\mathscr{L}\{0\}\equiv 0$，我们得到方程
$$[s^2X(s)-3s-1]+6[sX(s)-3]+34X(s)=0,$$
从中解出
$$X(s)=\frac{3s+19}{s^2+6s+34}=3\cdot\frac{s+3}{(s+3)^2+25}+2\cdot\frac{5}{(s+3)^2+25}。$$
应用式 (7) 和式 (8)，其中 $a=-3$ 和 $k=5$，可得
$$x(t)=e^{-3t}(3\cos 5t+2\sin 5t)。$$
图 7.3.2 显示了这种快速衰减的有阻尼振动的图形。 ∎

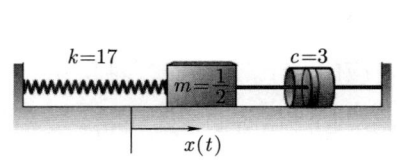

图 7.3.1 例题 1 中的质量块–弹簧–阻尼器系统

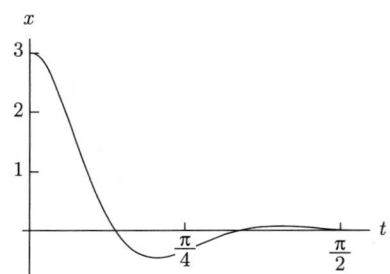

图 7.3.2 例题 1 中的位置函数 $x(t)$

例题 2 将展示在无重复线性因子的情况下求部分分式系数的一种有效方法。

例题 2 求出下列函数的 Laplace 逆变换：
$$R(s) = \frac{s^2+1}{s^3-2s^2-8s}.$$

解答：注意可以将 $R(s)$ 的分母因式分解为 $Q(s) = s(s+2)(s-4)$。因此
$$\frac{s^2+1}{s^3-2s^2-8s} = \frac{A}{s} + \frac{B}{s+2} + \frac{C}{s-4}.$$

方程各项乘以 $Q(s)$，可得
$$s^2+1 = A(s+2)(s-4) + Bs(s-4) + Cs(s+2).$$

当我们依次将分母 $Q(s)$ 的三个零点 $s=0$，$s=2$ 和 $s=4$ 代入上述方程，可得
$$-8A = 1, \quad 12B = 5 \quad \text{和} \quad 24C = 17.$$

由此可得 $A = -\frac{1}{8}$，$B = \frac{5}{12}$ 和 $C = \frac{17}{24}$，故
$$\frac{s^2+1}{s^3-2s^2-8s} = -\frac{\frac{1}{8}}{s} + \frac{\frac{5}{12}}{s+2} + \frac{\frac{17}{24}}{s-4},$$

因此
$$\mathscr{L}^{-1}\left\{\frac{s^2+1}{s^3-2s^2-8s}\right\} = -\frac{1}{8} + \frac{5}{12}e^{-2t} + \frac{17}{24}e^{4t}. \quad \blacksquare$$

例题 3 将展示在有重复线性因子的情况下求部分分式系数的微分法。

例题 3 求解初值问题
$$y'' + 4y' + 4y = t^2; \quad y(0) = y'(0) = 0.$$

解答：变换后的方程为
$$s^2 Y(s) + 4sY(s) + 4Y(s) = \frac{2}{s^3}.$$

因此
$$Y(s) = \frac{2}{s^3(s+2)^2} = \frac{A}{s^3} + \frac{B}{s^2} + \frac{C}{s} + \frac{D}{(s+2)^2} + \frac{E}{s+2}. \tag{9}$$

为了求出 A，B 和 C，我们在等式两侧同乘以 s^3，可得
$$\frac{2}{(s+2)^2} = A + Bs + Cs^2 + s^3 F(s), \tag{10}$$

其中 $F(s) = D(s+2)^{-2} + E(s+2)^{-1}$ 是与 $(s+2)$ 对应的两个部分分式之和。将 $s=0$ 代入式 (10)，可得 $A = \frac{1}{2}$。为了确定 B 和 C，我们对式 (10) 微分两次，可得
$$\frac{-4}{(s+2)^3} = B + 2Cs + 3s^2 F(s) + s^3 F'(s) \tag{11}$$

和
$$\frac{12}{(s+2)^4} = 2C + 6sF(s) + 6s^2F'(s) + s^3F''(s)。^{\ominus} \tag{12}$$

现在将 $s = 0$ 代入式 (11)，可得 $B = -\frac{1}{2}$，将 $s = 0$ 代入式 (12)，可得 $C = \frac{3}{8}$。

为了确定 D 和 E，我们在式 (9) 两侧同乘 $(s+2)^2$，可得
$$\frac{2}{s^3} = D + E(s+2) + (s+2)^2 G(s), \tag{13}$$

其中 $G(s) = As^{-3} + Bs^{-2} + Cs^{-1}$，然后取微分可得
$$-\frac{6}{s^4} = E + 2(s+2)G(s) + (s+2)^2 G'(s)。^{\ominus} \tag{14}$$

现将 $s = -2$ 代入式 (13) 和式 (14)，可得 $D = -\frac{1}{4}$ 和 $E = -\frac{3}{8}$。因此
$$Y(s) = \frac{\frac{1}{2}}{s^3} - \frac{\frac{1}{2}}{s^2} + \frac{\frac{3}{8}}{s} - \frac{\frac{1}{4}}{(s+2)^2} - \frac{\frac{3}{8}}{s+2},$$

所以给定的初值问题的解为
$$y(t) = \frac{1}{4}t^2 - \frac{1}{2}t + \frac{3}{8} - \frac{1}{4}te^{-2t} - \frac{3}{8}e^{-2t}。$$

例题 4、例题 5 和例题 6 将展示在部分分式分解中处理二次因子的技巧。

例题 4 **质量块-弹簧-阻尼器系统** 考虑如例题 1 所示的质量块-弹簧-阻尼器系统，但初始条件为 $x(0) = x'(0) = 0$，施加的外力为 $F(t) = 15\sin 2t$。求出质量块的瞬态运动与稳态周期运动方程。

解答：我们需要求解的初值问题为
$$x'' + 6x' + 34x = 30\sin 2t; \quad x(0) = x'(0) = 0。$$

变换后的方程为
$$s^2 X(s) + 6sX(s) + 34X(s) = \frac{60}{s^2+4}。$$

因此
$$X(s) = \frac{60}{(s^2+4)[(s+3)^2+25]} = \frac{As+B}{s^2+4} + \frac{Cs+D}{(s+3)^2+25}。$$

$\ominus$ 这里我们利用了 $\frac{2}{(s+2)^2}$ 易于求微分的事实。

$\ominus$ 同样地，$\frac{2}{s^3}$ 也易于求微分。

两边同乘以公分母，可得
$$60 = (As + B)[(s+3)^2 + 25] + (Cs + D)(s^2 + 4)。 \tag{15}$$

为了确定 A 和 B，我们将二次因子 $s^2 + 4$ 的零点 $s = 2i$ 代入式 (15)，则有
$$60 = (2iA + B)[(2i + 3)^2 + 25],$$

可化简为
$$60 = (-24A + 30B) + (60A + 12B)i。$$

现在我们令等式两侧的实部与虚部分别相等，则得到两个线性方程
$$-24A + 30B = 60 \quad \text{和} \quad 60A + 12B = 0,$$

很容易解出 $A = -\dfrac{10}{29}$ 和 $B = \dfrac{50}{29}$。

为了确定 C 和 D，我们将二次因子 $(s+3)^2 + 25$ 的零点 $s = -3 + 5i$ 代入式 (15)，则有
$$60 = [C(-3 + 5i) + D][(-3 + 5i)^2 + 4],$$

可化简为
$$60 = (186C - 12D) + (30C - 30D)i。$$

同样，令等式两侧的实部与虚部分别相等，则得到两个线性方程
$$186C - 12D = 60 \quad \text{和} \quad 30C - 30D = 0,$$

我们很容易求出其解为 $C = D = \dfrac{10}{29}$。

根据系数 A，B，C 和 D 的值，$X(s)$ 的部分分式分解为
$$X(s) = \frac{1}{29}\left(\frac{-10s + 50}{s^2 + 4} + \frac{10s + 10}{(s+3)^2 + 25}\right)$$
$$= \frac{1}{29}\left(\frac{-10s + 25 \cdot 2}{s^2 + 4} + \frac{10(s+3) - 4 \cdot 5}{(s+3)^2 + 25}\right)。$$

计算 Laplace 逆变换之后，我们得到位置函数
$$x(t) = \frac{5}{29}(-2\cos 2t + 5\sin 2t) + \frac{2}{29}e^{-3t}(5\cos 5t - 2\sin 5t)。$$

圆周频率为 2 的项构成质量块的稳态周期受迫振动，而圆周频率为 5 的指数衰减项构成其快速消失的瞬态运动（参见图 7.3.3）。注意，即使两个初始条件都为零，瞬态运动也是非零的。

共振与重复二次因子

下面两个 Laplace 逆变换在与重复二次因子的情况对应的部分分式求逆时很有用：

$$\mathscr{L}^{-1}\left\{\frac{s}{(s^2+k^2)^2}\right\} = \frac{1}{2k}t\sin kt, \tag{16}$$

$$\mathscr{L}^{-1}\left\{\frac{1}{(s^2+k^2)^2}\right\} = \frac{1}{2k^3}(\sin kt - kt\cos kt)。 \tag{17}$$

它们分别来自 7.2 节例题 5 和习题 31。由于在式 (16) 和式 (17) 中存在 $t\sin kt$ 和 $t\cos kt$ 项，所以重复二次因子通常预示无阻尼机械或电气系统中的共振现象。

例题 5 **共振** 利用 Laplace 变换，求解控制弹簧上质量块的无阻尼受迫振动的初值问题

$$x'' + \omega_0^2 x = F_0 \sin\omega t; \quad x(0) = 0 = x'(0)。$$

解答：当我们对微分方程进行变换时，可得方程

$$s^2 X(s) + \omega_0^2 X(s) = \frac{F_0\omega}{s^2+\omega^2}, \quad 所以 \quad X(s) = \frac{F_0\omega}{(s^2+\omega^2)(s^2+\omega_0^2)}。$$

若 $\omega \neq \omega_0$，我们不难求出

$$X(s) = \frac{F_0\omega}{\omega^2 - \omega_0^2}\left(\frac{1}{s^2+\omega_0^2} - \frac{1}{s^2+\omega^2}\right),$$

所以由此可得

$$x(t) = \frac{F_0\omega}{\omega^2 - \omega_0^2}\left(\frac{1}{\omega_0}\sin\omega_0 t - \frac{1}{\omega}\sin\omega t\right)。$$

但若 $\omega = \omega_0$，则有

$$X(s) = \frac{F_0\omega_0}{(s^2+\omega_0^2)^2},$$

所以由式 (17) 得到共振解

$$x(t) = \frac{F_0}{2\omega_0^2}(\sin\omega_0 t - \omega_0 t\cos\omega_0 t)。 \tag{18}$$

∎

备注：由式 (18) 定义的解曲线在"包络线" $x = \pm C(t)$ 之间来回反弹（参见图 7.3.4），为了得到此包络线，将式 (18) 改写为

$$x(t) = A(t)\cos\omega_0 t + B(t)\sin\omega_0 t,$$

然后定义通常的"振幅" $C = \sqrt{A^2 + B^2}$。在这个例子中，我们可以求出

$$C(t) = \frac{F_0}{2\omega_0^2}\sqrt{\omega_0^2 t^2 + 1}。$$

这种构造共振解包络线的技术将在本节应用材料中进一步说明。

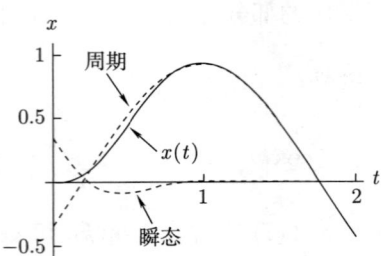 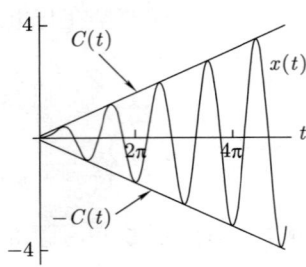

图 7.3.3 例题 4 中的周期受迫振动 $x_{\rm sp}(t)$、阻尼瞬态运动 $x_{\rm tr}(t)$ 以及解 $x(t) = x_{\rm sp}(t) + x_{\rm tr}(t)$

图 7.3.4 当 $\omega_0 = \dfrac{1}{2}$ 和 $F_0 = 1$ 时的共振解式 (18) 及其包络线 $x = \pm C(t)$

例题 6 求解初值问题
$$y^{(4)} + 2y'' + y = 4te^t; \quad y(0) = y'(0) = y''(0) = y^{(3)}(0) = 0。$$

解答：首先我们观察到
$$\mathscr{L}\{y''(t)\} = s^2 Y(s), \quad \mathscr{L}\{y^{(4)}(t)\} = s^4 Y(s) \quad \text{和} \quad \mathscr{L}\{te^t\} = \frac{1}{(s-1)^2}。$$

因此变换后的方程为
$$(s^4 + 2s^2 + 1)Y(s) = \frac{4}{(s-1)^2}。$$

从而我们的问题是求出下式的逆变换：
$$\begin{aligned} Y(s) &= \frac{4}{(s-1)^2(s^2+1)^2} \\ &= \frac{A}{(s-1)^2} + \frac{B}{s-1} + \frac{Cs+D}{(s^2+1)^2} + \frac{Es+F}{s^2+1}。 \end{aligned} \tag{19}$$

若乘以公分母 $(s-1)^2(s^2+1)^2$，可得方程
$$A(s^2+1)^2 + B(s-1)(s^2+1)^2 + Cs(s-1)^2 +$$
$$D(s-1)^2 + Es(s-1)^2(s^2+1) + F(s-1)^2(s^2+1) = 4。 \tag{20}$$

将 $s = 1$⊖代入可得 $A = 1$。

式 (20) 是对所有 s 值都成立的恒等式。为了求出剩余系数的值，我们依次将值 $s = 0$，$s = -1$，$s = 2$，$s = -2$ 和 $s = 3$ 代入式 (20)。从而得到以 B，C，D，E 和 F 为未知量

⊖ 与需要对式 (20) 左侧进行展开的"万无一失"的方法相比，代入这些策略性选择的 s 值能够节省大量精力。

的五个线性方程

$$
\begin{aligned}
-B + D + F &= 3, \\
-8B - 4C + 4D - 8E + 8F &= 0, \\
25B + 2C + D + 10E + 5F &= -21, \\
-75B - 18C + 9D - 90E + 45F &= -21, \\
200B + 12C + 4D + 120E + 40F &= -96。
\end{aligned}
\tag{21}
$$

借助求解技术，我们可以解出 $B = -2$，$C = 2$，$D = 0$，$E = 2$ 以及 $F = 1$。

现在将我们已经求出的系数代入式 (19)，从而得到

$$Y(s) = \frac{1}{(s-1)^2} - \frac{2}{s-1} + \frac{2s}{(s^2+1)^2} + \frac{2s+1}{s^2+1}。$$

回顾式 (16)、平移性质以及熟悉的 $\cos t$ 和 $\sin t$ 的变换，我们最终得到给定初值问题的解为

$$y(t) = (t-2)\mathrm{e}^t + (t+1)\sin t + 2\cos t。 \blacksquare$$

习题

应用平移定理求习题 1~4 中函数的 Laplace 变换。

1. $f(t) = t^4 \mathrm{e}^{\pi t}$
2. $f(t) = t^{3/2} \mathrm{e}^{-4t}$
3. $f(t) = \mathrm{e}^{-2t} \sin 3\pi t$
4. $f(t) = \mathrm{e}^{-t/2} \cos 2\left(t - \frac{1}{8}\pi\right)$

应用平移定理求习题 5~10 中函数的 Laplace 逆变换。

5. $F(s) = \dfrac{3}{2s-4}$
6. $F(s) = \dfrac{s-1}{(s+1)^3}$
7. $F(s) = \dfrac{1}{s^2+4s+4}$
8. $F(s) = \dfrac{s+2}{s^2+4s+5}$
9. $F(s) = \dfrac{3s+5}{s^2-6s+25}$
10. $F(s) = \dfrac{2s-3}{9s^2-12s+20}$

利用部分分式法求习题 11~22 中函数的 Laplace 逆变换。

11. $F(s) = \dfrac{1}{s^2-4}$
12. $F(s) = \dfrac{5s-6}{s^2-3s}$
13. $F(s) = \dfrac{5-2s}{s^2+7s+10}$
14. $F(s) = \dfrac{5s-4}{s^3-s^2-2s}$
15. $F(s) = \dfrac{1}{s^3-5s^2}$
16. $F(s) = \dfrac{1}{(s^2+s-6)^2}$
17. $F(s) = \dfrac{1}{s^4-16}$
18. $F(s) = \dfrac{s^3}{(s-4)^4}$
19. $F(s) = \dfrac{s^2-2s}{s^4+5s^2+4}$
20. $F(s) = \dfrac{1}{s^4-8s^2+16}$
21. $F(s) = \dfrac{s^2+3}{(s^2+2s+2)^2}$
22. $F(s) = \dfrac{2s^3-s^2}{(4s^2-4s+5)^2}$

利用因式分解

$$s^4 + 4a^4 = (s^2 - 2as + 2a^2)(s^2 + 2as + 2a^2)$$

推导出习题 23~26 中所列出的 Laplace 逆变换。

23. $\mathscr{L}^{-1}\left\{\dfrac{s^3}{s^4+4a^4}\right\} = \cosh at \cos at$

24. $\mathscr{L}^{-1}\left\{\dfrac{s}{s^4+4a^4}\right\} = \dfrac{1}{2a^2}\sinh at \sin at$

25. $\mathscr{L}^{-1}\left\{\dfrac{s^2}{s^4+4a^4}\right\} = \dfrac{1}{2a}(\cosh at \sin at + \sinh at \cos at)$

26. $\mathscr{L}^{-1}\left\{\dfrac{1}{s^4+4a^4}\right\} = \dfrac{1}{4a^3}(\cosh at \sin at - \sinh at \cos at)$

利用 Laplace 变换求解习题 27~38 中的初值问题。

27. $x'' + 6x' + 25x = 0$; $x(0) = 2$, $x'(0) = 3$
28. $x'' - 6x' + 8x = 2$; $x(0) = x'(0) = 0$
29. $x'' - 4x = 3t$; $x(0) = x'(0) = 0$
30. $x'' + 4x' + 8x = e^{-t}$; $x(0) = x'(0) = 0$
31. $x^{(3)} + x'' - 6x' = 0$; $x(0) = 0$, $x'(0) = x''(0) = 1$
32. $x^{(4)} - x = 0$; $x(0) = 1$, $x'(0) = x''(0) = x^{(3)}(0) = 0$
33. $x^{(4)} + x = 0$; $x(0) = x'(0) = x''(0) = 0$, $x^{(3)}(0) = 1$
34. $x^{(4)} + 13x'' + 36x = 0$; $x(0) = x''(0) = 0$, $x'(0) = 2$, $x^{(3)}(0) = -13$
35. $x^{(4)} + 8x'' + 16x = 0$; $x(0) = x'(0) = x''(0) = 0$, $x^{(3)}(0) = 1$
36. $x^{(4)} + 2x'' + x = e^{2t}$; $x(0) = x'(0) = x''(0) = x^{(3)}(0) = 0$
37. $x'' + 4x' + 13x = te^{-t}$; $x(0) = 0$, $x'(0) = 2$
38. $x'' + 6x' + 18x = \cos 2t$; $x(0) = 1$, $x'(0) = -1$

共振

习题 39 和习题 40 说明在给定外力 $F(t)$ 和初始条件 $x(0) = x'(0) = 0$ 下质量块–弹簧–阻尼器系统中的两类共振。

39. 设 $m = 1$, $k = 9$, $c = 0$ 以及 $F(t) = 6\cos 3t$。利用式 (16) 所给的逆变换推导出解 $x(t) = t\sin 3t$。构造一幅图来说明所发生的共振。

40. 设 $m = 1$, $k = 9.04$, $c = 0.4$ 以及 $F(t) = 6e^{-t/5}\cos 3t$。推导出解

$$x(t) = te^{-t/5}\sin 3t。$$

证明振幅函数 $A(t) = te^{-t/5}$ 的最大值为 $A(5) = 5/e$。因此（如图 7.3.5 所示），随着 $t \to +\infty$，在质量块的振动开始衰减之前，在最初 5 s 内振动的振幅是增加的。

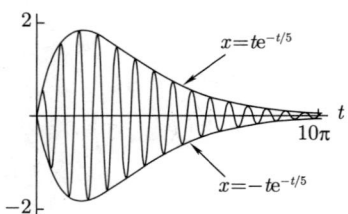

图 7.3.5　习题 40 中阻尼振动的图形

应用　阻尼与共振研究

📎 请访问 bit.ly/3ErxX4j，利用 Maple、Mathematica 和 MATLAB 等计算资源对此主题进行更多讨论和探索。

这里我们概述利用 Maple 研究如下质量块–弹簧–阻尼器系统的行为：

$$mx'' + cx' + kx = F(t), \quad x(0) = x'(0) = 0 \tag{1}$$

其中参数值为

```
    m := 25;    c := 10;    k := 226;
```
它将对如下各种可能外力做出响应：

1. $F(t) \equiv 226$

这应该会产生"趋于稳定"到一个常数解的阻尼振动（为什么？）。

2. $F(t) = 901 \cos 3t$

在这种周期性外力作用下，你应该会看到一个稳态周期振动伴随着指数衰减瞬态运动（如图 3.6.13 所示）。

3. $F(t) = 900 \mathrm{e}^{-t/5} \cos 3t$

现在周期性外力是指数衰减的，那么变换 $X(s)$ 包含一个预示存在共振现象的重复二次因子。所以响应 $x(t)$ 是图 7.3.5 所示响应的常数倍。

4. $F(t) = 900 t \mathrm{e}^{-t/5} \cos 3t$

我们插入因子 t 使其更有趣一点。这种情况下的解将在下面说明。

5. $F(t) = 162 t^3 \mathrm{e}^{-t/5} \cos 3t$

在这种情况下，你会发现变换 $X(s)$ 涉及二次因子的五次方，而通过手动方法求其逆变换将是非常烦琐的。

为了说明 Maple 方法，我们首先建立与情形 4 对应的微分方程。

```
F := 900*t*exp(-t/5)*cos(3*t);
de := m*diff(x(t), t$2)+ c*diff(x(t), t)+ k*x(t)= F;
```

然后应用 Laplace 变换并代入初始条件。

```
with(inttrans):
DE := laplace(de, t, s):
X(s):= solve(DE, laplace(x(t), t, s)):
X(s):= simplify(subs(x(0)=0, D(x)(0)=0, X(s)));
```

此时命令`factor(denom(X(s)))`给出

$$X(s) = \frac{22500(25s^2 + 10s - 224)}{(25s^2 + 10s + 226)^3}。$$

二次因子的立方将难以手动处理，但命令

```
x(t):= invlaplace(X(s), s, t);
```

可以快速给出

$$x(t) = \mathrm{e}^{-t/5}\left(t\cos 3t + \left(3t^2 - \frac{1}{3}\right)\sin 3t\right)。$$

这些阻尼振动的振幅函数可定义为

```
C(t):= exp(-t/5)*sqrt(t^2 + (3*t^2 -1/3)^2);
```

而最终命令

```
plot({x(t), C(t), -C(t)}, t=0..40);
```

可生成如图 7.3.6 所示的图形。由重复二次因子引起的共振包含振动衰减前的短暂增强。

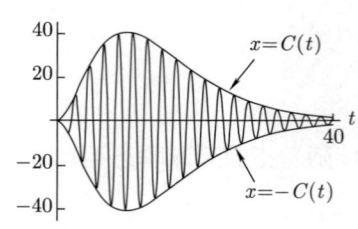

图 7.3.6 情形 4 中的共振解及其包络曲线

练习

为了对前面列出的其他情形进行类似求解，你只需要在上面的初始命令中输入适当的力F，然后重新执行后续命令即可。为了了解使用 Laplace 变换的优势，为情形 5 建立微分方程de，并检查如下命令的结果：

```
dsolve({de, x(0)=0, D(x)(0)=0}, x(t));
```

当然，你可以用自己喜欢的质量块-弹簧-阻尼器参数代替这里所使用的参数。但若你选择 m, c 和 k 使得

$$mr^2 + cr + k = (pr + a)^2 + b^2, \tag{2}$$

其中 p, a 和 b 都是整数，则可以简化计算。一种方法是先选择后面的整数，再利用式 (2) 确定 m, c 和 k。

7.4 变换的导数、积分和乘积

一个微分方程的（最初未知的）解的 Laplace 变换有时可以看作两个已知函数的变换的乘积。例如，当我们对如下初值问题进行变换时，

$$x'' + x = \cos t; \quad x(0) = x'(0) = 0,$$

可得

$$X(s) = \frac{s}{(s^2+1)^2} = \frac{s}{s^2+1} \cdot \frac{1}{s^2+1} = \mathscr{L}\{\cos t\} \cdot \mathscr{L}\{\sin t\}。$$

这强烈表明应该存在一种方法将 $\sin t$ 和 $\cos t$ 这两个函数结合起来得到一个函数 $x(t)$，并且其变换是它们变换的乘积。但显然 $x(t)$ 不是 $\sin t$ 和 $\cos t$ 的简单乘积，因为

$$\mathscr{L}\{\cos t \sin t\} = \mathscr{L}\left\{\frac{1}{2}\sin 2t\right\} = \frac{1}{s^2+4} \neq \frac{s}{(s^2+1)^2}。$$

从而 $\mathscr{L}\{\cos t \sin t\} \neq \mathscr{L}\{\cos t\} \cdot \mathscr{L}\{\sin t\}$。

本节定理 1 将告诉我们，函数

$$h(t) = \int_0^t f(\tau) g(t-\tau) d\tau \tag{1}$$

具有我们所需的性质，即

$$\mathscr{L}\{h(t)\} = H(s) = F(s) \cdot G(s)。 \tag{2}$$

由式 (1) 中积分所定义的 t 的新函数只依赖于 f 和 g，被称为 f 与 g 的卷积。记为 $f*g$，意思是它是 f 与 g 的一种新型乘积，使得其变换是 f 与 g 的变换的乘积。

定义　两个函数的卷积

对于 $t \geqslant 0$，分段连续函数 f 与 g 的**卷积** $f*g$ 定义如下：
$$(f*g)(t) = \int_0^t f(\tau)g(t-\tau)\mathrm{d}\tau。 \tag{3}$$

方便起见，我们也会记为 $f(t)*g(t)$。关于卷积，本节定理 1 表明
$$\mathscr{L}\{f*g\} = \mathscr{L}\{f\} \cdot \mathscr{L}\{g\}。$$

若我们在式 (3) 的积分中做替换 $u = t-\tau$，则有
$$f(t)*g(t) = \int_0^t f(\tau)g(t-\tau)\mathrm{d}\tau = \int_t^0 f(t-u)g(u)(-\mathrm{d}u)$$
$$= \int_0^t g(u)f(t-u)\mathrm{d}u = g(t)*f(t)。$$
因此卷积是可交换的：$f*g = g*f$。

例题 1　函数 $\cos t$ 与 $\sin t$ 的卷积为
$$(\cos t)*(\sin t) = \int_0^t \cos\tau \sin(t-\tau)\mathrm{d}\tau。$$
我们应用三角恒等式
$$\cos A \sin B = \frac{1}{2}[\sin(A+B) - \sin(A-B)]$$
可得
$$(\cos t)*(\sin t) = \int_0^t \frac{1}{2}[\sin t - \sin(2\tau - t)]\mathrm{d}\tau$$
$$= \frac{1}{2}\left[\tau \sin t + \frac{1}{2}\cos(2\tau - t)\right]_{\tau=0}^{t},$$
即
$$(\cos t)*(\sin t) = \frac{1}{2}t\sin t。$$

回顾 7.2 节例题 5 可知 $\dfrac{1}{2}t\sin t$ 的 Laplace 变换确实是 $s/(s^2+1)^2$。 ■

定理 1 的证明放在本节末尾。

定理 1　卷积性质

假设 $f(t)$ 和 $g(t)$ 在 $t \geqslant 0$ 时分段连续，并且当 $t \to +\infty$ 时，$|f(t)|$ 和 $|g(t)|$ 以 Me^{ct} 为界。那么当 $s > c$ 时，卷积 $f(t) * g(t)$ 的 Laplace 变换存在，并满足

$$\mathscr{L}\{f(t) * g(t)\} = \mathscr{L}\{f(t)\} \cdot \mathscr{L}\{g(t)\} \tag{4}$$

和

$$\mathscr{L}^{-1}\{F(s) \cdot G(s)\} = f(t) * g(t)。 \tag{5}$$

因此，只要我们能够计算出积分

$$\mathscr{L}^{-1}\{F(s) \cdot G(s)\} = \int_0^t f(\tau)g(t-\tau)\mathrm{d}\tau, \tag{5'}$$

我们就可以求出乘积 $F(s) \cdot G(s)$ 的逆变换。

例题 2 将说明这样一个事实：在求逆变换时，卷积经常成为一种替代部分分式法的简便方法。

例题 2　对于 $f(t) = \sin 2t$ 和 $g(t) = e^t$，由卷积可得

$$\mathscr{L}^{-1}\left\{\frac{2}{(s-1)(s^2+4)}\right\} = (\sin 2t) * e^t = \int_0^t e^{t-\tau} \sin 2\tau \mathrm{d}\tau$$

$$= e^t \int_0^t e^{-\tau} \sin 2\tau \mathrm{d}\tau = e^t \left[\frac{e^{-\tau}}{5}(-\sin 2\tau - 2\cos 2\tau)\right]_0^t,$$

所以

$$\mathscr{L}^{-1}\left\{\frac{2}{(s-1)(s^2+4)}\right\} = \frac{2}{5}e^t - \frac{1}{5}\sin 2t - \frac{2}{5}\cos 2t。 \quad \blacksquare$$

变换的微分

根据 7.2 节定理 1，若 $f(0) = 0$，则 $f(t)$ 的微分对应于其变换乘以 s。本节最后将证明的定理 2 告诉我们，变换 $F(s)$ 的微分对应于原函数 $f(t)$ 乘以 $-t$。

定理 2　变换的微分

若 $f(t)$ 在 $t \geqslant 0$ 时分段连续，且当 $t \to +\infty$ 时，$|f(t)| \leqslant Me^{ct}$，则当 $s > c$ 时，

$$\mathscr{L}\{-tf(t)\} = F'(s)。 \tag{6}$$

相当于

$$f(t) = \mathscr{L}^{-1}\{F(s)\} = -\frac{1}{t}\mathscr{L}^{-1}\{F'(s)\}。 \tag{7}$$

重复应用式 (6)，可得
$$\mathscr{L}\{t^n f(t)\} = (-1)^n F^{(n)}(s), \tag{8}$$
其中 $n = 1, 2, 3, \cdots$。

例题 3 求 $\mathscr{L}\{t^2 \sin kt\}$。

解答：由式 (8) 可得
$$\begin{aligned}\mathscr{L}\{t^2 \sin kt\} &= (-1)^2 \frac{\mathrm{d}^2}{\mathrm{d}s^2}\left(\frac{k}{s^2+k^2}\right) \\ &= \frac{\mathrm{d}}{\mathrm{d}s}\left[\frac{-2ks}{(s^2+k^2)^2}\right] = \frac{6ks^2 - 2k^3}{(s^2+k^2)^3}\text{。}\end{aligned} \tag{9}$$

当变换的导数比变换本身更容易处理时，式 (7) 中微分性质的形式往往有助于求逆变换。

例题 4 求 $\mathscr{L}^{-1}\{\tan^{-1}(1/s)\}$。

解答：由于 $\tan^{-1}(1/s)$ 的导数是一个简单的有理函数，所以我们应用式 (7)：
$$\begin{aligned}\mathscr{L}^{-1}\left\{\tan^{-1}\frac{1}{s}\right\} &= -\frac{1}{t}\mathscr{L}^{-1}\left\{\frac{\mathrm{d}}{\mathrm{d}s}\tan^{-1}\frac{1}{s}\right\} \\ &= -\frac{1}{t}\mathscr{L}^{-1}\left\{\frac{-1/s^2}{1+(1/s)^2}\right\} \\ &= -\frac{1}{t}\mathscr{L}^{-1}\left\{\frac{-1}{s^2+1}\right\} = -\frac{1}{t}(-\sin t)\text{。}\end{aligned}$$

因此
$$\mathscr{L}^{-1}\left\{\tan^{-1}\frac{1}{s}\right\} = \frac{\sin t}{t}\text{。}$$

式 (8) 可用于对系数为多项式而非常数的线性微分方程进行变换。结果将是一个涉及变换的微分方程；当然，这个过程能否成功取决于我们求解新方程是否比求解旧方程更容易。

例题 5 令 $x(t)$ 为如下零阶 Bessel 方程的解：
$$tx'' + x' + tx = 0,$$
其中 $x(0) = 1$ 且 $x'(0) = 0$。这个 Bessel 方程的解通常用 $J_0(t)$ 表示。因为
$$\mathscr{L}\{x'(t)\} = sX(s) - 1 \quad \text{和} \quad \mathscr{L}\{x''(t)\} = s^2 X(s) - s,$$

又因为在方程中 x 和 x'' 都乘以了 t，应用式 (6) 得到变换后的方程

$$-\frac{\mathrm{d}}{\mathrm{d}s}[s^2 X(s) - s] + [sX(s) - 1] - \frac{\mathrm{d}}{\mathrm{d}s}[X(s)] = 0。$$

微分并化简后的结果是微分方程

$$(s^2 + 1)X'(s) + sX(s) = 0。$$

这个方程是可分离的，即

$$\frac{X'(s)}{X(s)} = -\frac{s}{s^2 + 1},$$

其通解为

$$X(s) = \frac{C}{\sqrt{s^2 + 1}}。$$

在习题 39 中，我们概述了 $C = 1$ 的理由。由于 $X(s) = \mathscr{L}\{J_0(t)\}$，由此可知

$$\mathscr{L}\{J_0(t)\} = \frac{1}{\sqrt{s^2 + 1}}。 \tag{10}$$

■

变换的积分

$F(s)$ 的微分对应于 $f(t)$ 乘以 t（以及符号的变化）。因此，很自然地期望 $F(s)$ 的积分会对应于 $f(t)$ 除以 t。下面将证明的定理 3 证实了这一点，只要所得的商 $f(t)/t$ 在 t 从右侧趋近 0 时保持良好的行为，即只要

$$\lim_{t \to 0^+} \frac{f(t)}{t} \text{ 存在且有界。} \tag{11}$$

定理 3　变换的积分

假设 $f(t)$ 在 $t \geqslant 0$ 时分段连续，并且 $f(t)$ 满足条件式 (11)，同时当 $t \to +\infty$ 时，$|f(t)| \leqslant Me^{ct}$。那么当 $s > c$ 时，

$$\mathscr{L}\left\{\frac{f(t)}{t}\right\} = \int_s^\infty F(\sigma)\mathrm{d}\sigma。 \tag{12}$$

相当于

$$f(t) = \mathscr{L}^{-1}\{F(s)\} = t\mathscr{L}^{-1}\left\{\int_s^\infty F(\sigma)\mathrm{d}\sigma\right\}。 \tag{13}$$

例题 6　求 $\mathscr{L}\{(\sinh t)/t\}$。

解答：我们首先借助 l'Hôpital 法则验证条件式 (11) 成立：

$$\lim_{t \to 0} \frac{\sinh t}{t} = \lim_{t \to 0} \frac{e^t - e^{-t}}{2t} = \lim_{t \to 0} \frac{e^t + e^{-t}}{2} = 1。$$

然后根据 $f(t) = \sinh t$，由式 (12) 可得

$$\mathscr{L}\left\{\frac{\sinh t}{t}\right\} = \int_s^\infty \mathscr{L}\{\sinh t\}\mathrm{d}\sigma = \int_s^\infty \frac{\mathrm{d}\sigma}{\sigma^2 - 1}$$

$$= \frac{1}{2}\int_s^\infty \left(\frac{1}{\sigma - 1} - \frac{1}{\sigma + 1}\right)\mathrm{d}\sigma = \frac{1}{2}\left[\ln\frac{\sigma - 1}{\sigma + 1}\right]_s^\infty.$$

因此，

$$\mathscr{L}\left\{\frac{\sinh t}{t}\right\} = \frac{1}{2}\ln\frac{s + 1}{s - 1},$$

其中用到 $\ln 1 = 0$。∎

当变换的不定积分比变换本身更容易处理时，式 (13) 中积分性质的形式往往有助于求逆变换。

例题 7 求 $\mathscr{L}^{-1}\{2s/(s^2 - 1)^2\}$。

解答：我们可以使用部分分式法，但应用式 (13) 要简单得多。由此可得

$$\mathscr{L}^{-1}\left\{\frac{2s}{(s^2 - 1)^2}\right\} = t\mathscr{L}^{-1}\left\{\int_s^\infty \frac{2\sigma}{(\sigma^2 - 1)^2}\mathrm{d}\sigma\right\}$$

$$= t\mathscr{L}^{-1}\left\{\left[\frac{-1}{\sigma^2 - 1}\right]_s^\infty\right\} = t\mathscr{L}^{-1}\left\{\frac{1}{s^2 - 1}\right\},$$

因此

$$\mathscr{L}^{-1}\left\{\frac{2s}{(s^2 - 1)^2}\right\} = t\sinh t.$$ ∎

* 定理证明

定理 1 的证明：当 $s > c$ 时，由 7.1 节定理 2 可知，变换 $F(s)$ 和 $G(s)$ 存在。对任意 $\tau > 0$，由 Laplace 变换的定义可得

$$G(s) = \int_0^\infty \mathrm{e}^{-su}g(u)\mathrm{d}u = \int_\tau^\infty \mathrm{e}^{-s(t-\tau)}g(t-\tau)\mathrm{d}t \quad (u = t - \tau),$$

因此

$$G(s) = \mathrm{e}^{s\tau}\int_0^\infty \mathrm{e}^{-st}g(t-\tau)\mathrm{d}t,$$

因为对于 $t < 0$，我们可以定义 $f(t)$ 和 $g(t)$ 为零。那么

$$F(s)G(s) = G(s)\int_0^\infty \mathrm{e}^{-s\tau}f(\tau)\mathrm{d}\tau = \int_0^\infty \mathrm{e}^{-s\tau}f(\tau)G(s)\mathrm{d}\tau^{\ominus}$$

⊖ 由于积分变量是 τ 而不是 s，所以我们可以让 $G(s)$ 自由穿过积分。

$$= \int_0^\infty e^{-s\tau} f(\tau) \left(e^{s\tau} \int_0^\infty e^{-st} g(t-\tau) dt \right) d\tau$$

$$= \int_0^\infty \left(\int_0^\infty e^{-st} f(\tau) g(t-\tau) dt \right) d\tau \text{。}^{\ominus}$$

根据我们对 f 和 g 的假设意味着积分的顺序可以交换。(对此的证明需要讨论广义积分的一致收敛性，可参见 Churchill 的 *Operational Mathematics*（第 3 版，1972）的第 2 章。因此

$$F(s)G(s) = \int_0^\infty \left(\int_0^\infty e^{-st} f(\tau) g(t-\tau) d\tau \right) dt$$

$$= \int_0^\infty e^{-st} \left(\int_0^t f(\tau) g(t-\tau) d\tau \right) dt^{\ominus}$$

$$= \int_0^\infty e^{-st} [f(t) * g(t)] dt,$$

从而有

$$F(s)G(s) = \mathscr{L}\{f(t) * g(t)\}\text{。}$$

由于每当 $\tau > t$ 时 $g(t-\tau) = 0$，所以我们用 t 代替内积分的上限。这就完成了定理 1 的证明。▲

定理 2 的证明：因为

$$F(s) = \int_0^\infty e^{-st} f(t) dt,$$

由积分号下的微分可得

$$F'(s) = \frac{d}{ds} \int_0^\infty e^{-st} f(t) dt$$

$$= \int_0^\infty \frac{d}{ds} \left[e^{-st} f(t) \right] dt = \int_0^\infty e^{-st} [-tf(t)] dt,$$

因此

$$F'(s) = \mathscr{L}\{-tf(t)\},$$

这就是式 (6)。通过取 $\mathscr{L}^{-1}$，然后除以 $-t$，我们就得到式 (7)。积分号下微分的有效性取决于所得积分的一致收敛性，这在刚才提到的 Churchill 的书的第 2 章中有所论述。▲

定理 3 的证明：根据定义，

$$F(\sigma) = \int_0^\infty e^{-\sigma t} f(t) dt\text{。}$$

$\ominus$ 类似地，由于积分变量是 t 而不是 τ，所以我们可以让 $f(\tau)$ 穿过内积分。

$\ominus$ 同样，由于积分变量是 τ，所以我们可以让 e^{-st} 穿过内积分。

所以对 $F(\sigma)$ 从 s 到 $+\infty$ 进行积分可得

$$\int_s^\infty F(\sigma)\mathrm{d}\sigma = \int_s^\infty \left(\int_0^\infty \mathrm{e}^{-\sigma t} f(t)\mathrm{d}t \right) \mathrm{d}\sigma。$$

在此定理的假设下，积分的顺序可以交换（再次参见 Churchill 的书），由此可得

$$\begin{aligned}
\int_s^\infty F(\sigma)\mathrm{d}\sigma &= \int_0^\infty \left(\int_s^\infty \mathrm{e}^{-\sigma t} f(t)\mathrm{d}\sigma \right) \mathrm{d}t \\
&= \int_0^\infty \left[\frac{\mathrm{e}^{-\sigma t}}{-t} \right]_{\sigma=s}^\infty f(t)\mathrm{d}t \\
&= \int_0^\infty \mathrm{e}^{-st} \frac{f(t)}{t} \mathrm{d}t = \mathscr{L}\left\{ \frac{f(t)}{t} \right\}。
\end{aligned}$$

这就验证了式 (12)，在此基础上，先取 $\mathscr{L}^{-1}$ 再乘以 t 就得到式 (13)。 ▲

习题

在习题 1～6 中，求卷积 $f(t) * g(t)$。

1. $f(t) = t$, $g(t) \equiv 1$
2. $f(t) = t$, $g(t) = \mathrm{e}^{at}$
3. $f(t) = g(t) = \sin t$
4. $f(t) = t^2$, $g(t) = \cos t$
5. $f(t) = g(t) = \mathrm{e}^{at}$
6. $f(t) = \mathrm{e}^{at}$, $g(t) = \mathrm{e}^{bt}$ $(a \neq b)$

应用卷积定理，求习题 7～14 中函数的 Laplace 逆变换。

7. $F(s) = \dfrac{1}{s(s-3)}$
8. $F(s) = \dfrac{1}{s(s^2+4)}$
9. $F(s) = \dfrac{1}{(s^2+9)^2}$
10. $F(s) = \dfrac{1}{s^2(s^2+k^2)}$
11. $F(s) = \dfrac{s^2}{(s^2+4)^2}$
12. $F(s) = \dfrac{1}{s(s^2+4s+5)}$
13. $F(s) = \dfrac{s}{(s-3)(s^2+1)}$
14. $F(s) = \dfrac{s}{s^4+5s^2+4}$

在习题 15～22 中，应用定理 2 或定理 3，求 $f(t)$ 的 Laplace 变换。

15. $f(t) = t \sin 3t$
16. $f(t) = t^2 \cos 2t$
17. $f(t) = t\mathrm{e}^{2t} \cos 3t$
18. $f(t) = t\mathrm{e}^{-t} \sin^2 t$
19. $f(t) = \dfrac{\sin t}{t}$
20. $f(t) = \dfrac{1 - \cos 2t}{t}$
21. $f(t) = \dfrac{\mathrm{e}^{3t} - 1}{t}$
22. $f(t) = \dfrac{\mathrm{e}^t - \mathrm{e}^{-t}}{t}$

求习题 23～28 中函数的逆变换。

23. $F(s) = \ln \dfrac{s-2}{s+2}$
24. $F(s) = \ln \dfrac{s^2+1}{s^2+4}$
25. $F(s) = \ln \dfrac{s^2+1}{(s+2)(s-3)}$
26. $F(s) = \tan^{-1} \dfrac{3}{s+2}$
27. $F(s) = \ln \left(1 + \dfrac{1}{s^2} \right)$
28. $F(s) = \dfrac{s}{(s^2+1)^3}$

系数为多项式的方程

在习题 29~34 中，对给定微分方程进行变换，以求出使得 $x(0) = 0$ 的非平凡解。

29. $tx'' + (t-2)x' + x = 0$
30. $tx'' + (3t-1)x' + 3x = 0$
31. $tx'' - (4t+1)x' + 2(2t+1)x = 0$
32. $tx'' + 2(t-1)x' - 2x = 0$
33. $tx'' - 2x' + tx = 0$
34. $tx'' + (4t-2)x' + (13t-4)x = 0$
35. 应用卷积定理，证明
$$\mathscr{L}^{-1}\left\{\frac{1}{(s-1)\sqrt{s}}\right\} = \frac{2\mathrm{e}^t}{\sqrt{\pi}}\int_0^{\sqrt{t}} \mathrm{e}^{-u^2}\mathrm{d}u = \mathrm{e}^t \,\mathrm{erf}\,\sqrt{t}.$$
（提示：做替换 $u = \sqrt{t}$。）

在习题 36~38 中，应用卷积定理，对具有初始条件 $x(0) = x'(0) = 0$ 的给定微分方程，推导出所示解 $x(t)$。

36. $x'' + 4x = f(t)$； $x(t) = \frac{1}{2}\int_0^t f(t-\tau)\sin 2\tau \mathrm{d}\tau$
37. $x'' + 2x' + x = f(t)$； $x(t) = \int_0^t \tau \mathrm{e}^{-\tau} f(t-\tau)\mathrm{d}\tau$
38. $x'' + 4x' + 13x = f(t)$；
$$x(t) = \frac{1}{3}\int_0^t f(t-\tau)\mathrm{e}^{-2\tau}\sin 3\tau\mathrm{d}\tau$$

级数的逐项逆变换

在 Churchill 的 *Operational Mathematics* 一书的第 2 章中，证明了如下定理。假设 $f(t)$ 在 $t \geqslant 0$ 时是连续的，并且当 $t \to +\infty$ 时，$f(t)$ 是指数级的，同时还假设
$$F(s) = \sum_{n=0}^{\infty} \frac{a_n}{s^{n+k+1}},$$
其中 $0 \leqslant k < 1$，且当 $s > c$ 时级数绝对收敛。则有
$$f(t) = \sum_{n=0}^{\infty} \frac{a_n t^{n+k}}{\Gamma(n+k+1)}.$$

在习题 39~41 中应用以上结果。

39. 在例题 5 中已经证明
$$\mathscr{L}\{J_0(t)\} = \frac{C}{\sqrt{s^2+1}} = \frac{C}{s}\left(1 + \frac{1}{s^2}\right)^{-1/2}.$$
借助二项式级数展开，然后逐项计算逆变换以得到
$$J_0(t) = C\sum_{n=0}^{\infty} \frac{(-1)^n t^{2n}}{2^{2n}(n!)^2}.$$
最后，注意 $J_0(0) = 1$ 意味着 $C = 1$。

40. 将函数 $F(s) = s^{-1/2}\mathrm{e}^{-1/s}$ 展开为 s^{-1} 的幂级数形式，以证明
$$\mathscr{L}^{-1}\left\{\frac{1}{\sqrt{s}}\mathrm{e}^{-1/s}\right\} = \frac{1}{\sqrt{\pi t}}\cos 2\sqrt{t}.$$

41. 证明
$$\mathscr{L}^{-1}\left\{\frac{1}{s}\mathrm{e}^{-1/s}\right\} = J_0(2\sqrt{t}).$$

7.5 周期分段连续输入函数

机械或电气系统的数学模型经常涉及具有与突然打开或关闭的外力相对应的间断点的函数。其中一个简单的开关函数就是我们在 7.1 节介绍过的单位阶跃函数。回顾在 $t = a$ 处的单位阶跃函数的定义为

$$u_a(t) = u(t-a) = \begin{cases} 0, & t < a, \\ 1, & t \geqslant a. \end{cases} \tag{1}$$

符号 $u_a(t)$ 简洁表明了单位数值的向上阶跃发生的位置（如图 7.5.1 所示），而 $u(t-a)$ 则蕴含了有时很有用的概念，即该阶跃发生前存在时长为 a 的"时间延迟"。

在 7.1 节例题 8 中，我们看到若 $a \geqslant 0$，则

$$\mathscr{L}\{u(t-a)\} = \frac{\mathrm{e}^{-as}}{s}。 \tag{2}$$

因为 $\mathscr{L}\{u(t)\} = 1/s$，所以式 (2) 意味着 $u(t)$ 的变换与 e^{-as} 的乘积对应于原自变量中的平移 $t \to t - a$。定理 1 告诉我们，若解释得当，这个事实就是 Laplace 变换的一般性质。

> **定理 1 在 t 轴上的平移**
> 若 $\mathscr{L}\{f(t)\}$ 在 $s > c$ 时存在，则对 $s > c + a$ 有
> $$\mathscr{L}\{u(t-a)f(t-a)\} = \mathrm{e}^{-as}F(s) \tag{3a}$$
> 和
> $$\mathscr{L}^{-1}\{\mathrm{e}^{-as}F(s)\} = u(t-a)f(t-a)。 \tag{3b}$$

注意到
$$u(t-a)f(t-a) = \begin{cases} 0, & t < a, \\ f(t-a), & t \geqslant a。 \end{cases} \tag{4}$$

因此，定理 1 意味着函数 $\mathscr{L}^{-1}\{\mathrm{e}^{-as}F(s)\}$ 在 $t \geqslant a$ 时的图形可由 $f(t)$ 在 $t \geqslant 0$ 时的图形向右平移 a 个单位得到。注意 $f(t)$ 的图形在 $t = 0$ 左侧的部分（如果有的话）"被切断"，并且没有被平移（参见图 7.5.2）。在某些应用中，函数 $f(t)$ 描述在 $t = 0$ 时刻开始到达的输入信号。那么 $u(t-a)f(t-a)$ 表示具有相同"形状"但时间延迟量为 a 的信号，所以直到 $t = a$ 时刻才开始到达。

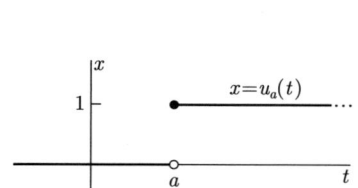

图 7.5.1　在 $t = a$ 处的单位阶跃函数的图形

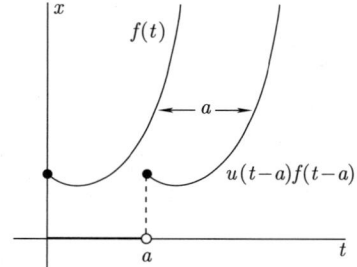

图 7.5.2　把函数 $f(t)$ 向右平移 a 个单位

定理 1 的证明：由 $\mathscr{L}\{f(t)\}$ 的定义，可得
$$\mathrm{e}^{-as}F(s) = \mathrm{e}^{-as}\int_0^\infty \mathrm{e}^{-s\tau}f(\tau)\mathrm{d}\tau = \int_0^\infty \mathrm{e}^{-s(\tau+a)}f(\tau)\mathrm{d}\tau。$$

然后做替换 $t = \tau + a$ 可得
$$\mathrm{e}^{-as}F(s) = \int_a^\infty \mathrm{e}^{-st}f(t-a)\mathrm{d}t。$$

由式 (4) 可知，上式与

$$e^{-as}F(s) = \int_0^\infty e^{-st}u(t-a)f(t-a)dt = \mathscr{L}\{u(t-a)f(t-a)\}$$

相同，因为在 $t < a$ 时 $u(t-a)f(t-a) = 0$。这就完成了定理 1 的证明。▲

例题 1 根据 $f(t) = \frac{1}{2}t^2$，由定理 1 可得

$$\mathscr{L}^{-1}\left\{\frac{e^{-as}}{s^3}\right\} = u(t-a)\frac{1}{2}(t-a)^2 = \begin{cases} 0, & t < a, \\ \frac{1}{2}(t-a)^2, & t \geqslant a, \end{cases}$$

（参见图 7.5.3）。

例题 2 如果（参见图 7.5.4）

$$g(t) = \begin{cases} 0, & t < 3, \\ t^2, & t \geqslant 3, \end{cases}$$

求 $\mathscr{L}\{g(t)\}$。

解答： 在应用定理 1 之前，我们必须先将 $g(t)$ 写成 $u(t-3)f(t-3)$ 的形式。向右平移 3 个单位后与 $g(t) = t^2$（在 $t \geqslant 3$ 时）一致的函数 $f(t)$ 是 $f(t) = (t+3)^2$，因为 $f(t-3) = t^2$。然而

$$F(s) = \mathscr{L}\{t^2 + 6t + 9\} = \frac{2}{s^3} + \frac{6}{s^2} + \frac{9}{s},$$

故现在由定理 1 可得

$$\mathscr{L}\{g(t)\} = \mathscr{L}\{u(t-3)f(t-3)\} = e^{-3s}F(s) = e^{-3s}\left(\frac{2}{s^3} + \frac{6}{s^2} + \frac{9}{s}\right).$$

例题 3 如果（参见图 7.5.5）

$$f(t) = \begin{cases} \cos 2t, & 0 \leqslant t < 2\pi, \\ 0, & t \geqslant 2\pi, \end{cases}$$

求 $\mathscr{L}\{f(t)\}$。

解答： 首先由余弦函数的周期性，可得

$$f(t) = [1 - u(t-2\pi)]\cos 2t = \cos 2t - u(t-2\pi)\cos 2(t-2\pi).$$

因此由定理 1 可得

$$\mathscr{L}\{f(t)\} = \mathscr{L}\{\cos 2t\} - e^{-2\pi s}\mathscr{L}\{\cos 2t\} = \frac{s(1 - e^{-2\pi s})}{s^2 + 4}.$$

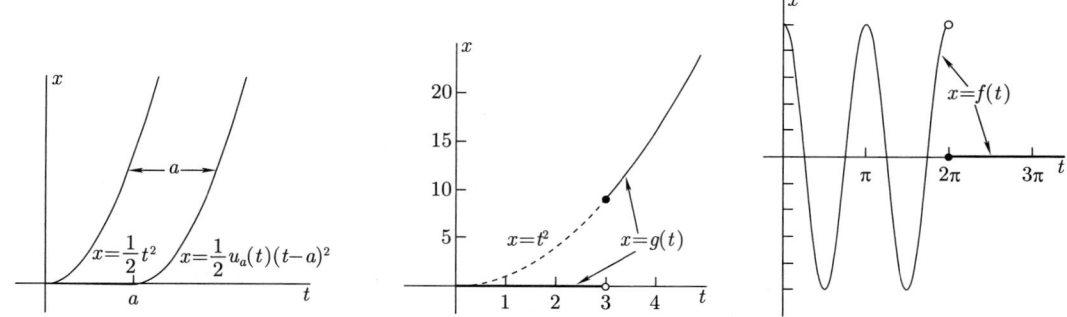

图 7.5.3 例题 1 中逆变换的图形 图 7.5.4 例题 2 中函数 $g(t)$ 的图形 图 7.5.5 例题 3 中的函数 $f(t)$

例题 4 **非连续受力** 一个重 32 lb（质量 $m = 1$ slug）的质量块连接在一根长而轻的弹簧的自由端，弹簧被 4 lb 的力拉伸了 1 ft（$k = 4$ lb/ft）。质量块最初在其平衡位置处于静止状态。从时间 $t = 0$（秒）开始，对质量块施加一个外力 $f(t) = \cos 2t$，但在 $t = 2\pi$ 时刻，断开（突然中断）这个力，而让质量块不受阻碍地继续运动。求出由此得到的质量块的位置函数 $x(t)$。

解答：我们需要求解初值问题

$$x'' + 4x = f(t); \quad x(0) = x'(0) = 0,$$

其中 $f(t)$ 是例题 3 中的函数。变换后的方程为

$$(s^2 + 4)X(s) = F(s) = \frac{s(1 - e^{-2\pi s})}{s^2 + 4},$$

所以

$$X(s) = \frac{s}{(s^2 + 4)^2} - e^{-2\pi s}\frac{s}{(s^2 + 4)^2}。$$

因为根据 7.3 节式 (16) 可知

$$\mathscr{L}^{-1}\left\{\frac{s}{(s^2 + 4)^2}\right\} = \frac{1}{4}t\sin 2t,$$

所以由定理 1 可得

$$x(t) = \frac{1}{4}t\sin 2t - u(t - 2\pi) \cdot \frac{1}{4}(t - 2\pi)\sin 2(t - 2\pi)$$

$$= \frac{1}{4}[t - u(t - 2\pi) \cdot (t - 2\pi)]\sin 2t。$$

若我们将 $t < 2\pi$ 和 $t \geqslant 2\pi$ 时的情形分开，我们发现位置函数可以写成如下形式

$$x(t) = \begin{cases} \dfrac{1}{4}t\sin 2t, & t < 2\pi, \\ \dfrac{1}{2}\pi\sin 2t, & t \geqslant 2\pi. \end{cases}$$

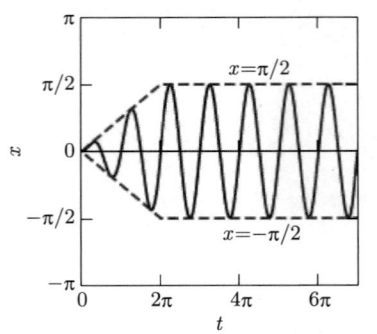

图 7.5.6 例题 4 中函数 $x(t)$ 的图形

如图 7.5.6 中 $x(t)$ 的图形所示，质量块以圆周频率 $\omega = 2$ 以及线性增加的振幅振动，直到在 $t = 2\pi$ 时刻力被移除。此后，质量块继续以相同的频率振动，但振幅变为常数 $\pi/2$。如果力 $F(t) = \cos 2t$ 无限期地持续下去，将会产生纯共振，但我们看到它的作用在其被移除的那一刻立即消失。∎

如果我们要用第 3 章的方法来解决例题 4，我们需要先在区间 $0 \leqslant t < 2\pi$ 上求解一个问题，然后在区间 $t \geqslant 2\pi$ 上求解一个具有不同初始条件的新问题。在这样一种情况下，Laplace 变换法具有不需要在不同区间上求解不同问题的明显优势。

例题 5　**RLC 电路**　考虑如图 7.5.7 所示的 RLC 电路，其中 $R = 110\ \Omega$，$L = 1$ H，$C = 0.001$ F，以及一个供应 $E_0 = 90$ V 的电池。最初，电路中没有电流，电容器上也没有电荷。在 $t = 0$ 时刻，开关闭合，并保持闭合 1 秒。在 $t = 1$ 时刻，开关打开，此后保持打开状态。求电路中产生的电流。

解答：我们回顾 3.7 节中的基本串联电路方程

$$L\frac{\mathrm{d}i}{\mathrm{d}t} + Ri + \frac{1}{C}q = e(t), \tag{5}$$

我们用小写字母表示电流、电荷和电压，保留用大写字母表示它们的变换。根据给定的电路元件，方程 (5) 变为

$$\frac{\mathrm{d}i}{\mathrm{d}t} + 110i + 1000q = e(t), \tag{6}$$

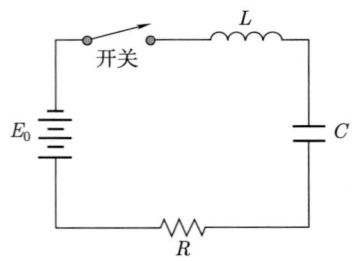

图 7.5.7　例题 5 中的串联 RLC 电路

其中 $e(t) = 90[1 - u(t-1)]$，对应开关的打开和闭合。

在 3.7 节中，我们的策略是对方程 (5) 两侧进行微分，然后应用关系

$$i = \frac{\mathrm{d}q}{\mathrm{d}t} \tag{7}$$

得到二阶方程

$$L\frac{\mathrm{d}^2 i}{\mathrm{d}t^2} + R\frac{\mathrm{d}i}{\mathrm{d}t} + \frac{1}{C}i = e'(t)。$$

这里我们不使用此方法，因为除了在 $t = 1$ 处之外，都有 $e'(t) = 0$，而从 $t < 1$ 时的

$e(t) = 90$ 跳跃到 $t > 1$ 时的 $e(t) = 0$ 似乎要求 $e'(1) = -\infty$。因此，$e'(t)$ 在 $t = 1$ 处似乎有一个无穷间断点。这种现象将在 7.6 节中讨论。暂时，我们将简单地指出这是一种奇怪的情况并回避它，而不是试图在这里处理它。

为了避免在 $t = 1$ 处可能出现的问题，我们观察到初始值 $q(0) = 0$，然后对式 (7) 进行积分可得

$$q(t) = \int_0^t i(\tau)\mathrm{d}\tau。 \tag{8}$$

我们将式 (8) 代入式 (5)，可得

$$L\frac{\mathrm{d}i}{\mathrm{d}t} + Ri + \frac{1}{C}\int_0^t i(\tau)\mathrm{d}\tau = e(t)。 \tag{9}$$

这是串联 RLC 电路的**积分微分方程**；它同时涉及未知函数 $i(t)$ 的积分和导数。Laplace 变换法可以很好地处理这样的方程。

在本例题中，方程 (9) 变为

$$\frac{\mathrm{d}i}{\mathrm{d}t} + 110i + 1000\int_0^t i(\tau)\mathrm{d}\tau = 90[1 - u(t-1)]。 \tag{10}$$

由 7.2 节中关于积分变换的定理 2，因为

$$\mathscr{L}\left\{\int_0^t i(\tau)\mathrm{d}\tau\right\} = \frac{I(s)}{s},$$

所以变换后的方程为

$$sI(s) + 110I(s) + 1000\frac{I(s)}{s} = \frac{90}{s}\left(1 - \mathrm{e}^{-s}\right)。$$

我们从这个方程中解出 $I(s)$，可得

$$I(s) = \frac{90\left(1 - \mathrm{e}^{-s}\right)}{s^2 + 110s + 1000}。$$

但是

$$\frac{90}{s^2 + 110s + 1000} = \frac{1}{s+10} - \frac{1}{s+100},$$

所以有

$$I(s) = \frac{1}{s+10} - \frac{1}{s+100} - \mathrm{e}^{-s}\left(\frac{1}{s+10} - \frac{1}{s+100}\right)。$$

现在我们对 $f(t) = \mathrm{e}^{-10t} - \mathrm{e}^{-100t}$ 应用定理 1，因此逆变换为

$$i(t) = \mathrm{e}^{-10t} - \mathrm{e}^{-100t} - u(t-1)\left[\mathrm{e}^{-10(t-1)} - \mathrm{e}^{-100(t-1)}\right]。$$

将 $t<1$ 和 $t\geqslant 1$ 的情况分开之后，我们发现电路中的电流可由下式给出：

$$i(t)=\begin{cases}\mathrm{e}^{-10t}-\mathrm{e}^{-100t}, & t<1,\\ \mathrm{e}^{-10t}-\mathrm{e}^{-10(t-1)}-\mathrm{e}^{-100t}+\mathrm{e}^{-100(t-1)}, & t\geqslant 1。\end{cases}$$

在这个解中，$\mathrm{e}^{-10t}-\mathrm{e}^{-100t}$ 部分将描述当开关对所有 t 保持闭合而不是对 $t\geqslant 0$ 打开时的电流。■

周期函数的变换

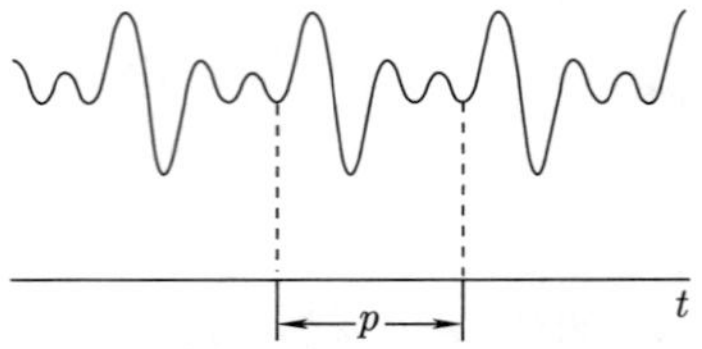

图 7.5.8　一个周期为 p 的函数图形

在实际机械或电气系统中，周期外力函数通常比纯粹正弦或余弦函数更复杂。对 $t\geqslant 0$ 定义的非常数函数 $f(t)$ 被称为是**周期的**，如果存在一个数 $p>0$，使得对所有 $t\geqslant 0$ 都有

$$f(t+p)=f(t)。\tag{11}$$

使式 (11) 成立的 p 的最小正值（若存在）被称为 f 的**周期**。图 7.5.8 显示了这样一个函数。定理 2 简化了周期函数 Laplace 变换的计算。

> **定理 2　周期函数的变换**
> 令 $f(t)$ 是周期为 p 的周期函数，且在 $t\geqslant 0$ 时分段连续。则当 $s>0$ 时，变换 $F(s)=\mathscr{L}\{f(t)\}$ 存在，且可由下式给出：
> $$F(s)=\frac{1}{1-\mathrm{e}^{-ps}}\int_0^p \mathrm{e}^{-st}f(t)\mathrm{d}t。\tag{12}$$

证明：由 Laplace 变换的定义可知

$$F(s)=\int_0^\infty \mathrm{e}^{-st}f(t)\mathrm{d}t=\sum_{n=0}^{\infty}\int_{np}^{(n+1)p}\mathrm{e}^{-st}f(t)\mathrm{d}t。$$

将 $t=\tau+np$ 代入求和符号后的第 n 个积分中，可得

$$\int_{np}^{(n+1)p}\mathrm{e}^{-st}f(t)\mathrm{d}t=\int_0^p \mathrm{e}^{-s(\tau+np)}f(\tau+np)\mathrm{d}\tau=\mathrm{e}^{-nps}\int_0^p \mathrm{e}^{-s\tau}f(\tau)\mathrm{d}\tau,$$

因为由周期性可知 $f(\tau+np)=f(\tau)$。因此

$$\begin{aligned}F(s)&=\sum_{n=0}^{\infty}\left(\mathrm{e}^{-nps}\int_0^p \mathrm{e}^{-s\tau}f(\tau)\mathrm{d}\tau\right)\\&=(1+\mathrm{e}^{-ps}+\mathrm{e}^{-2ps}+\cdots)\int_0^p \mathrm{e}^{-s\tau}f(\tau)\mathrm{d}\tau。\end{aligned}$$

因此,
$$F(s) = \frac{1}{1-e^{-ps}} \int_0^p e^{-s\tau} f(\tau) d\tau \text{。}$$

在最后一步中对级数求和时,我们利用了等比级数
$$\frac{1}{1-x} = 1 + x + x^2 + x^3 + \cdots,$$

其中 $x = e^{-ps} < 1$(对于 $s > 0$)。由此我们推导出式 (12)。 ▲

定理 2 的主要优势是,它使我们能够求出周期函数的 Laplace 变换,而不需要对广义积分进行显式计算。

例题 6 图 7.5.9 显示了周期 $p = 2a$ 的方波函数 $f(t) = (-1)^{[\![t/a]\!]}$ 的图形,$[\![x]\!]$ 表示不超过 x 的最大整数。根据定理 2,$f(t)$ 的 Laplace 变换为

$$\begin{aligned}
F(s) &= \frac{1}{1-e^{-2as}} \int_0^{2a} e^{-st} f(t) dt \\
&= \frac{1}{1-e^{-2as}} \left(\int_0^a e^{-st} dt + \int_a^{2a} (-1) e^{-st} dt \right) \\
&= \frac{1}{1-e^{-2as}} \left(\left[-\frac{1}{s} e^{-st} \right]_0^a - \left[-\frac{1}{s} e^{-st} \right]_a^{2a} \right) \\
&= \frac{(1-e^{-as})^2}{s(1-e^{-2as})} = \frac{1-e^{-as}}{s(1+e^{-as})} \text{。}
\end{aligned}$$

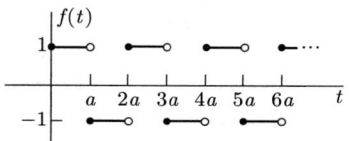

图 7.5.9 例题 6 中方波函数的图形

因此
$$F(s) = \frac{1-e^{-as}}{s(1+e^{-as})} \tag{13a}$$

$$= \frac{e^{as/2} - e^{-as/2}}{s(e^{as/2} + e^{-as/2})} = \frac{1}{s} \tanh \frac{as}{2} \text{。} \tag{13b}$$

■

例题 7 图 7.5.10 显示了周期 $p = 2a$ 的三角波函数 $g(t)$ 的图形。由于导数 $g'(t)$ 是例题 6 中的方波函数,所以由式 (13b) 和 7.2 节定理 2 可知,此三角波函数的变换为

$$G(s) = \frac{F(s)}{s} = \frac{1}{s^2} \tanh \frac{as}{2} \text{。} \tag{14}$$

■

例题 8 **方波形外力** 考虑一个质量块–弹簧–阻尼器系统,在适当单位下 $m=1$, $c=4$ 以及 $k=20$。假设系统最初在平衡位置处于静止状态 ($x(0) = x'(0) = 0$),并且从 $t=0$ 时刻开始,质量块受到外力 $f(t)$ 的作用,其图形如图 7.5.11 所示:振幅为 20、周期为 2π 的方波。求位置函数 $x(t)$。

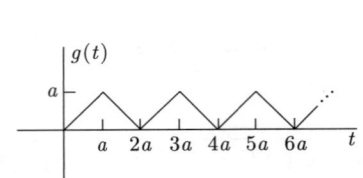

图 7.5.10 例题 7 中三角波函数的图形

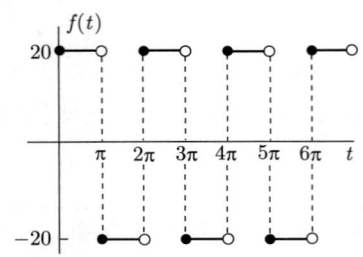

图 7.5.11 例题 8 中外力函数的图形

解答:初值问题为

$$x'' + 4x' + 20x = f(t); \quad x(0) = x'(0) = 0。$$

变换后的方程为

$$s^2 X(s) + 4s X(s) + 20 X(s) = F(s)。 \tag{15}$$

根据例题 6,其中 $a = \pi$,我们得到 $f(t)$ 的变换为

$$\begin{aligned} F(s) &= \frac{20}{s} \cdot \frac{1 - e^{-\pi s}}{1 + e^{-\pi s}} \\ &= \frac{20}{s} \left(1 - e^{-\pi s}\right) \left(1 - e^{-\pi s} + e^{-2\pi s} - e^{-3\pi s} + \cdots\right) \\ &= \frac{20}{s}\left(1 - 2e^{-\pi s} + 2e^{-2\pi s} - 2e^{-3\pi s} + \cdots\right), \end{aligned}$$

所以

$$F(s) = \frac{20}{s} + \frac{40}{s} \sum_{n=1}^{\infty} (-1)^n e^{-n\pi s}。 \tag{16}$$

将式 (16) 代入方程 (15) 可得

$$\begin{aligned} X(s) &= \frac{F(s)}{s^2 + 4s + 20} \\ &= \frac{20}{s[(s+2)^2 + 16]} + 2 \sum_{n=1}^{\infty} (-1)^n \frac{20 e^{-n\pi s}}{s[(s+2)^2 + 16]}。 \end{aligned} \tag{17}$$

由 7.3 节式 (8) 中的变换,我们得到

$$\mathscr{L}^{-1}\left\{\frac{20}{(s+2)^2 + 16}\right\} = 5 e^{-2t} \sin 4t,$$

所以根据 7.2 节定理 2，可得
$$g(t) = \mathscr{L}^{-1}\left\{\frac{20}{s[(s+2)^2+16]}\right\} = \int_0^t 5\mathrm{e}^{-2\tau}\sin 4\tau \mathrm{d}\tau 。$$

利用表格中积分 $\int \mathrm{e}^{at}\sin bt \mathrm{d}t$ 的公式，可得
$$g(t) = 1 - \mathrm{e}^{-2t}(\cos 4t + \frac{1}{2}\sin 4t) = 1 - h(t), \tag{18}$$

其中
$$h(t) = \mathrm{e}^{-2t}(\cos 4t + \frac{1}{2}\sin 4t)。 \tag{19}$$

现在我们应用定理 1 来求式 (17) 右侧项的逆变换。结果为
$$x(t) = g(t) + 2\sum_{n=1}^{\infty}(-1)^n u(t - n\pi)g(t - n\pi), \tag{20}$$

我们注意到，对于任意固定的 t 值，式 (20) 中的求和是有限的。而且
$$g(t - n\pi) = 1 - \mathrm{e}^{-2(t-n\pi)}[\cos 4(t - n\pi) + \frac{1}{2}\sin 4(t - n\pi)]$$
$$= 1 - \mathrm{e}^{2n\pi}\mathrm{e}^{-2t}(\cos 4t + \frac{1}{2}\sin 4t)。$$

从而
$$g(t - n\pi) = 1 - \mathrm{e}^{2n\pi}h(t)。 \tag{21}$$

因此，若 $0 < t < \pi$，则
$$x(t) = 1 - h(t)。$$

若 $\pi < t < 2\pi$，则
$$x(t) = [1 - h(t)] - 2[1 - \mathrm{e}^{2\pi}h(t)] = -1 + h(t) - 2h(t)[1 - \mathrm{e}^{2\pi}]。$$

若 $2\pi < t < 3\pi$，则
$$x(t) = [1 - h(t)] - 2[1 - \mathrm{e}^{2\pi}h(t)] + 2[1 - \mathrm{e}^{4\pi}h(t)]$$
$$= 1 + h(t) - 2h(t)[1 - \mathrm{e}^{2\pi} + \mathrm{e}^{4\pi}]。$$

借助熟悉的有限等比级数求和公式，我们得到 $n\pi < t < (n+1)\pi$ 这种一般情况下的表达式为
$$x(t) = h(t) + (-1)^n - 2h(t)[1 - \mathrm{e}^{2\pi} + \cdots + (-1)^n\mathrm{e}^{2n\pi}]$$
$$= h(t) + (-1)^n - 2h(t)\frac{1 + (-1)^n\mathrm{e}^{2(n+1)\pi}}{1 + \mathrm{e}^{2\pi}}。 \tag{22}$$

根据式 (19), 对式 (22) 进行重新排列, 最终可得

$$x(t) = \frac{e^{2\pi} - 1}{e^{2\pi} + 1} e^{-2t}(\cos 4t + \frac{1}{2}\sin 4t) + (-1)^n \\ - \frac{2 \cdot (-1)^n e^{2\pi}}{e^{2\pi} + 1} e^{-2(t-n\pi)}(\cos 4t + \frac{1}{2}\sin 4t), \quad (23)$$

其中 $n\pi < t < (n+1)\pi$。式 (23) 的第一项即为瞬态解

$$x_{tr}(t) \approx (0.9963)e^{-2t}(\cos 4t + \frac{1}{2}\sin 4t) \approx (1.1139)e^{-2t}\cos(4t - 0.4636). \quad (24)$$

式 (23) 的后两项给出了稳态周期解 x_{sp}。为了研究它, 对于区间 $n\pi < t < (n+1)\pi$ 内的 t, 我们记 $\tau = t - n\pi$。那么

$$x_{sp}(t) = (-1)^n \left[1 - \frac{2e^{2\pi}}{e^{2\pi} + 1} e^{-2\tau}(\cos 4\tau + \frac{1}{2}\sin 4\tau)\right] \quad (25)$$

$$\approx (-1)^n [1 - (2.2319)e^{-2\tau}\cos(4\tau - 0.4636)].$$

图 7.5.12 显示了 $x_{sp}(t)$ 的图形。其最有趣的特征在于, 出现的周期阻尼振动的频率是所施加力 $f(t)$ 的频率的四倍。在第 9 章（Fourier 级数法与偏微分方程）中, 我们将看到为什么周期性外力有时会以高于所施加频率的频率激发振动。∎

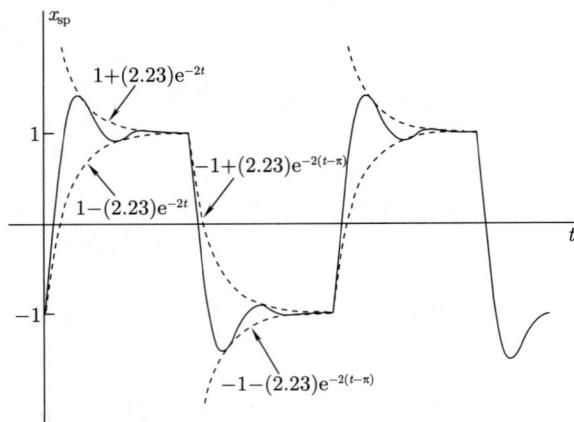

图 7.5.12 例题 8 中稳态周期解的图形, 注意"周期阻尼"振动的频率是所施加力的频率的四倍

习题

求出习题 1~10 中所给的每个函数的 Laplace 逆变换 $f(t)$。然后绘制 f 的图形。

1. $F(s) = \dfrac{e^{-3s}}{s^2}$ 2. $F(s) = \dfrac{e^{-s} - e^{-3s}}{s^2}$

3. $F(s) = \dfrac{e^{-s}}{s+2}$ 4. $F(s) = \dfrac{e^{-s} - e^{2-2s}}{s-1}$

5. $F(s) = \dfrac{e^{-\pi s}}{s^2+1}$ 6. $F(s) = \dfrac{se^{-s}}{s^2+\pi^2}$

7. $F(s) = \dfrac{1-e^{-2\pi s}}{s^2+1}$ 8. $F(s) = \dfrac{s(1-e^{-2s})}{s^2+\pi^2}$

9. $F(s) = \dfrac{s(1+e^{-3s})}{s^2+\pi^2}$ 10. $F(s) = \dfrac{2s(e^{-\pi s} - e^{-2\pi s})}{s^2+4}$

求出习题 11~22 中所给函数的 Laplace 变换。

11. 若 $0 \leqslant t < 3$, $f(t) = 2$; 若 $t \geqslant 3$, $f(t) = 0$
12. 若 $1 \leqslant t \leqslant 4$, $f(t) = 1$; 若 $t < 1$ 或 $t > 4$, $f(t) = 0$
13. 若 $0 \leqslant t \leqslant 2\pi$, $f(t) = \sin t$; 若 $t > 2\pi$, $f(t) = 0$
14. 若 $0 \leqslant t \leqslant 2$, $f(t) = \cos \pi t$; 若 $t > 2$, $f(t) = 0$
15. 若 $0 \leqslant t \leqslant 3\pi$, $f(t) = \sin t$; 若 $t > 3\pi$, $f(t) = 0$
16. 若 $\pi \leqslant t \leqslant 2\pi$, $f(t) = \sin 2t$; 若 $t < \pi$ 或 $t > 2\pi$, $f(t) = 0$
17. 若 $2 \leqslant t \leqslant 3$, $f(t) = \sin \pi t$; 若 $t < 2$ 或 $t > 3$, $f(t) = 0$
18. 若 $3 \leqslant t \leqslant 5$, $f(t) = \cos \dfrac{1}{2}\pi t$; 若 $t < 3$ 或 $t > 5$, $f(t) = 0$
19. 若 $t < 1$, $f(t) = 0$; 若 $t \geqslant 1$, $f(t) = t$
20. 若 $t \leqslant 1$, $f(t) = t$; 若 $t > 1$, $f(t) = 1$
21. 若 $t \leqslant 1$, $f(t) = t$; 若 $1 \leqslant t \leqslant 2$, $f(t) = 2-t$; 若 $t > 2$, $f(t) = 0$
22. 若 $1 \leqslant t \leqslant 2$, $f(t) = t^3$; 若 $t < 1$ 或 $t > 2$, $f(t) = 0$
23. 应用定理 2，其中取 $p = 1$，验证 $\mathscr{L}\{1\} = 1/s$。
24. 应用定理 2，验证 $\mathscr{L}\{\cos kt\} = s/(s^2+k^2)$。

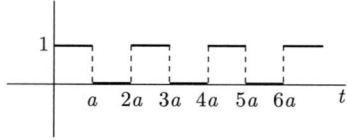

图 7.5.13　习题 25 的方波函数的图形

25. 应用定理 2，证明图 7.5.13 中的方波函数的 Laplace 变换为

$$\mathscr{L}\{f(t)\} = \dfrac{1}{s(1+e^{-as})}。$$

26. 应用定理 2，证明图 7.5.14 中的锯齿函数 $f(t)$ 的 Laplace 变换为

$$F(s) = \dfrac{1}{as^2} - \dfrac{e^{-as}}{s(1-e^{-as})}。$$

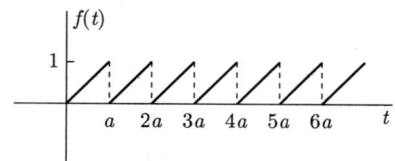

图 7.5.14　习题 26 的锯齿函数的图形

27. 设 $g(t)$ 为如图 7.5.15 所示的阶梯函数。证明 $g(t) = (t/a) - f(t)$，其中 f 是图 7.5.14 中的锯齿函数，并由此推导出

$$\mathscr{L}\{g(t)\} = \dfrac{e^{-as}}{s(1-e^{-as})}。$$

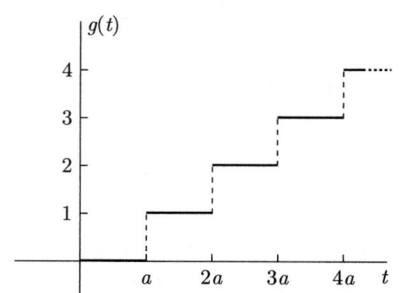

图 7.5.15　习题 27 的阶梯函数的图形

28. 假设 $f(t)$ 是周期为 $2a$ 的周期函数，并且当 $0 \leqslant t < a$ 时，$f(t) = t$；当 $a \leqslant t < 2a$ 时，$f(t) = 0$。求 $\mathscr{L}\{f(t)\}$。
29. 假设 $f(t)$ 为 $\sin kt$ 的半波整流，如图 7.5.16 所示。证明

$$\mathscr{L}\{f(t)\} = \dfrac{k}{(s^2+k^2)(1-e^{-\pi s/k})}。$$

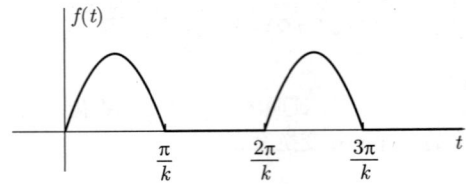

图 7.5.16 $\sin kt$ 的半波整流

30. 令 $g(t) = u(t - \pi/k)f(t - \pi/k)$,其中 $f(t)$ 是习题 29 中的函数,并且 $k > 0$。注意 $h(t) = f(t) + g(t)$ 是 $\sin kt$ 的全波整流,如图 7.5.17 所示。因此,由习题 29 可以推断出

$$\mathscr{L}\{h(t)\} = \frac{k}{s^2 + k^2} \coth \frac{\pi s}{2k}.$$

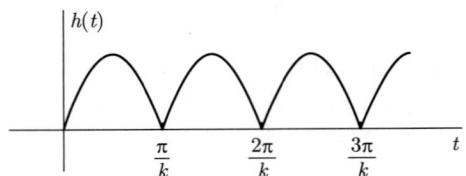

图 7.5.17 $\sin kt$ 的全波整流

非连续力函数

在习题 31~35 中,对于受到力函数作用的质量块-弹簧-阻尼器系统,给出了质量 m、弹簧常数 k、阻尼器阻力系数 c 和外力 $f(t)$ 的值。求解初值问题

$$mx'' + cx' + kx = f(t), \quad x(0) = x'(0) = 0,$$

并绘制位置函数 $x(t)$ 的图形。

31. $m = 1$,$k = 4$,$c = 0$;若 $0 \leqslant t < \pi$,$f(t) = 1$;若 $t \geqslant \pi$,$f(t) = 0$
32. $m = 1$,$k = 4$,$c = 5$;若 $0 \leqslant t < 2$,$f(t) = 1$;若 $t \geqslant 2$,$f(t) = 0$
33. $m = 1$,$k = 9$,$c = 0$;若 $0 \leqslant t \leqslant 2\pi$,$f(t) = \sin t$;若 $t > 2\pi$,$f(t) = 0$
34. $m = 1$,$k = 1$,$c = 0$;若 $0 \leqslant t < 1$,$f(t) = t$;若 $t \geqslant 1$,$f(t) = 0$
35. $m = 1$,$k = 4$,$c = 4$;若 $0 \leqslant t \leqslant 2$,$f(t) = t$;若 $t > 2$,$f(t) = 0$

RLC 电路

在习题 36~40 中,给出了一个 RLC 电路各元件的取值。求解初值问题

$$L\frac{\mathrm{d}i}{\mathrm{d}t} + Ri + \frac{1}{C}\int_0^t i(\tau)\mathrm{d}\tau = e(t); \quad i(0) = 0,$$

其中 $e(t)$ 是给定的外施电压。

36. $L = 0$,$R = 100$,$C = 10^{-3}$;若 $0 \leqslant t < 1$,$e(t) = 100$;若 $t \geqslant 1$,$e(t) = 0$
37. $L = 1$,$R = 0$,$C = 10^{-4}$;若 $0 \leqslant t < 2\pi$,$e(t) = 100$;若 $t \geqslant 2\pi$,$e(t) = 0$
38. $L = 1$,$R = 0$,$C = 10^{-4}$;若 $0 \leqslant t < \pi$,$e(t) = 100\sin 10t$;若 $t \geqslant \pi$,$e(t) = 0$
39. $L = 1$,$R = 150$,$C = 2 \times 10^{-4}$;若 $0 \leqslant t < 1$,$e(t) = 100t$;若 $t \geqslant 1$,$e(t) = 0$
40. $L = 1$,$R = 100$,$C = 4 \times 10^{-4}$;若 $0 \leqslant t < 1$,$e(t) = 50t$;若 $t \geqslant 1$,$e(t) = 0$

瞬态与稳态周期运动

在习题 41 和习题 42 中,描述了一个受到外力 $f(t)$ 作用的质量块-弹簧-阻尼器系统。在 $x(0) = x'(0) = 0$ 的假设下,利用例题 8 的方法求出质量块的瞬态和稳态周期运动。然后绘制位置函数 $x(t)$ 的图形。如果你想用 DE 数值求解器检查你的图形,那么注意以下结果会很有用,即函数

$$f(t) = A[2u((t - \pi)(t - 2\pi)(t - 3\pi) \cdot \\ (t - 4\pi)(t - 5\pi)(t - 6\pi)) - 1]$$

在 $0 < t < \pi$ 时有值 A,在 $\pi < t < 2\pi$ 时有值 $-A$,以此类推,从而在区间 $[0, 6\pi]$ 上与振幅为 A、周期为 2π 的方波函数一致。(也可参见本节应用材料中用锯齿波函数和三角波函数定义的方波函数。)

41. $m = 1$,$k = 4$,$c = 0$;$f(t)$ 是振幅为 4、周期为 2π 的方波函数。
42. $m = 1$,$k = 10$,$c = 2$;$f(t)$ 是振幅为 10、周期为 2π 的方波函数。

应用　工程函数

请访问 bit.ly/3CnV0we，利用 Maple、Mathematica 和 MATLAB 等计算资源对此主题进行更多讨论和探索。

周期分段线性函数在工程应用中作为输入函数出现的频率很高，因此有时也被称为工程函数。涉及这类函数的计算很容易用计算机代数系统来处理。例如，在 Mathematica 中，SawToothWave、TriangleWave和SquareWave函数可用于创建具有指定范围、周期等的相应输入。或者，我们可以使用任何计算机代数系统中可用的初等函数来定义我们自己的工程函数：

```
sawtooth[t_] := t -2 Floor[t/2] -1
triangularwave[t_] := 2 Abs[sawtooth[t -1/2]] -1
squarewave[t_] := Sign[ triangularwave[t]]
```

绘制每个函数的图形，以验证其周期是否为 2，其名称是否选择得当。例如，命令

```
Plot[squarewave[t], {t, 0, 6}]
```

的结果应该类似于图 7.5.9。如果 $f(t)$ 是这些工程函数之一，且 $p > 0$，那么函数 $f(2t/p)$ 的周期为 p。为了说明这一点，尝试使用不同的 p 值调用命令

```
Plot[triangularwave[ 2 t/p ], {t, 0, 3 p}]
```

现在让我们考虑质量块–弹簧–阻尼器系统方程

```
diffEq = m x''[t] + c x'[t] + k x[t] == input
```

具有选定的参数值以及一个周期为 p 且振幅为 F_0 的输入外力函数。

```
m = 4; c = 8; k = 5; p = 1; F0 = 4;
input = F0 squarewave[2 t/p];
```

你可以绘制这个input函数的图形以验证其周期为 1：

```
Plot[input, {t, 0, 2}]
```

最后，假设质量块最初在其平衡位置处于静止状态，并数值求解所得初值问题。

```
response = NDSolve[ {diffEq, x[0] == 0, x'[0]
== 0}, x, {t, 0, 10}]
Plot[ x[t] /. response, {t, 0, 10}]
```

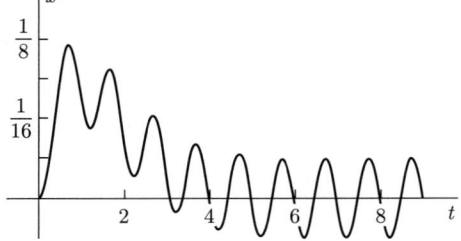

图 7.5.18　对周期为1的方波输入的响应 $x(t)$

在所得的图 7.5.18 中，我们可以看到，当初始瞬变消失后，响应函数 $x(t)$（正如所料？）稳定为与输入函数具有相同周期的周期振动。

练习

采用几组质量块–弹簧–阻尼器参数，例如选择你学生证号码中的数字，并使用具有不同振幅和周期的输入工程函数，来研究这个初值问题。

7.6 脉冲与 δ 函数

考虑一个只在很短时间间隔 $a \leqslant t \leqslant b$ 内作用的力 $f(t)$，而在这个时间间隔之外 $f(t) = 0$。一个典型的例子是球棒击球时的冲击力，这种撞击几乎是瞬间发生的。(例如，由闪电引起的) 电压的快速激增是一种类似的电现象。在这种情况下，常常发生的情况是，力的主要作用只取决于如下积分的值：

$$p = \int_a^b f(t) \mathrm{d}t, \tag{1}$$

而不完全取决于 $f(t)$ 如何随时间 t 变化。式 (1) 中的数字 p 被称为力 $f(t)$ 在区间 $[a, b]$ 上的**冲量**。

在力 $f(t)$ 作用于质量为 m 的直线运动的粒子的情况下，对牛顿定律

$$f(t) = mv'(t) = \frac{\mathrm{d}}{\mathrm{d}t}[mv(t)]$$

积分可得

$$p = \int_a^b \frac{\mathrm{d}}{\mathrm{d}t}[mv(t)]\mathrm{d}t = mv(b) - mv(a)。 \tag{2}$$

因此力的冲量等于粒子动量的变化量。所以，如果我们只关心动量的变化，我们就只需要知道力的冲量；我们既不需要知道精确的函数 $f(t)$，也不需要知道它作用的精确时间间隔。这是幸运的，因为在诸如击球这样的情况下，我们不太可能得到关于作用在球上的冲击力的如此详细的信息。

我们处理这种情况的策略是建立一个合理的数学模型，其中用具有相同冲量的简单显式力代替未知力 $f(t)$。为简单起见，假设 $f(t)$ 的冲量为 1，并且在从 $t = a \geqslant 0$ 时刻开始的短暂时间间隔内起作用。那么我们可以选择一个固定的数 $\epsilon > 0$ 来近似这个时间间隔的长度，并用如下特定的函数代替 $f(t)$：

$$d_{a,\epsilon}(t) = \begin{cases} \dfrac{1}{\epsilon}, & a \leqslant t < a + \epsilon, \\ 0, & \text{其他。} \end{cases} \tag{3}$$

这是一个 t 的函数，其中 a 和 ϵ 是指定时间间隔 $[a, a+\epsilon]$ 的参数。如果 $b \geqslant a + \epsilon$，那么我们可以看到（图 7.6.1），$d_{a,\epsilon}$ 在 $[a, b]$ 上的冲量为

$$p = \int_a^b d_{a,\epsilon}(t) \mathrm{d}t = \int_a^{a+\epsilon} \frac{1}{\epsilon} \mathrm{d}t = 1。$$

因此，无论数 ϵ 是多少，$d_{a,\epsilon}$ 有一个单位冲量。实际上同样的计算得到

$$\int_0^\infty d_{a,\epsilon}(t) \mathrm{d}t = 1。 \tag{4}$$

由于力作用的精确时间间隔似乎并不重要，所以人们很容易想到恰好发生在 $t = a$ 时刻的瞬时脉冲。我们可以尝试通过取 $\epsilon \to 0$ 时的极限，来建立这样一个瞬时单位脉冲的模型，因而定义

$$\delta_a(t) = \lim_{\epsilon \to 0} d_{a,\epsilon}(t), \tag{5}$$

其中 $a \geqslant 0$。如果我们也能在式 (4) 中的积分号下取极限，那么由此可得

$$\int_0^\infty \delta_a(t)\mathrm{d}t = 1。 \tag{6}$$

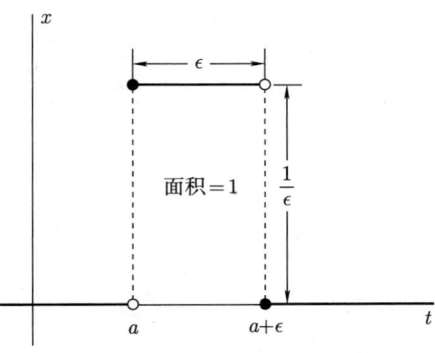

图 7.6.1 脉冲函数 $d_{a,\epsilon}(t)$ 的图形

但是由式 (5) 中的极限可得

$$\delta_a(t) = \begin{cases} +\infty, & t = a, \\ 0, & t \neq a。 \end{cases} \tag{7}$$

显然，没有一个实际函数可以同时满足式 (6) 和式 (7)，如果一个函数除了在一点处之外均为零，那么其积分不是 1 而是零。然而，符号 $\delta_a(t)$ 非常有用。无论如何解释，它都被称为 a 处的 **Dirac δ 函数**，这是以英国理论物理学家 P. A. M. Dirac（1902—1984）的名字命名的，20 世纪 30 年代初，他引入了一个据称具有式 (6) 和式 (7) 中性质的"函数"。

作为算子的 δ 函数

下面的计算可激发我们在此赋予符号 $\delta_a(t)$ 的含义。若 $g(t)$ 是一个连续函数，则积分中值定理表明

$$\int_a^{a+\epsilon} g(t)\mathrm{d}t = \epsilon g(\bar{t}),$$

其中 $\bar{t}$ 是 $[a, a+\epsilon]$ 内的某个点。继而由 g 在 $t = a$ 处的连续性可得

$$\lim_{\epsilon \to 0} \int_0^\infty g(t)d_{a,\epsilon}(t)\mathrm{d}t = \lim_{\epsilon \to 0} \int_a^{a+\epsilon} g(t) \cdot \frac{1}{\epsilon}\mathrm{d}t = \lim_{\epsilon \to 0} g(\bar{t}) = g(a)。 \tag{8}$$

如果 $\delta_a(t)$ 是严格意义上定义的函数，并且如果我们可以交换式 (8) 中的极限和积分，从而可以推断出

$$\int_0^\infty g(t)\delta_a(t)\mathrm{d}t = g(a)。 \tag{9}$$

我们取式 (9) 作为符号 $\delta_a(t)$ 的定义。虽然我们称之为 δ 函数，但它不是一个真正的函数；相反，它指定了运算

$$\int_0^\infty \cdots \delta_a(t)\mathrm{d}t,$$

当施加于连续函数 $g(t)$ 时,它筛出或选择这个函数在点 $a \geqslant 0$ 处的值 $g(a)$。图 7.6.2 对这一思想做了示意性说明。注意我们将只在诸如式 (9) 这样的积分环境中,或当它随后会出现在这样的积分中时才会使用符号 $\delta_a(t)$。

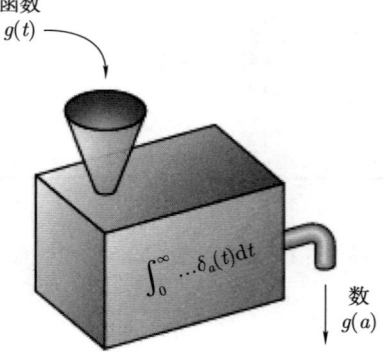

例如,若我们在式 (9) 中取 $g(t) = \mathrm{e}^{-st}$,则结果为
$$\int_0^\infty \mathrm{e}^{-st}\delta_a(t)\mathrm{d}t = \mathrm{e}^{-as}。 \tag{10}$$

从而我们定义 δ 函数的 Laplace 变换为
$$\mathscr{L}\{\delta_a(t)\} = \mathrm{e}^{-as} \quad (a \geqslant 0)。 \tag{11}$$

若记
$$\delta(t) = \delta_0(t) \quad \text{和} \quad \delta(t-a) = \delta_a(t), \tag{12}$$

则将 $a = 0$ 代入式 (11) 可得
$$\mathscr{L}\{\delta(t)\} = 1。 \tag{13}$$

图 7.6.2 说明 δ 函数如何"筛出"值 $g(a)$ 的示意图

请注意,若 $\delta(t)$ 是满足其 Laplace 变换存在的一般条件的实际函数,则式 (13) 与 7.1 节定理 2 的推论相矛盾。但此时没有问题;因为 $\delta(t)$ 不是函数,且式 (13) 是我们对 $\mathscr{L}\{\delta(t)\}$ 的定义。

δ 函数输入

现在,假设我们有一个机械系统,对外力 $f(t)$ 的响应 $x(t)$ 由如下微分方程决定:
$$Ax'' + Bx' + Cx = f(t)。 \tag{14}$$

为了研究该系统对 $t = a$ 时刻的单位脉冲的响应,用 $\delta_a(t)$ 代替 $f(t)$ 并从方程
$$Ax'' + Bx' + Cx = \delta_a(t) \tag{15}$$

开始似乎是合理的。但何谓这样一个方程的解?我们称 $x(t)$ 为方程 (15) 的解,只要
$$x(t) = \lim_{\epsilon \to 0} x_\epsilon(t), \tag{16}$$

其中 $x_\epsilon(t)$ 是方程
$$Ax'' + Bx' + Cx = d_{a,\epsilon}(t) \tag{17}$$

的解。因为
$$d_{a,\epsilon}(t) = \frac{1}{\epsilon}[u_a(t) - u_{a+\epsilon}(t)] \tag{18}$$

是一个普通函数,所以方程 (17) 才有意义。为简单起见,假设初始条件为 $x(0) = x'(0) = 0$。当我们对方程 (17) 进行变换时,记 $X_\epsilon = \mathscr{L}\{x_\epsilon\}$,可得方程
$$(As^2 + Bs + C)X_\epsilon(s) = \frac{1}{\epsilon}\left(\frac{\mathrm{e}^{-as}}{s} - \frac{\mathrm{e}^{-(a+\epsilon)s}}{s}\right) = (\mathrm{e}^{-as})\frac{1 - \mathrm{e}^{-s\epsilon}}{s\epsilon}。$$

若对上述方程取 $\epsilon \to 0$ 时的极限，并由 l'Hôpital 法则注意到

$$\lim_{\epsilon \to 0} \frac{1 - e^{-s\epsilon}}{s\epsilon} = 1,$$

如果

$$X(s) = \lim_{\epsilon \to 0} X_\epsilon(x),$$

那么我们就得到方程

$$(As^2 + Bs + C)X(s) = e^{-as}。 \tag{19}$$

注意，若我们直接对方程 (15) 进行变换，并利用 $\mathscr{L}\{\delta_a(t)\} = e^{-as}$ 的事实，那么所得结果将与上述结果完全相同。

在此基础上，利用 Laplace 变换法求解涉及 δ 函数的微分方程是合理的，就好像 $\delta_a(t)$ 是一个普通函数。验证这样所得的解与式 (16) 中定义的解一致是很重要的，但这依赖于对所涉及的极限过程的高深技术性分析，这超出了目前讨论的范围。这种形式化方法在本节所有例题中都是有效的，并且也会对随后习题中的问题产生正确的结果。

例题 1 **质量块–弹簧系统** 一个 $m = 1$ 的质量块连接在一根常数 $k = 4$ 的弹簧上，没有阻尼器。质量块以 $x(0) = 3$ 从静止状态释放。在 $t = 2\pi$ 时刻，用锤子敲击质量块，从而产生 $p = 8$ 的冲量。请确定质量块的运动。

解答：根据习题 15，我们需要求解初值问题

$$x'' + 4x = 8\delta_{2\pi}(t); \quad x(0) = 3, \quad x'(0) = 0。$$

应用 Laplace 变换可得

$$s^2 X(s) - 3s + 4X(s) = 8e^{-2\pi s},$$

所以

$$X(s) = \frac{3s}{s^2 + 4} + \frac{8e^{-2\pi s}}{s^2 + 4}。$$

回顾正弦与余弦函数的变换，以及 t 轴上的平移定理（7.5 节定理 1），我们得到逆变换为

$$x(t) = 3\cos 2t + 4u(t - 2\pi)\sin 2(t - 2\pi)$$

$$= 3\cos 2t + 4u_{2\pi}(t)\sin 2t。$$

由于 $3\cos 2t + 4\sin 2t = 5\cos(2t - \alpha)$，其中 $\alpha = \tan^{-1}(4/3) \approx 0.9273$，将 $t < 2\pi$ 和 $t \geqslant 2\pi$ 的情况分开，可得

$$x(t) \approx \begin{cases} 3\cos 2t, & t < 2\pi, \\ 5\cos(2t - 0.9273), & t \geqslant 2\pi。 \end{cases}$$

由此产生的运动如图 7.6.3 所示。注意到 $t = 2\pi$ 时刻的冲量导致速度在 $t = 2\pi$ 处出现明显的间断，因为它瞬间将质量块的振动振幅从 3 增加到 5。■

δ 函数与阶跃函数

将 δ 函数 $\delta_a(t)$ 看作单位阶跃函数 $u_a(t)$ 的导数是有用的。为了理解这为什么是合理的，如图 7.6.4 所示，考虑对 $u_a(t)$ 的连续近似 $u_{a,\epsilon}(t)$。我们很容易验证

$$\frac{\mathrm{d}}{\mathrm{d}t} u_{a,\epsilon}(t) = d_{a,\epsilon}(t)。$$

由于

$$u_a(t) = \lim_{\epsilon \to 0} u_{a,\epsilon}(t) \quad 和 \quad \delta_a(t) = \lim_{\epsilon \to 0} d_{a,\epsilon}(t),$$

交换求极限和求导数的顺序可得

$$\frac{\mathrm{d}}{\mathrm{d}t} u_a(t) = \lim_{\epsilon \to 0} \frac{\mathrm{d}}{\mathrm{d}t} u_{a,\epsilon}(t) = \lim_{\epsilon \to 0} d_{a,\epsilon}(t),$$

因此

$$\frac{\mathrm{d}}{\mathrm{d}t} u_a(t) = \delta_a(t) = \delta(t-a)。 \tag{20}$$

尽管在一般意义上，$u_a(t)$ 在 $t = a$ 处不可微，但是我们可以把上式看作单位阶跃函数的导数的形式化定义。

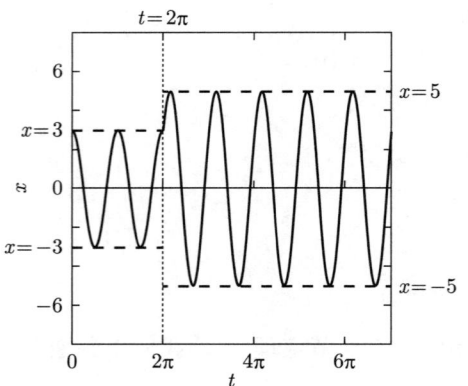

图 7.6.3 例题 1 中质量块的运动

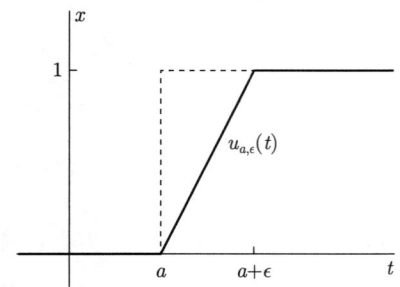

图 7.6.4 用 $u_{a,\epsilon}(t)$ 近似 $u_a(t)$

例题 2 **RLC 电路** 我们回到 7.5 节例题 5 的 RLC 电路，其中 $R = 110\,\Omega$，$L = 1\,\mathrm{H}$，$C = 0.001\,\mathrm{F}$ 以及电池供电量 $e_0 = 90\,\mathrm{V}$。假设电路最初是无源的，没有电流也没有电荷。在 $t = 0$ 时刻开关闭合，在 $t = 1$ 时刻开关打开并保持打开状态。求电路中所产生的电流 $i(t)$。

解答： 在 7.5 节中，我们利用电路方程的积分微分形式，规避了电压的不连续性。既然 δ 函数可用，我们可以从如下普通电路方程开始，

$$Li'' + Ri' + \frac{1}{C}i = e'(t)。$$

在本例题中，我们有

$$e(t) = 90 - 90u(t-1) = 90 - 90u_1(t),$$

故由式 (20) 可知 $e'(t) = -90\delta(t-1)$。因此我们要求解初值问题

$$i'' + 110i' + 1000i = -90\delta(t-1); \quad i(0) = 0, \quad i'(0) = 90。 \tag{21}$$

将 $t = 0$ 代入方程

$$Li'(t) + Ri(t) + \frac{1}{C}q(t) = e(t),$$

并根据数值 $i(0) = q(0) = 0$ 和 $e(0) = 90$，可得 $i'(0) = 90$。

当我们对式 (21) 中的方程进行变换时，可得方程

$$s^2 I(s) - 90 + 110s I(s) + 1000 I(s) = -90\mathrm{e}^{-s}。$$

因此

$$I(s) = \frac{90(1 - \mathrm{e}^{-s})}{s^2 + 110s + 1000}。$$

这与我们在 7.5 节例题 5 中所求出的变换 $I(s)$ 完全相同，所以对 $I(s)$ 进行逆变换可以得到记录在那里的相同解 $i(t)$。∎

例题 3 **质量块–弹簧系统** 考虑弹簧上的质量块，其中 $m = k = 1$ 且 $x(0) = x'(0) = 0$。在每个 $t = 0, \pi, 2\pi, 3\pi, \cdots, n\pi, \cdots$ 时刻，以单位冲量锤击质量块。请确定所产生的运动。

解答： 我们需要求解初值问题

$$x'' + x = \sum_{n=0}^{\infty} \delta_{n\pi}(t); \quad x(0) = 0 = x'(0)。$$

因为 $\mathscr{L}\{\delta_{n\pi}(t)\} = \mathrm{e}^{-n\pi s}$，那么变换后的方程为

$$s^2 X(s) + X(s) = \sum_{n=0}^{\infty} \mathrm{e}^{-n\pi s},$$

所以

$$X(s) = \sum_{n=0}^{\infty} \frac{\mathrm{e}^{-n\pi s}}{s^2 + 1}。$$

我们逐项计算 Laplace 逆变换，结果为

$$x(t) = \sum_{n=0}^{\infty} u(t-n\pi)\sin(t-n\pi)。$$

由于当 $t < n\pi$ 时，$\sin(t-n\pi) = (-1)^n \sin t$ 且 $u(t-n\pi) = 0$，所以我们看到，若 $n\pi < t < (n+1)\pi$，则

$$x(t) = \sin t - \sin t + \sin t - \cdots + (-1)^n \sin t;$$

即

$$x(t) = \begin{cases} \sin t, & n \text{ 为偶数}, \\ 0, & n \text{ 为奇数}。 \end{cases}$$

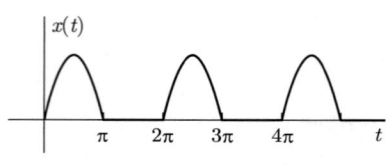

图 7.6.5　$\sin t$ 的半波整流

因此，$x(t)$ 为如图 7.6.5 所示的 $\sin t$ 的半波整流。物理解释是，第一次锤击（在 $t = 0$ 时刻）使质量块开始向右运动；正当它回到原点时，第二次锤击使它立即停止运动；它保持静止，直到第三次锤击使它再次开始运动；以此类推。当然，如果锤击不是完全同步的，那么质量块的运动就会大不相同。　■

系统分析与 Duhamel 原理

考虑一个物理系统，其中的输入函数 $f(t)$ 的输出或响应 $x(t)$ 由如下微分方程描述：

$$ax'' + bx' + cx = f(t), \tag{22}$$

其中常数系数 a，b 和 c 由系统的物理参数决定，与 $f(t)$ 无关。质量块–弹簧–阻尼器系统和串联 RLC 电路就是我们所熟悉的这种一般情况的实例。

为简单起见，我们假设系统最初是无源的：$x(0) = x'(0) = 0$。然后对方程 (22) 进行变换可得

$$as^2 X(s) + bs X(s) + c X(s) = F(s),$$

所以

$$X(s) = \frac{F(s)}{as^2 + bs + c} = W(s) F(s)。 \tag{23}$$

函数

$$W(s) = \frac{1}{as^2 + bs + c} \tag{24}$$

被称为系统的**传递函数**。因此对输入 $f(t)$ 的响应的变换是 $W(s)$ 和变换 $F(s)$ 的乘积。

函数

$$w(t) = \mathscr{L}^{-1}\{W(s)\} \tag{25}$$

被称为系统的**权函数**。根据式 (23)，通过卷积我们看出

$$x(t) = \int_0^t w(\tau)f(t-\tau)\mathrm{d}\tau。 \tag{26}$$

这个公式是系统的 **Duhamel 原理**。重要的是，权函数 $w(t)$ 完全由系统的参数决定。一旦 $w(t)$ 被确定，式 (26) 中的积分可以给出系统对任意输入函数 $f(t)$ 的响应。

原则上，也就是说，通过卷积积分，Duhamel 原理简化了为所有可能输入求出系统输出的问题，为了求出卷积积分中的权函数，只需要计算式 (25) 中的单个 Laplace 逆变换。因此，对由式 (22) 所描述的质量块–弹簧–阻尼器物理系统的计算模拟可以以"黑盒"的形式构建，该"黑盒"可以在输入所需的力函数 $f(t)$ 时，对由式 (26) 给出的响应 $x(t)$ 进行自动计算（然后制表或绘图）。在工程实践中，各种物理系统都以这种方式"建模"，所以无须昂贵或耗时的实验，就可以研究它们的行为。

例题 4 **质量块–弹簧–阻尼器系统** 考虑一个质量块–弹簧–阻尼器系统（初始无源），其对外力 $f(t)$ 的响应满足方程 $x'' + 6x' + 10x = f(t)$。那么

$$W(s) = \frac{1}{s^2 + 6s + 10} = \frac{1}{(s+3)^2 + 1},$$

所以权函数为 $w(t) = \mathrm{e}^{-3t}\sin t$。然后 Duhamel 原理表明对力 $f(t)$ 的响应 $x(t)$ 为

$$x(t) = \int_0^t \mathrm{e}^{-3\tau}(\sin\tau)f(t-\tau)\mathrm{d}\tau。 \quad\blacksquare$$

注意到

$$W(s) = \frac{1}{as^2 + bs + c} = \frac{\mathscr{L}\{\delta(t)\}}{as^2 + bs + c}。$$

因此，由式 (23) 可知，权函数就是系统对所输入的 δ 函数 $\delta(t)$ 的响应。因此，$w(t)$ 有时被称为**单位脉冲响应**。实际上，通常更容易测量的响应是对单位阶跃函数 $u(t)$ 的响应 $h(t)$；$h(t)$ 就是**单位阶跃响应**。因为 $\mathscr{L}\{u(t)\} = 1/s$，所以由式 (23) 可知 $h(t)$ 的变换为

$$H(s) = \frac{W(s)}{s}。$$

由积分变换公式可得

$$h(t) = \int_0^t w(\tau)\mathrm{d}\tau, \quad \text{所以} \quad w(t) = h'(t)。 \tag{27}$$

因此，权函数或单位脉冲响应是单位阶跃响应的导数。将式 (27) 代入 Duhamel 原理，可得系统对输入 $f(t)$ 的响应

$$x(t) = \int_0^t h'(\tau)f(t-\tau)\mathrm{d}\tau。 \tag{28}$$

应用: 为了描述式 (28) 的典型应用,假设我们有一个包含许多电感器、电阻器与电容器的复杂串联电路。设其电路方程是形如式 (22) 的线性方程,但在其中用 i 代替 x。如果系数 a, b 和 c 是未知的,也许只是因为它们太难计算?而我们仍然想知道与任何输入 $f(t) = e'(t)$ 对应的电流 $i(t)$。我们将电路连接到一个线性增加的电压 $e(t) = t$ 上,使得 $f(t) = e'(t) = 1 = u(t)$,并用电流计测量响应 $h(t)$。然后我们通过数值方法或图形方式计算导数 $h'(t)$。那么根据式 (28),与输入电压 $e(t)$ 对应的输出电流 $i(t)$ 可由下式给出:

$$i(t) = \int_0^t h'(\tau)e'(t-\tau)\mathrm{d}\tau$$

(利用事实 $f(t) = e'(t)$)。

历史备注: 总之,我们注意到,工程师和物理学家在没有经过严格证明的情况下广泛而富有成效地使用了 δ 函数约 20 年之后,大约在 1950 年,法国数学家 Laurent Schwartz 发展了一套严格的关于广义函数的数学理论,为 δ 函数技术提供了缺失的逻辑基础。每个分段连续的普通函数都是一个广义函数,但是 δ 函数是一个广义函数而不是普通函数的实例。

习题

求解习题 1~8 中初值问题,并绘制每个解函数 $x(t)$ 的图形。

1. $x'' + 4x = \delta(t);\ x(0) = x'(0) = 0$
2. $x'' + 4x = \delta(t) + \delta(t-\pi);\ x(0) = x'(0) = 0$
3. $x'' + 4x' + 4x = 1 + \delta(t-2);\ x(0) = x'(0) = 0$
4. $x'' + 2x' + x = t + \delta(t);\ x(0) = 0,\ x'(0) = 1$
5. $x'' + 2x' + 2x = 2\delta(t-\pi);\ x(0) = x'(0) = 0$
6. $x'' + 9x = \delta(t-3\pi) + \cos 3t;\ x(0) = x'(0) = 0$
7. $x'' + 4x' + 5x = \delta(t-\pi) + \delta(t-2\pi);$
   $x(0) = 0,\ x'(0) = 2$
8. $x'' + 2x' + x = \delta(t) - \delta(t-2);\ x(0) = x'(0) = 2$

应用 Duhamel 原理,对习题 9~12 中的每个初值问题的解写出积分公式。

9. $x'' + 4x = f(t);\ x(0) = x'(0) = 0$
10. $x'' + 6x' + 9x = f(t);\ x(0) = x'(0) = 0$
11. $x'' + 6x' + 8x = f(t);\ x(0) = x'(0) = 0$
12. $x'' + 4x' + 8x = f(t);\ x(0) = x'(0) = 0$

13. 本题处理一个质量为 m 的质量块,它最初在原点处于静止状态,在 $t = 0$ 时刻受到冲量 p。
    (a) 求出如下问题的解 $x_\epsilon(t)$:
    $$mx'' = pd_{0,\epsilon}(t);\quad x(0) = x'(0) = 0。$$
    (b) 证明 $\lim_{\epsilon \to 0} x_\epsilon(t)$ 与下列问题的解一致:
    $$mx'' = p\delta(t);\quad x(0) = x'(0) = 0。$$
    (c) 证明当 $t > 0$ 时 $mv = p$($v = \mathrm{d}x/\mathrm{d}t$)。

14. 通过求解问题
    $$x' = \delta(t-a);\quad x(0) = 0$$
    来得到 $x(t) = u(t-a)$,以验证 $u'(t-a) = \delta(t-a)$。

15. **冲量与动量** 本题处理弹簧(具有常数 k)上质量为 m 的质量块,它在 $t = 0$ 时刻受到冲量 $p_0 = mv_0$。证明初值问题
    $$mx'' + kx = 0;\quad x(0) = 0,\quad x'(0) = v_0$$
    与
    $$mx'' + kx = p_0\delta(t);\quad x(0) = 0,\quad x'(0) = 0$$
    拥有相同的解。因此,$p_0\delta(t)$ 的作用确实是赋予质点一个初始动量 p_0。

16. 这是对习题 15 的推广。证明问题
    $$ax'' + bx' + cx = f(t);$$
    $$x(0) = 0,\quad x'(0) = v_0$$
    与
    $$ax'' + bx' + cx = f(t) + av_0\delta(t);$$

$$x(0) = x'(0) = 0$$

在 $t > 0$ 时拥有相同的解。因此，项 $av_0\delta(t)$ 的作用是提供初始条件 $x'(0) = v_0$。

电路

17. RC 电路 考虑一个初始无源 RC 电路（无电感），其中含有可提供 e_0 伏电压的电池。

(a) 若电池开关在 $t = a$ 时刻闭合，在 $t = b > a$ 时刻断开（此后保持断开），证明电路中电流满足初值问题

$$Ri' + \frac{1}{C}i = e_0\delta(t-a) - e_0\delta(t-b); \quad i(0) = 0。$$

(b) 若 $R = 100\ \Omega$, $C = 10^{-4}$ F, $e_0 = 100$ V, $a = 1$(s) 且 $b = 2$(s)，求解上述问题。证明当 $1 < t < 2$ 时 $i(t) > 0$，当 $t > 2$ 时 $i(t) < 0$。

18. LC 电路 考虑一个初始无源 LC 电路（无电阻器），其中含有可提供 e_0 伏电压的电池。

(a) 若开关在 $t = 0$ 时刻闭合，在 $t = a > 0$ 时刻断开，证明电路中电流满足初值问题

$$Li'' + \frac{1}{C}i = e_0\delta(t) - e_0\delta(t-a);$$
$$i(0) = i'(0) = 0。$$

(b) 若 $L = 1$ H, $C = 10^{-2}$ F, $e_0 = 10$ V 且 $a = \pi$(s)，证明

$$i(t) = \begin{cases} \sin 10t, & t < \pi, \\ 0, & t > \pi。\end{cases}$$

因此，电流经过五个周期的振荡后，在开关断开时突然终止（如图 7.6.6 所示）。

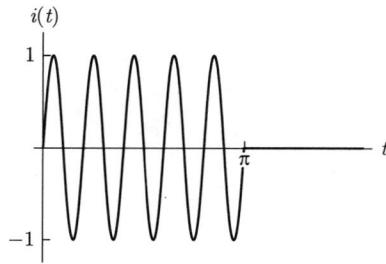

图 7.6.6　习题 18 中的电流函数

19. 考虑习题 18(b) 部分中的 LC 电路，只是现在假设开关在 $t = 0, \pi/10, 2\pi/10, \cdots$ 时刻交替闭合与断开。

(a) 证明 $i(t)$ 满足初值问题

$$i'' + 100i = 10\sum_{n=0}^{\infty}(-1)^n\delta\left(t - \frac{n\pi}{10}\right);$$
$$i(0) = i'(0) = 0。$$

(b) 求解这个初值问题以证明

$$i(t) = (n+1)\sin 10t \quad 若\ \frac{n\pi}{10} < t < \frac{(n+1)\pi}{10}。$$

从而产生了共振现象（参见图 7.6.7）。

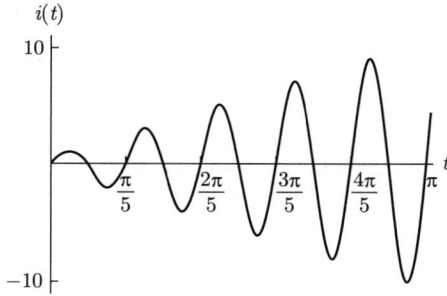

图 7.6.7　习题 19 中的电流函数

20. 重复习题 19，只是现在假设开关在 $t = 0, \pi/5, 2\pi/5, \cdots, n\pi/5, \cdots$ 时刻交替闭合与断开。现在证明，若

$$\frac{n\pi}{5} < t < \frac{(n+1)\pi}{5},$$

则

$$i(t) = \begin{cases} \sin 10t, & n\ 为偶数；\\ 0, & n\ 为奇数。\end{cases}$$

因此，电流处于周期为 $\pi/5$ 的交替循环中，首先在一个周期内进行正弦振荡，然后在下一个周期内处于休眠状态，依此类推（参见图 7.6.8）。

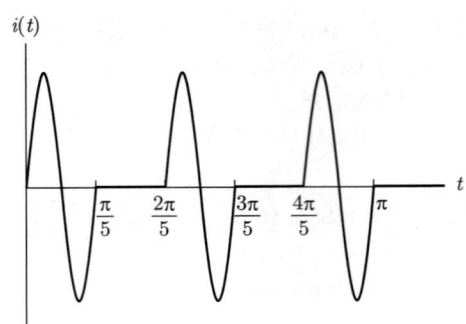

图 7.6.8 习题 20 中的电流函数

21. RLC 电路 考虑一个与电池串联的 RLC 电路，其中 $L=1$ H，$R=60\,\Omega$，$C=10^{-3}$ F 且 $e_0=10$ V。

(a) 假设开关在 $t=0$，$\pi/10$，$2\pi/10$，$\cdots$ 时刻交替闭合与断开。证明 $i(t)$ 满足初值问题

$$i'' + 60i' + 1000i = 10\sum_{n=0}^{\infty}(-1)^n\delta\left(t-\frac{n\pi}{10}\right);$$

$$i(0)=i'(0)=0。$$

(b) 求解这个问题以证明，如果

$$\frac{n\pi}{10} < t < \frac{(n+1)\pi}{10},$$

那么

$$i(t) = \frac{e^{3n\pi+3\pi}-1}{e^{3\pi}-1}e^{-30t}\sin 10t。$$

绘制一个图来显示该电流函数的图形。

22. 锤击 考虑一个 $m=1$ 的质量块，它连接在常数 $k=1$ 的弹簧上，最初质量块处于静止状态，但在 $t=0$，2π，4π，$\cdots$ 时刻受到锤击。假设每次锤击都会产生 $+1$ 的冲量。证明质量块的位置函数 $x(t)$ 满足初值问题

$$x''+x = \sum_{n=0}^{\infty}\delta(t-2n\pi); \quad x(0)=x'(0)=0。$$

求解这个问题以证明，若 $2n\pi < t < 2(n+1)\pi$，则 $x(t)=(n+1)\sin t$。因此会发生共振，因为质量块每次经过原点向右运动时才会受到锤击，而在例题 3 中，质量块每次返回原点时都会受到锤击。最后，绘制一个图来显示这个位置函数的图形。

第 8 章 幂级数法

8.1 幂级数简介与回顾

在 3.3 节中我们看到,求解常系数齐次线性微分方程可以简化为求其特征方程根的代数问题。然而对变系数线性微分方程的求解没有类似的流程,至少不能按常规在有限步骤中完成。因此,除了特殊类型的方程,例如少数可以通过观察来求解的方程,变系数线性方程通常需要采用本章的幂级数技术来求解。

这些技术足以求解许多在应用中最常出现的非初等微分方程。其中最重要的或许是 n 阶 **Bessel 方程**(因其在声学、热流和电磁辐射等领域中的应用):
$$x^2 y'' + xy' + (x^2 - n^2)y = 0。$$

n 阶 **Legendre 方程**在许多应用中也很重要,其形式为
$$(1-x^2)y'' - 2xy' + n(n+1)y = 0。$$

本节我们将以最简形式介绍**幂级数法**,并在此过程中,陈述(但不证明)几个定理,这些定理构成对幂级数基本知识的回顾。首先回顾一下,$x-a$ 的**幂级数**是具有形式

$$\sum_{n=0}^{\infty} c_n (x-a)^n = c_0 + c_1(x-a) + c_2(x-a)^2 + \cdots + c_n(x-a)^n + \cdots \tag{1}$$

的无穷级数。若 $a=0$,则得到 x 的幂级数

$$\sum_{n=0}^{\infty} c_n x^n = c_0 + c_1 x + c_2 x^2 + \cdots + c_n x^n + \cdots。 \tag{2}$$

我们将主要回顾 x 的幂级数,但是 x 的幂级数的一般性质都可以通过用 $x-a$ 代替 x 而转化为 $x-a$ 的幂级数的一般性质。

称式 (2) 中的幂级数在区间 I 上**收敛**,只要对于 I 内的所有 x,极限

$$\sum_{n=0}^{\infty} c_n x^n = \lim_{N \to \infty} \sum_{n=0}^{N} c_n x^n \tag{3}$$

存在。在这种情况下,求和函数

$$f(x) = \sum_{n=0}^{\infty} c_n x^n \tag{4}$$

定义在区间 I 上,我们称级数 $\sum c_n x^n$ 为函数 f 在 I 上的**幂级数表示**。根据初级微积分,你应该熟悉下面初等函数的幂级数表示:

$$e^x = \sum_{n=0}^{\infty} \frac{x^n}{n!} = 1 + x + \frac{x^2}{2!} + \frac{x^3}{3!} + \cdots ; \tag{5}$$

$$\cos x = \sum_{n=0}^{\infty} \frac{(-1)^n x^{2n}}{(2n)!} = 1 - \frac{x^2}{2!} + \frac{x^4}{4!} - \cdots ; \tag{6}$$

$$\sin x = \sum_{n=0}^{\infty} \frac{(-1)^n x^{2n+1}}{(2n+1)!} = x - \frac{x^3}{3!} + \frac{x^5}{5!} - \cdots ; \tag{7}$$

$$\cosh x = \sum_{n=0}^{\infty} \frac{x^{2n}}{(2n)!} = 1 + \frac{x^2}{2!} + \frac{x^4}{4!} + \cdots ; \tag{8}$$

$$\sinh x = \sum_{n=0}^{\infty} \frac{x^{2n+1}}{(2n+1)!} = x + \frac{x^3}{3!} + \frac{x^5}{5!} + \cdots ; \tag{9}$$

$$\ln(1+x) = \sum_{n=1}^{\infty} \frac{(-1)^{n+1} x^n}{n} = x - \frac{x^2}{2} + \frac{x^3}{3} - \cdots ; \tag{10}$$

$$\frac{1}{1-x} = \sum_{n=0}^{\infty} x^n = 1 + x + x^2 + x^3 + \cdots ; \tag{11}$$

$$(1+x)^\alpha = 1 + \alpha x + \frac{\alpha(\alpha-1)x^2}{2!} + \frac{\alpha(\alpha-1)(\alpha-2)x^3}{3!} + \cdots 。\tag{12}$$

在紧凑求和符号中,我们遵守通常的约定,即 $0! = 1$,以及对于所有 x,包括 $x = 0$,都有 $x^0 = 1$。式 (5)~式 (9) 中的级数对所有 x 都收敛于所示函数。然而,式 (10) 和式 (11) 中的级数当 $|x| < 1$ 时收敛,当 $|x| > 1$ 时发散。(当 $|x| = 1$ 时会怎么样?)式 (11) 中的级数是**等比级数**。式 (12) 中的级数是**二项式级数**,其中 α 是一个任意实数。如果 α 是一个非负整数 n,那么式 (12) 中的级数会终止,这个二项式级数简化为对所有 x 均收敛的 n 次多项式。否则,这个级数是真正无限的,并且当 $|x| < 1$ 时收敛,当 $|x| > 1$ 时发散;当 $|x| = 1$ 时其行为取决于 α 的值。

备注:诸如式 (5)~式 (12) 中所列的幂级数通常可由 Taylor 级数推导出来。函数 f 的以 $x = a$ 为**中心**的 **Taylor** 级数是以 $x - a$ 的幂表示的幂级数

$$\sum_{n=0}^{\infty} \frac{f^{(n)}(a)}{n!}(x-a)^n = f(a) + f'(a)(x-a) + \frac{f''(a)}{2!}(x-a)^2 + \cdots , \tag{13}$$

同时需要假设 f 在 $x = a$ 处无穷可微 [使得式 (13) 的系数均有定义]。若 $a = 0$,则式 (13) 中的级数为 **Maclaurin 级数**

$$\sum_{n=0}^{\infty} \frac{f^{(n)}(0)}{n!} x^n = f(0) + f'(0)x + \frac{f''(0)}{2!}x^2 + \frac{f^{(3)}(0)}{3!}x^3 + \cdots 。\tag{13'}$$

例如，假设 $f(x) = \mathrm{e}^x$，那么 $f^{(n)}(x) = \mathrm{e}^x$，因此对于所有 $n \geqslant 0$ 都有 $f^{(n)}(0) = 1$。在这种情况下，式 $(13')$ 简化为式 (5) 中的**指数级数**。∎

幂级数运算

如果函数 f 的 Taylor 级数在包含 a 的某个开区间内对所有 x 收敛于 $f(x)$，那么我们称函数 f 在 $x = a$ 处是**解析的**。例如

- 每个多项式函数处处是解析的；
- 每个有理函数在其分母非零处是解析的；
- 更一般地，如果两个函数 f 和 g 在 $x = a$ 处都是解析的，那么它们的和 $f + g$、积 $f \cdot g$ 以及商 f/g [当 $g(a) \neq 0$ 时] 在 $x = a$ 处也都是解析的。

例如，因为正弦函数和余弦函数都是解析的 [根据它们在式 (6) 和式 (7) 中的收敛幂级数表示]，并且 $\cos 0 = 1 \neq 0$，所以函数 $h(x) = \tan x = (\sin x)/(\cos x)$ 在 $x = 0$ 处是解析的。因为正切函数的逐次导数会逐渐变得复杂（试试吧！），所以利用式 (13) 计算正切函数的 Taylor 级数是相当棘手的。幸运的是，幂级数可以像多项式那样用大致相同的代数方法来处理。例如，如果

$$f(x) = \sum_{n=0}^{\infty} a_n x^n \quad \text{和} \quad g(x) = \sum_{n=0}^{\infty} b_n x^n, \tag{14}$$

那么

$$f(x) + g(x) = \sum_{n=0}^{\infty} (a_n + b_n) x^n \tag{15}$$

且

$$\begin{aligned} f(x)g(x) &= \sum_{n=0}^{\infty} c_n x^n \\ &= a_0 b_0 + (a_0 b_1 + a_1 b_0) x + (a_0 b_2 + a_1 b_1 + a_2 b_0) x^2 + \cdots, \end{aligned} \tag{16}$$

其中 $c_n = a_0 b_n + a_1 b_{n-1} + \cdots + a_n b_0$。式 (15) 中的级数是**逐项相加**的结果，式 (16) 中的级数则是**正规乘法**的结果，即用第一个级数的每项乘以第二个级数的每项，然后整理 x 的相同次幂的系数。（因此这个过程非常类似于普通多项式的加法和乘法）。在式 (14) 中的两个级数都收敛的任意开区间上，式 (15) 和式 (16) 中的级数分别收敛于 $f(x) + g(x)$ 和 $f(x)g(x)$。例如，对所有 x 均有

$$\begin{aligned} \sin x \cos x &= \left(x - \frac{1}{6} x^3 + \frac{1}{120} x^5 - \cdots \right) \left(1 - \frac{1}{2} x^2 + \frac{1}{24} x^4 - \cdots \right) \\ &= x + \left(-\frac{1}{6} - \frac{1}{2} \right) x^3 + \left(\frac{1}{24} + \frac{1}{12} + \frac{1}{120} \right) x^5 + \cdots \end{aligned}$$

$$= x - \frac{4}{6}x^3 + \frac{16}{120}x^5 - \cdots$$
$$= \frac{1}{2}\left[(2x) - \frac{(2x)^3}{3!} + \frac{(2x)^5}{5!} - \cdots\right] = \frac{1}{2}\sin 2x_\circ$$

类似地，两个幂级数的商可以用长除法计算，如图 8.1.1 所示的计算过程。用 $\sin x$ 的 Taylor 级数除以 $\cos x$ 的 Taylor 级数可以得到下列级数的前几项

$$\tan x = x + \frac{1}{3}x^3 + \frac{2}{15}x^5 + \frac{17}{315}x^7 + \cdots_\circ \tag{17}$$

幂级数的除法比乘法更不可靠；由此得到的 f/g 的级数可能在 f 和 g 的级数均收敛的某些点处也不收敛。例如，正弦和余弦级数对所有 x 均收敛，但是式 (17) 中的正切级数仅当 $|x| < \pi/2$ 时才收敛。

$$\begin{array}{r}
x + \dfrac{x^3}{3} + \dfrac{2x^5}{15} + \dfrac{17x^7}{315} + \cdots \\
1 - \dfrac{x^2}{2} + \dfrac{x^4}{24} - \dfrac{x^6}{720} + \cdots \overline{\smash{\big)}\, x - \dfrac{x^3}{6} + \dfrac{x^5}{120} - \dfrac{x^7}{5040} + \cdots} \\
x - \dfrac{x^3}{2} + \dfrac{x^5}{24} - \dfrac{x^7}{720} + \cdots \\
\hline
\dfrac{x^3}{3} - \dfrac{x^5}{30} + \dfrac{x^7}{840} + \cdots \\
\dfrac{x^3}{3} - \dfrac{x^5}{6} + \dfrac{x^7}{72} - \cdots \\
\hline
\dfrac{2x^5}{15} - \dfrac{4x^7}{315} + \cdots \\
\dfrac{2x^5}{15} - \dfrac{x^7}{15} + \cdots \\
\hline
\dfrac{17x^7}{315} + \cdots \\
\vdots
\end{array}$$

图 8.1.1 通过级数除法得到 $\tan x$ 的级数

幂级数法

求解微分方程的**幂级数法**由以下两步构成，首先将幂级数

$$y = \sum_{n=0}^{\infty} c_n x^n \tag{18}$$

代入微分方程，然后尝试确定系数 $c_0, c_1, c_2, \cdots$ 使幂级数满足微分方程。这让人想起待定系数法，但现在我们有无穷多个系数需要确定。这种方法并不总是能成功，但当它能成功时，我们可以得到解的无穷级数表示，而不是我们以前的方法所得到的"封闭形式"解。

在我们可以把式 (18) 中的幂级数代入微分方程之前，我们必须先知道用什么来代替导数 $y', y'', \cdots$。下述定理（没有证明）告诉我们，$y = \sum c_n x^n$ 的导数 y' 可以通过一个简单步骤得到，即写出 y 的级数中各项的导数之和。

定理 1　幂级数的逐项微分

如果函数 f 的幂级数表示

$$f(x) = \sum_{n=0}^{\infty} c_n x^n = c_0 + c_1 x + c_2 x^2 + c_3 x^3 + \cdots \tag{19}$$

在开区间 I 上收敛，那么 f 在 I 上可微，并且在 I 的每个点处都有

$$f'(x) = \sum_{n=1}^{\infty} n c_n x^{n-1} = c_1 + 2c_2 x + 3c_3 x^2 + \cdots 。\tag{20}$$

例如，对等比级数

$$\frac{1}{1-x} = \sum_{n=0}^{\infty} x^n = 1 + x + x^2 + x^3 + \cdots \tag{11}$$

进行微分可得

$$\frac{1}{(1-x)^2} = \sum_{n=1}^{\infty} n x^{n-1} = 1 + 2x + 3x^2 + 4x^3 + \cdots 。$$

确定级数 $y = \sum c_n x^n$ 中系数使其满足给定微分方程的过程也依赖于下面的定理 2。这个定理（同样没有证明）告诉我们，如果两个幂级数表示相同的函数，那么它们是同一个级数。特别地，式 (13) 中的 Taylor 级数是唯一（用 $x-a$ 的幂次）表示函数 f 的幂级数。

定理 2　恒等原则

如果对于某个开区间 I 内的每个点 x 都有

$$\sum_{n=0}^{\infty} a_n x^n = \sum_{n=0}^{\infty} b_n x^n,$$

那么对于所有 $n \geqslant 0$ 均有 $a_n = b_n$。

特别地，如果对于某个开区间内的所有 x 均有 $\sum a_n x^n = 0$，那么由定理 2 可知，对于所有 $n \geqslant 0$ 都有 $a_n = 0$。

例题 1 求解方程 $y' + 2y = 0$。

解答： 我们代入级数

$$y = \sum_{n=0}^{\infty} c_n x^n \quad \text{和} \quad y' = \sum_{n=1}^{\infty} n c_n x^{n-1}$$

可得

$$\sum_{n=1}^{\infty} n c_n x^{n-1} + 2 \sum_{n=0}^{\infty} c_n x^n = 0。 \tag{21}$$

为了比较这里的系数，我们需要把每个求和中的通项变成包含 x^n 的项。要实现这一点，我们可以在第一个求和中移动求和指标。为了说明如何做到这一点，注意

$$\sum_{n=1}^{\infty} n c_n x^{n-1} = c_1 + 2c_2 x + 3c_3 x^2 + \cdots = \sum_{n=0}^{\infty} (n+1) c_{n+1} x^n。$$

因此，我们可以用 $n+1$ 代替 n，如果同时我们从前一步开始计数，即从 $n=0$ 而不是 $n=1$ 开始计数。这是对求和指标移动了 $+1$ 位。在式 (21) 中进行这种移位可得恒等式

$$\sum_{n=0}^{\infty} (n+1) c_{n+1} x^n + 2 \sum_{n=0}^{\infty} c_n x^n = 0,$$

即

$$\sum_{n=0}^{\infty} \left[(n+1) c_{n+1} + 2c_n \right] x^n = 0。$$

如果这个等式在某个区间上成立，那么根据恒等原则，对于所有 $n \geqslant 0$ 都有 $(n+1)c_{n+1} + 2c_n = 0$，因此对于所有 $n \geqslant 0$ 均有

$$c_{n+1} = -\frac{2c_n}{n+1}。 \tag{22}$$

式 (22) 是一个**递归关系**，我们可以根据 c_0 从此式依次计算出 c_1，c_2，c_3，$\cdots$，c_0 最终将是我们期望在一阶微分方程通解中得到的任意常数。

当 $n=0$ 时，由式 (22) 可得

$$c_1 = -\frac{2c_0}{1}。$$

当 $n=1$ 时，由式 (22) 可得

$$c_2 = -\frac{2c_1}{2} = \frac{2^2 c_0}{1 \cdot 2} = \frac{2^2 c_0}{2!}。$$

当 $n = 2$ 时，由式 (22) 可得

$$c_3 = -\frac{2c_2}{3} = -\frac{2^3 c_0}{1 \cdot 2 \cdot 3} = -\frac{2^3 c_0}{3!}。$$

此时应该很清楚，经过 n 次这样的步骤之后，我们将得到

$$c_n = (-1)^n \frac{2^n c_0}{n!}, \quad n \geqslant 1。$$

(这很容易用 n 步归纳法证明。) 因此，解具有形式

$$y(x) = \sum_{n=0}^{\infty} c_n x^n = \sum_{n=0}^{\infty} (-1)^n \frac{2^n c_0}{n!} x^n = c_0 \sum_{n=0}^{\infty} \frac{(-2x)^n}{n!} = c_0 \mathrm{e}^{-2x}。$$

在最后一步中，我们使用式 (5) 中熟悉的指数级数来表明幂级数解与我们可以通过分离变量法得到的解 $y(x) = c_0 \mathrm{e}^{-2x}$ 相同。∎

求和指标的移位

在例题 1 的求解中，我们写

$$\sum_{n=1}^{\infty} n c_n x^{n-1} = \sum_{n=0}^{\infty} (n+1) c_{n+1} x^n, \tag{23}$$

这是通过在左侧级数中将求和指标移动 +1 位得到的。也就是说，我们将求和指标同时增加 1（用 $n+1$ 代替 n，即 $n \to n+1$），并将起始点减小 1，即从 $n=1$ 减小到 $n=0$，从而得到右侧级数。这个过程是有效的，因为式 (23) 中的每个无穷级数无非是级数

$$c_1 + 2c_2 x + 3c_3 x^2 + 4c_4 x^3 + \cdots \tag{24}$$

的紧凑记法。

更一般地，在一个无穷级数中，我们通过将求和指标同时增加 k ($n \to n+k$)，且将起始点减小 k，可以将求和指标移动 k 位。例如，移动 +2 位 ($n \to n+2$) 可得

$$\sum_{n=3}^{\infty} a_n x^{n-1} = \sum_{n=1}^{\infty} a_{n+2} x^{n+1}。$$

若 k 为负，将"减小 k"解释为增加 $-k = |k|$。因此，将求和指标移动 -2 位 ($n \to n-2$) 可得

$$\sum_{n=1}^{\infty} n c_n x^{n-1} = \sum_{n=3}^{\infty} (n-2) c_{n-2} x^{n-3},$$

我们将求和指标减小 2，但将起始点增加 2，即从 $n=1$ 增加到 $n=3$。你应该检查出右侧求和仅仅是式 (24) 中级数的另一种表示。

我们知道例题 1 中所得幂级数对所有 x 均收敛，因为它是一个指数级数。更常见的是，一个幂级数解不能用熟悉的初等函数来表示。当我们得到一个不熟悉的幂级数解时，我们

需要一种方法判断其在哪收敛。毕竟，$y = \sum c_n x^n$ 仅仅是一种假定形式的解。例题 1 中所示的求系数 $\{c_n\}$ 的流程仅仅是一个形式过程，可能有效，也可能无效。在应用定理 1 计算 y' 以及应用定理 2 求得系数的递归关系时，这种方法的有效性取决于初始未知级数 $y = \sum c_n x^n$ 的收敛性。因此，只有当最终我们可以证明我们所得幂级数在某个开区间上收敛时，这个形式过程才是合理的。如果可以证明，那么它就表示微分方程在该区间上的解。下述定理（没有给出证明）可用于此目的。

定理 3　收敛半径

给定幂级数 $\sum c_n x^n$，假设极限

$$\rho = \lim_{n \to \infty} \left| \frac{c_n}{c_{n+1}} \right| \tag{25}$$

存在（ρ 是有限的），或为无穷大（在这种情况下我们写成 $\rho = \infty$）。那么

(a) 若 $\rho = 0$，则对所有 $x \neq 0$，级数都发散。

(b) 若 $0 < \rho < \infty$，则当 $|x| < \rho$ 时，$\sum c_n x^n$ 收敛；当 $|x| > \rho$ 时，其发散。

(c) 若 $\rho = \infty$，则对所有 x，级数均收敛。

式 (25) 中的数 ρ 被称为幂级数 $\sum c_n x^n$ 的**收敛半径**。例如，对于例题 1 中所得的幂级数，我们有

$$\rho = \lim_{n \to \infty} \left| \frac{(-1)^n 2^n c_0 / n!}{(-1)^{n+1} 2^{n+1} c_0 / (n+1)!} \right| = \lim_{n \to \infty} \frac{n+1}{2} = \infty,$$

因此，我们在例题 1 中所得级数对所有 x 都是收敛的。即使式 (25) 中的极限不存在，也总会存在一个数 ρ 使得定理 3 中的三个选项中恰好有一个成立。这个数可能很难找到，但是对于本章我们将要考虑的幂级数，式 (25) 对于计算收敛半径是足够的。

例题 2　求解方程 $(x-3)y' + 2y = 0$。

解答：与之前一样，我们代入

$$y = \sum_{n=0}^{\infty} c_n x^n \quad \text{和} \quad y' = \sum_{n=1}^{\infty} n c_n x^{n-1},$$

可得

$$(x-3) \sum_{n=1}^{\infty} n c_n x^{n-1} + 2 \sum_{n=0}^{\infty} c_n x^n = 0,$$

所以

$$\sum_{n=1}^{\infty} n c_n x^n - 3 \sum_{n=1}^{\infty} n c_n x^{n-1} + 2 \sum_{n=0}^{\infty} c_n x^n = 0。$$

在第一个求和中，我们可以用 $n=0$ 代替 $n=1$，对求和没有影响。在第二个求和中，我们将求和指标移动 $+1$ 位。由此可得

$$\sum_{n=0}^{\infty} nc_n x^n - 3\sum_{n=0}^{\infty}(n+1)c_{n+1}x^n + 2\sum_{n=0}^{\infty} c_n x^n = 0,$$

即

$$\sum_{n=0}^{\infty}\left[nc_n - 3(n+1)c_{n+1} + 2c_n\right]x^n = 0。$$

那么由恒等原则可得

$$nc_n - 3(n+1)c_{n+1} + 2c_n = 0,$$

由此我们得到递归关系

$$c_{n+1} = \frac{n+2}{3(n+1)}c_n \quad \text{对于 } n \geqslant 0。$$

我们应用这个公式，依次取 $n=0$，$n=1$ 和 $n=2$ 可得

$$c_1 = \frac{2}{3}c_0, \quad c_2 = \frac{3}{3\cdot 2}c_1 = \frac{3}{3^2}c_0 \quad \text{和} \quad c_3 = \frac{4}{3\cdot 3}c_2 = \frac{4}{3^3}c_0。$$

这几乎足以使模式变得明显，通过对 n 进行归纳不难证明

$$c_n = \frac{n+1}{3^n}c_0 \quad \text{若 } n \geqslant 1。$$

因此，我们提出的幂级数解为

$$y(x) = c_0 \sum_{n=0}^{\infty} \frac{n+1}{3^n} x^n。 \tag{26}$$

其收敛半径为

$$\rho = \lim_{n\to\infty}\left|\frac{c_n}{c_{n+1}}\right| = \lim_{n\to\infty}\frac{3n+3}{n+2} = 3。$$

因此，当 $-3 < x < 3$ 时，式 (26) 中的级数收敛；当 $|x| > 3$ 时，此级数发散。在这个特殊的例子中，我们可以解释原因。（采用变量分离法得到）微分方程的基本解为 $y = 1/(3-x)^2$。如果我们对如下等比级数逐项微分，

$$\frac{1}{3-x} = \frac{\frac{1}{3}}{1-\frac{x}{3}} = \frac{1}{3}\sum_{n=0}^{\infty}\frac{x^n}{3^n},$$

则可得到式 (26) 中级数的常数倍。因此，这个级数（其中适当选取任意常数 c_0）表示区间 $-3 < x < 3$ 上的解

$$y(x) = \frac{1}{(3-x)^2},$$

并且 $x = 3$ 处的奇点就是幂级数解的收敛半径是 $\rho = 3$ 的原因。 ∎

例题 3   **无级数解**   求解方程 $x^2 y' = y - x - 1$。

解答： 我们做常规替换 $y = \sum c_n x^n$ 和 $y' = \sum n c_n x^{n-1}$，可得

$$x^2 \sum_{n=1}^{\infty} n c_n x^{n-1} = -1 - x + \sum_{n=0}^{\infty} c_n x^n$$

所以

$$\sum_{n=1}^{\infty} n c_n x^{n+1} = -1 - x + \sum_{n=0}^{\infty} c_n x^n。$$

由于右侧两项 -1 和 $-x$ 的存在，我们需要把右侧级数的前两项 $c_0 + c_1 x$ 分离出来以便比较。如果我们同时将左侧求和指标移动 -1 位（即用 $n = 2$ 代替 $n = 1$ 以及用 $n - 1$ 代替 n），我们可以得到

$$\sum_{n=2}^{\infty} (n-1) c_{n-1} x^n = -1 - x + c_0 + c_1 x + \sum_{n=2}^{\infty} c_n x^n。$$

因为左侧既不包含常数项也不包含 x 的一次方项，所以由恒等原则可得 $c_0 = 1$，$c_1 = 1$ 以及 $c_n = (n-1) c_{n-1}$，其中 $n \geqslant 2$。由此可得

$$c_2 = 1 \cdot c_1 = 1!, \quad c_3 = 2 \cdot c_2 = 2!, \quad c_4 = 3 \cdot c_3 = 3!,$$

一般而言，

$$c_n = (n-1)! \quad \text{对于 } n \geqslant 2。$$

因此，我们得到幂级数

$$y(x) = 1 + x + \sum_{n=2}^{\infty} (n-1)! x^n。$$

但是该级数的收敛半径为

$$\rho = \lim_{n \to \infty} \frac{(n-1)!}{n!} = \lim_{n \to \infty} \frac{1}{n} = 0,$$

所以该级数仅在 $x = 0$ 时收敛。这意味着什么呢？简单来讲，这意味着给定的微分方程没有假定形式为 $y = \sum c_n x^n$ 的（收敛的）幂级数解。这道例题给出了一个警告，即将解写成 $y = \sum c_n x^n$ 这一简单行为可能包含一个错误假设。∎

例题 4   **三角级数**   求解方程 $y'' + y = 0$。

解答： 如果我们假设解具有形式

$$y = \sum_{n=0}^{\infty} c_n x^n,$$

我们可以求出

$$y' = \sum_{n=1}^{\infty} n c_n x^{n-1} \quad \text{和} \quad y'' = \sum_{n=2}^{\infty} n(n-1) c_n x^{n-2}。$$

那么将 y 和 y'' 代入微分方程可得

$$\sum_{n=2}^{\infty} n(n-1) c_n x^{n-2} + \sum_{n=0}^{\infty} c_n x^n = 0。$$

我们将第一个级数中的求和指标移动 +2 位（即用 $n=0$ 代替 $n=2$，用 $n+2$ 代替 n），可得

$$\sum_{n=0}^{\infty} (n+2)(n+1) c_{n+2} x^n + \sum_{n=0}^{\infty} c_n x^n = 0。$$

那么由恒等原则可得恒等式 $(n+2)(n+1)c_{n+2} + c_n = 0$，从而我们得到递归关系

$$c_{n+2} = -\frac{c_n}{(n+1)(n+2)}, \tag{27}$$

其中 $n \geq 0$。很明显，这个公式将确定用 c_0 表示的带有偶数下标的系数 c_n 和用 c_1 表示的带有奇数下标的系数 c_n；由于 c_0 和 c_1 并非预先确定的，因此它们将是我们期望在二阶方程的通解中求出的两个任意常数。

当我们将 $n=0$，2 和 4 依次代入递归关系式 (27) 时，可得

$$c_2 = -\frac{c_0}{2!}, \quad c_4 = \frac{c_0}{4!} \quad \text{和} \quad c_6 = -\frac{c_0}{6!}。$$

然后依次取 $n=1$，3 和 5，可得

$$c_3 = -\frac{c_1}{3!}, \quad c_5 = \frac{c_1}{5!} \quad \text{和} \quad c_7 = -\frac{c_1}{7!}。$$

至此，模式已经很清楚了，我们把它留给你（通过归纳法）去证明，对于 $k \geq 1$，

$$c_{2k} = \frac{(-1)^k c_0}{(2k)!} \quad \text{和} \quad c_{2k+1} = \frac{(-1)^k c_1}{(2k+1)!}。$$

因此，我们得到幂级数解

$$y(x) = c_0 \left(1 - \frac{x^2}{2!} + \frac{x^4}{4!} - \frac{x^6}{6!} + \cdots \right) + c_1 \left(x - \frac{x^3}{3!} + \frac{x^5}{5!} - \frac{x^7}{7!} + \cdots \right),$$

即 $y(x) = c_0 \cos x + c_1 \sin x$。注意这里不存在收敛半径的问题；正弦函数和余弦函数的 Taylor 级数对所有 x 均收敛。∎

可以对例题 4 的求解做进一步说明。假设我们从未听说过正弦函数和余弦函数，更不用说它们的 Taylor 级数了。那么我们就会发现微分方程 $y'' + y = 0$ 的两个幂级数解

$$C(x) = \sum_{n=0}^{\infty} \frac{(-1)^n x^{2n}}{(2n)!} = 1 - \frac{x^2}{2!} + \frac{x^4}{4!} - \cdots \tag{28}$$

和

$$S(x) = \sum_{n=0}^{\infty} \frac{(-1)^n x^{2n+1}}{(2n+1)!} = x - \frac{x^3}{3!} + \frac{x^5}{5!} - \cdots 。 \tag{29}$$

这两个幂级数对所有 x 均收敛。例如，定理 3 中的比值检验法意味着，通过在式 (28) 中令 $z = x^2$ 所得的级数 $\sum (-1)^n z^n/(2n)!$ 对所有 z 均收敛。由此可知，式 (28) 本身对所有 x 均收敛，（通过类似的策略）可知式 (29) 中的级数也是如此。

很明显，$C(0) = 1$ 且 $S(0) = 0$，那么对式 (28) 和式 (29) 中的两个级数进行逐项微分可得

$$C'(x) = -S(x) \quad 和 \quad S'(x) = C(x)。 \tag{30}$$

那么 $C'(0) = 0$ 且 $S'(0) = 1$。因此借助幂级数法（在对正弦函数和余弦函数一无所知的情况下），我们发现 $y = C(x)$ 是方程

$$y'' + y = 0$$

满足初始条件 $y(0) = 1$ 和 $y'(0) = 0$ 的唯一解，而 $y = S(x)$ 是满足初始条件 $y(0) = 0$ 和 $y'(0) = 1$ 的唯一解。由此可知，$C(x)$ 和 $S(x)$ 是线性无关的，并且认识到微分方程 $y'' + y = 0$ 的重要性，我们可以称 C 为余弦函数，称 S 为正弦函数。事实上，仅利用这两个函数（在 $x = 0$ 处）的初值和式 (30) 中的导数，无须参考三角形甚至角度，就可以建立这两个函数的所有常用性质。[你可以使用式 (28) 和式 (29) 中的级数证明对所有 x 都有 $[C(x)]^2 + [S(x)]^2 = 1$ 吗？] 这表明

> 余弦函数和正弦函数完全由微分方程 $y'' + y = 0$ 决定，并且它们是这个方程的两个天然线性无关解。

图 8.1.2 和图 8.1.3 展示了 $\cos x$ 和 $\sin x$ 的图形的几何特征是如何由我们通过截断式 (28) 和式 (29) 中的无穷级数所得的 Taylor 多项式近似的图形揭示出来的。

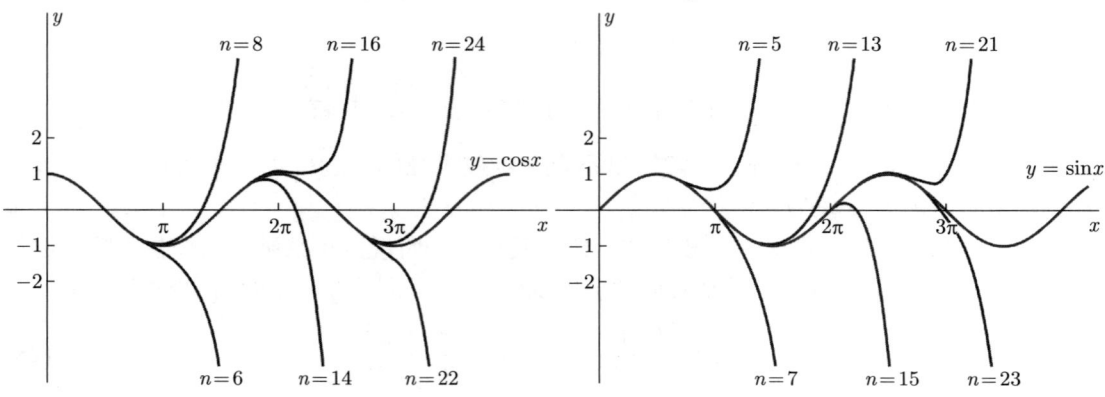

图 8.1.2　$\cos x$ 的 Taylor 多项式近似　　图 8.1.3　$\sin x$ 的 Taylor 多项式近似

这并不是一个罕见的情况。数学中许多重要的特殊函数最初都是作为微分方程的幂级数解出现的,因此实际上它们是通过这些幂级数来定义的。在本章的剩余部分中,我们将看到许多这类函数的例子。

习题

在习题 1~10 中,求给定微分方程的幂级数解。确定所得级数的收敛半径,并利用式 (5)~ 式 (12) 中的级数,用熟悉的初等函数表示级数解。(当然,没有人阻止你通过同时使用先前章节中的方法求解方程来检查你的工作!)

1. $y' = y$
2. $y' = 4y$
3. $2y' + 3y = 0$
4. $y' + 2xy = 0$
5. $y' = x^2 y$
6. $(x-2)y' + y = 0$
7. $(2x-1)y' + 2y = 0$
8. $2(x+1)y' = y$
9. $(x-1)y' + 2y = 0$
10. $2(x-1)y' = 3y$

在习题 11~14 中,请使用例题 4 中的方法求出给定微分方程的两个线性无关的幂级数解。确定每个级数的收敛半径,并用熟悉的初等函数表示通解。

11. $y'' = y$
12. $y'' = 4y$
13. $y'' + 9y = 0$
14. $y'' + y = x$

对于习题 15~18 中的微分方程,(如例题 3 所示)证明幂级数法不能得到形如 $y = \sum c_n x^n$ 的幂级数解。

15. $xy' + y = 0$
16. $2xy' = y$
17. $x^2 y' + y = 0$
18. $x^3 y' = 2y$

在习题 19~22 中,首先推导出递归关系,给出 $n \geq 2$ 时用 c_0 或 c_1 (或者两者)表示的 c_n。然后应用给定的初始条件求出 c_0 和 c_1 的值。随后确定(如正文所采用 n 表示的)c_n,最后用熟悉的初等函数表示特解。

19. $y'' + 4y = 0$; $y(0) = 0$, $y'(0) = 3$
20. $y'' - 4y = 0$; $y(0) = 2$, $y'(0) = 0$
21. $y'' - 2y' + y = 0$; $y(0) = 0$, $y'(0) = 1$
22. $y'' + y' - 2y = 0$; $y(0) = 1$, $y'(0) = -2$
23. 证明方程

$$x^2 y'' + x^2 y' + y = 0$$

没有形如 $y = \sum c_n x^n$ 的幂级数解。

24. **二项式级数** 通过以下步骤建立式 (12) 中的二项式级数。
(a) 证明 $y = (1+x)^\alpha$ 满足初值问题 $(1+x)y' = \alpha y$, $y(0) = 1$。
(b) 证明幂级数法是以 (a) 部分中初值问题的解的形式给出了式 (12) 中的二项式级数,并证明该级数在 $|x| < 1$ 时收敛。
(c) 解释为什么式 (12) 所给的二项式级数的有效性是从 (a) 部分和 (b) 部分推导出来的。

25. **Fibonacci 数** 对于初值问题

$$y'' = y' + y, \quad y(0) = 0, \quad y(1) = 1,$$

推导幂级数解

$$y(x) = \sum_{n=1}^{\infty} \frac{F_n}{n!} x^n,$$

其中 $\{F_n\}_{n=0}^{\infty}$ 是由 $F_0 = 0$, $F_1 = 1$, $F_n = F_{n-2} + F_{n-1}$(当 $n > 1$ 时)定义的 Fibonacci 数的序列 $0, 1, 1, 2, 3, 5, 8, 13, \cdots$。

26. **正切函数的 Maclaurin 级数**
(a) 证明初值问题

$$y' = 1 + y^2, \quad y(0) = 0$$

的解为 $y(x) = \tan x$。
(b) 因为 $y(x) = \tan x$ 是一个奇函数,并且 $y'(0) = 1$,所以其 Taylor 级数具有形式

$$y = x + c_3 x^3 + c_5 x^5 + c_7 x^7 + \cdots。$$

将该级数代入 $y' = 1 + y^2$,并令 x 的同次幂系数相等可推导出下列关系:

$$3c_3 = 1, \qquad 5c_5 = 2c_3,$$
$$7c_7 = 2c_5 + (c_3)^2, \qquad 9c_9 = 2c_7 + 2c_3 c_5,$$
$$11c_{11} = 2c_9 + 2c_3 c_7 + (c_5)^2。$$

(c) 请推断出

$$\tan x = x + \frac{1}{3}x^3 + \frac{2}{15}x^5 + \frac{17}{315}x^7 +$$
$$\frac{62}{2835}x^9 + \frac{1382}{155925}x^{11} + \cdots 。$$

(d) 你是否更愿意使用 Maclaurin 级数式 (13) 来推导 (c) 部分中的正切级数？请好好思考一下。

27. **无穷级数求和** 本节介绍了使用无穷级数求解微分方程的方法。相反，微分方程有时可以用于对无穷级数进行求和。例如，考虑无穷级数

$$1 + \frac{1}{1!} - \frac{1}{2!} + \frac{1}{3!} + \frac{1}{4!} - \frac{1}{5!} + \cdots,$$

请注意叠加在数 e 的级数项上的符号模式为 ++−++−⋯。如果我们能得到函数

$$f(x) = 1 + x - \frac{1}{2!}x^2 + \frac{1}{3!}x^3 + \frac{1}{4!}x^4 - \frac{1}{5!}x^5 + \cdots$$

的公式，我们就可以计算上述级数的值，因为所讨论的数值级数的和就是 $f(1)$。

(a) 可以证明这里所给的幂级数对所有 x 都收敛，并且逐项微分是有效的。基于上述事实，证明 $f(x)$ 满足初值问题

$$y^{(3)} = y; \quad y(0) = y'(0) = 1, \quad y''(0) = -1。$$

(b) 求解这个初值问题以证明

$$f(x) = \frac{1}{3}e^x + \frac{2}{3}e^{-x/2}\left(\cos\frac{\sqrt{3}}{2}x + \sqrt{3}\sin\frac{\sqrt{3}}{2}x\right)。$$

建议参考 3.3 节习题 48。

(c) 计算 $f(1)$ 以求出这里所给的数值级数的和。

8.2 常点附近的级数解

在 8.1 节中介绍的幂级数法可以用于求解任意阶的线性方程（以及某些非线性方程），但其最重要的应用还是形如

$$A(x)y'' + B(x)y' + C(x)y = 0 \tag{1}$$

的二阶齐次线性微分方程，其中系数 A，B 和 C 都是 x 的解析函数。事实上，在绝大多数应用中，这些系数函数都是简单的多项式。

在 8.1 节例题 3 中，我们看到级数法并不总是能得到级数解。为了发现级数法何时能成功，我们将方程 (1) 改写为如下形式：

$$y'' + P(x)y' + Q(x)y = 0, \tag{2}$$

其中首项系数为 1，并且 $P = B/A$，$Q = C/A$。注意 $P(x)$ 和 $Q(x)$ 通常在 $A(x)$ 为零的点处不是解析函数。例如，考虑方程

$$xy'' + y' + xy = 0。 \tag{3}$$

方程 (3) 中的系数函数处处连续。但在方程 (2) 的形式下，它变为方程

$$y'' + \frac{1}{x}y' + y = 0, \tag{4}$$

其中 $P(x) = 1/x$ 在 $x = 0$ 处不是解析函数。

如果函数 $P(x)$ 和 $Q(x)$ 在 $x = a$ 处都是解析函数，那么点 $x = a$ 被称为方程 (2) 和等价方程 (1) 的**常点**。否则，$x = a$ 是**奇点**。因此，方程 (3) 和方程 (4) 的唯一奇点为 $x = 0$。回顾一下，解析函数的商在分母非零处是解析函数。由此可知，若在具有解析系数的方程 (1) 中 $A(a) \neq 0$，则 $x = a$ 是常点。如果 $A(x)$，$B(x)$ 和 $C(x)$ 是没有公因式的多项式，那

么当且仅当 $A(a) \neq 0$ 时，$x = a$ 才是常点。

例题 1 点 $x = 0$ 是方程
$$xy'' + (\sin x)y' + x^2 y = 0$$
的常点，尽管 $A(x) = x$ 在 $x = 0$ 处为零。原因在于
$$P(x) = \frac{\sin x}{x} = \frac{1}{x}\left(x - \frac{x^3}{3!} + \frac{x^5}{5!} - \cdots\right) = 1 - \frac{x^2}{3!} + \frac{x^4}{5!} - \cdots$$
在 $x = 0$ 处仍然是解析函数，因为除以 x 后得到一个收敛的幂级数。∎

例题 2 点 $x = 0$ 不是方程
$$y'' + x^2 y' + x^{1/2} y = 0$$
的常点。因为在原点处，$P(x) = x^2$ 是解析函数，而 $Q(x) = x^{1/2}$ 不是解析函数。原因在于 $Q(x)$ 在 $x = 0$ 处不可微，因此在那里不是解析函数。（8.1 节定理 1 表明解析函数必须是可微的。）∎

例题 3 点 $x = 0$ 是方程
$$(1 - x^3)y'' + (7x^2 + 3x^5)y' + (5x - 13x^4)y = 0$$
的常点，因为系数函数 $A(x)$，$B(x)$ 和 $C(x)$ 均为多项式，且 $A(0) \neq 0$。∎

3.1 节定理 2 表明，在系数函数 $P(x)$ 和 $Q(x)$ 均连续的任意开区间上，方程 (2) 有两个线性无关解。就我们目前的目的而言，基本事实是，在常点 a 附近，这些解将具有 $x - a$ 的幂级数形式。下面定理的证明可以在 Coddington 的 *An Introduction to Ordinary Differential Equations*（1989）的第 3 章中找到。

定理 1 常点附近的解

假设 a 是方程
$$A(x)y'' + B(x)y' + C(x)y = 0 \tag{1}$$
的常点，即函数 $P = B/A$ 和 $Q = C/A$ 在 $x = a$ 处都是解析函数。那么方程 (1) 有两个线性无关解，并且每个都具有如下形式
$$y(x) = \sum_{n=0}^{\infty} c_n(x - a)^n \text{。} \tag{5}$$
任意这样的级数解的收敛半径至少等于从 a 到方程 (1) 的最近（实数或复数）奇点的距离。式 (5) 中级数的系数可以通过将其代入方程 (1) 来确定。

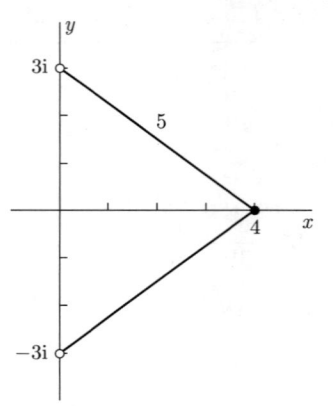

图 8.2.1 收敛半径作为到最近奇点的距离

例题 4 根据定理 1 确定方程

$$(x^2+9)y'' + xy' + x^2y = 0 \tag{6}$$

的 x 的幂级数解的收敛半径。并用 $x-4$ 的幂级数重复上述过程。

解答： 本例题将说明我们不仅要考虑实数奇点，也必须要考虑复数奇点。因为

$$P(x) = \frac{x}{x^2+9} \quad \text{和} \quad Q(x) = \frac{x^2}{x^2+9},$$

所以方程 (6) 仅有奇点 $\pm 3\mathrm{i}$。（在复平面上）每个奇点到 0 的距离都为 3，所以形如 $\sum c_n x^n$ 的级数解的收敛半径至少为 3。每个奇点到 4 的距离都为 5，所以形如 $\sum c_n (x-4)^n$ 的级数解的收敛半径至少为 5（参见图 8.2.1）。∎

例题 5 求出方程

$$(x^2-4)y'' + 3xy' + y = 0 \tag{7}$$

的 x 的幂级数形式的通解。然后求出 $y(0)=4$ 且 $y'(0)=1$ 时的特解。

解答： 方程 (7) 仅有奇点 ± 2，所以我们所得级数的收敛半径至少为 2。（关于精确的收敛半径，参见习题 35。）将

$$y = \sum_{n=0}^{\infty} c_n x^n, \quad y' = \sum_{n=1}^{\infty} n c_n x^{n-1} \quad \text{和} \quad y'' = \sum_{n=2}^{\infty} n(n-1) c_n x^{n-2}$$

代入方程 (7) 可得

$$\sum_{n=2}^{\infty} n(n-1) c_n x^n - 4 \sum_{n=2}^{\infty} n(n-1) c_n x^{n-2} + 3 \sum_{n=1}^{\infty} n c_n x^n + \sum_{n=0}^{\infty} c_n x^n = 0.$$

我们也可以对第一项和第三项从 $n=0$ 开始求和，因为这样做不会引入非零项。同时，我们将第二项求和的求和指标移动 $+2$ 位，即用 $n+2$ 代替 n，并使用初始值 $n=0$。由此可得

$$\sum_{n=0}^{\infty} n(n-1) c_n x^n - 4 \sum_{n=0}^{\infty} (n+2)(n+1) c_{n+2} x^n + 3 \sum_{n=0}^{\infty} n c_n x^n + \sum_{n=0}^{\infty} c_n x^n = 0.$$

在整理合并 c_n 和 c_{n+2} 的系数后，我们得到

$$\sum_{n=0}^{\infty} [(n^2+2n+1)c_n - 4(n+2)(n+1)c_{n+2}] x^n = 0.$$

根据恒等原则可得

$$(n+1)^2 c_n - 4(n+2)(n+1)c_{n+2} = 0,$$

从而导出递归关系

$$c_{n+2} = \frac{(n+1)c_n}{4(n+2)}, \tag{8}$$

其中 $n \geqslant 0$。依次取 $n = 0$，2 和 4，可得

$$c_2 = \frac{c_0}{4 \cdot 2}, \quad c_4 = \frac{3c_2}{4 \cdot 4} = \frac{3c_0}{4^2 \cdot 2 \cdot 4} \quad 和 \quad c_6 = \frac{5c_4}{4 \cdot 6} = \frac{3 \cdot 5 c_0}{4^3 \cdot 2 \cdot 4 \cdot 6}。$$

以这种方式继续下去，我们显然可以得出

$$c_{2n} = \frac{1 \cdot 3 \cdot 5 \cdots (2n-1)}{4^n \cdot 2 \cdot 4 \cdots (2n)} c_0。$$

使用通用符号

$$(2n+1)!! = 1 \cdot 3 \cdot 5 \cdots (2n+1) = \frac{(2n+1)!}{2^n \cdot n!},$$

并观察到 $2 \cdot 4 \cdot 6 \cdots (2n) = 2^n \cdot n!$，最终可得

$$c_{2n} = \frac{(2n-1)!!}{2^{3n} \cdot n!} c_0。 \tag{9}$$

（这里我们还利用了等式：$4^n \cdot 2^n = 2^{3n}$。）

在式 (8) 中依次取 $n = 1$，3 和 5，可得

$$c_3 = \frac{2c_1}{4 \cdot 3}, \quad c_5 = \frac{4c_3}{4 \cdot 5} = \frac{2 \cdot 4 c_1}{4^2 \cdot 3 \cdot 5} \quad 和 \quad c_7 = \frac{6c_5}{4 \cdot 7} = \frac{2 \cdot 4 \cdot 6 c_1}{4^3 \cdot 3 \cdot 5 \cdot 7}。$$

很明显，模式为

$$c_{2n+1} = \frac{2 \cdot 4 \cdot 6 \cdots (2n)}{4^n \cdot 1 \cdot 3 \cdot 5 \cdots (2n+1)} c_1 = \frac{n!}{2^n \cdot (2n+1)!!} c_1。 \tag{10}$$

式 (9) 给出了用 c_0 表示的具有偶数下标的系数，式 (10) 则给出了用 c_1 表示的具有奇数下标的系数。在我们将级数的奇偶次项分开整理之后，可以得到通解

$$y(x) = c_0 \left(1 + \sum_{n=1}^{\infty} \frac{(2n-1)!!}{2^{3n} \cdot n!} x^{2n}\right) + c_1 \left(x + \sum_{n=1}^{\infty} \frac{n!}{2^n \cdot (2n+1)!!} x^{2n+1}\right)。 \tag{11}$$

或者

$$\begin{aligned} y(x) = &c_0 \left(1 + \frac{1}{8}x^2 + \frac{3}{128}x^4 + \frac{5}{1024}x^6 + \cdots\right) + \\ &c_1 \left(x + \frac{1}{6}x^3 + \frac{1}{30}x^5 + \frac{1}{140}x^7 + \cdots\right)。 \end{aligned} \tag{11'}$$

由于 $y(0) = c_0$ 且 $y'(0) = c_1$，所以给定的初始条件意味着 $c_0 = 4$ 且 $c_1 = 1$。在式 (11′) 中使用这些值，那么满足 $y(0) = 4$ 和 $y'(0) = 1$ 的特解的前几项为

$$y(x) = 4 + x + \frac{1}{2}x^2 + \frac{1}{6}x^3 + \frac{3}{32}x^4 + \frac{1}{30}x^5 + \cdots。 \tag{12}$$

备注：如例题 5 所示，将 $y = \sum c_n x^n$ 代入以 $x = 0$ 为常点的二阶线性方程中，通常可以推导出一个递归关系，这个递归关系可用前两项 c_0 和 c_1 表示后续系数 c_2，c_3，c_4，$\cdots$。在这种情况下，可以通过如下方式得到两个线性无关解。令 $y_0(x)$ 是由 $c_0 = 1$ 和 $c_1 = 0$ 时所得的解，而令 $y_1(x)$ 是由 $c_0 = 0$ 和 $c_1 = 1$ 时所得的解。那么

$$y_0(0) = 1, \quad y_0'(0) = 0 \quad \text{和} \quad y_1(0) = 0, \quad y_1'(0) = 1,$$

所以很明显，y_0 和 y_1 是线性无关的。在例题 5 中，$y_0(x)$ 和 $y_1(x)$ 由在式 (11) 右侧出现的两个级数定义，其通解可表示为 $y = c_0 y_0 + c_1 y_1$。

平移级数解

如果在例题 5 中，我们要寻求具有给定初值 $y(a)$ 和 $y'(a)$ 的特解，那么我们将需要形式为

$$y(x) = \sum_{n=0}^{\infty} c_n (x-a)^n \tag{13}$$

的通解，即以 $x - a$ 为底而不是以 x 为底的幂级数解。因为只有在形如式 (13) 的解下，才能根据 y 和 y' 的初值由初始条件

$$y(a) = c_0 \quad \text{和} \quad y'(a) = c_1$$

确定任意常数 c_0 和 c_1。因此，为了求解初值问题，我们需要以指定初始条件的点为中心的级数展开式形式的通解。

例题 6 求解初值问题

$$(t^2 - 2t - 3)\frac{\mathrm{d}^2 y}{\mathrm{d}t^2} + 3(t-1)\frac{\mathrm{d}y}{\mathrm{d}t} + y = 0; \quad y(1) = 4, \quad y'(1) = -1。 \tag{14}$$

解答：我们需要形如 $\sum c_n (t-1)^n$ 的通解。但不是将这个级数代入式 (14) 来确定系数，如果我们先做替换 $x = t - 1$，使得我们最终寻求的是形如 $\sum c_n x^n$ 的级数，从而可以简化计算。为了将方程 (14) 转化为具有新的自变量 x 的方程，我们注意到

$$t^2 - 2t - 3 = (x+1)^2 - 2(x+1) - 3 = x^2 - 4,$$

$$\frac{\mathrm{d}y}{\mathrm{d}t} = \frac{\mathrm{d}y}{\mathrm{d}x}\frac{\mathrm{d}x}{\mathrm{d}t} = \frac{\mathrm{d}y}{\mathrm{d}x} = y',$$

以及
$$\frac{\mathrm{d}^2 y}{\mathrm{d}t^2} = \left[\frac{\mathrm{d}}{\mathrm{d}x}\left(\frac{\mathrm{d}y}{\mathrm{d}x}\right)\right]\frac{\mathrm{d}x}{\mathrm{d}t} = \frac{\mathrm{d}}{\mathrm{d}x}(y') = y'',$$

其中上标 ′ 表示对 x 求导。因此，我们将方程 (14) 转化为
$$(x^2 - 4)y'' + 3xy' + y = 0,$$
其在 $x = 0$ 处（对应于 $t = 1$）具有初始条件 $y = 4$ 和 $y' = 1$。这就是我们在例题 5 中所求解的初值问题，所以式 (12) 中的特解是可用的。在式 (12) 中我们用 $t - 1$ 代替 x，从而得到期望的特解

$$y(t) = 4 + (t-1) + \frac{1}{2}(t-1)^2 + \frac{1}{6}(t-1)^3 +$$
$$\frac{3}{32}(t-1)^4 + \frac{1}{30}(t-1)^5 + \cdots 。$$

当 $-1 < t < 3$ 时，这个级数收敛。（为什么？）像这样的级数可用来估计解的数值。例如
$$y(0.8) = 4 + (-0.2) + \frac{1}{2}(-0.2)^2 + \frac{1}{6}(-0.2)^3 +$$
$$\frac{3}{32}(-0.2)^4 + \frac{1}{30}(-0.2)^5 + \cdots,$$
所以 $y(0.8) \approx 3.8188$。 ∎

例题 6 中最后的计算说明，微分方程的级数解不仅对于构建解的一般性质很有用，而且对于无法用初等函数表示的解的数值计算也很有用。

递归关系的类型

式 (8) 是一个**两项**递归关系的例子，级数中的每个系数都可以用一个前面的系数来表示。而**多项**递归关系用两个或多个前面的系数来表示级数中的每个系数。在多项递归关系的情况下，通常不方便甚至不可能找到用 n 表示典型系数 c_n 的公式。下面的例题将展示我们有时可以用三项递归关系做什么。

例题 7 求出下列方程的两个线性无关解：
$$y'' - xy' - x^2 y = 0。 \tag{15}$$

解答：我们用常规的幂级数 $y = \sum c_n x^n$ 替换。从而得到方程
$$\sum_{n=2}^{\infty} n(n-1)c_n x^{n-2} - \sum_{n=1}^{\infty} nc_n x^n - \sum_{n=0}^{\infty} c_n x^{n+2} = 0。$$
我们可以让第二个求和项从 $n = 0$ 开始而不做任何其他改变。为了使其通项中的每一项包含 x^n，我们将第一个求和项的求和指标移动 +2 位（用 $n + 2$ 代替 n），并且将第三个求

和项的求和指标移动 -2 位（用 $n-2$ 代替 n）。经过这些移位可得

$$\sum_{n=0}^{\infty}(n+2)(n+1)c_{n+2}x^n - \sum_{n=0}^{\infty}nc_nx^n - \sum_{n=2}^{\infty}c_{n-2}x^n = 0。$$

这三个求和项的共同范围为 $n \geqslant 2$，所以在整理合并 x^n 的系数之前，我们必须在前两个求和项中分离出与 $n=0$ 和 $n=1$ 对应的项。由此可得

$$2c_2 + 6c_3x - c_1x + \sum_{n=2}^{\infty}[(n+2)(n+1)c_{n+2} - nc_n - c_{n-2}]x^n = 0。$$

此时恒等原则意味着 $2c_2 = 0$ 和 $c_3 = \dfrac{1}{6}c_1$，以及三项递归关系

$$c_{n+2} = \frac{nc_n + c_{n-2}}{(n+2)(n+1)} \tag{16}$$

其中 $n \geqslant 2$。特别地，

$$\begin{aligned} c_4 &= \frac{2c_2 + c_0}{12}, & c_5 &= \frac{3c_3 + c_1}{20}, & c_6 &= \frac{4c_4 + c_2}{30}, \\ c_7 &= \frac{5c_5 + c_3}{42}, & c_8 &= \frac{6c_6 + c_4}{56}。 \end{aligned} \tag{17}$$

因此，当 $n \geqslant 4$ 时，所有 c_n 值都可用任意常数 c_0 和 c_1 表示，因为 $c_2 = 0$ 且 $c_3 = \dfrac{1}{6}c_1$。

为了得到方程 (15) 的第一个解 y_1，我们选择 $c_0 = 1$ 和 $c_1 = 0$，所以 $c_2 = c_3 = 0$。那么由式 (17) 可得

$$c_4 = \frac{1}{12}, \quad c_5 = 0, \quad c_6 = \frac{1}{90}, \quad c_7 = 0, \quad c_8 = \frac{3}{1120},$$

因此

$$y_1(x) = 1 + \frac{1}{12}x^4 + \frac{1}{90}x^6 + \frac{3}{1120}x^8 + \cdots。 \tag{18}$$

由于 $c_1 = c_3 = 0$，所以从式 (16) 可以明显看出这个级数只包含偶次项。

为了得到方程 (15) 的第二个线性无关解 y_2，我们取 $c_0 = 0$ 和 $c_1 = 1$，所以 $c_2 = 0$ 且 $c_3 = \dfrac{1}{6}$。那么由式 (17) 可得

$$c_4 = 0, \quad c_5 = \frac{3}{40}, \quad c_6 = 0, \quad c_7 = \frac{13}{1008},$$

所以

$$y_2(x) = x + \frac{1}{6}x^3 + \frac{3}{40}x^5 + \frac{13}{1008}x^7 + \cdots。 \tag{19}$$

由于 $c_0 = c_2 = 0$，所以从式 (16) 可以明显看出这个级数只包含奇次项。鉴于 $y_1(0) = 1$ 且 $y_1'(0) = 0$，而 $y_2(0) = 0$ 且 $y_2'(0) = 1$，所以解 $y_1(x)$ 和 $y_2(x)$ 是线性无关的。方程 (15) 的

通解是式 (18) 和式 (19) 中幂级数的线性组合。方程 (15) 没有奇点，所以 $y_1(x)$ 和 $y_2(x)$ 的幂级数对所有 x 均收敛。∎

Legendre 方程

α 阶 **Legendre 方程**是二阶线性微分方程

$$(1-x^2)y'' - 2xy' + \alpha(\alpha+1)y = 0, \tag{20}$$

其中实数 α 满足不等式 $\alpha > -1$。这个微分方程有着广泛的应用，从数值积分公式（例如 Gauss 求积公式）到确定边界点处温度已知的实心球的内部稳态温度的问题。Legendre 方程只有奇点 1 和 -1，所以它有两个线性无关解，并且这些解可以表示成收敛半径至少为 1 的以 x 为底的幂级数。将 $y = \sum c_m x^m$ 代入方程 (20) 可得递归关系（参见习题 31）

$$c_{m+2} = -\frac{(\alpha-m)(\alpha+m+1)}{(m+1)(m+2)} c_m, \tag{21}$$

其中 $m \geqslant 0$。因为 n 有另外的作用，所以在此我们使用 m 作为求和指标。

根据任意常数 c_0 和 c_1，由式 (21) 可得

$$c_2 = -\frac{\alpha(\alpha+1)}{2!} c_0,$$

$$c_3 = -\frac{(\alpha-1)(\alpha+2)}{3!} c_1,$$

$$c_4 = \frac{\alpha(\alpha-2)(\alpha+1)(\alpha+3)}{4!} c_0,$$

$$c_5 = \frac{(\alpha-1)(\alpha-3)(\alpha+2)(\alpha+4)}{5!} c_1。$$

我们可以很容易地证明，对于 $m > 0$，有

$$c_{2m} = (-1)^m \frac{\alpha(\alpha-2)(\alpha-4)\cdots(\alpha-2m+2)(\alpha+1)(\alpha+3)\cdots(\alpha+2m-1)}{(2m)!} c_0 \tag{22}$$

和

$$c_{2m+1} = (-1)^m \frac{(\alpha-1)(\alpha-3)\cdots(\alpha-2m+1)(\alpha+2)(\alpha+4)\cdots(\alpha+2m)}{(2m+1)!} c_1。 \tag{23}$$

或者，

$$c_{2m} = (-1)^m a_{2m} c_0 \quad \text{和} \quad c_{2m+1} = (-1)^m a_{2m+1} c_1,$$

其中 a_{2m} 和 a_{2m+1} 分别表示式 (22) 和式 (23) 中的分式。根据这些符号，我们得到 α 阶 Legendre 方程的两个线性无关幂级数解

$$y_1(x) = c_0 \sum_{m=0}^{\infty} (-1)^m a_{2m} x^{2m} \quad \text{和} \quad y_2(x) = c_1 \sum_{m=0}^{\infty} (-1)^m a_{2m+1} x^{2m+1}。 \tag{24}$$

现在假设 $\alpha = n$,一个非负整数。如果 $\alpha = n$ 是偶数,那么由式 (22) 可知,当 $2m > n$ 时,$a_{2m} = 0$。在这种情况下,$y_1(x)$ 是一个 n 次多项式,y_2 是一个(无尽的)无穷级数。如果 $\alpha = n$ 是一个正奇数,那么由式 (23) 可知,当 $2m+1 > n$ 时,$a_{2m+1} = 0$。在这种情况下,$y_2(x)$ 是一个 n 次多项式,y_1 是一个(无尽的)无穷级数。因此,无论是哪种情况,式 (24) 中的两个解一个是多项式,另一个是无穷级数。

(分别为每个 n)适当选择任意常数 c_0(当 n 为偶数时)或 c_1(当 n 为奇数时),那么 n 阶 Legendre 方程

$$(1-x^2)y'' - 2xy' + n(n+1)y = 0 \tag{25}$$

的 n 次多项式解用 $P_n(x)$ 表示,被称为 n 次 **Legendre 多项式**。(由于习题 32 所示的原因,)习惯上选择任意常数使得 $P_n(x)$ 中 x^n 的系数为 $(2n)!/[2^n(n!)^2]$。那么由此可得

$$P_n(x) = \sum_{k=0}^{N} \frac{(-1)^k (2n-2k)!}{2^n k!(n-k)!(n-2k)!} x^{n-2k}, \tag{26}$$

其中 $N = [\![n/2]\!]$,即 $n/2$ 的整数部分。前六个 Legendre 多项式为

$$P_0(x) \equiv 1,$$
$$P_1(x) = x,$$
$$P_2(x) = \frac{1}{2}(3x^2 - 1),$$
$$P_3(x) = \frac{1}{2}(5x^3 - 3x),$$
$$P_4(x) = \frac{1}{8}(35x^4 - 30x^2 + 3),$$
$$P_5(x) = \frac{1}{8}(63x^5 - 70x^3 + 15x),$$

它们的图形如图 8.2.2 所示。

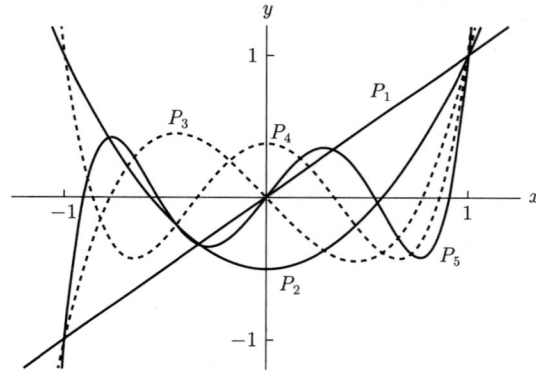

图 8.2.2 当 $n = 1,2,3,4,5$ 时,Legendre 多项式 $y = P_n(x)$ 的图形。从这些图形可以看出,对于所有 n,$P_n(x)$ 的零点都位于区间 $-1 < x < 1$ 内

习题

求出习题 1~15 中微分方程的用 x 的幂表示的通解。并且说明每种情况下的递归关系和所能保证的收敛半径。

1. $(x^2 - 1)y'' + 4xy' + 2y = 0$
2. $(x^2 + 2)y'' + 4xy' + 2y = 0$
3. $y'' + xy' + y = 0$
4. $(x^2 + 1)y'' + 6xy' + 4y = 0$
5. $(x^2 - 3)y'' + 2xy' = 0$
6. $(x^2 - 1)y'' - 6xy' + 12y = 0$
7. $(x^2 + 3)y'' - 7xy' + 16y = 0$
8. $(2 - x^2)y'' - xy' + 16y = 0$
9. $(x^2 - 1)y'' + 8xy' + 12y = 0$
10. $3y'' + xy' - 4y = 0$
11. $5y'' - 2xy' + 10y = 0$
12. $y'' - x^2 y' - 3xy = 0$
13. $y'' + x^2 y' + 2xy = 0$

14. $y'' + xy = 0$（Airy 方程）
15. $y'' + x^2 y = 0$

使用幂级数法求解习题 16 和习题 17 中的初值问题。

16. $(1+x^2)y''+2xy'-2y = 0$；$y(0) = 0$，$y'(0) = 1$
17. $y'' + xy' - 2y = 0$；$y(0) = 1$，$y'(0) = 0$

求解习题 18~22 中的初值问题。首先做替换 $t = x - a$，然后求出变换后的微分方程的形如 $\sum c_n t^n$ 的解。最后根据本节定理 1 保证的收敛性，说明 x 的取值区间。

18. $y'' + (x-1)y' + y = 0$；$y(1) = 2$，$y'(1) = 0$
19. $(2x-x^2)y'' - 6(x-1)y' - 4y = 0$；$y(1) = 0$，$y'(1) = 1$
20. $(x^2 - 6x + 10)y'' - 4(x-3)y' + 6y = 0$；$y(3) = 2$，$y'(3) = 0$
21. $(4x^2+16x+17)y'' = 8y$；$y(-2) = 1$，$y'(-2) = 0$
22. $(x^2 + 6x)y'' + (3x+9)y' - 3y = 0$；$y(-3) = 0$，$y'(-3) = 2$

三项递归关系

在习题 23~26 中，求出形如 $y = \sum c_n x^n$ 的解的三项递归关系。然后在两个线性无关解中分别求出前三个非零项。

23. $y'' + (1+x)y = 0$
24. $(x^2 - 1)y'' + 2xy' + 2xy = 0$
25. $y'' + x^2 y' + x^2 y = 0$
26. $(1 + x^3)y'' + x^4 y = 0$
27. 求解初值问题

$$y''+xy'+(2x^2+1)y=0;\ y(0)=1,\ y'(0)=-1。$$

并确定足够多的项来计算 $y(1/2)$，结果精确到小数点后第四位。

在习题 28~30 中，求出形如 $y = \sum c_n x^n$ 的两个线性无关解的前三个非零项。用已知的 Taylor 级数代替解析函数，并保留足够多的项来计算必要的系数。

28. $y'' + e^{-x} y = 0$
29. $(\cos x) y'' + y = 0$
30. $xy'' + (\sin x) y' + xy = 0$
31. 为 Legendre 方程推导出递归关系式 (21)。

32. **Legendre 多项式** 按照本题列出的步骤构建 n 次 Legendre 多项式的 **Rodrigues** 公式

$$P_n(x) = \frac{1}{n!2^n} \frac{d^n}{dx^n}(x^2 - 1)^n。$$

(a) 证明 $v = (x^2 - 1)^n$ 满足微分方程

$$(1 - x^2)v' + 2nxv = 0。$$

对这个方程两侧进行微分以得到

$$(1 - x^2)v'' + 2(n-1)xv' + 2nv = 0。$$

(b) 对上述最后一个方程两侧连续进行 n 次微分以得到

$$(1-x^2)v^{(n+2)} - 2xv^{(n+1)} + n(n+1)v^{(n)} = 0。$$

因此 $u = v^{(n)} = D^n(x^2 - 1)^n$ 满足 n 阶 Legendre 方程。

(c) 证明 u 中 x^n 的系数为 $(2n)!/n!$，然后陈述为什么这样就证明了 Rodrigues 公式。[注意，$P_n(x)$ 中 x^n 的系数为 $(2n)!/[2^n(n!)^2]$。]

33. **Hermite 多项式** α 阶 Hermite 方程为

$$y'' - 2xy' + 2\alpha y = 0。$$

(a) 推导出上述方程的两个幂级数解

$$y_1 = 1 + \sum_{m=1}^{\infty} (-1)^m \frac{2^m \alpha(\alpha - 2) \cdots (\alpha - 2m + 2)}{(2m)!} x^{2m}$$

和

$$y_2 = x + \sum_{m=1}^{\infty} (-1)^m \frac{2^m (\alpha-1)(\alpha-3)\cdots(\alpha-2m+1)}{(2m+1)!} x^{2m+1}。$$

证明当 α 为偶数时，y_1 是一个多项式，而当 α 为奇数时，y_2 是一个多项式。

(b) 用 $H_n(x)$ 表示 n 次 **Hermite** 多项式。它是 Hermite 方程的 n 次多项式解，乘以一个合适的常数使得 x^n 的系数为 2^n。证明前六个 Hermite 多项式分别为

$$H_0(x) = 1,$$

$$H_1(x) = 2x,$$
$$H_2(x) = 4x^2 - 2,$$
$$H_3(x) = 8x^3 - 12x,$$
$$H_4(x) = 16x^4 - 48x^2 + 12,$$
$$H_5(x) = 32x^5 - 160x^3 + 120x.$$

Hermite 多项式的通式为

$$H_n(x) = (-1)^n e^{x^2} \frac{d^n}{dx^n}(e^{-x^2}).$$

验证这个公式确实给出了一个 n 次多项式。使用计算机代数系统研究如下猜测是很有趣的：（对于每个 n）Hermite 多项式 H_n 和 H_{n+1} 的零点是"交错的"，也就是说，H_n 的 n 个零点位于 n 个有界开区间内，而这些开区间的端点为 H_{n+1} 的两个连续零点。

34. **Airy 函数** 8.1 节例题 4 后面的讨论表明，微分方程 $y'' + y = 0$ 可用于引出并定义熟悉的正弦函数和余弦函数。以类似的方式，Airy 方程

$$y'' = xy$$

可用于引出两个新的特殊函数，它们出现在从无线电波到分子振动的应用中。推导出 Airy 方程的两个不同幂级数解的前三项或前四项。然后对于分别满足初始条件 $y_1(0) = 1$，$y_1'(0) = 0$ 和 $y_2(0) = 0$，$y_2'(0) = 1$ 的解，验证你的结果是否与如下公式一致：

$$y_1(x) = 1 + \sum_{k=1}^{\infty} \frac{1 \cdot 4 \cdots (3k-2)}{(3k)!} x^{3k}$$

和

$$y_2(x) = x + \sum_{k=1}^{\infty} \frac{2 \cdot 5 \cdots (3k-1)}{(3k+1)!} x^{3k+1}.$$

特殊组合

$$\text{Ai}(x) = \frac{y_1(x)}{3^{2/3}\Gamma\left(\frac{2}{3}\right)} - \frac{y_2(x)}{3^{1/3}\Gamma\left(\frac{1}{3}\right)}$$

和

$$\text{Bi}(x) = \frac{y_1(x)}{3^{1/6}\Gamma\left(\frac{2}{3}\right)} + \frac{y_2(x)}{3^{-1/6}\Gamma\left(\frac{1}{3}\right)}$$

定义了在数学表和计算机代数系统中出现的标准 Airy 函数。它们的图形显示在图 8.2.3 中，当 $x < 0$ 时表现出类似三角函数的振荡行为，而当 $x \to +\infty$ 时，$\text{Ai}(x)$ 呈指数递减，$\text{Bi}(x)$ 呈指数递增。使用计算机代数系统研究在上面的 y_1 和 y_2 级数中必须保留多少项才能生成在视觉上与图 8.2.3（基于对 Airy 函数的高精度近似）无法区分的图形是很有趣的。

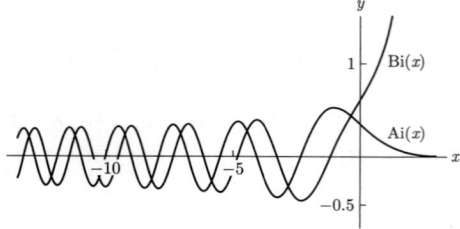

图 8.2.3 Airy 函数 $y = \text{Ai}(x)$ 和 $y = \text{Bi}(x)$ 的图形

35. **收敛半径** **(a)** 为了确定例题 5 中级数解的收敛半径，将式 (11) 中偶次项的级数写成

$$y_0(x) = 1 + \sum_{n=1}^{\infty} c_{2n} x^{2n} = 1 + \sum_{n=1}^{\infty} a_n z^n,$$

其中 $a_n = c_{2n}$ 且 $z = x^2$。然后应用递归关系式 (8) 和 8.1 节定理 3 证明，用 z 表示的级数的收敛半径为 4。因此用 x 表示的级数的收敛半径为 2。这如何证实本节定理 1？

(b) 将式 (11) 中奇次项的级数写成

$$y_1(x) = x\left(1 + \sum_{n=1}^{\infty} c_{2n+1} x^{2n}\right)$$
$$= x\left(1 + \sum_{n=1}^{\infty} b_n z^n\right),$$

以类似方式证明（作为 x 的幂级数）其收敛半径也为 2。

应用　级数系数的自动计算

请访问 bit.ly/3GvicuY，利用 Maple、Mathematica 和 MATLAB 等计算资源对此主题进行更多讨论和探索。

反复应用递归关系依次计算系数是无穷级数法的乏味之处，尤其是在三项或更多项递归关系的情况下。在此，我们将说明计算机代数系统的使用，不仅可以自动完成这项任务，而且还可以交互式探索，当用部分和近似由整个无穷级数所给出的实际解时，近似解所包含的项数 k 的改变对图形的影响。在例题 7 中，我们看到微分方程

$$y'' - xy' - x^2 y = 0 \tag{1}$$

的级数解 $y = \sum c_n x^n$ 的系数是用两个任意系数 c_0 和 c_1 表示的，即

$$c_2 = 0, \quad c_3 = \frac{c_1}{6} \quad \text{和} \quad c_{n+2} = \frac{nc_n + c_{n-2}}{(n+2)(n+1)} \quad \text{对于 } n \geqslant 2 。 \tag{2}$$

实施这样的递归关系似乎是件常规的事情，但是典型计算机系统数组是由下标 $1, 2, 3, \cdots$ 进行索引的，而不是与以常数项开始的幂级数的连续项中的指数相匹配的下标 $0, 1, 2, \cdots$ 为索引的，由此产生了一个错位。出于这种原因，我们首先将所提的幂级数解写成形式

$$y = \sum_{n=0}^{\infty} c_n x^n = \sum_{n=1}^{\infty} b_n x^{n-1}, \tag{3}$$

对于每个 $n \geqslant 1$ 都有 $b_n = c_{n-1}$。那么式 (2) 中的前两个条件意味着 $b_3 = 0$ 且 $b_4 = \frac{1}{6} b_2$；同时递归关系（用 $n-1$ 代替 n）变成新的递归关系

$$b_{n+2} = c_{n+1} = \frac{(n-1)c_{n-1} + c_{n-3}}{(n+1)n} = \frac{(n-1)b_n + b_{n-2}}{n(n+1)} 。 \tag{4}$$

现在我们已做好准备（使用计算机代数系统）。假设我们要计算式 (2) 中直到 10 次的项，其中初始条件为 $b_1 = b_2 = 1$。那么 Maple 命令

```
k :=11:                    # k terms
b :=array(1..k):
b[1] := 1:                 # arbitrary
b[2] := 1:                 # arbitrary
b[3] := 0:
b[4] := b[2]/6:
for n from 3 by 1 to k - 2 do
    b[n+2] := ((n-1)*b[n] + b[n-2])/(n*(n+1));
    od;
```

或者 Mathematica 命令

```
k = 11;                    (* k terms *)
```

```
b = Table[0, {n,1,k}];
b[[1]] = 1;                    (* arbitrary *)
b[[2]] = 1;                    (* arbitrary *)
b[[3]] = 0;
b[[4]] = b[[2]]/6;
For [n=3, n<=k-2,
    b[[n+2]]=((n-1)*b[[n]] + b[[n-2]])/(n*(n+1)); n=n+1];
```

都可以快速得出与如下解相对应的系数 $\{b_n\}$

$$y(x) = 1+x+\frac{x^3}{6}+\frac{x^4}{12}+\frac{3x^5}{40}+\frac{x^6}{90}+\frac{13x^7}{1008}+\frac{3x^8}{1120}+\frac{119x^9}{51840}+\frac{41x^{10}}{113400}+\cdots。 \tag{5}$$

你可能注意到，这里的奇次项和偶次项分别与例题 7 中式 (18) 和式 (19) 所示结果一致。

MATLAB 命令

```
k = 11;                        % k terms
b = 0*(1:k);
b(1) = 1;                      % arbitrary
b(2) = 1;                      % arbitrary
b(3) = 0;
b(4) = b(2)/6;
for n = 3:k-2
    b(n+2)= ((n-1)*b(n)+ b(n-2))/(n*(n+1));
end
format rat, b
```

可得出相同的结果，只是 x^9 的系数 b_{10} 显示为 73/31801，而不是式 (5) 中所示的正确值 119/51840。恰巧

$$\frac{73}{31801} \approx 0.0022955253 \quad \text{而} \quad \frac{119}{51840} \approx 0.0022955247,$$

所以当四舍五入到小数点后第 9 位时，这两个有理数是一致的。原因是 MATLAB（与 Mathematica 与 Maple 不同）内部是以小数方式运行而非精确运算。但是最后，其 format rat 算法将 b_{10} 的正确的 14 位近似值转换为不正确的有理分数，结果很接近但还没达到完全一致。

上述 MATLAB 命令构成如图 8.2.4 所示交互式显示的基础，此图绘制了微分方程 (1) 在初始条件 $b_1 = b_2 = 1$ 下的实际解（粗曲线），以及由式 (5) 中直至四次（$k=5$）项组成的近似解（细曲线）。弹出式菜单允许用户改变项数 k，从而可以立即看到改变级数展开

式中所包含的项数对图形的影响。当 $k=10$ 时，在这个观察窗口中无法区分实际解和近似解。

练习

最后，你可以将 $b_1=1$，$b_2=0$ 和 $b_1=0$，$b_2=1$（而不是 $b_1=b_2=1$）分别代入这里所显示的命令中，以推导例题 7 中式 (18) 和式 (19) 所展示的两个线性无关解的部分和。这项技术可应用于本节例题和习题中的任何问题。

8.3 正则奇点

现在我们研究齐次二阶线性方程

$$A(x)y'' + B(x)y' + C(x)y = 0 \tag{1}$$

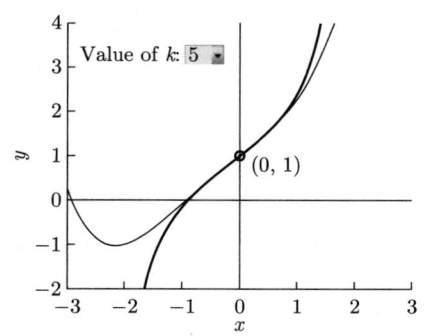

图 8.2.4 MATLAB 交互式显示。粗曲线表示初值问题 $y'' - xy' - x^2y = 0$，$y(0) = y'(0) = 1$ 的实际解，而细曲线则显示了具有直至四次（$k=5$）项的级数解式 (5) 的部分和近似

在奇点附近的解。回顾一下，如果函数 A，B 和 C 是没有公因式的多项式，那么方程 (1) 的奇点就是使 $A(x)=0$ 的那些点。例如，$x=0$ 是 n 阶 Bessel 方程

$$x^2y'' + xy' + (x^2 - n^2)y = 0$$

的唯一奇点，而 n 阶 Legendre 方程

$$(1-x^2)y'' - 2xy' + n(n+1)y = 0$$

有两个奇点 $x=-1$ 和 $x=1$。结果表明，具有最重要应用的这类方程的解的一些特征在很大程度上是由它们在奇点附近的行为决定的。

我们将把注意力限制在 $x=0$ 为方程 (1) 奇点的情况下。对于以 $x=a$ 为奇点的微分方程，通过做替换 $t=x-a$，很容易转化成在 0 处有对应奇点的微分方程。例如，让我们将 $t=x-1$ 代入 n 阶 Legendre 方程。因为

$$y' = \frac{dy}{dx} = \frac{dy}{dt}\frac{dt}{dx} = \frac{dy}{dt},$$

$$y'' = \frac{d^2y}{dx^2} = \left[\frac{d}{dt}\left(\frac{dy}{dx}\right)\right]\frac{dt}{dx} = \frac{d^2y}{dt^2},$$

并且 $1-x^2 = 1-(t+1)^2 = -2t-t^2$，所以我们得到方程

$$-t(t+2)\frac{d^2y}{dt^2} - 2(t+1)\frac{dy}{dt} + n(n+1)y = 0.$$

这个新方程拥有奇点 $t=0$，与原方程中 $x=1$ 对应；它还有奇点 $t=-2$，与 $x=-1$ 对应。

奇点类型

奇点在 0 处的微分方程通常不会有形如 $y(x) = \sum c_n x^n$ 的幂级数解，所以 8.2 节的直接方法在这种情况下失效。为了研究这样一个方程的解可能具有的形式，我们假设方程 (1)

有解析系数函数,并将其写成如下标准形式

$$y'' + P(x)y' + Q(x)y = 0, \tag{2}$$

其中 $P = B/A$ 且 $Q = C/A$。回顾一下,如果函数 $P(x)$ 和 $Q(x)$ 在 $x = 0$ 处都是解析函数,即如果 $P(x)$ 和 $Q(x)$ 在包含 $x = 0$ 的某个开区间上有收敛的以 x 为底的幂级数展开式,那么 $x = 0$ 是方程 (2) 的常点(相对于奇点)。现在可以证明,函数 $P(x)$ 和 $Q(x)$ 要么是解析函数,要么在 $x \to 0$ 时趋近于 $\pm\infty$。因此,只要 $P(x)$ 或 $Q(x)$(或者两者)在 $x \to 0$ 时趋近于 $\pm\infty$,那么 $x = 0$ 是方程 (2) 的奇点。例如,如果我们将 n 阶 Bessel 方程改写成

$$y'' + \frac{1}{x}y' + \left(1 - \frac{n^2}{x^2}\right)y = 0,$$

我们可以看出,当 $x \to 0$ 时,$P(x) = 1/x$ 和 $Q(x) = 1 - (n/x)^2$ 都趋近于无穷。

我们马上将看到,只要当 $x \to 0$ 时,$P(x)$ 趋近于无穷的速度不会比 $1/x$ 的速度快,并且 $Q(x)$ 趋近于无穷的速度不会比 $1/x^2$ 的速度快,那么幂级数法可以推广应用于方程 (2) 的奇点 $x = 0$ 附近。这时称 $P(x)$ 和 $Q(x)$ 在 $x = 0$ 处只有"弱"奇点。为了更精确地陈述这一点,我们将方程 (2) 改写成

$$y'' + \frac{p(x)}{x}y' + \frac{q(x)}{x^2}y = 0, \tag{3}$$

其中

$$p(x) = xP(x) \quad \text{和} \quad q(x) = x^2 Q(x)。 \tag{4}$$

定义　正则奇点
如果函数 $p(x)$ 和 $q(x)$ 在 $x = 0$ 处都是解析函数,那么方程 (3) 的奇点 $x = 0$ 是**正则奇点**;否则它是**非正则奇点**。

尤其当 $p(x)$ 和 $q(x)$ 均为多项式时,奇点 $x = 0$ 为正则奇点。例如,通过将 n 阶 Bessel 方程写成

$$y'' + \frac{1}{x}y' + \frac{x^2 - n^2}{x^2}y = 0,$$

注意 $p(x) \equiv 1$ 和 $q(x) = x^2 - n^2$ 都是关于 x 的多项式,我们可以看出 $x = 0$ 是 n 阶 Bessel 方程的正则奇点。

相比之下,考虑拥有奇点 $x = 0$ 的方程

$$2x^3 y'' + (1+x)y' + 3xy = 0。$$

如果我们将上述方程写成方程 (3) 的形式,可得

$$y'' + \frac{(1+x)/(2x^2)}{x}y' + \frac{\frac{3}{2}}{x^2}y = 0。$$

因为当 $x \to 0$ 时，
$$p(x) = \frac{1+x}{2x^2} = \frac{1}{2x^2} + \frac{1}{2x} \to \infty$$

（尽管 $q(x) \equiv \frac{3}{2}$ 是多项式），所以我们可以看出 $x = 0$ 是非正则奇点。我们不讨论微分方程在非正则奇点附近的解，这是一个比微分方程在正则奇点附近的解高级得多的话题。

例题 1 考虑微分方程
$$x^2(1+x)y'' + x(4-x^2)y' + (2+3x)y = 0。$$

以标准形式 $y'' + Py' + Qy = 0$ 表示，可得
$$y'' + \frac{4-x^2}{x(1+x)}y' + \frac{2+3x}{x^2(1+x)}y = 0。$$

因为
$$P(x) = \frac{4-x^2}{x(1+x)} \quad \text{和} \quad Q(x) = \frac{2+3x}{x^2(1+x)}$$

在 $x \to 0$ 时都趋近于 ∞，所以我们可知 $x = 0$ 是一个奇点。为了确定这个奇点的性质，我们将微分方程写成方程 (3) 的形式：
$$y'' + \frac{(4-x^2)/(1+x)}{x}y' + \frac{(2+3x)/(1+x)}{x^2}y = 0。$$

因此
$$p(x) = \frac{4-x^2}{1+x} \quad \text{和} \quad q(x) = \frac{2+3x}{1+x}。$$

因为多项式的商在分母非零处是解析函数，所以我们可知 $p(x)$ 和 $q(x)$ 在 $x = 0$ 处都是解析函数。因此 $x = 0$ 是给定微分方程的正则奇点。∎

当我们从方程 (1) 这种一般形式的微分方程开始，将它改写为方程 (3) 的形式时，由式 (4) 所给出的函数 $p(x)$ 和 $q(x)$ 在 $x = 0$ 处可能是不定式形式，在这种情况下，由极限

$$p_0 = p(0) = \lim_{x \to 0} p(x) = \lim_{x \to 0} xP(x) \tag{5}$$

和

$$q_0 = q(0) = \lim_{x \to 0} q(x) = \lim_{x \to 0} x^2 Q(x) \tag{6}$$

决定。若 $p_0 = 0 = q_0$，则 $x = 0$ 可能是式 (3) 中微分方程 $x^2 y'' + xp(x)y' + q(x)y = 0$ 的常点。否则：

- 如果式 (5) 和式 (6) 中的两个极限均存在并且是有限的，那么 $x = 0$ 是正则奇点。
- 如果其中一个极限不存在或为无穷，那么 $x = 0$ 是非正则奇点。

备注： 对于形如

$$y'' + \frac{p(x)}{x} y' + \frac{q(x)}{x^2} y = 0 \tag{3}$$

的微分方程，在应用中最常见的情况是函数 $p(x)$ 和 $q(x)$ 为多项式。在这种情况下，$p_0 = p(0)$ 和 $q_0 = q(0)$ 都只是这些多项式中的常数项，所以无须求式 (5) 和式 (6) 中的极限。

例题 2 为了对微分方程

$$x^4 y'' + (x^2 \sin x) y' + (1 - \cos x) y = 0$$

研究点 $x = 0$ 的性质，我们首先将其写成方程 (3) 的形式：

$$y'' + \frac{(\sin x)/x}{x} y' + \frac{(1-\cos x)/x^2}{x^2} y = 0.$$

然后根据 L'Hospital 法则，可得式 (5) 和式 (6) 中的极限值

$$p_0 = \lim_{x \to 0} \frac{\sin x}{x} = \lim_{x \to 0} \frac{\cos x}{1} = 1$$

和

$$q_0 = \lim_{x \to 0} \frac{1 - \cos x}{x^2} = \lim_{x \to 0} \frac{\sin x}{2x} = \frac{1}{2}.$$

由于上述极限值不都为零，所以可知 $x = 0$ 不是常点。但是这两个极限都是有限的，所以奇点 $x = 0$ 是正则奇点。或者，我们有

$$p(x) = \frac{\sin x}{x} = \frac{1}{x} \left(x - \frac{x^3}{3!} + \frac{x^5}{5!} - \cdots \right) = 1 - \frac{x^2}{3!} + \frac{x^4}{5!} - \cdots$$

和

$$q(x) = \frac{1 - \cos x}{x^2} = \frac{1}{x^2} \left[1 - \left(1 - \frac{x^2}{2!} + \frac{x^4}{4!} - \frac{x^6}{6!} + \cdots \right) \right]$$

$$= \frac{1}{2!} - \frac{x^2}{4!} + \frac{x^4}{6!} - \cdots.$$

这些（收敛的）幂级数显式地展示了 $p(x)$ 和 $q(x)$ 均为解析函数，并且表明 $p_0 = p(0) = 1$ 和 $q_0 = q(0) = \frac{1}{2}$，从而直接验证了 $x = 0$ 是正则奇点。∎

Frobenius 法

我们现在的任务是真正求出二阶线性微分方程在正则奇点 $x = 0$ 附近的解。最简单的这种方程是常系数等维方程⊖

$$x^2 y'' + p_0 x y' + q_0 y = 0, \tag{7}$$

⊖ 之前我们将这种形式的方程称为 Euler 方程。

它是当 $p(x) \equiv p_0$ 和 $q(x) \equiv q_0$ 为常数时由方程 (3) 简化得到的。在这种情况下，我们可以通过直接替换来验证，当且仅当 r 是二次方程

$$r(r-1) + p_0 r + q_0 = 0 \tag{8}$$

的一个根时，简单幂函数 $y(x) = x^r$ 是方程 (7) 的解。

在一般情况下，即 $p(x)$ 和 $q(x)$ 为幂级数而非常数，我们可以合理地推测微分方程可能有如下形式的解：

$$y(x) = x^r \sum_{n=0}^{\infty} c_n x^n = \sum_{n=0}^{\infty} c_n x^{n+r} = c_0 x^r + c_1 x^{r+1} + c_2 x^{r+2} + \cdots, \tag{9}$$

即 x^r 与幂级数的乘积。事实证明，这是一个非常富有成果的推测；根据（稍后将会正式陈述的）定理 1，以 $x = 0$ 作为正则奇点的形如方程 (1) 的每个方程，确实至少有一个这样的解。这一事实是 **Frobenius 法**的基础，该方法以德国数学家 Georg Frobenius（1848—1917）的名字命名，他在 19 世纪 70 年代发现了该方法。

形如式 (9) 的无穷级数被称为 **Frobenius 级数**。注意 Frobenius 级数通常不是一个幂级数。例如，当 $r = -\dfrac{1}{2}$ 时，式 (9) 中级数具有如下形式

$$y = c_0 x^{-1/2} + c_1 x^{1/2} + c_2 x^{3/2} + c_3 x^{5/2} + \cdots;$$

它不是以 x 的整数次幂表示的级数。

为了研究 Frobenius 级数解存在的可能性，我们从方程 (3) 乘以 x^2 所得的如下方程开始：

$$x^2 y'' + x p(x) y' + q(x) y = 0。 \tag{10}$$

如果 $x = 0$ 是正则奇点，那么 $p(x)$ 和 $q(x)$ 在 $x = 0$ 处都是解析函数，所以

$$\begin{aligned} p(x) &= p_0 + p_1 x + p_2 x^2 + p_3 x^3 + \cdots, \\ q(x) &= q_0 + q_1 x + q_2 x^2 + q_3 x^3 + \cdots。 \end{aligned} \tag{11}$$

假设方程 (10) 有 Frobenius 级数解

$$y = \sum_{n=0}^{\infty} c_n x^{n+r}。 \tag{12}$$

由于级数必须有一个非零首项，所以我们可以（而且总是会）假设 $c_0 \neq 0$。对式 (12) 进行逐项微分可得

$$y' = \sum_{n=0}^{\infty} c_n (n+r) x^{n+r-1} \tag{13}$$

和

$$y'' = \sum_{n=0}^{\infty} c_n(n+r)(n+r-1)x^{n+r-2}。 \tag{14}$$

现在将式 (11) 至式 (14) 中的级数代入方程 (10) 可得

$$\begin{aligned}[r(r-1)c_0x^r + (r+1)rc_1x^{r+1} + \cdots] + \\ [p_0x + p_1x^2 + \cdots] \cdot [rc_0x^{r-1} + (r+1)c_1x^r + \cdots] + \\ [q_0 + q_1x + \cdots] \cdot [c_0x^r + c_1x^{r+1} + \cdots] = 0。\end{aligned} \tag{15}$$

将这里左侧两个乘积的初始项相乘，然后整理合并 x^r 的系数，我们看到式 (15) 中最低次项为 $c_0[r(r-1) + p_0r + q_0]x^r$。如果式 (15) 完全满足，那么这一项的系数（以及更高次项的系数）必须为零。但是我们已假设 $c_0 \neq 0$，所以由此可知 r 必须满足二次方程

$$r(r-1) + p_0r + q_0 = 0, \tag{16}$$

它与由等维方程 (7) 所得方程具有完全相同的形式。方程 (16) 被称为微分方程 (10) 的**指数方程**，它的两个根（可能相等）是微分方程（在正则奇点 $x = 0$ 处）的**指数**。

我们对方程 (16) 的推导过程表明，若 Frobenius 级数 $y = x^r \sum c_n x^n$ 是微分方程 (10) 的解，则指数 r 必须是指数方程 (16) 的两个根 r_1 和 r_2 之一。若 $r_1 \neq r_2$，则有两个可能的 Frobenius 级数解；若 $r_1 = r_2$，则只有一个可能的 Frobenius 级数解，第二个解不可能是 Frobenius 级数。在可能的 Frobenius 级数解中，指数 r_1 和 r_2 可（使用指数方程）由我们讨论过的值 $p_0 = p(0)$ 和 $q_0 = q(0)$ 来确定。在实际中，尤其当原始形式的微分方程 (1) 的系数均为多项式时，求 p_0 和 q_0 的最简单方法通常是将方程写成如下形式：

$$y'' + \frac{p_0 + p_1x + p_2x^2 + \cdots}{x}y' + \frac{q_0 + q_1x + q_2x^2 + \cdots}{x^2}y = 0。 \tag{17}$$

然后检查出现在两个分子上的级数，就可以得到常数 p_0 和 q_0。

例题 3 求出下列方程的可能的 Frobenius 级数解的指数：

$$2x^2(1+x)y'' + 3x(1+x)^3y' - (1-x^2)y = 0。$$

解答：我们将每项除以 $2x^2(1+x)$，就可以把微分方程改写成

$$y'' + \frac{\frac{3}{2}(1+2x+x^2)}{x}y' + \frac{-\frac{1}{2}(1-x)}{x^2}y = 0,$$

从而可以看出 $p_0 = \frac{3}{2}$ 和 $q_0 = -\frac{1}{2}$。因此指数方程为

$$r(r-1) + \frac{3}{2}r - \frac{1}{2} = r^2 + \frac{1}{2}r - \frac{1}{2} = (r+1)\left(r - \frac{1}{2}\right) = 0,$$

其根为 $r_1 = \dfrac{1}{2}$ 和 $r_2 = -1$。那么两个可能的 Frobenius 级数解的形式为

$$y_1(x) = x^{1/2} \sum_{n=0}^{\infty} a_n x^n \quad \text{和} \quad y_2(x) = x^{-1} \sum_{n=0}^{\infty} b_n x^n。$$ ■

Frobenius 级数解

一旦知道了指数 r_1 和 r_2，就可以通过将式 (12) 至式 (14) 中的级数代入微分方程来确定 Frobenius 级数解的系数，本质上与 8.2 节中用于确定幂级数解的系数的方法相同。如果指数 r_1 和 r_2 是共轭复数，那么总是存在两个线性无关的 Frobenius 级数解。这里我们只关注 r_1 和 r_2 均为实数的情况。我们也将仅寻求 $x > 0$ 时的解。一旦求出这样的解，我们只需要用 $|x|^{r_1}$ 代替 x^{r_1}，即可得到 $x < 0$ 时的解。在 Coddington 的 *An Introduction to Ordinary Differential Equations* 一书的第 4 章中给出了下述定理的证明。

定理 1 Frobenius 级数解

假定 $x = 0$ 是如下方程的正则奇点：

$$x^2 y'' + xp(x)y' + q(x)y = 0。 \tag{10}$$

令 $\rho > 0$ 表示下列级数的收敛半径的最小值：

$$p(x) = \sum_{n=0}^{\infty} p_n x^n \quad \text{和} \quad q(x) = \sum_{n=0}^{\infty} q_n x^n。$$

令 r_1 和 r_2 是指数方程 $r(r-1) + p_0 r + q_0 = 0$ 的（实）根，且 $r_1 \geqslant r_2$。那么

(a) 对于 $x > 0$，方程 (10) 存在与较大根 r_1 对应的如下形式的解：

$$y_1(x) = x^{r_1} \sum_{n=0}^{\infty} a_n x^n \quad (a_0 \neq 0)。 \tag{18}$$

(b) 如果 $r_1 - r_2$ 既不为零也不是正整数，那么对于 $x > 0$，存在第二个线性无关的与较小根 r_2 对应的如下形式的解：

$$y_2(x) = x^{r_2} \sum_{n=0}^{\infty} b_n x^n \quad (b_0 \neq 0)。 \tag{19}$$

式 (18) 和式 (19) 中幂级数的收敛半径均至少为 ρ。这些级数中的系数可以通过将级数代入下列微分方程来确定：

$$x^2 y'' + xp(x) y' + q(x) y = 0。$$

我们已经知道，如果 $r_1 = r_2$，那么方程只能存在一个 Frobenius 级数解。事实证明，若 $r_1 - r_2$ 为正整数，则可能存在也可能不存在形如式 (19) 与较小根 r_2 对应的第二个 Frobenius 级数解。将在 8.4 节中讨论这些例外情况。下面例题 4 至例题 6 将展示确定由定理 1 所保证的那些 Frobenius 级数解的系数的过程。

例题 4 求出下列方程的 Frobenius 级数解：
$$2x^2 y'' + 3xy' - (x^2+1)y = 0。 \tag{20}$$

解答：首先，我们将每一项除以 $2x^2$，从而得到形如式 (17) 的方程：
$$y'' + \frac{\frac{3}{2}}{x}y' + \frac{-\frac{1}{2}-\frac{1}{2}x^2}{x^2}y = 0。 \tag{21}$$

现在我们看到 $x=0$ 是正则奇点，并且 $p_0 = \frac{3}{2}$ 且 $q_0 = -\frac{1}{2}$。因为 $p(x) \equiv \frac{3}{2}$ 和 $q(x) = -\frac{1}{2}-\frac{1}{2}x^2$ 均为多项式，所以我们所得的 Frobenius 级数对所有 $x > 0$ 均收敛。指数方程为
$$r(r-1) + \frac{3}{2}r - \frac{1}{2} = (r - \frac{1}{2})(r+1) = 0,$$
所以指数为 $r_1 = \frac{1}{2}$ 和 $r_2 = -1$。它们的差不是整数，所以定理 1 保证存在两个线性无关的 Frobenius 级数解。与其分别将
$$y_1 = x^{1/2} \sum_{n=0}^{\infty} a_n x^n \quad \text{和} \quad y_2 = x^{-1} \sum_{n=0}^{\infty} b_n x^n$$
代入方程 (20)，不如从代入 $y = x^r \sum c_n x^n$ 开始更有效。然后我们将得到一个依赖于 r 的递归关系。根据值 $r_1 = \frac{1}{2}$，它变成对于级数 y_1 的递归关系，而根据 $r_2 = -1$，它变成对于级数 y_2 的递归关系。

当我们将
$$y = \sum_{n=0}^{\infty} c_n x^{n+r}, \quad y' = \sum_{n=0}^{\infty} (n+r) c_n x^{n+r-1}，$$
和
$$y'' = \sum_{n=0}^{\infty} (n+r)(n+r-1) c_n x^{n+r-2}$$
代入原微分方程 (20) 而非方程 (21) 时，我们得到
$$2 \sum_{n=0}^{\infty} (n+r)(n+r-1) c_n x^{n+r} + 3 \sum_{n=0}^{\infty} (n+r) c_n x^{n+r} -$$
$$\sum_{n=0}^{\infty} c_n x^{n+r+2} - \sum_{n=0}^{\infty} c_n x^{n+r} = 0。 \tag{22}$$

在这个阶段，有几种方法可以继续。一个好的标准做法是移动指标，使得每个指数都与所出现的最小指数相同。在这道例题中，我们将第三个求和项的求和指标移动 -2 位，以将

其指数从 $n+r+2$ 降为 $n+r$。从而可得

$$2\sum_{n=0}^{\infty}(n+r)(n+r-1)c_nx^{n+r}+3\sum_{n=0}^{\infty}(n+r)c_nx^{n+r}- \\ \sum_{n=2}^{\infty}c_{n-2}x^{n+r}-\sum_{n=0}^{\infty}c_nx^{n+r}=0。 \tag{23}$$

上式中求和的共同范围是 $n\geqslant 2$，所以我们必须将 $n=0$ 和 $n=1$ 分开处理。按照我们的标准做法，与 $n=0$ 对应的项将总是给出指数方程

$$[2r(r-1)+3r-1]c_0 = 2\left(r^2+\frac{1}{2}r-\frac{1}{2}\right)c_0 = 0。$$

由与 $n=1$ 对应的项可得

$$[2(r+1)r+3(r+1)-1]c_1 = (2r^2+5r+2)c_1 = 0。$$

因为无论 $r=\frac{1}{2}$ 还是 $r=-1$，c_1 的系数 $2r^2+5r+2$ 都非零，因此无论在哪种情况下都有

$$c_1 = 0。 \tag{24}$$

在式 (23) 中 x^{n+r} 的系数为

$$2(n+r)(n+r-1)c_n+3(n+r)c_n-c_{n-2}-c_n=0。$$

我们解出 c_n 并化简，从而得到递归关系

$$c_n = \frac{c_{n-2}}{2(n+r)^2+(n+r)-1} \quad \text{对于 } n\geqslant 2。 \tag{25}$$

情况 1：$r_1=\frac{1}{2}$。现在我们用 a_n 代替 c_n，并将 $r=\frac{1}{2}$ 代入式 (25)。从而得到递归关系

$$a_n = \frac{a_{n-2}}{2n^2+3n} \quad \text{对于 } n\geqslant 2。 \tag{26}$$

根据这个公式，我们可以确定第一个 Frobenius 解 y_1 的系数。由式 (24) 可知，当 n 为奇数时，$a_n=0$。将 $n=2$，4，6 代入式 (26)，可得

$$a_2 = \frac{a_0}{14}, \quad a_4 = \frac{a_2}{44} = \frac{a_0}{616} \quad \text{和} \quad a_6 = \frac{a_4}{90} = \frac{a_0}{55440}。$$

因此第一个 Frobenius 解为

$$y_1(x) = a_0 x^{1/2}\left(1+\frac{x^2}{14}+\frac{x^4}{616}+\frac{x^6}{55440}+\cdots\right)。$$

情况 2：$r_2=-1$。现在我们用 b_n 代替 c_n，并将 $r=-1$ 代入式 (25)。从而得到递归关系

$$b_n = \frac{b_{n-2}}{2n^2-3n} \quad \text{对于 } n\geqslant 2。 \tag{27}$$

同样式 (24) 表明，当 n 为奇数时，$b_n = 0$。将 $n = 2, 4, 6$ 代入式 (27)，可得

$$b_2 = \frac{b_0}{2}, \quad b_4 = \frac{b_2}{20} = \frac{b_0}{40} \quad \text{和} \quad b_6 = \frac{b_4}{54} = \frac{b_0}{2160}。$$

因此第二个 Frobenius 解为

$$y_2(x) = b_0 x^{-1}\left(1 + \frac{x^2}{2} + \frac{x^4}{40} + \frac{x^6}{2160} + \cdots\right)。$$

∎

例题 5 求出如下零阶 Bessel 方程的 Frobenius 解：

$$x^2 y'' + xy' + x^2 y = 0。 \tag{28}$$

解答：将方程 (28) 变成方程 (17) 的形式，可得

$$y'' + \frac{1}{x}y' + \frac{x^2}{x^2}y = 0。$$

因此由 $p(x) \equiv 1$ 和 $q(x) = x^2$ 可知 $x = 0$ 为正则奇点，所以我们的级数对所有 $x > 0$ 都收敛。因为 $p_0 = 1$ 且 $q_0 = 0$，所以指数方程为

$$r(r-1) + r = r^2 = 0。$$

因此我们仅得到单个指数 $r = 0$，所以方程 (28) 仅有一个 Frobenius 级数解

$$y(x) = x^0 \sum_{n=0}^{\infty} c_n x^n,$$

它实际上是一个幂级数。

因此我们将 $y = \sum c_n x^n$ 代入方程 (28)，结果是

$$\sum_{n=0}^{\infty} n(n-1) c_n x^n + \sum_{n=0}^{\infty} n c_n x^n + \sum_{n=0}^{\infty} c_n x^{n+2} = 0。$$

我们将前两个求和项合并，并将第三项的求和指标移动 -2 位，可得

$$\sum_{n=0}^{\infty} n^2 c_n x^n + \sum_{n=2}^{\infty} c_{n-2} x^n = 0。$$

由与 x^0 对应的项可得 $0 = 0$：没有任何信息。由与 x^1 对应的项可得 $c_1 = 0$，并且由与 x^n 对应的项可得递归关系

$$c_n = -\frac{c_{n-2}}{n^2} \quad \text{对于 } n \geqslant 2。 \tag{29}$$

因为 $c_1 = 0$，我们可知当 n 为奇数时，$c_n = 0$。将 $n = 2, 4, 6$ 代入式 (29)，可得

$$c_2 = -\frac{c_0}{2^2}, \quad c_4 = -\frac{c_2}{4^2} = \frac{c_0}{2^2 \cdot 4^2} \quad \text{和} \quad c_6 = -\frac{c_4}{6^2} = -\frac{c_0}{2^2 \cdot 4^2 \cdot 6^2}。$$

显然，其模式为
$$c_{2n} = \frac{(-1)^n c_0}{2^2 \cdot 4^2 \cdots (2n)^2} = \frac{(-1)^n c_0}{2^{2n}(n!)^2}。$$

选择 $c_0 = 1$ 可以得到数学中最重要的特殊函数之一，即**第一类零阶 Bessel 函数**，用 $J_0(x)$ 表示。因此

$$J_0(x) = \sum_{n=0}^{\infty} \frac{(-1)^n x^{2n}}{2^{2n}(n!)^2} = 1 - \frac{x^2}{4} + \frac{x^4}{64} - \frac{x^6}{2304} + \cdots。 \tag{30}$$

在这道例题中，我们还没能求出零阶 Bessel 方程的第二个线性无关解。我们将在 8.4 节推导此解，它不会是 Frobenius 级数。∎

当 $r_1 - r_2$ 为整数时

回顾一下，如果 $r_1 - r_2$ 为正整数，那么定理 1 仅保证与较大指数 r_1 对应的 Frobenius 级数解的存在性。例题 6 将展示一种幸运情况，即级数法仍能得到第二个 Frobenius 级数解。第二个解不是 Frobenius 级数的情况将在 8.4 节讨论。

例题 6 求出下列方程的 Frobenius 级数解：
$$xy'' + 2y' + xy = 0。 \tag{31}$$

解答： 将上述方程变成标准形式为
$$y'' + \frac{2}{x}y' + \frac{x^2}{x^2}y = 0,$$

所以由 $p_0 = 2$ 和 $q_0 = 0$ 可知 $x = 0$ 为正则奇点。指数方程
$$r(r-1) + 2r = r(r+1) = 0$$

有根 $r_1 = 0$ 和 $r_2 = -1$，两者之差为整数。在 $r_1 - r_2$ 为整数的情况下，最好脱离例题 4 的标准过程，从较小的指数开始我们的工作。正如你将看到的，递归关系将告诉我们是否存在第二个 Frobenius 级数解。若它确实存在，则我们的计算将同时得到两个 Frobenius 级数解。若第二个解不存在，则我们重新从较大指数 $r = r_1$ 开始，以得到定理 1 所保证的一个 Frobenius 级数解。

因此，我们从将
$$y = x^{-1} \sum_{n=0}^{\infty} c_n x^n = \sum_{n=0}^{\infty} c_n x^{n-1}$$

代入方程 (31) 开始。从而可得
$$\sum_{n=0}^{\infty} (n-1)(n-2) c_n x^{n-2} + 2 \sum_{n=0}^{\infty} (n-1) c_n x^{n-2} + \sum_{n=0}^{\infty} c_n x^n = 0。$$

我们将前两个求和项合并，并将第三项的求和指标移动 -2 位，可得

$$\sum_{n=0}^{\infty} n(n-1)c_n x^{n-2} + \sum_{n=2}^{\infty} c_{n-2} x^{n-2} = 0 \text{。} \tag{32}$$

将 $n=0$ 和 $n=1$ 的情况简化为

$$0 \cdot c_0 = 0 \quad \text{和} \quad 0 \cdot c_1 = 0 \text{。}$$

因此，我们有两个任意常数 c_0 和 c_1，从而可以期望求出由两个线性无关的 Frobenius 级数解构成的通解。如果对于 $n=1$，我们已经得到诸如 $0 \cdot c_1 = 3$ 这样的方程，即没有可选择的 c_1 使这个方程成立，这将告诉我们不可能存在第二个 Frobenius 级数解。

此时我们知道一切正常，根据式 (32)，我们可得递归关系

$$c_n = -\frac{c_{n-2}}{n(n-1)} \quad \text{对于 } n \geqslant 2 \text{。} \tag{33}$$

代入 n 的前几个值可得

$$c_2 = -\frac{1}{2 \cdot 1} c_0, \qquad c_3 = -\frac{1}{3 \cdot 2} c_1,$$

$$c_4 = -\frac{1}{4 \cdot 3} c_2 = \frac{c_0}{4!}, \qquad c_5 = -\frac{1}{5 \cdot 4} c_3 = \frac{c_1}{5!},$$

$$c_6 = -\frac{1}{6 \cdot 5} c_4 = -\frac{c_0}{6!}, \qquad c_7 = -\frac{1}{7 \cdot 6} c_5 = -\frac{c_1}{7!};$$

显然，其模式为

$$c_{2n} = \frac{(-1)^n c_0}{(2n)!}, \quad c_{2n+1} = \frac{(-1)^n c_1}{(2n+1)!},$$

其中 $n \geqslant 1$。因此，方程 (31) 的通解为

$$y(x) = x^{-1} \sum_{n=0}^{\infty} c_n x^n$$

$$= \frac{c_0}{x} \left(1 - \frac{x^2}{2!} + \frac{x^4}{4!} - \cdots \right) + \frac{c_1}{x} \left(x - \frac{x^3}{3!} + \frac{x^5}{5!} - \cdots \right)$$

$$= \frac{c_0}{x} \sum_{n=0}^{\infty} \frac{(-1)^n x^{2n}}{(2n)!} + \frac{c_1}{x} \sum_{n=0}^{\infty} \frac{(-1)^n x^{2n+1}}{(2n+1)!} \text{。}$$

从而

$$y(x) = \frac{1}{x} (c_0 \cos x + c_1 \sin x) \text{。}$$

因此，我们求出了用两个 Frobenius 级数解

$$y_1(x) = \frac{\cos x}{x} \quad \text{和} \quad y_2(x) = \frac{\sin x}{x} \tag{34}$$

的线性组合表示的通解。如图 8.3.1 所示，其中一个 Frobenius 级数解是有界的，而另一个在正则奇点 $x = 0$ 附近是无界的，这在指数差为整数的情况下很常见。∎

总结

当我们遇到一个具有解析系数函数的二阶线性微分方程

$$A(x)y'' + B(x)y' + C(x)y = 0,$$

为了研究级数解存在的可能性，我们首先将方程写成标准形式

$$y'' + P(x)y' + Q(x)y = 0。$$

如果 $P(x)$ 和 $Q(x)$ 在 $x = 0$ 处均为解析函数，那么 $x = 0$ 是常点，并且该方程有两个线性无关的幂级数解。

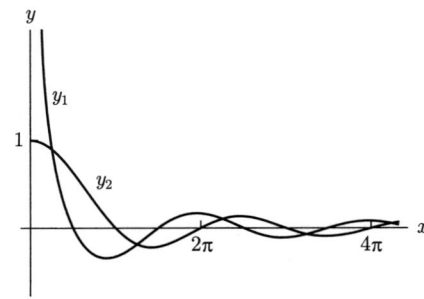

图 8.3.1 例题 6 中的解 $y_1(x) = \dfrac{\cos x}{x}$ 和 $y_2(x) = \dfrac{\sin x}{x}$

否则，$x = 0$ 是奇点，我们将微分方程写成如下形式

$$y'' + \frac{p(x)}{x}y' + \frac{q(x)}{x^2}y = 0。$$

如果 $p(x)$ 和 $q(x)$ 在 $x = 0$ 处均为解析函数，那么 $x = 0$ 是正则奇点。在这种情况下，我们通过求解指数方程

$$r(r-1) + p_0 r + q_0 = 0,$$

其中 $p_0 = p(0)$ 且 $q_0 = q(0)$，以得到两个指数 r_1 和 r_2（假设均为实数，且 $r_1 \geqslant r_2$）。总是存在与较大指数 r_1 相关的 Frobenius 级数解 $y = x^{r_1} \sum a_n x^n$，若 $r_1 - r_2$ 不是整数，则第二个 Frobenius 级数解 $y_2 = x^{r_2} \sum b_n x^n$ 的存在性也可以得到保证。

习题

在习题 1~8 中，请判断 $x = 0$ 是常点、正则奇点还是非正则奇点。如果它是正则奇点，求出微分方程在 $x = 0$ 处的指数。

1. $xy'' + (x - x^3)y' + (\sin x)y = 0$
2. $xy'' + x^2 y' + (e^x - 1)y = 0$
3. $x^2 y'' + (\cos x)y' + xy = 0$
4. $3x^3 y'' + 2x^2 y' + (1 - x^2)y = 0$
5. $x(1 + x)y'' + 2y' + 3xy = 0$
6. $x^2(1 - x^2)y'' + 2xy' - 2y = 0$
7. $x^2 y'' + (6 \sin x)y' + 6y = 0$
8. $(6x^2 + 2x^3)y'' + 21xy' + 9(x^2 - 1)y = 0$

如果 $x = a \neq 0$ 是一个二阶线性微分方程的奇点，那么做替换 $t = x - a$，将原方程转化为以 $t = 0$ 作为奇点的微分方程。然后我们将原方程在 $x = a$ 处的行为转化为新方程在 $t = 0$ 处的行为。对习题 9~16 中微分方程的奇点（按正则或非正则）进行分类。

9. $(1 - x)y'' + xy' + x^2 y = 0$
10. $(1 - x)^2 y'' + (2x - 2)y' + y = 0$
11. $(1 - x^2)y'' - 2xy' + 12y = 0$
12. $(x - 2)^3 y'' + 3(x - 2)^2 y' + x^3 y = 0$
13. $(x^2 - 4)y'' + (x - 2)y' + (x + 2)y = 0$
14. $(x^2 - 9)^2 y'' + (x^2 + 9)y' + (x^2 + 4)y = 0$

15. $(x-2)^2 y'' - (x^2-4)y' + (x+2)y = 0$
16. $x^3(1-x)y'' + (3x+2)y' + xy = 0$

求出习题 17~26 中每个微分方程的两个线性无关的 Frobenius 级数解（对于 $x > 0$）。

17. $4xy'' + 2y' + y = 0$
18. $2xy'' + 3y' - y = 0$
19. $2xy'' - y' - y = 0$
20. $3xy'' + 2y' + 2y = 0$
21. $2x^2 y'' + xy' - (1+2x^2)y = 0$
22. $2x^2 y'' + xy' - (3-2x^2)y = 0$
23. $6x^2 y'' + 7xy' - (x^2+2)y = 0$
24. $3x^2 y'' + 2xy' + x^2 y = 0$
25. $2xy'' + (1+x)y' + y = 0$
26. $2xy'' + (1-2x^2)y' - 4xy = 0$

📕 使用例题 6 的方法，求出习题 27~31 中微分方程的两个线性无关的 Frobenius 级数解。然后绘制显示这些解在 $x > 0$ 时的图形的图。

27. $xy'' + 2y' + 9xy = 0$
28. $xy'' + 2y' - 4xy = 0$
29. $4xy'' + 8y' + xy = 0$
30. $xy'' - y' + 4x^3 y = 0$
31. $4x^2 y'' - 4xy' + (3-4x^2)y = 0$

在习题 32~34 中，求出两个线性无关的 Frobenius 级数解的前三个非零项。

32. $2x^2 y'' + x(x+1)y' - (2x+1)y = 0$
33. $(2x^2 + 5x^3)y'' + (3x - x^2)y' - (1+x)y = 0$
34. $2x^2 y'' + (\sin x)y' - (\cos x)y = 0$

习题 35~37 探索非正则奇点的行为。

35. 注意到 $x = 0$ 是下列方程的非正则奇点：
$$x^2 y'' + (3x-1)y' + y = 0。$$

(a) 证明仅当 $r = 0$ 时，$y = x^r \sum c_n x^n$ 才能满足这个方程。

(b) 将 $y = \sum c_n x^n$ 代入上述方程，以推导出"正式"解 $y = \sum n! x^n$。这个级数的收敛半径是多少？

36. (a) 假设 A 和 B 均为非零常数。证明方程 $x^2 y'' + Ay' + By = 0$ 最多有一个形如 $y = x^r \sum c_n x^n$ 的解。

(b) 对方程 $x^3 y'' + Axy' + By = 0$ 重复 (a) 部分。

(c) 证明方程 $x^3 y'' + Ax^2 y' + By = 0$ 没有 Frobenius 级数解。（提示：在每种情况下，将 $y = x^r \sum c_n x^n$ 代入给定方程，以确定 r 的可能值。）

37. (a) 使用 Frobenius 法推导方程 $x^3 y'' - xy' + y = 0$ 的解 $y_1 = x$。

(b) 通过代入法验证第二个解 $y_2 = xe^{-1/x}$。请问 y_2 是否存在 Frobenius 级数表示。

38. **Bessel 方程** 将 Frobenius 法应用于 $\frac{1}{2}$ 阶 Bessel 方程
$$x^2 y'' + xy' + \left(x^2 - \frac{1}{4}\right)y = 0,$$
以推导出 $x > 0$ 时的通解
$$y(x) = c_0 \frac{\cos x}{\sqrt{x}} + c_1 \frac{\sin x}{\sqrt{x}}。$$

图 8.3.2 显示了两个所示解的图形。

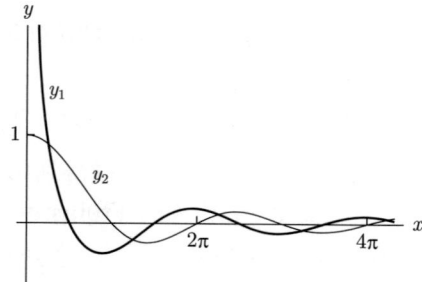

图 8.3.2 习题 38 中的解 $y_1(x) = \frac{\cos x}{\sqrt{x}}$ 和 $y_2(x) = \frac{\sin x}{\sqrt{x}}$

39. (a) 证明 1 阶 Bessel 方程
$$x^2 y'' + xy' + (x^2 - 1)y = 0$$
在 $x = 0$ 处有指数 $r_1 = 1$ 和 $r_2 = -1$，并且与 $r_1 = 1$ 对应的 Frobenius 级数是
$$J_1(x) = \frac{x}{2} \sum_{n=0}^{\infty} \frac{(-1)^n x^{2n}}{n!(n+1)! 2^{2n}}。$$

(b) 证明不存在与较小指数 $r_2 = -1$ 对应的 Frobenius 级数解，即证明不可能确定下式中

的系数:
$$y_2(x) = x^{-1} \sum_{n=0}^{\infty} c_n x^n \text{。}$$

40. 复指数 考虑方程 $x^2 y'' + xy' + (1-x)y = 0$。
(a) 证明其指数为 $\pm i$，所以方程有复值 Frobenius 级数解
$$y_+ = x^i \sum_{n=0}^{\infty} p_n x^n \quad \text{和} \quad y_- = x^{-i} \sum_{n=0}^{\infty} q_n x^n,$$
其中 $p_0 = q_0 = 1$。
(b) 证明其递归公式为
$$c_n = \frac{c_{n-1}}{n^2 + 2rn} \text{。}$$
对 $r = i$ 应用这个公式以得到 $p_n = c_n$，然后对 $r = -i$ 应用公式以得到 $q_n = c_n$。推断出 p_n 和 q_n 是共轭复数: $p_n = a_n + ib_n$ 和 $q_n = a_n - ib_n$，其中 $\{a_n\}$ 和 $\{b_n\}$ 均为实数。
(c) 从 (b) 部分推导出，本题所给微分方程具有形如下式的实值解:
$$y_1(x) = A(x)\cos(\ln x) - B(x)\sin(\ln x),$$
$$y_2(x) = A(x)\sin(\ln x) + B(x)\cos(\ln x),$$
其中 $A(x) = \sum a_n x^n$ 且 $B(x) = \sum b_n x^n$。

41. 考虑微分方程
$$x(x-1)(x+1)^2 y'' + 2x(x-3)(x+1)y' - 2(x-1)y = 0,$$
它出现于 *American Mathematical Monthly* 的 1984 年 3 月期中一个符号代数程序的广告中。
(a) 证明 $x = 0$ 是指数为 $r_1 = 1$ 和 $r_2 = 0$ 的正则奇点。
(b) 由定理 1 可知，这个微分方程有如下形式的幂级数解:
$$y_1(x) = x + c_2 x^2 + c_3 x^3 + \cdots \text{。}$$
将这个级数（其中 $c_1 = 1$）代入微分方程，以证明 $c_2 = -2$, $c_3 = 3$, 以及
$$c_{n+2} = \frac{(n^2-n)c_{n-1} + (n^2-5n-2)c_n - (n^2+7n+4)c_{n+1}}{(n+1)(n+2)},$$

其中 $n \geq 2$。
(c) 利用 (b) 部分中的递归关系，通过归纳法证明，当 $n \geq 1$ 时, $c_n = (-1)^{n+1} n$。因此（使用等比级数）可推导出
$$y_1(x) = \frac{x}{(1+x)^2},$$
其中 $0 < x < 1$。

42. 超几何级数 本题是对如下 Gauss 超几何方程的简要介绍:
$$x(1-x)y'' + [\gamma - (\alpha+\beta+1)x]y' - \alpha\beta y = 0, \tag{35}$$
其中 α, β 和 γ 均为常数。这个著名的方程在数学和物理学中有着广泛的应用。
(a) 证明 $x = 0$ 是方程 (35) 的正则奇点，并且其指数为 0 和 $1 - \gamma$。
(b) 如果 γ 不是零或者负整数，那么由此可知（为什么？）方程 (35) 有幂级数解
$$y(x) = x^0 \sum_{n=0}^{\infty} c_n x^n = \sum_{n=0}^{\infty} c_n x^n,$$
其中 $c_0 \neq 0$。证明对于这个级数，递归关系为
$$c_{n+1} = \frac{(\alpha+n)(\beta+n)}{(\gamma+n)(1+n)} c_n,$$
其中 $n \geq 0$。
(c) 推断出当 $c_0 = 1$ 时, (b) 部分中的级数为
$$y(x) = 1 + \sum_{n=0}^{\infty} \frac{\alpha_n \beta_n}{n! \gamma_n} x^n, \tag{36}$$
其中 $n \geq 1$ 时 $\alpha_n = \alpha(\alpha+1)(\alpha+2)\cdots(\alpha+n-1)$, 且 β_n 和 γ_n 具有类似的定义。
(d) 式 (36) 中的级数被称为**超几何级数**，通常用 $F(\alpha, \beta, \gamma, x)$ 表示。证明
(i) $F(1, 1, 1, x) = \dfrac{1}{1-x}$ （等比级数）;
(ii) $xF(1, 1, 2, -x) = \ln(1+x)$;
(iii) $xF\left(\dfrac{1}{2}, 1, \dfrac{3}{2}, -x^2\right) = \tan^{-1} x$;
(iv) $F(-k, 1, 1, -x) = (1+x)^k$ （二项式级数）。

应用　Frobenius 级数法的自动实现

请访问 bit.ly/2Zrsprl，利用 Maple、Mathematica 和 MATLAB 等计算资源对此主题进行更多讨论和探索。

这里我们将展示使用计算机代数系统诸如 Maple 来实施 Frobenius 法。本节应用更完整的版本，即展示 Maple、Mathematica 和 MATLAB 的使用，可以在本书前言中提到的"扩展应用"中找到。我们考虑本节例题 4 中的微分方程

$$2x^2y'' + 3xy' - (x^2+1)y = 0, \tag{1}$$

其中我们可以求出两个指数根 $r_1 = \dfrac{1}{2}$ 和 $r_2 = -1$。

我们从指数根 $r_1 = \dfrac{1}{2}$ 开始，首先写出所提出的 Frobenius 级数解的前七项：

```
a := array(0..6):
y := x^(1/2)*sum( a[n]*x^(n), n = 0..6);
```

$$y := \sqrt{x}(a_0 + a_1 x + a_2 x^2 + a_3 x^3 + a_4 x^4 + a_5 x^5 + a_6 x^6)$$

然后我们将该级数（实际上是部分和）代入方程 (1) 的左侧。

```
deq1 := 2*x^2*diff(y,x$2)+ 3*x*diff(y,x)- (x^2 + 1)*y:
```

显然，$x^{3/2}$ 在化简后会被提出来，所以我们乘以 $x^{-3/2}$，然后整理合并 x 同次幂的系数。

```
deq2 := collect( x^(-3/2)*simplify(deq1), x);
```

$$deq2 := -x^7 a_6 - x^6 a_5 + (90a_6 - a_4)x^5 + (-a_3 + 65a_5)x^4 +$$
$$(-a_2 + 44a_4)x^3 + (-a_1 + 27a_3)x^2 + (14a_2 - a_0)x + 5a_1$$

此时我们看到连续系数必须满足的方程。我们可以通过定义一个数组来自动选择它们，然后通过让级数中的每个系数（依次）等于零来填充这个数组的元素。

```
eqs := array(0..5):
for n from 0 to 5 do
    eqs[n] := coeff(deq1,x,n)= 0: od:
coeffEqs := convert(eqs, set);
```

$$coeffEqs := \{5a_1 = 0, \; -a_2 + 44a_4 = 0, \; -a_3 + 65a_5 = 0,$$
$$90a_6 - a_4 = 0, \; 14a_2 - a_0 = 0, \; -a_1 + 27a_3 = 0\}$$

现在我们得出关于这七个系数（从 a_0 到 a_6）的六个线性方程的集合。因此，我们可以继续求解出用 a_0 表示的系数。

```
succCoeffs := convert([seq(a[n], n=1..6)], set);
```

```
ourCoeffs := solve(coeffEqs, succCoeffs);
```
$$ourCoeffs := \left\{a_1 = 0, \ a_6 = \frac{1}{55440}a_0, \ a_4 = \frac{1}{616}a_0, \right.$$
$$\left. a_2 = \frac{1}{14}a_0, \ a_5 = 0, \ a_3 = 0\right\}$$

从而我们得到例题 4 中所求出的第一个特解
$$y_1(x) = a_0 x^{1/2}\left(1 + \frac{x^2}{14} + \frac{x^4}{616} + \frac{x^6}{55440} + \cdots\right)\text{。}$$

你现在可以从指数根 $r_2 = -1$ 开始重复这个过程，类似地推导出第二个特解。

练习

在下面的问题中，使用上述方法推导出 Frobenius 级数解，并根据给定的已知通解检验这些级数解。

1. $xy'' - y' + 4x^3 y = 0, \ y(x) = A\cos x^2 + B\sin x^2$
2. $xy'' - 2y' + 9x^5 y = 0, \ y(x) = A\cos x^3 + B\sin x^3$
3. $4xy'' - 2y' + y = 0, \ y(x) = A\cos\sqrt{x} + B\sin\sqrt{x}$
4. $xy'' + 2y' + xy = 0, \ y(x) = \dfrac{1}{x}(A\cos x + B\sin x)$
5. $4xy'' + 6y' + y = 0, \ y(x) = \dfrac{1}{\sqrt{x}}(A\cos\sqrt{x} + B\sin\sqrt{x})$
6. $x^2 y'' + xy' + (4x^4 - 1)y = 0, \ y(x) = \dfrac{1}{x}(A\cos x^2 + B\sin x^2)$
7. $xy'' + 3y' + 4x^3 y = 0, \ y(x) = \dfrac{1}{x^2}(A\cos x^2 + B\sin x^2)$
8. $x^2 y'' + x^2 y' - 2y = 0, \ y(x) = \dfrac{1}{x}[A(2-x) + B(2+x)\mathrm{e}^{-x}]$

习题 9~11 涉及反正切级数
$$\tan^{-1} x = x - \frac{x^3}{3} + \frac{x^5}{5} - \frac{x^7}{7} + \cdots\text{。}$$

9. $(x + x^3)y'' + (2 + 4x^2)y' + 2xy = 0, \ y(x) = \dfrac{1}{x}(A + B\tan^{-1} x)$
10. $(2x + 2x^2)y'' + (3 + 5x)y' + y = 0, \ y(x) = \dfrac{1}{\sqrt{x}}(A + B\tan^{-1}\sqrt{x})$
11. $(x + x^5)y'' + (3 + 7x^4)y' + 8x^3 y = 0, \ y(x) = \dfrac{1}{x^2}(A + B\tan^{-1} x^2)$

8.4 Frobenius 法：例外情况

我们继续讨论方程
$$y'' + \frac{p(x)}{x}y' + \frac{q(x)}{x^2}y = 0, \tag{1}$$

其中 $p(x)$ 和 $q(x)$ 在 $x = 0$ 处都是解析函数，并且 $x = 0$ 是正则奇点。如果指数方程
$$\phi(r) = r(r-1) + p_0 r + q_0 = 0 \tag{2}$$

的根 r_1 和 r_2 不是相差一个整数，那么 8.3 节定理 1 保证方程 (1) 有两个线性无关的 Frobenius 级数解。现在我们考虑更复杂的情况，即 $r_1 - r_2$ 为整数。如果 $r_1 = r_2$，那么只有一个指数可用，因此只能有一个 Frobenius 级数解。但我们在 8.3 节例题 6 中看到，如果 $r_1 = r_2 + N$，其中 N 为正整数，那么有可能存在第二个 Frobenius 级数解。我们将看到，这种解也有可能不存在。事实上，当第二个解不是 Frobenius 级数时，它涉及 $\ln x$。正如你将在本节例题 3 和例题 4 中看到的，这些例外情况出现在 Bessel 方程的求解中。对于应用来说，这是最重要的变系数二阶线性微分方程。

$r_1 = r_2 + N$ 时的非对数情况

在 8.3 节中，我们通过将幂级数 $p(x) = \sum p_n x^n$ 和 $q(x) = \sum q_n x^n$ 以及 Frobenius 级数

$$y(x) = x^r \sum_{n=0}^{\infty} c_n x^n = \sum_{n=0}^{\infty} c_n x^{n+r} \quad (c_0 \neq 0) \tag{3}$$

代入微分方程

$$x^2 y'' + x p(x) y' + q(x) y = 0, \tag{4}$$

推导出了指数方程。这种代入在整理合并 x 同次幂的系数之后，得到如下形式的方程：

$$\sum_{n=0}^{\infty} F_n(r) x^{n+r} = 0, \tag{5}$$

其中系数依赖于 r。事实证明，x^r 的系数为

$$F_0(r) = [r(r-1) + p_0 r + q_0] c_0 = \phi(r) c_0, \tag{6}$$

因为根据假设 $c_0 \neq 0$，所以它给出了指数方程；同时对于 $n \geq 1$，x^{n+r} 的系数具有如下形式：

$$F_n(r) = \phi(r+n) c_n + L_n(r; c_0, c_1, \cdots, c_{n-1}), \tag{7}$$

这里 L_n 是 $c_0, c_1, \cdots, c_{n-1}$ 的某个线性组合。虽然对于我们的目的来说不需要确切的公式，但是碰巧

$$L_n = \sum_{k=0}^{n-1} [(r+k) p_{n-k} + q_{n-k}] c_k。 \tag{8}$$

因为式 (5) 中的所有系数必须为零，才能使 Frobenius 级数成为方程 (4) 的解，由此可知指数 r 和系数 $c_0, c_1, \cdots, c_n$ 必须满足方程

$$\phi(r+n) c_n + L_n(r; c_0, c_1, \cdots, c_{n-1}) = 0。 \tag{9}$$

这是用 $c_0, c_1, \cdots, c_{n-1}$ 表示的 c_n 的递归关系。

现在假设 $r_1 = r_2 + N$，且 N 为正整数。如果我们在方程 (9) 中使用较大指数 r_1，那么由于仅当 $r = r_1$ 和 $r = r_2 < r_1$ 时，$\phi(r) = 0$，所以对于每个 $n \geq 1$，c_n 的系数 $\phi(r_1 + n)$

都将非零。一旦确定了 c_0, c_1, $\cdots$, c_{n-1},我们便可由方程 (9) 解出 c_n,并且继续计算出与指数 r_1 对应的 Frobenius 级数解中的后续系数。

但当我们使用较小指数 r_2 时,在计算 c_N 时存在潜在困难。因为在这种情况下,$\phi(r_2 + N) = 0$,所以方程 (9) 变为

$$0 \cdot c_N + L_N(r_2; c_0, c_1, \cdots, c_{N-1}) = 0。 \tag{10}$$

在这个阶段,c_0, c_1, $\cdots$, c_{N-1} 已经被确定。如果碰巧

$$L_N(r_2; c_0, c_1, \cdots, c_{N-1}) = 0,$$

那么我们可以任意选择 c_N,并继续确定第二个 Frobenius 级数解中的剩余系数。但是如果碰巧

$$L_N(r_2; c_0, c_1, \cdots, c_{N-1}) \neq 0,$$

那么无论如何选择 c_N,方程 (10) 都不满足;在这种情况下,不可能存在与较小指数 r_2 对应的第二个 Frobenius 级数解。例题 1 和例题 2 将证实这两种可能性。

例题 1 考虑方程

$$x^2 y'' + (6x + x^2) y' + xy = 0。 \tag{11}$$

此时 $p_0 = 6$ 且 $q_0 = 0$,所以指数方程为

$$\phi(r) = r(r-1) + 6r = r^2 + 5r = 0, \tag{12}$$

其根为 $r_1 = 0$ 和 $r_2 = -5$,两根的差为整数 $N = 5$。我们将 Frobenius 级数 $y = \sum c_n x^{n+r}$ 代入方程可得

$$\sum_{n=0}^{\infty}(n+r)(n+r-1)c_n x^{n+r} + 6\sum_{n=0}^{\infty}(n+r)c_n x^{n+r} + \sum_{n=0}^{\infty}(n+r)c_n x^{n+r+1} + \sum_{n=0}^{\infty} c_n x^{n+r+1} = 0。$$

当我们将前两项求和以及后两项求和分别合并,并将后者中的求和指标移动 -1 位,从而可得

$$\sum_{n=0}^{\infty}[(n+r)^2 + 5(n+r)]c_n x^{n+r} + \sum_{n=1}^{\infty}(n+r)c_{n-1} x^{n+r} = 0。$$

与 $n = 0$ 对应的项给出指数方程 (12),而对于 $n \geqslant 1$,我们得到方程

$$[(n+r)^2 + 5(n+r)]c_n + (n+r)c_{n-1} = 0, \tag{13}$$

在此例题中它对应于式 (9) 中的通解。注意 c_n 的系数为 $\phi(n+r)$。

我们现在对 $r_1 = r_2 + N$ 的情况遵循 8.3 节中的建议:从较小根 $r_2 = -5$ 开始。当

$r_2 = -5$ 时，方程 (13) 简化为

$$n(n-5)c_n + (n-5)c_{n-1} = 0。 \tag{14}$$

如果 $n \neq 5$，我们可以由这个方程解出 c_n 以得到递归关系

$$c_n = -\frac{c_{n-1}}{n} \quad \text{对于 } n \neq 5。 \tag{15}$$

由此可得

$$c_1 = -c_0, \qquad c_2 = -\frac{c_1}{2} = \frac{c_0}{2},$$
$$c_3 = -\frac{c_2}{3} = -\frac{c_0}{6} \quad \text{和} \quad c_4 = -\frac{c_3}{4} = \frac{c_0}{24}。 \tag{16}$$

在 $r_1 = r_2 + N$ 的情况下，系数 c_N 总是需要特别考虑。这里 $N = 5$，对于 $n = 5$，方程 (14) 的形式为 $0 \cdot c_5 + 0 = 0$。因此，c_5 是第二个任意常数，我们仍然使用递归公式 (15) 计算其他的系数：

$$c_6 = -\frac{c_5}{6}, \quad c_7 = -\frac{c_6}{7} = \frac{c_5}{6 \cdot 7}, \quad c_8 = -\frac{c_7}{8} = -\frac{c_5}{6 \cdot 7 \cdot 8}, \tag{17}$$

等等。

当我们将式 (16) 和式 (17) 的结果结合起来，可得

$$y = x^{-5} \sum_{n=0}^{\infty} c_n x^n$$
$$= c_0 x^{-5} \left(1 - x + \frac{x^2}{2} - \frac{x^3}{6} + \frac{x^4}{24}\right) +$$
$$c_5 x^{-5} \left(x^5 - \frac{x^6}{6} + \frac{x^7}{6 \cdot 7} - \frac{x^8}{6 \cdot 7 \cdot 8} + \cdots\right),$$

它是用两个任意常数 c_0 和 c_5 表示的。从而我们求出了方程 (11) 的两个 Frobenius 级数解

$$y_1(x) = x^{-5}\left(1 - x + \frac{x^2}{2} - \frac{x^3}{6} + \frac{x^4}{24}\right)$$

和

$$y_2(x) = 1 + \sum_{n=1}^{\infty} \frac{(-1)^n x^n}{6 \cdot 7 \cdots (n+5)} = 1 + 120 \sum_{n=1}^{\infty} \frac{(-1)^n x^n}{(n+5)!}。 \blacksquare$$

例题 2 确定方程

$$x^2 y'' - xy' + (x^2 - 8)y = 0 \tag{18}$$

是否存在两个线性无关的 Frobenius 级数解。

解答：此时 $p_0 = -1$ 和 $q_0 = -8$，所以指数方程为

$$\phi(r) = r(r-1) - r - 8 = r^2 - 2r - 8 = 0,$$

其根为 $r_1 = 4$ 和 $r_2 = -2$，两者之差为 $N = 6$。将 $y = \sum c_n x^{n+r}$ 代入方程 (18) 可得

$$\sum_{n=0}^{\infty}(n+r)(n+r-1)c_n x^{n+r} - \sum_{n=0}^{\infty}(n+r)c_n x^{n+r} +$$

$$\sum_{n=0}^{\infty} c_n x^{n+r+2} - 8\sum_{n=0}^{\infty} c_n x^{n+r} = 0。$$

如果我们将第三项求和的指标移动 -2 位，并合并其他三个求和项，可得

$$\sum_{n=0}^{\infty}[(n+r)^2 - 2(n+r) - 8]c_n x^{n+r} + \sum_{n=2}^{\infty} c_{n-2} x^{n+r} = 0。$$

由 x^r 的系数得到指数方程，而由 x^{r+1} 的系数可得

$$[(r+1)^2 - 2(r+1) - 8]c_1 = 0。$$

因为 c_1 的系数对于 $r = 4$ 和 $r = -2$ 都非零，所以在每种情况下，都有 $c_1 = 0$。对于 $n \geqslant 2$，我们得到方程

$$[(n+r)^2 - 2(n+r) - 8]c_n + c_{n-2} = 0, \tag{19}$$

在此例题中它对应于式 (9) 中的通解，注意 c_n 的系数为 $\phi(n+r)$。

我们首先从较小根 $r = r_2 = -2$ 开始。那么方程 (19) 变为

$$n(n-6)c_n + c_{n-2} = 0, \tag{20}$$

其中 $n \geqslant 2$。对于 $n \neq 6$，我们可以解出递归关系

$$c_n = -\frac{c_{n-2}}{n(n-6)} \quad (n \geqslant 2, \ n \neq 6)。 \tag{21}$$

因为 $c_1 = 0$，由这个公式可得

$$c_2 = \frac{c_0}{8}, \qquad c_3 = 0,$$
$$c_4 = \frac{c_2}{8} = \frac{c_0}{64} \quad \text{和} \quad c_5 = 0。$$

此时方程 (20) 在 $n = 6$ 时简化为

$$0 \cdot c_6 + \frac{c_0}{64} = 0。$$

但是根据假设 $c_0 \neq 0$，从而无法选择 c_6 使得这个方程成立。因此不存在与较小根 $r_2 = -2$ 对应的 Frobenius 级数解。

为了求出与较大根 $r_1 = 4$ 对应的单个 Frobenius 级数解，我们将 $r = 4$ 代入方程 (19) 以得到递归关系

$$c_n = -\frac{c_{n-2}}{n(n+6)} \quad (n \geqslant 2)。 \tag{22}$$

由此可得

$$c_2 = -\frac{c_0}{2 \cdot 8}, \quad c_4 = -\frac{c_2}{4 \cdot 10} = \frac{c_0}{2 \cdot 4 \cdot 8 \cdot 10}。$$

其一般模式为

$$c_{2n} = \frac{(-1)^n c_0}{2 \cdot 4 \cdots (2n) \cdot 8 \cdot 10 \cdots (2n+6)} = \frac{(-1)^n 6 c_0}{2^{2n} n!(n+3)!}。$$

由此得到方程 (18) 的 Frobenius 级数解

$$y_1(x) = x^4 \left(1 + 6 \sum_{n=1}^{\infty} \frac{(-1)^n x^{2n}}{2^{2n} n!(n+3)!}\right)。 \quad \blacksquare$$

降阶法

当只有单个 Frobenius 级数解存在时，我们需要一种额外的技术。在此我们讨论降阶法，该方法使我们能够使用二阶齐次线性微分方程的一个已知解 y_1 来求出第二个线性无关解 y_2。考虑开区间 I 上的二阶方程

$$y'' + P(x)y' + Q(x)y = 0, \tag{23}$$

其中 P 和 Q 在此区间上是连续的。假设我们已知方程 (23) 的一个解 y_1。根据 3.1 节定理 2，存在第二个线性无关解 y_2；我们的问题是求出 y_2。等价地，我们想要求出商

$$v(x) = \frac{y_2(x)}{y_1(x)}。 \tag{24}$$

一旦我们知道 $v(x)$，就可以由下式得到 y_2，

$$y_2(x) = v(x) y_1(x)。 \tag{25}$$

我们从将式 (25) 代入方程 (23) 开始，并使用导数

$$y_2' = v y_1' + v' y_1 \quad \text{和} \quad y_2'' = v y_1'' + 2 v' y_1' + v'' y_1,$$

可得

$$(v y_1'' + 2 v' y_1' + v'' y_1) + P(v y_1' + v' y_1) + Q v y_1 = 0,$$

重新排列可得

$$v(y_1'' + P y_1' + Q y_1) + v'' y_1 + 2 v' y_1' + P v' y_1 = 0。$$

但是因为 y_1 是方程 (23) 的解，所以上述方程中括号内的表达式为零。从而留下方程

$$v'' y_1 + (2 y_1' + P y_1) v' = 0。 \tag{26}$$

该方法成功的关键在于方程 (26) 关于 v' 是线性的。因此，式 (25) 中的替换将二阶线性方程 (23) 简化为（关于 v' 的）一阶线性方程 (26)。如果我们令 $u = v'$，并假设 $y_1(x)$ 在区

间 I 上恒不为零,那么由方程 (26) 可得

$$u' + \left(2\frac{y_1'}{y_1} + P(x)\right)u = 0。 \tag{27}$$

方程 (27) 的积分因子为

$$\rho = \exp\left(\int \left(2\frac{y_1'}{y_1} + P(x)\right)\mathrm{d}x\right) = \exp\left(2\ln|y_1| + \int P(x)\mathrm{d}x\right),$$

因此

$$\rho(x) = y_1^2 \exp\left(\int P(x)\mathrm{d}x\right)。$$

我们现在对方程 (27) 进行积分可得

$$uy_1^2 \exp\left(\int P(x)\mathrm{d}x\right) = C, \quad \text{所以} \quad v' = u = \frac{C}{y_1^2}\exp\left(-\int P(x)\mathrm{d}x\right)。$$

再次积分可得

$$\frac{y_2}{y_1} = v = C\int \frac{\exp\left(-\int P(x)\mathrm{d}x\right)}{y_1^2}\mathrm{d}x + K。$$

根据特定选择 $C=1$ 和 $K=0$,我们得到**降阶公式**

$$y_2 = y_1 \int \frac{\exp\left(-\int P(x)\mathrm{d}x\right)}{y_1^2}\mathrm{d}x。 \tag{28}$$

这个公式提供了方程 (23) 在 $y_1(x)$ 恒不为零的任意区间上的第二个解 $y_2(x)$。注意,由于指数函数恒不为零,所以 $y_2(x)$ 是 $y_1(x)$ 的非常数倍,因此 y_1 和 y_2 是线性无关解。

例题 3 对于降阶公式的初步应用,我们考虑微分方程

$$x^2 y'' - 9xy' + 25y = 0。$$

在 8.3 节中,我们提到当且仅当 r 为二次方程 $r^2 + (p_0-1)r + q_0 = 0$ 的根时,等维方程 $x^2 y'' + p_0 xy' + q_0 y = 0$ 存在幂函数形式的解 $y(x) = x^r$。此处 $p_0 = -9$ 且 $q_0 = 25$,所以我们的二次方程为 $r^2 - 10r + 25 = (r-5)^2 = 0$,它有单个(重)根 $r=5$。由此得到微分方程的单个幂函数解 $y_1(x) = x^5$。

在我们能够应用降阶公式求第二个解之前,我们必须首先将方程 $x^2 y'' - 9xy' + 25y = 0$ 除以其首项系数 x^2,以得到形为方程 (23) 的首项系数为 1 的标准形式

$$y'' - \frac{9}{x}y' + \frac{25}{x^2}y = 0。$$

从而我们有 $P(x) = -9/x$ 和 $Q(x) = 25/x^2$,所以由降阶公式 (28) 得到第二个线性无关解

$$y_2(x) = x^5 \int \frac{1}{(x^5)^2} \exp\left(-\int -\frac{9}{x}\mathrm{d}x\right) \mathrm{d}x$$
$$= x^5 \int x^{-10} \exp(9\ln x)\mathrm{d}x = x^5 \int x^{-10} x^9 \mathrm{d}x = x^5 \ln x,$$

其中 $x > 0$。因此，我们的特定等维方程在 $x > 0$ 时有两个线性无关解 $y_1(x) = x^5$ 和 $y_2(x) = x^5 \ln x$。 ∎

在 3.2 节习题 37 至习题 44 中，可以发现类似的降阶公式的应用，我们在 3.2 节的习题 36 中介绍了降阶法（尽管当时还没有推导出降阶公式本身）。

对数情况

现在我们研究方程

$$y'' + \frac{p(x)}{x}y' + \frac{q(x)}{x^2}y = 0 \tag{1}$$

的第二个解的一般形式，假设其指数分别为 r_1 和 $r_2 = r_1 - N$，两者相差整数 $N \geqslant 0$。假设我们已经求出与较大指数 r_1 对应的 Frobenius 级数解

$$y_1(x) = x^{r_1} \sum_{n=0}^{\infty} a_n x^n \quad (a_0 \neq 0), \tag{29}$$

其中 $x > 0$。让我们将 $p(x)/x$ 记作 $P(x)$，将 $q(x)/x^2$ 记作 $Q(x)$。从而我们可以将方程 (1) 写成方程 (23) 的 $y'' + Py' + Qy = 0$ 的形式。

由于指数方程有根 r_1 和 $r_2 = r_1 - N$，所以可以很容易进行因式分解：

$$r^2 + (p_0 - 1)r + q_0 = (r - r_1)(r - r_1 + N)$$
$$= r^2 + (N - 2r_1)r + (r_1^2 - r_1 N) = 0,$$

从而我们发现

$$p_0 - 1 = N - 2r_1,$$

即

$$-p_0 - 2r_1 = -1 - N_\circ \tag{30}$$

为了准备使用降阶公式 (28)，我们写出

$$P(x) = \frac{p_0 + p_1 x + p_2 x^2 + \cdots}{x} = \frac{p_0}{x} + p_1 + p_2 x + \cdots_\circ$$

那么

$$\exp\left(-\int P(x)\mathrm{d}x\right) = \exp\left(-\int \left(\frac{p_0}{x} + p_1 + p_2 x + \cdots\right)\mathrm{d}x\right)$$
$$= \exp\left(-p_0 \ln x - p_1 x - \frac{1}{2}p_2 x^2 - \cdots\right)$$

$$= x^{-p_0} \exp\left(-p_1 x - \frac{1}{2} p_2 x^2 - \cdots\right),$$

所以

$$\exp\left(-\int P(x)\mathrm{d}x\right) = x^{-p_0}\left(1 + A_1 x + A_2 x^2 + \cdots\right)_{\circ} \tag{31}$$

在最后一步中，我们使用了这样一个事实，即解析函数的组合也是解析函数，因此具有幂级数表示；由于 $\mathrm{e}^0 = 1$，所以式 (31) 中级数的首项系数为 1。

现在我们将式 (29) 和式 (31) 代入式 (28)，同时在式 (29) 中选择 $a_0 = 1$，由此可得

$$y_2 = y_1 \int \frac{x^{-p_0}(1 + A_1 x + A_2 x^2 + \cdots)}{x^{2r_1}(1 + a_1 x + a_2 x^2 + \cdots)^2} \mathrm{d}x_{\circ}$$

我们将上式分母展开并进行化简：

$$\begin{aligned} y_2 &= y_1 \int \frac{x^{-p_0 - 2r_1}(1 + A_1 x + A_2 x^2 + \cdots)}{1 + B_1 x + B_2 x^2 + \cdots} \mathrm{d}x \\ &= y_1 \int x^{-1-N}(1 + C_1 x + C_2 x^2 + \cdots) \mathrm{d}x_{\circ} \end{aligned} \tag{32}$$

[此处我们已经代入了式 (30)，并表示出了如图 8.1.1 所示的对级数进行长除法的结果，尤其注意商级数的常数项为 1。] 现在我们分别考虑 $N = 0$ 和 $N > 0$ 的情况。我们想要在不需要记录具体系数的情况下确定 y_2 的一般形式。

情况 1：指数相等 $(r_1 = r_2)$。当 $N = 0$ 时，由式 (32) 可得

$$\begin{aligned} y_2 &= y_1 \int \left(\frac{1}{x} + C_1 + C_2 x^2 + \cdots\right) \mathrm{d}x \\ &= y_1 \ln x + y_1 \left(C_1 x + \frac{1}{2} C_2 x^2 + \cdots\right) \\ &= y_1 \ln x + x^{r_1}(1 + a_1 x + \cdots)\left(C_1 x + \frac{1}{2} C_2 x^2 + \cdots\right) \\ &= y_1 \ln x + x^{r_1}(b_0 x + b_1 x^2 + b_2 x^3 + \cdots)_{\circ} \end{aligned}$$

因此，在指数相等的情况下，y_2 的一般形式为

$$y_2(x) = y_1(x) \ln x + x^{1+r_1} \sum_{n=0}^{\infty} b_n x^n_{\circ} \tag{33}$$

注意对数项，当 $r_1 = r_2$ 时它总是会出现。

情况 2：指数差为正整数 $(r_1 = r_2 + N)$。当 $N > 0$ 时，由式 (32) 可得

$$y_2 = y_1 \int x^{-1-N}(1 + C_1 x + C_2 x^2 + \cdots + C_N x^N + \cdots) \mathrm{d}x$$

$$= y_1 \int \left(\frac{C_N}{x} + \frac{1}{x^{N+1}} + \frac{C_1}{x^N} + \cdots \right) dx$$

$$= C_N y_1 \ln x + y_1 \left(\frac{x^{-N}}{-N} + \frac{C_1 x^{-N+1}}{-N+1} + \cdots \right)$$

$$= C_N y_1 \ln x + x^{r_2+N} \left(\sum_{n=0}^{\infty} a_n x^n \right) x^{-N} \left(-\frac{1}{N} + \frac{C_1 x}{-N+1} + \cdots \right),$$

所以

$$y_2(x) = C_N y_1(x) \ln x + x^{r_2} \sum_{n=0}^{\infty} b_n x^n, \tag{34}$$

其中 $b_0 = -a_0/N \neq 0$。这给出了在指数差为正整数的情况下 y_2 的一般形式。注意系数 C_N 出现在式 (34) 中，但没有出现在式 (33) 中。若碰巧 $C_N = 0$，则没有对数项；如果是这样的话，那么（如例题 1 所示）方程 (1) 存在第二个 Frobenius 级数解。

式 (33) 和式 (34) 分别展示了在 $r_1 = r_2$ 和 $r_1 - r_2 = N > 0$ 情况下第二个解的一般形式。在这些公式的推导中，我们没有提及所出现的各种幂级数的收敛半径。下面的定理 1 是对前面讨论的总结，还会告诉我们式 (33) 和式 (34) 中的级数在哪里收敛。与 8.3 节定理 1 一样，我们只关注 $x > 0$ 时的解。

定理 1　例外情况

假设 $x = 0$ 是如下方程的正则奇点：

$$x^2 y'' + x p(x) y' + q(x) y = 0。 \tag{4}$$

令 $\rho > 0$ 表示幂级数

$$p(x) = \sum_{n=0}^{\infty} p_n x^n \quad \text{和} \quad q(x) = \sum_{n=0}^{\infty} q_n x^n$$

的收敛半径的最小值。令 r_1 和 r_2 为指数方程

$$r(r-1) + p_0 r + q_0 = 0$$

的根，其中 $r_1 \geqslant r_2$。

(a) 若 $r_1 = r_2$，则方程 (4) 的两个解 y_1 和 y_2 具有如下形式：

$$y_1(x) = x^{r_1} \sum_{n=0}^{\infty} a_n x^n \quad (a_0 \neq 0) \tag{35a}$$

和

$$y_2(x) = y_1(x) \ln x + x^{r_1+1} \sum_{n=0}^{\infty} b_n x^n。 \tag{35b}$$

(b) 若 $r_1 - r_2 = N$，N 为正整数，则方程 (4) 的两个解 y_1 和 y_2 具有如下形式：

$$y_1(x) = x^{r_1} \sum_{n=0}^{\infty} a_n x^n \quad (a_0 \neq 0) \tag{36a}$$

和

$$y_2(x) = C y_1(x) \ln x + x^{r_2} \sum_{n=0}^{\infty} b_n x^n。 \tag{36b}$$

在式 (36b) 中，$b_0 \neq 0$，但 C 可能为零也可能非零，所以在这种情况下，对数项可能会出现，也可能不会出现。本定理中的幂级数的收敛半径都至少为 ρ。这些级数中的系数 [以及式 (36b) 中的常数 C] 可通过直接将级数代入微分方程 (4) 来确定。

例题 4 为了说明 $r_1 = r_2$ 的情况，我们将推导零阶 Bessel 方程

$$x^2 y'' + x y' + x^2 y = 0 \tag{37}$$

的第二个解，其中 $r_1 = r_2 = 0$。在 8.3 节例题 5 中，我们已经求出第一个解

$$y_1(x) = J_0(x) = \sum_{n=0}^{\infty} \frac{(-1)^n x^{2n}}{2^{2n}(n!)^2}。 \tag{38}$$

根据式 (35b)，第二个解形为

$$y_2 = y_1 \ln x + \sum_{n=1}^{\infty} b_n x^n。 \tag{39}$$

y_2 的前两个导数为

$$y_2' = y_1' \ln x + \frac{y_1}{x} + \sum_{n=1}^{\infty} n b_n x^{n-1}$$

和

$$y_2'' = y_1'' \ln x + \frac{2 y_1'}{x} - \frac{y_1}{x^2} + \sum_{n=2}^{\infty} n(n-1) b_n x^{n-2}。$$

我们将这些表达式代入方程 (37)，并利用 $J_0(x)$ 也满足这个方程的事实，可得

$$0 = x^2 y_2'' + x y_2' + x^2 y_2$$
$$= (x^2 y_1'' + x y_1' + x^2 y_1) \ln x + 2 x y_1' +$$
$$\sum_{n=2}^{\infty} n(n-1) b_n x^n + \sum_{n=1}^{\infty} n b_n x^n + \sum_{n=1}^{\infty} b_n x^{n+2},$$

由此可知

$$0 = 2 \sum_{n=1}^{\infty} \frac{(-1)^n 2n x^{2n}}{2^{2n}(n!)^2} + b_1 x + 2^2 b_2 x^2 + \sum_{n=3}^{\infty} (n^2 b_n + b_{n-2}) x^n。 \tag{40}$$

在方程 (40) 中唯一包含 x 的项是 $b_1 x$, 所以 $b_1 = 0$。但是若 n 为奇数, 则 $n^2 b_n + b_{n-2} = 0$, 由此可知 y_2 中所有带奇数下标的系数均为零。

现在我们检查方程 (40) 中带有偶数下标的系数。首先我们看到

$$b_2 = -2 \cdot \frac{(-1)(2)}{2^2 \cdot 2^2 \cdot (1!)^2} = \frac{1}{4}。 \tag{41}$$

当 $n \geqslant 2$ 时, 我们由式 (40) 得到递归关系

$$(2n)^2 b_{2n} + b_{2n-2} = -\frac{(2)(-1)^n (2n)}{2^{2n}(n!)^2}。 \tag{42}$$

注意式 (42) 右侧（不涉及未知系数）的"非齐次"项。这种非齐次递归关系是 Frobenius 法中典型的例外情况, 并且它们的求解往往需要一点独创性。通常的策略取决于查明 b_{2n} 对 n 最明显的依赖性。我们注意到在式 (42) 右侧存在 $2^{2n}(n!)^2$; 结合左侧系数 $(2n)^2$, 促使我们认为 b_{2n} 等于某个表达式除以 $2^{2n}(n!)^2$。同时注意符号的变化, 我们做替换

$$b_{2n} = \frac{(-1)^{n+1} c_{2n}}{2^{2n}(n!)^2}, \tag{43}$$

期望 c_{2n} 的递归关系比 b_{2n} 的递归关系更简单。因为 $b_2 = \frac{1}{4} > 0$, 所以我们选择 $(-1)^{n+1}$ 而不是 $(-1)^n$; 将 $n = 1$ 代入式 (43), 我们得到 $c_2 = 1$。将式 (43) 代入式 (42), 可得

$$(2n)^2 \frac{(-1)^{n+1} c_{2n}}{2^{2n}(n!)^2} + \frac{(-1)^n c_{2n-2}}{2^{2n-2}[(n-1)!]^2} = \frac{(-2)(-2)^n(2n)}{2^{2n}(n!)^2},$$

这可以归结为极其简单的递归关系

$$c_{2n} = c_{2n-2} + \frac{1}{n}。$$

因此

$$c_4 = c_2 + \frac{1}{2} = 1 + \frac{1}{2},$$
$$c_6 = c_4 + \frac{1}{3} = 1 + \frac{1}{2} + \frac{1}{3},$$
$$c_8 = c_6 + \frac{1}{4} = 1 + \frac{1}{2} + \frac{1}{3} + \frac{1}{4},$$

等等。显然,

$$c_{2n} = 1 + \frac{1}{2} + \frac{1}{3} + \cdots + \frac{1}{n} = H_n, \tag{44}$$

在此我们用 H_n 表示调和级数 $\sum (1/n)$ 的前 n 项部分和。

最后, 记住带奇数下标的系数均为零, 我们将式 (43) 和式 (44) 代入式 (39), 从而得

到零阶 Bessel 方程的第二个解

$$y_2(x) = J_0(x)\ln x + \sum_{n=1}^{\infty} \frac{(-1)^{n+1}H_n x^{2n}}{2^{2n}(n!)^2}$$

$$= J_0(x)\ln x + \frac{x^2}{4} - \frac{3x^4}{128} + \frac{11x^6}{13824} - \cdots。 \tag{45}$$

式 (45) 中的幂级数对所有 x 均收敛。最常用的 [与 $J_0(x)$] 线性无关的第二个解为

$$Y_0(x) = \frac{2}{\pi}(\gamma - \ln 2)y_1 + \frac{2}{\pi}y_2,$$

即

$$Y_0(x) = \frac{2}{\pi}\left[\left(\gamma + \ln\frac{x}{2}\right)J_0(x) + \sum_{n=1}^{\infty}\frac{(-1)^{n+1}H_n x^{2n}}{2^{2n}(n!)^2}\right], \tag{46}$$

其中 γ 表示 Euler 常数：

$$\gamma = \lim_{n\to\infty}(H_n - \ln n) \approx 0.57722。 \tag{47}$$

选取这个特殊组合 $Y_0(x)$ 是由于它在 $x \to +\infty$ 时的良好行为，称之为**第二类零阶 Bessel 函数**。∎

例题 5 为了说明 $r_1 - r_2 = N$ 的情况，作为替换法的一种替代方法，我们利用降阶技术来推导如下 1 阶 Bessel 方程的第二个解：

$$x^2 y'' + xy' + (x^2 - 1)y = 0, \tag{48}$$

相关指数方程的根为 $r_1 = 1$ 和 $r_2 = -1$。根据 8.3 节习题 39，方程 (48) 的一个解为

$$y_1(x) = J_1(x) = \frac{x}{2}\sum_{n=0}^{\infty}\frac{(-1)^n x^{2n}}{2^{2n}n!(n+1)!} = \frac{x}{2} - \frac{x^3}{16} + \frac{x^5}{384} - \frac{x^7}{18432} + \cdots。 \tag{49}$$

由方程 (48) 可知 $P(x) = 1/x$，根据降阶公式 (28) 可得

$$y_2 = y_1 \int \frac{1}{xy_1^2}\mathrm{d}x$$

$$= y_1 \int \frac{1}{x\left(x/2 - x^3/16 + x^5/384 - x^7/18432 + \cdots\right)^2}\mathrm{d}x$$

$$= y_1 \int \frac{4}{x^3\left(1 - x^2/8 + x^4/192 - x^6/9216 + \cdots\right)^2}\mathrm{d}x$$

$$= 4y_1 \int \frac{1}{x^3\left(1 - x^2/4 + 5x^4/192 - 7x^6/4608 + \cdots\right)}\mathrm{d}x$$

$$= 4y_1 \int \frac{1}{x^3}\left(1 + \frac{x^2}{4} + \frac{7x^4}{192} + \frac{19x^6}{4608} + \cdots\right)\mathrm{d}x \quad \text{（通过长除法）}$$

$$= 4y_1 \int \left(\frac{1}{4x} + \frac{1}{x^3} + \frac{7x}{192} + \frac{19x^3}{4608} + \cdots\right) dx$$

$$= y_1 \ln x + 4y_1 \left(-\frac{1}{2x^2} + \frac{7x^2}{384} + \frac{19x^4}{18432} + \cdots\right)。$$

因此

$$y_2(x) = y_1(x) \ln x - \frac{1}{x} + \frac{x}{8} + \frac{x^3}{32} - \frac{11x^5}{4608} + \cdots。 \tag{50}$$

注意，使用降阶技术很容易得到级数的前几项，但是无法提供可用于确定级数通项的递归关系。

采用类似于例题 4 中所示的计算过程（但是更复杂，参见习题 21），替换法可用于推导出解

$$y_3(x) = y_1(x) \ln x - \frac{1}{x} + \sum_{n=1}^{\infty} \frac{(-1)^n (H_n + H_{n-1}) x^{2n-1}}{2^{2n} n!(n-1)!}, \tag{51}$$

其中 $n \geq 1$ 时 H_n 由式 (44) 定义，而 $H_0 = 0$。读者可以验证式 (50) 中所示的项与下式一致：

$$y_2(x) = \frac{3}{4} J_1(x) + y_3(x)。 \tag{52}$$

1 阶 Bessel 方程的最常用的 [与 J_1] 线性无关的解是下列组合：

$$\begin{aligned} Y_1(x) &= \frac{2}{\pi}(\gamma - \ln 2) y_1(x) + \frac{2}{\pi} y_3(x) \\ &= \frac{2}{\pi} \left[\left(\gamma + \ln \frac{x}{2}\right) J_1(x) - \frac{1}{x} + \sum_{n=1}^{\infty} \frac{(-1)^n (H_n + H_{n-1}) x^{2n-1}}{2^{2n} n!(n-1)!}\right]。 \end{aligned} \tag{53}$$

例题 4 和例题 5 说明了在对数情况下求出解的两种方法，即直接替换法和降阶法。习题 19 概述了第三种可供选择的方法。

习题

在习题 1~8 中，要么应用例题 1 中的方法求出两个线性无关的 Frobenius 级数解，要么求出一个这样的解并（如例题 2 所示）证明第二个这样的解不存在。

1. $xy'' + (3-x)y' - y = 0$
2. $xy'' + (5-x)y' - y = 0$
3. $xy'' + (5+3x)y' + 3y = 0$
4. $5xy'' + (30+3x)y' + 3y = 0$
5. $xy'' - (4+x)y' + 3y = 0$
6. $2xy'' - (6+2x)y' + y = 0$
7. $x^2 y'' + (2x+3x^2)y' - 2y = 0$
8. $x(1-x)y'' - 3y' + 2y = 0$

在习题 9~15 中，首先求出给定微分方程的 Frobenius 级数解的前四个非零项。然后（如例题 4 所示）使用降阶技术求出第二个线性无关解的对数项和前三个非零项。

9. $xy'' + y' - xy = 0$
10. $x^2 y'' - xy' + (x^2 + 1)y = 0$
11. $x^2 y'' + (x^2 - 3x)y' + 4y = 0$
12. $x^2 y'' + x^2 y' - 2y = 0$
13. $x^2 y'' + (2x^2 - 3x)y' + 3y = 0$
14. $x^2 y'' + x(1+x)y' - 4y = 0$
15. **零阶 Bessel 方程** 从下式开始

$$J_0(x) = 1 - \frac{x^2}{4} + \frac{x^4}{64} - \frac{x^6}{2304} + \cdots,$$

利用降阶法，推导出零阶 Bessel 方程的第二个线性无关解

$$y_2(x) = J_0(x)\ln x + \frac{x^2}{4} - \frac{3x^4}{128} + \frac{11x^6}{13284} - \cdots。$$

16. **3/2 阶 Bessel 方程** 求出 $\frac{3}{2}$ 阶 Bessel 方程

$$x^2 y'' + xy' + \left(x^2 - \frac{9}{4}\right)y = 0$$

的两个线性无关的 Frobenius 级数解。

17. (a) 验证 $y_1(x) = xe^x$ 是下列方程的一个解：

$$x^2 y'' - x(1+x)y' + y = 0。$$

(b) 注意到 $r_1 = r_2 = 1$。将

$$y_2 = y_1 \ln x + \sum_{n=1}^{\infty} b_n x^{n+1}$$

代入微分方程以推导出 $b_1 = -1$ 且

$$nb_n - b_{n-1} = -\frac{1}{n!} \quad \text{对于 } n \geq 2。$$

(c) 将 $b_n = c_n/n!$ 代入这个递归关系，并从结果中推断出 $c_n = -H_n$。因此第二个解为

$$y_2(x) = xe^x \ln x - \sum_{n=1}^{\infty} \frac{H_n x^{n+1}}{n!}。$$

18. 考虑方程 $xy'' - y = 0$，它在 $x = 0$ 处有指数 $r_1 = 1$ 和 $r_2 = 0$。

(a) 推导出 Frobenius 级数解

$$y_1(x) = \sum_{n=1}^{\infty} \frac{x^n}{n!(n-1)!}。$$

(b) 将

$$y_2 = Cy_1 \ln x + \sum_{n=0}^{\infty} b_n x^n$$

代入方程 $xy'' - y = 0$，推导出递归关系

$$n(n+1)b_{n+1} - b_n = -\frac{2n+1}{(n+1)!n!}C。$$

从上述结果推断出第二个解为

$$y_2(x) = y_1(x)\ln x + 1 - \sum_{n=1}^{\infty} \frac{H_n + H_{n-1}}{n!(n-1)!} x^n。$$

19. **指数相等** 假设微分方程

$$L[y] = x^2 y'' + xp(x)y' + q(x)y = 0 \quad (54)$$

在正则奇点 $x = 0$ 处有相等指数 $r_1 = r_2$，所以其指数方程为

$$\phi(r) = (r - r_1)^2 = 0。$$

令 $c_0 = 1$，并利用式 (9) 定义 $n \geq 1$ 时的 $c_n(r)$，即

$$c_n(r) = -\frac{L_n(r;\ c_0,\ c_1,\ \cdots,\ c_{n-1})}{\phi(r+n)}。 \quad (55)$$

然后定义 x 和 r 的函数 $y(x,\ r)$ 为

$$y(x,\ r) = \sum_{n=0}^{\infty} c_n(r) x^{n+r}。 \quad (56)$$

(a) 根据前面对式 (9) 的讨论推导出

$$L[y(x,\ r)] = x^r (r - r_1)^2。 \quad (57)$$

从而推导出

$$y_1 = y(x,\ r_1) = \sum_{n=0}^{\infty} c_n(r_1) x^{n+r_1} \quad (58)$$

是方程 (54) 的一个解。

(b) 通过对式 (57) 关于 r 进行微分以证明

$$L[y_r(x,\ r_1)] = \frac{\partial}{\partial r}\left[x^r (r-r_1)^2\right]\bigg|_{r=r_1} = 0。$$

推导出 $y_2 = y_r(x, r_1)$ 是方程 (54) 的第二个解。

(c) 通过对式 (58) 关于 r 进行微分以证明

$$y_2 = y_1 \ln x + x^{r_1} \sum_{n=1}^{\infty} c_n'(r_1) x^n \text{。} \quad (59)$$

20. 零阶 Bessel 方程 使用习题 19 中的方法，推导出由式 (38) 和式 (45) 所给出的零阶 Bessel 方程的两个解。以下步骤概述了此计算过程。

(a) 取 $c_0 = 1$，证明在这种情况下，式 (55) 简化为

$$(r+1)^2 c_1(r) = 0 \text{ 和}$$
$$c_n(r) = -\frac{c_{n-2}(r)}{(n+r)^2} \quad \text{对于 } n \geqslant 2\text{。} \quad (60)$$

(b) 接着证明 $c_1(0) = c_1'(0) = 0$，然后由式 (60) 推导出，当 n 为奇数时，$c_n(0) = c_n'(0) = 0$。因此，你仅需要计算 n 为偶数时的 $c_n(0)$ 和 $c_n'(0)$。

(c) 由式 (60) 推导出

$$c_{2n}(r) = \frac{(-1)^n}{(r+2)^2(r+4)^2 \cdots (r+2n)^2} \text{。} \quad (61)$$

将 $r = r_1 = 0$ 代入式 (58)，可以得到 $J_0(x)$。

(d) 通过对式 (61) 进行微分以证明

$$c_{2n}'(0) = \frac{(-1)^{n+1} H_n}{2^{2n}(n!)^2} \text{。}$$

将上述结果代入式 (59)，得到第二个解式 (45)。

21. 1 阶 Bessel 方程 通过替换法推导出 1 阶 Bessel 方程的对数解式 (51)。下面步骤概述了此计算过程。

(a) 将

$$y_2 = CJ_1(x) \ln x + x^{-1} \left(1 + \sum_{n=1}^{\infty} b_n x^n \right)$$

代入 Bessel 方程，可得

$$-b_1 + x + \sum_{n=2}^{\infty} [(n^2 - 1)b_{n+1} + b_{n-1}] x^n +$$
$$C \left[x + \sum_{n=1}^{\infty} \frac{(-1)^n (2n+1) x^{2n+1}}{2^{2n}(n+1)!n!} \right] = 0 \text{。} \quad (62)$$

(b) 由式 (62) 推导出 $C = -1$，且 n 为奇数时，$b_n = 0$。

(c) 接着推导出递归关系

$$[(2n+1)^2 - 1]b_{2n+2} + b_{2n} = \frac{(-1)^n(2n+1)}{2^{2n}(n+1)!n!}, \quad (63)$$

其中 $n \geqslant 1$。注意，如果任意选择了 b_2，那么对所有 $n > 1$ 都可确定 b_{2n}。

(d) 取 $b_2 = \frac{1}{4}$，并将

$$b_{2n} = \frac{(-1)^n c_{2n}}{2^{2n}(n-1)!n!}$$

代入式 (63) 以得到

$$c_{2n+2} - c_{2n} = \frac{1}{n+1} + \frac{1}{n} \text{。}$$

(e) 注意到 $c_2 = 1 = H_1 + H_0$，然后推导出

$$c_{2n} = H_n + H_{n-1} \text{。}$$

应用　采用降阶法处理例外情况

📱 请访问 bit.ly/3nz7g6M，利用 Maple、Mathematica 和 MATLAB 等计算资源对此主题进行更多讨论和探索。

这里我们将展示如何使用计算机代数系统诸如 Mathematica 来实现本节的降阶公式 (28)。本节应用更完整的版本，即展示 Maple、Mathematica 和 MATLAB 的使用，可以在本书前言中提到的"扩展应用"中找到。为了说明这种方法，我们将推导零阶 Bessel 方

程的第二个解,从如下已知的幂级数解开始:

$$J_0(x) = \sum_{n=0}^{\infty} (-1)^n \frac{x^{2n}}{2^{2n}(n!)^2},$$

其中我们以如下形式输入

```
y1 = Sum[((-x^2/4)^n)/ (n!)^2, {n, 0, 5}] + O[x]^12
```

然后输入

```
P = 1/x;
```

我们只须代入式 (28) 的积分中:

```
integral = Integrate[ Exp[ -Integrate[P,x]]/y1^2, x ]
```

$$\log(x) + \frac{x^2}{4} + \frac{5x^4}{128} + \frac{23x^6}{3456} + \frac{677x^8}{589824} + \frac{7313x^{10}}{36864000} + O(x^{12})$$

然后用J0 = y1分别乘以对数项和级数项,即计算

```
y2 = J0*Log[x] + y1*(integral - Log[x])
```

从而得到零阶 Bessel 方程的第二个解

$$J_0(x)\log(x) + \frac{x^2}{4} - \frac{3x^4}{128} + \frac{11x^6}{13824} - \frac{25x^8}{1769472} + \frac{137x^{10}}{884736000} + O(x^{12})$$

[正如我们在正文式 (45) 中所看到的]。

练习

在(使用你的计算机代数系统)验证我们在这里所给出的计算之后,你可以从本节式 (49) 中的幂级数 $J_1(x)$ 开始,类似地推导出由式 (50) 所给出的 1 阶 Bessel 方程的第二个解。本节习题 9 至习题 14 也可以用这种方式进行部分自动化处理。

8.5 Bessel 方程

我们已经见过 $p \geqslant 0$ 阶 Bessel 方程

$$x^2 y'' + xy' + (x^2 - p^2)y = 0 \tag{1}$$

的几个例子。其解现在被称为 p 阶 Bessel 函数。这类函数最早出现于 18 世纪 30 年代 Daniel Bernoulli 和 Euler 关于竖直悬链振荡的研究中。而 Bessel 方程本身出现于 1976 年 Euler 关于圆形鼓膜振动研究的文章中,后来 Fourier(1822 年)在其关于热的经典论述中使用了 Bessel 函数。但是 1824 年德国天文学家和数学家 Friedrich W. Bessel(1784—1846)在他撰写的专题学术论文中首次给出了它们的一般性质的系统研究,他当时正在研究行星的运动。关于 Bessel 函数的标准信息参考 G. N. Watson 的 *A Treatise on the Theory of Bessel Functions*(第 2 版, 1944)。这本书有 36 页参考文献,只涵盖了 1922 年之前,却让我们对这个主题的大量文献有了一些了解。

Bessel 方程 (1) 的指数方程为 $r^2 - p^2 = 0$，其根为 $r = \pm p$。如果我们将 $y = \sum c_m x^{m+r}$ 代入方程 (1)，以常规方式我们可以求出 $c_1 = 0$，并且

$$[(m+r)^2 - p^2]c_m + c_{m-2} = 0, \tag{2}$$

其中 $m \geqslant 2$。对式 (2) 的验证留给读者（参见习题 6）。

$r = p > 0$ 的情况

如果我们使用 $r = p$，并用 a_m 代替 c_m，那么由式 (2) 可得递归公式

$$a_m = -\frac{a_{m-2}}{m(2p+m)}. \tag{3}$$

因为 $a_1 = 0$，所以对于 m 的所有奇数值，$a_m = 0$。前几个偶次系数为

$$a_2 = -\frac{a_0}{2(2p+2)} = -\frac{a_0}{2^2(p+1)},$$

$$a_4 = -\frac{a_2}{4(2p+4)} = \frac{a_0}{2^4 \cdot 2(p+1)(p+2)},$$

$$a_6 = -\frac{a_4}{6(2p+6)} = -\frac{a_0}{2^6 \cdot 2 \cdot 3(p+1)(p+2)(p+3)}.$$

一般模式为

$$a_{2m} = \frac{(-1)^m a_0}{2^{2m} m!(p+1)(p+2)\cdots(p+m)},$$

所以用较大根 $r = p$，我们得到解

$$y_1(x) = a_0 \sum_{m=0}^{\infty} \frac{(-1)^m x^{2m+p}}{2^{2m} m!(p+1)(p+2)\cdots(p+m)}. \tag{4}$$

若 $p = 0$，则这是唯一的 Frobenius 级数解；若同时 $a_0 = 1$，则它是我们之前所见过的函数 $J_0(x)$。

$r = -p < 0$ 的情况

如果我们使用 $r = -p$，并用 b_m 代替 c_m，那么式 (2) 的形式为

$$m(m-2p)b_m + b_{m-2} = 0, \tag{5}$$

其中 $m \geqslant 2$，而 $b_1 = 0$。我们看到，如果恰巧 $2p$ 是一个正整数，即如果 p 要么是一个正整数，要么是一个正奇数的 $\frac{1}{2}$ 倍，那么就会面临潜在的困难。因为此时当 $m = 2p$ 时，式 (5) 被化简为 $0 \cdot b_m + b_{m-2} = 0$。因此，若 $b_{m-2} \neq 0$，则没有 b_m 值能够满足这个方程。

但若 p 是一个正奇数的 $\frac{1}{2}$ 倍，我们则可以克服这个困难。为此假设 $p = k/2$，其中 k 为正奇数。然后对于 m 的所有奇数值，我们只需要选择 $b_m = 0$。关键的一步是第 k 步，

$$k(k-k)b_k + b_{k-2} = 0,$$

因为 $b_k = b_{k-2} = 0$，所以这个方程成立。

因此，若 p 不是正整数，则当 m 为奇数时，我们取 $b_m = 0$，并通过递归公式

$$b_m = -\frac{b_{m-2}}{m(m-2p)}, \quad m \geqslant 2, \tag{6}$$

用 b_0 来定义带偶数下标的系数。将式 (6) 和式 (3) 进行比较，我们发现式 (6) 将导出与式 (4) 相同的结果，除了用 $-p$ 代替 p。因此，在这种情况下，我们可以得到第二个解

$$y_2(x) = b_0 \sum_{m=0}^{\infty} \frac{(-1)^m x^{2m-p}}{2^{2m} m!(-p+1)(-p+2)\cdots(-p+m)}。 \tag{7}$$

由于 $x = 0$ 是 Bessel 方程唯一的奇点，所以式 (4) 和式 (7) 中的级数对所有 $x > 0$ 均收敛。若 $p > 0$，则 y_1 的首项为 $a_0 x^p$，而 y_2 的首项为 $b_0 x^{-p}$。因此，$y_1(0) = 0$，但是当 $x \to 0$ 时，$y_2(x) \to \pm\infty$，所以很明显 y_1 和 y_2 是 $p > 0$ 阶 Bessel 方程的两个线性无关解。

伽马函数

式 (4) 和式 (7) 可以通过使用**伽马函数** $\Gamma(x)$ 进行简化，（如 7.1 节所示）当 $x > 0$ 时，伽马函数的定义为

$$\Gamma(x) = \int_0^{\infty} e^{-t} t^{x-1} dt。 \tag{8}$$

不难证明，这个广义积分对每个 $x > 0$ 均收敛。伽马函数是对阶乘函数 $n!$ 在 $x > 0$ 时的一种推广，而阶乘函数只有当 n 为非负整数时才有定义。为了深入了解 $\Gamma(x)$ 是 $n!$ 的一种推广，我们首先注意到

$$\Gamma(1) = \int_0^{\infty} e^{-t} dt = \lim_{b \to \infty} \left[-e^{-t}\right]_0^b = 1。 \tag{9}$$

然后我们根据 $u = t^x$ 和 $dv = e^{-t} dt$ 进行分部积分：

$$\Gamma(x+1) = \lim_{b \to \infty} \int_0^b e^{-t} t^x dt = \lim_{b \to \infty} \left(\left[-e^{-t} t^x\right]_0^b + \int_0^b x e^{-t} t^{x-1} dt \right)$$

$$= x \left(\lim_{b \to \infty} \int_0^b e^{-t} t^{x-1} dt \right),$$

即

$$\Gamma(x+1) = x\Gamma(x)。 \tag{10}$$

这是伽马函数最重要的性质。

若我们将式 (9) 和式 (10) 结合，则有

$$\Gamma(2) = 1 \cdot \Gamma(1) = 1!, \quad \Gamma(3) = 2 \cdot \Gamma(2) = 2!, \quad \Gamma(4) = 3 \cdot \Gamma(3) = 3!,$$

通常有
$$\Gamma(n+1) = n! \quad 对于 n \geqslant 0 为整数。 \tag{11}$$

伽马函数的一个重要特殊值为
$$\Gamma\left(\frac{1}{2}\right) = \int_0^\infty e^{-t} t^{-1/2} dt = 2\int_0^\infty e^{-u^2} du = \sqrt{\pi}, \tag{12}$$

我们用 u^2 代替了第一个积分中的 t，并且已知
$$\int_0^\infty e^{-u^2} du = \frac{\sqrt{\pi}}{2},$$

该式并不是显而易见的。[例如，参见 Edwards 和 Penney 的 *Calculus: Early Transcendentals*（第 7 版，2008）的 13.4 节例题 5。]

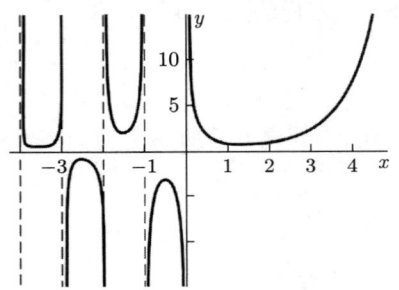

图 8.5.1　扩展的伽马函数的图形

尽管式 (8) 中的 $\Gamma(x)$ 仅对 $x > 0$ 有定义，但是我们可以用递归关系式 (10) 来定义 x 既不为零也不为正整数时的 $\Gamma(x)$。如果 $-1 < x < 0$，那么
$$\Gamma(x) = \frac{\Gamma(x+1)}{x},$$
由于 $0 < x+1 < 1$，所以右侧项有定义。然后同样的公式可用于将 $\Gamma(x)$ 的定义域扩展到开区间 $(-2, -1)$，然后扩展到开区间 $(-3, -2)$，以此类推。由此所扩展的伽马函数的图形如图 8.5.1 所示。

想要进一步继续探讨这个有趣话题，可以查阅 Artin 的 *The Gamma Function*（1964）。此书仅有 39 页，却是整个数学文献中最好的论述之一。

第一类 Bessel 函数

如果在式 (4) 中我们选择 $a_0 = 1/[2^p \Gamma(p+1)]$，其中 $p > 0$，并且注意到重复应用式 (10) 可得
$$\Gamma(p+m+1) = (p+m)(p+m-1)\cdots(p+2)(p+1)\Gamma(p+1),$$
那么借助伽马函数，我们可以非常简洁地写出 p 阶第一类 Bessel 函数：
$$J_p(x) = \sum_{m=0}^{\infty} \frac{(-1)^m}{m!\,\Gamma(p+m+1)} \left(\frac{x}{2}\right)^{2m+p}。 \tag{13}$$

类似地，若 $p > 0$ 不是整数，我们则可以在式 (7) 中选择 $b_0 = 1/[2^{-p}\Gamma(-p+1)]$，来获得 p 阶 Bessel 方程的第二个线性无关解
$$J_{-p}(x) = \sum_{m=0}^{\infty} \frac{(-1)^m}{m!\,\Gamma(-p+m+1)} \left(\frac{x}{2}\right)^{2m-p}。 \tag{14}$$

若 p 不是整数，我们则有通解
$$y(x) = c_1 J_p(x) + c_2 J_{-p}(x), \tag{15}$$
对于 $x > 0$；对于 $x < 0$，在式 (13) 至式 (15) 中，必须用 $|x|^p$ 代替 x^p 才能得到正确的解。

如果 $p = n$ 为非负整数，那么由式 (13) 可得整数阶第一类 Bessel 函数
$$J_n(x) = \sum_{m=0}^{\infty} \frac{(-1)^m}{m!(m+n)!} \left(\frac{x}{2}\right)^{2m+n}。 \tag{16}$$

因此
$$J_0(x) = \sum_{m=0}^{\infty} \frac{(-1)^m x^{2m}}{2^{2m}(m!)^2} = 1 - \frac{x^2}{2^2} + \frac{x^4}{2^2 \cdot 4^2} - \frac{x^6}{2^2 \cdot 4^2 \cdot 6^2} + \cdots \tag{17}$$

和
$$J_1(x) = \sum_{m=0}^{\infty} \frac{(-1)^m 2^{2m+1}}{2^{2m+1} m!(m+1)!} = \frac{x}{2} - \frac{1}{2!}\left(\frac{x}{2}\right)^3 + \frac{1}{2! \cdot 3!}\left(\frac{x}{2}\right)^5 - \cdots。 \tag{18}$$

图 8.5.2 显示了 $J_0(x)$ 和 $J_1(x)$ 的图形。一般而言，它们分别与阻尼余弦和正弦振荡类似（参见习题 27）。实际上，若你检查式 (17) 中的级数，你会发现 $J_0(x)$ 与 $\cos x$ 可能相似的部分原因，即只需要对式 (17) 的分母稍做修改就可以得到 $\cos x$ 的 Taylor 级数。由图 8.5.2 可知，函数 $J_0(x)$ 和 $J_1(x)$ 的零点交错出现，即在 $J_0(x)$ 的任意两个连续零点之间，正好有一个 $J_1(x)$ 的零点（参见习题 26），反之亦然。$J_0(x)$ 的前四个零点近似是 2.4048，5.5201，8.6537，11.7915。当 n 较大时，$J_0(x)$ 的第 n 个零点近似是 $\left(n - \frac{1}{4}\right)\pi$，而 $J_1(x)$ 的第 n 个零点近似是 $\left(n + \frac{1}{4}\right)\pi$。因此，无论是 $J_0(x)$ 还是 $J_1(x)$，它们的两个连续零点之间的间隔约为 π，这是与 $\cos x$ 和 $\sin x$ 的另一个相似之处。通过将图 8.5.3 的表格中的数据四舍五入到小数点后两位，你可以看到这些近似值的精度是如何随着 n 的增大而增加的。

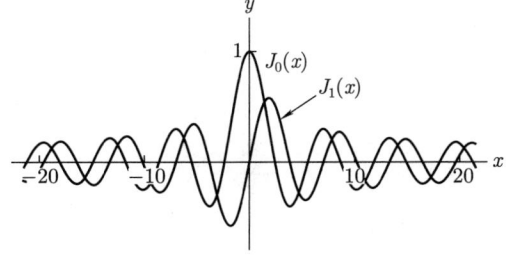

n	$J_0(x)$的第n个零点	$\left(n-\frac{1}{4}\right)\pi$	$J_1(x)$的第n个零点	$\left(n+\frac{1}{4}\right)\pi$
1	2.4048	2.3562	3.8317	3.9270
2	5.5201	5.4978	7.0156	7.0686
3	8.6537	8.6394	10.1735	10.2102
4	11.7915	11.7810	13.3237	13.3518
5	14.9309	14.9226	16.4706	16.4934

图 8.5.2　Bessel 函数 $J_0(x)$ 和 $J_1(x)$ 的图形　　　　图 8.5.3　$J_0(x)$ 和 $J_1(x)$ 的零点

事实证明，若阶数 p 是一个奇数的一半，则 $J_p(x)$ 是一个初等函数。例如，将 $p = \frac{1}{2}$

和 $p = -\frac{1}{2}$ 分别代入式 (13) 和式 (14)，所得结果可以表示为 (参见习题 2)

$$J_{1/2}(x) = \sqrt{\frac{2}{\pi x}} \sin x \quad 和 \quad J_{-1/2}(x) = \sqrt{\frac{2}{\pi x}} \cos x。 \tag{19}$$

第二类 Bessel 函数

8.4 节的方法必须用于求出整数阶 Bessel 方程的第二个线性无关解。对 8.4 节例题 3 进行非常复杂的推广可得公式

$$Y_n(x) = \frac{2}{\pi}\left(\gamma + \ln\frac{x}{2}\right)J_n(x) - \frac{1}{\pi}\sum_{m=0}^{n-1}\frac{2^{n-2m}(n-m-1)!}{m!x^{n-2m}} - \\ \frac{1}{\pi}\sum_{m=0}^{\infty}\frac{(-1)^m(H_m + H_{m+n})}{m!(m+n)!}\left(\frac{x}{2}\right)^{n+2m}, \tag{20}$$

其中采用在那里所使用的符号。若 $n = 0$，则式 (20) 中的第一个求和被认为是零。这里，$Y_n(x)$ 被称为**整数 $n \geqslant 0$ 阶第二类 Bessel 函数**。

整数 n 阶 Bessel 方程的通解为

$$y(x) = c_1 J_n(x) + c_2 Y_n(x)。 \tag{21}$$

需要注意的是，当 $x \to 0$ 时，$Y_n(x) \to -\infty$ (如图 8.5.4 所示)。所以，如果 $y(x)$ 在 $x = 0$ 处连续，那么式 (21) 中的 $c_2 = 0$。因此，如果 $y(x)$ 是 n 阶 Bessel 方程的连续解，那么对于某个常数 c，

$$y(x) = cJ_n(x)。$$

因为 $J_0(0) = 1$，所以我们还看出，若 $n = 0$，则 $c = y(0)$。在 10.4 节中，我们将看到关于 Bessel 函数的这一事实有许多物理应用。

图 8.5.5 表明，当 $n > 1$ 时，$J_n(x)$ 和 $Y_n(x)$ 的图形与 $J_1(x)$ 和 $Y_1(x)$ 的图形大致相似。特别地，$J_n(0) = 0$，而当 $x \to 0^+$ 时，$Y_n(x) \to -\infty$，并且当 $x \to +\infty$ 时，两个函数都经历阻尼振荡。

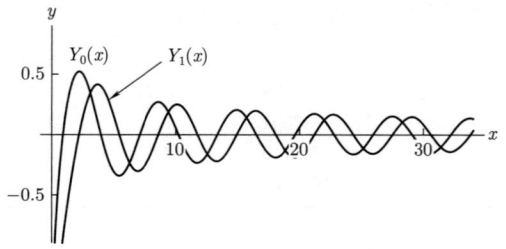

图 8.5.4 Bessel 函数 $Y_0(x)$ 和 $Y_1(x)$ 的图形

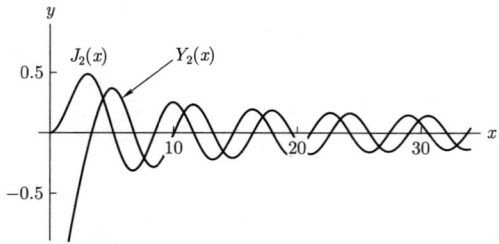

图 8.5.5 Bessel 函数 $J_2(x)$ 和 $Y_2(x)$ 的图形

Bessel 函数恒等式

  Bessel 函数类似于三角函数，因为它们满足大量频繁使用的标准恒等式，尤其在计算涉及 Bessel 函数的积分时。在 p 为非负整数的情况下，对

$$J_p(x) = \sum_{m=0}^{\infty} \frac{(-1)^m}{m!\Gamma(p+m+1)} \left(\frac{x}{2}\right)^{2m+p} \tag{13}$$

进行微分可得

$$\frac{\mathrm{d}}{\mathrm{d}x}[x^p J_p(x)] = \frac{\mathrm{d}}{\mathrm{d}x}\sum_{m=0}^{\infty} \frac{(-1)^m x^{2m+2p}}{2^{2m+p} m!(p+m)!}$$

$$= \sum_{m=0}^{\infty} \frac{(-1)^m x^{2m+2p-1}}{2^{2m+p-1} m!(p+m-1)!}$$

$$= x^p \sum_{m=0}^{\infty} \frac{(-1)^m x^{2m+p-1}}{2^{2m+p-1} m!(p+m-1)!},$$

因此可证明出

$$\frac{\mathrm{d}}{\mathrm{d}x}[x^p J_p(x)] = x^p J_{p-1}(x)。 \tag{22}$$

类似地，

$$\frac{\mathrm{d}}{\mathrm{d}x}[x^{-p} J_p(x)] = -x^{-p} J_{p+1}(x)。 \tag{23}$$

如果我们对式 (22) 和式 (23) 进行微分，然后将所得恒等式分别除以 x^p 和 x^{-p}，可得恒等式（参见习题 8）

$$J_p'(x) = J_{p-1}(x) - \frac{p}{x} J_p(x) \tag{24}$$

和

$$J_p'(x) = \frac{p}{x} J_p(x) - J_{p+1}(x)。 \tag{25}$$

因此，我们可以用 Bessel 函数本身表示 Bessel 函数的导数。将式 (24) 和式 (25) 相减可得递归公式

$$J_{p+1}(x) = \frac{2p}{x} J_p(x) - J_{p-1}(x), \tag{26}$$

上式可用于用低阶 Bessel 函数表示高阶 Bessel 函数。等式

$$J_{p-1}(x) = \frac{2p}{x} J_p(x) - J_{p+1}(x) \tag{27}$$

可用于用数值较小的负数阶 Bessel 函数表示数值较大的负数阶 Bessel 函数。

恒等式 (22) 至式 (27) 在其有意义的地方, 即在没有出现负整数阶 Bessel 函数时都成立。尤其对所有非整数 p 值, 它们都成立。

例题 1 当 $p=1$ 时, 由式 (22) 可得

$$\int x J_0(x) \mathrm{d} x = x J_1(x) + C。$$

类似地, 当 $p=0$ 时, 由式 (23) 可得

$$\int J_1(x) \mathrm{d} x = -J_0(x) + C。$$

例题 2 依次将 $p=2$ 和 $p=1$ 代入式 (26) 可得

$$J_3(x) = \frac{4}{x} J_2(x) - J_1(x) = \frac{4}{x}\left[\frac{2}{x} J_1(x) - J_0(x)\right] - J_1(x),$$

所以

$$J_3(x) = -\frac{4}{x} J_0(x) + \left(\frac{8}{x^2} - 1\right) J_1(x)。$$

使用类似的操作, 每个正整数阶 Bessel 函数都可以用 $J_0(x)$ 和 $J_1(x)$ 表示。

例题 3 为了求 $xJ_2(x)$ 的不定积分, 根据 $p=1$ 时的式 (23), 我们首先注意到

$$\int x^{-1} J_2(x) \mathrm{d} x = -x^{-1} J_1(x) + C。$$

因此我们有

$$\int x J_2(x) \mathrm{d} x = \int x^2 \left[x^{-1} J_2(x)\right] \mathrm{d} x,$$

然后利用

$$u = x^2, \qquad \mathrm{d} v = x^{-1} J_2(x) \mathrm{d} x,$$
$$\mathrm{d} u = 2x \mathrm{d} x, \qquad v = -x^{-1} J_1(x)$$

进行分部积分。由此可得

$$\int x J_2(x) \mathrm{d} x = -x J_1(x) + 2\int J_1(x) \mathrm{d} x = -x J_1(x) - 2 J_0(x) + C,$$

其中用到例题 1 的第二个结果。

含参数 Bessel 方程

n **阶含参数 Bessel 方程为**

$$x^2 y'' + xy' + (\alpha^2 x^2 - n^2)y = 0, \tag{28}$$

其中 α 为正参数。我们将在第 10 章看到，这个方程出现在极坐标系下 Laplace 方程的求解中。很容易看出（参见习题 9），通过做替换 $t = \alpha x$，可将方程 (28) 转化为通解为 $y(t) = c_1 J_n(t) + c_2 Y_n(t)$ 的（标准）Bessel 方程

$$t^2 \frac{\mathrm{d}^2 y}{\mathrm{d}t^2} + t \frac{\mathrm{d}y}{\mathrm{d}t} + (t^2 - n^2)y = 0。 \tag{29}$$

因此，方程 (28) 的通解为

$$y(x) = c_1 J_n(\alpha x) + c_2 Y_n(\alpha x)。 \tag{30}$$

现在我们考虑区间 $[0, L]$ 上的特征值问题

$$\begin{aligned} x^2 y'' + xy' + (\lambda x^2 - n^2) = 0, \\ y(L) = 0。 \end{aligned} \tag{31}$$

我们寻找正 λ 值，使得问题 (31) 在 $[0, L]$ 上存在连续的非平凡解。如果我们令 $\lambda = \alpha^2$，那么问题 (31) 中的微分方程就是方程 (28)，所以其通解由式 (30) 给出。因为当 $x \to 0$ 时，$Y_n(x) \to -\infty$，但 $J_n(0)$ 是有限的，所以 $y(x)$ 的连续性要求 $c_2 = 0$。因此 $y(x) = c_1 J_n(\alpha x)$。此时端点条件 $y(L) = 0$ 意味着 $z = \alpha L$ 必须是方程

$$J_n(z) = 0 \tag{32}$$

的（正）根。当 $n > 1$ 时，$J_n(x)$ 的振荡与图 8.5.2 中的 $J_1(x)$ 非常相似，因此存在正零点的无穷序列 $\gamma_{n1}, \gamma_{n2}, \gamma_{n3}, \cdots$（参见图 8.5.6）。由此可知问题 (31) 的第 k 个正特征值为

$$\lambda_k = (\alpha_k)^2 = \frac{(\gamma_{nk})^2}{L^2}, \tag{33}$$

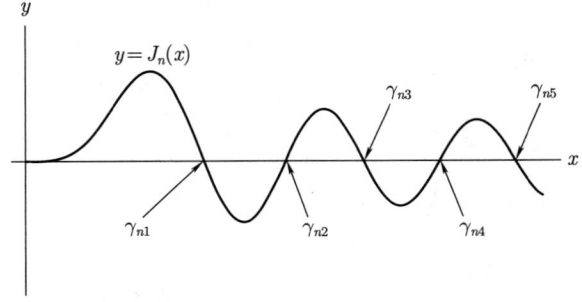

图 8.5.6　Bessel 函数 $J_n(x)$ 的正零点 $\gamma_{n1}, \gamma_{n2}, \gamma_{n3}, \cdots$

其相关特征函数为
$$y_k(x) = J_n\left(\frac{\gamma_{nk}}{L}x\right)。 \tag{34}$$

当 $n \leqslant 8$ 且 $k \leqslant 20$ 时,方程 (32) 的根 γ_{nk} 列于 M. Abramowitz 和 I. A. Stegun 的书 *Handbook of Mathematical Functions*(1965)的表 9.5 中。

习题

1. 对 $J_0(x)$ 的级数进行逐项微分,以直接证明 $J_0'(x) = -J_1(x)$(另一个与余弦函数和正弦函数相似之处)。

2. **(a)** 由式 (10) 和式 (12) 推导出
$$\Gamma\left(n+\frac{1}{2}\right) = \frac{1\cdot 3\cdot 5\cdot(2n-1)}{2^n}\sqrt{\pi}。$$

   (b) 使用 **(a)** 部分的结果,验证式 (19) 中关于 $J_{1/2}(x)$ 和 $J_{-1/2}(x)$ 的公式,并绘制显示这些函数图形的图。

3. **(a)** 假设 m 是一个正整数。证明
$$\Gamma\left(m+\frac{2}{3}\right) = \frac{2\cdot 5\cdot 8\cdots(3m-1)}{3^m}\Gamma\left(\frac{2}{3}\right)。$$

   (b) 根据 **(a)** 部分的结果和式 (13),推导出
$$J_{-1/3}(x) = \frac{(x/2)^{-1/3}}{\Gamma\left(\frac{2}{3}\right)}\left(1 + \sum_{m=1}^{\infty}\frac{(-1)^m 3^m x^{2m}}{2^{2m}m!\cdot 2\cdot 5\cdots(3m-1)}\right)。$$

4. 应用式 (19)、式 (26) 和式 (27) 证明
$$J_{3/2}(x) = \sqrt{\frac{2}{\pi x^3}}(\sin x - x\cos x)$$
和
$$J_{-3/2}(x) = -\sqrt{\frac{2}{\pi x^3}}(\cos x + x\sin x)。$$
并绘制显示这两个函数图形的图。

5. 用 $J_0(x)$ 和 $J_1(x)$ 表示 $J_4(x)$。

6. 对 Bessel 方程,推导出式 (2) 中的递归公式。

7. 通过逐项微分验证式 (23) 中的恒等式。

8. 根据式 (22) 和式 (23) 中的恒等式,推导出式 (24) 和式 (25) 中的恒等式。

9. 验证做替换 $t = \alpha x$ 可以将含参数 Bessel 方程 (28) 转化为方程 (29)。

10. 证明
$$4J_p''(x) = J_{p-2}(x) - 2J_p(x) + J_{p+2}(x)。$$

11. 利用关系 $\Gamma(x+1) = x\Gamma(x)$,由式 (13) 和式 (14) 推导出,如果 p 不是负整数,那么
$$J_p(x) = \frac{(x/2)^p}{\Gamma(p+1)}\left[1 + \sum_{m=1}^{\infty}\frac{(-1)^m(x/2)^{2m}}{m!(p+1)(p+2)\cdots(p+m)}\right]。$$

    这种形式更便于计算 $J_p(x)$,因为只需要伽马函数的单个值 $\Gamma(p+1)$。

12. 如果
$$y(x) = x^2\left[\frac{J_{5/2}(x) + J_{-5/2}(x)}{J_{1/2}(x) + J_{-1/2}(x)}\right],$$
请利用习题 11 的级数求出 $y(0) = \lim_{x\to 0} y(x)$。并使用计算机代数系统绘制 x 在 0 附近时 $y(x)$ 的图形。此图能证实你的 $y(0)$ 值吗?形如 $\int x^m J_n(x)\mathrm{d}x$ 的任何积分都可以用 Bessel 函数和不定积分 $\int J_0(x)\mathrm{d}x$ 来表示。后一个积分不能被进一步简化,但是在 Abramowitz 和 Stegun 的书的表 11.1 中列出了函数 $\int_0^x J_0(t)\mathrm{d}t$。利用式 (22) 和式 (23) 中的恒等式,求习题 13~21 中的积分。

13. $\int x^2 J_0(x)\mathrm{d}x$ **14.** $\int x^3 J_0(x)\mathrm{d}x$

15. $\int x^4 J_0(x)\mathrm{d}x$ **16.** $\int xJ_1(x)\mathrm{d}x$

17. $\int x^2 J_1(x)\mathrm{d}x$ **18.** $\int x^3 J_1(x)\mathrm{d}x$

19. $\int x^4 J_1(x)\mathrm{d}x$ **20.** $\int J_2(x)\mathrm{d}x$

21. $\int J_3(x)\mathrm{d}x$

习题 22~25 探索第一类 Bessel 函数的积分公式。

22. 证明

$$J_0(x) = \frac{1}{\pi}\int_0^\pi \cos(x\sin\theta)\mathrm{d}\theta,$$

为了实现这个证明，可以先证明上式右侧项满足零阶 Bessel 方程，且当 $x=0$ 时有值 $J_0(0)$。并解释为什么上述过程构成一个证明。

23. 证明

$$J_1(x) = \frac{1}{\pi}\int_0^\pi \cos(\theta - x\sin\theta)\mathrm{d}\theta,$$

为了实现这个证明，可以先证明上式右侧项满足 1 阶 Bessel 方程，且当 $x=0$ 时其导数有值 $J_1'(0)$。并解释为什么上述过程构成一个证明。

24. 可以证明

$$J_n(x) = \frac{1}{\pi}\int_0^\pi \cos(n\theta - x\sin\theta)\mathrm{d}\theta。$$

当 $n \geqslant 2$ 时，证明上式右侧项满足 n 阶 Bessel 方程，并且也与 $J_n(0)$ 和 $J_n'(0)$ 一致。并解释为什么上述过程不足以证明前面的论断。

25. 由习题 22 推导出

$$J_0(x) = \frac{1}{2\pi}\int_0^{2\pi} \mathrm{e}^{\mathrm{i}x\sin\theta}\mathrm{d}\theta。$$

（提示：首先证明

$$\int_0^{2\pi} \mathrm{e}^{\mathrm{i}x\sin\theta}\mathrm{d}\theta = \int_0^\pi \left(\mathrm{e}^{\mathrm{i}x\sin\theta} + \mathrm{e}^{-\mathrm{i}x\sin\theta}\right)\mathrm{d}\theta,$$

然后使用 Euler 公式。）

26. 交错的零点 利用式 (22) 和式 (23) 以及 Rolle 定理，证明在 $J_n(x)$ 的任意两个连续零点之间，恰好有一个 $J_{n+1}(x)$ 的零点。使用计算机代数系统绘制一个图来说明这一事实，（例如）选取 $n=10$。

27. Bessel 函数和三角函数 **(a)** 证明将 $y = x^{-1/2}z$ 代入 p 阶 Bessel 方程

$$x^2 y'' + xy' + (x^2 - p^2)y = 0,$$

可得

$$z'' + \left(1 - \frac{p^2 - \frac{1}{4}}{x^2}\right)z = 0。$$

(b) 如果 x 足够大以至于 $\left(p^2 - \frac{1}{4}\right)/x^2$ 可以忽略不计，那么后一个方程可简化为 $z'' + z \approx 0$。这表明如果 $y(x)$ 是 Bessel 方程的解，那么当 x 较大时，

$$\begin{aligned} y(x) &\approx x^{-1/2}(A\cos x + B\sin x) \\ &= Cx^{-1/2}\cos(x-\alpha), \end{aligned} \quad (35)$$

其中 C 和 α 为常数。解释为什么（无须证明）。

渐近近似 众所周知，如果在式 (35) 中选取 $C = \sqrt{2/\pi}$ 和 $\alpha = (2n+1)\pi/4$，那么当 x 较大时，可以得到对 $J_n(x)$ 的最佳近似：

$$J_n(x) \approx \sqrt{\frac{2}{\pi x}}\cos\left[x - \frac{1}{4}(2n+1)\pi\right]。 \quad (36)$$

类似地，

$$Y_n(x) \approx \sqrt{\frac{2}{\pi x}}\sin\left[x - \frac{1}{4}(2n+1)\pi\right]。 \quad (37)$$

尤其当 x 较大时，

$$J_0(x) \approx \sqrt{\frac{2}{\pi x}}\cos\left(x - \frac{1}{4}\pi\right)$$

和

$$Y_0(x) \approx \sqrt{\frac{2}{\pi x}}\sin\left(x - \frac{1}{4}\pi\right)。$$

这些都是渐近近似，因为当 $x \to +\infty$ 时，在每个近似中两侧的比值趋近于 1。

8.6 Bessel 函数的应用

Bessel 函数的重要性不仅源于 Bessel 方程在应用中频繁出现，而且源于许多其他二阶线性微分方程的解都可以用 Bessel 函数表示。为了寻根溯源，我们从如下形式的 p 阶 Bessel 方程开始：

$$z^2\frac{d^2w}{dz^2} + z\frac{dw}{dz} + (z^2 - p^2)w = 0, \tag{1}$$

做替换

$$w = x^{-\alpha}y, \quad z = kx^{\beta}。 \tag{2}$$

然后对方程 (1) 进行常规但有些烦琐的变换（参见习题 14），可得

$$x^2y'' + (1-2\alpha)xy' + (\alpha^2 - \beta^2p^2 + \beta^2k^2x^{2\beta})y = 0,$$

即

$$x^2y'' + Axy' + (B + Cx^q)y = 0, \tag{3}$$

其中常数 A，B，C，q 由下式给出：

$$A = 1 - 2\alpha, \quad B = \alpha^2 - \beta^2p^2, \quad C = \beta^2k^2, \quad q = 2\beta。 \tag{4}$$

很容易从式 (4) 中的方程解出

$$\alpha = \frac{1-A}{2}, \quad \beta = \frac{q}{2},$$
$$k = \frac{2\sqrt{C}}{q}, \quad p = \frac{\sqrt{(1-A)^2 - 4B}}{q}。 \tag{5}$$

假设式 (5) 中的平方根为实数，由此可得方程 (3) 的通解为

$$y(x) = x^{\alpha}w(z) = x^{\alpha}w(kx^{\beta}),$$

其中

$$w(z) = c_1J_p(z) + c_2Y_{-p}(z)$$

（假设 p 不是整数）是 Bessel 方程 (1) 的通解。上述过程证实了以下结果。

定理 1　用 Bessel 函数表示的解

如果 $C > 0$，$q \neq 0$ 且 $(1-A)^2 \geqslant 4B$，那么（当 $x > 0$ 时）方程 (3) 的通解为

$$y(x) = x^{\alpha}\left[c_1J_p(kx^{\beta}) + c_2J_{-p}(kx^{\beta})\right], \tag{6}$$

其中 α，β，k，p 由式 (5) 中的等式给出。若 p 为整数，则 J_{-p} 要用 Y_p 代替。

例题 1　求解方程

$$4x^2y'' + 8xy' + (x^4 - 3)y = 0。 \tag{7}$$

解答： 为了比较方程 (7) 和方程 (3)，我们将前者改写为

$$x^2 y'' + 2xy' + \left(-\frac{3}{4} + \frac{1}{4}x^4\right) y = 0,$$

由此看出 $A = 2$，$B = -\frac{3}{4}$，$C = \frac{1}{4}$，$q = 4$。然后由式 (5) 中的等式可得 $\alpha = -\frac{1}{2}$，$\beta = 2$，$k = \frac{1}{4}$，$p = \frac{1}{2}$。因此方程 (7) 的形如式 (6) 的通解为

$$y(x) = x^{-1/2} \left[c_1 J_{1/2}(\frac{1}{4}x^2) + c_2 J_{-1/2}(\frac{1}{4}x^2)\right]。$$

如果我们回顾 8.5 节式 (19)，即

$$J_{1/2}(z) = \sqrt{\frac{2}{\pi z}} \sin z \quad \text{和} \quad J_{-1/2}(z) = \sqrt{\frac{2}{\pi z}} \cos z,$$

那么我们看出方程 (7) 的通解可以被写成如下初等形式

$$y(x) = x^{-3/2} \left(A \cos \frac{x^2}{4} + B \sin \frac{x^2}{4}\right)。\quad \blacksquare$$

例题 2　求解 Airy 方程

$$y'' + 9xy = 0。 \tag{8}$$

解答：首先我们将给定方程改写成

$$x^2 y'' + 9x^3 y = 0。$$

这是方程 (3) 的特殊情况，其中 $A = B = 0$，$C = 9$，$q = 3$。由式 (5) 中的等式可得 $\alpha = \frac{1}{2}$，$\beta = \frac{3}{2}$，$k = 2$，$p = \frac{1}{3}$。因此方程 (8) 的通解为

$$y(x) = x^{1/2} \left[c_1 J_{1/3}(2x^{3/2}) + c_2 J_{-1/3}(2x^{3/2})\right]。\quad \blacksquare$$

竖直柱的屈曲

针对实际应用，我们现在考虑确定一根均匀竖直柱（或许是在被微风轻微地横向吹动之后）在自身重力作用下何时会屈曲的问题。如图 8.6.1 所示，我们在柱的自由顶端取 $x = 0$，在其底部取 $x = L > 0$；假设柱的底部被牢固地嵌在地下，可能是嵌在混凝土中。我们用 $\theta(x)$ 表示柱在点 x 处的角度偏转。根据弹性理论可得

$$EI \frac{d^2 \theta}{dx^2} + g\rho x \theta = 0, \tag{9}$$

其中 E 为柱体材料的杨氏模量，I 为其横截面惯性矩，ρ 为柱的线密度，g 为重力加速度。由于物理原因，在柱的自由顶端没有弯曲，在其被嵌入的底部没有偏转，所以边界条件为

$$\theta'(0) = 0, \quad \theta(L) = 0。 \tag{10}$$

我们将接受式 (9) 和式 (10) 作为对这个问题的适当表述, 并尝试在这种形式下求解它。根据
$$\lambda = \gamma^2 = \frac{g\rho}{EI}, \tag{11}$$
我们有特征值问题
$$\theta'' + \gamma^2 x \theta = 0; \quad \theta'(0) = 0, \quad \theta(L) = 0。 \tag{12}$$
仅当问题 (12) 存在非平凡解时, 柱才会发生屈曲; 否则柱将保持在其未偏转的竖直位置。

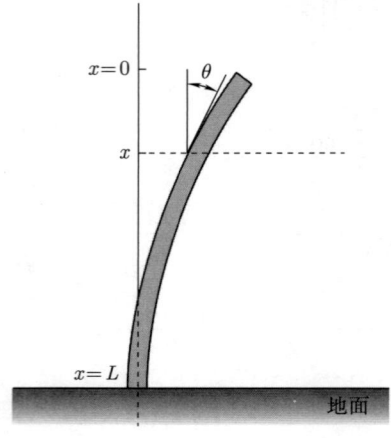

图 8.6.1 屈曲柱

问题 (12) 中的微分方程是一个 Airy 方程, 与例题 2 中的方程类似。它具有方程 (3) 的形式, 其中 $A = B = 0$, $C = \gamma^2$, $q = 3$。由式 (5) 中的等式可得 $\alpha = \frac{1}{2}$, $\beta = \frac{3}{2}$, $k = \frac{2}{3}\gamma$, $p = \frac{1}{3}$。所以通解为

$$\theta(x) = x^{1/2}\left[c_1 J_{1/3}\left(\frac{2}{3}\gamma x^{3/2}\right) + c_2 J_{-1/3}\left(\frac{2}{3}\gamma x^{3/2}\right)\right]。 \tag{13}$$

为了施加初始条件, 我们将 $p = \pm\frac{1}{3}$ 代入

$$J_p(x) = \sum_{m=0}^{\infty} \frac{(-1)^m}{m!\Gamma(p+m+1)}\left(\frac{x}{2}\right)^{2m+p},$$

化简后可得

$$\theta(x) = \frac{c_1 \gamma^{1/3}}{3^{1/3}\Gamma\left(\frac{4}{3}\right)}\left(x - \frac{\gamma^2 x^4}{12} + \frac{\gamma^4 x^7}{504} - \cdots\right) +$$
$$\frac{c_2 3^{1/3}}{\gamma^{1/3}\Gamma\left(\frac{2}{3}\right)}\left(1 - \frac{\gamma^2 x^3}{6} + \frac{\gamma^4 x^6}{180} - \cdots\right)。$$

由此可见, 端点条件 $\theta'(0) = 0$ 意味着 $c_1 = 0$, 所以

$$\theta(x) = c_2 x^{1/2} J_{-1/3}\left(\frac{2}{3}\gamma x^{3/2}\right)。 \tag{14}$$

由端点条件 $\theta(L) = 0$ 可得

$$J_{-1/3}\left(\frac{2}{3}\gamma L^{3/2}\right) = 0。 \tag{15}$$

因此, 仅当 $z = \frac{2}{3}\gamma L^{3/2}$ 是方程 $J_{-1/3}(z) = 0$ 的一个根时, 柱才会发生屈曲。函数

$$J_{-1/3}(z) = \frac{(z/2)^{-1/3}}{\Gamma\left(\frac{2}{3}\right)}\left(1 + \sum_{m=1}^{\infty} \frac{(-1)^m 3^m z^{2m}}{2^{2m} m! \cdot 2 \cdot 5 \cdots (3m-1)}\right) \tag{16}$$

（参见 8.5 节习题 3）的图形如图 8.6.2 所示，从中我们看到最小的正零点 z_1 略小于 2。大多数技术计算系统都可以求出像这样的根。例如，计算机系统命令

```
fsolve(BesselJ(-1/3,x)=0, x, 1..2)      (Maple)
FindRoot[BesselJ[-1/3,x]==0, {x,2}]     (Mathematica)
fzero('besselj(-1/3,x)', 2)             (MATLAB)
```

均可得出值 $z_1 = 1.86635$（四舍五入精确到小数点后五位）。

柱在自身重力作用下会发生屈曲的最短长度 L_1 为

$$L_1 = \left(\frac{3z_1}{2\gamma}\right)^{2/3} = \left[\frac{3z_1}{2}\left(\frac{EI}{\rho g}\right)^{1/2}\right]^{2/3}。$$

如果我们将 $z_1 \approx 1.86635$ 和 $\rho = \delta A$ 代入，其中 δ 为柱体材料的体积密度，A 为横截面积，那么最终我们得到临界屈曲长度

$$L_1 \approx (1.986)\left(\frac{EI}{g\delta A}\right)^{1/3}。 \qquad (17)$$

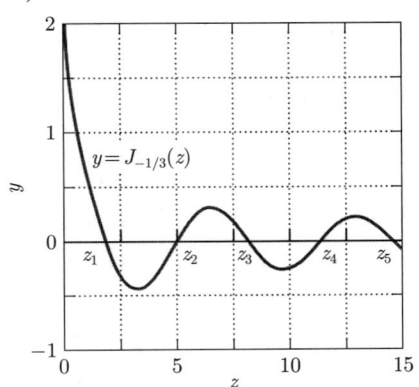

图 8.6.2 $J_{-1/3}(z)$ 的图形

例如，对于钢柱或钢棒，$E = 2.8 \times 10^7 \text{ lb/in}^2$ 且 $g\delta = 0.28 \text{ lb/in}^3$，由式 (17) 所得的结果显示在图 8.6.3 的表格中。

棒的横截面	最短屈曲长度 L_1
$r = 0.5$ in 的圆盘	30 ft 6 in
$r = 1.5$ in 的圆盘	63 ft 5 in
$r_内 = 1.25$ in 和 $r_外 = 1.5$ in 的圆环	75 ft 7 in

图 8.6.3

对于圆盘，我们已经使用了熟悉的公式 $A = \pi r^2$ 和 $I = \frac{1}{4}\pi r^4$。表格中的数据说明了为什么旗杆通常是空心的。

习题

在习题 1~12 中，请用 Bessel 函数表示给定微分方程的通解。

1. $x^2 y'' - xy' + (1 + x^2)y = 0$
2. $xy'' + 3y' + xy = 0$
3. $xy'' - y' + 36x^3 y = 0$
4. $x^2 y'' - 5xy' + (8 + x)y = 0$
5. $36x^2 y'' + 60xy' + (9x^3 - 5)y = 0$
6. $16x^2 y'' + 24xy' + (1 + 144x^3)y = 0$
7. $x^2 y'' + 3xy' + (1 + x^2)y = 0$
8. $4x^2 y'' - 12xy' + (15 + 16x)y = 0$
9. $16x^2 y'' - (5 - 144x^3)y = 0$
10. $2x^2 y'' - 3xy' - 2(14 - x^5)y = 0$

11. $y'' + x^4 y = 0$
12. $y'' + 4x^3 y = 0$
13. 应用定理 1，证明方程

$$xy'' + 2y' + xy = 0$$

的通解是 $y(x) = x^{-1}(A\cos x + B\sin x)$。

14. 验证将式 (2) 中的替换关系代入 Bessel 方程 [方程 (1)] 可得方程 (3)。

15. **Riccati 方程** **(a)** 证明通过替换

$$y = -\frac{1}{u}\frac{du}{dx},$$

可将 Riccati 方程 $dy/dx = x^2 + y^2$ 转化为 $u'' + x^2 u = 0$。

(b) 证明方程 $dy/dx = x^2 + y^2$ 的通解为

$$y(x) = x\frac{J_{3/4}\left(\frac{1}{2}x^2\right) - cJ_{-3/4}\left(\frac{1}{2}x^2\right)}{cJ_{1/4}\left(\frac{1}{2}x^2\right) + J_{-1/4}\left(\frac{1}{2}x^2\right)}。$$

（提示：应用 8.5 节式 (22) 和式 (23) 中的恒等式。）

16. **(a)** 将 8.5 节习题 11 中的级数代入本节习题 15 的结果中，以证明初值问题

$$\frac{dy}{dx} = x^2 + y^2, \quad y(0) = 0$$

的解为

$$y(x) = x\frac{J_{3/4}\left(\frac{1}{2}x^2\right)}{J_{-1/4}\left(\frac{1}{2}x^2\right)}。$$

(b) 类似地推导出初值问题

$$\frac{dy}{dx} = x^2 + y^2, \quad y(0) = 1$$

的解为

$$y(x) = x\frac{2\Gamma\left(\frac{3}{4}\right)J_{3/4}\left(\frac{1}{2}x^2\right) + \Gamma\left(\frac{1}{4}\right)J_{-3/4}\left(\frac{1}{2}x^2\right)}{2\Gamma\left(\frac{3}{4}\right)J_{-1/4}\left(\frac{1}{2}x^2\right) - \Gamma\left(\frac{1}{4}\right)J_{1/4}\left(\frac{1}{2}x^2\right)}。$$

图 8.6.4 显示了方程 $dy/dx = x^2 + y^2$ 的一些解曲线。通过使用牛顿法求出这里所列出的解的公式中分母的零点，可以求出 $y(x) \to +\infty$ 处的渐近线位置。

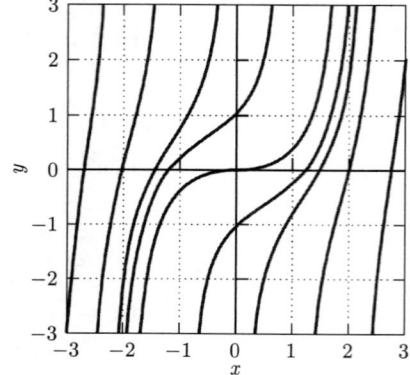

图 8.6.4　方程 $\dfrac{dy}{dx} = x^2 + y^2$ 的解曲线

17. **锥形棒** 图 8.6.5 显示了一根具有圆形截面的线性锥形棒，它受到轴向压力 P 的作用。如 3.8 节所述，其挠度曲线 $y = y(x)$ 满足端点值问题

$$EIy'' + Py = 0; \quad y(a) = y(b) = 0。 \quad (18)$$

然而，此时在 x 处截面的惯性矩 $I = I(x)$ 可由下式给出：

$$I(x) = \frac{1}{4}\pi(kx)^4 = I_0 \cdot \left(\frac{x}{b}\right)^4,$$

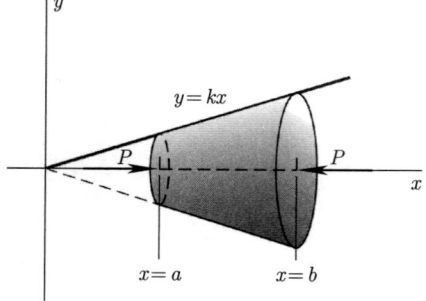

图 8.6.5　习题 17 中的锥形棒

其中 $I_0 = I(b)$，即 I 在 $x = b$ 处的值。将 $I(x)$ 代入微分方程 (18) 可得特征值问题

$$x^4 y'' + \lambda y = 0, \quad y(a) = y(b) = 0,$$

其中 $\lambda = \mu^2 = Pb^4/EI_0$。

(a) 应用本节定理，证明方程 $x^4 y'' + \mu^2 y = 0$ 的通解为

$$y(x) = x\left(A\cos\frac{\mu}{x} + B\sin\frac{\mu}{x}\right).$$

(b) 推导出第 n 个特征值可由 $\mu_n = n\pi ab/L$ 给出，其中 $L = b - a$ 是棒的长度，因此第 n 个屈曲力为

$$P_n = \frac{n^2\pi^2}{L^2}\left(\frac{a}{b}\right)^2 EI_0.$$

注意，若 $a = b$，则此结果可简化为 3.8 节的式 (28)。

18. **变长摆** 考虑如图 8.6.6 所示的变长摆。假设其长度随时间线性增加，即 $L(t) = a + bt$。可以证明，在通常情况下，即 θ 很小，$\sin\theta$ 可以很好地用 θ 近似：$\theta \approx \sin\theta$ 时，这个摆的振荡满足微分方程

$$L\theta'' + 2L'\theta' + g\theta = 0.$$

将 $L = a + bt$ 代入可推导出通解

$$\theta(t) = \frac{1}{\sqrt{L}}\left[AJ_1\left(\frac{2}{b}\sqrt{gL}\right) + BY_1\left(\frac{2}{b}\sqrt{gL}\right)\right].$$

关于应用这个解讨论 Edgar Allan Poe 的以恐怖为主题的杰作 "The Pit and the Pendulum" 中的逐渐下降的钟摆（"它的下端是用闪闪发光的新月形钢做成的，从一个角到另一个角长约一英尺；角向上，下边缘像剃刀一样锋利……整个钟摆在空中摆动时发出嘶嘶声……不停地向下运动"），可以参见 Borrelli、Coleman 和 Hobson 于 1985 年在 *Mathematics Magazine* 三月刊（Vol. 58, pp. 78-83）上所发表的文章。

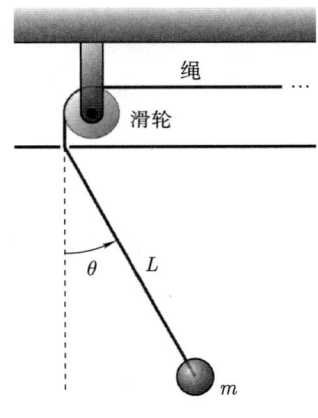

图 8.6.6　一个变长摆

应用　Riccati 方程与修正 Bessel 函数

请访问 bit.ly/3milcTo，利用 Maple、Mathematica 和 MATLAB 等计算资源对此主题进行更多讨论和探索。

Riccati 方程的形式为

$$\frac{\mathrm{d}y}{\mathrm{d}x} = A(x)y^2 + B(x)y + C(x).$$

许多 Riccati 方程，比如下面所列出的方程，可以用 Bessel 函数显式地求解。

$$\frac{\mathrm{d}y}{\mathrm{d}x} = x^2 + y^2; \tag{1}$$

$$\frac{\mathrm{d}y}{\mathrm{d}x} = x^2 - y^2; \tag{2}$$

$$\frac{dy}{dx} = y^2 - x^2; \tag{3}$$

$$\frac{dy}{dx} = x + y^2; \tag{4}$$

$$\frac{dy}{dx} = x - y^2; \tag{5}$$

$$\frac{dy}{dx} = y^2 - x_\circ \tag{6}$$

例如，本节习题 15 表明方程 (1) 的通解可由下式给出：

$$y(x) = x \frac{J_{3/4}\left(\frac{1}{2}x^2\right) - cJ_{-3/4}\left(\frac{1}{2}x^2\right)}{cJ_{1/4}\left(\frac{1}{2}x^2\right) + J_{-1/4}\left(\frac{1}{2}x^2\right)} \circ \tag{7}$$

练习

请检验，使用你的计算机代数系统中的符号化 DE 求解器命令，例如 Maple 命令
```
dsolve(diff(y(x),x)= x^2 + y(x)^2, y(x))
```
或 Mathematica 命令
```
DSolve[ y'[x] == x^2 + y[x]^2, y[x], x ]
```
是否可以得到与式 (7) 一致的结果。如果涉及除式 (7) 中所出现的 Bessel 函数之外的 Bessel 函数，那么你可能需要应用 8.5 节式 (26) 和式 (27) 中的恒等式，将计算机的"答案"转化为式 (7)。然后检查你的系统是否可以通过对式 (7) 取 $x \to 0$ 时的极限来证明任意常数 c 可以用初始值 $y(0)$ 表示，

$$c = -\frac{y(0)\Gamma\left(\frac{1}{4}\right)}{2\Gamma\left(\frac{3}{4}\right)} \circ \tag{8}$$

现在你应该能够使用内置的 Bessel 函数绘制类似于图 8.6.4 所示的典型解曲线。

接下来，请使用类似方法研究式 (2) 至式 (6) 中的另一个方程。每个有一个具有与式 (7) 中一般形式的通解，即 Bessel 函数线性组合的商。除 $J_p(x)$ 和 $Y_p(x)$ 之外，这些解可能还涉及修正 Bessel 函数

$$I_p(x) = i^{-p} J_p(ix)$$

和

$$K_p(x) = \frac{\pi}{2} i^{-p} \left[J_p(ix) + Y_p(ix) \right],$$

它们满足 p 阶修正 Bessel 方程

$$x^2 y'' + xy' - (x^2 + p^2)y = 0_\circ$$

例如，当 $x > 0$ 时，方程 (5) 的通解可由下式给出，

$$y(x) = x^{1/2} \frac{I_{2/3}\left(\frac{2}{3}x^{3/2}\right) - cI_{-2/3}\left(\frac{2}{3}x^{3/2}\right)}{I_{-1/3}\left(\frac{2}{3}x^{3/2}\right) - cI_{1/3}\left(\frac{2}{3}x^{3/2}\right)}, \tag{9}$$

其中

$$c = -\frac{y(0)\Gamma\left(\frac{1}{3}\right)}{3^{1/3}\Gamma\left(\frac{2}{3}\right)}。\tag{10}$$

图 8.6.7 展示了一些典型解曲线以及抛物线 $y^2 = x$,它似乎与方程 (6) 有着有趣的关联,我们在 $y = \sqrt{x}$ 附近看到一个漏斗,在 $y = -\sqrt{x}$ 附近看到一个喷口。

在 $I_p(x)$ 和 $K_p(x)$ 的定义中出现的含虚参数的 Bessel 函数可能看起来很奇特,但是修正函数 $I_n(x)$ 的幂级数就是未修正函数 $J_n(x)$ 的幂级数,除了没有交替的负号。例如

$$I_0(x) = 1 + \frac{x^2}{4} + \frac{x^4}{64} + \frac{x^6}{2304} + \cdots$$

和

$$I_1(x) = \frac{x}{2} + \frac{x^3}{16} + \frac{x^5}{384} + \frac{x^7}{18432} + \cdots。$$

请使用你的计算机代数系统检查这些幂级数展开式,查看 Maple 或 Mathematica 中的 `BesselI`,并将它们与 8.5 节中的式 (17) 和式 (18) 进行比较。

形如 $y'' = f(x, y)$ 且与方程 (1) 至方程 (6) 具有相同右侧项的二阶微分方程拥有有趣的解,然而其解不能用初等函数和"已知的"特殊函数如 Bessel 函数来表示。不过,可以使用 ODE 绘图仪来研究这些解。例如,图 8.6.8 中的有趣图案展示了二阶方程

$$y'' = y^2 - x \tag{11}$$

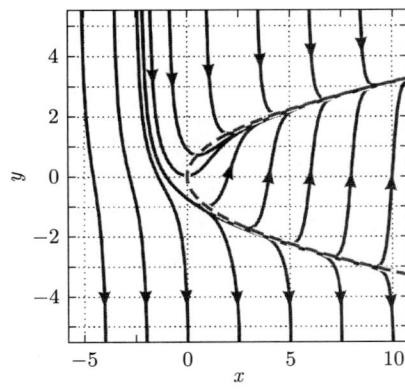

图 8.6.7 方程 $\dfrac{\mathrm{d}y}{\mathrm{d}x} = x - y^2$ 的解曲线

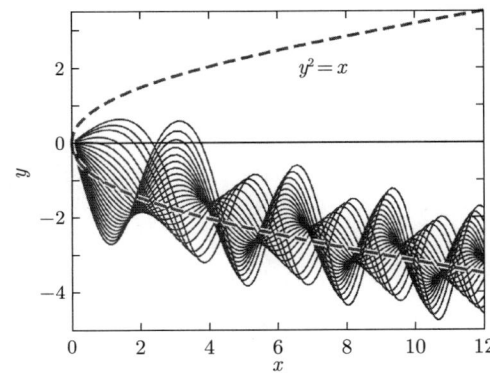

图 8.6.8 第一类 Painlevé 超越 $y'' = y^2 - x$, $y(0) = 0$, $y'(0) = -3.3$, -3.1, $\cdots$, 0.7

的解曲线，它们具有相同的初始值 $y(0) = 0$，但是具有不同的斜率 $y'(0) = -3.3, -3.1, \cdots, 0.7$。方程 (11) 是第一类 Painlevé 超越的一种形式，它是历史上对非线性二阶微分方程从其临界点的角度进行分类过程中出现的一个方程 [详见 E. L. Ince 的 *Ordinary Differential Equations*（1956）一书的第 14 章]。图 8.6.8 来自 Anne Noonburg 于 1993 年在 *C • ODE • E Newsletter* 春季刊上发表的一篇文章，此文章还包含一个类似的图。

最后，给出一个相关例子，它是受 Maple 演示包的启发。由 Maple 的 `dsolve` 命令可以得到非齐次二阶方程

$$x^2 y'' + 3xy' + (x^2 - 99)y = x \tag{12}$$

的通解

$$\begin{aligned} y(x) = {}& x^{-1}(c_1 J_{10}(x) + c_2 Y_{10}(x)) + \\ & x^{-11}\left(1857945600 + 51609600x^2 + 806400x^4 + 9600x^6 + 100x^8 + x^{10}\right) \end{aligned} \tag{13}$$

证明本节定理 1 可以解释所谓的解式 (13) 中的 "Bessel 部分"。你能解释有理函数部分从何而来吗？或者至少可以验证它吗？作为此类问题的进一步示例，你可以将方程 (12) 中的系数 99 替换成 $r^2 - 1$，其中 r 为偶数，并且/或者将右侧的 x 替换成 x^s，其中 s 为奇数。（除此之外，还可以涉及更多奇特的特殊函数）。

第 9 章 Fourier 级数法与偏微分方程

9.1 周期函数与三角级数

作为研究 Fourier 级数这一主题的动机，我们考虑微分方程

$$\frac{\mathrm{d}^2 x}{\mathrm{d}t^2} + \omega_0^2 x = f(t), \tag{1}$$

它模拟了质量块和弹簧系统的行为，即在每单位质量受到大小为 $f(t)$ 的外力作用下以固有（圆周）频率 ω_0 运动。正如我们在 3.6 节中看到的，如果 $f(t)$ 是一个简谐函数，即正弦函数或余弦函数，那么很容易通过待定系数法求出方程 (1) 的特解。例如，方程

$$\frac{\mathrm{d}^2 x}{\mathrm{d}t^2} + \omega_0^2 x = A \cos \omega t \tag{2}$$

在 $\omega^2 \neq \omega_0^2$ 时有特解

$$x_p(t) = \frac{A}{\omega_0^2 - \omega^2} \cos \omega t, \tag{3}$$

通过从试验解 $x_p(t) = a \cos \omega t$ 开始，很容易求出这个特解。

现在，更一般地假设方程 (1) 中的力函数 $f(t)$ 是简谐函数的线性组合。然后，根据式 (3) 和用正弦代替余弦的类似公式，我们可以应用叠加原理构造方程 (1) 的特解。例如，考虑方程

$$\frac{\mathrm{d}^2 x}{\mathrm{d}t^2} + \omega_0^2 x = \sum_{n=1}^{N} A_n \cos \omega_n t, \tag{4}$$

其中 ω_0^2 不等于 ω_n^2。方程 (4) 有特解

$$x_p(t) = \sum_{n=1}^{N} \frac{A_n}{\omega_0^2 - \omega_n^2} \cos \omega_n t, \tag{5}$$

它是由与方程 (4) 右侧 N 项对应的形如式 (3) 所给的解相加而来。

机械（和电气）系统经常涉及周期受力函数，而这些函数不是（简单地）正弦函数和余弦函数的有限线性组合。然而，我们很快就会看到，任何合理的周期函数 $f(t)$ 都可以表示成三角函数项的无穷级数。这一事实为通过叠加三角函数"构建块"来求解方程 (1) 铺平了道路，其中将式 (5) 中的有限和替换为无穷级数。

> **定义　周期函数**
> 对所有 t 定义的函数 $f(t)$ 被称为**周期性的**，只要存在一个正数 p，使得对所有 t 均有
> $$f(t+p) = f(t)。 \tag{6}$$
> 那么数 p 被称为函数 f 的一个**周期**。

注意，一个周期函数的周期不是唯一的。例如，如果 p 是 $f(t)$ 的周期，那么数 $2p$，$3p$ 等也是其周期。事实上，每个正数都是任意常数函数的周期。

若存在一个最小正数 P 使得 $f(t)$ 是周期为 P 的周期函数，则我们称 P 为 f 的周期。例如，函数 $g(t) = \cos nt$ 和 $h(t) = \sin nt$（其中 n 为正整数）的周期是 $2\pi/n$，因为

$$\begin{aligned}\cos n\left(t + \frac{2\pi}{n}\right) &= \cos(nt + 2\pi) = \cos nt \\ \sin n\left(t + \frac{2\pi}{n}\right) &= \sin(nt + 2\pi) = \sin nt。\end{aligned} \tag{7}$$

此外，2π 本身也是函数 $g(t)$ 和 $h(t)$ 的一个周期。通常我们没有必要提及一个函数 $f(t)$ 的最小周期，如果 p 是 $f(t)$ 的任意周期，我们就简单地说 $f(t)$ 的周期是 p。

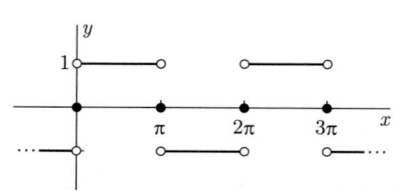

图 9.1.1　一个方波函数

在 7.5 节中，我们看到了几个分段连续周期函数的例子。例如，如图 9.1.1 所示的方波函数的周期为 2π。

因为 $g(t) = \cos nt$ 和 $h(t) = \sin nt$ 的周期都是 2π，所以 t 的整数倍的正弦函数和余弦函数的任意线性组合的周期都是 2π。例如

$$f(t) = 3 + \cos t - \sin t + 5\cos 2t + 17\sin 3t。$$

但是每个这样的线性组合都是连续的，所以方波函数不能以这种方式表示。法国科学家 Joseph Fourier（1768—1830）在其著名的专著 *The Analytic Theory of Heat*（1822）中提出了一个非凡的论断：每个周期为 2π 的函数 $f(t)$ 都可以用形如

$$\frac{a_0}{2} + \sum_{n=1}^{\infty}(a_n \cos nt + b_n \sin nt) \tag{8}$$

的无穷三角级数来表示。（当我们看到关于 a_n 的单个公式同时包含了 $n = 0$ 以及 $n > 0$ 的情况时，这里写成 $\frac{1}{2}a_0$ 而非 a_0 的原因很快就会清楚。）我们将在 9.2 节中看到，在对函数 $f(t)$ 施加相当温和的限制下，情况也是如此！形如式 (8) 的无穷级数被称为 Fourier 级数，用 Fourier 级数表示函数是应用数学中最广泛使用的技术之一，尤其是对偏微分方程的求解（参见 9.5 节至 9.7 节）。

周期为 2π 的函数的 Fourier 级数

本节我们将把注意力集中于周期为 2π 的函数。如果 Fourier 级数式 (8) 收敛于周期为 2π 的给定函数 $f(t)$，那么我们要确定这个级数的系数必须是多少。为此，我们需要下列积分，其中 m 和 n 表示正整数（习题 27~29）：

$$\int_{-\pi}^{\pi} \cos mt \cos nt \, dt = \begin{cases} 0, & m \neq n, \\ \pi, & m = n_\circ \end{cases} \tag{9}$$

$$\int_{-\pi}^{\pi} \sin mt \sin nt \, dt = \begin{cases} 0, & m \neq n, \\ \pi, & m = n_\circ \end{cases} \tag{10}$$

$$\int_{-\pi}^{\pi} \cos mt \sin nt \, dt = 0, \quad \text{对所有 } m \text{ 和 } n_\circ \tag{11}$$

这些公式表明，对于 $n = 1, 2, 3, \cdots$，函数 $\cos nt$ 和 $\sin nt$ 构成了区间 $[-\pi, \pi]$ 上相互正交的函数集。我们说两个实值函数 $u(t)$ 和 $v(t)$ 在区间 $[a, b]$ 上**正交**，只要

$$\int_a^b u(t)v(t) \, dt = 0_\circ \tag{12}$$

（这里使用"正交"一词的原因是，将函数特定地理解为具有无穷多个值或"分量"的向量，其中两个函数乘积的积分与两个普通向量的点积起着相同的作用；回顾一下，当且仅当两个向量 $\boldsymbol{u}$ 和 $\boldsymbol{v}$ 正交时，$\boldsymbol{u} \cdot \boldsymbol{v} = 0_\circ$）

现在假设周期为 2π 的分段连续函数 $f(t)$ 有 Fourier 级数表示

$$f(t) = \frac{a_0}{2} + \sum_{m=1}^{\infty} (a_m \cos mt + b_m \sin mt), \tag{13}$$

也就是说，右侧的无穷级数对每个 t 都收敛于值 $f(t)$。除此之外我们假设，在式 (13) 中的无穷级数乘以任意连续函数之后，对所得级数可进行逐项积分。那么对式 (13) 本身从 $t = -\pi$ 到 $t = \pi$ 进行逐项积分的结果为

$$\int_{-\pi}^{\pi} f(t) \, dt = \frac{a_0}{2} \int_{-\pi}^{\pi} 1 \, dt +$$

$$\sum_{m=1}^{\infty} \left(a_m \int_{-\pi}^{\pi} \cos mt \, dt \right) + \sum_{m=1}^{\infty} \left(b_m \int_{-\pi}^{\pi} \sin mt \, dt \right) = \pi a_0,$$

因为所有的三角积分都为零。因此

$$a_0 = \frac{1}{\pi} \int_{-\pi}^{\pi} f(t) \, dt_\circ \tag{14}$$

如果我们先在式 (13) 的每侧乘以 $\cos nt$，然后逐项积分，那么结果是

$$\int_{-\pi}^{\pi} f(t)\cos nt\, dt = \frac{a_0}{2}\int_{-\pi}^{\pi}\cos nt\, dt +$$

$$\sum_{m=1}^{\infty}\left(a_m\int_{-\pi}^{\pi}\cos mt\cos nt\, dt\right) + \sum_{m=1}^{\infty}\left(b_m\int_{-\pi}^{\pi}\sin mt\cos nt\, dt\right);$$

那么由式 (11) 可得

$$\int_{-\pi}^{\pi} f(t)\cos nt\, dt = \sum_{m=1}^{\infty} a_m\left(\int_{-\pi}^{\pi}\cos mt\cos nt\, dt\right)\text{。} \tag{15}$$

但式 (9) 表明，在式 (15) 右侧的所有积分（其中 $m=1,2,3,\cdots$）中，只有 $m=n$ 的那项非零。由此可知

$$\int_{-\pi}^{\pi} f(t)\cos nt\, dt = a_n\int_{-\pi}^{\pi}\cos^2 nt\, dt = \pi a_n,$$

所以系数 a_n 的值为

$$a_n = \frac{1}{\pi}\int_{-\pi}^{\pi} f(t)\cos nt\, dt\text{。} \tag{16}$$

注意，当 $n=0$ 时，式 (16) 简化为式 (14)；这就解释了为什么在原始 Fourier 级数中我们用 $\frac{1}{2}a_0$（而不是简单的 a_0）来表示常数项。如果我们在式 (13) 的每侧乘以 $\sin nt$，然后逐项积分，以类似的方式我们可以得到（习题 31）

$$b_n = \frac{1}{\pi}\int_{-\pi}^{\pi} f(t)\sin nt\, dt\text{。} \tag{17}$$

简而言之，我们已经得出，如果式 (13) 中的级数收敛于 $f(t)$，并且如果这里所实施的逐项积分是有效的，那么这个级数中的系数必须是式 (16) 和式 (17) 中所给出的值。这促使我们借助这些公式来定义周期函数的 Fourier 级数，无论所得级数是否收敛于这个函数（甚至根本不收敛）。

定义　Fourier 级数与 Fourier 系数
设 $f(t)$ 是周期为 2π 的分段连续函数，并且对所有 t 都有定义。那么 $f(t)$ 的 **Fourier 级数**就是级数

$$\frac{a_0}{2} + \sum_{n=1}^{\infty}(a_n\cos nt + b_n\sin nt), \tag{18}$$

这里 **Fourier 系数** a_n 和 b_n 由下列公式定义：

$$a_n = \frac{1}{\pi}\int_{-\pi}^{\pi} f(t)\cos nt\, dt, \tag{16}$$

$$b_n = \frac{1}{\pi} \int_{-\pi}^{\pi} f(t) \sin nt \, dt, \tag{17}$$

其中 $n = 0, 1, 2, 3, \cdots$。

你可能还记得，一个函数的 Taylor 级数有时不能处处收敛于它原来的函数。还有更常见的是，一个给定函数的 Fourier 级数有时在这个函数定义域的某些点处不能收敛于其实际值。因此，在 9.2 节讨论 Fourier 级数的收敛性之前，我们采用如下写法：

$$f(t) \sim \frac{a_0}{2} + \sum_{n=1}^{\infty}(a_n \cos nt + b_n \sin nt), \tag{19}$$

即没有在函数和其 Fourier 级数之间使用等号。

假设最初所给的分段连续函数 $f(t)$ 仅在区间 $[-\pi, \pi]$ 上有定义，并且 $f(-\pi) = f(\pi)$。那么借助于对所有 t 都成立的周期性条件 $f(t + 2\pi) = f(t)$，我们可以延拓 f，使其定义域包含全体实数。我们继续用 f 表示原函数的这个延拓，注意它的周期自然是 2π。它的图形在下面的每个区间上看起来都一样：

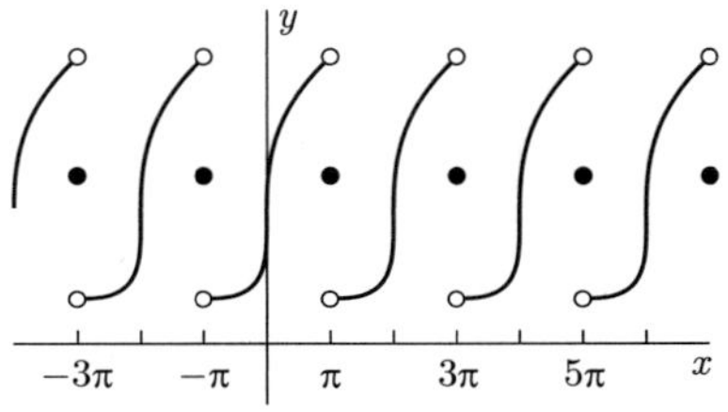

$$(2n - 1)\pi \leqslant t \leqslant (2n + 1)\pi,$$

图 9.1.2 延拓一个函数以得到一个周期函数

其中 n 为整数（如图 9.1.2 所示）。例如，图 9.1.1 中的方波函数可以被描述成周期为 2π 的函数，使得

$$f(t) = \begin{cases} -1, & -\pi < t < 0; \\ 1, & 0 < t < \pi; \\ 0, & t = -\pi, 0, \pi。 \end{cases} \tag{20}$$

因此，方波函数是由式 (20) 定义在一个完整周期上的周期为 2π 的函数。

因为在应用中出现的许多函数只是分段连续的，而不是连续的，所以我们需要考虑分段连续函数的 Fourier 级数。注意，如果 $f(t)$ 是分段连续的，那么式 (16) 和式 (17) 中的积分存在，所以每个分段连续函数都有一个 Fourier 级数。

例题 1 求出式 (20) 中定义的方波函数的 Fourier 级数。

解答：使用式 (14) 单独计算 a_0 总是一个好主意。因此

$$a_0 = \frac{1}{\pi} \int_{-\pi}^{\pi} f(t) dt = \frac{1}{\pi} \int_{-\pi}^{0} (-1) dt + \frac{1}{\pi} \int_{0}^{\pi} (1) dt$$

$$= \frac{1}{\pi}(-\pi) + \frac{1}{\pi}(\pi) = 0。$$

因为 $f(t)$ 在区间 $(-\pi,0)$ 和 $(0,\pi)$ 上由不同的公式定义；而且 $f(t)$ 在这些区间端点处的值不影响积分值，所以我们把第一个积分分成两个积分。

由式 (16) 可得（对于 $n > 0$）

$$a_n = \frac{1}{\pi}\int_{-\pi}^{\pi} f(t)\cos nt\,dt = \frac{1}{\pi}\int_{-\pi}^{0}(-\cos nt)dt + \frac{1}{\pi}\int_{0}^{\pi}\cos nt\,dt$$

$$= \frac{1}{\pi}\left[-\frac{1}{n}\sin nt\right]_{-\pi}^{0} + \frac{1}{\pi}\left[\frac{1}{n}\sin nt\right]_{0}^{\pi} = 0.$$

并且由式 (17) 可得

$$b_n = \frac{1}{\pi}\int_{-\pi}^{\pi} f(t)\sin nt\,dt = \frac{1}{\pi}\int_{-\pi}^{0}(-\sin nt)dt + \frac{1}{\pi}\int_{0}^{\pi}\sin nt\,dt$$

$$= \frac{1}{\pi}\left[\frac{1}{n}\cos nt\right]_{-\pi}^{0} + \frac{1}{\pi}\left[-\frac{1}{n}\cos nt\right]_{0}^{\pi}$$

$$= \frac{2}{n\pi}(1-\cos n\pi) = \frac{2}{n\pi}\left[1-(-1)^n\right].$$

因此对于所有 $n \geqslant 0$，都有 $a_n = 0$，并且

$$b_n = \begin{cases} \dfrac{4}{n\pi}, & n \text{ 为奇数;} \\ 0, & n \text{ 为偶数.} \end{cases}$$

得到最后的结果是因为 $\cos(-n\pi) = \cos(n\pi) = (-1)^n$。根据这些 Fourier 系数值，我们得到 Fourier 级数

$$f(t) \sim \frac{4}{\pi}\sum_{n\text{为奇数}}\frac{\sin nt}{n} = \frac{4}{\pi}\left(\sin t + \frac{1}{3}\sin 3t + \frac{1}{5}\sin 5t + \cdots\right). \tag{21}$$

这里我们引入了有用的缩写

$$\sum_{n\text{为奇数}} \quad \text{表示} \quad \sum_{\substack{n=1 \\ n\text{为奇数}}}^{\infty}$$

例如，

$$\sum_{n\text{为奇数}}\frac{1}{n} = 1 + \frac{1}{3} + \frac{1}{5} + \cdots.$$

图 9.1.3 显示了式 (21) 中的 Fourier 级数的几个如下部分和的图形

$$S_N(t) = \frac{4}{\pi}\sum_{n=1}^{N}\frac{\sin(2n-1)t}{2n-1}.$$

注意，当 t 从任意一侧趋近于 $f(t)$ 的间断点时，$S_n(t)$ 的值趋于越过 $f(t)$ 的极限值，在当前

情况下是 1 或 −1。Fourier 级数在其函数间断点附近的这种行为是典型的，被称为 **Gibbs 现象**。

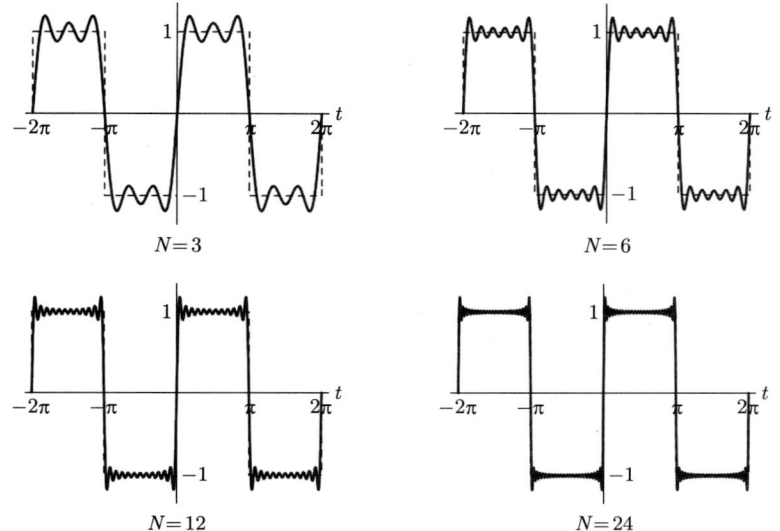

图 9.1.3　方波函数的 Fourier 级数的部分和的图形（例题 1），项数 $N = 3, 6, 12, 24$⊖

下面的积分公式，很容易通过分部积分推导出来，它们在计算多项式函数的 Fourier 级数时很有用：

$$\int u \cos u \, du = \cos u + u \sin u + C; \tag{22}$$

$$\int u \sin u \, du = \sin u - u \cos u + C; \tag{23}$$

$$\int u^n \cos u \, du = u^n \sin u - n \int u^{n-1} \sin u \, du; \tag{24}$$

$$\int u^n \sin u \, du = -u^n \cos u + n \int u^{n-1} \cos u \, du。 \tag{25}$$

例题 2　周期为 2π 的函数在一个周期内定义如下

$$f(t) = \begin{cases} 0, & -\pi < t \leqslant 0; \\ t, & 0 \leqslant t < \pi; \\ \dfrac{\pi}{2}, & t = \pm \pi。 \end{cases} \tag{26}$$

⊖ 请前往 bit.ly/3DOsTX4 查看图 9.1.3 的交互式版本。

求出这个函数的 Fourier 级数。f 的图形如图 9.1.4 所示。

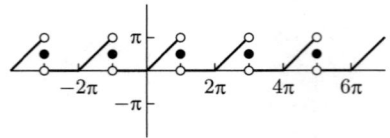

图 9.1.4 例题 2 中的周期函数

解答：因为 $f(\pm\pi)$ 的值对产生 Fourier 系数的积分值没有影响，所以它们是无关紧要的。由于在区间 $(-\pi, 0)$ 上 $f(t) \equiv 0$，所以从 $t = -\pi$ 到 $t = \pi$ 的每个积分可以用从 $t = 0$ 到 $t = \pi$ 的积分代替。因此，由式 (14)、式 (16) 和式 (17) 可得

$$a_0 = \frac{1}{\pi}\int_0^\pi t\,\mathrm{d}t = \frac{1}{\pi}\left[\frac{1}{2}t^2\right]_0^\pi = \frac{\pi}{2};$$

$$a_n = \frac{1}{\pi}\int_0^\pi t\cos nt\,\mathrm{d}t = \frac{1}{n^2\pi}\int_0^{n\pi} u\cos u\,\mathrm{d}u \qquad \left(u = nt,\ t = \frac{u}{n}\right)$$

$$= \frac{1}{n^2\pi}\left[\cos u + u\sin u\right]_0^{n\pi} \qquad [\text{根据式 (22)}]$$

$$= \frac{1}{n^2\pi}\left[(-1)^n - 1\right]。$$

因此，若 n 为偶数且 $n \geqslant 2$，则 $a_n = 0$；若 n 为奇数，则 $a_n = -\dfrac{2}{n^2\pi}$。

其次，

$$b_n = \frac{1}{\pi}\int_0^\pi t\sin nt\,\mathrm{d}t = \frac{1}{n^2\pi}\int_0^{n\pi} u\sin u\,\mathrm{d}u$$

$$= \frac{1}{n^2\pi}[\sin u - u\cos u]_0^{n\pi} \qquad [\text{根据式 (23)}]$$

$$= -\frac{1}{n}\cos n\pi。$$

所以

$$b_n = \frac{(-1)^{n+1}}{n}, \qquad \text{对于所有 } n \geqslant 1。$$

因此，$f(t)$ 的 Fourier 级数为

$$f(t) \sim \frac{\pi}{4} - \frac{2}{\pi}\sum_{n\text{为奇数}}\frac{\cos nt}{n^2} + \sum_{n=1}^\infty \frac{(-1)^{n+1}\sin nt}{n}。 \tag{27}$$

若 $f(t)$ 是周期为 2π 的函数，则很容易验证（习题 30），对于所有 a 都有

$$\int_{-\pi}^\pi f(t)\mathrm{d}t = \int_a^{a+2\pi} f(t)\mathrm{d}t。 \tag{28}$$

也就是说，$f(t)$ 在一个长度为 2π 的区间上的积分等于它在任何其他这样的区间上的积分。如果在区间 $[0, 2\pi]$ 而不是 $[-\pi, \pi]$ 上显式给出 $f(t)$，那么计算其 Fourier 系数可能更方

便，即
$$a_n = \frac{1}{\pi}\int_0^{2\pi} f(t)\cos nt\,\mathrm{d}t \tag{29a}$$
和
$$b_n = \frac{1}{\pi}\int_0^{2\pi} f(t)\sin nt\,\mathrm{d}t。 \tag{29b}$$

习题

在习题 1~10 中，画出由给定公式对所有 t 定义的函数 f 的图形，并判断它是否是周期性的。若是，找出其最小周期。

1. $f(t) = \sin 3t$
2. $f(t) = \cos 2\pi t$
3. $f(t) = \cos \dfrac{3t}{2}$
4. $f(t) = \sin \dfrac{\pi t}{3}$
5. $f(t) = \tan t$
6. $f(t) = \cot 2\pi t$
7. $f(t) = \cosh 3t$
8. $f(t) = \sinh \pi t$
9. $f(t) = |\sin t|$
10. $f(t) = \cos^2 3t$

在习题 11~26 中，已知周期为 2π 的函数 $f(t)$ 在一个完整周期内的值。画出几个周期的图形，并求出其 Fourier 级数。

11. $f(t) \equiv 1,\ -\pi \leqslant t \leqslant \pi$
12. $f(t) = \begin{cases} 3, & -\pi < t \leqslant 0; \\ -3, & 0 < t \leqslant \pi \end{cases}$
13. $f(t) = \begin{cases} 0, & -\pi < t \leqslant 0; \\ 1, & 0 < t \leqslant \pi \end{cases}$
14. $f(t) = \begin{cases} 3, & -\pi < t \leqslant 0; \\ -2, & 0 < t \leqslant \pi \end{cases}$
15. $f(t) = t,\ -\pi < t \leqslant \pi$
16. $f(t) = t,\ 0 < t < 2\pi$
17. $f(t) = |t|,\ -\pi \leqslant t \leqslant \pi$
18. $f(t) = \begin{cases} \pi + t, & -\pi < t \leqslant 0; \\ \pi - t, & 0 < t \leqslant \pi \end{cases}$
19. $f(t) = \begin{cases} \pi + t, & -\pi \leqslant t < 0; \\ 0, & 0 \leqslant t \leqslant \pi \end{cases}$
20. $f(t) = \begin{cases} 0, & -\pi \leqslant t < -\pi/2; \\ 1, & -\pi/2 \leqslant t \leqslant \pi/2; \\ 0, & \pi/2 < t \leqslant \pi \end{cases}$
21. $f(t) = t^2,\ -\pi \leqslant t \leqslant \pi$
22. $f(t) = t^2,\ 0 \leqslant t < 2\pi$
23. $f(t) = \begin{cases} 0, & -\pi \leqslant t \leqslant 0; \\ t^2, & 0 \leqslant t < \pi \end{cases}$
24. $f(t) = |\sin t|,\ -\pi \leqslant t \leqslant \pi$
25. $f(t) = \cos^2 2t,\ -\pi \leqslant t \leqslant \pi$
26. $f(t) = \begin{cases} 0, & -\pi \leqslant t \leqslant 0; \\ \sin t, & 0 \leqslant t \leqslant \pi \end{cases}$
27. 证明式 (9)。(提示：使用三角恒等式
$$\cos A \cos B = \frac{1}{2}[\cos(A+B) + \cos(A-B)]。)$$
28. 证明式 (10)。
29. 证明式 (11)。
30. 设 $f(t)$ 是一个周期为 P 的分段连续函数。

(a) 假设 $0 \leqslant a < P$。做替换 $u = t - P$，证明
$$\int_P^{a+P} f(t)\mathrm{d}t = \int_0^a f(t)\mathrm{d}t。$$
并推导出
$$\int_a^{a+P} f(t)\mathrm{d}t = \int_0^P f(t)\mathrm{d}t。$$

(b) 给定 A，选择 n，使得 $A = nP + a$，其中 $0 \leqslant a < P$。然后做替换 $v = t - nP$，证明
$$\int_A^{A+P} f(t)\mathrm{d}t = \int_a^{a+P} f(t)\mathrm{d}t = \int_0^P f(t)\mathrm{d}t。$$

31. 在式 (13) 的每侧乘以 $\sin nt$，然后逐项积分，推导出式 (17)。

9.2 一般 Fourier 级数及其收敛性

在 9.1 节中，我们定义了周期为 2π 的周期函数的 Fourier 级数。现在令 $f(t)$ 是一个对所有 t 都分段连续且具有任意周期 $P > 0$ 的函数。我们写成

$$P = 2L, \tag{1}$$

所以 L 是函数 f 的**半周期**。对所有 u，我们定义函数 g 如下：

$$g(u) = f\left(\frac{Lu}{\pi}\right)。 \tag{2}$$

那么

$$g(u + 2\pi) = f\left(\frac{Lu}{\pi} + 2L\right) = f\left(\frac{Lu}{\pi}\right) = g(u),$$

从而 $g(u)$ 也是周期性的，并且周期为 2π。因此，g 有 Fourier 级数

$$g(u) \sim \frac{a_0}{2} + \sum_{n=1}^{\infty}(a_n \cos nu + b_n \sin nu), \tag{3}$$

Fourier 系数

$$a_n = \frac{1}{\pi}\int_{-\pi}^{\pi} g(u)\cos nu\, du \tag{4a}$$

和

$$b_n = \frac{1}{\pi}\int_{-\pi}^{\pi} g(u)\sin nu\, du。 \tag{4b}$$

若此时我们记

$$t = \frac{Lu}{\pi}, \quad u = \frac{\pi t}{L}, \quad f(t) = g(u), \tag{5}$$

则

$$f(t) = g\left(\frac{\pi t}{L}\right) \sim \frac{a_0}{2} + \sum_{n=1}^{\infty}\left(a_n \cos \frac{n\pi t}{L} + b_n \sin \frac{n\pi t}{L}\right), \tag{6}$$

然后将式 (5) 代入式 (4a)，可得

$$a_n = \frac{1}{\pi}\int_{-\pi}^{\pi} g(u)\cos nu\, du \quad \left(u = \frac{\pi t}{L},\ du = \frac{\pi}{L}dt\right)$$

$$= \frac{1}{L}\int_{-L}^{L} g\left(\frac{\pi t}{L}\right)\cos \frac{n\pi t}{L}dt。$$

因此，

$$a_n = \frac{1}{L}\int_{-L}^{L} f(t)\cos \frac{n\pi t}{L}dt, \tag{7}$$

类似地，
$$b_n = \frac{1}{L}\int_{-L}^{L} f(t)\sin\frac{n\pi t}{L}dt。 \tag{8}$$

上述计算引导出下面的周期为 $2L$ 的周期函数的 Fourier 级数的定义。

> **定义　Fourier 级数与 Fourier 系数**
> 设 $f(t)$ 是周期为 $2L$ 的分段连续函数，它对所有 t 都有定义。那么 $f(t)$ 的 **Fourier 级数**是
> $$f(t) \sim \frac{a_0}{2} + \sum_{n=1}^{\infty}\left(a_n\cos\frac{n\pi t}{L} + b_n\sin\frac{n\pi t}{L}\right), \tag{6}$$
> 其中 **Fourier 系数** $\{a_n\}_0^{\infty}$ 和 $\{b_n\}_1^{\infty}$ 被定义为
> $$a_n = \frac{1}{L}\int_{-L}^{L} f(t)\cos\frac{n\pi t}{L}dt \tag{7}$$
> $$b_n = \frac{1}{L}\int_{-L}^{L} f(t)\sin\frac{n\pi t}{L}dt。 \tag{8}$$

当 $n = 0$ 时，式 (7) 取如下简单形式：
$$a_0 = \frac{1}{L}\int_{-L}^{L} f(t)dt, \tag{9}$$

这表明 f 的 Fourier 级数中的常数项 $\frac{1}{2}a_0$ 就是 $f(t)$ 在区间 $[-L, L]$ 上的平均值。

根据 9.1 节习题 30 的结果，我们可以在长度为 $2L$ 的任意其他区间上计算式 (7) 和式 (8) 中的积分。例如，若 $f(t)$ 在 $0 < t < 2L$ 上由单个公式给出，则计算下列积分可能会更方便：
$$a_n = \frac{1}{L}\int_0^{2L} f(t)\cos\frac{n\pi t}{L}dt \tag{10a}$$
$$b_n = \frac{1}{L}\int_0^{2L} f(t)\sin\frac{n\pi t}{L}dt。 \tag{10b}$$

例题 1　图 9.2.1 显示了周期为 4 的方波函数的图形，求其 Fourier 级数。

解答：此处 $L = 2$，并且当 $-2 < t < 0$ 时 $f(t) = -1$，而当 $0 < t < 2$ 时 $f(t) = 1$。从而由式 (7)、式 (8) 和式 (9) 可得

$$a_0 = \frac{1}{2}\int_{-2}^{2} f(t)dt = \frac{1}{2}\int_{-2}^{0}(-1)dt + \frac{1}{2}\int_0^2 (1)dt = 0,$$

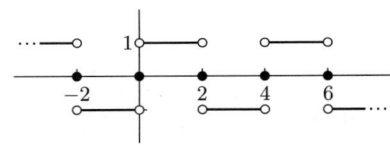

图 9.2.1　例题 1 中的方波

$$a_n = \frac{1}{2}\int_{-2}^{0}(-1)\cos\frac{n\pi t}{2}dt + \frac{1}{2}\int_{0}^{2}(1)\cos\frac{n\pi t}{2}dt$$

$$= \frac{1}{2}\left[-\frac{2}{n\pi}\sin\frac{n\pi t}{2}\right]_{-2}^{0} + \frac{1}{2}\left[\frac{2}{n\pi}\sin\frac{n\pi t}{2}\right]_{0}^{2} = 0,$$

$$b_n = \frac{1}{2}\int_{-2}^{0}(-1)\sin\frac{n\pi t}{2}dt + \frac{1}{2}\int_{0}^{2}(1)\sin\frac{n\pi t}{2}dt +$$

$$\frac{1}{2}\left[\frac{2}{n\pi}\cos\frac{n\pi t}{2}\right]_{-2}^{0} + \frac{1}{2}\left[-\frac{2}{n\pi}\cos\frac{n\pi t}{2}\right]_{0}^{2}$$

$$= \frac{2}{n\pi}[1-(-1)^n] = \begin{cases} \frac{4}{n\pi}, & n\text{ 为奇数,} \\ 0, & n\text{ 为偶数。} \end{cases}$$

因此 Fourier 级数为

$$f(t) \sim \frac{4}{\pi}\sum_{n\text{为奇数}}\frac{1}{n}\sin\frac{n\pi t}{2} \tag{11a}$$

$$= \frac{4}{\pi}\left(\sin\frac{\pi t}{2} + \frac{1}{3}\sin\frac{3\pi t}{2} + \frac{1}{5}\sin\frac{5\pi t}{2} + \cdots\right)。 \tag{11b}$$

收敛定理

我们要对周期函数 f 施加一些条件，使得它的 Fourier 级数至少在 f 连续的那些 t 值处收敛于 $f(t)$。回顾一下，函数 f 在区间 $[a,b]$ 上被称为分段连续的，只要存在一个 $[a,b]$ 的有限划分，其端点为

$$a = t_0 < t_1 < t_2 < \cdots < t_{n-1} < t_n = b$$

使得

1. f 在每个开区间 $t_{i-1} < t < t_i$ 上连续；

2. 在这样一个子区间的每个端点 t_i 处，当 t 从子区间内趋近 t_i 时，f 的极限存在并且有限。

若函数 f 在每个有界区间上都是分段连续的，则称它对所有 t 都是分段连续的。由此可知，分段连续函数除了在孤立点处可能不连续外，都是连续的，并且在每个这样的不连续点处，单侧极限

$$f(t+) = \lim_{u \to t^+}f(u), \quad f(t-) = \lim_{u \to t^-}f(u) \tag{12}$$

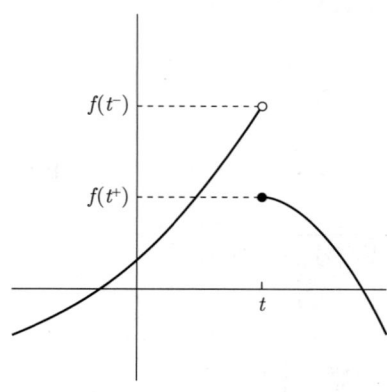

图 9.2.2 一个有限跳跃间断点

都存在且有限。因此，一个分段连续函数只有孤立的"有限跳跃"间断点，如图 9.2.2 所示。

我们在第 7 章中看到的方波函数和锯齿函数是周期分段连续函数的典型例子。函数 $f(t) = \tan t$ 是一个周期函数（周期为 π），它不是分段连续的，因为它有无穷多个间断点。函数 $g(t) = \sin(1/t)$ 在 $[-1, 1]$ 上不是分段连续的，因为它在 $t=0$ 处的单侧极限不存在。函数

$$h(t) = \begin{cases} t, & t = \dfrac{1}{n} \quad (n \text{ 为整数}) \\ 0, & \text{其他} \end{cases}$$

在 $[-1, 1]$ 上处处都有单侧极限，但它不是分段连续的，因为其间断点不是孤立的，它有无穷间断点序列 $\{1/n\}_1^\infty$，而一个分段连续函数在任何有界区间内只能有有限个间断点。

注意，分段连续函数不需要在其不连续的孤立点处被定义。或者，它可以在这些点处被任意定义。例如，图 9.2.1 中的方波函数 f 是分段连续的，无论它在间断点 $\cdots$，-4，-2，0，2，4，6，$\cdots$ 处的值是多少。它的导数 f' 也是分段连续的；并且 $f'(t) = 0$，除非 t 是偶数，在这种情况下 f' 没有定义。

分段连续函数 f 被称为是**分段光滑**的，只要其导数 f' 是分段连续的。下面的定理 1 告诉我们分段光滑函数的 Fourier 级数处处收敛。我们已经知道对周期函数 f 施加更弱假设的更一般的 Fourier 收敛定理。但是，f 是分段光滑的假设很容易检验，并且在实际应用中遇到的大多数函数都满足这个假设。下列定理的证明可以在 G. P. Tolstov 的 *Fourier Series*（1976）一书中找到。

定理 1　Fourier 级数的收敛性

假设周期函数 f 是分段光滑的。那么它的 Fourier 级数式 (6)

(a) 在 f 连续的每个点处收敛于 $f(t)$，

(b) 在 f 不连续的每个点处收敛于 $\dfrac{1}{2}[f(t+) + f(t-)]$。

注意 $\dfrac{1}{2}[f(t+) + f(t-)]$ 是 f 在点 t 处的左右极限的平均值。若 f 在 t 处是连续的，则 $f(t) = f(t+) = f(t-)$，所以

$$f(t) = \frac{f(t+) + f(t-)}{2} 。 \tag{13}$$

因此定理 1 可以重新表述如下：分段光滑函数 f 的 Fourier 级数对每个 t 都收敛于式 (13) 中的平均值。因此，习惯上有

$$f(t) = \frac{a_0}{2} + \sum_{n=1}^{\infty} \left(a_n \cos \frac{n\pi t}{L} + b_n \sin \frac{n\pi t}{L} \right), \tag{14}$$

这可以理解为：（如有必要）分段光滑函数 f 在其每个不连续点处被重新定义，以满足式 (13) 中的平均值条件。

例题 1 续 图 9.2.1 向我们展示了，如果 t_0 是一个偶数，那么
$$\lim_{t \to t_0^+} f(t) = 1 \quad \text{和} \quad \lim_{t \to t_0^-} f(t) = -1。$$
因此
$$\frac{f(t_0+) + f(t_0-)}{2} = 0。$$

注意，根据定理 1，若 n 为偶数，则 $f(t)$ 的 Fourier 级数式 (11b) 显然收敛于零（因为 $\sin n\pi = 0$）。 ∎

例题 2 设 $f(t)$ 是周期为 2 的函数，并且当 $0 < t < 2$ 时，$f(t) = t^2$。我们根据式 (13) 中的平均值条件，对偶数 t 定义 $f(t)$；因此，若 t 为偶数，则 $f(t) = 2$。函数 f 的图形如图 9.2.3 所示。求其 Fourier 级数。

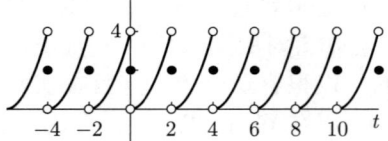

图 9.2.3 例题 2 中周期为 2 的函数

解答：此时 $L = 1$，从 $t = 0$ 到 $t = 2$ 进行积分最为方便。那么
$$a_0 = \frac{1}{1} \int_0^2 t^2 dt = \left[\frac{1}{3}t^3\right]_0^2 = \frac{8}{3}。$$

借助 9.1 节式 (22) 至式 (25) 中的积分公式，可以得到
$$a_n = \int_0^2 t^2 \cos n\pi t dt$$
$$= \frac{1}{n^3\pi^3} \int_0^{2n\pi} u^2 \cos u du \qquad \left(u = n\pi t, \ t = \frac{u}{n\pi}\right)$$
$$= \frac{1}{n^3\pi^3} \left[u^2 \sin u - 2 \sin u + 2u \cos u\right]_0^{2n\pi} = \frac{4}{n^2\pi^2};$$
$$b_n = \int_0^2 t^2 \sin n\pi t dt = \frac{1}{n^3\pi^3} \int_0^{2n\pi} u^2 \sin u du$$
$$= \frac{1}{n^3\pi^3} \left[-u^2 \cos u + 2 \cos u + 2u \sin u\right]_0^{2n\pi} = -\frac{4}{n\pi}。$$

因此 f 的 Fourier 级数是
$$f(t) = \frac{4}{3} + \frac{4}{\pi^2} \sum_{n=1}^{\infty} \frac{\cos n\pi t}{n^2} - \frac{4}{\pi} \sum_{n=1}^{\infty} \frac{\sin n\pi t}{n}, \tag{15}$$

并且定理 1 保证这个级数对所有 t 收敛于 $f(t)$。 ∎

我们可以从 Fourier 级数式 (15) 中得出一些有趣的结论。如果我们将 $t = 0$ 代入两侧，

可得
$$f(0) = 2 = \frac{4}{3} + \frac{4}{\pi^2} \sum_{n=1}^{\infty} \frac{1}{n^2}。$$

在解出这个级数时，我们得到由 Euler 发现的迷人的求和
$$\sum_{n=1}^{\infty} \frac{1}{n^2} = 1 + \frac{1}{2^2} + \frac{1}{3^2} + \frac{1}{4^2} + \cdots = \frac{\pi^2}{6}。 \tag{16}$$

如果我们将 $t = 1$ 代入式 (15)，可得
$$f(1) = 1 = \frac{4}{3} + \frac{4}{\pi^2} \sum_{n=1}^{\infty} \frac{(-1)^n}{n^2},$$

由此得出
$$\sum_{n=1}^{\infty} \frac{(-1)^{n+1}}{n^2} = 1 - \frac{1}{2^2} + \frac{1}{3^2} - \frac{1}{4^2} + \cdots = \frac{\pi^2}{12}。 \tag{17}$$

如果我们将式 (16) 和式 (17) 中的级数相加，然后除以 2，那么"偶数"项消去，结果是
$$\sum_{n \text{为奇数}} \frac{1}{n^2} = 1 + \frac{1}{3^2} + \frac{1}{5^2} + \frac{1}{7^2} + \cdots = \frac{\pi^2}{8}。 \tag{18}$$

习题

在习题 1~14 中，已知周期函数 $f(t)$ 在一个完整周期内的值。在每个间断点处，$f(t)$ 的值由式 (13) 中的平均值条件给出。绘制 f 的图形，并求出其 Fourier 级数。

1. $f(t) = \begin{cases} -2, & -3 < t < 0; \\ 2, & 0 < t < 3 \end{cases}$

2. $f(t) = \begin{cases} 0, & -5 < t < 0; \\ 1, & 0 < t < 5 \end{cases}$

3. $f(t) = \begin{cases} 2, & -2\pi < t < 0; \\ -1, & 0 < t < 2\pi \end{cases}$

4. $f(t) = t, \ -2 < t < 2$

5. $f(t) = t, \ -2\pi < t < 2\pi$

6. $f(t) = t, \ 0 < t < 3$

7. $f(t) = |t|, \ -1 < t < 1$

8. $f(t) = \begin{cases} 0, & 0 < t < 1; \\ 1, & 1 < t < 2; \\ 0, & 2 < t < 3 \end{cases}$

9. $f(t) = t^2, \ -1 < t < 1$

10. $f(t) = \begin{cases} 0, & -2 < t < 0; \\ t^2, & 0 < t < 2 \end{cases}$

11. $f(t) = \cos \frac{\pi t}{2}, \ -1 < t < 1$

12. $f(t) = \sin \pi t, \ 0 < t < 1$

13. $f(t) = \begin{cases} 0, & -1 < t < 0; \\ \sin \pi t, & 0 < t < 1 \end{cases}$

14. $f(t) = \begin{cases} 0, & -2\pi < t < 0; \\ \sin t, & 0 < t < 2\pi \end{cases}$

15. (a) 假设 f 是一个周期为 2π 的函数，并且当 $0 < t < 2\pi$ 时，$f(t) = t^2$。证明
$$f(t) = \frac{4\pi^2}{3} + 4 \sum_{n=1}^{\infty} \frac{\cos nt}{n^2} - 4\pi \sum_{n=1}^{\infty} \frac{\sin nt}{n},$$
并绘制 f 的图形，标出在每个间断点处的值。
(b) 根据 (a) 部分中的 Fourier 级数，推导出式 (16) 和式 (17) 中的级数和。

16. (a) 假设 f 是一个周期为 2 的函数,当 $-1 < t < 0$ 时,$f(t) = 0$,当 $0 < t < 1$ 时,$f(t) = t$。证明
$$f(t) = \frac{1}{4} - \frac{2}{\pi^2} \sum_{n\text{为奇数}} \frac{\cos n\pi t}{n^2} + \frac{1}{\pi} \sum_{n=1}^{\infty} \frac{(-1)^{n+1} \sin n\pi t}{n},$$
并绘制 f 的图形,标出在每个间断点处的值。
(b) 根据 (a) 部分中的 Fourier 级数,推导出式 (18) 中的级数和。

17. (a) 假设 f 是一个周期为 2 的函数,并且当 $0 < t < 2$ 时,$f(t) = t$。证明
$$f(t) = 1 - \frac{2}{\pi} \sum_{n=1}^{\infty} \frac{\sin n\pi t}{n},$$
并绘制 f 的图形,标出在每个间断点处的值。
(b) 代入一个适当的 t 值以推导出 Leibniz 级数
$$1 - \frac{1}{3} + \frac{1}{5} - \frac{1}{7} + \cdots = \frac{\pi}{4}。$$

推导出习题 18~21 中列出的 Fourier 级数,并绘制每个级数收敛到的周期为 2π 的函数。

18. $\sum_{n=1}^{\infty} \frac{\sin nt}{n} = \frac{\pi - t}{2}$ $(0 < t < 2\pi)$

19. $\sum_{n=1}^{\infty} \frac{(-1)^{n+1} \sin nt}{n} = \frac{t}{2}$ $(-\pi < t < \pi)$

20. $\sum_{n=1}^{\infty} \frac{\cos nt}{n^2} = \frac{3t^2 - 6\pi t + 2\pi^2}{12}$ $(0 < t < 2\pi)$

21. $\sum_{n=1}^{\infty} \frac{(-1)^{n+1} \cos nt}{n^2} = \frac{\pi^2 - 3t^2}{12}$ $(-\pi < t < \pi)$

习题 22~25 扩展了求和公式式 (16) 至式 (18)。

22. 假设 $p(t)$ 是 n 次多项式。通过重复分部积分法证明
$$\int p(t)g(t)dt = p(t)G_1(t) - p'(t)G_2(t) + p''(t)G_3(t) - \cdots + (-1)^n p^{(n)}(t)G_{n+1}(t),$$
其中 $G_k(t)$ 表示第 k 次迭代的不定积分 $G_k(t) = (D^{-1})^k g(t)$。这个公式在计算多项式的 Fourier 系数时很有用。

23. 应用习题 22 的积分公式证明
$$\int t^4 \cos t dt = t^4 \sin t + 4t^3 \cos t - 12t^2 \sin t - 24t \cos t + 24 \sin t + C$$
和
$$\int t^4 \sin t dt = -t^4 \cos t + 4t^3 \sin t + 12t^2 \cos t - 24t \sin t - 24 \cos t + C。$$

24. (a) 证明当 $0 < t < 2\pi$ 时,
$$t^4 = \frac{16\pi^4}{5} + 16 \sum_{n=1}^{\infty} \left(\frac{2\pi^2}{n^2} - \frac{3}{n^4} \right) \cos nt + 16\pi \sum_{n=1}^{\infty} \left(\frac{3}{n^3} - \frac{\pi^2}{n} \right) \sin nt,$$
然后绘制这个级数收敛到的函数 f 的图形,并标出在每个间断点处的值。
(b) 根据 (a) 部分中的 Fourier 级数,推导出求和公式
$$\sum_{n=1}^{\infty} \frac{1}{n^4} = \frac{\pi^4}{90}, \quad \sum_{n=1}^{\infty} \frac{(-1)^{n+1}}{n^4} = \frac{7\pi^4}{720}$$
和
$$\sum_{n\text{为奇数}} \frac{1}{n^4} = \frac{\pi^4}{96}。$$

25. (a) 求出周期为 2π 的函数 f 的 Fourier 级数,已知当 $-\pi < t < \pi$ 时,$f(t) = t^3$。
(b) 利用 (a) 部分中的级数,推导出求和公式
$$1 - \frac{1}{3^3} + \frac{1}{5^3} - \frac{1}{7^3} + \cdots = \frac{\pi^3}{32},$$
并绘制 f 的图形,标出在每个间断点处的值。
(c) 通过在 (a) 部分中的 Fourier 级数中代入一个合适的 t 值,尝试求下列级数的值:
$$\sum_{n=1}^{\infty} \frac{1}{n^3} = 1 + \frac{1}{2^3} + \frac{1}{3^3} + \frac{1}{4^3} + \cdots。$$
你的尝试成功了吗?解释一下。

备注：如果你能成功地用熟悉的数字表示这个倒立方级数的和，例如，类似于 (a) 部分中的 Euler 和，表示为 π^3 的有理数倍，你将为自己赢得极大的名声，因为自 Euler 以来的两个多世纪里，许多人尝试过，但都没有成功。事实上，直到 1979 年，倒立方级数的和才被证明是一个无理数（正如人们长期以来所怀疑的那样）。

应用　Fourier 系数的计算机代数计算

📂 请访问 bit.ly/3pFUeqV，利用 Maple、Mathematica 和 MATLAB 等计算资源对此主题进行更多讨论和探索。

计算机代数系统可以大大减轻计算给定函数 $f(t)$ 的 Fourier 系数的负担。对于"分段"定义的函数，我们必须注意根据函数定义的不同区间对积分进行"拆分"。我们通过推导由

$$f(t) = \begin{cases} -1, & -\pi < t < 0, \\ 1, & 0 < t < \pi \end{cases} \tag{1}$$

定义在 $(-\pi, \pi)$ 上的周期为 2π 的方波函数的 Fourier 级数来说明这种方法。在这种情况下，函数在两个不同的区间上由不同的公式定义，所以每个从 $-\pi$ 到 π 的 Fourier 系数积分必须作为两个积分的和来计算：

$$\begin{aligned} a_n &= \frac{1}{\pi}\int_{-\pi}^{0}(-1)\cos nt\,dt + \frac{1}{\pi}\int_{0}^{\pi}(1)\cos nt\,dt, \\ b_n &= \frac{1}{\pi}\int_{-\pi}^{0}(-1)\sin nt\,dt + \frac{1}{\pi}\int_{0}^{\pi}(1)\sin nt\,dt_{\circ} \end{aligned} \tag{2}$$

我们可以通过 Maple 命令

```
a := n —> (1/Pi)*(int(-cos(n*t), t=-Pi..0)+
                  int(+cos(n*t), t=0..Pi)):
b := n —> (1/Pi)*(int(-sin(n*t), t=-Pi..0)+
                  int(+sin(n*t), t=0..Pi)):
```

或者通过 Mathematica 命令

```
a[n_] := (1/Pi)*(Integrate[-Cos[n*t], {t, -Pi, 0}] +
                 Integrate[+Cos[n*t], {t, 0, Pi}])
b[n_] := (1/Pi)*(Integrate[-Sin[n*t], {t, -Pi, 0}] +
                 Integrate[+Sin[n*t], {t, 0, Pi}])
```

将式 (2) 中的系数定义为 n 的函数。因为式 (1) 中的函数 $f(t)$ 是奇函数，我们自然得到 $a_n \equiv 0$。因此，Maple 命令

```
fourierSum := sum(b(n)*sin(n*t), n=1..9);
plot(fourierSum, t=-2*Pi..4*Pi);
```

或者 Mathematica 命令

```
fourierSum = Sum[b[n]*Sin[n*t], {n,1,9}]
Plot[fourierSum, {t, -2*Pi, 4*Pi}]
```
可以得到部分和

$$\sum_{n=1}^{9} b_n \sin nt = \frac{4}{\pi}\left(\sin t + \frac{\sin 3t}{3} + \frac{\sin 5t}{5} + \frac{\sin 7t}{7} + \frac{\sin 9t}{9}\right),$$

并生成如图 9.1.3 所示的图形。相应的 MATLAB 命令是完全类似的，可以在本书前言中提到的"扩展应用"中找到。

练习

为了练习 Fourier 级数的符号推导，你可以从验证本节例题 1 和例题 2 中手动计算的 Fourier 级数开始。习题 1~21 是相当好的练习。最后，如图 9.2.4 和图 9.2.5 所示的周期为 2π 的三角波和梯形波函数具有特别有趣的 Fourier 级数，请你自己去发现。

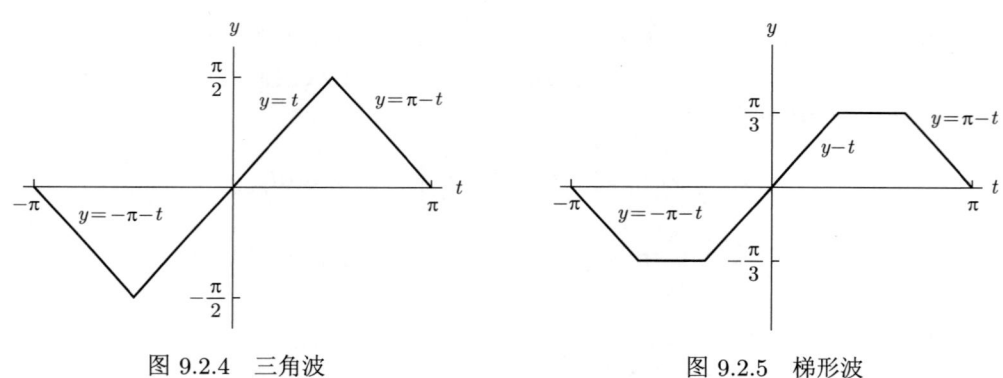

图 9.2.4 三角波　　　　　　　　　　图 9.2.5 梯形波

9.3 Fourier 正弦与余弦级数

函数的某些性质在其 Fourier 级数中得到了突出的反映。如果对所有 t 都有

$$f(-t) = f(t), \tag{1}$$

那么对所有 t 定义的函数 f 被称为**偶函数**；如果对所有 t 都有

$$f(-t) = -f(t), \tag{2}$$

那么 f 被称为**奇函数**。条件 (1) 意味着 $y = f(t)$ 的图形关于 y 轴对称，而条件 (2) 意味着奇函数的图形关于原点对称（参见图 9.3.1）。函数 $f(t) = t^{2n}$（其中 n 为整数）和 $g(t) = \cos t$ 是偶函数，而函数 $f(t) = t^{2n+1}$ 和 $g(t) = \sin t$ 是奇函数。我们会看到周期偶函数的 Fourier 级数只有余弦项，而周期奇函数的 Fourier 级数只有正弦项。

图 9.3.2 中所示的面积的相加和抵消，使我们想起下面的在关于原点对称的区间 $[-a, a]$ 上对奇偶函数积分的基本事实。

若 f 是偶函数: $\quad \int_{-a}^{a} f(t)\mathrm{d}t = 2\int_{0}^{a} f(t)\mathrm{d}t$。 (3)

若 f 是奇函数: $\quad \int_{-a}^{a} f(t)\mathrm{d}t = 0$。 (4)

这些事实很容易通过分析加以验证（参见习题 17）。

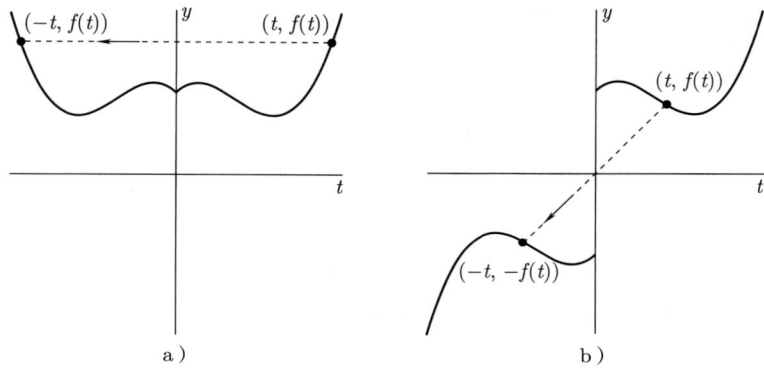

图 9.3.1　图 a 偶函数；图 b 奇函数

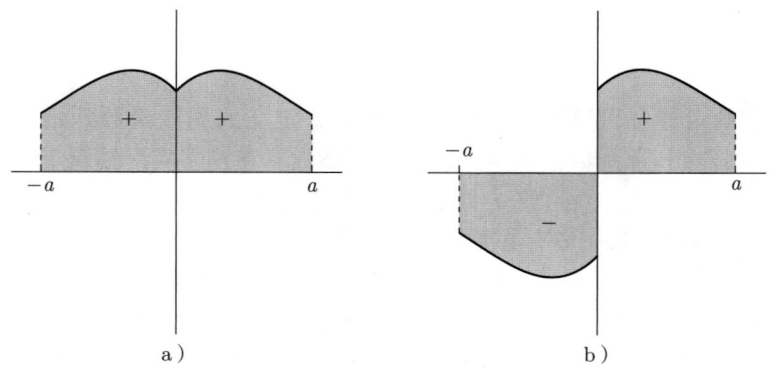

图 9.3.2　图 a 偶函数和图 b 奇函数的图形下的面积

从式 (1) 和式 (2) 可以直接推导出，两个偶函数之积为偶函数，两个奇函数之积亦为偶函数，一个偶函数和一个奇函数之积为奇函数。若 $f(t)$ 是周期为 $2L$ 的周期偶函数，则 $f(t)\cos(n\pi t/L)$ 为偶函数，而 $f(t)\sin(n\pi t/L)$ 为奇函数，因为余弦函数是偶函数，而正弦函数是奇函数。因此，当我们计算 f 的 Fourier 系数时，由式 (3) 和式 (4) 可得

$$a_n = \frac{1}{L}\int_{-L}^{L} f(t)\cos\frac{n\pi t}{L}\mathrm{d}t = \frac{2}{L}\int_{0}^{L} f(t)\cos\frac{n\pi t}{L}\mathrm{d}t \qquad (5\mathrm{a})$$

和

$$b_n = \frac{1}{L}\int_{-L}^{L} f(t)\sin\frac{n\pi t}{L}\mathrm{d}t = 0。 \tag{5b}$$

因此，周期为 $2L$ 的偶函数 f 的 Fourier 级数只有余弦项：

$$f(t) = \frac{a_0}{2} + \sum_{n=1}^{\infty} a_n \cos\frac{n\pi t}{L} \quad (f \text{ 为偶函数}), \tag{6}$$

其中 a_n 的值由式 (5a) 给出。若 $f(t)$ 是奇函数，则 $f(t)\cos(n\pi t/L)$ 是奇函数，而 $f(t)\sin(n\pi t/L)$ 是偶函数，所以

$$a_n = \frac{1}{L}\int_{-L}^{L} f(t)\cos\frac{n\pi t}{L}\mathrm{d}t = 0 \tag{7a}$$

和

$$b_n = \frac{1}{L}\int_{-L}^{L} f(t)\sin\frac{n\pi t}{L}\mathrm{d}t = \frac{2}{L}\int_{0}^{L} f(t)\sin\frac{n\pi t}{L}\mathrm{d}t。 \tag{7b}$$

因此，周期为 $2L$ 的奇函数 f 的 Fourier 级数只有正弦项：

$$f(t) = \sum_{n=1}^{\infty} b_n \sin\frac{n\pi t}{L} \quad (f \text{ 为奇函数}), \tag{8}$$

其中系数 b_n 由式 (7b) 给出。

奇偶延拓

在我们之前的讨论和例题中，我们从对所有 t 定义的周期函数开始，这样的函数的 Fourier 级数是由 Fourier 系数公式唯一确定的。然而，在许多实际情况下，我们从只定义在形如 $0 < t < L$ 的区间上的函数 f 开始，并且我们要用周期为 $2L$ 的 Fourier 级数来表示它在这个区间上的值。第一步有必要将 f 延拓到区间 $-L < t < 0$ 上。在此基础上，我们可以利用周期性条件 $f(t+2L) = f(t)$（并且在出现任何不连续时使用平均值性质），将 f 延拓到整条实轴。但是我们如何定义 $-L < t < 0$ 时的 f 是我们的选择，并且我们所得的 $f(t)$ 在 $(0, L)$ 上的 Fourier 级数表示将依赖于该选择。具体来说，f 延拓到区间 $(-L, 0)$ 的不同选择，将产生不同的 Fourier 级数，这些级数在原区间 $0 < t < L$ 上收敛于相同函数 $f(t)$，但在区间 $-L < t < 0$ 上收敛于 f 的不同延拓函数。

在实际中，给定在 $0 < t < L$ 上定义的 $f(t)$，我们通常会做出两种自然选择之一，即我们以在整条实轴上获得偶函数或奇函数的方式对 f 进行延拓。f 的**周期为 $2L$ 的偶延拓**为函数 f_E，定义为

$$f_\mathrm{E}(t) = \begin{cases} f(t), & 0 < t < L, \\ f(-t), & -L < t < 0 \end{cases} \tag{9}$$

以及对所有 t 由 $f_\mathrm{E}(t+2L) = f_\mathrm{E}(t)$ 定义。f 的**周期为 $2L$ 的奇延拓**为函数 f_O，定义为

$$f_O(t) = \begin{cases} f(t), & 0 < t < L, \\ -f(-t), & -L < t < 0 \end{cases} \tag{10}$$

以及对所有 t 由 $f_O(t+2L) = f_O(t)$ 定义。当 t 是 L 的整数倍时，f_E 或 f_O 的值可以用我们希望的任何方便的方式定义，因为这些孤立值不会影响我们得到的延拓函数的 Fourier 级数。如图 9.3.1 所示，通常只要将 f_E 在 $(-L, 0)$ 上的图形显示成 f 在 $(0, L)$ 上的原始图形关于纵轴对称的图形，而 f_O 在 $(-L, 0)$ 上的图形显示成原始图形关于原点对称的图形即可。

例如，如果在区间 $0 < t < 2$（所以 $L = 2$）上，$f(t) = 2t - t^2$，那么由式 (9) 和式 (10) 可得这两个延拓函数在区间 $-2 < t < 0$ 上的值为

$$f_E(t) = 2(-t) - (-t)^2 = -2t - t^2$$

和

$$f_O(t) = -[2(-t) - (-t)^2] = 2t + t^2 \text{。}$$

f 对应的两个周期延拓函数的图形如图 9.3.3 所示。

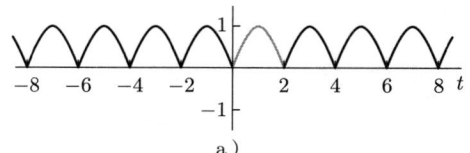

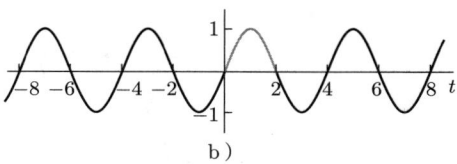

图 9.3.3　图 a 是定义在 $0 < t < 2$ 上的 $f(t) = 2t - t^2$ 的周期为 4 的偶延拓函数的图形；图 b 是定义在 $0 < t < 2$ 上的 $f(t) = 2t - t^2$ 的周期为 4 的奇延拓函数的图形

由式 (5a) 和式 (6) 所给出的函数 f 的偶延拓函数 f_E 的 Fourier 级数只包含余弦项，被称为原函数 f 的 **Fourier 余弦级数**。由式 (7b) 和式 (8) 所给出的奇延拓函数 f_O 的 Fourier 级数只包含正弦项，被称为 f 的 **Fourier 正弦级数**。

定义　Fourier 余弦函数与正弦级数

假设函数 $f(t)$ 在区间 $[0, L]$ 上分段连续，那么 f 的 **Fourier 余弦级数**为

$$f(t) = \frac{a_0}{2} + \sum_{n=1}^{\infty} a_n \cos \frac{n\pi t}{L}, \tag{11}$$

其中

$$a_n = \frac{2}{L} \int_0^L f(t) \cos \frac{n\pi t}{L} \mathrm{d}t \text{。} \tag{12}$$

f 的 **Fourier 正弦级数**为

$$f(t) = \sum_{n=1}^{\infty} b_n \sin \frac{n\pi t}{L}, \tag{13}$$

其中

$$b_n = \frac{2}{L} \int_0^L f(t) \sin \frac{n\pi t}{L} \mathrm{d}t \text{。} \tag{14}$$

假设 f 是分段光滑的,并且在其每个孤立间断点处满足平均值条件 $f(t) = \frac{1}{2}[f(t+) + f(t-)]$,那么 9.2 节定理 1 表明,式 (11) 和式 (13) 中的两个级数在区间 $0 < t < L$ 内对所有 t 都收敛于 $f(t)$。在这个区间之外,式 (11) 中的余弦级数收敛于 f 的周期为 $2L$ 的偶延拓函数,而式 (13) 中的正弦级数收敛于 f 的周期为 $2L$ 的奇延拓函数。在许多我们感兴趣的情况下,我们并不关心 f 在原区间 $(0, L)$ 以外的值,因此式 (11) 和式 (12) 或式 (13) 和式 (14) 之间的选择取决于我们偏好于用余弦级数还是正弦级数表示区间 $(0, L)$ 内的 $f(t)$。(参见例题 2,它需要我们在 Fourier 余弦级数和 Fourier 正弦级数之间做出选择来表示给定的函数。)

例题 1 假设在 $0 < t < L$ 上,$f(t) = t$,求出 f 的 Fourier 余弦级数和 Fourier 正弦级数。

解答:由式 (12) 可得

$$a_0 = \frac{2}{L}\int_0^L t\,dt = \frac{2}{L}\left[\frac{1}{2}t^2\right]_0^L = L$$

和

$$a_n = \frac{2}{L}\int_0^L t\cos\frac{n\pi t}{L}\,dt = \frac{2L}{n^2\pi^2}\int_0^{n\pi} u\cos u\,du$$

$$= \frac{2L}{n^2\pi^2}\left[u\sin u + \cos u\right]_0^{n\pi} = \begin{cases} -\dfrac{4L}{n^2\pi^2}, & \text{当 } n \text{ 为奇数;} \\ 0, & \text{当 } n \text{ 为偶数。} \end{cases}$$

因此 f 的 Fourier 余弦级数为

$$f(t) = \frac{L}{2} - \frac{4L}{\pi^2}\left(\cos\frac{\pi t}{L} + \frac{1}{3^2}\cos\frac{3\pi t}{L} + \frac{1}{5^2}\cos\frac{5\pi t}{L} + \cdots\right), \tag{15}$$

其中 $0 < t < L$。接着,由式 (14) 可得

$$b_n = \frac{2}{L}\int_0^L t\sin\frac{n\pi t}{L}\,dt = \frac{2L}{n^2\pi^2}\int_0^{n\pi} u\sin u\,du$$

$$= \frac{2L}{n^2\pi^2}\left[-u\cos u + \sin u\right]_0^{n\pi} = \frac{2L}{n\pi}(-1)^{n+1}。$$

因此 f 的 Fourier 正弦级数为

$$t = \frac{2L}{\pi}\left(\sin\frac{\pi t}{L} - \frac{1}{2}\sin\frac{2\pi t}{L} + \frac{1}{3}\sin\frac{3\pi t}{L} - \cdots\right), \tag{16}$$

其中 $0 < t < L$。级数式 (15) 收敛于如图 9.3.4 所示的 f 的周期为 $2L$ 的偶延拓函数;级数式 (16) 收敛于如图 9.3.5 所示的周期为 $2L$ 的奇延拓函数。∎

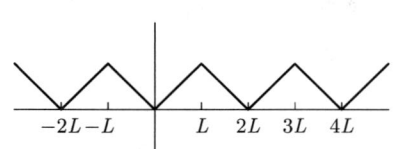 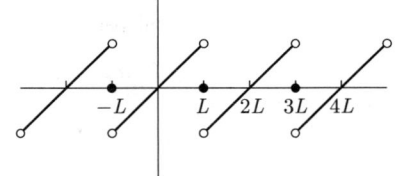

图 9.3.4 f 的周期为 $2L$ 的偶延拓函数 　　　　图 9.3.5 f 的周期为 $2L$ 的奇延拓函数

Fourier 级数的逐项微分

在本节和后续的章节中，我们要把 Fourier 级数作为微分方程的可能解来考虑。为了用 Fourier 级数替换微分方程中的未知因变量来检查它是否为解，我们首先需要对级数微分，以便计算方程中出现的导数。这里需要小心：对变量项的无穷级数进行逐项微分并不总是有效。定理 1 对 Fourier 级数的逐项微分的有效性给出了充分条件。

> **定理 1　Fourier 级数的逐项微分**
> 假设函数 f 对所有 t 都连续，且是周期为 $2L$ 的周期函数，其导数 f' 对所有 t 是分段光滑的。那么 f' 的 Fourier 级数为
> $$f'(t) = \sum_{n=1}^{\infty}\left(-\frac{n\pi}{L}a_n\sin\frac{n\pi t}{L} + \frac{n\pi}{L}b_n\cos\frac{n\pi t}{L}\right), \tag{17}$$
> 它是通过对下列 Fourier 级数进行逐项微分得到的
> $$f(t) = \frac{a_0}{2} + \sum_{n=1}^{\infty}\left(a_n\cos\frac{n\pi t}{L} + b_n\sin\frac{n\pi t}{L}\right). \tag{18}$$

证明： 这个定理的关键在于式 (17) 中的微分级数实际上收敛于 $f'(t)$（使用关于平均值的通常的附带条件）。但是因为 f' 是周期性的且分段光滑的，所以我们从 9.2 节定理 1 可知，f' 的 Fourier 级数收敛于 $f'(t)$：

$$f'(t) = \frac{\alpha_0}{2} + \sum_{n=1}^{\infty}\left(\alpha_n\cos\frac{n\pi t}{L} + \beta_n\sin\frac{n\pi t}{L}\right). \tag{19}$$

因此，为了证明定理 1，只要证明式 (17) 和式 (19) 中的级数完全相同即可。我们将在 f' 处处连续这一附加假设下证明。那么

$$\alpha_0 = \frac{1}{L}\int_{-L}^{L} f'(t)\mathrm{d}t = \frac{1}{L}[f(t)]_{-L}^{L} = 0,$$

因为根据周期性，$f(L) = f(-L)$，并且由分部积分可得

$$\alpha_n = \frac{1}{L}\int_{-L}^{L} f'(t)\cos\frac{n\pi t}{L}\mathrm{d}t$$

$$= \frac{1}{L}\left[f(t)\cos\frac{n\pi t}{L}\right]_{-L}^{L} + \frac{n\pi}{L}\cdot\frac{1}{L}\int_{-L}^{L} f(t)\sin\frac{n\pi t}{L}\mathrm{d}t\text{。}$$

由此可知

$$\alpha_n = \frac{n\pi}{L}b_n\text{。}$$

类似地，我们得到

$$\beta_n = -\frac{n\pi}{L}a_n,$$

因此，式 (17) 和式 (19) 中的级数确实完全相同。 ▲

假设导数 f' 连续只是为了方便，定理 1 的证明可以被加强到允许 f' 中存在孤立间断点的情况，重要的是要注意，当 f 本身不连续时，定理 1 的结论一般不成立。例如，考虑具有如图 9.3.5 所示图形的不连续锯齿函数的 Fourier 级数

$$t = \frac{2L}{\pi}\left(\sin\frac{\pi t}{L} - \frac{1}{2}\sin\frac{2\pi t}{L} + \frac{1}{3}\sin\frac{3\pi t}{L} - \cdots\right), \tag{16}$$

其中 $-L < t < L$。除 f 的连续性外，定理 1 的所有假设都满足，且 f 只有孤立的跳跃间断点。但是通过对式 (16) 中的级数进行逐项微分所得的级数

$$2\left(\cos\frac{\pi t}{L} - \cos\frac{2\pi t}{L} + \cos\frac{3\pi t}{L} - \cdots\right) \tag{20}$$

是发散的（例如，当 $t = 0$ 和 $t = L$ 时），因此，对式 (16) 中的级数进行逐项微分是无效的。

对比之下，考虑具有如图 9.3.4 所示图形的（连续）三角波函数 $f(t)$，其中 $-L < t < L$ 时，$f(t) = |t|$。这个函数满足定理 1 的所有假设，所以其 Fourier 级数

$$f(t) = \frac{L}{2} - \frac{4L}{\pi^2}\left(\cos\frac{\pi t}{L} + \frac{1}{3^2}\cos\frac{3\pi t}{L} + \frac{1}{5^2}\cos\frac{5\pi t}{L} + \cdots\right) \tag{15}$$

可以被逐项微分，结果为

$$f'(t) = \frac{4}{\pi}\left(\sin\frac{\pi t}{L} + \frac{1}{3}\sin\frac{3\pi t}{L} + \frac{1}{5}\sin\frac{5\pi t}{L} + \cdots\right), \tag{21}$$

这是周期为 $2L$ 的方波函数的 Fourier 级数，这个方波函数在 $-L < t < 0$ 时取值 -1，在 $0 < t < L$ 时取值 1。

微分方程的 Fourier 级数解

在本章的剩余部分和第 10 章中，我们将经常需要求解一般形式的端点值问题

$$ax'' + bx' + cx = f(t) \quad (0 < t < L); \tag{22}$$

$$x(0) = x(L) = 0, \tag{23}$$

其中函数 $f(t)$ 是已知的。当然，我们可以考虑应用第 3 章的技术，通过以下步骤求解这个问题：

1. 首先求出相关齐次微分方程的通解 $x_c = c_1 x_1 + c_2 x_2$；
2. 然后求出非齐次方程 (22) 的单个特解 x_p；
3. 最后，确定常数 c_1 和 c_2，使 $x = x_c + x_p$ 满足端点条件 (23)。

然而，在许多问题中，下面的 Fourier 级数法更方便、更有用。我们首先以适当的方式将函数 $f(t)$ 的定义延拓到区间 $-L < t < 0$，然后利用周期性条件 $f(t+2L) = f(t)$ 延拓到整个实轴。那么函数 f 若分段光滑，则有 Fourier 级数

$$f(t) = \frac{A_0}{2} + \sum_{n=1}^{\infty} \left(A_n \cos \frac{n\pi t}{L} + B_n \sin \frac{n\pi t}{L} \right), \tag{24}$$

其中包含我们可以计算的系数 $\{A_n\}$ 和 $\{B_n\}$。然后我们假设微分方程 (22) 具有 Fourier 级数形式的解

$$x(t) = \frac{a_0}{2} + \sum_{n=1}^{\infty} \left(a_n \cos \frac{n\pi t}{L} + b_n \sin \frac{n\pi t}{L} \right), \tag{25}$$

并且可以对这个级数有效地逐项微分两次。为了试图确定式 (25) 中的系数，我们首先将式 (24) 和式 (25) 中的级数代入微分方程 (22)，然后令同类项的系数相等，这与普通待定系数法相似（参见 3.5 节），只不过现在我们有无穷多个系数要确定。如果这个过程以所得级数式 (25) 也满足端点条件 (23) 的方式进行，那么我们就有了原端点值问题的"Fourier 级数形式解"，即一个需要对假设的逐项可微性进行验证的解。例题 2 将说明这个过程。

例题 2　**端点值问题**　求下列端点值问题的 Fourier 级数形式解：

$$x'' + 4x = 4t, \tag{26}$$

$$x(0) = x(1) = 0。\tag{27}$$

解答：此处当 $0 < t < 1$ 时，$f(t) = 4t$。我们在前面没有明确说明，关键的第一步是选择周期延拓函数 $f(t)$，使其 Fourier 级数中的每项都满足端点条件 (27)。为此，我们选择周期为 2 的奇延拓，因为形如 $\sin n\pi t$ 的每项都满足式 (27)。然后根据级数式 (16)，其中 $L = 1$，我们得到 Fourier 级数

$$4t = \frac{8}{\pi} \sum_{n=1}^{\infty} \frac{(-1)^{n+1}}{n} \sin n\pi t, \tag{28}$$

其中 $0 < t < 1$。因此我们期望得到一个正弦级数解

$$x(t) = \sum_{n=1}^{\infty} b_n \sin n\pi t, \tag{29}$$

注意任何这样的级数都满足端点条件式 (27)。当我们将式 (28) 和式 (29) 中的级数代入方程 (26)，结果为

$$\sum_{n=1}^{\infty}(-n^2\pi^2+4)b_n\sin n\pi t=\frac{8}{\pi}\sum_{n=1}^{\infty}\frac{(-1)^{n+1}}{n}\sin n\pi t。 \qquad (30)$$

接下来，我们令方程 (30) 中同类项的系数相等，由此得到

$$b_n=\frac{8\cdot(-1)^{n+1}}{n\pi(4-n^2\pi^2)},$$

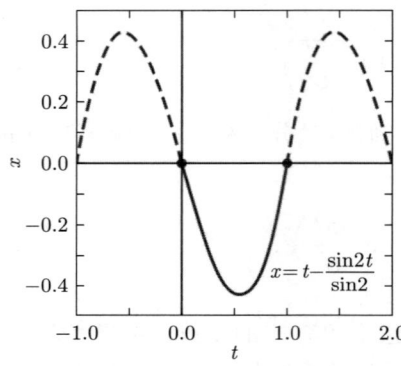

图 9.3.6　例题 2 中解的图形

所以我们的 Fourier 级数形式解为

$$x(t)=\frac{8}{\pi}\sum_{n=1}^{\infty}\frac{(-1)^{n+1}\sin n\pi t}{n(4-n^2\pi^2)}。 \qquad (31)$$

在习题 16 中，我们要求你推导出精确解

$$x(t)=t-\frac{\sin 2t}{\sin 2} \qquad (0\leqslant t\leqslant 1), \qquad (32)$$

并验证式 (31) 是这个解的周期为 2 的奇延拓函数的 Fourier 级数。

图 9.3.6 中的虚线曲线是通过对 Fourier 级数式 (31) 的前 10 项求和绘制而成。区间 $0\leqslant t\leqslant 1$ 上的实线曲线是精确解式 (32) 的图形。∎

Fourier 级数的逐项积分

下面的定理 2 保证了总是可以对分段连续周期函数的 Fourier 级数进行逐项积分，不管它是否收敛！习题 25 给出了证明。

> **定理 2　Fourier 级数的逐项积分**
> 假设 f 是分段连续周期函数，它的周期为 $2L$，且 Fourier 级数为
>
> $$f(t)\sim\frac{a_0}{2}+\sum_{n=1}^{\infty}\left(a_n\cos\frac{n\pi t}{L}+b_n\sin\frac{n\pi t}{L}\right), \qquad (33)$$
>
> 它可能不收敛。那么
>
> $$\int_0^t f(s)\mathrm{d}s=\frac{a_0 t}{2}+\sum_{n=1}^{\infty}\frac{L}{n\pi}\left[a_n\sin\frac{n\pi t}{L}-b_n\left(\cos\frac{n\pi t}{L}-1\right)\right], \qquad (34)$$
>
> 该式右侧级数对所有 t 都收敛。注意，式 (34) 中的级数是对式 (33) 中的级数逐项积分的结果，但若 $a_0\neq 0$，则由于其线性初始项 $\frac{1}{2}a_0 t$ 的存在，它不是 Fourier 级数。

例题 3 让我们试着在 $f(t)$ 是周期为 2π 的函数且

$$f(t) = \begin{cases} -1, & -\pi < t < 0; \\ 1, & 0 < t < \pi \end{cases} \tag{35}$$

的情况下验证定理 2 的结论。根据 9.1 节例题 1，f 的 Fourier 级数为

$$f(t) = \frac{4}{\pi}\left(\sin t + \frac{1}{3}\sin 3t + \frac{1}{5}\sin 5t + \cdots\right). \tag{36}$$

那么定理 2 表明

$$F(t) = \int_0^t f(s)\mathrm{d}s$$
$$= \int_0^t \frac{4}{\pi}\left(\sin s + \frac{1}{3}\sin 3s + \frac{1}{5}\sin 5s + \cdots\right)\mathrm{d}s$$
$$= \frac{4}{\pi}\left[(1-\cos t) + \frac{1}{3^2}(1-\cos 3t) + \frac{1}{5^2}(1-\cos 5t) + \cdots\right].$$

所以

$$\begin{aligned}F(t) = &\frac{4}{\pi}\left(1 + \frac{1}{3^2} + \frac{1}{5^2} + \cdots\right) - \\ &\frac{4}{\pi}\left(\cos t + \frac{1}{3^2}\cos 3t + \frac{1}{5^2}\cos 5t + \cdots\right).\end{aligned} \tag{37}$$

另一方面，对式 (35) 直接积分可得

$$F(t) = \int_0^t f(s)\mathrm{d}s = |t| = \begin{cases} -t, & -\pi < t < 0, \\ t, & 0 < t < \pi. \end{cases}$$

由本节例题 1（其中 $L = \pi$）可知

$$|t| = \frac{\pi}{2} - \frac{4}{\pi}\left(\cos t + \frac{1}{3^2}\cos 3t + \frac{1}{5^2}\cos 5t + \cdots\right). \tag{38}$$

我们还可以从 9.2 节式 (18) 得知

$$1 + \frac{1}{3^2} + \frac{1}{5^2} + \frac{1}{7^2} + \cdots = \frac{\pi^2}{8},$$

所以由此可知式 (37) 和式 (38) 中的两个级数确实是相同的。■

习题

在习题 1~10 中，已知在区间 $0 < t < L$ 上定义的函数 $f(t)$。求出 f 的 Fourier 余弦级数和正弦级数，并绘制这两个级数收敛到的 f 的两个延拓函数的图形。

1. $f(t) = 1,\ 0 < t < \pi$
2. $f(t) = 1 - t,\ 0 < t < 1$

3. $f(t) = 1-t$, $0 < t < 2$

4. $f(t) = \begin{cases} t, & 0 < t \leqslant 1; \\ 2-t, & 1 \leqslant t < 2 \end{cases}$

5. $f(t) = \begin{cases} 0, & 0 < t < 1; \\ 1, & 1 < t < 2; \\ 0, & 2 < t < 3 \end{cases}$

6. $f(t) = t^2$, $0 < t < \pi$

7. $f(t) = t(\pi - t)$, $0 < t < \pi$

8. $f(t) = t - t^2$, $0 < t < 1$

9. $f(t) = \sin t$, $0 < t < \pi$

10. $f(t) = \begin{cases} \sin t, & 0 < t \leqslant \pi \\ 0, & \pi \leqslant t < 2\pi \end{cases}$

求出习题 11～14 中端点值问题的 Fourier 级数形式解。

11. $x'' + 2x = 1$, $x(0) = x(\pi) = 0$
12. $x'' - 4x = 1$, $x(0) = x(\pi) = 0$
13. $x'' + x = t$, $x(0) = x(1) = 0$
14. $x'' + 2x = t$, $x(0) = x(2) = 0$

15. 求出下列端点值问题的 Fourier 级数形式解：

$$x'' + 2x = t, \quad x'(0) = x'(\pi) = 0。$$

（提示：使用每项都满足端点条件的 Fourier 余弦级数。）

16. (a) 推导出下列端点值问题的解 $x(t) = t - (\sin 2t)/(\sin 2)$：

$$x'' + 4x = 4t, \quad x(0) = x(1) = 0。$$

(b) 证明级数式 (31) 是 (a) 部分中解的 Fourier 正弦级数。

17. (a) 假设 f 是偶函数。证明

$$\int_{-a}^{0} f(t) dt = \int_{0}^{a} f(t) dt。$$

(b) 假设 f 是奇函数。证明

$$\int_{-a}^{0} f(t) dt = -\int_{0}^{a} f(t) dt。$$

习题 18～20 探讨 Fourier 级数的逐项微分。

18. 根据 9.2 节例题 2, 在 $0 < t < 2$ 时, 周期为 2 的函数 f 满足 $f(t) = t^2$, 其 Fourier 级数为

$$f(t) = \frac{4}{3} + \frac{4}{\pi^2} \sum_{n=1}^{\infty} \frac{\cos n\pi t}{n^2} - \frac{4}{\pi} \sum_{n=1}^{\infty} \frac{\sin n\pi t}{n}。$$

证明这个级数的逐项导数不收敛于 $f'(t)$。

19. 从 Fourier 级数

$$t = 2 \sum_{n=1}^{\infty} \frac{(-1)^{n+1}}{n} \sin nt, \quad -\pi < t < \pi,$$

开始连续逐项积分三次，得到级数

$$\frac{1}{24} t^4 = \frac{\pi^2 t^2}{12} - 2 \sum_{n=1}^{\infty} \frac{(-1)^n}{n^4} \cos nt + 2 \sum_{n=1}^{\infty} \frac{(-1)^n}{n^4}。$$

20. 将 $t = \pi/2$ 和 $t = \pi$ 代入习题 19 的级数中，得到求和公式

$$\sum_{n=1}^{\infty} \frac{1}{n^4} = \frac{\pi^4}{90}, \quad \sum_{n=1}^{\infty} \frac{(-1)^{n+1}}{n^4} = \frac{7\pi^4}{720},$$

以及

$$1 + \frac{1}{3^4} + \frac{1}{5^4} + \frac{1}{7^4} + \cdots = \frac{\pi^4}{96}。$$

21. **奇半倍正弦级数** 设在 $0 < t < L$ 上给定 $f(t)$, 并在 $0 < t < 2L$ 上定义 $F(t)$ 如下：

$$F(t) = \begin{cases} f(t), & 0 < t < L; \\ f(2L-t), & L < t < 2L。 \end{cases}$$

因此 $F(t)$ 的图形关于直线 $t = L$ 对称（如图 9.3.7 所示）。那么 F 的周期为 $4L$ 的 Fourier 正弦级数为

$$F(t) = \sum_{n=1}^{\infty} b_n \sin \frac{n\pi t}{2L},$$

其中

$$b_n = \frac{1}{L} \int_0^L f(t) \sin \frac{n\pi t}{2L} dt + \frac{1}{L} \int_L^{2L} f(2L-t) \sin \frac{n\pi t}{2L} dt。$$

将 $s = 2L - t$ 代入第二个积分，推导出级数（对于 $0 < t < L$）

$$f(t) = \sum_{n\text{为奇数}} b_n \sin \frac{n\pi t}{2L},$$

其中

$$b_n = \frac{2}{L} \int_0^L f(t) \sin \frac{n\pi t}{2L} dt \quad (n \text{ 为奇数})。$$

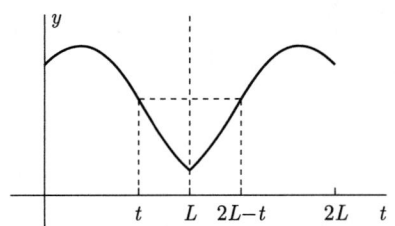

图 9.3.7　习题 21 中由 f 构造 F

22. 奇半倍余弦级数　设在 $0 < t < L$ 上给定 $f(t)$，并在 $0 < t < 2L$ 上定义 $G(t)$ 如下：

$$G(t) = \begin{cases} f(t), & 0 < t < L; \\ -f(2L - t), & L < t < 2L. \end{cases}$$

使用 $G(t)$ 的周期为 $4L$ 的 Fourier 余弦级数，以推导出级数（对于 $0 < t < L$）

$$f(t) = \sum_{n\text{为奇数}} a_n \cos \frac{n\pi t}{2L},$$

其中

$$a_n = \frac{2}{L} \int_0^L f(t) \cos \frac{n\pi t}{2L} dt \quad (n \text{ 为奇数})。$$

23. 给定：$f(t) = t$，$0 < t < \pi$。推导出奇半倍正弦级数（习题 21）

$$f(t) = \frac{8}{\pi} \sum_{n\text{为奇数}} \frac{(-1)^{(n-1)/2}}{n^2} \sin \frac{nt}{2}。$$

24. 给定端点值问题

$$x'' - x = t, \quad x(0) = 0, \quad x'(\pi) = 0,$$

注意，$\sin(nt/2)$ 的任意常数倍在 n 为奇数时都满足端点条件。因此，使用习题 23 中的奇半倍正弦级数，推导出 Fourier 级数形式解

$$x(t) = \frac{32}{\pi} \sum_{n\text{为奇数}} \frac{(-1)^{(n+1)/2}}{n^2(n^2 + 4)} \sin \frac{nt}{2}。$$

25. 在这道题中，我们概述定理 2 的证明。假设 $f(t)$ 是周期为 $2L$ 的分段连续函数。定义

$$F(t) = \int_0^t \left[f(s) - \frac{1}{2} a_0 \right] ds,$$

其中 $\{a_n\}$ 和 $\{b_n\}$ 表示 $f(t)$ 的 Fourier 系数。
(a) 直接证明 $F(t+2L) = F(t)$，所以 F 是周期为 $2L$ 的连续函数，因此具有收敛的 Fourier 级数

$$F(t) = \frac{A_0}{2} + \sum_{n=1}^{\infty} \left(A_n \cos \frac{n\pi t}{L} + B_n \sin \frac{n\pi t}{L} \right)。$$

(b) 假设 $n \geqslant 1$。通过直接计算证明

$$A_n = -\frac{L}{n\pi} b_n \quad \text{和} \quad B_n = \frac{L}{n\pi} a_n。$$

(c) 因此

$$\int_0^t f(s) ds = \frac{t}{2} a_0 + \frac{1}{2} A_0 +$$
$$\sum_{n=1}^{\infty} \frac{L}{n\pi} \left(a_n \sin \frac{n\pi t}{L} - b_n \cos \frac{n\pi t}{L} \right)。$$

最后，将 $t = 0$ 代入可得

$$\frac{1}{2} A_0 = \sum_{n=1}^{\infty} \frac{L}{n\pi} b_n。$$

应用 分段光滑函数的 Fourier 级数

请访问 bit.ly/3BleJv9,利用 Maple、Mathematica 和 MATLAB 等计算资源对此主题进行更多讨论和探索。

大多数计算机代数系统都允许使用单位阶跃函数以高效推导"分段定义"函数的 Fourier 级数。这里我们将演示如何使用 Maple 来实现这个目的。Mathematica 和 MATLAB 版本可以在本书前言中提到的"扩展应用"中找到。

设"单位函数"unit(t, a, b) 在区间 $a \leqslant t < b$ 上的值为 1, 在其他地方的值为 0。然后,我们可以将给定的分段光滑函数 $f(t)$ 定义为与该函数光滑的分离区间对应的不同单位函数的"线性组合",即每个区间上的单位函数乘以该区间上定义 $f(t)$ 的公式。例如,考虑周期为 2π 的偶函数,其图形如图 9.3.8 所示。这个"梯形波函数"对 $0 < t < \pi$ 由下式定义

$$f(t) = \frac{\pi}{3}\text{unit}\left(t, 0, \frac{\pi}{6}\right) + \left(\frac{\pi}{2} - t\right)\text{unit}\left(t, \frac{\pi}{6}, \frac{5\pi}{6}\right) + \left(-\frac{\pi}{3}\right)\text{unit}\left(t, \frac{5\pi}{6}, \pi\right)。 \tag{1}$$

单位阶跃函数(其中 $t < 0$ 时值为 0, $t > 0$ 时值为 1) 在 Maple 中作为 "Heaviside 函数"可用。例如,Heaviside$(-2) = 0$ 和 Heaviside$(3) = 1$。在区间 $[a, b]$ 上的单位函数可以被定义为

```
unit := (t,a,b)—> Heaviside(t-a)- Heaviside(t-b):
```

那么式 (1) 中的梯形波函数在 $0 \leqslant t \leqslant \pi$ 上被定义为

```
f : = t —> (Pi/3)*unit(t, 0, Pi/6)+
            (Pi/2 - t )*unit(t, Pi/6, 5*Pi/6)+
            (-Pi/3)*unit(t, 5*Pi/6, Pi):
```

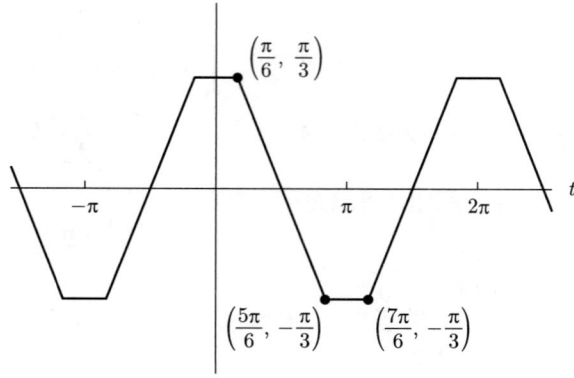

图 9.3.8 周期为 2π 的偶梯形波函数

现在我们可以计算余弦级数 $f(t) = \dfrac{1}{2}a_0 + \sum a_n \cos nt$ 中的 Fourier 系数：

```
a := n —> (2/Pi)*int(f(t)*cos(n*t), t=0..Pi);
```

然后我们得出此级数的典型部分和可由下列命令给出：

```
fourierSum := a(0)/2 + sum(a(n)*cos(n*t), n=1..25);
```

$$fourierSum := 2\frac{\sqrt{3}\cos(t)}{\pi} - \frac{2}{25}\frac{\sqrt{3}\cos(5t)}{\pi} - \frac{2}{49}\frac{\sqrt{3}\cos(7t)}{\pi} +$$
$$\frac{2}{121}\frac{\sqrt{3}\cos(11t)}{\pi} + \frac{2}{169}\frac{\sqrt{3}\cos(13t)}{\pi} - \frac{2}{289}\frac{\sqrt{3}\cos(17t)}{\pi} -$$
$$\frac{2}{361}\frac{\sqrt{3}\cos(19t)}{\pi} + \frac{2}{529}\frac{\sqrt{3}\cos(23t)}{\pi} + \frac{2}{625}\frac{\sqrt{3}\cos(25t)}{\pi}$$

于是我们发现了迷人的 Fourier 级数

$$f(t) = \frac{2\sqrt{3}}{\pi}\sum\frac{(\pm)\cos nt}{n^2}, \tag{2}$$

其符号模式为 $++--++--++$，并且是对所有非 3 的倍数的正奇数 n 求和。你可以输入命令

```
plot(fourierSum, t=-2*Pi..3*Pi);
```

以验证这个 Fourier 级数与图 9.3.8 一致。

练习

你可以应用这种方法求出下面周期为 2π 的函数的 Fourier 级数：
1. 如图 9.3.9 所示的偶方波函数；
2. 分别如图 9.2.4 和图 9.3.10 所示的偶三角波函数和奇三角波函数；

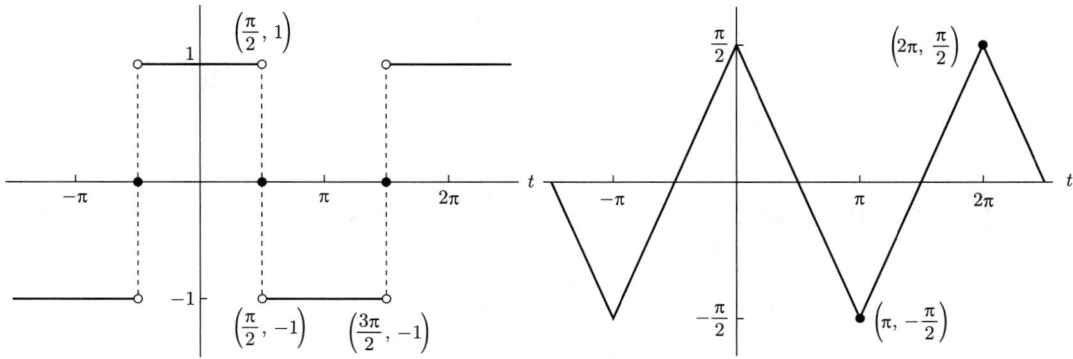

图 9.3.9　周期为 2π 的偶方波函数　　图 9.3.10　周期为 2π 的偶三角波函数

3. 如图 9.2.5 所示的奇梯形波函数。

然后用类似的方法求出你自己选择的一些分段光滑函数的 Fourier 级数,也许这些函数周期不是 2π,并且既非偶函数也非奇函数。

9.4 Fourier 级数的应用

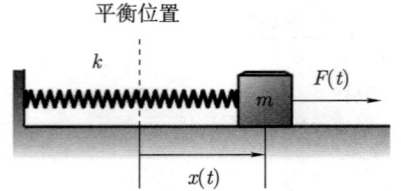

图 9.4.1 具有外力作用的质量块和弹簧系统

如图 9.4.1 所示,我们首先考虑在周期性外力 $F(t)$ 作用下,质量块 m 在胡克常数为 k 的弹簧上的无阻尼运动。它距离平衡位置的位移 $x(t)$ 满足我们熟悉的方程

$$mx'' + kx = F(t)。 \tag{1}$$

方程 (1) 的通解的形式为

$$x(t) = c_1 \cos \omega_0 t + c_2 \sin \omega_0 t + x_p(t), \tag{2}$$

其中 $\omega_0 = \sqrt{k/m}$ 为系统的固有频率,$x_p(t)$ 是方程 (1) 的特解。c_1 和 c_2 的值由初始条件决定。这里我们想利用 Fourier 级数求出方程 (1) 的一个周期特解。我们将用 $x_{\rm sp}(t)$ 表示它,并称其为**稳态周期解**。

为了简单起见,我们假设 $F(t)$ 是一个周期为 $2L$ 的奇函数,所以其 Fourier 级数具有形式

$$F(t) = \sum_{n=1}^{\infty} B_n \sin \frac{n\pi t}{L}。 \tag{3}$$

如果对于任意正整数 n,$n\pi/L$ 不等于 ω_0,那么我们可以确定如下形式的稳态周期解:

$$x_{\rm sp}(t) = \sum_{n=1}^{\infty} b_n \sin \frac{n\pi t}{L}, \tag{4}$$

然后通过将式 (3) 和式 (4) 中的级数代入方程 (1) 来确定式 (4) 中的系数。例题 1 将说明这个过程。

例题 1 **质量块–弹簧系统** 假设 $m = 2$ kg,$k = 32$ N/m,并且 $F(t)$ 是一个周期为 2 s 的奇周期力,它在一个周期内的表达式为

$$F(t) = \begin{cases} 10 \text{ N}, & 0 < t < 1; \\ -10 \text{ N}, & 1 < t < 2。 \end{cases} \tag{5}$$

求出稳态周期运动解 $x_{\rm sp}(t)$。

解答: 周期外力函数 $F(t)$ 的图形如图 9.4.2 所示。采用与 9.1 节例题 1 中基本相同的

计算，可得 $F(t)$ 的 Fourier 级数为

$$F(t) = \frac{40}{\pi} \sum_{n\text{为奇数}} \frac{\sin n\pi t}{n}; \tag{6}$$

注意，它只包含 n 为奇数时对应的项。当我们将这个级数以及同样只包含奇数项的试验解

$$x_{\text{sp}}(t) = \sum_{n\text{为奇数}} b_n \sin n\pi t \tag{7}$$

代入方程 (1) 时，其中 $m = 2$ 和 $k = 32$，可得

$$\sum_{n\text{为奇数}} b_n(-2n^2\pi^2 + 32)\sin n\pi t = \frac{40}{\pi} \sum_{n\text{为奇数}} \frac{\sin n\pi t}{n}。$$

我们令同类项的系数相等，结果是

$$b_n = \frac{20}{n\pi(16 - n^2\pi^2)}, \quad n \text{ 为奇数}。$$

因此

$$x_{\text{sp}}(t) = \frac{20}{\pi} \sum_{n\text{为奇数}} \frac{\sin n\pi t}{n(16 - n^2\pi^2)}。 \tag{8}$$

式 (8) 中的每一项关于 $t = \frac{1}{2}$ 对称的事实表明，当 $t = \frac{1}{2}$ 时，$x_{\text{sp}}(t)$ 取最大值，正如图 9.4.3 中的图形所示。假设这是事实，我们发现稳态周期运动的振幅为

$$x_{\text{sp}}\left(\frac{1}{2}\right) = \frac{20}{\pi} \sum_{n\text{为奇数}} \frac{1}{n(16 - n^2\pi^2)} \sin\frac{n\pi}{2}。$$

由前 100 项得到适当的四位小数值 $x\left(\frac{1}{2}\right) \approx 1.0634$ m。∎

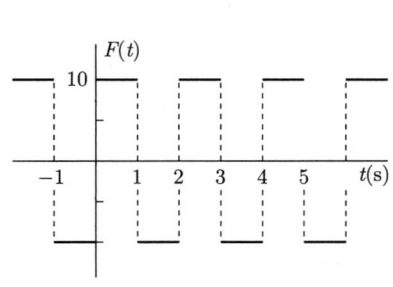

图 9.4.2 例题 1 中外力函数的图形

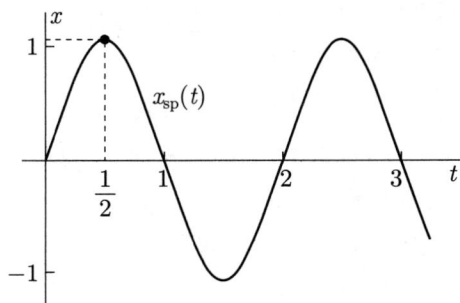

图 9.4.3 稳态周期解 $x_{\text{sp}}(t)$ 的图形

周期解 $x_{\text{sp}}(t)$ 是相关齐次方程为 $x'' + 16x = 0$ 的非齐次微分方程 $2x'' + 32x = F(t)$

的单个特解。因此其通解具有如下形式：

$$x(t) = A\cos 4t + B\sin 4t + x_{\text{sp}}(t),$$

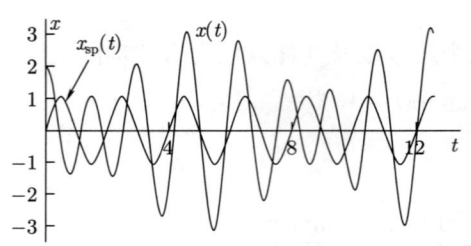

图 9.4.4 稳态周期解 $x_{\text{sp}}(t)$ 和非周期解 $x(t)$

从而除非 $A = B = 0$，否则上述通解是周期为 2 和 $2\pi/4 = \pi/2$ 的周期函数之和。因为由数值计算可得 $x_{\text{sp}}(0) = 0$ 和 $x'_{\text{sp}}(0) \approx 2.7314$，所以只有当 $x(0)$ 和 $x'(0)$ 取这些特定初始值时，周期为 $\pi/2$ 的两项才会消失，留下周期为 2 的解 $x_{\text{sp}}(t)$。对于任何其他初始条件，A 或 B（或两者）非零，此时对应的解是周期之比为无理数的两个振动的叠加（参见习题 19 和习题 20）。例如，图 9.4.4 显示了周期解 $x_{\text{sp}}(t)$ 以及满足初始条件 $x(0) = 2$ 和 $x'(0) = 0$ 且呈现出非周期性的解 $x(t)$ 的图形。

纯共振

如果在方程 (1) 中外力函数 $F(t)$ 的 Fourier 级数中存在一个非零项 $B_N \sin(N\pi t/L)$，其中 $N\pi/L = \omega_0$，那么这一项会引起纯共振。原因在于方程

$$mx'' + kx = B_N \sin\omega_0 t$$

有共振解

$$x(t) = -\frac{B_N}{2m\omega_0} t\cos\omega_0 t,$$

其中 $\omega_0 = \sqrt{k/m}$。那么在这种情况下，与式 (4) 对应的解为

$$x(t) = -\frac{B_N}{2m\omega_0} t\cos\omega_0 t + \sum_{n\neq N} \frac{B_N}{m(\omega_0^2 - n^2\pi^2/L^2)} \sin\frac{n\pi t}{L}。 \tag{9}$$

例题 2 共振 与例题 1 一致，假设 $m = 2$ kg 和 $k = 32$ N/m。如果 $F(t)$ 是周期奇函数，并且在一个周期内的定义如下

(a) $F(t) = \begin{cases} 10, & 0 < t < \pi; \\ -10, & \pi < t < 2\pi, \end{cases}$

(b) $F(t) = 10t, \quad -\pi < t < \pi,$

确定是否会发生纯共振。

解答：(a) 固有频率为 $\omega_0 = 4$，$F(t)$ 的 Fourier 级数为

$$F(t) = \frac{40}{\pi}\left(\sin t + \frac{1}{3}\sin 3t + \frac{1}{5}\sin 5t + \cdots\right)。$$

因为这个级数不包含 $\sin 4t$ 项，所以不会发生共振。

(b) 在这种情况下，Fourier 级数为

$$F(t) = 20 \sum_{n=1}^{\infty} \frac{(-1)^{n+1}}{n} \sin nt。$$

因为存在含有因子 $\sin 4t$ 的项，所以会发生纯共振。 ∎

例题 3 将说明，当解中的某一项因为其频率接近固有频率 ω_0 而被放大时，可能发生近共振。

例题 3 求出下列方程的稳态周期解：

$$x'' + 10x = F(t), \tag{10}$$

其中 $F(t)$ 是周期为 4 的函数，且当 $-2 < t < 2$ 时，$F(t) = 5t$，其 Fourier 级数为

$$F(t) = \frac{20}{\pi} \sum_{n=1}^{\infty} \frac{(-1)^{n+1}}{n} \sin \frac{n\pi t}{2}。 \tag{11}$$

解答：当我们将式 (11) 和

$$x_{\text{sp}}(t) = \sum_{n=1}^{\infty} b_n \sin \frac{n\pi t}{2}$$

代入方程 (10)，可得

$$\sum_{n=1}^{\infty} b_n \left(-\frac{n^2 \pi^2}{4} + 10 \right) \sin \frac{n\pi t}{2} = \frac{20}{\pi} \sum_{n=1}^{\infty} \frac{(-1)^{n+1}}{n} \sin \frac{n\pi t}{2}。$$

我们令同类项的系数相等，解出 b_n，从而得到稳态周期解

$$x_{\text{sp}}(t) = \frac{80}{\pi} \sum_{n=1}^{\infty} \frac{(-1)^{n+1}}{n(40 - n^2 \pi^2)} \sin \frac{n\pi t}{2}$$

$$\approx (0.8452) \sin \frac{\pi t}{2} - (24.4111) \sin \frac{2\pi t}{2} - (0.1738) \sin \frac{3\pi t}{2} + \cdots。$$

第二项非常大的幅值是因为 $\omega_0 = \sqrt{10} \approx \pi = 2\pi/2$。因此，由微分方程 (10) 控制的弹簧的主导运动会是频率为 π 弧度每秒、周期为 2 s、振幅约为 24 的振动，其图形与图 9.4.5 中所示的 $x_{\text{sp}}(t)$ 的图形一致。 ∎

阻尼受迫振动

现在我们考虑在周期性外力 $F(t)$ 作用下，质量块 m 在同时连接胡可常数为 k 的弹簧和阻尼常数为 c 的阻尼器时的运动（如图 9.4.6 所示）。质量块距离平衡位置的位移 $x(t)$ 满足方程

$$mx'' + cx' + kx = F(t)。 \tag{12}$$

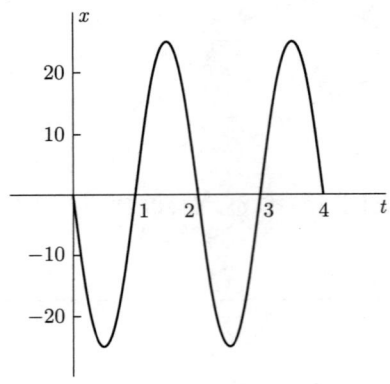

图 9.4.5 $x_{\rm sp}(t)$ 的图形

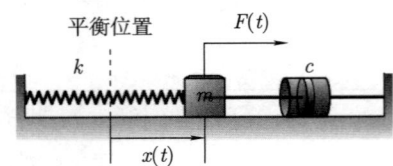

图 9.4.6 具有外力作用的质量块-弹簧阻尼系统

回顾 3.6 节习题 25, 当 $F(t) = F_0 \sin \omega t$ 时, 方程 (12) 的稳态周期解为

$$x(t) = \frac{F_0}{\sqrt{(k - m\omega^2)^2 + (c\omega)^2}} \sin(\omega t - \alpha), \tag{13}$$

其中

$$\alpha = \tan^{-1} \frac{c\omega}{k - m\omega^2}, \quad 0 \leqslant \alpha \leqslant \pi_\circ \tag{14}$$

如果 $F(t)$ 是周期为 $2L$ 的奇函数, 其 Fourier 级数为

$$F(t) = \sum_{n=1}^{\infty} B_n \sin \frac{n\pi t}{L}, \tag{15}$$

那么通过叠加, 由上述公式可得稳态周期解

$$x_{\rm sp}(t) = \sum_{n=1}^{\infty} \frac{B_n \sin(\omega_n t - \alpha_n)}{\sqrt{(k - m\omega_n^2)^2 + (c\omega_n)^2}}, \tag{16}$$

其中 $\omega_n = n\pi/L$, 而 α_n 是根据 ω 的这个值由式 (14) 确定的角度。例题 4 将说明一个有趣的事实, 即稳态周期解的主频率可以是力 $F(t)$ 的频率的整数倍。

例题 4 **质量块--弹簧阻尼系统** 假设 $m = 3$ kg, $c = 0.02$ N/m/s, $k = 27$ N/m, $F(t)$ 是周期为 2π 的奇函数, 且当 $0 < t < \pi$ 时, $F(t) = \pi t - t^2$。求出稳态周期运动 $x_{\rm sp}(t)$。

解答: 我们发现 $F(t)$ 的 Fourier 级数为

$$F(t) = \frac{8}{\pi} \left(\sin t + \frac{1}{3^3} \sin 3t + \frac{1}{5^3} \sin 5t + \cdots \right)_\circ \tag{17}$$

因此, 当 n 为偶数时, $B_n = 0$, 当 n 为奇数时, $B_n = 8/(\pi n^3)$, 且 $\omega_n = n$。由式 (16) 可得

$$x_{\rm sp}(t) = \frac{8}{\pi} \sum_{n\text{为奇数}} \frac{\sin(nt - \alpha_n)}{n^3 \sqrt{(27 - 3n^2)^2 + (0.02n)^2}}, \tag{18}$$

其中

$$\alpha_n = \tan^{-1} \frac{(0.02)n}{27 - 3n^2}, \qquad 0 \leqslant \alpha_n \leqslant \pi。 \tag{19}$$

借助于可编程计算器，我们可以得到

$$\begin{aligned} x_{\rm sp}(t) \approx & (0.1061)\sin(t - 0.0008) + (1.5719)\sin\left(3t - \frac{1}{2}\pi\right) \\ & + (0.0004)\sin(5t - 3.1437) + (0.0001)\sin(7t - 3.1428) + \cdots。 \end{aligned} \tag{20}$$

由于 $n = 3$ 所对应的系数比其他系数大得多，所以这个系统的响应近似于频率为输入力频率三倍的正弦运动。图 9.4.7 将 $x_{\rm sp}(t)$ 与具有适当距离尺寸的按比例缩小的力 $10F(t)/k$ 进行了对比。

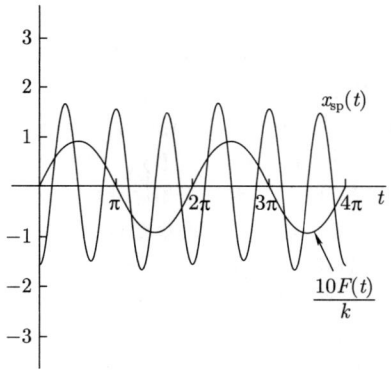
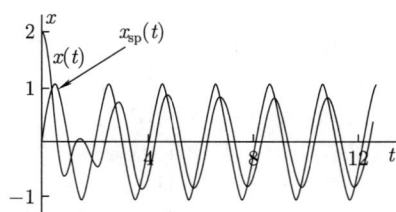

图 9.4.7　例题 4 中施加的力和由此产生的稳态周期运动　　图 9.4.8　稳态周期解 $x_{\rm sp}(t)$ 和阻尼解 $x(t)$

这里发生的事情是这样的：在 $k = 27$ 的弹簧上的 $m = 3$ 的质量块（如果我们忽略阻尼器的小影响）具有固有频率 $\omega_0 = \sqrt{k/m} = 3$ rad/s。施加的外力 $F(t)$ 的（最小）周期为 2π s，从而基频为 1 rad/s。因此，在 $F(t)$ 的 Fourier 级数 [式 (17)] 中与 $n = 3$ 对应的项的频率与系统固有频率相同。从而发生近共振振动，即在外力的每一次振动中质量块基本上完成了三次振动。这是式 (20) 右侧占主导地位的 $n = 3$ 的项的物理效应。例如，你可以把秋千上的朋友推得很高，即使你每隔三次才推一次秋千。这也解释了为什么有些变压器会在频率远高于 60 Hz 时"嗡嗡作响"。

这是在机械系统的设计中必须要考虑到的普遍现象。为了避免发生异常大且具有潜在破坏性的近共振振动，系统的设计必须使其不受任何满足如下条件的周期外力的作用：其基频的某个整数倍接近于振动的固有频率。

例题 1 续 最后，让我们在例题 1 的质量块–弹簧系统中加入一个阻尼常数为 $c = 3\text{ N/m/s}$ 的阻尼器。那么，由于 $m = 2$ 和 $k = 32$，所以此时质量块的位移函数 $x(t)$ 所满足的微分方程为

$$2x'' + 3x' + 32x = F(t), \tag{21}$$

其中 $F(t)$ 是由式 (5) 所定义的周期外力函数。图 9.4.8 显示了例题 1 中原无阻尼系统的稳态周期解 $x_{\text{sp}}(t)$ 以及方程 (21) 在初始条件 $x(0) = 2$ 和 $x'(0) = 1$ 下的数值计算解的图形。当由初始条件决定的初始瞬态解消失时，似乎阻尼解 $x(t)$ 收敛于方程 (21) 的稳态周期解。然而，我们观察到两个明显的阻尼效应：稳态周期振动的振幅减小，并且阻尼稳态振动滞后于无阻尼稳态振动。■

习题

求出习题 1~6 中每个微分方程的稳态周期解 $x_{\text{sp}}(t)$。使用计算机代数系统绘制出足够多的级数项，来确定 $x_{\text{sp}}(t)$ 的图形的视觉外观。

1. $x'' + 5x = F(t)$，其中 $F(t)$ 是周期为 2π 的函数，且当 $0 < t < \pi$ 时，$F(t) = 3$，当 $\pi < t < 2\pi$ 时，$F(t) = -3$。
2. $x'' + 10x = F(t)$，其中 $F(t)$ 是周期为 4 的偶函数，且当 $0 < t < 1$ 时，$F(t) = 3$，当 $1 < t < 2$ 时，$F(t) = -3$。
3. $x'' + 3x = F(t)$，其中 $F(t)$ 是周期为 2π 的奇函数，且当 $0 < t < \pi$ 时，$F(t) = 2t$。
4. $x'' + 4x = F(t)$，其中 $F(t)$ 是周期为 4 的偶函数，且当 $0 < t < 2$ 时，$F(t) = 2t$。
5. $x'' + 10x = F(t)$，其中 $F(t)$ 是周期为 2 的奇函数，且当 $0 < t < 1$ 时，$F(t) = t - t^2$。
6. $x'' + 2x = F(t)$，其中 $F(t)$ 是周期为 2π 的偶函数，且当 $0 < t < \pi$ 时，$F(t) = \sin t$。

在习题 7~12 中，给定质量为 m 和胡可常数为 k 的质量块–弹簧系统。确定在给定周期外力 $F(t)$ 作用下是否会发生纯共振。

7. $m = 1$，$k = 9$；$F(t)$ 是周期为 2π 的奇函数，且当 $0 < t < \pi$ 时，$F(t) = 1$。
8. $m = 2$，$k = 10$；$F(t)$ 是周期为 2 的奇函数，且当 $0 < t < 1$ 时，$F(t) = 1$。
9. $m = 3$，$k = 12$；$F(t)$ 是周期为 2π 的奇函数，且当 $0 < t < \pi$ 时，$F(t) = 3$。
10. $m = 1$，$k = 4\pi^2$；$F(t)$ 是周期为 2 的奇函数，且当 $0 < t < 1$ 时，$F(t) = 2t$。
11. $m = 3$，$k = 48$；$F(t)$ 是周期为 2π 的偶函数，且当 $0 < t < \pi$ 时，$F(t) = t$。
12. $m = 2$，$k = 50$；$F(t)$ 是周期为 2π 的奇函数，且当 $0 < t < \pi$ 时，$F(t) = \pi t - t^2$。

在习题 13~16 中，已知质量块–弹簧阻尼系统的 m，c 和 k 的值。求出质量块在给定外力 $F(t)$ 作用下形如式 (16) 的稳态周期运动。并计算 $x_{\text{sp}}(t)$ 的级数中前三个非零项的系数和相位角。

13. $m = 1$，$c = 0.1$，$k = 4$；$F(t)$ 是习题 1 中的外力。
14. $m = 2$，$c = 0.1$，$k = 18$；$F(t)$ 是习题 3 中的外力。
15. $m = 3$，$c = 1$，$k = 30$；$F(t)$ 是习题 5 中的外力。
16. $m = 1$，$c = 0.01$，$k = 4$；$F(t)$ 是习题 4 中的外力。
17. 考虑一个受迫质量块–弹簧阻尼系统，其中 $m = \dfrac{1}{4}\text{ slug}$，$c = 0.6\text{ lb/ft/s}$，$k = 36\text{ lb/ft}$。外力 $F(t)$ 是周期为 2(s) 的函数，且当 $0 < t < 1$ 时，$F(t) = 15$，当 $1 < t < 2$ 时，$F(t) = -15$。

(a) 求出如下形式的稳态周期解：

$$x_{\text{sp}}(t) = \sum_{n=1}^{\infty} b_n \sin(n\pi t - \alpha_n).$$

(b) 求出 $t = 5$ s 时质量块的位置，精确到十分之一英寸。

18. 考虑一个受迫质量块-弹簧阻尼系统，其中 $m = 1$，$c = 0.01$ 和 $k = 25$。外力 $F(t)$ 是周期为 2π 的奇函数，且当 $0 < t < \pi/2$ 时，$F(t) = t$，当 $\pi/2 < t < \pi$ 时，$F(t) = \pi - t$。求出稳态周期运动；计算其足够多的级数项，以看出运动的主频率是外力频率的五倍。

19. 周期函数 假设函数 $f(t)$ 和 $g(t)$ 是周期分别为 P 和 Q 的周期函数。若它们的周期之比 P/Q 是一个有理数，那么证明 $f(t) + g(t)$ 是一个周期函数。

20. 如果 p/q 是无理数，证明函数 $f(t) = \cos pt + \cos qt$ 不是周期函数。

提示：证明假设 $f(t+L) = f(t)$（将 $t = 0$ 代入）将意味着 p/q 是有理数。

9.5 热传导问题与变量分离法

Fourier 级数最重要的应用就是借助于本节将介绍的变量分离法求解偏微分方程。回顾一下，偏微分方程是包含一个或多个因变量的偏导数的方程，且因变量至少是两个自变量的函数。例如，**一维热传导方程**

$$\frac{\partial u}{\partial t} = k\frac{\partial^2 u}{\partial x^2}, \tag{1}$$

其中因变量 u 是 x 和 t 的未知函数，k 是给定的正常数。

加热棒

方程 (1) 模拟了在沿 x 轴延伸的加热棒中温度 u 随位置 x 和时间 t 的变化。我们假设该棒具有垂直于轴且面积为 A 的均匀横截面，并且它是由均质材料制成的。我们进一步假设该棒的横截面非常小，以至于 u 在每个横截面上都是恒定的，并且棒的侧表面是隔热的，所以没有热量可以通过它。那么实际上 u 是 x 和 t 的函数，热量沿着棒只在 x 方向上流动。通常，我们将热量想象成像流体一样从物体较热的部位流向较冷的部位。

棒内的**热通量** $\phi(x, t)$ 是在 t 时刻（沿正 x 方向）通过 x 处的棒截面单位面积的热流速率。ϕ 的典型单位是卡路里（热量）每秒每平方厘米（面积）。方程 (1) 的推导基于经验原理

$$\phi = -K\frac{\partial u}{\partial x}, \tag{2}$$

其中正比例常数 K 被称为棒材料的**导热系数**。注意，若 $u_x > 0$，则 $\phi < 0$，这意味着热量沿负 x 方向流动，而若 $u_x < 0$，则 $\phi > 0$，所以热量沿正 x 方向流动。因此，热流速率与 $|u_x|$ 成正比，并且热流方向沿着温度 u 下降的方向。简而言之，热量从温暖的地方流向凉爽的地方，而不会反过来。

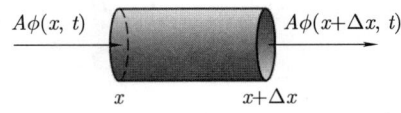

图 9.5.1 进入一小段棒的净热流量

现在考虑与区间 $[x, x + \Delta x]$ 对应的一小段棒，如图 9.5.1 所示。通过其两端流入这段棒的热流速率 R（单位是卡路里每秒）为

$$R = A\phi(x,\ t) - A\phi(x+\Delta x,\ t)$$
$$= KA\left[u_x(x+\Delta x,\ t) - u_x(x,\ t)\right]。\tag{3}$$

由此产生的这段棒内温度的时间变化率 u_t 取决于其密度 δ（单位是克每立方厘米）和比热 c（均假定为常数）。**比热** c 是 1 g 物质的温度升高 1°C（摄氏度）所需的热量（以卡路里为单位）。因此，将 $1\ \text{cm}^3$ 的材料从温度为零升高到温度为 u 需要 $c\delta u$ 卡路里的热量。长度为 $\text{d}x$ 的一小段棒的体积为 $A\text{d}x$，所以将这一小段棒的温度从 0 升高到 u 需要 $c\delta u A\text{d}x$ 卡路里的热量。$[x,\ x+\Delta x]$ 段棒上的**热焓**

$$Q(t) = \int_x^{x+\Delta x} c\delta A u(x,\ t)\text{d}x \tag{4}$$

是将其从温度零升高到给定温度 $u(x,\ t)$ 所需要的热量。由于热量只从其端部进出这段棒，所以由式 (3) 可知

$$Q'(t) = KA\left[u_x(x+\Delta x,\ t) - u_x(x,\ t)\right], \tag{5}$$

其中用到 $R = \text{d}Q/\text{d}t$。因此，通过对式 (4) 在积分内微分并应用积分中值定理，对 $(x,\ x+\Delta x)$ 内的某个 $\overline{x}$，我们得到

$$Q'(t) = \int_x^{x+\Delta x} c\delta A u_t(x,\ t)\text{d}x = c\delta A u_t(\overline{x},\ t)\Delta x。\tag{6}$$

令式 (5) 和式 (6) 中的值相等，可得

$$c\delta A u_t(\overline{x},\ t)\Delta x = KA\left[u_x(x+\Delta x,\ t) - u_x(x,\ t)\right], \tag{7}$$

所以

$$u_t(\overline{x},\ t) = k\frac{u_x(x+\Delta x,\ t) - u_x(x,\ t)}{\Delta x}, \tag{8}$$

其中

$$k = \frac{K}{c\delta} \tag{9}$$

是材料的**热扩散系数**。我们现在取当 $\Delta x \to 0$ 时的极限，所以 $\overline{x} \to x$（因为 $\overline{x}$ 位于左端点 x 固定的区间 $[x,\ x+\Delta x]$ 内）。那么方程 (8) 的两侧趋近于下列一维热传导方程的两侧

$$\frac{\partial u}{\partial t} = k\frac{\partial^2 u}{\partial x^2}。\tag{1}$$

因此，具有隔热侧面的细棒的温度 $u(x,\ t)$ 必须满足这个偏微分方程。

边界条件

现在假设棒具有有限长度 L，从 $x = 0$ 延伸到 $x = L$。在附加适当条件的方程 (1) 的所有可能解中确定其温度函数 $u(x,\ t)$。事实上，常微分方程的解包含任意常数，而偏微分

方程的解通常包含任意函数。在加热棒的实例中，我们可以指定它在 $t = 0$ 时刻的温度函数 $f(x)$。这给出了初始条件

$$u(x, 0) = f(x)。 \tag{10}$$

我们也可以在棒的两端指定固定的温度。例如，如果将每端夹在一大块零度的冰上，那么我们就有端点条件

$$u(0, t) = u(L, t) = 0 \quad （对所有 t > 0）。 \tag{11}$$

把所有这些结合起来，我们得到**边界值问题**

$$\frac{\partial u}{\partial t} = k\frac{\partial^2 u}{\partial x^2} \qquad (0 < x < L, \ t > 0); \tag{12a}$$

$$u(0, t) = u(L, t) = 0, \qquad (t > 0), \tag{12b}$$

$$u(x, 0) = f(x) \qquad (0 < x < L)。 \tag{12c}$$

图 9.5.2 给出了对边界值问题 (12) 的几何解释：我们要找到一个函数 $u(x, t)$，它在 xt 平面的灰色无界带状区域（包括其边界）上连续。这个函数在带状区域内部各点处必须满足微分方程 (12a)，并且在带状区域的边界上必须具有由式 (12b) 和式 (12c) 中边界条件规定的值。物理直觉表明，若 $f(x)$ 是一个合理函数，则存在且只存在一个这样的函数 $u(x, t)$。

棒的两端可能是隔热的，而不是具有固定温度。在这种情况下，没有热量从两端流过，所以由式 (2) 可知，在边界值问题中，条件式 (12b) 将被如下端点条件所取代：

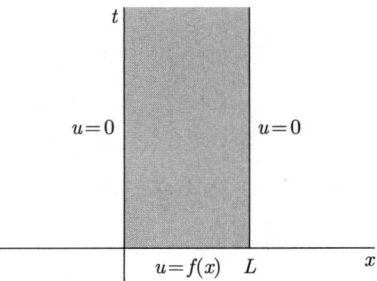

图 9.5.2　方程 (12a) 至方程 (12c) 中边界值问题的几何解释

$$u_x(0, t) = u_x(L, t) = 0, \tag{13}$$

（对于所有 t 成立）。或者，棒可以一端隔热，另一端具有固定温度。这种情况和端点的其他可能性将在习题中进行讨论。

解的叠加

注意热传导方程 (12a) 是线性的。也就是说，方程 (12a) 的两个解的任意线性组合 $u = c_1 u_1 + c_2 u_2$ 也是 (12a) 的解；这可以由偏微分的线性性质直接推导出来。如果 u_1 和 u_2 都满足条件 (12b)，那么任意线性组合 $u = c_1 u_1 + c_2 u_2$ 亦满足。因此，条件式 (12b) 被称为**齐次边界条件**（不过更具描述性的术语可能是线性边界条件）。对比之下，最后的边界条件式 (12c) 不是齐次的，它是**非齐次边界条件**。

我们求解边界值问题 (12) 的总体策略是，求出既满足偏微分方程 (12a) 又满足齐次边界条件式 (12b) 的函数 $u_1, u_2, u_3, \cdots$，然后尝试通过叠加将这些函数组合起来，就好

像它们是积木一样,希望得到一个解 $u = c_1u_1 + c_2u_2 + \cdots$,而这个解也满足非齐次条件式 (12c)。例题 1 说明了这种方法。

例题 1 通过直接代换,很容易验证函数

$$u_1(x, t) = \mathrm{e}^{-t}\sin x, \quad u_2(x, t) = \mathrm{e}^{-4t}\sin 2x \quad \text{和} \quad u_3(x, t) = \mathrm{e}^{-9t}\sin 3x$$

均满足方程 $u_t = u_{xx}$。利用这些函数构造如下边界值问题的解:

$$\frac{\partial u}{\partial t} = \frac{\partial^2 u}{\partial x^2} \quad (0 < x < \pi, \quad t > 0); \tag{14a}$$

$$u(0, t) = u(\pi, t) = 0, \tag{14b}$$

$$u(x, 0) = 80\sin^3 x = 60\sin x - 20\sin 3x。 \tag{14c}$$

解答:如下形式的任意线性组合

$$u(x, t) = c_1 u_1(x, t) + c_2 u_2(x, t) + c_3 u_3(x, t)$$
$$= c_1 \mathrm{e}^{-t}\sin x + c_2 \mathrm{e}^{-4t}\sin 2x + c_3 \mathrm{e}^{-9t}\sin 3x$$

同时满足微分方程 (14a) 和齐次条件式 (14b)。因为

$$u(x, 0) = c_1\sin x + c_2\sin 2x + c_3\sin 3x,$$

所以我们注意到,只要选择 $c_1 = 60$, $c_2 = 0$ 和 $c_3 = -20$,也可以满足非齐次条件式 (14c)。因此,给定边界值问题的解为

$$u(x, t) = 60\mathrm{e}^{-t}\sin x - 20\mathrm{e}^{-9t}\sin 3x。$$ ■

例题 1 中的边界值问题极其简单,因为只需要将有限个齐次解进行叠加,即可满足非齐次边界条件。但通常是我们需要满足式 (12a) 和式 (12b) 的无穷函数序列 $u_1, u_2, u_3, \cdots$。如果已有,我们写出无穷级数

$$u(x, t) = \sum_{n=1}^{\infty} c_n u_n(x, t), \tag{15}$$

然后也尝试确定系数 $c_1, c_2, c_3, \cdots$,以满足条件式 (12c)。下面的原理总结了这个无穷级数的性质,为了确保我们能得到边界值问题 (12) 的解,必须对这些性质加以验证。

原理 解的叠加

假设函数 $u_1, u_2, u_3, \cdots$ 既满足微分方程 (12a)(对 $0 < x < L$ 且 $t > 0$),又满足齐次条件式 (12b)。还假设选择式 (15) 中的系数满足以下三个准则:

1. 当 $0 < x < L$ 且 $t > 0$ 时,由级数式 (15) 决定的函数是连续的,并且是逐项可微的(对 t 一次可微,对 x 两次可微)。

2. 对于 $0 < x < L$, $\sum\limits_{n=1}^{\infty} c_n u_n(x, 0) = f(x)$。

3. 在带状区域 $0 \leqslant x \leqslant L$ 和 $t \geqslant 0$ 内部由式 (15) 决定,在其边界上由边界条件式 (12b) 和式 (12c) 决定的函数 $u(x, t)$ 是连续的。

那么 $u(x, t)$ 是边界值问题 (12) 的解。

在接下来描述的变量分离法中,我们将集中精力求出满足齐次条件的解 $u_1, u_2, u_3, \cdots$,并确定级数式 (15) 中的系数,使其在代入 $t=0$ 后满足非齐次条件。此时,我们只有边界值问题的级数形式解,即一个有待对这里所陈述的叠加原理第 1 部分中所给出的连续性和可微性条件进行验证的解。若式 (12c) 中的函数 $f(t)$ 是分段光滑的,则可以证明级数形式解总是满足约束条件,并且是边界值问题的唯一解。关于证明过程,请参阅 R. V. Churchill 和 J. W. Brown 的 *Fourier Series and Boundary Value Problems*(第 8 版,2011)中关于边界值问题的章节。

变量分离法

这种对加热棒求解边界值问题 (12) 的方法是由 Fourier 在对热的研究中提出来的,我们在 9.1 节引用过他的这一研究。我们首先寻找满足微分方程 $u_t = ku_{xx}$ 和齐次条件 $u(0, t) = u(L, t) = 0$ 的构造块函数 $u_1, u_2, u_3, \cdots$,其中每个函数都具有特殊形式

$$u(x, t) = X(x)T(t), \tag{16}$$

这里变量是"分离的",也就是说,每个构造块函数都是(仅)位置 x 的函数和(仅)时间 t 的函数的乘积。将式 (16) 代入 $u_t = ku_{xx}$,可得 $XT' = kX''T$,其中为了简洁起见,我们将 $T'(t)$ 写作 T'、将 $X''(x)$ 写作 X''。然后两边同时除以 kXT 可得

$$\frac{X''}{X} = \frac{T'}{kT} \text{。} \tag{17}$$

方程 (17) 左侧是关于 x 的函数,而右侧是关于 t 的函数。如果右侧 t 保持不变,那么左侧 X''/X 必须随着 x 的变化而保持不变。类似地,如果左侧 x 保持不变,那么右侧 T'/kT 必须随着 t 的变化而保持不变。因此,只有当这两个表达式都是相同的常数时,等式才成立,为方便起见,我们用 $-\lambda$ 表示这个常数。于是方程 (17) 变为

$$\frac{X''}{X} = \frac{T'}{kT} = -\lambda, \tag{18}$$

它由以下两个方程组成

$$X''(x) + \lambda X(x) = 0, \tag{19}$$

$$T'(t) + \lambda k T(t) = 0 \text{。} \tag{20}$$

由此可知,如果对于常数 λ 的某个(公共)值,$X(x)$ 和 $T(t)$ 分别满足常微分方程 (19) 和方程 (20),那么乘积函数 $u(x, t) = X(x)T(t)$ 满足偏微分方程 $u_t = ku_{xx}$。

我们首先关注 $X(x)$。齐次端点条件为

$$u(0, t) = X(0)T(t) = 0, \quad u(L, t) = X(L)T(t) = 0 \text{。} \tag{21}$$

若 $T(t)$ 是 t 的非平凡函数，则式 (21) 仅在 $X(0) = X(L) = 0$ 时成立。因此，$X(x)$ 必须满足端点值问题

$$X'' + \lambda X = 0,$$
$$X(0) = 0, \quad X(L) = 0. \tag{22}$$

这其实是我们在 3.8 节中讨论过的一类特征值问题。实际上，我们在那一节的例题 3 中看到，当且仅当 λ 是下列特征值之一时：

$$\lambda_n = \frac{n^2\pi^2}{L^2}, \quad n = 1,\ 2,\ 3,\ \cdots, \tag{23}$$

问题 (22) 有非平凡解，并且与 λ_n 相关的特征函数是

$$X_n(x) = \sin\frac{n\pi x}{L}, \quad n = 1,\ 2,\ 3,\ \cdots. \tag{24}$$

回顾一下，基于式 (23) 和式 (24) 的推理过程如下。若 $\lambda = 0$，则式 (22) 显然意味着 $X(x) \equiv 0$。若 $\lambda = -\alpha^2 < 0$，则

$$X(x) = A\cosh\alpha x + B\sinh\alpha x,$$

而条件 $X(0) = 0 = X(L)$ 意味着 $A = B = 0$。因此，对于非平凡特征函数，唯一的可能是 $\lambda = \alpha^2 > 0$。从而

$$X(x) = A\cos\alpha x + B\sin\alpha x,$$

那么条件 $X(0) = 0 = X(L)$ 意味着 $A = 0$，以及对某个正整数 n 有 $\alpha = n\pi/L$。（每当变量分离法导致一个不熟悉的特征值问题时，我们通常必须分别考虑 $\lambda = 0$，$\lambda = -\alpha^2 < 0$ 和 $\lambda = \alpha^2 > 0$ 的情况。）

现在我们把注意力转向方程 (20)，其中常数 λ 必须是式 (23) 中所列出的特征值之一。对于第 n 种可能，我们将方程 (20) 写成

$$T_n' + \frac{n^2\pi^2 k}{L^2}T_n = 0, \tag{25}$$

对于每个不同的正整数 n，预计得到不同的解 $T_n(t)$。这个方程的非平凡解是

$$T_n(t) = \exp\left(-n^2\pi^2 kt/L^2\right). \tag{26}$$

这里我们省略了任意的积分常数，因为（实际上）它将被稍后插入。

总结一下我们的进展，我们已经找到由式 (24) 和式 (26) 所给出的两个相关函数序列 $\{X_n\}_1^\infty$ 和 $\{T_n\}_1^\infty$。它们一起产生了构造块乘积函数序列

$$u_n(x,\ t) = X_n(x)T_n(t) = \exp(-n^2\pi^2 kt/L^2)\sin\frac{n\pi x}{L}, \tag{27}$$

其中 $n = 1,\ 2,\ 3,\ \cdots$。这些函数都同时满足热传导方程 $u_t = ku_{xx}$ 和齐次条件 $u(0,\ t) = u(L,\ t) = 0$。现在我们将这些函数组合（叠加）起来，试图也满足非齐次条件 $u(x,\ 0) =$

$f(x)$。因此我们形成无穷级数

$$u(x,\ t) = \sum_{n=1}^{\infty} c_n u_n(x,\ t) = \sum_{n=1}^{\infty} c_n \exp(-n^2\pi^2 kt/L^2) \sin\frac{n\pi x}{L}。 \tag{28}$$

只剩下确定常系数 $\{c_n\}_1^\infty$，使得

$$u(x,\ 0) = \sum_{n=1}^{\infty} c_n \sin\frac{n\pi x}{L} = f(x), \tag{29}$$

其中 $0 < x < L$。而这将是 $f(x)$ 在 $[0,\ L]$ 上的 Fourier 级数，只要对每个 $n = 1,\ 2,\ 3,\ \cdots$，我们选择

$$c_n = b_n = \frac{2}{L}\int_0^L f(x) \sin\frac{n\pi x}{L} dx。 \tag{30}$$

因此我们得到以下结果。

定理 1　端点温度为零的加热棒

对于端点温度为零的加热棒，边界值问题 (12) 具有级数形式解

$$u(x,\ t) = \sum_{n=1}^{\infty} b_n \exp(-n^2\pi^2 kt/L^2) \sin\frac{n\pi x}{L}, \tag{31}$$

其中 $\{b_n\}$ 是式 (30) 中棒的初始温度函数 $f(x) = u(x, 0)$ 的 Fourier 正弦系数。

备注：通过对式 (31) 逐项取 $t \to \infty$ 时的极限，我们得到 $u(x, \infty) \equiv 0$，正如我们所期望的，因为棒的两端保持在零度。∎

级数解式 (31) 通常收敛得相当快，除非 t 非常小，因为此时存在负指数因子。因此这对数值计算具有实用价值。为了便于在习题和例题中使用，图 9.5.3 中的表格列出了一些常见材料的热扩散常数 k 的值。

材料	$k(\text{cm}^2/\text{s})$
银	1.70
铜	1.15
铝	0.85
铁	0.15
混凝土	0.005

图 9.5.3　一些材料的热扩散常数

例题 2　**末端结冰的冷却棒**　假设一根长度为 $L = 50$ cm 的棒浸没在蒸汽中，直至其整个温度达到 $u_0 = 100°\text{C}$。在 $t = 0$ 时刻，它的侧表面是隔热的，其两端嵌入 $0°\text{C}$ 的冰中。如果棒是由 (a) 铁；(b) 混凝土制成的，计算半小时后其中点处的温度。

解答：这根棒的温度函数 $u(x,\ t)$ 满足的边界值问题为

$$u_t = ku_{xx},$$

$$u(0,\ t) = u(L,\ t) = 0;$$

$$u(x,\ 0) = u_0。$$

回顾我们在 9.2 节例题 1 中推导出来的方波级数

$$f(t) = \frac{4}{\pi} \sum_{n \text{为奇数}} \frac{1}{n} \sin \frac{n\pi t}{L} = \begin{cases} 1, & 0 < t < L, \\ -1, & -L < t < 0。 \end{cases}$$

由此可得 $f(x) \equiv u_0$ 的 Fourier 正弦级数是

$$f(x) = \frac{4u_0}{\pi} \sum_{n \text{为奇数}} \frac{1}{n} \sin \frac{n\pi x}{L},$$

其中 $0 < x < L$。因此，式 (31) 中的 Fourier 系数可由下式确定：

$$b_n = \begin{cases} \dfrac{4u_0}{n\pi}, & n \text{ 为奇数}, \\ 0, & n \text{ 为偶数}, \end{cases}$$

因此棒的温度函数由下式确定：

$$u(x,\ t) = \frac{4u_0}{\pi} \sum_{n \text{为奇数}} \frac{1}{n} \exp\left(-\frac{n^2\pi^2 kt}{L^2}\right) \sin \frac{n\pi x}{L}。$$

图 9.5.4 显示了 $u = u(x,\ t)$ 的图形，其中 $u_0 = 100$ 且 $L = 50$。随着 t 的增加，我们看到棒的最高温度（明显在其中点处）逐渐下降。在 $t = 1800$ s 之后，中点 $x = 25$ cm 处的温度为

$$u(25,\ 1800) = \frac{400}{\pi} \sum_{n \text{为奇数}} \frac{(-1)^{n+1}}{n} \exp\left(-\frac{18n^2\pi^2 k}{25}\right)。$$

(a) 对于图 9.5.4 中所使用的值 $k = 0.15$，由这个级数可得

$$u(25,\ 1800) \approx 43.8519 - 0.0029 + 0.0000 - \cdots \approx 43.85\text{°C}。$$

这个值 $u(25,\ 1800) \approx 43.85$ 是我们在图 9.5.4 所示温度曲面一"端"处所看到的垂直剖面曲线 $u = u(x,\ 1800)$（在其中点 $x = 25$ cm 处）的最大高度。

(b) 对于混凝土 $k = 0.005$，可得

$$u(25,\ 1800) \approx 122.8795 - 30.8257 + 10.4754 - 3.1894$$
$$+ 0.7958 - 0.1572 + 0.0242 - 0.0029$$
$$+ 0.0003 - 0.0000 + \cdots \approx 100.00\text{°C}。$$

因此，混凝土是一种非常有效的绝热体。

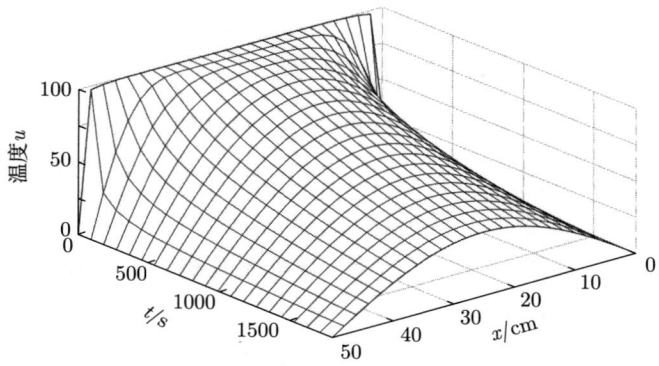

图 9.5.4　例题 2 中温度函数 $u(x,\ t)$ 的图形

隔热端点条件

我们现在考虑边界值问题

$$\frac{\partial u}{\partial t} = k\frac{\partial^2 u}{\partial x^2} \qquad (0 < x < L,\ t > 0); \tag{32a}$$

$$u_x(0,\ t) = u_x(L,\ t) = 0, \tag{32b}$$

$$u(x,\ 0) = f(x), \tag{32c}$$

它对应于一根长度为 L、初始温度为 $f(x)$ 但两端隔热的棒。变量分离 $u(x,\ t) = X(x)T(t)$ 按照式 (16) 至式 (20) 进行，没有变化。但是由齐次端点条件式 (32b) 得到 $X'(0) = X'(L) = 0$。因此，$X(x)$ 必须满足端点值问题

$$\begin{aligned} X'' + \lambda X &= 0; \\ X'(0) = 0, \quad X'(L) &= 0。 \end{aligned} \tag{33}$$

对于特征值，我们必须再次分别考虑 $\lambda = 0$，$\lambda = -\alpha^2 < 0$ 和 $\lambda = \alpha^2 > 0$ 的可能性。

当 $\lambda = 0$ 时，$X'' = 0$ 的通解是 $X(x) = Ax + B$，所以 $X'(x) = A$。因此问题 (33) 中的端点条件要求 $A = 0$，但 B 可能非零。因为特征函数的常数倍也是特征函数，所以我们可以为 B 选择任意的常数值。因此，对于 $B = 1$，我们有零特征值和相关特征函数

$$\lambda_0 = 0, \quad X_0(x) \equiv 1。 \tag{34}$$

在方程 (20) 中，当 $\lambda = 0$ 时，我们得到 $T'(t) = 0$，所以我们也可以取 $T_0(t) \equiv 1$。

当 $\lambda = -\alpha^2 < 0$ 时，方程 $X'' - \alpha^2 X = 0$ 的通解为

$$X(x) = A\cosh\alpha x + B\sinh\alpha x,$$

我们很容易验证，仅当 $A = B = 0$ 时，$X'(0) = X'(L) = 0$。因此不存在负特征值。

当 $\lambda = \alpha^2 > 0$ 时，方程 $X'' + \alpha^2 X = 0$ 的通解为
$$X(x) = A\cos\alpha x + B\sin\alpha x,$$
$$X'(x) = -A\alpha\sin\alpha x + B\alpha\cos\alpha x。$$

因此 $X'(0) = 0$ 意味着 $B = 0$，并且
$$X'(L) = -A\alpha\sin\alpha L = 0$$

要求 αL 是 π 的整数倍，因为若我们要得到一个非平凡解，则 $\alpha \neq 0$ 且 $A \neq 0$。从而我们得到特征值和相关特征函数的无穷序列

$$\lambda_n = \alpha_n^2 = \frac{n^2\pi^2}{L^2}, \quad X_n(x) = \cos\frac{n\pi x}{L}, \tag{35}$$

其中 $n = 1, 2, 3, \cdots$。如前所述，当 $\lambda = n^2\pi^2/L^2$ 时，方程 (20) 的解是 $T_n(t) = \exp(-n^2\pi^2 kt/L^2)$。

因此，满足齐次条件的乘积函数为

$$u_0(x, t) \equiv 1; \quad u_n(x, t) = \exp(n^2\pi^2 kt/L^2)\cos\frac{n\pi x}{L}, \tag{36}$$

其中 $n = 1, 2, 3, \cdots$。因此试验解为

$$u(x, t) = c_0 + \sum_{n=1}^{\infty} c_n \exp(-n^2\pi^2 kt/L^2)\cos\frac{n\pi x}{L}。 \tag{37}$$

为了满足非齐次条件 $u(x, 0) = f(x)$，我们显然需要让式 (37) 在 $t = 0$ 时简化为 Fourier 余弦级数

$$f(x) = \frac{a_0}{2} + \sum_{n=1}^{\infty} a_n \cos\frac{n\pi x}{L}, \tag{38}$$

其中

$$a_n = \frac{2}{L}\int_0^L f(x)\cos\frac{n\pi x}{L}\mathrm{d}x, \tag{39}$$

其中 $n = 0, 1, 2, \cdots$。因此，我们得到以下结果。

定理 2　两端隔热的加热棒

对于两端隔热的加热棒，边界值问题 (32) 具有级数形式解

$$u(x, t) = \frac{a_0}{2} + \sum_{n=1}^{\infty} a_n \exp(-n^2\pi^2 kt/L^2)\cos\frac{n\pi x}{L}, \tag{40}$$

其中 $\{a_n\}$ 是式 (39) 中棒的初始温度函数 $f(x) = u(x, 0)$ 的 Fourier 余弦系数。

备注：注意

$$\lim_{t\to\infty} u(x, t) = \frac{a_0}{2} = \frac{1}{L}\int_0^L f(x)\mathrm{d}x \tag{41}$$

是初始温度的平均值。由于棒的侧表面和两端都是隔热的，所以其原始热焓最终均匀分布在整根棒中。∎

例题 3 **两端隔热的冷却棒** 我们考虑与例题 2 同样的 50 cm 长的棒，但现在假设其初始温度由图 9.5.5 所示的"三角函数"给出。在 $t=0$ 时刻，棒的侧表面及其两端都是隔热的。那么其温度函数 $u(x,t)$ 满足边界值问题

$$u_t = ku_{xx},$$
$$u_x(0,t) = u_x(50,t) = 0,$$
$$u(x,0) = f(x)。$$

现在将 $L=25$ 代入 9.3 节式 (15) 的偶三角波级数中（其中区间长度用 $2L$ 表示），然后乘以 4，得到初始温度函数的 Fourier 余弦级数

$$f(x) = 50 - \frac{400}{\pi^2} \sum_{n\text{为奇数}} \frac{1}{n^2} \cos \frac{n\pi x}{25}$$

（其中 $0 < x < 50$）。但是为了与 $L=50$ 时的级数式 (40) 的项匹配，我们需要表示成 $\cos(n\pi x/50)$ 形式的项而不是 $\cos(n\pi x/25)$ 形式的项。因此，我们用 $n/2$ 代替 n，从而将级数重写为如下形式：

$$f(x) = 50 - \frac{1600}{\pi^2} \sum_{n=2,6,10,\cdots} \frac{1}{n^2} \cos \frac{n\pi x}{50};$$

注意，这个求和是对所有形式为 $4m-2$ 的正整数进行遍历。那么定理 2 表明，棒的温度函数可由下式确定：

$$u(x,t) = 50 - \frac{1600}{n^2} \sum_{n=2,6,10,\cdots} \frac{1}{n^2} \exp\left(-\frac{n^2\pi^2 kt}{2500}\right) \cos \frac{n\pi x}{50}。$$

图 9.5.6 显示了 $u = u(x,t)$ 在前 1200 秒的图形，我们看到棒内温度起初在中点 $x=25$ 处急剧上升到最大值，但随着 t 的增加，棒内热量被重新分配，温度迅速"平均化"。 ∎

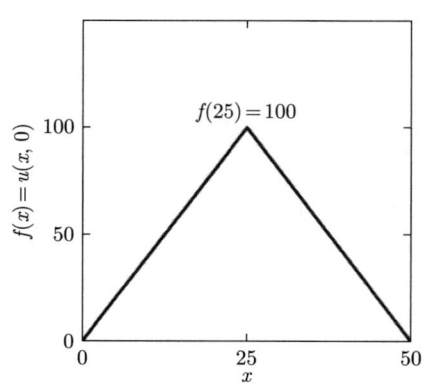

图 9.5.5 例题 3 中初始温度函数 $u(x,0) = f(x)$ 的图形

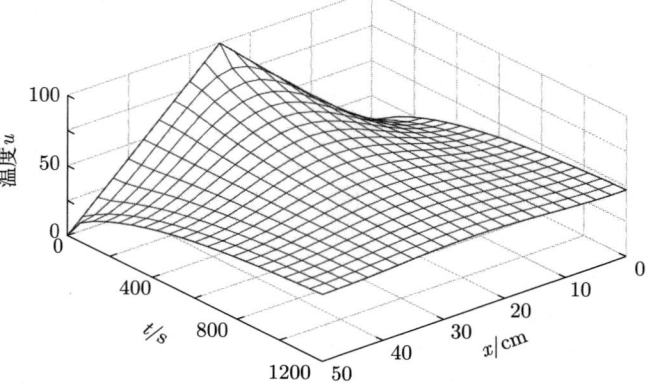

图 9.5.6 例题 3 中温度函数 $u(x,t)$ 的图形

最后，我们指出，虽然我们对长度为 L 的棒建立了边界值问题 (12) 和边界值问题 (32)，但是如果其初始温度 $f(x)$ 只依赖于 x，并且其两个面 $x=0$ 和 $x=L$ 要么都是隔热的，要么都保持在零度，那么它们也能在三维空间中模拟无限平板 $0 \leqslant x \leqslant L$ 内的温度 $u(x, t)$。

习题

求解习题 1~12 中的边界值问题。

1. $u_t = 3u_{xx}$, $0 < x < \pi$, $t > 0$; $u(0, t) = u(\pi, t) = 0$, $u(x, 0) = 4\sin 2x$.
2. $u_t = 10u_{xx}$, $0 < x < 5$, $t > 0$; $u_x(0, t) = u_x(5, t) = 0$, $u(x, 0) = 7$.
3. $u_t = 2u_{xx}$, $0 < x < 1$, $t > 0$; $u(0, t) = u(1, t) = 0$, $u(x, 0) = 5\sin\pi x - \frac{1}{5}\sin 3\pi x$.
4. $u_t = u_{xx}$, $0 < x < \pi$, $t > 0$; $u(0, t) = u(\pi, t) = 0$, $u(x, 0) = 4\sin 4x \cos 2x$.
5. $u_t = 2u_{xx}$, $0 < x < 3$, $t > 0$; $u_x(0, t) = u_x(3, t) = 0$, $u(x, 0) = 4\cos\frac{2}{3}\pi x - 2\cos\frac{4}{3}\pi x$.
6. $2u_t = u_{xx}$, $0 < x < 1$, $t > 0$; $u(0, t) = u(1, t) = 0$, $u(x, 0) = 4\sin\pi x \cos^3 \pi x$.
7. $3u_t = u_{xx}$, $0 < x < 2$, $t > 0$; $u(0, t) = u_x(2, t) = 0$, $u(x, 0) = \cos^2 2\pi x$.
8. $u_t = u_{xx}$, $0 < x < 2$, $t > 0$; $u(0, t) = u_x(2, t) = 0$, $u(x, 0) = 10\cos\pi x \cos 3\pi x$.
9. $10u_t = u_{xx}$, $0 < x < 5$, $t > 0$; $u(0, t) = u(5, t) = 0$, $u(x, 0) = 25$.
10. $5u_t = u_{xx}$, $0 < x < 10$, $t > 0$; $u(0, t) = u(10, t) = 0$, $u(x, 0) = 4x$.
11. $5u_t = u_{xx}$, $0 < x < 10$, $t > 0$; $u_x(0, t) = u_x(10, t) = 0$, $u(x, 0) = 4x$.
12. $u_t = u_{xx}$, $0 < x < 100$, $t > 0$; $u(0, t) = u(100, t) = 0$, $u(x, 0) = x(100 - x)$.

13. **加热棒** 假设将一根长 40 cm 且侧表面隔热的棒加热到 100℃ 的均匀温度，并且在 $t = 0$ 时刻，将其两端嵌入 0℃ 的冰中。
(a) 求出棒的温度 $u(x, t)$ 的级数形式解。
(b) 在棒由铜制成的情况下，证明 5 min 后其中点处温度约为 15℃。
(c) 在棒由混凝土制成的情况下，使用级数的第一项，求出其中点冷却到 15℃ 所需的时间。

14. **热加棒** 一根长 50 cm 且侧表面隔热的铜棒具有初始温度 $u(x, 0) = 2x$，并且在 $t = 0$ 时刻其两端都隔热。
(a) 求出 $u(x, t)$。
(b) 在 1 min 之后，在 $x = 10$ 处其温度是多少？
(c) 大约多久之后，在 $x = 10$ 处其温度将是 45℃？

15. **平板内温度流动** 平板 $0 \leqslant x \leqslant L$ 的两个面保持温度为零，并且平板的初始温度由下列方式给出：当 $0 < x < L/2$ 时，$u(x, 0) = A$（一个常数）；当 $L/2 < x < L$ 时，$u(x, 0) = 0$。推导出如下级数形式解

$$u(x, t) = \frac{4A}{\pi} \sum_{n=1}^{\infty} \frac{\sin^2(n\pi/4)}{n} \exp(-n^2\pi^2 kt/L^2) \sin\frac{n\pi x}{L}。$$

16. **两平板内温度流动** 两块铁板的厚度为 25 cm。最初，一个平板的整个温度为 100℃，另一个为 0℃。在 $t = 0$ 时刻，将它们面对面放置，且它们的外表面保持在 0℃。
(a) 使用习题 15 的结果验证，半小时后，它们的共同面的温度约为 22℃。
(b) 假设将这两块平板改为用混凝土制成的。它们的共同面的温度达到 22℃ 需要多长时间？

17. **稳态与瞬态温度** 设一根初始温度为 $u(x, 0) = f(x)$ 的侧面隔热棒具有固定端点温度 $u(0, t) = A$ 和 $u(L, t) = B$。
(a) 根据经验观察到，当 $t \to +\infty$ 时，$u(x, t)$ 趋近于**稳态温度** $u_{ss}(x)$，它与边界值问题中设置 $u_t = 0$ 对应。因此 $u_{ss}(x)$ 是如下端点值问

题的解：
$$\frac{\partial^2 u_{\text{ss}}}{\partial x^2} = 0; \quad u_{\text{ss}}(0) = A, \quad u_{\text{ss}}(L) = B。$$

求出 $u_{\text{ss}}(x)$。

(b) 瞬态温度 $u_{\text{tr}}(x, t)$ 被定义为
$$u_{\text{tr}}(x, t) = u(x, t) - u_{\text{ss}}(x)。$$

证明 u_{tr} 满足边界值问题
$$\frac{\partial u_{\text{tr}}}{\partial t} = k\frac{\partial^2 u_{\text{tr}}}{\partial x^2};$$
$$u_{\text{tr}}(0, t) = u_{\text{tr}}(L, t) = 0,$$
$$u_{\text{tr}}(x, 0) = g(x) = f(x) - u_{\text{ss}}(x)。$$

(c) 由式 (30) 和式 (31) 推断出
$$u(x, t) = u_{\text{ss}}(x) + u_{\text{tr}}(x, t)$$
$$= u_{\text{ss}}(x) + \sum_{n=1}^{\infty} c_n$$
$$\exp(-n^2\pi^2 kt/L^2)\sin\frac{n\pi x}{L},$$

其中
$$c_n = \frac{2}{L}\int_0^L [f(x) - u_{\text{ss}}(x)]\sin\frac{n\pi x}{L}\mathrm{d}x。$$

习题 18~21 探讨侧面隔热棒的热流。

18. 假设长度 $L = 50$ 且热扩散系数 $k = 1$ 的侧面隔热棒具有初始温度 $u(x, 0) = 0$ 以及端点温度 $u(0, t) = 0$ 和 $u(50, t) = 100$。应用习题 17 的结果证明
$$u(x, t) = 2x - \frac{200}{\pi}\sum_{n=1}^{\infty}\frac{(-1)^{n+1}}{n}$$
$$\exp(-n^2\pi^2 kt/2500)\sin\frac{n\pi x}{50}。$$

19. 假设在一根侧面隔热的棒内，热量以 $q(x, t)$ 卡路里每秒每立方厘米的速率产生。请对本节热传导方程的推导进行推广，推导出方程
$$\frac{\partial u}{\partial t} = k\frac{\partial^2 u}{\partial x^2} + \frac{q(x, t)}{c\delta}。$$

20. 假设流过侧面隔热棒的电流以恒定速率产生热量，那么由习题 19 可得方程
$$\frac{\partial u}{\partial t} = k\frac{\partial^2 u}{\partial x^2} + C。$$

假设边界条件为 $u(0, t) = u(L, t) = 0$ 以及 $u(x, 0) = f(x)$。

(a) 求出由下列问题控制的稳态温度 $u_{\text{ss}}(x)$：
$$0 = k\frac{\mathrm{d}^2 u_{\text{ss}}}{\mathrm{d}x^2} + C, \quad u_{\text{ss}}(0) = u_{\text{ss}}(L) = 0。$$

(b) 证明瞬态温度
$$u_{\text{tr}}(x, t) = u(x, t) - u_{\text{ss}}(x)$$

满足边界值问题
$$\frac{\partial u_{\text{tr}}}{\partial t} = k\frac{\partial^2 u_{\text{tr}}}{\partial x^2};$$
$$u_{\text{tr}}(0, t) = u_{\text{tr}}(L, t) = 0,$$
$$u_{\text{tr}}(x, 0) = g(x) = f(x) - u_{\text{ss}}(x)。$$

因此，由式 (34) 和式 (35) 可以推断出
$$u(x, t) = u_{\text{ss}}(x) +$$
$$\sum_{n=1}^{\infty} c_n \exp(-n^2\pi^2 kt/L^2)\sin\frac{n\pi x}{L},$$

其中
$$c_n = \frac{2}{L}\int_0^L [f(x) - u_{\text{ss}}(x)]\sin\frac{n\pi x}{L}\mathrm{d}x。$$

21. 习题 20 (a) 部分的答案是
$$u_{\text{ss}}(x) = Cx(L - x)/2k。$$

如果在习题 20 中 $f(x) \equiv 0$，所以被加热的棒的初始温度为零，那么由 (b) 部分的结果可以推断出
$$u(x, t) = \frac{Cx}{2k}(L - x) - \frac{4CL^2}{k\pi^3}\sum_{n\text{为奇数}}\frac{1}{n^3}$$
$$\exp(-n^2\pi^2 kt/L^2)\sin\frac{n\pi x}{L}。$$

22. **裸露的电线** 考虑一根裸露的细电线内的温度 $u(x,t)$，其中 $u(0,t) = u(L,t) = 0$ 且 $u(x,0) = f(x)$。电线不是侧面隔热的，而是以与 $u(x,t)$ 成正比的速率向（固定温度为零的）周围介质散热。

    (a) 根据习题 19 推导出

    $$\frac{\partial u}{\partial t} = k\frac{\partial^2 u}{\partial x^2} - hu,$$

    其中 h 是正常数。

    (b) 然后做替换

    $$u(x,t) = e^{-ht}v(x,t)$$

    以证明 $v(x,t)$ 满足具有由式 (30) 和式 (31) 给定解的边界值问题。从而推断出

    $$u(x,t) = e^{-ht}\sum_{n=1}^{\infty} c_n \exp(-n^2\pi^2 kt/L^2)\sin\frac{n\pi x}{L},$$

    其中

    $$c_n = \frac{2}{L}\int_0^L f(x)\sin\frac{n\pi x}{L}dx。$$

23. **冷却板** 考虑一块导热系数为 K 且占据区域为 $0 \leq x \leq L$ 的平板。根据牛顿冷却定律，假设平板的每一面都以 Hu 卡路里每秒每平方厘米的速率向（温度为零的）周围介质散热。由本节式 (2) 可推断出，平板温度 $u(x,t)$ 满足边界条件

    $$hu(0,t) - u_x(0,t) = 0 = hu(L,t) + u_x(L,t),$$

    其中 $h = H/K$。

24. **侧面隔热棒** 假设一根长度为 L、热扩散系数为 k、初始温度为 $u(x,0) = f(x)$ 的侧面隔热棒在端点 $x = L$ 处是隔热的，在 $x = 0$ 处保持温度为零。

    (a) 分离变量以证明特征函数为

    $$X_n(x) = \sin\frac{n\pi x}{2L},$$

    其中 n 为奇数。

    (b) 利用 9.3 节习题 21 的奇半倍正弦级数来推导出解

    $$u(x,t) = \sum_{n\text{为奇数}} c_n \exp(-n^2\pi^2 kt/4L^2)\sin\frac{n\pi x}{2L},$$

    其中

    $$c_n = \frac{2}{L}\int_0^L f(x)\sin\frac{n\pi x}{2L}dx。$$

应用　对加热棒的研究

请访问 bit.ly/3bh2F3，利用 Maple、Mathematica 和 MATLAB 等计算资源对此主题进行更多讨论和探索。

首先让我们从数值上研究例题 2 中加热棒的温度函数

$$u(x,t) = \frac{4u_0}{\pi}\sum_{n\text{为奇数}}\frac{1}{n}\exp\left(-\frac{n^2\pi^2 kt}{L^2}\right)\sin\frac{n\pi x}{L},$$

其中长度 $L = 50$ cm，均匀的初始温度 $u_0 = 100°C$，热扩散系数 $k = 0.15$（对于铁）。下面的 MATLAB 函数对这个级数的前 N 个非零项进行了求和。

```
function u = u(x,t)
k = 0.15;              % diffusivity of iron
L = 50;                % length of rod
```

```
u0 = 100;                % initial temperature
S = 0;                   % initial sum
N = 50;                  % number of terms
for n = 1:2:2*N+1;
    S = S +(1/n)*exp(-n^2*pi^2*k*t/L^2).*sin(n*pi*x/L);
end
u = 4*u0*S/pi;
```

该函数用于绘制图 9.5.7 至图 9.5.10。在本书前言中提到的"扩展应用"中提供了相应的 Maple 和 Mathematica 函数。就实际情况而言，$N = 50$ 项足以在整个区间 $0 \leqslant x \leqslant 50$ 内给出 10 秒（或更长时间）后精确到小数点后两位的值 $u(x, t)$。（你该如何验证这个断言呢？）

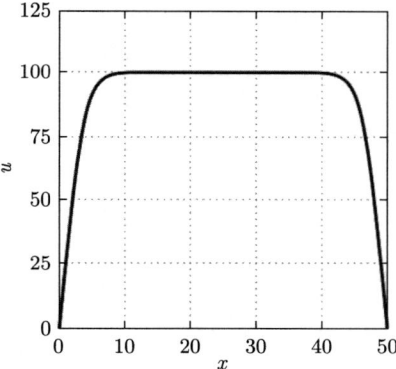

图 9.5.7　30 秒后棒温度的 $u(x, 30)$ 的图形 ⊖

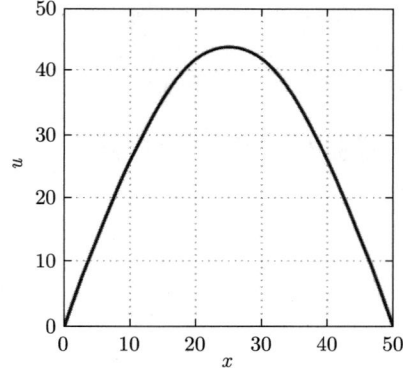

图 9.5.8　30 分钟后棒温度的 $u(x, 1800)$ 的图形

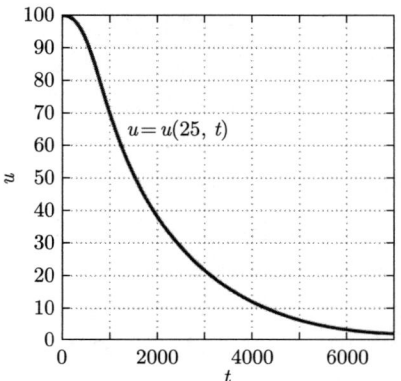

图 9.5.9　棒中点温度的 $u(25, t)$ 的图形

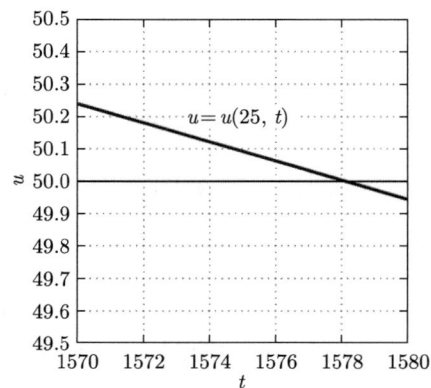

图 9.5.10　棒中点温度的 $u(25, t)$ 的图形的放大图

⊖　请前往 bit.ly/3DJrPDT 查看图 9.5.7 和图 9.5.8 的交互式版本。

图 9.5.7 中的 $u(x, 30)$ 的图形表明，30 秒后，棒只在其两端附近明显被冷却，而在 $10 \leqslant x \leqslant 40$ 内仍有接近 100℃ 的温度。图 9.5.8 显示了 30 分钟后 $u(x, 1800)$ 的图形，并说明了一个事实 (?)，即棒的最高温度始终位于其中点即 $x = 25$ 处。

图 9.5.9 所示的两个小时内的 $u(25, t)$ 的图形表明，中点温度需要超过 1500 秒（25 分钟）才能降至 50℃。图 9.5.10 显示了此图形与水平线 $u = 50.0$ 交点附近的放大图，并表明这其实需要大约 1578 秒（26 分钟 18 秒）。

练习

对于你自己的具有恒定初始温度 $f(x) = T_0 = 100$ 的棒，以上述方式进行研究，令

$$L = 100 + 10p \quad \text{和} \quad k = 1 + (0.1)q,$$

其中 p 和 q 分别是你的学生证号码中最大和最小的非零数字。

1. 如果棒的两端都保持在零度，那么确定棒的中点温度降至 50℃ 需要多长时间（精确到秒）。

2. 如果棒的一端 $x = L$ 处是隔热的，但另一端 $x = 0$ 处保持温度为零，那么温度函数 $u(x, t)$ 由本节习题 24 中的级数给出。请确定需要多长时间才能使棒内任何地方的最高温度降至 50℃。

9.6 振动弦与一维波动方程

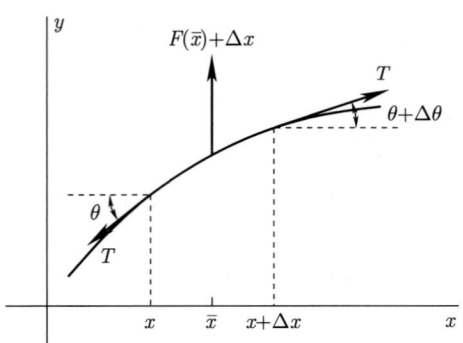

图 9.6.1 一小段振动弦上的力

尽管 Fourier 将分离变量法系统化，但是早在 18 世纪，Euler、d'Alembert 和 Daniel Bernoulli 对振动弦的研究中就出现了偏微分方程的三角级数解。为了推导出模拟弦振动的偏微分方程，我们从一根具有线密度 ρ（以克每厘米或 slug 每英尺为单位）的柔性均匀弦开始，该弦在固定点 $x = 0$ 和 $x = L$ 之间受到张力 T（以 dyne 或磅为单位）的作用而被拉伸。当弦在 xy 平面上绕其平衡位置振动时，假设每个点都平行于 y 轴运动，所以我们可以用 $y(x, t)$ 表示弦的点 x 在 t 时刻的位移。那么，对于任意固定的 t 值，弦在 t 时刻的形状就是曲线 $y = y(x, t)$。我们还假设弦的偏转度保持很小，以至于近似 $\sin\theta \approx \tan\theta = y_x(x, t)$ 是相当精确的（参见图 9.6.1）。最后，我们假设除了作用于弦的切向张力内力外，它还受到具有以 dyne 每厘米或磅每英尺为单位的线密度 $F(x)$ 的垂直外力的作用。

我们要把牛顿第二定律 $F = ma$ 应用到与区间 $[x, x + \Delta x]$ 对应的质量为 $\rho \Delta x$ 的一小段弦上，其中 a 为其中点的垂直加速度 $y_{tt}(\overline{x}, t)$。读取图 9.6.1 所示的力的垂直分量，我们得到

$$(\rho \Delta x) \cdot y_{tt}(\overline{x}, t) \approx T\sin(\theta + \Delta\theta) - T\sin\theta + F(\overline{x})\Delta x$$

$$\approx Ty_x(x + \Delta x, t) - Ty_x(x, t) + F(\overline{x})\Delta x,$$

所以两边同时除以 Δx 可得
$$\rho y_{tt}(\overline{x},\ t) \approx T\frac{y_x(x+\Delta x,\ t)-y_x(x,\ t)}{\Delta x}+F(\overline{x})。$$

我们现在对这个方程取 $\Delta x \to 0$ 时的极限，所以 $\overline{x}\to x$（因为 $\overline{x}$ 位于左端点 x 固定的区间 $[x,\ x+\Delta x]$ 内）。那么上述方程的两边趋向如下偏微分方程的两边，

$$\rho\frac{\partial^2 y}{\partial t^2}=T\frac{\partial^2 y}{\partial x^2}+F(x), \tag{1}$$

它描述了在线密度为 $F(x)$ 的垂直外力作用下，具有恒定线密度 ρ 和张力 T 的柔性弦的垂直振动。

如果我们令

$$a^2=\frac{T}{\rho}, \tag{2}$$

并且设方程 (1) 中的 $F(x)\equiv 0$，那么我们得到**一维波动方程**

$$\frac{\partial^2 y}{\partial t^2}=a^2\frac{\partial^2 y}{\partial x^2}, \tag{3}$$

它模拟均匀柔性弦的自由振动。

弦在 x 轴上的点 $x=0$ 和 $x=L$ 处的固定端点对应于端点条件

$$y(0,\ t)=y(L,\ t)=0。\tag{4}$$

我们对这种情况的物理直觉表明，如果我们同时指定弦的**初始位置函数**

$$y(x,\ 0)=f(x) \qquad (0<x<L) \tag{5}$$

和其初始速度函数

$$y_t(x,\ 0)=g(x) \qquad (0<x<L), \tag{6}$$

就可以确定弦的运动。结合式 (3) 至式 (6)，我们得到初始位置为 $f(x)$、初始速度为 $g(x)$ 的两端固定的自由振动弦的位移函数 $y(x,\ t)$ 满足的边界值问题

$$\frac{\partial^2 y}{\partial t^2}=a^2\frac{\partial^2 y}{\partial x^2} \qquad (0<x<L,\ t>0); \tag{7a}$$

$$y(0,\ t)=y(L,\ t)=0, \tag{7b}$$

$$y(x,\ 0)=f(x) \qquad (0<x<L), \tag{7c}$$

$$y_t(x,\ 0)=g(x) \qquad (0<x<L)。\tag{7d}$$

用变量分离法求解

如同热传导方程，波动方程 (7a) 也是线性的：两个解的任意线性组合也是一个解。另一个相似之处是端点条件 (7b) 是齐次的。不幸的是，条件 (7c) 和条件 (7d) 都是非齐次的；我们必须处理两个非齐次边界条件。

正如我们在 9.5 节中所描述的，变量分离法涉及满足齐次条件的解的叠加，以得到也满足单个非齐次边界条件的解。为了使该技术适应当前的情况，我们采用"分而治之"的策略，即将问题 (7) 分解成以下两个独立的边界值问题，每个边界值问题只涉及单个非齐次边界条件：

问题 A	问题 B
$y_{tt} = a^2 y_{xx}$;	$y_{tt} = a^2 y_{xx}$;
$y(0, t) = y(L, t) = 0$,	$y(0, t) = y(L, t) = 0$,
$y(x, 0) = f(x)$,	$y(x, 0) = 0$,
$y_t(x, 0) = 0$。	$y_t(x, 0) = g(x)$。

如果我们能分别求出问题 A 的解 $y_A(x, t)$ 和问题 B 的解 $y_B(x, t)$，那么它们的和 $y(x, t) = y_A(x, t) + y_B(x, t)$ 将是原问题 (7) 的解，因为

$$y(x, 0) = y_A(x, 0) + y_B(x, 0) = f(x) + 0 = f(x)$$

和

$$y_t(x, 0) = \{y_A\}_t(x, 0) + \{y_B\}_t(x, 0) = 0 + g(x) = g(x)。$$

所以让我们用变量分离法来求解问题 A。将

$$y(x, t) = X(x)T(t) \tag{8}$$

代入 $y_{tt} = a^2 y_{xx}$ 可得 $XT'' = a^2 X'' T$，其中（照常）我们将 $X''(x)$ 写作 X''，将 $T''(t)$ 写作 T''。因此

$$\frac{X''}{X} = \frac{T''}{a^2 T}。 \tag{9}$$

关于 x 的函数 X''/X 和 t 的函数 $T''/a^2 T$，只有当它们都等于相同的常数时，对所有 x 和 t 它们才是一致的。因此，对于某个常数 λ，我们可以推断出

$$\frac{X''}{X} = \frac{T''}{a^2 T} = -\lambda; \tag{10}$$

这里插入负号只是为了便于识别出特征值问题 (13)。从而我们的偏微分方程就分成两个常微分方程

$$X'' + \lambda X = 0, \tag{11}$$

$$T'' + \lambda a^2 T = 0。 \tag{12}$$

如果 $T(t)$ 是非平凡的, 那么端点条件
$$y(0,\ t) = X(0)T(t) = 0, \qquad y(L,\ t) = X(L)T(t) = 0$$
要求 $X(0) = X(L) = 0$。因此, $X(x)$ 必须满足此时熟悉的特征值问题
$$X'' + \lambda X = 0, \qquad X(0) = X(L) = 0。 \tag{13}$$
正如 9.5 节式 (23) 和式 (24), 这个问题的特征值是
$$\lambda_n = \frac{n^2\pi^2}{L^2}, \qquad n = 1,\ 2,\ 3,\ \cdots, \tag{14}$$
以及与 λ_n 相关的特征函数是
$$X_n(x) = \sin\frac{n\pi x}{L}, \qquad n = 1,\ 2,\ 3,\ \cdots。 \tag{15}$$

现在我们来看方程 (12)。齐次初始条件
$$y_t(x,\ 0) = X(x)T'(0) = 0$$
表明 $T'(0) = 0$。因此, 与特征值 $\lambda_n = n^2\pi^2/L^2$ 相关的解 $T_n(t)$ 必须满足条件
$$T_n'' + \frac{n^2\pi^2 a^2}{L^2}T_n = 0, \qquad T_n'(0) = 0。 \tag{16}$$
微分方程 (16) 的通解为
$$T_n(t) = A_n \cos\frac{n\pi a t}{L} + B_n \sin\frac{n\pi a t}{L}。 \tag{17}$$
如果 $B_n = 0$, 那么其导数
$$T_n'(t) = \frac{n\pi a}{L}\left(-A_n \sin\frac{n\pi a t}{L} + B_n \cos\frac{n\pi a t}{L}\right)$$
满足条件 $T_n'(0) = 0$。因此方程 (16) 的非平凡解为
$$T_n(t) = \cos\frac{n\pi a t}{L}。 \tag{18}$$

我们将式 (15) 和式 (18) 中的结果结合起来, 得到乘积函数的无穷序列
$$y_n(x,\ t) = X_n(x)T_n(t) = \cos\frac{n\pi a t}{L}\sin\frac{n\pi x}{L}, \tag{19}$$
其中 $n = 1,\ 2,\ 3,\ \cdots$。这些构造块函数都同时满足波动方程 $y_{tt} = a^2 y_{xx}$ 和问题 A 中的齐次边界条件。通过叠加, 我们得到无穷级数
$$y_n(x,\ t) = \sum_{n=1}^{\infty} A_n X_n(x) T_n(t) = \sum_{n=1}^{\infty} A_n \cos\frac{n\pi a t}{L}\sin\frac{n\pi x}{L}。 \tag{20}$$
只剩下选择系数 $\{A_n\}$ 来满足非齐次边界条件
$$y(x,\ 0) = \sum_{n=1}^{\infty} A_n \sin\frac{n\pi x}{L} = f(x), \tag{21}$$

其中 $0 < x < L$。而只要我们选择

$$A_n = \frac{2}{L} \int_0^L f(x) \sin \frac{n\pi x}{L} \mathrm{d}x, \tag{22}$$

这就是 $f(x)$ 在 $[0, L]$ 上的 Fourier 正弦级数。因此我们最终得到问题 A 的级数形式解为

$$y_A(x, t) = \sum_{n=1}^{\infty} A_n \cos \frac{n\pi at}{L} \sin \frac{n\pi x}{L}, \tag{23}$$

其中使用式 (22) 计算系数 $\{A_n\}_1^{\infty}$。注意式 (23) 中的级数是由 $f(x)$ 的 Fourier 正弦级数得到的，即只需要在第 n 项中插入因子 $\cos(n\pi at/L)$。还要注意，这一项有（圆周）频率 $\omega_n = n\pi a/L$。

例题 1 由此可以立即得到 $L = \pi$ 和 $a = 2$ 的边界值问题

$$\frac{\partial^2 y}{\partial t^2} = 4\frac{\partial^2 y}{\partial x^2} \quad (0 < x < \pi, \ t > 0);$$

$$y(0, t) = y(\pi, t) = 0,$$

$$y(x, 0) = \frac{1}{10}\sin^3 x = \frac{3}{40}\sin x - \frac{1}{40}\sin 3x,$$

$$y_t(x, 0) = 0$$

的解为

$$y(x, t) = \frac{3}{40}\cos 2t \sin x - \frac{1}{40}\cos 6t \sin 3x。$$

原因是我们明确已知 $f(x)$ 的 Fourier 正弦级数，其中 $A_1 = \frac{3}{40}$，$A_3 = -\frac{1}{40}$，除此之外 $A_n = 0$。

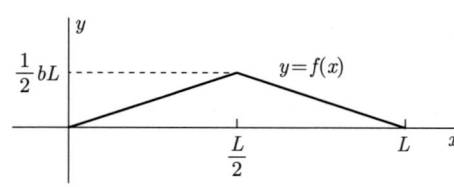

图 9.6.2 例题 2 中拉伸弦的初始位置

例题 2 **拨动的弦** 图 9.6.2 显示了（长度为 L 的）拉伸弦的初始位置函数 $f(x)$，通过将其中点 $x = L/2$ 移动到距离 $\frac{1}{2}bL$ 之外，然后在 $t = 0$ 时刻将其从静止状态释放，从而产生运动。对应的边界值问题是

$$y_{tt} = a^2 y_{xx} \quad (0 < x < L, \ t > 0);$$

$$y(0, t) = y(L, t) = 0,$$

$$y(x, 0) = f(x),$$

$$y_t(x, 0) = 0,$$

其中当 $0 \leqslant x \leqslant L/2$ 时，$f(x) = bx$，当 $L/2 \leqslant x \leqslant L$ 时，$f(x) = b(L-x)$。求 $y(x, t)$。

解答：$f(x)$ 的第 n 个 Fourier 正弦系数为

$$A_n = \frac{2}{L} \int_0^L f(x) \sin \frac{n\pi x}{L} dx$$
$$= \frac{2}{L} \int_0^{L/2} bx \sin \frac{n\pi x}{L} dx + \frac{2}{L} \int_{L/2}^L b(L-x) \sin \frac{n\pi x}{L} dx;$$

由此可得

$$A_n = \frac{4bL}{n^2 \pi^2} \sin \frac{n\pi}{2}。$$

因此，由式 (23) 得到级数形式解

$$\begin{aligned}
y(x, t) &= \frac{4bL}{\pi^2} \sum_{n=1}^\infty \frac{1}{n^2} \sin \frac{n\pi}{2} \cos \frac{n\pi a t}{L} \sin \frac{n\pi x}{L} \\
&= \frac{4bL}{\pi^2} \left(\cos \frac{\pi a t}{L} \sin \frac{\pi x}{L} - \frac{1}{3^2} \cos \frac{3\pi a t}{L} \sin \frac{3\pi x}{L} + \cdots \right)。
\end{aligned} \tag{24}$$

音乐

许多我们熟悉的乐器都是通过振动的琴弦来产生声音。当琴弦以给定频率振动时，该频率的振动就会以空气密度的周期性变化被称为**声波**的形式，通过空气传播到听者的耳朵里。例如，中央 C 音是一个频率约为 256 Hz 的音调。当同时听到几个音调时，如果它们的频率之比接近小整数之比，那么这种组合的声音是悦耳的；否则是刺耳的。

级数式 (23) 表示一根弦的运动是无限多个不同频率振动的叠加。第 n 项

$$A_n \cos \frac{n\pi a t}{L} \sin \frac{n\pi x}{L}$$

表示频率为

$$\nu_n = \frac{\omega_n}{2\pi} = \frac{n\pi a/L}{2\pi} = \frac{n}{2L} \sqrt{\frac{T}{\rho}} \text{ (Hz)} \tag{25}$$

的振动。这些频率中最低的是

$$\nu_1 = \frac{1}{2L} \sqrt{\frac{T}{\rho}} \text{ (Hz)}, \tag{26}$$

被称为**基频**，它通常在我们听到的声音中占主导地位。第 n 个**泛音**或**和声**的频率 $\nu_n = n\nu_1$ 是 ν_1 的整数倍，这就是为什么单根振动的弦发出的声音是悦耳的而不是刺耳的。

注意在式 (26) 中，基频 ν_1 与 $\sqrt{T}$ 成正比，与 L 和 $\sqrt{\rho}$ 成反比。因此，通过将长度 L 减半，或者将张力 T 翻四倍，我们可以使这个频率翻倍，从而得到高八度音阶的基音。初

始条件不影响 ν_1；相反，它们决定了式 (23) 中的系数，从而决定了高次泛音对所发出声音的贡献程度。因此，初始条件影响**音色**，或总频率混合，而不是基频。（从技术上来说，这只适用于相对较小的弦位移；如果你相当用力地敲击一个钢琴键，你可以察觉到与通常音符频率有轻微和短暂的初始偏差。）

根据一种（相当简单的）听觉理论，由振动弦发出的声音的响度与其总能量（动能加势能）成正比，可由下式给出：

$$E = \frac{1}{2}\int_0^L \left[\rho\left(\frac{\partial y}{\partial t}\right)^2 + T\left(\frac{\partial y}{\partial x}\right)^2\right]dx。 \tag{27}$$

在习题 17 中，我们要求你证明，将级数式 (23) 代入式 (27)，可得

$$E = \frac{\pi^2 T}{4L}\sum_{n=1}^{\infty} n^2 A_n^2。 \tag{28}$$

第 n 项 $n^2 A_n^2$ 与总和 $\sum n^2 A_n^2$ 的比值就是整个声音中归因于第 n 个泛音的部分。

我们用描述例题 2 中拨弦运动的级数式 (24) 来说明这个理论。注意，此时偶次泛音消失了，而当 n 为奇数时，$A_n = 4bL/(\pi^2 n^2)$。因此由式 (28) 可得

$$E = \frac{\pi^2 T}{4L}\sum_{n\text{为奇数}} n^2 \frac{16b^2 L^2}{\pi^4 n^4} = \frac{4b^2 LT}{\pi^2}\sum_{n\text{为奇数}}\frac{1}{n^2},$$

所以与第 n 个泛音（其中 n 为奇数）相关的声音的比例为

$$\frac{1/n^2}{\sum_{n\text{为奇数}} 1/n^2} = \frac{1/n^2}{\pi^2/8} = \frac{8}{\pi^2 n^2}。$$

将 $n=1$ 和 $n=3$ 代入，我们发现例题 2 中弦的 81.06％ 的声音与基音有关，9.01％ 与 $n=3$ 对应的泛音有关。

d'Alembert 解

与热传导方程的级数解相比，波动方程的级数形式解通常不具有足够的逐项可微性，因此不能通过应用类似于 9.5 节所述的叠加定理来验证其解。例如，对级数式 (24) 逐项微分，将得到级数

$$\frac{\partial^2 y}{\partial x^2} = -\frac{4b}{L}\sum_{n=1}^{\infty}\sin\frac{n\pi}{2}\cos\frac{n\pi at}{L}\sin\frac{n\pi x}{L},$$

它通常不收敛，因为"收敛因子" $1/n^2$ 在第二次微分后消失。

然而，有一种替代方法，既能验证式 (23) 中的解，又能产生关于该解的有价值的附加信息。如果我们应用三角恒等式

$$2\sin A\cos B = \sin(A+B) + \sin(A-B),$$

根据 $A = n\pi x/L$ 和 $B = n\pi at/L$，那么由式 (23) 可得

$$\begin{aligned} y(x,\ t) &= \sum_{n=1}^{\infty} A_n \sin \frac{n\pi x}{L} \cos \frac{n\pi at}{L} \\ &= \frac{1}{2} \sum_{n=1}^{\infty} A_n \sin \frac{n\pi}{L}(x+at) + \frac{1}{2} \sum_{n=1}^{\infty} A_n \sin \frac{n\pi}{L}(x-at)。 \end{aligned} \quad (29)$$

但是根据系数的定义，对于所有 x，

$$\sum_{n=1}^{\infty} A_n \sin \frac{n\pi x}{L} = F(x),$$

其中 $F(x)$ 是初始位置函数 $f(x)$ 的周期为 $2L$ 的奇延拓。因此式 (29) 意味着

$$y(x,\ t) = \frac{1}{2}[F(x+at) + F(x-at)]。 \quad (30)$$

因此，级数 (23) 收敛于式 (30) 右侧表达式，它被称为关于振动弦的问题 A 的 **d'Alembert 形式解**。此外，利用链式法则，很容易验证（习题 13 和习题 14），由式 (30) 定义的函数 $y(x,\ t)$ 确实满足方程 $y_{tt} = a^2 y_{xx}$（在 F 是二次可微的假设下），以及边界条件 $y(0,\ t) = y(L,\ t) = 0$ 和 $y(x,\ 0) = f(x)$。

对于任意函数 $F(x)$，函数 $F(x+at)$ 和 $F(x-at)$ 分别表示沿 x 轴以速度 a 向左和向右移动的"波"。图 9.6.3 说明了这一事实，在初始位置函数 $F(x)$ 是以长度为 $L = \pi$ 的弦的中点 $x = \pi/2$ 为中心的脉冲函数的典型情况下，图中显示了在对 t 依次取值时这两个函数的图形，其中 $a = 1$（所以振动的基本周期是 2π）。因此，d'Alembert 解式 (30) 表示 $y(x,\ t)$ 是以速度 a 向相反方向运动的两个波的叠加。这就是为什么方程 $y_{tt} = a^2 y_{xx}$ 被称为波动方程。

例题 3　　**振动弦**　　初始位置由

$$f(x) = 2\sin^2 x = 1 - \cos 2x$$

给定的长度为 $L = \pi$ 的振动弦在 $t = 0$ 时刻从静止状态释放。为了应用 d'Alembert 公式 (30)，我们要求出初始位置 $f(x)$ 的周期为 $2L = 2\pi$ 的奇延拓 $F(x)$。因为对所有 x 都有 $f(-x) = f(x)$，所以由 9.3 节式 (10) 可得

$$F(x) = \begin{cases} 1 - \cos 2x, & 0 < x < \pi, \\ \cos 2x - 1, & -\pi < x < 0, \end{cases}$$

并且对所有 x 都有 $F(x + 2\pi) = F(x)$。若我们把时间"冻结"在 $t = \dfrac{\pi}{4}$ 处并取 $a = 1$（所以弦的振动周期为 2π），则由式 (30) 可得

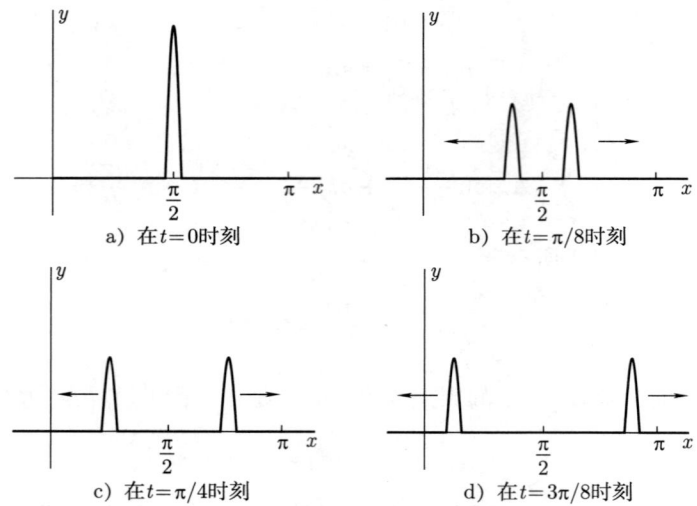

图 9.6.3 脉冲 $F(x)$ 产生的两个波,一个向左移动,一个向右移动 ⊖

$$y\left(x,\frac{\pi}{4}\right)=\frac{1}{2}\left[F\left(x+\frac{\pi}{4}\right)+F\left(x-\frac{\pi}{4}\right)\right]=\begin{cases}\sin 2x, & 0<x<\dfrac{\pi}{4}\\ 1, & \dfrac{\pi}{4}<x<\dfrac{3\pi}{4}\\ -\sin 2x, & \dfrac{3\pi}{4}<x<\pi\end{cases}。$$

(在习题 23 中,我们要求你验证这个公式。)图 9.6.4 显示了弦的位置函数 $y\left(x,\dfrac{\pi}{4}\right)$ 以及 "行" 波 $\dfrac{1}{2}F\left(x+\dfrac{\pi}{4}\right)$ 和 $\dfrac{1}{2}F\left(x-\dfrac{\pi}{4}\right)$。值得注意的是,在 $t=\dfrac{\pi}{4}$ 时刻,在 $\dfrac{\pi}{4}<x<\dfrac{3\pi}{4}$ 上方,弦呈现出一个短暂的 "平台"。在本节应用中,我们将利用技术对一系列 t 值绘制出 $y(x,t)$ 的图形,从而有效地把弦随时间的振动制作成动画。∎

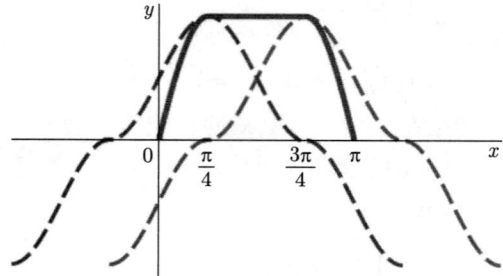

图 9.6.4 (见文前彩插)位置函数 $y\left(x,\dfrac{\pi}{4}\right)$ (蓝色实线)是用紫色和绿色虚线绘制的两个行波 $\dfrac{1}{2}F\left(x+\dfrac{\pi}{4}\right)$ 和 $\dfrac{1}{2}F\left(x-\dfrac{\pi}{4}\right)$ 之和

⊖ 请前往 bit.ly/3viJMq3 查看图 9.6.3 的交互式版本。

具有初始速度的弦

与求解问题 A 一样，对具有初始条件 $y(x, 0) = 0$ 和 $y_t(x, 0) = g(x)$ 的问题 B 实施完全相同的变量分离解法，直到得到式 (16)。而 $y(x, 0) = X(x)T(0) = 0$ 意味着 $T(0) = 0$，所以有别于式 (16)，我们得到

$$\frac{d^2 T_n}{dt^2} + \frac{n^2\pi^2 a^2}{L^2} T_n = 0, \quad T_n(0) = 0。 \tag{31}$$

由式 (17) 可知方程 (31) 的非平凡解为

$$T_n(t) = \sin\frac{n\pi at}{L}。 \tag{32}$$

因此，由此得到的级数形式解为

$$y_B(x, t) = \sum_{n=1}^{\infty} B_n \sin\frac{n\pi at}{L} \sin\frac{n\pi x}{L}, \tag{33}$$

所以我们要选择系数 $\{B_n\}$ 使得

$$y_t(x, 0) = \sum_{n=1}^{\infty} B_n \frac{n\pi a}{L} \sin\frac{n\pi x}{L} = g(x)。 \tag{34}$$

从而我们要让 $B_n \cdot n\pi a/L$ 是 $g(x)$ 在 $[0, L]$ 上的 Fourier 正弦系数 b_n：

$$B_n \frac{n\pi a}{L} = b_n = \frac{2}{L} \int_0^L g(x) \sin\frac{n\pi x}{L} dx。$$

因此我们选择

$$B_n = \frac{2}{n\pi a} \int_0^L g(x) \sin\frac{n\pi x}{L} dx \tag{35}$$

使得式 (33) 中的 $y_B(x, t)$ 是问题 B 的级数形式解，从而使得 $y(x, t) = y_A(x, t) + y_B(x, t)$ 是方程 (7a)~(7d) 中原边界值问题的级数形式解。

例题 4　吉他弦　考虑横放在小货车后面的一根吉他弦，小货车在 $t = 0$ 时刻以速度 v_0 撞向一堵砖墙。那么 $g(x) \equiv v_0$，所以

$$B_n = \frac{2}{n\pi a} \int_0^L v_0 \sin\frac{n\pi x}{L} dx = \frac{2v_0 L}{n^2\pi^2 a}[1 - (-1)^n]。$$

因此由级数式 (33) 可得

$$y(x, t) = \frac{4v_0 L}{\pi^2 a} \sum_{n\text{为奇数}} \frac{1}{n^2} \sin\frac{n\pi at}{L} \sin\frac{n\pi x}{L}。$$ ∎

如果我们对级数式 (33) 关于 t 逐项微分，可得

$$y_t(x,\ t) = \sum_{n=1}^{\infty} b_n \sin\frac{n\pi x}{L}\cos\frac{n\pi at}{L} = \frac{1}{2}[G(x+at)+G(x-at)], \tag{36}$$

其中 G 是初始速度函数 $g(x)$ 的周期为 $2L$ 的奇延拓，可使用与推导式 (30) 相同的方法得到。在习题 15 中，我们要求你推导出

$$y(x,\ t) = \frac{1}{2a}[H(x+at)+H(x-at)], \tag{37}$$

其中函数 $H(x)$ 被定义为

$$H(x) = \int_0^x G(s)\mathrm{d}s。 \tag{38}$$

最后，若一根弦同时具有非零初始位置函数 $y(x,\ 0) = f(x)$ 和非零初始速度函数 $y_t(x,\ 0) = g(x)$，则我们可以通过将由式 (30) 和式 (37) 所给出的问题 A 和问题 B 的 d'Alembert 解相加，得到其位移函数。因此，具有一般初始条件的这根弦的振动可由下式描述：

$$y(x,\ t) = \frac{1}{2}[F(x+at)+F(x-at)] + \frac{1}{2a}[H(x+at)+H(x-at)], \tag{39}$$

这是以速度 a 沿 x 轴运动的四个波的叠加，其中两个波向左运动，两个波向右运动。

习题

求解问题 1~10 中的边界值问题。

1. $y_{tt} = 4y_{xx}$, $0 < x < \pi$, $t > 0$; $y(0,\ t) = y(\pi,\ t) = 0$, $y(x,\ 0) = \frac{1}{10}\sin 2x$, $y_t(x,\ 0) = 0$

2. $y_{tt} = y_{xx}$, $0 < x < 1$, $t > 0$; $y(0,\ t) = y(1,\ t) = 0$, $y(x,\ 0) = \frac{1}{10}\sin\pi x - \frac{1}{20}\sin 3\pi x$, $y_t(x,\ 0) = 0$

3. $4y_{tt} = y_{xx}$, $0 < x < \pi$, $t > 0$; $y(0,\ t) = y(\pi,\ t) = 0$, $y(x,\ 0) = y_t(x,\ 0) = \frac{1}{10}\sin x$

4. $4y_{tt} = y_{xx}$, $0 < x < 2$, $t > 0$; $y(0,\ t) = y(2,\ t) = 0$, $y(x,\ 0) = \frac{1}{5}\sin\pi x\cos\pi x$, $y_t(x,\ 0) = 0$

5. $y_{tt} = 25y_{xx}$, $0 < x < 3$, $t > 0$; $y(0,\ t) = y(3,\ t) = 0$, $y(x,\ 0) = \frac{1}{4}\sin\pi x$, $y_t(x,\ 0) =$ 10 sin $2\pi x$

6. $y_{tt} = 100y_{xx}$, $0 < x < \pi$, $t > 0$; $y(0,\ t) = y(\pi,\ t) = 0$, $y(x,\ 0) = x(\pi - x)$, $y_t(x,\ 0) = 0$

7. $y_{tt} = 100y_{xx}$, $0 < x < 1$, $t > 0$; $y(0,\ t) = y(1,\ t) = 0$, $y(x,\ 0) = 0$, $y_t(x,\ 0) = x$

8. $y_{tt} = 4y_{xx}$, $0 < x < \pi$, $t > 0$; $y(0,\ t) = y(\pi,\ t) = 0$, $y(x,\ 0) = \sin x$, $y_t(x,\ 0) = 1$

9. $y_{tt} = 4y_{xx}$, $0 < x < 1$, $t > 0$; $y(0,\ t) = y(1,\ t) = 0$, $y(x,\ 0) = 0$, $y_t(x,\ 0) = x(1-x)$

10. $y_{tt} = 25y_{xx}$, $0 < x < \pi$, $t > 0$; $y(0,\ t) = y(\pi,\ t) = 0$, $y(x,\ 0) = y_t(x,\ 0) = \sin^2 x$

11. **基频** 假设一根长 2 ft 且重 $\frac{1}{32}$ oz 的弦，受到 32 lb 的拉力。求出弦振动的基频以及振动波沿其传播的速度。

12. **振幅** 证明例题 4 中弦的中点的振幅为

$$y\left(\frac{L}{2}, \frac{L}{2a}\right) = \frac{4v_0 L}{\pi^2 a} \sum_{n\text{为奇数}} \frac{1}{n^2} = \frac{v_0 L}{2a}.$$

如果弦是习题 11 中的弦，并且小货车的冲击速度是 60 mile/h，证明这个振幅大约是 1 in。

13. 假设函数 $F(x)$ 对所有 x 都是二次可微的。利用链式法则验证函数

$$y(x, t) = F(x+at) \quad \text{和} \quad y(x, t) = F(x-at)$$

满足方程 $y_{tt} = a^2 y_{xx}$。

14. 给定周期为 $2L$ 的可微奇函数 $F(x)$，证明函数

$$y(x, t) = \frac{1}{2}[F(x+at) + F(x-at)]$$

满足条件 $y(0, t) = y(L, t) = 0$，$y(x, 0) = F(x)$ 和 $y_t(x, 0) = 0$。

15. 如果 $y(x, 0) = 0$，那么式 (36) 表明（为何？）

$$y(x, t) = \frac{1}{2}\int_0^t G(x+a\tau)\mathrm{d}\tau + \frac{1}{2}\int_0^t G(x-a\tau)\mathrm{d}\tau.$$

在这些积分中做适当替换，推导出式 (37) 和式 (38)。

16. **(a)** 证明做替换 $u = x + at$ 和 $v = x - at$ 可以将方程 $y_{tt} = a^2 y_{xx}$ 转化为方程 $y_{uv} = 0$。
    (b) 推断 $y_{tt} = a^2 y_{xx}$ 的每个解都具有形式

$$y(x, t) = F(x+at) + G(x-at),$$

这表示都以速度 a 向相反方向传播的两个波。

17. 假设

$$y(x, t) = \sum_{n=1}^{\infty} A_n \cos\frac{n\pi at}{L} \sin\frac{n\pi x}{L}.$$

求导数 y_t 和 y_x 的平方，然后进行逐项积分，应用正弦函数和余弦函数的正交性来验证

$$E = \frac{1}{2}\int_0^L (\rho y_t^2 + T y_x^2)\mathrm{d}x = \frac{\pi^2 T}{4L}\sum_{n=1}^{\infty} n^2 A_n^2.$$

18. **拉伸弦** 考虑一根拉伸的弦，最初处于静止状态；它在 $x = 0$ 处的端点是固定的，但在 $x = L$ 处的端点是部分自由的，即允许沿着竖直线 $x = L$ 无摩擦地滑动。对应的边界值问题为

$$y_{tt} = a^2 y_{xx} \quad (0 < x < L, \ t > 0);$$
$$y(0, t) = y_x(L, t) = 0,$$
$$y(x, 0) = f(x),$$
$$y_t(x, 0) = 0.$$

分离变量，并使用如 9.5 节习题 24 所示的 $f(x)$ 的奇半倍正弦级数，推导出解

$$y(x, t) = \sum_{n\text{为奇数}} A_n \cos\frac{n\pi at}{2L} \sin\frac{n\pi x}{2L},$$

其中

$$A_n = \frac{2}{L}\int_0^L f(x) \sin\frac{n\pi x}{2L}\mathrm{d}x.$$

习题 19 和习题 20 处理弦在向下的重力 $F(x) = -\rho g$ 作用下的振动。根据方程 (1)，其位移函数满足偏微分方程

$$\frac{\partial^2 y}{\partial t^2} = a^2 \frac{\partial^2 y}{\partial x^2} - g \qquad (40)$$

以及端点条件 $y(0, t) = y(L, t) = 0$。

19. 首先假设弦悬挂在一个固定位置，所以 $y = y(x)$ 和 $y_{tt} = 0$，因此其运动微分方程采取简单形式 $a^2 y'' = g$。推导出稳态解

$$y(x) = \phi(x) = \frac{gx}{2a^2}(x - L).$$

20. 现在假设弦在平衡位置从静止状态释放；因此，初始条件为 $y(x, 0) = 0$ 和 $y_t(x, 0) = 0$。定义

$$v(x, t) = y(x, t) - \phi(x),$$

其中 $\phi(x)$ 是习题 19 中的稳态解。由方程 (40) 推断出 $v(x, t)$ 满足边值问题

$$v_{tt} = a^2 v_{xx};$$
$$v(0, t) = v(L, t) = 0,$$
$$v(x, 0) = -\phi(x),$$
$$v_t(x, 0) = 0.$$

由式 (22) 和式 (23) 推导出

$$y(x,\ t) - \phi(x) = \sum_{n=1}^{\infty} A_n \cos \frac{n\pi at}{L} \sin \frac{n\pi x}{L},$$

其中系数 $\{A_n\}$ 是 $f(x) = -\phi(x)$ 的 Fourier 正弦系数。最后，解释为什么由此得出弦在位置 $y = 0$ 和 $y = 2\phi(x)$ 之间振动。

21. **与速度成正比的阻力** 对于在空气中受到与速度成正比的阻力作用的振动弦，边界值问题为

$$\begin{aligned} y_{tt} &= a^2 y_{xx} - 2h y_t; \\ y(0,\ t) &= y(L,\ t) = 0, \\ y(x,\ 0) &= f(x), \\ y_t(x,\ 0) &= 0_\circ \end{aligned} \quad (41)$$

假设 $0 < h < \pi a/L$。

(a) 将

$$y(x,\ t) = X(x)T(t)$$

代入式 (41) 得到方程

$$X'' + \lambda X = 0, \quad X(0) = X(L) = 0 \quad (42)$$

和

$$T'' + 2hT' + a^2 \lambda T = 0, \quad T'(0) = 0_\circ \quad (43)$$

(b) 方程 (42) 的特征值和特征函数（照常）为

$$\lambda_n = \frac{n^2\pi^2}{L^2} \quad 和 \quad X_n(x) = \sin \frac{n\pi x}{L}_\circ$$

证明当 $\lambda = n^2\pi^2/L^2$ 时，式 (43) 中微分方程的通解为

$$T_n(t) = \mathrm{e}^{-ht}(A_n \cos \omega_n t + B_n \sin \omega_n t),$$

其中 $\omega_n = \sqrt{(n^2\pi^2 a^2/L^2) - h^2} < n\pi a/L$。

(c) 证明 $T_n'(0) = 0$ 意味着 $B_n = h A_n/\omega_n$，从而在相差一个常数倍系数意义下，

$$T_n(t) = \mathrm{e}^{-ht} \cos(\omega_n t - \alpha_n),$$

其中 $\alpha_n = \tan^{-1}(h/\omega_n)$。

(d) 最终推断出

$$y(x,\ t) = \mathrm{e}^{-ht} \sum_{n=1}^{\infty} c_n \cos(\omega_n t - \alpha_n) \sin \frac{n\pi x}{L},$$

其中

$$c_n = \frac{2}{L \cos \alpha_n} \int_0^L f(x) \sin \frac{n\pi x}{L} \mathrm{d}x_\circ$$

由此公式可知，空气阻力有三个主要作用：使振幅指数衰减，降低频率 $\omega_n < n\pi a/L$，及引入相位延迟角 α_n。

22. 按如下方式重做习题 21：首先将 $y(x,\ t) = \mathrm{e}^{-ht} v(x,\ t)$ 代入式 (41)，然后证明 $v(x,\ t)$ 满足的边界值问题为

$$\begin{aligned} v_{tt} &= a^2 v_{xx} + h^2 v; \\ v(0,\ t) &= v(L,\ t) = 0, \\ v(x,\ 0) &= f(x), \\ v_t(x,\ 0) &= h f(x)_\circ \end{aligned}$$

接下来证明做替换 $v(x,\ t) = X(x)T(t)$ 可以得到方程

$$X'' + \lambda X = 0, \quad X(0) = X(L) = 0,$$
$$T'' + (\lambda a^2 - h^2)T = 0_\circ$$

继续以这种方式推导出习题 21 (d) 部分所给出的解 $y(x,\ t)$。

图 9.6.5 中快照显示了一根长度为 $L = \pi$ 的振动弦的连续位置，其中 $a = 1$（所以其振动周期为 2π）。弦最初处于静止状态，两端固定，而在 $t = 0$ 时刻，它从如下初始位置函数开始运动：

$$f(x) = 2 \sin^2 x = 1 - \cos 2x_\circ \quad (44)$$

23. 验证例题 3 中关于 $y\left(x,\ \dfrac{\pi}{4}\right)$ 的公式。

24. (a) 证明由式 (44) 定义的位置函数 $f(x)$ 在 $x = \pi/4$ 和 $x = 3\pi/4$ 处有拐点 $[f''(x) = 0]$。

(b) 在图 9.6.5 的快照图 a 到图 e 中，这两个拐点似乎在弦振动的某个初始阶段保持固定。实际上，应用 d'Alembert 公式可以证明，若 $x = \pi/4$ 或 $x = 3\pi/4$，则当 $0 \leqslant t \leqslant \pi/4$ 时，$y(x,\ t) = 1$。

第 9 章　Fourier 级数法与偏微分方程　　719

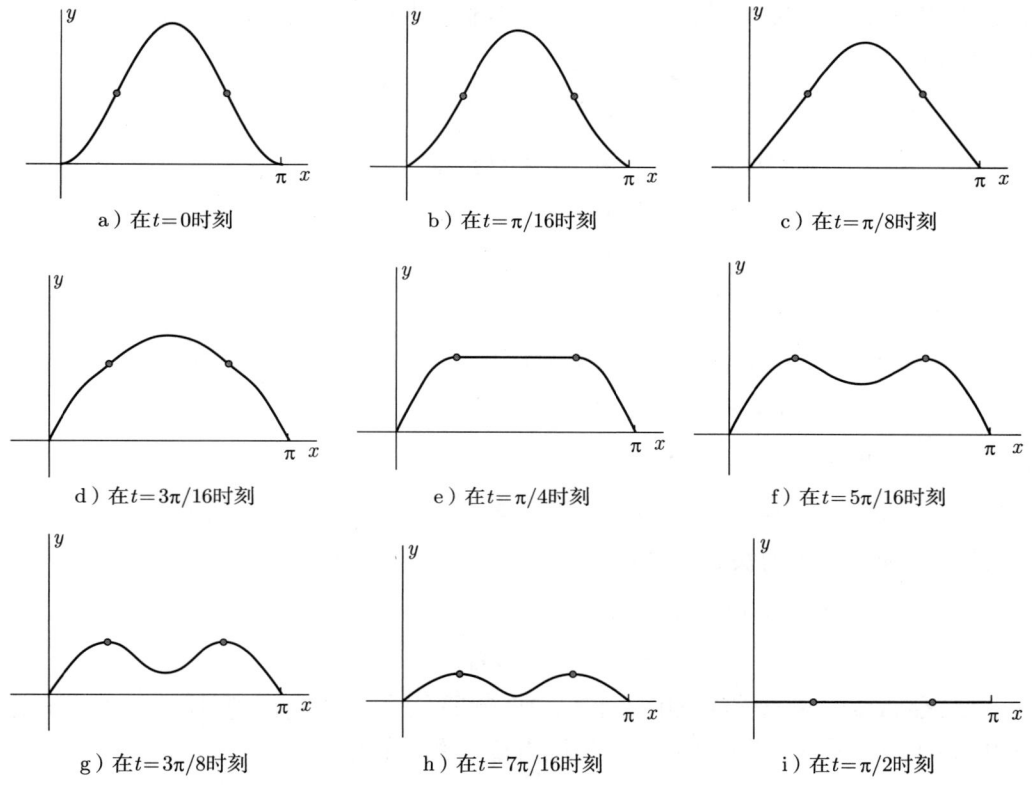

图 9.6.5　例题 3 以及习题 23 和习题 24 中的振动弦的连续快照 ⊖

应用　对振动弦的研究

📱请访问 bit.ly/2ZyYKNb，利用 Maple、Mathematica 和 MATLAB 等计算资源对此主题进行更多讨论和探索。

在此我们描述例题 3 中的振动弦问题的 d'Alembert 解

$$y(x,\ t) = \frac{1}{2}[F(x+at) + F(x-at)] \tag{1}$$

的 Mathematica 实现，并应用它以图形方式研究由弦的各种不同初始位置所产生的运动。该实现程序的 Maple 和 MATLAB 版本包含在本书前言中提到的"扩展应用"中。

为了绘制图 9.6.5 中所示的快照，我们从如下初始位置函数开始：

```
f[x_] := 2*Sin[x]^2
```

⊖　请前往 bit.ly/3n1qBx6 查看图 9.6.5 的交互式版本。

为了定义 $f(x)$ 的周期为 2π 的奇延拓 $F(x)$，我们需要函数 $s(x)$ 将点 x 平移 π 的整数倍后到区间 $[0, \pi]$ 内。

```
s[x_] := Block[{k}, k = Floor[N[x/Pi]];
           If[EvenQ[k], (* k is even *)
           (* then *)N[x - k*Pi],
           (* else *)N[x - k*Pi - Pi]]]
```

那么所需的奇延拓可以定义为

```
F[x_] := If[s[x] > 0, (* then *)f[s[x]],
           (* else *)-f[-s[x]]]
```

最后，式 (1) 中的 d'Alembert 解为

```
G[x_ , t_ ] := ( F[x + t] + F[x - t] )/ 2
```

弦在 t 时刻的位置的快照可定义为

```
stringAt[t_] := Plot[G[x,t], {x, 0, Pi},
           PlotRange -> {-2, 2}];
```

例如，命令 `stringAt[Pi/4]` 绘制如图 9.6.5 e 所示的与 $t = \pi/4$ 对应的快照，再次呈现出出现在图 9.6.4 中的平台。我们可以一次绘制出整个快照序列：

```
snapshots = Table[ stringAt[t], {t, 0, Pi, Pi/12}]
```

这些快照可以以动画的方式显示振动弦的运动：

```
Manipulate[stringAt[t], {t, 0, Pi}]
```

我们也可以使用命令 `Show[snapshots]` 在单个合成图中同时展示弦的连续位置（参见图 9.6.6）。

初始位置函数

```
f[x_] := If[x < Pi/2, (* then *)x,
           (* else *)Pi - x ] // N
```

（对应于图 9.2.4 中的三角波函数）可以以这种方式生成如图 9.6.7 所示的合成图。类似地，初始位置函数

```
f[x_] := Which[ 0 <= x < Pi/3, x,
           Pi/3 <= x < 2*Pi/3, Pi/3,
           2*Pi/3 <= x <= Pi, Pi - x ] // N
```

（对应于图 9.2.5 中的梯形波函数）可以产生如图 9.6.8 所示的图。

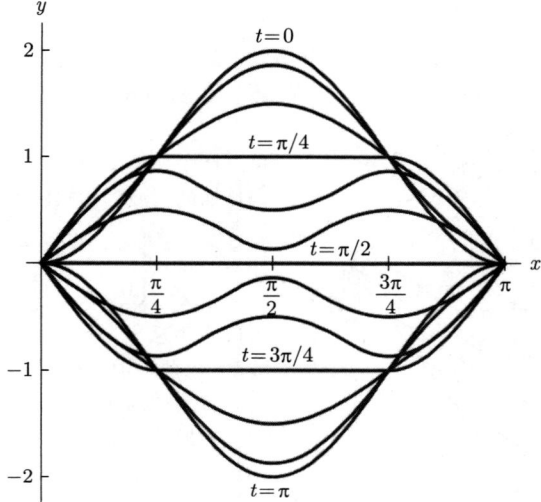

图 9.6.6 具有初始位置 $f(x) = 2\sin^2 x$ 的振动弦的连续位置

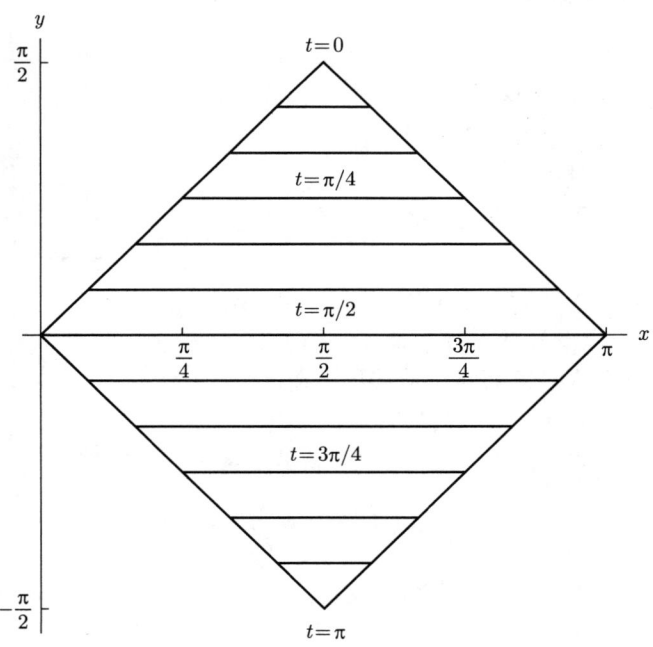

图 9.6.7 具有三角形初始位置的振动弦的连续位置

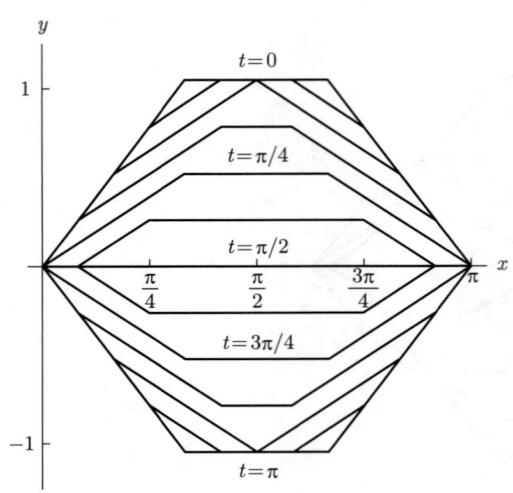

图 9.6.8 具有梯形初始位置的振动弦的连续位置

练习

你可以通过尝试自己生成图 9.6.7 和图 9.6.8 来测试 d'Alembert 方法的实现。初始位置 "隆起函数"
$$f(x) = \sin^{200} x, \quad 0 \leqslant x \leqslant \pi$$
可以产生如正文中图 9.6.3 所示的（最初）向相反方向传播的行波。初始位置函数
$$f(x) = \begin{cases} \sin^{200}\left(x + \dfrac{\pi}{2}\right), & 0 < x < \pi/2, \\ 0, & \pi/2 < x < \pi \end{cases}$$
可以产生从 $x = 0$ 处开始（最初）向右传播的单波。（想象一根系在树上的跳绳，其自由端在 $t = 0$ 时刻突然 "绷断"。）

在探索前面指出的一些可能性之后，尝试一些你自己选择的初始位置函数。满足 $f(0) = f(\pi) = 0$ 的任意连续函数 f 是相当好的选择。弦产生的振动越奇特越好。

9.7 稳态温度与 Laplace 方程

我们现在考虑如图 9.7.1 所示的 xy 平面上以分段光滑曲线 C 为界的占据区域 R 的二维平板或薄板内的温度。我们假设平板的表面是隔热的，并且假设它很薄，以至于其内部温度在垂直于 xy 平面的方向上没有变化。我们要在各种条件下确定在 t 时刻在点 (x, y) 处的温度 $u(x, y, t)$。

假设平板由密度为 δ（每单位体积的质量）、比热为 c（每单位质量）以及导热系数为 K 的材料制成，在整个平板上所有这些量都假定是常数。在这些假设下，（通过对 9.5 节一维热传导方程的推导进行推广）可以证明，温度函数 $u(x, y, t)$ 满足**二维热传导方程**

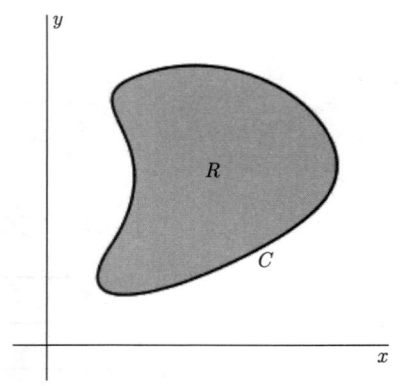

图 9.7.1 一个平面区域 R 及其边界曲线 C

$$\frac{\partial u}{\partial t} = k\left(\frac{\partial^2 u}{\partial x^2} + \frac{\partial^2 u}{\partial y^2}\right). \tag{1}$$

如 9.5 节所示，k 表示平板材料的热扩散系数，

$$k = \frac{K}{c\delta}. \tag{2}$$

方程 (1) 右侧二阶导数之和是函数 u 的 **Laplace** 式，通常表示为

$$\nabla^2 u = \frac{\partial^2 u}{\partial x^2} + \frac{\partial^2 u}{\partial y^2}, \tag{3}$$

所以二维热传导方程可以写成

$$\frac{\partial u}{\partial t} = k\nabla^2 u_\circ \tag{1'}$$

将方程 (1′) 与一维热传导方程 $u_t = ku_{xx}$ 进行比较，我们可以看到，从一维到二维的转变中，二阶空间导数 u_{xx} 被 Laplace 式 $\nabla^2 u$ 所取代。这是一般现象的一个实例。例如，若处于平衡状态的柔性拉伸膜占据 xy 平面内的一个区域，并在（竖直的）z 方向上振动，则其位移函数 $z = z(x, y, t)$ 满足**二维波动方程**

$$\frac{\partial^2 z}{\partial t^2} = a^2\left(\frac{\partial^2 z}{\partial x^2} + \frac{\partial^2 z}{\partial y^2}\right) = a^2\nabla^2 z_\circ \tag{4}$$

这个方程和一维波动方程 $z_{tt} = a^2 z_{xx}$ [这里将弦的位移写成 $z(x, t)$] 的关系与方程 (1′) 和一维热传导方程的关系相同。

本节我们将注意力集中在温度 u 不随时间变化的稳态情况，所以它只是 x 和 y 的函数。因此，我们感兴趣的是平板的稳态温度。在这种情况下，$u_t = 0$，所以方程 (1) 变成**二维 Laplace 方程**

$$\nabla^2 u = \frac{\partial^2 u}{\partial x^2} + \frac{\partial^2 u}{\partial y^2} = 0_\circ \tag{5}$$

这个重要的偏微分方程也被称为**位势方程**。（在真空中）电势函数和引力势函数满足三维 Laplace 方程 $u_{xx} + u_{yy} + u_{zz} = 0$。对于不可压缩无黏流体（即黏度为零的流体）的定常无旋流动，速度势函数也满足此方程。

Dirichlet 问题

在有界平面区域 R 内，Laplace 方程的特解由适当的边界条件确定。例如，如果我们已知在平板边界曲线 C 的每个点处，$u(x, y)$ 与给定函数 $f(x, y)$ 一致，那么从物理角度来看，平板内稳态温度 $u(x, y)$ 是确定的似乎是合理的。为了求出指定边界值的平板内的稳态温度，我们需要求解边值问题

$$\begin{aligned}\frac{\partial^2 u}{\partial x^2} + \frac{\partial^2 u}{\partial y^2} &= 0 \quad &&\text{（在 } R \text{ 内）;}\\ u(x, y) &= f(x, y) \quad &&[\text{若 } (x, y) \text{ 在 } C \text{ 上}]_\circ\end{aligned} \tag{6}$$

这样一个在给定边界值的区域 R 内求 Laplace 方程解的问题，被称为 **Dirichlet 问题**。众所周知，若边界曲线 C 和边界值函数 f 表现得相当好，则 Dirichlet 问题 (6) 存在唯一解。

图 9.7.2 显示了一个矩形平板，沿其四条边标明了边界值。对应的 Dirichlet 问题为

$$\begin{aligned}u_{xx} + u_{yy} &= 0 \quad &&\text{（在 } R \text{ 内）;}\\ u(x, 0) = f_1(x), \quad u(x, b) &= f_2(x) \quad &&(0 < x < a),\\ u(0, y) = g_1(y), \quad u(a, y) &= g_2(y) \quad &&(0 < y < b)_\circ\end{aligned} \tag{7}$$

由于存在四个非齐次条件（而不是一个），所以这个边界值问题不直接适用变量分离法。在 9.6 节中，当遇到这种困难时，我们将同时具有非零初始位置和非零初始速度的振动弦问题拆分为各具有单一非齐次条件的问题。以类似的方式，边界值问题 (7) 可以被拆分为四个问题，每个问题都具有单个非齐次边界条件。对于每个这样的问题，$u(x,\ y)$ 沿着矩形的三条边都为零，并在第四条边上赋值。这四个边值问题均可用变量分离法求解，且四个解之和即为原问题 (7) 的解。在下面的例题中，我们求解这四个问题中的一个，即如图 9.7.3 所示的边界值问题。

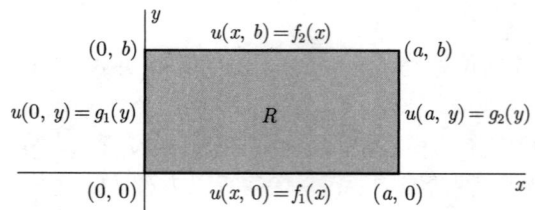

图 9.7.2 具有给定边界值的矩形平板

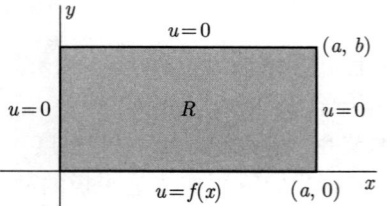

图 9.7.3 例题 1 中的边界值问题

例题 1   **矩形平板**   对于图 9.7.3 中的矩形，求解边界值问题

$$u_{xx} + u_{yy} = 0;$$

$$u(0,\ y) = u(a,\ y) = u(x,\ b) = 0, \tag{8}$$

$$u(x,\ 0) = f(x)。$$

解答：代入 $u(x,\ y) = X(x)Y(y)$ 可得 $X''Y + XY'' = 0$，所以对于某个常数 λ 有

$$\frac{X''}{X} = -\frac{Y''}{Y} = -\lambda。\tag{9}$$

因此，$X(x)$ 必须满足熟悉的特征值问题

$$X'' + \lambda X = 0,$$

$$X(0) = X(a) = 0。$$

特征值和相关的特征函数为

$$\lambda_n = \frac{n^2\pi^2}{a^2}, \quad X_n(x) = \sin\frac{n\pi x}{a}, \tag{10}$$

其中 $n = 1, 2, 3, \cdots$。根据方程 (9)，由 $\lambda = n^2\pi^2/a^2$ 以及式 (8) 中其他齐次边界条件，我们得到

$$Y_n'' - \frac{n^2\pi^2}{a^2}Y_n = 0, \quad Y_n(b) = 0。\tag{11}$$

式 (11) 中的微分方程的通解为

$$Y_n(y) = A_n \cosh \frac{n\pi y}{a} + B_n \sinh \frac{n\pi y}{a},$$

并且条件

$$Y_n(b) = A_n \cosh \frac{n\pi b}{a} + B_n \sinh \frac{n\pi b}{a} = 0$$

意味着 $B_n = -[A_n \cosh(n\pi b/a)]/[\sinh(n\pi b/a)]$，所以

$$Y_n(y) = A_n \cosh \frac{n\pi y}{a} - \frac{A_n \cosh(n\pi b/a)}{\sinh(n\pi b/a)} \sinh \frac{n\pi y}{a}$$

$$= \frac{A_n}{\sinh(n\pi b/a)} \left(\sinh \frac{n\pi b}{a} \cosh \frac{n\pi y}{a} - \cosh \frac{n\pi b}{a} \sinh \frac{n\pi y}{a} \right)。$$

因此，

$$Y_n(y) = c_n \sinh \frac{n\pi(b-y)}{a}, \tag{12}$$

其中 $c_n = A_n/\sinh(n\pi b/a)$。由式 (10) 和式 (12)，我们得到级数形式解

$$u(x, y) = \sum_{n=1}^{\infty} X_n(x) Y_n(y) = \sum_{n=1}^{\infty} c_n \sin \frac{n\pi x}{a} \sinh \frac{n\pi(b-y)}{a}。 \tag{13}$$

只剩下选择系数 $\{c_n\}$ 以满足非齐次条件

$$u(x, 0) = \sum_{n=1}^{\infty} \left(c_n \sinh \frac{n\pi b}{a} \right) \sin \frac{n\pi x}{a} = f(x)。$$

为此，我们需要

$$c_n \sinh \frac{n\pi b}{a} = b_n = \frac{2}{a} \int_0^a f(x) \sin \frac{n\pi x}{a} \mathrm{d}x,$$

所以

$$c_n = \frac{2}{a \sinh(n\pi b/a)} \int_0^a f(x) \sin \frac{n\pi x}{a} \mathrm{d}x。 \tag{14}$$

有了这样的系数选择，级数式 (13) 就是 Dirichlet 问题 (8) 的级数形式解。∎

例如，假设

$$f(x) \equiv T_0 = \frac{4T_0}{\pi} \sum_{n\text{为奇数}} \frac{1}{n} \sin \frac{n\pi x}{a},$$

如果 $0 < x < a$，并且当 n 为奇数时，$b_n = 4T_0/(\pi n)$，当 n 为偶数时，$b_n = 0$。那么由式 (13) 和式 (14) 可得

$$u(x, y) = \frac{4T_0}{\pi} \sum_{n\text{为奇数}} \frac{\sin(n\pi x/a) \sinh[n\pi(b-y)/a]}{n \sinh(n\pi b/a)}, \tag{15}$$

这是底端温度为 T_0 而其他三条边温度为零的矩形平板内的稳态温度。特别地,假设 $T_0 = 100$ 且 $a = b = 10$。那么由式 (15) 可知,平板中心温度为

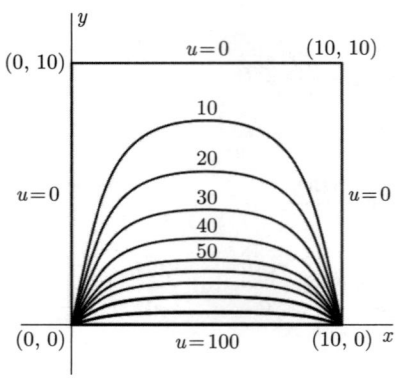

图 9.7.4 式 (15) 中函数 $u(x, y)$ 的典型等高线

$$u(5, 5) = \frac{400}{\pi} \sum_{n\text{为奇数}} \frac{\sin(n\pi/2)\sinh(n\pi/2)}{n\sinh(n\pi)}$$

$$\approx 25.3716 - 0.3812 + 0.0099 - 0.0003;$$

即 $u(5, 5)$ 大约是 25.00。

备注 1:也许使用对称性,你能提供一个论证(不使用级数解)来证明 $u(5, 5)$ 正好是 25 吗?

备注 2:在实践中,工程师使用类似于式 (15) 的解来绘制平板或机械部件内的温度变化,他们对可能出现的任何"热点"都特别感兴趣。这类信息通常通过构造其上温度函数 $u(x, y)$ 为常数的等高线来表示。图 9.7.4 显示了式 (15) 中函数 $u(x, y)$ 的典型等高线,其中 $a = b = 10$ 和 $T_0 = 100$。

例题 2 设 R 为图 9.7.5 所示的"半无限"带状区域。求解边值问题

$$\begin{aligned} &u_{xx} + u_{yy} = 0 \quad (\text{在 } R \text{ 内}); \\ &u(x, 0) = u(x, b) = 0 \quad (0 < x < \infty), \\ &\text{当 } x \to +\infty \text{ 时},\ u(x, y) \text{ 有界}, \\ &u(0, y) = g(y). \end{aligned} \tag{16}$$

解答:当 $x \to +\infty$ 时,$u(x, y)$ 有界,这个条件起到与"矩形缺失的"右边界相关的齐次边界条件的作用;这是典型的无界区域的 Dirichlet 问题。根据 $u(x, y) = X(x)Y(y)$,由实际的齐次条件可得 $Y(0) = Y(b) = 0$。从而 $Y(y)$ 将满足一个特征值问题。因此,我们将式 (9) 中的分离方程写成

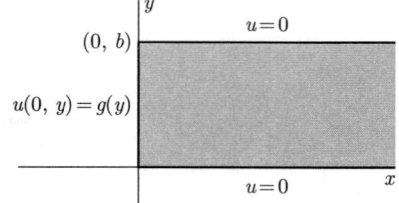

图 9.7.5 例题 2 中的"半无限"带状区域

$$\frac{Y''}{Y} = -\frac{X''}{X} = -\lambda, \tag{17}$$

改变 λ 的符号以得到熟悉的特征值问题

$$Y'' + \lambda Y = 0, \quad Y(0) = Y(b) = 0,$$

它具有特征值和相关特征函数
$$\lambda_n = \frac{n^2\pi^2}{b^2}, \quad Y_n(y) = \sin\frac{n\pi y}{b}. \tag{18}$$
方程
$$X_n'' - \frac{n^2\pi^2}{b^2}X_n = 0$$
的通解为 $X_n(x) = A_n \exp(n\pi x/b) + B_n \exp(-n\pi x/b)$。我们把解写成指数形式，而不是用双曲正弦和双曲余弦表示，因为这样的话，当 $x \to +\infty$ 时，$u(x, y)$ 有界从而 $X(x)$ 有界的条件直接意味着，对所有 n 都有 $A_n = 0$。消除常数 B_n 后，我们得到
$$X_n(x) = \exp\left(-\frac{n\pi x}{b}\right). \tag{19}$$
由式 (18) 和式 (19)，我们得到满足齐次边界条件和有界性条件的级数形式解
$$u(x, y) = \sum_{n=1}^{\infty} b_n X_n(x) Y_n(y) = \sum_{n=1}^{\infty} b_n \exp\left(-\frac{n\pi x}{b}\right) \sin\frac{n\pi y}{b}. \tag{20}$$
为了也满足非齐次条件
$$u(0, y) = \sum_{n=1}^{\infty} b_n \sin\frac{n\pi y}{b} = g(y),$$
我们选择 b_n 作为函数 $g(y)$ 在 $[0, b]$ 上的 Fourier 正弦系数
$$b_n = \frac{2}{b}\int_0^b g(y) \sin\frac{n\pi y}{b} \mathrm{d}y. \tag{21}$$

例如，如果对于 $0 < y < b$，
$$g(y) = T_0 = \frac{4T_0}{\pi}\sum_{n\text{为奇数}} \frac{1}{n}\sin\frac{n\pi y}{b},$$
那么由式 (20) 和式 (21) 可得
$$u(x, y) = \frac{4T_0}{\pi}\sum_{n\text{为奇数}} \frac{1}{n}\exp\left(-\frac{n\pi x}{b}\right)\sin\frac{n\pi y}{b}.$$

图 9.7.6 显示了由这个公式定义的温度函数的一些典型等高线，其中 $b = 10, T_0 = 100$。由于最终级数项中存在负指数因子，所以我们看到，当 $x \to +\infty$ 时，温度 $u(x, y) \to 0$ [而在式 (16) 中，我们仅假设当 $x \to +\infty$ 时，$u(x, y)$ 保持有界]。

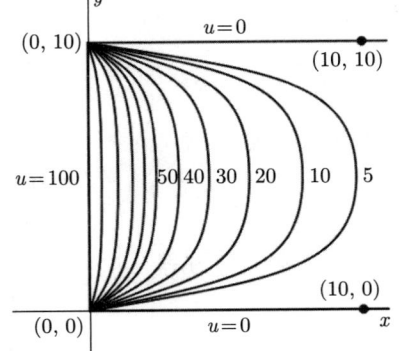

图 9.7.6 例题 2 中函数 $u(x, y)$ 的典型等高线

圆盘的 Dirichlet 问题

我们现在研究具有隔热面和给定边界温度的半径为 a 的圆盘中的稳态温度。显然，考虑到圆盘的几何形状，我们应该用极坐标 r 和 θ 表示 $u = u(r, \theta)$，其中 $x = r\cos\theta$ 和 $y = r\sin\theta$。当用这些等式转化 Laplace 式时，例如，可以参见 Edwards 和 Penney 的 *Calculus: Early Transcendentals*（第 7 版，2008）12.7 节的第 45 题，结果是**极坐标下的 Laplace 方程**：

$$\nabla^2 u = \frac{\partial^2 u}{\partial r^2} + \frac{1}{r}\frac{\partial u}{\partial r} + \frac{1}{r^2}\frac{\partial^2 u}{\partial \theta^2} = 0。 \tag{22}$$

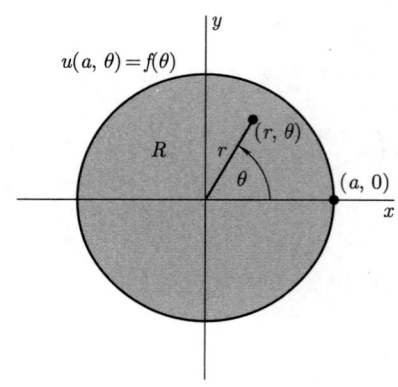

图 9.7.7 圆盘的 Dirichlet 问题

我们通过下式来规定指定的边界温度（如图 9.7.7 所示）：

$$u(a, \theta) = f(\theta), \tag{23}$$

其中周期为 2π 的函数 $f(\theta)$ 是已知的。此外，因为 (r, θ) 和 $(r, \theta + 2\pi)$ 为同一点的极坐标，所以我们对 u 施加周期性条件

$$u(r, \theta) = u(r, \theta + 2\pi), \tag{24}$$

此式对 $r < a$ 和所有 θ 成立；这将起到齐次边界条件的作用。

为了求解式 (22) 至式 (24) 中的边界值问题，我们将 $u(r, \theta) = R(r)\Theta(\theta)$ 代入方程 (22)，可得

$$R''\Theta + \frac{1}{r}R'\Theta + \frac{1}{r^2}R\Theta'' = 0。$$

两边同时除以 $R\Theta/r^2$ 可得

$$\frac{r^2 R'' + rR'}{R} + \frac{\Theta''}{\Theta} = 0,$$

因此，对于某个常数 λ，

$$\frac{r^2 R'' + rR'}{R} = -\frac{\Theta''}{\Theta} = \lambda。$$

从而得到两个常微分方程

$$r^2 R'' + rR' - \lambda R = 0 \tag{25}$$

和

$$\Theta'' + \lambda\Theta = 0。 \tag{26}$$

方程 (26) 的通解为

$$\Theta(\theta) = A\cos\alpha\theta + B\sin\alpha\theta, \qquad \lambda = \alpha^2 > 0, \tag{27a}$$

$$\Theta(\theta) = A + B\Theta, \qquad \lambda = 0, \tag{27b}$$

$$\Theta(\theta) = Ae^{\alpha\theta} + Be^{-\alpha\theta}, \qquad \lambda = -\alpha^2 < 0。 \tag{27c}$$

现在我们应用条件 (24)，它意味着 $\Theta(\theta) = \Theta(\theta + 2\pi)$，即 $\Theta(\theta)$ 具有周期 2π。在习题 22 和习题 23 中，我们要求你证明，只有当在式 (27a) 中 $\lambda = n^2$（n 为整数）或者在式 (27b) 中 $\lambda = 0$ 且 $B = 0$ 时，上述结论才成立。因此，我们有特征值和相关特征函数

$$\lambda_0 = 0, \qquad \Theta_0(\theta) = 1; \tag{28a}$$

$$\lambda_n = n^2, \qquad \Theta_n(\theta) = A_n \cos n\theta + B_n \sin n\theta, \tag{28b}$$

其中 $n = 1, 2, 3, \cdots$。

接下来，我们将注意力转向方程 (25)。根据 $\lambda_0 = 0$，它简化为方程 $r^2 R_0'' + r R_0' = 0$，其通解为

$$R_0(r) = C_0 + D_0 \ln r。 \tag{29}$$

当然我们想要 $u(r, \theta)$ 在 $r = 0$ 处连续，从而 $R(r)$ 在 $r = 0$ 处连续；这要求式 (29) 中的 $D_0 = 0$，所以 $R_0(r) = C_0$。然后，根据 $\lambda = \lambda_n = n^2$，方程 (25) 变为

$$r^2 R_n'' + r R_n' - n^2 R_n = 0。$$

将试验解 $R(r) = r^k$ 代入，我们得到 $k = \pm n$，所以上述方程的通解为

$$R_n(r) = C_n r^n + \frac{D_n}{r^n}。 \tag{30}$$

那么在 $r = 0$ 处的连续性要求 $D_n = 0$，所以 $R_n(r) = C_n r^n$。

最后，我们将式 (28) 至式 (30) 中的结果结合起来，其中 $D_n \equiv 0$，从而得到如下形式的级数形式解：

$$u(r, \theta) = \sum_{n=0}^{\infty} R_n(r) \Theta_n(\theta),$$

即

$$u(r, \theta) = \frac{a_0}{2} + \sum_{n=1}^{\infty} (a_n \cos n\theta + b_n \sin n\theta) r^n。 \tag{31}$$

为了满足边界条件 $u(a, \theta) = f(\theta)$，我们要求

$$u(a, \theta) = \frac{a_0}{2} + \sum_{n=1}^{\infty} (a_n a^n \cos n\theta + b_n a^n \sin n\theta)$$

是 $f(\theta)$ 在 $[0, 2\pi]$ 上的 Fourier 级数。因此，我们选择

$$a_n = \frac{1}{\pi a^n} \int_0^{2\pi} f(\theta) \cos n\theta \, \mathrm{d}\theta \qquad (n = 0, 1, 2, \cdots) \tag{32a}$$

和

$$b_n = \frac{1}{\pi a^n} \int_0^{2\pi} f(\theta) \sin n\theta \, d\theta \qquad (n = 1, 2, 3, \cdots)。 \tag{32b}$$

例题 3 **圆板** 例如，如果当 $0 < \theta < \pi$ 时，$f(\theta) = T_0$，当 $\pi < \theta < 2\pi$ 时，$f(\theta) = -T_0$，所以

$$f(\theta) = \frac{4T_0}{\pi} \sum_{n \text{为奇数}} \frac{1}{n} \sin n\theta,$$

那么对于所有 $n \geqslant 0$，$a_n = 0$，当 n 为偶数时，$b_n = 0$，当 n 为奇数时，$b_n = 4T_0/(\pi n a^n)$。所以由式 (31) 和式 (32) 可得

$$u(r, \theta) = \frac{4T_0}{\pi} \sum_{n \text{为奇数}} \frac{r^n}{na^n} \sin n\theta。$$

注解：在本节的 Dirichlet 问题中，我们集中讨论了具有预设边界值的温度函数。具有隔热边缘的平板，即没有热量可以流过边缘的平板，边界条件是 $u(x, y)$ 的导数在垂直于此边缘的方向上为零。例如，考虑图 9.7.2 中的矩形平板。如果边缘 $x = 0$ 是隔热的，那么 $u_x(0, y) \equiv 0$，而如果边缘 $y = b$ 是隔热的，那么 $u_y(x, b) \equiv 0$。

习题

在习题 1~3 中，对于矩形区域 $0 < x < a$ 且 $0 < y < b$，求解由 Laplace 方程 $u_{xx} + u_{yy} = 0$ 和给定边界值条件构成的 Dirichlet 问题。

1. $u(x, 0) = u(x, b) = u(0, y) = 0$，$u(a, y) = g(y)$
2. $u(x, 0) = u(x, b) = u(a, y) = 0$，$u(0, y) = g(y)$
3. $u(x, 0) = u(0, y) = u(a, y) = 0$，$u(x, b) = f(x)$
4. **矩形平板** 考虑边界值问题

$$u_{xx} + u_{yy} = 0;$$
$$u_x(0, y) = u_x(a, y) = u(x, 0) = 0,$$
$$u(x, b) = f(x)。$$

它对应于 $0 < x < a$ 且 $0 < y < b$ 的矩形平板，其中边缘 $x = 0$ 和 $x = a$ 隔热。推导出解

$$u(x, y) = \frac{a_0 y}{2b} + \sum_{n=1}^{\infty} a_n \left(\cos \frac{n\pi x}{a}\right) \left(\frac{\sinh(n\pi y/a)}{\sinh(n\pi b/a)}\right),$$

其中

$$a_n = \frac{2}{a} \int_0^a f(x) \cos \frac{n\pi x}{a} dx \quad (n = 0, 1, 2, \cdots)。$$

提示：首先证明 λ_0 是在 $X_0(x) \equiv 1$ 和 $Y_0(y) = y$ 时的一个特征值。

在习题 5 和习题 6 中，在矩形区域 $0 < x < a$ 且 $0 < y < b$ 中，求出满足给定边界条件的 Laplace 方程 $u_{xx} + u_{yy} = 0$ 的解（参见习题 4）。

5. $u_y(x, 0) = u_y(x, b) = u(a, y) = 0$，$u(0, y) = g(y)$
6. $u_x(0, y) = u_x(a, y) = u_y(x, 0) = 0$，$u(x, b) = f(x)$

在习题 7 和习题 8 中，在半无限带状区域 $0 < x < a$ 且 $y > 0$ 中，求出满足当 $y \to +\infty$ 时 $u(x, y)$ 有界的 Laplace 方程的解。

7. $u(0, y) = u(a, y) = 0$, $u(x, 0) = f(x)$

8. $u_x(0, y) = u_x(a, y) = 0$, $u(x, 0) = f(x)$

9. 假设在习题 8 中 $a = 10$ 且 $f(x) = 10x$。证明

$$u(x, y) = 50 - \frac{400}{\pi^2} \sum_{n\text{为奇数}} \frac{1}{n^2} e^{-n\pi y/10} \cos \frac{n\pi x}{10}。$$

然后计算值 $u(0, 5), u(5, 5)$ 和 $u(10, 5)$（精确到小数点后两位）。

10. 矩形平板 $0 < x < a$ 且 $0 < y < b$ 的边缘 $x = a$ 是隔热的，边缘 $x = 0$ 和 $y = 0$ 保持温度为零，并且 $u(x, b) = f(x)$。利用 9.3 节习题 21 中的奇半倍正弦级数，推导出如下形式的解：

$$u(x, y) = \sum_{n\text{为奇数}} c_n \sin \frac{n\pi x}{2a} \sinh \frac{n\pi y}{2a}。$$

然后给出 c_n 的公式。

11. 矩形平板 $0 < x < a$ 且 $0 < y < b$ 的边缘 $y = 0$ 是隔热的，边缘 $x = a$ 和 $y = b$ 保持温度为零，并且 $u(0, y) = g(y)$。利用 9.3 节习题 22 中的奇半倍余弦级数，求出 $u(x, y)$。

12. 厚 30 cm 的长高墙的竖直截面形成 $0 < x < 30$ 且 $y > 0$ 的半无限带状区域。面 $x = 0$ 保持温度为零，但面 $x = 30$ 是隔热的。已知 $u(x, 0) = 25$，对墙壁内的稳态温度，推导出公式

$$u(x, y) = \frac{100}{\pi} \sum_{n\text{为奇数}} \frac{1}{n} e^{-n\pi y/60} \sin \frac{n\pi x}{60}。$$

半圆形板

习题 13~15 处理如图 9.7.8 所示的半径为 a 的半圆形板。圆形边缘具有给定的温度 $u(a, \theta) = f(\theta)$。在每道题中，推导出沿 $\theta = 0$ 和 $\theta = \pi$ 满足给定边界条件的稳态温度 $u(r, \theta)$ 的给定级数，并给出系数 c_n 的公式。

13. $u(r, 0) = u(r, \pi) = 0$;

$$u(r, \theta) = \sum_{n=1}^{\infty} c_n r^n \sin n\theta$$

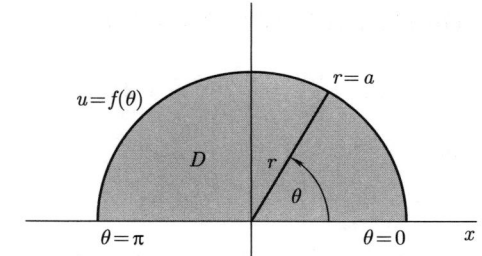

图 9.7.8 习题 13~15 中的半圆形板

14. $u_\theta(r, 0) = u_\theta(r, \pi) = 0$;

$$u(r, \theta) = \frac{c_0}{2} + \sum_{n=1}^{\infty} c_n r^n \cos n\theta$$

15. $u(r, 0) = u_\theta(r, \pi) = 0$;

$$u(r, \theta) = \sum_{n\text{为奇数}} c_n r^{n/2} \sin \frac{n\theta}{2}$$

16. 圆的外部 对圆 $r = a$ 之外的区域，考虑 Dirichlet 问题。你需要求出方程

$$r^2 u_{rr} + r u_r + u_{\theta\theta} = 0$$

的解，使得 $u(a, \theta) = f(\theta)$，并且当 $r \to +\infty$ 时，$u(r, \theta)$ 有界。推导出级数

$$u(r, \theta) = \frac{a_0}{2} + \sum_{n=1}^{\infty} \frac{1}{r^n}(a_n \cos n\theta + b_n \sin n\theta),$$

并给出系数 $\{a_n\}$ 和 $\{b_n\}$ 的公式。

流体流动

17. 对于理想流体绕半径为 $r = a$ 的圆柱体的定常流动，速度势函数 $u(r, \theta)$ 满足边界值问题

$$r^2 u_{rr} + r u_r + u_{\theta\theta} = 0 \quad (r > a);$$

$$u_r(a, \theta) = 0, \quad u(r, \theta) = u(r, -\theta),$$

$$\lim_{r \to \infty} [u(r, \theta) - U_0 r \cos \theta] = 0。$$

(a) 通过变量分离法，推导出解

$$u(r, \theta) = \frac{U_0}{r}(r^2 + a^2) \cos \theta。$$

(b) 然后，证明流动的速度分量为

$$u_x = \frac{\partial u}{\partial x} = \frac{U_0}{r^2}(r^2 - a^2\cos 2\theta)$$

和

$$u_y = \frac{\partial u}{\partial y} = -\frac{U_0}{r^2}a^2\sin 2\theta。$$

该流体绕圆柱体流动的流线如图 9.7.9 所示。

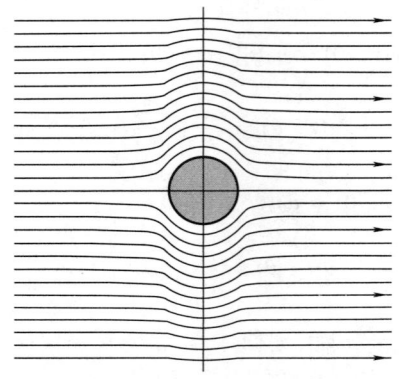

图 9.7.9 理想流体绕圆柱体流动的流线

注释：图 9.7.9 中的流线是习题 18 (b) 部分中所给函数 $\psi(x, y)$ 的等高线。编写一个计算机程序来绘制这样的等高线是很麻烦的。绘制微分方程 $dy/dx = u_y/u_x$ 的一些解要容易得多。我们根据初始条件 $x_0 = -5, y_0 = -2.7, -2.5, -2.3, \cdots, 2.5, 2.7$ 进行了这样的操作。采用改进的 Euler 法（参见 2.5 节）获得了数值解，其中时间步长为 0.02。

18. (a) 证明习题 17 (a) 部分中的速度势在直角坐标系中可以写成

$$u(x, y) = U_0 x\left(1 + \frac{a^2}{x^2 + y^2}\right)。$$

(b) 流动的流函数为

$$\psi(x, y) = U_0 y\left(\frac{a^2}{x^2 + y^2} - 1\right)。$$

证明 $\nabla u \cdot \nabla \psi \equiv 0$。因为 $\boldsymbol{v} = \nabla u$ 是速度矢量，这表明流动的流线是 $\psi(x, y)$ 的等高线。

习题 19~21 处理半径为 $r = a$ 的实心球，整个球的初始温度为 T_0。在 $t = 0$ 时刻，它被冰包裹，所以此后其表面 $r = a$ 处的温度为零。那么球的温度由时间 t 和到球心的距离 r 决定，所以我们写成 $u = u(r, t)$。

19. (a) 具有内半径 r 和外半径 $r + \Delta r$ 的球壳的热焓为

$$Q(t) = \int_r^{r+\Delta r} c\delta u(x, t) \cdot 4\pi s^2 ds。$$

证明对于区间 $(r, r + \Delta r)$ 内的某个 $\bar{r}$，$Q'(t) = 4\pi c\delta \bar{r}^2 u_t(\bar{r}, t)$。

(b) 穿过 (a) 部分中的壳体的边界球面的径向热通量为 $\phi = -Ku_r$。推断出

$$Q'(t) = 4\pi K[(r + \Delta r)^2 u_r(r + \Delta r, t)$$
$$- r^2 u_r(r, t)]。$$

(c) 令 (a) 和 (b) 部分中的 $Q'(t)$ 的值相等，然后取 $\Delta r \to 0$ 时的极限，得到方程

$$\frac{\partial u}{\partial t} = \frac{k}{r^2}\frac{\partial}{\partial r}\left(r^2\frac{\partial u}{\partial r}\right)。$$

(d) 最后，证明上述方程等价于

$$\frac{\partial}{\partial t}(ru) = k\frac{\partial^2}{\partial r^2}(ru)。$$

20. 由习题 19 (d) 部分可知，$u(r, t)$ 满足边界值问题

$$\frac{\partial}{\partial t}(ru) = k\frac{\partial^2}{\partial r^2}(ru) \qquad (r < a);$$
$$u(a, t) = 0, \quad u(r, 0) = T_0。$$

证明新函数 $v(r, t) = ru(r, t)$ 满足一个熟悉的边界值问题（见 9.5 节），并由此推导出解

$$u(r, t) = \frac{2aT_0}{\pi}\sum_{n=1}^{\infty}\frac{(-1)^{n+1}}{nr}$$
$$\exp\left(-\frac{n^2\pi^2 kt}{a^2}\right)\sin\frac{n\pi r}{a}。$$

21. **(a)** 从习题 20 的解中推断出，t 时刻球心的温度为

$$u(0,\ t) = 2T_0 \sum_{n=1}^{\infty}(-1)^{n+1}\exp\left(-\frac{n^2\pi^2 kt}{a^2}\right)。$$

(b) 令 $a = 30$ cm 和 $T_0 = 100°C$。若球由 $k = 0.15$（cgs 单位值）的铁制成，计算 15 min 后的 $u(0,\ t)$。（答案：大约 $45°C$。）

(c) 如果你有可编程计算器或类似技术，对由混凝土制成的球，重复 (b) 部分，其中 $k = 0.005$（cgs 单位制）。大约需要 15 项来表明 $u = 100.00°C$，即精确到小数点后两位。

22. 在本节讨论圆盘的 Dirichlet 问题时，我们得到了具有周期性条件 $\Theta(\theta) = \Theta(\theta + 2\pi)$ 的常微分方程 $\Theta'' + \lambda\Theta = 0$。

(a) 假设 $\lambda = \alpha^2 > 0$。证明通解

$$\Theta(\theta) = A\cos\alpha\theta + B\sin\alpha\theta$$

仅当 $\lambda = n^2$ 且 n 为整数时，周期为 2π。

(b) 在 $\lambda = 0$ 的情况下，证明通解

$$\Theta(\theta) = A\theta + B$$

仅当 $A = 0$ 时才是周期性的。

23. 如果在习题 22 中，$\lambda = -\alpha^2 < 0$，那么微分方程的通解为

$$\Theta(\theta) = Ae^{\alpha\theta} + Be^{-\alpha\theta}。$$

证明这个函数不是周期性的，除非 $A = B = 0$。

第 10 章 特征值方法与边界值问题

10.1 Sturm-Liouville 问题与特征函数展开法

在第 9 章的最后三节中，我们看到许多不同的边界值问题都可以通过变量分离法导出相同的常微分方程

$$X''(x) + \lambda X(x) = 0 \qquad (0 < x < L), \tag{1}$$

其中包含特征值 λ，但具有不同的端点条件，诸如

$$X(0) = X(L) = 0 \tag{2}$$

或

$$X'(0) = X'(L) = 0 \tag{3}$$

或

$$X(0) = X'(L) = 0, \tag{4}$$

取决于原始边界条件。

例如，回顾在给定初始温度 $u(x, 0) = f(x)$ 的情况下，求一根棒 $0 \leqslant x \leqslant L$ 中温度 $u(x, t)$ 的问题（在 9.5 节中）。作为一个边界值问题，棒的这个问题与在 xyz 空间中占据区域 $0 \leqslant x \leqslant L$ 的大块平板内求温度的问题是相同的。如果其初始温度只依赖于 x 而与 y 和 z 无关，即如果 $u(x, 0) = f(x)$，那么在 t 时刻其温度 $u = u(x, t)$ 也是如此。当我们将

$$u(x, t) = X(x)T(t)$$

代入热传导方程

$$\frac{\partial u}{\partial t} = k \frac{\partial^2 u}{\partial x^2},$$

若平板的面 $x = 0$ 和 $x = L$ 保持温度为零，我们发现 $X(x)$ 满足端点条件式 (2)，若这两个面都是隔热的，则满足端点条件式 (3)，而若一个面隔热，另一个面保持温度为零，则满足端点条件式 (4)。但是，如果根据牛顿冷却定律，每个面都向（温度为零的）周围介质散热，那么（根据 9.5 节习题 23）端点条件取如下形式

$$hX(0) - X'(0) = 0 = hX(L) + X'(L), \tag{5}$$

其中 h 为非负传热系数。

关键是当我们对方程 (1) 的解施加不同的端点条件时，我们得到不同的特征值问题，从而得到不同的特征值 $\{\lambda_n\}$ 和不同的特征函数 $\{X_n(x)\}$，可用于构造边界值问题的幂级数形式解

$$u(x,\ t) = \sum c_n X_n(x) T_n(t)。 \tag{6}$$

这个构造的最后一步是选择式 (6) 中的系数 $\{c_n\}$ 使得

$$u(x,\ 0) = \sum c_n T_n(0) X_n(x) = f(x)。 \tag{7}$$

因此，我们最后需要用相关端点值问题的特征函数对给定函数 $f(x)$ 进行特征函数展开。

Sturm-Liouville 问题

为了统一和推广变量分离法，有必要构造一种一般类型的特征值问题，使其包括前面提到的每一种特殊情况。若用 y 代替 X 作为因变量，则方程 (1) 可以写成

$$\frac{\mathrm{d}}{\mathrm{d}x}\left[p(x)\frac{\mathrm{d}y}{\mathrm{d}x}\right] - q(x)y + \lambda r(x)y = 0, \tag{8}$$

其中 $p(x) = r(x) \equiv 1$ 且 $q(x) \equiv 0$。实际上，我们将在习题 16 中指出，实际上，形为

$$A(x)y'' + B(x)y' + C(x)y + \lambda D(x)y = 0$$

的任何线性二阶微分方程在乘以合适的因子之后会呈现出式 (8) 中的形式。

例题 1 如果我们将 n 阶参数 Bessel 方程

$$x^2 y'' + xy' + (\lambda x^2 - n^2)y = 0 \quad (x > 0)$$

乘以 $1/x$，结果可以写成

$$\frac{\mathrm{d}}{\mathrm{d}x}\left[x\frac{\mathrm{d}y}{\mathrm{d}x}\right] - \frac{n^2}{x}y + \lambda x y = 0,$$

它具有式 (8) 中的形式，其中 $p(x) = r(x) = x$ 且 $q(x) = n^2/x$。 ∎

现在，对有界开区间 $(a,\ b)$ 内方程 (8) 的解，我们施加齐次（线性）端点条件

$$\alpha_1 y(a) - \alpha_2 y'(a) = 0, \qquad \beta_1 y(b) + \beta_2 y'(b) = 0, \tag{9}$$

其中系数 α_1，α_2，β_1 和 β_2 是常数。除了是齐次条件之外，这两个条件需要分开考虑，因为其中一个条件涉及 $y(x)$ 和 $y'(x)$ 在一个端点 $x = a$ 处的取值，而另一个条件涉及在另一个端点 $x = b$ 处的取值。例如，注意到条件 $y(a) = y'(b) = 0$ 具有式 (9) 中的形式，其中 $\alpha_1 = \beta_2 = 1$ 及 $\alpha_2 = \beta_1 = 0$。

定义 Sturm-Liouville 问题

Sturm-Liouville 问题是具有如下形式的端点值问题

$$\frac{\mathrm{d}}{\mathrm{d}x}\left[p(x)\frac{\mathrm{d}y}{\mathrm{d}x}\right] - q(x)y + \lambda r(x)y = 0 \qquad (a < x < b); \tag{8}$$

$$\alpha_1 y(a) - \alpha_2 y'(a) = 0, \qquad \beta_1 y(b) + \beta_2 y'(b) = 0, \tag{9}$$

其中 α_1 和 α_2 不全为零，β_1 和 β_2 也不全为零。方程式 (8) 中的参数 λ 是需要寻求其可能（常数）值的"特征值"。

Sturm-Liouville 问题是对 3.8 节中具有正弦和余弦解的端点值问题的推广。它们是以法国数学家 Charles Sturm（1803—1855）和 Joseph Liouville（1809—1882）的名字命名的，他们在 19 世纪 30 年代研究了这类问题。

例题 2 通过对相同的微分方程

$$y'' + \lambda y = 0 \qquad （对于 0 < x < L）$$

设定不同的齐次端点条件：
- $y(0) = y(L) = 0$（其中 $\alpha_1 = \beta_1 = 1$ 且 $\alpha_2 = \beta_2 = 0$），
- $y'(0) = y'(L) = 0$（其中 $\alpha_1 = \beta_1 = 0$ 且 $\alpha_2 = \beta_2 = 1$），
- $y(0) = y'(L) = 0$（其中 $\alpha_1 = \beta_2 = 1$ 且 $\alpha_2 = \beta_1 = 0$），

我们得到不同的 Sturm-Liouville 问题。∎

注意式 (8) 和式 (9) 中的 Sturm-Liouville 问题总是有平凡解 $y(x) \equiv 0$。我们寻求 λ 的值，即**特征值**，使这个问题具有一个非平凡实值解（一个**特征函数**），并且对于每个特征值都有其相关的特征函数。注意，特征函数的任意（非零）常数倍数也将是特征函数。下面的定理提供了充分条件，在此条件下，式 (8) 和式 (9) 中的问题有非负特征值的无穷序列 $\{\lambda_n\}_1^\infty$，并且每个特征值 λ_n 恰好有一个相关特征函数 $y_n(x)$（在相差一个常数倍数意义下）。在 G. P. Tolstov 的 *Fourier Series*（1976）第 9 章中给出了这个定理的证明。

定理 1　Sturm-Liouville 特征值

假设方程式 (8) 中的函数 $p(x)$，$p'(x)$，$q(x)$ 和 $r(x)$ 在区间 $[a, b]$ 上是连续的，并且在 $[a, b]$ 的每个点处都有 $p(x) > 0$ 及 $r(x) > 0$。那么式 (8) 和式 (9) 中的 Sturm-Liouville 问题的特征值构成一个递增实数序列

$$\lambda_1 < \lambda_2 < \lambda_3 < \cdots < \lambda_{n-1} < \lambda_n < \cdots, \tag{10}$$

其中

$$\lim_{n \to \infty} \lambda_n = +\infty 。 \tag{11}$$

在相差一个常数因子意义下，只有单个特征函数 $y_n(x)$ 与每个特征值 λ_n 相关。此外，如果在 $[a, b]$ 上 $q(x) \geqslant 0$，并且式 (9) 中的系数 α_1，α_2，β_1 和 β_2 都是非负的，那么特征值都是非负的。

注解：在验证定理 1 的假设时，观察式 (8) 和式 (9) 中的符号是很重要的。如果式 (8) 和式 (9) 中的 Sturm-Liouville 问题满足定理 1 的假设，有时它被称为**正则问题**；否则它是**奇异的**。本节我们将把注意力集中在正则 Sturm-Liouville 问题上。与 Bessel 方程相关的奇异 Sturm-Liouville 问题将在 10.4 节中出现。

例题 3 在 3.8 节例题 3 中，我们看到 Sturm-Liouville 问题

$$y'' + \lambda y = 0 \qquad (0 < x < L);$$
$$y(0) = 0, \qquad y(L) = 0 \tag{12}$$

有特征值 $\lambda_n = n^2\pi^2/L^2$ 和相关特征函数 $y_n(x) = \sin(n\pi x/L)$ $(n = 1, 2, 3, \cdots)$。那时我们必须分别考虑 $\lambda = -\alpha^2 < 0$，$\lambda = 0$ 和 $\lambda = \alpha^2 > 0$ 的情况。此时 $p(x) = r(x) \equiv 1$，$q(x) \equiv 0$，$\alpha_1 = \beta_1 = 1$ 以及 $\alpha_2 = \beta_2 = 0$，所以我们由定理 1 可知，问题 (12) 只有非负特征值。因此，若我们重新开始，只需要考虑两种情况，即 $\lambda = 0$ 和 $\lambda = \alpha^2 > 0$。∎

我们也很熟悉 Sturm-Liouville 问题（来自 9.5 节习题）

$$y'' + \lambda y = 0 \qquad (0 < x < L);$$
$$y'(0) = 0, \qquad y'(L) = 0, \tag{13}$$

它具有特征值 $\lambda_0 = 0$，$\lambda_n = n^2\pi^2/L^2$（$n = 1, 2, 3, \cdots$）和相关特征函数 $y_0(x) \equiv 1$，$y_n(x) = \cos(n\pi x/L)$。如果 0 是特征值，我们习惯上写成 $\lambda_0 = 0$，否则写成 λ_1 表示最小特征值；因此 λ_1 总是表示最小的正特征值。

例题 4 求出下列 Sturm-Liouville 问题的特征值和相关特征函数：

$$y'' + \lambda y = 0 \qquad (0 < x < L);$$
$$y'(0) = 0, \qquad y(L) = 0。 \tag{14}$$

解答：这是一个满足定理 1 假设的 Sturm-Liouville 问题，其中 $\alpha_1 = \beta_2 = 0$ 且 $\alpha_2 = \beta_1 = 1$，所以没有负特征值。若 $\lambda = 0$，则 $y(x) = Ax + B$，从而 $y'(0) = A = 0$ 且 $y(L) = B = 0$。因此 0 不是特征值。若 $\lambda = \alpha^2$，则

$$y(x) = A\cos\alpha x + B\sin\alpha x \quad 且 \quad y'(x) = -A\alpha\sin\alpha x + B\alpha\cos\alpha x.$$

因此 $y'(0) = 0$ 意味着 $B = 0$，然后 $y(L) = A\cos\alpha L = 0$，所以由此可知 αL 是 $\pi/2$ 的奇数倍：$\alpha L = (2n-1)\pi/2$。从而我们得到特征值和相关特征函数

$$\lambda_n = \alpha_n^2 = \frac{(2n-1)^2\pi^2}{4L^2} \quad 和 \quad y_n(x) = \cos\frac{(2n-1)\pi x}{2L},$$

其中 $n = 1, 2, 3, \cdots$。∎

例题 5 求出下列 Sturm-Liouville 问题的特征值和相关特征函数

$$y'' + \lambda y = 0 \qquad (0 < x < L);$$
$$y(0) = 0, \quad hy(L) + y'(L) = 0 \quad (h > 0)。 \tag{15}$$

解答：这个问题满足定理 1 的假设，其中 $\alpha_1 = \beta_2 = 1$，$\alpha_2 = 0$ 且 $\beta_1 = h > 0$，所以没有负特征值。若 $\lambda = 0$，则 $y(x) = Ax + B$，从而 $y(0) = B = 0$。那么

$$hy(L) + y'(L) = h \cdot AL + A = A \cdot (hL + 1) = 0,$$

由此也可得 $A = 0$。因此 0 不是特征值。

若 $\lambda = \alpha^2$，则

$$y(x) = A\cos\alpha x + B\sin\alpha x。$$

从而 $y(0) = A = 0$，所以

$$y(x) = B\sin\alpha x \quad 且 \quad y'(x) = B\alpha\cos\alpha x。$$

因此，

$$hy(L) + y'(L) = hB\sin\alpha L + B\alpha\cos\alpha L = 0。$$

如果 $B \neq 0$，由此可知

$$\tan\alpha L = -\frac{\alpha}{h} = -\frac{\alpha L}{hL}。 \tag{16}$$

因此 $\beta = \alpha L$ 是下列方程的（正）解：

$$\tan x = -\frac{x}{hL}。 \tag{17}$$

方程式 (17) 的解为 $y(x) = -\tan x$ 和 $y(x) = x/hL$ 的图形的交点，如图 10.1.1 所示。由图可知，存在一个正根的无穷序列 $\beta_1, \beta_2, \beta_3, \cdots$，并且当 n 较大时，β_n 只略大于 $(2n-1)\pi/2$。如图 10.1.2 中表格所示，其中列出了在 $hL = 1$ 的情况下方程 (17) 的前八个解。无论如何，问题 (15) 的特征值和相关特征函数可由下式给出：

$$\lambda_n = \alpha_n^2 = \frac{\beta_n^2}{L^2}, \quad y_n(x) = \sin\alpha_n x = \sin\frac{\beta_n x}{L}, \tag{18}$$

其中 $n = 1, 2, 3, \cdots$。方程式 (17) 在某些应用中经常出现（机械振动和热传导只是众多实例中的两个），在 Abramowitz 和 Stegun 的 *Handbook of Mathematical Functions*（1965）一书的表 4.19 中列出了不同 hL 值对应的解。

正交特征函数

回顾 9.1 节可知，我们熟悉的 Fourier 级数的系数公式来源于正弦函数和余弦函数的正交性。相似地，用 Sturm-Liouville 问题的特征函数表示给定函数的展开式依赖于这些

特征函数的至关重要的正交性。函数 $\phi(x)$ 和 $\psi(x)$ 在区间 $[a, b]$ 上关于**权函数** $r(x)$ 是**正交的**，只要

$$\int_a^b \phi(x)\psi(x)r(x)\mathrm{d}x = 0。 \tag{19}$$

下面的定理表明，正则 Sturm-Liouville 问题的与不同特征值相关的任意两个特征函数关于方程 (8) 中的权函数 $r(x)$ 是正交的。

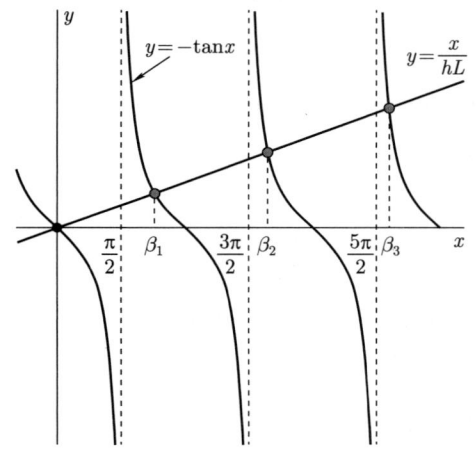

n	x_n	$(2n-1)\pi/2$
1	2.0288	1.5708
2	4.9132	4.7124
3	7.9787	7.8540
4	11.0855	10.9956
5	14.2074	14.1372
6	17.3364	17.2788
7	20.4692	20.4204
8	23.6043	23.5619

图 10.1.1　采用几何方法求解方程式 (17)　　图 10.1.2　方程 $\tan x = -x$ 的前 8 个正解的近似值

定理 2　特征函数的正交性

假设式 (8) 和式 (9) 中的 Sturm-Liouville 问题中的函数 p, q 和 r 满足定理 1 的假设，并且令 $y_i(x)$ 和 $y_j(x)$ 是与不同特征值 λ_i 和 λ_j 相关的特征函数。那么

$$\int_a^b y_i(x)y_j(x)r(x)\mathrm{d}x = 0。 \tag{20}$$

证明：我们从下列方程开始：

$$\begin{aligned}\frac{\mathrm{d}}{\mathrm{d}x}\left[p(x)\frac{\mathrm{d}y_i}{\mathrm{d}x}\right] - q(x)y_i + \lambda_i r(x)y_i = 0,\\ \frac{\mathrm{d}}{\mathrm{d}x}\left[p(x)\frac{\mathrm{d}y_j}{\mathrm{d}x}\right] - q(x)y_j + \lambda_j r(x)y_j = 0。\end{aligned} \tag{21}$$

这些方程表明 λ_i, y_i 和 λ_j, y_j 是特征值-特征函数对。如果我们用 y_j 乘以第一个方程，用 y_i 乘以第二个方程，然后把结果相减，可得

$$y_j\frac{\mathrm{d}}{\mathrm{d}x}\left[p(x)\frac{\mathrm{d}y_i}{\mathrm{d}x}\right] - y_i\frac{\mathrm{d}}{\mathrm{d}x}\left[p(x)\frac{\mathrm{d}y_j}{\mathrm{d}x}\right] + (\lambda_i - \lambda_j)r(x)y_iy_j = 0。$$

因此

$$(\lambda_i - \lambda_j)y_i y_j r(x) = y_i \frac{\mathrm{d}}{\mathrm{d}x}\left[p(x)\frac{\mathrm{d}y_j}{\mathrm{d}x}\right] - y_j \frac{\mathrm{d}}{\mathrm{d}x}\left[p(x)\frac{\mathrm{d}y_i}{\mathrm{d}x}\right]$$
$$= \frac{\mathrm{d}}{\mathrm{d}x}\left[p(x)\left(y_i \frac{\mathrm{d}y_j}{\mathrm{d}x} - y_j \frac{\mathrm{d}y_i}{\mathrm{d}x}\right)\right],$$

后一个等式可以通过直接微分进行验证。因此，从 $x=a$ 到 $x=b$ 进行积分可得

$$(\lambda_i - \lambda_j)\int_a^b y_i(x)y_j(x)r(x)\mathrm{d}x = \left[p(x)\left(y_i(x)y_j'(x) - y_j(x)y_i'(x)\right)\right]_a^b 。 \tag{22}$$

由式 (9) 中的端点条件可得

$$\alpha_1 y_i(a) - \alpha_2 y_i'(a) = 0 \quad \text{和} \quad \alpha_1 y_j(a) - \alpha_2 y_j'(a) = 0 。$$

因为 α_1 和 α_2 不都为零，所以系数行列式必须为零：

$$y_i(a)y_j'(a) - y_j(a)y_i'(a) = 0 。$$

类似地，式 (9) 中的第二个端点条件表明

$$y_i(b)y_j'(b) - y_j(b)y_i'(b) = 0 。$$

因此，式 (22) 右侧为零。由于 $\lambda_i \neq \lambda_j$，所以得到式 (20) 中的结果，证明完成。　▲

特征函数展开法

现在假设函数 $f(x)$ 在区间 $[a, b]$ 内可以用下列**特征函数级数**表示：

$$f(x) = \sum_{m=1}^{\infty} c_m y_m(x), \tag{23}$$

其中函数 y_1, y_2, y_3, $\cdots$ 是式 (8) 和式 (9) 中正则 Sturm-Liouville 问题的特征函数。为了确定系数 c_1, c_2, c_3, $\cdots$，我们将推广 9.1 节中确定普通 Fourier 系数的技术。首先，我们将式 (23) 两侧同时乘以 $y_n(x)r(x)$，然后从 $x=a$ 到 $x=b$ 进行积分。在逐项积分有效的假设下，我们得到

$$\int_a^b f(x)y_n(x)r(x)\mathrm{d}x = \sum_{m=1}^{\infty} c_m \int_a^b y_m(x)y_n(x)r(x)\mathrm{d}x 。 \tag{24}$$

但是由于式 (20) 中的正交性，式 (24) 右侧唯一的非零项是当 $m=n$ 的项。从而式 (24) 可以取如下形式：

$$\int_a^b f(x)y_n(x)r(x)\mathrm{d}x = c_n \int_a^b [y_n(x)]^2 r(x)\mathrm{d}x,$$

所以

$$c_n = \frac{\int_a^b f(x)y_n(x)r(x)\mathrm{d}x}{\int_a^b [y_n(x)]^2 r(x)\mathrm{d}x} 。 \tag{25}$$

因此，我们通过选择由式 (25) 指定的系数来定义特征函数级数式 (23)，即用给定的 Sturm-Liouville 问题的特征函数表示 $f(x)$。

例如，假设考虑我们所熟悉的 Sturm-Liouville 问题

$$y'' + \lambda y = 0 \qquad (0 < x < \pi);$$
$$y(0) = y(\pi) = 0, \tag{26}$$

由于 $r(x) \equiv 1$，且特征函数为 $y_n(x) = \sin nx$，其中 $n = 1, 2, 3, \cdots$。那么由式 (25) 可得

$$c_n = \frac{\int_0^\pi f(x) \sin nx \mathrm{d}x}{\int_0^\pi \sin^2 nx \mathrm{d}x} = \frac{2}{\pi} \int_0^\pi f(x) \sin nx \mathrm{d}x,$$

因为

$$\int_0^\pi \sin^2 nx \mathrm{d}x = \frac{\pi}{2}。$$

这是我们所熟悉的 Fourier 正弦系数公式，所以特征函数级数式 (23) 就是 $f(x)$ 在 $[0, \pi]$ 上我们所熟悉的 Fourier 正弦级数

$$f(x) = \sum_{n=1}^\infty c_n \sin nx。$$

下面未给出证明的定理对 9.2 节 Fourier 收敛定理进行了推广。

> **定理 3　特征函数级数的收敛性**
> 设 y_1, y_2, y_3, $\cdots$ 是 $[a, b]$ 上正则 Sturm-Liouville 问题的特征函数。若函数 $f(x)$ 在 $[a, b]$ 上分段光滑，则在 $a < x < b$ 时，特征函数级数式 (23) 在 f 连续处收敛于 $f(x)$，在每个间断点处收敛于其左、右极限的平均值 $\frac{1}{2}[f(x+) + f(x-)]$。

例题 6　对于例题 4 中的 Sturm-Liouville 问题 $y'' + \lambda y = 0$ $(0 < x < L)$，$y'(0) = y(L) = 0$，我们求出了特征函数 $y_n(x) = \cos(2n-1)\pi x/(2L)$，$n = 1, 2, 3, \cdots$。函数 $f(x)$ 对应的特征函数级数为

$$f(x) = \sum_{n=1}^\infty c_n \cos \frac{(2n-1)\pi x}{2L}, \tag{27}$$

其中

$$c_n = \frac{\int_0^L f(x) \cos[(2n-1)\pi x/2L] \mathrm{d}x}{\int_0^L \cos^2[(2n-1)\pi x/2L] \mathrm{d}x}$$
$$= \frac{2}{L} \int_0^L f(x) \cos \frac{(2n-1)\pi x}{2L} \mathrm{d}x, \tag{28}$$

因为
$$\int_0^L \cos^2 \frac{(2n-1)\pi x}{2L} \mathrm{d}x = \frac{L}{2}.$$

因此，级数式 (27) 是 9.3 节习题 22 中的奇半倍余弦级数。类似地，由 Sturm-Liouville 问题 $y'' + \lambda y = 0$, $y(0) = y'(L) = 0$ 得到 9.3 节习题 21 中的奇半倍正弦级数

$$f(x) = \sum_{n=1}^{\infty} c_n \sin \frac{(2n-1)\pi x}{2L}, \quad c_n = \frac{2}{L}\int_0^L f(x)\sin\frac{(2n-1)\pi x}{2L}\mathrm{d}x. \tag{29}$$

例题 7 将 $0 < x < 1$ 时的函数 $f(x) = A$（常数）表示为下列 Sturm-Liouville 问题的特征函数的级数：

$$\begin{aligned} y'' + \lambda y &= 0 \quad (0 < x < 1); \\ y(0) &= 0, \quad y(1) + 2y'(1) = 0. \end{aligned} \tag{30}$$

解答：对比式 (30) 和式 (15)，我们看出这是例题 5 中的 Sturm-Liouville 问题，其中 $L = 1$ 且 $h = \frac{1}{2}$。由式 (17) 和式 (18) 可知，此问题的特征函数为 $y_n(x) = \sin \beta_n x$，其中 β_1, β_2, β_3, $\cdots$ 是方程 $\tan x = -2x$ 的正根。因此，所期望的级数中的系数可由下式给出，

$$c_n = \frac{\int_0^1 A\sin\beta_n x\mathrm{d}x}{\int_0^1 \sin^2\beta_n x\mathrm{d}x}. \tag{31}$$

此时 $\int_0^1 A\sin\beta_n x\mathrm{d}x = A(1-\cos\beta_n)/\beta_n$，并且

$$\int_0^1 \sin^2\beta_n x\mathrm{d}x = \int_0^1 \frac{1}{2}(1-\cos 2\beta_n x)\mathrm{d}x = \frac{1}{2}\left[x - \frac{1}{2\beta_n}\sin 2\beta_n x\right]_0^1$$

$$= \frac{1}{2}\left(1 - \frac{\sin\beta_n \cos\beta_n}{\beta_n}\right).$$

因此，

$$\int_0^1 \sin^2\beta_n x\mathrm{d}x = \frac{1}{2}(1 + 2\cos^2\beta_n).$$

在最后一步中，我们使用了由式 (17) 得到的事实，即 $(\sin\beta_n)/\beta_n = -2\cos\beta_n$。用这些值代替式 (31) 中的积分，我们得到特征函数级数

$$f(x) = \sum_{n=1}^{\infty} \frac{2A(1-\cos\beta_n)}{\beta_n(1+2\cos^2\beta_n)}\sin\beta_n x. \tag{32}$$

备注：在本节应用章节中，将概述对特征函数级数式 (32) 的数值研究。 ∎

总结

根据本节定理，每个正则 Sturm-Liouville 问题具有以下三个性质：
- 它有一个向无穷大发散的特征值的无穷序列（定理 1）。
- 特征函数关于适当权函数是正交的（定理 2）。
- 任何分段光滑函数都可以用特征函数级数表示（定理 3）。

在应用数学中，还有其他类型的特征值问题也具有这三个重要性质。尽管我们将注意力主要集中在 Sturm-Liouville 问题的应用上，但是在后续章节中会出现一些孤例。

习题

3.8 节习题中的问题涉及特征值和特征函数，在这里也可以用到。在习题 1～5 中，验证所指定的 Sturm-Liouville 问题的特征值和特征函数是所列出的特征值和特征函数。

1. $y'' + \lambda y = 0$，$y'(0) = y'(L) = 0$；$\lambda_0 = 0$，$y_0(x) \equiv 1$ 及 $\lambda_n = n^2\pi^2/L^2$，$y_n(x) = \cos n\pi x/L$

2. $y'' + \lambda y = 0$，$y(0) = y'(L) = 0$；$\lambda_n = (2n-1)^2\pi^2/4L^2$，$y_n(x) = \sin(2n-1)\pi x/2L$，$n \geqslant 1$

3. $y'' + \lambda y = 0$，$y'(0) = hy(L) + y'(L) = 0$（$h > 0$）；$\lambda_n = \beta_n^2/L^2$，$y_n(x) = \cos \beta_n x/L$（$n \geqslant 1$），其中 β_n 是 $\tan x = hL/x$ 的第 n 个正根。绘制 $y = \tan x$ 和 $y = hL/x$ 的图形，估计当 n 较大时 β_n 的值。

4. $y'' + \lambda y = 0$，$hy(0) - y'(0) = y(L) = 0$（$h > 0$）；$\lambda_n = \beta_n^2/L^2$，$y_n(x) = \beta_n \cos \beta_n x/L + hL \sin \beta_n x/L$（$n \geqslant 1$），其中 β_n 是 $\tan x = -x/hL$ 的第 n 个正根。

5. $y'' + \lambda y = 0$，$hy(0) - y'(0) = hy(L) + y'(L) = 0$（$h > 0$）；$\lambda_n = \beta_n^2/L^2$，$y_n(x) = \beta_n \cos \beta_n x/L + hL \sin \beta_n x/L$（$n \geqslant 1$），其中 β_n 是 $\tan x = 2hLx/(x^2 - h^2L^2)$ 的第 n 个正根。通过绘制 $y = 2hL \cot x$ 和双曲线 $y = (x^2 - h^2L^2)/x$ 的图形，估计当 n 较大时 β_n 的值。

6. 证明由 Sturm-Liouville 问题 $y'' + \lambda y = 0$，$y(0) = y'(L) = 0$ 可以得到式 (29) 中的奇半倍正弦级数（参见习题 2）。

在习题 7～10 中，将给定函数 $f(x)$ 表示为所指定的 Sturm-Liouville 问题的特征函数的级数。

7. $f(x) \equiv 1$；例题 5 中的 Sturm-Liouville 问题。
8. $f(x) \equiv 1$；习题 3 中的 Sturm-Liouville 问题。
9. $f(x) = x$；例题 5 中的 Sturm-Liouville 问题，其中 $L = 1$。
10. $f(x) = x$；习题 3 中的 Sturm-Liouville 问题，其中 $L = 1$。

习题 11～14 处理正则 Sturm-Liouville 问题

$$\begin{aligned} y'' + \lambda y = 0 \quad (0 < x < L); \\ y(0) = 0, \quad hy(L) - y'(L) = 0, \end{aligned} \tag{33}$$

其中 $h > 0$。注意，定理 1 并没有排除负特征值的可能性。

11. 证明当且仅当 $hL = 1$ 时，$\lambda_0 = 0$ 是特征值，在这种情况下，相关特征函数是 $y_0(x) = x$。

12. 证明当且仅当 $hL > 1$ 时，问题 (33) 有单个负特征值 λ_0，在这种情况下，$\lambda_0 = -\beta_0^2/L^2$ 且 $y_0(x) = \sinh \beta_0 x/L$，其中 β_0 是方程 $\tanh x = x/hL$ 的正根。（提示：绘制 $y = \tanh x$ 和 $y = x/hL$ 的图形。）

13. 证明问题 (33) 的正特征值和相关特征函数分别为 $\lambda_n = \beta_n^2/L^2$ 和 $y_n(x) = \sin \beta_n x/L$（$n \geqslant 1$），其中 β_n 为方程 $\tan x = x/hL$ 的第 n 个正根。

14. 假设在问题 (33) 中 $hL = 1$,并且 $f(x)$ 是分段光滑的。证明

$$f(x) = c_0 x + \sum_{n=1}^{\infty} c_n \sin \frac{\beta_n x}{L},$$

其中 $\{\beta_n\}_1^\infty$ 是 $\tan x = x$ 的正根,并且

$$c_0 = \frac{3}{L^3} \int_0^L x f(x) \mathrm{d}x,$$

$$c_n = \frac{2}{L \sin^2 \beta_n} \int_0^L f(x) \sin \frac{\beta_n x}{L} \mathrm{d}x。$$

15. 证明 Sturm-Liouville 问题

$$y'' + \lambda y = 0 \qquad (0 < x < 1);$$
$$y(0) + y'(0) = 0, \qquad y(1) = 0$$

的特征值和特征函数为 $\lambda_0 = 0$, $y_0(x) = x - 1$, 且当 $n \geqslant 1$ 时,

$$\lambda_n = \beta_n^2, \qquad y_n(x) = \beta_n \cos \beta_n x - \sin \beta_n x,$$

其中 $\{\beta_n\}_1^\infty$ 是 $\tan x = x$ 的正根。

16. 从方程

$$A(x) y'' + B(x) y' + C(x) y + \lambda D(x) y = 0$$

开始,先除以 $A(x)$,然后乘以

$$p(x) = \exp\left(\int \frac{B(x)}{A(x)} \mathrm{d}x\right)。$$

证明所得方程可以写成 Sturm-Liouville 形式

$$\frac{\mathrm{d}}{\mathrm{d}x}\left[p(x) \frac{\mathrm{d}y}{\mathrm{d}x}\right] - q(x) y + \lambda r(x) y = 0,$$

其中 $q(x) = -p(x) C(x) / A(x)$,并且

$$r(x) = p(x) D(x) / A(x)。$$

荷载均匀梁

考虑具有(向下)荷载 $w(x)$ 的均匀梁,其偏转函数 $y(x)$ 满足四阶方程

$$EI y^{(4)} = w(x),$$

其中 $0 < x < L$,且端点条件为

- 在铰接(或简支)端 $y = y'' = 0$;
- 在固定(内置)端 $y = y' = 0$;
- 在自由端 $y'' = y^{(3)} = 0$。

在两端都铰接的情况下,通过 9.4 节中所讨论的 Fourier 级数法可以求出 $y(x)$,即通过将 Fourier 级数

$$y(x) = \sum b_n \sin \frac{n \pi x}{L}$$

代入微分方程

$$EI y^{(4)} = w(x) = \sum_{n=1}^{\infty} c_n \sin \frac{n \pi x}{L} \qquad (34)$$

(其中 c_n 是 $w(x)$ 的第 n 个 Fourier 正弦系数)来确定系数 $\{b_n\}$。

17. 假设在方程 (34) 中 w 是常数。应用这里所描述的方法得到偏转函数

$$y(x) = \frac{4 w L^4}{E I \pi^5} \sum_{n \text{为奇数}} \frac{1}{n^5} \sin \frac{n \pi x}{L}。$$

18. 假设在方程 (34) 中 $w = bx$。推导出偏转函数

$$y(x) = \frac{2 b L^5}{E I \pi^5} \sum_{n=1}^{\infty} \frac{(-1)^{n+1}}{n^5} \sin \frac{n \pi x}{L}。$$

习题 17 和习题 18 中所使用的方法能够成功,源于函数 $\sin(n\pi x/L)$ 满足两端铰接条件 $y(0) = y''(0) = y(L) = y''(L) = 0$,所以 $y(x)$ 也满足。

如果梁的两端改为固定的,那么代替正弦函数,我们可以使用下列问题的特征函数:

$$\begin{aligned} y^{(4)} - \lambda y &= 0 \qquad (0 < x < L); \\ y(0) = y'(0) &= 0, \qquad y(L) = y'(L) = 0, \end{aligned} \qquad (35)$$

因为这些特征函数满足两端固定的端点条件。这个问题的特征值均为正,根据习题 22 可知,相关特征函数关于权函数 $r(x) \equiv 1$ 是正交的。因此,根据适用于问题 (35) 的类似于定理 3 的定理,我们可以写出

$$w(x) = \sum_{n=1}^{\infty} c_n y_n(x), \qquad c_n = \frac{\int_0^L w(x) y_n(x) \mathrm{d}x}{\int_0^L [y_n(x)]^2 \mathrm{d}x}。$$
(36)

如果我们写成 $\lambda = \alpha^4$,那么 $y_n(x)$ 的形式为

$$y(x) = A\cosh\alpha x + B\sinh\alpha x + C\cos\alpha x + D\sin\alpha x, \quad (37)$$

其中 $\alpha = \alpha_n$,所以由此可得 $y_n^{(4)}(x) = \alpha_n^4 y_n(x)$。当我们将明显满足两端固定的端点条件的级数 $y(x) = \sum b_n y_n(x)$ 代入问题 (35) 时,我们得到

$$EI\sum_{n=1}^{\infty} b_n \alpha_n^4 y_n(x) = \sum_{n=1}^{\infty} c_n y_n(x)。$$

从而 $EIb_n\alpha_n^4 = c_n$,所以梁的偏转函数为

$$y(x) = \sum_{n=1}^{\infty} \frac{c_n}{EI\alpha_n^4} y_n(x)。 \quad (38)$$

下列问题处理问题 (35) 以及类似问题的特征值和特征函数。

19. 从方程 $y^{(4)} - \alpha^4 y = 0$ 的通解式 (37) 开始。首先注意到 $y(0) = y'(0) = 0$ 意味着 $C = -A$ 且 $D = -B$。然后施加条件 $y(L) = y'(L) = 0$,以得到关于 A 和 B 的两个齐次线性方程。从而 A 和 B 的系数行列式必须为零;由此推断出 $\cosh\alpha L\cos\alpha L = 1$。从而得出第 n 个特征值是 $\lambda_n = \beta_n^4/L^4$,其中 $\{\beta_n\}_1^\infty$ 是方程 $\cosh x\cos x = 1$ 的正根(参见图 10.1.3)。最后,证明相关特征函数为

$$\begin{aligned}y_n(x) &= (\sinh\beta_n - \sin\beta_n)\left(\cosh\frac{\beta_n x}{L} - \cos\frac{\beta_n x}{L}\right) - \\ &\quad (\cosh\beta_n - \cos\beta_n)\left(\sinh\frac{\beta_n x}{L} - \sin\frac{\beta_n x}{L}\right)。\end{aligned}$$

20. 对于悬臂梁(一端固定,一端自由)的情况,我们需要求解特征值问题

$$y^{(4)} - \lambda y = 0 \quad (0 < x < L);$$
$$y(0) = y'(0) = 0, \quad y''(L) = y^{(3)}(L) = 0。$$

按照习题 19 中的流程,证明第 n 个特征值为 $\lambda_n = \beta_n^4/L^4$,其中 $\{\beta_n\}_1^\infty$ 为方程 $\cosh x\cos x = -1$ 的正根。然后求出相关特征函数。

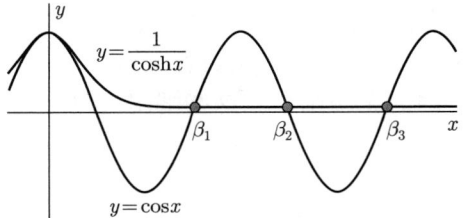

图 10.1.3 方程 $\cosh x\cos x = 1$ 的解(此图未按比例绘制)

21. 对于与一端固定一端铰接的梁对应的特征值问题

$$y^{(4)} - \lambda y = 0,$$
$$y(0) = y'(0) = 0 = y(L) = y''(L),$$

证明第 n 个特征值是 $\lambda_n = \beta_n^4/L^4$,其中 $\{\beta_n\}_1^\infty$ 是方程 $\tanh x = \tan x$ 的正根。

22. 假设 $y_m^{(4)} = \lambda_m y_m$ 和 $y_n^{(4)} = \lambda_n y_n$。应用证明定理 2 的方法,并分部积分两次以证明

$$\begin{aligned}(\lambda_m - \lambda_n)&\int_0^L y_m(x)y_n(x)\mathrm{d}x \\ &= \left[y_n(x)\frac{\mathrm{d}^3 y_m}{\mathrm{d}x^3} - y_m(x)\frac{\mathrm{d}^3 y_n}{\mathrm{d}x^3} - \right.\\ &\quad \left.\frac{\mathrm{d}y_n}{\mathrm{d}x}\frac{\mathrm{d}^2 y_m}{\mathrm{d}x^2} + \frac{\mathrm{d}y_m}{\mathrm{d}x}\frac{\mathrm{d}^2 y_n}{\mathrm{d}x^2}\right]_0^L。\end{aligned}$$

由此可推断出,若每个端点条件是 $y = y' = 0$, $y = y'' = 0$ 或 $y'' = y^{(3)} = 0$,则当 $\lambda_m \neq \lambda_n$ 时,y_m 和 y_n 是正交的。

应用　数值特征函数展开法

请访问 bit.ly/3EmOhmS,利用 Maple、Mathematica 和 MATLAB 等计算资源对此主题进行更多讨论和探索。

我们将概述基于 MATLAB 对下列特征函数级数进行数值研究:

$$f(x) = \sum_{n=1}^{\infty} \frac{2(1-\cos\beta_n)}{\beta_n(1+2\cos^2\beta_n)} \sin\beta_n x \tag{1}$$

其中 $0 < x < 1$。[我们在本节式 (32) 中取了 $A = 1$。] 本研究的 Maple 和 Mathematica 版本包含在为本应用提供的在线附加材料中。

我们从例题 7 的求解中可知，式 (1) 中的值 $\{\beta_n\}_1^{\infty}$ 是方程 $\tan x = -2x$ 的正解。正如图 10.1.1（对于类似的方程 $\tan x = -x$）所示,（对于较大的 n）β_n 的值略大于 $(2n-1)\pi/2$。但是因为正切函数在这些解附近是不连续的，所以为了自动求根，最好将特征值方程改写为

$$\sin x + 2x\cos x = 0。 \tag{2}$$

那么 MATLAB 命令

```
b = fsolve('sin(x)+2*x.*cos(x)', pi/2+0.1+(0:pi:99*pi));
```

可以快速产生 β_n 的前 100 个值，图 10.1.4 给出前 10 个。我们通过下列向量给出 100 个初步猜测值：

$$\mathbf{x}_0 = \frac{\pi}{2} + 0.1 + \begin{bmatrix} 0 & \pi & 2\pi & 3\pi & \cdots & 99\pi \end{bmatrix}。$$

命令

```
x = 0 : 1/200 : 1;
for n = 1 : 4
    plot(x, sin(b(n)*x))
end
```

绘制出前四个特征函数的图形（图 10.1.5）。

n	β_n
1	1.8366
2	4.8158
3	7.9171
4	11.0408
5	14.1724
6	17.3076
7	20.4448
8	23.5831
9	26.7222
10	29.8619

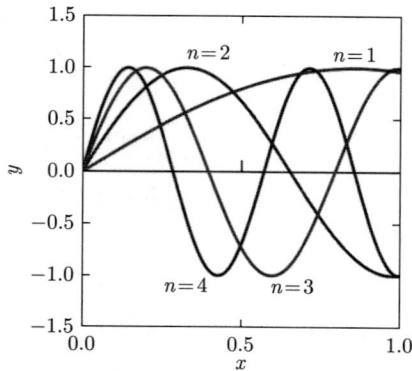

图 10.1.4　方程 (2) 的前 10 个正解　　图 10.1.5　特征函数 $y_n(x) = \sin\beta_n x$，其中 $n = 1, 2, 3, 4$

你可能会发现应用 MATLAB 命令 diff(b) 验证当 $n \geqslant 65$ 时 $\beta_n - \beta_{n-1} \approx 3.1416$ 是很有趣的。因此，连续的特征值确实相差 π。命令

```
c = 2*(1 — cos(b))./(b.*(1 + 2*cos(b).^2));
```

可以计算特征函数级数式 (1) 中的前 100 个系数。我们求出
$$f(x) \approx (1.2083)\sin\beta_1 x + (0.3646)\sin\beta_2 x + (0.2664)\sin\beta_3 x +$$
$$(0.1722)\sin\beta_4 x + \cdots + (0.0066)\sin\beta_{97} x + (0.0065)\sin\beta_{98} x +$$
$$(0.0065)\sin\beta_{99} x + (0.0064)\sin\beta_{100} x$$

其中数字系数明显缓慢减小。最后，命令

```
x = 0 : 1/500 : 1;
y = zeros(size(x));
for n = 1 : 100
    y = y + c(n)*sin(b(n)*x);
end
plot(x,y)
```

绘制出这个部分和的图形（图 10.1.6）。注意在 $x = 0$ 处出现的 Gibbs 现象。

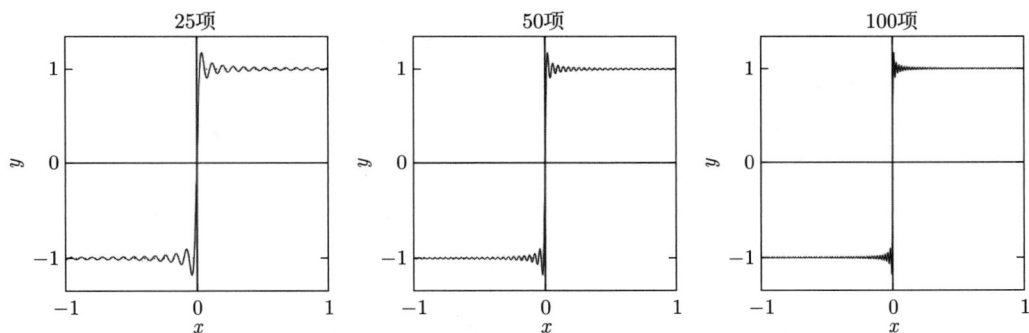

图 10.1.6　特征函数级数式 (1) 的部分和 $\sum_{n=1}^{N} c_n \sin\beta_n x$ 的图形，其中 $N = 25$，$N = 50$，$N = 100$

练习

你可以通过重做例题 7 来检验你对特征函数展开法的理解，其中区间变为 $0 < x < L$，并且式 (30) 中右端点条件用 $y(L) + ky'(L) = 0$ 代替。选择你自己的值 $L > 1$ 和 $k > 2$。然后计算所得的 β_n 值，并绘制类似于图 10.1.5 和图 10.1.6 中的图形。在图 10.1.6 中，我们看到在区间 $0 < x < 1$ 内部分和趋向 $f(x) \equiv 1$，但在 $x = 0$ 处出现典型的 Gibbs 现象。

10.2　特征函数级数的应用

本节将用三道例题来说明 10.1 节的特征函数级数在边界值问题中的应用。在每道例题中，由变量分离法得到 Sturm-Liouville 问题，其中特征函数被用作构造块来构建满足原问题中非齐次边界条件的解。

例题 1　**均匀平板**　一块热扩散系数为 k 的均匀材料板占据空间区域 $0 \leqslant x \leqslant L$，其初始温度为 U_0。从 $t=0$ 时刻开始，表面 $x=0$ 保持温度为零，而在表面 $x=L$ 处，与温度为零的周围介质发生热交换，所以此处 $hu + u_x = 0$（根据 9.5 节习题 23；常数 h 是合适的传热系数）。我们要求出 t 时刻在位置 x 处平板的温度 $u(x, t)$；$u(x, t)$ 满足边界值问题

$$u_t = k u_{xx} \quad (0 < x < L, \ t > 0); \tag{1}$$

$$u(0, \ t) = 0, \tag{2}$$

$$h u(L, \ t) + u_x(L, \ t) = 0, \tag{3}$$

$$u(x, \ 0) = U_0。 \tag{4}$$

解答： 如 9.5 节所述，我们首先将 $u(x, t) = X(x)T(t)$ 代入方程 (1)，从而照常得到

$$\frac{X''}{X} = \frac{T'}{kT} = -\lambda,$$

所以

$$X'' + \lambda X = T' + \lambda k T = 0。 \tag{5}$$

此时由式 (2) 可得 $X(0) = 0$，由式 (3) 可得 $hX(L)T(t) + X'(L)T(t) = 0$。我们自然假设 $T(t)$ 不恒等于零（因为我们不寻找平凡解）；由此可知 $X(x)$ 和 λ 满足 Sturm-Liouville 问题

$$\begin{aligned} X'' + \lambda X &= 0 \quad (0 < x < L); \\ X(0) &= 0, \quad hX(L) + X'(L) = 0。 \end{aligned} \tag{6}$$

在 10.1 节例题 3 中，我们求出这个问题的特征值和相关特征函数为

$$\lambda_n = \frac{\beta_n^2}{L^2}, \quad X_n(x) = \sin \frac{\beta_n x}{L}, \tag{7}$$

其中 $n = 1, 2, 3, \cdots$，且 β_n 表示下列方程的第 n 个正根：

$$\tan x = -\frac{x}{hL}。 \tag{8}$$

当我们将 $\lambda = \beta_n^2/L^2$ 代入式 (5) 右侧方程时，可得一阶方程

$$T_n' = -\frac{\beta_n^2 k}{L^2} T_n,$$

其解为（在相差常数倍数意义下）

$$T_n(t) = \exp\left(-\frac{\beta_n^2 k t}{L^2}\right)。 \tag{9}$$

因此，每个函数

$$u_n(x, \ t) = X_n(x) T_n(t) = \exp\left(-\frac{\beta_n^2 k t}{L^2}\right) \sin \frac{\beta_n x}{L}$$

都满足边界值问题的式 (1) 到式 (3) 中的齐次条件。剩下我们只需要选择系数，使得级数形式

$$u(x,\ t) = \sum_{n=1}^{\infty} c_n \exp\left(-\frac{\beta_n^2 kt}{L^2}\right) \sin\frac{\beta_n x}{L} \tag{10}$$

也满足非齐次条件

$$u(x,\ 0) = \sum_{n=1}^{\infty} c_n \sin\frac{\beta_n x}{L} = U_0。 \tag{11}$$

此时在 Sturm-Liouville 问题 (6) 中 $r(x) \equiv 1$，所以根据 10.1 节定理 3 和式 (25)，我们可以通过选择

$$c_n = \frac{\int_0^L U_0 \sin\frac{\beta_n x}{L}\mathrm{d}x}{\int_0^L \sin^2\frac{\beta_n x}{L}\mathrm{d}x}$$

来满足式 (11)。但是

$$\int_0^L U_0 \sin\frac{\beta_n x}{L}\mathrm{d}x = \frac{U_0 L}{\beta_n}(1-\cos\beta_n),$$

并且采用与 10.1 节例题 5 中本质上相同的计算，我们得到

$$\int_0^L \sin^2\frac{\beta_n x}{L}\mathrm{d}x = \frac{1}{2h}(hL + \cos^2\beta_n)。$$

因此

$$c_n = \frac{2U_0 hL(1-\cos^2\beta_n)}{\beta_n(hL+\cos^2\beta_n)},$$

将这个值代入式 (10)，得到级数形式解

$$u(x,\ t) = 2U_0 hL \sum_{n=1}^{\infty} \frac{1-\cos\beta_n}{\beta_n(hL+\cos^2\beta_n)} \exp\left(-\frac{\beta_n^2 kt}{L^2}\right) \sin\frac{\beta_n x}{L}。 \tag{12}$$

备注：在本节应用章节中，将概述对特征函数级数式 (12) 的数值研究。

杆的纵向振动

假设一根均匀弹性杆的长度为 L，横截面积为 A，密度为 δ（单位体积的质量），当它未被拉伸时，占据区间 $0 \leqslant x \leqslant L$。我们考虑杆的纵向振动，其中每个横截面（垂直于 x 轴）仅在 x 方向上移动。那么，我们可以用杆未被拉伸（且处于静止状态）时位置为 x 的横截面在 t 时刻的位移 $u(x,\ t)$ 来描述杆的运动；我们可以把这个特定的横截面称为杆的横截面 x。那么横截面 x 在 t 时刻的位置是 $x+u(x,\ t)$。由胡克定律和杆材的杨氏模量 E 的定义可知（参见习题 13），由部分杆施加于横截面 x 指向这个截面左侧的力 $F(x,\ t)$ 为

$$F(x,\ t) = -AEu_x(x,\ t), \tag{13}$$

负号表示当 $u_x(x, t) > 0$ 时，F 向左作用。为了了解为什么会这样，我们考虑位于横截面 x 和横截面 $x + \Delta x$ 之间的一小段杆（图 10.2.1）。在 t 时刻，这段杆的两端分别位于 $x + u(x, t)$ 和 $x + \Delta x + u(x + \Delta x, t)$ 处，所以其长度（原来是 $\Delta x > 0$）此时为（使用中值定理）

$$\Delta x + u(x + \Delta x, t) - u(x, t) = \Delta x + u_x(\hat{x}, t)\Delta x,$$

其中 $\hat{x}$ 是 x 和 $x + \Delta x$ 之间的某个值。所以若 $u_x(x, t) > 0$ 且 Δx 足够小，则（根据连续性）$u_x(\hat{x}, t)\Delta x > 0$。因此此小段杆确实被拉伸了大于 Δx 的长度。所以需要分别向左和向右作用的力 $F(x, t)$ 和 $F(x + \Delta x, t)$（如图 10.2.1 所示），来维持这种拉伸状态。

我们以方程 (13) 作为起点，在位移足够小，可以应用胡克定律的情况下，推导位移函数 $u(x, t)$ 所满足的偏微分方程。如果我们把牛顿第二运动定律应用到横截面 x 和横截面 $x + \Delta x$ 之间的这段杆，可得

$$\begin{aligned}(\delta A \Delta x) u_{tt}(\overline{x}, t) &\approx -F(x + \Delta x, t) + F(x, t) \\ &= AE\left[u_x(x + \Delta x, t) - u_x(x, t)\right],\end{aligned} \tag{14}$$

其中 $\overline{x}$ 表示 $[x, x + \Delta x]$ 的中点，因为这段杆具有质量 $\delta A \Delta x$ 和近似加速度 $u_{tt}(\overline{x}, t)$。当我们对式 (14) 除以 $\delta A \Delta x$，然后取 $\Delta x \to 0$ 时的极限时，结果得到一维波动方程

$$\frac{\partial^2 u}{\partial t^2} = a^2 \frac{\partial^2 u}{\partial x^2}, \tag{15}$$

其中

$$a^2 = \frac{E}{\delta}。 \tag{16}$$

由于方程 (15) 与振动弦的方程相同，因此从我们在 9.6 节中对 d'Alembert 解的讨论中可以得出，两端固定的杆的（自由）纵向振动可以用形如 $u(x, t) = g(x \pm at)$ 的波表示。这些波传播的速度 $a = \sqrt{E/\delta}$ 是杆材中的声速。实际上，波动方程 (15) 也描述了在管道中的气体中的普通一维声波。在这种情况下，式 (16) 中的 E 表示气体的体积模量（每增加单位压强时密度增加的分数），而 δ 是其平衡密度。

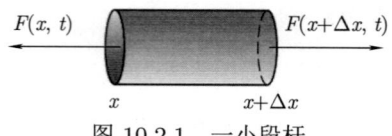

图 10.2.1 一小段杆

图 10.2.2 例题 2 中的杆和质量块系统

例题 2 **杆和质量块系统** 一根杆的长度为 L，密度为 δ，横截面积为 A，杨氏模量为 E 以及总质量为 $M = \delta AL$。其末端 $x = 0$ 是固定的，一个质量为 m 的质量块连接在其自由端（图 10.2.2）。最初通过移动质量块 m，将杆向右线性拉伸到距离 $d = bL$ 处（所以杆的横截面 x 最初被 bx 取代）。然后在 $t = 0$ 时刻，从静止状态释放系统。为了确定杆的后续振动，我们必须求解边值问题

$$u_{tt} = a^2 u_{xx} \quad (0 < x < L,\ t > 0); \tag{17a}$$
$$u(0,\ t) = 0, \tag{17b}$$
$$mu_{tt}(L,\ t) = -AE u_x(L,\ t), \tag{17c}$$
$$u(x,\ 0) = bx, \quad u_t(x,\ 0) = 0。 \tag{17d}$$

解答： 在 $x = L$ 处的端点条件 (17c) 是因为，令质量块的 $ma = mu_{tt}$ 与式 (13) 所给出的力 $F = -AE u_x$ 相等，即质量块只受到杆的作用。将 $u(x,\ t) = X(x)T(t)$ 代入 $u_{tt} = a^2 u_{xx}$，得到方程

$$X'' + \lambda X = 0, \quad T'' + \lambda a^2 T = 0。 \tag{18}$$

由边界条件 (17b) 可得 $u(0,\ t) = X(0)T(t) = 0$，所以一个端点条件为 $X(0) = 0$。因为 $u_{tt} = XT''$ 且 $u_x = X'T$，所以由式 (17c) 可得

$$mX(L)T''(t) = -AEX'(L)T(t),$$

这作为另一个端点条件。代入

$$T''(t) = -\lambda a^2 T(t) = -\frac{\lambda E}{\delta} T(t),$$

然后除以 $-ET(t)/\delta$，得到 $m\lambda X(L) = A\delta X'(L)$。因此关于 $X(x)$ 的特征值问题为

$$\begin{aligned} X'' + \lambda X &= 0; \\ X(0) = 0, \quad m\lambda X(L) &= A\delta X'(L)。 \end{aligned} \tag{19}$$

需要注意的是，由于右端点条件中存在 λ，这不是 Sturm-Liouville 问题，所以 10.1 节定理 1 至定理 3 不适用。然而，问题 (19) 的所有特征值均为正（参见习题 9）。因此，我们写成 $\lambda = \alpha^2$，并注意到 $X(x) = \sin \alpha x$ 满足 $X(0) = 0$。那么由问题 (19) 中的右端点条件可得

$$m\alpha^2 \sin \alpha L = A\delta \alpha \cos \alpha L,$$

因此

$$\tan \alpha L = \frac{A\delta}{m\alpha} = \frac{M/m}{\alpha L}, \tag{20}$$

因为 $M = A\delta L$。我们令 $\beta = \alpha L$，由此可得问题 (19) 的特征值及相关特征函数为

$$\lambda_n = \frac{\beta_n^2}{L^2}, \quad X_n(x) = \sin \frac{\beta_n x}{L}, \tag{21}$$

对于 $n = 1,\ 2,\ 3,\ \cdots$，其中如图 10.2.3 所示，$\{\beta_n\}_1^\infty$ 是下列方程的正根：

$$\tan x = \frac{M/m}{x}。 \tag{22}$$

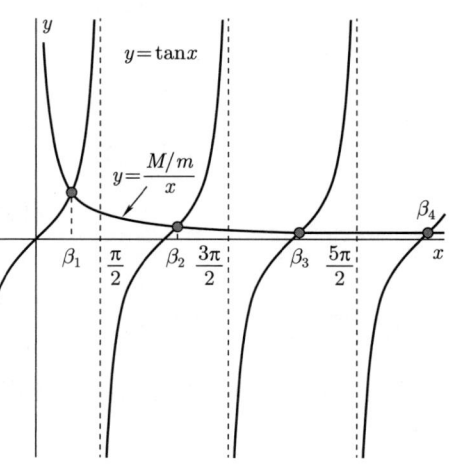

图 10.2.3　方程 (22) 的正根 $\{\beta_n\}_1^\infty$

接下来，我们采用常规方法从问题

$$T_n'' + \frac{\beta_n^2 a^2}{L^2} T_n = 0, \quad T_n'(0) = 0 \tag{23}$$

可以推导出在相差一个常数倍数意义下 $T_n(t) = \cos(\beta_n at/L)$。因此，只剩下求出系数 $\{c_n\}_1^\infty$，使得级数

$$u(x, t) = \sum_{n=1}^\infty c_n \cos \frac{\beta_n at}{L} \sin \frac{\beta_n x}{L} \tag{24}$$

满足非齐次条件

$$u(x, 0) = \sum_{n=1}^\infty c_n \sin \frac{\beta_n x}{L} = f(x) = bx. \tag{25}$$

需要谨慎，因为问题 (19) 不是 Sturm-Liouville 问题。实际上，我们要求你在习题 14 和习题 15 中证明，特征函数 $\{\sin(\beta_n x/L)\}_1^\infty$ 在区间 $[0, L]$ 上关于假定的权函数 $r(x) \equiv 1$ 不是正交的，所以 10.1 节式 (25) 中的系数公式在此不适用。

但在纵向振动情况下，人们通常不太关心位移函数 $u(x, t)$ 本身。更令人感兴趣的问题是，杆的固有振动频率是如何受其自由端质量块 m 的影响的。无论式 (25) 中的系数是多少，由式 (24) 可知，第 n 个圆周频率为

$$\omega_n = \frac{\beta_n a}{L} = \frac{\beta_n}{L} \sqrt{\frac{E}{\delta}}, \tag{26}$$

其中 β_n 是方程 (22) 的第 n 个正解，方程 (22) 可以被改写为

$$\cot x = \frac{mx}{M}. \tag{27}$$

因此，固有频率由质量 m 与杆的总质量 M 之比决定。 ∎

备注：杆的自由端没有质量块的情况对应于 $m = 0$。那么方程 (27) 化简为方程 $\cos x = 0$，其第 n 个正解为 $\beta_n = (2n-1)\pi/2$。那么第 n 个圆周频率可由下式给出：

$$\omega_n = \frac{(2n-1)\pi}{2L} \sqrt{\frac{E}{\delta}}. \tag{28}$$

在习题 8 中，我们要求你从一端固定而另一端（完全）自由的杆的边界值问题出发，直接推导出这个结果。 ∎

杆的横向振动

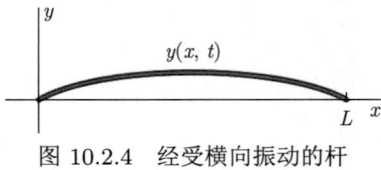

图 10.2.4　经受横向振动的杆

我们现在讨论均匀弹性杆的振动，每个点的运动不是纵向的，而是垂直于 x 轴（即处于平衡位置的杆的轴线）。如图 10.2.4 所示，设 $y(x, t)$ 表示 t 时刻在 x 处的横截面的横向位移。我们只想概述偏转函数 $y(x, t)$ 所满足的偏微分方程的推导过程。首先回顾 3.8 节，对于在（每单位长度）横向外力 F 作用下杆或梁的静态偏转，我们引

入了方程 $EIy^{(4)} = F$。根据一般动力学原理，我们可以将静力学方程 $EIy^{(4)} = F$ 转化为（不受外力作用的）动力学方程，方法是用反惯性力 $F = -\rho y_{tt}$ 代替 F，其中 ρ 为杆的线密度（即单位长度的质量），同时用 y_{xxxx} 代替 $y^{(4)}$。由此可得

$$EI\frac{\partial^4 y}{\partial x^4} = -\rho\frac{\partial^2 y}{\partial t^2},$$

它可以被写成

$$\frac{\partial^2 y}{\partial t^2} + a^4\frac{\partial^4 y}{\partial x^4} = 0, \tag{29}$$

其中

$$a^4 = \frac{EI}{\rho}. \tag{30}$$

下面的例题将说明如何用变量分离法求解这个四阶偏微分方程。

例题 3 **简支杆** 一根线密度为 ρ、杨氏模量为 E、横截面惯性矩为 I 的均匀杆在其两端 $x = 0$ 和 $x = L$ 处简单地支承（或铰接）。若杆在给定的初始位置 $f(x)$ 从静止开始运动，则其位移函数 $y(x, t)$ 满足边界值问题

$$y_{tt} + a^4 y_{xxxx} = 0 \quad (0 < x < L,\ t > 0); \tag{31a}$$

$$y(0,\ t) = y_{xx}(0,\ t) = y(L,\ t) = y_{xx}(L,\ t) = 0, \tag{31b}$$

$$y(x,\ 0) = f(x), \qquad y_t(x,\ 0) = 0. \tag{31c}$$

求出 $y(x,\ t)$。边界条件 (31b) 是我们无须证明即可接受的铰接端条件，条件 (31c) 是初始条件。

解答：将 $y(x,\ t) = X(x)T(t)$ 代入微分方程可得 $XT'' + a^4 X^{(4)}T = 0$，所以

$$\frac{X^{(4)}}{X} = -\frac{T''}{a^4 T} = \lambda. \tag{32}$$

为了确定 λ 的符号，我们推断出方程

$$T'' + \lambda a^4 T = 0 \tag{33}$$

必须有三角函数解而不是指数解。原因在于，根据实际经验，例如音叉或木琴杆，人们预计会发生周期振动。若 λ 为负，并且方程 (33) 有指数解，则不会发生这种情况。因此 λ 一定为正，并且写成 $\lambda = \alpha^4 > 0$ 很方便。那么 $X(t)$ 必须满足方程

$$X^{(4)}(x) - \alpha^4 X(x) = 0, \tag{34}$$

其通解为

$$X(x) = A\cos\alpha x + B\sin\alpha x + C\cosh\alpha x + D\sinh\alpha x,$$

且

$$X''(t) = \alpha^2(-A\cos\alpha x - B\sin\alpha x + C\cosh\alpha x + D\sinh\alpha x).$$

由 (31) 中的端点条件可得
$$X(0) = X''(0) = X(L) = X''(L) = 0。 \tag{35}$$

因此
$$X(0) = A + C = 0 \quad 且 \quad X''(0) = -A + C = 0,$$

这两个方程意味着 $A = C = 0$。因此
$$X(L) = B\sin\alpha L + D\sinh\alpha L = 0$$

且
$$X''(L) = \alpha^2(-B\sin\alpha L + D\sinh\alpha L) = 0。$$

由此可得
$$B\sin\alpha L = 0 \quad 且 \quad D\sinh\alpha L = 0。$$

但是因为 $\alpha \neq 0$,所以 $\sinh\alpha L \neq 0$;因此,$D = 0$。如果我们想得到非平凡解,那么 $B \neq 0$,所以 $\sin\alpha L = 0$。从而 α 必须是 π/L 的整数倍。因此,由式 (34) 和式 (35) 控制的问题的特征值和相关特征函数为
$$\lambda_n = \alpha_n^4 = \frac{n^4\pi^4}{L^4}, \quad X_n(x) = \sin\frac{n\pi x}{L}, \tag{36}$$

其中 $n = 1, 2, 3, \cdots$。

在方程 (33) 中取 $\lambda = n^4\pi^4/L^4$,我们得到方程
$$T_n'' + \frac{n^4\pi^4 a^4}{L^4}T_n = 0。 \tag{37}$$

因为由初始条件 $y_t(x, 0) = 0$ 得到 $T_n'(0) = 0$,我们取
$$T_n(t) = \cos\frac{n^2\pi^2 a^2 t}{L^2}。 \tag{38}$$

结合式 (36) 和式 (38) 中的结果,我们构造级数
$$y(x, t) = \sum_{n=1}^{\infty} c_n \cos\frac{n^2\pi^2 a^2 t}{L^2} \sin\frac{n\pi x}{L}, \tag{39}$$

它在形式上满足式 (31) 中的偏微分方程和齐次边界条件。非齐次条件为
$$y(x, 0) = \sum_{n=1}^{\infty} c_n \sin\frac{n\pi x}{L} = f(x),$$

所以我们选择 Fourier 正弦系数
$$c_n = \frac{2}{L}\int_0^L f(x)\sin\frac{n\pi x}{L}\mathrm{d}x, \tag{40}$$

以便式 (39) 提供一个级数形式解。 ∎

注意式 (39) 中第 n 项的圆周频率为

$$\omega_n = \frac{n^2\pi^2 a^2}{L^2} = n^2\omega_1, \tag{41}$$

其中杆的基频为

$$\omega_1 = \frac{\pi^2 a^2}{L^2} = \frac{\pi^2}{L^2}\sqrt{\frac{EI}{\rho}}。\tag{42}$$

因为每个高次谐波的频率都是 ω_1 的整数倍，所以具有简支端的振动杆发出的声音是悦耳的。因为高频 $\{n^2\omega_1\}_2^\infty$ 比振动弦的高频 $\{n\omega_1\}_2^\infty$ 更稀疏，所以振动杆的音调比振动弦的音调更纯正。这在一定程度上解释了现代爵士四重奏（Modern Jazz Quartet）的前成员 Milt Jackson 演奏电颤琴时声音柔滑的原因。

习题

求出问题 1～6 中边界值问题的级数形式解。用习题 1 中所给形式表示每个答案。

1. $u_t = ku_{xx}$ $(0 < x < L,\ t > 0)$；$u_x(0,\ t) = hu(L,\ t) + u_x(L,\ t) = 0$，$u(x,\ 0) = f(x)$

   答案：

   $$u(x,\ t) = \sum_{n=1}^\infty c_n \exp\left(-\frac{\beta_n^2 kt}{L^2}\right)\cos\frac{\beta_n x}{L},$$

   其中 $\{\beta_n\}_1^\infty$ 是方程 $\tan x = hL/x$ 的正根，并且

   $$c_n = \frac{2h}{hL + \sin^2\beta_n}\int_0^L f(x)\cos\frac{\beta_n x}{L}\mathrm{d}x。$$

2. $u_{xx} + u_{yy} = 0$ $(0 < x < L,\ 0 < y < L)$；$u(0,\ y) = hu(L,\ y) + u_x(L,\ y) = 0$，$u(x,\ L) = 0$，$u(x,\ 0) = f(x)$

3. $u_{xx} + u_{yy} = 0$ $(0 < x < L,\ 0 < y < L)$；$u_y(x,\ 0) = hu(x,\ L) + u_y(x,\ L) = 0$，$u(L,\ y) = 0$，$u(0,\ y) = g(y)$

4. $u_{xx} + u_{yy} = 0$ $(0 < x < L,\ y > 0)$；$u(0,\ y) = hu(L,\ y) + u_x(L,\ y) = 0$，当 $y \to +\infty$ 时，$u(x,\ y)$ 有界，$u(x,\ 0) = f(x)$

5. $u_t = ku_{xx}$ $(0 < x < L,\ t > 0)$；$hu(0,\ t) - u_x(0,\ t) = u(L,\ t) = 0$，$u(x,\ 0) = f(x)$

6. $u_t = ku_{xx}$ $(0 < x < L,\ t > 0)$；$hu(0,\ t) - u_x(0,\ t) = hu(L,\ t) + u_x(L,\ t) = 0$，$u(x,\ 0) = f(x)$

7. **无限高墙** 设 $u(x,\ y)$ 表示底面为 $y = 0$、表面为 $x = 0$ 和 $x = 1$ 的无限高墙内的有界稳态温度。表面 $x = 0$ 是隔热的，底面 $y = 0$ 保持温度为 $100°\mathrm{C}$，在表面 $x = 1$ 处发生热传递，其中 $h = 1$。推导出解

   $$u(x,\ y) = 200\sum_{n=1}^\infty \frac{\exp(-\alpha_n y)\sin\alpha_n \cos\alpha_n x}{\alpha_n + \sin\alpha_n \cos\alpha_n},$$

   其中 $\{\alpha_n\}_1^\infty$ 是方程 $\cot x = x$ 的正根。如果 $\alpha_1 = 0.860$，$\alpha_2 = 3.426$，$\alpha_3 = 6.437$ 和 $\alpha_4 = 9.529$，计算温度 $u(1,\ 1)$，精确到 $0.1°\mathrm{C}$。

8. **末端没有质量块的杆** 如果例题 2 中的杆在末端 $x = L$ 处没有连接质量块，那么将式 (17c) 替换为自由端点条件 $u_x(L,\ t) = 0$。在所得边界值问题中分离变量，以推导出级数解

   $$u(x,\ t) = \sum_{n=1}^\infty c_n \cos\frac{(2n-1)\pi at}{2L}\sin\frac{(2n-1)\pi x}{2L},$$

   其中

   $$c_n = \frac{2}{L}\int_0^L bx\sin\frac{(2n-1)\pi x}{2L}\mathrm{d}x$$
   $$= \frac{8bL(-1)^{n+1}}{(2n-1)^2\pi^2}。$$

特别地,杆纵向振动的固有频率由式 (28) 给出。

9. (a) 证明 $\lambda = 0$ 不是问题 (19) 的特征值。
   (b) 证明这个问题没有负特征值。(提示:绘制出 $y = \tanh x$ 和 $y = -k/x$ 的图形,其中 $k > 0$。)

10. **纵向声波** 计算下列每种情况下纵向声波的速度(单位为英里每小时)。
    (a) 钢,其中 $\delta = 7.75 \text{ g/cm}^3$ 且 $E = 2 \times 10^{12}$,采用 cgs 单位。
    (b) 水,其中 $\delta = 1 \text{ g/cm}^3$ 且体积模量为 $K = 2.25 \times 10^{10}$,采用 cgs 单位。

11. **理想气体中的声速** 考虑分子量为 m_0 且质量为 $m = nm_0$ 的理想气体,其压强 p 和体积 V 满足定律 $pV = nRT_K$,其中 n 为气体摩尔数,$R = 8314$,采用 mks 单位,并且 $T_K = T_C + 273$,其中 T_C 为摄氏温度。气体的体积模量为 $K = \gamma p$,其中对于分子量为 $m_0 = 29$ 的空气,无量纲常数 γ 的值为 1.4。
    (a) 证明在这种气体中声速为
    $$a = \sqrt{\frac{K}{\delta}} = \sqrt{\frac{\gamma RT_K}{m_0}}。$$
    (b) 利用这个公式证明,在摄氏温度 T_C 下,空气中的声速约为 $740 + (1.36)T_C$ 英里每小时。

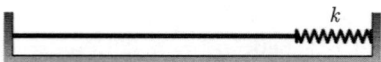

图 10.2.5 习题 12 中的杆

12. **杆和弹簧系统** 如图 10.2.5 所示,假设例题 2 中杆的自由端连接在弹簧上(而不是质量块上)。那么端点条件变成 $ku(L, t) + AEu_x(L, t) = 0$。(为什么?)假设 $u(x, 0) = f(x)$ 且 $u_t(x, 0) = 0$。推导出如下形式的解:
    $$u(x, t) = \sum_{n=1}^{\infty} c_n \cos\frac{\beta_n at}{L} \sin\frac{\beta_n x}{L},$$
    其中 $\{\beta_n\}_1^{\infty}$ 是方程 $\tan x = -AEx/kL$ 的正根。

13. 如果一根杆的固有长度为 L,横截面积为 A,杨氏模量为 E,那么(根据胡克定律)将其拉伸一小段量 ΔL,两端所需的轴向力为 $F = (AE\Delta L)/L$。将这个结果应用于在 x 和 $x+\Delta x$ 处的横截面之间的固有长度为 $L = \Delta x$ 的一小段杆上,这段杆的拉伸量为 $\Delta L = u(x + \Delta x, t) - u(x, t)$。然后令 $\Delta x \to 0$ 以推导出式 (13)。

14. 证明问题 (19) 的特征函数 $\{X_n(x)\}_1^{\infty}$ 不正交。(提示:应用 10.1 节式 (22) 证明,若 $m \neq n$,则
    $$\int_0^L X_m(x) X_n(x) dx = -\frac{m}{A\delta} X_m(L) X_n(L)。$$

15. 证明问题 (19) 的特征函数 $\{\sin\beta_n x/L\}_1^{\infty}$ 不正交。通过得到下列积分的确切值来实现证明:
    $$\int_0^L \sin\frac{\beta_m x}{L} \sin\frac{\beta_n x}{L} dx。$$
    (提示:利用 $\{\beta_n\}_1^{\infty}$ 是方程 $x \tan x = M/m$ 的根的事实。)

16. **均匀球体** 根据 9.7 节习题 19,半径为 a 的均匀实心球内的温度 $u(r, t)$ 满足偏微分方程 $(ru)_t = k(ru)_{rr}$。假设球的初始温度为 $u(r, 0) = f(r)$,并且其表面 $r = a$ 是隔热的,所以 $u_r(a, t) = 0$。做替换 $v(r, t) = ru(r, t)$ 以推导出解
    $$u(r, t) = c_0 + \sum_{n=1}^{\infty} \frac{c_n}{r} \exp\left(-\frac{\beta_n^2 kt}{a^2}\right) \sin\frac{\beta_n r}{a},$$
    其中 $\{\beta_n\}_1^{\infty}$ 是方程 $\tan x = x$ 的正根,并且
    $$c_0 = \frac{3}{a^3} \int_0^a r^2 f(r) dr,$$
    $$c_n = \frac{2}{a \sin^2 \beta_n} \int_0^a rf(r) \sin\frac{\beta_n r}{a} dr。$$
    (参见 10.1 节习题 14)。

17. **扩散** 关于气体通过膜扩散的问题引出边界值问题
    $$u_t = ku_{xx} \quad (0 < x < L, \ t > 0);$$
    $$u(0, t) = u_t(L, t) + hku_x(L, t) = 0,$$
    $$u(x, 0) = 1。$$
    推导出解
    $$u(x, t) = 4\sum_{n=1}^{\infty} \frac{1-\cos\beta_n}{2\beta_n - \sin 2\beta_n} \exp\left(-\frac{\beta_n^2 kt}{L^2}\right) \sin\frac{\beta_n x}{L},$$

其中 $\{\beta_n\}_1^\infty$ 是方程 $x\tan x = hL$ 的正根。

18. 简支杆 假设例题 3 中的简支均匀杆的初始位置改为 $y(x,\,0) = 0$，而初始速度改为 $y_t(x,\,0) = g(x)$。则推导出解

$$y(x,\,t) = \sum_{n=1}^\infty c_n \sin\frac{n^2\pi^2 a^2 t}{L^2}\sin\frac{n\pi x}{L},$$

其中

$$c_n = \frac{2L}{n^2\pi^2 a^2}\int_0^L g(x)\sin\frac{n\pi x}{L}\mathrm{d}x。$$

19. 初始脉冲 为了近似在简支杆的中点 $x = L/2$ 处所施加的初始动量脉冲 P 的效果，将

$$g(x) = \begin{cases} \dfrac{P}{2\rho\epsilon}, & \dfrac{L}{2}-\epsilon < x < \dfrac{L}{2}+\epsilon, \\ 0, & \text{其他} \end{cases} \tag{43}$$

代入习题 18 的结果中。然后令 $\epsilon \to 0$ 以得到解

$$y(x,\,t)$$

$$= C\sum_{n=1}^\infty \frac{1}{n^2}\sin\frac{n\pi}{2}\sin\frac{n^2\pi^2 a^2 t}{L^2}\sin\frac{n\pi x}{L},$$

其中

$$C = \frac{2PL}{\pi^2\sqrt{EI\rho}}。$$

20. 铰接杆 (a) 如果在习题 18 中 $g(x) = v_0$（一个常数），证明

$$y(x,\,t)$$
$$= \frac{4v_0 L^2}{\pi^3 a^2}\sum_{n\text{为奇数}}\frac{1}{n^3}\sin\frac{n^2\pi^2 a^2 t}{L^2}\sin\frac{n\pi x}{L}。$$

这描述了在 $t = 0$ 时刻、以速度 v_0 撞击砖墙的一辆小货车后部横置的一根铰接杆的振动。

(b) 现在假设杆是由钢制成的（$E = 2\times 10^{12}$ dyn/cm^2，$\delta = 7.75$ g/cm^3），它具有边长为 $a = 1$ in 的方形横截面（所以 $I = \dfrac{1}{12}a^4$），其长度为 $L = 19$ in。它的基频是多少（以赫兹为单位）？

应用　对热流的数值研究

请访问 bit.ly/3CnV7b8，利用 Maple、Mathematica 和 MATLAB 等计算资源对此主题进行更多讨论和探索。

我们将概述基于 Mathematica 对本节例题 1 中加热平板的温度函数

$$u(x,\,t) = 2u_0 hL\sum_{n=1}^\infty \frac{1-\cos\beta_n}{\beta_n(hL+\cos^2\beta_n)}\exp\left(-\frac{\beta_n^2 kt}{L^2}\right)\sin\frac{\beta_n x}{L} \tag{1}$$

进行数值研究。此研究的 Maple 和 MATLAB 版本包含在为本应用提供的在线附加材料中。

我们假设平板的厚度为 $L = 50$ cm，均匀初始温度为 $u_0 = 100°$C，在平板左侧边界 $x = 0$ 处固定温度为 $0°$C，热扩散系数为 $k = 0.15$（对于铁），在右侧边界 $x = L$ 处传热系数为 $h = 0.1$。根据本节式 (8)，式 (1) 中的特征值 $\{\beta_n\}_1^\infty$ 为方程 $\tan x = -x/(hL)$ 的正解。如图 10.1.1 所示，我们看到若 n 较大，则 β_n 略大于 $(2n-1)\pi/2$。因此，我们可以使用下列命令近似前 20 个特征值：

```
L = 50;  h = 0.1;
roots = Table[ FindRoot[ Tan[x] == -x/(h*L),
           {x, (2*n - 1 )*Pi/2 + 0.1}], {n,1,20}];
beta = x /. roots
```

前 10 个特征值列在图 10.2.6 的表格中。

n	β_n
1	2.6537
2	5.4544
3	8.3913
4	11.4086
5	14.4699
6	17.5562
7	20.6578
8	23.7693
9	26.8874
10	30.0102

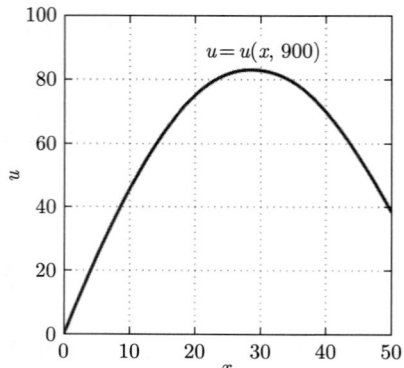

图 10.2.6 特征值方程 $\tan x = -\dfrac{x}{hL}$ 的前 10 个正解，其中 $L = 50$ 和 $h = 0.1$

图 10.2.7 15 分钟后平板内的温度

下面的 Mathematica 函数是对式 (1) 中级数的前 20 个非零项进行求和。

```
b = beta; u0 = 100; k = 0.15;
c = ( 1 - Cos[b])/(b*(h*L + Cos[b]^2)); (* coeffs *)
u[x_, t_] := 2*u0*h*L*Apply[ Plus,
      c*Exp[-b*b*k*t/L^2]*Sin[b*x/L]] // N
```

实际上，这足以在整个区间 $0 \leqslant x \leqslant 50$ 内以两位精度计算 $t \geqslant 10$ (s) 时的值 $u(x, t)$。（你如何验证这一断言呢？）命令

```
Plot[u[x,900], {x, 0, 50}];
```

可以生成如图 10.2.7 所示的当 $0 \leqslant x \leqslant 50$ 时 $u = u(x, 900)$ 的图形。我们看到，15 分钟后，平板右侧边界 $x = 50$ 处已经冷却到 40°C 以下，而在 $x = 30$ 附近的内部温度保持在 80°C 以上。命令

```
Plot[{u[50,t], 25}, {t, 0, 3600}];
```

可以生成如图 10.2.8 所示的当 $0 \leqslant t \leqslant 3600$ 时 $u = u(50, t)$ 的图形。此时我们看到，在略少于 2000 秒的时间里，平板右侧边界的温度降至 25°C。计算

```
t1 = t /. FindRoot[u[50,t] == 25, {t, 2000}]
```

表明这实际上发生在 1951 秒左右，即大约 32 分 31 秒。

图 10.2.9 表明，在 t_1 时刻，平板内部温度在某些点处仍然保持在 50°C 以上，其中最大值出现在 $x = 30$ 附近。我们可以通过求出其负数 $-u(x, t_1)$ 的最小值，从而求出温度 $u(x, t_1)$ 的最大值。命令

```
FindMinimum[-u[x,t1], {x, 30}]
```

可以得到最大值为 $u(29.36, t_1) \approx 53.80$°C 的结果。

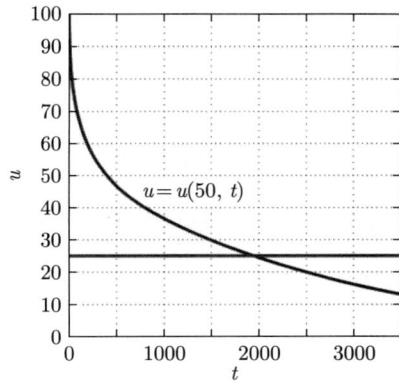
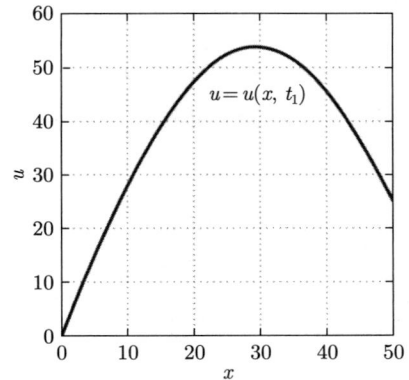

图 10.2.8　平板右侧边界温度　　　　图 10.2.9　当右侧边界温度为 25°C 时的内部温度

练习

以这种方式研究具有均匀初始温度 $u(x, 0) = 100°C$ 的你自己的平板，设 $h = 0.1$，$L = 50(10 + p)$ 且 $k = q/10$，其中 p 和 q 分别是你学生证号码中最大和最小的非零数字。然后实施这里所概述的研究，以求出

- 何时平板右侧边界温度为 25°C，以及
- 那一刻平板内的最高温度。

除了用数值方法求出根和最大值之外，你还可以用图形方式在像图 10.2.8 和图 10.2.9 这样的图中适当的点处"放大"图形来得到结果。

10.3　稳态周期解与固有频率

在 9.6 节中，我们推导出解

$$y(x, t) = \sum_{n=1}^{\infty} \left(A_n \cos \frac{n\pi at}{L} + B_n \sin \frac{n\pi at}{L} \right) \sin \frac{n\pi x}{L}$$
$$= \sum_{n=1}^{\infty} C_n \cos \left(\frac{n\pi at}{L} - \gamma_n \right) \sin \frac{n\pi x}{L}, \tag{1}$$

它应对于振动弦问题

$$\frac{\partial^2 y}{\partial t^2} = a^2 \frac{\partial^2 y}{\partial x^2} \quad \left(a = \sqrt{\frac{T}{\rho}} \right); \tag{2}$$

$$y(0, t) = y(L, t) = 0, \tag{3}$$

$$y(x, 0) = f(x), \quad y_t(x, 0) = g(x). \tag{4}$$

式 (1) 中的解描述了长度为 L 且线密度为 ρ 的弦在拉力 T 作用下的自由振动，式 (1) 中的常系数由式 (4) 中的初始条件决定。

特别地，由式 (1) 中的项可知，弦的固有（圆周）振动频率（以弧度每秒为单位）可

由下式给出:
$$\omega_n = \frac{n\pi a}{L}, \tag{5}$$

其中 $n = 1, 2, 3, \cdots$。这是使得方程 (2) 具有如下形式稳态周期解所仅有的 ω 值,
$$y(x, t) = X(x)\cos(\omega t - \gamma), \tag{6}$$

它满足式 (3) 中的端点条件。因为如果我们将式 (6) 代入方程 (2),并消去因子 $\cos(\omega t - \gamma)$,我们得到 $X(x)$ 必须满足方程
$$a^2 X''(x) + \omega^2 X(x) = 0,$$

其通解
$$X(x) = A\cos\frac{\omega x}{a} + B\sin\frac{\omega x}{a}$$

只有在 $A = 0$ 且对于某个正整数 n 有 $\omega = n\pi a/L$ 时,才满足条件 (3)。

受迫振动与共振

现在假设弦受到周期外力 $F(t) = F_0 \cos\omega t$(每单位质量的力)的作用,该外力沿其长度方向均匀作用于弦上。那么,根据 9.6 节方程 (1),弦的位移 $y(x, t)$ 将满足非齐次偏微分方程
$$\frac{\partial^2 y}{\partial t^2} = a^2 \frac{\partial^2 y}{\partial x^2} + F_0 \cos\omega t \tag{7}$$

以及诸如式 (3) 和式 (4) 中的边界条件。例如,如果当外力开始作用时,弦最初处于静止平衡状态,那么我们要求出满足如下条件的方程 (7) 的解:
$$y(0, t) = y(L, t) = y(x, 0) = y_t(x, 0) = 0, \tag{8}$$

其中 $0 < x < L$。为此,首先需要求出方程 (7) 满足固定端点条件 (3) 的特解 $y_p(x, t)$,其次求出式 (2) ~ 式 (4) 中熟悉的问题的类似于式 (1) 的解 $y_c(x, t)$,其中
$$f(x) = -y_p(x, 0), \qquad g(x) = -D_t y_p(x, 0)。$$

那么显然,
$$y(x, t) = y_c(x, t) + y_p(x, t)$$

将满足式 (7) 和式 (8)。

所以我们的新任务是求出 $y_p(x, t)$。对方程 (7) 中各项的检查表明,我们可以尝试
$$y_p(x, t) = X(x)\cos\omega t。\tag{9}$$

将其代入方程 (7),并消去公因式 $\cos\omega t$,得到常微分方程
$$a^2 X'' + \omega^2 X = -F_0,$$

其通解为
$$X(x) = A\cos\frac{\omega x}{a} + B\sin\frac{\omega x}{a} - \frac{F_0}{\omega^2}。\tag{10}$$

条件 $x(0) = 0$ 要求 $A = F_0/\omega^2$，然后 $X(L) = 0$ 要求

$$X(L) = \frac{F_0}{\omega^2}\left(\cos\frac{\omega L}{a} - 1\right) + B\sin\frac{\omega L}{a} = 0。 \tag{11}$$

现在假设周期外力的频率 ω 不等于弦的任何一个固有频率 $\omega_n = n\pi a/L$。因此，$\sin(\omega L/a) \neq 0$，所以我们可以由方程 (11) 解出 B，然后将结果代入式 (10)，从而得到

$$X(x) = \frac{F_0}{\omega^2}\left(\cos\frac{\omega x}{a} - 1\right) - \frac{F_0[\cos(\omega L/a) - 1]}{\omega^2 \sin(\omega L/a)}\sin\frac{\omega x}{a}。 \tag{12}$$

那么根据 $X(x)$ 的这个选择，式 (9) 给出了期望的特解 $y_p(x,\,t)$。

然而，请注意，当 ω 的值趋近 $\omega_n = n\pi a/L$ 时，其中 n 为奇数，式 (12) 中 $\sin(\omega x/a)$ 的系数趋向 $\pm\infty$；从而发生共振。这就解释了这样一个事实：当两根相邻的相同弦中（仅）一根被拨动时，另一根也会开始振动，这是由于它（通过空气介质）以其基频受到一个周期外力的作用。还可以观察到，如果 $\omega = \omega_n = n\pi a/L$，其中 n 为偶数，那么我们可以在式 (11) 中选择 $B = 0$，所以在这种情况下不会发生共振。习题 20 将解释为什么有些共振的可能性是不存在的。

振动弦是典型的具有无穷固有振动频率序列的连续系统。当周期外力作用于这样的系统时，若施加的频率接近系统的一个固有频率，则可能发生潜在的破坏性共振振动。因此，合理结构设计的一个重要方面是避免发生这种共振振动。

梁的固有频率

图 10.3.1 显示了一根长度为 L、线密度为 ρ 和杨氏模量为 E 的两端夹紧的均匀梁。当 $0 < x < L$ 且 $t > 0$ 时，其偏转函数 $y(x,\,t)$ 满足我们在 10.2 节中讨论过的四阶方程

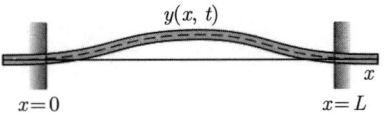

图 10.3.1 一根两端夹紧的梁

$$\frac{\partial^2 y}{\partial t^2} + a^4 \frac{\partial^4 y}{\partial x^4} = 0 \qquad \left(a^4 = \frac{EI}{\rho}\right), \tag{13}$$

其中 I 表示梁的横截面绕其水平对称轴的惯性矩。因为位移和斜率在每个固定端点处均为零，所以端点条件为

$$y(0,\,t) = y_x(0,\,t) = 0 \tag{14}$$

和

$$y(L,\,t) = y_x(L,\,t) = 0。 \tag{15}$$

这里我们只想求出梁的固有振动频率，所以我们不关心初始条件。固有频率是使方程 (13) 具有满足式 (14) 和式 (15) 中条件的形式为

$$y(x,\,t) = X(x)\cos(\omega t - \gamma) \tag{16}$$

非平凡解的 ω 的值。当我们将式 (16) 中的 $y(x, t)$ 代入方程 (13)，然后消去公因子 $\cos(\omega t - \gamma)$，从而得到四阶常微分方程 $-\omega^2 X + a^4 X^{(4)} = 0$，即

$$X^{(4)} - \frac{\omega^2}{a^4} X = 0。 \tag{17}$$

如果令 $\alpha^4 = \omega^2/a^4$，那么我们可以将方程 (17) 的通解表示为

$$X(x) = A\cosh\alpha x + B\sinh\alpha x + C\cos\alpha x + D\sin\alpha x,$$

并且

$$X'(x) = \alpha(A\sinh\alpha x + B\cosh\alpha x - C\sin\alpha x + D\cos\alpha x)。$$

由条件 (14) 可得

$$X(0) = A + C = 0 \quad \text{和} \quad X'(0) = \alpha(B + D) = 0,$$

所以 $C = -A$ 且 $D = -B$。从而由条件 (15) 可得

$$X(L) = A(\cosh\alpha L - \cos\alpha L) + B(\sinh\alpha L - \sin\alpha L) = 0$$

和

$$\frac{1}{\alpha}X'(L) = A(\sinh\alpha L + \sin\alpha L) + B(\cosh\alpha L - \cos\alpha L) = 0。$$

为了使关于 A 和 B 的这两个线性齐次方程具有非平凡解，系数的行列式必须为零：

$$(\cosh\alpha L - \cos\alpha L)^2 - (\sinh^2\alpha L - \sin^2\alpha L) = 0;$$

$$\underbrace{(\cosh^2\alpha L - \sinh^2\alpha L)}_{=1} + \underbrace{(\cos^2\alpha L + \sin^2\alpha L)}_{=1} - 2\cosh\alpha L\cos\alpha L = 0;$$

$$2 - 2\cosh\alpha L\cos\alpha L = 0。$$

那么 $\beta = \alpha L$ 必须是下列方程的非零根：

$$\cosh x \cos x = 1。 \tag{18}$$

由图 10.3.2 可以看出，这个方程有一个递增的正根序列 $\{\beta_n\}_1^\infty$。此时 $\omega = \alpha^2 a^2 = \beta^2 a^2 / L^2$ 以及 $a^2 = \sqrt{EI/\rho}$，由此可得两端夹紧的梁的固有（圆周）振动频率可由下式给出：

$$\omega_n = \frac{\beta_n^2}{L^2}\sqrt{\frac{EI}{\rho}} \quad (\text{rad/s}), \tag{19}$$

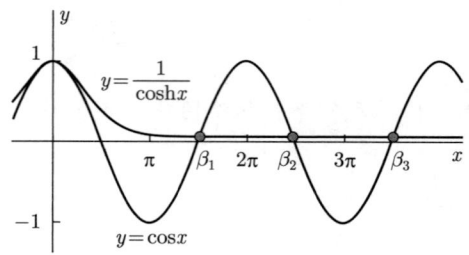

图 10.3.2　方程 $\cosh x \cos x = 1$ 的解

其中 $n = 1, 2, 3, \cdots$。方程 (18) 的根为 $\beta_1 \approx 4.73004$，$\beta_2 \approx 7.85320$，$\beta_3 \approx 10.99561$ 以及 $\beta_n \approx (2n+1)\pi/2$，其中 $n \geqslant 4$（如图 10.3.2 所示）。

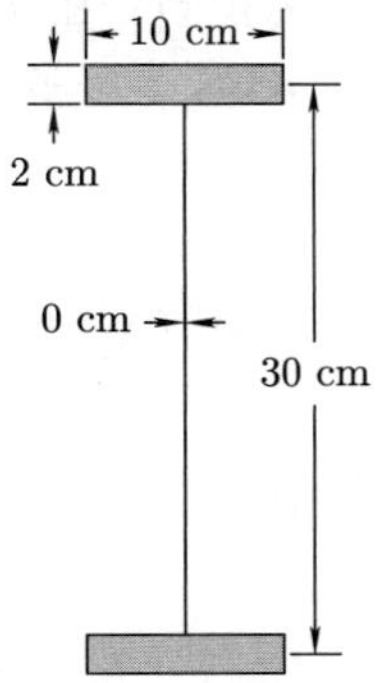

例题 1 **工字梁** 例如，假设一座桥梁的基本结构单元是一根长 120 ft 的工字梁，其截面如图 10.3.3 所示，具有惯性矩 $I = 9000 \text{ cm}^4$。如果我们将

$$L = (120 \text{ ft})\left(30.48 \frac{\text{cm}}{\text{ft}}\right), \quad \rho = \left(7.75 \frac{\text{g}}{\text{cm}^3}\right)(40 \text{ cm}^2), \quad E = 2\times 10^{12} \frac{\text{dyn}}{\text{cm}^2},$$

以及 β_1 和 β_2 的值代入式 (19)，可以求出梁最低的两个固有频率为

$$\omega_1 \approx 12.74 \frac{\text{rad}}{\text{s}} \quad \left(122 \frac{\text{cycle}}{\text{min}}\right) \quad \text{和} \quad \omega_2 \approx 35.13 \frac{\text{rad}}{\text{s}} \quad \left(335 \frac{\text{cycle}}{\text{min}}\right).$$

如果一队士兵以每分钟 120 步的速度接近这座桥，那么他们最好在过桥之前打破节奏。桥梁有时候会因为共振振动而倒塌。回想 1981 年 7 月 17 日发生在 Kansas City 的酒店灾难，当时一条挤满舞者的空中步廊坍塌了。报纸援引调查人员的话推测，舞者有节奏的动作在支撑空中步廊的工字钢梁中产生了破坏性的共振振动。

图 10.3.3 一根理想的工字梁

地下温度振荡

我们假设某一特定地点的地下温度 $u(x, t)$ 是时间 t 和地下深度 x 的函数。那么 u 满足热传导方程 $u_t = ku_{xx}$，其中 k 为土壤的热扩散系数。我们可以把地表 $x = 0$ 处的温度 $u(0, t)$ 看作从气象记录中得知的。事实上，地表月平均温度随季节周期性变化，在仲夏（北半球的七月）达到最大值，在仲冬（一月）达到最小值，这种变化非常接近正弦或余弦振荡。因此，我们假设

$$u(0, t) = T_0 + A_0 \cos \omega t, \tag{20}$$

其中在仲夏时取 $t = 0$。这里 T_0 为年平均温度，A_0 为温度随季节变化的幅度，并且选择 ω 使得 $u(0, t)$ 的周期正好是一年。（例如，在 cgs 单位制中，ω 等于 2π 除以一年的秒数，即 31557341，因此 $\omega \approx 1.991 \times 10^{-7}$。）

我们可以合理地假设，在固定深度处的温度也随 t 周期性地变化。如果为了方便我们引入 $U(x, t) = u(x, t) - T_0$，那么我们感兴趣的问题是

$$\frac{\partial U}{\partial t} = k \frac{\partial^2 U}{\partial x^2} \quad (x > 0, \ t > 0), \tag{21}$$

$$U(0, t) = A_0 \cos \omega t \tag{22}$$

的如下形式的周期解：

$$U(x, t) = A(x)\cos(\omega t - \gamma) = V(x)\cos \omega t + W(x)\sin \omega t. \tag{23}$$

为了求解上述问题，我们将式 (23) 中的 $U(x, t)$ 作为下列复值函数的实部：

$$\widetilde{U}(x, t) = X(x)e^{i\omega t}. \tag{24}$$

那么我们希望 $\widetilde{U}(x, t)$ 满足条件

$$\widetilde{U}_t = k\widetilde{U}_{xx}, \tag{21'}$$

$$\widetilde{U}(0, t) = A_0 e^{i\omega t}。\tag{22'}$$

如果我们将式 (24) 代入方程 (21′)，可得 $i\omega X = kX''$，即

$$X'' - \alpha^2 X = 0, \tag{25}$$

其中

$$\alpha = \pm\sqrt{\frac{i\omega}{k}} = \pm(1+i)\sqrt{\frac{\omega}{2k}}, \tag{26}$$

因为 $\sqrt{i} = \pm(1+i)/\sqrt{2}$。因此方程 (25) 的通解为

$$X(x) = A\exp\left(-(1+i)x\sqrt{\omega/2k}\right) + B\exp\left(+(1+i)x\sqrt{\omega/2k}\right)。\tag{27}$$

为了使 $\widetilde{U}(x, t)$ 在 $x \to +\infty$ 时有界从而 $X(x)$ 有界，有必要令 $B = 0$。同样，由式 (22′) 和式 (24) 可知 $A = X(0) = A_0$。所以

$$X(x) = A_0\exp\left(-(1+i)x\sqrt{\omega/2k}\right)。\tag{28}$$

最后，式 (21) 和式 (22) 中的原问题的解为

$$U(x, t) = \operatorname{Re}\widetilde{U}(x, t) = \operatorname{Re}X(x)e^{i\omega t}$$
$$= \operatorname{Re}\left[A_0\exp(i\omega t)\exp\left(-(1+i)x\sqrt{\omega/2k}\right)\right]$$
$$= \operatorname{Re}\left[A_0\exp\left(-x\sqrt{\omega/2k}\right)\exp\left(i(\omega t - x\sqrt{\omega/2k})\right)\right];$$

从而

$$U(x, t) = A_0\exp\left(-x\sqrt{\omega/2k}\right)\cos\left(\omega t - x\sqrt{\omega/2k}\right)。\tag{29}$$

因此，年温度的振幅 $A(x)$ 作为深度 x 的函数呈指数衰减：

$$A(x) = A_0\exp\left(-x\sqrt{\omega/2k}\right)。\tag{30}$$

此外，在深度 x 处存在相位延迟 $\gamma(x) = x\sqrt{\omega/2k}$。

例题 2 **土壤温度** 利用 $k = 0.005$（在 cgs 单位制下土壤的典型值）和前面提到的 ω 的值，我们可以求出 $\sqrt{\omega/2k} \approx 0.004462$ cm^{-1}。例如，由式 (30) 可知，当 $(0.004462)x = \ln 2$ 时，即当 $x \approx 155.34$ cm ≈ 5.10 ft 时，振幅是表面振幅的一半，即 $A(x) = \frac{1}{2}A_0$。如果 $A_0 = 16°\mathrm{C}$，那么在深度约为 20 ft 处，年温度变化的幅度仅为 1°C。 ■

例题 3 **季节反转** 由式 (29) 得到的另一个有趣的结果是，发生在 $\gamma(x) = (0.004462)x = \pi$ 时，即在深度为 $x \approx 704.06$ cm，约 23.11 ft 处的"季节反转"。图 10.3.4 显示了 $0 \leqslant x \leqslant X$ 且 $0 \leqslant t \leqslant T$ 时的 $U = U(x, t)$ 的图形，其中 X 对应于以厘米为单位的 23 英尺，T 对应于以秒为单位的 2.5 年。通过检查图形的右边缘，你能看出深度为 23 英尺处的温度似乎是最高的，而此时地表温度却是最低的吗？ ■

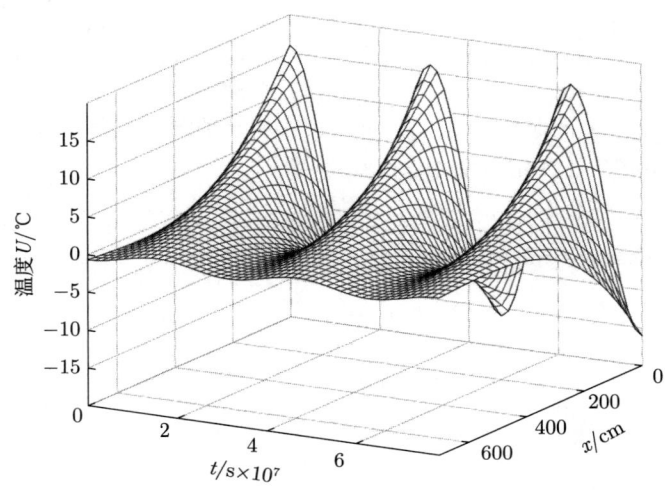

图 10.3.4 式 (29) 中的温度函数 $U(x, t)$ 的图形

习题

长度为 L 的均匀杆由密度为 δ 和杨氏模量为 E 的材料制成。在习题 1 ~ 6 中，将 $u(x, t) = X(x)\cos\omega t$ 代入方程 $\delta u_{tt} = Eu_{xx}$，以求出在其两端 $x = 0$ 和 $x = L$ 处具有两个给定条件的杆的纵向振动的固有频率。

1. 两端固定。
2. 两端自由。
3. 在 $x = 0$ 处的端点是固定的；在 $x = L$ 处的端点是自由的。
4. 在 $x = 0$ 处的端点是固定的；在 $x = L$ 处的自由端与质量为 m 的质量块相连，如 10.2 节例题 2 所示。
5. 两端自由，但在 $x = L$ 处的一端与胡克常数为 k 的弹簧相连，如 10.2 节习题 12 所示。
6. 两自由端分别与质量为 m_0 和 m_1 的质量块相连。

7. 假设习题 4 中在 $x = L$ 处的自由端上的质量块也与习题 5 中的弹簧相连。证明固有频率可由 $\omega_n = (\beta_n/L)\sqrt{E/\delta}$ 给出，其中 $\{\beta_n\}_1^\infty$ 是下列方程的正根：

$$(mEx^2 - k\delta L^2)\sin x = MEx\cos x\text{。}$$

（注意：在 $x = L$ 处的条件是 $mu_{tt} = -AEu_x - ku$。）

习题 8 ~ 14 处理本节均匀梁的横向振动，但具有不同的端点条件。在每种情况下，证明固有频率可由式 (19) 给出，其中 $\{\beta_n\}_1^\infty$ 是给定频率方程的正根。回顾一下，在固定端 $y = y' = 0$，在铰接端 $y = y'' = 0$，而在自由端 $y'' = y^{(3)} = 0$（其中上标符号 $\prime$ 表示对 x 求导）。

8. 在 $x=0$ 和 $x=L$ 处的两端都是铰接的；频率方程为 $\sin x = 0$，所以 $\beta_n = n\pi$。

9. 在 $x=0$ 处的一端固定，而在 $x=L$ 处的一端铰接；频率方程为 $\tanh x = \tan x$。

10. 此时梁为悬臂梁，其在 $x=0$ 处的一端固定，在 $x=L$ 处的一端自由；频率方程为 $\cosh x \cos x = -1$。

11. 在 $x=0$ 处的一端固定，在 $x=L$ 处的一端与一个可竖直滑动的夹具相连，所以在那点上 $y' = y^{(3)} = 0$；频率方程为 $\tanh x + \tan x = 0$。

12. 习题 10 中的悬臂梁的总质量为 $M = \rho L$，其自由端与质量为 m 的质量块相连；频率方程为
$$M(1+\cosh x \cos x)$$
$$= mx(\cosh x \sin x - \sinh x \cos x).$$
在 $x=L$ 处的条件为 $y_{xx}=0$ 及 $my_{tt} = EIy_{xxx}$。

13. 习题 10 的悬臂梁在 $x=L$ 处的自由端与胡克常数为 k 的弹簧相连（如图 10.3.5 所示）；频率方程为
$$EIx^3(1+\cosh x \cos x)$$
$$= kL^3(\sinh x \cos x - \cosh x \sin x).$$
在 $x=L$ 处的条件为 $y_{xx}=0$ 及 $ky = EIy_{xxx}$。

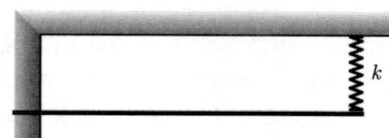

图 10.3.5　习题 13 中的悬臂梁

14. 假设习题 12 中的悬臂梁的自由端上的质量块 m 与习题 13 中的弹簧相连。在 $x=L$ 处的条件为 $y_{xx}=0$ 和 $my_{tt} = EIy_{xxx} - ky$。推导出频率方程
$$MEIx^3(1+\cosh x \cos x)$$
$$=(kML^3-mEIx^4)(\sinh x \cos x - \cosh x \sin x).$$
注意，习题 12 和习题 13 中的频率方程分别是 $k=0$ 和 $m=0$ 的特殊情况。

15. **跳板**　假设习题 10 中的悬臂梁是由密度为 $\delta = 7.75$ g/cm³ 的钢材制成的跳板。跳板长 4 m，其横截面是宽为 $a=30$ cm 且厚为 $b=2$ cm 的矩形。这个矩形绕其水平对称轴的惯性矩为 $I = \dfrac{1}{12}ab^3$。已知方程 $\cosh x \cos x = -1$ 的最小正根为 $\beta_1 \approx 1.8751$，确定一个人在跳板顶端上下弹跳以达到最大（共振）效应的频率（以赫兹为单位）。

16. **铰接杆**　如果两端铰接的均匀杆受到轴向压缩力 P 的作用，那么其横向振动满足方程
$$\rho \frac{\partial^2 y}{\partial t^2} + P\frac{\partial^2 y}{\partial x^2} + EI\frac{\partial^4 y}{\partial x^4} = 0.$$
证明其固有频率可由下式给出：
$$\omega_n = \frac{n^2\pi^2}{L^2}\left(1 - \frac{PL^2}{n^2\pi^2 EI}\right)^{1/2}\sqrt{\frac{EI}{\rho}},$$
其中 $n=1, 2, 3, \cdots$。注意，当 $P=0$ 时，这简化为 10.2 节例题 3 中的结果，而 $P>0$ 的作用是降低杆的每个固有振动频率。（凭直觉这是正确的吗？也就是说，你认为轴向压缩的杆比未压缩的杆振动得更慢吗？）

17. **铰接梁**　若两端铰接的梁足够厚，则必须考虑其旋转动能。那么其横向振动满足的微分方程为
$$\rho \frac{\partial^2 y}{\partial t^2} - \frac{I}{A}\frac{\partial^4 y}{\partial x^2 \partial t^2} + EI\frac{\partial^4 y}{\partial x^4} = 0.$$
证明其固有频率可由下式给出：
$$\omega_n = \frac{n^2\pi^2}{L^2}\left(1 + \frac{n^2\pi^2 I}{\rho AL^2}\right)^{-1/2}\sqrt{\frac{EI}{\rho}},$$
其中 $n=1, 2, 3, \cdots$。

18. 假设横截面积为 A、杨氏模量为 E 的均匀杆在 $x=0$ 处的一端是固定的，而纵向力 $F(t) = F_0 \sin \omega t$ 作用于其端部 $x=L$ 处，所以 $AEu_x(L, t) = F_0 \sin \omega t$。推导出稳态周期解
$$u(x, t) = \frac{F_0 a \sin(\omega x/a)\sin \omega t}{AE\omega \cos(\omega L/a)}.$$

19. 重复习题 18，此时横向力 $F(t) = F_0 \sin \omega t$ 作用于自由端 $x = L$ 处，所以
$$y_{xx}(L, t) = EI y_{xxx}(L, t) + F_0 \sin \omega t = 0。$$
确定悬臂梁的稳定周期横向振动，以 $y(x, t) = X(x) \sin \omega t$ 的形式表示解。

20. 两端固定的弦受到每单位质量的周期力 $F(x, t) = F(x) \sin \omega t$ 的作用，所以
$$y_{tt} = a^2 y_{xx} + F(x) \sin \omega t。$$
将
$$y(x, t) = \sum_{n=1}^{\infty} c_n \sin \frac{n\pi x}{L} \sin \omega t$$
和
$$F(x) = \sum_{n=1}^{\infty} F_n \sin \frac{n\pi x}{L}$$
代入上述方程，推导出稳态周期解
$$y(x, t) = \sum_{n=1}^{\infty} \frac{F_n \sin(n\pi x/a) \sin \omega t}{\omega_n^2 - \omega^2},$$
其中 $\omega_n = n\pi a/L$。因此，若 $\omega = \omega_n$，而 $F_n = 0$，则不会产生共振。

21. 假设习题 20 中的弦也受到与其速度成正比的空气阻力的作用，所以
$$y_{tt} = a^2 y_{xx} - c y_t + F(x) \sin \omega t。$$
推广习题 20 的方法，推导出稳态周期解
$$y(x, t) = \sum_{n=1}^{\infty} \rho_n F_n \sin \frac{n\pi x}{L} \sin(\omega t - \alpha_n),$$
其中
$$\rho_n = \left[(\omega_n^2 - \omega^2)^2 + \omega^2 c^2 \right]^{-1/2}$$
和
$$\alpha_n = \tan^{-1} \frac{\omega c}{\omega_n^2 - \omega^2}。$$
注意，这与弹簧上质量块的阻尼受迫运动相似。

22. 在 t 时刻在点 $x \geq 0$ 处的长传输线中电压 $e(x, t)$ 满足的**电话方程**为
$$\frac{\partial^2 e}{\partial x^2} = LC \frac{\partial^2 e}{\partial t^2} + (RC + LG) \frac{\partial e}{\partial t} + RGe,$$
其中 R, L, G 和 C 分别表示电阻、电感、电导和电容（均为单位线长的量）。条件 $e(0, t) = E_0 \cos \omega t$ 表示传输原点 $x = 0$ 处的周期信号电压。假设 $e(x, t)$ 在 $x \to +\infty$ 时有界。将 $\widetilde{e}(x, t) = E(x) e^{i\omega t}$ 代入上述方程，推导出稳态周期解
$$e(x, t) = E_0 e^{-\alpha x} \cos(\omega t - \beta x),$$
其中 α 和 β 分别是下列复数的实部和虚部
$$\left[(RG - LC\omega^2) + i\omega(RC + LG) \right]^{1/2}。$$

23. 管内水温 以速度 $\gamma \geq 0$ 在长管道中流动的水，在 t 时刻在 $x \geq 0$ 处的水温 $u(x, t)$ 满足方程
$$\frac{\partial u}{\partial t} = k \frac{\partial^2 u}{\partial x^2} - \gamma \frac{\partial u}{\partial x}。$$
假设 $u(0, t) = A_0 \cos \omega t$，并且 $u(x, t)$ 在 $x \to +\infty$ 时有界。将 $\widetilde{u}(x, t) = X(x) e^{i\omega t}$ 代入上述方程，推导出稳态周期解
$$u(x, t) = A_0 e^{-\alpha x} \cos(\omega t - \beta x),$$
其中
$$\alpha = \frac{1}{2k} \left(\gamma^4 + 16k^2 \omega^2 \right)^{1/4} \cos \frac{\phi}{2} - \frac{\gamma}{2k},$$
$$\beta = \frac{1}{2k} \left(\gamma^4 + 16k^2 \omega^2 \right)^{1/4} \sin \frac{\phi}{2},$$
$$\phi = \tan^{-1} \frac{4k}{\gamma^2}。$$
此外证明当 $\gamma = 0$ 时，这个解简化为式 (29) 中的解。

应用　振动梁与跳板

请访问 bit.ly/3GqJum5，利用 Maple、Mathematica 和 MATLAB 等计算资源对此主题进行更多讨论和探索。

在本应用中，你将进一步研究长度为 L 的弹性杆或梁的横向振动，其位置函数 $y(x, t)$

满足偏微分方程

$$\rho\frac{\partial^2 y}{\partial t^2} + EI\frac{\partial^4 y}{\partial x^4} = 0 \qquad (0 < x < L)$$

以及初始条件 $y(x, 0) = f(x)$ 和 $y_t(x, 0) = 0$。

首先通过分离变量（如 10.3 节例题 3 所示）推导出级数形式解

$$y(x, t) = \sum_{n=1}^{\infty} c_n \left(\cos\frac{\beta_n^2 a^2 t}{L^2}\right) X_n(x),$$

其中 $a^4 = EI/\rho$，$\{c_n\}$ 为初始位置函数 $f(x)$ 的适当特征函数展开系数，$\{\beta_n\}_1^\infty$ 和 $X_n(x)$ 由施加于杆上的端点条件决定。在一种特殊情况下，我们想同时求出其正根为 $\{\beta_n\}_1^\infty$ 的**频率方程**和特征函数 $\{X_n(x)\}$。本节我们看到两端固定情况下 [其中 $y(0) = y'(0) = y(L) = y'(L) = 0$] 的频率方程是 $\cosh x \cos x = 1$。如 10.1 节和 10.2 节应用中所示的那样，可以用计算机系统方法求解这个方程；图 10.3.6 中的表格列出了前十个正解 $\{\beta_n\}_1^{10}$。本节式 (18) 之前的计算表明，第 n 个特征函数可由下式给出：

$$X_n(x) = A_n\left(\cosh\frac{\beta_n x}{L} - \cos\frac{\beta_n x}{L}\right) + B_n\left(\sinh\frac{\beta_n x}{L} - \sin\frac{\beta_n x}{L}\right),$$

其中比值 A_n/B_n 由端点条件 $X_n(L) = 0$ 决定。图 10.3.7 显示了前三个特征函数的图形，它们是针对本节 120 ft 的工字梁绘制的，其中每个 $A_n = 1$ 且 $L = 3657.6$ cm。每条曲线在两个端点处的斜率似乎（正确地）都为零的事实，可用于证实生成该图形的计算结果。

n	β_n
1	4.7300
2	7.8532
3	10.9956
4	14.1372
5	17.2788
6	20.4204
7	23.5619
8	26.7035
9	29.8451
10	32.9867

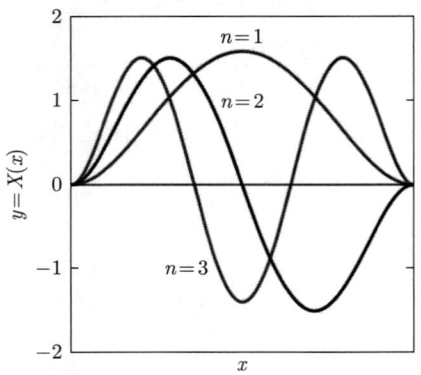

图 10.3.6 两端固定振动梁的特征值方程 $\cosh x \cos x = 1$ 的前 10 个正解

图 10.3.7 两端固定的工字梁的前三个特征函数 $y = X_n(x)$ 的图形

练习

下面的实例描述了其他振动梁的情况，你可以进行类似的研究。

实例 1：两端铰接 边界条件为

$$y(0) = y''(0) = y(L) = y''(L) = 0。$$

根据习题 8，频率方程为 $\sin x = 0$，所以 $\beta_n = n\pi$ 和 $X_n(x) = \sin n\pi x$。假设杆由钢制成（其中密度 $\delta = 7.75$ g/cm^3 且杨氏模量 $E = 2 \times 10^{12}$ dyn/cm^2），杆长是 19 in，且具有边长为 $w = 1$ in 的方形横

截面（所以其惯性矩为 $I = \frac{1}{12}w^4$）。确定其前几个固有振动频率（以 Hz 为单位）。这根杆振动时发出怎样的声音？

实例 2：两端自由 边界条件为
$$y''(0) = y^{(3)}(0) = y''(L) = y^{(3)}(L) = 0。$$
例如，这种情况模拟了悬浮在太空中的轨道航天器中的失重杆。证明现在频率方程是 $\cosh x \cos x = 1$（尽管此时特征函数与两端固定情况下的特征函数不同）。（用图形化或数值化方法，如 10.2 节应用中所示）求解这个方程，近似计算实例 1 中所考虑的同一根杆的前几个固有振动频率。现在发出怎样的声音？

实例 3：在 $x=0$ 处固定，在 $x=L$ 处自由 此时边界条件为
$$y(0) = y'(0) = y''(L) = y^{(3)}(L) = 0。$$
这是一根**悬臂梁**，类似于图 10.3.8 所示的跳板。根据习题 15，频率方程为 $\cosh x \cos x = -1$。近似计算这个方程的前几个正解，并用图形化方法证明，当 n 较大时，$\beta_n \approx (2n-1)\pi/2$。从而确定习题 15 中所描述的特定跳板的前几个固有振动频率（以 Hz 为单位）。这些是跳水运动员在这块跳板的自由端上下弹跳可以获得最大共振效果的频率。

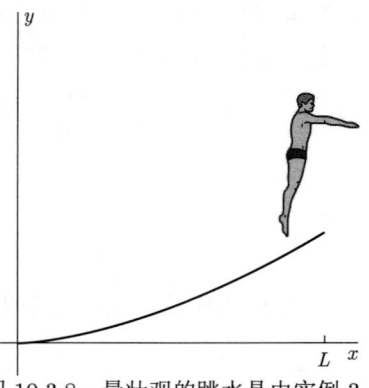

图 10.3.8 最壮观的跳水是由实例 3 中的频率方程决定的

10.4 柱坐标问题

通过做替换 $x = r\cos\theta$ 和 $y = r\sin\theta$，对函数 $u = u(x, y, z)$ 的 Laplace 式 $\nabla^2 u = u_{xx} + u_{yy} + u_{zz}$ 进行变换之后，得到**柱坐标下的 Laplace 式**

$$\nabla^2 u = \frac{\partial^2 u}{\partial r^2} + \frac{1}{r}\frac{\partial u}{\partial r} + \frac{1}{r^2}\frac{\partial^2 u}{\partial \theta^2} + \frac{\partial^2 u}{\partial z^2}。 \quad (1)$$

［例如，参见 Edwards 和 Penney 的 *Calculus: Early Transcendentals*（第 7 版，2008）的 12.7 节习题 45。］对于一个典型应用，考虑半径为 c 的非常长的均匀实心圆柱体，它以 z 轴为中心（参见图 10.4.1）。假设它被加热到具有"径向对称"的初始（$t=0$）温度，这个温度只取决于离 z 轴的距离 r（而不依赖于角坐标 θ 和点的高度 z）。同时假设从 $t=0$ 时刻开始，在圆柱体的侧表面 $r=c$ 处施加边界条件

$$\left(\beta_1 u + \beta_2 \frac{\partial u}{\partial r}\right)\bigg|_{r=c} = 0。 \quad (2)$$

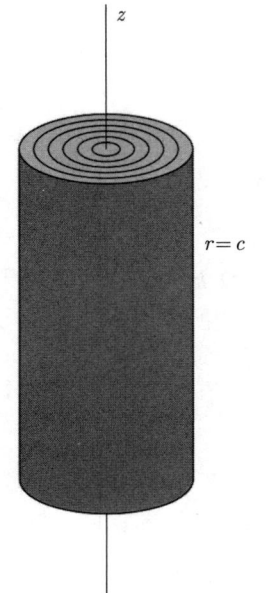

图 10.4.1 半径为 $r=c$ 的均匀实心长圆柱体

注意式 (2) 存在以下特殊情况：

- 如果 $\beta_1 = 1$ 且 $\beta_2 = 0$，它简化为条件 $u = 0$。
- 如果 $\beta_1 = 0$ 且 $\beta_2 = 1$，它简化为隔热条件 $u_r = 0$。
- 如果 $\beta_1 = h$ 且 $\beta_2 = 1$，它简化为热传递条件 $hu + u_r = 0$。

我们可以合理地认为在 t 时刻圆柱体内的温度 u 只取决于 r，所以我们写成 $u = u(r, t)$。那么 $u_{\theta\theta} = u_{zz} = 0$，所以将式 (1) 代入热传导方程 $u_t = k\nabla^2 u$，可得边界值问题

$$\frac{\partial u}{\partial t} = k\left(\frac{\partial^2 u}{\partial r^2} + \frac{1}{r}\frac{\partial u}{\partial r}\right) \qquad (r < c,\ t > 0); \tag{3}$$

$$\beta_1 u(c,\ t) + \beta_2 u_r(c,\ t) = 0, \tag{4}$$

$$u(r,\ 0) = f(r) \qquad (\text{初始温度})。 \tag{5}$$

为了使用变量分离法求解这个问题，我们将

$$u(r,\ t) = R(r)T(t)$$

代入方程 (3)；因此，我们得到

$$RT' = k\left(R''T + \frac{1}{r}R'T\right)。 \tag{6}$$

两侧除以 kRT 可得

$$\frac{R'' + R'/r}{R} = \frac{T'}{kT} = -\lambda。 \tag{7}$$

因此 $R(r)$ 必须满足方程

$$R'' + \frac{1}{r}R' + \lambda R = 0 \tag{8}$$

以及由式 (4) 得到的方程 $\beta_1 R(c) + \beta_2 R'(c) = 0$。此外，方程

$$T' = -\lambda k T$$

意味着在相差一个常数倍数意义下 $T(t) = e^{-\lambda kt}$。因为扩散系数 k 为正，所以如果 $T(t)$ 在 $t \to +\infty$ 时要保持有界，这是由式 (3)~式 (5) 模拟的物理问题所要求的，那么 λ 必须是非负数。因此，我们设 $\lambda = \alpha^2$，所以方程 (8) 可取如下形式：

$$r^2 R'' + rR' + \alpha^2 r^2 R = 0。 \tag{8'}$$

奇异 Sturm-Liouville 问题

根据 $x = r$ 和 $y(x) = R(r)$，方程 (8') 是我们在 8.5 节讨论过的零阶参数 Bessel 方程

$$x^2 y'' + xy' + \alpha^2 x^2 y = 0。 \tag{9}$$

更一般地，回顾参数 Bessel 方程

$$x^2 y'' + xy' + (\alpha^2 x^2 - n^2)y = 0 \tag{10}$$

有通解
$$y(x) = AJ_n(\alpha x) + BY_n(\alpha x), \tag{11}$$
其中 $\alpha > 0$。除以 x 之后，Bessel 方程 (10) 具有 Sturm-Liouville 形式
$$\frac{d}{dx}\left(x\frac{dy}{dx}\right) - \frac{n^2}{x}y + \lambda xy = 0, \tag{12}$$
其中 $p(x) = x$，$q(x) = n^2/x$，$r(x) = x$ 以及 $\lambda = \alpha^2$。我们要确定 λ 的非负值，使得方程 (12) 在 $(0, c)$ 内有一个解，并且这个解（及其导数 dy/dx）在闭区间 $[0, c]$ 上连续且满足端点条件
$$\beta_1 y(c) + \beta_2 y'(c) = 0, \tag{13}$$
其中 β_1 和 β_2 不全为零。

与式 (12) 和式 (13) 相关的 Sturm-Liouville 问题是奇异的，因为 $p(0) = r(0) = 0$，并且当 $x \to 0^+$ 时，$q(x) \to +\infty$，而我们在 10.1 节定理 1 中假设 $p(x)$ 和 $r(x)$ 为正，并且 $q(x)$ 在整个区间上连续。这个问题也不符合 10.1 节的模式，因为那时在左端点 $x = 0$ 处没有施加类似式 (13) 的条件。然而，$y(x)$ 在 $[0, c]$ 上连续的要求起着这样一个条件的作用。因为当 $x \to 0$ 时，$Y_n(x) \to -\infty$，所以只有当 $B = 0$ 时，对于 $\alpha > 0$ 的式 (11) 中的解在 $x = 0$ 处才可能是连续的，因此在相差一个常数倍数意义下
$$y(x) = J_n(\alpha x)。$$
现在只剩下在 $x = c$ 处施加式 (13) 中的条件。

区分 $\beta_2 = 0$ 和 $\beta_2 \neq 0$ 两种情况是很方便的。如果 $\beta_2 = 0$，那么式 (13) 具有简单形式
$$y(c) = 0。\tag{13a}$$
如果 $\beta_2 \neq 0$，我们将式 (13) 中的每一项乘以 c/β_2，然后设 $h = c\beta_1/\beta_2$，从而得到等价条件
$$hy(c) + cy'(c) = 0。\tag{13b}$$
此后我们假设 $h \geqslant 0$。

情况 1：$\lambda = 0$。我们首先考虑特征值为零即 $\lambda = 0$ 的可能性。如果同时有 $\lambda = 0$ 和 $n = 0$，那么方程 (12) 简化为方程 $(xy')' = 0$，其通解为
$$y(x) = A\ln x + B,$$
而且在 $[0, c]$ 上的连续性要求 $A = 0$。但是式 (13a) 又意味着 $B = 0$，式 (13b) 也是如此，除非 $h = 0$，在这种情况下，$\lambda = 0$ 是特征值，相关特征函数为 $y(x) \equiv 1$。

如果 $\lambda = 0$ 但 $n > 0$，那么方程 (12) 就是方程
$$x^2 y'' + xy' - n^2 y = 0,$$
其通解为（如 9.7 节所示，代入试验解 $y = x^k$）
$$y(x) = Ax^n + Bx^{-n},$$

在 $[0,c]$ 上的连续性要求 $B=0$。但是很容易检查 $y(x)=Ax^n$ 既不满足式 (13a)，也不满足式 (13b)，除非 $A=0$。所以，如果 $n>0$，那么 $\lambda=0$ 不是特征值。因此，我们已经证明当且仅当 $n=h=0$ 时，$\lambda=0$ 是式 (12) 和式 (13) 中问题的特征值，并且在 $x=c$ 处的端点条件为 $y'(c)=0$，此时，相关特征函数为 $y(x)\equiv 1$。在这种情况下，我们写成

$$\lambda_0=0 \quad \text{和} \quad y_0(x)\equiv 1。$$

情况 2：$\lambda>0$。如果 $\lambda>0$，那么 $\lambda=\alpha^2>0$，在这种情况下，在相差一个常数倍数意义下，方程 (12) 在 $[0,c]$ 上连续的唯一解为

$$y(x)=J_n(\alpha x)。$$

那么式 (13a) 意味着 $J_n(\alpha c)=0$；换句话说，αc 必须是下列方程的正根：

$$J_n(x)=0。 \tag{14a}$$

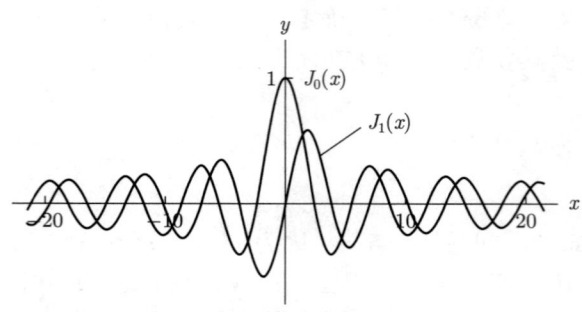

图 10.4.2 Bessel 函数 $J_0(x)$ 和 $J_1(x)$ 的图形

回顾 8.5 节，$J_0(x)$ 和 $J_1(x)$ 的图形如图 10.4.2 所示。当 $n>1$ 时，$J_n(x)$ 的图形与 $J_1(x)$ 的图形相似，甚至在 $J_n(0)=0$ 这一细节上也是如此。特别地，对于每个 $n=1,2,3,\cdots$，方程 (14a) 具有递增的无穷正根序列 $\{\gamma_{nk}\}_{k=1}^{\infty}$，使得 $k\to +\infty$ 时，$\gamma_{nk}\to +\infty$。对于 $n\leqslant 8$ 且 $k\leqslant 20$，在 Abramowitz 和 Stegun 的 *Handbook of Mathematical Functions* 的表 9.5 中给出了这些根。

如果 $y(x)=J_n(\alpha x)$，则 $\mathrm{d}y/\mathrm{d}x=\alpha J_n'(\alpha x)$，那么式 (13b) 表明

$$hJ_n(\alpha c)+\alpha cJ_n'(\alpha c)=0,$$

即 αc 是下列方程的正根：

$$hJ_n(x)+xJ_n'(x)=0。 \tag{14b}$$

众所周知这个方程也有一个递增的向 $+\infty$ 发散的无穷正根序列 $\{\gamma_{nk}\}_{k=1}^{\infty}$。若 $h=0$，则方程 (14b) 简化为方程 $J_n'(x)=0$；这个方程的根如 Abramowitz 和 Stegun 的书中表 9.5 所示。在重要情况 $n=0$ 时，对于不同 h 值，方程 (14b) 的前五个根可以在同一篇文献的表 9.7 中找到。

若式 (13a) 和式 (13b) 中的任意一个边界条件成立，则第 k 个正特征值为

$$\lambda_k=\frac{\gamma_k^2}{c^2},$$

其中的 γ_k 为方程 (14a) 和方程 (14b) 中相称的那个方程的第 k 个正根，相关特征函数为

$$y_k(x)=J_n\left(\frac{\gamma_k x}{c}\right)。$$

图 10.4.3 中的表格总结了这种情况，供参考。与端点条件 $y'(c)=0$ 所对应的例外情况

$n = h = 0$ 被单独列出。我们只讨论了非负特征值，但可以证明式 (12) 和式 (13) 中的问题不存在负特征值。[有关证明请参阅 R. V. Churchill 和 J. W. Brown 的 *Fourier Series and Boundary Value Problems*（第 8 版，2011）中关于 Bessel 函数正交集的章节。]

端点条件	特征值	相关特征函数
情况1: $y(c) = 0$	$\lambda_k = \gamma_k^2/c^2$; $\{\gamma_k\}_1^\infty$ 是 $J_n(x) = 0$ 的正根	$y_k(x) = J_n\left(\dfrac{\gamma_k x}{c}\right)$
情况2: $hy(c) + cy'(c) = 0$; h 和 n 不全为零	$\lambda_k = \gamma_k^2/c^2$; $\{\gamma_k\}_1^\infty$ 是 $hJ_n(x) + xJ_n'(x) = 0$ 的正根	$y_k(x) = J_n\left(\dfrac{\gamma_k x}{c}\right)$
情况3: $y'(c) = 0$, $n = 0$	$\lambda_0 = 0, \lambda_k = \gamma_k^2/c^2$; $\{\gamma_k\}_1^\infty$ 是 $J_0'(x) = 0$ 的正根	$y_0(x) = 1$, $y_k(x) = J_0\left(\dfrac{\gamma_k x}{c}\right)$

图 10.4.3 在 $[0, c]$ 上的奇异 Sturm-Liouville 问题 $\dfrac{\mathrm{d}}{\mathrm{d}x}\left[x\dfrac{\mathrm{d}y}{\mathrm{d}x}\right] - \dfrac{n^2}{x}y + \lambda xy = 0$, $\beta_1 y(c) + \beta_2 y'(c) = 0$ 的特征值和特征函数

Fourier-Bessel 级数

现在我们知道式 (12) 和式 (13) 中的奇异 Sturm-Liouville 问题具有与正则 Sturm-Liouville 问题相似的特征值和相关特征函数的无穷序列，我们可以讨论特征函数展开法。在图 10.4.3 的情况 1 或情况 2 中，我们预计在 $[0, c]$ 上分段光滑函数 $f(x)$ 具有如下形式的特征函数级数：

$$f(x) = \sum_{k=1}^\infty c_k y_k(x) = \sum_{k=1}^\infty c_k J_n\left(\frac{\gamma_k x}{c}\right), \tag{15}$$

而在例外情况 3 中，这个级数还将包含与 $\lambda_0 = 0$ 和 $y_0(x) \equiv 1$ 对应的常数项 c_0。如果 10.1 节定理 2 的结论成立（尽管不满足其假设），那么特征函数

$$J_n\left(\frac{\gamma_k x}{c}\right), \quad k = 1, 2, 3, \cdots$$

必须在 $[0, c]$ 上关于权函数 $r(x) = x$ 正交。实际上，如果我们将 $p(x) = r(x) = x$ 和

$$y_k(x) = J_n\left(\frac{\gamma_k x}{c}\right), \quad y_k'(x) = \frac{\gamma_k}{c} J_n'\left(\frac{\gamma_k x}{c}\right)$$

代入 10.1 节式 (22)，可得

$$(\lambda_i - \lambda_j) \int_0^c x J_n\left(\frac{\gamma_i x}{c}\right) J_n\left(\frac{\gamma_j x}{c}\right) \mathrm{d}x$$

$$= \left[x\left\{\frac{\gamma_j}{c} J_n\left(\frac{\gamma_i x}{c}\right) J_n'\left(\frac{\gamma_j x}{c}\right) - \frac{\gamma_i}{c} J_n\left(\frac{\gamma_j x}{c}\right) J_n'\left(\frac{\gamma_i x}{c}\right)\right\}\right]_0^c$$

$$= \gamma_j J_n(\gamma_i) J_n'(\gamma_j) - \gamma_i J_n(\gamma_j) J_n'(\gamma_i). \tag{16}$$

显然，若 γ_i 和 γ_j 都是方程 (14a) 即 $J_n(x) = 0$ 的根，则式 (16) 为零；若它们都是方程 (14b) 的根，则可以简化为

$$J_n(\gamma_i)\left[-hJ_n(\gamma_j)\right] - J_n(\gamma_j)\left[-hJ_n(\gamma_i)\right] = 0。$$

从而在这两种情况下，我们都得到，若 $i \neq j$，则

$$\int_0^c xJ_n\left(\frac{\gamma_i x}{c}\right) J_n\left(\frac{\gamma_j x}{c}\right) dx = 0。 \tag{17}$$

这种关于权函数 $r(x) = x$ 的正交性是我们确定式 (15) 中特征函数级数的系数所需要的。若我们将式 (15) 中的每一项乘以 $xJ_n(\gamma_k x/c)$，然后逐项积分，则由式 (17) 可得

$$\int_0^c xf(x)J_n\left(\frac{\gamma_k x}{c}\right) dx = \sum_{j=1}^\infty c_j \int_0^c xJ_n\left(\frac{\gamma_j x}{c}\right) J_n\left(\frac{\gamma_k x}{c}\right) dx$$

$$= c_k \int_0^c x\left[J_n\left(\frac{\gamma_k x}{c}\right)\right]^2 dx。$$

因此

$$c_k = \frac{\int_0^c xf(x)J_n(\gamma_k x/c)dx}{\int_0^c x\left[J_n(\gamma_k x/c)\right]^2 dx}。 \tag{18}$$

有了这些系数，形如式 (15) 的级数通常被称为 **Fourier-Bessel 级数**。已知分段光滑函数 $f(x)$ 的 Fourier-Bessel 级数满足 10.1 节定理 3 的收敛性结论。也就是说，它在 $(0, c)$ 的每个点处收敛于平均值 $\frac{1}{2}[f(x+) + f(x-)]$，从而在每个连续的内部点处收敛于值 $f(x)$。

Fourier-Bessel 系数

尽管式 (18) 中的分母积分看起来挺复杂，但并不难计算。假设 $y(x) = J_n(\alpha x)$，使得 $y(x)$ 满足 n 阶参数 Bessel 方程

$$\frac{d}{dx}\left[x\frac{dy}{dx}\right] + \left(\alpha^2 x - \frac{n^2}{x}\right)y = 0。 \tag{19}$$

通过将这个方程乘以 $2xy'(x)$，然后分部积分（习题 8），我们可以很容易推导出公式

$$2\alpha^2 \int_0^c x\left[J_n(\alpha x)\right]^2 dx = \alpha^2 c^2 \left[J_n'(\alpha c)\right]^2 + (\alpha^2 c^2 - n^2)\left[J_n(\alpha c)\right]^2。 \tag{20}$$

现在假设 $\alpha = \gamma_k/c$，其中 γ_k 是方程 $J_n(x) = 0$ 的一个根。我们应用式 (20) 以及 8.5 节的递归公式

$$xJ_n'(x) = nJ_n(x) - xJ_{n+1}(x),$$

这意味着 $J_n'(\gamma_k) = -J_{n+1}(\gamma_k)$。所得结果是

$$\int_0^c x\left[J_n\left(\frac{\gamma_k x}{c}\right)\right]^2 \mathrm{d}x = \frac{c^2}{2}[J_n'(\gamma_k)]^2 = \frac{c^2}{2}[J_{n+1}(\gamma_k)]^2 \text{。} \tag{21}$$

图 10.4.4 的表格里的其他项由式 (20) 类推得到。当 $n = 0$ 时的 Fourier-Bessel 级数是最常见的（习题 9）。下面列出它们在三种情况下具有的形式。

$\{\gamma_k\}_1^\infty$ 是下列方程的正根	$\int_0^c x\left[J_n\left(\frac{\gamma_k x}{c}\right)\right]^2 \mathrm{d}x$ 的值
情况1: $J_n(x) = 0$	$\frac{c^2}{2}[J_{n+1}(\gamma_k)]^2$
情况2: $hJ_n(x) + xJ_n'(x) = 0$ （n 和 h 不全为零）	$\frac{c^2(\gamma_k^2 - n^2 + h^2)}{2\gamma_k^2}[J_n(\gamma_k)]^2$
情况3: $J_0'(x) = 0$	$\frac{c^2}{2}[J_0(\gamma_k)]^2$

图 10.4.4

当 $n = 0$ 时的情况 1：若 $\{\gamma_k\}_{k=1}^\infty$ 是方程 $J_0(x) = 0$ 的正根，则

$$f(x) = \sum_{k=1}^\infty c_k J_0\left(\frac{\gamma_k x}{c}\right);$$

$$c_k = \frac{2}{c^2[J_1(\gamma_k)]^2} \int_0^c xf(x) J_0\left(\frac{\gamma_k x}{c}\right) \mathrm{d}x \text{。} \tag{22}$$

当 $n = 0$ 时的情况 2：若 $\{\gamma_k\}_{k=1}^\infty$ 是方程 $hJ_0(x) + xJ_0'(x) = 0$ 的正根，其中 $h > 0$，则

$$f(x) = \sum_{k=1}^\infty c_k J_0\left(\frac{\gamma_k x}{c}\right);$$

$$c_k = \frac{2\gamma_k^2}{c^2(\gamma_k^2 + h^2)[J_0(\gamma_k)]^2} \int_0^c xf(x) J_0\left(\frac{\gamma_k x}{c}\right) \mathrm{d}x \text{。} \tag{23}$$

情况 3：若 $\{\gamma_k\}_{k=1}^\infty$ 是方程 $J_0'(x) = 0$ 的正根，则（习题 10）

$$f(x) = c_0 + \sum_{k=1}^\infty c_k J_0\left(\frac{\gamma_k x}{c}\right); \tag{24a}$$

$$c_0 = \frac{2}{c^2} \int_0^c xf(x)\mathrm{d}x, \tag{24b}$$

$$c_k = \frac{2}{c^2[J_0(\gamma_k)]^2} \int_0^c xf(x) J_0\left(\frac{\gamma_k x}{c}\right) \mathrm{d}x \text{。} \tag{24c}$$

例题 1 **圆柱体** 假设一个半径为 c 的长圆柱体的初始温度 $u(r, 0) = u_0$ 为常数。在下列三种情况下分别求出 $u(r, t)$:

(a) $u(c, t) = 0$（零边界温度）；

(b) 圆柱体的边界是隔热的，所以 $u_r(c, t) = 0$；

(c) 在圆柱体的边界上发生热传递，所以
$$Hu(c, t) + Ku_r(c, t) = 0, \quad \text{其中 } H > 0,\ K > 0。$$

解答： 根据 $u(r, t) = R(r)T(t)$，我们可以得到方程 (7)，其中 $\lambda = \alpha^2 > 0$，所以
$$r^2 R'' + rR' + \alpha^2 r^2 R = 0 \tag{25}$$

和
$$T' = -\alpha^2 k T。 \tag{26}$$

方程 (25) 为零阶 Bessel 参数方程，它在 $[0, c]$ 上的唯一连续非平凡解的形式为
$$R(r) = AJ_0(\alpha r)。 \tag{27}$$

但是 α 的可能值取决于所施加的边界条件。

情况 (a): 零边界温度。由条件 $u(c, t) = 0$ 可得 $R(c) = AJ_0(\alpha c) = 0$，所以 αc 一定是方程 $J_0(x) = 0$ 的根 $\{\gamma_k\}_{k=1}^\infty$ 之一。因此特征值和特征函数为
$$\lambda_n = \frac{\gamma_n^2}{c^2}, \quad R_n(r) = J_0\left(\frac{\gamma_n r}{c}\right), \tag{28}$$

其中 $n = 1, 2, 3, \cdots$。然后在相差一个常数因子意义下，由方程
$$T_n' = -\left(\frac{\gamma_n^2}{c^2}\right) k T_n$$

可得
$$T_n(t) = \exp\left(-\frac{\gamma_n^2 k t}{c^2}\right)。$$

因此级数
$$u(r, t) = \sum_{n=1}^\infty c_n \exp\left(-\frac{\gamma_n^2 k t}{c^2}\right) J_0\left(\frac{\gamma_n r}{c}\right) \tag{29}$$

理论上满足热传导方程和边界条件 $u(c, t) = 0$。剩下的就是选择系数，使得
$$u(r, 0) = \sum_{n=1}^\infty c_n J_0\left(\frac{\gamma_n r}{c}\right) = u_0。$$

因为 $J_0(\gamma_n) = 0$，所以由式 (22) 可得

$$c_n = \frac{2u_0}{c^2 [J_1(\gamma_n)]^2} \int_0^c r J_0\left(\frac{\gamma_n r}{c}\right) dr$$

$$= \frac{2u_0}{\gamma_n^2 [J_1(\gamma_n)]^2} \int_0^{\gamma_n} x J_0(x) dx \qquad \left(x = \frac{\gamma_n r}{c}\right)$$

$$= \frac{2u_0}{\gamma_n^2 [J_1(\gamma_n)]^2} [x J_1(x)]_0^{\gamma_n} = \frac{2u_0}{\gamma_n J_1(\gamma_n)} \circ$$

这里我们使用了积分

$$\int x J_0(x) dx = x J_1(x) + C \circ$$

将系数 $\{c_n\}$ 代入式 (29) 之后，我们最终得到

$$u(r,\ t) = 2u_0 \sum_{n=1}^{\infty} \frac{1}{\gamma_n J_1(\gamma_n)} \exp\left(\frac{-\gamma_n^2 k t}{c^2}\right) J_0\left(\frac{\gamma_n r}{c}\right) \circ \tag{30}$$

n	γ_n	$J_1(\gamma_n)$
1	2.40483	+0.51915
2	5.52008	−0.34026
3	8.65373	+0.27145
4	11.79153	−0.23246
5	14.93092	+0.20655

图 10.4.5　方程 $J_0(\gamma) = 0$ 的根

由于指数因子的存在，数值计算通常只需要几项。前五项所需的数据列于图 10.4.5 中。例如，假设圆柱体的半径为 $c = 10\ \text{cm}$，由热扩散系数为 $k = 0.15$ 的铁制成，并具有均匀初始温度 $u_0 = 100°\text{C}$。那么，由于 $J_0(0) = 1$，所以由式 (30) 可知，两分钟（$t = 120$）后，其轴（$r = 0$）处的温度将为

$$u(0,\ 120) = 200 \sum_{n=1}^{\infty} \frac{1}{\gamma_n J_1(\gamma_n)} \exp(-0.18\gamma_n^2)$$

$$\approx 200 \cdot (0.28283 - 0.00221 + 0.00000 - \cdots),$$

因此，$u(0,\ 120)$ 大约为 $56.12°\text{C}$。

情况 (b)：隔热边界。在这种情况下，没有热量从被加热的圆柱体中散失，所以我们肯定应该得出，其温度保持恒定：$u(r,\ t) \equiv u_0$。由于 $u_r(c,\ t) = 0$ 意味着 $R'(c) = 0$，我们在式 (14b) 中有 $n = h = 0$，从而得到图 10.4.3 中的情况 3。因此，$\lambda_0 = 0$ 是具有相关特征函数 $R_0(r) \equiv 1$ 的特征值。方程 (26) 对应的解为 $T_0(t) = 1$。正特征值同样由式 (28) 给出，只不过现在数 $\{\gamma_n\}_1^\infty$ 是 $J_0'(x) = 0$ 的正根。因此解的形式为

$$u(r,\ t) = c_0 + \sum_{n=1}^{\infty} c_n \exp\left(-\frac{\gamma_n^2 k t}{c^2}\right) J_0\left(\frac{\gamma_n r}{c}\right),$$

并且我们希望

$$u(r,\ 0) = c_0 + \sum_{n=1}^{\infty} c_n J_0\left(\frac{\gamma_n r}{c}\right) = u_0 \circ$$

但是现在由情况 3 中的系数式 (24b) 和式 (24c) 可得

$$c_0 = \frac{2}{c^2}\int_0^c ru_0 \mathrm{d}r = \frac{2u_0}{c^2}\left[\frac{1}{2}r^2\right]_0^c = u_0;$$

$$c_n = \frac{2u_0}{c^2\left[J_0(\gamma_n)\right]^2}\int_0^c rJ_0\left(\frac{\gamma_n r}{c}\right)\mathrm{d}r = \frac{2u_0}{\gamma_n^2\left[J_0(\gamma_n)\right]^2}\int_0^{\gamma_n} xJ_0(x)\mathrm{d}x$$

$$= \frac{2u_0}{\gamma_n^2\left[J_0(\gamma_n)\right]^2}\left[xJ_1(x)\right]_0^{\gamma_n} = \frac{2u_0 J_1(\gamma_n)}{\gamma_n\left[J_0(\gamma_n)\right]^2} = 0,$$

因为 $J_1(\gamma_n) = -J_0'(\gamma_n) = 0$。因此，正如所料，我们得到 $u(r,\ t) \equiv u_0$。

情况 (c)：在边界处传热。将 $R(r) = J_0(\alpha r)$ 代入边界条件 $HR(c) + KR'(c) = 0$，得到方程

$$HJ_0(\alpha c) + K\alpha J_0'(\alpha c) = 0,$$

可以取如下形式

$$hJ_0(\alpha c) + \alpha c J_0'(\alpha c) = 0, \tag{31}$$

其中 $h = cH/K > 0$。将方程 (31) 与方程 (14b) 进行比较，可以看出我们得到图 10.4.3 中的情况 2，其中 $n = 0$。因此特征值和相关特征函数为

$$\lambda_n = \frac{\gamma_n^2}{c^2}, \qquad R_n(r) = J_0\left(\frac{\gamma_n r}{c}\right), \tag{32}$$

其中 $\{\gamma_n\}_1^\infty$ 是方程 $hJ_0(x) + xJ_0'(x) = 0$ 的正根。此时照常 $T' = -\lambda kT$，因此，解具有形式

$$u(r,\ t) = \sum_{n=1}^\infty c_n \exp\left(-\frac{\gamma_n^2 kt}{c^2}\right) J_0\left(\frac{\gamma_n r}{c}\right), \tag{33}$$

并且由式 (23) 可得

$$c_n = \frac{2u_0\gamma_n^2}{c^2(\gamma_n^2 + h^2)\left[J_0(\gamma_n)\right]^2}\int_0^c rJ_0\left(\frac{\gamma_n r}{c}\right)\mathrm{d}r$$

$$= \frac{2u_0}{(\gamma_n^2 + h^2)\left[J_0(\gamma_n)\right]^2}\int_0^{\gamma_n} xJ_0(x)\mathrm{d}x = \frac{2u_0\gamma_n J_1(\gamma_n)}{(\gamma_n^2 + h^2)\left[J_0(\gamma_n)\right]^2}。$$

因此

$$u(x,\ t) = 2u_0\sum_{n=1}^\infty \frac{\gamma_n J_1(\gamma_n)}{(\gamma_n^2 + h^2)\left[J_0(\gamma_n)\right]^2}\exp\left(-\frac{\gamma_n^2 kt}{c^2}\right) J_0\left(\frac{\gamma_n r}{c}\right)。 \tag{34}$$

例题 2 **径向振动** 假设半径为 c 的柔性圆膜在张力 T 的作用下振动，其（法向）位移 u 只取决于时间 t 和到其中心的距离 r。（这是径向振动的情况。）那么 $u = u(r,\, t)$ 满足偏微分方程

$$\frac{\partial^2 u}{\partial t^2} = a^2 \nabla^2 u = a^2 \left(\frac{\partial^2 u}{\partial r^2} + \frac{1}{r} \frac{\partial u}{\partial r} \right), \tag{35}$$

其中 $a^2 = T/\rho$，且若膜的边界是固定的，则 $u(c,\, t) = 0$。求出膜径向振动的固有频率和正常模式。

解答： 我们应用 10.3 节的方法：将函数 $u(r,\, t) = R(r) \sin \omega t$ 代入方程 (35) 可得

$$-\omega^2 R \sin \omega t = a^2 \left(R'' \sin \omega t + \frac{1}{r} R' \sin \omega t \right).$$

因此 ω 和 $R(r)$ 必须满足方程

$$r^2 R'' + r R' + \frac{\omega^2}{a^2} r^2 R = 0 \tag{36}$$

以及由 $u(c,\, t) = 0$ 推导出的条件 $R(c) = 0$。方程 (36) 为零阶参数 Bessel 方程，其中参数 $\alpha = \omega/a$，其唯一非平凡解为（在相差一个常数倍数意义下）

$$R(r) = J_0 \left(\frac{\omega r}{a} \right); \quad \text{因此} \quad R(c) = J_0 \left(\frac{\omega c}{a} \right) = 0,$$

所以 $\omega c/a$ 一定是方程 $J_0(x) = 0$ 的正根 $\{\gamma_n\}_1^\infty$ 之一。因此，第 n 个固有（圆周）频率和相应的固有振动模式为

$$\omega_n = \frac{\gamma_n a}{c}, \quad u_n(r,\, t) = J_0 \left(\frac{\gamma_n r}{c} \right) \sin \frac{\gamma_n a t}{c}. \tag{37}$$

检查图 10.4.5 中关于 $\{\gamma_n\}$ 的值的表格，我们看到较高的固有频率 ω_n 不是 $\omega_1 = \gamma_1 a/c$ 的整数倍，这就是为什么振动的圆形鼓面发出的声音不悦耳。膜在由式 (37) 所描述的第 n 个正常模式下的振动如图 10.4.6 所示，它显示了一个穿过鼓膜中心的垂直截面。除边界 $r = c$ 外，还有 $n - 1$ 个固定的圆，被称为节圆，具有半径 $r_i = \gamma_i c/\gamma_n$，其中 $i = 1, 2, \cdots, n - 1$。膜上连续节圆对之间的环形区域在曲面 $u = \pm J_0(\gamma_n r/c)$ 之间上下交替移动。图 10.4.7 显示了曲面 $u = J_0(\gamma_n r/c)$ 在 $n = 1,\, 2,\, 3,\, 4$ 时的样子。∎

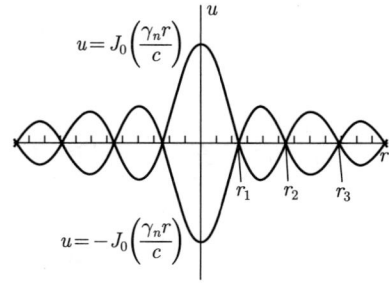

图 10.4.6 振动圆形膜的横截面

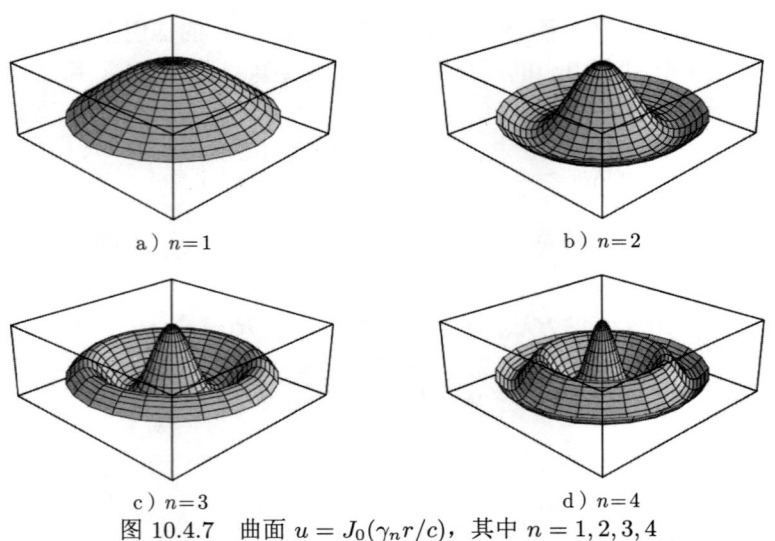

a) $n=1$ b) $n=2$ c) $n=3$ d) $n=4$

图 10.4.7 曲面 $u = J_0(\gamma_n r/c)$，其中 $n = 1, 2, 3, 4$

习题

1. 假设例题 2 中的圆膜具有初始位置 $u(r, 0) = f(r)$ 和初始速度 $u_t(r, 0) = 0$。采用变量分离法推导出解

$$u(r, t) = \sum_{n=1}^{\infty} c_n J_0\left(\frac{\gamma_n r}{c}\right) \cos\frac{\gamma_n at}{c},$$

其中 $\{\gamma_n\}_1^{\infty}$ 是 $J_0(x) = 0$ 的正根，并且

$$c_n = \frac{2}{c^2 [J_1(\gamma_n)]^2} \int_0^c rf(r) J_0\left(\frac{\gamma_n r}{c}\right) dr.$$

2. 假设例题 2 中的圆膜具有初始位置 $u(r, 0) = 0$ 和初始速度 $u_t(r, 0) = v_0$（常数）。推导出解

$$u(r, t) = \frac{2cv_0}{a} \sum_{n=1}^{\infty} \frac{J_0(\gamma_n r/c) \sin(\gamma_n at/c)}{\gamma_n^2 J_1(\gamma_n)},$$

其中 $\{\gamma_n\}_1^{\infty}$ 是 $J_0(x) = 0$ 的正根。

3. (a) 在例题 2 中的圆膜具有初始位置 $u(r, 0) \equiv 0$ 和如下初始速度的情况下，求出 $u(r, t)$，

$$u_t(r, 0) = \begin{cases} \dfrac{P_0}{\rho \pi \epsilon^2}, & 0 \leqslant r \leqslant \epsilon, \\ 0, & \epsilon < r \leqslant c. \end{cases}$$

(b) 利用当 $x \to 0$ 时 $[J_1(x)]/x \to \dfrac{1}{2}$ 的事实，求出 (a) 部分中的结果在 $\epsilon \to 0$ 时的极限值。你应该得到

$$u(r, t) = \frac{aP_0}{\pi cT} \sum_{n=1}^{\infty} \frac{J_0(\gamma_n r/c) \sin(\gamma_n at/c)}{\gamma_n [J_1(\gamma_n)]^2},$$

其中 $\{\gamma_n\}_1^{\infty}$ 是 $J_0(x) = 0$ 的正根。这个函数描述了由鼓面中心处的初始动量脉冲 P_0 所引起的鼓面运动。

4. (a) 半径为 c 的圆板具有隔热表面，以及每平方厘米每度 s 卡路里的热容量。已知 $u(c, t) = 0$ 和如下条件，求出 $u(r, t)$，

$$u(r, 0) = \begin{cases} \dfrac{q_0}{s\pi\epsilon^2}, & 0 \leqslant r \leqslant \epsilon, \\ 0, & \epsilon < r \leqslant c. \end{cases}$$

(b) 对 (a) 部分中的结果取 $\epsilon \to 0$ 时的极限得到

$$u(r, t) = \frac{q_0}{s\pi c^2} \sum_{n=1}^{\infty} \frac{1}{[J_1(\gamma_n)]^2} \exp\left(-\frac{\gamma_n^2 kt}{c^2}\right) J_0\left(\frac{\gamma_n r}{c}\right),$$

其中 $\{\gamma_n\}_1^\infty$ 为 $J_0(x) = 0$ 的正根。它表示在板中心注入 q_0 卡路里热量所产生的温度。

习题 5~7 处理半径为 $r = c$、底部位于 $z = 0$ 处及顶部位于 $z = L$ 处的实心圆柱体内的稳态温度 $u = u(r, z)$, 假定 u 满足 Laplace 方程

$$\frac{\partial^2 u}{\partial r^2} + \frac{1}{r}\frac{\partial u}{\partial r} + \frac{\partial^2 u}{\partial z^2} = 0.$$

5. 如果 $u(r, L) = u_0$, 而圆柱体的其余表面保持温度为零, 使用变量分离法推导出解

$$u(r, z) = 2u_0 \sum_{n=1}^\infty \frac{J_0(\gamma_n r/c)}{\gamma_n J_1(\gamma_n)} \cdot \frac{\sinh(\gamma_n z/c)}{\sinh(\gamma_n L/c)},$$

其中 $\{\gamma_n\}_1^\infty$ 是 $J_0(x) = 0$ 的正根。

6. (a) 如果 $u(r, L) = f(r)$, $u(r, 0) = 0$, 且圆柱表面 $r = c$ 是隔热的, 推导出如下形式的解:

$$u(r, z) = c_0 z + \sum_{n=1}^\infty c_n J_0\left(\frac{\gamma_n r}{c}\right) \sinh\frac{\gamma_n z}{c},$$

其中 $\{\gamma_n\}_1^\infty$ 是 $J_0'(x) = 0$ 的正根。
(b) 设 $f(r) = u_0$ (常数)。由 (a) 部分的结果推导出 $u(r, z) = u_0 z/L$。

7. 设 $c = 1$ 和 $L = +\infty$, 所以圆柱体是半无限长的。如果 $u(r, 0) = u_0$, $hu(1, z) + u_r(1, z) = 0$ (在圆柱表面上存在热传递), 以及 $u(r, z)$ 在 $z \to +\infty$ 时有界, 推导出解

$$u(r, z) = 2hu_0 \sum_{n=1}^\infty \frac{\exp(-\gamma_n z) J_0(\gamma_n r)}{(\gamma_n^2 + h^2) J_0(\gamma_n)},$$

其中 $\{\gamma_n\}_1^\infty$ 是方程 $hJ_0(x) = xJ_1(x)$ 的正根。

8. 从如下 n 阶参数 Bessel 方程开始:

$$\frac{d}{dx}\left[x\frac{dy}{dx}\right] + \left(\alpha^2 x - \frac{n^2}{x}\right) y = 0. \quad (38)$$

每一项乘以 $2x dy/dx$, 然后将结果写成

$$\frac{d}{dx}\left[x\frac{dy}{dx}\right]^2 + (\alpha^2 x^2 - n^2)\frac{d}{dx}(y^2) = 0.$$

对每一项积分, 其中对第二项使用分部积分法, 可得

$$\left[\left(x\frac{dy}{dx}\right)^2 + (\alpha^2 x^2 - n^2) y^2\right]_0^c - 2\alpha^2 \int_0^c xy^2 dx = 0.$$

最后, 将方程 (38) 的解 $y(x) = J_0(\alpha x)$ 代入上述方程, 以得到本节正文中的式 (20)。

9. Fourier - Bessel 级数 本题给出 Fourier - Bessel 级数的系数积分, 其中 $n = 0$。
(a) 将 $n = 0$ 代入习题 8 的结果中, 以得到积分公式

$$\int_0^c x \left[J_0(\alpha x)\right]^2 dx = \frac{c^2}{2}\left([J_0(\alpha c)]^2 + [J_1(\alpha c)]^2\right). \quad (39)$$

(b) 假设 $\alpha = \gamma_k/c$, 其中 γ_k 是方程 $J_0(x) = 0$ 的根。推导出

$$\int_0^c x\left[J_0\left(\frac{\gamma_k x}{c}\right)\right]^2 dx = \frac{c^2}{2}\left[J_1(\gamma_k)\right]^2.$$

(c) 假设 $\alpha = \gamma_k/c$, 其中 γ_k 是方程 $J_0'(x) = 0$ 的根。推导出

$$\int_0^c x\left[J_0\left(\frac{\gamma_k x}{c}\right)\right]^2 dx = \frac{c^2}{2}\left[J_0(\gamma_k)\right]^2.$$

(d) 假设 $\alpha = \gamma_k/c$, 其中 γ_k 是方程 $hJ_0(x) + xJ_0'(x) = 0$ 的根。推导出

$$\int_0^c x\left[J_0\left(\frac{\gamma_k x}{c}\right)\right]^2 dx = \frac{c^2(\gamma_k^2 + h^2)}{2\gamma_k^2}\left[J_0(\gamma_k)\right]^2.$$

10. 假设 $\{\gamma_m\}_1^\infty$ 是方程 $J_0'(x) = 0$ 的正根, 并且

$$f(x) = c_0 + \sum_{m=1}^\infty c_m J_0\left(\frac{\gamma_m x}{c}\right). \quad (40)$$

(a) 在式 (40) 两侧同乘以 x, 然后从 $x = 0$ 到 $x = c$ 逐项积分, 证明

$$c_0 = \frac{2}{c^2} \int_0^c xf(x) dx.$$

(b) 在式 (40) 两侧同乘以 $xJ_0(\gamma_n x/c)$, 然后逐项积分, 证明

$$c_m = \frac{2}{c^2 \left[J_0(\gamma_m)\right]^2} \int_0^c xf(x) J_0\left(\frac{\gamma_m x}{c}\right) dx.$$

11. 周期力 如果边界固定的圆膜受到均匀分布在膜上的单位质量的周期力 $F_0 \sin\omega t$ 的作用, 那么其位移函数 $u(r, t)$ 满足方程

$$\frac{\partial^2 u}{\partial t^2} = a^2 \left(\frac{\partial^2 u}{\partial r^2} + \frac{1}{r}\frac{\partial u}{\partial r}\right) + F_0 \sin\omega t.$$

将 $u(r, t) = R(r) \sin\omega t$ 代入上述方程以求出稳态周期解。

12. **悬索** 考虑一根长度为 L 且单位长度重量为 w 的竖直悬索，位于 $x=L$ 处的上端固定，位于 $x=0$ 处的下端自由，如图 10.4.8 所示。当悬索横向振动时，因为张力为 $T(x)=wx$，所以其位移函数 $y(x,t)$ 满足方程

$$\frac{w}{g}\frac{\partial^2 y}{\partial t^2}=\frac{\partial}{\partial x}\left(wx\frac{\partial y}{\partial x}\right).$$

代入函数 $y(x,t)=X(x)\sin\omega t$，然后应用 8.6 节的定理求解所得到的常微分方程。由解推导出悬索的固有振动频率为

$$\omega_n=\frac{\gamma_n}{2}\sqrt{\frac{g}{L}}\quad(\text{rad/s}),$$

其中 $\{\gamma_n\}_1^\infty$ 是 $J_0(x)=0$ 的根。历史上，这个问题是 Bessel 函数第一次出现的问题。

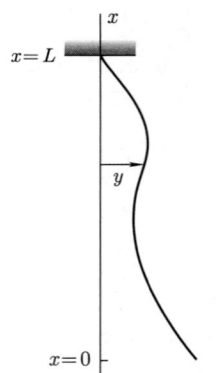

图 10.4.8 习题 12 中的竖直悬索

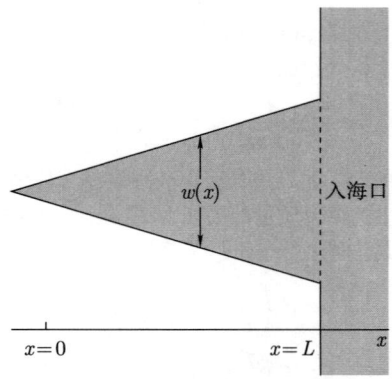

图 10.4.9 习题 13～15 中的运河

习题 13～15 处理一条长度为 L 的海边运河（其俯视图参见图 10.4.9）。它在 x 处的竖直截面是宽度为 $w(x)$ 和深度为 $h(x)$ 的矩形，深度是指水在 x 处的平衡深度。考虑到周期性的运河潮汐，使得水面的竖直位移在 t 时刻为 $y(x,t)=X(x)\cos\omega t$。那么 $y(x,t)$ 满足方程

$$\frac{w(x)}{g}\frac{\partial^2 y}{\partial t^2}=\frac{\partial}{\partial x}\left[w(x)h(x)\frac{\partial y}{\partial x}\right].$$

设 $y_0=X(L)$ 为运河入海口处的潮汐振幅。

13. 假设 $w(x)=wx$ 和 $h(x)=h$（常数）。证明

$$y(x,t)=y_0\frac{J_0(wx/\sqrt{gh})}{J_0(wL/\sqrt{gh})}\cos\omega t.$$

（提示：应用 8.6 节的定理。）

14. 假设 $w(x)=w$（常数）和 $h(x)=hx$。证明

$$y(x,t)=y_0\frac{J_0(2w\sqrt{x/gh})}{J_0(2w\sqrt{L/gh})}\cos\omega t.$$

15. 假设 $w(x)=wx$ 和 $h(x)=hx$，其中 w 和 h 均为常数。证明

$$y(x,t)=y_0\sqrt{\frac{L}{x}}\frac{J_1(2w\sqrt{x/gh})}{J_1(2w\sqrt{L/gh})}\cos\omega t.$$

16. 如果 $0<a<b$，那么零阶参数 Bessel 方程的特征值问题

$$\frac{d}{dx}\left[x\frac{dy}{dx}\right]+\lambda xy=0,\quad y(a)=y(b)=0$$

是一个正则 Sturm–Liouville 问题。根据 10.1 节习题 1，因此它有一个非负特征值的无穷序列。

(a) 证明零不是特征值。

(b) 证明第 n 个特征值是 $\lambda_n=\gamma_n^2$，其中 $\{\gamma_n\}_1^\infty$ 是下列方程的正根：

$$J_0(ax)Y_0(bx)-J_0(bx)Y_0(ax)=0. \quad (41)$$

在 Abramowitz 和 Stegun 的 *Handbook of Mathematical Functions* 的表 9.7 中，对于不同的 a/b 值，列出了方程 (41) 的前五个根。

(c) 证明相关特征函数为

$$R_n(x)=Y_0(\gamma_n a)J_0(\gamma_n x)-J_0(\gamma_n a)Y_0(\gamma_n x).$$
(42)

17. **环状膜** 假设具有恒定密度 ρ（每单位面积）的环状膜在恒定张力 T 的作用下在圆 $r = a$ 和 $r = b > a$ 之间被拉伸。证明其第 n 个固有（圆周）频率为 $\omega_n = \gamma_n \sqrt{T/\rho}$，其中 $\{\gamma_n\}_1^\infty$ 为方程 (41) 的正根。

18. **无限圆柱壳** 假设无限圆柱壳 $a \leqslant r \leqslant b$ 具有初始温度 $u(r, 0) = f(r)$，此后 $u(a, t) = u(b, t) = 0$。使用变量分离法，推导出解
$$u(r, t) = \sum_{n=1}^{\infty} c_n \exp(-\gamma_n^2 kt) R_n(r),$$
其中 $R_n(r)$ 是式 (42) 中的函数，并且
$$c_n \int_a^b r[R_n(r)]^2 \, dr = \int_a^b r f(r) R_n(r) dr。$$

19. **半无限圆柱壳** 考虑半无限圆柱壳
$$0 < a \leqslant r \leqslant b, \quad z \geqslant 0。$$
如果 $u(a, z) = u(b, z) = 0$ 及 $u(r, 0) = f(r)$，使用变量分离法推导出稳态温度
$$u(r, z) = \sum_{n=1}^{\infty} c_n \exp(-\gamma_n z) R_n(r),$$
其中 $\{c_n\}$ 和 $\{R_n\}$ 如习题 18 和习题 16 所示。

应用　Bessel 函数与加热圆柱体

请访问 bit.ly/3vOPvUE，利用 Maple、Mathematica 和 MATLAB 等计算资源对此主题进行更多讨论和探索。

在此，我们将概述基于 Maple 对本节例题 1 中加热圆柱棒的温度函数

$$u(r, t) = \sum_{n=1}^{\infty} a_n \exp\left(-\frac{\gamma_n^2 kt}{c^2}\right) J_0\left(\frac{\gamma_n r}{c}\right) \tag{1}$$

进行数值研究。此研究的 Mathematica 和 MATLAB 版本包含在为本应用提供的在线附加材料中。

我们假设圆柱棒的半径为 $c = 10$ cm，具有恒定的初始温度 $u_0 = 100°C$ 和热扩散系数 $k = 0.15$（对于铁）。式 (1) 中的系数 $\{a_n\}_1^\infty$ 依赖于在圆柱体边界 $r = c$ 处所施加的条件。在零边界条件 $u(c, t) = 0$ 的情况下，本节式 (30) 表明 $a_n = 2u_0/(\gamma_n J_1(\gamma_n))$，其中 $\{\gamma_n\}_1^\infty$ 是方程 $J_0(x) = 0$ 的正解。

鉴于 $\gamma_1 \approx 2.4$ 以及连续两根大约相差 π，我们可以使用如下 Maple 命令来近似计算 γ_n 的前 20 个值

```
g := array(1..20):            # g for gamma
for n from 1 to 20 do
    g[n] := fsolve(BesselJ(0,x)=0, x = 2.4 + (n-1)*Pi):
od:
```

图 10.4.10 中的表格列出了 γ_n 的前 10 个值。那么式 (1) 中的前 20 个系数可用下列命令计算：

```
a := array(1..20):
c := 10:   u0 := 100:   k := 0.15:
for n from 1 to 20 do
```

n	γ_n
1	2.4048
2	5.5201
3	8.6537
4	11.7915
5	14.9309
6	18.0711
7	21.2116
8	24.3525
9	27.4935
10	30.6346

图 10.4.10　方程 $J_0(x) = 0$ 的前 10 个正零点

```
           a[n] := 2*u0/(g[n]*BesselJ(1, g[n])):
       od:
```
最后，下面的 Maple 函数对这个级数的相应项求和：
```
   u := (r, t) -> sum(a[n]*exp(-g[n]^2*k*t/c^2)*
                   BesselJ(0, g[n]*r/c), n = 1..20);
```
图 10.4.11 中 $u(r, 120)$ 的图形显示了两分钟后棒内温度随到其中心线距离 r 的变化情况，我们可以看到中心线温度已经降至 60°C 以下。如图 10.4.12 所示，$u(0, t)$ 在五分钟内的图形表明，中心线温度降至 25°C 需要 200 多秒的时间。实际上，运算
```
   fsolve(u(0, t)= 25, t = 200..250);
```
结果表明这需要大约 214 秒。

练习

以我们所示的方式研究具有恒定初始温度 $u_0 = 100$°C 的你自己的圆柱棒，设 $c = 2p$ 和 $k = q/10$，其中 p 和 q 分别是你学生证号码中最大和最小的非零数字。

研究 A：如果棒的圆柱形边界保持温度为零，即 $u(c, t) = 0$，绘制如图 10.4.11 和图 10.4.12 所示的图形，然后确定棒的中心线温度降至 25°C 需要多长时间。

研究 B：现在假设在棒的圆柱形边界处发生热传递，所以级数 (1) 中的系数就是正文式 (34) 中出现的系数。假设 $h = 1$，那么现在 $\{\gamma_n\}_1^\infty$ 是下列方程的正根：

$$J_0(x) + xJ_0'(x) = J_0(x) - xJ_1(x) = 0 \qquad (2)$$

[因为 $J_0'(x) = -J_1(x)$]。图 10.4.13 显示了方程 (2) 左侧函数的图形，从而表明 $\gamma_1 \approx 1.25$，并且连续两根（照常）大约相差 π。在这种情况下，确定中心线温度降至 25°C 需要多长时间，以及在 $r = c$ 处的边界温度降至 25°C 需要多长时间。

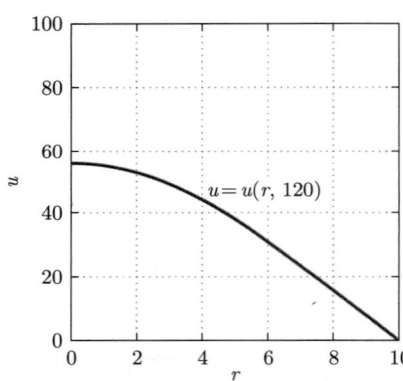

图 10.4.11 温度作为离棒中心线距离 r 的函数

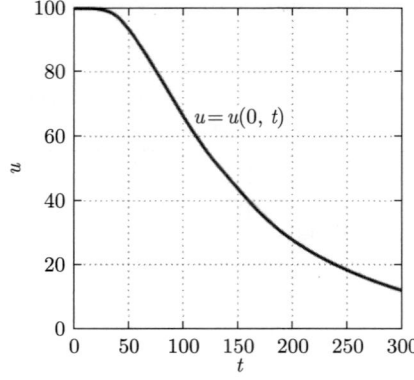

图 10.4.12 中心线温度作为时间 t 的函数

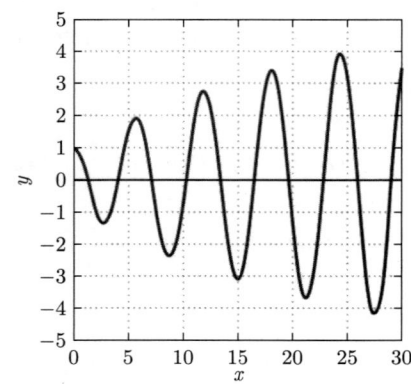

图 10.4.13 函数 $y = J_0(x) + xJ_0'(x)$ 的图形

10.5 高维现象

📱 请访问 bit.ly/3khOqjP，利用 Maple、Mathematica 和 MATLAB 等计算资源对此主题进行更多讨论和探索。

本节我们将讨论变量分离法在涉及两个或多个空间变量的热流和振动问题中的应用。本节主要由说明性例题、问题和项目组成，并根据矩形坐标、柱坐标或球坐标是否最适合其求解对它们进行分组。

矩形坐标应用与二维 Fourier 级数

如 9.7 节所述，二维 Laplace 式的形式为

$$\nabla^2 u = \frac{\partial^2 u}{\partial x^2} + \frac{\partial^2 u}{\partial y^2}。$$

例如，考虑一块位于 xy 平面上的薄板，其两个平行面是隔热的，所以热量在板内只沿 x 方向和 y 方向流动。如果 $u(x, y, t)$ 表示 t 时刻在板内点 (x, y) 处的温度，那么在标准假设下，u 满足**二维热传导方程**

$$\frac{\partial u}{\partial t} = k\nabla^2 u = k\left(\frac{\partial^2 u}{\partial x^2} + \frac{\partial^2 u}{\partial y^2}\right)。 \tag{1}$$

这里 k 表示构成板的材料的热扩散系数。热传导方程 (1) 控制板内温度随时间的变化。注意，如果 $\partial u/\partial t \equiv 0$，那么热传导方程退化为 Laplace 方程 $\nabla^2 u = 0$，（如 9.7 节所示）它决定板内温度的稳态分布。

若板是矩形的，并且沿其四条边施加齐次边界条件，则可以直接应用变量分离法。

例题 1　矩形板　假设一块矩形薄板占据平面区域 $0 \leqslant x \leqslant a$, $0 \leqslant y \leqslant b$，其上、下两面是隔热的，四条边保持温度为零。若板具有初始温度函数 $u(x, y, 0) = f(x, y)$，那么其温度函数 $u(x, y, t)$ 满足由热传导方程 (1) 和下列边界条件组成的边界值问题：

$$u(0, y, t) = u(a, y, t) = u(x, 0, t) = u(x, b, t) = 0, \tag{2}$$

$$u(x, y, 0) = f(x, y)。 \tag{3}$$

求出 $u(x, y, t)$。

解答：我们将 $u(x, y, t) = X(x)Y(y)T(t)$ 代入方程 (1)。除以 $kXYT$ 后，我们得到

$$\frac{T'}{kT} = \frac{X''}{X} + \frac{Y''}{Y}。$$

只有当每一项都是常数时，这个关系才对所有 x, y 和 t 成立，所以我们写成

$$\frac{X''}{X} = -\lambda, \qquad \frac{Y''}{Y} = -\mu, \qquad \frac{T'}{kT} = -(\lambda + \mu)。 \tag{4}$$

考虑边界条件 (2)，我们看到 $X(x)$ 和 $Y(y)$ 满足单独的 Sturm-Liouville 问题

和
$$X'' + \lambda X = 0, \quad X(0) = X(a) = 0 \tag{5}$$

$$Y'' + \mu Y = 0, \quad Y(0) = Y(b) = 0 。 \tag{6}$$

熟悉的问题 (5) 的特征值和特征函数为
$$\lambda_m = \frac{m^2\pi^2}{a^2}, \quad X_m(x) = \sin\frac{m\pi x}{a}, \tag{7}$$

其中 $m = 1, 2, 3, \cdots$。同理，问题 (6) 的特征值和特征函数为
$$\mu_n = \frac{n^2\pi^2}{b^2}, \quad Y_n(y) = \sin\frac{n\pi y}{b}, \tag{8}$$

其中 $n = 1, 2, 3, \cdots$。因为两个问题 (5) 和问题 (6) 是相互独立的，所以我们在式 (7) 和式 (8) 中使用了不同的指标 m 和 n。

对于每对正整数 m, n，我们必须求解 (4) 中的第三个方程，
$$T'_{mn} = -(\lambda_m + \mu_n)kT_{mn} = -\left(\frac{m^2}{a^2} + \frac{n^2}{b^2}\right)\pi^2 kT_{mn}。 \tag{9}$$

在相差一个常数倍数意义下，方程 (9) 的解为
$$T_{mn}(t) = \exp\left(-\gamma_{mn}^2 kt\right), \tag{10}$$

其中
$$\gamma_{mn} = \pi\sqrt{\frac{m^2}{a^2} + \frac{n^2}{b^2}}。 \tag{11}$$

因此，我们得到一个"双重无穷"构造块集合，并由此得出"双重无穷"级数
$$u(x, y, t) = \sum_{m=1}^{\infty}\sum_{n=1}^{\infty} c_{mn}\exp(-\gamma_{mn}^2 kt)\sin\frac{m\pi x}{a}\sin\frac{n\pi y}{b} \tag{12}$$

理论上满足热传导方程 (1) 和齐次边界条件式 (2)。

只剩下确定系数 $\{c_{mn}\}$，使得级数也满足非齐次条件
$$u(x, y, 0) = \sum_{m=1}^{\infty}\sum_{n=1}^{\infty} c_{mn}\sin\frac{m\pi x}{a}\sin\frac{n\pi y}{b} = f(x, y)。 \tag{13}$$

为此，我们首先将这个二维 Fourier 级数中的项分组，以显示 $\sin(n\pi y/b)$ 的总系数，从而写成
$$f(x, y) = \sum_{n=1}^{\infty}\left(\sum_{m=1}^{\infty} c_{mn}\sin\frac{m\pi x}{a}\right)\sin\frac{n\pi y}{b}。 \tag{14}$$

对于每个固定的 x，我们希望式 (14) 中的级数是 $f(x, y)$ 在 $0 \leqslant y \leqslant b$ 上的 Fourier 正弦

级数，成立的前提是
$$\sum_{m=1}^{\infty} c_{mn} \sin \frac{m\pi x}{a} = \frac{2}{b}\int_0^b f(x,\ y)\sin \frac{n\pi y}{b}\mathrm{d}y。 \tag{15}$$
对于每个 n，式 (15) 右侧是一个函数 $F_n(x)$，即
$$F_n(x) = \sum_{m=1}^{\infty} c_{mn}\sin\frac{m\pi x}{a}。 \tag{16}$$
这要求 c_{mn} 是 $F_n(x)$ 在 $0 \leqslant x \leqslant a$ 上的第 m 个 Fourier 正弦系数，即
$$c_{mn} = \frac{2}{a}\int_0^a F_n(x)\sin\frac{m\pi x}{a}\mathrm{d}x。 \tag{17}$$
将 $F_n(x)$ 即式 (15) 右侧代入式 (17)，我们最终得到
$$c_{mn} = \frac{4}{ab}\int_0^a \int_0^b f(x,\ y)\sin\frac{m\pi x}{a}\sin\frac{n\pi y}{b}\mathrm{d}y\mathrm{d}x, \tag{18}$$
其中 m，$n = 1$，2，3，$\cdots$。有了这些系数，级数式 (13) 就是 $f(x,\ y)$ 在矩形域 $0\leqslant x\leqslant a$，$0\leqslant y \leqslant b$ 上的**双重 Fourier 正弦级数**，并且级数式 (12) 理论上满足式 (1) ～ 式 (3) 中的边界值问题。∎

问题 1：假设 $f(x,\ y) = u_0$，一个常数。计算式 (18) 中的系数，得到解
$$u(x,\ y,\ t) = \frac{16u_0}{\pi^2}\sum_{m\text{为奇数}}\sum_{n\text{为奇数}}\frac{\exp(-\gamma_{mn}^2 kt)}{mn}\sin\frac{m\pi x}{a}\sin\frac{n\pi y}{b}。$$

问题 2：将例题 1 中的边界条件 (2) 替换为
$$u(0,\ y,\ t) = u(x,\ 0,\ t) = 0,$$
$$hu(a,\ y,\ t) + u_x(a,\ y,\ t) = hu(x,\ b,\ t) + u_y(x,\ b,\ t) = 0。$$
因此，边 $x = 0$ 和 $y = 0$ 仍然保持温度为零，但现在沿边 $x = a$ 和 $y = b$ 发生热传递。因此推导出解
$$u(x,\ y,\ t) = \sum_{m=1}^{\infty}\sum_{n=1}^{\infty} c_{mn}\exp(-\gamma_{mn}^2 kt)\sin\frac{\alpha_m x}{a}\sin\frac{\beta_n y}{b},$$
其中 $\gamma_{mn}^2 = (\alpha_m/a)^2 + (\beta_n/b)^2$，$\{\alpha_m\}$ 是 $ha\tan x = -x$ 的正根，$\{\beta_n\}$ 是 $hb\tan x = -x$ 的正根，并且
$$c_{mn} = \frac{4}{A_m B_n}\int_0^a\int_0^b f(x,\ y)\sin\frac{\alpha_m x}{a}\sin\frac{\beta_n y}{b}\mathrm{d}y\mathrm{d}x,$$
其中 $A_m = (ha + \cos^2\alpha_m)/h$ 且 $B_n = (hb + \cos^2\beta_n)/h$。

▨ **项目 A**：假设例题 1 中板的三条边 $x = 0$，$y = 0$ 和 $y = b$ 保持温度为零，但第四

条边 $x=a$ 是隔热的,那么相应的边界条件为
$$u(0, y, t) = u(x, 0, t) = u(x, b, t) = u_x(a, y, t) = 0。$$
如果板的初始温度为 $u(x, y, 0) = f(x, y)$,证明其温度函数可由下式给出:
$$u(x, y, t) = \sum_{m=1}^{\infty} \sum_{n=1}^{\infty} c_{mn} \exp(-\gamma_{mn}^2 kt) \sin \frac{(2m-1)\pi x}{2a} \sin \frac{n\pi y}{b}, \tag{19}$$
其中
$$\left(\frac{\gamma_{mn}}{\pi}\right)^2 = \left(\frac{2m-1}{a}\right)^2 + \left(\frac{n}{b}\right)^2,$$
$$c_{mn} = \frac{4}{ab} \int_0^a \int_0^b f(x, y) \sin \frac{(2m-1)\pi x}{2a} \sin \frac{n\pi y}{b} \mathrm{d}y \mathrm{d}x。$$

9.3 节习题 21 的结果可能有用。如果 $f(x, y) \equiv u_0$(常数),证明由式 (19) 可得
$$u(x, y, t) = \frac{16u_0}{\pi^2} \sum_{m=1}^{\infty} \sum_{n \text{为奇数}} \frac{\exp(-\gamma_{mn}^2 kt)}{(2m-1)n} \sin \frac{(2m-1)\pi x}{2a} \sin \frac{n\pi y}{b}。 \tag{20}$$

为了数值研究你自己的平板,取 $u_0 = 100$,$a = 10p$,$b = 10q$ 以及 $k = r/10$,其中 p 和 q 是你的学生证号码中两个最大的数字,r 是最小的非零数字。对于 t 的典型值,绘制 $z = u(x, y, t)$ 的图形,以验证每个这样的图形关于中线 $y = b/2$ 是对称的,由此可以得出(为什么?)板内最高温度出现在这条中线的一点处。然后确定(可能使用 10.2 节应用中的方法)

- 在边 $x = a$ 上的最高温度降至 25°C 需要多长时间?
- 那么板内部的最高温度是多少?

矩形膜的振动

现在让我们考虑一个二维柔性膜,其平衡位置在水平 xy 平面上占据一个区域。假设这个膜上下振动,用 $u(x, y, t)$ 表示膜上的点 (x, y) 在 t 时刻的垂直(法向)位移。如果 T 和 ρ 分别表示膜的张力和密度(单位面积),那么在标准假设下,其位移函数 $u(x, y, t)$ 满足**二维波动方程**
$$\frac{\partial^2 u}{\partial t^2} = c^2 \nabla^2 u = c^2 \left(\frac{\partial^2 u}{\partial x^2} + \frac{\partial^2 u}{\partial y^2}\right), \tag{21}$$
其中 $c^2 = T/\rho$。

问题 3:假设矩形膜 $0 \leqslant x \leqslant a$,$0 \leqslant y \leqslant b$ 以给定的初始位移 $u(x, y, 0) = f(x, y)$ 从静止状态释放。如果膜的四条边此后保持固定,即位移为零,那么位移函数 $u(x, y, t)$ 满足由波动方程 (21) 和如下边界条件组成的边界值问题:

$$u(0, y, t) = u(a, y, t) = u(x, 0, t) = u(x, b, t) = 0,$$
$$u(x, y, 0) = f(x, y) \quad (初始位置),$$
$$u_t(x, y, 0) = 0 \quad (初始速度)。 \tag{22}$$

推导出解
$$u(x, y, t) = \sum_{m=1}^{\infty} \sum_{n=1}^{\infty} c_{mn} \cos \gamma_{mn} ct \sin \frac{m\pi x}{a} \sin \frac{n\pi y}{b}, \tag{23}$$

其中数 $\{\gamma_{mn}\}$ 和系数 $\{c_{mn}\}$ 分别由式 (11) 和式 (18) 给出。

式 (23) 中的第 mn 项定义了矩形膜的第 mn 个固有振动模式，其中位移函数为
$$u_{mn}(x, y, t) = \sin \frac{m\pi x}{a} \sin \frac{n\pi y}{b} \cos \gamma_{mn} ct。 \tag{24}$$

在这种模式下，膜在如下（想象的）曲面之间以圆周频率 $\omega_{mn} = \gamma_{mn} c$ 上、下振动
$$u = \pm \sin \frac{m\pi x}{a} \sin \frac{n\pi y}{b}。$$

对于 m 和 n 的典型小值，图 10.5.1 显示了这些曲面的形状。如果（诸如）$c = 1$ 且 $a = b = \pi$，那么连续频率

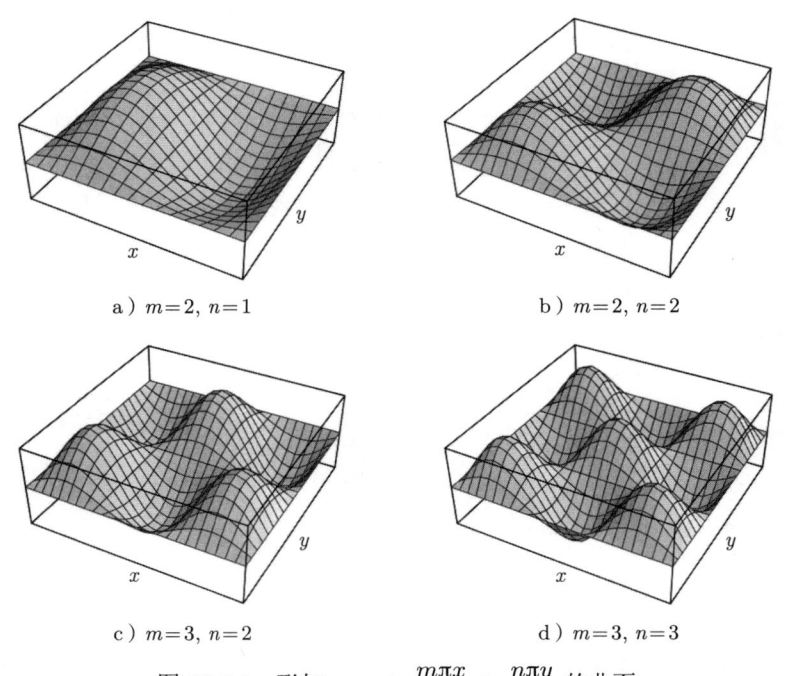

a) $m=2, n=1$

b) $m=2, n=2$

c) $m=3, n=2$

d) $m=3, n=3$

图 10.5.1 形如 $u = \sin \frac{m\pi x}{a} \sin \frac{n\pi y}{b}$ 的曲面

$$\omega_{12} = \omega_{21} = \sqrt{5} \approx 2.24, \quad \omega_{22} = \sqrt{8} \approx 2.83,$$
$$\omega_{13} = \omega_{31} = \sqrt{10} \approx 3.16, \quad \omega_{23} = \omega_{32} = \sqrt{13} \approx 3.61,$$
$$\omega_{33} = \sqrt{18} \approx 4.24, \quad \cdots$$

不是基频 $\omega_{11} = \sqrt{2} \approx 1.41$ 的整数倍。这恰好表明，振动的矩形膜发出的声音不是悦耳的，因此通常被认为是噪音而不是音乐。

问题 4：假设问题 3 中的膜是一个方形小手鼓，竖直横向放置在一辆小货车上，小货车在 $t = 0$ 时刻撞上了砖墙。那么膜以零初始位移和恒定初始速度开始运动，所以初始条件为

$$u(x, y, 0) = 0, \quad u_t(x, y, 0) = v_0 \quad (\text{一个常数})。$$

从而推导出解

$$u(x, y, t) = \frac{16 v_0}{\pi^2 c} \sum_{m\text{为奇数}} \sum_{n\text{为奇数}} \frac{\sin \gamma_{mn} c t}{mn \gamma_{mn}} \sin \frac{m\pi x}{a} \sin \frac{n\pi y}{b}。$$

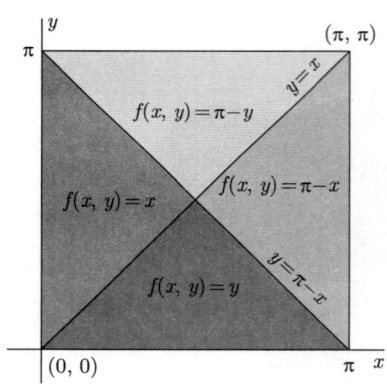

图 10.5.2 帐篷函数的分段定义

项目 B：假设方形膜 $0 \leqslant x \leqslant \pi$，$0 \leqslant y \leqslant \pi$ 在其中心点处被拉起，并以如下初始位置函数从静止状态开始运动：

$$u(x, y, 0) = f(x, y) = \min\{x, y, \pi - x, \pi - y\}, \tag{25}$$

其在方形区域 $0 \leqslant x \leqslant \pi$，$0 \leqslant y \leqslant \pi$ 上的图形就像一个中心高度为 $\pi/2$ 的方形帐篷或金字塔。因此，"帐篷函数" $f(x, y)$ 是我们所熟悉的一维三角函数的二维类比。它可以被分段定义，如图 10.5.2 所示。

使用计算机代数系统，如 Maple 或 Mathematica，表明由二重积分公式 (18) 可得，若 $m \neq n$，则 $c_{mn} = 0$，并且

$$c_{nn} = \frac{2[1 - (-1)^n]}{\pi n^2} = \begin{cases} \dfrac{4}{\pi n^2}, & n \text{ 为奇数}, \\ 0, & n \text{ 为偶数}。 \end{cases}$$

因此，由式 (23) 可知，所得到的膜的位移函数为

$$u(x, y, t) = \frac{4}{\pi} \sum_{n\text{为奇数}} \frac{\sin nx \sin ny \cos nt\sqrt{2}}{n^2}。 \tag{26}$$

因为式 (26) 中的求和不包含 $m \neq n$ 的项，显然函数 $u(x, y, t)$ 是（关于 t 的）周期为 $\pi\sqrt{2}$ 的周期函数吗？关于帐篷函数式 (25) 可以产生方形膜的"音乐般的"振动的事实是由 John Polking 首先指出来的。图 10.5.3 显示了这种振动的一些典型快照。

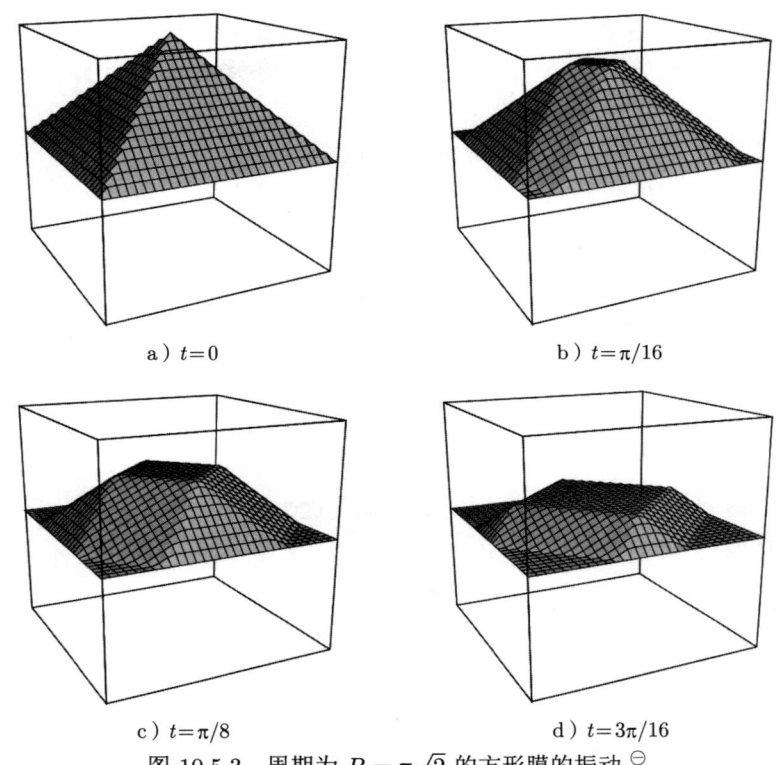

a) $t=0$
b) $t=\pi/16$
c) $t=\pi/8$
d) $t=3\pi/16$

图 10.5.3 周期为 $P = \pi\sqrt{2}$ 的方形膜的振动 ⊖

极坐标应用

在涉及围绕平面原点（或空间中竖直 z 轴）具有圆对称区域的问题中，适宜使用极坐标（或柱坐标）。在 9.7 节中，我们讨论了用我们熟悉的平面极坐标 (r, θ) 表示二维 Laplace 式，其中 $x = r\cos\theta$ 和 $y = r\sin\theta$。回顾 10.4 节的式 (1)，以柱坐标表示的函数 $u(r, \theta, t)$ 的三维 Laplace 式为

$$\nabla^2 u = \frac{\partial^2 u}{\partial r^2} + \frac{1}{r}\frac{\partial u}{\partial r} + \frac{1}{r^2}\frac{\partial^2 u}{\partial \theta^2} + \frac{\partial^2 u}{\partial z^2}。 \qquad (27)$$

如果 u 与 θ 或 z 无关，那么式 (27) 右侧没有对应的二阶导数项。

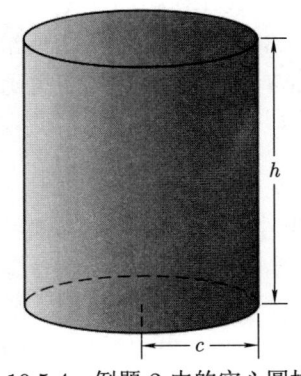

图 10.5.4 例题 2 中的实心圆柱体

例题 2 **实心圆柱体** 假设如图 10.5.4 所示的实心圆柱体 $0 \leqslant r \leqslant c$, $0 \leqslant z \leqslant h$ 由热扩散系数为 k 的均匀材料制成，并且它具有轴对称而与 θ 无关的初始温度 $u(r, z, 0) =$

⊖ 请前往 bit.ly/3AK2xDR 查看图 10.5.3 的交互式版本。

$f(r, z)$。如果由竖直圆柱面 $r = c$ 及其圆形顶部和底部组成的圆柱体边界此后保持温度为零（也许是因为圆柱体在 $t = 0$ 时刻被埋入冰中），那么由此产生的轴对称温度函数 $u(r, z, t)$ 满足边界值问题

$$\frac{\partial u}{\partial t} = k\nabla^2 u = k\left(\frac{\partial^2 u}{\partial r^2} + \frac{1}{r}\frac{\partial u}{\partial r} + \frac{\partial^2 u}{\partial z^2}\right), \tag{28}$$

$$u(c, z, t) = u(r, 0, t) = u(r, h, t) = 0, \tag{29}$$

（边界温度为零）

$$u(r, z, 0) = f(r, z)。 \tag{30}$$

（给定初始温度）

下面两个问题概述了在初始温度恒定的情况下这个热传导问题的解。

问题 5：证明将

$$u(r, z, t) = R(r)Z(z)T(t)$$

代入方程 (28) 可以产生变量分离问题

$$r^2 R'' + rR' + \alpha^2 r^2 R = 0, \qquad R(c) = 0; \tag{31}$$

$$Z'' + \beta^2 Z = 0, \qquad Z(0) = Z(h) = 0; \tag{32}$$

$$T' = -(\alpha^2 + \beta^2)kT。 \tag{33}$$

注意，式 (31) 中的微分方程是关于 $R(r)$ 的零阶参数 Bessel 方程，所以式 (31) 具有图 10.4.3 中表格里情况 1 所给出的特征值和特征函数。当然，式 (32) 和式 (33) 中的微分方程具有我们所熟悉的三角函数解和指数解。由此推导出级数形式解

$$u(r, z, t) = \sum_{m=1}^{\infty}\sum_{n=1}^{\infty} c_{mn} \exp(-\lambda_{mn}kt) J_0\left(\frac{\gamma_m r}{c}\right) \sin\frac{n\pi z}{h}, \tag{34}$$

其中 $\{\gamma_m\}_1^{\infty}$ 是方程 $J_0(x) = 0$ 的正解（如 10.4 节应用中所列），

$$\lambda_{mn} = \frac{\gamma_m^2}{c^2} + \frac{n^2\pi^2}{h^2}, \tag{35}$$

并且式 (34) 中的系数由下列公式给出：

$$c_{mn} = \frac{4}{hc^2 [J_1(\gamma_m)]^2} \int_0^c \int_0^h r f(r, z) J_0\left(\frac{\gamma_m r}{c}\right) \sin\frac{n\pi z}{h} dz dr。 \tag{36}$$

式 (36) 的推导过程类似于双重 Fourier 级数系数公式 (18) 的推导过程。

问题 6：如果初始温度函数为常数，即 $f(r, z) \equiv u_0$，那么由式 (34) 和式 (36) 可以推导出

$$u(r, z, t) = \frac{8u_0}{\pi} \sum_{m=1}^{\infty} \sum_{n \text{为奇数}} \frac{\exp(-\lambda_{mn}kt) J_0\left(\frac{\gamma_m r}{c}\right) \sin\frac{n\pi z}{h}}{n\gamma_m J_1(\gamma_m)}, \tag{37}$$

其中 λ_{mn} 由式 (35) 定义。

项目 C：为了数值研究你自己的加热圆柱体，取 $u_0 = 100$，$h = 10p$，$c = 5q$ 以及 $k = r/10$，其中 p 和 q 是你的学生证号码中两个最大的数字，r 是最小的非零数字。假设与问题 5 和问题 6 中一样，边界温度为零。对于 t 的典型值，绘制曲面 $z = u(r, z, t)$ 的图形，证实物理上合理的猜想，即在任意时刻 t，圆柱体内的最高温度出现在其中心点处，即 $r = 0$ 且 $z = h/2$ 处。绘制下列情形下的图形可能也会有帮助：

1. u 作为 r 的函数，其中 $z = h/2$ 且 t 恒定；

2. u 作为 z 的函数，其中 $r = 0$ 且 t 恒定。

然后确定圆柱体内的最高温度降至 25°C 需要多长时间。

在下列情况下重复这一研究，即圆柱体底部和曲面保持温度为零，但其顶部现在是隔热的，所以边界条件 (29) 被替换为

$$u(c, z, t) = u(r, 0, t) = u_z(r, h, t) = 0。$$

（如项目 A 中所示）使用 9.3 节习题 21 的结果，你应该得到式 (37) 被替换为

$$u(r, z, t) = \frac{8u_0}{\pi} \sum_{m=1}^{\infty} \sum_{n=1}^{\infty} \frac{\exp(-\lambda_{mn}kt) J_0\left(\frac{\gamma_m r}{c}\right) \sin\frac{(2n-1)\pi z}{2h}}{(2n-1)\gamma_m J_1(\gamma_m)}, \tag{38}$$

其中

$$\lambda_{mn} = \frac{\gamma_m^2}{c^2} + \frac{(2n-1)^2\pi^2}{4h^2}。$$

现在圆柱体的最高温度总是出现在其顶部的中心，这合理吗？进行适当的绘图研究来证实这一猜想。还要确定这个最高温度降至 25°C 需要多长时间。

项目 D：本项目处理半径为 a 的振动的均匀圆膜。如果膜的初始位移和速度函数同时依赖于极坐标 r 和 θ，那么波动方程 (21) 取极坐标形式

$$\frac{\partial^2 u}{\partial t^2} = c^2 \nabla^2 u = c^2 \left(\frac{\partial^2 u}{\partial r^2} + \frac{1}{r}\frac{\partial u}{\partial r} + \frac{1}{r^2}\frac{\partial^2 u}{\partial \theta^2} \right)。 \tag{39}$$

如果在 $t = 0$ 时刻从静止状态释放膜，此后其边界保持固定（所以在圆 $r = a$ 上，位移 u 总为零），那么膜的位移函数 $u(r, \theta, t)$ 同时满足方程 (39) 和边界条件

$$u(a, \theta, t) = 0 \qquad \text{（固定边界）,} \tag{40}$$

$$u(r, \theta, 0) = f(r, \theta) \qquad \text{（给定初始位移）,} \tag{41}$$

$$u_t(r, \theta, 0) = 0 \qquad \text{（初始速度为零）。} \tag{42}$$

在下面的求解过程中可以加入细节。首先证明将
$$u(r,\ \theta,\ t) = R(t)\Theta(\theta)T(t)$$
代入方程 (39) 产生变量分离问题

$$\frac{T''}{c^2T} = \frac{R'' + \frac{1}{r}R'}{R} + \frac{\Theta''}{r^2\Theta} = -\alpha^2 \quad (\text{常数})。 \tag{43}$$

那么
$$T'' + \alpha^2 c^2 T = 0, \quad T'(0) = 0 \tag{44}$$

在相差一个常数倍数意义下,这意味着
$$T(t) = \cos \alpha ct。 \tag{45}$$

然后,由式 (43) 右侧等式可得方程
$$\frac{r^2R'' + rR'}{R} + \alpha^2 r^2 + \frac{\Theta''}{\Theta} = 0, \tag{46}$$

由此可得
$$\frac{\Theta''}{\Theta} = -\beta^2 \quad (\text{常数})。 \tag{47}$$

为了使 $\Theta'' + \beta^2\Theta = 0$ 的解 $\Theta(\theta)$ 具有以 2π 为周期的必要周期性,参数 β 必须是一个整数,所以我们得到以 θ 为变量的解
$$\Theta_n(\theta) = \begin{cases} \cos n\theta, \\ \sin n\theta, \end{cases} \tag{48}$$

其中 $n = 0, 1, 2, 3, \cdots$。

现在将 $\Theta''/\Theta = -n^2$ 代入方程 (46) 得到 n 阶参数 Bessel 方程
$$r^2R'' + rR' + (\alpha^2 r^2 - n^2)R = 0, \tag{49}$$

它具有有界解 $J_n(\alpha r)$。因为由零边界条件 (40) 可得 $J_n(\alpha a) = 0$,所以由图 10.4.3 中表格里的情况 1 可得以 r 为变量的特征函数

$$R_{mn}(r) = J_n\left(\frac{\gamma_{mn} r}{a}\right)(m = 1,\ 2,\ 3,\ \cdots,$$
$$n = 0,\ 1,\ 2,\ \cdots), \tag{50}$$

其中 γ_{mn} 表示方程 $J_n(x) = 0$ 的第 m 个正解(参见图 10.5.5)。诸如 Mathematica 这样的计算机系统可以用来近似计算 γ_{mn} 的数值;例如,命令

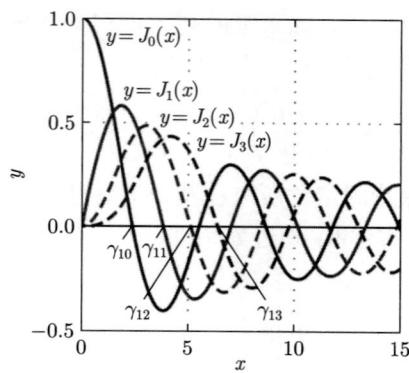

图 10.5.5 前几个 Bessel 函数的图形和初始零点

```
N[BesselJZero[3, 1]]
```
返回 $J_3(x) = 0$ 的第一个正解 γ_{13} 的值 6.38016。最后，将 $\alpha_{mn} = (\gamma_{mn})/a$ 代入式 (45) 得到以 t 为变量的函数

$$T_{mn}(t) = \cos\frac{\gamma_{mn}ct}{a}。 \tag{51}$$

结合式 (48)、式 (50) 和式 (51)，我们得到从静止状态释放的圆膜的边界值问题具有级数形式解

$$u(r, \theta, t) = \sum_{m=1}^{\infty}\sum_{n=0}^{\infty} J_n\left(\frac{\gamma_{mn}r}{a}\right)(a_{mn}\cos n\theta + b_{mn}\sin n\theta)\cos\frac{\gamma_{mn}ct}{a}。 \tag{52}$$

因此，具有零初始速度的振动圆膜的典型固有振动模式为

$$u_{mn}(r, \theta, t) = J_n\left(\frac{\gamma_{mn}r}{a}\right)\cos n\theta\cos\frac{\gamma_{mn}ct}{a}, \tag{53}$$

或用 $\sin n\theta$ 代替 $\cos n\theta$ 后的类似形式。在这种模式下，膜以 $m-1$ 个固定节圆（除了其边界 $r=a$）振动，这些节圆的半径为

$$r_{jn} = \frac{\gamma_{jn}a}{\gamma_{mn}}, \quad j=1, 2, \cdots, m-1。$$

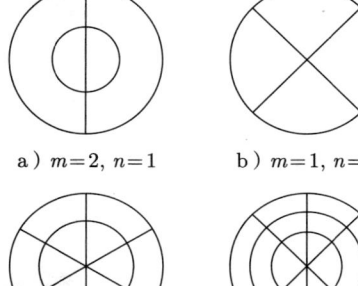

a) $m=2, n=1$　　b) $m=1, n=2$

c) $m=2, n=3$　　d) $m=3, n=2$

图 10.5.6　振动圆膜的典型节圆和节半径

它还具有 $2n$ 个固定节半径，从 $\theta = \pi/(2n)$ 开始，以 π/n 的角度间隔。图 10.5.6 显示了这些节圆和节半径的一些典型构型，它们将圆划分成环形扇区，当膜振动时，环形扇区交替上下移动。

在涉及振动圆膜的实际应用中，通常不需要式 (52) 中的系数的公式。我们建议你通过绘制如式 (53) 所定义的特征函数的方便线性组合，探讨振动膜的可能性。例如，对于 $c=1$ 且半径 $a=1$ 的圆膜，图 10.5.7 显示了由下式所定义的振动的快照：

$$u(r, \theta, t) = J_1(\gamma_{21}r)\cos\theta\cos\gamma_{21}t + J_2(\gamma_{32}r)\cos 2\theta\cos\gamma_{32}t。 \tag{54}$$

下面的 Maple 命令通过生成一个由播放按钮或滑块控制的显示器，来把这些快照制作成动画，从而显示膜从 $t=0$ 到 $t=1$ 的运动：

```
g21 := BesselJZeros(1, 2)
g32 := BesselJZeros(2, 3)
u := (r, theta, t)->
    BesselJ(1, g21*r)*cos(theta)*cos(g21*t)+
    BesselJ(2, g32*r)*cos(2*theta)*cos(g32*t)
plots:-animate(plot3d, [[r, theta, u(r, theta, t)],
```

```
    r = 0..1, theta = 0..2*Pi, coords = cylindrical],
    t = 0..1)
```

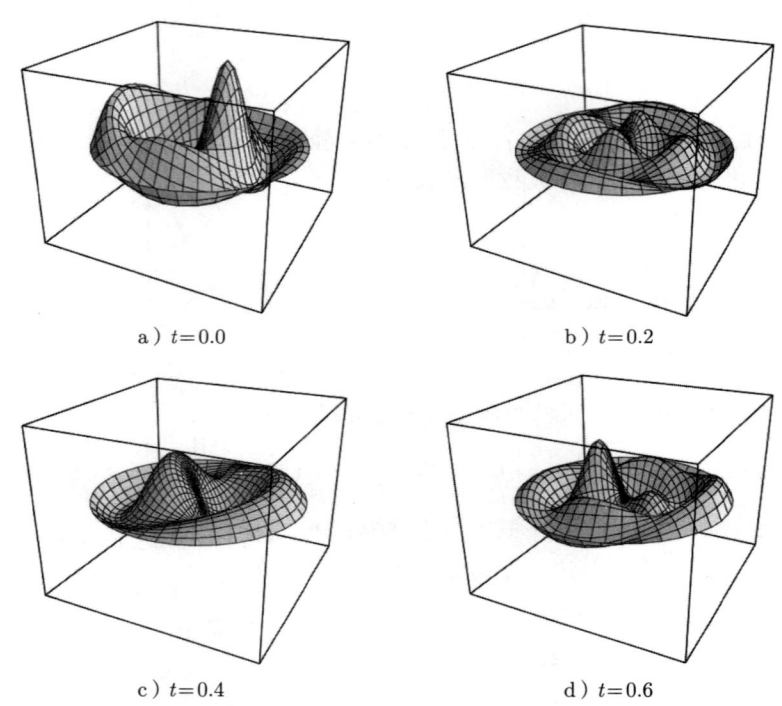

a) $t = 0.0$　　　　　　　　　b) $t = 0.2$

c) $t = 0.4$　　　　　　　　　d) $t = 0.6$

图 10.5.7　由式 (54) 所定义的圆膜振动的快照

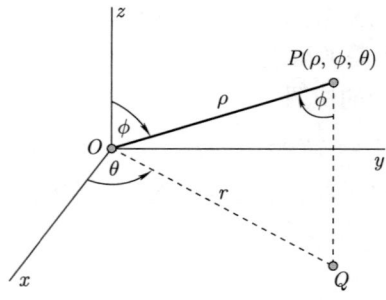

图 10.5.8　求点 P 的球坐标

球坐标应用

在涉及空间中围绕原点具有球对称的区域的问题中，可以使用如图 10.5.8 所示的球坐标。以球坐标表示的函数 $u(\rho, \phi, \theta)$ 的三维 Laplace 式为

$$\nabla^2 u = \frac{1}{\rho^2}\left[\frac{\partial}{\partial \rho}\left(\rho^2 \frac{\partial u}{\partial \rho}\right) + \frac{1}{\sin \phi}\frac{\partial}{\partial \phi}\left(\frac{\partial u}{\partial \phi}\sin \phi\right) + \frac{1}{\sin^2 \phi}\frac{\partial^2 u}{\partial \theta^2}\right]. \tag{55}$$

注意，$\rho = \sqrt{x^2 + y^2 + z^2}$ 表示点 P 到原点 O 的距离，ϕ 是从正 z 轴向下到 OP 的角度，θ 是 xy 平面上的普通极坐标角（尽管有些教材颠倒了 ϕ 和 θ 的角色）。同时观察到，如果 u 与 ρ，ϕ 或者 θ 无关，那么式 (55) 右侧缺少相应的二阶导数项。

例题 3   **实心球**   假设一个给定的轴对称温度函数 $g(\phi)$ 被施加在固体球 $0 \leqslant \rho \leqslant a$ 的边界球面 $\rho = a$ 上，求所得的球体内的轴对称稳态温度函数 $u(\rho, \phi)$。因为 u 与 θ 无关，所以 Laplace 方程 $\nabla^2 u = 0$ [在式 (55) 中乘以 ρ^2 后] 采用如下形式：

$$\frac{\partial}{\partial \rho}\left(\rho^2 \frac{\partial u}{\partial \rho}\right) + \frac{1}{\sin \phi} \frac{\partial}{\partial \phi}\left(\frac{\partial u}{\partial \phi} \sin \phi\right) = 0, \tag{56}$$

并且我们有单个边界条件

$$u(a, \phi) = g(\phi) \qquad (\text{给定边界温度})。 \tag{57}$$

∎

下面的问题概述了这个边界值问题的求解过程，以得到温度函数 $u(\rho, \phi)$。

问题 7：证明将 $u(\rho, \phi) = R(\rho)\Phi(\phi)$ 代入方程 (56) 可得变量分离问题

$$\rho^2 R'' + 2\rho R' - \lambda R = 0, \tag{58}$$

$$[(\sin \phi)\Phi']' + \lambda(\sin \phi)\Phi = 0, \tag{59}$$

其中 λ 是通常的分离常数。我们没有齐次边界条件可以施加，但我们确实要寻求连续函数 $R(\rho)$ 和 $\Phi(\phi)$，其中 $0 \leqslant \rho \leqslant a$ 和 $0 \leqslant \phi \leqslant \pi$。方程 (58) 是一个试验解为 $R(\rho) = \rho^k$ 的方程，但方程 (59) 似乎完全不熟悉。

问题 8：证明将

$$x = \cos \phi, \qquad y(x) = \Phi(\cos^{-1} x) = \Phi(\phi) \qquad (-1 \leqslant x \leqslant 1)$$

代入方程 (59)，可得我们在 8.2 节中讨论过的 Legendre 方程

$$(1 - x^2)y'' - 2xy + \lambda y = 0。$$

只有当 $\lambda = n(n+1)$，其中 n 是非负整数时，该方程才有在 $-1 \leqslant x \leqslant 1$ 上连续的解 $y(x)$。在这种情况下，$y(x)$ 是第 n 个 Legendre 多项式 $P_n(x)$ 的常数倍。因此，我们得到方程 (59) 的特征值和特征函数

$$\lambda_n = n(n+1), \qquad \Phi_n(\phi) = P_n(\cos \phi), \tag{60}$$

其中 $n = 1, 2, 3, \cdots$。回顾 8.2 节可知，前几个 Legendre 多项式为

$$P_0(x) \equiv 1, \qquad\qquad P_1(x) = x,$$
$$P_2(x) = \frac{1}{2}(3x^2 - 1), \qquad P_3(x) = \frac{1}{2}(5x^3 - 3x),$$
$$P_4(x) = \frac{1}{8}(35x^4 - 30x^2 + 3), \qquad \cdots$$

问题 9：根据 $\lambda = n(n+1)$，方程 (58) 取如下形式

$$\rho^2 R'' + 2\rho R' - n(n+1)R = 0。$$

证明由试验解 $R(\rho) = \rho^k$ 可得通解

$$R(\rho) = A\rho^n + \frac{B}{\rho^{n+1}}。$$

但在 $\rho = 0$ 处的连续性意味着此时 $B = 0$，所以由此可得与 $\lambda_n = n(n+1)$ 对应的方程 (58) 的特征函数为 $R_n(\rho) = \rho^n$（的常数倍）。因此，我们找到了 Laplace 方程 (56) 的构造块解

$$u_n(\rho, \phi) = \rho^n P_n(\cos\phi) \qquad (n = 0, 1, 2, \cdots)。$$

按照通常的方式，下一步是写出级数形式解

$$u(\rho, \phi) = \sum_{n=0}^{\infty} b_n \rho^n P_n(\cos\phi)。 \tag{61}$$

问题 10：只剩下讨论选择式 (61) 中的系数，以满足非齐次条件

$$u(a, \phi) = g(\phi) = \sum_{n=0}^{\infty} b_n a^n P_n(\cos\phi)。$$

根据 $x = \cos\phi$，$f(x) = g(\phi) = g(\cos^{-1} x)$ 和 $c_n = b_n a^n$，这个方程采用 Fourier-Legendre 级数形式

$$f(x) = \sum_{n=0}^{\infty} c_n P_n(x), \tag{62}$$

即在 $[-1, 1]$ 上用 Legendre 多项式表示函数 $f(x)$。考虑到 Legendre 多项式 $\{P_n(x)\}_0^{\infty}$ 在 $[-1, 1]$ 上关于权函数 $r(x) \equiv 1$ 相互正交，应用 10.1 节的特征函数形式级数法，将式 (62) 两侧同乘以 $P_k(x)$，并逐项积分，推导出 Fourier-Legendre 系数公式

$$c_n = \frac{\int_{-1}^{1} f(x) P_n(x) \mathrm{d}x}{\int_{-1}^{1} [P_n(x)]^2 \mathrm{d}x}。$$

然而由已知的积分

$$\int_{-1}^{1} [P_n(x)]^2 \mathrm{d}x = \frac{2}{2n+1}$$

可得

$$c_n = \frac{2n+1}{2} \int_{-1}^{1} f(x) P_n(x) \mathrm{d}x。 \tag{63}$$

最后，证明选择这种系数可以得到式 (56) 和式 (57) 中的边界值问题的级数形式解

$$u(\rho, \phi) = \sum_{n=0}^{\infty} c_n \left(\frac{\rho}{a}\right)^n P_n(\cos\phi)。 \tag{64}$$

问题 11：回顾符号，当 k 为偶数时
$$k!! = k(k-2)(k-4)\cdots 4 \cdot 2,$$
以及当 k 为奇数时
$$k!! = k(k-2)(k-4)\cdots 3 \cdot 1。$$
使用积分
$$\int_0^1 P_n(x)\mathrm{d}x = \begin{cases} 1, & n=0, \\ \dfrac{1}{2}, & n=1, \\ 0, & n=2,\ 4,\ 6,\ \cdots, \\ (-1)^{(n-1)/2}\dfrac{(n-2)!!}{(n+1)!!}, & n=3,\ 5,\ 7,\ \cdots \end{cases} \tag{65}$$

推导出方波函数
$$s(x) = \begin{cases} -1, & -1 < x < 0, \\ 1, & 0 < x < 1 \end{cases}$$

的 Fourier-Legendre 级数
$$\begin{aligned} s(x) &= \frac{3}{2}P_1(x) - \frac{7}{8}P_3(x) + \frac{11}{16}P_5(x) - \frac{75}{128}P_7(x) + \cdots \\ &= \frac{3}{2}P_1(x) + \sum_{\substack{n\text{为奇数}\\ n\geqslant 3}} (-1)^{(n-1)/2}(2n+1)\frac{(n-2)!!}{(n+1)!!}P_n(x)。 \end{aligned} \tag{66}$$

图 10.5.9 显示了由式 (66) 中级数的 25 项组成的部分和的图形，在 $x=0$ 附近呈现出典型的 Gibbs 现象。

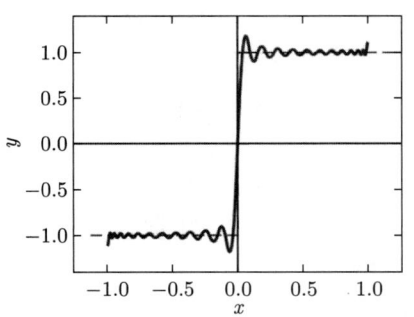

图 10.5.9　式 (66) 中矩形波级数的 25 项部分和的图形

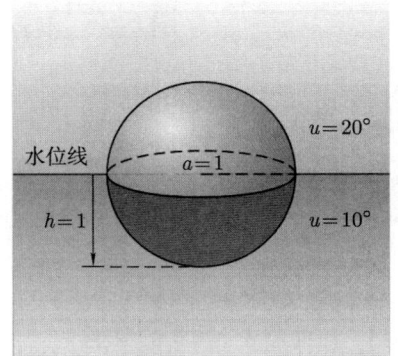

图 10.5.10　比重为 $\delta = 0.5$ 的漂浮的实心球形浮标

项目 E：图 10.5.10 显示了漂浮在水中的半径为 $a=1$ 米的实心球形浮标。如果浮

标具有均匀比重 $\delta = 0.5$（密度为水的一半），那么如图所示，其下沉深度为 $h = 1$ 米。假设水的温度是 10°C，空气的温度是 20°C。然后我们要求出受到如下边界条件约束时浮标内的温度函数 $u(\rho, \phi)$，

$$u(1, \phi) = g(\phi) = \begin{cases} 20, & 0 < \phi < \pi/2, \\ 10, & \pi/2 < \phi < \pi。\end{cases}$$

那么

$$f(x) = g(\cos^{-1} x) = \left\{\begin{array}{ll} 10, & -1 < x < 0 \\ 20, & 0 < x < 1 \end{array}\right\} = 15 + 5s(x),$$

用问题 11 中的阶跃函数 $s(x)$ 表示。因此使用式 (64) 和式 (66) 证明

$$u(\rho, \phi) = 15 + \frac{15}{2}\rho P_1(\cos\phi) + \sum_{\substack{n\text{为奇数} \\ n \geqslant 3}} 5 \cdot (-1)^{(n-1)/2}(2n+1)\frac{(n-2)!!}{(n+1)!!}\rho^n P_n(\cos\phi)。 \tag{67}$$

由于奇次 Legendre 多项式只有奇次项，所以由式 (67) 可知，浮标在其水位横截面上（其中 $\phi = \pi/2$）具有 15°C 的恒定平均温度。作为使用式 (67) 中级数来研究浮标内温度分布的第一步，将足够多的项求和，以在浮标的竖直对称轴上绘制 u 的图形，其中将 u 作为高度 z（$-1 \leqslant z \leqslant 1$）的函数 $u(z)$。已知 $u(0) = 15$，求出当 $u = 12.5$°C 和 $u = 17.5$°C 时 z 的数值。

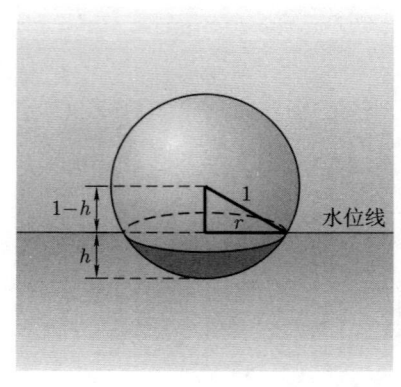

图 10.5.11 比重为 $\delta < 0.5$ 的漂浮的浮标

如果浮标的比重小于水的比重的一半，即 $0 < \delta < 0.5$，那么这个浮标问题更有趣，此时如图 10.5.11 所示，浮标在水中的位置更高。阿基米德浮力定律表明，浮标漂浮时，占其总体积 $4\pi/3$ 的 δ 比例的部分被浸没。因此，浮标位于水位线以下部分的体积为 $V = 4\pi\delta/3$。另外，这个体积也可由如下球体体积公式给出，

$$V = \frac{\pi h}{6}(3r^2 + h^2)。$$

令 V 的这两个表达式相等，可以证明浮标沉入水中的深度 h 是如下三次方程的解，

$$h^3 - 3h^2 + 4\delta = 0。 \tag{68}$$

使用你自己选择的 δ，也许是你学生证号码中最小非零数字的十分之一，绘制这个方程的图形，可以看出它在区间 $0 < h < 1$ 内只有一个根。求出这个根 h 的近似值，至少精确到小数点后两位。那么边界条件（水温 10°C，气温 20°C）对应于

$$f(x) = \begin{cases} 10, & -1 < x < h-1, \\ 20, & h-1 < x < 1, \end{cases}$$

所以由式 (63) 可得级数

$$u(\rho,\,\phi) = \sum_{n=0}^{\infty} c_n \rho^n P_n(\cos\phi) \tag{69}$$

中系数 $\{c_n\}_0^\infty$ 的公式

$$c_n = \int_{-1}^{h-1} 10 P_n(x) \mathrm{d}x + \int_{h-1}^{1} 20 P_n(x) \mathrm{d}x_\circ \tag{70}$$

关于浮标内水位线处的温度以及浮标内温度正好为 12.5°C、15°C 和 17.5°C 的位置等问题，现在更有趣。若 $h \ne 0$，则需要利用数值积分来计算式 (70) 中的积分。例如，可以使用 Mathematica 命令

```
c[n_] = ((2*n + 1)/2)*
    (10*NIntegrate[LegendreP[n,x], {x, -1, h - 1}] +
    20*NIntegrate[LegendreP[n,x], {x, h - 1, 1}])
```

解释为什么式 (69) 表明点 $(0,\,0,\,z)$ 处（在浮标的竖直对称轴上，其中 $-1 \leqslant z \leqslant 1$）的温度 $u(z)$ 可由下式给出，

$$u(z) = \sum_{n=0}^{\infty} c_n z^n_\circ \tag{71}$$

选择 δ 使得 $h = 0.5$，使用由式 (71) 中的 50 项组成的部分和，绘制如图 10.5.12 所示的 $u(z)$ 的图形，从中看到温度从 $u(-1) = 10$ 非线性增加到 $u(1) = 20$。使用 Mathematica 的 FindRoot 函数，得到 $u(-0.6335) \approx 12.5$、$u(-0.3473) \approx 15$ 和 $u(0) = 17.5$。

此时浮标在水位线处横截面中心点处的温度为 $u(-0.5) \approx 13.6603$（而不是人们可能天真地认为的平均温度 15°C）。在图 10.5.13 中我们看到，在水位线横截面上距浮标竖直轴距离为 x 的一点处，

$$\rho = \sqrt{x^2 + 0.25}, \qquad \phi = \pi - \arctan|2x|_\circ$$

通过将 ρ 和 ϕ 的这些表达式代入式 (67) 中级数的 50 项部分和中，绘制出如图 10.5.14 所示的 u（现在作为 x 的函数）的图形。你能直观地看出为什么当 x 从零开始增加时，在水位线截面的边界圆处，温度 $u(x)$ 先降低，然后迅速上升到 $u = 15°C$ 吗？

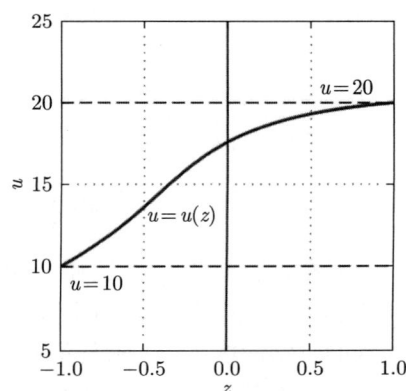

图 10.5.12　浮标纵轴上点 z 处的温度 $u(z)$，其中 $h = 0.5$

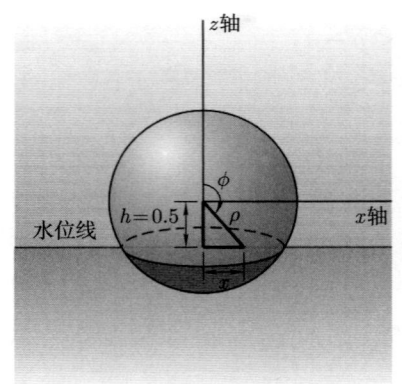

图 10.5.13 水位线截面，其中 $z = -0.5$，$-\frac{\sqrt{3}}{2} \leqslant x \leqslant \frac{\sqrt{3}}{2}$

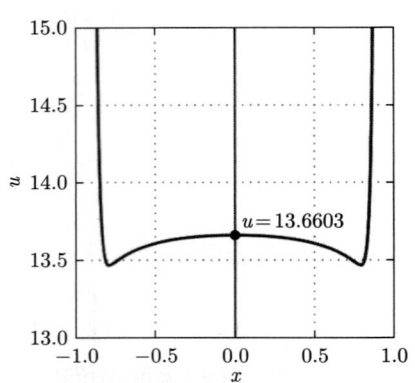

图 10.5.14 在水位线截面上浮标的温度 $u(x)$，其中 $h = 0.5$

球谐函数与海浪

式 (55) 给出了球坐标下的三维 Laplace 式。例如，考虑半径为 c 的弹性球形行星表面的径向振动。如果 $u(\phi, \theta, t)$ 表示行星表面 $\rho = c$ 上的点 (ϕ, θ) 在 t 时刻的径向位移，那么波动方程 $u_{tt} = a^2 \nabla^2 u$（其中 $\rho = c$ 和 $u_\rho \equiv 0$）采用如下形式，

$$\frac{\partial^2 u}{\partial t^2} = b^2 \nabla^2_{\phi\theta} u, \tag{72}$$

其中 $b = a/c$，并且

$$\nabla^2_{\phi\theta} u = \frac{1}{\sin\phi} \frac{\partial}{\partial \phi}\left((\sin\phi)\frac{\partial u}{\partial \phi}\right) + \frac{1}{\sin^2\phi} \frac{\partial^2 u}{\partial \theta^2}。 \tag{73}$$

或者，方程 (72) 模拟半径为 c 的球形行星表面上潮汐波的振荡。在这种情况下，$u(\phi, \theta, t)$ 表示 t 时刻在点 (ϕ, θ) 处水面（距离平衡位置）的径向位移，并且 $b^2 = gh/c^2$，其中 h 为水的平均深度，g 表示行星表面的重力加速度。

在为本节在线提供的附加材料中，我们证明了在方程 (72) 中实施变量分离

$$u(\phi, \theta, t) = Y(\phi, \theta)T(t),$$

可以得到如下典型形式的特征函数，

$$u_{mn}(\phi, \theta, t) = Y_{mn}(\phi, \theta)\cos\omega_n t, \tag{74}$$

其中 $0 \leqslant m \leqslant n = 1, 2, 3, \cdots$。此振荡的频率为 $\omega_n = b\sqrt{n(n+1)}$，$Y_{mn}$ 表示**球谐函数**

$$Y_{mn}(\phi, \theta) = P_n^m(\cos\phi)\cos m\theta, \tag{75}$$

它是用所谓的**相关 Legendre 函数**

$$P_n^m(x) = (1-x^2)^{m/2} P_n^{(m)}(x) \tag{76}$$

表示的，其中普通 Legendre 多项式 $P_n(x)$ 的 m 阶导数出现在右侧。

例如，让我们考虑平均深度为 $h = 1.25$（非常不现实）的水波在半径为 $c = 5$ 的小球形行星表面晃动。在图 10.5.15 和图 10.5.16 中，我们显示了形如 $\rho = c + hY_{mn}(\phi, \theta)$ 的两种典型水面形状。

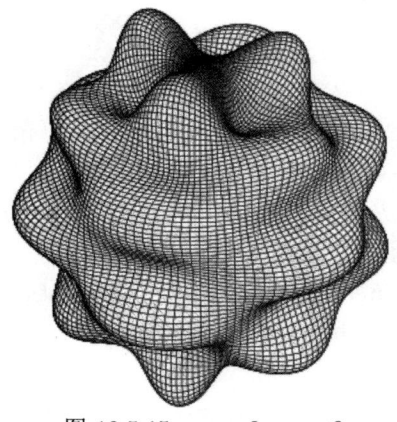
图 10.5.15 $m = 3$, $n = 9$

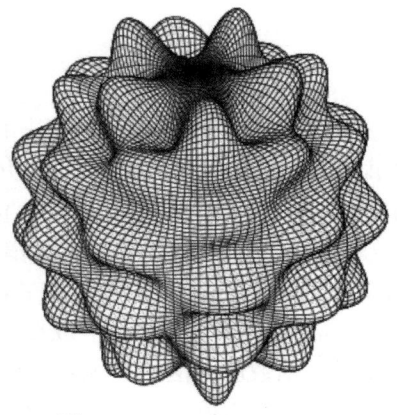
图 10.5.16 $m = 5$, $n = 13$

参 考 资 料

有大量关于微分方程理论和应用的文献。下面列出的文献包括一些精选的书籍，这些书籍可能对希望进一步研究本书中所介绍的主题的读者有用。

1. ABRAMOWITZ, M. and I. A. STEGUN, *Handbook of Mathematical Functions*. New York: Dover, 1965. 此书全面收集了本书中频繁引用的表格。
2. BIRKHOFF, G. and G.-C. ROTA, *Ordinary Differential Equations*, 4th edition. New York: John Wiley, 1989. 中级教材，包括对存在性和唯一性定理、Sturm-Liouville 问题和特征函数展开法的更完整的讨论。
3. BRAUN, M., *Differential Equations and Their Applications*, 3rd edition. New York: Springer-Verlag, 1983. 这是一本比本书级别稍高的初级教材，它包括几个有趣的"案例研究"应用。
4. CHURCHILL, R. V., *Operational Mathematics*, 3rd edition. New York: McGraw-Hill, 1972. 关于 Laplace 变换的理论和应用的标准参考文献，从与本书第 7 章大致相同的水平开始。
5. CHURCHILL, R. V. and J. W. BROWN, *Fourier Series and Boundary Value Problems*, 8th edition. New York: McGraw-Hill, 2011. 与本书第 9 章和第 10 章大致相同级别的教材。
6. CODDINGTON, E. A., *An Introduction to Ordinary Differential Equations*. Dover Publications, 1989. 中级教材；第 3 章和第 4 章包括关于本书第 8 章所述的幂级数法和 Frobenius 级数解的定理的证明。
7. CODDINGTON, E. A. and N. LEVINSON, *Theory of Ordinary Differential Equations*. New York: McGraw-Hill, 1955. 高级理论教材；第 5 章讨论了非正则奇点附近的解。
8. DORMAND, J. R., *Numerical Methods for Differential Equations*. Boca Raton: CRC Press, 1996. 此书更完整地介绍了微分方程近似解的现代计算方法。
9. HABERMAN, R., *Elementary Applied Partial Differential Equations*, 3rd edition. Upper Saddle River, N.J.: Prentice Hall, 1998. 这是一本超出本书第 9 章和第 10 章范围的包含进一步内容的书，但仍然很容易理解。
10. HUBBARD, J. H. and B. H. WEST, *Differential Equations: A Dynamical Systems*

Approach. New York: Springer-Verlag, 1992 (Part I) and 1995 (Higher-Dimensional Systems). 此书结合计算和理论两方面对定性现象进行了详细讨论。

11. INCE, E. L., *Ordinary Differential Equations.* New York: Dover, 1956. 此书于 1926 年首次出版，是关于这一主题的经典参考书。

12. LEBEDEV, N. N., *Special Functions and Their Applications.* New York: Dover, 1972. 此书对 Bessel 函数和数学物理中其他特殊函数进行了全面介绍。

13. LEBEDEV, N. N., I. P. SKALSKAYA, and Y. S. UFLYAND, *Worked Problems in Applied Mathematics.* New York: Dover, 1979. 此书收集了大量与本书第 10 章所讨论的类似的应用实例和问题。

14. MCLACHLAN, N. W., *Bessel Functions for Engineers*, 2nd edition. London: Oxford University Press, 1955. 此书包含 Bessel 函数的许多物理应用。

15. MCLACHLAN, N. W., *Ordinary Non-Linear Differential Equations in Engineering and Physical Sciences.* London: Oxford University Press, 1956. 此书对物理系统中非线性效应进行了具体介绍。

16. POLKING, J. C. and D. ARNOLD, *Ordinary Differential Equations Using MATLAB*, 3rd edition. Upper Saddle River, N.J.: Prentice Hall, 2003. 这是一本在初等微分方程课程中使用 MATLAB 的手册，改编自本书中所使用和引用的 MATLAB 程序 `dfield` 和 `pplane`。

17. PRESS, W. H., B. P. FLANNERY, S. A. TEUKOLSKY, and W. T. VETTERLING, *Numerical Recipes: The Art of Scientific Computing*, 3rd edition. Cambridge: Cambridge University Press, 2007. 此书第 17 章讨论了数值求解常微分方程的现代技术。使用 C++、C、FORTRAN、Pascal 和其他语言编写的程序可以从附带的网站 `www.numerical.recipes` 下载。

18. RAINVILLE, E., *Intermediate Differential Equations*, 2nd edition. New York: Macmillan, 1964. 此书第 3 章和第 4 章包括关于本书第 8 章所述的幂级数和 Frobenius 级数解的定理的证明。

19. SAGAN, H., *Boundary and Eigenvalue Problems in Mathematical Physics.* New York: John Wiley, 1961. 此书对经典边界值问题以及 Sturm-Liouville 问题、特征值和特征函数的变分法进行了讨论。

20. SIMMONS, G. F., *Differential Equations*, 2nd edition. New York: McGraw-Hill, 1991. 这是一本包含有趣的历史笔记和极具吸引力的应用的初级教材，并且在任何目前已出版的数学书籍中，此书具有最雄辩的序言。

21. THOMPSON, J. M. T. and H. B. STEWART, *Nonlinear Dynamics and Chaos*, 2nd edition. New York: John Wiley, 2002. 此书包括对受迫 Duffing、Lorenz 和 Rössler 系统（以及呈现出非线性混沌现象的其他系统）的更详细讨论。

22. TOLSTOV, G. P., *Fourier Series*. New York: Dover, 1976. 初级教材，包括对 Fourier 级数的收敛性和应用的详细讨论。
23. WEINBERGER, H. F., *A First Course in Partial Differential Equations*. New York: Blaisdell, 1965. 此书包括变量分离法、Sturm-Liouville 法，以及 Laplace 变换法在偏微分方程中的应用。
24. WEINSTOCK, R., *Calculus of Variations*. New York: Dover, 1974. 此书包括振动弦、膜、棒和杆的偏微分方程的变分推导过程。